測量工学ハンドブック

【総編集】村井俊治

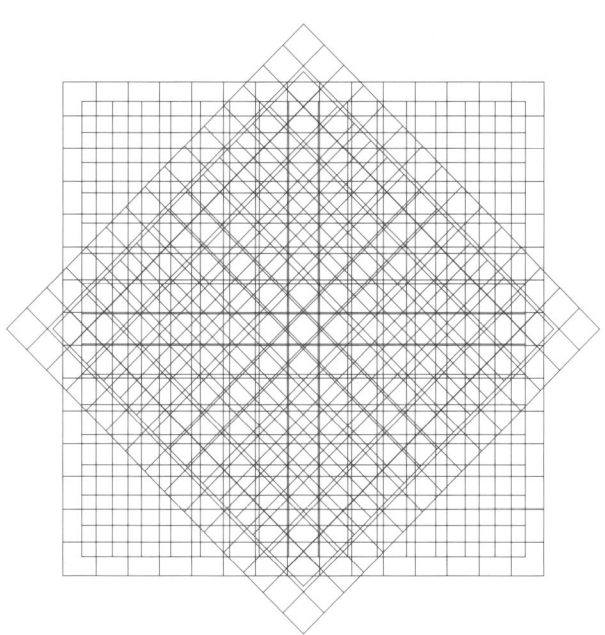

朝倉書店

口絵 1 IKONOS パンクロ画像（左）とパンシャープン画像（右）の例（本文・図 9.1.4 参照）

©日本スペースイメージング

©日本スペースイメージング

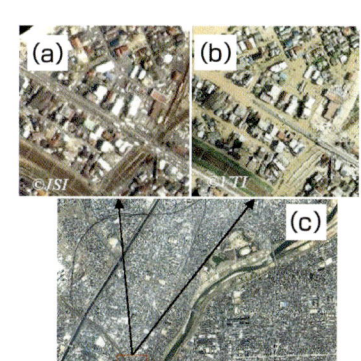

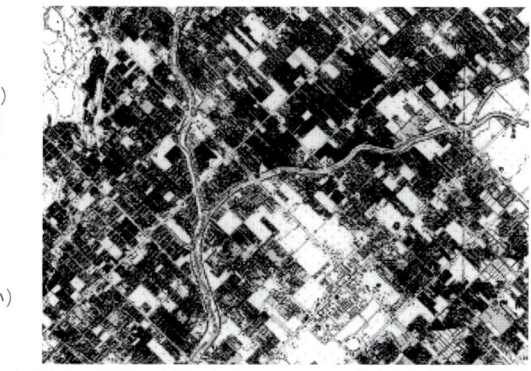

口絵 2 IKONOS による圃場原画像（上）とおいしい米の分布図（下）（本文・図 9.2.1(a), (b) 参照）

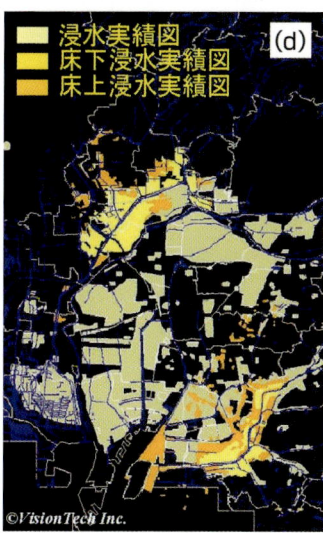

口絵 4 豪雨災害後の IKONOS 画像（a, c），災害直後の航空写真から 1m 分解能にシミュレーションした画像（b），浸水推定図（d）（本文・図 9.5.3 参照）

口絵 3 土石流発生現場（a, b）と IKONOS による観測画像（c）（本文・図 9.5.2 参照）

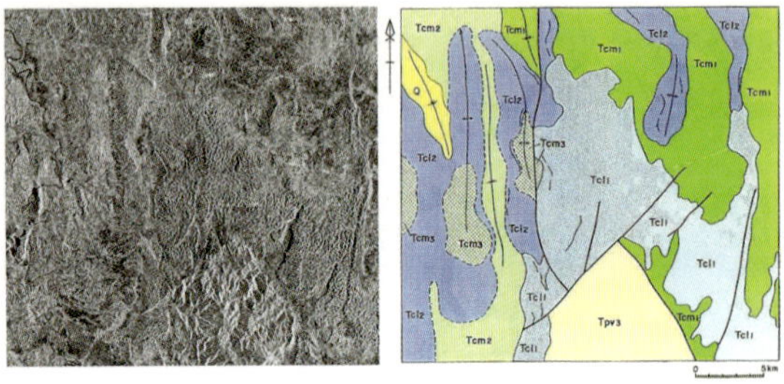

口絵6 合成開口レーダ画像(左)より抽出された地質判読図(右)(資源・環境観測解析センター作成；本文・図10.2.3参照)

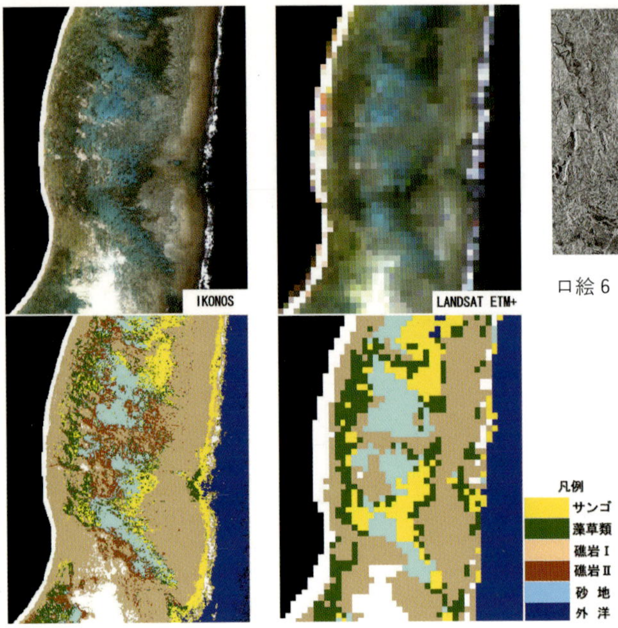

口絵5 IKONOS画像(左)とLANDSAT画像(右)によるサンゴ礁の分類結果(本文・図9.6.2参照)

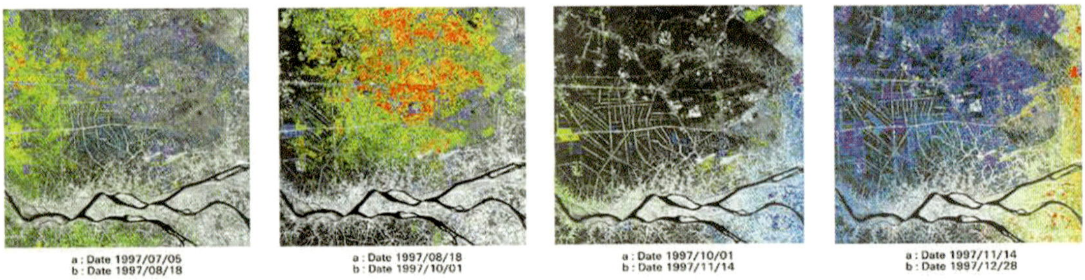

凡例
サンゴ
藻草類
礁岩I
礁岩II
砂地
外洋

口絵8 合成開口レーダ画像による洪水モニタリング

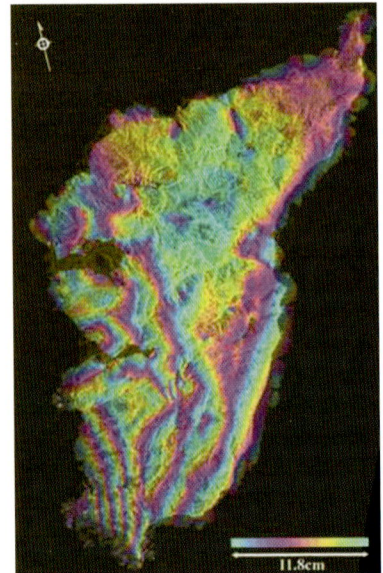

口絵9 地震前後の合成開口レーダデータを用いた3パス差分インターフェロメトリー結果(資源・環境観測解析センター作成；本文・図10.2.7(a)参照)

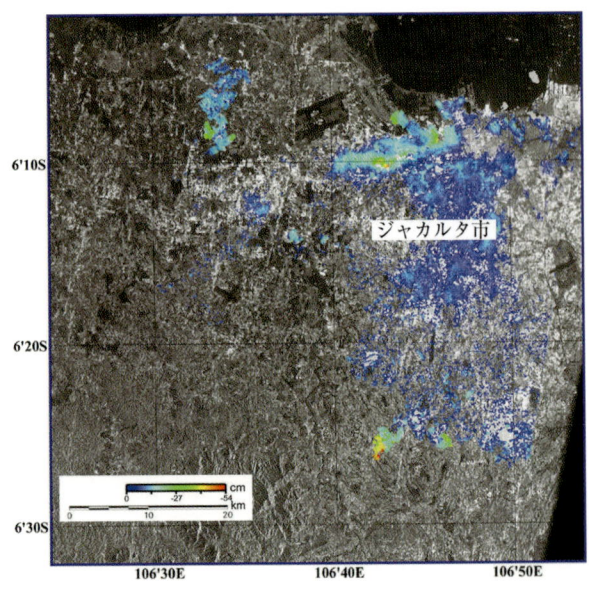

口絵10 合成開口レーダデータを用いた地盤沈下量を示す3パス差分インターフェロメトリー結果(資源・環境観測解析センター作成；本文・図10.2.8参照)

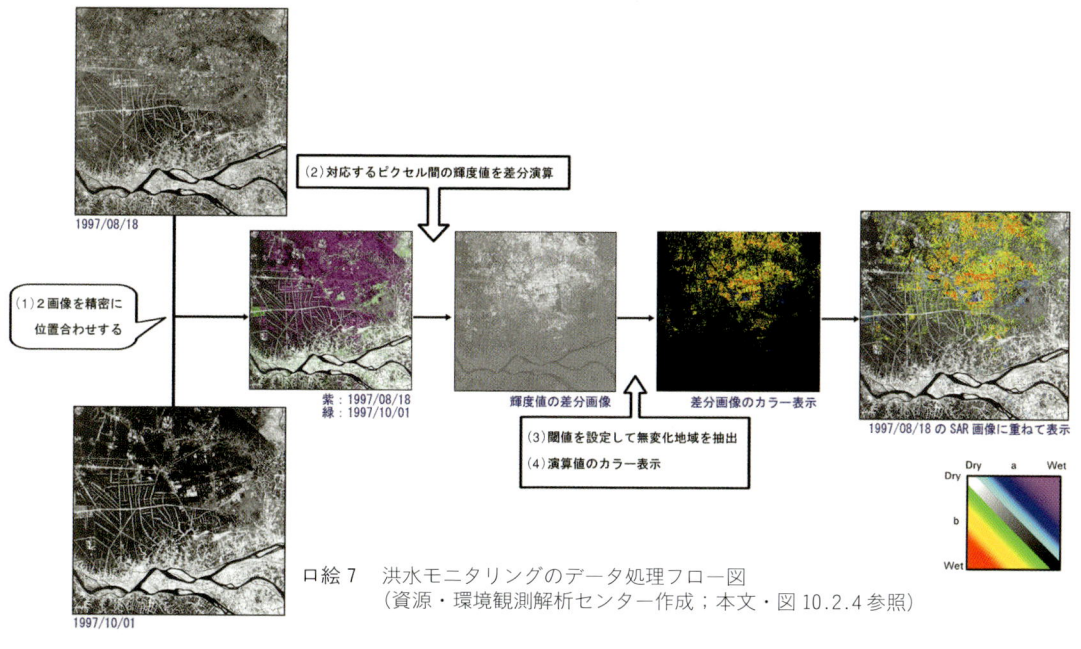

口絵 7　洪水モニタリングのデータ処理フロー図
（資源・環境観測解析センター作成；本文・図10.2.4参照）

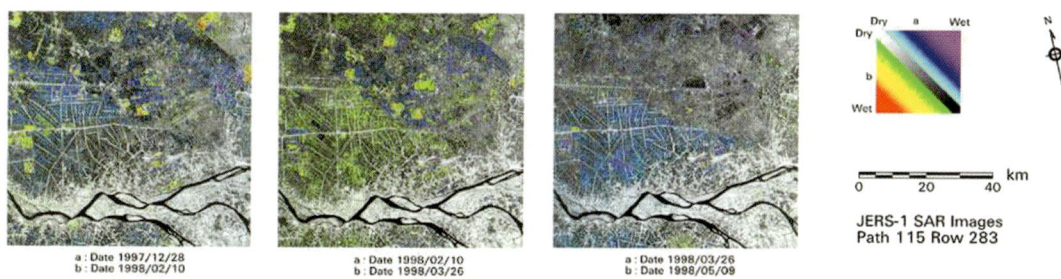

（資源・環境観測解析センター作成；本文・図10.2.5参照）

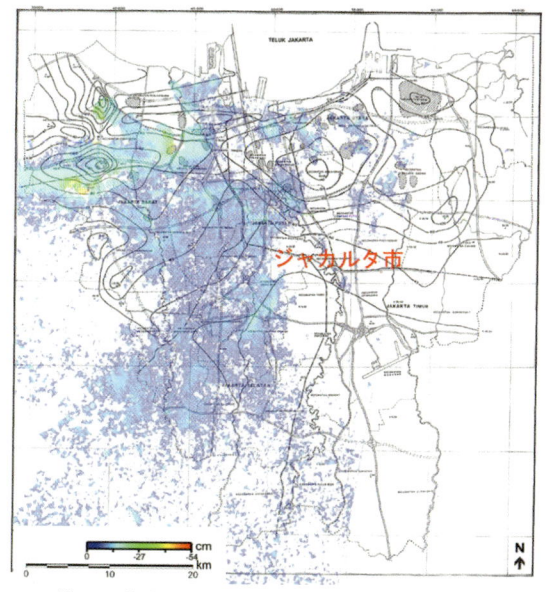

口絵11　差分インターフェロメトリー結果とGPS測量結果の比較（本文・図10.2.10参照）

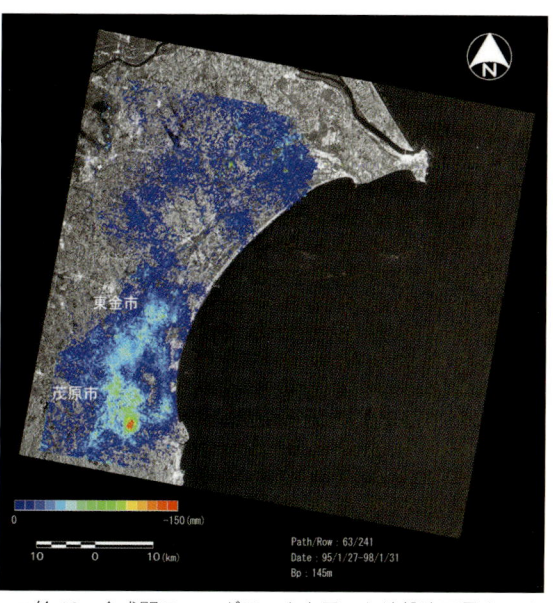

口絵12　合成開口レーダデータを用いた地盤沈下量を示す2パス差分インターフェロメトリー結果（出口知敬作成；本文・図10.2.11 (a) 参照）

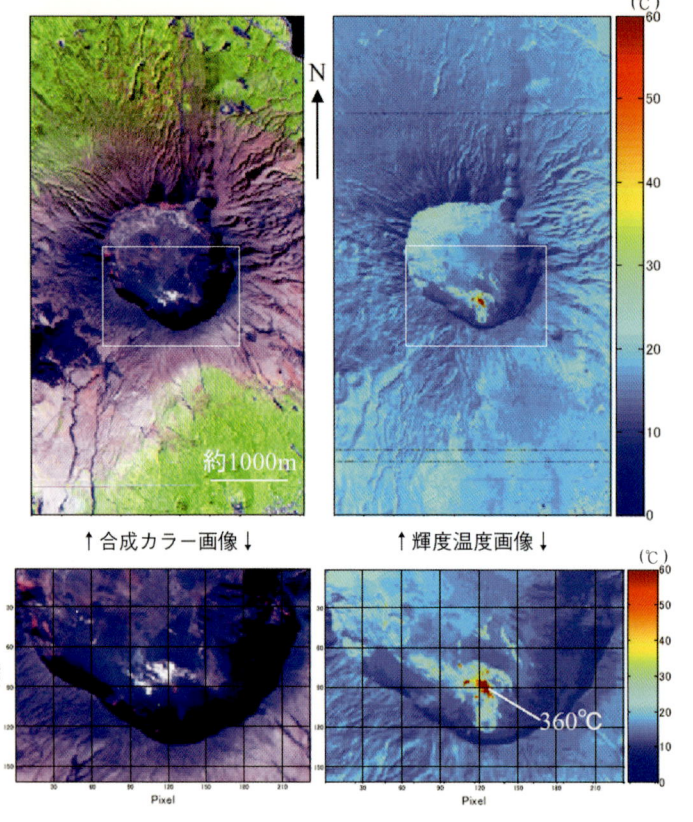

口絵 13 航空機搭載熱赤外センサによる火山活動のモニタリング
（防災科学研究所ホームページより；本文・図 11.3.1 参照）

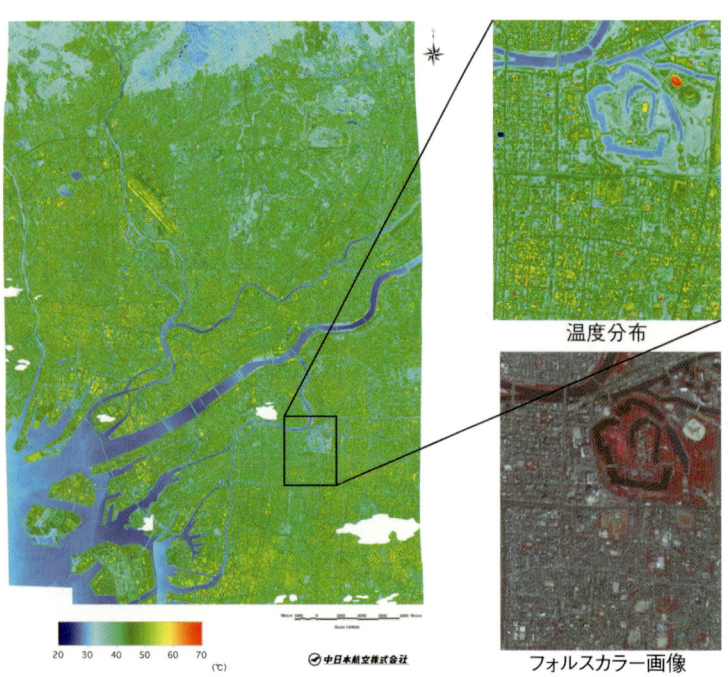

口絵 14 航空機搭載熱赤外センサによる大阪市周辺の地表面温度（左）と
大坂城周辺の拡大画像（右）（本文・図 11.8.3 参照）

原カラー画像

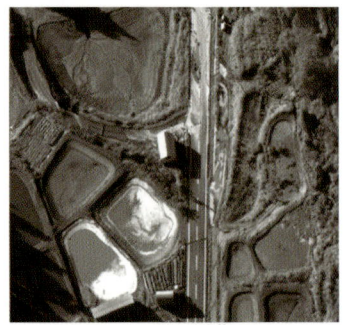

パンクロ画像

パンシャープン画像

口絵 15 パンシャープン画像の生成
（本文・図 13.6.1 参照）

序

　執筆者および関係各位の多大な尽力によって，このたび『測量工学ハンドブック』が出版されることになったことは，喜びにたえない．

　本書には，わが国では耳慣れない「測量工学」という名称を使った．『測量ハンドブック』とも『空間情報ハンドブック』ともせず，なぜ『測量工学ハンドブック』という名称にしたか説明したい．

　わが国では測量学は，ほとんどが土木工学の中で教えられてきた．しかし，国レベルの測量は，国土交通省の国土地理院が，測量法に従い実施してきた．

　測量技術が高度化，簡便化および自動化されると，測量法および公共測量作業規程に定められた測量学そのものの理学的追究より，社会の問題を解決するためにいかに測量技術を利用したらよいかという工学的コンサルティングが重要になってきた．すなわち測量技術は，現代風にいえば，ソリューション技術でなければならなくなった．

　情報化時代においては，情報の発信源，あるいは情報の信頼度がきわめて重要になる．不確実な要因は，データの加工の過程で生じることが多い．この意味で，1次データの取得は，最も大切な情報源として重要視され，欧米では primary data acquisition（1次データ取得）は，社会から高い評価を得ている．測量やリモートセンシングによって得られるデータは1次データであり，地図データは2次データである．最近登場した地理情報システム（GIS）は，主に地図からのデータを扱うので，2次データを主体とする技術といえる．このような考え方から，本書では，1次データを取得する技術を測量の本髄として扱い，これを工学的に利用する技術を総称して「測量工学」と定義づけることにしたのである．本書で地理情報システムについて多く触れなかったのは，このような背景からである．このようなことから，「測量工学」と「空間情報工学」との違いを理解していただけると思う．

　本書は，国レベルの基本測量あるいは公共自治体レベルの公共測量をするためのハンドブックではないので，「公共測量作業規程」に従う技術よりも，現実社会の課題を工学的に解決する先端技術を大胆に集大成した．応用分野ごとの章立てにすると，測量技術の内容が分散したり，重複したりするので，測量機器および技術ごとに章立てを行い，応用例はその中に入れることにした．このような意味で，本書は，既刊の『測量実務ハンドブック』（日本測量協会編，2003）とは一線を画した．読みやすくかつ利用しやすくするため，最後の章に，測量工学で使用される主なデータ処理技術の理論的内容を項目別に掲載した．データ処理は，すべてソフト化され，ブラックボックスになっているが，応用能力を高めるには，理論的内容を理解した方がよいとの考えからである．

　本書が，時代の進歩とともに次々と修正，改版を重ねて，真に役立つ書籍になることを念願する．

　最後に，朝倉書店編集部には，刊行に至るまでの多大なるご尽力に感謝の意を表したい．また，本書は編集幹事の山本　博氏の「まとめ役」があって上梓できたことを付記したい．

2005年5月

村井俊治

● **編 集 者**
○ 総 編 集
村 井 俊 治　東京大学名誉教授

○ **編 集 委 員**　（　）は編集担当章

井 上 三 男	㈱ソキア（3章）	瀬 戸 島 政 博	国際航業㈱（8, 11章）
大 谷 仁 志	㈱トプコン（4章）	李 雲 慶	日本スペースイメージング㈱（9章）
植 木 俊 明	㈱海洋先端技術研究所（5章）	中 澤 齋 彦	㈱コサカ技研（10章）
山 本 昌 也	日本GPSソリューションズ㈱（6章）	近 津 博 文	東京電機大学（12, 13章）
津 野 浩 一	住友電気工業㈱（7章）	**（兼 編集幹事）**	
津 留 宏 介	朝日航洋㈱（8, 11章）	山 本 博	㈳日本測量協会

● **執 筆 者**　執筆順．（　）は執筆担当章

村 井 俊 治	東京大学名誉教授（1, 2, 6章）	塚 原 弘 一	㈶日本建設情報総合センター（6章）
井 上 三 男	㈱ソキア（3章）	西 口 浩	衛星測位システム協議会（6章）
酒 井 靜	国際航業㈱（3章）	荒 木 春 視	㈲環境地質研究室（6章）
野 地 剛 史	㈱ニコン・トリンブル（3章）	瀬 戸 島 政 博	国際航業㈱（7, 8, 11章）
三 浦 悟	鹿島建設㈱（3, 4, 6章）	加 藤 哲	国際航業㈱（7, 9章）
岡 本 和 久	㈱ソキア（3章）	山 田 啓 二	国際航業㈱（7章）
鈴 木 晶 夫	㈱ソキア	廣 瀬 葉 子	国際航業㈱（7, 9章）
大 島 章 新	大島アイデッグ測量㈱（3章）	今 井 靖 晃	国際航業㈱（7章）
奥 山 凡 夫	サンエー基礎調査㈱（3章）	津 留 宏 介	朝日航洋㈱（8章）
近 津 博 文	東京電機大学（4章）	大 谷 豊	ライカジオシステムズ㈱（8章）
津 野 浩 一	住友電気工業㈱（4, 7章）	栗 崎 直 子	国際航業㈱（8章）
大 谷 仁 志	㈱トプコン（4章）	武 田 浩 志	国際航業㈱（8章）
伊 藤 忠 之	㈱トプコン（4章）	中 尾 元 彦	㈱パスコ（8章）
矢 吹 哲 一 朗	海上保安庁（5章）	向 山 栄	国際航業㈱（8, 11章）
雨 宮 由 美	㈱海洋先端技術研究所（5章）	秋 山 幸 秀	朝日航洋㈱（8章）
中 條 拓 也	㈱海洋先端技術研究所（5章）	小 野 尚 哉	国際航業㈱（8章）
植 木 俊 明	㈱海洋先端技術研究所（5章）	白 井 直 樹	国際航業㈱（8章）
矢 島 広 樹	文部科学省／海上保安庁（5章）	永 谷 瑞	朝日航洋㈱（8章）
小 澤 幸 雄	㈱海洋先端技術研究所（5章）	髙 田 和 典	朝日航洋㈱（8, 11章）
金 子 新	広島大学（5章）	山 本 貴 春	朝日航洋㈱（8章）
渡 辺 秀 俊	三洋テクノマリン㈱（5章）	村 山 利 則	ライカジオシステムズ㈱（8章）
重 松 文 治	五洋建設㈱（6章）	李 雲 慶	日本スペースイメージング㈱（9章）
太 島 和 雄	日本GPSソリューションズ㈱（6章）	荻 窪 一 宏	NEC東芝スペースシステム㈱（9章）
山 本 吾 朗	日本GPSデータサービス㈱（6章）	斎 藤 元 也	東北大学（9章）
五 百 竹 義 勝	日本GPSソリューションズ㈱（6章）	鈴 木 圭	㈳日本森林技術協会（9章）
内 田 修	アジア航測㈱（6章）	原 政 直	㈱ビジョンテック（9章）
下 垣 豊	㈱日立製作所（6章）	山 野 博 哉	㈳国立環境研究所（9章）
落 合 達 也	アジア航測㈱（6章）	中 澤 齋 彦	㈱コサカ技研（10章）
山 岡 敦 郎	日本GPSソリューションズ㈱（6章）	浦 塚 清 峰	㈳情報通信研究機構（10章）
神 崎 政 之	日本GPSソリューションズ㈱（6章）	丸 山 裕 一	㈶資源・環境観測解析センター（10章）
野 口 伸	北海道大学（6章）	出 口 知 敬	㈶資源・環境観測解析センター（10章）

執筆者一覧

淵沢 智秀	㈱コサカ技研	（10章）
垂水 稔	㈱バーナム	（11章）
赤松 幸生	国際航業㈱	（11章）
宮坂 聡	中日本航空㈱	（11章）
虫明 成生	国際航業㈱	（11章）
望月 貫一郎	㈱パスコ	（11章）
堤 盛人	筑波大学	（12章）
布施 孝志	東京大学	（12章）
井上 亮	東京大学	（12章）
横山 大	東京電機大学	（12章）
織田 和夫	アジア航測㈱	（12, 13章）
大嶽 達哉	東京電機大学	（12章）
國井 洋一	東京電機大学	（12章）
髙木 方隆	高知工科大学	（13章）
三瓶 司	㈱中央ジオマチックス	（13章）

目　次

1. 測量学から測量工学へ ……………… 1
   1.1 測量を取り巻く時代の変化 ……… 1
   1.2 測量工学の範囲 ………………… 2

2. 測量工学に関連する先端技術の変遷 …… 4
   2.1 アナログ時代の測量技術 ………… 4
   2.2 デジタル時代の測量技術 ………… 5
     2.2.1 地上における測量 …………… 5
     2.2.2 船からの測量 ………………… 6
     2.2.3 航空機からの測量 …………… 6
     2.2.4 衛星からの測量 ……………… 7
   2.3 未解決の測量の課題 ……………… 7
   2.4 将来の測量工学の課題と展望 …… 8

3. 地上測量に使われる測量機器と技術 … 10
   3.1 測量機器 …………………………… 10
     3.1.1 種類 …………………………… 10
     3.1.2 観測に際しての取り扱い方法 … 10
     3.1.3 測量の誤差とその対策 ……… 14
     3.1.4 点検および調整 ……………… 18
     3.1.5 定数・補正 …………………… 21
     3.1.6 精度不良時の原因と対策 …… 25
   3.2 水平性 ……………………………… 25
     3.2.1 電子レベル …………………… 25
     3.2.2 レーザレベル ………………… 33
     3.2.3 回転レーザ …………………… 33
     3.2.4 パイプレーザ ………………… 38
   3.3 鉛直性 ……………………………… 41
     レーザ鉛直器 …………………… 41
   3.4 角度 ………………………………… 44
     3.4.1 電子セオドライト
         （精密セオドライト） ………… 44
     3.4.2 レーザセオドライト ………… 48

   3.5 距離 ………………………………… 49
     光波測距儀（精密光波距離計） … 49
   3.6 角度・距離（基線ベクトル） …… 50
     3.6.1 トータルステーション ……… 50
     3.6.2 ノンプリズムトータルステーション
         …………………………………… 56
     3.6.3 自動視準トータルステーション … 58
     3.6.4 自動追尾トータルステーション … 63
     3.6.5 ビデオステーション ………… 67
     3.6.6 GPS測量機 …………………… 70
   3.7 真北 ………………………………… 81
     ジャイロステーション ………… 81
   3.8 2次元 ……………………………… 87
     電子平板 ………………………… 87
   3.9 3次元 ……………………………… 91
     3次元計測機 …………………… 91
   3.10 変位 ……………………………… 97
     レーザ測長機 …………………… 97
   3.11 その他 …………………………… 99
     3.11.1 蓄電池（バッテリー）の特性 … 99
     3.11.2 規格など …………………… 102

4. デジタル地上写真測量に使われる
   測量機器と技術 ……………………… 105
   4.1 デジタル地上写真測量 ………… 105
     4.1.1 定義 …………………………… 105
     4.1.2 測定用デジタルカメラ ……… 106
     4.1.3 非測定用デジタルスチルカメラ
         …………………………………… 106
   4.2 画像の取得 ……………………… 107
     4.2.1 イメージセンサの概要 ……… 107
     4.2.2 CCDイメージセンサの構造 … 108
     4.2.3 CMOSイメージセンサの構造 … 108
     4.2.4 イメージセンサの形状による分類
         …………………………………… 109

		4.2.5　イメージセンサの特性 …………110
	4.3　デジタル地上写真測量システム ……111
		4.3.1　概要 …………………………111
		4.3.2　デジタル地上写真測量の方法 …112
	4.4　デジタル地上写真測量の応用例 ……122

5. 海洋測量に使われる機器と技術 ………**126**
	5.1　海洋の位置の測量 ………………126
		5.1.1　衛星測位 ……………………126
		5.1.2　海域の水深基準面 …………132
	5.2　測深・海底地形測量 ……………136
		5.2.1　音響測深機 …………………136
		5.2.2　サイドスキャンソナー ……141
		5.2.3　航空レーザ測深 …………146
	5.3　海洋地質調査 ……………………158
		5.3.1　底質調査 ……………………158
		5.3.2　物理探査 ……………………161
	5.4　海洋物理観測 ……………………167
		5.4.1　水中音速度の測定 …………167
		5.4.2　潮位観測 ……………………170
		5.4.3　潮流観測 ……………………176
		5.4.4　沿岸音響トモグラフィー …179

6. GPSの測量工学への応用 …………**183**
	6.1　GPS測位の概要 …………………183
		6.1.1　概要と特徴 …………………183
		6.1.2　誤差と補正方法 ……………186
		6.1.3　相対測位の概要 ……………188
		6.1.4　VRS方式によるRTK測位 ……190
	6.2　電子基準点リアルタイムデータの利用
		 ……………………………………194
		6.2.1　電子基準点 …………………194
		6.2.2　電子基準点データによるGPS
			補正データ配信システム ……194
		6.2.3　VRS測位の精度検証 ………198
	6.3　GPSによるリアルタイム測位の利用
		 ……………………………………205
		6.3.1　精密測量への利用 …………205
		6.3.2　撮影精度管理への利用 ……209

		6.3.3　モービルマッピング ………212
		6.3.4　地すべり監視への利用 ……217
		6.3.5　深浅測量システムへの利用 …221
		6.3.6　陸上建設工事への利用 ……223
		6.3.7　海上土木工事への利用 ……231
		6.3.8　さまざまな分野での応用例 …236
	6.4　将来への展望 ……………………243
		6.4.1　準天頂衛星 …………………243
		6.4.2　スードライト ………………244
		6.4.3　GPSの近代化計画 …………247
		6.4.4　ガリレオ計画 ………………249
		6.4.5　GPSを用いた地震予知 ……251

7. デジタル航空カメラの測量工学への応用
	 …………………………………………**258**
	7.1　スリーラインスキャナ（TLS）…258
		7.1.1　概要 …………………………258
		7.1.2　原理 …………………………258
		7.1.3　特徴 …………………………260
		7.1.4　撮影システムの構成 ………262
		7.1.5　撮影方法 ……………………266
		7.1.6　データの特性と計測 ………266
		7.1.7　データ処理システムの概要 …267
		7.1.8　TLS測量業務の実際 ………272
		7.1.9　処理メニュー ………………276
		7.1.10　応用 …………………………278
	7.2　デジタルフレームカメラ ………280
		7.2.1　概要 …………………………280
		7.2.2　原理 …………………………281
		7.2.3　主な利用例 …………………284

8. レーザスキャナの測量工学への応用 …**289**
	8.1　概要 ………………………………289
	8.2　航空レーザスキャナ ……………289
		8.2.1　標高の計測原理 ……………290
		8.2.2　計測密度 ……………………292
		8.2.3　計測精度 ……………………292
		8.2.4　計測条件 ……………………292
		8.2.5　空中写真測量との融合 ……293

8.3 地上レーザスキャナ ……………293
　8.3.1 装置構成と測定原理 ………294
　8.3.2 技術の現状と動向 …………295
8.4 都市3次元モデル構築への利用 …297
8.5 景観シミュレーションへの利用 …299
8.6 地形解析への利用 ………………302
8.7 斜面防災への利用 ………………305
　8.7.1 航空レーザスキャナの場合 …305
　8.7.2 地上レーザスキャナの場合 …309
8.8 河川砂防への利用 ………………313
8.9 海岸調査への利用 ………………316
8.10 積雪調査への利用 ………………320
8.11 森林資源調査への利用 …………323
8.12 都市近郊林の階層構造把握への利用
　　　………………………………326
8.13 送電線近接樹林調査への利用 …330
　8.13.1 近接樹木調査の概要 ………330
　8.13.2 航空レーザスキャナによる
　　　　　離隔距離解析 ……………331
8.14 文化財計測への利用 ……………333
　8.14.1 航空レーザスキャナの場合 …333
　8.14.2 地上レーザスキャナの利用現状と
　　　　　注意点 ……………………336
8.15 土木，構造物関連への利用 ……339
　8.15.1 地上レーザスキャナの使用上の
　　　　　留意点 ……………………340
　8.15.2 測定例 ………………………341

9. 高分解能衛星画像の測量工学への応用
　　　………………………………344

9.1 高分解能衛星の概要 ……………344
　9.1.1 出現背景 ……………………344
　9.1.2 高分解能衛星および撮影の特徴…344
　9.1.3 衛星搭載センサ ……………345
　9.1.4 画像製品の種別 ……………346
　9.1.5 高分解能衛星画像の特徴 …347
　9.1.6 衛星画像購入および利用に際しての
　　　　注意点 ………………………347
　9.1.7 日本国内における運用状況 …348
9.2 農業分野への応用 ………………349

9.3 森林分野への応用 ………………353
　9.3.1 森林分野の範囲 ……………353
　9.3.2 森林分野における高分解能衛星
　　　　データの処理・加工 ………353
　9.3.3 森林分野が抱える問題とその解決策
　　　　………………………………354
　9.3.4 今後の利用 …………………355
9.4 河川分野への応用 ………………356
　9.4.1 可能性 ………………………356
　9.4.2 事例 …………………………356
9.5 防災分野への応用 ………………358
　9.5.1 防災分野における高分解能衛星の
　　　　役割 …………………………358
　9.5.2 高分解能衛星画像の災害軽減への
　　　　利用例 ………………………359
　9.5.3 高分解能衛星画像の将来的防災利用
　　　　………………………………361
9.6 環境分野への応用 ………………361
　9.6.1 生態系のマッピング ………362
　9.6.2 小規模な構造の検出 ………362
　9.6.3 景観シミュレーション ……363
9.7 地形図作成への応用 ……………365
　9.7.1 高分解能衛星画像からの
　　　　地物抽出概要 ………………365
　9.7.2 高分解能衛星画像の性能 …366
　9.7.3 地形図作成手法 ……………367

10. レーダ技術の測量工学への応用 ……369

10.1 概　要 ……………………………369
　10.1.1 測量工学との関係 …………369
　10.1.2 原理 …………………………369
　10.1.3 レーダ感度方程式 …………370
　10.1.4 レーダによる測距制約の条件 …370
　10.1.5 距離分解能 …………………371
　10.1.6 方位分解能 …………………371
　10.1.7 受信電力からみた最大探知距離
　　　　　………………………………372
　10.1.8 使われる信号周波数 ………372
　10.1.9 装置の性能を上げる技術 …372
10.2 レーダを利用している測量分野 ……373

10.2.1　合成開口レーダ ……………373
　10.2.2　コンクリート内部探査 ………387
　10.2.3　地中探査レーダ ………………391
　10.2.4　その他レーダ技術を利用した
　　　　　測量機器（液面センサ）……398
10.3　レーダの最新技術と将来 …………401
　10.3.1　パルスの立ち上がり高精度化
　　　　　（インパルスレーダ）………401
　10.3.2　未知である電磁波伝播速度を決める
　　　　　技術 ………………………402
　10.3.3　レーダ技術を使って何ができるか
　　　　　 ……………………………402

11. 熱画像システムの測量工学への応用
　　　　 ……………………………**404**

11.1　概　要 ……………………………404
11.2　原　理 ……………………………404
　11.2.1　温度計測の原理 ………………405
　11.2.2　主な熱画像観測システム ……405
11.3　火山活動のモニタリングへの利用 …408
　11.3.1　航空MSSによるモニタリング
　　　　　 ……………………………408
　11.3.2　ヘリコプタ搭載の熱赤外線ビデオ
　　　　　カメラによるモニタリング …410
　11.3.3　地上熱画像での例 ……………414
11.4　道路のり面管理への利用 …………417
　11.4.1　吹き付けのり面の調査 ………418
　11.4.2　吹き付けのり面老朽化評価の手順
　　　　　 ……………………………421
11.5　コンクリート構造物点検への利用 …422
　11.5.1　コンクリート構造物点検の背景
　　　　　 ……………………………422
　11.5.2　赤外線画像による検査方法と
　　　　　従来法との比較 ……………422
　11.5.3　高架橋の観測事例 ……………423
　11.5.4　熱収支シミュレーションによる
　　　　　適切な観測条件の検討 ……425
11.6　設備診断への利用 …………………426
　11.6.1　クーリングシステム …………426
　11.6.2　熱画像システムの適用 ………428

11.7　切土地盤評価への利用 ……………430
　11.7.1　地盤の熱的性質とその変化 ……430
　11.7.2　岩盤区分の事例 ………………431
11.8　都市の温度環境解析への利用 ……433
　11.8.1　都市空間の熱環境 ……………433
　11.8.2　ヒートアイランド現象 ………436
11.9　水温把握への利用 …………………439
　11.9.1　広域（日本沿岸など）………439
　11.9.2　中程度の海域 …………………440
　11.9.3　詳細調査 ………………………440
　11.9.4　データの取得 …………………440
　11.9.5　温度推定 ………………………442
11.10　鳥類生態調査への利用 …………442
　11.10.1　目的 ……………………………442
　11.10.2　実験方法 ………………………443
　11.10.3　実験結果と考察 ………………443
　11.10.4　熱画像の鳥類調査への利用性
　　　　　 ……………………………445

12. 測量工学で使用される主なデータ
　　　処理技術 ……………………**447**

12.1　統計処理 ……………………………447
　12.1.1　測量工学における統計処理 ……447
　12.1.2　手順と精度 ……………………448
12.2　座標変換 ……………………………450
　12.2.1　システム補正 …………………451
　12.2.2　基準点による方法 ……………451
　12.2.3　局所的座標変換 ………………452
12.3　ハフ変換 ……………………………453
　12.3.1　基本原理 ………………………453
　12.3.2　一般化ハフ変換 ………………454
12.4　最小2乗法 …………………………455
　12.4.1　測量工学における最小2乗法の
　　　　　利用 ………………………455
　12.4.2　基本原理 ………………………456
　12.4.3　最小2乗推定量の性質 ………456
　12.4.4　さまざまな最小2乗法 ………457
　12.4.5　最小2乗法による推定の精度検証
　　　　　 ……………………………458
　12.4.6　測量工学における最小2乗法

利用上の特徴 …………… 459
12.5　空間内挿法 …………… 459
　12.5.1　局所的な観測データを用いた場合
　　　　　　…………………… 460
　12.5.2　大域的な観測データを用いた場合
　　　　　　…………………… 461
12.6　フーリエ変換 ………… 463
　12.6.1　フーリエ変換 ……… 463
　12.6.2　離散的フーリエ変換 … 464
　12.6.3　周波数領域でのフィルタリング
　　　　　　…………………… 464
　12.6.4　パワースペクトル解析 … 465
12.7　雑音処理（フィルタリング）… 465
　12.7.1　デジタル画像のフィルタリング
　　　　　方法 ……………… 465
　12.7.2　画像の強調（シャープニング）
　　　　　　…………………… 466
　12.7.3　雑音処理フィルタ …… 468
12.8　写真測量 ……………… 468
　12.8.1　偏位修正画像作成 …… 468
　12.8.2　オルソフォト ……… 469
12.9　エピポラー幾何 ……… 471
　12.9.1　共面条件とエピポラー幾何 … 472
　12.9.2　エピポラー線の算出方法 … 472
　12.9.3　エピポラー幾何の簡易算出方法
　　　　　　…………………… 473
12.10　特徴抽出 ……………… 473
　12.10.1　特徴点抽出 ………… 473
　12.10.2　エッジ抽出 ………… 474
　12.10.3　領域抽出 …………… 478
12.11　イメージマッチング …… 478
　12.11.1　エリアマッチング …… 479
　12.11.2　特徴量マッチング …… 480
12.12　オプティカルフロー …… 482
　12.12.1　基本拘束式の導出 …… 482
　12.12.2　勾配法の正則化 …… 483

13.　計測データの表現手法 …………… 486
13.1　空間幾何の基礎 ………… 486
　13.1.1　空間における点と線分の表現 … 486
　13.1.2　点と線分との関係 …… 487
　13.1.3　2次曲線の表現 ……… 488
　13.1.4　空間における2次曲線の表現 … 489
　13.1.5　空間における平面の表現 … 490
　13.1.6　面と点，直線との関係 … 491
　13.1.7　2次曲面 …………… 491
13.2　地図投影法 …………… 493
　13.2.1　概要 ………………… 493
　13.2.2　投影面による分類 …… 493
　13.2.3　視点による分類 …… 494
　13.2.4　地図の性質による分類 … 494
　13.2.5　空間情報と投影法 …… 494
13.3　2次元表示 …………… 495
　13.3.1　2次元データモデル …… 495
　13.3.2　2次元データの投影 …… 496
13.4　3次元表示 …………… 497
　13.4.1　3次元データモデル …… 497
　13.4.2　モデリング ………… 498
　13.4.3　3次元データの投影 …… 499
13.5　レンダリング ………… 500
　13.5.1　隠面処理 …………… 500
　13.5.2　シェーディング …… 501
　13.5.3　光線追跡法 ………… 502
13.6　データフュージョン …… 503
　13.6.1　パンシャープン画像作成 … 503
　13.6.2　データフュージョンによる
　　　　　3次元デジタル地図構築 … 504

索　　引 …………………… 509

1. 測量学から測量工学へ

1.1 測量を取り巻く時代の変化

測量および地図の技術は，人類が誕生したときからあったといわれる．現に多くの遺跡から古地図や測量器具が発見されている．歴史的記録にも多くの証拠がみられる．しかし，測量と呼べるほどの精度が得られたのは，航海用地図がつくられ始めた14世紀ごろからといってよいであろう．四分儀，六分儀，あるいは，トランジットなどによる三角法および平板測量が開発されたのは，17世紀といわれる．

わが国で，伊能忠敬が測量機器と繰り返し歩測で日本全国の地図を作成したのは，今から約200年前の18世紀末のことであった．飛行機が発明されたのが約100年前であり，航空写真測量が実用化され，平板測量に取って代わったのは，約50年前の1960年代のことである．

1960年代から急速に台頭した計算機技術，関連する電子光学技術（レーザ技術や電荷結合素子CCDなど），衛星技術，通信技術などは，過去の技術開発の何百倍もの速さで発展し，多くの先端技術が実用に供している．デジタルカメラ，携帯電話，インターネット，衛星測位システム（GPS）に代表される情報技術（IT）は，革命といってよいほどの社会の変化をもたらした．

それらの変化の主なものは，次のように要約できる．
① アナログからデジタルへの変化．
② 手動から自動化あるいは半自動化への変化．
③ 時間および地域格差の解消．
④ 離散的観測・測定から連続的観測・測定への変化．
⑤ 情報依存型社会への変化．
⑥ 一方向から双方向通信への進歩．
⑦ デジタル画像情報の普及．
⑧ 宇宙技術の普及．

このような時代の変化に伴って，測量技術も大きく進歩した．地上測量の分野では，測量機器はすべてデジタル方式となり，測定データが自動的に記録されるだけでなく，視準点の自動視準，あるいは，動体視準物の自動追跡が可能になった．電子レベルとバーコード標尺により，水準測量は，自動読み取りが可能になった．一方，衛星技術であるGPSの普及で，受信アンテナを置くだけで，簡単に3次元位置を測定できるようになった．リアルタイムGPSを利用すれば，動きながらの3次元測定も可能になった．つまり限りなく「バカチョン」式の測量が可能になりつつあるのである．

1990年初頭に東西の冷戦が終結したことから，一気に高度な軍事技術が民用化され，レーザスキャナ，3軸姿勢計測のジャイロ技術（慣性ナビゲーションシステム：INS），高分解能衛星画像などがこの10年間に一気に登場した．1998年ごろからはデジタルカメラの解像力が一気に向上し，今や市販の500万画素のデジカメでも安価に買えるようになった．

国土交通省によって，すべての成果品を電子納品させる建設CALSが定められ，時代は電子化，情報化への道を歩まざるをえなくなった．

このような背景を考察すると，従来の測量学は，現代の関連する先端技術をすべて包含できなくなり，国際的に新しい学問領域への変換が行われるようになった．特にリモートセンシングおよび地理情報システム（GIS）が登場すると，国土空間に関する科学や工学を包含するような学問領域の改名が始まった．英語では，geospatial sciences, geoinformatics, geomatics, geomatic engineering, geospatial information sciences, spatial information sciencesなどという新しい名称が誕生した．日本語ではなかなか適切な言葉がなく，東京大学では，空間情報科学あるいは空間情報工学と呼ぶことになった．すなわち，geospatial informationを空間情報といい直したことになる．

多くの先進諸国では，測量学の言葉は廃止され，上記の名称に代わっている．

1.2　測量工学の範囲

わが国で定義されている「測量」という用語は，昭和24年に制定された測量法において，基本測量，公共測量およびその他の測量に分類されている．基本測量とは，土地の測量をいい，すべての基礎になる測量で，国土地理院が行う測量である．公共測量とは，基本測量以外の測量で国または公共団体が実施する測量である．

しかし，国際的に使用されている測量(surveying)の範囲は，国際測量者連盟(FIG)が，「陸地，海及びそれらの上にある構造物の効率的な管理・運営を企画・実施するために用いられる土地及び現在の開発動向に関する情報を収集するための科学測量」と定義している．その具体的な内容は，次のものを含む．

①　土地・地勢に関する情報体系の設計，管理，運営を行い，そのデータ収集および保存を行い，さらにデータの解析により，企画設計のための地図，ファイル，海図，報告書を作成する．

②　都市および地方における土地または建物財産の利用，開発，再開発に関する企画および管理を行う．管理には，関連法規，経済，環境および社会要件を考慮に入れた財産価値の決定，コストの見積もり，資金，労働力，資材などの資源の経済的運用が含まれる．

③　自然および社会環境に関する研究調査，陸上および海上資源の測定を行い，さらにそれらのデータを用いて都市，農村，地方における開発計画を行う．

④　内国境界および国境を含む公有地および私有地の境界の位置決定を行い，それらの土地の当局への登記を行う．

⑤　地球の形状を決定し，地表のあらゆる部分の大きさ，位置，形状および等高線を決定するために必要なすべての事実を測定する．さらに，それらの事実を記録した図面，地図，海図を作成する．

⑥　空間における物体の位置決定および地表における物理的特色，構造物および土木工事の位置決定を行う．

測量法に定められた測量以外の国の測量には，海上保安庁水路部による水路測量，旧国土庁（現国土交通省）の土地分類調査や地籍測量，林野庁の森林基本図のための測量などが含まれるが，国土地理院が実施する基本測量および公共団体が実施する公共測量を含めても，上記の国際測量者連盟の定めた測量のうち，限られた範囲しかカバーしていないことがわかる．わが国の測量は，④および⑤が中心であり，一部⑥が含まれる程度であり，①，②，③の測量は，従来の測量の範囲にはなかった．

すなわち，わが国では，国土の開発，管理，運用のための測量，およびその開発計画・設計は，測量というより，建設コンサルタントの業務として扱われてきた．国際標準では，問題解決型の測量およびコンサルティングが重要な役割をしていることがわかる．

本来「工学（エンジニアリング）」とは，社会の抱える問題を解決するために，その時点で最善の解を与える技術の利用体系をいう．したがって，本書でいう「測量工学」とは，陸地，海上，地中，空中の問題を解決するための測量技術をさすことにする．

測量工学の範囲を利用分野からみると，次の分野が含まれる．

①　土地の形質を変更する土木計画，設計，施工，管理のための調査・測量．

②　環境の変化を伴う行為に対する調査・測量．

③　海岸および海域における工事などに対する調査・測量．

④ 人工構造物(都市,文化財を含む)の維持・管理のための調査・測量．
⑤ 災害被害あるいは防災対策のための調査・測量．
⑥ 環境の評価のための調査・測量．
⑦ 自然現象把握のための調査・測量．

一方,測量工学で扱う技術をみると,次のものが含まれる．

① 測量機器(セオドライト,レベル,トータルステーションなど)．
② 衛星測位システム(GPSなど)．
③ 航測カメラ(航測デジタルカメラ,スリーラインスキャナなど)．
④ 地上測量用デジタルカメラ．
⑤ レーザスキャナ(航測用および地上用)．
⑥ 音波探査機(マルチビーム測深儀など)．
⑦ レーダ(合成開口レーダ,地中レーダなど)．
⑧ 高分解能衛星画像． 〔村井俊治〕

2. 測量工学に関連する先端技術の変遷

2.1 アナログ時代の測量技術

測量技術は，1970年代にコンピュータおよびレーザが普及してから大きく変わった．すなわち，アナログ方式からデジタル方式に変わった．今でも一部にアナログ技術は残っているが，主流はデジタル方式である．本節では，アナログ方式の測量を取り上げ，それらが，デジタル方式にいかに変貌したかを述べたい．

1） 副尺（バーニア）付きの読み取り

アナログ方式の測量機器には，副尺がついていて，測量作業者は，目盛の数字と副尺の目盛を読み取らなければならなかった．副尺があれば目盛の1/10（場合によって1/5だったり1/20だったりした）の細かさで目盛が読み取れた．機器によっては，倒立像のため，しばしば読み取りの間違いを起こした．測量では，まず副尺の読み方を覚えることが基本技能であった．デジタル方式になり，目盛を読む代わりに数字を読めばよくなり，さらに読まなくても自動的に記録されるようになった．

2） 手簿への記入

アナログ時代には，観測者のほかに手簿を記録する記録係が必要であった．記録係は，野帳や様式の決まった用紙に測定値を記入するだけの役割であった．観測者が読み上げる値を復唱しながら記入したが，当然記入ミスが起きた．デジタル時代になって，記録は自動化されたので，記録係は不要になり，ワンマン測量が可能になった．

3） 測量計算

アナログ時代には，昼間測定したデータを，夜間に，内業と称して，測量計算をしなければならなかった．そろばんやタイガー計算機，あるいは電卓で計算し，誤差が規定以内に入っているかどうかをチェックしなければならなかった．誤差が規定をこえる場合，再測定しなければならなかった．最小2乗法の計算を手計算するのは大変であった．測量では，8桁をこえる値の乗除算が必要なことが多いが，アナログ時代には，三角対数表と呼ばれる辞書タイプの分厚い表が必要であった．デジタル時代には，数値をプログラムに入れるだけでよくなり，さらに最近では，測量機器に内蔵されているソフトウェアにより，その場で成果値が得られるようになった．

4） 視 準

測量技術の一つとして，視準対象のポール，標尺や標識をいかに正確に視準するかが問われた．測量機器には，ウマの毛がレンズ側の視準線に使われた．デジタル時代には，反射プリズムを視準することが多いが，大体の中心近くを視準すれば，正確な中心は，自動視準してくれるようになった．

5） 三角測量

距離の測定は，主に巻き尺で行われたので，広い範囲の測量を実施するには，基線のみを距離測定し，後は，三角測量と称して角度の測定により，三角網がつくられた．光波測距儀が開発され，距離の精度が角度の精度よりもよくなると，三辺測量による誤差調整方法が使用されるようになった．いずれの場合も，山の頂上のように見通しのよいところに三角点を設置し，互いに視通しなければならないので，観測者は山の上まで登らなければならなかった．ヘリコプタで観測者を山の上まで運び上げたこともあった．10 km以上も離れた点を視準するのに，回光灯が用いられた．大気が最も安定する日の出や日没の時間帯に観測が行われたので，観測者に大変な負担がかかっ

た．GPSが開発されると，互いに視通する必要がなくなったために，基準点を山の頂上に設置する必要がなくなった．新たに平地にGPS用の電子基準点が設けられた．

6) 平板測量

現地に平板とアリダードを持ち込み，角度と距離を測定しながら地形図を作成する，いわゆる平板測量が細部測量の基本であった．今でもなくなってはいないが，航空写真測量や電子平板測量に取って代わられた．特殊な技能が必要なために，測量の実習では，平板測量が最も重要視された．測量教育によいと称して，今でも教育の現場で平板測量を教えているところもある．しかし，実際の測量の現場では，平板測量は使われなくなった．日本の測量機器メーカーは，アリダードの生産を中止している．ノンプリズムのトータルステーションが開発されると，測定したすべての地物の3次元データがデジタルで記録されるため，地形図作成のみでなくGISへのデータ取り込みに圧倒的に便利になった．

2.2 デジタル時代の測量技術

ここでは，地上における測量，船からの測量，航空機による写真測量，および衛星からの測量に分けて，最近の測量機器および測量技術を紹介し，いかに測量技術が進歩したかに焦点を当ててみたい．

2.2.1 地上における測量

1) トータルステーション

光波測距儀の距離測定機能とトランシットまたはセオドライトの角測定機能を一緒にした測量機器である．測定点に反射プリズムまたは反射シールを置き，測定すると，距離，水平角，上下角が測定され，測定点の座標が即時に計算される．自動視準の機能を有する機種もある．測定点にターゲットを置かないで，地物からの反射のみで測定する方式は，ノンプリズムトータルステーションと呼ばれ，旧来のアナログの平板測量に代わる新兵器となった．トータルステーションには，さまざまな機能のソフトウェアが組み込まれており，杭出し，後方交会，三角形辺長，オフセット計算などができる．記録は，メモリーに記録される．機種によっては，携帯電話を使って，測定したデータを別の局に送信できるものもある．トータルステーションにGPSアンテナを結合した機種は，図根点が不要になる．デジタルカメラを内蔵させた機種もある．

このように測量が便利になったことから，建設工事現場では，ほとんどがトータルステーションによって行われるようになった．

2) 電子レベル

レベルを大体水平に設置すれば，自動的に水平にしてくれる．昔は，気泡管に依存して，水平を確保した．電子レベルの水平度は約3〜4秒の角度であるといわれるから，気泡管の約20秒の角度に比べてはるかに精度は向上した．電子レベルにも計算機能を有するソフトが内蔵されているので，記帳や計算は不要になった．標尺には，バーコードが書かれ，機械が目盛を自動的に読み取ってくれる．

3) レーザ距離計

いろいろな精度の距離計がある．プリズムや反射シールを使うタイプと，ノンプリズムタイプとがある．精度のよいものは，短距離ならmmの精度で測れる．最近では，連続測定できる機種があり，動的な計測ができるようになった．

4) レベルプレーナ

水平方向に向けられたレーザ光が，水平面内を回転する機械である．土木や建築の工事現場では，水平線を視覚的に仮想的に張れるので便利である．

5) 地上型レーザスキャナ

急峻な斜面や擁壁，モニュメント，文化財，遺跡などを直接レーザスキャナにより，3次元の点群として3次元の形状を測定できるようになった．鎌倉の大仏の3次元形状が，レーザスキャナにより計測された．

6) ジャイロ方位計

平板測量では，磁石により測定される磁北が方位の代わりに使われたが，正確ではない．トンネ

ルなどでは，正確な方位はジャイロにより求められる．30分以上静止させなければならないが，精度は10秒以内といわれる．

7） GPS

GPS は測量に革命をもたらしたといえる．単独測位の場合で約 10 m, ディファレンシャル (DGPS) の場合で約 1 m, リアルタイムキネマティック (RTK-GPS) で数 cm, スタティックで数 mm の精度の測量が可能となった．建設現場の土工量の測定には，リアルタイムキネマティックの精度で十分なことから，車両に GPS を搭載して数値標高データ (DEM) を計測している．GPS を背中に背負って，縦横断測量をすることも可能になった．平成14年度から開放された電子基準点を利用したネットワーク型 RTK 方式により，リアルタイムの GPS 測量が簡便に実施できるようになった．

2.2.2 船からの測量

1） 測深儀

GPS が利用できるようになり，正確な航跡の位置が求められるようになったために，以前より正確な水深図の作成ができるようになった．

2） マルチビーム測深儀

船の鉛直下方のみでなく，面的な走査ができるため，水深図の作成だけでなく，海底に沈んだ落下物の探索に大変役立つようになった．

3） GPS

航海用には，DGPS で十分である．沿岸の海洋工事などでは，作業船にリアルタイムキネマティック GPS を搭載しておけば，船の動きを連続的に測定できる．また，海上の位置決めもきわめて容易にできるようになった．

2.2.3 航空機からの測量

1） GPS/IMU

画期的な技術革新の一つが，GPS と IMU（慣性計測装置）の組み合わせであろう．航空機に搭載された航測カメラなどのセンサの位置が GPS により計測され，IMU によってセンサの3軸の傾き，すなわち姿勢が計測できるようになった．これによって，今ひとつ精度が向上すれば，解析的な航空三角測量または外部標定が不要になり，したがって基準点または対空標識が不要になる．

2） フィルムデジタイザ

航空写真のフィルムをデジタル画像に変換するフィルムデジタイザは，1画素あたり 10 μm 以下の分解能で数値化できるようになった．ロール状のネガフィルムのままでデジタイズできる．

3） 航空機搭載スリーラインスキャナ

リニア CCD をレンズカメラの焦点面に3本，平行に配置し，鉛直下方，前方斜め，後方斜めの3方向を航空機の飛行に合わせて線走査すると，トリプレット画像が得られ，地形の3次元測量が可能となる．スタビライザおよび GPS/IMU を搭載して，センサの幾何学的条件をモデルに組み，航空三角測量を実施する．3～5 cm の詳細な分解能の画像が得られる．また最近，エリア CCD を用いた高分解能の航測デジタルカメラが開発され，リニア CCD 方式のラインセンサと競争関係に入った．

4） 航空レーザスキャナ

GPS/IMU を搭載した航空機から，レーザスキャナにより，25～100 kHz の周期でレーザビームの地上からの反射を測定して，地形の細かな3次元座標をもつ点群を得る．一般に地表の表面の3次元座標が与えられるが，特殊な処理をすることで，たとえば，樹木の下にある地面の大体の標高を求めることができる．都市の高層ビルなどの高さの測定はきわめて簡単にできるようになった．精度は，15～30 cm といわれる．

5） 航空機レーダ

わが国では，レーダに使用される電波の周波数割り当ての使用許可をもらうことが難しく，利用されていない．しかし，欧米では実用化されており，精度は約 1 m といわれる．雲があっても，夜間でも測量できるので，効率はきわめて高い．火山噴火や台風の被害調査にはうってつけである．P 波と X 波を使ったレーダは，樹木の高さがわかるといわれる．

2.2.4 衛星からの測量

1） 高分解能衛星画像

工学的な利用からすれば，1mあるいは1m以下の分解能の衛星画像は，車両や家屋がみえる詳細度を有するので，都市工学や交通工学に役立つであろう．ステレオ画像から1/10000の縮尺を有する地形図や，1/5000の画像地図が作成されている．土木施設の構想段階に役立てることが期待される．

2） 高時間分解能画像

NOAAやMODISは，幾何学的には低分解能ながら，1日に数回データ取得が可能であるため，マクロな地球観測を連続して観測できる．雲なし画像にするには，少なくとも10日ごとのモザイク画像を作成しなければならない．植生や海洋の変化を理解するのに役立つ．

3） ハイパースペクトルスキャナ

多バンドのスペクトルを有するハイパースペクトルスキャナは，まだ十分な経験がないが，岩質判読，海水の水質分析，農業の作柄調査などに役立つと期待されている．

4） 成層圏プラットホーム

まだ構想段階であるが，成層圏に気球がほぼ静止した状態で浮いているので，適切なセンサを搭載すれば，24時間監視体制が可能になる．GPS/IMUを同時に搭載しておけば，究極のリモートセンシングが可能になるであろう．

2.3 未解決の測量の課題

デジタル時代になって多くの測量技術が進歩を遂げたが，未解決の課題も残されている．

1） 三脚

測量機器は，未だに三脚の上に設置しなければならず，運搬および設置作業の負担が多い．三脚が重いため，女性の測量技術者が育ちにくいといわれる．脱三脚は一つの課題であろう．

2） 測量機器の設置

測量機を三脚に載せて，測量杭の中心に正確に整準することは，熟練を要する．設置の善し悪しは精度に直接影響するため，慣れない者は，作業が大変である．自動整準は課題である．

3） 気泡管

水準を確保するのに気泡管が使われているが，手づくりされているという．まだデジタル化されていない技術である．

4） 電源

測量機器が光学電子機器になり，バッテリーが必要になった．リチウム電池など軽量化されたものもあるが，まだ重いだけでなく，耐用時間が短く作業の制約がある．太陽電池による蓄電など改善の余地がある．

5） 接続ケーブル

接続ケーブルがきわめて多く，運搬および結線が煩雑である．ワイヤレスにするのは課題である．

6） 雨天時の測量

雨天時は観測条件が悪いため，作業は実際にはできないことが多い．測量機器の防水性は保証されていても，高価な機器のため，実際には雨天時は使いにくい．また，労働管理上，夜間観測はしにくい．天候に作業が左右されることが，測量の生産性を阻害している．

7） 方位の決定

ジャイロ方位計で方位は決定できるが，高価であるだけでなく，簡便性はない．簡便で正確な方位決定方法はない．デジタル方位計は，精度が1度程度であり，測量に使える精度ではない．磁石による磁北も正確な測量には使えない．

8） GPS観測による標高決定

GPSから得られる高さは，地球楕円体の高さであるため，ジオイド高を差し引いて，ジオイド面からの高さ，すなわち標高に換算しなければならない．しかし，ジオイド高は，わが国においては2kmメッシュでしか与えられていない．山岳地のようにジオイドが複雑なところでは正確なジオイド高がわからないため，GPSの観測による楕円体高と標高の関連が不正確になる．発展途上国ではジオイドが観測されていない地域が多く，標高に換算できない．

2.4 将来の測量工学の課題と展望

基本測量および公共測量のための測量技術は成熟しており，ほぼ完成しているといえよう．しかしながら，本書が目指す「測量工学」に必要な測量技術は，数多くの先端技術として開発され続け，未確立の技術も含まれる．

従来の測量は，「止まっているところから，止まっている物の測量」であったが，「測量工学」に求められる測量技術は，下記のような対象も含まれる．

① 止まっているところから，動いている物の測量．
② 動きながら，止まっている物の測量．
③ 動きながら，動いている物の測量．
④ 動いている現象の連続的測量．

従来の測量は，主として位置あるいは3次元座標の測定であったが，測量工学においては，さらにリアルタイムの位置および姿勢（一般に3軸の回りの角度：ロール角，ピッチ角，ヨー角で与えられる）の計測が必要になる．衛星測位システムが利用可能になったことから，ほぼリアルタイムで位置の測定は可能になった．姿勢の測定に関しては，1990年の冷戦終了に伴い，軍事技術だった姿勢計測装置（ジャイロ）が市販されるようになったが，高価であることや，ドリフト誤差が累積するという問題が存在する．

衛星測位システムは，測定点の上空が十分開けている条件のもとで所定の精度が得られるが，高層ビルの多い都市や樹木のある森林においては，利用に制限がある．これを解決するために準天頂衛星が提案されているが，十分な精度で測量できない地域は依然として存在するであろう．衛星測位システムが利用できるところから，利用できない場所をいかに効率よく測量できるかが今後の課題である．しかし，国土地理院が電子基準点のリアルタイム利用を開放したことは，24時間連続観測を可能にするものであり，今後大きく利用促進されることが期待される．

測量においては，方位を定めることはきわめて重要であるのだが，従来は，夜間に北極星の動きを観測することで真北が測定されてきた．ジャイロを用いた真北測定装置も開発されているが，30分以上の時間がかかり，リアルタイム性は低い．宇宙衛星においては，スターセンサによる姿勢計測がなされているが，星がみえない昼間の観測には利用できない．平板測量においては，磁北の精度は低く，北方向の目安を与えるにすぎない．

衛星測位システムを用いて，2点の座標値から方位を求める方法が利用できるが，2点間の距離が小さければ，その精度は低い．

3軸の加速度を2重積分して3次元座標を求める，いわゆる慣性測量が一時話題に上ったが，誤差が累積する問題はまだ解決されておらず，実用的精度は期待できない状況にある．しかし，衛星測位システムとのフィードバック機構を導入すれば，補完的測量に利用できるであろう．

従来の測量は，三脚の上に測量機を据えつけ，人間が肩に担いで，次の測定点に移動することが基本であった．この方式は，測量機が開発されて以来数百年，変わっていない方式である．三脚および測量機の総重量は10 kgをこえており，女性の測量技術者の進出を阻害してきた．二輪，三輪および四輪自動車を用いた移動体方式の測量は，今後の課題である．

測量の制約の中に，雨天時および夜間の問題があった．測量機には防水加工が施されているというものの，現実には，このような条件では，測量は実施されていない．また，航空写真や衛星画像の取得においても，雲による視覚障害は大きな制約となっており，著しく効率を低下させている．レーダ技術は，この条件を克服するとはいえ，光学画像と比べて視認性は低く，代替技術にはなっていない．しかし，常時監視システムとしての機能は大きな期待をもたれている．

レーザスキャナは，新しい先端技術として，大きな期待がもたれている．実際に従来技術でできなかった性能や効率を実現している．しかし，これが，真に実用化されるまでには，まだ数年間の実験と実績の蓄積が必要であろう．最近急速に発展しているデジタルカメラによる3次元測定のよ

い競争技術として，並行利用または融合利用されると思われる．

　GISは，本書では取り上げなかったが，測量工学とGISの結合は，大きな市場を形成するであろう．測量技術は，1次情報をGISに提供する技術として，さらに大きな役割を果たすことになるのは間違いない．GISは地籍や用地など，さらに大縮尺な情報を必要とするので，正確な情報が求められると同時に，リアルタイム性も求められることになり，測量工学の役割も必然的に増大するであろう．

　わが国の測量技術者の社会的地位は，必ずしも高くはなかった．これは，測量士および測量士補の資格が，国家試験による資格取得のほかに，学歴と実務経験のみで与えられるという制度によるといわれているが，測量技術の社会への貢献度が十分にみえる形で発揮されてこなかったことも背景にあると考えられる．従来の測量は，主として基本図あるいは公的な地図を作成する技術として認識されており，社会の問題を解決する測量工学的なとらえ方がなされてこなかったことに起因するのであろう．その意味で，本書で編纂した「測量工学」の技術が，社会の抱える問題を解決するための工学的ソリューションを与える技術であると認識されることを期待し，測量工学に携わる技術者の社会的地位の向上に寄与できればと考える．

〔村井俊治〕

3. 地上測量に使われる測量機器と技術

3.1 測量機器

3.1.1 種　類
1）定　義
　本書で扱う「測量機器」は，一般工事現場で行う測量および計測を対象とした地上測量用の機器で，主に鉛直線を基準とする機器をいい，かつデジタル化した高機能の測量機を対象とする．

　したがって，平板やアリダートおよび傾斜計などは，本書では扱わない．なお，本文中の機器の構成や観測手順などの解説は，機器ごとに共通の事項を扱っているつもりであるが，実際の使用に当たっては，各メーカー発行の技術資料や取り扱い説明書を参照されたい．

2）分　類
　測量機器は，表3.1.1に示すように，電子式と従来型に分類する．

3）測量機器と測量
　表3.1.2は，測量機器がどのような測量現場で使用されているかを示している．

3.1.2 観測に際しての取り扱い方法
　ここでは，高精度の測定を効率よく遂行するために，心得ておくべき測量機器の一般的な取り扱い方法を記す．

　機械各部の名称は，3.6.1項を参照のこと．

a. 三脚の立て方
　三脚（図3.1.1）を用いて，光学求心装置付きのセオドライト，トータルステーション，反射プリズムなどを測点上に据えつける方法を次に述べる．

　①準備する：　脚ベルトを外す．脚は閉じたまま，石突きを地面に立てる．外した脚ベルトは脚に絡めておく．

　②伸縮固定ねじを緩める：　脚頭を保持しながら中棒が軽く滑り出すまで緩める．緩めすぎな

表3.1.1　測量機器の分類

対象項目	電子式測量機器	従来型測量機器
水平	電子レベル	自動レベル
角度	電子セオドライト	セオドライト
距離	光波距離計	鋼巻尺
角度距離	—	タキオメータ
真北	オートジャイロステーション	(ジャイロセオドライト)
2次元	電子平板	平板
作図	デジタイザ スキャナ プロッタ	—
基線ベクトル	トータルステーション GPS測量機	—
水深	音響測深機	測深縄
流速	電磁流速計	流速計
3次元	デジタル空中写真 レーザスキャナ	空中写真

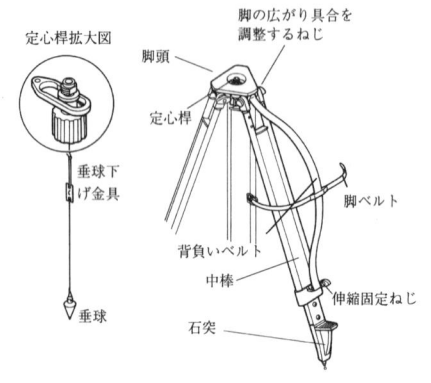

図3.1.1　三脚各部の名称

3.1 測量機器　　11

表 3.1.2 地上測量機器と測量の種類

いこと．

③脚頭の高さを調整する（図3.1.2）： 脚を閉じたまま，脚頭部をつかんで引き上げる．引き上げの高さは，観測者の胸から首の辺りとし，伸縮固定ねじを軽く締める．

④脚を開く（図3.1.3）： 3個の石突が正三角形の頂点に位置するように開く．正三角形の中心が測点上にくるようにイメージしながらセットする．

⑤脚頭の高さを調整する（図3.1.4）： 開脚後の脚頭面は，観測者の胸の高さとする．脚頭面は，できるだけ水平にする．

⑥各石突を踏み込む（図3.1.5）： 1本の石突に全体重をかけて踏み込み，残りの2本も脚頭が水平になるよう注意しながら踏み込む．測点と正三角形の中心がほぼ一致していることを確認する．ずれ量は，10 cm程度までとする．確認は，脚頭中心から小石を落として確認する．また，定芯桿の垂球下げ金具に垂球を取りつけるなどの方法があるが，これらの作業に習熟すれば，この限りではない．

⑦測量機を脚頭に固定する（図3.1.6）： 脚頭のほぼ中央に測量機を載せる．定芯桿ねじが測量機下部の取り付け穴位置に確実に噛み合うまで，片手で本体（取手）を保持する．

⑧光学求心装置で測点を確認する（図3.1.7）： 光学求心装置の接眼つまみで，焦点板マークにピントを合わせる．光学求心装置の合焦つまみを回して測点にピントを合わせる．

⑨焦点板マークを測点に合わせる（図3.1.8）： 整準ねじを操作して，焦点板マークの中心と測

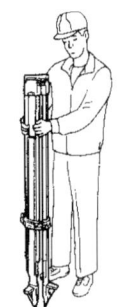

図3.1.2 脚を閉じたまま引き上げる

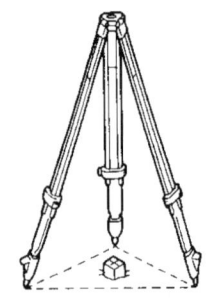

図3.1.3 脚を開き，測点に合わせる

図3.1.4 脚頭の高さと水平を調整

図3.1.5 石突を踏み込む

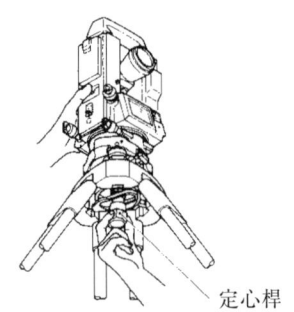

図3.1.6 定芯桿で固定する

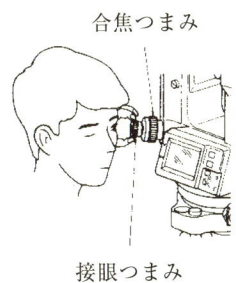

図 3.1.7　光学求心装置で測点を確認

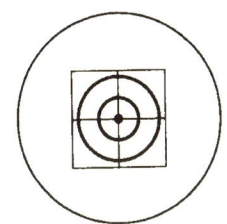

図 3.1.8　焦点板と測点を合わせる

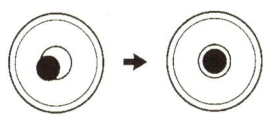

図 3.1.9　円形気泡管の気泡を中心に導く

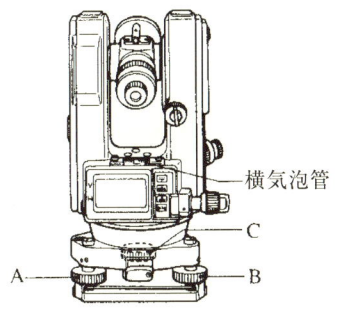

図 3.1.10　横気泡管を調整ねじ A と B に平行にする

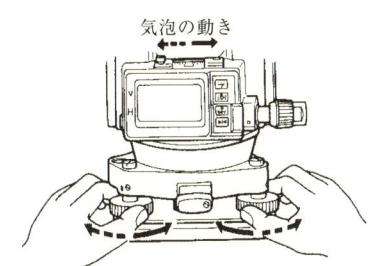

図 3.1.11　整準ねじの対向操作

点を合致させる．整準ねじの操作に当たっては，測量機を脚頭に据えつけた段階で，整準ねじは 3 本とも作動範囲の中央辺りにセットしておくこと．また，整準ねじの作動範囲内で合致させられない場合は，脚頭の傾きが大きすぎる，あるいは，脚の三角形中心と測点とのずれが大きいことが考えられるので，三脚の設置（④）からやり直すこと．

⑩ 円形気泡管の気泡を中心に導く（図 3.1.9）：
脚の伸縮によって円形気泡管を調整する．気泡が寄っている方から遠い脚を伸ばすか，または気泡が寄っている方に近い脚を縮める．片足を軽く石突に載せた状態で作業をするとよい．また，伸縮固定ねじを軽く緩めて行うが，外棒と中棒の境で外棒を握り，中棒が急に縮まないようにする．調整後は，伸縮固定ねじを締める．

⑪ 横気泡管の気泡を中心に導く：　測量機の固定つまみを緩めて本体を回転し，横気泡管を整準ねじ A と B を結ぶ線と平行にする（図 3.1.10）．整準ねじ A と B を同時に「対向操作」して，横気泡管の気泡を中央に移動させる．整準ねじの同時「対向操作」とは，左右の親指と人差し指で 2 本の調整ねじをつまみ，同時に内側へ絞る方向か，または外側に開く方向に回す操作のことである．左手の親指の動く方向に気泡が動く（図 3.1.11）．「左手親指の法則」と記憶していると操作しやすい．整準ねじ A と B を結ぶ線に垂直な方向に本体を回転する．整準ねじ C のみを使って横気泡管の気泡を中心に移動させる．本体をさらに 90°回転させ，横気泡管の気泡が中央にあることを確認する．気泡が中央にない場合は⑪を繰り返し，いずれの位置でも気泡が中央にあるようにする．

以上の手順を繰り返しても気泡が中央に収まらない場合は，気泡管の調整不良として，3.1.4 項に従い調整する．

⑫ 機械を求心する：　光学求心装置を覗き，焦点板マークと測点とが一致しているかを確認する．ずれている場合には，定心桿を緩め，脚頭上

で機械全体をわずかに移動し，焦点板マークと測点とを一致させた後，定心桿を締め機械を固定する．それでもなお焦点板マークと測点とが一致しない場合は，手順⑪をやり直す．

⑬ 確認する： 機械を回転させ，どの方向でも横気泡管の気泡が中心にあることを確認する．若干の微調整は，手順⑪以下を繰り返す．

b. 視差および視準について
1） 視差

視差とは，望遠鏡光学系で目標の実像が焦点板上でなく，前後に外れた場所に結像することである．観測者の眼が望遠鏡光軸上にないと，焦点板十字線と実像との間にずれが起きる．これを視差という．視差は，視準方向がずれて誤差の原因になるので，絶対に起こしてはならない．視差がないことを確認するためには，十字線と目標物の両者がともに鮮明な像であることが不可欠である．

① 視差がないことの確認： 目標物に十字線を合わせた後，目の位置を左右にずらしても十字線と目標物がずれないことで確認する．

② 視差の消去： 接眼レンズの枠を時計方向に十字線が明らかにぼけるまで回す．次に少しずつ反対方向に回しながら十字線がぼける寸前で止める．再度，遠方の目標物を視準して視差のないことを確認する．

この調整は，作業前に行い，一連の作業の途中で再調整をしてはならない．

2） 視準

① 望遠鏡固定つまみと水平固定つまみを緩め，ピープサイトで目標を視準する．ピープサイトは，目標を望遠鏡の視野内に導くためのもので，覗こうとせずに20 cm程度眼を離したところからピープサイト内の指標と遠景の目標を同時にみるようにする．

② 水平固定つまみを軽く締める．水平微動ねじを緩める方向（反時計方向）に回し，縦十字線が目標物をやや通過したところで止める．次に水平微動つまみを締める方向（時計方向）に回して，横十字線を目標に合わせる．行き過ぎた場合は，大きく戻し，再び水平微動つまみを締める方向から目標に合わせる．

③ 望遠鏡固定つまみを軽く締める．望遠鏡微動ねじを緩める方向（反時計方向）に回し，横十字線が目標物をやや通過したところで止める．次に望遠鏡微動ねじを締める方向（時計方向）に回して，横十字線を目標に合わせる．行き過ぎた場合は，大きく戻し，再び望遠鏡微動つまみを締める方向から目標に合わせる．

④ 注意
・水平角の0セットは，上記方法と同様に十字線が目標点のやや右下側にある状態で0セットキーを押し，水平角を0°0′0″にした後，微動つまみを使って視準する．
・境界杭などの角度観測は，杭を直接視準し，距離測定は，反射プリズムを視準する．
・両眼を開けた状態で観測する（片眼をつぶると眼が疲れる）．
・観測中は，三脚に触れてはいけない．
・反射プリズムは，できるだけ測点に近づけて設置する．
・本体の基本キー操作は，視準前に行う．視準後にキー操作をした場合，再度望遠鏡を覗いて視準を確認する．

3.1.3 測量の誤差とその対策

測量の誤差は，測量機器による誤差，自然現象による誤差，人的誤差などに種別することができる．ここではレベルおよびトータルステーションの使用に伴う誤差について記す．

a. レベル

水準測量における誤差要因には，以下のものがある．

1） 機器誤差
① 視準軸の傾斜誤差
・ティルティングレベル： 気泡管が水平を指示しても視準軸が水平でないことによる．
・自動レベル： 自動補正機構の動作不良（視準軸が水平でないなど）による．

これらは，機器を使用する前に焦点板十字線の点検・調整（3.1.4項），また，観測時にレベル，標尺間距離を前視と後視とで等しくすることで回避できる．

② 視軸の誤差

合焦操作で視準線の移動に伴う視準軸の変化による誤差．

レベルと標尺（前視と後視）の距離を等しくし，合焦操作をしなくてもすむようにすることで回避できる．

③ 標尺の目盛誤差

標尺が正しく目盛られていないことによる誤差．

検定された標尺を使うことで回避できる．

④ 標尺のゼロ点誤差

2本の標尺を使用する場合，端点など等しくないときに生ずる誤差．

最初の出発点に立てた標尺を最後の到達点に立てることで回避できる．

⑤ 標尺の傾斜

立てた標尺が傾斜していると，高低差が正しく測定できない．次のような対策で回避できる．

・標尺の鉛直性は，標尺に取りつける円形気泡管で確認する．

・標尺の傾き： 基本測量や公共測量および電子レベルなどでは，標尺専用の気泡管などを使用するが，要求精度が高くないなどの場合は，次の操作をする．すなわち，視準線に対し左右方向の標尺の傾きは，観測者がレベル視野内で確認できるので，標尺保持者に修正を指示するが，前後方向の傾斜は，観測者ではわからない．標尺保持者は標尺が鉛直に立っていると思われる位置から標尺を前後に揺らし，目盛が最小になったときの値を採用する．

2) 自然現象による誤差

① 地盤の沈下

観測中にレベルを搭載した三脚や標尺の重みで，地面が沈下することによる誤差．

軟弱な場所を避けること，地盤が軟弱な場合は，あらかじめ木杭などを打ち込み，その上に三脚を設置し，観測を迅速に行うこと，標尺には，標尺台を用いることで回避できる．

② 陽炎による誤差

陽炎など地表近くの空気が及ぼす光線（視準線）の揺れによる誤差．

陽炎の少ないときに観測すること，視準線が，地表面の近くを通らないようにすることで回避できる．

③ 大気異常屈折による誤差

地表近くの層構造をもつ大気を通過する光線は湾曲する．そのために標尺の正しい位置を読み取れなくなる．

地表近くを視線が通らないようにすること，具体的には，標尺の低い位置の目盛（たとえば地上高 30 cm 以下）は使わないことで回避できる．

④ 温度変化による誤差

太陽光の直射や周囲温度の変化による標尺の伸縮およびレベル本体の温度の不均一性による気泡管などの機能不良などが原因で起こる．

機器に直射日光が当たらないように，日傘などを用いること，温度補正を加えるか，温度変化の影響の少ない標尺を用いることで回避できる．

3) 人的誤差

① 視差

合焦操作が不完全な場合，眼の位置が動くと，焦点板十字線と標尺の目盛像の位置関係が変化し，標尺の読みに誤差を生じる．

視差のない状態で観測することで回避できる（3.1.2 項 b の 1) 視差を参照）．

② 読定誤差，記録ミス

読定や記録に関する誤差は，かなりの部分が自動化されていて，これらに起因するものは激減していると思われる．

次のような対策で回避できる．

・読定誤差： 手簿者は，観測者の読定に対し，声を出して復唱すること．また，観測者は，手簿者の復唱を確認する．

・記録ミス： 同上．

これらのミスは人的なものであり，完全に消去することは困難なので，他の人にチェック依頼をする．また角観測と同様であるが，手簿者は，声を出して復唱する．

b. セオドライト（トータルステーション）

セオドライトには，鉛直軸と水平軸および視準軸がある．それらは，互いに直交していることが必要である．トータルステーションでは，この3

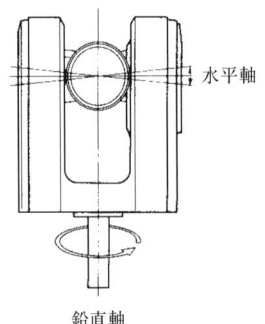

図 3.1.12 水平軸誤差

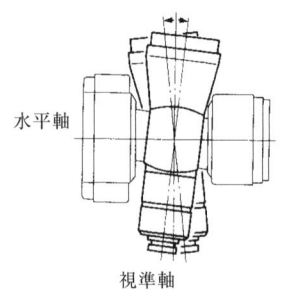

図 3.1.13 視準軸誤差

軸に加えて視準軸と測距軸とが同一軸であることが望ましい．

測量機の生産に当たっては，最新の工作機械が使用され，鉛直軸を基準に各軸の直交性は十分確保されている．目盛盤やエンコーダは，写真技術によりそれぞれ仕様に耐えられるものが提供されている．

本体の構造に起因する誤差は，次に示すものがある．なお，下記の水平軸誤差，視準軸誤差，外心誤差は，望遠鏡反転による方向角観測（対回観測）を実施することで消去できる．

① 水平軸誤差（図 3.1.12）： 鉛直軸に対して水平軸が垂直でないために生ずる誤差．
望遠鏡を反転して行う対回観測で消去できる．

② 視準軸誤差（図 3.1.13）： 視準線が水平軸（横軸）に垂直でないために生ずる誤差．
望遠鏡を反転して行う対回観測で消去できる．

③ 外心誤差（図 3.1.14）： 鉛直軸と視準軸とが交差しないために生じる誤差．
望遠鏡を反転して行う対回観測で消去できる．

④ 目盛盤の偏心誤差（図 3.1.15）： 鉛直軸が水平目盛盤（あるいは水平軸が高度目盛盤）の中心を通らないために生ずる誤差．
目盛盤の 180°対向部の目盛を読み取り，その値を平均することで回避できる．

⑤ 目盛盤の分画誤差（図 3.1.16）： 目盛盤上の目盛ピッチが均一でないために起こる誤差．
対回観測で対回ごとに目盛使用位置を変更するなどして，目盛盤の目盛を均一に使うことで回避できる．

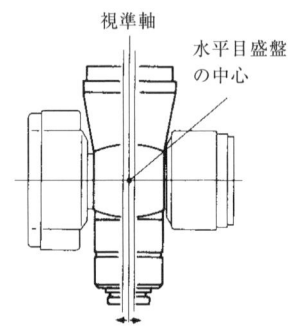

図 3.1.14 外心誤差

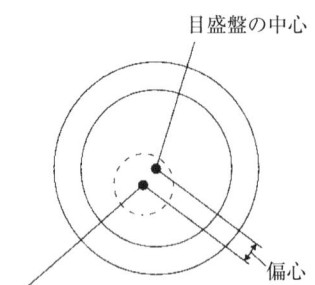

図 3.1.15 偏心誤差

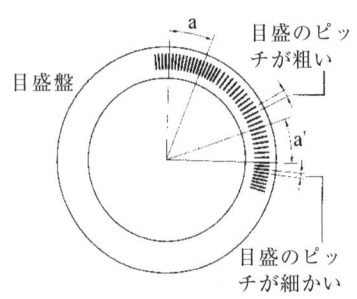

図 3.1.16 分画誤差

⑥鉛直軸誤差（図3.1.17）： 鉛直軸が鉛直でないために生じる誤差．

対策方法はない．鉛直軸誤差は，望遠鏡反転操作やそのほかどのような観測方法によっても消去できないので，観測に当たっては，鉛直軸を鉛直に整準することを最も慎重に行う必要がある．なお，現在は，鉛直軸誤差に対する鉛直軸自動補正機構のついた機器も使われるようになっている．鉛直軸の傾きを自動的に自動補正する仕組みは，次の「ワンポイント」で述べる．

▶ ワンポイント

・鉛直軸誤差の影響： 鉛直軸の倒れが，鉛直角，水平角の測定値に及ぼす影響は以下のようになる．鉛直軸の倒れには，2つの成分がある．それらは，視準軸方向（X軸）とそれと垂直な水平軸（Y軸）方向の倒れである（図3.1.17）．X軸方向の倒れを ϕx，Y軸方向の倒れを ϕy，測定天頂角を Z とすると

$$Z = 天頂角 + \phi x$$

となり，X軸の倒れがそのまま誤差となる．水平角の誤差 E_H は，

$$E_H = \phi y / \tan Z$$

であり，Z が ϕx の関数であることから，X，Y両軸の倒れが水平角の測定誤差の原因となる．式の形から水平角の測定値は，Z が 90°（水平方向）のときには誤差がなくなるが，視準線が天頂に近づくにつれて誤差が大きくなる．また水平面下の俯角方向についても符号が変わるだけで，天底に近づくに従い誤差が大きくなる（図3.1.18）．

・鉛直軸自動補正機構： 鉛直軸誤差を補正する機構について説明する．これは，気泡を通過する光束が気泡の移動により変化することを利用するもので，発光ダイオードから出た光は，コリメータレンズを通して，鉛直軸に垂直な面に調整された高感度の円形気泡管を透過する．十字型に配置された受光ダイオードには，気泡の影が投影される（図3.1.19）．測量機本体が完全に整準されていれば，気泡の影は，4つの受光ダイオード（a, b, c, d）に均等に映り，鉛直軸が正常に立っていることが確認できる（図3.1.20）．鉛直軸が傾けば，気泡の影は傾斜に応じて変化するので，各受光ダ

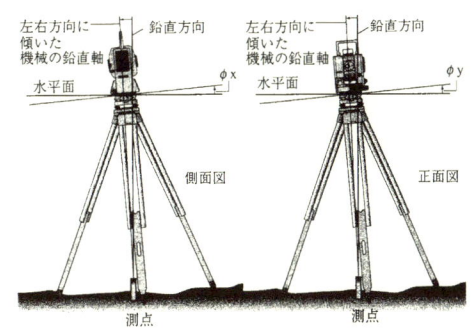

図 3.1.17 鉛直軸の倒れの2成分

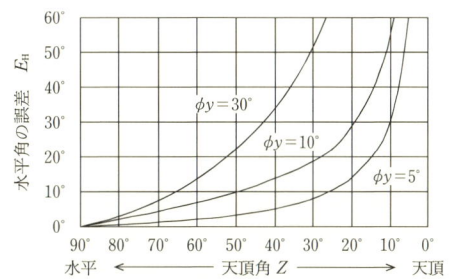

図 3.1.18 天頂角に対する測定誤差

ϕy（左右方向の倒れの大きさ）を5°，10°，30°とした場合の誤差について示してある．

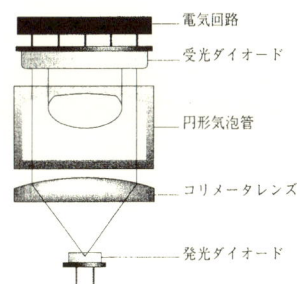

図 3.1.19 補正機構（光路図）

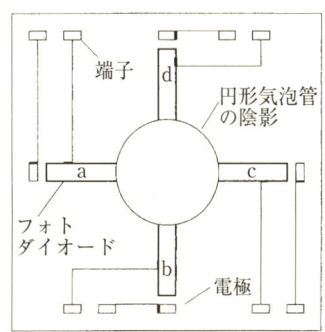

図 3.1.20 受光ダイオードの概念図

イオードが受ける光量に差が生ずるので，それらを比較することで，傾斜角が求められる．

3.1.4 点検および調整
1) レベルの点検・調整

① 回転軸の鉛直性（円形気泡管の調整）

・点検： 三脚の脚頭にレベルを載せ，整準ねじを使用して，円形気泡管の気泡を円形マークの中央に移動させる．本体を180°回転させて，気泡の移動を点検する（図3.1.21）．気泡が移動しなければ正常であり，調整の必要はない．移動した場合には，次のとおり調整する．

・調整： 整準ねじでずれ量の半分を戻す（図3.1.22）．残り半分のずれ量を円形気泡管調整ねじで戻す（図3.1.23）．

上記の点検操作を再度行い，調整結果を確認する．なお，ずれが残っている場合は，再調整する．

② 視準線の水平性（焦点板十字線の調整）

・点検（図3.1.24，3.1.25）： 2本の標尺を30〜50 m 離れた点AとBに立て，その中間点Cにレベルを整準する．そのレベルで2本の標尺を読み取る．点A，点Bの標尺の読み取り値をそれぞれ a_1, b_1 とする．次にレベルを点Aの標尺から2 m 程度の距離に整準し直し，再び標尺を読む．それぞれ，a_2, b_2 とする．$a_2-b_2=a_1-b_1$ であれば，視準線は水平であり，焦点板十字線の調整は必要ない．$a_2-b_2>a_1-b_1$ の場合は，視準線は下向きなので，上を向くように焦点板十字線を下げる．

・調整： 焦点板調整ねじのカバーを外す（図3.1.26）．調整ピンを使って，b_2' の値と b_2 の値が等しくなるように調整する（図3.1.27）．このとき $b_2'=a_2-(a_1-b_1)$ で，b_2' の値が小さいときは十字線を下げる．再度読み取りを行い，必要なら再調整を行う．

③ 自動補正機構（自動レベル）の点検

・点検： 三脚の脚頭に自動レベルを載せ，整準ねじを使用して円形気泡管の気泡を円形マークの中心に移動させる．望遠鏡を覗きながら，視準軸に近い整準ねじを約半回転ねじる（図3.1.28）．この際，望遠鏡視野内で整準ねじの回転により移動した対象の像が，十字線に対し半回転前と同じ位

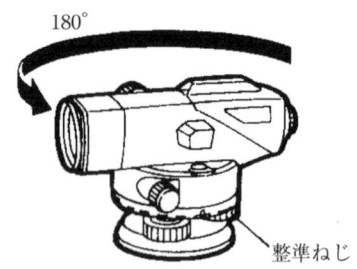

図 3.1.21　本体を回転

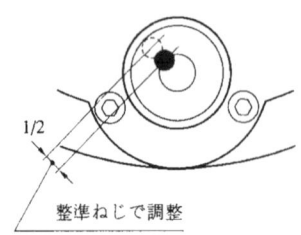

図 3.1.22　気泡の調整（整準ねじ）

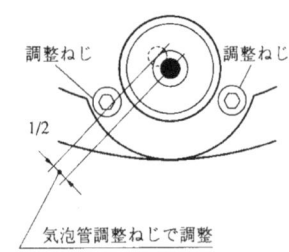

図 3.1.23　気泡の調整（調整ねじ）

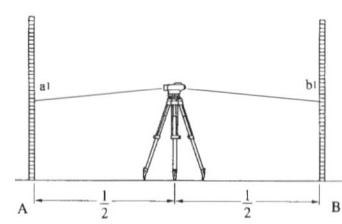

図 3.1.24　標尺間の中央に設置

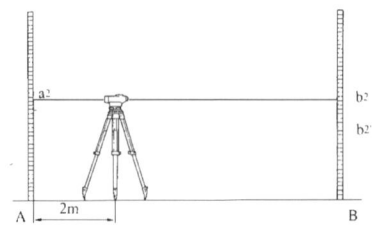

図 3.1.25　点Aから約2 mに設置

置に復することを確認する．十字線に対し半回転前と同じ位置に復すれば正常である．

・調整：　戻らない場合は，観測者では対応できない．修理する必要がある．

▶ ワンポイント

本体は，従来の自動レベルと同様に，円形気泡管の範囲内（10′〜15′程度）で本体が傾斜しても，吊線で吊られた補正鏡（自動補正機構）によって，視準線を自動的に水平に保つことができる（図3.1.29）．吊線で吊られた補正鏡の揺れの制動には，磁気式と空気式がある．

2）　トータルステーションの点検・調整

トータルステーションは，精密機械であり常に正確な測定を行うには，定期的な点検・調整が欠かせない．点検および調整は，次の①〜⑤の順番で行う．

① 横気泡管

・点検：　測量機を整準（整準とは，測量機を設置し整準ねじで本体を水平にすること）し，本体を鉛直軸のまわりに半回転させた後，気泡の動きが止まった段階で，気泡が中心からずれていないことを確認する．ずれている場合は調整する．

・調整：　上部固定ねじを緩めて，横気泡管が整準ねじAとBを結ぶ線と平行になるように本体を回転させ，上部固定ねじを軽く締める（図3.1.30）．整準ねじAとBを回して横気泡管の気泡を中央に入れる．本体を水平方向に90°回転させ，整準ねじCで，横気泡管の気泡を中央に移動させる（図3.1.31）．さらに90°回転し，横気泡管の気泡が中央にあるかを確認する（図3.1.32）．中央からずれている場合は，気泡管のずれの半量を整準ねじAとBで戻す（図3.1.33）．気泡のずれの残りの半量を横気泡管固定ナットで気泡が中央に位置するように調整する（図3.1.34）．調整ピンを使い，横気泡管固定ナットを時計方向に回転させると，気泡はナットと反対方向へ移動する．横気泡管の調整は何回か繰り返す必要があるが，調整が完了すれば，セオドライトの鉛直軸のまわりのいずれの方向においても，気泡は中央位置から外れないようになる．

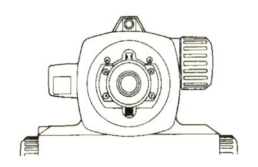

図 3.1.26　調整ねじ

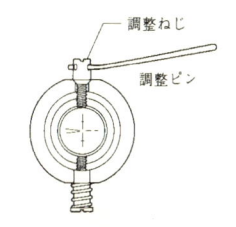

図 3.1.27　調整ねじと調整ピン

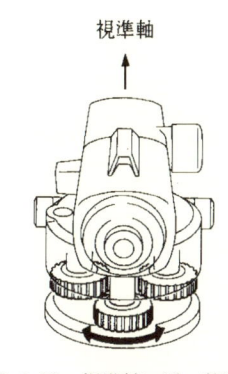

図 3.1.28　視準軸に近い整準ねじ

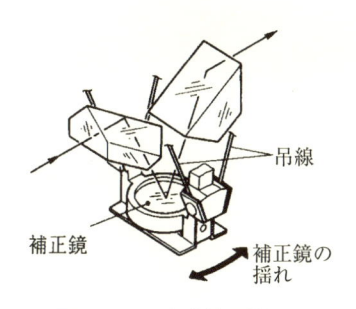

図 3.1.29　自動補正機構

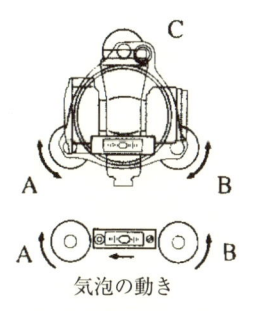

図 3.1.30　気泡を中央に入れる

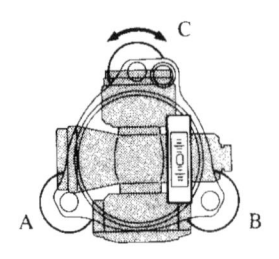

図 3.1.31　90°回転し確認

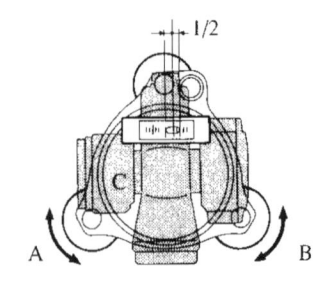

図 3.1.33　ずれの1/2を調整①

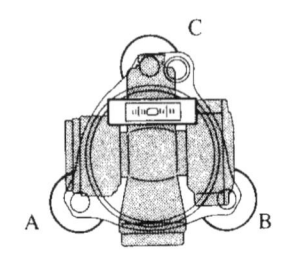

図 3.1.32　さらに90°回転し確認

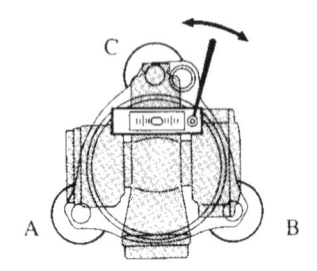

図 3.1.34　ずれの1/2を調整②

② 円形気泡管（整準台の円形気泡管）
・点検：　すでに本体で調整されている横気泡管（①）を基準に，整準ねじを使用して，本体を整準する．円形気泡管の気泡が円形マークの中心にあることを確認する．中心にあれば正常である．気泡がずれている場合は調整する．
・調整：　気泡を円形マークの中心になるように調整するには，細ピンを使って，気泡がずれている方向とは逆の位置にある円形気泡管調整ねじを緩める（図3.1.35）．調整ねじは少しずつ緩めること．緩めた調整ねじの反対側の調整ねじを締めつける（緩めた量と同量）．最終的に3本の調整ねじは，均等に締めつけた状態で調整を終了する．

③ 傾斜センサ
　これは，鉛直軸が傾斜している場合，その量に応じた補正をするための自動鉛直角傾斜補正機構である．
・点検：　傾斜センサを点検する場合には，地面の振動が極力少なく，温度変化が小さい場所で気泡管の点検・調整を行い，測量機本体を注意深く整準する．なお，傾斜センサの仕組みについては，3.1.3項を参照すること．まず，測定モードで，水平角を0セットする．本体表示画面にてX方向およびY方向の補正量，X方向（視準方向）および

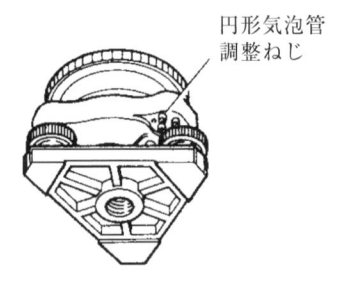

図 3.1.35　円形気泡管の調整

Y方向（水平軸方向）の傾斜角が表示される．表示が安定するまで数秒間待ち，傾斜角 X_1, Y_1 を読み取る．水平固定ねじを緩め，水平角を参照しながら本体を180°回転し，つまみを締めて固定する．表示が安定するまで数秒間待ち，傾斜角 X_2, Y_2 を読み取る．このままの状態で，以下のオフセット値（傾斜センサの0点のずれ量）を計算する．

$X_{offset} = (X_1 + X_2)/2$
$Y_{offset} = (Y_1 + Y_2)/2$

オフセット値（X_{offset}, Y_{offset}）のどちらか一方でも規定値をこえている場合は，調整が必要である．点検と同様な方法で再度確認する．規定値範囲内ならば調整は不要とする．なお，調整が必要な場合は，メーカーのサービスセンターに調整依頼をする．

④ 望遠鏡十字線（傾きと位置）

・傾き： 測量機本体を注意深く整準する．明瞭にみえる目標点（たとえば屋根の先端）を十字線のA点に合わせる（図3.1.36）．望遠鏡微動つまみで静かに望遠鏡を動かして目標点を縦線上のB点へ移動させる（図3.1.37）．このとき目標点が縦線に沿って移動すれば調整は不要である．縦線からずれた場合は，メーカーのサービスセンターに調整依頼をする．

・位置： 測量機本体から約100 m離れて本体とほぼ同じ高さにターゲットを据える．注意深く本体を整準し，電源をONにして高度目盛と水平目盛をリセットする．測定モードで，望遠鏡「正」でターゲットの中心を視準して，水平角A_1と鉛直角B_1を読み取る．望遠鏡「反」にしてターゲットの中心を視準して，水平角A_2と鉛直角B_2を読み取る．A_2-A_1とB_2+B_1を計算する．A_2-A_1が$180°±20''$以内，B_2+B_1が$360°±20''$以内であれば，調整は不要である．点検を数回繰り返してもずれが大きい場合は，メーカーのサービスセンターへ調整依頼をする．

⑤ 光学求心装置

・点検： 測点上に三脚を設置し，測量機を載せて整準する．光学垂球を覗きながら，本体を鉛直軸のまわりに180°回転する．焦点板マーク中心と測点がずれていなければ正常である．ずれている場合は調整する．

・調整（一例を記す）： 整準ねじで，ずれ量の半量を修正する（図3.1.38）．光学求心装置のカバーを外し，4本の調整ねじで残りのずれ量を修正する（図3.1.39）．調整する量は，緩める量と締める量を同量とする．上記調整は，繰り返し行う必要がある．機種により焦点板十字線は動かず，光路（プリズム）の方が動く形式のものがある．光学求心装置が，整準台などに固定（軸のまわりに回転できない型）されたものがある．この型では，経緯儀を厳密に整準した後，垂球を使って真直下点を求め，そこに印をつけ，それを狙うように光学求心装置の光学系を調整する．

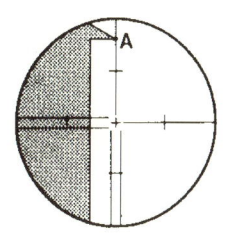

図3.1.36 目標点に縦線Aを合わせる

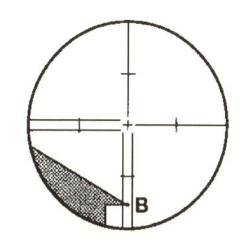

図3.1.37 縦線Bに移動

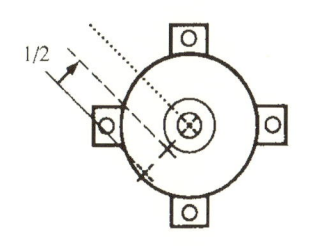

図3.1.38 ずれ量の1/2を調整

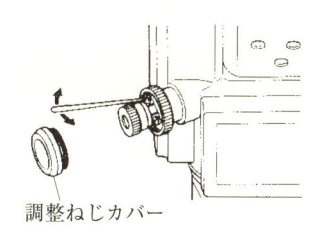

調整ねじカバー

図3.1.39 調整ねじ

3.1.5 定数・補正

1） 測距定数

測距定数は，次のような手順で点検する．

平坦な場所（約50 m前後）に，図3.1.40のように測点A，B，Cの3点を一直線上に設置する．$\overline{AB}$，$\overline{CA}$，$\overline{CB}$間の距離を測定し，次の式で測距定数Kを算出する（図3.1.41）．

$$K = \overline{AB} - (\overline{CA} + \overline{CB})$$

この測定を数回繰り返して，得た測距定数Kの平均値の絶対値が，機器の指定値以下（カタログ仕様値内）であることを確認する．指定値をこえる

図 3.1.40　AB間を測定

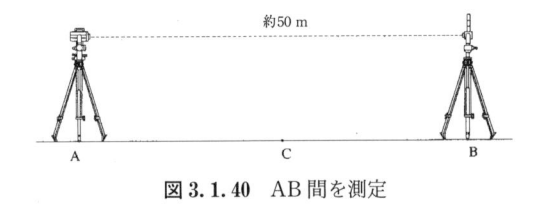

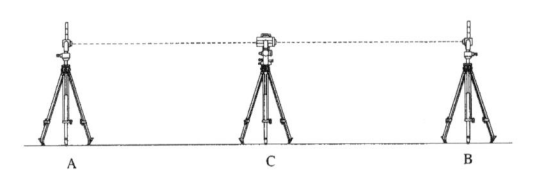

図 3.1.41　CA間, CB間を測定

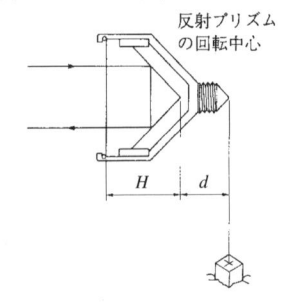

図 3.1.42　反射プリズム定数

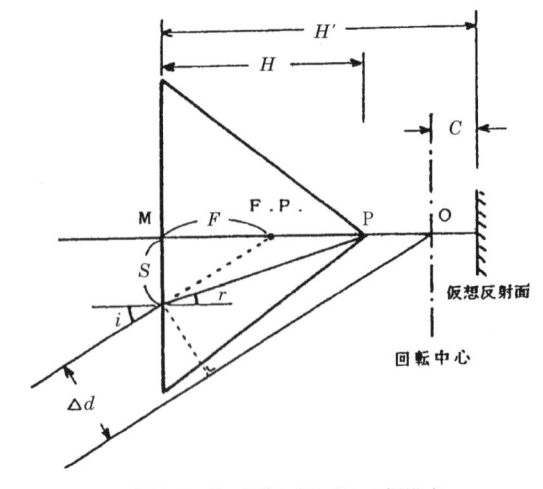

図 3.1.43　反射プリズムの視準点

場合は修理依頼する.

2) 反射プリズム定数

　光がガラス中を通過するときの速度は, 空気中を通過するときよりも遅くなり, 光波距離計の測定値は, その分だけ実際の距離より長く表示される. また, 反射プリズムの頂点は, 測点の鉛直線上にあれば好都合な点があるが, 実際には, 構造上の問題から鉛直線上にないのが普通で, そのずれ量も考慮する必要がある. この2点を補正すべき量として, 1つにまとめて反射プリズム定数という. 図 3.1.42 は, 反射プリズムの光路図である. この場合の反射プリズム定数は, 次のとおりに表現される.

$$P = -\{H \times (n-1) - d\}$$

ここで, H:プリズムの高さ, n:プリズム(光学ガラス)の屈折率(約1.5), d:プリズム頂点から回転軸(測点上)までの距離.

　既存の反射プリズムには, 0 mm, −30 mm, −40 mm といった定数のものがある.

　取り扱い上の注意は次のとおり.

・反射プリズム定数は, 機種(特にメーカー)間で異なる場合がある.
・反射プリズムの中には, スペーサの着脱により, その定数が変更できるものがある.
・反射プリズム固有の定数と測距儀本体に入力してある反射プリズム定数の値が一致していることを常に確認する必要がある.

▶ワンポイント:反射プリズムはどこをみるか(視準点と反射点)

　近年, トータルステーションはロボット化し, 自動視準や自動追尾の機能を備えたものが販売されるようになった. 自動化したトータルステーションは, 反射プリズムの頂点を視準し, 測距する設計になっている機種が多い. 反射プリズムがトータルステーションに正対していない場合の性質を知り, 正しい取り扱いをするよう心がける必要がある.

・視準点 (図 3.1.43)

　反射プリズムの頂点の見かけ上の位置は, 実際の頂点の位置より浮き上がってみえるので, 浮上点(フローティングポイント)と呼ばれている. 入射角を斜めにすればするほど浅くみえるようになる. したがって本来視準すべき方向Oと, 頂点Pを視準した方向の間に反射プリズムが正対していないと変位を生じ, 正しい角度が測定できない. 反射プリズムの表面(入射面)から頂点までの高さをHとすると仮想反射面までの実効光路長

H' は，$H \cdot n$ である．反射プリズム支持台の回転中心と仮想反射面との距離 C を反射プリズム定数という．プリズム前面での入射角 i と屈折角 r の関係は，次の関係がある．

$$n = \sin i / \sin r$$

一般に，視準方向に対し，入射角 i だけ横を向いている反射プリズムを視準すると，通常ガラスの屈折率 $nd = 1.516$ (587.6 nm) を用いると，屈折角 r は，次式で求められる．

$$r = \sin^{-1}(\sin i / nd)$$

斜めに入射した場合，頂点の像をみる視準線の経路は M から S だけずれる．

$$S = H \tan r$$

となり，見かけの頂点 F までの距離 f は，次のとおりである．

$$f = S / \tan i = H (\tan r / \tan i)$$

本来，測点上の真上に設置される支持台の回転中心線上の O を視準しなければならないのに，F を視準することになり，変位量 Δd は，次の式で表される．

$$\Delta d = (H' - f - C) \sin i$$

反射プリズム定数が 0 で，$H = 50$ mm，$N = 1.516$ の場合，反射プリズムの中心線が視準線に対し 5° 斜めになっている状態で，反射プリズムの頂点を視準したとすると，正しく視準すべき位置から約 3.8 mm ずれることになる．式の形からわかるように，反射プリズム定数 C を適当な値になるように設計して，このずれ量 Δd を小さくすることが可能である．もちろんこの Δd は触れ角によって変わるので，触れ角の全域で 0 にすることはできないが，一例として，上記の数値の場合，$C = 43$ mm にしておけば，触れ角 5° の場合，Δd がほぼ 0 になる．

・反射点

距離測定の場合は，ガラスの中の光速度が $1/n$（n 倍遠くなったと同じ）になることに加えて，斜めに入射すると中のプリズム中の光路は長くなるので，その影響を考える必要がある．またプリズムの仮想反射面と支持台の回転中心軸が一致していない場合には，測距値は実長とは異なるものとなる．これらの量は，反射プリズムの寸法 H，支

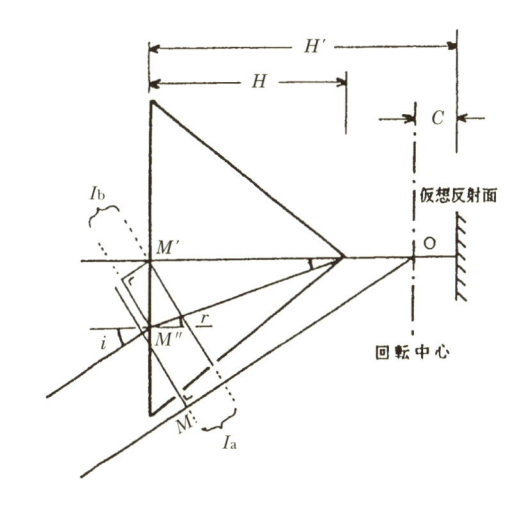

図 3.1.44 反射プリズムの反射点

持台の回転中心と実効反射面の位置関係，ガラスの屈折率などで変わってくる．反射プリズムがトータルステーションに正対していない場合の誤差は，次の 2 つの成分が考えられる．すなわち，回転によりプリズム全体が後退することにより生じる空中距離の増加分と，プリズムに斜めに入射することによるプリズム内光路の増加分である．

図 3.1.44 において，空中距離の増加分は，プリズムの中心 M が回転により M′ に移ったために後退した量 $(H' - C)(1 - \cos i) = I_a$ と，斜めに入射したことにより入射点が M′ から M″ に移るために $H \cdot \tan r \cdot \sin i = I_b$ だけ空中が短くなるので，$I_a - I_b$ が純増量となる．斜め入射によるプリズム中の増加量は，幾何学的増距分に屈折率を乗じた $H'(\sec r - 1) = II$ であり，これら 3 量を合計して全体で次式となる．

$$\Delta S = (H' - C)(1 - \cos i) - H \cdot \tan r \cdot \sin I + H'(\sec r - 1)$$

反射プリズム定数 $C = 0$ で，$H = 50$ mm，$N = 1.509$ (860 nm) の場合，反射プリズムの中心線が視準線に対し 10° の傾きで約 0.6 mm である．

・使用上の注意事項

(1) 本体と反射プリズムは正対させる．屋上の基準点などを使う際のように高低差が大きいような場合には，水平方向だけでなく上下方向も正しく正対させる．1 つの反射プリズムを 2 方向から同時に視準してはならない．

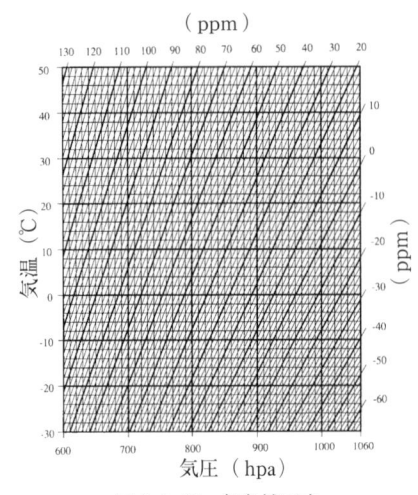

図 3.1.45 気象補正表

(2) 偏位量および増距量の少ない定数の反射プリズムを使用する．

(3) 測角時は，ターゲット板を視準する（反射プリズムの頂点は視準しない）．

3） 気象補正

大気中を通過する光の速度は，大気の状態によって変化し，測定値に影響する．速度が変化するのは，大気の屈折率が変化するためであるが，その屈折率は大気の密度（気圧と温度）で決まる．

光波距離計は，ある特定の気温と気圧のもとで，正しい値を表示するように設計されている．したがって，その気象条件から外れた環境下で測定を行うときは，測定距離に応じた補正が必要である．

光波距離計には気象補正機能があり，気温と気圧，あるいはそれらから決まる補正係数を本体に

表 3.1.3 水準測量の誤差軽減策

① 観測者	視差調整は正確にする． 視準（合焦）は入念に行う． 気泡管は調整されていることを確認する． 三脚は安定した場所に設置する． 両標尺は等距離に設置する． 伸縮式標尺は延伸時の固定を確認する． 標尺は鉛直に立てる． 標尺温度を正しく読み取る． 標尺底面と標尺台先端に砂，泥などの異物が付着していないことを確認する． 読定は正確に行う（上位桁の数値の読み違いに注意する）． 観測者は途中で交替しない． ○ 測定中は標尺を静止すること． ○ 標尺を保持する手で目盛（バーコード）を遮らないこと． ○ 測定ボタンを強く押しすぎないこと．
② 観測環境	直射日光が三脚や本体に部分的に当たらないこと． 風などによるレベルや標尺の動きが少ないこと． 軟弱地盤は避けること． 炎動による影響が少ないこと． 標尺の下方を読みすぎていないか確認すること． 視準距離が適正範囲にあること．
③ レベル （本体）	視準線誤差がないこと． ○ 電子読み取り部の視準軸が調整されていること．
④ 標尺	標尺の目盛誤差がないこと． 標尺の温度補正を考慮すること． 路線内の読み取り区間数が偶数である（出発点に立てた標尺が到着点にも立っている）こと． 標尺つなぎ目のガタがないこと． ○ 標尺の目盛（バーコード）面に汚れや大きな傷がないこと．

○印は電子レベルの観測時に注意すること．

表3.1.4 角測量の誤差軽減策

症　状	原因の所在	対　策	
・倍角差制限値超過 ・観測差制限値超過	観測者	機器鉛直軸を測点上に	・測点と求心器の合致
		整準は正確に	・三脚（石突）の踏み込み
		視準は正確に	・十字線と目標物の合致 ・接眼レンズによる視差調整 ・目標物の片照りによる影響 ・眼の疲れ
		目盛の読定	・復唱によるミスの回避
		セオドライトの操作ミス 要求精度に応じた観測	・マニュアルの確認
	観測環境	セオドライトに影響するもの	・振動（自然，人口） ・風 ・直射日光
		光路に影響するもの	・朝夕は屈折率の激しい変化がある．高度角観測は注意 ・横方向の光屈折 ・炎動
	セオドライト	視準線誤差 水平軸誤差 鉛直軸誤差 偏心誤差 外心誤差 目盛誤差	＊各誤差の説明は，3.1.3項を参照 ＊各誤差の調整は，3.1.3，3.1.4項を参照

入力することで，光波距離計の測定結果に対して自動的に気象補正計算を行い，補正後の距離を表示する．気象補正係数は，次の式で計算される．なお，気象補正値はメーカーにより若干異なるので，その一例を示す．

補正係数（ppm）
$$=278.96-\frac{0.2904\times 気圧（hPa）}{1+0.003661\times 気温（℃）}$$

気温と気圧の変化に対する補正の大きさは，温度±1℃の変化に対して約±1 ppm（1 kmで約1 mm）で，気圧±1 hPaの変化で±約0.3 ppm（1 kmで約0.3 mm）である．

上式の内容をグラフ化すると図3.1.45のようになり，気温と気圧の値から直接補正係数が求められる．このグラフは，気温15℃，気圧1013 hPaのとき，補正係数が0 ppmになるようにつくられている．

以上，APA NO.40〜46「コーナープリズムの測距・測角特性」，株式会社ソキアの技術資料および「測量と測量機のレポート」を参考資料とした．

3.1.6　精度不良時の原因と対策
①水準測量の誤差軽減策（表3.1.3）．
②角測量の誤差軽減策（表3.1.4）．
③距離（光波）測量の誤差軽減策（表3.1.5）．
④GPS測量の誤差軽減策（表3.1.6）．

以上，社団法人日本測量協会の『測量実務ハンドブック』第8版を参考資料とした．

3.2　水　平　性

3.2.1　電子レベル（表3.2.1，図3.2.1）
1）概　要
電子レベルは，従来の等間隔で目盛をつけた標

表 3.1.5 距離測量の誤差軽減策

症　状	原因の所在	対　策	
・測量できない ・感度が悪い ・定誤差がある ・バラツキが大きい	観測者	表示しない	・電池の充電状態 ・電池極性 ・ヒューズ断線 ・充電器の故障
		感度がない	・視通の確認
		感度が下がっている	・電池の充電状態 ・三脚の移動（軟弱地盤，接触） ・機器のクランプの状態 ・レンズのくもり（冬季）状態
		誤差が大きい	・反射プリズムへの視準 ・反射プリズム定数 ・斜距離か水平距離か ・妥当な気象補正
	測定環境	値がばらつく	・炎動 ・光路上の間歇性障害物
		感度不安定	・光路上の気象状態の確認 ・レンズなどのくもり ・三脚の移動（軟弱地盤，接触）
	光波測距儀	定誤差がある	・変調周波数の確認 ・機械定数/反射プリズム定数確認
		表示しない	・電池などの接触不良 ・電池の不良

表 3.1.6 GPS 測量の誤差軽減策

症　状	原因の所在	対　策
・電源が入らない ・受信できない ・受信が途切れる ・結果の精度不良	観測者	・電池の充電不足 ・受信機の電池接点不良 ・ケーブル類の断線，コネクタ接触不良 ・正確な三脚の設置 ・アンテナポールの鉛直性
	測定環境	・観測点の天空が開けていない ・車両通過などによる電波環境の変化 ・受信機の電池接点不良
	受信機	・受信機の故障 ・電池の劣化 ・ケーブルの断線

尺に代わってバーコードパターンを目盛付けした標尺を使い，CCD（charge coupled device）を使ったラインセンサで読み取る．読み取ったバーコードパターンを本体の画像解析機能により解析し，視準線上の標尺の目盛位置を自動的に検出する水準儀である．

なお，従来型の自動レベルと同様に，円形気泡管の範囲（10′～15′程度）内で本体が傾斜しても，

3.2 水平性

表 3.2.1 電子レベルの仕様例（ソキア製 SDL 30）

光　学　系		測　定　部	
全長	260 mm	水平目盛り盤	直径　103 mm 最小読取値　1°
有効径	45 mm	測定可能範囲	高さ　0〜5 m（BGS 50：1.36 m 標尺×3本+1.01 m） 距離　1.6〜100 m
倍率	32 倍		
像	正像	最小表示	高さ　0.0001 m/0.001 m（選択可） 距離　0.01 m
分解力	3″		
視野	1°30′	精度	高さ　1 km，往復標準偏差　1.0 mm グラスファイバー製スタッフ BGS 27/40/50 使用時 距離　±10 m（10 m 以下測定時） 　　　±(0.1%×D)（10〜50 m 測定時） 　　　±(0.2%×D)（50 m 以上測定時） 　　　（D：測定距離，単位：m）
最短合焦距離	1.5 m		
スタジア乗数	100		
スタジア加数	0		
		測定モード	単回/連続（選択可）
		測定時間	約 3 秒　（連続粗測定）
		自動補正装置	磁気制動ペンジュラム装置
		補正範囲	±15′

図 3.2.1　電子レベル（SDL 30）

吊線で吊られた補正鏡（自動補正機構）によって，視準線を自動的に水平に保つことができる．

2）構　造

本体（光学部とデータ処理部）とバーコードパターンを目盛った標尺（図 3.2.2）から構成される．光学系には，自動傾斜補正機構が組み込んであり，一定限度内の本体傾斜があっても視準線の水平性は確保される．望遠鏡の光路上にビームスプリッタがあり，標尺からの光束を二分して得られたバーコード像を接眼部側とデータ処理部側に送る．データ処理部にあるラインセンサは，標尺のバーコードパターンの濃淡を光の強弱として検

図 3.2.2　従来型標尺（左）とバーコード標尺

知し光電変換する．電気信号に変換されたバーコード像は，増幅されてから A/D コンバータでデジタル信号化される．この信号をあらかじめ回路に内蔵されている標尺データと照合することで，視準線上の標尺位置を決定し，標尺のバーコードを測定値として表示する（図 3.2.3）．

3）測定手順

①標尺の設置：　継ぎ標尺は，正しい順序でつ

電子レベル構成図

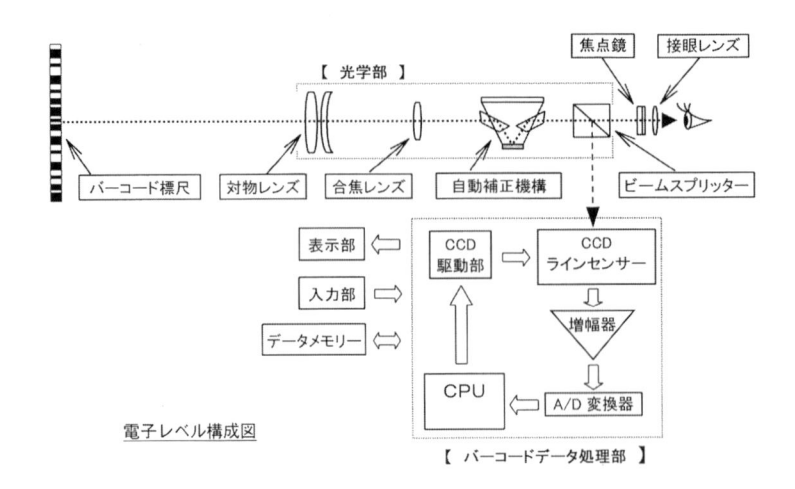

図 3.2.3　ブロックダイヤグラム

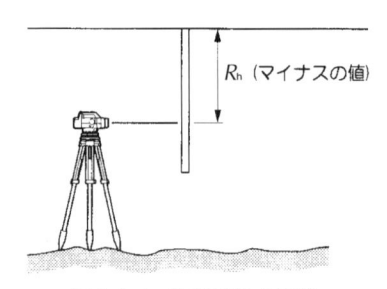

図 3.2.4　比高測定（天井）

図 3.2.5　標高測定

図 3.2.6　比高測定と距離測定

なぐ．標尺台などを使用し，標尺が沈まないようにする．標尺用の円形気泡管を確認しながら，標尺を鉛直に支持する．コード面を本体に向ける．パターン面を手などで覆わないこと．

②測定：　電源スイッチをONにする．標尺のコードパターンにピントを合わせる．測定キーを押す．

4）機　能

①比高測定：　後視点 A と前視点 B の高低差を測定する(従来型自動レベルと同様な機能)．天井からの高さを測定する（マイナスの値で表示する）（図3.2.4）．

②標高測定：　後視点（既知点）A の標高をもとに，指定した地点（B点）の標高（$H_A + \Delta H$）を測定する．後視点の標高を本体に入力後，後視点の標尺を測定する．次いで，前視点の標尺を測定すると，前視点の標高が本体内部のマイクロコンピュータで計算され，表示される（図3.2.5）．

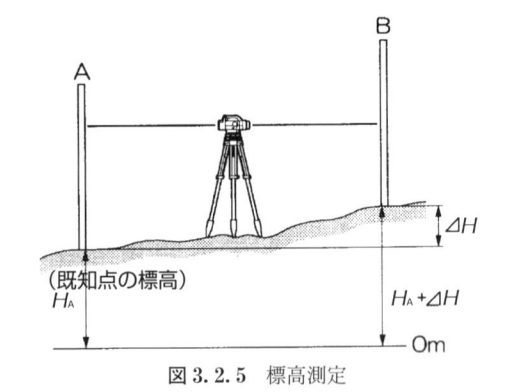

③距離測定：　目標点 A に設置した標尺の読みと標尺までの距離を測定する（図3.2.6）．

④測設：　基準となる点から指定する数値（比高，距離，標高）を本体に入力することにより，指定高度の地点を探し出すことができる．キー操作で測設モードにした後，指定した数値を入力する．後視点の標尺にピントを合わせ，測定する．前視の標尺にピントを合わせ，測定する．測定値

と先に入力（指定）した数値との差を表示する．標尺の移動指示が表示されなくなり，表示値が「0」になった点が指定した地点である．

⑤入出力：　本体にデータコレクタやパソコンを接続すると，パソコンからのコマンド操作で遠隔操作をすることや測定データの取り込みをすることができる．

5）点検および調整

電子レベルの点検・調整は，従来型の自動レベルの点検・調整と基本的には，同様な方法で行う（3.1.4項）．

まず，約30m隔てた場所に標尺aおよびbを立て，そのほぼ中心に本体を設置する．標尺aおよびbにピントを合わせ，それぞれ測定する．三脚を180°反転し，再び標尺aおよびbにピントを合わせ，それぞれ測定する．次に，本体を標尺aとbを結ぶ線上で，標尺aから約3mの位置に移動した後，前述のように標尺aおよびbにピントを合わせ，それぞれ測定する．三脚を180°反転し，再び標尺aおよびbにピントを合わせ，それぞれ測定する．各測定値に対する較差（本体内部で計算する）を確認し，焦点板十字線調整（ずれ補正）を行うかどうかを判断する．

a．事例1：駅（ホーム）の沈下計測
1）概　要

横浜に近い私鉄のある駅の真下に地下鉄が通る計画があり，駅の地下掘削工事に伴う駅舎や構造物への影響が懸念されるため，地盤沈下などの変位計測の要求があった．当初は，「水盛り式沈下計（水盛りの原理を利用して，沈下計タンク内の水面の高さを測り変位を求める計測器）」を導入する予定であったが，電車が通過する際の振動や気圧変動や気流の乱れが水位に悪影響を及ぼすことを懸念して，電子レベルを使用し，相対変位を計

図3.2.7　本体の取り付け

図3.2.8　バーコード標尺の取り付け

図3.2.9　構内取り付け風景

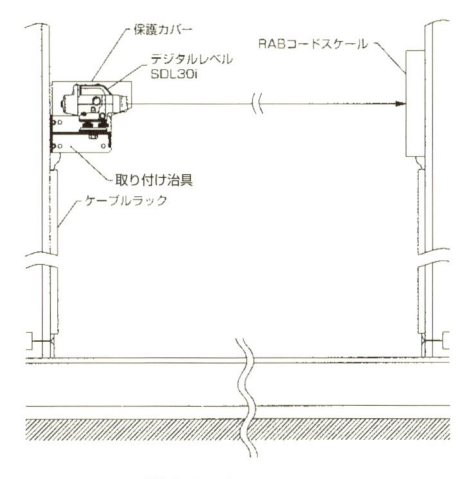

図3.2.10　システム

測することにした．

2) 構 成

線路脇の柱やレール沿いなどに，3ラインに電子レベルをそれぞれ23セット，プラットホームの真下にある空間にも1ライン17セット，合計で86セットを取りつけ，プラットホームに設置した管理室のサーバへ定時に各セットの計測データを送り監視する（図3.2.7～3.2.10）．工事時の要求仕様は，管理値で「±0.3mm」とし，駅構内の美観に配慮することであった．

以上，株式会社ソキアの『ソキアレポート』および『技術資料』を参考資料とした．〔井上三男〕

b．事例2：渡海水準測量（精密水準儀と精密経緯儀）

1) 概 要

渡海水準測量は，海峡や河川および人工的な埋め立て地で観測距離が長くなり，さらに，前視と後視との視準距離を等しくすることが困難となり，通常の方法では観測することのできない区間の比高を測定する目的で行われる．昨今の長大橋工事や大型海上工事での相互の比高測定には，1級水準儀を用いて渡海水準測量が行われている（図3.2.11）．

渡海水準測量では，視準距離が5km以下で

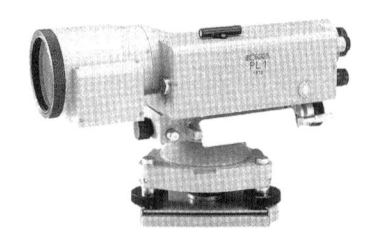

図3.2.11　1級水準機（PL1）

は，原則として水準儀を使用する．長大橋工事や大型海上工事では，両岸に高低差の小さい渡海点の選点および工事運搬船などの往来で視準を確保することが難しい．経緯儀法では，視通の確保ができれば相互の渡海点の比高にこだわることなく渡海水準測量ができる．平成13年度版水準測量作業規程で，短距離においても経緯儀法が適用されることになった（表3.2.2）．

2) 交互法

1台の水準儀を用いて，両岸に移動して交互に観測する方法と，両岸に1台ずつ配置し同時に観測を行う方法を，交互法という．この方法はおよそ300mまでの距離に用いられる．

交互法による観測手順は次のとおりである．

① 観測は自岸標尺を観測し，次に対岸標尺を5回観測し，さらに自岸標尺を観測する．

② 対岸標尺の読定は観測者の指示に従い，対岸の標尺に設置された目標板を観測補助者が上下し，視準線に合致させてそのときの標尺目盛を読み取り，記録する．

3) 俯仰ねじ法（水準儀2台による）（表3.2.3，図3.2.12）

俯仰ねじ法とは，対岸に上下に設置した一定間隔（観測距離により異なる）の目標板を，俯仰ねじのついている水準儀でその目盛を読み取り，計算によって両岸の比高を求める方法をいう．俯仰ねじ法は，俯仰ねじがついている水準儀を必要とし，使用する機器の台数（2式，4式）に応じておよそ5km以内の距離に用いられる．

俯仰ねじ法（水準儀2式）による観測手順は次のとおりである．

① 観測は，自岸および対岸にそれぞれ1台の水

表3.2.2　各種観測法の仕様

手法	測量機器	使用台数および観測距離		距離測定	測定単位（対岸）
		2台使用	4台使用		
交互法	精密水準儀	300mまで	—	—	1mm
俯仰ねじ法	精密水準儀	2.0kmまで	5.0kmまで	—	1/10 最小目盛
経緯儀法	特級トランシット	1～10km	10.0km以上	1mm	0.1秒

平成13年度版水準測量作業規程より．

図 3.2.12 俯仰ねじ法
自岸観測風景．観測には日覆いを設置すること．

表 3.2.3 気泡管レベル 2 台使用の場合の観測基準

区分	セット数(n)	観測日数	自岸測定	対岸読定 俯仰ねじ	渡海点間の距離	使用機器	
1級	$80 \times S$	$n/40$	0.1 mm	最小目盛 1/10	2 km まで	1級水準儀	1級標尺
2級	$80 \times S$	$n/40$	1 mm	最小目盛 1/10	2 km まで	2級水準儀	1級標尺

S：渡海水準点間距離（km 単位）．
観測セット数および観測日数などは最新の作業規程を準用する．

準儀を使用し，両岸同時観測を行う．

② 水準儀を三脚の脚頭に設置し，自岸の標尺目盛を1視準1読定する．

③ 対岸の観測は，マイクロメータを0または5に固定して行う．

④ 水準儀の俯仰ねじを回して，対岸の下段目標板を視準する．そのときに俯仰ねじの目盛 m_1 を読み取る．

⑤ 次に，俯仰ねじによって気泡管の気泡を水平に戻す．そのときの俯仰ねじの目盛 m_0 を読み取る．

⑥ 同様に俯仰ねじを回して上段目標板を視準し，俯仰ねじの目盛 m_2 を読み取る．

⑦ 次いで，m_2，m_0，m_1 の順に観測を行い，これを1対回とし，5対回の観測を行う．

⑧ 再び水準儀を自岸の標尺に向け，標尺目盛を1視準1読定する．

⑨ ②～⑧を両岸において同時に行う観測を1セットとする．

⑩ 各セットの観測は，太陽の南中時刻の前3時間～後4時間の間に行う．1日の観測セット数は20～60セットを標準とする．

⑪ 全セットのほぼ中間で，両岸の機器，標尺を交換し，②～⑧を両岸で行う．

⑫ 機器を交換する際は，機器の移動によって視準線（十字線）がずれないよう十分に注意する．

4） 経緯儀法による観測（経緯儀2台による）

経緯儀法とは，両岸渡海点に設置した経緯儀により，相互に設置した目標（回光灯等観測距離により異なる）の高度角を測定する．さらに，測距儀またはGPS測量機で測定した渡海点間距離を用いて計算により比高を求める方法をいう．

経緯儀法は，渡海点間の高度角と距離が必要となる．渡海点間距離は，測距儀およびGPS測量機で精度よく測定ができ，比高の計算に与える誤差は無視できる．平成14年度公共測量作業規程から，経緯儀法による渡海水準測量が適用されることとなった．

経緯儀法の精度は高度角の測定精度に左右されるため，適用する規程より上位機種を用いて測定

表 3.2.4 水準儀と経緯儀の性能比較

区分	性能区分	気泡感度	倍率	測定精度	備考
水準儀	1級水準儀	10″/2 mm	40×	0.2″	精度は俯仰ねじの精度による
経緯儀	1級セオドライト	20″/2 mm	30×	1.0″	精度確保は難しい
	特級セオドライト	6″/2 mm	40×	0.2″	俯仰ねじと同等の精度である

表 3.2.5 経緯儀法（1級水準測量で2台使用の場合）の観測基準

区分（1級水準）	セット数(n)	観測日数	距離測定単位	角度読定単位	高度定数	距離測定単位	セット内較差
1 km まで	80×S	$n/40$	1 mm	1秒	5″以内	3セット	10 mm 以内
10 km まで	50×S	$n/40$	1 mm	0.1秒	5″以内	—	—

S：渡海水準点間距離（km 単位）．
観測セット数および観測日数などは最新の作業規定を準用する．

することをすすめたい（表 3.2.4）．

経緯儀法による観測手順（セオドライト2式による方法）は次のとおりである（表 3.2.5，図 3.2.13）．

① 観測は，自岸，対岸にそれぞれ1台のセオドライトを使用して両岸同時観測を行う．

② 高度角測定および距離測定は，同一の測点で行う．

③ 器械高および視準目標高の測定は，mm の桁まで読み取る．

④ 自岸の渡海点取り付け観測は，対岸観測の前と後に行う．観測は，標尺の任意2か所に設置した目標について高度角を測定する．

⑤ 対岸の観測は距離と高度角によって行う．高度角は，対岸に設置した目標を，望遠鏡正および反の位置で1視準1読定を2回行い，これを1対回とし，2対回の観測を1セットとする．1セットの観測に要する時間は5分以内を標準とする．

⑥ ④〜⑤を両岸同時に行う一連の観測をまとめて1セットとする．

⑦ 自岸の比高（器械高）は0.1 mm 位まで算出する．比高計算に用いる高度角は，④の2か所に設置した目標の高度角の平均値とする．

⑧ 各セットの観測は，観測地点の太陽の南中時刻を中心にその前後各3時間の間に行う．

⑨ 1日の全観測セットの1/2を経過した時点

図 3.2.13 経緯儀法機器の設置例

同時観測では同一鉛直線上に経緯儀と目標を設置する．観測設備が設置できない場合は，ミニ三脚を使用して経緯儀の下に目標を設置することも一策である．

で，両岸の機器を交換して観測を行う．

⑩ セット間隔は5分以上を標準とし，1日の観測セット数は10〜50セットを標準とする．

⑪ 距離測定に光波測距儀を用いる場合は，次のとおりとする．

・観測セット数は，3セットとする．
・1セットの測定数は，2測定とする．
・1セットの測定時間は，5分以内，各セットの測定間隔は，20分以上とする．
・セット内較差は，10 mm 以内とする．

〔酒井　靜〕

表 3.2.6 レーザレベルの仕様例（ソキア製 SLB，SLB 110）

	SLB	SLB 110
光源	He-Ne ガスレーザ	レーザダイオード
出力	1 mW 以下	1 mW 以下
波長	632.8 nm	635 nm
レーザスポット径	7.5 mm/50 m，15.0 mm/100 m	7.5 mm/50 m，15.0 mm/100 m
電源	100 VAC，12 VDC	12 VDC（コンバータ別売）
主気泡管感度	90″/2 mm	60″/2 mm
外形寸法	70(W)×410(D)×130(H) mm	76(W)×420(D) mm
重量	2.5 kg	2.0 kg

図 3.2.14 レーザレベル（SLB 110）

図 3.2.15 回転レーザ LP 30 A

3.2.2 レーザレベル（図 3.2.14）

1） 概　要

レーザレベルのレーザ光は，可視のレーザ光を使用しており，トンネル内工事や配管敷設工事，暗渠工事などで正確な方向設定を簡単に行う．

2） 構　造（表 3.2.6）

ヘリウム-ネオンガスレーザ管で発信したレーザ光は，コリメータレンズを通り，外部へ射出する．レーザ光は，光束の拡散性が小さいことが特徴であるが，それでも遠方では多少の拡散があるので，レーザ集光リングにより目標に照射したレーザ光のスポット径を最小に調節する機能がある．また，レーザ光を斜めに射出するためのティルティング装置がついている．

3） 操作手順

本体の円形気泡管をレベル用三脚（脚頭が半球）にティルティング装置付きの本体を載せ，整準ねじを使って，気泡が円形気泡管のほぼ中心になるようにする．本体についている主気泡管を確認し，ずれている場合にはティルティングつまみにて水平になるように合わせる．電源スイッチを ON にすると，数秒でレーザ光がコリメータレンズより射出する．ファインダーを覗き，レーザ集光リングを回してターゲットのレーザスポット径を最小にする．

以上，株式会社ソキアの『測量と測量機のレポート』，『取扱説明書』および技術資料を参考資料とした．

3.2.3 回転レーザ（図 3.2.15）

1） 概　要

回転レーザは，土木・建築・内装工事における水平出しを効率よく実現する回転照射型レーザレベルである．レーザ光はビームが細くて直進性があることを利用し，本体の鉛直軸に垂直にレーザビームを射出し，かつそれを鉛直軸のまわりで回転掃引させて水平面をつくり出す機器である（図 3.2.16）．また，掃引面を傾斜させる，あるいは鉛

2) 構　造

レーザダイオードは，吊線で吊られたインナーシリンダの中心に取りつけられていて，本体に多少の傾斜があっても常に天頂を向く．レーザ光は，鉛直方向に射出され，コリメータレンズを通り，モータに取りつけられたペンタプリズムで水平方向に照射される．ペンタプリズムは，モータで鉛直軸のまわりに回転させられ，レーザ光が水平面を掃引する．本体が過度に傾斜した場合，インナーシリンダとアウターシリンダの間隙の不均一性が高まるので，これを電気的に検出し，警告信号を発し動作を停止する．なお，吊線で吊られたインナーシリンダの揺れは，磁気制動機構または空気制動機構によって制動される(図3.2.16)．本体とは別に，レーザ光を検知する受光器があり，本体と対になって使用される．

3) 使用法

以下の例のように，現場の状況によってさまざまな使い方がある．

① 受光器を壁に当てて使用する： 受光器を直接手にもって使用する．壁や柱などの水平出しは，受光器を壁などに沿わせる．受光器を壁に当て，気泡管をみながら鉛直に保持する．受光器の表示の上下矢印に従い，受光器を上下させる．上下矢印が消えたところで，受光器側面のセンターマークの位置で墨をつける（図3.2.17）．

② バカ棒と併用： バカ棒は，「物差し」の代わりに利用する端材のことで，ロッドクランプを使って受光器をバカ棒に取りつける．バカ棒の底面を基準杭に合わせ，受光器の気泡管をみながらバカ棒を鉛直に立てる．ロッドクランプを緩め，受光器を上下させ，表示矢印に従い中心を出し，確定したらロッドクランプを締める(図3.2.18)．次に，墨をつけようとする杭に沿って，(受光器を固定した)バカ棒を上下させる(図3.2.19)．受光器の矢印が消えたところで，杭に墨をつける．

③ デジボーと併用： デジボーは，伸縮脚のように長さを 1 mm 単位で自由に設定，表示，データ出力ができる．

・地面や床面の比高測定（図3.2.20(a)）： 高さのわかっている点(BM)上でデジボーを伸縮して受光器の上下移動矢印が消えたところでデジボーを 0 セットする．デジボーを別な点に移し，デジボーを伸縮させ，上下移動の矢印表示が消えた点で，デジボーが表示する値が BM との高低差であ

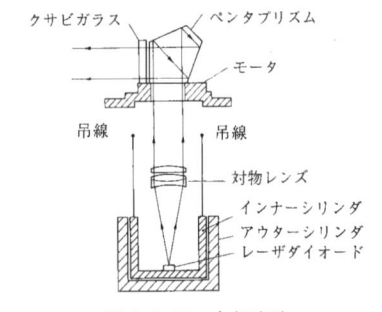

図 3.2.16　内部光路

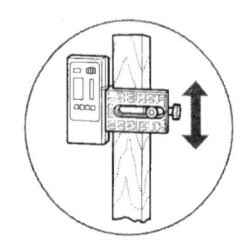

図 3.2.18　ロッドクランプを緩め受光器を上下する

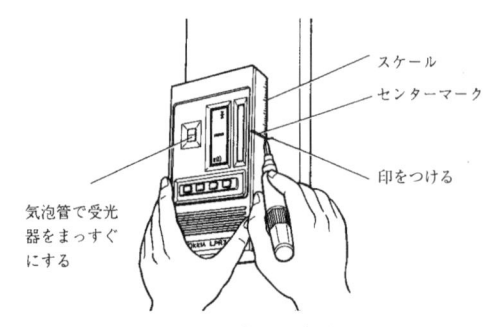

図 3.2.17　受光器は水平にする

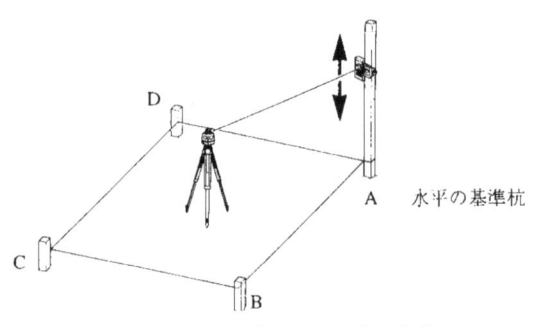

図 3.2.19　バカ棒による墨出し作業

3.2 水 平 性

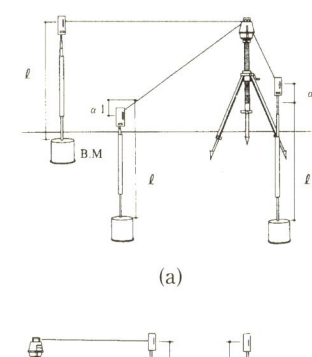

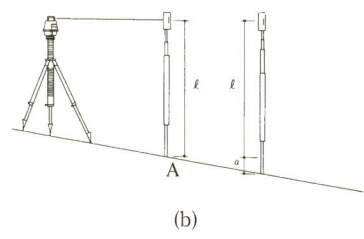

図 3.2.20 デジボーと併用

(a)

(b)

る．

・側溝や配管などの勾配（比高）測定（図 3.2.20 (b)）： 側溝を開削する場合など，設計勾配で工事を進める．A 点でデジボーを伸縮してデジボーを 0 セットした後，A 点からの距離に対する比高にセットし直したデジボーを使い，掘削深さを指定する．

④電子スタッフと併用： 電子スタッフは，回転レーザの光を受光するとその位置を記憶する．回転レーザと電子スタッフとを利用して，2 点間の上下相対変位を常に計測し，記録する変位システムを構築できる．

4） 機　能

①鉛直器付き回転レーザ： 回転レーザは，水平面を創出するが，レーザの射出方向を変え，鉛直軸方向にもレーザ光を射出し，床面の点を天井に墨出しするのに利用する．

②傾斜面設定機能付き回転レーザ： レーザ光の射出面を傾斜させる機能で，勾配面のある造成などに利用される．

③鉛直面回転レーザ： 鉛直面を創出する機能で，床や天井などの直線の墨出し（パーティションや照明器具などの設置位置の指示）に利用する．

本体の仕様例を表 3.2.7 に，また，受光器の仕

表 3.2.7　回転レーザの仕様例（ソキア製　LP 30 A）

光源	レーザダイオード
波長	785 nm
射出出力	1.2 mW 以下（クラス 1 レーザ製品）
ビーム径	直径 15 mm（射出位置にて）
測定範囲	200〜300 m（気象条件によって異なる）
水平ビーム精度	±10″
自動補正範囲	±10′
気泡管感度	10′/2 mm
防水性能	JIS 保護等級 4（防沫型）
ロータの回転速度	600 rpm
使用温度範囲	−10 〜 50℃
保存温度範囲	−20 〜 50℃
連続使用時間	約 55 時間（単一乾電池 4 本使用時）
外形寸法	194(W)×150(D)×232(H) mm
重量	約 2.0 kg

表 3.2.8　受光器の仕様例（ソキア製　LR 100）

受光精度	高精度測定　±0.8 mm 低精度測定　±2.5 mm
気泡管感度	1°/2 mm
防水性能	JIS 保護等級 7 準拠
使用時間	約 100 時間 （単三型アルカリ乾電池 2 本使用時）
使用温度範囲	−10 〜 50℃
保存温度範囲	−20 〜 50℃
外形寸法	65(W)×25(D)×140(H) mm
重量	約 200 g

様例を表 3.2.8 に示す．

5） 点　検

回転レーザのレーザ光の水平性の点検および調整は，自動レベルと同様な方法で行う．

①標尺 1 および 2 を，約 20 m 隔てて設置する．1 および 2 から約 1.5 m 離れた点をそれぞれ A，B とする（図 3.2.21 (a)）．

②本体を A 点に設置（面 1：円形気泡管がある面，図(c)）し，電源を ON する．受光器を使用して標尺 1 に照射されたレーザ光の位置を a_1，標

図3.2.21 点検の図(a)(b)(c)(d)

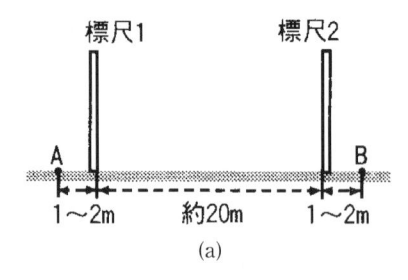

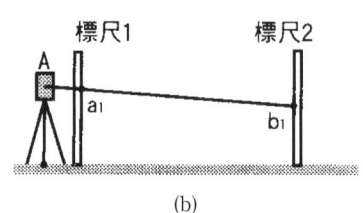

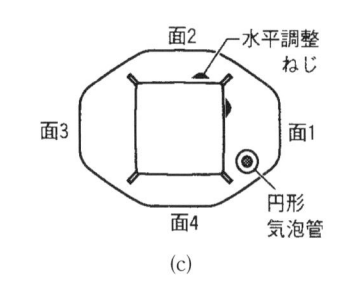

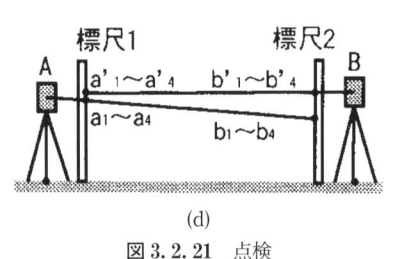

尺2のレーザ光の位置を b_1 と記録する（図(b)）.

③ 本体を90°回転（面2）し，上述と同じ測定を行い，a_2，b_2 を得る．順次90°回転し，a_3，b_3（面3）および a_4，b_4（面4）を得る．

④ 本体を B に移動し，前述の方法で，a_1' から b_4' までの各測定値を得る（図(d)）.

$$d_1 = (b_1 - a_1) - (b_1' - a_1')/2$$
$$d_2 = (b_2 - a_2) - (b_2' - a_2')/2$$
$$d_3 = (b_3 - a_3) - (b_3' - a_3')/2$$
$$d_4 = (b_4 - a_4) - (b_4' - a_4')/2$$
$$E_c = (d_1 + d_2 + d_3 + d_4)/4 \quad （コーンエラー）$$
$$E_h = \sqrt{((d_1 - d_3)^2 + (d_2 - d_4)^2)}/2$$
（水平エラー）

図3.2.22 調整

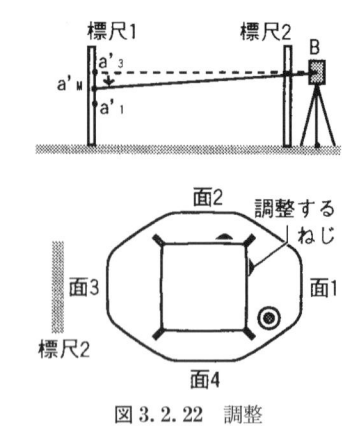

⑤ $|E_c| + E_h$ を計算し，許容範囲（たとえば1〜1.5 mm）以内なら，レーザ光は正しく射出している．

6）調　整

許容範囲をこえた場合，本体を B（面3が標尺を向くように）に設置し，a_1' と a_3' の中点 a_M' に受光器を取りつけ，本体からのレーザ光が a_M' に射出されるように調整ねじを回す（図3.2.22）.

以上，株式会社ソキアの『測量と測量機のレポート』，『取扱説明書』および技術資料を参考資料とした．　　　　　　　　　　　〔井上三男〕

a. 事例1：回転レーザと電子スタッフ

電子スタッフは，回転レーザと併用して使用される．回転レーザからの光を検出し，光の当たっているスタッフの目盛位置を記憶するセンサである．1台の回転レーザに対し複数の電子スタッフを使用することで，構造物の変位を面的にとらえ，リアルタイムに計測できる変位計測システムを構築できる．

仕様例を表3.2.9に示す．

表3.2.9　電子スタッフの仕様例（ニコン製 EPS-02 A）

分解能	0.5 mm
測定可能範囲	3〜100 mm（NL-300 E 使用時）
受光部長さ	191 mm
最小計測単位	0.1 mm
防水性	JIS 保護等級4（防沫型）
寸法	142(W)×130(D)×258(H) mm
質量	5.2 kg

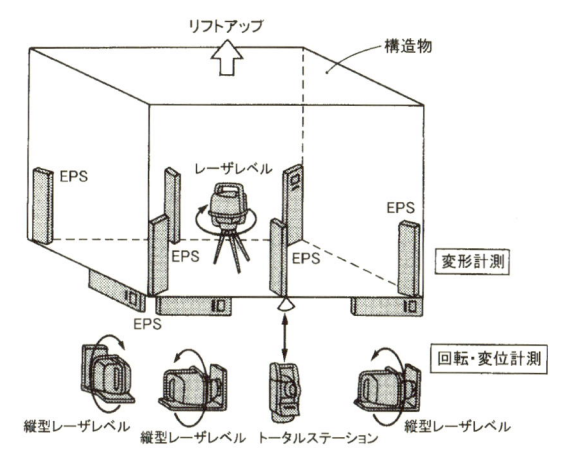

図 3.2.23　移動構造物の変化・変形計測

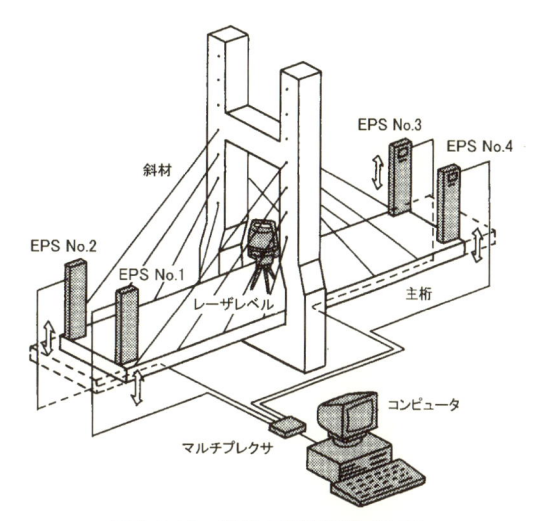

図 3.2.25　橋梁の変位計測（主桁）

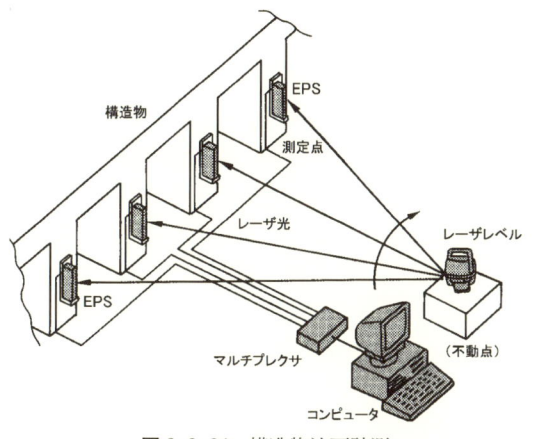

図 3.2.24　構造物沈下計測

図 3.2.26　線路の計測（通り測定）

1）　構造物の移動変形計測（図3.2.23）

鉄骨構造物などをリフトアップする際, 構造物の前後左右上下の移動量を計測するには, 左右方向の変位測定においては, あらかじめトータルステーションなどで位置決めした点を基準として縦型回転レーザを設置し, 底辺の主要な位置に電子スタッフを横向きに取りつけ, 回転レーザからの光を受光する. また, リフトアップにより構造物の変形を監視するとき, 水平型回転レーザを設置し, 構造物の隅に電子スタッフを縦に取りつけ, 回転レーザからの光を受光し, その移動量を測定する.

2）　構造物の沈下計測（図3.2.24）

沈下のおそれがある構造物の主要ポイントに電子スタッフを縦に設置し, 回転レーザからの光を受光することで, 上下方向の変位を計測すること

ができる. 水盛りなどを利用した従来の沈下計測は, 精度および管理の両面で問題があった. 回転レーザと電子スタッフおよびパソコンなどを組み合わせた変位計測システムは, 精度向上はもとより多点, 自動, 連続などの多様な観測も可能となる.

3）　橋梁計測（図3.2.25）

架橋工事時および施工後の桁の変位計測を行う. 橋外の基準点（不動点）に回転レーザを設置し, 変位が想定される桁上に電子スタッフを固定する. 電子スタッフは, 回転レーザからの光を検知することにより, その変位量を計測する.

4）　軌道計測（図3.2.26）

鉄道レールの直進性を計測する. 枕木上の基準点に縦型回転レーザを設置し, レール幅の台座に電子スタッフを固定して, レール上を移動させる.

図 3.2.27 回転レーザによる建設機械の制御例（トプコン提供）

図 3.2.28 回転レーザによる墨出し作業（トプコン提供）

電子スタッフは，回転レーザからの光を受光して各測点でレールの平行度と直進性を計測する．

〔野地剛史〕

b. 事例2：回転レーザ

1) 造成現場での回転レーザシステム（図 3.2.27）

従来は，事前の測量によって，作業範囲内の数か所に高さの基準となる丁張りを設置する必要があったが，これを不要とするとともに，簡単に一定高さの造成が行える．回転レーザと受光器と併用し，ブルドーザーの排土板の上下位置をコントロールするシステムを示す．回転レーザによってつくられた基準面に対する排土板の高さを受光センサで計測し，オペレータは，そのデータをみながら作業することで，所望の高さの造成を行うことができる．また，ブルドーザーの油圧回路に制御装置を組み込むことにより，レーザの高さに合わせた排土板の自動コントロールも可能となる．これによって，熟練を要する造成作業も，ブルドーザーを造成範囲全域に走行させるだけで，高さ均一な面をつくることができる．

2) 建築工事での回転レーザ（図 3.2.28）

内装工事，設備機器の設置などのための墨出し作業での使用であり，回転レーザ本来の使いみちである．図中の作業員が手にもっているのは，レーザ光を検知する携帯用の受光センサであり，これによって簡単に，一度に複数の墨出しが行えることになる．また，最近の測量機器全般にいえることであるが，この回転レーザも，電源を入れると自動的に整準を行い，機械が傾いた状態（±3°以内程度）でも水平にレーザを照射するような機能が付与されているなど，現場での使い勝手が向上している．

〔三浦　悟〕

3.2.4　パイプレーザ（図 3.2.29）

1) 概　要

パイプレーザは，レーザ光を利用して，下水管などの姿勢（位置，方向，勾配など）を決めることで，敷設作業を効率よく行う機器である．従来の敷設作業は，レベルやトランシットなどを使用して丁張りや水糸張りなどを行っていたが，パイプレーザを使うことでこれらの作業は不要になったこと，および水糸の役割は，光が行うため水糸を気にせずに重機などが使えるなどのメリットが大きい．

図 3.2.29　パイプレーザ（GL 2500）

3.2 水平性

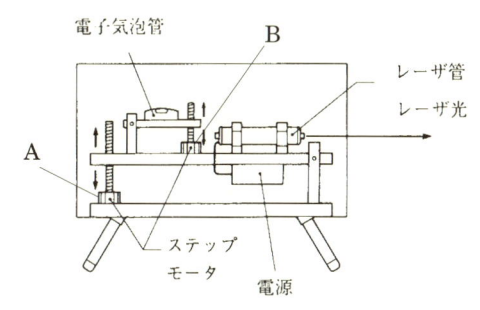

図3.2.30 レーザ光を水平に照射する場合

表3.2.10 パイプレーザの仕様例（ソキア製 GL 2500）

ビーム径（射出位置）	直径 10 mm
勾配設定範囲	$-10 \sim 40\%$
勾配設定単位	0.001% （勾配+10%以上では 0.01%）
自動補正範囲	$\pm 10\%$

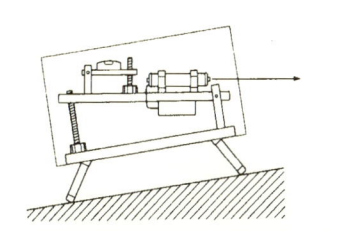

図3.2.31 勾配値に合わせて照射する場合

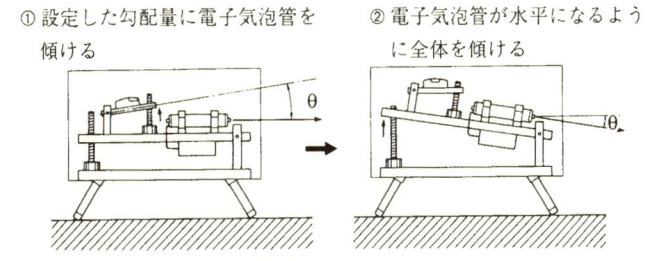

図3.2.32

2) 構 造

電子気泡管とレーザ光との水平性は，ステップモータA，Bで駆動されるねじにより，一体として，あるいは個別に傾斜を与えることができる（図3.2.30）．傾斜地に設置し，レーザ光線を水平に照射する場合には，電子気泡管が水平になるようにステップモータAを回す（図3.2.31）．勾配値に合わせてレーザ光線を照射する場合には，ステップモータBで勾配値を設定した後（図3.2.32），電子気泡管が水平になるようにステップモータAを回す．

仕様例を表3.2.10に示す．

3) 測定手順

①マンホール利用施工（図3.2.33）： マンホール内にパイプレーザを設置する場合，パイプレーザを水平に設置できるトリベットスタンドに本体を取りつけ，マンホールのほぼ中心に設置する．マンホールの上部中心より垂球を降ろして，本体のセンターマークに合わせる．本体の高さは，近くのベンチマーク（BM）より，レベルと標尺を使って測定しておく．本体の高さ微調整は，トリベットスタンドの高さ調整スライド機構で行う．掘削方向の設定は，隣のマンホール上にセオドライトを設置しマンホール間の視通をとり，これを掘削方向とし，方向線上の点から垂球を降ろす．レーザ光が垂球の懸垂線に当たるようにリモートコントローラを使用し，レーザ光の左右方向の調整をする．パイプレーザは，あらかじめ設定した勾配値に従ってレーザ光を射出するので，このレーザ光を目安に管台を盛土，切土によって調整する．管台上にパイプを敷設した後，パイプ内にターゲットを入れ，ターゲット中心にレーザ光が当たるか確認をする．上記作業は，トリベットスタンドの代わりに，ワンタッチマンホールキットを利用して行うこともできる．

②パイプの敷設（図3.2.34）： パイプ内にパイプレーザを設置する場合，敷設するパイプ径に合わせてパイプレーザの脚を交換する．またターゲットには，管径調整機構があるので管径に合わせる．本体に電源ケーブルを接続し，パイプ内両端に本体およびターゲットを設置する．気泡管をみながら概略水平にする．このとき傾斜ランプが点灯した場合には，本体が傾きすぎているので，傾斜ランプが消えるよう調整する．入力した勾配値に従ってレーザ光は射出されるので，反対側に設置したターゲットの中心にレーザ光が当たるよ

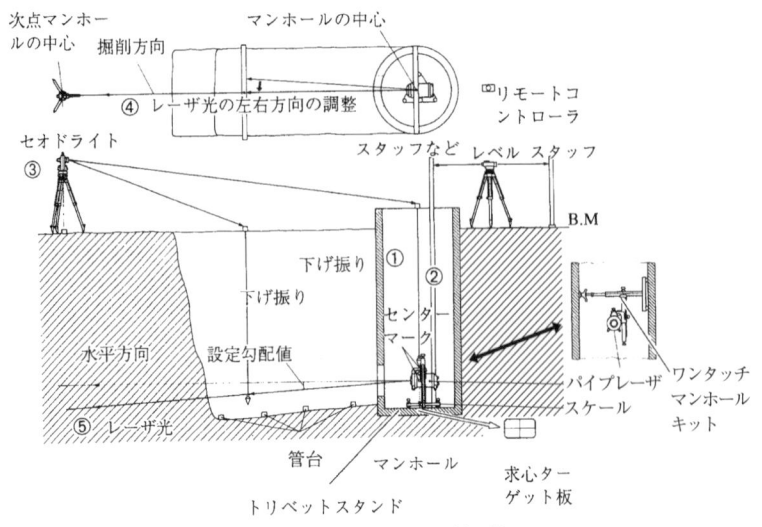

図 3.2.33 マンホール利用施工

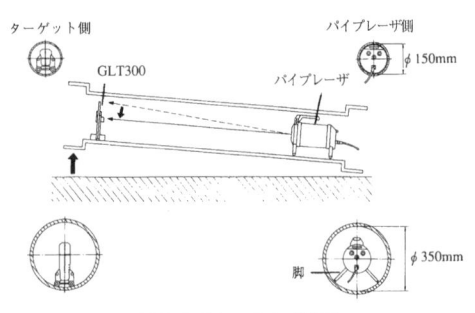

図 3.2.34 パイプ施工

うに切土，盛土などを行い，順次パイプを敷設する．

以上，株式会社ソキアの『測量と測量機のレポート』，『取扱説明書』および技術資料を参考資料とした．　　　　　　　　　　　〔井上三男〕

▶事例：パイプレーザの利用

下水管などを埋設する作業では，設置する位置，方向および勾配を決定する基準として，丁張り作業が行われていた．パイプレーザの使用により，この丁張り作業が不要になり，作業能率が大幅に向上した（図 3.2.35）．

最近では，照射レーザに視認性に優れたグリーンレーザを搭載している機器も使われ，長い距離にわたり効率的な基準出しを行うことができるようになっている（図 3.2.36）．

さらに，上下方向のレーザ照射（下振り）機能を搭載している機種もあり，マンホール中心への設置作業，確認作業を簡単に行える．また，小口

図 3.2.35 マンホール内での設置状況

図 3.2.36 配管作業時の基準出し例

径マンホールにも設置可能な小型パイプレーザとして，操作部と発光部を分離した製品も開発されている．　　　　　　　　　　　　〔三浦　悟〕

3.3　鉛　直　性

レーザ鉛直器（図3.3.1, 3.3.2）

1）概　要

高層ビルを建設する際に，鉄骨の建て入れと組み立ての作業がある．鉄骨の鉛直度や基準墨を施工階へ移設するのにレーザ鉛直器を使用する．施工階にはレーザ鉛直器からのレーザ光を受ける基準ターゲットがあり，基準ターゲットは，さらに施工階の各点の位置決めをするための基準点を設置するために利用し，それを盛り替え点として用いる．

2）構　造

レーザダイオードは，吊線で吊られたインナーシリンダの中心に取りつけられている．レーザ光は，コリメータレンズを通り，鉛直方向に射出される．本体が過度に傾斜した場合，インナーシリンダとアウターシリンダの間隙の不均一性が高まるので，これを電気的に検出し，警告信号を発し動作を停止する．吊線で吊られたインナーシリンダの揺れは，磁気制動機構または空気制動機構によって制動される．

仕様例を表3.3.1に示す．

3）点　検

① 円形気泡管とレーザ光の点検（図3.3.3,

表3.3.1　レーザ鉛直器の仕様例（ソキア製LV 1）

測定光の鉛直精度	上方	±5″
	下方	±1′
測定範囲	上方	100 m
	下方	5 m
ビーム径	上方	7 mm（直径）
	下方	2 mm（直径）
自動補正範囲		±10′

3.3.4）：　本体を整準する．整準ねじAを時計回りに回して，傾斜アラームランプが点滅を始めるまで本体を傾け，そのときの気泡の位置を確認する．次に，整準ねじAを反時計回りに回して，傾斜アラームランプが点滅を始めるまで本体を傾け，そのときの気泡の位置を確認する．円形気泡管の円刻線から気泡が，その寸法の半分程度外に出ていれば気泡管は正常である．整準ねじB, Cの方向についても同様に点検行う．

② 下側レーザ光の点検（図3.3.5）：　下側のレーザ光が垂直方向になっていることを点検する．本体を整準後，図に示すようにA≒50 cm, B≒1.8 mに設置し，電源を入れる．上側に照射されたレーザ光が，測点1から動かないようにしながら本体を1回転させる．本体が回転中に，下側に

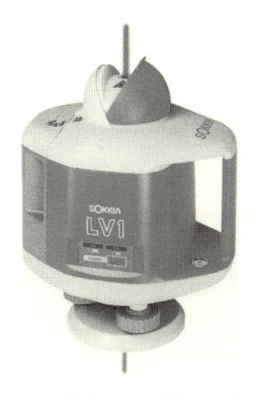

図3.3.1　レーザ鉛直器（LV 1）

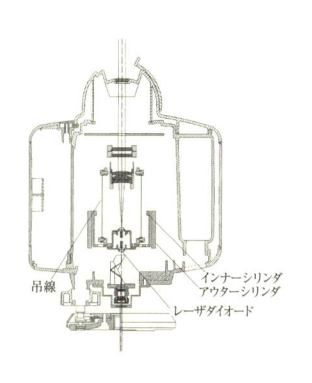

図3.3.2　内部光路図

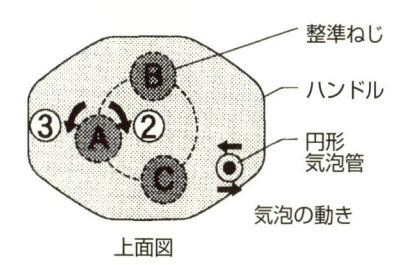

図3.3.3　レーザ鉛直器点検

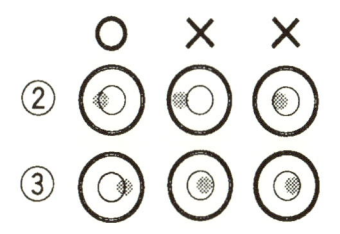

図3.3.4　気泡の動き

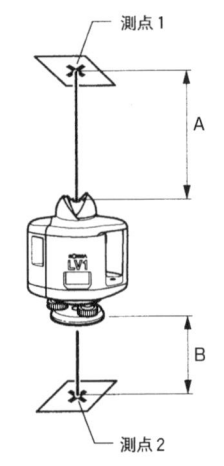

図 3.3.5　レーザ光の点検

図 3.3.6　大型サイロ建設中

照射されたレーザ光が，測点 2 からずれないことを確認する．測点 2 からのずれが，1 mm 以上であれば調整が必要であり，サービスセンターなどに依頼をする．

③ 上側レーザ光の点検：　上側のレーザ光が鉛直に射出していることを点検する．本体を整準後，図 3.3.5 に示すように A≒10 m，B≒30 cm に設置し電源を入れる．下側に照射されたレーザ光が，測点 2 から動かないようにしながら本体を 1 回転させる．本体が回転中に，上側に照射されたレーザ光が，測点 1 からずれないことを確認する．測点 1 からのずれが 0.5 mm 以上であれば調整が必要であり，サービスセンターなどに依頼をする．

以上，株式会社ソキアの『取扱説明書』および技術資料を参考資料とした．　　〔井上三男〕

▶事例：大型石炭サイロの鉛直性計測システム
1）開発経緯

T火力発電所では，大型石炭サイロ（内径約 46 m，高さ 70 m）がスリップフォーム工法により建設された（図 3.3.6）．スリップフォーム工法は，ヨークと称する門型のフレームに型枠，足場，作業構台を取りつけたものをロッドで指示し，ヨークを油圧ジャッキで押し上げて筒体壁を構築していく工法である．従来工法に比べ型枠や足場などの盛り替え作業が生じず，配筋，パソコンの鋼線配置，型枠固定，コンクリート打設，壁面仕上げなどの作業が連続して行われるため，安全かつ合理的な施工が可能となる．

当サイロ工事では，円周上に 90 個のヨークをリングビームで一体化している．十分な剛性をもっていることは，計算上確認されているとはいえ，大規模なスリップフォーム装置であるので，上昇時における安定した制御のためにも効果的な計測が必要になった．特に本来円形であるリングビーム全体の水平方向の変位・変形計測については，リアルタイム性，高精度性が要求されるため，レーザ鉛直器と CCD カメラを使ったシステムが開発された（図 3.3.7）．

2）概　要

図 3.3.7 に本システムの構成を示す．本システムでは，筒体底部の座標既知点 4 か所に設置したレーザ鉛直器のレーザ光を，ヨーク部に取りつけられたターゲットと CCD カメラで常時受光することで，ヨーク部の平面的な位置 (x, y) が自動的に計測される（図 3.3.8，3.3.9）．

4 点の計測データは，すべてヨーク上の計測室内のパソコンにリアルタイムで表示，記録される

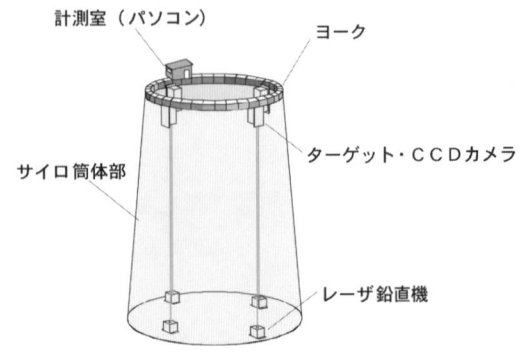

図 3.3.7　鉛直性計測システム

3.3 鉛 直 性

図 3.3.8 レーザ鉛直器

図 3.3.9 レーザ光のセンサ

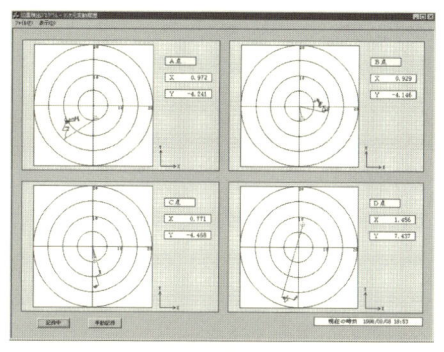

図 3.3.10 レーザ光のスポットの測定

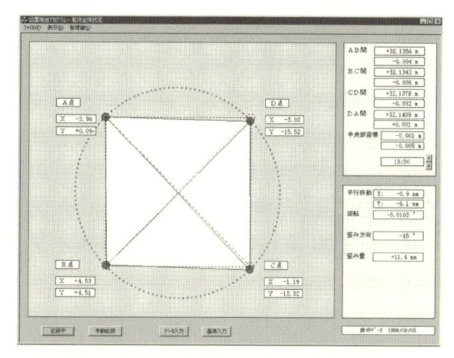

図 3.3.11 真円からのずれ量を測定

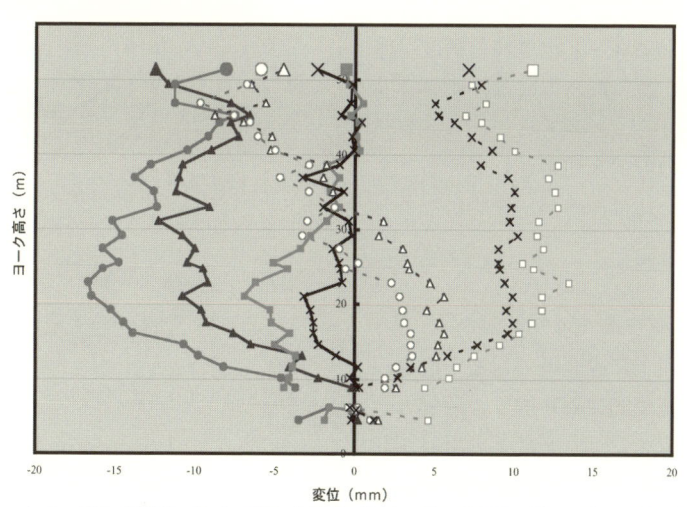

図 3.3.12 各点の計測結果

ので，初期値からの変位の挙動をみながらスリップフォーム装置の上昇作業を行うことができる（図 3.3.10）．

また，それぞれの変位だけでなく 4 点の計測結果から現在のヨーク全体の平面的形状を楕円が近似して，設計値である真円からのずれ量を算出するので，変形を早期に発見できて，形状修正が容易となる（図 3.3.11）．

本システムでの最終的な変位は，すべて±10 mm程度に収まり，十分に管理基準値を満たす結果であった（図3.3.12参照）．当初は，スリップフォームが上昇してレーザ鉛直機とCCDカメラの距離が長くなると，レーザの時間変動やヨーク自体の振動などからバラツキが大きくなることが懸念されたが，工期が進み，ヨークがある程度上昇した時期においても，バラツキは設置直後特に大きな差のないものであった．これは工事全体を通じてサイロおよびスリップフォーム装置自体の剛性が確保されていたことと同時に，測定距離までの本体システムの安定性が確認されたことを示すものである． 〔三浦 悟〕

図3.4.1 電子セオドライト（DT 5 10 S）

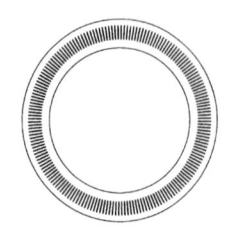

図3.4.2 インクリメンタルエンコーダ

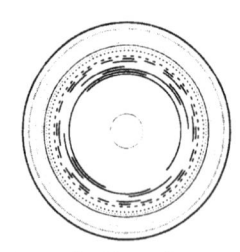

図3.4.3 アブソリュートエンコーダ A

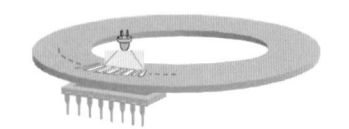

図3.4.4 アブソリュートエンコーダ B

3.4 角　　度

3.4.1 電子セオドライト（精密セオドライト）
1）概　要

電子セオドライト（図3.4.1）は，従来型セオドライトの角度読取機構を電子化したもので，鉛直軸，水平軸，視準軸の3軸があることは，従来機と変わらない．鉛直軸および水平軸にそれぞれ固定されたエンコーダ上にコード化された角度目盛を電子的に読み取る．読み取り方には，インクリメンタル方式（図3.4.2）とアブソリュート方式（図3.4.3）の2種類の方式が利用されている．主流は前者であるが，今後は後者が一般的になると思われる．

2）構　造

① インクリメンタル方式（図3.4.2）

ガラスの円盤の円周上に等間隔で目盛を描き，このパターンの数を電子的に読み取り，角度として表示する．目盛盤（エンコーダ）上の目盛が同一パターンなので，そのままでは位置の情報がない．そこで，位置情報を付与するために，エンコーダの特定位置にあらかじめ印をつけておく．その位置を検出するために，電源投入後，本体と望遠鏡を手動で1回転することで位置の検出をする．単純なインクリメンタル方式では回転方向が判別できないため，2個の検出子を前後に配列し，両者の入力信号の時間のずれから回転方向を判別している．

② アブソリュート方式

ガラスの目盛盤に一様な目盛を刻む代わりに，特定のコードパターン（絶対角度）を描き，電子的に読み取る方法であり，コードパターンの描き方には，2つの方法がある．

・方式A（図3.4.3）： 直径の異なる円周上に，数種類のコードパターンを描き，目盛盤の半径方

3.4 角　度

向にCCDセンサを配置する方法で，そのときの半径方向のセンサ出力の分布が異なるので，望遠鏡が向いている方向が，そのまま表示できる．

・方式B（図3.4.4）：　電子レベルの標尺に使われているのと同様のバーコードパターンを目盛盤に刻んだ方式がある．これは方式Aと異なり，コードパターンが刻まれている円周は1本であり，その点はインクリメンタル方式と似ている．目盛がバーコードになっているので，一定の範囲のパターンを検出子がみるとその方向を弁別することができる．

▶ワンポイント：**操作手順の相違**

インクリメンタル方式は，本体を整準して電源をONし，鉛直軸および水平軸のまわりに回転

表3.4.1　電子セオドライトの仕様例（ソキア製DT 5 10 S）

望遠鏡部	全長	165 mm
	有効径	45 mm
	倍率	30倍
	像	正像
	分解力	3″
	視界	1°30′
	最短合焦距離	0.9 m
	スタジア乗数	100
	スタジア加数	0
	十字線照明	あり（明/暗選択あり）
測角部	測角方式	光電式アブソリュートロータリーエンコーダ，対向検出
	最小表示	5″
	精度	DIN規格NO.18723準拠 水平角，高度角　5″
	2軸自動補正機構　方式 　　　　　　　　範囲	液体式（2軸） ±3′
	測角時間	0.5秒以下
	角度表示範囲　水平角 　　　　　　　高度角	0°00′00″〜359°59′55″ 0°00′00″〜359°59′55″ −90°00′00″〜 90°00′00″
	測角モード　水平角 　　　　　　高度角	右回り/左回り/0セット/ホールド 天頂0°/水平0°/±水平90° 勾配%
	気泡管感度	40/2 mm
	求心望遠鏡	3倍
	機械高	236 mm
	寸法（ハンドル含む）	165(W)×165(D)×341(H)mm
	重量（ハンドル含む）	4.8 kg
電源部	電源	着脱式単2乾電池2本
	連続使用時間	約75時間（25°C）

(エンコーダの原点を検出するため)させた後，原点からの角度を電子的に読み取り表示器に表示する．電源投入のたびに，鉛直軸および水平軸のまわりの回転が必要である．

アブソリュート方式は，電源の断続によって角度表示値が変わることはない．

仕様例を表3.4.1に示す．

以上，株式会社ソキアの『測量と測量機のレポート』，『取扱説明書』および技術資料を参考資料とした． 〔井上三男〕

▶事例：セオドライトおよび測距儀による精密基準点測量（図3.4.5，3.4.6）

1) 概　要

大型土木工事における測量は，水平位置を決定する基準点測量と高さを決定する水準測量に大別できる．測量計画策定に当たっては，道路，鉄道，橋梁，トンネルなどを目標精度以内に設置することを前提として，基準点測量および水準測量の目標精度と測量方法を定める．水平位置については，国家三角点を基準とした「三辺三角測量方式」として，三角点のもつ誤差が工事に影響を及ぼさないような「任意座標系」による解析方法とする．公共測量作業規程で定める座標系（以下公共座標系）で使われる縮尺係数（平面距離/球面距離）により座標差から算出される長さと実際の長さには，違いがあること，公共座標系の座標値（X，Y）は，原点より西側（Y座標）および南側（X座標）は負値である．これらによる不便を避けるため，工事測量では，通常「任意座標系」を設定する．水準測量については，陸上部では「精密水準測量」を，海上部では「渡海水準測量」を実施する．高さの基準についても国家水準点，地盤沈下水準点，特殊水準点など，それぞれが異なる基準面を採用していることに注意する必要がある．特に大型土木工事では高さの基準面が統一されていないためのトラブルが多いことを特記したい．

以下，基準点測量について述べる．

2) 任意座標系

① 公共座標系と任意座標系の比較（図3.4.7）：
工事自体に公共座標は使わないが，主要点の位置は，公共座標値で表現しておくことが望ましい．一方，設計図上各点の位置は，採用する任意座標系上の座標値を工事用として算出しておく．設計図面では実寸で表記されていて，いずれの座標系を採用するにしても，そのままでは座標値としての性格をもっていない．公共座標の座標差から算出される距離数値は，実寸とは異なる数値となるのが普通である．これは，縮尺係数の問題，直線距離と球面距離との差など，地図投影の性格によ

図3.4.5　精密経緯儀T3

図3.4.6　精密測距儀3808A

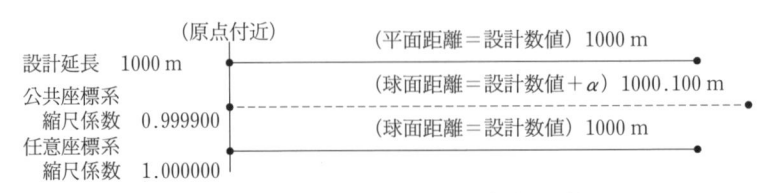

図3.4.7　原点付近の設計数値と実寸の比較

（原点付近）
設計延長　1000 m
公共座標系
　縮尺係数　0.999900
任意座標系
　縮尺係数　1.000000

（平面距離＝設計数値）1000 m
（球面距離＝設計数値＋α）1000.100 m
（球面距離＝設計数値）1000 m

表 3.4.2 公共座標系と任意座標系の比較

項目	公共座標系*	任意座標系
原点	公共座標原点	工事内容に合わせて設定
基準方向	座標系 X 軸	任意の方向に設定（橋軸など）
座標値	公共座標原点（$X=Y=0.000$ m）	負座標値が生じないよう設定する （例：$X=Y=1000.000$ m）
縮尺係数	座標系原点で 0.999900 Y 座標軸から離れるに従い増加， 東西 90 km でほぼ 1.000000 になる	原点で 1.000000（工事箇所） Y 座標軸から離れるに従い増加

*公共座標系は，「公共測量作業規程」で定める座標系のこと．原点において公共座標と関連させる原点座標値と基準方向方向角とを決定する．

表 3.4.3 大型土木工事用基準点観測制限

角測定	対回数	倍角差	観測差	セット数	セット較差	使用機器	備考
	3	8″	5″	2	3″	特級	2 日以上
距離測定	読定数	較差	セット数	セット較差	使用機器		備考
	2	10 mm	4	20 mm	1 級長距離		2 日以上

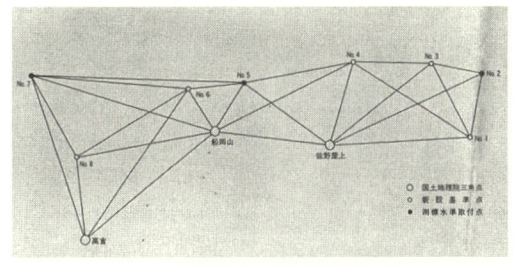

図 3.4.8 平均図

図 3.4.9 観測のための足場

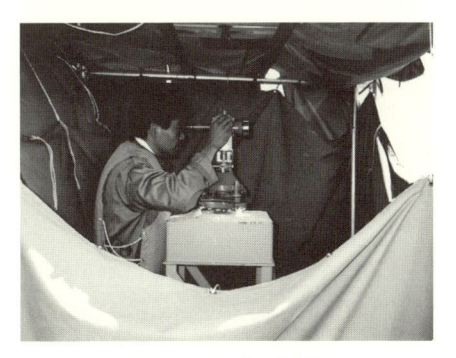

図 3.4.10 観測風景

るものである．

　相互の座標系に関連をつけるため，任意座標系は，その原点のみを公共座標で表記する．

　② 公共座標系と任意座標系（表 3.4.2）．

3） 精密基準点測量

　① 踏査選点：　精密基準点は，工事完了までの全作業の基準となるばかりでなく，完了後も構造物維持管理のため，変位計測などの基準点としても使われる可能性があるので，工事域との見通しと同時に標識点の堅固安定性の両面を考慮して設置しなければならない．精密基準点の位置関係は，平均図（図 3.4.8）を作成して，図形的にも基準点の相互の位置関係が高精度に決まることを確認しておく．特に屋上点については，頻繁な使用に耐えられるような足場（図 3.4.9）や観測のための設備を設け，さらに風覆い（図 3.4.10）などに配慮する必要がある．

　② 観測：　水平角の観測には特級経緯儀（測量機器性能基準参照）を，距離の測定には 1 級長距離型（測量機器性能基準参照）以上の性能を有するものを使用し，下記の基準で観測を実施する．

表 3.4.4 精密経緯儀（WILD 製 T3：図 3.4.5）

望遠鏡	全長	260 mm
	像	倒像
	倍率	24/30/40 倍
	有効径	60 mm
目盛盤	水平盤	135 mm
	鉛直盤	90 mm
測角部		マイクロメータ
精度	水平角	0.2″
	鉛直角	0.2″
気泡管感度（望遠鏡）		6″/2 mm
認定（等級）		特級

表 3.4.5 精密測距儀（ヒューレットパッカード製 3808A：図 3.4.6）

測距部	測定範囲	3000 m／1 素子 6000 m／3 素子
	精度	±（5 mm＋1 ppm×D） D＝測定距離（km）
	光源	半導体レーザ
重量		9.0 kg
認定（等級）		1級長距離

セット間は日時と器械高を変更して観測することで誤差要因の影響の軽減に努める．土木工事と測量の時期，工事手法などの違いによる位置誤差などのトラブルを避けるため，国家三角点固定による平均計算と任意座標系による平均計算あるいは自由網平均計算などを実施し，事前に基準点相互の位置関係を確認しておく必要がある．

大型土木工事用基準点観測制限については，表 3.4.3 を参照．

4）精　度

① 目標精度： 陸上基準点では水平位置±1.5 cm，海上基準点では水平位置±5.0 cm．

② 精密基準点測量の精度： 国土地理院精密測地網一次基準点測量に準ずる．必要により国土地理院精密測地網二次基準点測量に準ずる．

5）使用機器の性能

① 経緯儀例（特級）： 表 3.4.4 参照．

② 測距儀例（1級長距離）： 表 3.4.5 参照．

〔酒井　靜〕

3.4.2　レーザセオドライト（図 3.4.11）

1）概　要

レーザセオドライトの測角部は，電子セオドライトの仕様や機能と異ならないが，視準望遠鏡からレーザ光を射出し，視準点を設計値方向に指示できる機能をもつことがその特徴である．望遠鏡を覗き，目標物に焦点を合わせれば，レーザビームが集光されスポット径が最小になる．焦点を無限遠にすれば平行光が得られる．

2）構　造

レーザダイオードから射出されたレーザ光は，望遠鏡光軸内に設けられたビームスプリッタで反射され，望遠鏡の対物レンズ全域を使って照射される．一方，外からの自然光は対物レンズを通りビームスプリッタを透過し，接眼レンズに到達する．レーザ光と自然光は，互いに干渉することはない．

仕様例を表 3.4.6 に示す．

3）応用例

トンネル掘削機（シールドマシン）の後方にターゲットを取りつけ，基準点にレーザセオドライトを設置する．設計方向にレーザ光を照射すれば，ターゲットに当たったレーザ光をみながらシールドマシンの方向制御ができる．

以上，株式会社ソキアの『測量と測量機のレポート』，『取扱説明書』および技術資料を参考資料とした．

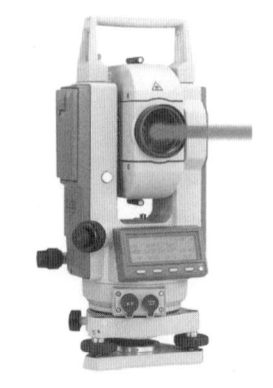

図 3.4.11　レーザセオドライト（LDT 50 S）

表 3.4.6 レーザセオドライトの仕様例（ソキア製 LDT 50 S）
望遠鏡部と測角部の仕様は，3.4.1項を参照．

レーザ部	光源	半導体レーザ
	波長	635 nm
	射出出力	1 mW/2.5 mW（選択可）
	レーザクラス	クラス3 A（JIS C 6802, 1997）
	レーザ合焦	望遠鏡と同時合焦
	レーザ到達距離	200 m 以上/1 mW 時 400 m 以上/2.5 mW 時
	レーザスポット径	5 m：0.5 mm　　150 m：15.5 mm 20 m：2.1 mm　　200 m：20.7 mm 50 m：5.2 mm　　300 m：31.0 mm 100 m：10.3 mm　400 m：41.3 mm
電源部	電源	着脱式バッテリー（ニカド電池 6 V）
	使用時間 （レーザ照射と測角測角のみ）	BDC 25 A：約5時間 BDC 25 A：約9時間
	充電時間	標準付属品充電器：約80分

3.5 距離

光波測距儀（精密光波距離計）

1）概　要

　光波測距儀は，位相差方式およびパルス方式の2種類の測距方式がある．ここでは，多く採用されている位相差方式について説明する．位相差方式では，あらかじめ測距儀本体から発射する連続光に安定した周期で明暗の変化をつける（これを変調という）．反射光（受光）と発射光（送光）の明暗の関係（位相差）は，測定距離にのみ依存し，時間的に一定であることを利用する．この位相差 Φ は，測定距離 d と次の関係にある．

$$\Phi = d/\lambda$$

λ は，波長（明暗の長さ）で，変調周波数と以下の関係がある．たとえば，変調周波数 f を 2.9979245×10^7 Hz とし，光速を $C = 2.9979245 \times 10^8$ m/s とすれば，

$$\lambda = c/f$$

であるから，

$$\lambda = 2.9979245 \times 10^8 / 2.9979245 \times 10^7$$
$$= 10.000 \text{ m}$$

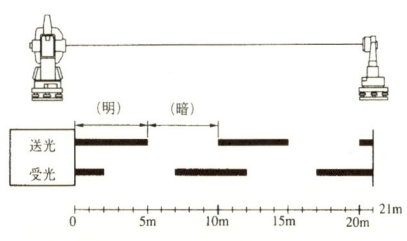

図 3.5.1　光波距離計原理

である．測定距離が 21 m であったとすると，特定の瞬間の測距光の様子は，図 3.5.1 のようになる．送光の明部後端が測距儀を離れる瞬間，2 m 分遅れた反射光の明部が戻ってくる．この遅れた部分（位相差）を測定することにより，距離測定ができることになる．この場合，送光受光往復で 2 m の差がついているのであるから，測距儀から反射プリズムまでの距離は，波数の整数部分（で測定された 20 m）は別として，その半分の 1 m であることがわかる．変調周波数が 30 MHz では，最大測距離は 5 m となる．5 m 以上の距離はわからないが，仮に 15 MHz を使用すれば，最大測距離は約 10 m となる．変調周波数を変え，各変調周波数間の位相差をデータとして比較することで，長距離の測定が可能になる．精密測定用の光波測距儀では，高い周波数が採用されている．

2） 構 造

光波測距儀の光路図を使い，内部構造について説明する（図3.5.2）．

① シャッタ（チョッパ）： 送光受光の位相差を正しく測定するには，電気回路の定誤差を消去する必要がある．測距儀では，光路の長さが明確にわかっている内部光路と実測定の外部光路とを切り替え，その定誤差を知る．

② 絞り： 測定距離の長短に応じて大幅に変化する受光量を，測定範囲に適合するよう加減する．

③ 内部光路： 内部校正用の光路．内部光路と外部光路を計測することで，測定光の初期位相の変化や電子回路における位相の変化など，機械内部で生じる定誤差を校正する内部校正用光路である．

④ 外部光路： 発光ダイオードの光を対物レンズで外部の反射プリズムに照射し，反射プリズムよって反射され，受光ダイオードで光を受けるまでの距離測定用光路である．

3） 精 度

光波測距儀の距離精度は，一般に次の式で表せる．

$$s = \pm(A + B\,\text{ppm} \times D)\,\text{mm}$$

ここで，A：誤差のうち距離に依存しない成分であり，その要因は，測距儀自体の電気的，光学的，機械的構造による．B：測定距離に比例する誤差成分で，その要因は，大気の屈折率や測距光の変調周波数などの影響による．D：測定距離．ppm：100万分率（parts per million）．

たとえば，$\pm(3 + 2\,\text{ppm} \times D)\,\text{mm}$ の距離精度をもつ光波測距儀では，距離測定が3kmの場合の測定精度は，次のとおりである．

$$\pm\{3 + (2\times10^{-6}) \times (3\times10^6)\} = \pm 9\,\text{mm}$$

以上，株式会社ソキアの『測量と測量機のレポート』，『取扱説明書』および技術資料を参考資料とした．

3.6 角度・距離（基線ベクトル）

3.6.1 トータルステーション（図3.6.1）

1） 概 要

トータルステーションは，角測定の経緯儀と距離測定の光波測距儀が1台に合体した測量機である．また測角と測距の両機能を連携させて座標値が得られるので，対辺測定や比高測定ができ，さらに縦横断測量や面積計算など従来パソコンで行っていた測量計算までも可能となるように設計されたものである．

2） 構 造

トータルステーションは，従来型のセオドライトにおける鉛直軸，水平軸，視準軸の3軸のうち，視準軸と距離測定のための測距軸が同軸になっていることが特徴になっており，測定した斜距離や角度をもとに内蔵のマイクロコンピュータで水平距離や比高また座標値などを計算することができる（図3.6.2）．

図3.6.3からもわかるように，目標を視準する可視光は透過し，発光ダイオードの赤外光（測距用）は反射するという多層膜の光学素子（ダイクロイックプリズム）によって視準軸と測距軸の同軸性を実現している．

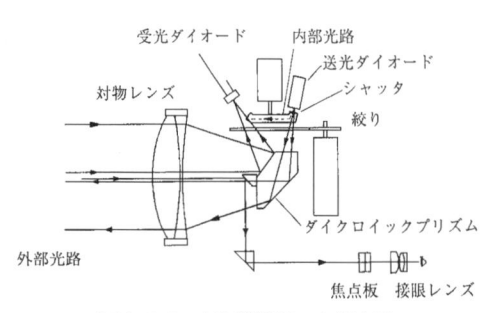

図3.5.2 光波測距儀の内部光路

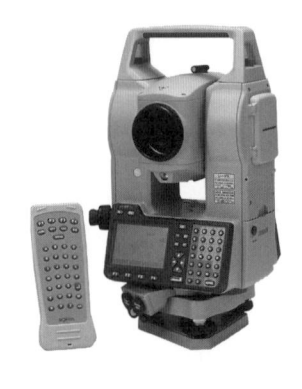

図3.6.1 トータルステーション（SET2 030R）

3.6 角度・距離（基線ベクトル）

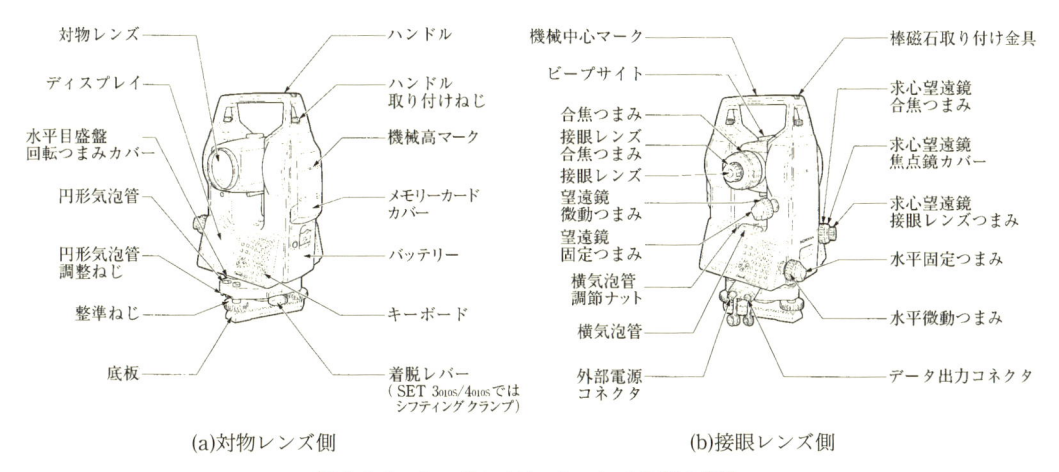

(a)対物レンズ側　　　　　　　　　　　(b)接眼レンズ側

図 3.6.2　トータルステーションの各部の名称

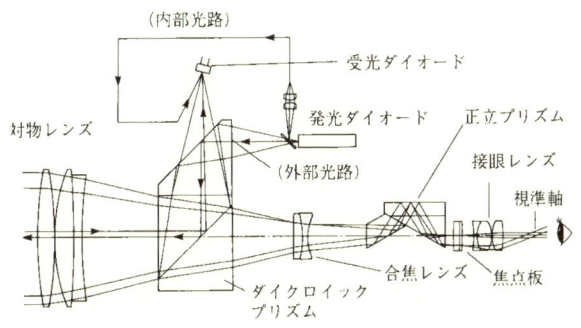

図 3.6.3　トータルステーションの光路図

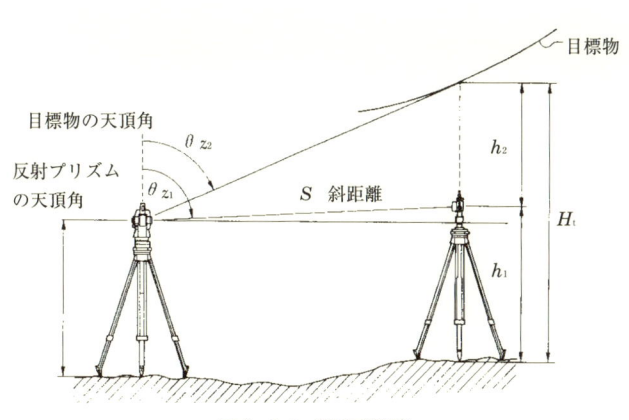

図 3.6.4　REM 測定

仕様例を表 3.6.1 に示す．

3）機　能

① REM (remote elevation measurement) 測定（図 3.6.4）

REM 測定は，送電線，橋梁，吊りケーブルなど，直接反射プリズムを設置できない点までの高さを測定する機能である．目標物までの高さは，次の式で算出する．

$$H_t = h_1 + h_2$$

$$h_2 = S\sin\theta z_1 \times \cot\theta z_2 - S\cos\theta z_1$$

計測手順は次のとおりである．

反射プリズムを目標物の真下，または真上に設

表 3.6.1 トータルステーションの仕様例（ソキア製 SET2 030）

望遠鏡	全長	171 mm
	有効径	45 mm
	倍率	30 倍
	像	正像
	分解力	2.5″
	視野	1°30′
	最短合焦距離	1.3 m
	合焦装置	2 段階
測角部	測定方式	光電式アブソリュートロータリーエンコーダ方式，対向検出
	最小表示	0.5″/1″ 選択可
	精度	2″
	測角時間	0.5 秒以下
	鉛直軸自動補正機構方式	液体式 2 軸傾斜センサー方式，補正範囲 ± 3′
	望遠鏡/水平固定微動方式	同軸固定微動つまみ，精/粗 2 スピード微動
	測角モード　水平角	右回り/左回り選択可能　0 セット，任意角入力可
	鉛直角	天頂 0°/水平 0°/水平 ±90°（選択可）
測距部	測定可能範囲　ノンプリズム	0.3〜150 m
	反射シートターゲット	RS 90 N-K：1.3〜500 m
	ミニ反射プリズム	コンパクト反射プリズム CP 01：1.3〜300 m，ピンポール反射プリズム OR 1 PA：1.3〜500 m
	1 素子 AP 反射プリズム	1.3〜4000 m
	3 素子 AP 反射プリズム	1.3〜5000 m
	最小	0.001 m
	精度　ノンプリズム時	精密測定　±(3+2 ppm×D)mm
	反射シートターゲット使用時	精密測定　±(3+2 ppm×D)mm
	反射プリズム使用時	精密測定　±(3+2 ppm×D)mm
	測定モード	精密連続/精密単回/精密平均/高速連続/高速単回/トラッキング（選択可）
	測定時間	精密測定：1.4 秒毎（初回 3.1 秒）
	光源（レーザ出力）	ノンプリズムモード：JIS クラス 2 相当（出力 0.99 mW 以下），反射シート・反射プリズムモード：JIS クラス 1 相当（出力 0.22 mW 以下）
	気象補正	気温，気圧，湿度，ppm 入力
	球差・気差補正	あり（$K=0.142$, $K=0.20$）/なし（選択可能）

置する．このとき反射プリズムの高さ h_1 を測定する．反射プリズムを正確に視準し，「測定モード画面」にて測定を行う．測定終了後，斜距離データ，鉛直角，水平角を表示する．先に測定しておいた h_1 をトータルステーションに入力する．目標物を視準し，REM 測定の操作（キー操作）をすると，地上（測点）から目標物までの高さ H_t が表示される．

② 対辺測定（図 3.6.5）

対辺測定は，トータルステーションを置いた測定点からターゲット（原点）および別のターゲット（目標点）までの斜距離，角度をそれぞれ測定し，その結果から 2 点間（原点と目標点）の距離と勾配を計算し，表示する．複数の目標点に対して対辺測定を連続して行うことができる．原点を移動し次の目標点までの対辺測定を行う．また，

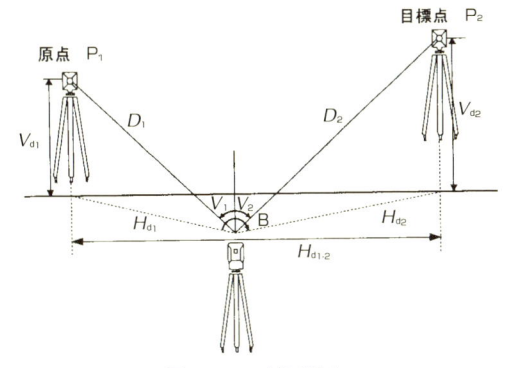

図 3.6.5 対辺測定

2点間の勾配（％）も求めることができる．
水平距離：
H_{d_1}, H_{d_2}
高低差：
V_{d_1}, V_{d_2}
点間水平距離：
$H_{d_{1-2}} = \sqrt{(H_{d_1}^2 + H_{d_2}^2 - 2H_{d_1} \cdot H_{d_2} \cdot \cos B)}$

点間高低差：
$V_{d_{1-2}} = V_{d_2} - V_{d_1}$

点間斜距離：
$S_{d_{1-2}} = \sqrt{(H_{d_{1-2}}^2 + V_{d_{1-2}}^2)}$

勾配：
$V_{d_{1-2}} / H_{d_{1-2}} \times 100$

計測手順は次のとおりである．
・原点固定： 原点を視準し斜距離モードで測定する．測定終了と同時に距離データ，鉛直角，水平角を表示する．目標点（2点目）を視準し対辺測定モードで測定する．測定終了と同時に2点間の距離データ，鉛直角，水平角を表示する．次の目標点を視準し対辺測定モードで測定する．原点を後視として複数の結果が得られる．「％」キーを押すと，勾配表示画面に切り替わり2点間の勾配を表示する．
・原点移動： 原点固定で複数点の結果を得た後，新たな原点に移動したい場合，複数の目標点を観測した後，原点移動のキー操作により最後に観測した点が新原点となるので，新しい目標点との対辺測定ができる（図3.6.6）．

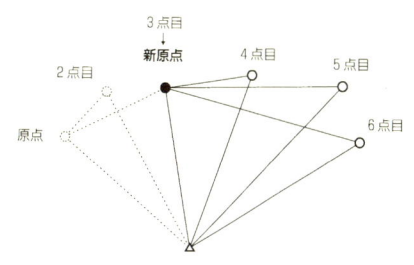

図 3.6.6 対辺測定（イメージ）

▶事例：対辺測定（図3.6.7）
点検は，公共測量作業規程や不動産登記法第17条地図作製作業規程などにも示されているように，点間距離の「計算値」と「測定値」の較差を求める方法により行う．特に点間距離が直接測定できない場合は，トータルステーションの対辺測定機能を用いて点間距離を測定し，その較差により確認することができる．

路線測量，用地測量，筆界測量などに限らず，検測としての点間距離は直接測定が不能な場合は，トータルステーションの対辺機能を利用して点間を測定し，計算値との点検をする．

図3.6.7は，道路境界確定測量により作成された境界図で，境界点 P_1 から P_2，および P_2 から P_3 の間に塀があったり土地の高低差が大きかったりするため視通がなく，距離などを直接測定できる状況ではない．

そこで，各測点対が視通できる任意の点にトータルステーションを設置し，トータルステーションの対辺測定機能を利用して，本体から P_1 までの距離を測定し，次に P_2 までの挟角と距離を測定する．P_2 から P_3 間の距離もトータルステーションを移動して，以下同様に測定する．

測定データは，トータルステーション内蔵のマイクロコンピュータで，三角形の二辺挟角の公式から P_1 と P_2 間および P_2 と P_3 間の距離を計算し，結果を表示するので，計算値が測定値と大きな較差を示さないことを確認する．

以上，この事例については，土地家屋調査士の渡辺三平氏に資料提供していただいた．

③ 杭打ち測定（図3.6.8）
杭打ち測定は，測設ともいい，設計図の内容を現実の地上に確定する作業である．あらかじめ準

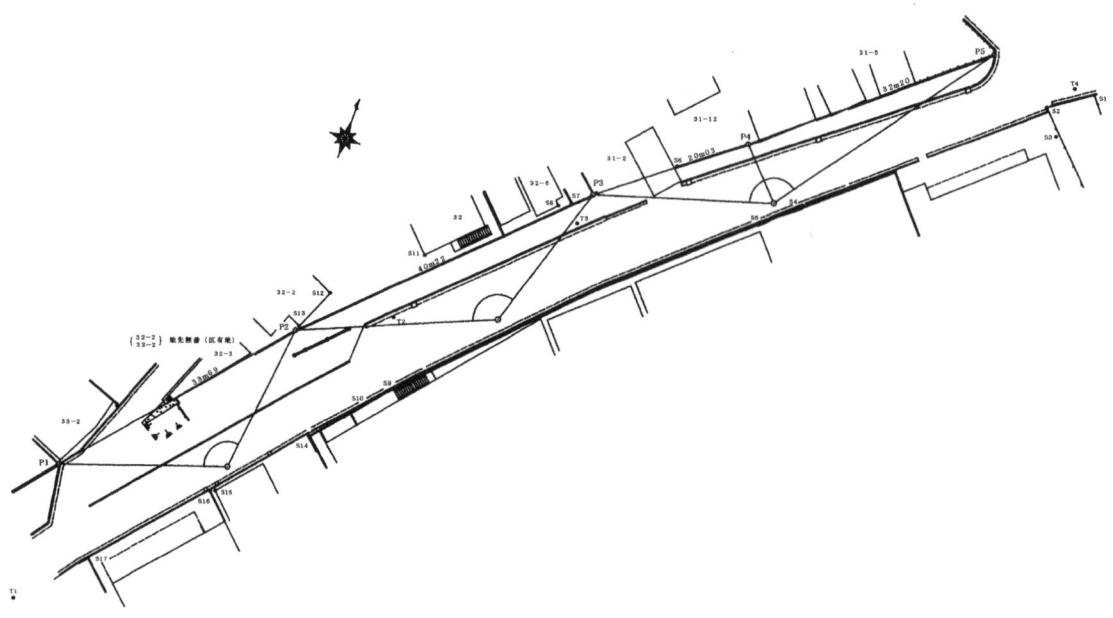

図 3.6.7 対辺測定による検査測図

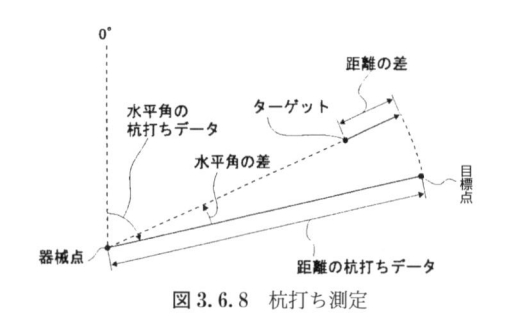

図 3.6.8 杭打ち測定

備された設計データをトータルステーションに入力した値（杭打ちデータ）と測定値との差が表示される．この表示値が 0 になるように反射プリズムを移動し計測をする．表示値が 0 になった点が求める測点である．

計測手順は次のとおりである．

本体のキーボードで「杭打ちモード」に設定する．「杭打ちデータ」の入力画面が表示されたら，距離の杭打ちデータと水平角の杭打ちデータを与件として入力する．「杭打ち観測画面」により「水平角の差」が 0°になるまでトータルステーション上部を回転させ，視準線上に反射プリズムを移動する．反射プリズムを視準した後，距離を測定する．測定後，反射プリズムと杭打ち点までの距離を表示する．測距値が＋のときは反射プリズムを手前に移動し，−のときは遠ざける．表示値が 0 になるまで，反射プリズムを前後に移動して杭打ち点を求める．

▶事例：杭打ち機能

図 3.6.9 において，土地（954 番）の境界確定測量で，境界確定点をトータルステーションの杭打ち機能を利用して設置した．

まず，954 番 1 の隣地所有者の立ち会いのもとで境界の仮杭を確認した．境界確定測量を行うに当たり，GPS 測量機にて基準点 G_1, G_2 を道路上に設置し，G_1 の基準点からトラバース点 T_1, T_2 を経て基準点 G_2 への結合トラバース測量を行った．立ち会いで確認した仮杭を本杭にするために，トータルステーションを T_1 に整準し，各境界点を観測し，観測データから各境界点の位置（座標値）を算出した．次に，算出した座標値をもとに，杭打ち機能により測設を行った．その手順は，T_1 にトータルステーションを設置し，T_2 を後視点として水平角，距離で指定される点に本杭である K_{27} と K_{28} を設置した．

以上，この事例については，土地家屋調査士の瀧下俊明氏に資料提供していただいた．

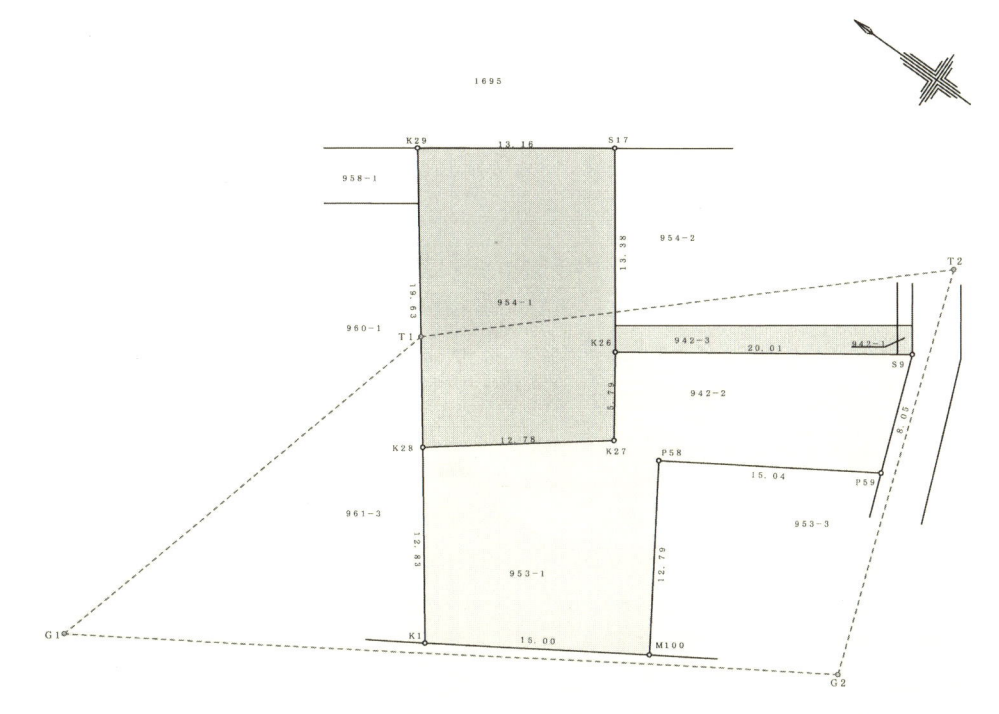

図 3.6.9 境界確定図

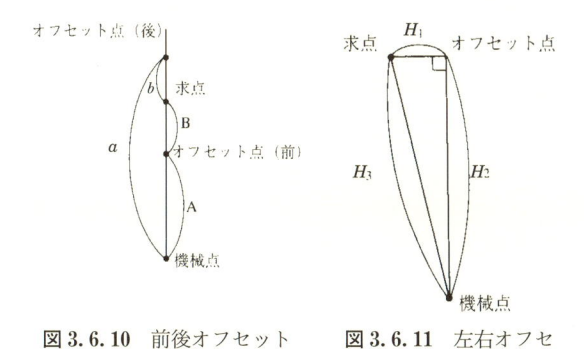

図 3.6.10 前後オフセット観測

図 3.6.11 左右オフセット観測

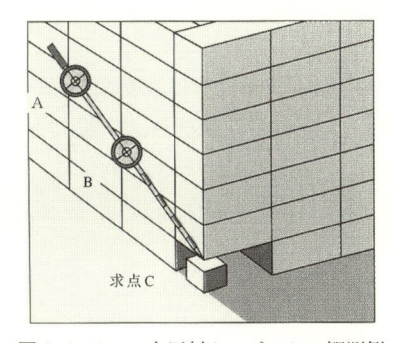

図 3.6.12 2 点反射ターゲットの観測例

④ オフセット観測（図 3.6.10，3.6.11）

オフセット観測は，器械と目標点間に視通がなく直接観測できない場合，目標点の近くで観測できる位置にオフセット点を設けてそれを観測し，目標点を求める方法である．

オフセット点を前後（視準線方向）または左右（器械点-オフセット点-目標点が垂直になる点）のいずれかに設置する．オフセット点と目標点の間隔を別の手段で測定し，そのトータルステーションに入力する．測定は，オフセット点に対して行う．

目標点への距離は，トータルステーションの中で換算され，表示される．

観測手順は次のとおりである．

「オフセット観測モード」にてオフセット点のターゲットを視準し，オフセットキーを押すと観測が開始され測距値が表示される．点名や視準高を入力する．「オフセット距離」と「オフセット方向」を入力する．入力終了後にリターンキーを押すと，目標点まで距離を表示する．

⑤ 2 点反射ターゲット

器械点と目標点間に視通がなく直接観測できな

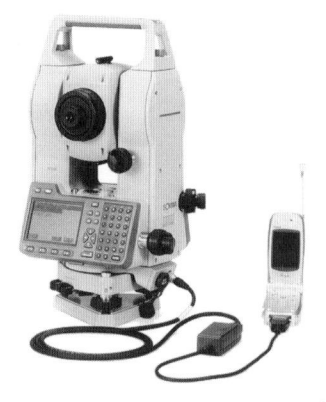

図 3.6.13 トータルステーションの通信機能

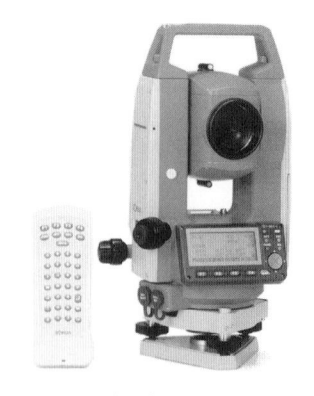

図 3.6.14 ノンプリズムトータルステーション（SET 3 30 R）

い場合には，図 3.6.12 のような「2 点反射ターゲット」を使用すると便利である．

オフセット観測のような視準方向，垂直方向といった制限がなく自由度が高い．2 点反射ターゲットは，2 個の反射プリズムが直線上に定まった長さに固定されたものである．先端を求点 C に当て，両反射プリズムが視準可能な状態でポール部を固定する．

測定手順は次のとおりである．

反射プリズム A を視準し，距離と角度を測定する．反射プリズム B を視準し，距離と角度を測定する．測定した A と B の結果をもとに，求点 C の位置が表示される．

⑥ 通信機能（図 3.6.13）

通信ソフトをインストールして，現場の測定データを，携帯電話などを介して自事務所に伝送し，外業と内業を同期させることが可能な機種もある．

トータルステーションに「SFX ダイアルアッププログラム」（株式会社ソキアの製品で商標登録済み）をインストールすると，測量現場の観測データ（情報）が電子メールで事務所へ伝送され，外業と内業がリアルタイムに進められる．

「SFX ダイアルアッププログラム」がインストールされたトータルステーションと携帯電話で構成される．

▶ 事例：敷地調査

トータルステーションの観測データを，携帯電話で伝送する機能を有効に活用している事例として，「敷地調査」を業務内容にしているコンサルタント会社の事例を紹介する．「敷地調査」とは，戸建てやアパートなど小規模住宅の建て替えなどに伴う調査で，住宅設計に必要な情報を調査し，その資料を提供する仕事のことである．調査の内容は幅広く，敷地の形状，大きさ，方位をはじめとして，地盤，周辺環境の調査に至るまで，建設に必要なさまざまな面に及ぶ．一般に敷地調査では，作業時間が短いこと，単価が安いことなどが普通なので，いかに効率よく作業をまとめるかが重要になる．敷地調査は，平成 12 年 4 月に「住宅品質確保促進法」および「住宅性能表示制度」が施行され，現地調査の重要性は高まってきている．現地調査は，8 班（1 班 3 〜 4 名）体制で，午前中 1 件，午後 1 〜 2 件の割合で調査を実施している．1 日の調査を終えた各班は，電子野帳のデータと情報（現地のスケッチなど）を本社に持ち帰る．本社では，これらの調査データをもとに図面作成を行うが，商圏が関東一円と広いため，調査地が遠方の場合，本社への帰社時刻が遅くなる．

このシステムを使用することで，携帯電話を使ってインターネットに接続ができ，遠近に無関係に短時間でデータの伝送や携帯 FAX などができるようになった．また作業者は，データを届けるために事務所に戻る必要がなく，遠隔地の現場にとどまったり，別の現場に移動することができる．IT 時代の先端を行く敷地調査作業である．

以上，株式会社ソキアの『ソキアレポート』および技術資料を参考資料とした．

3.6.2 ノンプリズムトータルステーション
(図 3.6.14)

1) 概　要

トータルステーションに内蔵される光波距離計は，測点に設置したトータルステーションと目標点に設置した反射プリズムとの2点間を正確に測定する機械である．その中でノンプリズムトータルステーションは，反射プリズムを必要とせず任意の目標物までの距離を測る機能を備えている．

2) 機　能

仕様および機能は，従来型のトータルステーションとほとんど同じである．その上，反射プリズムを使用しなくても測距できることを最大の特長としている．仕様例を表 3.6.2 に示した．ノンプリズムトータルステーションについての機能を記す．従来型トータルステーション部についての仕様は，表 3.6.1 を参照のこと．

▶事例：現況平面図

ノンプリズムトータルステーションによる現況平面図の作成の事例を示す．官有地（図 3.6.15 A 部）を払い下げる目的で，境界確定と現況測量を実施するに当たり，土地所有者の立ち会いで，A部の境界確定と現況測量を実施した．道路脇と民有地内に基準点を設置し，続いて境界杭の設置作業を行った．その後，基準点に設置したノンプリズムトータルステーションで，境界杭に設置した反射プリズムの位置を測定した．測定データをもとにコンピュータで測量計算した後，プロッタで土地境界図を作成した．

図 3.6.15 のような現況平面図を完成させるためには，道路と構造物（家，塀など）との位置関係を把握する必要がある．そのために，従来は，

表 3.6.2　ノンプリズムトータルステーションの仕様例（ソキア製　SET 3 30 R）

測角部		光電式アブソリュート ロータリーエンコーダ方式
ノンプリズム測距部（ノンプリズム使用時）	光源	レーザダイオード（赤色：690 nm）
	測定可能範囲　ノンプリズム	0.3〜350 m*
	最大斜距離表示	599.999 m（ノンプリズム時）
	精度（精密測定）ノンプリズム	200 m　　±$(3+2\,\text{ppm}\times D)$mm 350 m　　±$(5+10\,\text{ppm}\times D)$mm

*測定可能範囲および測定精度は，KODAK Gray Card の白色面（反射率90％）を基準とする．したがって測定対象物，気象条件，観測条件により変わる．

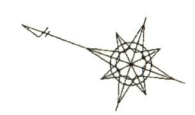

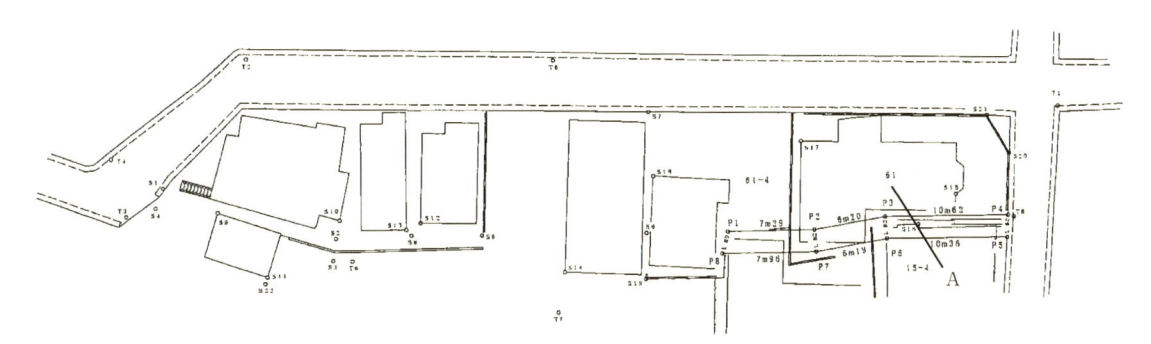

図 3.6.15　ノンプリズムトータルステーションによる現況平面図
　　　　T_1〜T_nは基準点．

巻尺反射プリズムを対象物に当てるためにその土地に立ち入る必要があり，そのつど所有者の許可を得なくてはならず煩雑であった．ノンプリズムトータルステーションを使用すれば，対象物に反射プリズムを取りつけないので，立ち入りの必要がなく，作業効率が高まる．

ノンプリズムトータルステーションの機能を十分に発揮させる方法として，本体を基準点に設置し，建物や構造物の角など主要目標への角度距離を反射プリズムなしに直接計測してしまうのが基本的な用法である．しかし，基準点からの視通がとれない目標に対しては，拡張機能の一つである「後方交会法」の機能が利用できる．ノンプリズムトータルステーションで観測した結果を平面図にしたのが図 3.6.15 である．

以上，この事例については，土地家屋調査士の渡辺三平氏に資料提供していただいた．

3.6.3　自動視準トータルステーション（図 3.6.16)

1) 概　要

自動視準は，ターゲットを視準する作業を自動的に行うものである．トータルステーション本体を手動でターゲット方向に概略向けると，鉛直軸と水平軸に取りつけられたサーボモータが駆動し，望遠鏡の視準軸が反射プリズムを正確にとらえる．測点の多い測量現場における視準作業の効率化および視準誤差の抑制が可能となる．

2) 操　作

対回観測について記す．

図 3.6.16　自動視準トータルステーション（SET 3_{110M}）

① 自動視準トータルステーションを三脚上に整準し，本体の電源を ON する．

② 対回観測を始める前に次の観測条件の設定を行う．
- 水平角対回数．
- 鉛直角対回数．
- 距離のセット数，読定数．
- 測定結果の制限値の設定．
- 倍角差の制限値．
- 観測差の制限値．
- 高度定数差の制限値．
- 距離セット内較差の制限値．
- 距離セット間較差の制限値．
- 視準点登録．
- 輪郭設定．
- 後視点の測距．
- 後視点の測距値確認．
- 後視点のプリズムサーチ．

③ 器械点を設定する．
④ 後視点座標を入力する．
⑤ 視準点名を入力する．

3) 機　能

① 自動視準

水平目盛と高度目盛をリセットする．自動視準トータルステーションの本体と望遠鏡がそれぞれ鉛直軸と水平軸のまわりに回転し，水平目盛と高度目盛がリセットされる．なお，アブソリュートエンコーダを搭載した器械では，この動作は不要となる．

本体を手動で反射プリズムを望遠鏡の視野内に入れる．サーチモードを選択すると望遠鏡が向きを変え，視野中心（十字線）と目標物の反射プリズム中心が合致したところで自動的に止まる．

② 自動対回観測

1 対回目の「正」観測を従来方法（視準は自動）で行う．

正観測終了後に「ジドウ」キーを押す．正観測順の逆順で測定が続き，指定した対回数で自動観測を終了する．

対回観測の結果，本体内部で自動計算し，倍角差や観測差などの制限値に対する判定を表示す

表 3.6.3 自動視準トータルステーションの自動視準部仕様例（ソキア製 SET 3 110 M）

自動視準部	光源	レーザダイオード（785 nm）・クラス 1
	視準可能範囲	望遠鏡視野内　反射プリズム：2～800 m 　　　　　　　ピンポールプリズム：2～300 m
	視準精度（標準偏差）	2.5 mm（～100 m） 5″　　　（100 m～）
	視準所要時間	3～6 秒
駆動モータ部	駆動範囲	360°
	回転所要時間	180°指定角回転：10 秒以内
ガイドライト部	光源	発光ダイオード
	視認可能距離	～170 m
	視野範囲	水平：約±2.5°，±4 m（100 m） 上下：全幅約5°，8 m（100 m）
	中心エリア視認幅	（左右方向）約 0.12 m 以内（100 m）
電源部	電源（電圧）	ニッケル水素蓄電池（10.8 V）
	連続使用時間	約 4 時間
	充電時間	約 130 分
その他	ディスプレイ	英数カナ，グラフィック対応 LCD 120×64 ドット（照明装置付き）
	キーボード	28 キー＋1 キー
	内部メモリー	約 20000 点
	データ出力	非同期シリアル，RS-232 C
	気泡管感度	30″/2 mm
	求心望遠鏡	正像 3 倍，最短合焦距離 0.5 m
	使用温度範囲	－20～50℃
	防水性能	IPX 2（JIS C 0920-1993）
	寸法	202(W)×165(D)×380(H) mm
	重量	約 7.1 kg

る．なお，従来機と同様に目視による視準も可能である．

仕様例を表 3.6.3 に示した．自動視準トータルステーションについての機能を記す．従来型のトータルステーション部についての仕様は表 3.6.1 を参照のこと．

以上，株式会社ソキアの『測量と測量機のレポート』，『取扱説明書』および技術資料を参考資料とした．

a. **事例 1：自動視準トータルステーションによる変位計測システム**

1) 概　要

自動視準トータルステーションによる変位計測システムは，基本的に変位の可能性のある場所や建造物などに設置した反射プリズムの位置をモータ駆動型トータルステーションで定期的に計測するシステムである（図 3.6.17）．反射プリズムを設置できない場所でも，ノンプリズム距離計を搭載したモータ駆動トータルステーションを使用でき

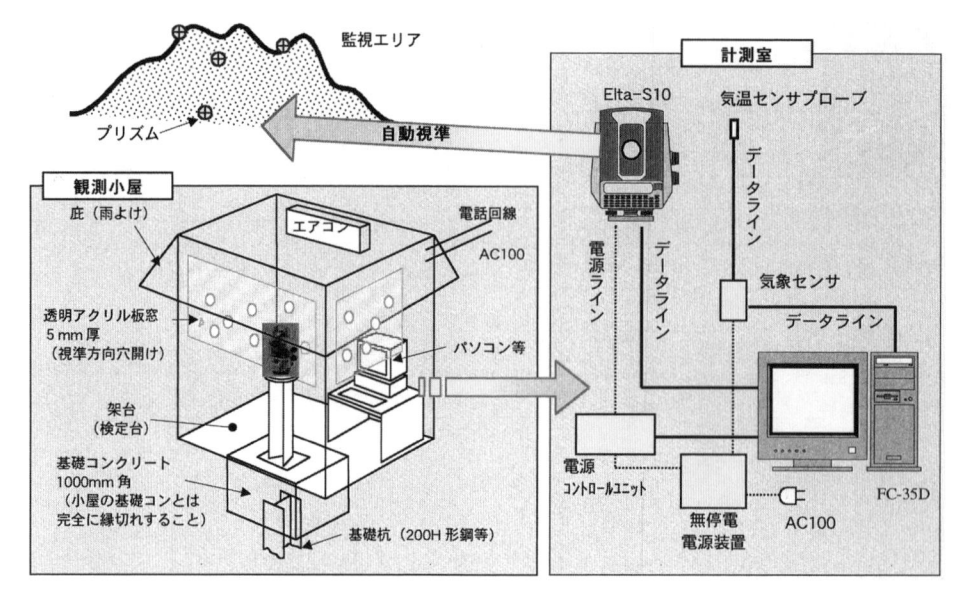

図3.6.17 変位計測システム

れば，計測は可能になる．計測の指示，結果の表示などにはパソコンを使う．設定した時刻に複数のプリズムを自動で計測することができるとともに，計測結果に基づき反射点の座標値，あるいは変位量を数値とグラフで表示することが可能である．

1996年2月に起きた北海道の豊浜トンネル崩落事故以来，このような地変発生監視の役割を担う場合のように，365日24時間連続稼動を要求されることもある．当然のことではあるが，故障などによる観測中断は許されない．そのために，万が一システムダウンした場合の自動復旧機能をはじめ，安定稼動のために各種機能を組み込んだシステム構築が不可欠である．

2) システム構成

基本的な構成は，トータルステーションとパソコンで，ほかに反射プリズム，気象センサ，無停電電源装置，電話回線などを用意する．反射プリズムが設置できない状況下では，ノンプリズムトータルステーションを使用する．

3) 計測手順

①「初期値」を計測する．初期値が基準となり，初期値からの変位量を定期的に計測することになる．

②計測間隔を設定する（たとえば，10分ごと，1時間ごと）．

③変位計測をスタートする．

④後は設定間隔ごとに自動で計測する．

⑤計測点のデータ（斜距離，角度）と，計算した座標値，変位を，表とグラフに表示させる．

⑥設定した値以上の変位が観測された場合，計測データ一覧の中の該当データが強調されるとともに警告が出される．警告として管理者に電話連絡，電子メール送信などを設定することも可能である．

②〜⑤を設定時間間隔で繰り返す．

計測点は，複数設定できる．トータルステーションの設置場所自体が変位する可能性がある場合には，毎回後方交会を行い，自点の位置を確認する．計測値が初期値に対し，設定した値（たとえば10mm）をこえた場合には，再計測を繰り返す．これは観測された変位量が，電車や重機の通過など，一時的な原因によることがあるからである．再計測しても変位が観測される場合には画面上での強調表示および警告音により通知する．また，同時に電子メールで登録アドレスに通知する．1時間ごとに計測を実行するように設定する場合が多い．

4) 計測精度

計測点，器械点の異常がなく，かつ，気象条件

図 3.6.18 アーチ橋架設現場

図 3.6.19 岩盤崩落危険現場

にも急激な変化がない場合，斜距離の繰り返し精度はおおむね 0 mm 以下，角度は ±5″ 程度である．ノンプリズムトータルステーションでは斜距離の繰り返し精度は ±20 mm 程度である．

5） 連続稼動の実現

このシステムは基本的には無人で運用される．異常（変位発生）があった場合，管理者に通知する．システムの性格上観測中断は許されないが，ごくまれに測量機が反応しなくなったり，パソコンがフリーズあるいは不安定になることがある．その場合には，自動的にシステムの一部または全体の電源を落とし，再投入して復旧させるよう，ソフトウェア（MOS）で管理している．パソコンの OS は，安定性を考慮して Windows NT を採用している．

なお，念のため，毎週 1 回程度は，再起動して動作の安定性を確保している．

6） リモートサポートが便利

システム製品で異常やトラブルなどが発生した場合に備え，電話回線を通して遠隔操作するリモートコントロールソフトを，現地のパソコンにインストールしておく．これでトラブルの原因追及やソフトウェアのバージョンアップなどが可能となる．

以上，株式会社ソキアの『測量と測量機のレポート』，『取扱説明書』および技術資料を参考資料とした．

b. 事例2：アーチ橋架設現場

吊り支保工架設からアーチリブ併合に至るまで，逐次変化する構造系の位置や昼夜の温度変化によって生じる部材の変形，合わせて周辺地山の地すべりもリアルタイムに監視を行う．実測値と設計値と比較し，大きなずれのないことで，安全性の確保と施工管理へのフィードバックを行う．

図 3.6.18 で，橋体側面に白くみえる点状のものは，反射プリズムである．

c. 事例3：岩盤崩落危険場所

図 3.6.19 は，山口県内の花崗岩採石場跡地で発生した岩盤崩落現場である．約 3300 m³ の岩塊が崩落して，約 70 m 下の県道を 28 m の区間にわたって閉塞した．崩落後も不安定岩塊が残存し，発破除去する災害復旧工事が行われた．変位計測は，崖下での撤去作業中の岩盤監視の目的で導入された．

d. 事例4：在来線アンダーパス工事現場

県道が在来線を踏み切りで横断している現場である．ここでは，県道が線路をアンダーパスするような工事を行っている．工事中，地盤への薬剤注入作業時にレール軌道の変位が発生するおそれがあるので，それを変位計測システムで監視する．図 3.6.20 で光ってみえるのがレールに設置した反射プリズムである．計測データは，リアルタイムで事務所に送信されてモニタに表示され，規定以上の変位が発生すると携帯電話にメールを送信するシステムである．

e. 事例5：高架橋プラットホーム変位（図 3.6.21, 3.6.22）

現場は，北海道のある駅である．駅のホームが

図 3.6.20　レールに設置した反射プリズム

反射プリズム設置場所
図 3.6.21　ホーム変位計測現場

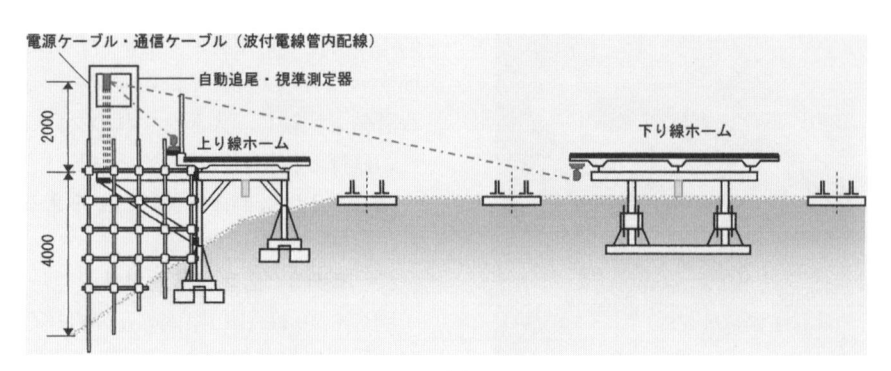

図 3.6.22　変位計測現場

図 3.6.23　自動追尾トータルステーション
　　　　　（Trimble 5600 シリーズ）

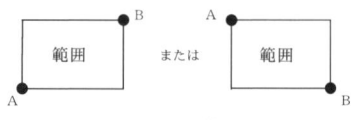

図 3.6.24　サーチ範囲の設定法

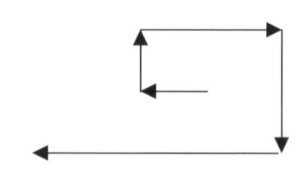

図 3.6.25　望遠鏡の視準軸が図のように自動的
　　　　　に動き，反射プリズムをサーチする

高架橋になっており，薬剤注入作業によりレールとホームの相対変位により列車に接触するおそれがあるため，変位計測を行っている．気温は－20℃になることもあるが，機械は問題なく作動している．図3.6.21で光ってみえるのが反射プリズムである．

以上，株式会社ソキアの『測量と測量機のレポート』，『取扱説明書』および技術資料を参考資料とした．

表 3.6.4　自動視準・追尾部の仕様例（ニコン・トリンブル製 Trimble 5600 シリーズ）

自動視準・自動追尾機構	
有効範囲	
標準特殊反射プリズム	2.0～ 300 m
長距離特殊反射プリズム	2.0～ 700 m
全方位特殊反射プリズム	2.0～ 600 m
超長距離特殊反射プリズム	2.0～1600 m
200 m の距離における位置精度	2 mm 以内
自動視準・自動追尾方式	特殊反射プリズムからの赤外線変調光の受光方式
キーボード(操作パネル＋ディスプレイ＋データコレクタ)	
操作パネル	英数字 33 キー
ディスプレイ	液晶 4 行×20 文字，照明付き
データコレクタメモリー	標準 5000 点メモリー搭載（オプション 8000 点）
標準搭載プログラム	器械点座標設定，測設，座標観測など別途
データ	RS-232 C 双方向通信（最大 9600 bps）
データフォーマット	独自データフォーマット，APA フォーマットも対応
ミラーマンガイドライト（トラックライト）	赤白緑 3 光帯の点滅光で視準方向を指示
自動視準・自動追尾機構（トラッカ）	
有効範囲	ターゲットの種類による
最短有効範囲	2.0 m
ミラーマンガイドライト	標準内蔵
器械高	
器械と整準台の接触面から水平軸までの高さ	205 mm
整準台底面から水平軸までの高さ	246 mm
本体重量	
スタンダード仕様（総重量 7.0 kg）	本体（キーボード含む）6.3 kg，整準台 0.7 kg
オートロック仕様（総重量 7.7 kg）	（スタンダード仕様）＋自動視準追尾装置 0.7 kg
ロボテック仕様　　（総重量 8.1 kg）	（オートロック仕様）＋内部無線装置 0.4 kg
レベリング	
整準台の円形気泡管	8′/2 mm
内部電子気泡管	7″（精密レベルモード）
求心	整準台の光学求心器
照準調節	サーボモータ駆動エンドレス粗微動調整式
望遠鏡	
倍率	26 倍（30 倍オプション）
合焦距離	1.7 m～無限
視界	2.6 m/100 m
十字線照明	内蔵（15 段階調整可能）
使用温度範囲	－20～50℃
電源（外部バッテリー）	充電式　Li-ion DC 12 V　10.8 Ah 約 10 時間連続使用，充電時間約 6 時間

3.6.4　自動追尾トータルステーション（図 3.6.23）

1）概　要

自動追尾トータルステーションは，目標物である反射プリズムの方向に本体を向けるだけで，反射プリズムの中心と望遠鏡の十字線を自動的に合わせることができることに加えて，移動体に取りつけられた反射プリズムを本体望遠鏡が随時視準

を変え，追尾する機能を備えている．また，追尾中に本体と反射プリズムの間に何らかの遮蔽物があり，追尾ができなくなった場合でも，本体が自動的に回転し反射プリズムをサーチすることができる機能をもっている．

2) 構　造

自動追尾の方法には，本体からのサーチ用の専用光を利用する方法および反射プリズム側から射出する変調光を利用する方法がある．

仕様例を表3.6.4に示す．トータルステーション部についての仕様は，表3.6.1を参照のこと．

3) サーチ条件

① サーチ範囲を設定すると，リモートターゲットを中心に水平に±30°サーチする．

② サーチ範囲を設定しない場合，鉛直軸を中心に360°鉛直方向に±15°の領域をサーチする．

4) 操　作

① サーチ範囲の設定方法（図3.6.24）：サーチさせたい範囲の中央に視準を合わせて確定する（ENTキーを押す）．サーチさせたい範囲の左側に視準をA点に合わせてENTキーを押す．サーチさせたい範囲の右側に視準をB点に合わせてENTキーを押す．

② 表示画面でサーチ範囲を確認：サーチ範囲の左側と右側の水平角を表示する．サーチ範囲の上側と下側の鉛直角を表示する．

③ サーチのルーチン：前回の測点がサーチ範囲にある場合にのみ，サーチキーを押すと測点を中心に±30°の範囲でサーチする．前回の測点が何らかの理由でサーチ範囲を外れてしまっている場合，図3.6.25に示すようなサーチ方法でサーチする．

以上，株式会社ニコン・トリンブルの『取扱説明書』および技術資料を参考資料とした．

〔井上三男〕

a. 事例1：自動追尾式トータルステーションを利用した鉄骨建て方測量システム

1) 開発背景

本システムを適用したプロジェクトは，日本で初めて既設競技施設（野球場）をドーム化するもので（図3.6.26が工事前で，図3.6.27が完成後），

図3.6.26　着工前状況

図3.6.27　完工時状況

在来工法では対応不可能な，次のような数々の制約を解決するために，施工法や機械装置の開発を行った．

① グランド内の使用制限．

② 工期の制限（プロ野球のシーズンオフ期間だけの超短工期）．

③ 外周アプローチの制限（外周はクレーンなどのアプローチ不可）．

④ 既存施設との融合の必要性．

2) 概　要

本鉄骨建て方工事では，主梁の建て方作業と同時に位置修正して，歪み直し作業をせずに本締めまでを一気に行う．そのため，対象物（鉄骨）の位置をリアルタイムに，かつ正確に計測して，設計上の取り付け位置からのずれ量を3次元座標で表示する必要があった．

ここに紹介する測量システムは，工事上の制約から開発した球場外周部から中心に向かって求心状に鉄骨を空中にせり出す新しい鉄骨建て方工法において，揚重機械によって吊られ，揺れ動く鉄骨を設計上の空中位置に指示，誘導することを特

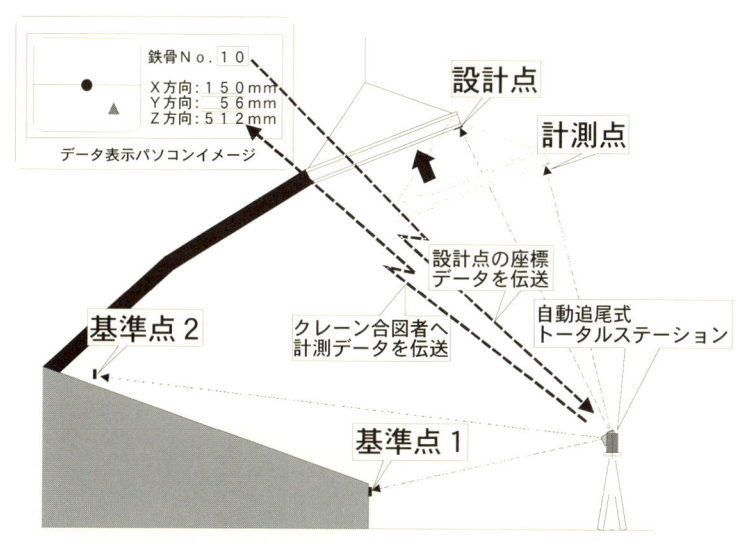

図 3.6.28 鉄骨建て方測量システム

徴とする．

システムは図3.6.28に示すように，鉄骨に取りつけたプリズムを逐次自動でとらえる自動追尾式トータルステーションと，設計上の建て入れ目標と実際の計測位置およびそのずれ量をグラフィック表示するハンディコンピュータで構成されている．

3）特　徴

本システムを採用した鉄骨建て方作業では，次のような特徴があげられる．

①固定基準点のない空中の接合位置を正確に把握できる．

②建て方指揮者が画面をみながら迅速に鉄骨の誘導が行える．

③建て方と同時に本締めを行うことができ，歪み取りが不要である．

④設置目標位置を事前に入力しておくことで，複雑な座標系でも簡単に作業が行える．

⑤トータルステーションを任意の位置に簡単に設置することができ，盛り替えが容易である．

自動追尾式トータルステーションは，以前からワンマン測量や船の位置測定などに使われてきたが，今回のように，空中でまだ静止していない部材の位置の計測に適用したのは本例が初めてである．開発システムでは計測した現場の座標系に換算して，人が判断しやすいようなグラフィック表示をその場で行っているため，簡単にリアルタイムで部材位置の修正指示が行えるのが大きな特徴である．

b. 事例2：シールドトンネル自動測量システム

1）開発背景

シールド工法とは，地下トンネルをつくる方法の一つで，シールド機という掘削機で地中を掘り，その後部で鋼製やコンクリート製のセグメントと呼ばれる長さ2〜3m，幅1mの大きさのブロックをリング状に組んで，トンネルをつくっていく施工方法である．

地下においても，地上の構造物や地中にある水道管やガス管，高層ビルの基礎杭などの位置関係からトンネルの深さや掘削ルート（トンネル線形）が厳密に決められていて，そのためにシールド機の位置や姿勢などを正確に知る必要がある．

このため，測量が行われているが，旧来は，各段階ごとの掘削作業の終了後，シールド機本体と組み終わったセグメントの位置を自動レベルとトランシットで測量し，計画ルートとの差が生じている場合には，シールド機の掘削方向やセグメントの組み立て形状を変えるなどして，トンネルの方向を修正していた．

しかし，最近の工事の傾向として高速施工の要請，トンネルの長距離化というニーズが高く，こ

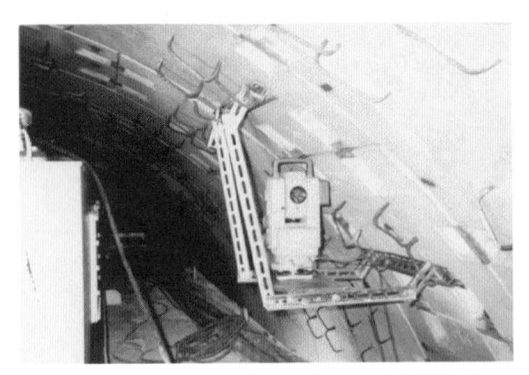

図 3.6.29 トンネル内に設置された自動追尾式トータルステーション

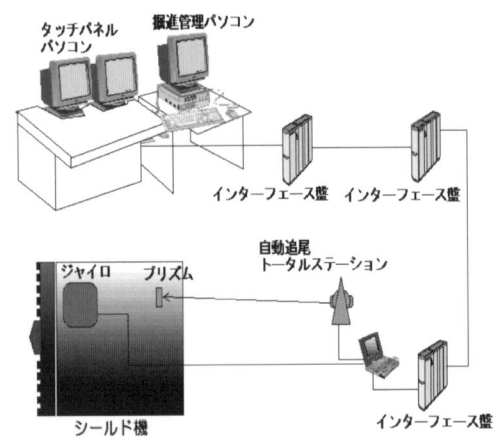

図 3.6.30 システム基本構成

れに対応するために掘削停止時間を短くする必要があり，十分な測量時間がとれない．

このため，測量作業の自動化，効率化が望まれてきた．そこでシールド機が掘削中でもリアルタイムで位置を把握し，線形精度の高いトンネルを高速で建設するために自動測量システムを開発した．

2）概　要

①シールド機位置の自動測量：　シールド機の後方に設置した自動追尾トータルステーション（図 3.6.29）でシールド機内のターゲットを自動追尾し，ターゲット点の位置（X，Y，Z）を求める．ターゲット点からのシールド機先端および後部の位置を，シールド機の姿勢角により計算する．姿勢角は，シールド機に設置した傾斜計で前後の傾き（ピッチング角）と左右の傾き（ローリング角）を計測し，ジャイロコンパスで方位（ヨーイング角）を計測する．

②セグメント位置の自動測量：　シールド機の中心軸に設備されているエレクタと呼ばれる回転式のセグメント組み立て装置に超音波センサを設置する．エレクタを1回転させながら，複数個のセグメントで組み立てられたリングまでの距離を超音波センサで測り，各々のセグメントの位置を計算する．図 3.6.30 に自動測量の基本構成を，

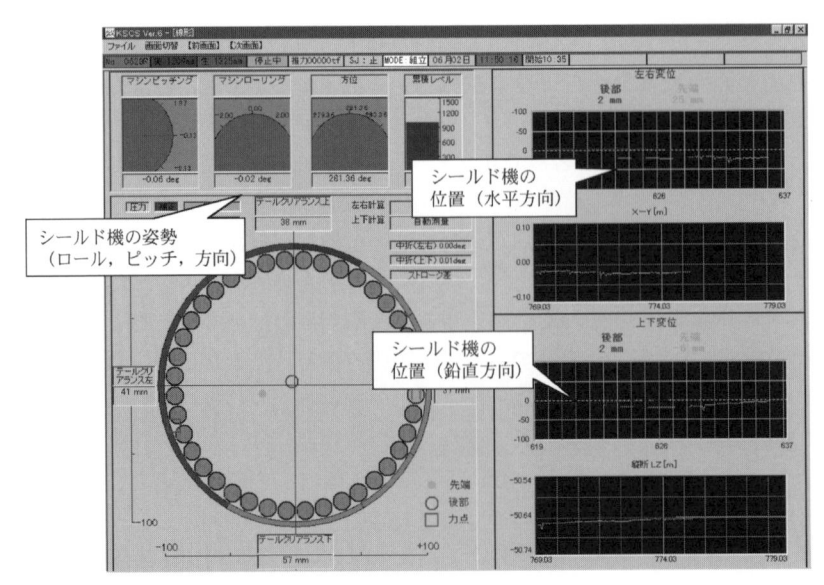

図 3.6.31 計測データの表示例

図3.6.31に施工中に表示される各計測データ例を示す．

3）特　徴

本自動測量システムでは，掘削中および停止中に自動的に次の計測を行うことができる．

① 掘削中：　リアルタイムでのシールド機の位置，姿勢．

② 停止中：　セグメントの組み立て形状と各々のセグメントの位置．　　　　〔三浦　悟〕

3.6.5　ビデオステーション（図3.6.32）

1）概　要

ビデオステーションは，視準望遠鏡の接眼部にCCDカメラを組み込み，本体とペンコンピュータをケーブルで接続することにより，望遠鏡を覗く代わりにペンコンの画像を確認しながら測量を行うことができる．画像データと位置データを同時に伝送する専用無線機を用いれば，反射プリズム側で望遠鏡画像を確認しながら現況測量や杭打ち作業ができる．ビデオステーションを使って，「変位自動計測システム」（後述の事例参照）を構築すれば，測定データと同時に測点付近の画像データを取得でき，遠隔地で観測地点の詳細な情報を同時に収集できる．作業員の安全確認もできる．

また，広角用カメラの画像をペンコンに取り込み，その画面上で測定したい点の大まかな位置を指示すれば，自動視準の機能による測定あるいは遠隔操作機能を利用した操作者の制御による測定の両方が可能である．

2）構　造

図3.6.33は，従来の視準望遠鏡形式の光学系とビデオステーションの光学系とを比較したもので，CCDを結像面に使うビデオステーションでは，倒像を正像にするダハプリズムや接眼レンズなどの光学素子は不要である．

対象地域の中から測点を選別するために視野の広い短焦点距離光学系が必要である一方，精密視準のためには長焦点距離光学系が必要なので，長短2種の焦点距離光学系を備えている．

仕様例を表3.6.5に示す．トータルステーション部についての仕様は，表3.6.1を参照のこと．

3）構　成

ビデオステーション（反射プリズム付き）とペンコンピュータを接続したものが基本構成である．間に無線機を介在させ，離れた場所で記録，操作を行うことも可能である．さらに画像記録が必要なら，ビデオキャプチャ機能を追加させる(図3.6.34)．

4）操作手順

ターゲットの視準には，ビデオステーションの本体の自動視準機能を使ってターゲットを視準する方法（自動視準方式）と，接続したペンコンのモニタ画面上でターゲットを確認しながら本体を操作して視準する方法（モニタ視準方式）がある．（図3.6.35）．

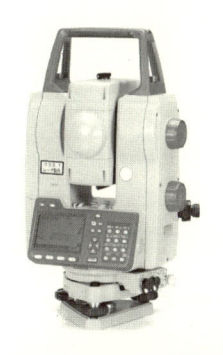

図3.6.32　ビデオステーション（SET 3 110 MV）

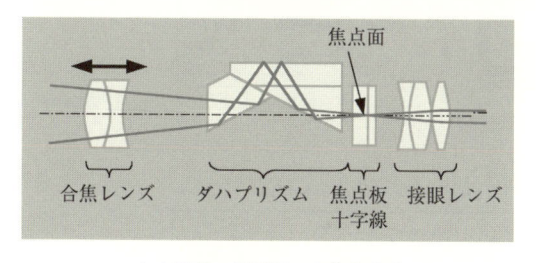

（a）通常の測量機の合焦光学系

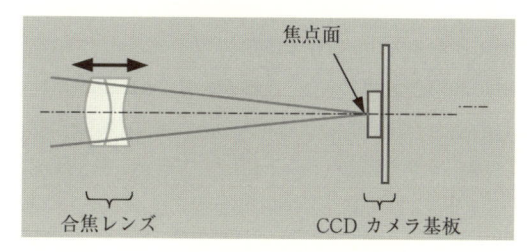

（b）SET3110MVの合焦光学系

図3.6.33　ビデオステーションの光学系

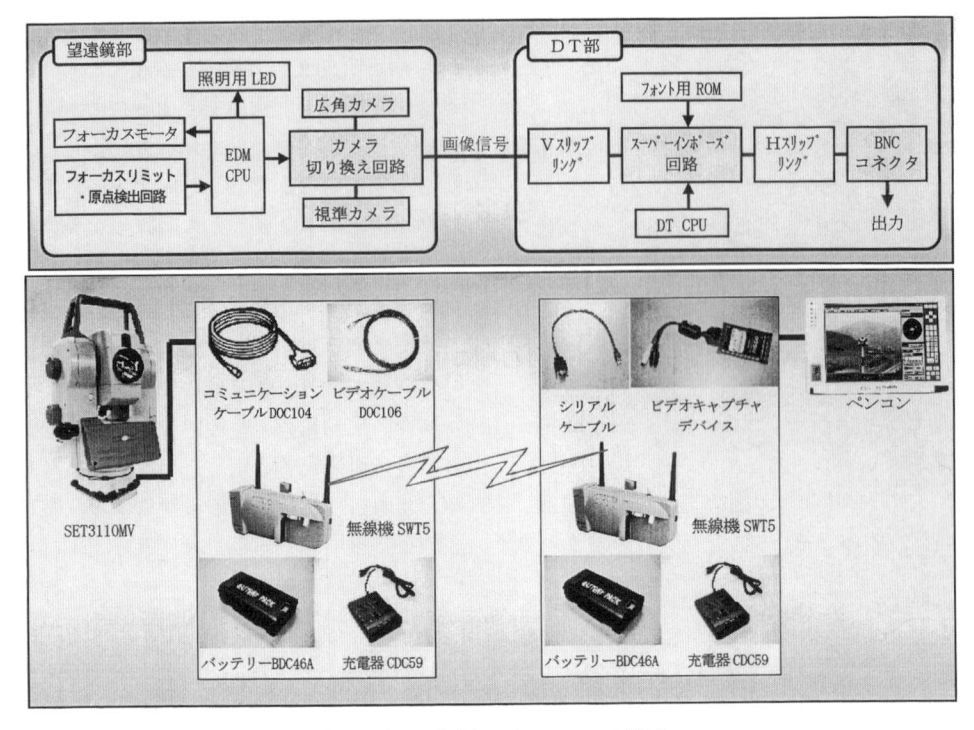

図3.6.34 ビデオステーションの構成

図3.6.35 観測状況

表3.6.5 ビデオステーションの仕様例（ソキア製　SET 3 110 MV）

望遠鏡部	分解力　視準 　　　　広角	視準CCDカメラ：5″以下 広角CCDカメラ：2′以下
	視界　　視準 　　　　広角	視準CCDカメラ：47′(H)×35′(V) 広角CCDカメラ：21°(H)×15°(V)
	最短合焦装置	1.2 m
測距部	測定可能範囲　反射シート 　　　　　　　1素子反射プリズム	3〜80 m 1.2〜1600 m
	測距精度	$\pm(2+2\,\text{ppm}\times D)$ mm
測角部	角度最小表示	1″または5″
	測角精度	3″

3.6 角度・距離（基線ベクトル）

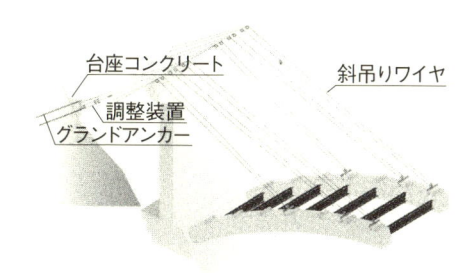

図3.6.36 橋体施工現場の様子

図3.6.37 ビデオステーションが採用された橋体施工現場

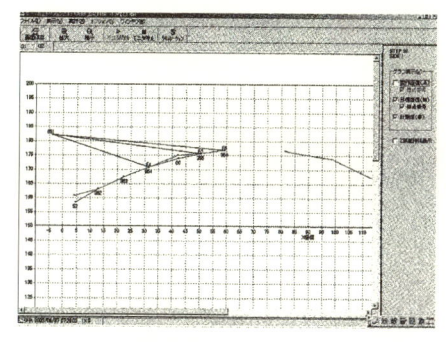

図3.6.38 計測結果をコンピュータに表示

図3.6.39 計測点に設置した反射プリズム

① 自動視準方式： 本体を反射プリズムの方向に向ける．サーチモードに設定する．本体が自動サーチを始め，反射プリズムの中心を視準して止まる．

② モニタ視準方式： モニタ上で「十字線表示」モードに設定する（モニタ上に十字線が表示される）．カメラの設定を「広角用CCDカメラ」に設定する．広角用CCDカメラでターゲット（反射プリズム）を探し，モニタの中心付近に反射プリズムを表示させる．カメラの設定を「視準用CCDカメラ」に設定する．本体の水平および垂直ジョグダイアルを使って反射プリズムにピントを合わせる．モニタ上の十字線中心を反射プリズム中心に合致させ測角，測距を行う．

以上，株式会社ソキアの『測量と測量機のレポート』，『取扱説明書』および技術資料を参考資料とした．

▶事例：ビデオステーションによる橋体施工管理

1) 概　要

高速道路の施工時，深い谷川に逆ローゼ橋（路盤をアーチ構造で下から支える構造）を架設する工事があった．橋高は，川底から60 mあり，橋体を底から支持する設備を桁下につくることが困難なので，架設には，ワイヤで部材を吊る「斜め吊り」を採用した（図3.6.36）．橋の部材は，ケーブルクレーンで吊り上げ，設計値に合致するようワイヤを張って位置，姿勢を制御する．

2) 構　成

ビデオステーション本体は，橋体を正面に臨む高所に設置する（図3.6.37）．ビデオステーションで取得した画像や測定データは，通信ケーブルで計測室にあるパソコンに導かれる．

測量データをはじめ，ワイヤの張り具合や風速や温度などの気象データなど，架設に必要なデータは，計測室で一元管理される（図3.6.38）．

パソコン画面には，橋体全体の画像が映し出される．部材の主要位置には，反射プリズムを設置してある．画面をみながら計測したい部分をクリックすると反射プリズムを探し出し，自動的に視準カメラに切り替わりターゲットに合焦し計測をする（図3.6.39）．

同時に現場の作業員の姿がみえるので，監視カメラにもなり，安全対策にも効果がある．

3) 精　度

・測角：3″．
・測距：$(2+2\,\mathrm{ppm}\times D)$ mm．
・CCD カメラ有効画素数：38 万画素．

以上，株式会社ソキアの『測量と測量機のレポート』，『取扱説明書』および技術資料を参考資料とした．

3.6.6　GPS 測量機

GPS (global positioning system) の応用については，第6章で解説するので，ここでは，GPSの概要とスタティック測量を実施する際の操作手順を中心に解説する．

1) 概　要

GPSは，汎地球測位システムを意味し，航空機や船舶などの後方支援のために，アメリカ合衆国国防総省が主として軍事用に開発した衛星測位システムである．現在では，同国のGPS政策で民間利用が公的に保障され，その利用が拡大している．GPSのうち，GPS衛星と地上のコントロールシステムは，同国で運用管理され，利用者は，目的に応じたGPS受信機を使用し，カーナビゲーションやGPS携帯電話などをはじめ，測量用などにも利用している．

2) 構　成（図3.6.40）

GPSは，次の3つの部分から構成されている．

コントロールシステム (control segment) は，監視局で衛星の運動を追跡しながら，衛星が送信する時刻情報，軌道情報を監視し，必要な情報修正を行っている．

宇宙システム (space segment) は，24個の衛星と若干の予備衛星 (2004年4月現在5個，実際は合計29個の全衛星が稼動状態にある) から構成され，測位に必要な時刻信号や軌道情報を地球に向けて送信している．

ユーザシステム (user segment) は，衛星から送られてくる電波をユーザがもつGPS受信機で受信し，測点の位置または2点間の位置関係を求める．

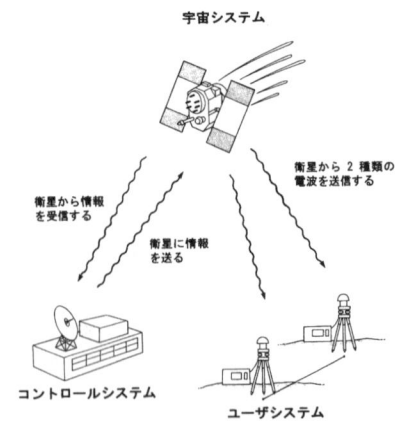

図3.6.40　GPSの構成

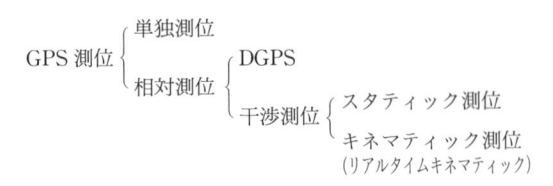

図3.6.41　GPS測位方式

3) 衛星の軌道

GPS衛星の軌道は，半径約26600 kmの円軌道（飛行高度約20000 km）である．衛星は，地球を約11時間58分で1周する．軌道傾斜が55°の軌道が6本等間隔で配置され，各軌道面に4～6個の衛星が配置されている．現在では，地球上の任意の地点，任意の時点でGPSが利用できるようになっている．

4) 測位の種類と精度

GPSの測位精度は，利用形態により異なるので，測位目的に応じた利用法を選択する必要がある（図3.6.41）．

単独測位の精度は10 m前後であるが，簡便に測位することができることから，カーナビや携帯電話，配送車の運行管理などに利用されている．DGPS（ディファレンシャルGPS）測位の測定原理は単独測位であるが，補正信号を加味して1 m前後の精度が出るので，航空機，船舶の航行管理および地理情報システム (GIS) の位置情報取得手段などに使用されている．干渉測位（スタティック，リアルタイムキネマティック (RTK)）の精度は，$5\,\mathrm{mm}+1\,\mathrm{ppm}\times D$程度の精度が得られるの

3.6 角度・距離（基線ベクトル）

表 3.6.6 測位方式別応用例

測位方式			精度	用途
単独測位			数十 m	航空機，船舶，自動車，人などのナビゲーション
相対測位	ディファレンシャル測位		数 m	航空機，船舶，自動車，人などのナビゲーション 地形図など地図の修正 高精度を要しない簡易な調査や測量 社会基盤（上下水道，ガス，電気などの施設）管理
	干渉測位	静的測位（スタティック）	$\pm(5\,\mathrm{mm}+1\,\mathrm{ppm}\times D)\,\mathrm{mm}$	測量（基準点測量） 地殻変動などの観測 地すべり，火山活動などの観測
		動的測位 キネマティック	水平： $\pm(10\,\mathrm{mm}+2\,\mathrm{ppm}\times D)\,\mathrm{mm}$ 高さ： $\pm(20\,\mathrm{mm}+2\,\mathrm{ppm}\times D)\,\mathrm{mm}$	測量（基準点測量，地形測量，応用測量）
		リアルタイムキネマティック		測量（地形測量，応用測量） 陸上，海上における工事測量（杭打ち誘導） 高精度社会基盤管理 移動体の計測（緊急車両管理など）

D：測定距離．

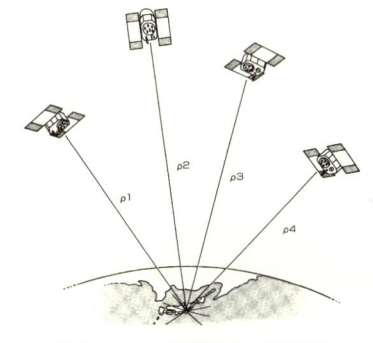

図 3.6.42 単独測位の概念図

で，測量用に活用されている．

5） 測位方式別応用例

表 3.6.6 参照．

6） 誤差要因

衛星の軌道情報が正確でない場合は，受信機が算出する衛星位置情報も正しいものではなく誤差を含む．また衛星や受信機に搭載している時計に誤差があると衛星と受信機間の距離測定の結果に誤差が含まれる．これらの誤差は，測位方式により，その大部分は消去される．衛星からの電波は，電離層や対流圏を通過する際に速度が変化するが，相対測位では，測定する 2 点間の距離が 10 km 程度より短ければ，2 台の受信機の同時観測により，電波の速度以上の影響は相殺される．

主な誤差要因としては次のようなものがあげられる．

・衛星の軌道誤差．
・衛星の時刻誤差．
・受信機時計による誤差．
・電波の電離層伝播異常による誤差．
・電波の対流圏遅延補正による誤差．
・電波のマルチパスによる誤差．
・受信アンテナの設置誤差．

a. 単独測位（point positioning）（図 3.6.42）

GPS 受信機 1 台で測位する方法で，衛星（4 個以上）から受信機までの距離を計測する．これらの衛星を中心として計測した距離を半径とする球面が交わる点が求める位置である．

GPS 衛星の位置は，軌道情報などから既知である．求める地上の位置（x, y, z）と受信時刻 t を未知数として，各球面が 1 点で交わるように方程式を解き位置を確定する．

観測に当たって，位置精度を上げるには，天空における衛星の配置が重要で，衛星が 1 方向に偏在したり，1 平面上に乗ってしまったりすることなく，できるだけ広い範囲に分布するのが，よい

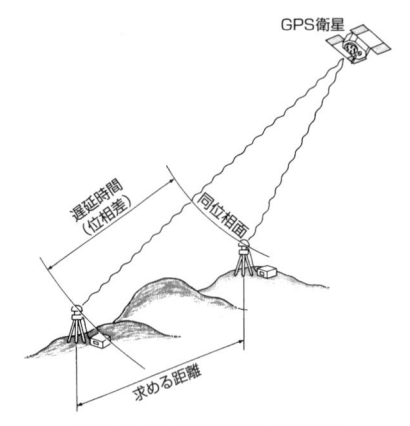

図 3.6.43 干渉測位の概念図

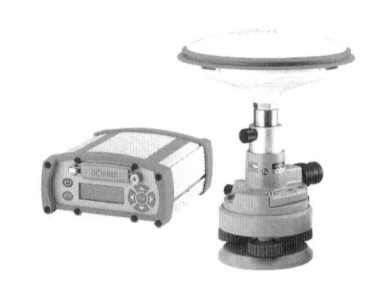

図 3.6.44 GPS のアンテナと受信機（GSR 2600）

衛星配置である．

GPS 衛星の配置の良否の目安は，PDOP（position dilution of precision）などというパラメータで表現される．

b. 相対測位

測位精度を向上させるための方法に，相対測位がある．単独測位に含まれる誤差要因を除去する方法として，2 台以上の受信機を使用する．1 台は既知点に設置し，他の受信機は測定点に置くことにより，軌道誤差や時刻誤差などが相殺される．また，同時観測をすることにより，電離層や対流圏における電波の速度異常の影響なども相殺される．

1) スタティック測位（static positioning）

静的測位は，測点に静止した状態で電波受信を行う作業形態の測位法で，測位精度は最も高い．GPS 測量機は，アンテナ部と受信機部とで構成され，基線ベクトルを測定するには，基線両端で同時観測のデータを取得する必要がある（図 3.6.43）．したがって，少なくとも 2 台の GPS 測量機が必要である．1 台は既知点に設置し，他方は未知点に設置する．そして GPS 衛星からの電波を同時に受信し，取得したデータをパソコンで処理して求め，両点を結ぶ基線ベクトルを求める．

アンテナと受信機が 1 体になった GPS 測量機もある．

GPS 測量機（図 3.6.44）の仕様例を，表 3.6.7 に示す．

アンテナ部では，アンテナで受信した衛星信号を増幅した上，受信機に送る．アンテナは，天球上のさまざまな方向から飛来する衛星電波も受信できるよう無指向性である．電気的にみた測点位置は，アンテナの位相中心である．位相中心は，アンテナ自体に表示があるので，測量に当たっては，位相中心と地上の測点標識との位置関係を明確にしておく必要がある．具体的には，厳密な求心とアンテナ高の測定である．

アンテナ使用については，以下の点に注意する．
・上空に衛星からの電波を遮る障害物がないこと．
・観測者の手や頭などで電波を遮らないこと．
・アンテナの近くにトランシーバや携帯電話など，電波障害になるようなものは近づけないこと．
・各観測点でアンテナが共通の方位を向くよう，アンテナの方位に注意すること．通常，アンテナに北向き指標が明示してある．
・アンテナポールを使用するなどアンテナ高が大きくなる場合は，特にアンテナの求心に注意すること．特にポール付属の気泡管の調整に注意．

スタティック測量を実施する際の手順を解説する．

① 事前準備
・測点現場調査．
・測点の上空視界．
・視通の確認．

事後のトラバース測量で GPS 測量の成果を利用する場合など，測点間の視通が必要な場合は，
・与点（既知点）の選択．
・平均図の作成．
・観測図の作成．

表 3.6.7 GPS 測量機の仕様例（ソキア製　GSR 2600）

受信周波数　L1帯	1575.42 MHz
L2帯	1227.60 MHz
チャンネル数	L1：12 チャンネル
	L2：12 チャンネル
受信性能　再補足時間　L1帯	約 0.5 秒
L2帯	約 0.5 秒
コールドスタート	70.0 秒
ウォームスタート	40.0 秒
測位精度（水平方向/鉛直方向）　スタティック	$\pm(5+1\,\text{ppm}\times D)$ mm / $\pm(10+2\,\text{ppm}\times D)$ mm
RTK 測位	$\pm(10+1\,\text{ppm}\times D)$ mm / $\pm(20+2\,\text{ppm}\times D)$ mm
データ出力間隔	最高 20 Hz
データ記録	CF カード
表示部	LCD ディスプレイ（122 ドット×32 ドット）
操作部	正面に 7 ボタン
コネクタ部　通信ポート	RS-232 C（COM 1，COM 2）
電源コネクタ	4 pin　lemo
アンテナコネクタ	50 Ω　TNC
データ通信　入出力フォーマット	RTCM，CMR，RTCA，NMEA-0183 出力
通信速度	300〜115 200 bps
その他	100 pps 出力
使用温度範囲　本体のみ	−40〜55℃
LCD ディスプレイ	−20〜55℃
バッテリー装着時	−20〜55℃
保存温度範囲	−40〜85℃
消費電力　動作時	4.0 W
スリープ機能オン時	0.25 W
電源　バッテリーパック	BDC 46 A（リチウムイオン電池）7.2 V
外部電源	6.5〜18 V　DC
連続使用時間	約 8 時間
防水性能	IPX 4 準拠（JIS　C 0920−1993）
寸法　本体のみ	152(W)×190(D)×69(H) mm
バッテリー装着時	162(W)×190(D)×113(H) mm
重量　本体のみ	約 1.1 kg
バッテリー装着時	約 1.8 kg

② 観測計画
・観測図をもとに，各観測の開始終了時刻の設定を行う．
・点検測量は，主観測と同一観測日（時間）を避ける．
・観測時間，最少衛星数，データ取得間隔などを設定し，これらの観測諸元を受信機に入力する．
・人員配置や観測機材の配備を決定する．

③ GPS 観測
・事前準備の再確認．
・観測に必要な機材の確認（本体一式，電池の充電状況の確認，三脚，アンテナ測高用具，コンベ

ックス，磁針，記録用紙，スケジュール表，観測図，観測計画表，筆記用具など）の確認．
・受信機の機種により細部に異なる点があるが，観測作業はおおむね次のように行う．すなわち，観測開始5分前には設置完了しておくこと．測点名，観測日時，観測時間，観測者などの基本事項とともに，アンテナ機種名，シリアル番号，アンテナ高を受信機に入力，あるいは野帳に記録すること．観測記録簿に記載漏れがないことを確認すること．
・三脚はなるべく高く設置する．アンテナの方位を正しく設定する．
・観測開始5分前までに設置完了し，電源をONにする．
・観測開始（通常は，タイマセットによる自動起動）．
　観測は，事前に入力（ファイル名，エポック間隔，アンテナ高など）した計画に従って自動的に開始，終了するが，実観測が計画と異なる場合は，変更パラメータを受信機に入力あるいは野帳に記入する．
・観測．
・観測終了を確認して，電源を切る．
・アンテナを撤去する前にアンテナ高を再測定し記録する．
　④ データ取り込み（基線解析プログラム）
・プロジェクト管理： 新規プロジェクト名を設定（プロジェクトについてのメモを記入することができる）．測地座標系を選ぶ．国内では「測地成果 2000」．観測現場の平面直角座標系を選ぶ．
・データ取り込み手順： GPS測量機とコンピュータを専用ケーブルで接続する．取り込み装置（GPS受信機名）を選択し，「実行」する．取り込みデータの所在が受信機ではなく，フロッピーディスクやハードディスクなどの場合は，取り込み装置としてGPS受信機ではなくFD/HDとする．取り込みを完了したファイルには転送済みのチェックが入る．各測点のデータを同じように取り込む．
・観測データ取り込み後の処理： 計算可能な基線が網図の形で画面に表示される．オペレータは，

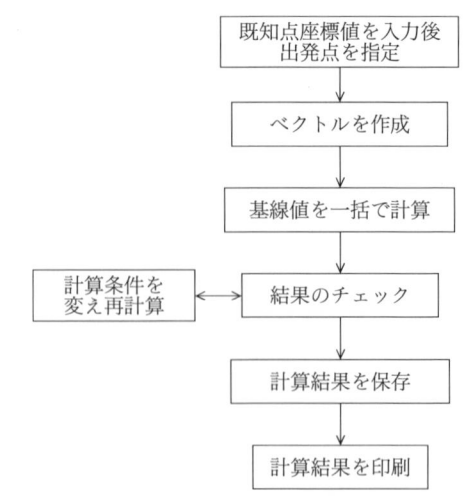

図 3.6.45　スタティック測量計算手順

画面上で実際に計算すべき基線，基準点などを指定できる．点名，測点ID，受信機番号，アンテナ番号，アンテナ高などを入力する．
　⑤ スタティック測量計算（図3.6.45）： 事前にチェック条件の制限値を設定し入力しておく．
・取り込みデータをもとに基線解析ソフトの入力画面で，出発点を選択する．
・基準点の座標値を入力する．そのうちの1点を選び計算出発点と指定する（採用座標系に注意）．標高・ジオイド高も同時に入力する．
・計算アイコンをクリックするなどして計算を実行する．計算結果が表示され，基線解析結果を評価する．表示内容は容易に理解できるものが大部分であるが，そのうちのいくつかに補足的な解説を加えておこう．
　(1) 解の種類： FLOAT解とFIX解がある．FLOAT解は，整数値バイアスの整数条件を外して得た解で，最終解はFIX解である必要がある．FIX解が得られない場合はデータ不良である．
　(2) RMS： 結果の標準偏差．基線の長短，観測時間の長短に影響されるが，mm前後の値になるのが普通であり，大きな値の場合は，データに異常があると判断する．
　(3) RATIO： 整数値バイアス決定比．候補解のうちの最良解と次位解の残差の比率．したがって，大きいほど最良解の確度が高まる．3.0より大きければ正しく計算がされたと判断する．

(4) 棄却率： 異常と判断され，計算から除外されたデータ数と全データ数の比．

(5) 分散共分散： 測定データの分散と結果の分散との関係，結果の各成分間の分散関係を行列表現したもので，各項大きさが－7～－6乗の程度であるのが正常．

⑥観測記簿をチェック： 内容をチェックする．

⑦残差グラフでチェック： ゼロ線から大きく外れる場合は，データが異常であったことを示す．

公共測量などでは，同一基線で複数の観測を実行し，較差を計算する，あるいは網の閉合差をみることで精度確認をすることが義務づけられている．重複観測については，較差，水平方向 20 mm，上下方向 30 mm が，また閉合差については，水平方向 $20\sqrt{N}$ (mm)（N は基線ベクトル数）がそれぞれの制限値になっている．

計算を失敗した場合は，計算条件を変更して再計算する．

以上，株式会社ソキアの『製品取扱説明書』および技術資料を参考資料とした． 〔井上三男〕

▶事例：地すべり計測

インターネットを利用する電子基準点の観測データが，1999 年 8 月 2 日より一般公開されている．これに伴い，GPS 電子基準点を，地殻変動調査や地すべり計測などの基準点として利用する試みが行われている．その一環として，電子基準点を与点とし，GPS スタティック測量により地すべり計測の基準点（不動点）の不動性を評価した事例を紹介する．

① 観測

・地すべり地域の概要と計測の目的： 測量場所は，「地すべり防止区域」内である．この地区は，1989 年に地すべり災害が発生し，現在でも既存の計測機器による観測が行われているが，1999 年より地すべり移動量を 3 次元的に高精度に計測することを目的に，GPS スタティック測量による計測を実施している（表 3.6.8）．

・電子基準点と地すべり基準点（不動点）間の測量： 地すべり移動量は，各地すべりブロックに設置してある移動点と，基準点（不動点）との相対的な位置座標より算出される．この基準点は，地すべり変動の影響を受けないと想定される場所を，その時点で利用できた報告書や発表論文と現地調査により決定した．しかし本調査地域は，地域自体がより広範囲の大地すべり地帯のほぼ中央に位置するため，基準点自体が移動していることが懸念された．そこで，基準点の不動性を評価するために改めて遠隔の電子基準点を利用した観測を行い，その不動性を評価することとした．観測は，定期的な地すべり移動計測の直前で実施した．観測網は，地すべり基準点を取り囲む形で形成した．使用した電子基準点は，図 3.6.46 の 3 点である．観測諸元は表 3.6.8 のとおりとした．

② 観測結果： 1999 年 8 月と 11 月の地すべり基準点（不動点）の観測結果を表 3.6.9 に示す．

表 3.6.8 GPS 観測条件

項　目	条　件
観測方法	スタティック観測
観測時間	1 日 6 時間を 3 日
使用暦	精密暦（不動性評価）
データ取得間隔	30 秒
衛星最低高度角	15°
最少取得衛星数	4 衛星
座標系	世界測地系 (ITRF 94 系，GRS 80 楕円体)
比較座標	平面直角座標

図 3.6.46 観測網図

表 3.6.9　基準局の座標値

観測月	X座標	Y座標	高さ
1999年8月（8/24～8/26）	−100436.6922	−9769.9155	413.0404
1999年11月（11/2～11/4）	−100436.6958	−9769.9139	413.0356
較差（mm）	3.6	1.6	4.8

この結果，この期間内の基準点の移動ベクトルの水平成分が3.6mm，鉛直成分が−4.8mmであり，大きく変動していないことが判明した．なお，この解析には学術用の厳密解析ソフトウェアではなく，受信機に付属する通常のソフトウェアを使用したが，それでも良好な結果が得られることが判明した．

　③今後の課題：　電子基準点を与点として，地すべり基準点（不動点）の安定性評価を試みた．その結果，基準点位置を高精度に計測し，その安定性を評価することができた．また今後は，電子基準点自体を，地すべり計測や地殻変動などの基準点（不動点）に使用することも可能と思われる．

〔酒井　靜〕

2）キネマティック測位（kinematic positioning）

　キネマティック測位は，既知点にGPS受信機（固定局）を設置し，2台目の受信機を移動局とする．移動局は，移動中も衛星電波受信を継続しながら複数の観測点で観測する．移動中も受信を継続することで，通常各点で必要な観測初期化操作が不要となり，作業効率が大幅に向上するのが特徴である．既知点に設置した受信機（固定局）から観測データを，無線（携帯電話）などで移動局側に送り，移動局側で基線解析を実行すれば，その場でリアルタイムに結果を得ることができる．この測位方法をリアルタイムキネマティック，また，単にRTKともいう（図3.6.47）．

　以上，株式会社ソキアの『製品取扱説明書』および技術資料を参考資料とした．

▶**事例：RTK測位による地籍測量**（図3.6.48）

　地籍測量は，国土調査法に基づく地籍調査にお

図3.6.47　キネマティックGPS測位の観測概念

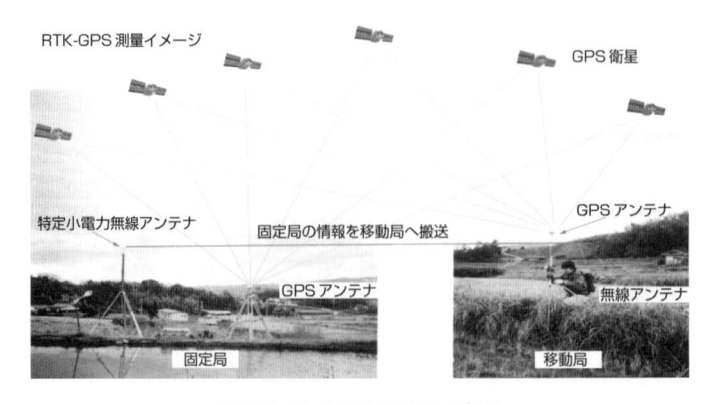

図3.6.48　RTK測位の概念図

いて，各筆の面積を求めるとともに地籍図を作成するために行う測量のことである．作成された地籍図は，半永久的に使用され，その情報により土地財産が管理される．地籍成果の利用を目的として，地籍調査成果の記録形式(1985年5月20日付け国土庁土地局国土調査課長指示)が定められ，地籍測量成果の数値情報化業務が事業化された．今後は，新しい調査測量技術を駆使して，より円滑な地籍調査の促進とその活用が促進されるであろう．

以下は，国土交通省土地・水資源局国土調査課から社団法人日本国土調査測量協会に「地籍調査へのRTK-GPSの活用業務」の調査委託があり，精度検証や作業歩掛かりについての調査が行われた報告書の要約である．

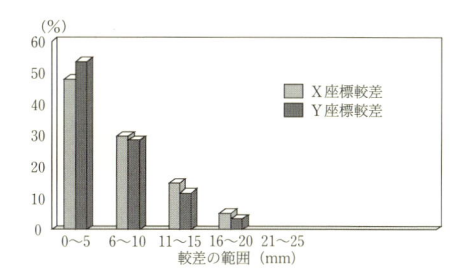

図3.6.49 一筆地測量セット間較差

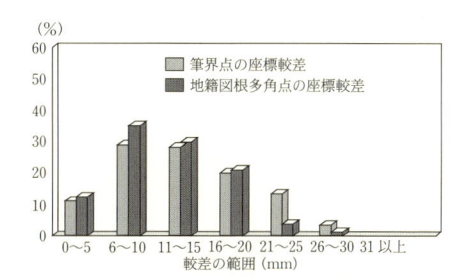

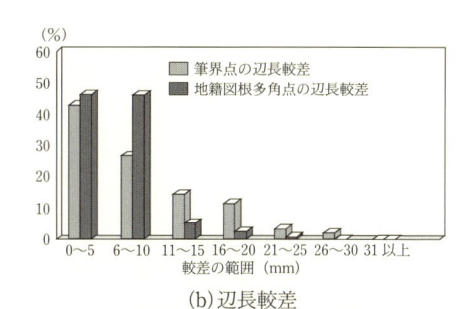

図3.6.50 TSとの比較
(a)座標較差
(b)辺長較差

◎平成12年度国土交通省土地・水資源局国土調査課　地籍調査へのRTK-GPSの活用業務
① 業務目的
　この調査は，GPS測量技術の一つであるRTK法を地籍調査に利用した場合の有効性をトータルステーション利用の在来型測量と対比することで検証しようとするものである．有効性が実証できれば地籍調査事業の効率化に資することになる．
② 作業対象
・調査対象面積：0.08 km²．
・地籍図根多角点数：34点．
・筆界点数：510点．
・筆数：54筆．

① 作業概要
・観測および計算処理は，公共測量作業規程の基準点測量および用地測量に準じて行った．
・地籍図根多角測量の観測は，2点の地籍図根三角点を使用し，1セット目と2セット目（公共測量作業規程）の固定局を変更した．
・一筆地測量は，1点の地籍図根三角点を固定局として2セット観測を行った．
② 検証・検討
・一筆地測量におけるセット間較差の比較（図

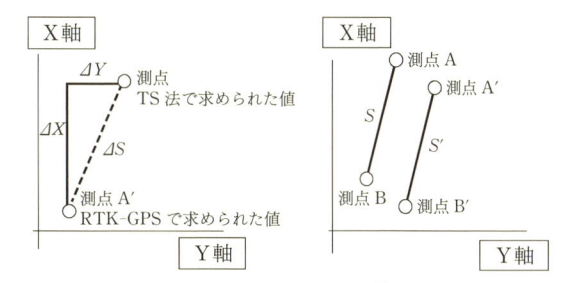

図3.6.51 較差の定義
S はTS法，S' はRTK法で求めた辺長．
(a)のΔS を座標較差，(b)のS-S' 辺長較差とした．

3.6.49)．
・トータルステーションによる地籍成果の座標値との比較（図3.6.50）（図3.6.51は，図3.6.50における座標較差および辺長較差の定義）．
・セット間較差（図3.6.49）は，筆界点510点の

表 3.6.10 設置法の比較（移動局受信アンテナの設置精度検証結果）

受信機設置方法	標準偏差 X	標準偏差 Y
セオドライト用三脚使用	7 mm	8 mm
アンテナポール使用（固定用脚付き）（気泡管感度 20 秒/2 mm）	9 mm	7 mm

表 3.6.11 作業歩掛かりを検討

作業工程	作業量（点）	セット数（セット）	観測所要時間（分）	備　考
地籍図根多角測量	30	1	114	測点間移動時間を含む
一筆地測量	100	1	150	測点間移動時間を含む

内 9 測点で 20 mm をこえる較差が発生した．これらの点で再測を行った．グラフは再測後全点ですべて 20 mm 以内であった．
・トータルステーション法との比較は，トータルステーション法自体にも誤差があるはずなので完全な精度検証とはいえないが，辺長較差がすべて 30 mm 以内に収まったことは，RTK-GPS の有効性を示していると考えられる．

③観測状況
・受信アンテナの設置手法について（表 3.6.10）：
ポールに気泡管感度 20″/20 mm を使用した場合とセオドライト用三脚を使用した場合の観測値の比較をして精度検証をした．
・地形の影響について：　さまざまな地形の状況下で，衛星情報や固定局からの無線通信状況の把握．マルチパスや固定局からの電波の遮断もあまりみられず，座標値の成果は正常であった．
・観測に要する時間：　作業歩掛かりを検討する上で，観測時間の把握が必要である．検証結果は表 3.6.11 に記す．
・総合評価：　トータルステーション法との較差は，座標較差のみではわかりにくい面があるので，測点間辺長の比較をすると，39 辺中 36 辺が 1 cm 以内であったことから，RTK-GPS の成果は地籍測量に十分使用できると判断できる．一筆地測量においては，510 測点の内 9 測点が X，Y 座標の値に 2 cm 以上のセット間較差が生じたが，再測量を行うことですべて制限値内になった．セット間較差が制限値をこえたのは，部分的に上空視界欠損の測点があったことや境界杭設置状況により，アンテナが多少傾いた観測があったなど，観測状況が厳密に同一ではなかったことなどが考えられる．

以上，社団法人日本測量協会発行「測量」2001 年 10 月号より抜粋した．　〔井上三男〕

3） DGPS 測位（differential GPS）

DGPS 測位は，単独測位を行い，その測定値にある補正をすることによって精度を上げる方法である．既知点（基準局）で計測した対衛星距離と計算距離との差を補正情報として求点に送信する．求点では，対衛星距離測定値に対してこの補正を加えることで，より精度の高い対衛星距離を利用できるようになり，測位精度向上に期待がもてる．当然補正信号を受信し利用する機能をもった GPS 受信機が必要である（図 3.6.52）．

現在，補正情報を配信する機関および団体は，次のとおりである．
・中波ビーコン：海上保安庁（図 3.6.53）
・FM 多重放送：衛星測位情報センター，全国 FM 放送協議会
・電子基準点：国土地理院
・船舶電話，携帯電話
・海上 DGPS 利用推進協議会

DGPS 受信機仕様例は，表 3.6.12, 3.6.13 を参照のこと．

▶**事例：DGPS とデジタルカメラによる「GIS 総合情報収集管理システム」**

DGPS で位置データ，デジタルカメラで写真画

3.6 角度・距離（基線ベクトル）

図 3.6.52　DGPS 用受信機とアンテナ（R 80 D）

表 3.6.12　DGPS 受信の受信部仕様例（ソキア製　R 80 D）

受信部	周波数	1.575 GHz
	受信チャンネル	12 チャンネル，L 1・C/A コード
	精度	1 m　RMS
ビーコン部	周波数帯	283.5～325 kHz
	チャンネル数	2
	取得時間	1 秒以下
	周波数間隔	±5 Hz
	ダイナミクレンジ	100 dB
	デコード	MTCM 6/7
	復調方式	MKS 方式
諸般	インターフェース	RS-232 C，RS-422
	コネクタ	9 ピン
	ボーレート	2400，4800，9600
	電圧	9～40 VDC
	電流	4.8 W
	保存温度	−40～80℃
	動作温度	−30～70℃
	湿度	95%
	寸法	125(W)×163(D)×52(H) mm
	重量	640 g

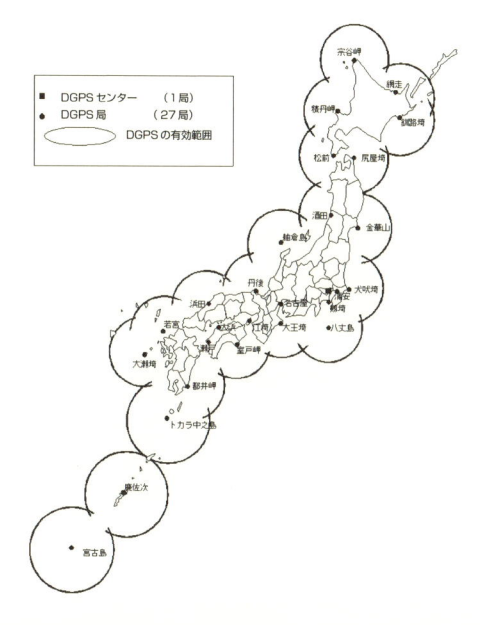

図 3.6.53　海上保安庁中波ビーコンのサービスエリア（ホームページより）

表 3.6.13　DGPS 受信機のアンテナ部仕様例

ビーコン周波数	283.5～325 kHz
GPS 周波数	1.575 Hz（L 1）
電圧	5.9～13 VDC
電流	50～60 mA
材質	PVC
保存温度	−40～80℃
動作温度	−30～70℃
湿度	100%
寸法	128(W)×128(D)×84(H) mm
重量	450 g

像データを収集し，公衆回線などを利用して遠隔地にあるコンピュータ（サーバ）に，データを伝送し解析する「GIS 総合情報収集管理システム」である（図 3.6.54）．位置情報と時刻情報が DGPS で取得されるので，正確な時刻と位置情報をもった GIS 画像データベースを構築できることが，このシステムの最大の特徴である．

・DGPS 情報を写真画像へ書き込む：測位・位置情報を写真画像に書き込むことにより，写真を単なる絵ではなく，属性（情報）をもったデータベースとして活用できる．市販の電子地図には，位置情報のついた写真画像をサポートしているものがあり，電子地図に写真画像をプロットすることが可能である．DGPS による位置情報とデジタルカメラの撮影方向の情報を写真画像に書き込む機能をサポートすることにより，たとえば撮影位置から災害現場の方向や，道路，河川の方向など細かい状況が確認できる．

・GIS ソリューションとの連携：デジタルカメラで撮った写真画像に DGPS の位置座標を付加することにより，写真自体が空間情報として，さまざまな GIS ソリューションに利用される．

本システムは，DGPS 受信機一式（ソキア製 R 80 D/S-12 c），GIS 総合情報収集管理システム（ソキア製 SDRImage 2000 ST），デジタルカメラ，ペンコンピュータ，携帯電話，管理汎用データベースシステム（既存システムを利用）から構成される．

災害現場の調査をはじめ，ライフラインの緊急防災管理，道路や河川の維持管理，環境調査などのさまざまな現地調査業務や位置情報に基づく設備資産写真分類とそのデータベース化および台帳印刷を必要とする資産台帳作成支援システムとしても活用できる．

・環境調査：動植物生態調査，森林調査（地籍），廃棄物監視など．
・道路施設管理：交通標識調査，道路占有物調査など．
・事故調査：交通事故調査，罹災証明など．
・災害，被害：災害・被害情報収集．
・多用途地図：観光マップ，バリアフリーマップ．

環境調査支援では，絶滅のおそれがある生態系調査や植生図などの作成で，地形図を判読して地形図調査点の印をつける従来の方法に比べ，高精度な DGPS により位置の再現性が高く，同じ地点の経年変化をたどることが容易になる．図 3.6.55 は，DGPS と写真を環境マップの作成に利用した例である．

道路施設維持管理支援では，DGPS による位置情報付き画像を市販の道路地図へ自動登録するので，位置情報登録の省力化が実現できる．図 3.6.56 は，市販の道路地図に道路標識をプロットした例である．写真画像に DGPS の精度で位置情報を書き込めば，1/1000 の地図上に 1 mm の精度で標識をプロットできる．

▶事例：DGPS による地籍調査（森林地籍）

地籍調査の促進策として，2001 年に E 工程に関する業務が外注化されたことに伴い，DGPS を利用した地籍調査図作成システムが開発された．特

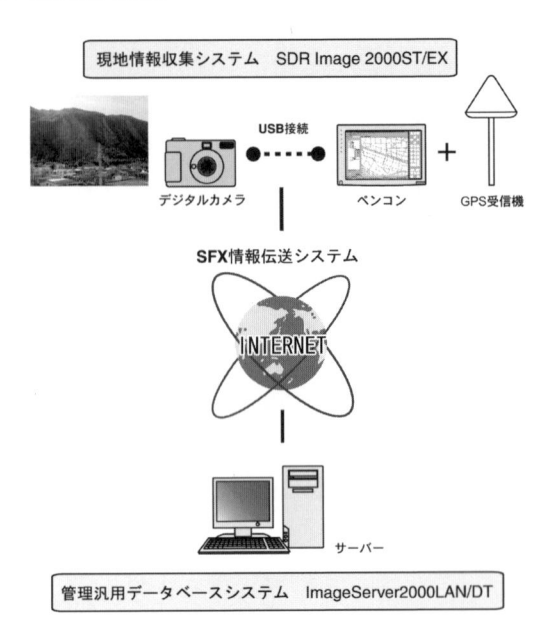

図 3.6.54 システムの概念図

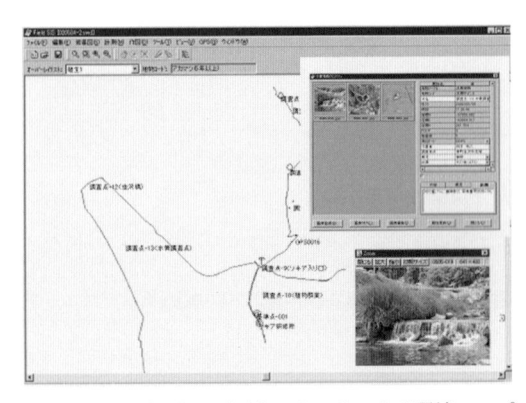

図 3.6.55 DGPS とデジタルカメラによる環境マップ

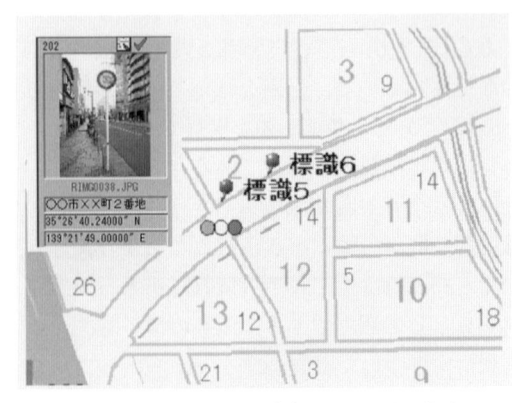

図 3.6.56 DGPS とデジタルカメラによる道路施設維持管理

図 3.6.57 中波ビーコン内蔵のDGPS受信機とペンコンによる山間部での一筆調査風景

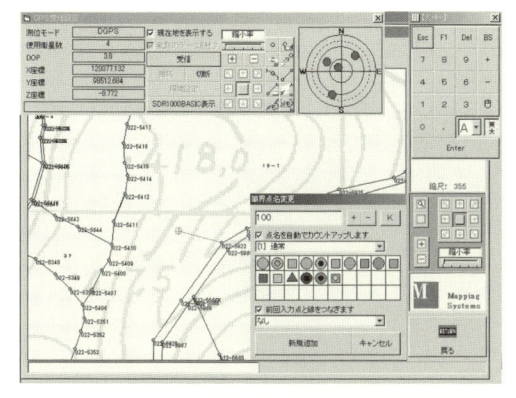

図 3.6.58 DGPSを利用した一筆調査のペンコン画面（松本測量設計(株)製　一筆地調査システム）

に森林地帯では，作業の困難性のためにこれまで精力的に高精度の地籍測量が実施されることはなかったが，DGPSの導入により，実施の可能性が高まった．本件はその事例である（図 3.6.57）．

森林の中でも電波の浸透性が高い海上保安庁の中波ビーコンによるDGPS補正情報や電子基準点を利用して，1m程度の精度で測量ができる．調査図素図データおよび地形図などの背景図（ラスタ情報，ベクタ情報）をペンコンピュータに登録し，DGPSで現在位置を表示，筆界点の位置を測定，登録，筆界点名を入力，筆界点を結線する．その調査結果は，データベースの形で登録される．

このシステムは，DGPS受信機一式（ソキア製R80D/S-12c＋SDR1000BASIC），ペンコンピュータ（松下電器産業製 AirFG CF-07），一筆地調査システム（松本測量設計製　一筆地調査システム）から構成され，次のような機能をもつ（図

3.6.58）．

・現地調査機能：背景図表示（ベクタデータとラスタデータの重ね表示），筆界点位置および点番号の入力・表示，属性情報入力・表示機能，立ち会い写真などの取り込み機能，DGPS接続機能．

・調査図作成機能：文字，線，点の表示および作画サイズと位置の指定，準則に準じた調査図作成機能，測量用調査図作成機能（調査後の地番，地目，所有者名，筆界点名などの表示）．

以上，株式会社ソキアおよび松本測量設計株式会社の技術資料を参考資料とした．〔岡本和久〕

3.7　真　　　北

ジャイロステーション（gyro station）（図 3.7.1）
1）概　要

真北測定機は，ジャイロの特性と地球の自転運動を利用して真北方向を指示する測量機である．

ジャイロは，ジャイロスコープのことで，運動量の大きな独楽（こま）である．一般に回転体は，その運動（回転軸方向，回転速度）を保持しようとする性質があるが，地球上で回転軸を水平にしたジャイロは，地球自転のためにその回転軸の方向を強制的に変える力を受ける．この力の作用で回転軸は自動的に南北方向を向くようになるという性質をもっている．

ジャイロステーションは，この性質を利用する

図 3.7.1　ジャイロステーション（GP 3_{130R}）

ため，慣性モーメントの大きいロータ（ジャイロ振子）を高速回転させ，その回転軸が水平面内で自由な方向を向くことができる構造（ジャイロユニットという）になっている（図3.7.2）．現実のジャイロ振子は，回転軸が南北方向を向いても慣性のためそこで止まらず，子午面を挟んで往復運動をする．この往復運動の中心が真北方向である．振れの中心自体は，振れ幅の読み取り，あるいは，振れ時間の測定から決定する．したがって，太陽や北極星に頼らず方位が求められるので，トンネルの中での測定に多く利用される．

2） 構　造

真北測定機は，セオドライトやトータルステーション（ソキア製 SET 3 130 R）などと組み合わせて使われる．特にジャイロユニットは，高速回転（1秒間に12000回）する独楽であるが，回転軸が水平になるように吊線で吊られている．付属装置として，ジャイロの振れ量を測定する光学系，クランプ装置，架台，電源部などがある．仕様例は表3.7.1を参照のこと．

3） 測定方法

測定には，追尾測定と時間測定の2つの方法がある．測定操作を全自動にした機種（ソキア製 AGP 1）（図3.7.3）もある．

追尾測定は，ジャイロユニットを取りつけたセオドライトの望遠鏡の視準軸方向と真北方向とのずれがやや大きい場合に使われる．時間測定は，セオドライトの望遠鏡の視準軸方向と真北方向とのずれが20′以内と小さい場合に有効な方法である．

4） 測定手順（図3.7.4）

① 測定準備：　北の方向（真北から30°以内が望ましい）に基準となる方位標（マーク，100 m以内）を設置する．一度方位標の方位を測定しておけば，以降の全測定で，方位標の方位を基準とすることができるので，測定のつど，時間のかかる方位決定作業を繰り返す必要がなくなる．測点上にGP 1を整準する．視準望遠鏡を，方位磁石などを用いて概略北に向ける．ロータの電源を入れずに，ジャイロモータ（振子）をハーフクランプ（HC）状態で10秒ほど（振子の動きが止まるまで）待ってから，クランプをフリー（F）の状態に

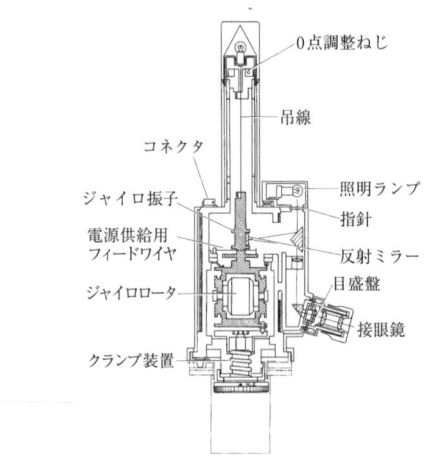

図 3.7.2 ジャイロの内部構造

図 3.7.3 オートジャイロステーション（AGP 1）

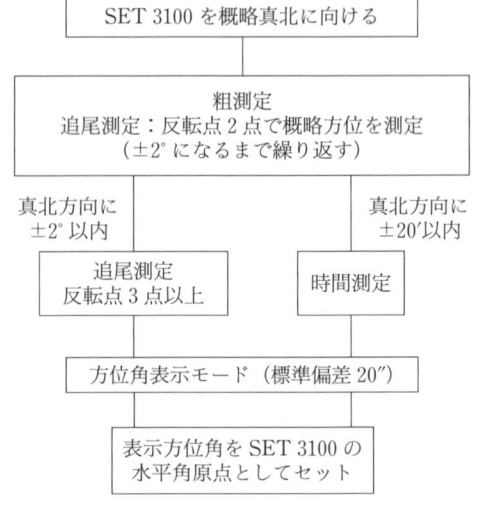

図 3.7.4 ジャイロステーションの測定手順

する．指針の動きが，0目盛を中心に左右対称に振れていることを確認する．クランプつまみを，再びクランプ状態にする．電源スイッチをONにし，約60秒経過するとジャイロモータが定常回転になったことを示すランプが点灯する．クランプつまみにて，HCおよびFにして，粗測定の追尾測定を開始する．

② 追尾測定： トータルステーションを慎重にゆっくりと回転させ，GP 1の針の動きを目盛の中央付近で追尾する．指針が反転点（図3.7.5のa_1, a_2, a_3）に到達したところでトータルステーションのキーを押す．トータルステーションがその方向を記録する．連続した反転点を2点以上計測すれば，トータルステーションが真北方向を計算し表示する．真北精度を上げるためには，概略の真北方向が事前にわかっていることと，3点以上の連続した反転点の方位がわかっていることが必要である．追尾測定の算式は，

反転点数nが2点のとき，
$$N = (a_1 + a_2)/2 + R$$

反転点数nが3点以上のとき，
$$N = \left\{ \frac{(a_1+a_3)/2 + a_2}{2} + \frac{(a_2+a_4)/2 + a_3}{2} + \frac{(a_{n-2}+a_n)/2 + a_{n-1}}{2} \right\} \times 1/(n-2) + R$$

ここで，N：真北方向，n：反転点数（a_1, a_2, a_3, …），R：機械定数．

③ 時間測定（図3.7.6）： 追尾測定を実施して，できるだけ真北方向（20″以内）にトータルステーション（SET3 130 R）を向け，方位を固定する．指針が目盛盤の範囲内で右側（R）と左側（L）の反転点が現れるようにする．RとL側の反転点の大きさ（振幅D_RとD_L）の入力と指針が0点を通過するタイミングをトータルステーションのキーボードで入力する．これらのデータ（振幅や時間差）を使用して，トータルステーションは，次の式を使って真北方向を計算する．

$$\theta = -(K \cdot D \cdot d_t + R)$$

ここで，KおよびR：機械定数，$D=(D_R+D_L)/2$：振幅の平均値，D_RおよびD_L：振幅，$d_t = t_R - t_L$：連続して0点を通過する時間差．

以上，株式会社ソキアの『測量と測量機のレポート』，『取扱説明書』および技術資料を参考資料とした．
〔井上三男〕

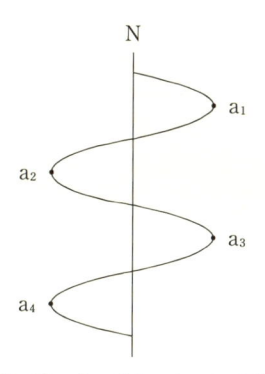

図3.7.5 ジャイロステーションの追尾測定

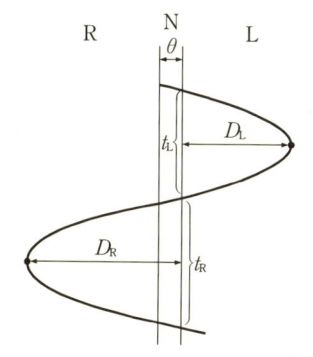

図3.7.6 ジャイロステーション時間測定

a. 事例1：トンネル掘削作業におけるジャイロステーションを利用した方向管理

都市部で行われている上下水道，電力，共同溝などのシールド工法によるトンネル工事では，ジャイロステーションで求める真北方向を利用した基準点管理が行われている（図3.7.7）．トンネル測量では，はじめに計画されているトンネル上の地表面で中心線測量を行い，その成果を地下に中心杭または坑内基準点（ダボ点）として移設するのがその基本である．トンネルの掘削方向については，ジャイロステーションによる真北方向を基準とすることで，従来行われていたチェックボーリングを大幅に削減あるいは省略できる．ただし，チェックボーリングは，費用もかかり，鉛直に掘らないと錘球の糸が壁面に触れ，地上点が地下に精度よく移設できないなどの問題がある．

以下は，導水路トンネル約5 kmを掘削するに

表 3.7.1　ジャイロステーションの仕様例（ソキア製 AGP 1 および GP 1-2）

機種名	AGP 1	GP 1-2
精度（標準偏差）	測定モード 1：6″ 測定モード 2：32″ 測定モード 3：16″	20″
測定時間	測定モード 1：約 10 分 測定モード 2：約 2 分 測定モード 3：約 4 分	約 3 分（半周期）
起動時間	約 25 秒	約 60 秒
制動時間	約 30 秒	―
寸法	215(W)×55(D)×355(H)mm	145(W)×200(D)×416(H)mm
重量	約 10.4 kg（本体）	約 3.8 kg（本体）
使用時間	測定モード 1：約 20 測定 測定モード 2：約 40 測定 測定モード 3：約 30 測定	3 時間
充電時間	14 時間	15 時間
仕様温度範囲	−20〜50℃	−20〜50℃

図 3.7.7　ジャイロステーションによる観測風景

当たり，出発点，到達点でジャイロステーションによる真北測定を行い，高精度な結果を得た事例である．

1）　基準点の設定と使用機材の機械補正定数
（図 3.7.8）

① 発進立坑および到達立坑の周辺に固定点をそれぞれ 3 点設置し，GPS により座標測定して基準点とする．

② この基準点の座標値を相互に使って基準点を結ぶ側線の方位を求める．

③ この基準点上で，ジャイロステーションによる真北測定を実行し，その結果を前述の GPS の計算した方位角と比較して，使用機材（AGP 1）の機械補正定数を決定する．

AGP 1 の測定精度は ±6 秒といわれているが，実際には ±10 秒程度と考えられており，使用前後で点検し，補正量を決めることで精度維持に努める．

さらに工期中，機器の点検時などで測定し，機械定数を確認する．

2）　発進立坑内への基準点移設と中心線方向の決定

① 発進立坑の縁に「張り出し架台」を設け，地上側基準点 TA.1 を設置する．この基準点 TA.1 を鉛直器や錘球を使って坑内に移設し，坑内基準点 TA.1 とする（図 3.7.9）．

② 地上基準点 TA.1 からみた地上第 1 中心杭の方位と同一方位となるよう，坑内基準点 TA.1 から次のダボ点を測設する．この際，坑内基準点 TA.1 に設置したジャイロステーションが掘削方向を指示する．

発進立坑内で掘進方向に基準点を 2 点設置（地上の立坑基準点から錘球を使用）し，錘球を吊っ

3.7 真 北

たピアノ線を,セオドライトの望遠鏡で視準して,掘進方向を決める方法は,ピアノ線の太さや坑内基準点間距離の関係で十分な精度で方位を設定することが難しい.

3) 構内測量

坑内では,発進立坑からのダボ点を基準に,地上で行った中心線測量で得られた成果を利用して,順次ダボ点の測設を行う.

4) 中間点の点検

トンネルの中心線の形状にもよるが,通常0.5〜1.0 km程度にチェックボーリングを行い,点検確認をした上で掘削作業を行う.この現場では,ほぼ中間点(CHB1)で地上より直径200 mmのチェックボーリングを行い,点検を行った結果,誤差は1 mmであった.

5) 到達立坑での点検

すでに,到達点でも発進立坑と同じように,地上に3点の基準点をGPSで設置して座標値,方位角,辺長を求めてあるので,これらのデータを使って到達点への接続時の精度確認を行う.掘削作業を進め,最後のダボ点(中心杭上)にジャイロステーションを設置し,掘削始点の基準点と同様の作業で設置した終端基準点の方位角測定を行う.この測定方位角と地上の中心線測量で指示された方位角とを比較することで方位角観測の精度確認ができる.到達時の誤差は,目標値である±15 cm以内であり,許容限界内に余裕をもって収ま

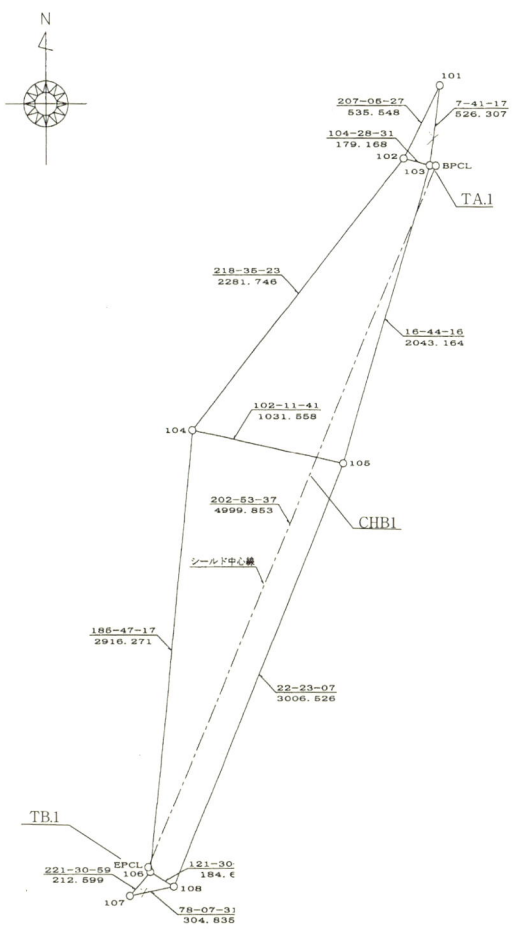

図3.7.8 トンネル施工基準点網図

都内のある導水路で,BPCL(TA.1)からEPCL(TB.1)まで,ほぼ直線の約5000 m区間を地下30 m,管径3 mで図中のシールド中心線(一点鎖線)に沿って掘削する.

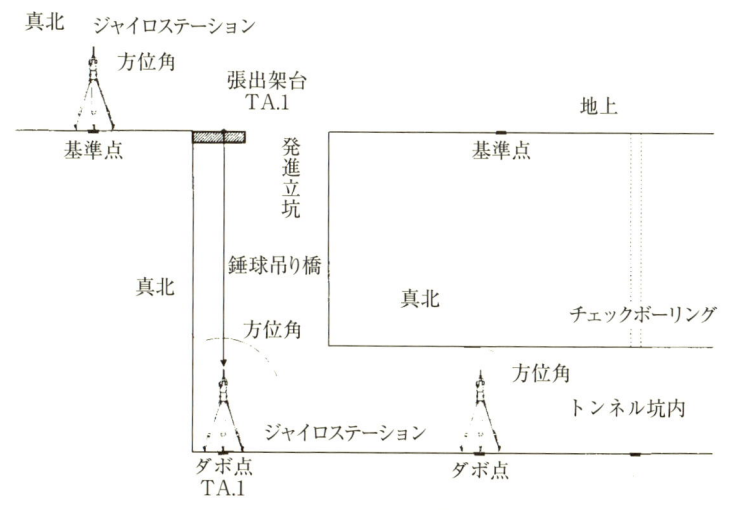

図3.7.9 発進立坑内概念図

ったことが確認できた．

以上，この事例は，株式会社日豊より資料提供いただいた． 〔鈴木晶夫〕

b． 事例2：日影図作成に伴う真北測定

中高層建築物の建築確認申請時には，近隣周辺土地の日影図を作成することが必要となるが，日影図の作成には，対象土地の真北方向を求めることが必要となる．真北方向を求めるには，一般的に，北極星，太陽，ジャイロステーションなどが利用される．しかしながら北極星，太陽などの天体観測では，悪天候の場合やビルの谷間など，視界が遮られる環境では実行が困難となる．

ジャイロステーションの利点は，視界の良否とは無関係に観測ができるということである．そのため，納期の短い場合でも確実に成果が得られる

図3.7.10 ジャイロの観測風景

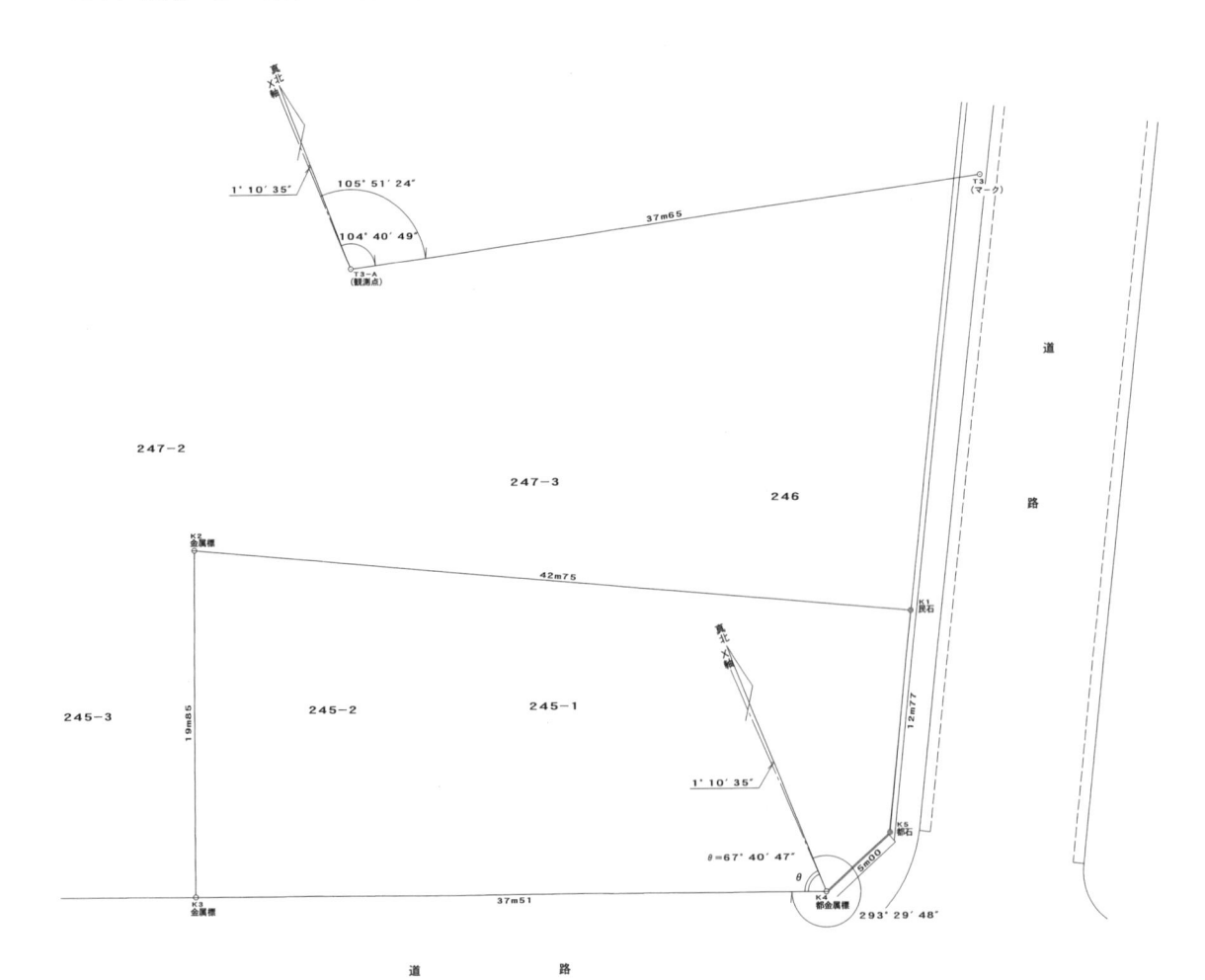

図3.7.11 真北測量図

(図 3.7.10).

ジャイロステーションの成果は,「真北測定報告書」としてまとめられ,それを日影図に添付して,日影図の作成は完了する.

図 3.7.11 は,中高層建築物の敷地範囲の任意座標系における実測図である.K1~K5 の境界点は,トラーバース点 T3,T3-A などを基準とした座標値で特定している.K4,K3 測線の方位角を求めることが要求事項であった.真北方向を基準に K4,K3 の道路境界線に対する角 θ である.以下に,作業の手順を示す.

① T3-A にジャイロステーションを設置し,T3 を基準方向(マーク点)として方位角を観測する.K3,K4 は,交通量の激しい道路脇であり,振動を考慮して T3-A を観測点とした(ジャイロステーションの観測手簿による).

② T3-A からみた T3(マーク)方向の方向角を算出する(2 点間距離方向角計算書により算出).

③ 方位角と方向角の差を求める.

④ K4 を基準として K3 の方向角を算出する(2 点距離方向角計算書により算出).

⑤ 真北方向を基準として K4,K3 方向の方位角を求める.

〔大島章新〕

3.8 2 次 元

電子平板(図 3.8.1)

1) 概 要

電子平板は,トータルステーションで得られる水平角 H と鉛直角 V と距離 D の計測データをペンコンピュータ(ペンコン)に取り込み,平板測量と同様に測量現場でペンコンの CAD 機能を使い,画面上で数値地形図を描くことができるシステムである.従来型平板測量のデジタル化システムである.電子平板は,国土交通省「公共測量作業規程」に準拠した「TS デジタル地形測量」や敷地現場調査図,遺跡調査,道路標識設置の現場調査図など使用目的に合わせたシステムがある.

本システムは,トータルステーションとペンコン,プリンタ,プロッタなどで構成される.仕様例を表 3.8.1, 3.8.2 に示す.

2) 手 順

① トータルステーションを三脚の脚頭に整準する(器械を任意の場所に設置できるので,測点上に設置する作業に比べ簡単にできる).

② トータルステーションとペンコンを接続する.

③ 座標系を設定する.図面の原点になる点と他の 1 点(X 軸または Y 軸上)を観測することにより,現場に座標系を設定できる(図 3.8.2).座標既知点 3 点(トータルステーションの鉛直軸を利用する場合は 2 点)以上を観測すれば,器械を移動しても同じ座標系で観測が続けられる.

そのほか,以下の方法でも座標系が設定できる.

・器械点を原点とし,北方向をコンパスで測定する.

・器械を既知点上に設置し,北方向を測定するか他の既知点を観測する.

④ 望遠鏡で,目標点を視準し観測を開始する.

3) ペンコンによる図面を作成

① 座標リストとプロット図を同時に表示する.観測した点が画面上にリアルタイムにプロットされるので,データを確認しながら図面作成をする.

② 結線は,始点と終点をタップする(図 3.8.3).直線,円弧,スプラインによる結線が可能で,線種や色の選択も簡単にできる.画地の結線も,同様にペンでタップして行う.

図 3.8.1 電子平板による作業(フィールドスケッチ)

表 3.8.1　電子平板の使用例
（ソキア製フィールドスケッチの図化機能）

結線	直線，曲線，スプライン，平行線による結線
線種	実線，長破線，短破線，一点鎖線，二点鎖線
文字入力	サイズ任意設定可能 文字列の配列角度任意設定可能 ドラッグするだけで任意の位置に配置可能 ペンによる文字入力も可能
記号	自由に作成可能 配置は点と記号を選択する
点情報	点名，座標，メモをプロット図に表示
ハッチング	範囲指定で実行
寸法表示	距離，角度，高低差を表示 寸法線の種類や形状も自由に設定
交点計算	交点計算（11種）が可能
面積計算	座標法，三斜法（自動図形分割）による面積計算 平面面積，造成面積の計算 画面上での求積表の表示，図面上への貼り付け可能
排水計画	管路全長，上流終点舛高，浄化槽高の算出

表 3.8.2　ペンコン仕様例（SHARP製コペルニクス）

形式	ペンコンピュータ　RW-A 270
表示部	8.4型フロントライト付きスーパーモバイル液晶 （反射型 TFT カラー液晶）
表示解像度，表示色	640×480ドット，262144色（最大）
CPU	MMX テクノロジー Pentium プロセッサ（166 MHz）
メモリー	標準：32 MB，最大：96 MB
ハードディスク	3.2 GB
バッテリー駆動時間	最大約5.5時間（バッテリー2個使用，フロントライトオフ時）
寸法	263(W)×179(D)×41(H)mm
重量	1.35 kg（バッテリー1個含む）

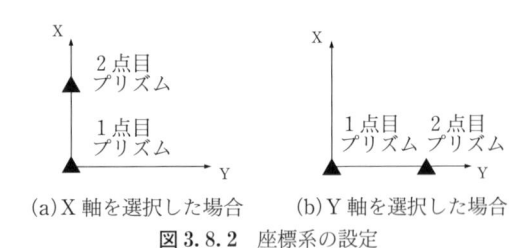

(a) X 軸を選択した場合　　(b) Y 軸を選択した場合
図 3.8.2　座標系の設定

③文字や記号の入力も自由にできる（図3.8.4）．

④寸法線，法面マーク，方位マーク，ハッチングの入力（図3.8.5）．寸法線を使って表示できる値は，水平距離，距離，高低差，方位角，挟角，方位角である．法面マーク，方位マークやハッチングの描画もペンでタップする．

⑤面積の計算もできる（図3.8.6）．

4）ペンコンによる応用機能

①交点計算：　11種類の交点計算機能（図3.8.7）がある．何らかの理由で直接観測していないが，座標値が必要な点の位置を計算する．

②面積計算（図3.8.6）：　画面上で領域を指定すると，面積計算を実行する．求積表，求積図を作成できる．座標法，三斜法が使える．

③BM観測：　ベンチマーク（BM点）の標高に合わせて，全観測点の標高を計算する機能がある．BM点の標高は，観測で入力する方法と別途入手した標高値を直接入力する方法があり，選択して設定できる．

④杭打ち機能：　杭打ち点を画面に表示した上，目標点と設計値からのずれを数値で表示できるので，効率よく3次元の杭打ちができる．

⑤平行線作画：　平行線を発生させたい基本線を指定することで，幅の違う平行線を連続的に引くことができる．同時に測点を発生させることができる．

⑥太陽観測：　理科年表などの外部資料を参照せずに，太陽観測から直接真北方向を計算する機能をもたせてある．

以上，株式会社ソキアの『測量と測量機のレポート』，『取扱説明書』および技術資料を参考資料とした．
〔井上三男〕

▶事例：環境測量（土壌・地下水汚染調査に関する測量）

土壌汚染対策法（平成15年2月15日施行）で，

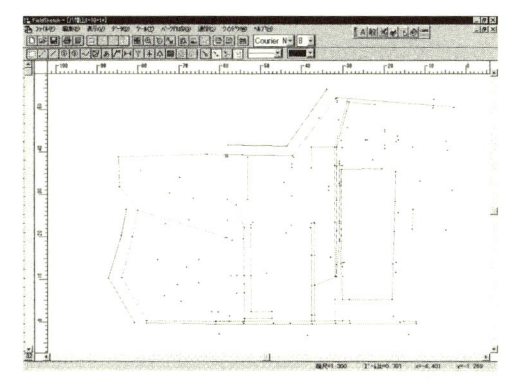

図3.8.3　結線図

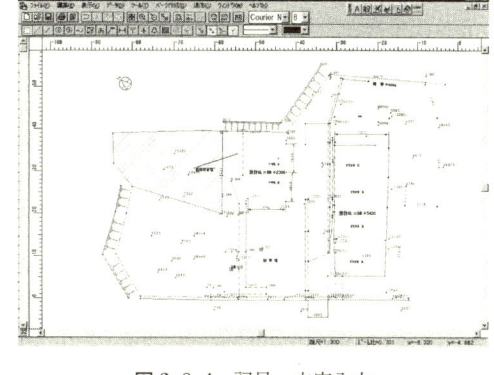

図3.8.4　記号・文字入力

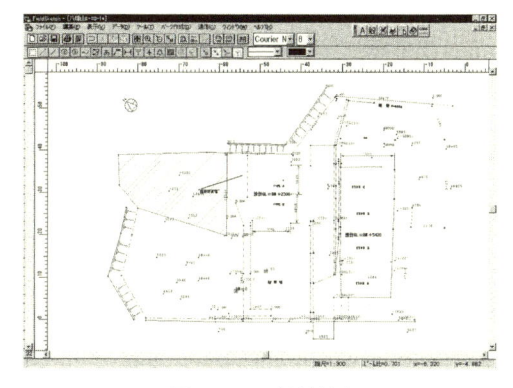

図3.8.5　寸法線図

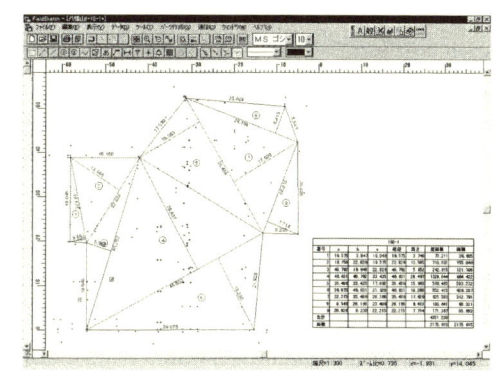

図3.8.6　面積計算

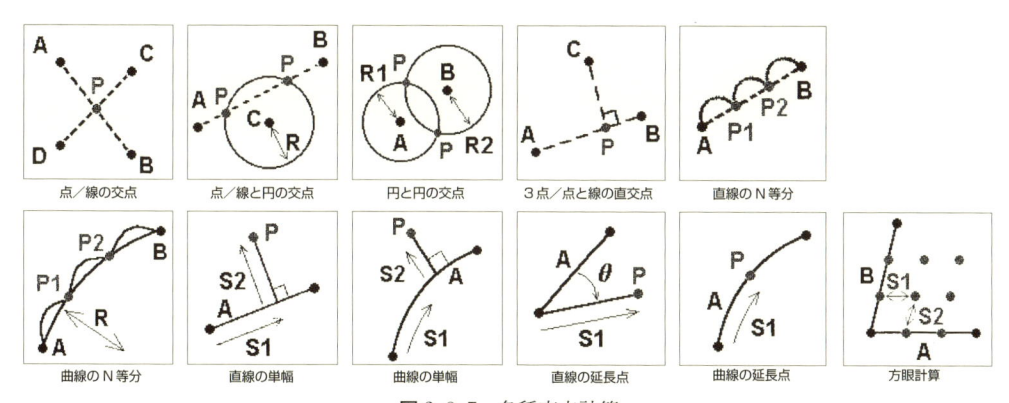

図3.8.7　各種交点計算

土壌汚染の環境リスク（土壌汚染に起因した人体の健康被害が発生する可能性）についての対応ルールが確立し，土壌や地下水の汚染の可能性の把握と土壌・地下水汚染状況調査の手法が示された．

これらの調査を実施するには，対象地の汚染暦の推測（対象地にどのような汚染源が存在したか，どのような状況があったか）に始まり，サンプリング，分析などを経て，汚染の実態を平面位置，深さを考慮して3次元的に表示するが，そのサンプリング地点を特定する必要がある．

1）測　量（図3.8.8）

①現況測量（平面図および高低図の作成）を実施する．サンプリングやボーリングなどの作業に先立つ調査であり，図面の縮尺は，対象地の広狭

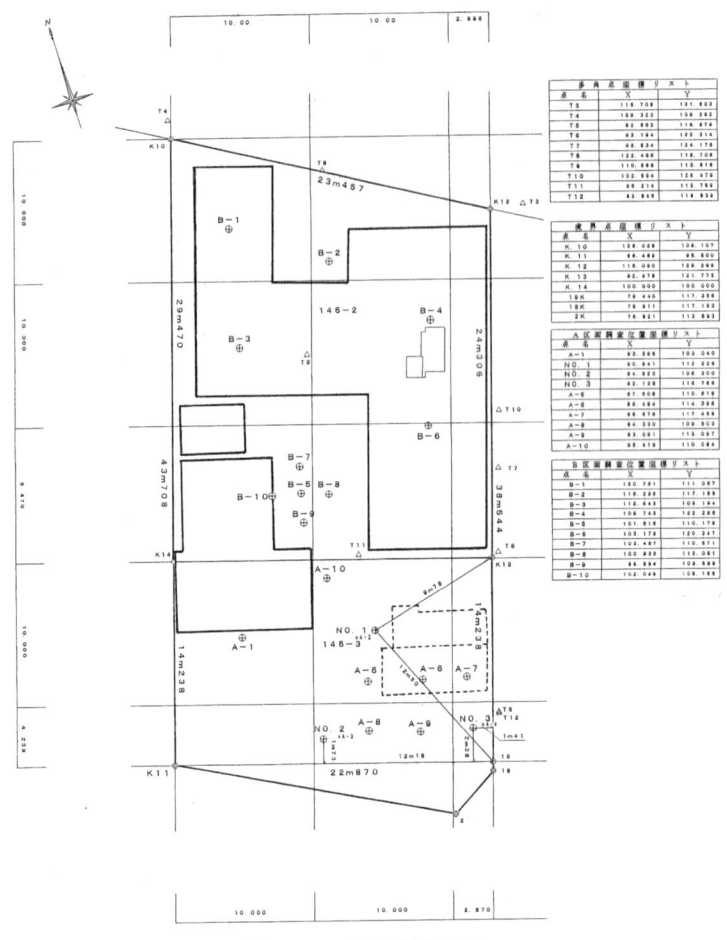

図 3.8.8 環境調査測量図

や地上・地下の自然物および建造物類などの存在状況を考慮して，汚染解析に都合のよい適当な縮尺（1/100～1/500）とする．測量は，電子平板測量で行う．

② 区画の選定： サンプリングなどを行う区画は，まず調査対象地の最北端角（北端角が複数のときは最東北端角）を起点とし，東西および南北方向に 10 m 単位の格子（以下単位区画）に分割する．各単位区画交点をサンプリング点とする．起点は，以後長期にわたり位置の特定が可能な測量上の基点とする．

③ 区画の調整（図3.8.9）： 調査対象地の外縁が区画線と斜交し，三角形の区画が多数できるために，単位区画の数が多くなる場合には，起点を中心として，時計回り回転で調節し，単位区画を最少になるように調整する．縁辺部で1辺が 10 m に満たない半端な区画が残るときの区画統合条件は，その区画の長辺が接する隣の区画と合わせて 130 m² 未満であれば1つの区画に統合できる．ただし，半端を含む区画面積が 130 m² 未満でも区画の長軸が 20 m をこえるときは統合できない．区画線の方向変更を含めた単位区画の設計は，通常の測量設計の範疇であり，メッシュの交点計算を行って現地で杭打ちができる資料(XY 座標値，方位角と距離，場合によっては経緯度)を用意する．計算した交点に建物などがあり，区画の測設が妨げられてサンプリング位置が判断できない場合には，別の候補地を探し，その地点についても杭打ちできる資料を準備する．

④ 基点の設定： 起点は，測量上の基点と解釈してよく，一般に固定点扱いされ，境界杭類や恒久性のある建造物の特定点，測量基準点など，安

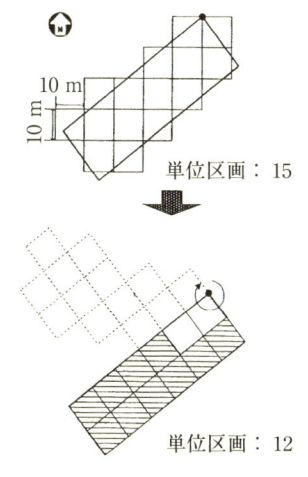

図 3.8.9 区間の調整

定した既存点がそのために利用される.

⑤ 杭打ち（単位区画の測設）： 杭打ち作業は，トータルステーションの測角・測距機能を利用する．建造物があり視通障害が予想される場所では，精度確保と作業効率の両面からそれに対応した測量計画を立案しておく必要がある．いかに精度を落とさずに測量できるかの工夫がそのつど要求される．上空視界の障害がないときは，GPS を利用できれば RTK（リアルタイムキネマティック）法も有効である．

⑥ 精度： 環境調査のための測量は，現況測量と同じ性格をもつので，隣地との境界が問題になることが多い．したがって，測量の精度は公共測量作業規程における用地測量のそれに準拠する．

〔奥山凡夫〕

3.9 3 次 元

3次元計測機（図 3.9.1）

1） 概 要

距離と角度を1台の機械で精密に計測することにより，船体，橋梁鉄骨，ダム，ドームなどの大型構造物や建造物の複雑な形状の寸法測定および変位を計測する．その測定結果は，3次元座標値として記憶，表示される．本体を移動しても移動前後の測定座標系を共通化する機能があるので，自由に本体を移動させ，視通を確保し，測定対象全体の形状を把握することができる．

2） 構 成

高精度トータルステーションとハンディタイプのコントロールターミナルおよび反射シートターゲットなどの周辺機器などで構成される．仕様例を表 3.9.1 に示す.

① コントロールターミナルの機能

計測しやすい場所に器械本体を設置して，任意の2点または3点を計測するだけで，座標系が設定され計測が開始できる.

・多様な座標系の設定： 普通に使われる XYZ，経度緯度高さ，平面直角座標系のほか，任意座標系を設定できる．

・データ比較計測： あらかじめ入力されている設計データと計測データとの比較ができる．

・位置決め（杭打ち）計測： 設計データとして登録されている設計点の現場の3次元位置へ部材や杭などを誘導できる．誘導は，設計データの杭打ち点と測定点から杭打ち点までの残差の表示により行う．

・座標つなぎ計測（図 3.9.2）： 1か所からすべての点が計測できない場合，本体を移動して計測を続けられる．器械の移動前後で共通に計測できる測点が，2点以上必要である．

・各種計算機能： 以下のような計算機能により計測結果がその場で確認できる．

(1) 座標変換： 基準となる座標軸の回転，平行移動や座標値の拡大，縮小．

(2) 2点間距離： 2点間を結んだ空間距離の

図 3.9.1 3次元計測機（NET 1200）

表 3.9.1　3次元計測機の仕様（ソキア製 NET 1200）

	項目	仕様
望遠鏡部	有効径	45 mm
	倍率	30 倍
	分解力	2.5″
	視野	1°30′
	最短合焦距離	1.3 m
測角部（光電式アブソリュートロータリエンコーダ方式・対向検出）	最小表示	0.5″/1″選択可能
	精度	1″
	測角モード　水平角	右/左回り選択可，0セット，任意角入力
	鉛直角	天頂0°/水平0°/水平±90°選択可，勾配表示
	2軸自動補正機構	補償範囲 3′
	コリメーション補正	補正あり/なし選択可
測距部（クラス2レーザ製品）	測定可能範囲　反射シート	1.3〜 200 m
	ノンプリズム	1.3〜 40 m
	1素子AP反射プリズム	1.3〜2000 m
	精度　反射シート	±(0.6+2 ppm×D) mm
	ノンプリズム	±(0.6+2 ppm×D) mm
	1素子AP反射プリズム	±(0.6+2 ppm×D) mm
	測定時間　精密測定	0.9秒（初回4.8秒）
	トラッキング測定	0.3秒（初回1.6秒）
	レーザ出力　反射シートモード	クラス1相当（0.22 mW）
	ノンプリズムモード	クラス2相当（0.99 mW）
	データ記録装置容量	約9900点
	気泡管感度	横気泡管　20秒
	求心望遠鏡	正像7倍，最短合焦距離 0.3 m
	防塵・防水	IP 66，耐塵・耐水（JIS C 0920）準拠
	寸法	165(W)×171(D)×341(H) mm
	重量	約 5.5 kg
	電源　使用時間	約5時間
	充電時間	2時間以内（急速充電器）

計算．

(3) 2直線のなす角度：2本の直線のなす空間的な角度の計算．

(4) 3点のなす角度：3つの計測点から2点目を挟む角度を計算．

(5) オフセット量(出入り量)（図3.9.3）：座標平面（YZ, ZX, XY）を基準としたX, Y, Zの各方向の出入り量の計算．主に形状計測において，対象物の変面度を評価するときに利用する．

(6) 面積：3つの計測点から構成される三角形の面積の計算．

(7) 円の中心座標：3か所の計測点を通る円の中心座標の計算．

② 反射シートターゲット（図3.9.4）

反射シートターゲットの反射面には，反射率の高い素材が使われている．厚さは0.4 mmである．裏面には粘着テープがついていて，測点に直接貼りつけて使用する．被測定物の大きさや測点

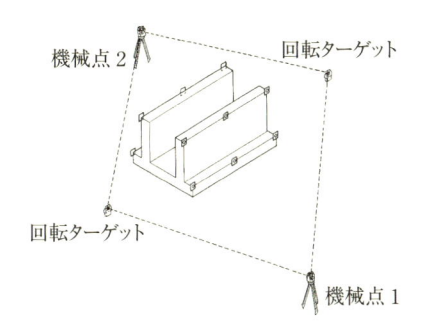

図 3.9.2 座標のつなぎ計測

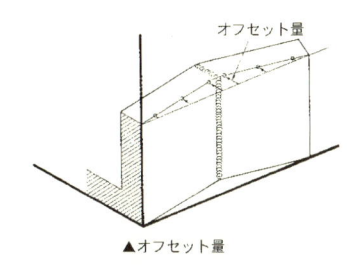

図 3.9.3 オフセット量

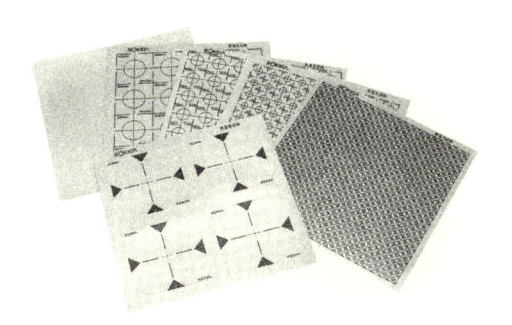

図 3.9.4 反射シート

図 3.9.5 回転ターゲット

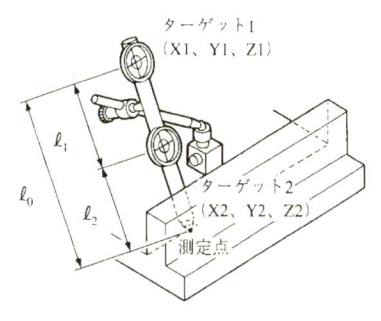

図 3.9.6 2点反射ターゲット

③回転ターゲット（図 3.9.5）

反射点位置を変えずに正対方向を変えられる反射ターゲット．本体を移動させた場合の重複観測点に使われる．

④2点反射ターゲット（図 3.9.6）

ポール上に2つの反射ターゲットをを取りつけたもので，「2点反射ターゲット」を使用することで隠れた点の計測ができる．

3) 測定手順：座標系の設定

①原点とX方向（図 3.9.7(a)）

基準となる2点を選点し，その点を測定する．そして最初に測定した点を，原点（$X=0$，$Y=0$，$Z=0$）とする．原点の設定は任意にできるので，測定する構造物上でも，外部の点でも任意である．Z軸は，原点を通り，トータルステーションの鉛直軸に平行な直線になる．第2計測点を含むように，XZ面が形成され，XZ面内で水平にX軸，Z軸に垂直にY軸が設定される．トータルステーションで得た測点のデータからこの座標系における座標値が計算記録される．記憶されたデータは，任意の座標軸の平行移動や回転など座標系の変換機能により，任意の座標系に変換できる．

②X軸上2点とY軸（図 3.9.7(b)）

第1計測点を原点（0, 0, 0），第2計測点をX軸上の点（X_1, 0, 0），第3計測点をXY平面上の点（X_2, Y_1, 0）とし，Z軸は鉛直とは限らず，原点を通りXY平面に直交する直線となる座標系の設定．

③X軸上2点とY軸（図 3.9.7(c)）

第1計測点を原点（0, 0, 0），第2計測点をX軸上の点（X_1, 0, 0），第3計測点をXZ平面上の

までの距離に合わせてさまざまなサイズがある．ガラス製反射プリズムに比べて小さく安価であり，かつ設置の自由度も高いので，使用に便利である．

3次元計測システムは，船体ブロックの製造時の形状寸法の把握や，船台組み立て時の寸法や位置の建て付け精度の管理などを高精度，高能率で実行するのに利用できる（図3.9.8(b)）．このシステムは，設計寸法の図面と船体ブロックの計測値をCAD画面上で表示，比較，評価などを行うことが可能である．また船体ブロックを船台上に組み上げていく場合に，船台座標系を基準とした建て付け精度の把握を簡単に行うことができる（図3.9.9）．

同様な技術は，航空機，鉄道車両，自動車などの製造および修理にも利用されている．

2） 大型バスの車体計測（図3.9.10）

大型車両の形式認定を取得するためには，車両寸法を測る必要がある．従来は，テープなどを使った手法で行われてきた．バスなどの最大高は，多くは屋根の中心線上にあり，これを測るにはバーなどを出してから側面で測るというようなことをしていた．3次元計測システムを導入すると，車体の必要な位置を離れた場所から遠隔計測するだけで，全長，高さ，幅，ホイールベースなどの必要データが求められ，作業の大幅な効率化を図ることができる．それ以外にもシャーシやラインの冶具の位置出しなどにも利用できる．

3） 宇宙ステーション用の実験モジュールの計測（図3.9.11）

宇宙ステーションに搭載される実験モジュールは，重さだけではなく寸法や各種取り付け位置の把握が重要な計測テーマになる．ここにも3次元計測システムが有効利用されている．

b． 事例2：鉄骨部材計測および施工管理

橋梁，鉄塔，高層ビルなど鉄骨建造物施工および建て方管理や変位測定について示す．

橋梁など鉄骨建造物は年々巨大化し，その形状も複雑化している．それに伴って要求される精度も高いものになっている．たとえば，吊り橋や斜張橋の塔の部材に使われる鉄骨の端面直角度は1/10000の精度が要求される（図3.9.12）．

橋梁の鉄骨部材の製作が完了すると，現場で組み立てる前に，発注者立ち会いのもとで工場内にて仮組み立てを行い，設計値どおりか，基準を満

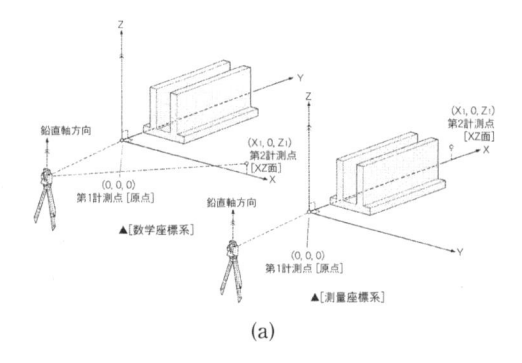

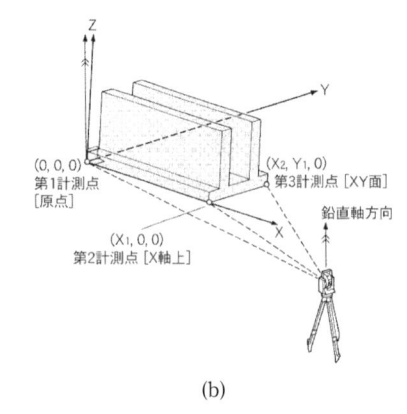

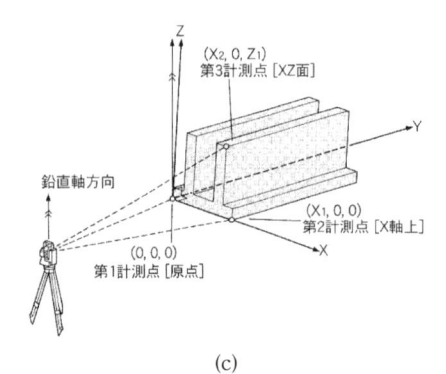

図3.9.7 座標系の設定

点 $(X_2, 0, Z_1)$ とし，Z軸は鉛直とは限らず，Y軸がXZ平面に対して垂直となる座標系の設定．

以上，株式会社ソキアの『測量と測量機のレポート』，『取扱説明書』および技術資料を参考資料とした．

a． 事例1：形状，寸法，変位測定

1） 船体ブロックの計測

船体ブロックは，大型で特殊な曲面で構成されている（図3.9.8(a)）．木型をつくり，それを基準とした測定方法が採用されてきた．

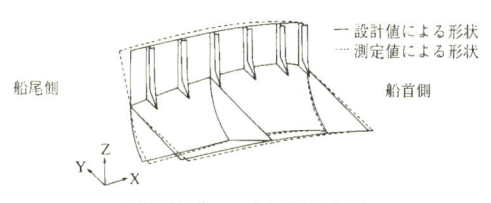

(a)船体ブロックの形状比較 　　(b)船体ブロックの寸法計測

図3.9.8　船体ブロック計測

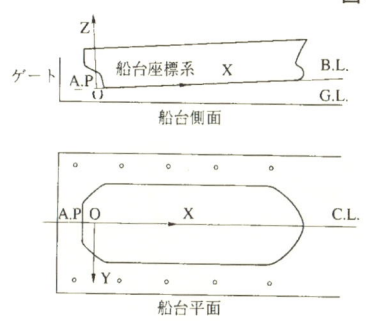

(a)船台座標系 　　(b)船体計測

図3.9.9　船台座標系による船体計測

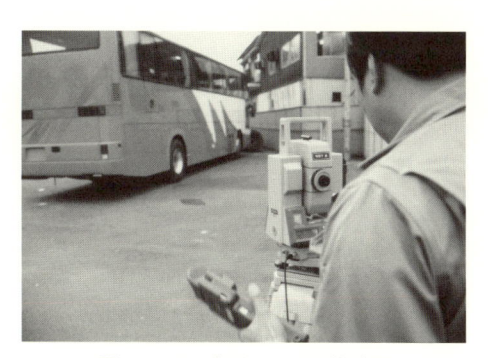

図3.9.10　大型バスの形状計測

たしているかなどの検査を行っていた．3次元測定システムを使って，完成時のみならず製造工程の各段階で部材の測定を行い，CADデータと設計値データとを比較をし，画面上で仮組み立てを行うことによって，従来の工場内での仮組み立てを廃止し，製造コスト削減や工期短縮など効率よく作業を進める．

1) アーチ橋の施工管理（図3.9.13）

現場施工では，工場で製作した橋梁部材を現場で1つずつ組み上げていくことになる．このような曲線（面）の空間での位置確認については，3次元座標で議論せざるをえない．設置位置の3次元座標値を既知として与え，現場で比較測定をしながら指定の位置に追い込む作業になる．

2) 高層ビルの施工管理（図3.9.14）

建築で使われている事例では，地上に引かれた基準墨とX軸を合わせて，座標の概念に置き換えて運用がされている．基準墨の移設や鉄骨の建て入れ，各種設備の据え付け位置の確認，周辺の変位計測など，さまざまな場面で活躍している．

c. 事例3：トンネル工事における内空変位や天端沈下測定（NATM工法）（図3.9.15）

トンネルの掘削工法には，トンネルの形状に合わせたシールドマシンによるシールド工法と，自由断面掘削機や発破などで掘削し，掘削壁面にコ

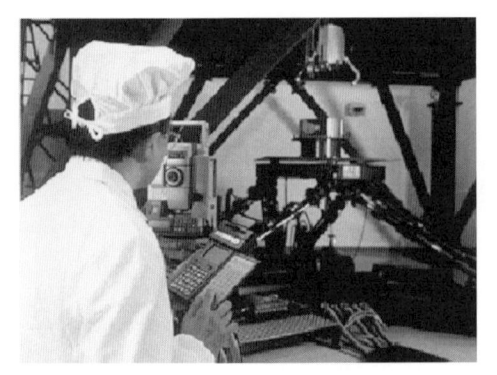

図 3.9.11　宇宙ステーション搭載実験モジュールの計測

図 3.9.13　アーチ橋の施工管理

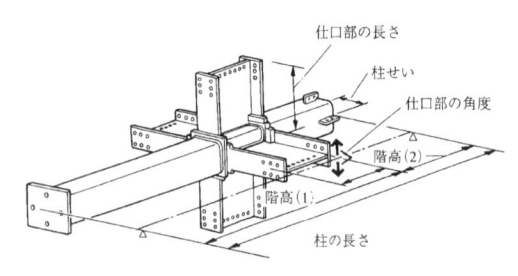

図 3.9.12　鉄骨部材計測

図 3.9.14　鉄骨の建て入れ作業

ンクリートを吹きつけていく NATM 工法がある．

　シールド工法は，地質の均一な場所や発破の使えない都市部でのトンネル工事で普及しており，掘削効率が非常に高い．NATM 工法は，地質の均一でない山岳地などで行われ，地質の変化に対応しやすい．特に NATM 工法では，トンネル掘削後の断面形状の変化を速やかに測定し，周辺地山の性質を考慮して妥当な支保工を施していく必要があり，断面の測定はきわめて重要である（図3.9.15）．

　従来これらの測定には，コンバージェンスメータ（精密な巻尺），レベルとスタッフが使用されていたが，測定時に他の作業が行えない，測定に高所作業が多く危険度が高い，切羽直後の地山の時間的変位が測定できないなどの問題があった．3次元計測システムは，これらの問題を解決した．

　まず，不動点（ダボ点）に基準となる反射プリズムを設置し，次に天端部や側壁部などの測定箇所にアンカーボルトを打ち込み，その頭部に反射シートターゲットを取りつける．作業を妨げない場所に本体を設置し，基準点を観測して座標系を設定した後，各測点を測定するだけで切羽付近のデータが得られる．

　1断面に5測定点およびダボ1点（図3.9.16①〜⑤および⑥）を測定した場合，水平測線2本，斜測線4本，天端沈下1点脚部沈下4点の合計11本のデータが得られる．測定データは，コンピュータに転送して専用の「トンネル断面測定プログラム」により解析する．

　このプログラムは，NATM 工法の施工管理上で必要なすべての測定，試験に対応し，掘削作業の進行状況と変位量，変位収束状況などの関係を表す経距変化図や時間経過との関係をみる経時変化図などグラフ化して出力できるほか，応力・変位分布図など，各測定，試験ごとに出力できる（図3.9.17）．

　以上，株式会社ソキアの『測量と測量機のレポート』，『取扱説明書』および技術資料を参考資料とした．

図 3.9.15 切羽周辺の状況

削岩機を搭載したジャンボで掘削し，ダイナマイトにより岩盤を抜いていく．掘削直後から内空断面の変化を測定するために計測が行われている．白く光っているのが，設置されている反射シートターゲットである．

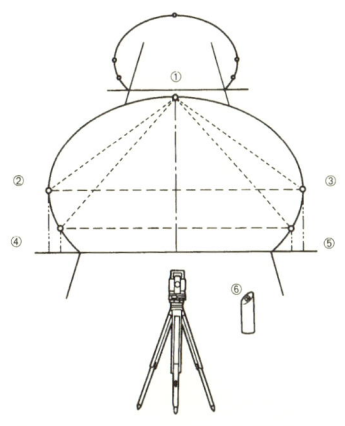

図 3.9.16 トンネル内空変位計測

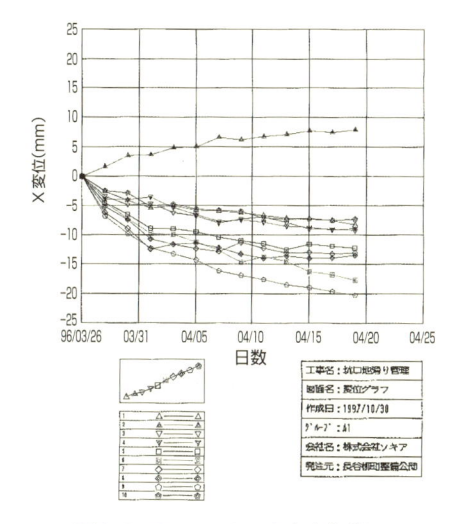

図 3.9.17 トンネル内空変位状況

3.10 変　位

レーザ測長機（図 3.10.1）

1）概　要

地上測量の成果は，通常，mm の単位を基本にしているが，大型構造物や建造物の微小変化（たとえば 1/100〜1/10000 mm）は，レーザ測長機などで検出できる．

2）構　成

図 3.10.1 のように，レーザヘッドとカウンターユニットとディスプレイ装置（コンピュータ）からなり，測定対象物側には測定する内容（長さ，速度や角度など）により，専用の反射プリズムが必要になる．仕様例を，表 3.10.1 に示す．

3）測長原理

レーザ測長の基本となる原理（図 3.10.2）は，マイケルソン干渉計であり，ヘリウム-ネオン安定化レーザの光は，レーザヘッドから射出される．射出光は干渉計に入り，ビームスプリッタで固定反射プリズム（通常干渉計に固定している）に向かう参照光と，測定対象となるターゲット反射プリズムへ向かう測定光に分けられる．

固定反射プリズムとターゲット反射プリズムからの長さ変化の情報を含んだ反射光は，干渉計に戻る．干渉計で合成された干渉光は，長さ変化に対応した強度変化をするので，光電変換した後，その回数を数えて長さ変化を求める．補間処理も行うので，測定精度は最小分解能の $0.01\,\mu m$ に達する．

4）機　能

2点の変位計測から角度変化を測定することができる．図 3.10.3(a) のように角度プリズムを移動させる．測定の結果，光路 A と光路 B の移動量が等しければ，角度プリズムを移動した間の面の傾きはない．光路 A と光路 B の長さに差があれば，差に応じた $\varDelta\theta$ 分の角度がついていることになる（図 3.10.3(b)）．長さ測定の場合とは，異なる干渉計と角度反射プリズムが必要である．

角度測定のほかに，速度・加速度測定，振動測定（振動数，振幅），真直度測定（2点連鎖法），

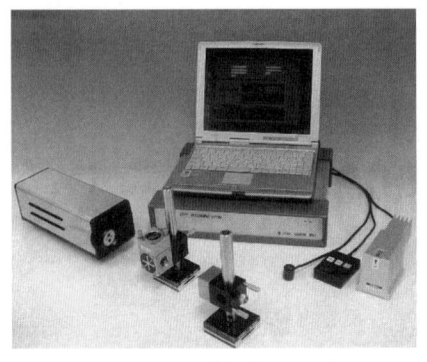

(a)レーザ測長機（SL 2000）

(b)アクセサリー類

図 3.10.1 レーザ測長機とそのアクセサリー類

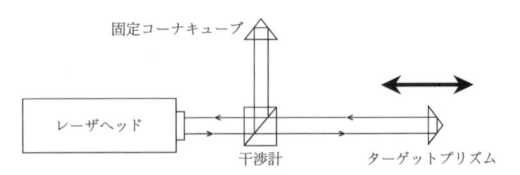

図 3.10.2 レーザ測長機の原理

図 3.10.3 角度測定の原理

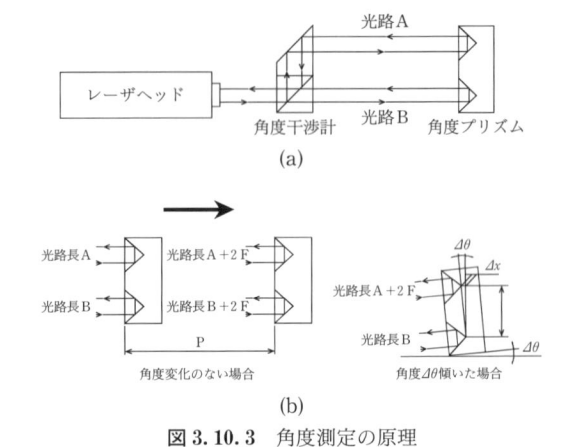

表 3.10.1 レーザ測長機の仕様例（ソキア製　SL 2000）

測定範囲	距離	0～40 m（測長用光学系），0～12 m（小型光学系）
	角度	±36000″
	速度	±1100 mm/sec
	加速度	±36002″
	振動振幅	サンプリングタイム：200 μsec
	真直度（2 点連鎖法）	±1 mm
	真直度	ショートレンジ 0.15～3.5 m，ロングレンジ：1～10 m
	平面度	±1.5 mm
測定精度	距離	±0.1 ppm
	角度	±0.2%
	速度	±0.1%
	加速度	±0.1%
	振動振幅（分解能）	0.00001 mm，0.0001 mm
	真直度（2 点連鎖法）	0.00001 mm，0.0001 mm
	真直度	ショートレンジ：±(0.5+0.2%)μm，ロングレンジ：±(2.1+0.2%)μm
	平面度	±0.2%
	直角度（分解能）	ショートレンジ：0.00001 mm/0.0001 mm，ロングレンジ：0.0001 mm/0.001 mm
レーザヘッド仕様	種類	単一周波数 He-Ne レーザ
	真空中の波長	632.991 nm
	最大出力	1 mW（クラス 2　JIS　C　6802：1998）
	ビーム径	測定時：7 mm アライメント時：2 mm
	寸法	276(W)×103(D)×83.5(H)mm
	重量	2.5 kg

真直度測定（長距離と短距離）などの機能がある．

以上，株式会社ソキアの『製品取扱説明書』および技術資料を参考資料とした．

3.11 その他

3.11.1 蓄電池（バッテリー）の特性

トータルステーションなどの電子測量機器の電源には，ニカド蓄電池が採用されてきた．近年，ニッケル-水素蓄電池は，その特性がニカド蓄電池に似ていること，エネルギー密度が高く使用時間がニカド電池の2倍近くまで延長できること，環境汚染物質を使用していないことなどの理由から，採用されている．さらに，リチウムイオン電池は，高エネルギー密度で高電圧，ニカド電池のようなメモリー効果がないことから，電子式測量機器には多く採用されている．

そこで，これらの電池の構造およびその取り扱いについて記す．

a. ニカド電池

1）仕組みと構造（図3.11.1）

ニカド電池は，陽極にニッケル（オキシ水酸化ニッケル：NiOOH），陰極にカドミウム（Cd），そして電解液にアルカリ水溶液（水酸化カリウム：KOH）が使用されている．

電池は，基本的に金属および金属化合物からなる正電極と負電極，それに両極を浸す電解液からなり，両電極と電解液との境界面にそれぞれ電位差がある．電池の電圧は，正極負極におけるこの差である．ニカド電池では，約1.2Vで，この電位差を利用して電流を取り出す装置が電池である．電流を取り出すためには，電子を移動させる必要があるが，そのためにそれぞれの電池で固有の化学反応が利用される．この化学反応が可逆反応であるものは，放電した後で，逆反応により電池内部の物質状態を放電開始以前の状態に復旧させることが可能である．この復旧作業を充電という．

ニカド電池の「公称電圧」は，1.2Vである．

2）特性

①充電特性

充電は，放電した電池を充電器により再びもとの使用できる状態に戻すことで，専用の充電器が必要である．ニカド電池は，充電を続けると電池電圧，電池温度，電池内圧が，時間とともに変化する．その様子を図3.11.2に示す．これらは，充電電流の大きさ，周囲温度などに左右される．

②放電特性

放電は，充電により電池に蓄えられたエネルギーを取り出す操作である．

ニカド電池の特長は，常温から低温まで大きなパワー（電流）を取り出せること，かつ放電終了間際までそのパワーが持続することである．

図3.11.3は，ニカド電池と代表的な乾電池であるマンガン乾電池の放電特性を示す．放電電圧と内部抵抗の変化に注目すると，ニカド電池は変化が少ないのに対し，乾電池は大きく変化している．

③寿命特性

寿命は，充電・放電（電源をONにして機器を使用）を繰り返し使用した場合の充放電のサイク

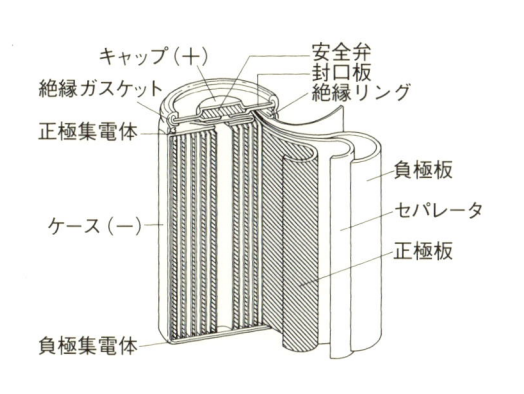

図3.11.1 ニカド電池の構造

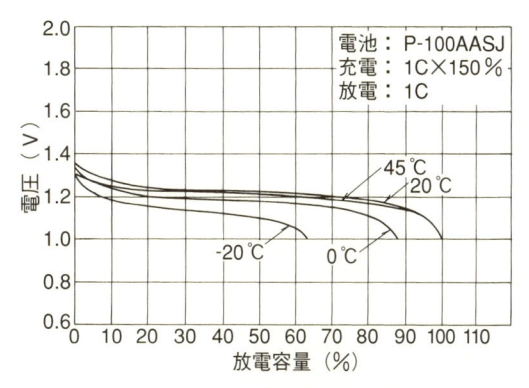

図3.11.2 ニカド電池の放電温度と電圧（一例）

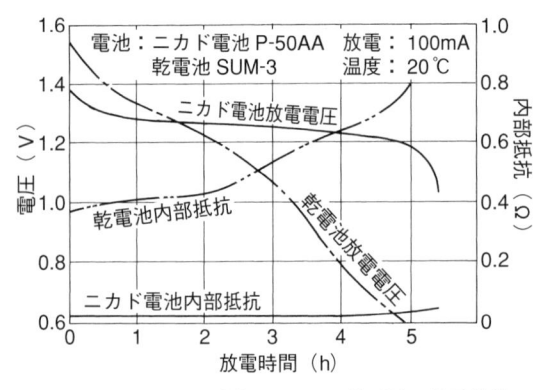

図 3.11.3　ニカド電池とマンガン乾電池の放電特性（一例）

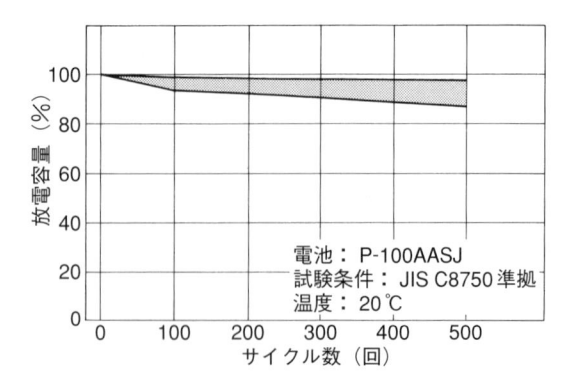

図 3.11.4　ニカド電池の寿命特性

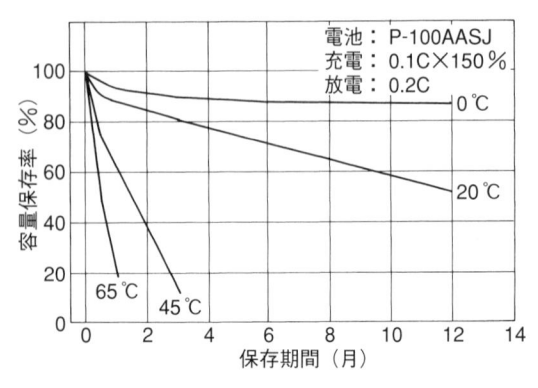

図 3.11.5　ニカド電池の保存特性（一例）

ル数で表し，電池容量が定格容量の 60％に低下した時点をもって寿命とする（図 3.11.4）．

防災機器，メモリーのバックアップ電源用のように常に満充電状態で使われる電池は，使用時間で示すことが一般的で，通常 5 年以上の使用が目安となっている．

寿命の尽きる原因は，次の 2 つに分けられる．

・ドライアウト：　電解液の枯渇によるもので，許容値以上の大電流で過充電したり，極端な低温または高温で充放電を繰り返すなどの条件下で起こる場合が多い．

・ショート：　主にセパレータの分解による正極と負極の接触によるもので，微少なショート状態が徐々に進行して，やがて完全ショートに至る．

・寿命の影響因子：　電池の寿命は，さまざまな要素の影響を受けるが，適性条件下で使用すれば，長寿命が期待できる．

・周囲温度：　高温での使用では，セパレータやシール材などの電池構成部品の分解が加速されるため，寿命を著しく低下させる．一方，低温では，電池内部ガス圧の上昇，安全弁作動による電解液の枯渇が発生し，寿命を短くする．

周囲温度は，0～45℃の範囲内，中でも 10～30℃が最適である．

・充放電条件：　許容充電電流が定められており，規定値以上の大電流充電を行うと，電池温度の上昇によるセパレータやシール材などの分解や電池内部圧力の上昇安全弁作動による電解液の枯渇が起こり，寿命が低下する．

また，適正な放電終止電圧を設定しない場合には，過放電，逆充電される場合があり，寿命を低下させるだけでなく，漏液などの危険な状態になることがある．

④ 保存特性

・保存条件：　ニカド電池は，－20～＋45℃の広範囲の温度で保存が可能であるが，高温で保存すると，わずかではあるが，電池内部の有機材料の劣化や変形を起こしやすくなる．あまり低温で保存すると結露により発錆するおそれがあるので，3 か月以上の長期にわたる場合には，常温（10～30℃）で保存するのが望ましい（図 3.11.5）．

・自己放電特性：　電池には，自己放電現象が不可避である．これは，外部に電流を供給しないにもかかわらず，電池の容量が減少する現象で，活物質自体の自己分解，電極中または電解液中の不純物に起因するものである．保存期間が長いほど，保存温度が高いほど，自己放電は大きくなる．

・保存後の容量回復特性：　電池を長期保存すると容量低下の現象が起きるが，保存時の環境が適

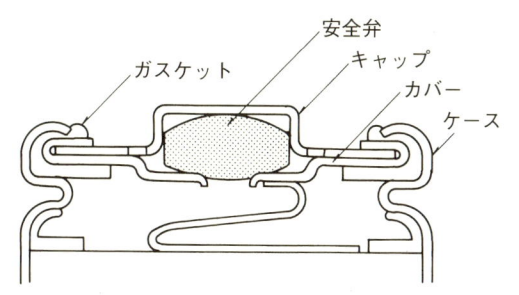

図3.11.6 ニカド電池の封口板構造図

切であれば，4〜5回の充放電を繰り返すと，容量は保存前の状態に復活する．この特性を，容量回復特性という．長期保存に際しては，常温で放電状態とし，半年〜1年に1回は充電を行い，電池のリフレッシュを行わなければならない．

⑤ 安全性

・耐漏液特性： 漏液とは，電池中の電解液が電池の外部に染み出すことである．電解液は，強アルカリ性のため，皮膚や衣服，使用機器などを損傷し，大変危険である．したがって，電池製作に当たっては，特殊材料のガスケット，液体シーリング材など，漏液について細心の注意を払い，安全性，信頼性を高めている．

・安全弁の機能： ニカド電池は，過充電時に発生する酸素ガスを完全に消費する機構になっているが，定格外の充電器の使用が原因で過充電，逆充電などを起こした場合，電池内では急激にガスが発生し，電池内圧力が高まり，規定値をこえると図3.11.6のような安全弁が作動し，ガスを外部に排出する．内圧が下がれば，安全弁は自動的に閉鎖するので，反復作動が可能である．

⑥ メモリー効果

ニカド電池のメモリー効果は，

・放電終止電圧が高い条件で充放電を繰り返すこと（部分充放電）
・長期間連続充電後の完全放電などの原因により，電圧が放電期間の一部または前期にわたって低下する現象

である．

このため放電終止電圧の設定によっては，見かけ上の電池容量が低下する場合がある．

これは一時的な現象であり，放電終止電圧を1.0Vとする充放電を数回行うことで，正規の放電電圧に回復することが可能である．

b. ニッケル-水素電池

1） 仕組みと構造

ニッケル-水素電池は，正極にオキシ水酸化ニッケル，負極には水素を高密度に吸蔵・放出できる水素吸蔵合金を採用し，細繊維よりなるセパレータ，アルカリ性電解液，金属ケース，安全弁を備えた封口板などから構成されている．基本的な構造は，ニカド電池と同じである．

また，標準ニカド電池の2倍以上のエネルギー密度をもち，しかも，カドミウム，水銀，鉛などの環境汚染物質は使用していないので，普及が期待される電池である．

ニッケル-水素電池の「公称電圧」は，1.2Vである．

2） 特　性

充電特性をはじめ，放電，保存，寿命，安全性など，ニカド電池と類似している．

エネルギー密度がニカド電池の2倍以上の容量をもっていることが特長である．

c. リチウム電池

1） 仕組みと構造

リチウム電池は，負極活物質にリチウムを使うことを基本構造とする電池で，リチウムのイオン化活性が強いので，大きな電圧（3V）が得られること，また，密度が小さいことに対応してエネルギー密度は大きいことがその特長である．

正極活物質にフッ化黒鉛（BR系），二酸化マンガン（CR系）を使用した一次電池，バナジウム，マンガン，ニオブ，チタン，リチウムイオンを採用した二次電池がある．

大きなエネルギー密度を利用して，長期間のバックアップ用に多く使用されている．形状，寸法は，その使用場所や用途に対応してさまざまな種類がある．

リチウム電池の「公称電圧」は，3Vである．

2） 特　長

・高電圧： リチウムの電極電位が高いので，1個の電池で3Vと高い電圧が得られる．また，高エネルギー性であることも併せ，従来，2個または3個の電池が必要であったところも1個の電池

で置き換えることができる．
- 保存特性： 正極活物質に化学的に安定した物質(フッ化黒鉛：BR系，二酸化マンガン：CR系)を使用しているので，従来の電池に比べ5倍以上の長期貯蔵性を誇り，10年間の貯蔵後も90%以上の残存容量を確保している．
- 放電特性： 低負荷放電では，いずれの温度領域でも長期間放電が可能である．

d. リチウムイオン二次電池
1) 仕組みと構造

リチウムイオン二次電池は，正極板にコバルト酸リチウムを主活物質に使い，負極板に特殊カーボンを採用している．

移動体通信をはじめ，さまざまな携帯機器の高エネルギー電源として採用されている．

リチウムイオン二次電池の「公称電圧」は，3.7Vである．

2) 特 長
- 高エネルギー密度： 高電圧・軽量であることから，充電式ニカド電池やニッケル-水素電池と比較して，高いエネルギー密度をもっている．
- メモリー効果： 充電式ニカド電池でみられるようなメモリー効果はない．
- 放電特性： 特殊カーボンの採用により，放電電圧がフラットとなり，長時間安定した電力が得られる．

e. 鉛蓄電池
消費電流容量の大きな機器や長時間観測機器には，古くから使用されており，実績のある電池であることから，仕組みや特性についての解説は，ここでは割愛する．必要に応じて参考資料を参照すること．

以上，本項は松下電池工業株式会社の製品カタログおよび技術資料，社団法人日本測量協会発行の『測量実務ハンドブック』改訂8版を参考とした．

3.11.2 規格など
a. 防水性の分類

測量機の防水性および固形物の侵入に関する保護等級については，日本工業規格（JIS C 0920-1993）の「電気機械器具の防水試験および配線材料の防水試験通則」による分類によって表示されている．

なお，これらの規格は，国際規格であるIEC529 (1989)に対応しており，「IP○○」と表示される．IP (international protection) は，固形異物および水の浸入に対する保護等級を表す記号で，IP記号に続く2個の記号（第一特性文字および第二特性文字）で表す．

```
　ＩＰ○○
      │└─第二特性文字
      └──第一特性文字
```

1) 第一特性文字

外来固形物の侵入（表3.11.1）または危険部分への接近（表3.11.2）についての保護等級を示す．0～6のコードで表し，適用を省略する場合は"X"と表記する．

表3.11.1 第一特性文字：外来固形物に対する保護等級の種類と意味
測量機の場合，この保護等級が対応している．

保護等級	種類	意 味
0	─	無保護
1	─	直径50.0 mm以上の大きさの外来固形物に対して保護されている
2	─	直径12.5 mm以上の大きさの外来固形物に対して保護されている
3	─	直径2.5 mm以上の大きさの外来固形物に対して保護されている
4	─	直径1.0 mm以上の大きさの外来固形物に対して保護されている
5	防塵型	器具の所定の動作および安全性を阻害する量のじんあいの進入から保護されている
6	耐塵型	じんあいの侵入から安全に保護されている

表3.11.2 第一特性文字：危険部分への接近に対する保護等級の種類と意味

保護等級	種類	意味
0	—	無保護
1	—	手の甲が危険な部分へ接近しないよう保護されている
2	—	指での危険な部分への接近に対して保護されている
3	—	工具での危険な部分への接近に対して保護されている
4	—	針金での危険な部分への接近に対して保護されている
5	—	
6	—	

表3.11.3 第二特性文字の種類と意味

保護等級	種類	意味
0	—	無保護
1	防滴Ⅰ型	鉛直から落ちてくる水滴によって有害な影響のないもの
2	防滴Ⅱ型	鉛直から15°の範囲から落ちてくる水滴によって有害な影響のないもの
3	防雨型	鉛直から60°の範囲の降雨によって有害な影響のないもの
4	防まつ型	いかなる方向からの水の飛まつを受けても有害な影響がないもの
5	防噴流型	いかなる方向からの水の直接噴流を受けても有害な影響がないもの
6	耐水型	いかなる方向からの水の直接噴流を受けても内部に水が入らないもの
7	防浸型	定められた条件で水中に浸しても内部に水が入らないもの
8	水中型	指定圧力の水中に常時浸しても使用できるもの
—	防湿型	相対湿度90%以上の湿気の中で使用できるもの

表3.11.4 レーザ光線の人体への影響

等級	内容
クラス1	人体に影響を与えない低出力のもの．どのような条件下でも最大許容露光量（MPE）をこえることがない
クラス2	可視光波長（400〜700 mm）で，まばたきにより眼が保護されうる程度の出力以下（おおむね1 mW以下）のもの
クラス3A	双眼鏡などの光学的手段でビーム内観察をすることは危険で，放出レベルがクラス2の出力の5倍以下（おおむね1 mW以下）のもの
クラス3B	直接または鏡面反射によるレーザ光線の曝露により，眼の障害を生じる可能性があるが，拡散反射によるレーザ光線に曝露しても眼の障害を生じる可能性のない出力（おおむね0.5 W以下）のもの
クラス4	拡散反射によるレーザ光線の曝露でも眼に障害を与える可能性のある出力の（おおむね0.5 Wをこえる）もの

　最大許容露光量（maximum permissible exposure：MPE）とは，レーザ光線による人体障害が起こる可能性が50％である放射レベルをレーザによる障害の研究データから見出し，これに安全係数1/10を乗じた数値で表される．
　MPEは，露光量を管理する一応のガイドラインと考えるべきものであって，この値をもって安全と危険をはっきり分けられるものではないが，レーザ機器の安全基準の根本となるものである．

2） 第二特性文字（表3.11.3）

有害な影響を伴う水の浸入に対する保護等級を示す．0～8のコードで示す．

b． レーザ機器の安全基準

レーザ機器から発生するレーザ光線の波長，放出持続時間により人体に与える影響の程度を表す等級で，各クラスの内容は，表3.11.4のとおりである．クラス3A以上のレーザ機器を使用する際には，そのクラスに合った防護処置をとる必要がある．

以上，本項は，社団法人日本測量協会発行の『測量実務ハンドブック』改訂8版より抜粋した．

〔井上三男〕

4. デジタル地上写真測量に使われる測量機器と技術

4.1 デジタル地上写真測量

4.1.1 定　　義

　写真測量は，写真を媒体にして空間の幾何学的情報を取得する技術と定義される．図4.1.1は写真測量の変遷を示したものであるが，写真測量の歴史は比較的新しく，カメラおよび乳剤技術の開発により1850年代に開発された技術であり，第1世代は透視幾何に基づく先駆的な研究が活発に行われた時期であった．その後，1900年代になって航空機が発明されると，航空機から撮影されたステレオ写真を用いた写真測量技術は革新的測量技術として発展した．この時代の主役はフィルム写真であり，アナログ式図化機（光学式または機械式）であったためアナログ写真測量と呼ばれるが，図化機の使用にはかなりの職人的技術が要求され，さらに図化機は高価であったため，アナログ写真測量は限られた世界での技術であった．しかしながら，1950年代における計算機の出現により，職人技術に代わって数値解析的なデータの処理が可能になり，アナログ写真測量も解析写真測量と呼ばれ，多くの分野において計算機による解析的手法の研究が行われるようになった．一方，1900年代後半になると，フィルムに代わりCCD（charge coupled device：電荷結合素子）センサが半導体中の電荷転送デバイスの一つとして開発され，フィルムに代わりデジタルな画像による写真測量，いわゆるデジタル写真測量の時代が始まり，デジタル写真測量ワークステーションの飛躍的な発展を背景に，デジタル写真測量が確立された．写真測量におけるアナログからデジタルへの変化は，フィルムからCCDセンサへの変遷であり，フィルムの現像およびプリントという従来のフィルムカメラでは避けられなかった時間的損失が解消されリアルタイムな画像取得が可能となった．また，最近ではデジタルスチルカメラの高解像度化，画像処理技術などの飛躍的な進展を背景に，デジタル写真測量の応用分野は土木，計測分野をはじめ，ロボット工学，人間工学，アパレル工学，スポーツ科学，医学，考古学など多くの分野にまで及んでいる．

　デジタル写真測量の定義は，大局的には写真を画像に置き換えて，画像を媒体にして空間の幾何学的情報を取得する技術と定義されるが，最近のデジタル写真測量の傾向を考えると，静止被写体はいうまでもなく移動被写体をも視野に入れ，航空機や車両および地上において取得されたデジタル画像により，被写体の位置，形状を高精度に計測，記録し，さらには取得された空間データから，被写体をコンピュータ上に再現，視覚化して，意味ある情報を提供するための総合的な技術として飛躍的な発展を遂げようとしている，学際的かつ先端的な技術・研究分野と定義される．

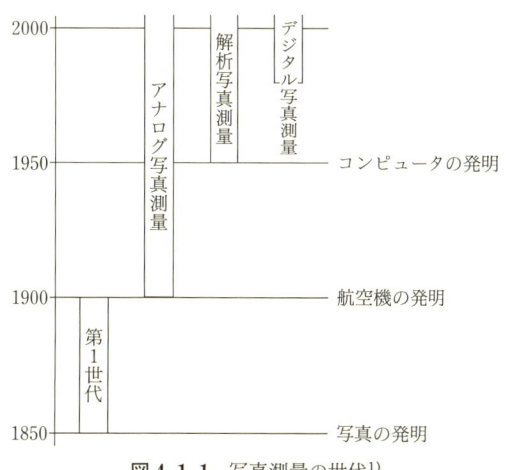

図4.1.1　写真測量の世代[1]

4.1.2 測定用デジタルカメラ

測定用デジタルカメラとしては，LH Systems社とDLR（ドイツ航空宇宙センター）の共同開発によるエアボーンデジタルセンサ（ADS 40）およびZ/I Imaging社開発のデジタルマトリックスカメラ（DMC）がある．ADS 40はそれぞれ24000画素をもつ前方視，直下視，後方視の3本のラインセンサで構成されるラインセンサカメラにより高解像度画像の取得を可能にしたものであるのに対して，DMCはエリアセンサで構成される4台のデジタルスチルカメラを並列配置することにより高解像度（13500×8000画素）画像の取得を可能にしたものであり[2]，ともに大縮尺地図およびオルソ画像の作成を目指すものである．

4.1.3 非測定用デジタルスチルカメラ

デジタル写真測量の飛躍的な発展の背景の一つは，民生用高解像度デジタルスチルカメラの台頭であり，多くの分野においてデジタルスチルカメラによる簡便なデジタル写真測量が期待されている．開発当初のCCDセンサの解像度は1万画素程度のものであったが[3]，最近ではセンサ技術の飛躍的な発展により，CCDセンサの高解像度化が急速に進み，300万画素をこえる多種多様な高解像度CCDセンサを搭載した民生用デジタルスチルカメラが多数登場するに至り，平成14（2002）年度において国内メーカーにおけるデジタルスチルカメラの出荷台数（2455万台）は，フィルムカメラの出荷台数（2366万台）をこえることとなった[3]．

世界で初めてCCDセンサを搭載した民生用スチルカメラは，1988年に発表されたMVC-C1（ソニー，総画素数は28万画素）であったが，当時のCCD搭載型カメラは，現在のデジタルスチルカメラと異なりアナログ形式で出力される「電子スチルビデオカメラ」であった．「デジタルスチルカメラ」としては，1989年に発売されたDS-X（フジックス，40万画素）が世界初の民生用デジタルスチルカメラとなり，その後各社から次々とデジタルスチルカメラが発表され，1990年代後半に入るとパーソナルコンピュータの普及やハードウェアデバイスの高性能化によりデジタルスチルカメラの高解像度化が飛躍的に進み，1996年には民生用としては世界最高画素数であったCAMEDIA C-800L（オリンパス，86万画素）が発売されると，その後は1年あたりおよそ100万画素のペースで高解像度化が進み，1997年にはCAMEDIA C-1400L（オリンパス，141万画素）が世界初の100万画素をこえる機種として発売され，そのわずか2年後の1999年には200万画素クラスのFine-Pix 2700（富士フィルム，230万画素）が発売された．さらに翌年の2000年になるとQV-3000 EX（カシオ，334万画素）を皮切りに，300万画素クラスの機種が多数登場し，2000年10月にはCAMEDIA E-10（オリンパス）により400万画素が達成され，さらに2001年6月にはDiMAGE 7（ミノルタ）により民生用としては現時点でも世界最高の524万画素デジタルスチルカメラが登場するに至った．図4.1.2, 4.1.3に民生用デジタルスチルカメラにおける画素数の年代別推移およびパーソナルコンピュータのCPU（処理能力）の年代別推移を示す．なお，図4.1.2は民生用デジタルスチルカメラ，いわゆるコンパクトカメラと分類されるカメラを対象にしたものであるが，一眼レフデジタルスチルカメラにおいても2003年11月から発売されているSD 10（シグマ）は1029万画素と超高解像でありながら約20万円という価格であり，一眼レフデジタルスチルカメラの高解像度化，低価格化も驚くべきスピードで進んでいる．　　　　　　　　　　〔近津博文〕

文　献

1) Schenk, T. : Digital Photogrammetry, Vol.I, p.2, Terra Science, 1999.
2) 新しいエアボーンリモートセンサ．写真測量とリモートセンシング，**41**(4), 2002.
3) Seitz, P., Vietze, O. and Spirig, T. : From pixels to answer－Recent developments and trends in electronic imaging. International Archives of Photogrammetry and Remote Sensing, **30** (Part 5 W 1), 2-12, 1995.
4) カメラ映像機器工業会ホームページ．

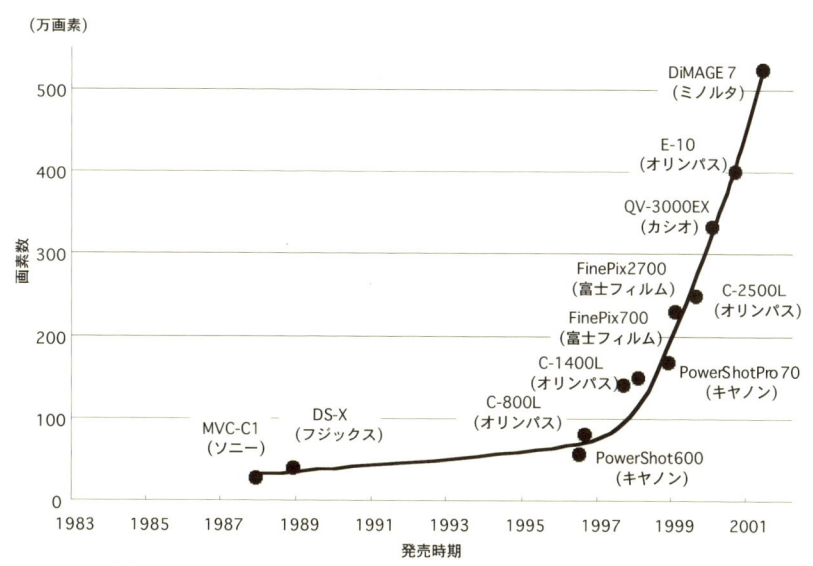

図 4.1.2　民生用デジタルスチルカメラにおける CCD 解像度の変遷
(各社ホームページおよび問い合わせ資料より抜粋)

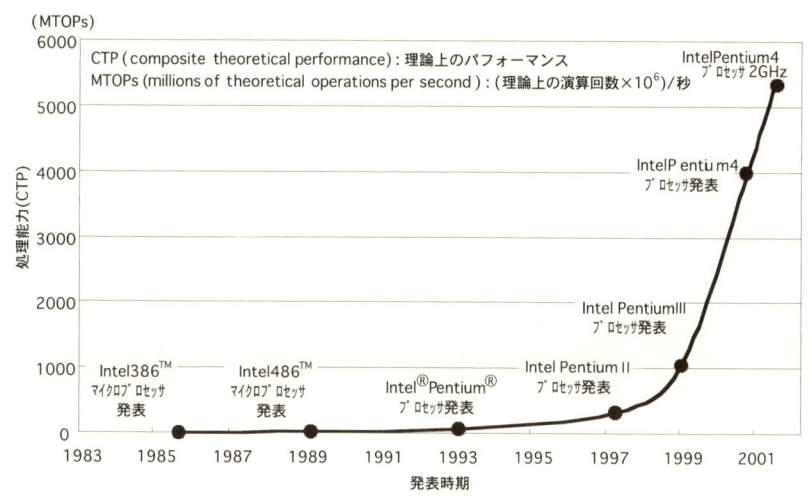

図 4.1.3　CPU の変遷 (Intel 株式会社ホームページ公開資料より抜粋)

4.2　画像の取得

4.2.1　イメージセンサの概要

　画像の取得のための素子は，撮像素子あるいはイメージセンサと呼ばれ，通常，①受光部，②シフトレジスタ部，③出力部から構成される．受光部では，被写体からレンズ系を介して得られる光学像に相当する入射光を受け，入射光量に応じた信号電荷を発生する光電変換機能とその信号電荷を読み出すまで集積する信号蓄積機能をもっている．また，シフトレジスタ部では，受光部の各画素に蓄積された信号電荷を取り出して最終段の出力部まで運ぶ転送機能を有する．さらに，出力部では，運ばれてきた信号電荷を計量し，その量に応じた出力電圧を発生させる機能を有し，このとき，出力部は各信号電荷がどの画素からの信号であるかを特定することができる．

　イメージセンサは上記の基本的な構造を有するが，動作方式により，大きく分けて CCD (charge coupled devices) イメージセンサと CMOS (complementary metal oxide semiconductor) イメー

ジセンサがある．CCDイメージセンサは，入射光によって発生した信号電荷を増幅せずに，そのままCCDのもつ転送機能により出力回路まで運び，そこで初めて信号電圧に増幅して出力する．一方，CMOSイメージセンサでは，各画素に増幅素子を組み込むことで，光電変換した信号電荷をいったん増幅した後，各画素を選択して，信号または電流として取り出すものをいう[3]．

CCDイメージセンサは，信号電荷をそのまま転送するため，転送路に沿って明るい帯が現れる画像のにじみであるスミア現象の影響を受けやすい．それに対して，CMOSイメージセンサは，画素の中で信号電荷を増幅しているため，信号伝達経路におけるノイズの影響を受けにくくなっており，かつ，各画素の信号はアドレス選択方式で取り出すため，取り出す順番を容易に変更することができ，走査の自由度は高い[4,5]．

4.2.2 CCDイメージセンサの構造

CCDイメージセンサは，図4.2.1に示すように，出力信号を得るまでに，入射光を光電変換して，各信号電荷を蓄積するフォトダイオード，信号電荷を垂直CCDまたは垂直シフトレジスタに読み出す転送ゲート，また，それを転送する水平CCDまたは水平シフトレジスタ，さらには信号を増幅する出力アンプによって構成されている[1]．それぞれが電気的に分離されることなく形成されているため，画素の配列の順に出力される．結果として，CCDイメージセンサは，信号電荷をそのまま伝送することになるため，スミアの影響を受けやすくなる．

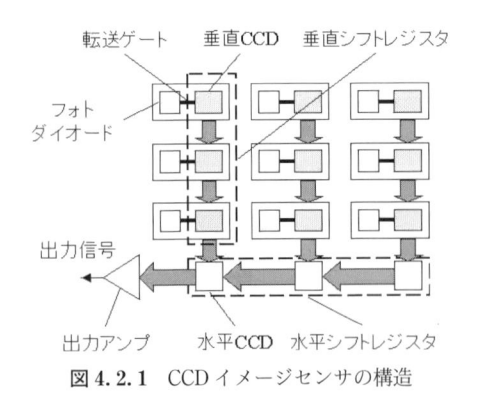

4.2.3 CMOSイメージセンサの構造

CMOSイメージセンサは，図4.2.2に示すように，画素内に増幅機能を有している点がCCDイメージセンサと大きく異なる．また，選択とリセット機能をもつMOS (metal oxide semiconductor) アンプという個別の素子によって構成される[1]．各機能の素子は，CMOS LSI (large scale integration) 同様，電気的に分離された形態となっている．CMOSイメージセンサは，CCDイメージセンサと異なり，画素の中で信号電荷のみを増幅するため，信号転送におけるノイズの影響を受けにくい．また，各画素の信号は，垂直シフトレジスタまたは行選択回路，および水平シフトレジスタまたは列選択回路により，取り出す順番を変更して取り出すことができるという特徴もある．水平シフトレジスタの前段としては，固定パターンノイズ除去回路を通すことが多い．固定パターンノイズが発生する主な原因としては，画像のアンプ間のバラツキやバイアスを印加することにより流れる暗電流 (dark current) などがある．

CMOSイメージセンサでは，周辺のCMOS回路とのワンチップ化によって，システムオンチップが構成される面のみならず，種々の特性実現の可能性が注目され，携帯電話付属のカメラやデジタルカメラに多く使われている．これは，一般にCCDイメージセンサよりも低電圧動作が可能であり，消費電力が小さく，通常のLSIに比べて製造コストがかからないためである．ただし，CMOSイメージセンサは，CCDイメージセンサよりも感度が低く，画像のS/N比が高くとれない面もある．

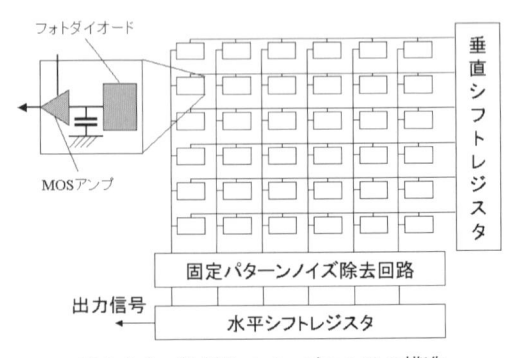

図4.2.1 CCDイメージセンサの構造

図4.2.2 CMOSイメージセンサの構造

4.2.4 イメージセンサの形状による分類

a. ラインセンサ

ラインセンサは，2000～15000個の受光素子を線状に配列した撮像素子であり，これまでの構造の説明で，特に垂直シフトレジスタが1段のみである場合と考えられる．分解能に優れており，ファクシミリ，コピー機，イメージスキャナ，航空機や衛星などに搭載されるスリーラインスキャナなどで用いられている．図4.2.3は14403画素のカラーラインセンサの外観例であり[7]，40ピンのセラミックパッケージに収容されている．32画素ずつ離れ，RGB 3本が平行に配置された受光部からなり，画素サイズは5μmで，受光部長は72mmである．

ラインセンサでは，図4.2.4に示すように，受光部において光電変換された電荷信号が水平シフトレジスタに転送され，出力信号として取り出される．ラインセンサを用いることにより，撮像対象に対して受光部の方向と垂直な方向に移動するか，あるいは静止する被写体が受光部の方向と垂直な方向に移動することによって2次元の画像が得られる[2]．

b. エリアセンサ

CCDイメージセンサやCMOSイメージセンサで垂直シフトレジスタの段数が複数あるものを，形態上，エリアセンサと呼んでいる．図4.2.5は4096×4096画素のモノクロエリアセンサの外観例である[7]．画素サイズは9μm×9μmで，光電面サイズは36.88mm角である．

現在，実用化されているCCDによるエリアセンサは，電荷転送方式の違いから，主として①フレームトランスファ型，②インターライントランスファ型，③フレームインターライントランスファ型の3種類に分類される[6]．

フレームトランスファ型は，図4.2.6(a)に示すように，受光部と蓄積部からなる2つの垂直シフトレジスタと，水平転送を受け持つ1つの水平シフトレジスタからなる．構造が単純で多画素化が容易な点が特徴で，受光部は光電変換のみならず，電荷蓄積や転送機能も受け持つ．蓄積部への電荷転送中にも受光部が開放されているため，光の混入によって引き起こされるスミア現象が発生しやすい．したがって，同型は，電荷転送の比較的少ないスチルカメラなどの静止画撮像に用いられることが多い．

また，インターライントランスファ型は，同図(b)に示すように，スミア現象改善のために，各受光素子の横に表面を覆った受光部とは別の蓄積部を設けている．転送は，各受光素子において同時に行われるため，フレームトランスファ型で問題のあったスミア現象が抑えられる．したがって動画の撮影に適し，家庭用ビデオカメラの主流である．

最後に，フレームインターライントランスファ型は，フレームトランスファ型とインターライントランスファ型を組み合わせた方式である．同図(c)に示すように，インターライントランスファ型と同様な受光部にフレームトランスファ型のよう

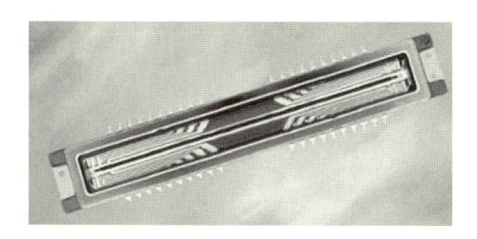

図4.2.3 ラインセンサの例 (KODAK KLI-14403)

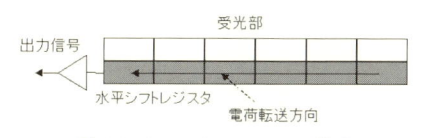

図4.2.4 ラインセンサの構造

図4.2.5 エリアセンサの例 (KODAK KAF-16801 E/LE)

(a) フレームトランスファ型

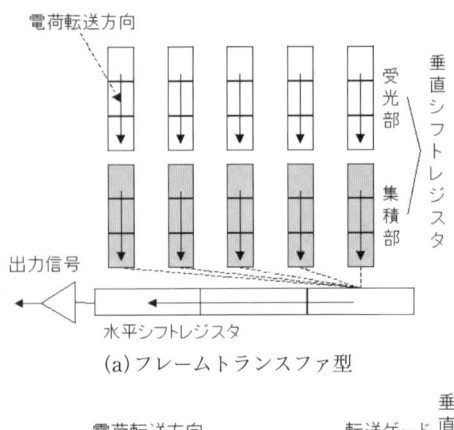

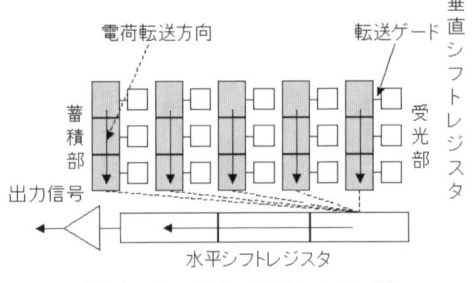

(b) インターライントランスファ型

(c) フレームインターライントランスファ型

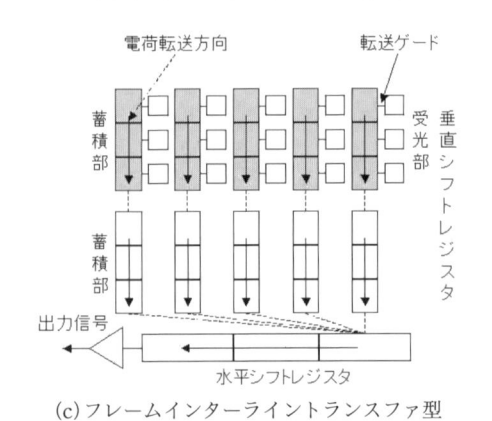

図 4.2.6 エリアセンサの構造（CCD イメージセンサの場合）

な蓄積部を設けている．電荷転送は高速に行われるため，スミア現象はさらに低減され，放送用カメラなどに適用される．

4.2.5 イメージセンサの特性
1) 感度

感度は，一般に，イメージセンサ面照度 1 lux あたりの出力電圧で表される．出力電圧は，入射光の波長の関数であり，分光感度特性と呼ばれる．

また，感度は，どれくらいまで撮像できるかを示す基準であり，主として，①フォトダイオードの量子効率，②レンズ系の集光効率，③増幅器の変換効率，④画素サイズから決定される．

2) S/N 比とダイナミックレンジ

S/N 比は，信号とノイズの比であり，視覚的には画像の奥行きに関係する量である．S/N 比において，信号として飽和信号量（信号の最大値）をとったときは，ダイナミックレンジと呼ばれることが多く，通常，ビット数で表現される．イメージセンサのノイズには，大きく分けて，ランダムノイズと固定パターンノイズがある．

このうち，ランダムノイズには，①暗電流ショットノイズ，②フォトダイオードのリセットノイズ，③フォトダイオードのアンプノイズ，④光ショットノイズなどがある[3]．暗電流ショットノイズは，拡散電流による熱励起のため，正孔と電子のペアが生成されることに起因し，CCD では固定パターンノイズの一部として現れる．温度依存性が強く，10℃上昇するごとに約 2 倍になる．フォトダイオードのリセットノイズは，電荷検出アンプの電荷検出部を，各画素単位にリセットをかけるたびに発生する．また，フォトダイオードのアンプノイズは，CCD の場合，出力アンプに用いている電荷検出アンプの初段トランジスタである MOS-FET で発生する $1/f$ ノイズに対応する．さらに，光ショットノイズは，たとえ光強度が一定でも，フォトンの集合体である光の特性により，蓄積時間あたりにフォトダイオードに入射するフォトン数がいつも一定ではなく，揺らいでしまうことを示している．光ショットノイズは，暗電流ショットノイズ同様に，入射したフォトン数の平方根で表される．

一方，前述のように，固定パターンノイズは，画素ごとの特性のバラツキにより発生し，暗電流のバラツキ，転送劣化，感度のバラツキ，偶数画素と奇数画素間のゲインの差などに起因する．

3) 総画素数と有効画素数

ラインセンサの場合は，1 ラインに収容される受光素子数，エリアセンサの場合には，垂直方向および水平方向の受光素子数の積で表される．実

際には，暗電流を調整するためのダークセルなども含まれ，それらを除いた有効画素数は，総画素数よりも少し小さい数字となる． 〔津野浩一〕

文　献

1) 日本写真学会出版委員会：ファインイメージングとディジタル写真，コロナ社，2001.
2) 動体研究会：イメージセンシングデジタル画像—計測技術と応用—，日本測量協会，1997.
3) 米本和也：CCD/CMOS イメージ・センサの基礎と応用，CQ 出版社，2003.
4) 安居院猛，奈倉理一：3 次元画像解析，昭晃堂，2001.
5) 鈴木茂夫：CCD と応用技術，工学図書出版，1997.
6) Schenk, T.(村井俊治，近津博文監訳)：デジタル写真測量，日本測量協会，2002.
7) コダック社ホームページ　http://wwwjp.kodak.com/JP/ja/corp/sensor/imagesensor.shtml

4.3　デジタル地上写真測量システム

4.3.1　概　　要

デジタル写真測量とは，デジタルカメラなどで得られた画像から被写体の 3 次元形状を計測する技術である．写真測量は，主として航空機から地上を撮影した空中写真を用い，広範囲の正確な地図を作成する技術として発展してきた．しかし，最近のデジタルカメラやパソコンの高性能化，低価格化により，文化財，建築，土木，工業計測といった地上（近接）写真測量分野において，デジタル写真測量に対する期待，ニーズが高まっている．特に，フィルムベースからデジタルカメラへの進展は，フィルムの現像というタイムラグを解消し，現場で撮影後，直ちに 3 次元（3D）計測，図化ができるので，計測作業の生産性を著しく向上させた．また，コンピュータやソフトウェアなどの性能向上により，これまで高級なワークステーションでなければ実行不可能と思われてきた高度な画像処理アルゴリズムをパソコンに組み込み，高速に実行できるようになった．たとえば，1 万点の自動計測（ステレオマッチング）に要する時間は，わずか数分以内で行える．また，一般的なスペックのパソコンでもギガ単位のハードディスクを保有しており，非常に大量のデータ処理を可能としている．さらに，CG（computer graphics）から発展してきた 3D モデリングといわれるデータ処理および表示に関する技術は，面的かつ高密度で計測した大量の 3D データをさまざまな角度でテクスチャ付きの 3D モデルとしてリアルに表示することを可能にし，立体視という特殊な能力がなくても，容易にパソコンの平面モニタ上で計測した結果を 3D として観測し評価できるようになった．地上写真測量は空中写真測量とは異なり，建築物や構造物などの複雑な対象物をいろいろな方向から撮影して計測するので，計測過程や高密度な面計測データの結果の確認には 3D モデルの CG 表現が必要になる．

このようにデジタル技術の発達により，デジタル地上写真測量システムは，従来の図化機，画像処理機をベースとしていた状況が一変した．すなわち，市販のデジタルカメラとパソコンといった安価でシンプルなハードウェアで構成され，技術的には画像計測，画像処理のソフトウェアが主体のものとなっている．

本節では，図 4.3.1 に示す株式会社トプコン製の 3D 画像計測ステーション PI-3000 に基づいて，デジタル地上写真測量システムの概要とその技術要素について記述する．

1） 基本原理

写真測量の原理は，図 4.3.2 に示すように，デジタルカメラなどで撮影した左右 2 枚の画像を用いて 3 次元計測を行う．すなわち，左右の異なる位置 O_1，O_2 から対象を撮影し，左右の画像上の対

図 4.3.1　3D 画像計測ステーションの例
（(株)トプコン製 PI-3000）

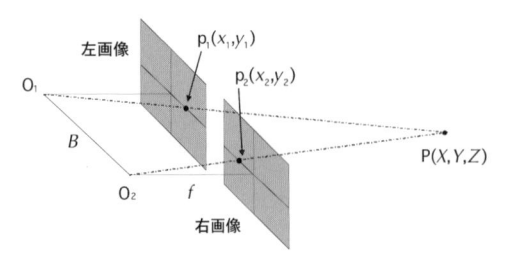

図 4.3.2　写真測量の原理

応点 p_1, p_2 を計測して，三角測量の原理により，対象の 3 次元座標 P が求められる．この例は，左右のカメラの傾きのない平行撮影という理想的な場合を想定したものであり，実際には基準点を何点か一緒に写し込んで，撮影したときのカメラの位置や傾きを求める標定作業を行う．また，広範囲の計測を行う場合には，多くの写真を撮影する必要があり，撮影したカメラの標定要素を同時調整する方法として空中三角測量で用いられているバンドル調整法が使われている．

3 次元座標の計測は左右のステレオ画像ごとに行う．左右の画像をパソコンのモニタに表示し，左画像上の p_1 に対応する右画像上の点 p_2 をマウスなどのポインティングデバイスを用いて指示して，3 次元座標を求める．この対応づけを画像処理で自動的に行う方法はステレオマッチングと呼ばれており，p_1, p_2 の局所部分の濃度値の類似度を，相関係数または SSDA (sequential similarity detection algorithm) で評価する方法や，エッジなどの特徴を抽出して対応づけを行う方法などがある．

2）特　徴

デジタル地上写真測量の特徴をまとめると，以下のように要約できる．

① 低コスト計測システムが構築できる（デジタルカメラ，パソコン，ソフトウェア）．
② データの記録や保存，管理が簡単である．
③ デジタルカメラの可搬性，簡便さが活用できる．
④ 瞬時に撮影された画像から動体の面的計測が行える．
⑤ 標定後の画像を読み出すだけで，補測，追加計測が簡単に行える．
⑥ 必要な情報（輪郭，形状など）を素早くベクタライズできる．
⑦ 計測データだけでなく，画像情報を活用できる．

3）撮影方法

航空機による空中撮影以外の地上写真向け撮影プラットホームには表 4.3.1 のものがある．

4.3.2　デジタル地上写真測量の方法

デジタル地上写真測量の流れを図 4.3.3 に示

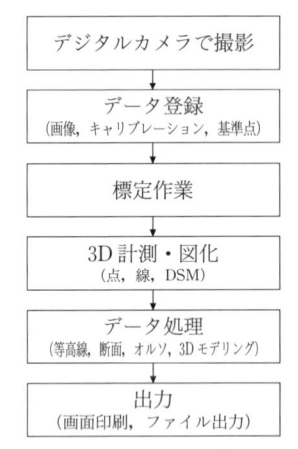

図 4.3.3　デジタル地上写真測量の流れ

表 4.3.1　地上写真測量向け撮影プラットホーム

プラットホーム	撮影高度	長所	短所	利用分野
ラジコンヘリ，バルーン	50～300 m	中域範囲 撮影位置を決められる	操作に熟練必要 風の影響を受ける	地形計測 文化財調査
クレーン車	～50 m	撮影が確実である	場所の制約	土量計測
地上撮影 リフター，ポール，ステレオカメラなど	～10 m	可搬性に優れている コスト小	広域範囲 斜め撮影	文化財調査 土量計測 交通事故調査

す．

ここでは，デジタル地上写真測量に必要な技術要素として，デジタルカメラのキャリブレーション，標定，3D図化，DSM (digital surface model) 自動計測，3Dモデリング，出力について説明する．

a. カメラキャリブレーション

写真測量を行うには，主点座標，焦点距離，レンズ歪み（ディストーション），さらにアナログカメラの場合にはフィルムの伸縮，平坦度といったカメラの内部標定要素を精度よく求める必要があり，これらのカメラの内部標定要素を求めることをキャリブレーションという．

市販のデジタルカメラは非測定用カメラであるが，CCDなどのセンサは，センサ表面の平面度が保たれており，撮影時のレンズの焦点距離が固定できれば，カメラの内部標定は安定していると期待できる．

また，レンズ歪みが大きい場合であっても，デジタルデータなので幾何学的な変換は容易に行える．

デジタルカメラのキャリブレーションは，対象空間に多くの基準点（ターゲットという）を配置し，画像座標と基準点との関係を共線条件にて求める方法が一般的である．

1) バンドル調整（キャリブレーション）

バンドル調整は，式(1)に示すように，対象空間座標 (X, Y, Z) とその画像座標 (x, y)，およびカメラの撮影位置である投影中心 (X_0, Y_0, Z_0) が同一直線上に存在するという共線条件式を基本としている．

$$x = -f \frac{a_1(X-X_0) + a_2(Y-Y_0) + a_3(Z-Z_0)}{a_7(X-X_0) + a_8(Y-Y_0) + a_9(Z-Z_0)} + dx$$
$$y = -f \frac{a_4(X-X_0) + a_5(Y-Y_0) + a_6(Z-Z_0)}{a_7(X-X_0) + a_8(Y-Y_0) + a_9(Z-Z_0)} + dy$$
(1)

ここで，f：画面距離（焦点距離），x, y：画像座標，X, Y, Z：対象空間座標（基準点，未知点），X_0, Y_0, Z_0：カメラの撮影位置，$a_1 \sim a_9$：カメラの傾き（3×3回転行列の要素），dx, dy：カメラの内部標定補正項．

カメラの内部標定を求めるには，一般的に以下の補正式が用いられる．

$$\begin{aligned} dx &= x_0 + x(k_1 r^2 + k_2 r^4 + k_3 r^6 + k_4 r^8) \\ &\quad + p_1(r^2 + 2x^2) + 2 p_2 xy \\ dy &= y_0 + y(k_1 r^2 + k_2 r^4 + k_3 r^6 + k_4 r^8) \\ &\quad + p_2(r^2 + 2y^2) + 2 p_1 xy \end{aligned}$$
(2)

ここで，x_0, y_0：主点位置ずれ，$k_1 \sim k_4$：放射方向歪曲収差に関する係数，p_1, p_2：接線方向歪曲収差に関する係数，$r = \sqrt{x^2 + y^2}$：主点からの距離．

式(1)と式(2)に基づき，すべての対象空間点について観測方程式を作成し，撮影時のカメラの位置と傾きである外部標定要素と対象空間座標，さらにキャリブレーションの場合には，内部標定要素を未知変数として扱い，最小2乗法によって同時解を求める．この場合，式(1)は非線形方程式なので，外部標定要素および対象空間点，カメラの焦点距離の初期値が必要であるが，キャリブレーションの場合には，対象空間に多くの基準点を設置するので，外部標定要素の初期値のみを単写真標定により求める．また，キャリブレーションを行うカメラは，計測目的に合わせてレンズの焦点距離を固定するので，そのときの焦点距離の概略値を入力する．

2) キャリブレーションの方法

カメラキャリブレーションを行うには図4.3.4に示すようなターゲット場を，さまざまな角度から多重撮影する．ターゲット場は，図4.3.5に示す3次元的な配置をもった基準点ターゲットや図4.3.6に示す2次元の平面的なターゲットを用いる．カメラキャリブレーションの精度は，ターゲ

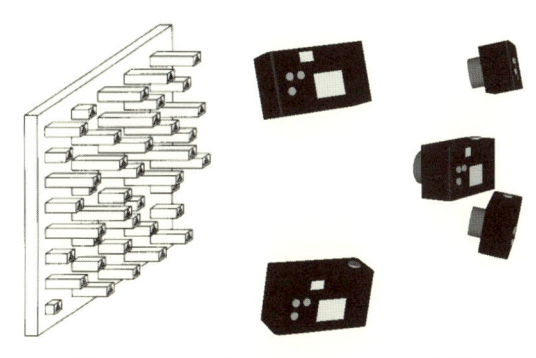

図 4.3.4 カメラキャリブレーションの撮影

ットの3次元計測精度，ターゲットの画像座標の計測精度および撮影時のネットワークで決定される．

たとえば，図4.3.5の3次元ターゲット場は，大きさは2m×1.8m，基準点数は99点であり，その計測には高精度な測量機を使用し，0.3mmの精度で3次元計測を行っている．また，ターゲットには円形の反射（レトロ）シートを使用し，明確なコントラストがつくように，ストロボ撮影してターゲットのみを光らせた画像を撮影し，ターゲットの中心位置をサブピクセルの精度で計測する．撮影はターゲット場を100%オーバーラップするように行い，ターゲットに対してカメラの入射角をなるべく大きくして5枚以上，撮影を行う．

キャリブレーションの解析は，撮影した画像とターゲットの基準点座標を用いて，バンドル調整で計算し，ターゲットの基準点残差が1画素以内になるまで，誤差の大きい基準点を削除しながら繰り返し計算を行う．キャリブレーションで解析したレンズ歪みの補正前後の結果を図4.3.7に示す．レンズ歪みが正確に補正されていることがわかる．カメラキャリブレーションの最終的な精度は，基準点誤差の外的精度で評価することが必要であり，3Dターゲットの場合，カメラキャリブレーションを行うと，撮影距離に対しておよそ1/5000～1/20000，すなわち撮影距離5mで1mm以下の精度で計測が可能となる．

b. 標　　定

標定とは，標定用のターゲットを対象物に設置して撮影した画像と基準点とから，外部標定要素を決定する作業である．標定点の計測では，パスポイント，タイポイントおよび基準点の画像座標を計測する．パスポイントは，図4.3.8に示すように，左右画像の相互標定を行うために，ステレオペアで登録された左右画像をパソコン画面に表示して，左右画像上で対応する点を6点以上計測する．タイポイントは，図4.3.9に示すように，計測する画像が3枚（2モデル）以上の標定を行う場合に，ステレオペアとそれに隣接する画像を並べて表示して，3枚以上で共通な点を1点以上

図4.3.5　3次元ターゲット

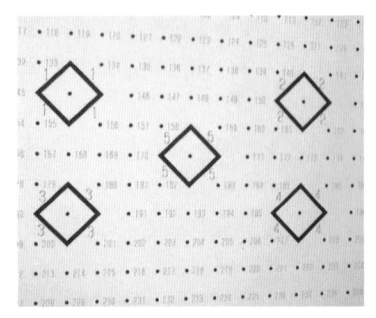

図4.3.6　2次元ターゲット

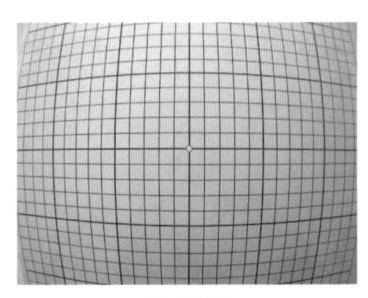

(a) 補正前

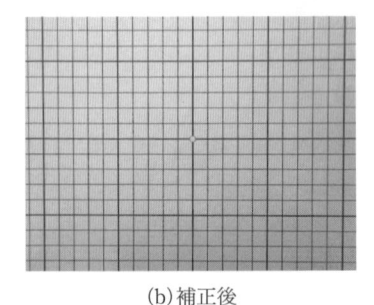

(b) 補正後

図4.3.7　レンズ歪み補正

計測する．標定作業では，標定点の配置およびその計測精度が重要である．そのため，マニュアルによる計測以外に，画像処理を用いたターゲット

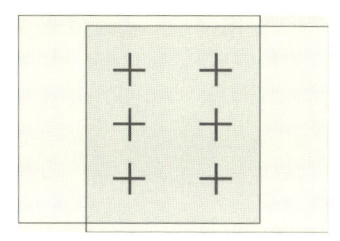

図 4.3.8 パスポイント

図 4.3.9 タイポイント

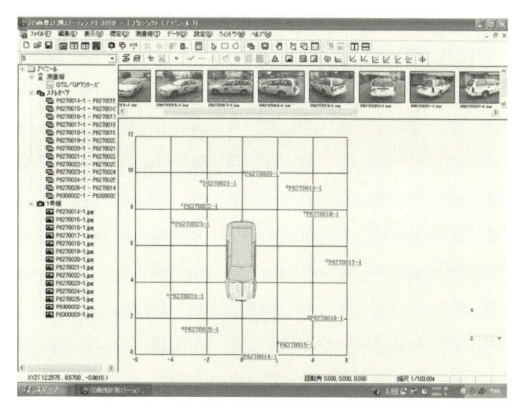

図 4.3.10 ブロック調整後のカメラの撮影位置

の中心検出やマッチングによる対応点の自動検出機能を併用する．

　地上写真測量では，デジタルカメラの画角，画素数などに応じて，通常，多くの画像を撮影する．さらに，複雑な対象物をあらゆる方向から撮影する場合が多く，斜め撮影，撮影距離や基線長の不均一などの条件でも，安定して解が求まるような標定アルゴリズムが必要である．そこで PI-3000 では，このような複雑な撮影条件でも柔軟に対応できるように，外部標定要素や対象空間点座標の初期値計算法を組み込んだバンドル調整ソフトウェアを搭載している．バンドル調整を用いると，少ない基準点であっても広範囲な計測が可能となる．また，文化財の遺物や構造物などの全周計測を行う場合，図 4.3.10 のように周囲から撮影された多くの画像を接続して標定（ブロック調整という）することができる．さらに，基準点がなくても標定点の座標のみで計算する機能もあり，標定後に基準点として座標を入力するか，長さのわかっているスケールなどを対象物と一緒に写しておけば，局所座標での 3 次元計測も可能である．

1）バンドル調整（ブロック調整）

　ここでは，キャリブレーションで求めたカメラの内部標定の補正項 dx, dy が既知であるので，外部標定要素および対象空間点座標のみを求める．前出の式(1)を計算する場合，外部標定要素および対象空間点の初期値が必要であるが，ブロック調整の場合には，対象空間の基準点座標が少ないので，これらの初期値は図 4.3.11 に示すように，ステレオ画像に基づくモデル接続によって段階的に処理を行う．つまり，すべての画像に対してステレオペア登録を行い，各ステレオペアの標定点を計測し，相互標定，接続標定，絶対標定を計算する．ペア登録できない画像は，単写真標定として処理する．標定点の計測エラーなどは，この手続きの段階でチェックしながら作業を行い，あらかじめ大誤差を除去しておく．このように，すべての画像について初期値を計算し，最終的にバンドル調整によって外部標定要素と対象空間座標の同時調整解を求める．

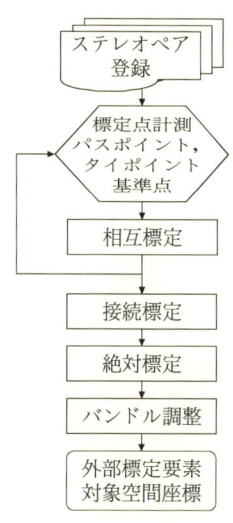

図 4.3.11 標定処理の流れ

2) ターゲットの中心検出

画像座標の計測精度を向上するためには，図 4.3.12 のような円形のコントラスト差のあるターゲットを利用することが望ましい．このターゲットを対象面上に設置して撮影した場合，ターゲットの概略位置をマウスで指示するだけで，円形の中心座標をサブピクセル精度で自動検出することができる．また，カメラ撮影時の傾きにより，ターゲットの形状が楕円になっても精度よく検出できる．この機能を使うと，簡単に計測できるので，個人差のない計測が行える．

ターゲットの中心検出は，ターゲットを含む小領域に対して2値化処理 (0,1) を施した後に，モーメントの計算によって中心座標を求める．

ターゲット内部を領域 S とし，ターゲットを含む2値化処理した小画像を

$$f(i,j) = \begin{cases} 0 & (i,j) \notin S \\ 1 & (i,j) \in S \end{cases}$$

と表したとき，領域 S のモーメントは次式で定義される．

$$M_{pq} = \sum i^p j^q f(i,j)$$

このとき，ターゲットの中心座標 (x, y) は，次式によって算出される．

$$x = \frac{M_{10}}{M_{00}}$$

$$y = \frac{M_{01}}{M_{00}}$$

ターゲットの中心検出においては，2値化処理が検出精度を決定する．そのため，安定した検出を行うには，ターゲットは明確なコントラストがつくように撮影されていなければならない．たとえば，キャリブレーションでも説明したように，反射ターゲットを用いてストロボ撮影する方法もある．また，ターゲットが小さすぎると形状が十分に表現されないため，正確な中心を検出できない場合がある．ターゲットは，画像上で少なくとも直径5画素以上，理想的には10画素以上の大きさが必要であり，その場合には 1/10〜1/30 画素の検出精度が期待できる．そのため，撮影時には撮影距離，カメラの画解像度や焦点距離を考慮し，適切なサイズのターゲットを選定することが重要である．

この機能は，標定作業だけでなく，前述のキャリブレーションのターゲット計測にも用いる．また，バンドル調整後に算出されるすべてのターゲットは対象空間座標として出力できるので，標定点以外に計測したい部分にターゲットを設置して撮影を行うと，そのターゲットを高精度で計測することにも活用できる．

3) 対応点の自動検出

パスポイントや基準点の画像座標の計測は，ステレオマッチングを併用することにより作業の効率化を実現している．ここでは，標定点を高精度に自動計測する手法として最小2乗マッチング (least-squares matching : LSM) を用いている．

左右画像のマッチングを行う場合，左画像上にウィンドウと呼ばれる正方領域のテンプレートを設定し，そのテンプレートと同じ大きさのウィンドウを右画像上で動かして，左右画像の濃度値が最も類似している位置を検出する．

最小2乗マッチングは，図 4.3.13 のように右画像上のウィンドウの形状をアフィン変形させながらマッチングを行い，対応点をサブピクセル単位で計測する手法である．

パターン比較を行う際のテンプレートを $f_1(i, j)$，変形されたマッチングウィンドウを $f_2(x, y)$

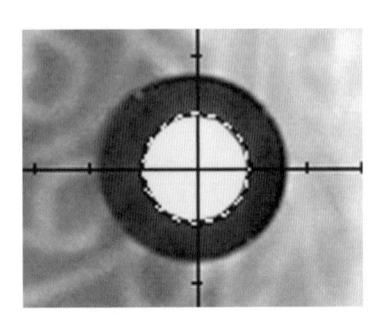

図 4.3.12 円形ターゲット

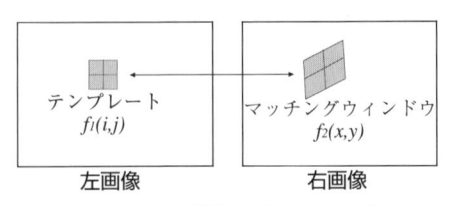

図 4.3.13 最小2乗マッチング

とし，マッチングウィンドウの変形を次式のアフィン変換によって近似する．

$$x = a_1 i + a_2 j + a_3$$
$$y = a_4 i + a_5 j + a_6 \qquad (3)$$

各々の比較する画素における濃度差は，以下の式で与えられる．

$$\begin{aligned}d(i,j) &= f_1(i,j) - f_2(i,j) \\ &= f_1(i,j) - f_2(a_1 i + a_2 j + a_3, a_4 i \\ &\quad + a_5 j + a_6)\end{aligned}$$

次に，濃度差の2乗和を最小とする条件，すなわち

$$\sum d(i,j)^2 \longrightarrow \min$$

を満たすような $a_1 \sim a_6$ を決定する．ここで，a_1，a_2，a_4，a_5 はマッチングウィンドウの変形を表し，a_3，a_6 が求めるべき検出位置の座標となる．

実際には，上式を線形化した後，繰り返し計算によって解を求めるが，正確な初期値を与える必要があるため，ピラミッド画像による粗密探索 (coarse to fine) と組み合わせて処理を行う．また，最小2乗マッチングの良否は，左右画像の濃度レベルやウィンドウ内のテクスチャに依存する．マッチングの前処理として，左右画像の濃度値の均一化や分散処理でのテクスチャ解析を行う必要がある．また，ウィンドウ変形の際には，バイリニア法などを用いて画像のサンプリングを正確に行わなければならない．

粗密探索法（図4.3.14）は，1/2，1/4，1/8，…と画像の倍率を変えて作成した画像ピラミッドを構成しておき，粗い画像から細かい画像に向かってマッチングを繰り返し，対応点の検出位置を収束していく手法である．初回はマニュアルで概略指定した位置を初期位置とし，粗い画像から探索を開始する．最小2乗マッチングによって求めら

れた変換係数は，次の段階のマッチングの初期値として用い，最終的に等倍画像において最適な対応点の位置を決定する．

c. 3D 図 化

1） 偏位修正画像の作成

偏位修正画像（図4.3.15）とは，相互標定の結果により，撮影した左右の画像をそれぞれエピポーラライン上に再配列したステレオ画像である．また，この画像変換時において，カメラキャリブレーションで得られたパラメータを用いてレンズ歪みや焦点距離の異なるカメラで撮影された画像の補正も同時に行う．このように偏位修正画像とは，画面全体が立体観測できるように縦視差を除いた画像なので，3Dモニタに表示すると簡単に立体観測することができる．また，3次元計測する場合には，左右画像上のカーソルは同一ライン（Y座標）上に置き，横視差（X座標）のみをマウスで指示することで，効率よく高さを計測でき，ステレオマッチングでは，エピポーラ拘束により，X方向の探索のみでマッチングが可能であり，画像の縦方向の射影倍率も補正されているので，計算時間の短縮とマッチングの性能を向上させることができる．

2） 3Dモニタによる立体観測

PI-3000は，インターリーブ方式による専用の3Dモニタを用いて立体観測を行う．インターリーブとは，図4.3.16に示すように液晶モニタの偏光特性を利用し，モニタ画面の縦方向のピッチに合わせて，奇数，偶数ラインごとに45°偏光させた特殊フィルムを貼り，左右画像データを1ラインごとに表示する．これと同じ特性をもつ偏光眼鏡をかけてモニタを観測すると，左右の画像をそれぞれ分離してみることができるので，立体視が行

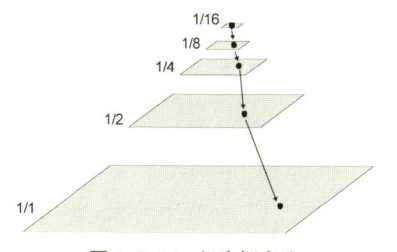

図4.3.14　粗密探索法

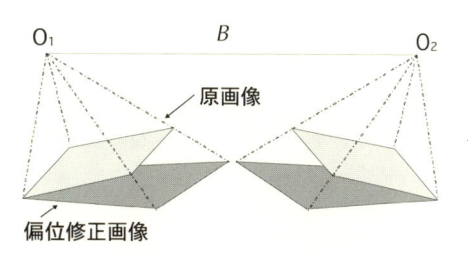

図4.3.15　偏位修正画像

図 4.3.16 インターリーブ方式偏光フィルム

える．

この方式は，液晶モニタを使用するので，ブラウン管のモニタよりも眼に優しく，特殊な電気回路を必要としないため，フリッカがなく，長時間作業していても眼が疲れにくい．また，最近の液晶モニタはデジタルカメラと同様に進歩が著しいが，解像度や画面サイズが変わっても，フィルムのピッチを改造すればよく，低価格で高精細な3Dモニタを構築できるなどの特長をもつ．

3） 図化の方法

標定後のステレオペアを使って左右画像上の対応点を計測すると，もとの対象の3次元座標を求めることができる．こうした3D計測や図化の方法は，これまでの写真測量における図化機の重要な機能として，左右画像を立体観測しながら計測を行ってきた．

3D計測の方法としては，左右画像の中央にカーソル（メスマークともいう）を固定し左右画像をそれぞれスクロールして計測する方法と，左右画像を固定しカーソルを動かして計測する方法とがある．これまでの図化機は，地形図作成を主目的としているため，通常，前者の方法を用いており，立体観測装置とハンドホイール，フットディスク，フットスイッチといった特殊な装置を使用し，立体視しながら道路などの輪郭線や等高線を滑らかな連続線として図化を行い，その操作には高度な熟練を必要とした．

地上写真測量の場合，このような地形図を作成するだけでなく，近接撮影された複雑な対象や鉛直撮影以外のさまざまな画像計測にも対応する必要がある．また，特殊な装置を用いず，簡単に操作できる計測方法が求められている．

PI-3000の場合，左右の偏位修正画像をパソコン画面上に表示して行う．計測方法は，左画像上で計測したい位置をマウスで指示し，それと同じ位置をマウスのスクロールホイールを回しながら右側のカーソルのみを横方向に動かして高さを計測する．さらに，自動計測モードを使うと，左画像の図化したい箇所をマウスにてトレースすれば，ステレオマッチング処理により，リアルタイムで右画像の対応点が自動的に位置決めされ，連続的に図化できる．また，ステレオマッチングの判定としてバックマッチングという手法を用い，左から右，右から左へのマッチングを行って，その結果がOKであれば緑色のサークル表示，ミスマッチングであれば赤の表示に変わるようになっている．こうして計測されたデータは，ポリラインなどとして記録されるが，3Dモデリングとして，パソコンのモニタ上で立体的に表示でき，計測データのチェックや編集を簡単に行えるように工夫されている．3D計測の場合には，図4.3.17のように左右画像を分割して表示するが，3Dモニ

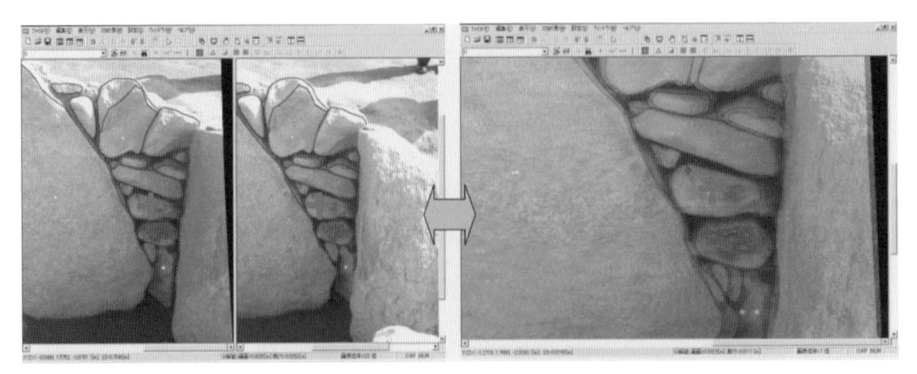

図 4.3.17 3D計測と図化（左：分割表示，右：3Dモニタ表示）

タが接続されている場合には，表示切り替えボタンで立体視しながら図化することも可能である．

以上のように，一般的なパソコンを使用し，熟練を必要としないで3D計測や図化を可能としている．

d. DSMの自動計測

DSMとはdigital surface modelの略であり，対象物の表面形状データを意味する．

通常，DSMを計測する場合には，左画像上に任意の計測間隔で格子点を配置し，ステレオマッチングにより右画像上の対応づけを行って高さデータを自動抽出し，3次元データ（点群）を計測する．

DSMの3次元データは，これまで等高線，断面図，オルソ画像作成などに用いられてきたが，最近ではテクスチャ付きの3Dモデルというリアルな表現が可能となり，詳細かつ高精度なDSMデータが求められている．ここでは，高精度なステレオマッチングとして，最小2乗マッチングをベースとしたDSMの自動計測について説明する．

1) エピポラー拘束による最小2乗マッチング

偏位修正画像を用いてステレオマッチングを行う場合，マッチングはエピポラーライン上の1次元探索で行うため，マッチングの高速化と信頼性を向上させることができる．

b項でも説明したように，最小2乗マッチングは，マッチングウィンドウの変形を表すアフィン変換式(3)を用いるが，ここではエピポラー拘束条件により，次式のように簡略化できる．

$$x = a_1 i + a_2 j + a_3$$
$$y = j$$

したがって最小2乗マッチングでは，横視差 x とウィンドウ変形に関係する $a_1 \sim a_3$ を決定すればよく，a_3 がエピポラーライン上の求めるべき対応点の位置となる．

2) TINの内挿処理と粗密探索

最小2乗マッチングは，マッチングウィンドウを変形させながら最適な対応点を求める手法であり，正規化相関などと比べると精度のよい結果が得られるが，計算コストが高く，マッチングを効率よく安定化させるには，概略位置を初期値として与えなければならない．

そこで，ステレオマッチングの粗密探索過程にTIN（triangulated irregular network）の内挿処理を組み込み，マッチングと内挿処理を交互に行うアルゴリズムで実行する．すなわち，粗い画像から細かい画像へとマッチングする過程において，マッチングで得られた対応点から高さデータをTINで内挿し，次の段階へのマッチングの初期値として与えて，それを繰り返しながら最適解へと収束させている．図4.3.18に遺物を用いた例を示すが，最初は粗いTINモデルからスタート

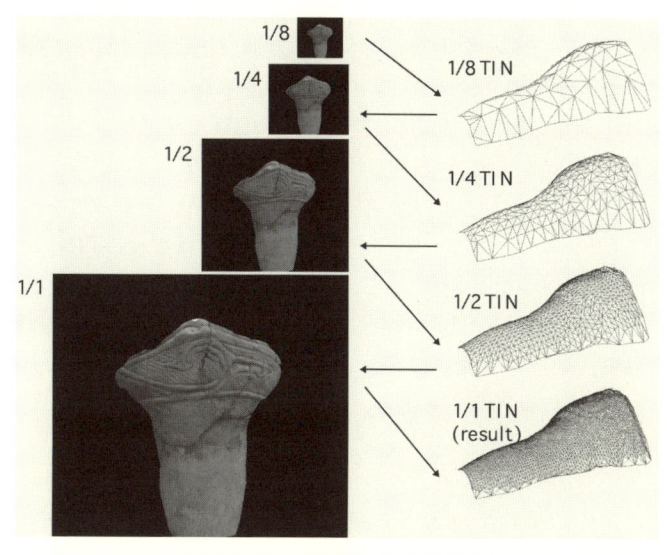

図4.3.18 粗密探索とTIN内挿

し，しだいに詳細な TIN モデルへと計測されていく過程がわかる．

DSM 自動計測の手順は以下のとおりである．

① 左右の偏位修正画像から，それぞれ粗密探索のためのピラミッド画像を作成する．

② 計測範囲をマニュアルでポリライン計測する．

③ 指定したポリラインを三角形分割し，初期 TIN を形成する．

④ 入力された計測間隔で左画像上に格子データを設定する．

⑤ TIN 内挿により，対応点の位置とウィンドウ変形を推測する．

⑥ 推定値を初期値として，すべての格子点について最小 2 乗マッチングを行う．

⑦ マッチングで得られた対応点から TIN モデルを形成する．

⑧ 粗密探索⑤〜⑦を繰り返す．

⑨ 最後に等倍画像の処理を行い，そのときの TIN モデルを最終の DSM として出力する．

3) 最小 2 乗マッチングの有効性

エリアベースのマッチングとして正規化相関，SSDA などの方法があるが，最小 2 乗マッチングは，ウィンドウの位置と形状を変化させながら，サブピクセル精度でマッチングを行う方法である．

図 4.3.19 は，通常の正規化相関で得られた 1 画素精度のマッチング，図 4.3.20 は最小 2 乗マッチングで得られたサブピクセル精度のマッチング結果である．これらの図は，画像を撮影した方向ではなく，3D モデルを斜め方向から表示して，DSM の精度をわかりやすく表示したものである．

写真測量の計測分解能は，カメラ間の距離 B と撮影距離 H との比である基線比 B/H (base and height ratio) で決定される．地上写真測量において，複雑な凹凸形状の対象物を自動計測する場合，基線比を大きくして撮影すると，オクルージョンや比高差に伴う投影歪みなどの影響によりステレオマッチングが破綻する可能性がある．そのため，複雑な対象であれば，基線比を小さくして撮影さ

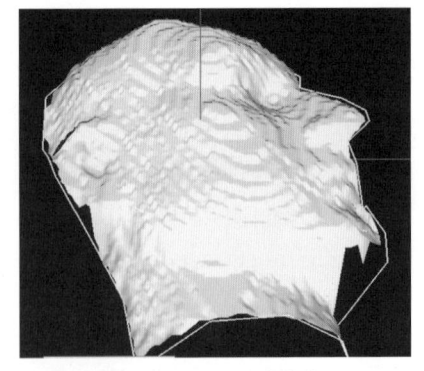

図 4.3.19　1 画素精度

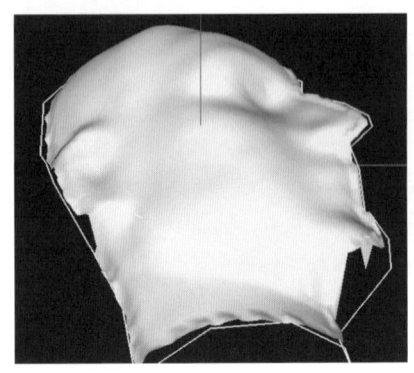

図 4.3.20　サブピクセル精度

れた画像を用いて，ステレオマッチングを行う必要があり，サブピクセル単位で実行できる最小 2 乗マッチングが有効である．さらに，TIN による内挿と粗密探索を組み合わせたアルゴリズムにより，斜め画像や対象物の投影歪みなどによる画像の変形（倍率，回転）に対しても信頼性の高い結果が得られている．

e. 3D モデリング

3D モデリングは，面の概念が必要であるため，ステレオマッチングで計測された DSM データは，点群ではなく，TIN モデルとして面的に処理する．また，マニュアルで計測された輪郭などのポリラインデータも TIN モデルとして利用できる．TIN モデルとテクスチャとの対応関係は，レイヤーで管理する（図 4.3.21）．

デジタル写真測量においては，標定によって各ステレオモデルから計測される TIN データの 3 次元位置と撮影された画像との関係が確立しているため，TIN モデルの合成やテクスチャの位置合

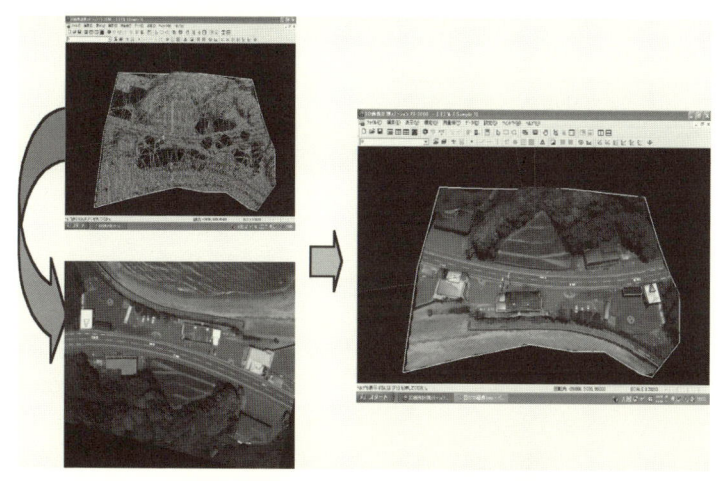

図 4.3.21 TIN とテクスチャとの関係

わせの作業を必要としない．また，テクスチャは撮影時のカメラのレンズ歪みや射影歪みの補正も同時に行われるため，計測に用いた画像であれば，その計測精度に一致した解像度のテクスチャマッピングが行える．

テクスチャ付き 3D モデルは，パソコン画面上で，自由に回転，拡大してリアルに表面形状を確認できる．これにより，3D モニタを用いなくても計測データのチェックや編集が行える．また，建築，構造物などの複雑な全周モデルを計測する場合には，周囲から撮影された多くの画像を用いて，ステレオモデルごとに TIN モデルを計測していくが，TIN モデルは，同一座標系の正しい配置に自動合成されるので，計測データを確認しながら作業を進めることができる（図 4.3.22）．

Windows 環境で高速な 3D グラフィックを実現するための API（application programming interface）としては，Silicon Graphics 社が中心となって開発した OpenGL と，Microsoft 社が開発した Direct 3D とが広く普及しており，現在，多くの CG ソフト，CAD ソフト，ゲームソフトなどで利用されている．両者とも，3D アクセラレーション機能をもつビデオカードがパソコンに搭載してあれば，非常に高速な描画が可能になる．

PI-3000 は OpenGL を採用し，数十万ポリゴンに及ぶ膨大な 3D データに，詳細な画像をマップした状態であっても，ストレスなく，画面上で高

(a) 全周モデル TIN

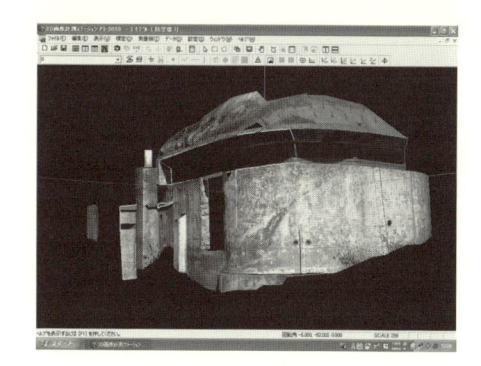

(b) テクスチャ

図 4.3.22 全周モデル TIN とテクスチャ

速にデータを拡大，縮小，回転して表示することができ，データの形状確認や編集の作業性を向上している．

f. 出 力

デジタル地上写真測量システムは，さまざまな分野での応用が想定されるため，汎用フォーマッ

表 4.3.2 PI-3000 における出力ファイル形式と利用ソフトウェア

出力ファイル形式	主な利用ソフトウェア
DXF	CAD
VRML	CG
APA, SIMA	測量計算
CSV	表計算
BMP, TIFF, JPEG	画像編集

トでファイル出力できることが望まれる．

PI-3000 の成果出力としては，プリンタ，プロッタからの印刷による図面出力に加え，表 4.3.2 に示すように，数種類の汎用ファイル形式での出力に対応している．　〔大谷仁志・伊藤忠之〕

文献

1) 日本写真測量学会編：解析写真測量(改訂版)，1997．
2) 村井俊治，奥田 勉，中村秀至：非測定カメラを用いた解析写真測量に関する研究．東京大学生産技術研究所報告，**29**(6)，1-15，1981．
3) 服部 進，岡本 厚，大谷仁志：ディジタル写真測量での標定と計測．写真測量とリモートセンシング，**32**(6)，47-56，1993．
4) Helava, U.V. : Object-space least squares correlation. *PE&RS*, **54**(6), Part 1, 711-714, 1988.
5) 服部 進，上杉光平，長谷川博幸，大谷仁志：バンドル調整のための外部標定要素の近似計算法．日本写真測量学会学術講演論文集，pp.23-26，1990．
6) Granshaw, S.I : Bundle adjustment methods in engineering photogrammetry. *Photogrammetric Record*, **10**(56), 181-207, 1980.
7) Fraser, C.S. : On the use of non metric cameras in analytical close-range photogrammetry. *Canadian Surveyor*, **36**(3), 259-279, 1982.
8) Noma, T., Otani, H., Ito, T., Yamada, M. and Kochi, N. : New system of digital camera calibration. *ISPRS Commission V Symposium*, pp.54-59, 2002.
9) Otani, H., Ito, T., Kochi, N., Aoki, H., Yamada, M., Sato, H. and Noma, T. : Development and application of digital image surveyor DI-1000. *International Archives of Photogrammetry and Remote Sensing, AMSTERDAM*, **33**(Part B 5/1), 434-439, 2000.
10) Kochi, N., Ito, T., Noma, T., Otani, H., Nishimura, S. and Ito, J. : PC-Based 3D Image Measuring Station with Digital Camera an Example of its Actual Application on a Historical Ruin. *International Archives of Photogrammetry and Remote Sensing, Ancona*, **33**(Part 5/W 12), 195-199, 2003.

4.4 デジタル地上写真測量の応用例

a. 事例1：ダンプ積載土量計測システム

1) 開発背景

大規模な造成工事などでは，ダンプトラックや土運船（以下，代表してダンプ）により運搬される土砂体積（土量）の効率的，高精度な管理が求められていた．従来は，光波距離計を多数並べたゲートの下でダンプを走行させ，各距離計で一斉に計測したダンプ積載土砂表面までの距離データと，ダンプの走行位置データの関係から得られる複数箇所の3次元座標より土砂表面形状を推測し，土量を算出していた．しかし，設置できる光波距離計の数には物理的にも，また経済的にも限りがあるため測定点間隔が粗くなり，表面形状が忠実に再現できないという問題があった．このため，市販のデジタルカメラを利用したデジタル写真測量技術により，低コスト，高精度，かつ全自動で，ダンプに積載された土量を計測可能なシステムを開発した．

2) 概要

本システムで用いたデジタル写真測量技術は，2枚のペア画像（ステレオ画像）間の対応点探索により撮影対象の3次元形状計測を行うステレオ解析手法である．図4.4.1にステレオ解析の原理を示す．位置と姿勢が正確に計測された2台のカメラで撮影した画像に写る同一対象点の個々の画像上での平面位置からその点の空間内の3次元座標が算出できる．原理的には撮影画像のすべての画素について計測ができ，撮影された範囲の高密度な形状計測が可能な技術である．このステレオ解析は，基本的に図4.4.2に示す手順と作業内容で行われる．

本システムの使用例として，図4.4.3に現場で

4.4 デジタル地上写真測量の応用例

の計測状況および撮影装置内部状況を記す．写真のようにダンプが通行可能な撮影架台を設営し，架台天井部にカメラを設置した．このほかの装備として，撮影位置へのダンプの進入を探知し2台のカメラに同時に撮影信号を送信するためのセンサを設置した．また，本現場では数種類の46t級の重ダンプが稼動し，機種によって荷台の形状が異なることから，ダンプ荷台前面部に取りつけた識別シートを画像処理し，ダンプ機種の自動標識

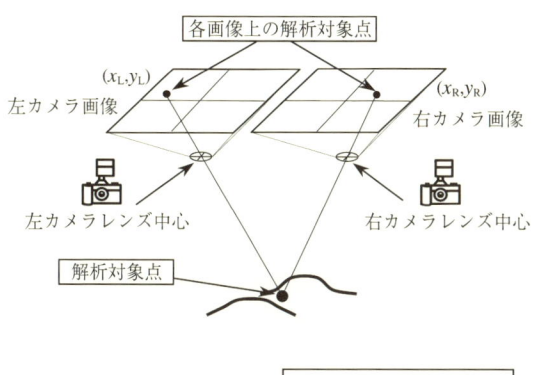

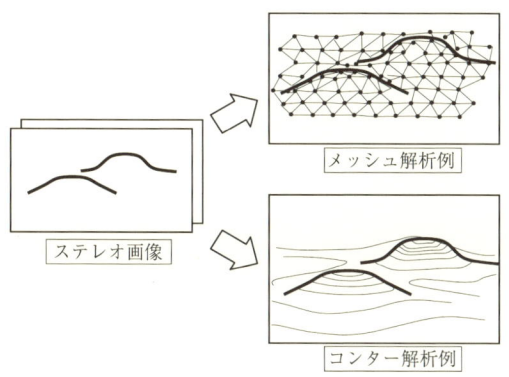

(a) ダンプ入庫状況

(b) カメラ設置ステージ

図 4.4.1　ステレオ解析の原理と特長

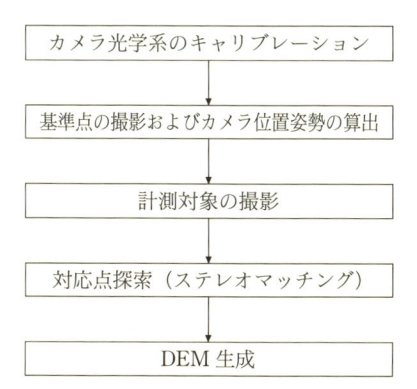

(c) 撮影写真例

図 4.4.2　ステレオ解析フローチャート

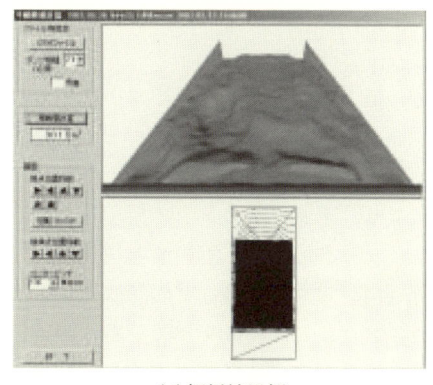

(d) 解析結果例

図 4.4.3　現場状況

も行っている．計測対象はダンプである．

本システムの特徴は，以下のとおりである．

① 時速10 km 程度で走行するダンプを停止させることなく計測できる．

② 46 t ダンプ4車種，60台までの車両を画像処理により識別できる．

③ ステレオ撮影からダンプ識別，土量算出まですべて自動で，1分弱で行える．

④ 計測点数は土砂表面上において約 100 mm 間隔の約 3000 点．

⑤ 計測精度（実験値）は，水平 4 mm，奥行き 10 mm．

⑥ 計測信頼性（同一ダンプを複数回計測したときの再現性）は 1％以内．

b. 事例2：デジタル写真測量によるトンネル内空計測

1) 開発背景

NATM 工法においてはトンネル内空変位計測が必須であり，従来コンバージェンスメジャーやトータルステーション（TS）を用いた方法が一般的に行われてきた．しかし，どちらの方法も精度あるいは作業性に問題があった．また，両者ともある計測点間の伸び縮みを測定するものであり，トンネル内の面的な形状を求めることはできなかった．また，近年の山岳トンネルを取り巻く施工環境には急激な変化がみられ，都市部での工事や大断面化が進み，トンネル内空変位計測はもとより，それ以外でも高精度・高密度の変状把握など，これまでにも増して信頼性の高い計測データを迅速に入手し，施工にフィードバックすることが重要となってきている．

一方，最近のカメラとコンピュータの発達により，画像の取得から処理に至るまでのデータを，完全にデジタル情報の形で取り扱うことができるようになり，デジタルカメラで撮影した写真情報をコンピュータで処理・解析する技術が，工業計測分野（自動車や航空機などの計測）を中心に研究されており，この技術を建設分野への適用として，トンネル内空変位計測に実施した例を示す．

2) 概　要

基本的な計測原理を図 4.4.4 に示す．

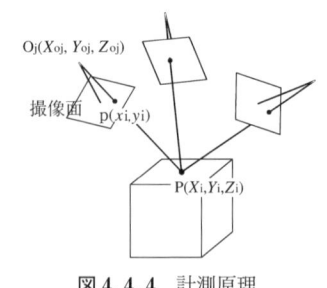

図 4.4.4　計測原理

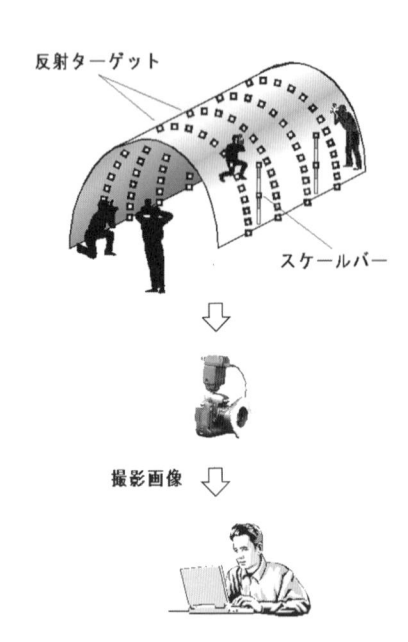

図 4.4.5　計測概念

① 測定対象を同図のようにいろいろな方向から撮影する．これを収束撮影という．実際には測定点となるターゲットを測定対象に貼り，収束撮影を行う．形状を細かく測定する場合には多くのターゲットを設置する．

② 収束撮影によって得られた画像上のターゲットを画像処理によって，その重心を求める．重心点の画像上の位置をもとに計算を行い，最終的に全ターゲットの3次元位置を計算する技術である．

トンネル計測の概念を図 4.4.5 に，また，図 4.4.6 に計測の手順，図 4.4.7 にトンネルでの撮影状況を示す．

3) 計測法の特徴

・計測点にターゲットを設置するだけで，簡単に

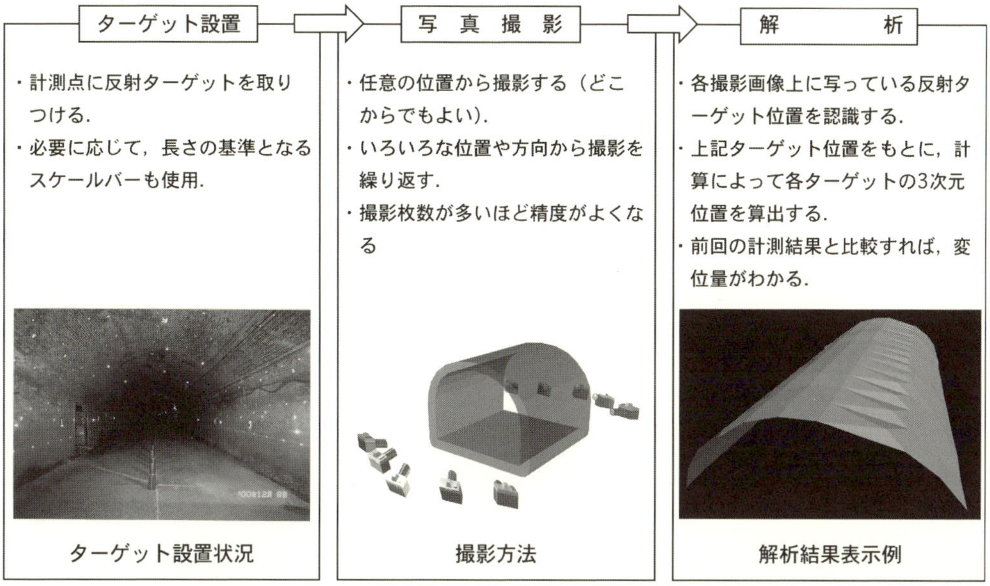

4.4 デジタル地上写真測量の応用例

ターゲット設置	写真撮影	解析
・計測点に反射ターゲットを取りつける． ・必要に応じて，長さの基準となるスケールバーも使用．	・任意の位置から撮影する（どこからでもよい）． ・いろいろな位置や方向から撮影を繰り返す． ・撮影枚数が多いほど精度がよくなる	・各撮影画像上に写っている反射ターゲット位置を認識する． ・上記ターゲット位置をもとに，計算によって各ターゲットの3次元位置を算出する． ・前回の計測結果と比較すれば，変位量がわかる．
ターゲット設置状況	撮影方法	解析結果表示例

図4.4.6 トンネル計測フロー

図4.4.7 トンネル撮影状況

1 mm 程度以下の高精度な計測が可能．
・ターゲットを数多く設置することによって面的なデータが可能（計測時間に影響なし）．
・非接触の計測方法なので，安全かつ迅速な作業が可能．
・システムはコンパクトで，持ち運びが簡単．
・システムのキャリブレーションやカメラのピント合わせなどの複雑な操作は一切不要．
・解析はすべてデジタルデータを自動処理するため，人為誤差がなくスピーディー．

このほかの計測への適用性も高い．例として，コンクリート部材の曲げ試験時の変位計測への適用状況，およびその結果の概要を図4.4.8, 4.4.9に示す．

〔三浦 悟〕

図4.4.8 コンクリート構造実験による微小変位計測への適用例（(有) 画像計測研究所提供）

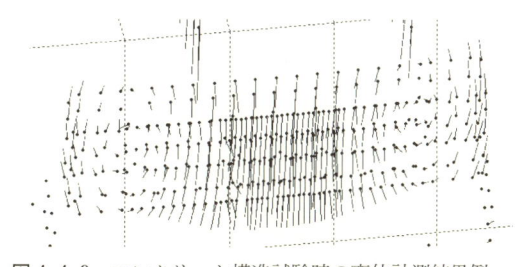

図4.4.9 コンクリート構造試験時の変位計測結果例（計測精度：2 μm）（(有) 画像計測研究所提供）

5. 海洋測量に使われる機器と技術

5.1 海洋の位置の測量

ここでは，海上の位置の測定に用いられる衛星測位技術と，それを用いた水深測定方法について述べる．

5.1.1 衛星測位
a. GPSによる海上移動体の測位

海洋測量では，一般に，海上に漂う船舶やブイ（海上移動体）の刻々と変化する位置の測定が必要となる．必要とされる測位精度は海域での調査内容によるが，数百mの精度で十分な場合もあれば，数cmの精度が要求される場合もある．また，リアルタイムの測位データを必要とする場合もあれば，調査データの資料整理のために，後処理で測位結果がわかればよい場合もある．

現在では，GPS (global positioning system：汎（全）地球測位システム）を用いた測位が広く使用されるようになっている．GPSは陸域の測位や測量で使用されるが，ここでは，海の特殊事情について議論する．つまり，多くの場合，海上移動体はさまざまな原因で常に動いており，しかも，その動きは不規則で，たとえ数秒先でも正確な予測は難しい．このような状況でのGPSの有効性を，同じく海域測位システムの一つであり，GPSの整備される以前に広く利用され，現在も利用可能なLoran-C測位システムと比較してみると，以下のような点があげられる．

① GPSでは3次元測位，つまり，高さ成分も求められる．これにより，海上移動体の動きを立体的に明らかにすることができることは，海域測量の立場でみると，画期的な意味をもつ．

② 後に述べるようにGPSは，さまざまな精度要求に対して，バリエーション豊富な選択肢を与える．一般には，測位精度が低ければ受信機は安価であり，精度が高くなるほど，複雑で高価な受信機を用意する必要が生じる．

③ GPSの特徴の一つとして，サービス範囲の広さと得られる測位精度の一様性がある．単独測位は全世界で同じように利用できるほか，地上のほとんどの地域で高精度で測位が可能な人工衛星通信を用いた補助システムが開発されている．さらに，場所や時間による精度の違いが少ないことに加え，そのような精度変化をDOP (dilution of precision) と呼ばれるファクターを計算することにより把握できる．これは，測位結果の品質管理に役立つ．

これに対し，GPSの弱点でよく指摘されることは，その不完全性である．システムが障害を起こしたときに，ユーザにそのことを知らせる手段が整備されていないので，ユーザの対応が遅れる可能性がある．ただし，これは，他の測位方法でも同様に抱えている問題で，GPSだけに特有とはいえない．

現在，GPSのほかにも，ロシアが運用するGLONASSや，ヨーロッパが開発を進め近い将来の実用化が期待されるGalileoなどの新しい衛星測位システムがある．また，GPSそのものも，今後新しい周波数の信号が追加されるなど，改良が加えられつつあるし，日本では，GPS測位を補助する新しい人工衛星（準天頂衛星）の開発が進められつつある．これらは，この数年のうちに実際の海上測位で力を発揮するようになると期待され，その動向が大いに注目される．

b. GPS測位精度を上げる補助システム

a項でも触れたように，GPSは，ある種の補助システム (augmentation system) と組み合わせ

ることにより，利用者がさまざまな測位精度を選択できるようになっている．今のところ，主に次の3つのレベルに分かれている．

① 単独測位（standard positioning service：SPS）（精度：～10 m）．

② ディファレンシャルGPS（differential GPS：DGPS）（精度：～1 m）．

③ 搬送波位相に基づくDGPS（いわゆるキネマティックGPS：kinematic GPS，KGPS）（精度：～10 cm）．

かつては，精度を上げるための補助システムは，測量を実施する者が自ら構築し運用することもあったが，最近は，誰にでも使えるシステムが（有料の場合もあるものの）社会的なインフラストラクチャとして整備されつつあり，特別の場合を除いてはそれらを利用すればよい．

SPSと呼ばれる単独測位の精度は，水平方向で13 m，上下方向で22 m（selective availabilityが働いていないときの95％確率の世界平均）といわれる[1]．測位が正常に行われた場合でも5％ぐらいの確率でこれよりも大きい誤差が生じることもある．また，測位結果は，GPS衛星から送られる航法メッセージと呼ばれる情報（数値データ）に依存している．これは，衛星の軌道や時計誤差などを知らせるもので単独測位の基本情報である．航法メッセージの作成と放送はGPS管理者（アメリカ合衆国政府）が実施するが，ユーザは，間接的に管理者が衛星の軌道決定に用いる施設を基準として自分のいる位置を決めていることになる．この意味で，GPS単独測位も，その実態は相対測位の一種である．

海上保安庁が運用しているDGPSの精度は，水平方向で1 m，上下方向で2 m程度である[2,3]．日本各地の27か所の中波ビーコン局をDGPS局とし，そこで得られた補正情報をビーコン電波に乗せて送信することにより，日本の沿岸域をほぼすべてカバーする．島影など，ビーコン電波の届きにくい場所では，精密な測位ができない場合もある．信号の中身は公開された仕様[4]に基づくもので，アメリカ合衆国などの海外で使われているシステムとも互換性がある．それぞれのDGPS局が送信する補正情報は，各GPS衛星と基準局の間の距離と距離変化率の補正量である．情報量は，それほど多くはないので，200 bps程度の遅いデータ伝送速度で運用ができ，しかも，一般航海のためには十分な精度が得られる便利なものである．

c. キネマティックGPS（KGPS）

海洋測量では，DGPSよりももっと高い精度が必要な場合があるが，今では，リアルタイム測位でも水平方向で5～10 cm，垂直方向で10～30 cmの精度で測位するために，さまざまな手法が開発されている．測定間隔は，0.1秒間隔ぐらいまで短くすることも可能だが，一般には毎1秒程度で行われることが多い．ある程度の大きさがあってゆっくりした運動をする海上移動体のダイナミックな動きを精確に把握することが可能になる．その現状を簡単に紹介するが，この分野は，開発競争が行われているところで，この数年のうちに大きく変わっているかもしれない．

精度向上のためには，測位基準点と利用者受信機の両方でGPS信号の搬送波（carrier wave）の位相測定をする必要がある．これにより，衛星と受信機の間の距離測定の分解能（精度や確度ではない）を数mmまで上げることができる．これは，一般にキネマティックGPS（KGPS）方式と総称されることが多い．リアルタイム測位の場合は，RTKと呼ばれる．

たとえ距離測定の分解能が上がっても，それから正しい距離測定結果をすぐに得られるわけではない．また，精度を確保するために，以下で述べるいくつかの誤差要因を補正することが必要で，正しい位置を計算するためのアルゴリズムはかなり複雑になっている．

KGPS手法開発では，精度の向上とリアルタイム化のための測位計算のスピードアップに大きな力が注がれた．開発の初期（1990年ごろ）には，補正情報を取得する陸上固定基準点から数十km以内の近傍だけで測位が可能で，しかも，初期化と呼ばれる面倒な手続きを利用者が行う必要があり，実用性の低いものであった．その後，効率的な初期化プロセスが開発され，リアルタイムの測

位が可能にもなった[5]．さらに，最近では，全世界（海ももちろん含む）にその利用範囲を広げ，人工衛星通信で補正情報を伝達し，上記の精度を上げる方法も開発されている．

高精度を実現するためには，少なくとも次の3つのGPS測位の誤差原因に対応する必要がある．

① 衛星で生じる誤差：GPS衛星の軌道誤差，時計誤差，姿勢誤差など．

② 伝播経路で生じる誤差：電波が伝わる媒体に起因する誤差（電離層遅延，大気遅延）．

③ 受信機で生じる誤差：受信機のノイズ，マルチパス．

KGPSにおける測位精度高上の技術開発は，これらの誤差をどのように取り除くか，そのアプローチ方法の開発でもある．一般に，狭域を対象とする場合は，衛星誤差と電離層および大気遅延誤差について，固定基準点で求めた補正値をそのまま用いて，ユーザの観測結果を補正する．これに対し，全世界を対象とする場合には，衛星誤差はグローバルな基準点網から衛星それぞれについて決めるとともに，電離層は2つの周波数の測定結果の差を用いて補正し，また，大気遅延はユーザの側の測定データから推定して補正することができる．

有料で誰でも使えるリアルタイムのシステムには，基準局周辺の狭域を対象とするものではVRS（virtual reference station：仮想基準点）方式があり，国土地理院の電子基準点での測定データを用いて日本国内と沿岸をサービス対象とし，有料で携帯電話などを通して補正情報をユーザに送る[6]．基準点に近ければ近いほど精度が高くなることが期待でき，原則として，電子基準点のネットワークの内部がサービス対象域である．

一方，全世界を対象領域とするリアルタイムキネマティックGPS方式は，基準局近傍で高精度を得る方法とは中身が大幅に異なり[7]，単独測位の精度を可能な限り高めたものといえる．航法メッセージよりも正確な衛星軌道と時計誤差推定値を用いるが，その情報は，（もともとのGPS管理施設とは別に）世界各地に独自に設けられたGPS基準点で観測されたデータを集めて解析し，衛星通信により利用者に情報を送信する．精度は，世界のほとんどの場所で（基準点からの距離にはあまり関係なく）水平方向の誤差で10 cm程度と期待されている．利用に当たっては，マルチパスの少ない専用の受信機とアンテナや処理装置が必要で，補正情報も有料で受信する．

d. 地球潮汐

KGPS測位のように，10 cm程度の誤差で位置を求める場合に注意すべきこととして，固体地球潮汐がある[8]．動かないようにみえる地面も，実は，潮汐現象で時間とともに半日程度の周期で，数十 cm程度の振幅で動いている．一般に，測量などでは，そのような固体潮汐の動きを差し引いた一定の位置（緯度と経度）を求める．KGPS測位で基準点と移動点の間の距離が短い場合は基準点の動きを無視していることもある．この場合，測位結果はその時々の真の3次元位置ではないが，たとえば陸上に固定された標石の位置を求める場合，基準点と対象標石の間の距離が短く，地球潮汐で同じように運動していれば，正しい固定地球位置が得られる．また，たとえば，海面に浮かべたブイのKGPS測位で潮位観測を行う場合，基準点と移動点の両方で固体地球潮汐を無視すると，験潮所で得た潮位観測結果と比較できる．一方，長距離基線でのKGPS解析ソフトウェアの中には，移動点の位置を，真の位置にするか，それとも固体地球潮汐の変位量を補正した位置にするかを選べるものもある． 〔矢吹哲一朗〕

e. 応用事例

1) VRSを用いた海域測位

2002年8月に，仙台湾で，海上保安庁の測量船「天洋」の搭載艇の位置をVRS方式で3時間にわたりリアルタイム測位する実験を行った[9]．船の航跡は図5.1.1のように数百m四方の狭い領域を格子状に走るものである．このとき求められた高さ成分について，DGPS測位結果，後処理KGPS測位結果とVRS測位結果を比較して図5.1.2に示す．後処理KGPS測位結果は，陸上基準点を独自に設けてGPSデータをパソコンに収録し，後に解析ソフトウェアで求めたものであり，

5.1 海洋の位置の測量

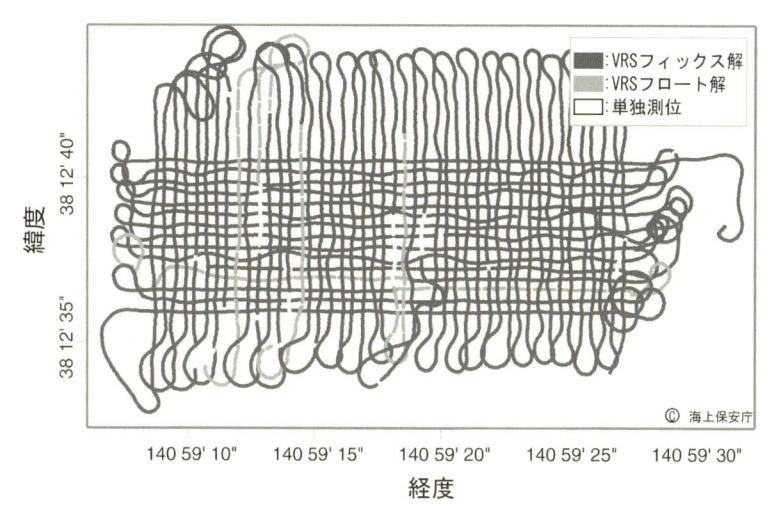

図 5.1.1 仙台湾において実施した測量艇の VRS 測位実験時の航跡図

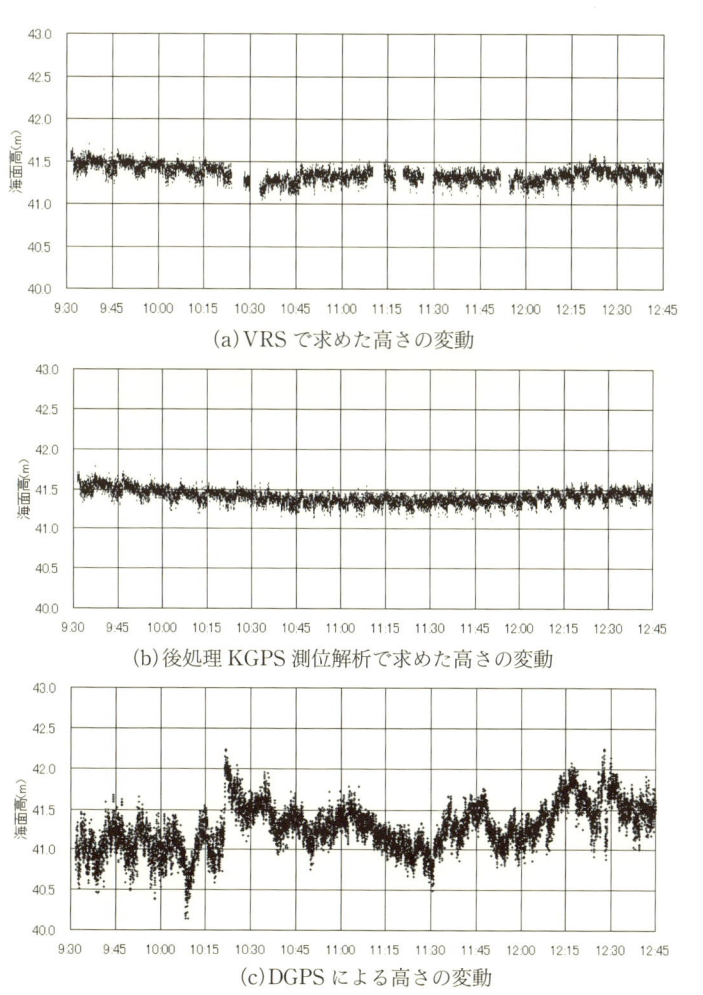

(a) VRS で求めた高さの変動

(b) 後処理 KGPS 測位解析で求めた高さの変動

(c) DGPS による高さの変動

図 5.1.2 仙台湾において実施した測量艇による VRS 測位実験時の海面高測定結果

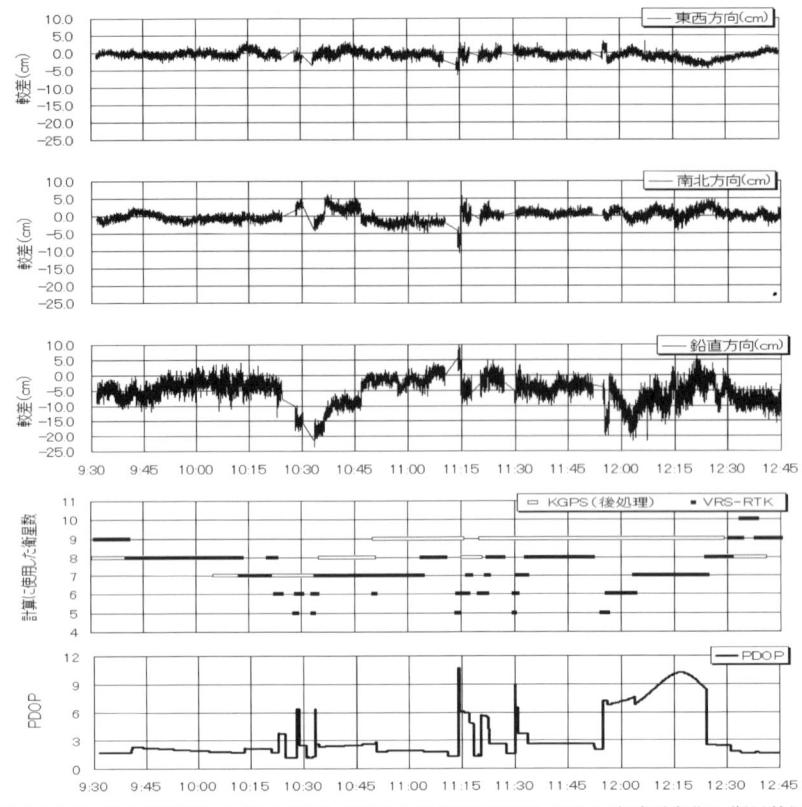

図 5.1.3 仙台湾実験における VRS-RTK と後処理 KGPS の差の時系列変化と衛星状況

用いる GPS 衛星の組み合わせなどが最適化されているので，リアルタイムの結果と多少のずれがある．また，KGPS 測位結果にみられる長期的な変動は，潮汐による海面高変動を示している．なお，ここで示す高さは，船体の傾きと上下方向の短周期の動揺を，別に測定した動揺測定システムの結果で補正し，さらに，アンテナの船体への取り付け位置を考慮して，（波浪を除いた）海面の高さに補正した．

図 5.1.3 は，仙台湾実験における VRS-RTK と後処理 KGPS 測位結果の差の時系列変化である．捕捉衛星数と PDOP も並べて表記した．捕捉衛星数は，KGPS および VRS-RTK の補正計算に使われた衛星の数である．VRS-RTK の衛星数の方が少なくなっている時間帯があるが，これは，国土地理院の電子基準点からのデータの受信が途切れたことによるものであることが確認されている．水平方向よりも上下方向で測位結果に大きな差が生じていること，また，捕捉衛星の違いが測位結果に影響していることがわかる．

2）後処理長距離 KGPS 測位

陸から離れた洋上で，どこまで KGPS 測位の精度が上げられるものであろうか．海上保安庁海洋情報部では，船の GPS 測位と海中音響測距を組み合わせた海底地殻変動観測に取り組んでいるが[10]，そこで得られた例を紹介する[11,12]．海底地殻変動観測のためには，水平方向で 5 cm，上下方向でも 10 cm かそれよりよい海上測位の精度が求められており，しかも，測定海域は陸から 100 km 以上も離れた大洋の中であることもある．たぶん海域で求められる最も厳しい測定精度であろう．ここでは，アメリカ合衆国 NASA の Colombo 博士の開発した後処理長距離 KGPS 解析ソフトウェア "IT" を用いて解析した結果を示す[13]．

2001 年 7 月に東北三陸沖，岸から 100 km ほど離れた太平洋で，海上保安庁の測量船で得た GPS 測位データの後処理の KGPS 測位結果を紹介する．測量船は，5 km 四方程度の狭い領域の中を多

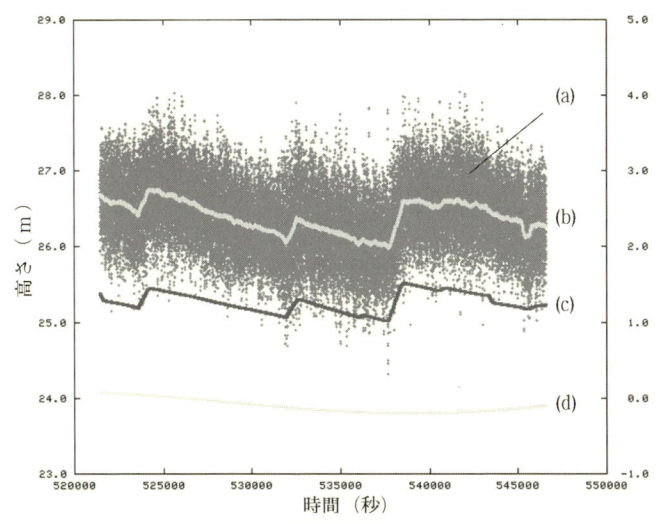

図 5.1.4 三陸沖での測量船の KGPS 測位による GPS アンテナの高さの変動 0.5 秒おきの結果(a)とその2分間の移動平均(b)をプロットした．比較のために，ジオイド高に 4 m を加えた結果(c)をプロットし，また，潮汐による海面高変動(d)を同じスケールでプロットした．

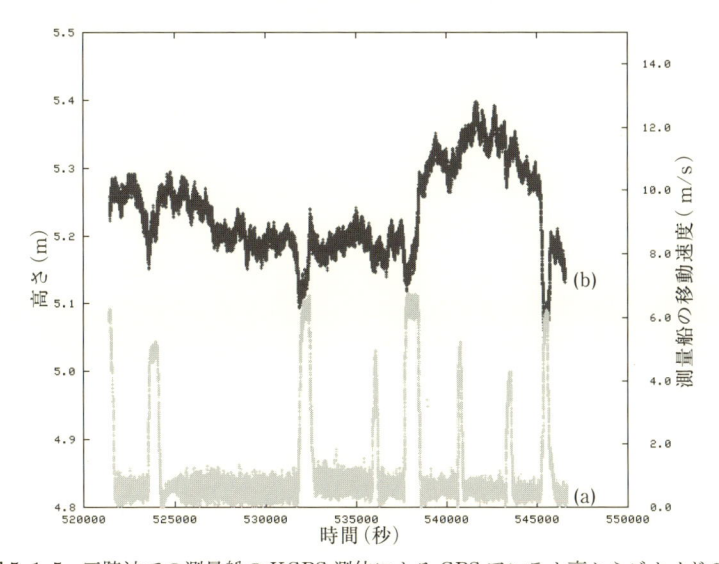

図 5.1.5 三陸沖での測量船の KGPS 測位による GPS アンテナ高からジオイドの高さと潮汐の影響を取り除いた結果(a)，測量船の移動速度の推移(b)

数回，往復航行した．KGPS 解析は，0.5 秒おきに取得したデータを，陸上の2か所の基準点データとともに後処理で解析した．

実験海域は日本海溝の陸側斜面の上にある特殊な場所である．GPS で用いられる WGS 84 の準拠楕円体を基準とした場合，重力の鉛直方向と準拠楕円体に対する垂直線が一致せず，重力的な水平面（ジオイド）が準拠楕円体に対して傾いている．この結果，ジオイドとほぼ一致する海面の高さを準拠楕円体に対して測ると傾いてみえてしまう．この傾きが，日本海溝周辺では大きく，1 km あたり 10 cm 程度にもなる．ジオイド高が不規則に変化しているのはこのためである．

図 5.1.4 は，KGPS 測位で求めた高さと，船体

の波浪に伴う動揺を取り去るために高さの2分間の移動平均をとった結果，また，船の水平位置に対応するジオイドモデルの準拠楕円体からの高さ（福田の1990年のモデル[14]）と潮汐変動モデル（国立天文台作成のモデルNao99b[15]）をプロットしたものである．もしもKGPSによる測位が正確で，ジオイド，潮汐モデルも理想的で，しかもジオイド面と平均水面が同じであるならば，KGPS測位の高さからジオイドと潮汐潮位を差し引くと，船体に取りつけたGPSアンテナの海面からの高さが出るはずである．求めた結果を図5.1.5に示す．一定の値になっていないのは，KGPS測位の高さ誤差，実際の平均海面のジオイドからのずれ，用いた潮汐モデルとジオイドモデルの誤差に加え，船が運動するときの喫水の変化（航走すると船体が沈み喫水が深くなる）が複合的に影響しているためである．〔矢吹哲一朗・雨宮由美〕

5.1.2 海域の水深基準面
a. 水深基準面

地形，すなわち固体地球表面の形状は，水平位置（緯度と経度）に対する高さの分布で示すことができる．この場合，緯度と経度を測るための座標軸は，社会的に1つに決められている．かつては，日本国内だけで有効な日本測地系が使われたが，2001年から全地球で同じように使えるような世界測地系が陸図でも海図でも用いられるようになった．

一方，高さの基準は複雑で，陸上であれば，高さの基準（標高のゼロレベル）はジオイドと呼ばれる重力的水平面である[16]．これは，幾何学的な平面（つまり，地球表面に合わせた回転楕円体の表面，すなわち準拠楕円体）とは異なる．ジオイドと準拠楕円体の差は，ジオイド高と呼ばれ，場所によって異なることから重力観測結果などをもとに求められている．

海域はどうであろうか．海域で測られるのは水深である．水深分布は，海面を高さの基準と考えたときの海底面の形状ともいえる．では，海面とジオイドの関係，また海面と準拠楕円体の関係はどうなっているのであろうか．

ジオイドは，海域でも定義でき，重力観測などから求められる．一方，海面は，潮汐により高さが変動しているが，ある期間にわたって平均して潮汐変動成分を取り除くと，平均水面と呼ばれる一定の面ができる．残念ながら，平均水面とジオイド面はいくつかの理由から厳密には一致せず，数十cm近い差が生じることがある．実用上は平均水面の方が簡単に求められ便利である．先にジオイド面を海域で決められると述べたが，実際には，海域で十分な重力データを収集し，ジオイドを正確に決めることはかなり難しい．

一方，特に船の航海安全の観点から，航海用海図（chart）では，最低水面と呼ばれる面が定義され水深の基準とされている．これは，潮汐による海面の上下を考えて，最も海面が下がる（したがって水深が小さくなる）面を基準として水深を表すものである．このためには，平均水面に加え，潮汐による潮位変動の振幅も求めなければならない．

以上のように，海域において概念的には，少なくとも4つの面（ジオイド，平均水面，最低水面，準拠楕円体）を，高さ，あるいは水深を表すための基準として利用できる（図5.1.6）．もちろん，浅海では，最低水面と平均水面やジオイドの違いは重要であるが，大洋の真ん中の水深数百mをこえるようなところでは，水深測定精度を考えれば，これらの違いはあまり重要ではない．

繰り返しになるが，海図で用いられる水深基準は最低水面で，海図の目的（船舶の航海安全）を考慮し，また，実際に測定可能であることから採用されている．これまで，水路測量（海図作成のための水深調査）では，最低水面と水深測定時の海面高の違い（これを潮高改正量と呼ぶ）を正しく補正するために，潮位観測を1か月程度実施してそのデータを整理し，平均水面と潮汐パラメータを求めてきたため，資料整理に時間がかかった．また，測量海域が広くなれば複数の場所で海面点を測定しその間を補間しなければならないなど，かなりの手間がかかっていて，潮高改正が実際の水路測量作業においてかなりの負担となっている．これは，基準面をジオイドや平均水面としても同

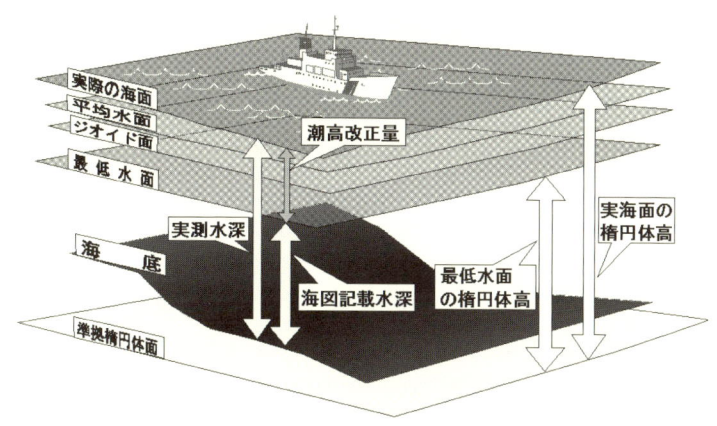

図 5.1.6 海域における水深基準となるいくつかの面と潮高改正を示す概念図

じことで，上下に動く実海面と定まった水深基準面とのずれの補正を，より簡便で正確に測定する手法の開発が求められている．

b. 最低水面のモデルの利用

仮に，準拠楕円体を基準とし，水深基準面（最低水面）の楕円体からの高さの分布を求めることができたとしよう．さらに，船舶で水深を測る際に，海面の高さもKGPS測位で，準拠楕円体面に対して観測できるものとしよう．これらにより，次のようなメリットがあると期待されている．

① 実際の海面からの測定水深を水深基準面からの水深に補正する手続きが簡単となり，海底の起伏を求める作業が効率的になる．

② 海底の高さを，準拠楕円体を基準に定義でき，数値的な扱いが簡単となるほか，陸の地形との結合も簡単になる．

③ これらの結果，海底面の変動の把握を，短時間で正確かつ効率的にできるようになる．たとえば，海底での地すべりや活断層の活動の実態把握，海底に機材を設置したり浚渫などの工事を行ったりすることへの応用が期待される．

問題は，最低水面を正しく決められるか（最低水面モデルの構築），そしてKGPSで正しく海面高を測定できるか，という2点であるが，ここでは，前者の最低水面モデルの作成について紹介する[17]．

人工衛星などを利用した測地観測により，たとえば，衛星海面高度計（アルチメトリー）による海面高とその変動の測定，重力測定とジオイドモデルの構築，またKGPSを用いた高精度3次元測位による海面高測定などが可能となっている．この結果，外洋でも，前記の4つの基準面をグローバルに決めることができるようになった．外洋域での準拠楕円体に対するジオイド高分布モデル研究はすでにいくつかある[14,18]．また，準拠楕円体に対する平均海面高[19]および潮汐潮位変動の振幅推定も成果がある[15]．

一方，沿岸や内湾では，人工衛星からの正確な測定は困難であるが，海岸での験潮観測は，日本などではかなりの成果がある．また，最近では，コンピュータで大規模な計算を行って，潮汐をシミュレーションすることも可能である．

このように，海域の水深基準面に関する数多くの資料がすでにあることから，これらのデータや資料をまとめて総合モデルを作成し，実際海面高の結果と比較し検証することが当面の課題として考えられる．

瀬戸内海で最低水面のモデルは，次のようにして求められた[17]．

① この海域では，験潮観測（恒常的な験潮施設と，1か月程度の短期間観測）による平均水面の結果が60か所程度ある．これらの点の近傍には，平均水面を決めた高さの基準点（基本水準標）が設置されているが，この高さを，GPS測量の方法で，国土地理院電子基準点を基準にして測定した．これにより，準拠楕円体に対する平均水面の高さ

が求められた．なお，験潮観測は，数十年前に行われた場合もあり，その間に地殻上下変動などで基本水準標と平均水面の関係が変わっている場合もあるが，その量は，国土地理院の水準測量の成果をもとに補正した[20]．なお，平均水面の高さには，経年的変化がないものと仮定している．

② ジオイドについては，国土地理院が全国の重力測定，水準測量，GPS測量から決めた分布モデル（Jgeoid 2000）[1]を用いた．

③ ジオイド高と平均水面の差の分布が滑らかな空間分布であると仮定し，①の60か所の平均水面観測点の値から，空間的なスムージングをかけて差の分布を求め，それに②のジオイドを加えて平均水面モデルとした．

④ 最低水面と平均水面の高さの差をZ_0と呼ぶが，これは潮汐による潮位変動の振幅である．Z_0の測定値も60か所弱の点で得られている．平均水面と同様に，この大きさも経年的に変化していないものと仮定した．一方，詳細な潮汐現象のコンピュータシミュレーション結果があることから[21]，観測ポイントの数が十分でないことを補うため，観測データのある60弱のポイントでの測定結果とシミュレーション結果の差を求め，同じく空間的にスムージングをかけながら，その分布関数を求めた．これをシミュレーション結果に加えて，Z_0の分布モデルとした．

⑤ 最後に③で得られた平均水面モデルから④のZ_0モデルを差し引いて，図5.1.7の最低水面モデルを求めた．ここには，準拠楕円体からの高さの分布が示されている．

図5.1.7からわかるように，西日本では，最低水面は準拠楕円体より30m程度高い．また，瀬戸内海では，最低水面が準拠楕円体面に対して西下がりに傾斜している．

c． 海底地形と水深

水深測定とKGPSによる測量船の高さ測定から，海底面の形状を直接に決めることができる．実際に求めた例を1つ紹介する（図5.1.8）．ここでは，瀬戸内海の中央部，燧灘の東西測線を測量船で往復し，同時に，KGPSによる3次元測位，水深測定，船の動揺測定を行った結果をまとめたものである．東進時と西進時それぞれで，同じ場所で2つの測定結果（海底面の楕円体高）が得られる．東西の往復の間に，潮汐で海面の高さが変動しているが，その影響は取り除かれ，海底の楕円体高はほぼ一定の値になった．往路と復路での同じ場所の海底面の高さの差は，平均が4.2cmで，RMSは1.7cmだった．この例は直下水深の結果だが，マルチビーム測深機による面的な測定から，海底の立体的な形状を準拠楕円体に対して

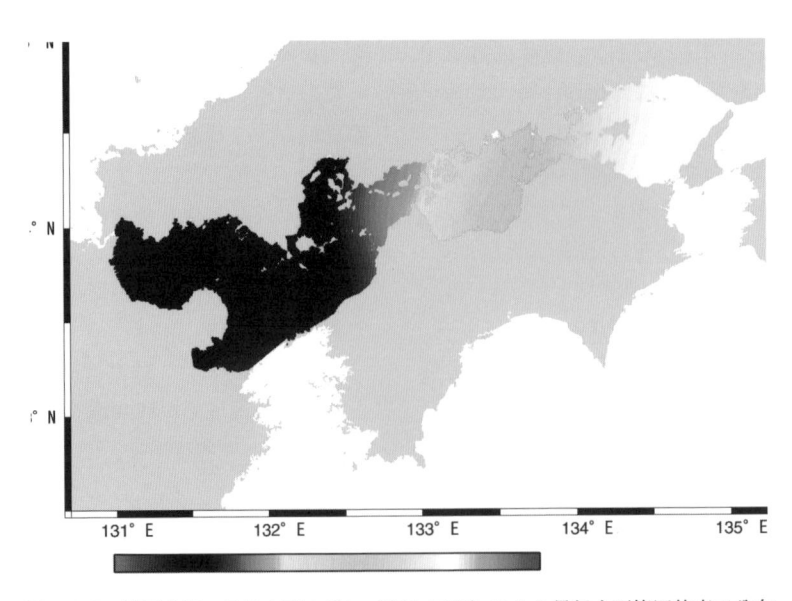

図5.1.7 瀬戸内海の最低水面モデル（CDL 2003）による最低水面楕円体高の分布

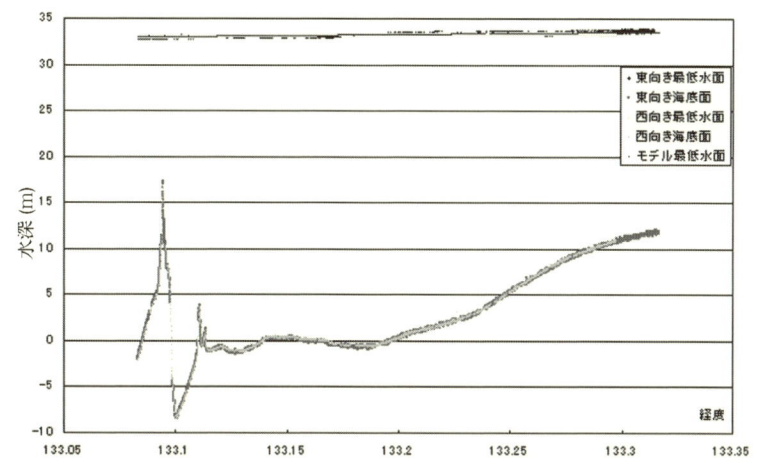

図 5.1.8 瀬戸内海燧灘の東西測線の測量船「くるしま」での水深測定結果

求めることも，もちろん可能である．

図 5.1.8 は，海底面の高さと最低水面の高さを楕円体高で求めている．海底面は，測量船の高さと水深測定結果を用い，また，最低水面の推定には，測量船の高さと近傍の海岸での潮位観測結果を利用した．同時に，図 5.1.7 のモデルによる最低水面の高さもプロットされている．これらから，最低水面についてはモデルと実測値がほぼ一致していること，海底面についても往路と復路の結果が一致し，測定に再現性のあることがわかる．

このように，最低水面モデル（水深基準面のモデル）を整備するとともに，水深測定とKGPS高さ測定，動揺測定を1セットとして実施することにより，効率的な水路測量，海底地形調査を実施することが可能である．最低水面モデルの整備は，これからの水路測量や海底調査に大きな影響を与えると期待されている． 〔矢吹哲一朗〕

文　献

1) Department of Defense (DoD) : Global Positioning System Standard Positioning Service Performance Standard, 2001. http://www.navcen.gov
2) 海上保安庁交通部ディファレンシャル GPS ウェブサイト　http://www.kaiho.mlit.go.jp
3) 高梨泰宏：DGPS による岸線測量の精度について．水路部技報, **19**, 90-93, 2001.
4) Radio Telecommunication RTCM Recommended Standards for Differential Navstar GPS Service, Version 2.1, 1994.
5) 高野　忠，佐藤　亨，柏本昌美，村田正秋：宇宙における電波計測と電波航法，コロナ社，p.252, 2000.
6) 都筑三千夫，西修二郎，松村正一：仮想基準点方式によるリアルタイム測位．国土地理院時報, **96**, 2001.
7) Muellerschoen, R. J., Bar-Sever, Y. E., Bertiger, W. I. and Stowers, D. A. : Decimeter accuracy, NASA's global DGPS for high precision users. *GPS World*, January, 14-20, 2001.
8) 日本測地学会：現代測地学, 611, 1994.
9) 戸澤　実，松本良浩，矢吹哲一朗，中條拓也，雨宮由美，植木俊明：測量船におけるVRS方式を用いたRTK測位により高さ方向の精度評価．海洋情報部技報, **22**, 2004.
10) 矢吹哲一朗：海底地殻変動観測を目指した音響技術開発．水路部研究報告, **38**, 47-58, 2002.
11) 藤田雅之，矢吹哲一朗：海底地殻変動観測におけるKGPS解析結果の評価手法について．海洋情報部技報, pp.62-66, 2003.
12) 矢吹哲一朗：海上でのキネマティックGPS測位における高さ測定の精度．電波航法, **45**, 2004.
13) Colombo, O. L. : Long-Distance Kinematic GPS. Teunissen, P. J. E. and Kleusberg, A. eds., GPS for Geodesy, 2nd ed., Springer, pp.537-568, 1998.
14) Fukuda, Y., Shi, P. and Segawa, J. : Map of geoid in and around Japan with JODC J-BIRD bathymetric chart in a scale of 1 : 1,000,000. *Bulletin of the Ocean Research Institute, University of Tokyo*, **31**, 1-6, 1993.
15) Matsumoto, K., Takanezawa, T. and Ooe, M. : Ocean tide models developed by assimilating TOPEX/POSEIDON altimeter data into hydrodynamical model : a global model and a

regional model around Japan. *Journal of Oceanography*, **56**, 567-581, 2000.
16) 安藤 久, 佐々木正博, 畑中雄樹, 田中和之, 重松宏実, 黒石裕樹, 福田洋一：日本のジオイド 2000 の構築．国土地理院時報, **97**, 2002．
17) 日本水路協会：K-GPS を用いた水路測量の効率化の研究　その3．日本水路協会調査研究資料, **112**, 114, 2003．
18) Lemoine, F. G., Kenyon, S. C., Factor, J. K., Trimmer, R. G., Pavlis, N. K., Chinn, D. S., Cox, C. M., Klosko, S. M., Luthcke, S. B., Torrence, M. H., Wang, Y. M., Williamson, R. G., Pavlis, E. C., Rapp, R. H. and Olson, T. R. : The development of the Joint NASA GSFC and NIMA Geopotential Model EGM 96. NASA/TP-1998-206861, 1998.
19) 久保良雄, 瀬川爾朗, 村瀬 圭：人工衛星アルチメトリーによる日本周辺海域平均海面高の精密決定．東海大学海洋研究所研究報告, **23**, 17-25, 2002．
20) 国見利夫, 高野良仁, 鈴木 実, 斎藤 正, 成田次範, 岡村盛司：水準測量データから求めた日本列島 100 年間の地殻上下変動．国土地理院時報, **96**, 23-37, 2001．
21) 日本水路協会：瀬戸内海の海峡及び島嶼海域における潮流の高精度予測手法の研究　その3．日本水路協会, p.113, 2002．

5.2　測深・海底地形測量

5.2.1　音響測深機

音響測深機は，船底に装備した送波器から海底面に向けて音波を発射し，受波器で海底面より反射されてくる音波を受信し，音波の往復時間を測定することにより水深を取得する装置である．海水中を伝播する音波の速度は，水温，塩分，圧力などによって変化するが，おおよそ 1470～1540 m/s の範囲であり，空気中の音速度の約5倍である．海面と海底面との音波往復時間は，水深75mで約0.1秒，750mで約1秒，7500mで約10秒を要する．

水深の測定は，発射した音波の海底反射波を受信した後，次の音波を発射するため，水深が増加するに従い音波の発射間隔は長くなる．また水深が増加すると，音波伝播経路が長くなり，音波のエネルギーの減衰が大きくなる．したがって，深度が大きくなると音波の発射エネルギーを大きくする必要があり，その結果，送受波器や装置全体が大きくなる．こうしたことから，音響測深機は，数百mまでを測深する浅海用（極浅海用），3000m前後までを測深する中深海用，それ以上の深度を測深する深海用に大別される．

使用する音波の周波数は，約 10～500 kHz の範囲である．音波は，周波数が高くなるほど直進しやすくなり，かつ音波のビームを鋭くすることができる．しかし，一方で水中における伝播減衰が大きくなる．このため，音響測深機では，浅海用は 100～500 kHz 程度，深海用は 10～30 kHz 程度の周波数が使用されている．

近年，1つの音波ビームを発射するシングルビーム音響測深機に対して，複数の音波ビームを異なる方向に発射し，海底投射面積を広げたマルチビーム音響測深機が用いられるようになった．

a.　シングルビーム音響測深機

シングルビーム音響測深機とは，船から1つの音波ビームを直下方向に向けて発射し，水深を取得する装置である．シングルビーム音響測深機の大きな特徴は，発信音から海底面の反射音まで送受波器で受信したすべての音波を，測深記録データとして保存していることである．この機能により，船の直下位置においては，海中に漂う浮遊物と海底の突起物などと正確に判別することができる．

1）装置概観

装置は，音響測深機本体と送受波器の2つに大別される．音響測深機本体は，電源部，記録部，送受信部などで構成され，記録部で測深データを記録し，送受信部で送受信の電気信号を制御する．送受波器は，送受信部を通して音響測深機本体と接続される（図5.2.1）．

シングルビーム音響測深機の多くの記録部は，記録媒体として記録紙を使用している．したがって，測深データは，アナログデータとして記録される．記録紙は，主に放電破壊式または感熱式が用いられている．

送受信部は，送信器と受信器からなる．送信器は，トリガー信号によって制御される電気信号（パ

ルス)を発生させて送受波器に送信する．一方，受信器は，送受波器から海底面の反射音の電気信号を受信し，記録部に送信する．記録部に記録紙を使用している場合は，受信信号を記録電圧まで増幅する．放電破壊式では 130 dB 以上の増幅が必要である．

送受波器は，1 つの振動子で送波器と受波器の役割を行っている．つまり，送信器より受けた電気エネルギーを音響エネルギーに変換して音波として海底面に向けて発射し，海底面からの反射音として受信した音響エネルギーは，電気エネルギーに変換して受信器に送信する．振動子は，磁歪振動子と圧電電歪振動子が主に使用されている．

音響測深機の性能を左右するものとして，送信する音波ビームの指向性があげられる．指向性は送受波器の振動面の形状と音波の周波数に依存し，形状が同じ場合，周波数が高くなるに従って指向性は尖鋭となり，音波のビーム幅を狭めることができる．指向性が鋭くなると，海底に対する音波の投射面積(フットプリント)が小さくなり，海底の高低差の分解能を上げることができる．一方，船による動揺の影響を強く受けてしまい，測定精度の低下を招く可能性がある．

海底に対する音波の投射面積は，音波ビームの指向角および船の動揺のほかに水深に依存し，水深が深くなると投射面積が大きくなる．この場合，海底地形の起伏は，投射面積内の最浅水深に代表されるため，正確な地形起伏のデータを取得することができない．一方，水深が浅くなると投射面積は小さくなる．この場合，音波の発信間隔，船速によっては未測深面の増大を生じることがある．特に浅海域において，海底面を100%カバーしなければならない測深域では，未測深面が生ずることがないように計画する必要がある．

さらに，取得した水深に対しては音速改正，潮高改正など，さまざまな補正を行う必要がある．

音速改正とは，仮定音速値で求めた水深を，実際の音速度を測定して真の水深に修正することである．先に述べたように，音響測深機は，船と海底面との音波の往復時間を測定することにより水深を得ている．音波の往復時間から水深を得るためには海水中の音速度が必要となる．しかし，音速度は，水温が高くなると増加するなど一定の値ではない．さらには，塩分，水圧，密度などの影響により複雑に変化する．このため，測量時は海面から海底面までを均一の媒質として一定の仮定音速値を使用して水深値を得ている．多くの音響測深機では，仮定音速値として 1500 m/s が採用されている(改正値の取得方法については 5.4 節参照)．

潮高改正とは，潮汐の影響により，時間の経過とともに昇降する海面の高さに対して行う補正である．海図に関する水深については，200 m 以浅の深度に対して，基本水準面(最低水面)を基準とした水深を表示することが水路業務法で規定されている．このため，沿岸域で収録した水深値に対しては，改正を実施する必要がある．潮汐観測を行い，基本水準面との差を求め，改正値を取得する．

このほかの水深に対する補正として，精度を要する測深では，モーションセンサを用いて船体の動揺動態を観測して行う動揺補正などがある．

2) 4 素子型音響測深機

沿岸海域における水路測量では，海底の突起物など，浅所のとり残しをなくすことを目的とした 4 素子型音響測深機が広く使用されている．4 素子型音響測深機は，1 台の音響測深機本体と，4 個のシングルビームの送受波器で構成されている．送受波器は，直下方向と斜下方向に左右舷 2 個ずつ装備する．斜下方向の送受波器は，通常外側に 15° 傾斜させて設置する．4 素子型音響測深

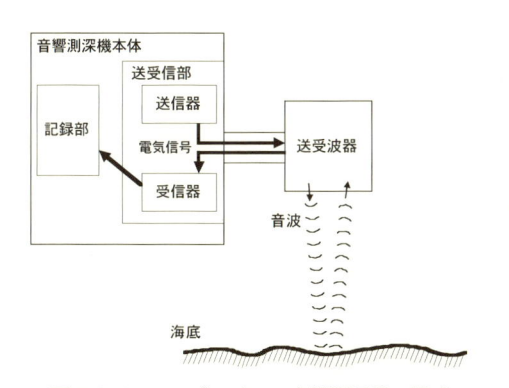

図 5.2.1 シングルビーム音響測深機の構成

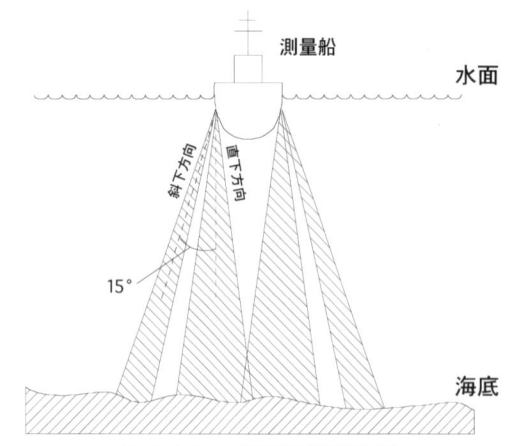

図5.2.2 4素子型音響測深機

機の周波数は，気泡の影響が少ない200 kHzを使用し，さらに，各送受波器の干渉を防ぐことから，200 kHzを中心に20 kHzの間隔が空けてある．また，ビームの指向角は，ワンショットにおける音波の投射面積を大きくすることを目的としているため，半減全角で直下方向が16°，斜下方向が6°としている（図5.2.2）．

4つの送受波器から取得した水深値のうち，左右2つの直下水深の浅い方の値を，その位置の水深値として採用している．斜下方向の測水深は，直下方向の水深と比較し，浅所の有無の判断のために使用する．

近年の自動化，デジタル化といった時代の趨勢から，音響測深機ではデジタル化が進み，記録紙に記録するアナログデータとともに，測深記録データからデジタル水深データの取得が可能になっている．デジタル水深データは，直接数値を表示するとともに，シリアル通信などで外部出力することができ，データ処理の自動化に有効である．

〔中條拓也〕

b. マルチビーム音響測深機

マルチビーム音響測深機とは，船体の下から両舷側方向に放射状に指向性が高い音響ビームを，多数配列し海底地形を計測するものである．シングルビームが船体直下しか計測できなかったのに対し，幅をもって計測できることから，点-線の測深から線-面への測深へと変化した．マルチビーム音響測深機の導入により詳細な海底地形が判別できるようになり，真の地球像がとらえられるようになってきた．マルチビームによる測深技術は浅海から深海まで多種多様となり，それぞれ高性能，多機能化していくとともに，データの解析，利用技術も高度化しつつある．

利用分野としては，海図作成，海洋調査・研究，海底資源探査，水産資源調査，物理探査，港湾・浚渫工事，海底線敷設調査，パイプライン調査など海洋測量だけでなく，ダムの貯水・維持管理，河川の調査など陸水分野にまで多岐にわたっている．

使用する音波は，他の音響調査機器と同様に音響特性として，周波数が高いほど分解能は高いが，海水中での吸収損失が大きくなり到達距離が短い．一方，周波数が低くなると分解能は低くなるが，到達距離は増大する．

一般的に，400 kHz程度のものは水深100〜120 m程度までを計測し，200 kHz程度になると水深300〜400 m程度まで，10〜12 kHzのものは水深11000 mまで計測可能といわれている．

近年マルチビーム音響測深機は浅海用から深海用まで広く使われるようになり，技術的にも実用の面でも著しい進展を遂げている．マルチビーム音響測深器の基本原理を以下に示す．マルチビームの送波器と受波器は，直交するように船底に固定されていて，この送波器から海底面に向かって，進行方向と直角方向に扇型に広がるビーム（ファンビーム）を発信し，これに，直行する受波器も扇形のビーム形状で反射を待ち受けることにより，それぞれの交点の測定値が得られることから，クロスファンビーム方式と呼ばれている．

図5.2.3にクロスファンビームの概要を示す．まず，図左のように海底に音波を発射する．次に受波ファンビームを用いて，海底に送ったファンビームの覗き窓をつくる．すると，音波の当たった海底のうち，覗き窓の中にとらえた部分のみのエコーを得ることができる．つまり，送波ビームと受波ビームのクロスした部分のビームを形づくったのと同じことになり，これにより精密な測定ができる．これがクロスファンビームの基本原理である．

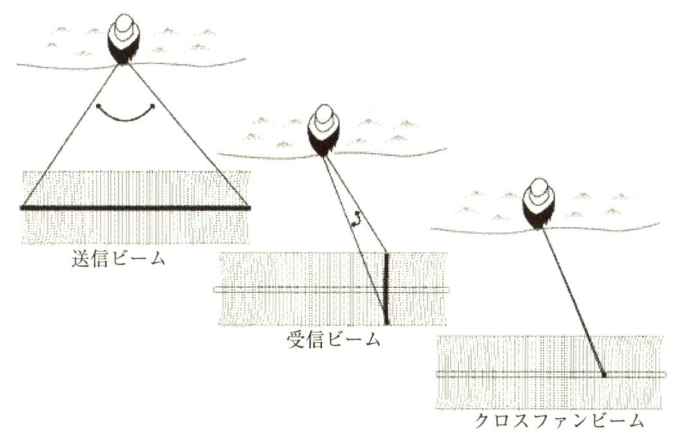

図 5.2.3　クロスファンビームの概要

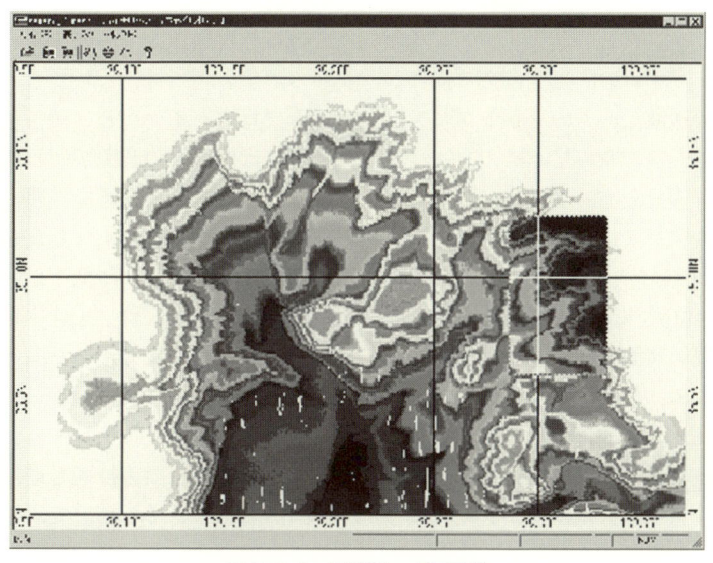

図 5.2.4　相模湾の水深図例

　水深は，音波を発信してから海底で跳ね返って戻るまでの時間を計測して求める．現在，マルチビームは浅海用から深海用のものまで，また調査目的と調査深度によって，10〜500 kHz の周波数の音波を使ったさまざまな機種が開発されている．たとえば，浅海域を測深する場合には，100〜400 kHz の周波数を用いる．150〜240 本前後のビームを発射し，0.5°程度の分解能で，水深の約 3〜5 倍の探査幅をカバーする．浅海から超深海である 11000 m の海域を測深する場合には，12 kHz 前後の周波数を用う．このときは，約 120 本のビームをもち，2°前後の分解能で，水深の 3 倍程度までの探査幅をカバーする．

　図 5.2.4 は，神奈川県の酒匂川河口から相模湾奥部の海底の急斜面に発達する扇状三角州をとらえた海底地形図である．この例のように，クロスファンビーム方式は，船が航行しながら，音波の送受信を繰り返すことによって，海底を面的に測深することができる．

▶ ワンポイント

　1965 年ごろオーストラリアの Belnard Mills は，Mills Cross（ミルズクロス）法を考案し，ラジオテレスコープに採用した．これは直交する 2 つのライン状の受波器を使って狭ビームをつくる

ものであり，これを，クロスファンビーム方式と称した．最近では，考案者の名を尊重し，総称してMills Cross法と呼ぶようになってきた．また近年，これにインターフェロメトリー法を加えた手法が用いられるようになってきている．Mills Cross法の利点は，船が大きくローリングやピッチングで揺れても，必ずクロス点の信号が得られることである．スポット状のペンシルビームでは，送信時と受信時の送・受波ビームが揺れによりずれて，エコーをとらえることが難しくなる．このために，高精度の姿勢安定装置（スタビライザ）などの工夫が必要となる．また，送波ファンビームのピッチングやヨーイングによる揺れを抑えるためにビームステアリングというラインアレイから放射されるファンビームの向きを変える操作が行われる．海底への送波ビームのフットプリント（音波照射の足跡）は，送波時のピッチ，ヨー，位置によって決定される．一方，受波ビームは，含まれるエコーが受波アレイに到達したときの，ロール，ヨー，位置によって決まる．このため，Mills Cross法の交差点の位置計算は複雑となる．深海探査の場合，送・受の時間差が大きいので，この影響はより深刻となる．初期のSeaBeamのように直下を正しく補正する方式はスワス幅が狭いときには問題がなかったが，スワス幅を150°とか，最大限まで広げる場合には分割操作が必要になってきた．また，リアルタイムのピッチおよびヨー補正や，フットプリントの均一化は行わず，後処理でビームの位置を計算するものもある．ビームステアリング操作の場合，傾ける角度をδとすると，ビーム幅を決める送受波器の有効ライン長は$\cos\delta$倍となり，ビーム幅が広がる．

ビーム信号から海底のエコーの受信時間を計測する基本的な方法は，音波の振幅で荷重した平均時間を受信時間と見なす，荷重平均時間法で計測するものである．最近では，マルチビーム音響測深機の精度を上げるために，1つのビーム内から発生する海底エコーパルス群を時間で分離して，エコーパルス信号の到来方向角をさらに高分解能で計測するインターフェロメトリー法（干渉波法）が用いられるようになってきた．インターフェロメトリー法の原点は，サイドスキャンソナーのエコーを受信する際，2列の受波アレイで位相差を計測しエコーの角度を計測して，測深を行う方法である．2個の信号の位相差は，信号を足し合わせると計測できるという現象に基づくものである．

近年のマルチビーム音響測深機は，サイドスキャンソナーやサブボトムプロファイル機能を搭載したものもある．音響画像において，送波ファンビームの動揺を制御できることは，リアルタイム画像の歪みを抑制することになる．この補正技術は，送波ファンビームを数ブロックに分割し，測線に直交する線上に並べるようにしている．ここで得られた画像は，海底をみるほか，計測した地形の誤差の判断材料としても利用される．サブボトムプロファイラなどの海底下の地層を探査する装置には低周波の音源が使われ，通常，ビームが横に広がって水平分解能を悪くするとともに，海底からのエコーが長くなるため，特に深海では，地層の分解能を著しく低下させていたが，装置の配列方法，ハイドロフォンアレイの共用などにより，ナロービームを用いた高分解能調査が可能となっている．

一方，浅海用マルチビーム音響測深技術の向上と普及を支える周辺技術も進んでいる．最近では，KGPSにより，cm精度で，船の3次元位置が計測できるようになった．傾斜計を発展させ，より瞬間的な動きに対応させるため，3軸に配置した加速度計と角速度センサを組み合わせた小型のダイナミックモーションセンサなどの開発や，GPSと結合して加・減速時，旋回時の誤差補償を行うことにより，精密に船体，送受波器の動揺をとらえることが可能となった．

c. 今後の課題

マルチビーム音響測深機は，水深計測，海底地形計測を行う上での基本となる装置として定着している．測深技術として単独の能力向上も重要であるが，機器そのものの校正手法や周辺機器の整備，さらに解析システムの機能向上などと組み合わせた総合計測システムとして調和をとりながら向上を図っていかなければならない．マルチビー

ム音響測深機は，目的および手段として用いるとき，機種固有の計測技術としての特徴をもち始めており，汎用的な処理システムでは対応できなくなってきている点も見受けられる．今後の音響測深技術において改善されるべきものとしては，長周期の上下動をKGPSなどで補正する技術の確立，周辺センサとのデータマッチングの正確性の確保，動揺センサを用いた水平加速度の補正などによる誤差要因の減少を図り，マルチビーム本来の性能を引き出すことである．さらに，合成開口手法を用いた海底地殻変動探査技術開発などが望まれている．

5.2.2 サイドスキャンソナー

海底を，あたかも航空写真や衛星画像のように，超音波によって画像としてとらえることのできるサイドスキャンソナーは，沈船調査や海底ケーブルルート調査，海底障害物の探知など海底面上に存在する物体の形態把握を主とする調査や，海底表面の底質分布，微地形構造の把握などに利用されている．

基本的な形状としては，プラットホームの左右から音波を扇形に出力し，海底面などから戻ってくる音の強弱を利用して画像化する装置である．

▶ワンポイント

サイドスキャンソナーは，1960年にマルチビーム，サブボトムプロファイラ，またはマグネットメータとともに組み合わせたシステムとして開発された．

曳航型のサイドスキャンソナーは，潜水艦探知の必要性からイギリスのTuckerにより開発されたASDICが最初のものであり，これにより大陸棚の観測などが行われている．

1963年にアメリカ合衆国の原子力潜水艦スレッシャー号が大西洋の水深約2400mの海底に沈没した．ところが，当時このような深海で探査するための装置がなく，緊急に開発に着手し，翌年同国のCrayらにより，lateral echo sounder と呼ばれる中深海用のサイドスキャンソナーが製作された．同じころ，日本でも工業技術院地質調査所（当時）の中条によってボトムソナーが製作され

た．1967年には，lateral sonar をフランスI.P.F が発表し，ほぼ同じ時期にEG&G，Klein，Westinghouse などアメリカ合衆国の各メーカーが次々と新型のサイドスキャンソナーを発表した．1970年代後半〜1980年代にかけ，海洋調査に頻繁に用いられるようになり，ターゲットとするものの種類が多様化し，それに伴いいろいろな周波数が用いられるようになった．

初期のサイドスキャンソナーのほとんどは，調査時に船上で得られた画像しか入手することができなかった．このため，調査結果を公表するといっても，記録を人間が改めて読み取り，判読図を作成するという方法がとられていた．

1980年代に入り，コンピュータの進歩とともに信号処理技術が発達し，データの収録方法もアナログからデジタルへと変化してきた．これにより，サイドスキャンソナー画像がただ単に調査船上で取得した記録紙による各種の歪みをもったままの画像すなわち絵としてだけでなく，デジタル画像データとして収録できるようになった．

a．調　　査

サイドスキャンソナーによる調査は，曳航船から曳航ケーブルを用いてトウフィッシュと呼ばれる音響調査機器プラットホームを曳航する．

プラットホームにはトランスデューサが設置されており，これにより音波を送受信する．音波の形状は，おおむねファンビームとなっており，トウフィッシュの進行方向と直角に，上下方向には広く扇型に前後方向には狭く直線上に発信される．

海底に向けて発信された音波は，その使用する周波数により，海底面に当たると中に潜って地層探査を行うような長い波長のものと，光のように海底面で反射するものがある．サイドスキャンソナーで用いる音波は基本的には超音波に属し，海底面で散乱するものを利用している．

海底で反射音波は，海底面が鏡のようであれば，照射された音波は全反射して発信した位置には戻ってこない．実際の海底は音響的に鏡のようにはなっておらず，散乱を起こす．

この散乱された音波の強弱（後方散乱強度）を

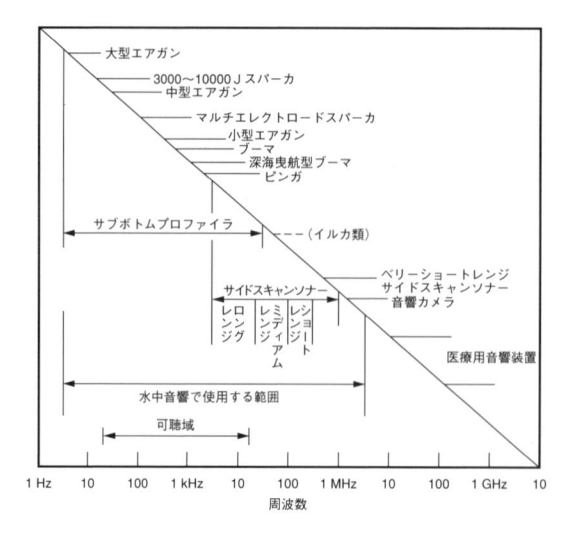

図5.2.5 音波探査装置の周波数による分類

表5.2.1 サイドスキャンソナーのタイプ別諸元

レンジ	周波数	探査幅	水平ビーム幅(°)
very short	500 kHz 以上	25〜100 m	0.2〜0.5
short	100〜500 kHz	25〜1000 m	1.0〜2.0
medium	20〜100 kHz	100〜3000 m	1.5〜2.4
long	5〜20 kHz	500〜40000 m	2.0〜3.0

利用して画像化しているのがサイドスキャンソナーである．

後方散乱の強さの違いは，海底物質の形態や構成などにより異なる．一般に海底からの後方散乱強度は，底質が粘土質あるいは砂質の場合よりも岩質の場合の方が大きいことが認められている．そこで，海底から跳ね返ってくる音波の強さ，つまり後方散乱による反射波の変化を画像として作成する．

図5.2.5に示すように，サイドスキャンソナーに使用する音波は5〜500 kHz程度である．音波は一般に高周波になるほど減衰が激しく到達距離が短くなる．一方，高周波の方が分解能は高くなる(表5.2.1)．

一般的に高い周波数のものを用いる場合にはビームの到達距離が短いため，トウフィッシュを海底に近づけて曳航する．一方，周波数の低いものを用いる場合には，遠くまで到達することを利用するため，海面近くを曳航することが多い．

海底近くを曳航する場合，海底面付近で曳航体の海底からの高度を一定に保ちながら曳航することが多い．海底近くを曳航する場合，周波数の高い音波を利用するので解像力を高くすることができる．また，曳航体と海底の距離が近いため，高い周波数を利用していながら，海水の密度や温度などによる音波の速度変化や屈折などの現象が画像データに致命的なダメージを与えることが少ない．また，トランスデューサが小型であるため，プラットホームを小さく設計できる．

しかし，無人潜水艇(autonomous underwater vehicle：AUV)などの場合を除き，一般的には，プラットホームはケーブルを用いて曳航されているだけなので，曳航高度を一定に保つ方法は，船速とケーブルの繰り出し量の調節だけで行わなければならない．特に深海曳航時などにおける位置の制御は難しくなる．一方，低い周波数を利用す

る場合には，shallow tow と呼ばれる方法（図5.2.6）が用いられる．これは曳航体の水深を一定に保ちながらデータを取得する方法である．周波数の低いものは高い解像力は望めない．しかし音波の減衰が少なく，遠くまで到達させることができる．そこで，大陸棚斜面や大洋底などの大水深の地域を広範囲に調査するときなどに用いる．この方法は，深海曳航方式に比べ，トウフィッシュを海面から 20～300 m 程度沈め，一度決めた曳航水深を保って曳航すればよいので高速で曳航しやすい．

得られた画像データは，記録紙に直接出力する方法が一般的である．データ量の多さがネックとなり，データ取得時に曳航速度，3軸の傾き，距離，方向角による音圧レベルの変化に対する補正など，画像を判読するのに必要な最小限の処理をすべて行っているものは少ない．現在はデジタルな形式で媒体に格納したものを後処理で処理解析している（図5.2.7）．

b. 画像解析

取得された画像データは，記録媒体に格納され，後処理に用いることが多い．

一般的なサイドスキャンソナーのデータ量は，1回の送受信ごとに 1800～5000 バイト程度である．発振間隔は使用する周波数により 0.2～60 秒/回程度である．

1） 前処理

画像解析を行うためには，まず画像データと同時に取得している位置計測データや測深データを用いて前処理を行う．

前処理には，ノイズ除去，放射量補正，幾何補正がある．前処理後の画像は底質分類や特徴抽出などの画像解析を実施し，各種の目的に使用する．

① ノイズ除去： 画像データには，海底からのデータだけでなく，水中ノイズ，機械ノイズ，電気的ノイズなどの雑音成分が含まれている．これらの雑音成分を取り除き画像情報のみにする必要がある．

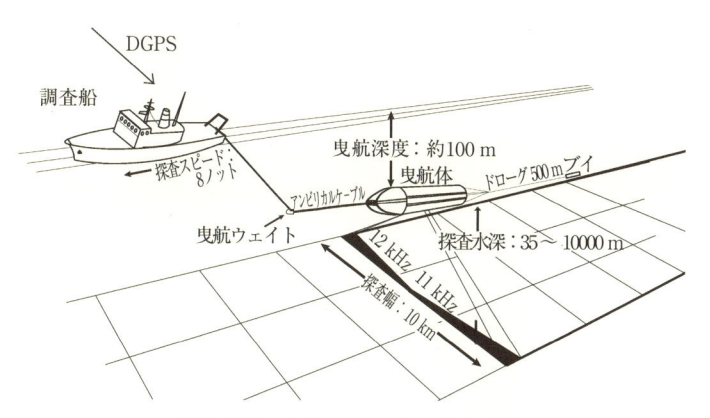

図 5.2.6 shallow tow システムの例

図 5.2.7 高解像度サイドスキャンソナー画像の例

② 放射量補正： サイドスキャンソナーは，後方散乱された音波を画像化している．音速を c，送信パルス幅を t とすると，連続した2画素を記録する間に音波は ct だけ進むことになる．したがって，ct の片道分に相当する $ct/2$ が識別可能な最小距離となる．そこでレンジ方向の解像力を R とすると，

$$R = ct/2$$

となる（図5.2.8）．

③ 幾何補正： サイドスキャンソナー画像解析では，主として海底の基準点を利用して解析するものと，航跡を利用するものがある．海底の基準点を利用するものは，画像中の特異点を地形図などから特定し，その位置をもとに画像解析する方法である．航跡を利用するものは，トウフィッシュの航跡や，図5.2.9に示すような，動揺データを画像データに反映させて画像を作成するものである．また，調査船とトウフィッシュが風や流れの影響を受け，異なった方向を示す場合があるので注意を要する（図5.2.10）．さらに，トウフィッシュの蛇行によりビームが重複したり，反対に抜けたりすることがある（図5.2.11）．

2) 画像解析

前処理の済んだ画像を用いて，底質分類や特徴抽出など，目的のものを見出すための処理を行う．得られたデータには，以下のようなスキャンデータ特有の問題が含まれている．

① 音波の広がり方と，対象物との関係からとらえることができない場合が生ずる（図5.2.12）．

② 使用する音波の広がり方により，異なったとらえ方をする．

③ 船速により，対象とする物体をとらえられない場合が生ずる．

④ 解像力の差によっても，対象とする海底のとらえ方が異なる（図5.2.13）．

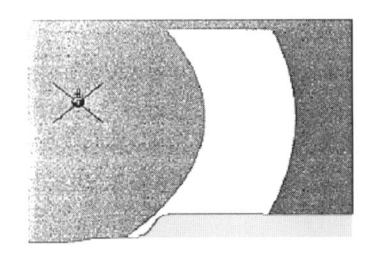

(a)パルス幅の狭い場合

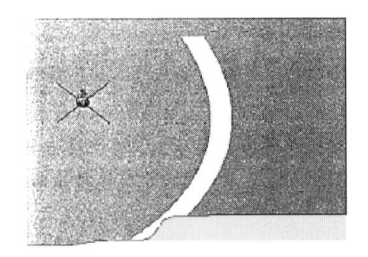

(b)パルス幅の広い場合

図5.2.8　分解能によるとらえ方の違い

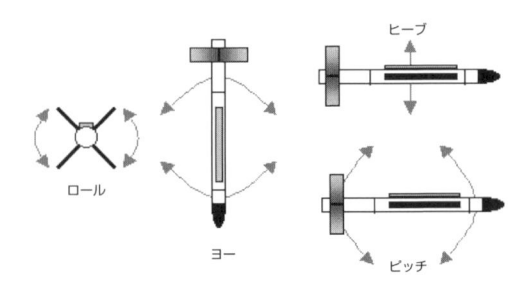

図5.2.9　動揺の種類

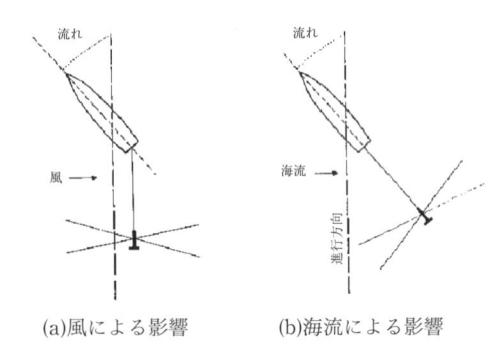

(a)風による影響　　(b)海流による影響

図5.2.10　流れによるトウフィッシュの曳航への影響

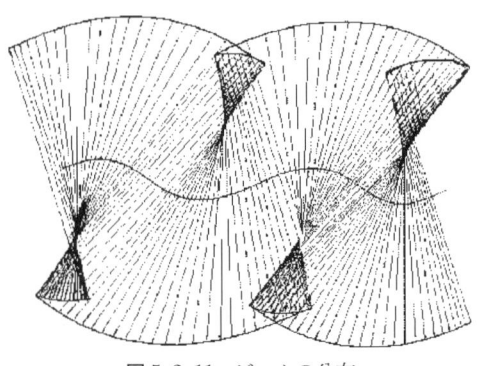

図5.2.11　ビームの分布

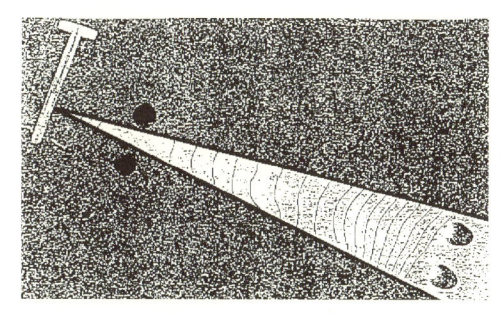

図 5.2.12 音波の広がりによる物体のとらえ方

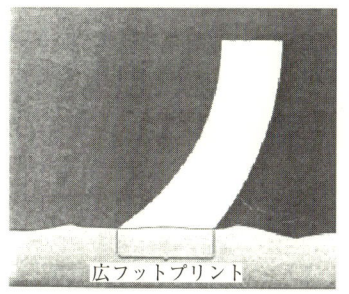

(a)広フットプリント

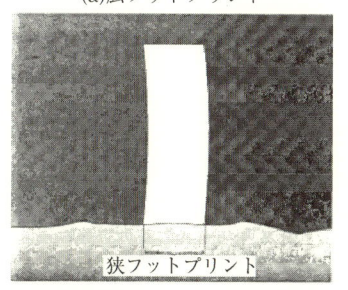

(b)狭フットプリント

図 5.2.14 音波の到達距離による海底面のとらえ方の違い

(a)長パルスの場合

(b)短パルスの場合

図 5.2.13 解像力による海底面のとらえ方の違い

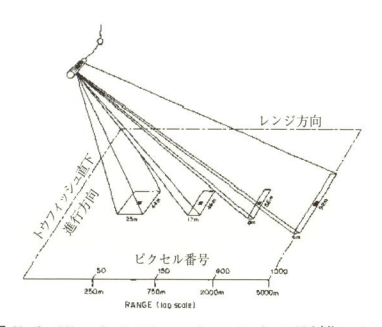

図 5.2.15 トウフィッシュからの距離による画素の考え方の例

⑤ 同じ解像力であっても，トウフィッシュから近い場所と遠い場所ではとらえ方が異なる．

図 5.2.14 は，トウフィッシュからの距離による画素の考え方の例である．

逆に，図 5.2.15 に示すように，同じ大きさのフットプリントを使用するのならばビームを制御しなければならない．

また，実際の海底は水平でないため，海底の傾きに対する補正も必要となる．しかし，海底の傾きは，サイドスキャンソナーだけで計測することは難しい．

一部のサイドスキャンソナーの装置では，音波の位相を抽出することにより，海底地形を計測し，これを画像データに反映し，正確な位置データをもった画像を作成しているが，一般的には，地形図はマルチビームなど，他の情報から取得したものを加味して処理し直している．

実際のデータ解析では，これらの問題を加味して処理解析することになる．

c. 利 用 例

サイドスキャンソナーによる海底面探査を目的別にみると，障害物探査，海底地形調査，海底面状況調査などがあげられる．

障害物調査は，高周波のサイドスキャンソナー

を利用して海底面上にある沈船などの障害物を探査する．日本近海には多くの沈船があり，船舶の航行上問題となるような海域については頻繁に実施されている．

海底地形調査は，海図などの作成時に水深データを補完するため用いられることが多い．海底状況調査では，漁場調査，海底配管，海底ケーブル敷設，リグ据え付けなどのための事前調査，マウンド工事の進捗把握などがある．このような海底の状況を把握しておく必要がある場合に，底質分類，海底面形状把握などを行い，各種事業の検討材料を提供する．

画像解析を行った画像には2次元画像だけでなく，水深データを加えた3次元画像を作成することができる．

立体3次元画像を作成し水深データと画像データを同時に得られる情報を分析することによって，サンドウェーブなどの海底面で起こっている現象なども的確に把握することができる．

サイドスキャンソナーが日本において本格的に利用され始めて4半世紀が過ぎた．この間には他の海洋調査機器と同様に，音響画像装置もコンピュータ化，高速・高精度化が進み，扱い方にも変化があった．画像データについても，位置精度の高度化，測定方法の高速高精度化などが進み，より正確な画像ができるようになった．また，これらに伴い，新型機種の開発も盛んである．

また，得られたデータも各方面に利用されるべくウェブサイトなどにより公開されて始めている．図5.2.16は深海用サイドスキャンソナー画像の例である．

今後，音響画像化技術の発展とともに，これらの利用技術もさらに発展していくことを期待する．
〔植木俊明〕

5.2.3 航空レーザ測深

現在，海洋測量は，主に音響測深機を用いた音波による測深を行っている．しかし，音響測深機は船舶に搭載されているため，浅瀬や湿地，珊瑚礁や岩礁のあるような，陸域と水域が混在してい

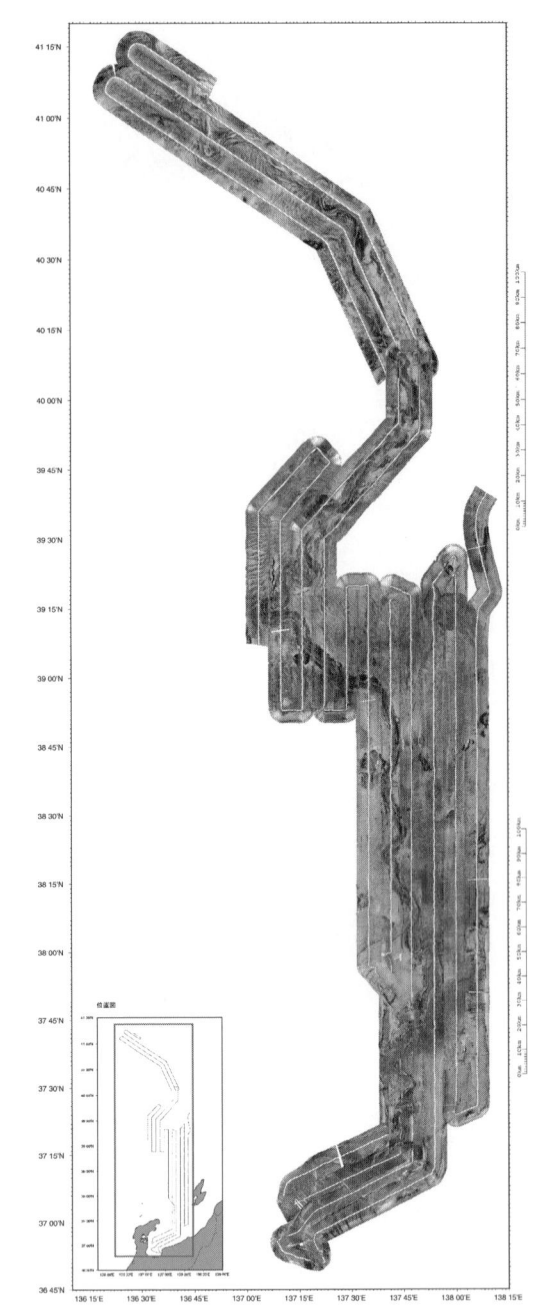

図5.2.16　深海用サイドスキャンソナー画像の例
（富山深海長谷海底音響画像）

る区域などにおいては，測量船自体の航行が不可能であるため，必然的に音響測深機による測深も不可能となる．また，定置網などの漁具設置箇所は，その漁業活動のため制約を受け，測深が困難である．現在のところ，海難事故の8割程度が，海岸から3海里以内の沿岸域で起きている．これ

a. 原　理

航空レーザ測深機は，音響測深機と異なり航空機に搭載するため，海面と海底面の両方を特定する必要がある．陸上における航空レーザ測量に用いられているのものと同じ近赤外レーザ光（波長1064 nm）により海面をとらえ，陸域のものと本質的に異なる第2高調波である緑色レーザ光（波長532 nm）を用いて，海底面を特定している．また，それぞれの波長のレーザ光が往復に要した時間を精度よく測る必要がある．測深をするためには，物理的に大気中と水中という異なる2つの相を光が通過するため，各々の相において異なる光速（位相速度）を取り扱う必要がある．さらに，緑色レーザ光は，2つの相の境界面において光速が大きく変化するために，光の屈折現象が生じる．そこで，こうした物理現象を考慮した上での距離を測定する計算プログラムが必要となる．

照射されたレーザ光のうち，海面に達した近赤外レーザビームは海水中に数 cm 程度は透過するが，大部分は海面で散乱される．そして，後方散乱されたものが測深機の受光センサまで戻ってくる．この時間を正確に測ることで，海面の位置測定が可能になる．

緑色レーザパルスは，水面で屈折されるもののそのまま水中を通過し，水分子などと相互作用を繰り返し，散乱や吸収などを受けながら，海底へと達する．そして，海底面において反射，散乱され，その一部が入射経路と同様の経路を経て，受信センサに到達する．この往復時間を用いて，海底面を特定することが可能になる．航空レーザ測深機は，この近赤外レーザ光と緑色レーザ光の反射光が戻ってくるまでの時間をそれぞれ測り，大気中および水中の光速度を考慮することによって，海面と海底面それぞれの位置の特定を可能にしている．基本的にそれらの差を計算することで測深することができる．

緑色レーザパルスが水中を透過するため，透明度および濁度が測深能力を決める重要な要因になる．緑色レーザビームの最大到達深度 D (m) は，海中による緑色レーザ光の散乱減衰係数 K (m^{-1}) としたとき，

$K \times D \fallingdotseq 3$ 　　（昼）

$K \times D \fallingdotseq 4$ 　　（夜）

という関係を満たすことが知られている．これは，昼間は太陽光の影響が大きいため，最大到達深度が浅くなるためである．

航空レーザ測深が対象としている沿岸域の海水では，さまざまな浮遊物や濁りなどの影響のため，散乱減衰係数は大きな値を示し，$K = 0.1 \sim 0.8$ (m^{-1}) あるいはそれ以上の値を示す．この場合の最大到達深度は，30〜40 m 以下となる．したがって，航空レーザ測深機の可能深度は，30〜40 m 以浅の深さまでとなる．

ただし，最大到達深度内の海域であっても，波打ち際や岩礁付近では，浮遊物や気泡のため，正確な測量を行えない場合がある．

緑色レーザ光は，一度水中に入るとレーザビームが拡散することによって，ビームの直径が大きくなり，海底でのビーム幅は水深のおよそ半分程度（エネルギーレベルの50%で）になる．したがって，深度が20 m の場合には，約10 m 程度の広がりをもつことになる．このため，ビームの大部分は互いにオーバーラップすることになり，水深データの空きはなくなるとともに，波浪などの影響を減少させることができる．

図 5.2.17 に航空レーザ測深による深度計算のアルゴリズムを示す．光源から海底反射点までのレーザパルスの光路長を R_b とする．水中における屈折率（空気中の光の位相速度と媒質中の光の位相速度との比）を n とすると，水中における光路長が nr であるから，$R_b = R + nr$ であり，レーザパルスの往復時間 t を用いて，

$R_b = ct/2$

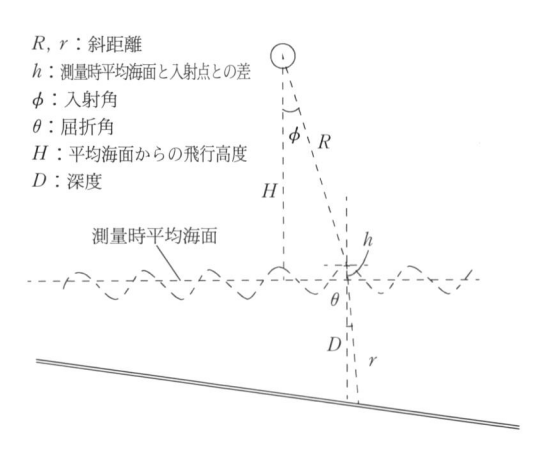

R, r：斜距離
h：測量時平均海面と入射点との差
ϕ：入射角
θ：屈折角
H：平均海面からの飛行高度
D：深度

図 5.2.17　航空レーザ測深による深度計算のアルゴリズム

を満たす。また、スネルの法則より、

$$N = \sin\phi / \sin\theta$$

ここで、水中での光速の低下に伴うデプスバイアスを ε_d とすれば、

$$R_b = (H-h)\sec\phi + (D+h+\varepsilon_d)\sec\theta$$

これを変形して、深度 D は

$$D = (R_b - H\sec\phi)/n\sec\theta - \varepsilon_d \\ - h\{1 - \sec\phi/(n\sec\theta)\}$$

と求められる。ここで、右辺第3項は波浪の効果と考えられる。レーザパルスは波浪のどの位置にも当たる可能性があることを考慮すると、波高成分 Δh は

$$\Delta h = h\{1 - \sec\phi/(n\sec\theta)\} \leq h/4$$

となる。また、

$$-h_{max} \leq h \leq h_{max}$$

であり、定義より、

$$h_{max} = 1/2 \times 波高$$

である。実際の測量の際には、波高の影響が少なくなるように解析処理を行っているが、波浪の小さい静穏な海況で行うことが望ましい。

航空レーザ測深機は、陸域のものに比べて、高出力のレーザユニットになっている。

b. 航空レーザ測深機

平成14（2002）年度に、日本に初めて導入された航空レーザ測深機は、カナダのOptech社製SHOALS-1000システムである。小型・軽量化され、解析ソフトウェアも簡単に利用できるものになっている。

1990年代に入り、コンピュータ関連技術の進歩とともに、航空レーザ測深技術は試験運用の段階から、大幅に性能の向上がみられるようになった。その結果、世界的な規模で海図作成作業に用いられるようになり、多くの成果があげられている。1990年代前半には、スウェーデン国防庁のOWL（Ocean Water Lidar）が稼働を始め、1993年にはオーストラリアでRANLADSが、1994年にはアメリカ合衆国でSHOALS-200がそれぞれ稼働を始めている。また、1995年にはSHOALSの姉妹機であるHAWKEYEが2機スウェーデンに納入され、うち1機はインドネシアで使用されている。

1990年代後半には技術の向上はさらに進み、KGPS-OTFによる精度の向上やレーザパルスの周波数向上が図られたOptech社の新型機種SHOALS-400 SYSYTEMが登場した。さらに、オーストラリアではパルス周波数を900 Hzにまで上げたLADS Mk-IIが登場するに至る。いずれの機種においても多大な成果をあげている。こうして、軍事的ニーズから開発の始まった航空レーザ測深機は、今や商業的にも成功を収めている。現在、こうした商業ベースにおける装置の開発はカナダのOptech社のSHOALSシステムと、オーストラリアのTenixLADS社のLADSシステムにほぼ限定されている。

1）位置の特定

航空レーザ測深機の位置と姿勢を正確に再現することは、測量成果を高い品質にするためにきわめて重要な要素である。一方、航空レーザ測深では波浪などにより常に高さが変化している海面上空を飛行し測量を行うため、航空写真測量のように対空標識を置くといったような方法を採用することができない。このためGPSによる位置情報と航空機の姿勢情報を組み合わせることで、空中における測深機の位置と姿勢を求める方法が採用されている。GPSによる移動体の位置の特定は、単独測位も可能であるが、測量としては十分な精度ではない。そこで、DGPS法と、KGPS法が用いられる。GPS受信機のほかに機体のロール、ピ

ッチ，ヘディングなどの姿勢情報を計測する機器が搭載されている．現在は慣性モーションセンサとGPS受信機とがシステムとして一体化しているので，位置と姿勢の情報を統一的に処理することができる．このシステムによって，慣性モーションセンサによるリニアな加速度と角速度，GPSによる位置と航行速度を融合することにより，移動体の位置と姿勢を高精度に求めることを可能にしている．

航空レーザ測深機から得られる海面情報は，測定時点での潮汐の効果を反映しており一定ではない．実際の測深作業において，同一の測量区域であっても，作業量によって測量時間が異なったり，日を変えて測量を行ったりする場合に，測量時間に得られる海面情報以外に絶対的な基準面が必要である．

航空レーザ測深による水深測量においては，KGPSを用いることにより，WGS 84楕円体を基準として，以下のプロセスで海底面の絶対的な位置を決定することができる．

① WGS 84楕円体に対するレーザスキャナの光源のxyz座標決定．
② パルスごとの海面反射および屈折点Sの座標決定．
③ S点における深度Dから，WGS 84楕円体に対する海底の座標決定．

このようにして，海底のWGS 84世界測地系におけるxyz座標値を与えることができる．したがって，測量海域付近の基準面とWGS 84楕円体との関係をあらかじめ調べておけば，航空機の位置や潮位の変動に無関係に，海図作成に必要な水深データを得ることができる．

また，陸域のデータと共通の楕円体を基準にすることで，陸域と海域のシームレスなデータを得ることができる．

航空レーザ測深における海図作成作業においても，既設の験潮所や臨時に設置した験潮所で，験潮データを収集し，基準面を決定する．験潮所の配置は，従来の水深測量と同様な考え方でよいが，入り組んだ海岸線や複雑な海底地形をもつ海域では，できるだけ密になるように配置し，潮位変動のパターンを正確に把握できるようにする必要がある．また，必要に応じて，あらかじめGPS観測を行い，世界測地系における基準面を調べておく必要がある．

2） 光学システム

SHOALSシステムとLADSシステムの大きな違いの一つに，レーザセンサの受信チャンネルの種類がある（表5.2.2）．それは，LADSシステムには，近赤外（IR）チャンネルと緑色（G）チャンネルの2種類しかないのに対し，SHOALSシステムには，近赤外チャンネル（infrared channel）と緑色チャンネルのほかに，緑色レーザ光のラマン散乱光を受光するチャンネル（Raman channel）があり，さらに緑色チャンネルが浅海モードチャンネル（shallow green channel）と深海モードチャンネル（deep green channel）に分かれている．ただし，ここでいう深海モードという名前はあくまで浅海モードチャンネルに対する相対的な意味であり，いわゆる深海において測量ができるわけではない．非常に透明度の高い海域でも，レーザ測深を行える深度は深海モードで50 m

表5.2.2 各装置の受信チャンネル

装置	チャンネル	波長(nm)	用　　　途
SHOALS	IR CH	1064	海面位置（緑パルスに同期）
	G CH（浅海モード）	532	海底位置（0〜15 m）
	G CH（深海モード）	532	海底位置（6 m〜）
	RAMAN CH	640	海面（IRパルスの反射がないとき使用）
LADS	IR CH	1064	海面位置（航跡に沿った縦断方向）
	G CH	532	海底位置

までである．

緑色レーザパルスは，水中に入ると，一部が水分子との相互作用により非弾性散乱であるラマン散乱を生じる．一部の緑色レーザパルスはこのため，エネルギーを失うとともにラマンシフトが生じ，そのために640 nmの散乱光が発生する．一般的には，ラマン散乱光には波長の長い方，つまり低エネルギー側にラマンシフトするストークス光と，高エネルギーである波長の短い方にラマンシフトするアンチストークス光があるが，常温においては通常，アンチストークス光の強度はストークス光の強度に比べてきわめて弱いので，ストークス光のみを考えている．このラマン散乱光は水面下20～30 cm付近でピークをつくることが知られている．この性質を利用し，近赤外線の反射信号が受信できない場合に，海面を特定するのに利用している．

照射されるレーザの海面でのスポットの直径は，SHOALSシステムにおいては照射されるビームの絞りを調整するように設計されているため，航空機の飛行高度によらず，およそ1.5 m程度になる．これは，地上にいる人に対する安全を保証するためにも重要である．

3） 走査システム

面的測量システムとしては，横方向直線型走査法と準円弧型走査法がある．横方向直線型走査法である直線的な走査パターンは，作動機構を比較的簡単なものにできる．しかし，その機構上，両端付近でデータの空間密度に粗密が生じる．さらに走査角度によって入射角が変わるため，屈折角が常に変わることになり，屈折効果の解析が難しいが，測定幅を変化させるのは容易となる．

一方，準円弧型走査法では，回転軸に対して，やや傾けたミラーを回転することによって，海面への入射角が一定になる．また，一定した入射角を保持できるため，屈折効果の解析が容易であるが，測定幅を変化させることは困難である．

測量条件は，$R_p = [2 A V_f \tan(j/2)]/G^2$と定義される重複率（repetition rate）R_pを用いて説明される．ただし，$A =$飛行高度（altitude）(m)，$V_f =$飛行速度(velocity)(ms^{-1})，$j =$走査角(scan angle)(°)，$G =$spot spacing(m)である．

R_pはレーザ測深機を行う際に測量区域を隈なく測量するために必要な，原理的な1秒間あたりの測量回数を表している．このため，R_pがレーザ測深機のパルス周波数以下であることが，完全に面的な測量が行われる測量条件となる．たとえば周波数が1000 Hzであると，理論的には$R_p \leq$1000 Hzさえ満たせばよい．しかし，R_pが1000 Hzに近いと，$1000/R_p$が1に近く，照射されるレーザスポット同士の重なっている割合が小さい．この場合には航空機の動揺などによって，測量に空きができてしまう可能性が高くなる．一方，R_pが小さい場合には，$1000/R_p$が1よりも十分大きくなるため，照射されるスポットの重なりが大きくなり稠密な測量が可能であるが，逆に測量効率が落ちてしまう．そのため，これらを考慮して求める精度に合う航空機の飛行高度，飛行速度，スポットの大きさ，フライトの回数を決定する必要がある．

4） 信号データ

SHOALSの近赤外パルスが緑色パルスに同期して円弧状の走査パターンを描くのに対して，LADSの近赤外線パルスは測深機の鉛直下方を左右に走査する．この走査方式の違いによって，後処理における波形処理が大きく異なっている．

受信波のエネルギー（光子のカウント数）はレーザのスポットサイズや散乱などの効果により，パルス内の各光子の往復時間に差が生じ，一般的に時間軸に対してガウス分布状の波形が組み合わされた形となる．

緑色レーザ光の典型的な反射波形は，海面反射と海底反射の2つのピークをもち，それに水中からの後方散乱光が付加された形状になる．

SHOALSシステムでは，後方ラマン散乱光専用の受信チャンネルをもち，ラマン散乱光が海面下20～30 cm付近でピークをつくることを利用し，近赤外線レーザの反射光が受信できない場合に海面位置の特定に利用している．また，SHOALSシステムでは明瞭な反射波形が得られるように，浅海用と深海用の受信方式が異なる2つの緑色レーザパルス用チャンネルをもってい

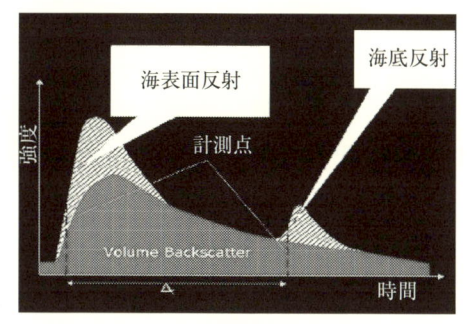

図5.2.18 深度測量の原理[3]

る。2つのモードの境界は、おおむね深度15m付近となっている。

波形表示方法については、SHOALSでは反射エネルギーの強い海面反射と反射エネルギーの低い海底反射との差が少なくなるようにログスケールを用いているのに対して、LADSではリニアスケールを用いていたが、リニアスケールを用いた場合には、何らかの事情で強力な反射信号を受信した場合に、自動的に機能をダウンさせ、受信機を保護する機構を働かせる必要性がある。また、それゆえに測定作業の中断などの支障をもたらすことが懸念される。こうした不都合を避けるため、近年LADSにおいても受信機の増幅機構として、ログスケールを採用するようになった。

時間分解能（横軸）は、0.1ns程度である。両者とも水中における光速度（位相速度）が約22cm/nsであることを用いて、距離換算したスケールを用いている。

航空レーザ測深では、レーザパルスが照射された時刻 t_0 と、海面および海底からの反射信号を受信した時刻 t_s、t_b を計測して、深度を求める。すなわち、t_s と t_b の差 Δt の関数として深度が計算される。したがって、図5.2.18に示したような幅広い反射波形のどの位置で計時をするかで、得られる深度やその精度が変わってくる。

図5.2.18は、典型的な緑色レーザ光の波形を示す。横軸は時間軸を表し、縦軸はセンサに受光される緑色レーザエネルギーを表しており、海面反射と海底反射のピークおよび水中などからの後方散乱光が付加された形をもつ。SHOALSシステムでは、この海底反射波のピークの半分の位置を用いて、海底の位置を決定するとともに明瞭な反射波形が得られるように、受信方式が異なる2つの緑色レーザパルス用チャンネル（浅海用と深海用）をもっている。また、フィルタにより海底反射波が明瞭になるように工夫されている。

また、海面と海底各々の反射波形のピーク値 E_{max} をもとにして、その半分の値 $0.5\,E_{max}$ の位置で計時している。他方LADSシステムでは、それぞれの波形の立ち上がり開始付近を検出して計時する仕組みをとっている。SHOALSシステムが波形の立ち上がりの中央付近に当たるピーク値の半分の値における時間を採用しているのは、立ち上がり部分やピーク値に比べて、計測誤差を小さくすることができるからである。

もう一つ重要なのは、海面は通常、波に覆われており、海面でのデータをそのまま採用した場合には、ある瞬間での深度データを取得することになってしまう。このため、何らかの方法でこの波浪の効果を除去しなければならない。そこで、海面位置の特定には、取得した近赤外レーザ光の海面データの瞬時値を平均して求めた海面を採用するようになっている。SHOALS-1000システムでは、10秒間の近赤外レーザ光データを平均化して海面を求める方式を採用しているが、この平均データを計算するための時間間隔は海象などの状況により、最長30秒まで伸ばすことも可能である。

5） 信号データの処理

信号データの波形処理は、それぞれ専用に開発されたソフトウェアで自動的に行われ、波形処理が行えなかった場所や周囲に比べて異常な深度値を示すデータが、対話式のソフトウェアで処理される。

反射レーザ光の波形において、問題となるのは以下のようなものである。

① 岩礁や波打ち際では気泡などが多く、海底までパルスが届きにくいため、海底面での反射波形が弱い。

② 魚群などにより、周囲に比べて浮き上がった反射面が海面と海底との間に存在する。

③ 海底面の凹凸が顕著で（暗礁など）、複数の海

底反射のピークが存在する．

④海底に難破船などがあるため，海底面の反射波形が乱れる．

⑤深度が１ｍ以浅の反射波形において，海面と海底が分離できない．

これらのうち，①の場合を図5.2.19に示す．同図(a)に①の場合の緑色レーザ光の，受光パターンの概念図を示す．横軸が時間，縦軸が受光エネルギーである．水中に気泡や濁りなどがあるために緑色レーザビームの透過性が悪かったり，測深している海域の深度がレーザ測深機の能力の限界に近い深さであったりする場合に現れることが多い．同図(b)に①の場合の異常波形の，実際の例を示す．上段深海用緑色レーザ光チャンネル，下段左からそれぞれ浅海用緑色レーザ光チャンネル，近赤外レーザ光チャンネル，ラマン散乱光チャンネルの順で表示されており，横軸が時間，縦軸が受光エネルギーを表している．

このような反射波形は，水中に気泡や濁りなどがあるために緑色レーザビームの透過性が悪かったり，測深している海域の深度がレーザ測深機の能力の限界に近い深さであったりする場合に現れることが多い．このような場合には海底反射の立ち上がりが悪いため，波形を識別するのが難しい．波形が識別できない場合には上記のような手法を用いることができないので，そのデータは採用しないようにする必要がある．また，周囲の結果からみて，測深能力の範囲以内にあると判断できるにもかかわらず，不明瞭な部分が広がっている場合には，海象が改善されたときに再度測深することによって，補完する必要がある．

また，深度が１ｍ程度までの非常に浅い場合に，海底反射の方が海面反射より大きくなるような現象もみられる．この場合には反射波形は図5.2.20のような波形を示す．同図(a)に⑤の場合の緑色レーザ光の受光パターンの概念図を示す．横

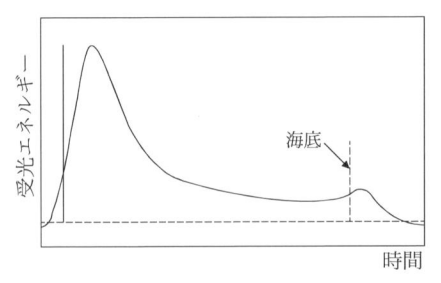

(a)緑色レーザ光の受光パターン概念図

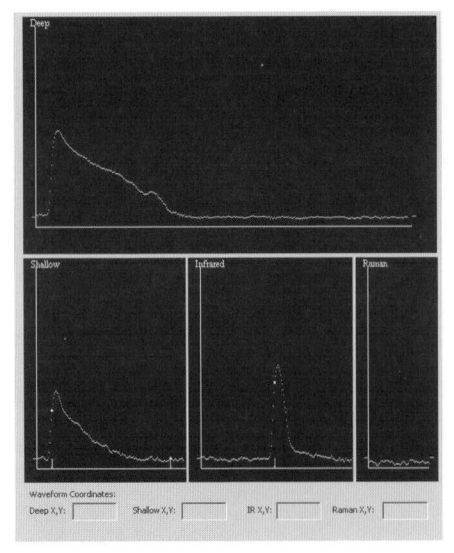

(b)異常波形の実例

図5.2.19 異常波形１：海底反射が弱い

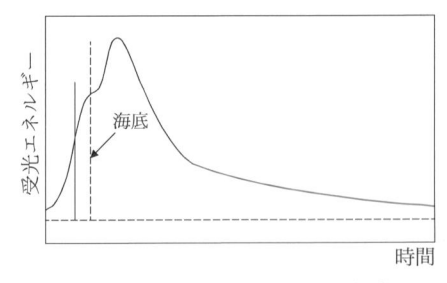

(a)緑色レーザ光の受光パターン概念図

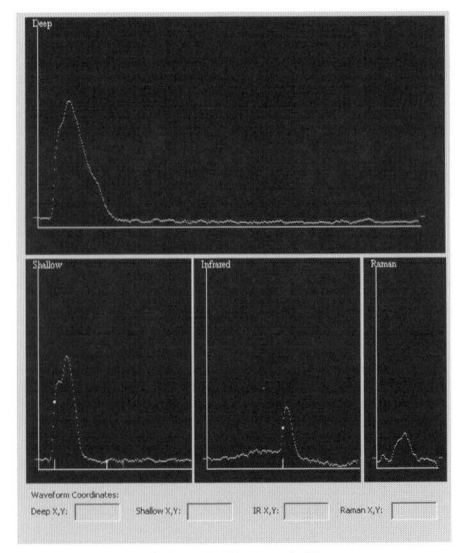

(b)異常波形の実例

図5.2.20 異常波形２：水深が浅い

軸が時間，縦軸が受光エネルギーである．非常に浅い海域のため，海底反射の方が海面反射より大きくなる場合がある．この場合には，反射波形において，海面と海底が容易には分離できなくなってしまう．SHOALSではこのような場合，CFD (constant fraction discriminator) というソフトウェアを用いて海底位置を決定している．このような事例は当然ながら海岸付近で発生することが多い．海岸付近はマリンレジャー愛好家が多いことを考慮すると，海岸付近の地形データは利用者の多い重要なデータであるため，測深作業を繰り返すことによってデータを積み上げ，補完することが望ましい．⑤の場合の異常波形の実際の例を同図(b)に示す．図5.2.19と同様に上からそれぞれ，深海用緑色レーザ光チャンネル，浅海用緑色レーザ光チャンネル，近赤外レーザ光チャンネル，ラマン散乱光チャンネルの順で表示されており，横軸が時間，縦軸が受光エネルギーを表している．

最後に③の場合について，海底面から複数のピークの波形を受信した場合の実際の例を図5.2.21に示す．この場合，緑色レーザ光を示すチャンネルに3個のピークがあるのがわかる．このとき，緑色レーザ光の後から来る2つのピークのうち，どちらが実際の海底を表しているのかは明らかではない．このような場合には，より細かいスポットで測量し直すなど，検証を行うことが望ましい．

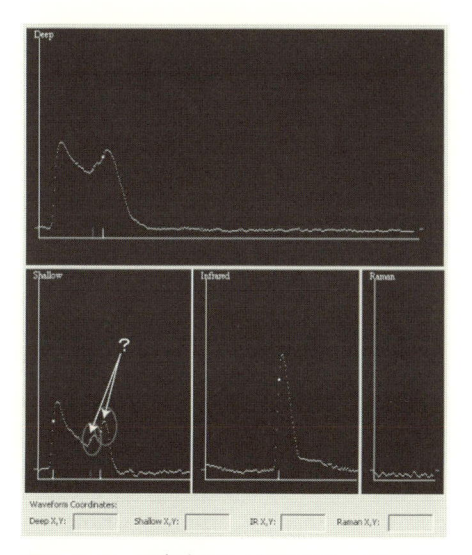

図5.2.21　異常波形3：複数のピークを受信

6） 測量プロセス

具体的な測量プロセスは，飛行場を飛び立った後，まず既知点や，測量データの精度が確かめられている区域を測量する．このキャリブレーション作業で，航空レーザ測深機のオフセット値の調整を行う．その後，測量区域まで飛行し，測量を開始する．その際には，GPSからの信号が途切れることがないように，バンク角を小さくする飛行が必要である．また測線上では等速で等高度をまっすぐに飛行する必要がある．測量が正常に終了した後は飛行場に戻り，その後，陸上での後処理による測量データの解析を行う．また，測量区域から飛行場に戻る前に，測量中に何らかの不具合が出ていないかを確認するために，測量終了後，可能な限りもう一度キャリブレーションを行うのがよい．

測量終了後，陸上に戻ってから行うデータの後処理は基本的には，以下のプロセスに従う．

① 海面反射の認定．
② 平均海面の認定．
③ 海底面からの反射の認定と分類．
④ 斜距離水深の補正．
⑤ 各水深値の計算．
⑥ 海面屈折効果の補正，光の伝播，海面入射時のずれ，潮位などの補正．
⑦ 自動的なデシメートル処理．

これらの一連のデータ処理は，基本的に自動的に行われる．しかし，自動処理プロセスによって，前述のような問題を完全には解決することができないため，すべてのデータが自動処理され，そのままデータ処理を終えられることはまずない．したがって，自動処理後のデータを対話式のプログラムに従い，マニュアル操作によって，データ処理担当者がさらに最終的なデータ処理を行う必要がある．

c. 海外における現状

アメリカ合衆国においては，航空レーザ測深を早くから始めていることもあって，その規模も比較的大きなものになっている．NOAA，USACE (U.S. Army Corps of Engineers)，NAVAOCEANO (NAVAL Oceanographic Office)，NAVAL

METEOROLOGY AND OCEANOGRAPHY COMMAND により，JALBTCX (Joint Airborne Lidar Bathymetry Technical Center of Expertise) という技術センターがつくられ，このJALBTCX を中心として，航空レーザ測深が行われてきた．

　JALBTCX における航空レーザ測深は，測量を行う海域の透明度や海象状態をもとに，気候や季節による変化などの影響も考慮して，測量の計画を行っている．その計画に従って，基本的に1日あたり朝夕の2回，1週間にして9回程度の測量を行っている．朝夕に測量を行う理由としては，①太陽光の反射や散乱などの影響が少ないこと，②1日のうちで海況が比較的平静であることが多いこと，③他の航空機が少ないこと，④地上に人がいる可能性が低いことなどがあげられる．

　朝夕において測量を行う場合はGPSによる位置の測定に対する電離層の影響が大きくなることが予想されるが，昼間に測量する場合は電離層の安定による位置精度の向上よりも，太陽光などの影響による位置精度の劣化が通常大きくなるためである．また，空港の近くなどでは夜間の測量も行っている．

　最近では昼間の太陽光の影響が少ない場合などには，早朝から測量を始めて，1回の測量を燃料の続く限り行う場合も少なくない．わが国においてもアメリカ合衆国のこうした現状を踏まえ，朝夕に測量を行うように飛行計画を立てている．

　また，具体的な計画においては，飛行計画と連動した陸上支援体制を整える必要もある．どの既設験潮所が利用可能かを判断し，それをもとに設置する臨時験潮所の数と配置を検討する．KGPS を採用する場合には地上基準局を設置する必要があり，求められる精度を確保しながら基準局の数を少なくするために，KGPS基準局の配置をどのようにするかはきわめて重要である．原理的には基準局が多ければ多いほど精度がよくなるものと期待できるが，基準局を増やすことによる精度の向上にも限界があり，また実際には使用できる基準局の数が限られている場合が普通である．他方，基準局の数が多くなれば，それらを設置し，GPSデータを収録し，収録データをダウンロードし，撤収するといった一連の作業が増えるため，それだけ人員と時間もかかり，人的および時間的効率性が落ちてしまうという課題もある．

　実際の測量では，空港からの距離や海岸線の地形といった地理的な状況などを判断し，測線を作成する．次の測線に航空機を載せる際に，GPS データをロックしたまま，航空機を旋回させる必要があるため，航空機を大きく傾けることができない．こうした旋回は技術的にも難しく，また同乗者が酔いやすくなるため，できる限りまっすぐ長い測線を引くようにしている．また，測線の長さや測量区域およびその周辺の地形に応じて，キーホールターンにより隣りの測線に導く場合と，レーストラックターンなどにより何測線かおきの測線に導く場合がある．特に測量区域やその周辺に高い山や建物がある場合には，それを避けるためにレーストラックターンを実施しなければならない場合もある．

　当然，航空機が測線から大きく外れないようにまっすぐ飛行する必要がある．測量時においては，稠密で精度の高い測量のために低い高度を，遅い速度を維持しながら，こうした困難な操縦を行わなければならないため，高い技術と集中力を長時間維持し続ける必要がある．このため，通常2名のパイロットが交代で操縦している．

　実際の測量は，オペレータが航空機に搭乗して実施する．測量終了後は，オペレータから収録データを受け取ったデータ解析担当が，できる限り速やかに1次処理を行う．この1次処理は処理機の小型化が進むとともに，プログラム上で自動処理できる部分が増えたため，ホテルの会議室などでも行えるようになってきている．また，SHOALS-1000 システムではさらにデータ処理がより高速かつ容易に行えるように改良が行われるため，数名程度でも処理が可能になると期待されている．実際にはこれ以外にもKGPS基準局や験潮所などの設営や，それらからのデータの取り込みなどの人員も必要となる．また，それぞれの担当のローテーションも考慮して，現地で測量に従事する人の数を決定している．しかし，最終的

にはマニュアルによるデータ処理が必要であり，自動処理による処理時間の数倍の時間が必要になる．また，一般的にデータ解析担当は測量時の状況をデジタル画像でしか知ることができないため，オペレータは測量時の状況や発生した出来事をできうる限り詳細にデータ解析担当者に伝える必要がある．SHOALS-1000システムでは，こうした内容をログという形で書き込み，記録することができるようになっている．

以上のような一連のスキームにのっとり，スーパーバイザが中心となって，測量計画を立てる．測量計画においては，現地本部から測量区域までの移動にかかる時間および航空基地から測量区域までの飛行時間を考慮して，陸上班および測量班それぞれの具体的なタイムスケジュールを作成する．この際に合理的にスケジュールを組むことができないと，無駄が生じてしまい，効率的な測量ができない．

アメリカ合衆国においては，1人のパイロットに決められた1月あたりの制限時間も考慮しなければならないほど，近年，航空レーザ測深の測量実施が多くなってきており，パイロットなどのローテーションも重要になってきている．JALBT-CXの2002年における航空レーザ測深のスケジュールは，ニカラグアのライズ，ボストン湾，ピュージェット湾，アラスカのプリビロフ諸島，カルフォルニア州サンディエゴ，五大湖，ニューヨーク，フロリダ，オレゴンとなっている．

近年は環境問題に対する関心の高まりともリンクして，海岸付近の地形の経年変化，経月変化などの測量も増えてきている．砂浜の浸食や，河口付近の地形変化などの測量が増えている．こうした測量は航空レーザ測深の面的な測量を効率的に行える長所とも相まって，航空レーザ測深による測量がきわめて有効である．

d. 国内における現状

海上保安庁海洋情報部では，平成15（2003）年度より，SHOALS-1000システムを用いた航空レーザ測深を開始している．図5.2.22は瀬戸内海西部において，実際に測量を行い，地上処理システムによって処理を行った3次元データである．一つ一つのキューブが，一つ一つの航空レーザ測深機の3次元取得データを表している．水深10 m付近から陸上50 m以上までシームレスにデータが取得できていることがわかる．また，海底面がなだらかに傾斜している様子が稠密なデータによりはっきりと見て取れる．なお，図中の白線は5 mごとに引いた海中を含めた等高線である．図中中央付近の一段と高くなっているところは陸上である．

また，図5.2.23に図5.2.22の測量区域における3D Editorを示す．この画面を必要に応じて拡大縮小や，3次元的に回転させながら，自動処理されたデータをもとに，不良データの除去や海底面からの反射パルスの特定を行う．取得データの経緯度とデジタルカメラの画像上での経緯度を比

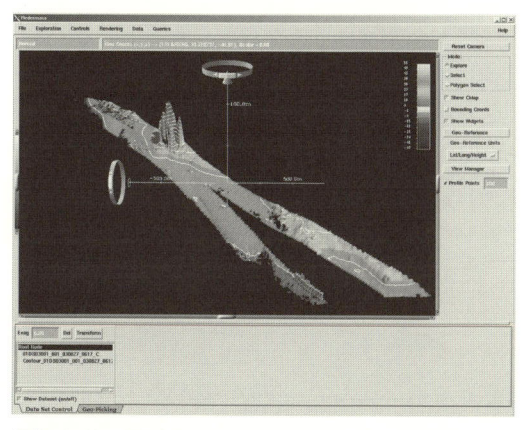

図5.2.22 SHOALS-1000システムによる取得された3次元データ（瀬戸内海西部）

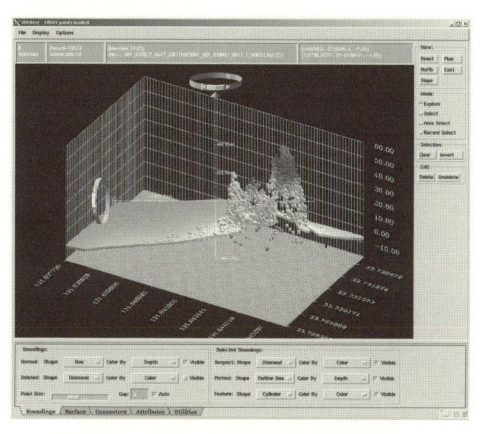

図5.2.23 3D Editorの表示画面

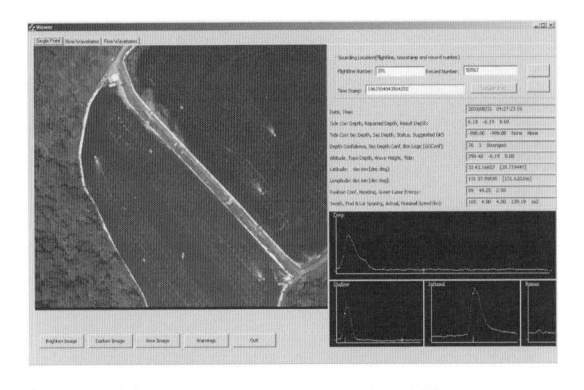

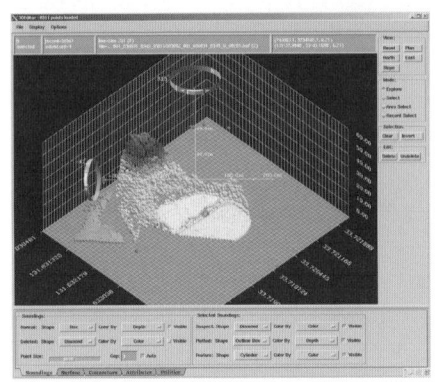

図 5.2.24 測量データの例

べることで，取得されたデータが陸上からのものか海底からのものか，あるいは干出岩や暗岩などからの反射かなどを判断する手助けになる．これにより複数の反射波形にいくつものピークがある場合などに，実際の海底面を選定する際に役立てることができる．図5.2.24に実際のデータを示す．同図上に3D Editorの画面，同図下にその場所のSHOALS Viewerの画面をそれぞれ示す．SHOALS Viewerのデジタルカメラの画像中心付近に写っている橋や水車が，3D Editorの3次元データでも見て取れる．このように2つを見比べながら，データ処理を行う．

図5.2.25は瀬戸内海南西部における海面付近に浮遊汚濁層がある場合の測量データの例である．(a)は3次元データである．(b)に3D Editorの表示画面を示す．実際の海底面は水深10数mにみられるが，その上の海面付近にはっきりした層ができていることがわかる．この層のために十分な海底地形データを得ることができていない．下段には水深が取得できた場合（図(c)）と，できなか

った場合（図(d)）のSHOALS Viewerの例を示す．デジタルカメラの画像にはあまり大きな違いはみられないが，緑色レーザ光の反射波形をみたとき，(d)が(c)と比べて海中散乱光が大きく，海底反射波形が隠されてしまっている様子がわかる．この日は海象状況も平穏な測量に適した状況であったが，海面付近に浮遊汚濁層ができたため十分な海底反射波形を取得することができなかった．このように浮遊泥などの層ができた場合には，通常の透明度では十分測深できると判断できる海域においても，測量ができない場合が起こりうる．

航空レーザを用いた海底地形測量のデータの活用範囲は，非常に多岐にわたる．以下に，現在実際に活用されている例を示す．

① 航海用海図．
② 地形図．
③ 障害物，微地形．
④ 海岸保全．
⑤ 地形経年変化．
⑥ 流失油状況図．
⑦ 台風通過後の確認調査．
⑧ 地震，津波後の確認調査．

これらはすべて，航空レーザ測深機を用いた海底地形測量の面的で効率的な，陸域や海域の1元的な測量という特性を活かしたものである．

航空レーザ測深による測量の方がより詳細な海底地形を表現できるため，以前は見つけられていなかった浅瀬が発見され，海図がより安全なものとなった事例もある．これは，船の座礁を避ける意味でも，非常に重要な意味をもっている．

河口付近に川によって運ばれた土砂が堆積している様子や，河口付近の地形により，海底がえぐられて，深くなっているところがある．こうした場所は，他の海底が土砂の堆積により浅くなるのに対して，年々深くなる傾向にあるのが普通である．これらの経年変化を調べることで明らかにすることができる．また，障害物となる沈船などの障害物を発見することが比較的容易であり，その形状から何が沈んでいるのかを判断することが可能になる．

極浅海域や海岸付近，漁具などの障害のある海

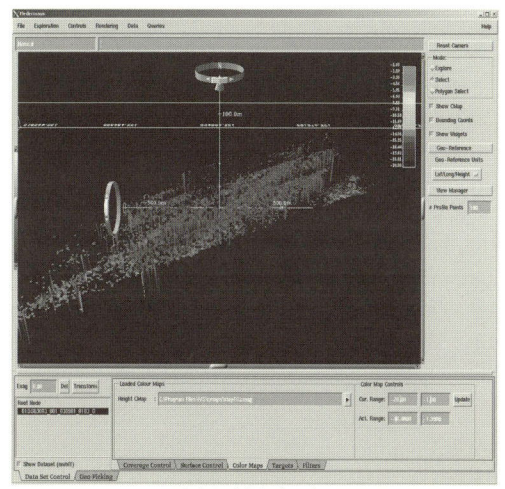

(a) 3次元データ

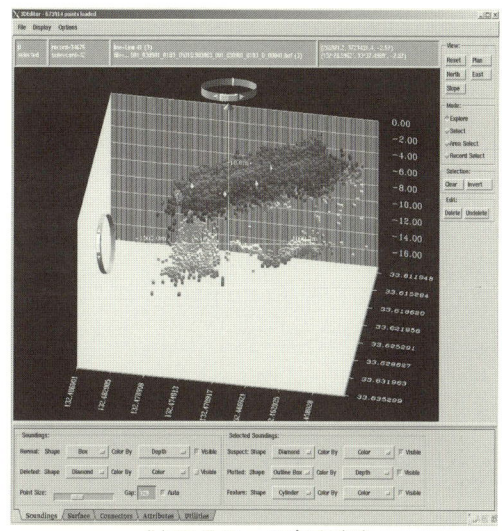

(b)3D Editor の表示画面

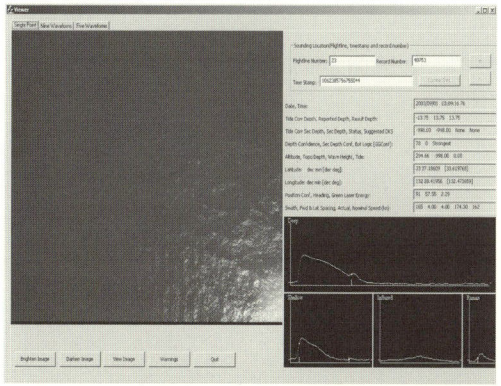

(c)水深データを取得できた場合

(d)水深データを取得できなかった場合

図 5.2.25 浮遊汚濁層がある例（瀬戸内海南西部）

域など，今までの測量方法では困難だった区域における測量データを，このような形で航海用海図や地形図として作成できる．しかも，効率よく，詳細な測量データを取得することが可能である．また，海岸および沿岸区域の地形は，環境の変化に著しく影響を受けるため，航空レーザによる測量を繰り返し行うことで，そうした区域の環境の保全にきわめて有効であることを示すよい例である．⑥〜⑧の成果は，緊急時に対応を求められ，短い時間の中で測量し，その成果を出すことが必要となる．台風襲来後の，海底地形の変化を調べるために行うような航空レーザ測深による成果では，早い段階で海底地形がどのように変化しているのかを知ることができる．これはまた，船舶の航行が可能かどうかを判断する際にも重要なデータとなる．

特に⑧の自然現象による海底地形変化を早急に知ることは，安全な船舶の運航のためにも重要である．阪神淡路大震災時にも，緊急的に測量を実施しているが，これまでの測量方法では，浅海域の測量効率の低さにより時間がかかってしまうため，大規模な測量を行うためには何隻もの船を用意する必要があり，このような船や測量機材を現地に送るだけでもかなりの時間を要してしまう．しかし，航空レーザ測量の場合では，測量区域まで高速で到達することが可能であるだけでなく，測量区域上を高速で飛行し，一度に大量のデータを取得することができるため，こうした緊急対応

を求められる測量に対して,非常に有効性が高い.

e. 課　題

さまざまな観点から新たな観測技術として期待される航空レーザ測深技術であるが,まだまだ新しい技術であるため,高い測量精度を得るためには,TIM (time-interval-meter) の時間分解能の向上,反射波の波形解析方法および解析プログラムの改良,海図基準面決定方法の改良,レーザ送受信周波数の増強,測線設定方法と測線密度の選定基準の確立,デプスバイアス補正精度の向上,スキャナ角度分解能の向上,海面決定アルゴリズムの改良など,多くの課題が残っている.

〔矢島広樹〕

文　献

1) 浅田　昭,山本富士夫,徳山英一,矢島広樹：測深技術の現状．海洋調査技術, **29**, 59-77, 2003.
2) Guenther, G. C. *et al*.: Analysis of airborne laser hydrography waveforms. *Proceeding of SPIE Ocean Optics IX*, **925**, 232-241, 1988.
3) Guenther, G. C. *et al*.: New capabilities of the "SHOALS" airborne lidar bathymeter. *Remote Sensing of Environment*, **73**, 247-255 2000.
4) Guenther, G. C. *et al*.: Future advancements in airborne hydrography. *International Hydrographic Review*, **3**(2), 67-90, 2002.
5) 海上保安庁海洋情報部：平成12年度航空レーザ測深技術報告書, 2000.
6) 穀田昇一：沿岸調査に新手法の導入—航空レーザー測深—(1). 水路, **117**, 2-12, 2001.
7) 穀田昇一：沿岸調査に新手法の導入—航空レーザー測深—(2). 水路, **118**, 6-12, 2001.
8) 穀田昇一：沿岸調査に新手法の導入—航空レーザー測深—(3). 水路, **119**, 8-18, 2001.
9) LaRocque, P. E. *et al*.: Airborne laser hydrography: An introduction. *Proceeding of the ROPME/PERSGA/IHB Workshop on Hydrographic Activities in the ROPME Sea Area and Red Sea*, 1999.
10) Lillycrop, W. J. *et al*.: Airborne LIDAR hydrography: A vision for tomorrow. *Sea Technology*, June, 27-34 2002.
11) Riley, J. L.: Evaluating SHOALS bathymetry using NOAA hydrographic survey data. *Proceeding of the 24th Joint meeting of UJNR Sea-Bottom Survey Panel*, 1995.
12) Sinclair, M.: LADS survey—A case study on Australia's Northwest Shelf. *International Hydrographic Review*, **3**(2), 53-66, 2002.
13) Thomas, R. W. L. *et al*.: Water surface detection strategy for an airborne laser bathymeter. *Proceeding of SPIE Ocean Optics X*, **1302**, 587-611, 1990.
14) 海上保安庁海洋情報部ホームページ http://www1.kaiho.mlit.go.jp/
15) OmniSTARホームページ http://www.omnistar.com/
16) Optechホームページ http://www.optech.on.ca/
17) SHOALSホームページ http://shoals.sam.usace.army.mil/

5.3　海洋地質調査

5.3.1　底質調査

海底表面に露出している泥や砂などの堆積物や岩石など,表面を構成している物質を採取して,直接手にとって観察しようとすることは誰しも考えることである.1870年代に行われたチャレンジャー号の世界一周航海で,太平洋の深海底から赤色粘土やマンガンノジュールなど,現在知られている物質のほとんどが採取されている.

底質とは海域や湖水など水域の底の表面を構成する岩石や堆積物をさす言葉であり,底質調査とは,現在および過去の水域環境を反映していると考えられる底質分布を解明するために行うものである.底質調査の結果は,地球環境の変遷の解明,海底鉱物資源の探査,水理環境の把握,海底空間利用などの資料として利用される.

海底表面物質については,1940年代までは水路部が行っていた錘測で,測鉛と呼ばれる測深用ワイヤ先端の錘鉛底面の凹部にグリースか鬢付油を塗布して海底に着地すると試料が付着するので,これを分析して底質を判別し,航海用海図に水深値と並んで記載されていた.

現在では音響測深法が原則となったため,測深と底質調査は別個のものとなっている.

底質採取は目的により,海底の極表層を剥ぐように試料を採取するものから,コアサンプルを取得するものまで,各種の方法がある.得られた採取試料から堆積物の特徴をとらえるためには,そ

れぞれの立場によって各種の基準が作成されている．海底から採取した試料を船上で観察して識別できるものとしては，色，粒の粗さ，粘性，固結度などがある．さらに，海洋調査船などには顕微鏡，X線回折計やX線蛍光分析器などが搭載されており，これらを用いれば鉱物の結晶構造や化学成分などを知ることができ，分類の基準とすることもできる．

堆積物の粒径分類にはウェントワーススケールと呼ばれる堆積物の粒土尺度(Wentworth, 1922)が有名であり，粒度分析器と称する機械で計測することが多い．現在，一般的な堆積物の粒径分類にはJISによる分類基準が決められており，ふるい分析および分散剤を加えた溶液による沈降分析を行っている．

a. 採 泥 器

底質採取に使用する採泥器は，沿岸域で用いる数種の例外を除いて，重いものが多い．そのため，船上装備もウインチなどを装備した船舶を必要とすることが多い．底質調査に用いられる採泥器は，現在までに各種考案され使用されてきた．採泥器は底質を採取する作動原理に基づいて，大きく①ドレッジ採泥器，②グラブ式採泥器，③柱状採泥器に分類される．

1） ドレッジ採泥器

ドレッジ採泥器(dredges)は，採泥器として最も歴史が古く，チャレンジャー号の航海の時代から使用されている．採取法の原理はきわめて簡単なもので，鋼製の円筒型もしくは箱型の先端部と，同じく鋼製の網をつけた容器を，海底表面に沿って引くことにより底質を採取する方法である．海底を引きずることから，サンプルの場所が異なったものが混在して採取されることになり，個々の試料の採取位置が特定できないという問題がある．最近では，ドレッジ先端に音響ピンガやトランスポンダなどをつけ，曳航した位置をできるだけ精密に測定，記録するなどの努力をしている．

定点での堆積物採取が主流となった今日，堆積物試料の保存状態が悪いこの方法は，一般に海山の構成物や海底岩盤の露出部など，海底の岩石の

図5.3.1　グラブ式採泥器

採取に用いられる．

2） グラブ式採泥器（図5.3.1）

海底堆積物は長い年月をかけて下から上へと順序よく積もったものと考えられるので，この層序を乱すことなく採取したい．また，表層に生息する小動物なども合わせて採取し，その生態も調べたい．このような目的からグラブ式採泥器は考案された．グラブ式採泥器とは，試料採取部（バケット）を海底に突き刺し，回転運動を利用して下面の蓋をして海底表層の底質をつかみ取る採泥器の総称である．海底に落下させ採取することから定点採取に用いられる．

バケットの機構の違いから，着底の衝撃でストッパが外れ，巻き上げ時の主ワイヤの張力でバケットを締めつけ，堆積物をつかみ取るスミスマッキンタイヤ型採泥器と，着底するとバケットを開いていたストッパが外れ，ばねの力によりバケットを閉じ採泥するエクマンバージ型採泥器とに分類される．この種の採泥器には装置周辺に海底カメラ，採水器，水温計などを装着し，採泥と同時に周辺環境情報も入手できるように改良されたものもあり，作業の効率化が図られている．

ここに示した採泥器で採取できる深さは，バケットの運動範囲やバネの力などから，海底下10〜20 cm程度の試料が採取できる．これよりも深く採取するためにはボックスコアラーが開発されている．また，露岩を定点で採取するためにロックサンプラも開発されている．さらに，マンガンノジュールの採取など特殊な用途にはフリーホー

ルグラブサンプラがある．

3) 柱状採泥器（図5.3.2）

ボックスコアラーでも海底下数十cmまでの試料しか採取できない．もっと長い柱状試料を採取するには，径の小さい円筒を用いた柱状採泥器を使用する．柱状採泥器はピストン式と重力式に大別される．柱状採泥器は重錘に取りつけられた長い採泥管を，切り離し装置を用いて海底上数mから自由落下させ，海底に突き刺して長尺の試料を採取する．パイプの頭に重錘をつけ垂直に落下させると，中空のパイプを用いた場合には，泥質であれば10m以上貫入させるのは容易である．しかし，円筒の内壁と泥の摩擦のために，試料が入らないか，入っても攪拌された状態となってしまう．ピストン式採泥器は，パイプの中に水密のピストンを入れ，海底面上を不動点としてピストンが働いて内部に吸い込み圧を生じさせ，摩擦を打ち消す工夫をして，採泥管を堆積物に貫入させるものである．このため，主ワイヤはピストンとのみ連結されている．重錘の根元まで貫入すれば長い柱状試料が採取できる．

ピストンを使用せず主ワイヤと採泥器本体を連結して使用すれば重力式採泥器となる．ピストン式と異なり，試料が採泥管の内部に貫入する際に，内部摩擦の影響を受けるため，採取可能な試料は短くなる．長い柱状試料の採取を行うためには，採泥管内部での摩擦を小さくする必要があり，内径の大きなものを使用することと，堆積物が貫入するとき管内の水が瞬時に排水できるようにすることである．一般に，重力式採泥器の場合，採泥管部の重量があり，自由落下時の姿勢制御が比較的簡単であるため，堆積物に対しまっすぐに貫入することが多い．

砂質層を柱状に採取するには，装置が海底に着座した後，パイプを振動させながら海底に打ち込み試料を採取するバイブロコアラーがある．現在使用されているものは浅海域に対応したものである．

b. 海底掘削

海底掘削は，海底構造物の設置のための土質試験のためのサンプリングや，石油や鉱床の試掘，海底基盤岩類の検証などのために行われる．その

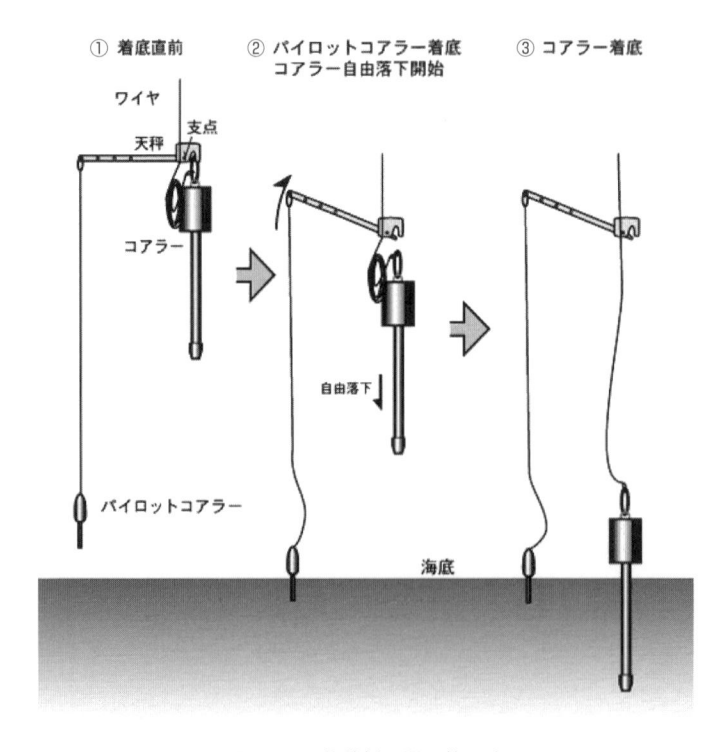

図5.3.2 柱状採泥器の使用法

主な目的は，堆積物であれば各種土質試験に耐えられる不攪乱試料の採取，原位置試験などができる環境をつくることである．岩盤内であればコアサンプルの採取，掘削孔を利用した孔内計測が行われる．深海底の孔内では温度分布の測定，海底地震計の孔内設置なども行われている．

海底掘削のためには何らかの足場が必要である．浅海域の土質調査などでは鉄パイプなどを用いた簡単な構造のやぐらで対処できるが，水深が増すと大規模な足場を必要とする．さらに，大水深海域では運輸省港湾技術研究所が開発した海底着座型不攪乱試料自動採取装置のほか，傾動自在型ボーリング装置やスーパーブイ型ボーリング装置などがある．さらに，石油掘削のためには，専用の掘削船が建造されている．国際深海掘削計画では掘削船ジョイデスレゾリューションが1985年から活躍しており，すでに世界の海の約200地点に孔をあけた．2005年には深海掘削研究船「ちきゅう」（図5.3.3）が就航し，研究掘削船としては初めてライザ掘削による水深2500mから海底下5000mまでの掘削を目指している．

図 5.3.3 建造中の地球深部探査船「ちきゅう」

5.3.2 物理探査

地下の構造を把握するための物理探査は，地下構造調査の中で重要な位置を占める不可視情報を可視化できる技術として利用されてきた．

海域における地質構造の把握には海底地形，海底面状況，底質分布状況，海底下表層部の堆積構造や堆積年代，海底下浅部の堆積構造，海底下深部までの堆積構造，地質層序や編年，地質的物性や力学特性，基盤岩の分布状況や速度構造，基盤岩の物性や強度などの調査対象がある．これらの調査を実施するには測深器，サイドスキャンソナ

表 5.3.1 断層調査で利用される主な物理探査法

探査スケール		手法（陸上）	手法（海上）
広域 （深部） 探査	数 km 〜 数百 m	○空中探査（電磁，磁気，放射能，重力） ◎深部反射法地震探査 ○屈折法地震探査 △電磁法探査（MT，CSAMT 法） ◎重力検査	□空中探査（磁気，重力） ◎音波探査 ○屈折法地震探査 △電磁法探査（CSEM 法） ○重力探査
概査	数百 m 〜 数十 m	◎浅層反射法地震探査 △音波探査（河川，湖沼） △屈折法地震探査 △電気探査 △電磁法探査（VLF 法など） △マイクロ重力探査 △放射能探査	◎音波探査 △屈折法地震探査 □マイクロ重力探査
精査	数十 m 〜数 m	◇極浅層反射法地震探査 △電気探査 ◇地下レーダ探査	◎音波探査（シングル） □電気探査

◎：よく利用される，○：利用される，△：利用頻度は多くない，□：適用可能性あり．

一，音波探査装置，OBS を用いた屈折法探査や，直接コアサンプリングを行う海上ボーリングなどを用いる．

近年，海域と陸域の境界部を中心として，より詳しい調査が求められてきている．表 5.3.1 は，沿岸部における断層調査で利用される主な物理探査手法である．沿岸部における陸域と海域では同じ手法が用いられる場合もあるが，通常は異なった手法が用いられることが多い．表 5.3.2 は，海域における調査対象と調査手法についての概要をまとめたものである．さらに，表 5.3.3 に示すように汀線から水深 20 m 程度までの極浅海域では，沖合部や沿岸陸上部と異なった調査方法が用いられることが多い．

a．構造調査

沖合部の海底地質構造を把握するためには，主として音波探査または地震探査手法が用いられる．

音波探査は音響測深とよく似た方法であるが，図 5.3.4 に示すような方法で，音響測深に用いる周波数よりも低い数 Hz〜数 KHz のものを使用し海中に向けて発信するとともに，音波のエネルギーをさらに強くしノイズなどによる減衰の少ない周波数を使用することによって，海底表面を透過した後，地中における音響的な不連続面で反射することを利用する．音波探査記録は図 5.3.6 に示すように，海底の地質断面のイメージに近く，堆積物の厚さや基盤の深さ，断層，褶曲構造などを解読する．

b．音波探査

音波探査は探査方式により反射法音波探査と屈折法音波探査に分類される．反射法音波探査は，表層探査装置（サブボトムプロファイラ：SBP），シングルチャンネル音波探査とマルチチャンネル音波探査に分けられる．

1）反射法音波探査

図 5.3.5 は音波探査に用いられる調査機器の音源周波数と可探深度との関係を示したものである．

各装置はエネルギー源として音波を使用しており，その特性から一般的に，周波数が低いものほど可探深度は深くなるが分解能は悪く，周波数が高いものほど可探深度は浅くなるが分解能はよくなる傾向がある．

SBP は，磁歪振動などを使って周波数 3.5 kHz 程度の超音波を発信し，海底下の数十 m〜100 m 程度までの音響的地層境界を高分解能で探査する装置である．その他の反射法に用いられる音源は，数 Hz〜1 kHz 程度の低周波を用いる．シングルチャンネル音波探査は，海底下から反射して戻ってくる音波を受信するセンサ（ハイドロフォンと呼ばれる一種の水中マイクロフォン）が単一

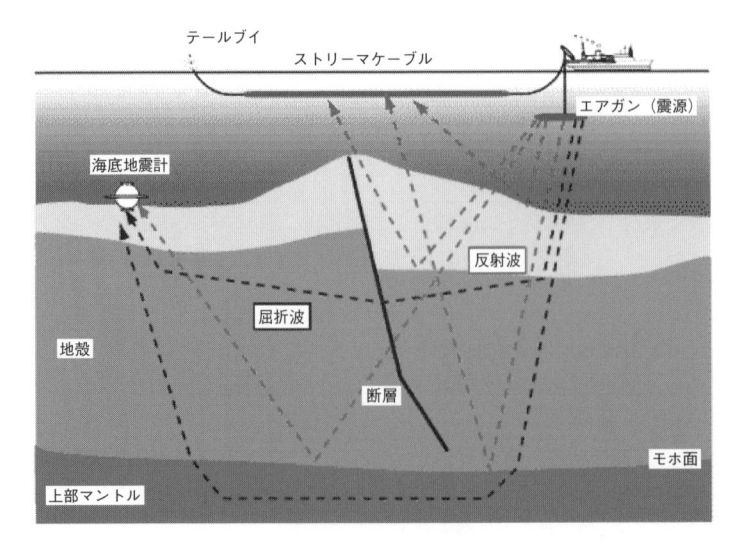

図 5.3.4　海底地震探査

5.3 海洋地質調査

表 5.3.2 調査対象と海上調査手法の適応性

調査手法＼調査対象	音響測深（1素子）	マルチナロービーム測深	サイドスキャンソナー探査	シングルチャンネル音波探査 3.5 kHz	シングルチャンネル音波探査 スパーカー	シングルチャンネル音波探査 ウォーターガン	マルチチャンネル音波探査 ベイケーブル探査	マルチチャンネル音波探査	海上磁気重力探査	地震探査 屈折法	採泥	海上ボーリング
概略海底地形	◎	○	△	△				×	×	×	×	×
精密海底地形	△	◎	△	×				×	×	×	×	×
海底面の状況	○	○	◎	△	△	△	×	×	×	×	×	×
底質分布状況	△	○	◎	○	△	△	×	×	×	×	○	×
海底下表層部の堆積構造	×	×	×	◎	○	△	△	×	×	×	○	○
海底下表層部の堆積年代	×	×	×	◎	△	△	×	×	×	×	◎	◎
海底下浅部の堆積構造	×	×	×	△	◎	◎	○	○	△	△	×	△
海底下深部までの堆積構造	×	×	×	△	△	△	◎	◎		△	×	◎
海底地質層序・編年	×	×	×	△	△	△	△	○		×	△	◎
堆積層の物性（岩相や物理特性）	×	×		△	×	△	△	△		×	△	◎
堆積層の強度（力学特性）	×	×		×	×	×	×	△		×	△	○
基盤岩の分布状況および深度	△	△	△	△	△	△	△	◎	△	○	×	△
基盤岩の速度構造	×	×	×	×	×	×	×	△	×	◎	×	◎
基盤岩の物性や強度	×	×		×	×	×	×	×	×	○	×	○
海底に露出する岩盤の岩種の把握	×	△	△	△	×	×	△	×	×	×	◎	△
海洋地殻の構造	×	×	×	×	×	×	×	×	△	◎	×	×

◎：調査対象に最も適した調査手法，○：調査対象に適した調査手法，△：調査対象の一部にのみ適した調査手法，×：調査対象に適さない調査手法.

表5.3.3 汀線〜水深20m程度の極沿岸部の海上調査技術一覧

調査項目	海底地形調査					海底地質構造調査（地質層序、地質構造、地層の物性、強度）						
調査手法	汀線測量	深浅測量	マルチビーム測深	サイドスキャンソナー探査	海底面踏査	ベイケーブル探査	音波探査		海上磁気重力探査	海上弾性波探査	資料採取（採泥）	海上ボーリング
							シングルチャンネル音波探査	マルチチャンネル音波探査				
調査内容	調査船の航行不能な汀線部（水深2〜3m）の水準測量、地形断面把握	従来の1素子の音響測深機による水路測量など、地形、地質断面把握	面的な水深測量、音波の照射範囲内の海底面を未測定部分がなく水深測量できる	音響映像を用いた海底面状況把握、音波照射範囲内の海底面の起伏、底質状況を把握	潜水して直接観察による地質調査	海底面に設置した反射法および屈折法海底探査	1チャンネルの受波器を用いた反射法および屈折法探査	複数の受振器を用いてデジタル収録の反射法音波探査	プロトン磁力計や海底設置式重力計を用いた地球物理計測	屈折波を用いた海底下の弾性波速度構造の把握	海底表層部の資料採取、資料分析による地質区分や地質層序・編年などのデータ抽出	直接的な地質層序確認、各種検層および採取資料分析により地質区分や土質岩石試験などにより地質状況の把握
調査精度（機器能力）	直接水準測量の精度は数cm程度、位置精度は数m以内	音響測深機器精度±20cm程度、位置変動などは数cm、位置精度は5m程度、使用周波数帯域100〜200kHz	位置精度1m程度、水深精度は従来の深浅測量と同程度、使用周波数帯域200〜500kHz	曳航式では位置精度やや悪い、数m程度、画像分解能は数cm〜1m弱、使用周波数帯域100〜500kHz	観察者の経験、地質判断能力に依存する	位置精度は数m、記録分解能と探査深度は音源と地層層序に依存する	位置精度は数m、音源や装置数および振源数により探査深度能力と鉛直分解能は変化するより層相などおよび分解能は変化する		磁力計や重力計の計測能力に依存する	受振点や発振点の位置精度は数m、直接探査深度は受振器全長に設置および受振器間隔に依存する	位置精度は数m〜数十m、直接的な資料探査のため試料採取深度の精度は高い	位置精度は数十m、直接深度測定により鉛直方向の精度には優れる
調査能力（適応範囲）	水深5m程度まで、岩礁で海岸での調査は困難	調査船の航行可能水深（2m程度）から可能	調査船の航行可能水深（3m程度）から水可能水深まで	適応水深最大海岸線より100〜40m程度まで、汀線付近の調査は困難で、可探深度は100m程度	適応水深最大30m程度（潜水可能水深まで）	調査船および曳航ケーブルが安全に航行できる水深は20〜50m、汀線付近の調査は困難（水深5m程度から）で、可探深度は10m程度		可探深度200〜750m程度	沿岸部では曳航式の地磁気観測は困難	沿岸部では曳航式および航走式による地震計観測する手法では水深70〜100m程度まで	重力式コアラーでは泥質土で20m程度、パイプコアラーでは水深8m程度まで	架船の足場では水深5m程度まで、それ以深では艀や台船などが必要

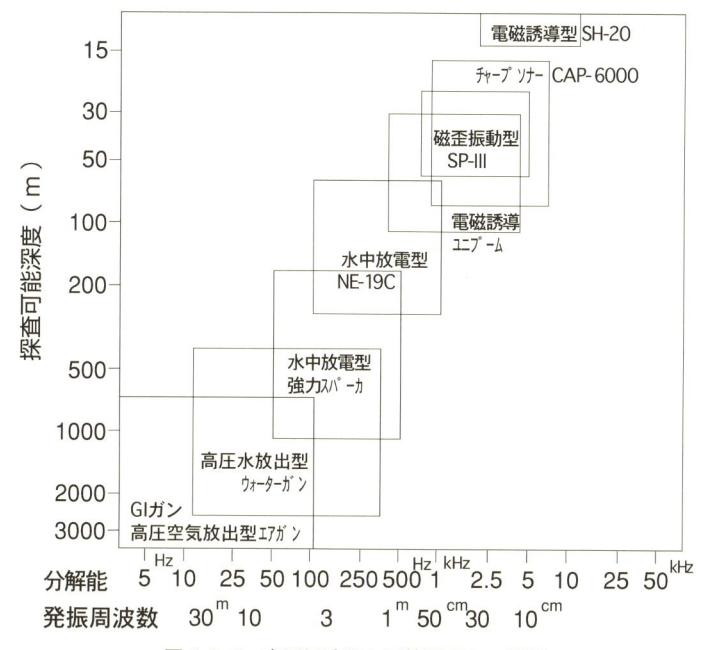

図 5.3.5 音源周波数と可探深度との関係
音源のエネルギーが大きいほど周波数は低くなり，可探深度は深くなるが，分解能は低下する．

のもので，システムがあまり大がかりでなく手軽に使用できるものであるが，得られる情報はマルチチャンネル音波探査よりも少ない．シングルチャンネル音波探査に使われるサイズミックプロファイラは，圧搾空気を放出するエアガンや放電式のスパーカなどを使って表層探査装置よりもさらに低い周波数の超音波を発信するシステムである．マルチチャンネル音波探査は，多数のグループのハイドロフォンを組み込んだ長いハイドロフォンケーブルを使用し，各ハイドロフォンで受信した同一地点の情報を電気的に重畳することにより，より深くまでの情報を少ない雑音で得られる．

マルチチャンネル音波探査により得られたデータは，減衰補正やデコンボリューションなどの各種補正，フィルタ処理を実施し，共通反射点ソートおよび速度解析を実施するとともに，NMO補正，共通反射点重合を実施し，さらにバンドパスフィルタ処理やトレースバランス処理を実施し，重合断面を作成する．さらにここで得られた重合断面に各種の処理を施すことにより，解析図を作成する．

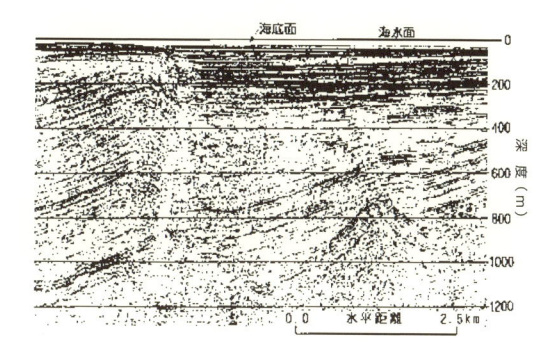

図 5.3.6 音波探査記録例 (NEDO, 1996)

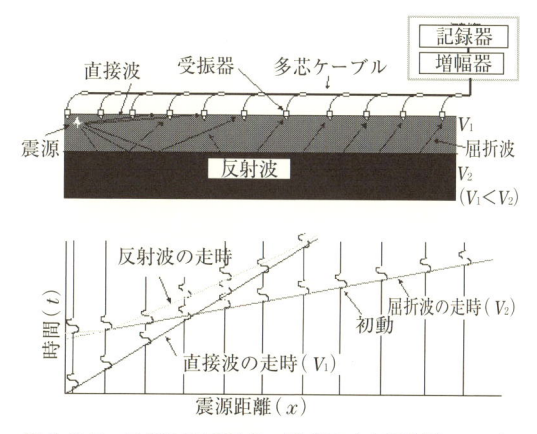

図 5.3.7 屈折法地震探査の模式図 (応用地質, 2003)

2) 屈折法音波探査

図5.3.7に示すように，屈折法音波探査は震源から発せられた地震波が地層の内部および境界面において屈折現象を起こすことを利用している．

図5.3.8は，屈折法探査の例である．このように得られたデータを解析し地層区分を作成する．

近年では，従来の解析手法に加え，トモグラフィー手法を取り入れた解析も行われるようになってきた．

海域における屈折法音波探査は，陸上における受振器の代わりに海底地震計を利用する．実際の調査では，調査船と海底地震計を1組にして作業が行われる．調査船は前進しながら音波を発信し，海底地震計は海底下からの反射音を受信する．この場合，音波の発信源と受信位置との間隔は反射法と異なり，時間とともに広くなっていく．この方法で得られた信号により，海底下の地層の厚さと音波の伝播速度が計算でき，海底下の地層がどのようなもので構成されているかを推定できる．

c. 沿岸域の調査

沿岸域は水深が浅く海底地形が複雑であるなどのため，調査船が容易に航走することができず，海洋で行われているようなストリーマケーブルを用いた反射法地震探査調査は行えない．図5.3.9は沿岸域の調査手法の例である．

このため，①形学的な手法や現地地質調査などによる面的な分布把握の手法を用いることができない，②岸域における深部構造を把握するための有効な探査手法が限られる，③結晶質岩に対する有効な物理探査手法がない，④離散点としてのボーリングデータと離散的な物理探査情報による地質構図の把握手段が確立されていない，などの課

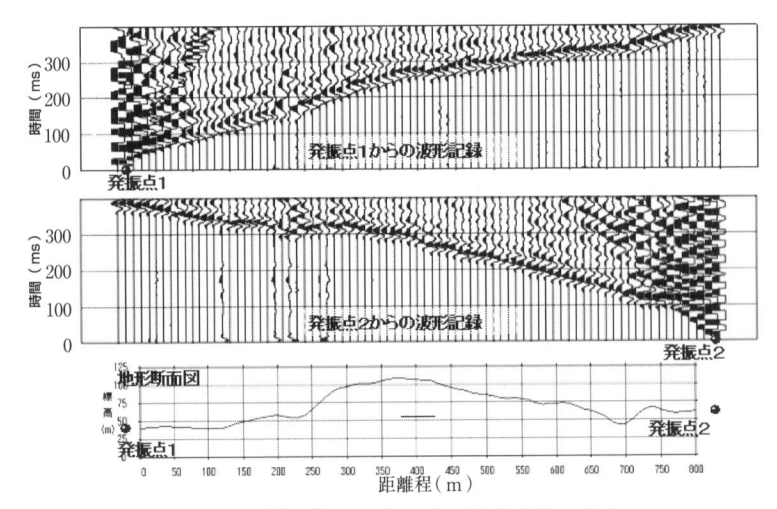

図5.3.8 屈折法探査のデータ例（応用地質，2003）

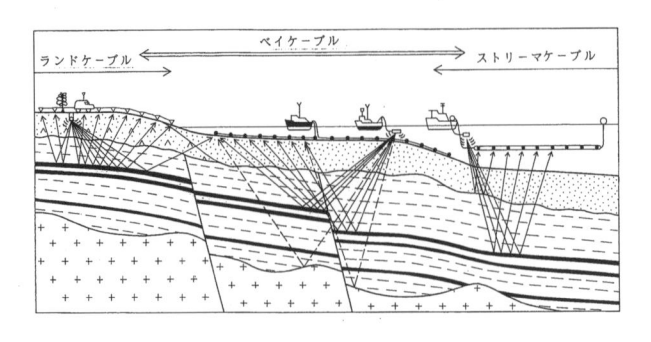

図5.3.9 沿岸域の調査手法（NEDO, 1996）

表5.3.4 沿岸域における地震探査による調査手法

調査地域	震源	受振器	受振ケーブル	備考
陸上	爆発：ダイナマイト 非爆薬：インパクタ， バイブレータ	ジオフォン	ランドケーブル	地表設置
沿岸域： 水深 0〜20 m±	エアガン，GI ガン ウォーターガン スパーカ	ハイドロフォン ジオフォン ――（ジンバル）	ベイケーブル ラジオテレメトリー OBC	海底設置 2 ボート方式 （発振船＋観測船）
海上（海洋）： 水深 10 m〜	エアガン，GI ガン ウォーターガン スパーカ	ハイドロフォン	ストリーマケーブル	連続曳航 連続発振・受振 1 ボート方式

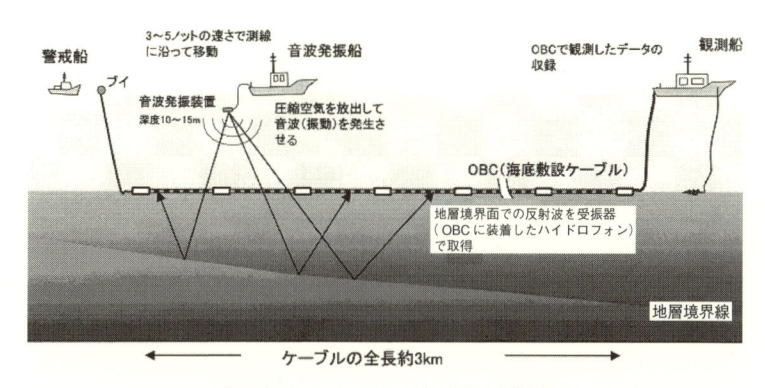

図 5.3.10 ベイケーブル方式の概要

題がある．

表5.3.4は沿岸域における地震探査手法の例である．

このため，沿岸域の断層を把握するためには，ベイケーブル方式による調査が近年行われるようになってきた．図5.3.10にベイケーブル方式の概要を示す．

ベイケーブル方式は，音源は水中で発音させるが，マルチチャンネルと異なり，ハイドロフォンを海底に敷設し受信する． 〔植木俊明〕

文 献

1) 新エネルギー・産業技術総合開発機構：平成6年度石炭資源開発基礎調査新探査技術調査開発（水域中深度層探査），146 pp., 1996.
2) 新エネルギー・産業技術総合開発機構：平成7年度石炭資源開発基礎調査新探査技術調査開発（水域中深度層探査），144 pp., 1997.
3) 応用地質株式会社：表面波探査の測定と解析，2003．http://www.oyo.co.jp

5.4 海洋物理観測

5.4.1 水中音速度の測定

海洋観測においては，水中における音響の特徴を活用して多くの音響機器が使用されている．最も一般的な音響機器として，音響測深器（echo-sounder）がある．音響測深器は送受信波器間の音波伝播時間を計測し，音速度を乗じて距離を求める機器である．通常，計測時の音速度は不明であるから，仮定音速度を用いて計測した後に，実際の音速度を測定して，測定距離を補正し深度を確定する．仮定音速度として，1500 m/s(820 fm/s) または 1463 m/s（800 fm/s）が採用されている．

音響測深器の中で，マルチビーム測深器は，斜め方向にも音波を投射する．斜め方向に投射した音波は，音速度の異なる多くの層の間を斜めに伝播することになるので，反射・屈折効果の影響が大きく，湾曲した伝播経路をとる．これを音線屈

折と称する．音線屈折補正のためには，多層にわたる音速度補正を必要とする．仮定音速度を用いる音響機器の測定に対しては，実際の音速度を求めて補正を行う．水中における音速度は，水温（℃），塩分（‰），圧力（kg/cm²）により変化する．音速度の変化率は，水温1℃に対して約4.5 m/sの増加，塩分1‰の変化で約1.3 m/sの増加，深度（圧力）100 mの変化で約1.7 m/sの増加である．水中音速度の測定には，直接音速度を測定する方法と，海水の物理的要素から計算によって求める方法がある．

a. 直接測定法
1) バーチェックによる方法

浅海域の音響測深に対して用いられる．長さ既知の深度索に取りつけた，一種の音響反射物（バー：bar）を所定深度に吊り下げ，バーからの反射波をアナログまたはデジタルで記録し，所定のバー深度における記録深度に対する補正値を求める方法である．

　　バー深度＝バー記録深度＋補正値

となるから，

　　補正値＝バー深度－バー記録深度

により求める．

深度索の鉛直性保持が可能な深度には限界があり，その深度は30～50 mである．

バーの形状は，棒，円盤あるいはコーナーレフレクタ型が用いられる．また，これらのバーを一定間隔（例：2 m）に多段連結し，一度に多層の記録が得られるよう工夫している．

2) 音速度計による方法

音速度計（velocity meter）は，短基線間に送受波器を固定設置し，最初の超音波発信の後，受信波をトリガーとして発信－受信－発信－受信を連続周回（シングアラウンド：sing around）させ，一連の発信回路系をつくり，受信信号をパルス成形してパルスカウンタで計測すれば，カウンタの読みが音速度を示すように製作されている．

送受信器間の距離をD，音速度をS，シングアラウンドの周期をT，周波数をF，受波部内（受波器－受信器間），および送波部内（送波器－送信器間）の信号遅延をΔtとすると，

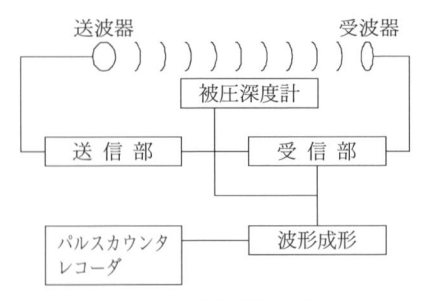

図5.4.1　音速度計の原理

$$T = D/S + \Delta t$$
$$S = D/(T - \Delta t)$$

と表せる．ここで，$\Delta t \ll T$とおけるから，

$$S \fallingdotseq D/T$$

と表される．

$$1/T = F$$

であるから，

$$S = F \cdot D \tag{1}$$

が得られる．Dは既知距離であるから，シングアラウンドの周波数Fを計測すれば，音速度Sを求めることができる．

深度を求めるには，被圧深度計を用いる．深度をパルス化して音速度とともに出力させることにより連続計測が可能である．計測記録装置には内蔵型と外部出力型がある．

浅海用ではセンサとの連結ケーブルを短くできるので外部出力型が多く，音速度計からケーブルを通じてパソコンに接続し，リアルタイムでパソコンモニタ上で読み取り，記録を行うことができる．深深度用（約5000 m）の音速度計もある．図5.4.1に測定原理の概要を示す．

b. 海水の物理的要素（水温，塩分，圧力）を用いた音速度計算

音速度の計算式には，実験室で測定された水温，塩分，圧力の実験に基づいて導かれた理論的計算式がある．古くは，1924年にN. H. HeckとJ. H. Serviceが音速度表を作成した．1927年にはMatthewsが真水と海水に対する厳密な計算表を，1931年には改訂版を発表した．1938年には，桑原表（日本海軍水路部）が発表された．1951年，K. V. Mackenzie（U. S. Navy Electoronics Laboratory）は，海水中の音速度計算式を発表し

た.

1960 年，Wayne D. Wilson(U. S. Naval Ordnance Laboratory) は水温，塩分，圧力に基づいた音速度の計算式を発表した.

わが国では，従来，桑原表を使用していたが，コンピュータが普及するにつれて，現在は，計算に便利なウィルソンの式に改良を加えて使用している．この計算式には，圧力 P の計算式がなかったのでマッケンジーの計算式から採用したほか，V の計算式の第 1 項を（原式では 1449.14 であったが補正値として -0.65 m/s を加えた）1448.49 に変えた．

$$P = 1.11 + 1.02663 \times 10^{-1}D + 2.691 \\ \times 10^{-7}D^2 - 4.11 \times 10^{-12}D^3 \quad (2)$$

$$V = 1448.49 + V_t + V_s + V_p \\ + V_\phi + V_{stp}$$

$$V_t = 4.5721T - 4.4532 \times 10^{-2}T^2 - 2.6045 \\ \times 10^{-4}T^3 + 7.9851 \times 10^{-6}T^4$$

$$V_s = 1.39799(S-35) + 1.69202 \\ \times 10^{-3}(S-35)^2$$

$$V_p = 1.60272 \times 10^{-1}P + 1.0268 \times 10^{-5}P^2 \\ + 3.5216\ 10^{-9}P^3 - 3.3603 \times 10^{-12}P^4$$

$$V_\phi = 1.50 \times 10^{-6}D(\phi-35) + 0.94 \\ \times 10^{-12}D^2(\phi-35)^2 - 2.94 \\ \times 10^{-18}D^3(\phi-35)^3 - 1.214 \\ \times 10^{-3}(\phi-35)$$

$$V_{stp} = (S-35)(-1.1244 \times 10^{-2}T \\ + 7.7711 \times 10^{-7}T^2 + 7.7016 \times 10^{-5}P \\ - 1.2943 \times 10^{-7}P^2 + 3.1580 \\ \times 10^{-8}PT + 1.5790 \times 10^{-9}PT^2) \\ + P(-1.8607 \times 10^{-4}T + 7.4812 \\ \times 10^{-6}T^2 + 4.5283 \times 10^{-8}T^3) \\ + P^2(-2.5294 \times 10^{-7}T + 1.8563 \\ \times 10^{-9}T^2) - 1.9646 \times 10^{-10}P^3T$$

ただし，P：深度 D m のときの圧力(kg/cm^2)，V_t：水温 T°C の音速度補正値(m/s)，V_s：塩分 S‰ の音速度補正値(m/s)，V_p：圧力(Pkg/cm^2) の音速度補正値(m/s)，V_ϕ：緯度 ϕ°，深度 Dm の音速度補正値(m/s)，V_{stp}：水温，塩分，深度の 2 要素以上の同時変化に対する音速度補正値(m/s)，V：水温 T°C，塩分 S‰，圧力 Pkg/cm^2 のときの音速度(m/s).

以上，海上保安庁水路測量業務準則規則別表第 9 計算式集より．

各観測層間が不同となっているとき，所定深度の補正値を求める場合は，層間距離が異なるために計算音速度を単純平均して求めるのは，適当ではない．観測層間距離に比例した重量を付し，平均を採用するなどの方法で求めることが必要である．

補正値計算は，次のとおりである．D：水深，V_m：平均音速度，dD：層間距離，V_e：層間の音速度，T：音波伝播時間とすると，

$$D = 1/2 \cdot V_m \cdot T = 1/2 \int V dt \quad (3)$$

一方，

$$V_m = 1/T \int V dt \quad (4)$$

ここで，層間の音速度を一定として V_e とすれば，

$$V_m = 1/T \sum V_e \cdot dt \quad (5)$$

となる．また，$dt = dD/V_e$，$T = \sum dt = \sum dD/V_e$ から，

$$V_m = \sum V_e \cdot (dD/V_e) / \sum (dD/V_e) \\ = D / \sum (dD/V_e) \quad (6)$$

を得る．ここで，D_0：記録水深，D_t：真水深，V_0：仮定音速度(1500 m/s)，Corr．：水深補正値とすると，

$$D_0 = 1/2 \cdot (V_0 \cdot T)$$
$$D = 1/2 \cdot (V_m \cdot T)$$
$$V_m = D / \sum (dD/V_m)$$

となるから，

$$\text{Corr.} = D_t - D_0 \\ = 1/2\{(V_m - V_0) \cdot T\} \\ = D(1 - V_0/V_m) \\ = D - V_0 \cdot \sum (dD/V_e)$$
$$D = \sum dD$$

であるから，

$$\text{Corr.} = \sum dD - V_0 \cdot \sum (dD/V_e) \\ = \sum \{dD \cdot (V_e - V_0)/V_e\} \quad (7)$$

となる．改正値は，各層間の補正値 $\{dD \cdot (V_e - V_0)/V_e\}$ を加えておき，所定層の記録深度に相当する補正量を加えればよい．ただし，各層間の深度は真深度であるから記録深度（＝真深度－補正値）に対する補正をすることが必要である．表

表 5.4.1 音速度補正計算表（ウィルソンの式による）
lat＝33，long＝135.5．

D	T	S	P(kg/cm)	V_t	V_s	V_p	V_ϕ	V_{stp}	V_e	V_{em}	Corr(V'_e)	Corr.	D_0
0	24.6	34.67	1.11	84.57	−0.4612	0.18	0.002	0.09	1532.87				0
10	24.72	34.67	2.14	84.86	−0.4612	0.34	0.002	0.09	1533.32	1533.10	0.22	0.22	9.78
25	24.62	34.67	3.68	84.62	−0.4612	0.59	0.002	0.09	1533.33	1533.33	0.33	0.54	24.46
50	24.62	34.65	6.24	84.62	−0.4891	1.00	0.002	0.10	1533.72	1533.53	0.55	1.09	48.91
100	24.38	34.7	11.38	84.05	−0.4192	1.83	0.002	0.09	1534.03	1533.88	1.10	2.19	97.81
150	21.71	34.76	16.52	77.38	−0.3354	2.65	0.002	0.06	1528.24	1531.14	1.02	3.21	146.79
200	19.48	34.79	21.65	71.39	−0.2935	3.48	0.002	0.03	1523.10	1525.67	0.84	4.05	195.95
300	14.45	34.54	31.93	56.33	−0.6427	5.13	0.002	0.04	1509.35	1516.22	1.07	5.12	294.88
400	10.03	34.43	42.22	41.20	−0.7963	6.78	0.001	0.01	1495.69	1502.52	0.17	5.29	394.71
500	7.91	34.29	52.51	33.28	−0.9917	8.44	0.001	0.00	1489.23	1492.46	−0.51	4.78	495.22
600	6.48	34.29	62.80	27.70	−0.9917	10.11	0.001	−0.01	1485.29	1487.26	−0.86	3.93	596.07
800	4.31	34.33	83.41	18.86	−0.9359	13.44	0.000	−0.03	1479.82	1482.56	−2.35	1.57	798.43
1000	3.35	34.43	104.04	14.81	−0.7963	16.79	−0.001	−0.05	1479.24	1479.53	−2.77	−1.19	1001.19
1200	2.99	34.47	124.69	13.27	−0.7405	20.15	−0.001	−0.06	1481.10	1480.17	−2.68	−3.87	1203.87
1500	2.66	34.57	155.70	11.84	−0.6008	25.21	−0.002	−0.08	1484.87	1482.98	−3.44	−7.31	1507.31
2000	2.01	34.61	207.48	9.01	−0.5450	33.72	−0.004	−0.09	1490.58	1487.72	−4.13	−11.44	2011.44
2500	1.75	34.66	259.39	7.86	−0.4751	42.31	−0.005	−0.11	1498.07	1494.32	−1.90	−13.34	2513.34
3000	1.58	34.67	311.41	7.11	−0.4612	50.98	−0.007	−0.13	1505.98	1502.03	0.67	−12.66	3012.66
3500	1.53	34.68	363.55	6.89	−0.4472	59.73	−0.008	−0.16	1514.50	1510.24	3.39	−9.27	3509.27
4000	1.57	34.68	415.80	7.07	−0.4472	68.57	−0.010	−0.20	1523.47	1518.98	6.25	−3.02	4003.02
4500	1.6	34.69	468.17	7.20	−0.4332	77.48	−0.011	−0.25	1532.48	1527.98	9.15	6.13	4493.87
4715	1.62	34.68	490.72	7.29	−0.4472	81.34	−0.012	−0.27	1536.39	1534.44	4.83	10.96	4704.04

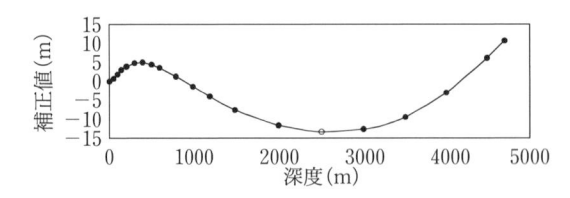

5.4.1に音速度補正計算例を示す．

5.4.2 潮位観測

水路測量における潮位観測は，精密な海図を作成する上で，水深の基準面（chart datum）を決定するために重要な観測である．また海洋工事にとっても工事基準面の決定，あるいは環境調査の面においても，潮汐の満干潮面の状況把握など，環境への影響を考察する上で，必要な観測である．

海面は常時，動揺と昇降を繰り返している．暫時，海面を観察していると，海面が周期的に昇降しているのをみることができる．こうした周期的な海面の昇降現象を潮汐（tide）という．海面が上昇過程にある状態を上げ潮（flood），対して下降過程にある状態を下げ潮（ebb）という．上げ潮の極大状況を高潮（high tide），下げ潮の極小状況を低潮（low tide）という．高潮と低潮の差を潮差（range of tide）という．

通常1日2回の上げ潮と下げ潮の状態がみられるが，日により，場所によっては1回の上げ潮と下げ潮のみとなることがある．また潮差も周期的に異なり，日により変化する．

a. 潮汐現象の起因

潮汐現象は，天体と地球間の引力と，地球の遠心力に起因する．天体の中で潮汐現象に大きく影響するのは，主として月と太陽である．その中でも月の影響が大である．

1) 起潮力

月と太陽と地球は，それぞれの公転，自転によって位置関係が変化する．地球に近い月についてみると，地球上のある点からみる月の方向および距離が異なるため，月の引力は異なる．この違いによって起潮力を生ずる．これを潮汐力ともいう．

ニュートン (1642-1727) の万有引力の法則によれば，それぞれの天体間の引力は，それぞれの天体の質量の積に比例し，天体間の距離の2乗に反比例するとされる．

図 5.4.2 に潮汐に大きく影響する月との関係を示す．同図において，A，B，D，E 点：地球表面上の地点，F：月による引力，F'：遠心力，C：地球中心，f：起潮力，G：万有引力定数，M：月の中心，a：地球半径，d：月と地球間の距離，W：月の質量，地球中心Cにおける引力：F_c，遠心力：F'_c，B点(赤道上)における引力：F_b，遠心力：F'_b，起潮力：f_b，P点(任意点)における引力：F_p，遠心力：F'_p，起潮力：f_p，P'点(Pの対向点)における引力：F_p'，遠心力：$F'_{p'}$，起潮力：$f_{p'}$，E点(赤道上)における引力：F_e，遠心力：F'_e，起潮力：f_e，A点(極点上)における引力：F_a，遠心力：F'_a，起潮力：f_aとする．月と地球の共通重心の位置は，相互の中心(CとM)を結ぶ線上に，相互の質量に反比例する距離の内分点となる．

月と地球の質量の比は 1：81，距離は 38 万 km であるから，共通重心位置は，地球中心から地球半径の 0.74 倍の距離，すなわち約 4700 km の地球内部に位置する．

地球と月は，共通重心位置を中心として公転しており，地球中心において単位質量に働く月の引力と，この公転運動に費やされる遠心力とは平衡している．このため月が地球に接近することはない．地球上のすべての地点における遠心力は，地球中心における遠心力と同等の作用を受けている．すなわち

$$F'_c = F'_b = F'_p = F'_{p'} = F'_e = F'_a$$

が成り立つ．図 5.4.2 において，地球中心Cと地球上のある地点Pにおける月の引力 F_p は，方向および大きさが異なる．ある地点Pにおける起潮力は，月による引力 F_p と遠心力 $F'_p = F'_c$ のベクトル和 f_p によって表される．

ここで，考察を簡単にするために，月に面するB点(赤道上)における起潮力についてみると，B点における月の引力と遠心力との差が起潮力となる．地球の単位質量についてみれば，月による引力は $F_b = G \cdot W/(d-a)^2$，遠心力は地球中心におけるそれと等しいので $F'_b = F'_c = G \cdot W/d^2$ とおける．したがってB点における

起潮力：$f_b = F_b - F_b'$
$= G \cdot W (1/(d-a)^2 - 1/d^2)$,
$\qquad\qquad\qquad d \gg a$
$\fallingdotseq G \cdot W \cdot \{(1+2a/d) - 1\}/d^2$
$f_b = 2aG \cdot W/d^3 \qquad\qquad (8)$

となる．180°異なるE点では $F'_e > F_e$ となって

起潮力：$f_e = G \cdot W \{1/d^2 - 1/(d-a)^2\}$

となるから，

$$f_e = -2aG \cdot W/d^3 = -f_b \qquad (9)$$

を得る．すなわち，E点における起潮力 f_e は，B点における起潮力 f_b と大きさが同じで向きが反対ということを示している．また，極点Aにおける起潮力は，ここで，

$F_a = G \cdot W/(d^2 + a^2)$,
$F'_c = F'_a$

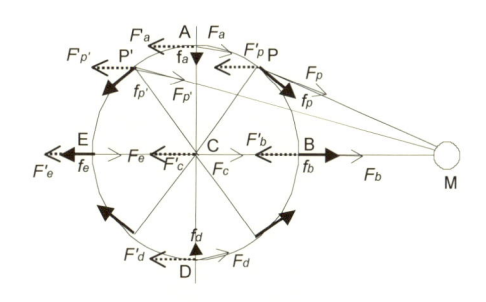

図 5.4.2 起潮力

であり，$d \gg a$ であるから，

$$f_a = F_a' - F_a = G \cdot W / \{1/d^2 - 1/(d^2+a^2)\}$$

となり，

$$f_a \fallingdotseq aG \cdot W / d^3 \tag{10}$$

となる．また，$f_a = f_d$ である．

D点における起潮力の大きさはA点に同じで，方向はともに下方である．

赤道における，月の上経過時の点と，対向する下経過時の点における起潮力は，距離の3乗に反比例し，方向が反対で，大きさは同じである．太陽についても同様なことがいえる．月は太陽に比べて外形や質量は小さいが，地球までの距離は，太陽に比べて約1/400と短く，起潮力が距離の3乗に反比例することから，月の引力による起潮力は太陽よりも大となる．

式（10）に，太陽と月に対する距離および質量の値を代入して，月と太陽の起潮力の比を計算すると，1/0.46となり，月の起潮力は太陽の約2.2倍となる．

地球の起潮力の分布は，図5.4.2に示した太線矢印のように，月に面するB点側（f_b）および反対側E点（f_e）で大で，方向は上方となる．これより90°隔たったA（f_a），D（f_a）点では，小であり方向は下方となる．

2）海水の分布

地球が一様な深さの海水で覆われていると仮定すれば，地球上においては，起潮力と重力とが平衡状態を保持し，図5.4.3に示すように，海面は月と地球中心を結ぶ線上において，月に面する（上経過：upper transit）側（B点）と反対（下経過：lower transit）側（E点）では膨らみ，B，E点を結ぶ線を回転軸とする回転楕円体（ellipsoid）の形状を呈する．

今，同図(a)において，月が天の赤道上Mにあるとすれば，点Bおよび180°隔てた点Eにおける起潮力の方向は，点Bでは上方で月に面するB′の方向，点Eでは反対のE′の方向となって，点A，B，D，Eを結ぶ大円上（子午圏）では高潮となる．この大円から南北方向に90°隔たった点AとDでは下方となり，点A，Dを通る大円（子午圏）上では低潮となる．

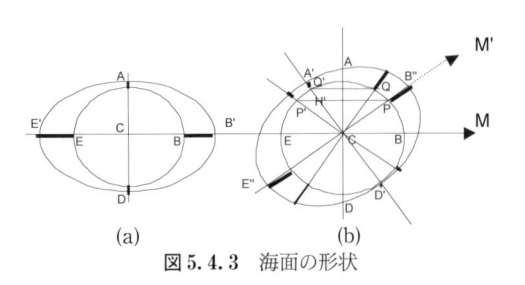

平衡潮汐論では，ある点で月が上経過または下経過時に高潮が起こるとされるが，現実の潮汐は，海水の摩擦や慣性のほか，水深や海底地形などの影響を受け遅れて高潮となる．この遅れは場所によって変化するが，この平均時間を平均高潮間隔という．東京近辺における平均高潮間隔は約5時間であり，高潮-低潮の周期に近い．したがって，満月の大潮時に月が天頂にある時刻には，高潮前の低潮状態にある海面が観察されることになる．

図5.4.3(a)において，月の位置がそのままで，地球が1回転すれば，点Bは高潮-低潮-高潮-低潮-高潮でもとに戻る．このように月が赤道付近にあるときの潮汐は，1日2回同じような高潮-低潮が起こる．このような潮汐を半日周潮（semi diurnal）という．

3）日潮不等

図5.4.3(b)に点線で示したように，月が赤道面に対して，ある高度M′にあるときの海面は，楕円体の長軸方向は月M′の方向となり，高潮，低潮の潮高および時間間隔が変わる．

同図(a)の点B′とE′は図(b)のB″とE″に，同様に点AとDはA′とD′に移動し，低潮帯は点AとDを通る大円上からA′とD′を通る大円上に移動する．

今，同図(b)において，月に面する地球上のP点と同緯度にあるP′点についてみると，P点では高潮，P′点では低い高潮，PP′（緯度圏）とA′D′の大円が交わるH′点では低潮，H′点の反対側でも低潮となる．

地球が1回転し，P点が1周する間の潮高の変化は，H′点の低潮帯を経てP点に戻ってくるまでの間，高潮-低潮-低い高潮-低潮-高潮で1巡するが，2回の高潮-低潮間の潮高と，点P-H′とP′-H′間の時間間隔は異なる．このように相次ぐ高潮-低

(a)　(b)

図5.4.3　海面の形状

潮の潮高の違いを，日潮不等という．また，点Qおよび Q′点については，点Qで高潮，点 Q′で低潮となり，点Qが1回転する間の潮高は，高潮から低潮へと変わるだけとなる．このように1日1回の高潮-低潮で終わる潮汐を日周潮という．

潮汐の大小は，月と地球の距離の遠近によって生ずる．これは，月の軌道が楕円である上，軌道の逆行などにより複雑に変化するためである．月が地球に最も近づいた後に起こる潮差の大きな潮汐を近地点潮，最も離れた後に起こる潮差の小さな潮汐を遠地点潮という．

月は，地球の自転方向と同じ向きに約 27.3 日で公転しているので，$360°/27.3$ 日 $= 13.2°$/日だけ遅れる．時間にすると $13.2° \times (24/360°) = 0.88$ 時間 $= 52$ 分の遅れとなる．すなわち潮汐の高低潮時刻は，毎日 50 分ほど遅れていく．これは，月の出，入りおよび満ち欠けにも同じことがいえる．

月がその位置を変えて，月が地球と太陽の間に位置するときには新月となり，反対側に位置するときには満月となる．満月および新月のときには，太陽と月の起潮力が相加わって大潮となり，また新月，満月の位置から $90°$ の方向に離れたときは，上弦，下弦の月となって，太陽と月による起潮力は減じ合い，小潮となる．

月の軌道を白道といい，白道は黄道に対して平均 $5°9'$ の傾きをもつ．月が南から北へ黄道を横切る点を昇交点，北から南へ横切る点を降交点という．これらの点は $19.3147°$/年の速さで西へ逆行し，黄道を 18.61 年で1周する．このことが約 19 年を周期として潮汐現象がもとに戻るという根拠である．また白道の逆行によって白道が春分点に一致したときは，月の赤緯は $23°27'$（黄道傾角）$+ 5°9' = 28°36'$ となり，赤緯の変化範囲は，$+29° \sim -29°$ と大きくなるが，反対側の秋分点に一致するときは，$23°27'$（黄道傾角）$- 5°9' = 18°18'$ となって，$+18° \sim -18°$ の変化であり，春分点の場合に比べて小さい．赤緯変化の大小は，潮高変化の大小に影響を及ぼす．

b．潮位観測

地上の不動点を基準とする海面の昇降の観測を潮位観測といい，時刻とある基準からの潮高を測定する．潮位観測を行っている場所を験潮所という．日本沿岸には，常設の長期験潮所が約 500 か所（国の機関が管理する験潮所は約 130 か所）に設置されている．

観測方法には，目視によって海面を観測する直接観測法，あるいは浮子，水圧，音響などを用いて海面を検知し，自動的に観測記録させる間接的観測法がある．

1）直接観測法

験潮桿： 最も簡単な観測手法として，海中に尺棒を直立させて固定し，海面と尺棒の接合面の目盛りを読み取る方法である．この方法は，自記式の験潮器の校正方法としても用いられている．

2）間接観測法（自動験潮記録方式）

自動験潮記録方式の中でも，観測期間の長短，あるいは記録方式によっていくつかの方法が用いられている．概して，長期観測では浮子式，短期観測では水圧式が用いられていることが多い．

① 浮子式験潮器

・精密型： 海の近傍で地盤の強固な場所に，井戸を掘り，井戸には横穴（導水管）を設けて海水を入れ，風波の影響を消去して静穏な海水面をつくる．海水面には浮子を浮かべ，浮子に連動する記録装置によって海水面の昇降を連続記録させる機器である．観測記録方式には，アナログとデジタル記録型式がある．験潮器と事務所間を通信回線で連結し，リアルタイムで観測のモニタができる験潮所が多くなり，防災面に利用されている．

・簡易型： 記録方式は，精密型と同様に浮子を使用するが，井戸と記録器を小型化し，運搬や設置の簡略化を図って，一時的な短期の潮位観測に適するように製作された験潮器である．したがって，井戸は径約 20 cm 程度の塩化ビニールパイプを使用し，岸壁などに沿わせて簡単に設置が可能となるように設計されている．

② 水圧式験潮器

海水面の昇降による海水の圧力変化を半導体圧力センサによって感知し，圧力-距離に変換し，潮高を記録させる．小型化・デジタル化した潮高測定機器である．浮子式のような井戸の設置工作が不要で，センサと記録部間を小径のホースとケー

ブルで連結し，岸壁などにケーブルを沿わせて設置できる．取り扱いが容易で，主に短期間の観測に用いられる．観測データは，半導体メモリーに記録され，パソコンによるデータ処理が容易となっている．観測期間中に，験潮桿と験潮器のデータの同時観測によって圧力センサのキャリブレーションを行うことが必要である．

③ 音響式験潮器

音響測深器と同じ原理で，音響測深器では，音波の伝播する媒質が海水であったのに対し，空気となる点が異なる．空気中の音速度は，海水中に比べて約 1/5 であるが，気温，湿度などの影響を受けやすい．主に，河川などにおける水位の変化を監視するのに用いられている．

④ GPS による潮位観測

GPS は，GPS アンテナの水平位置と高さ（WGS-84 楕円体面上）をリアルタイムで測定することができる．GPS の受信アンテナを海面の昇降に連動するように設置しておけば，WGS-84 楕円体上からの海面高が測定できる．すなわち，験潮器による陸上固定点からの海面高の測定に代わって，WGS-84 楕円体面から海面高の測定が可能ということになる．WGS-84 楕円体面とジオイド間の関係が既知であれば，GPS の観測からジオイド上の潮汐に換算が可能となって，これまで水路測量の際にとられていた潮汐の改正値は，この方法によってリアルタイムで得ることができる．ただし，WGS-84 楕円体面とジオイド面との関係が既知であることと，GPS の観測精度が所要精度を満足するかどうかが問題となる．現在のところ，WGS-84 楕円体面とジオイド面の関係が既知となっている海域については，GPS の相対測位法による高精度観測によって，潮位改正に利用が可能であるとされている．

c. 調和解析

潮汐による海面の昇降量は，月と太陽の自転，公転による相対位置に伴って変化するが，その変化はいくつかの規則的な周期の変動量の和として表すことができる．そこで，軌道や周期が複雑に異なる月と太陽に代わって，天球の赤道上を一定の距離，周期で多くの仮想天体が運行していると

し，これらの仮想天体によって規則的な潮汐が起こると考える．仮想天体個々によって起こる潮汐を分潮という．地球上のある点における任意の時刻 t の潮高 $h(t)$ は式(11)で表すことができる．

$$h(t) = S_0 + \sum f_i H_i \cos\{(V_0 + U_i) + \sigma_i t + \varkappa_i\} \quad (11)$$

ここに S_0：平均水面，f_i：天文因数 18.6 年周期の交点係数（平衡潮汐論から求めることができ，各分潮に固有な 1 に近い数），$(V_0 + U_i)$：天文引数，H_i：振幅，$\varkappa_i$：遅角，σ_i：角速度，i：添え字，各分潮を示す．

潮汐観測値の時刻と潮高を用いて，各分潮の振幅 H_i および遅角 $\varkappa_i$ を求める計算を調和分解という．調和分解計算により求めた各分潮の振幅および遅角を調和定数という．調和分解計算には，精度，簡便性を工夫したダーウィン法（G. H. Darwin），TI またはダッドソン法（A.T.Doodson），ベルゲン法（C. Borgen），宮崎法などの手法が発表されている．

1 年間の観測データからは，60 個の仮想天体による定数を求めることができる．主要分潮を表 5.4.2 に示す．調和解析から調和定数を用いて，仮想天体によって起こされる任意の時刻における潮高を求め，予報することができる．

d. 各種基準面

1) 海図の水深基準面

海図の水深基準面を，最低水面（従来は基本水準面と呼称）という．最低水面は，長期間の潮汐

表 5.4.2 主要分潮

記号	分潮名	速度	周期
M_2	主太陰半日周潮	28.9841	約半日
S_2	主太陽半日周潮	30	半日
N_2	主太陰楕円潮	28.4397	約半月
K_2	日月合成半日周潮	30.0821	約半日
O_1	主太陰日周潮	13.943	約1日
Q_1	主太陰楕円潮	13.3987	約1日
P_1	主太陽日周潮	14.9589	約1日
K_1	日月合成日周潮	15.0411	約1日
Sa	太陽年周潮	0.0411	1年

観測資料を用い，毎時潮高を平均して得た平均水面から Z_0 だけ下げた面である．Z_0 とは，1か月以上の潮汐観測資料を調和分解して求めた調和定数のうち，主要4分潮（$M_2+S_2+K_1+O_1$）の半潮差の和をいう．

ここに，M_2：主太陰半日周潮，S_2：主太陽半日周潮，K_1：日月合成日周潮，O_1：主太陰日周潮．

最高水面は，平均水面から Z_0 だけ上げた面で，最大潮差は Z_0 の2倍となる．日本周辺における Z_0 の値は，北海道東岸から本州東岸にかけては約60～90 cm，本州南東岸から四国南岸・九州東岸・沖縄にかけては約90～110 cm，九州西岸・関門海峡にかけては約150～200 cm，このうち有明湾周辺では約200～300 cm と日本沿岸の中で最大となる．関門海峡西口から本州北西岸の若狭湾にかけては50～10 cm と小さく，さらに本州北西岸から北海道西岸にかけては10～20 cm 程度である．一方，大阪湾から瀬戸内海西方に至る海域にかけては約100～200 cm となっている．

2） 最低水面を求める方法

海図に表示する水深値は，船舶の航行安全上，その付近の港湾における最低水面を基準として表示されている．日本沿岸の主要な港湾には，これまでの観測によって求められた最低水面を示す水準点（HBM）が設置されている．長期験潮所（平均水面が既知）がない港湾における短期間の水路測量においては，HBMの観測から平均水面を求めると同時に，HBMの沈下，変動などをチェックするために測量地で短期間の潮汐観測を実施する．

短期間の潮汐観測からは平均水面を求めることができないため，短期間の水面の平均値（短期平均水面という）を求め，潮型が同じような近傍の長期験潮所の資料（通常最近5か年平均値を採用）を利用し，測量地の平均水面を導き，Z_0（既知）分だけ下げて最低水面を求める方法をとる．

算出方法は，次のとおりである．

$$A'_0 = A'_1 + (A_0 - A_1) \tag{12}$$

ただし，A'_0：測量地験潮所の平均水面の高さ，A'_1：同一期間における測量地験潮所の短期平均水面の高さ，A_0：基準となる験潮所の平均水面の高さ，A_1：同一期間における基準となる験潮所の短期平均水面の高さである．

平均水面と最低水面などの関係を図5.4.4に示す．

3） 港湾工事の基準面

港湾の建設工事にかかわる基準面は，海図の測量に合致させた水面をとることとなっている．

4） 東京湾平均海面

陸地標高の基準面である．初期には東京湾中等潮位と称していたが，戦後，東京湾平均海面（Tokyo Peil）と改称し，T.P と略称する．Peil とはオランダ語で水準面を意味する．この基準面は，東京霊岸島（東京都中央区新川2丁目地先）に設置した量水標の高低潮の観測から求めた平均海面である．観測は，1873（明治6）年6月～1879年12月までの6年6か月間で，途中3か月の欠測期間がある．量水標上に求めた平均海面を霊岸島の水準標石に移した後，1891年に東京三宅坂の水準原点に移し，永久保存されている．

平均海面は，水準原点の水晶柱以下24.500 m とされたが1923（大正12）年の関東大震災時に86 mm の沈下が確認され，1928（昭和3）年以降水晶柱以下24.4140 m に改定された．

全国に1等，2等ほかの水準点が国道および主要地方道沿いに約1～2 km 間隔で設置されており，現在国土地理院よって管理されている．これらの標高は，水準原点をもとに水準測量によって求められている．

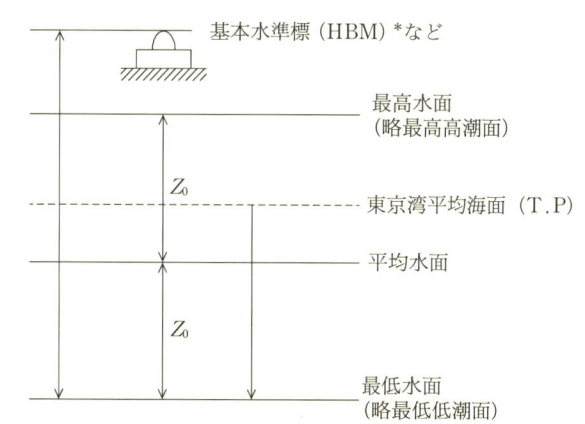

図5.4.4 潮位関係

*海上保安庁水路部（2004年に海上保安庁海洋情報部に改称）B.M.

5） その他

明治初期に河川および港湾工事が行われた時代の基準面で，現在においてもまれにこうした記述をみることがある．

① A.P (Arakawa Peil)： 東京近辺の河川および港湾工事に用いられた基準面で，東京霊岸島量水標ゼロ位をさし，T.P 以下 1.1344 m である．

② Y.P (Yedogawa Peil)： 江戸川河口の堀井量水標ゼロ位をさし，T.P 以下 0.8401 m である．

③ O.P (Osaka Peil)： 淀川，尼ケ崎，大阪地方の港湾工事の基準面として使用されている．その起源は明治6年とされているが，途中地盤沈下により，T.P との関係は T.P 以下 1.300 m としている．

④ K.P (Kobe Peil)： 神戸市が使用している神戸港修築工事基準面で，T.P 以下 0.8934 m である．

e. 非調和定数と潮汐用語

調和分解の成果として，調和定数が得られる．調和定数の組み合わせから，潮汐の特徴について知ることができる．このような定数を非調和定数という．以下に，主な潮汐用語と非調和定数を記す．

〈潮汐用語〉

・主太陰半日周潮（M_2潮）：平均太陰による半日周期の潮汐．振幅を H_m，遅角を K_m で表す．

・主太陽半日周潮（S_2潮）：平均太陽による半日周期の潮汐．振幅を H_s，遅角を K_s で表す．

・主太陰日周潮（O_1潮）：平均太陰による1日周期の潮汐．振幅を H_0，遅角を K_0 で表す．

・日月合成日周潮（K_1潮）：太陰と太陽の赤緯変化分を加味した1日周期の潮汐．振幅を H'，遅角を K' で表す．

以上4分潮が他の分潮に比較して振幅が大で，潮汐の大勢を占める．これらを主要4分潮という．

・大潮（spring tide）：朔（新月），望（満月）のころの最大潮差の潮汐．

・小潮（neap tide）：上弦，下弦のころの最小潮差の潮汐．

〈非調和定数〉

・平均高潮間隔（mean high tide interval）：$K_m/29$，月の上経過後，高潮となるまでの平均時間間隔．

・最低水面（海図水深基準面：Indian lowest low water）：$S_0-(H_m+H_s+H'+H_0)$，平均水面 S_0 は，最低水面上 Z_0 の値だけ上方にある．

・潮高比（ratio of range）：$(H_m+H_s)/(H_m+H_s)_0$，O の記号は，基準港を表す．潮高を求めようとする港と基準港との潮高の比率．

・潮時差（time difference of tide）：$(K_m/29)-(K_m/29)_0+31/30(L_0-L)+(S-S_0)$，潮高を求めようとする港と基準港との潮高時間の差．

・大潮差（spring range）：$2(H_m+H_s)$，大潮の平均潮差．

・小潮差（neap range）：$2(H_m-H_s)$，小潮の平均潮差．

・大潮升（spring rise）：$2(H_m+H_s)+H'+H_0$，最低水面（海図の水深基準面）から大潮の平均高潮面までの高さ．

・小潮升（neap rise）：$2H_m+H'+H_0$，最低水面（海図の水深基準面）から小潮の平均高潮面までの高さ．

・大潮平均低潮面（high water of spring tide）：$Z_0-(H_m+H_s)$．

・小潮平均低潮面（low water of spring tide）：$Z_0-(H_m-H_s)$．

・潮齢（age of tide）：$(K_s-K_m)/1.02$，朔，望後の大潮となるまでの時間．

〈潮型〉

・日周潮型（diurnal type）：$(H'+H_0)/(H_m+H_s)>1.25$，高潮，低潮が1日1回となることが多くなる．

・半日周潮型（diurnal type）：$(H'+H_0)/(H_m+H_s)<0.25$，1日2回の高潮，低潮が起こる．

・混合型（compound type）：$(H'+H_0)/(H_m+H_s)>1.25$，日周潮が大きく日潮不等が大で，高潮，低潮が1日1回となることがある．

5.4.3 潮流観測

a. 観 測

航海の安全，養殖漁業，海水交換，環境保全な

どを目的とする調査に，流れの観測は不可欠である．流れには潮流のほか，風，波，海水の密度差などによって生ずる吹送流，波浪流，密度流，海流などが考えられるが，ここでは潮流のみを取り上げる．潮流は，潮汐現象による周期的な海水の昇降運動が海水の入出を起こし，水平方向に生ずる周期的な流水運動である．潮汐と同様に月と太陽の運行に密接な関係がある．特に月の運行が大きく影響することは，潮汐の場合と同様である．潮流は，流れ去る方向（流向）と，流れの速度（流速）によって表す．流向と流速は，時間経過とともに変化する．流向が転ずることを転流，転流時に流速が止まることを憩流という．

1） 観測手法

調査目的によって，観測手法は異なる．観測手法については，海域に対する観測点の配置，点数，観測層，期間，使用機器などについて検討することが必要である．観測層は多層観測を必要とする場合もある．一般に潮流観測を実施する海域の水深は100 m以浅とみられる．表層から底層間のいくつかの層について行うのが理想的であるが，一度に多層を同時観測することは困難なので，通常，表層（水面下2 m付近）と底層（底上2 m付近）のほか，中間層において行う．観測密度の精粗は，観測日数などの直接的な労力のほか，経費および成果の良否に影響する．

2） 潮流観測機器

① 浮標追跡法

上部に風による風圧流の影響を小とする浮標と，下部に流れを受ける板を直交させた構造の測流板を浮標に連結して海中に投入し，浮標の移動を追跡し，移動距離と時間から流向と流速を知る方法である．この方法は，水深が大あるいは潮流が速く，自記験流器が設置不可能な場所に用いられる．観測に当たっては，浮標の位置変化を追跡することによる観測点の偏移を起こさないようにすることが必要である．そのためには，浮標は常に定点位置から投入することが必要である．

② 自記流速計

・プロペラ型流速計： 風速計と同様に，流れを受けてプロペラが回転し，その回転数から流速を計測する．流速計が流れに平行するように方向羽を取りつけておき，流れに平行する流速計の方向をコンパスを利用して計測し，流速と流向を記録させる構造となっている．記録媒体には，カセットテープあるいはメモリーの型がある．プロペラの構造にも縦型，横型の2種類がある．

・電磁流速計： 電磁誘導の原理を応用した機器で，電極間を導体（海水）が移動することで電極間に生ずる電圧によって，流速を計測する．直交する2軸に置いた電極によって，それぞれの流速を計測し合成すれば流向と流速を知ることができる．この機器はプロペラなどの可動部分がなく，応答速度が速く弱流から強流までの計測が可能である．

・ドップラー流速計： 超音波のドップラー効果を利用した流速計である．海中に発射した超音波が，海中の微生物層によって反射し，海水の流れによるドップラー効果が生ずることを利用している．反射波のドップラー偏移の測定から，流速の測定ができる．直交方向で測定したそれぞれの流速を合成することによって，流向と流速が計測できる．発射超音波は約30°の傾斜をもたせて海中に発射する．この機器の特徴は，鉛直方向に最大128層と多層の計測が可能で，立体的な流況の調査ができることにある．また，船舶に装備して航走しながら測定ができることから，短時間に広域にわたる調査が可能である．

b． 観測データの解析

潮汐と同様に仮想天体による分潮を求めるためには，長期にわたる連続観測を必要とする．潮流の長期観測は潮汐と異なり，機器の設置などに多くの困難を伴う反面，観測精度の点から十分な効果が得がたいといった面があり，30昼夜または1〜数昼夜程度の観測にとどまることが多い．解析方法は，観測データの長短によって1昼夜，数昼夜，15昼夜，30昼夜以上とに分けている．1昼夜とは，月の運行周期が1日に50分ほど遅れることから，約25時間となる．30昼夜とは約32日間の観測ということになる．

潮流データは，流向および流速をもったベクトル量であるから，潮汐調和分解のように解析す

には，データを南北と東西方向の北方分速および東方分速に分解した後，潮汐と同様な手法によって調和分解を行い，調和定数を求める．

潮流観測データ流速 V を，北方分速 V_n および東方分速 V_e に分解すると，V は次のように表される（図5.4.5）．

$$V^2 = V_n^2 + V_e^2$$

V_n および V_e は，北方および東方向において，固有の振幅と遅角をもつ各分潮流の合成として次式のように表される（北方分速のみを示す．東方分速は，北方分速と同様である）．

$$V_n = V_0 + \sum f_i H_n \cos(V_0 + U_l) + \sigma_n + \kappa_n \quad (13)$$

ここに，V_0：観測中の平均流速，他の記号は潮汐の場合と同様である．添え字 n は，北方分速を示す．ここでは，解析方法として1昼夜観測データによる場合のみを取り上げる．観測が1昼夜の場合，観測データの不足から各分潮流を求めることは困難であり，分潮流を含んだ群として半日周潮流，日周潮流および1/4日周潮流についてのみ，フーリエ級数を用いて振幅と位相を求める．まず，観測時間内で月の上経過時を基準にして，1時間2分（1太陰時≒1.034太陽時）間隔で，それぞれの分速24個を読み取り，次式（第1～第3行目）により日周潮流（周期：15°），半日周潮流（周期：30°），1/4日周潮流（周期：60°）として，フーリエ係数を求め，次いで振幅および遅角を求める．

$$\begin{aligned}
V_t &= V_0 + A_1\cos 15°t + A_2\cos 30°t \\
&\quad + A_4\cos 60°t + B_1\sin 15°t + B_2\sin 30°t \\
&\quad + B_4\sin 60°t \\
&= V_0 + R_1\cos(15°t - \xi_1) \\
&\quad + R_2\cos(30°t - \xi_2) + R_4\cos(60°t - \xi_4)
\end{aligned}$$
$$(14)$$

ここに，V_0：観測データの平均値（恒流の流速），A_1, A_2, A_4 および B_1, B_2, B_4：フーリエの級数係数，R_1, ξ_1：日周潮流の振幅と遅角（月と太陽およびその合成1日周潮流成分），R_2, ξ_2：半日周潮流の振幅と遅角（月と太陽およびその合成半日周潮流成分），R_4, ξ_4：1/4日周潮流の振幅と遅角（月の1/4日周潮流と浅海潮流成分），$V_0 = 1/24\sum_{t=0}^{23} V_t$，$A_1 = 1/12\sum_{t=0}^{23} V_t\cos 15°it$，$B_1 = 1/12\sum_{t=0}^{23} V_t\sin 15°it$ によってフーリエ級数の各係数を求める．$\xi_i = \tan^{-1} B_i/A_i$，$R_i = A_i\sec\xi_i = B_i\cosec\xi_i$ から（i = 1，2，4の数値をとる）各分潮流の成分を北方および東方分速について求め，両分速成分を合成することによって各分潮流群の潮流楕円が描ける．

c. 潮流楕円

潮流の観測資料は，方向と大きさをもつ有向成分（ベクトル）で得られる．観測資料を検討するには，ホドグラフ（hodograph：速度図）を描いてみるのが有効である．ホドグラフがある方向で直線的ならば，潮流はほぼ一定方向とみられ，資料は流速成分だけとみることができ,読み取り値は，そのまま調和分解を行うことができる．ホドグラフが曲線を描くようであれば，北方，東方成分に分解検討し，それぞれの成分について潮汐の調和分解と同様な手法で，各分速について調和定数を求める．得られた2方向分速の調和定数をもとに合成を行って各分潮の調和定数を求めることができる．観測資料からのホドグラフの描画図を図5.4.6に，2方向（北および東方）分速に分解した観測値，分潮流群に分解計算結果ならびに残差を図5.4.7に示す．解析結果の北方および東方分速を合成して，1/4日と日周潮の分潮流楕円を重ねて描画した（図5.4.8）．半日周潮流を図5.4.9(a)

図5.4.5 ベクトル分解

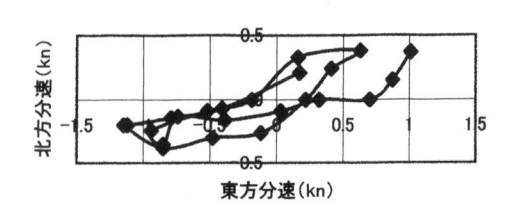

図5.4.6 ホドグラフ

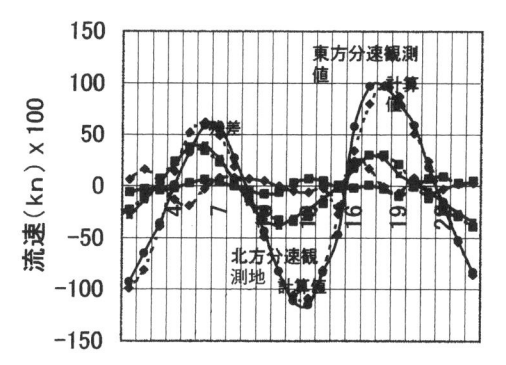

図5.4.7 北方と東方の2方向分速に分解した観測値，分潮流群に分解計算結果ならびに残差

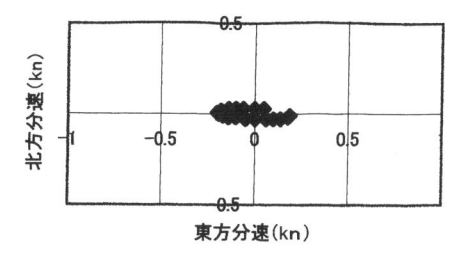

図5.4.8 1/4日，1日周潮流楕円

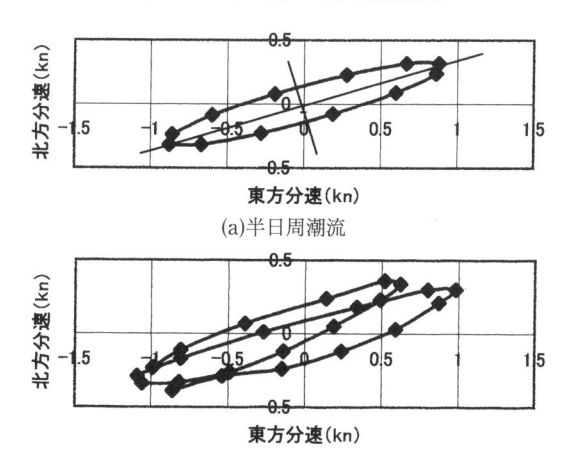

(a)半日周潮流

(b)全分潮流と恒流の合成潮流楕円

図5.4.9 半日周潮流と，全分潮流と恒流の合成潮流楕円

に，1/4，1日，半日周潮流と恒流の合成流楕円を図5.4.9(b)に示した．これらの図からそれぞれの分潮流の長軸，短軸方向と流速が読み取れる．1/4日と日周潮の流速はほぼ同じで，半日周潮流に比較して弱流である．図5.4.9(b)からは，半日周潮流が卓越しており，潮流は半日周潮流に大きく支配されていることが読み取れる．1/4日，1日周潮流は小で微弱であり，合成潮流楕円上には，ほとんど反映されていない．したがって，合成潮流楕円も半日周期を示している．図の楕円長軸から，東北東-西南西流速約1 knがMax.として短軸から，北北西-南南東流速約0.02 knがMin.として読み取ることができる．近年のコンピュータの進歩によって，観測のデジタル化が進んでコンピュータ処理が容易となり，さまざまな成果図などの作成ができるようになった．

d. 成果の考察

調和分解によって得られる成果の精度は，観測期間の長短によって左右される．調査海域の中に長期の観測があれば，これらの成果を細部の検討に資することも可能である．潮流は，潮汐に比較して高精度の観測が困難であり，成果の精度は低い．考察に当たっては，観測値について流向・流速曲線，分速曲線，ベクトル図，流況図などを作成し，調和分解の結果から楕円図，ホドグラフ，流況図，頻度分布図，自己相関，拡散係数などを作成し検討する方法がとられる． 〔小澤幸雄〕

5.4.4 沿岸音響トモグラフィー

海洋音響トモグラフィーは，海中を高速で伝播する音波を利用して，海洋の水温および流速場の3次元構造を断層撮影する計測法である．

a. 技術開発の現状

海洋音響トモグラフィーは，1970年代に，外洋に存在する中規模渦の3次元構造を計測するためにアメリカ合衆国で提案され，深海音響チャンネルにおける音波伝播を利用して水温や流速場を計測する手法として研究されてきた．以降，計測可能距離を拡大する方向に発展し，近年では1000 kmスケールの計測まで可能な段階に達している．しかしながら，多額の設備費と設置や回収のための経費を要するため，海洋観測装置として普及，定着するには至っていない．

一方，沿岸海域への応用については，海面や海底・海岸地形に起因する音波伝播過程の複雑さのため開発が遅れていたが，1994年以降，広島大学グループによって精力的に開発が進められ，実用的な沿岸音響トモグラフィー (coastal acoustic tomography：CAT) システムが完成しつつある[11]．沿岸音響トモグラフィーは，船舶の通行や漁

業のために沿岸での海洋観測が困難であったわが国において，特に有用な観測手法として期待されている．

外洋と沿岸では当然ながら，海洋構造や現象の空間スケールが異なり，要求される観測装置の仕様も異なるが，ここでは測量工学の実務に応用可能なレベルに達している沿岸音響トモグラフィーについて述べる．

b. 計測原理および観測法

海洋音響トモグラフィーは，海中もしくは海岸に設置した複数の音響送受信局間の音波伝播時間を計測することにより，音響局に囲まれた海域内の流速分布と水温分布を瞬時に計測するものである．沿岸音響トモグラフィーの観測概要を，図5.4.10に模式的に示す．

1） 計測原理

海中の音速は主に水温により決まり，次式のように近似される[12]．

$$C = 1449.2 + 4.6\,T - 0.055\,T^2 + 0.00029\,T^3 + (1.34 - 0.010\,T)(S - 35) + 0.016\,Z$$

ここで，C：音速(m/s)，T：水温(℃)，S：塩分(psu)，Z：深度(m)である．流れのない場合，音波はどの方向にもこの速さで伝わり，流れのある場合，海中の音速は流速により変化する．すなわち，流れと同方向への伝播時間は短くなり，逆方向への伝播時間は長くなる．

距離がわかっている2つの音響局間の音波伝播時間を双方向で計測すれば，その平均伝播時間から2局間の平均水温を求めることができる．また，両者の伝播時間差を求めることで，2局を結ぶ線方向の平均流速を求めることができる．

観測対象海域を図5.4.11に示すように複数の送受信局で囲むように配置すれば，各局間の組み合わせ数（N局であれば，${}_NC_2$組）だけ上記の経路の平均水温，流速を得ることができる．これをインバース解析することによって，水温および流速の水平的な分布が求められる．

局数が多いほど空間分解能がよくなることはいうまでもないが，平均的な水平距離分解能ΔLは次式で与えられる．

$$\Delta L = \sqrt{A/M}$$

ここで，A：対象海域の面積，M：音響局間で得られる音線数${}_NC_2$であり，たとえば5 km×5 kmの海域に8局を設置した場合，$\Delta L = 945$ m（約1 km）の分解能を得ることができる．

さらに，鉛直方向に複数の受信器を配置して鉛直断面内の音線を増やせば，3次元分布を求めることも可能となる．

2） 計測システム構成

沿岸音響トモグラフィーの計測システム構成例を図5.4.12に示す．このシステムでは，陸上（または海面ブイ）にマイクロプロセッサ，ハードディスクなどの電子基板を内蔵したロガー部，電源，GPSアンテナを設置し，海中に音源および受信器（ハイドロフォン）を設置する．

音源の発信周波数は，局間の距離と時間分解能，送信音圧，伝播損失などを考慮して決められる．送信音圧200 dB程度の音源の場合，大まかな目安として音響局間の距離1 km，10 km，50 kmに対してそれぞれ20 kHz，5 kHz，2 kHzといわれており，これまでの実験例では5.5 kHzの音源が用いられている．

ハイドロフォンは1個でもよいが，多層のアレ

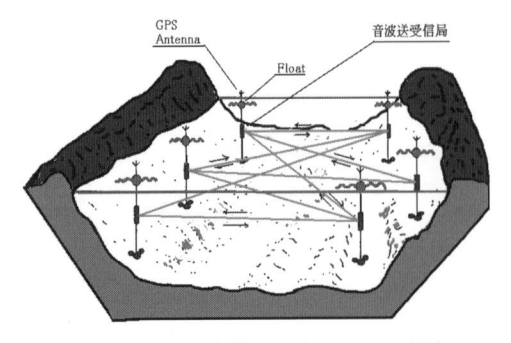

図5.4.10　沿岸音響トモグラフィーの概念

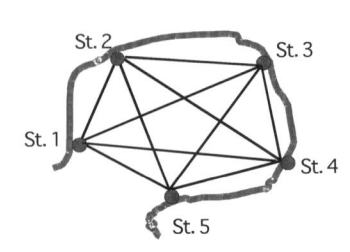

図5.4.11　沿岸域における音響局配置例

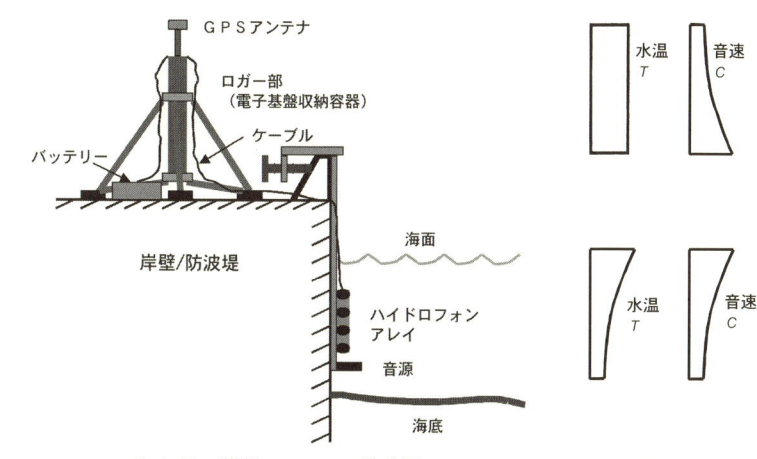

図5.4.12 計測システムの構成例

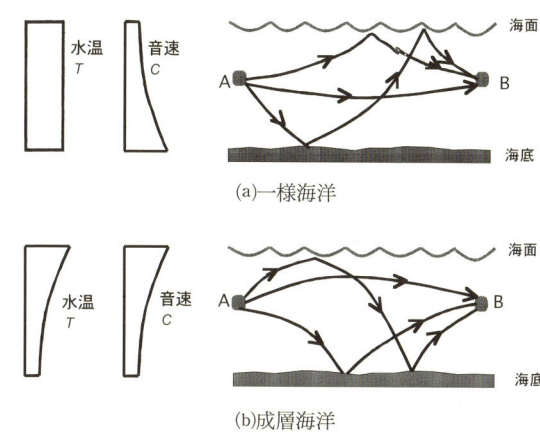

図5.4.13 鉛直断面内における音波の伝播経路

イとすることで鉛直断面内で多数の音線または鉛直モードが得られ，測得率が向上するとともに3次元解析も可能となる．

ロガー部の耐圧容器内にはシリコン型ハードディスクを装備したカード型マイクロプロセッサと，位相復調後の相関処理を高速に行うDSP（digital signal processor）を装備しており，計測パラメータの設定やデータ転送は赤外データインターフェースを通じて行う．

耐圧容器の上部にはGPSアンテナが取りつけられ，GPSの時刻情報を利用して各音響局の時刻を$0.5\,\mu s$の精度で同期できるようになっている．計測原理から明らかなように，流速を求めるためには伝播時間の計測精度が重要であり，双方向同時の計測が必須であるため，本システムで時刻精度は非常に重要である．

一方，水温測定には音響局間の距離の計測精度が重要となる．したがって，係留系による設置では系の動揺により距離の測定精度は期待できないので，岸壁などに設置することにより送受信器を固定すれば水温計測も可能となる．

3） 海中の音波伝播経路

音波の伝播経路である音線は，鉛直断面内では屈折のため曲線を描く．沿岸における音線パターンは，水温構造が一様な場合と成層している場合で図5.4.13のように異なり，また1組の送受信局においても多数の経路で音波が到達する．

音線は，観測対象海域におけるCTDデータ（水温，塩分，圧力）を用いて音線追跡法による音線シミュレーションで求める．また，観測に先立っては，対象海域の海底地形と過去のCTDデータなどから音線シミュレーションを行い，鉛直断面内の音波伝播経路と音波の予想到達時間を確認することが望ましい．

4） インバース解析

計測システムによって得られるのは，音響局間の伝播時間データである．これより流速分布や水温分布を求めるには，異なる経路をとる複数の音線に対する伝播時間データからインバース（逆問題）解析を行う．

詳細な式は省略するが，流速分布を求める場合，流線関数をフーリエ級数展開し，減衰型最小2乗法を用いて推定する方法が提案されている[13,14]．また，トモグラフィー実験で得られた伝播時間データを，潮流モデルにデータ同化すれば，潮流場変動の将来予測を行うこともできる[15]．

c．応 用 例

沿岸音響トモグラフィーの実海域における応用例として，2003年3月に行われた関門海峡の観測例を示す．

観測海域は，最大時には10ノットの流れとなる早鞆瀬戸の西方で，海峡の幅は約1.5 kmである．音響局は，図5.4.12に示した方法で海岸の岸壁などに計8局設置され，10分間隔で3日間観測が行われた．

図5.4.14は観測結果からインバース解析によ

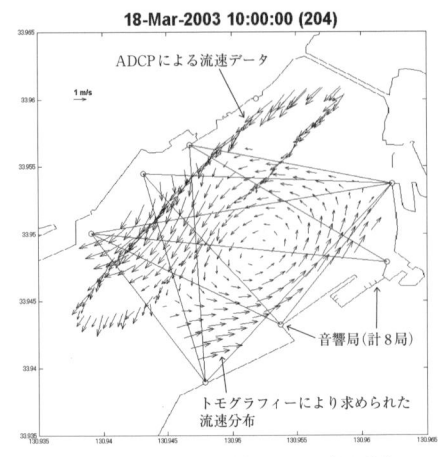

図 5.4.14 関門海峡における観測例

り流速分布を求めた例である．図中には同時に観測された船舶 ADCP データ（第七管区海上保安本部提供）結果も併記しており，両者の結果はよく一致している．また，ADCP データのない門司側海域では，反時計回りの循環流（潮流渦）が形成されている様子が見事にとらえられている．この潮流渦は，海上保安庁発行の関門海峡潮流図でも現れているものである．関門海峡では，強い潮流による海水混合のため海峡内の水温変動はほとんど存在しないので，水温の解析結果については省略している．

d．今後の課題

沿岸音響トモグラフィーは，水平2次元場の計測と解析についてはおおむね実用可能な段階に達したといえる．

今後の課題としては，次のような事項が残されている．

・3次元場の最適な計測システムと解析法の開発．
・沿岸潮流モデルとのデータ同化システムの高度化．
・受信データ処理プロセスの高速化，リアルタイムデータ伝送および潮流・水温場画像データ高速作成システムの開発．

・長期観測のためのハードウェアの耐久性向上およびメンテナンス体制の確立．

また，送受信器の設置方法，電源供給方法，計測パラメータ設計などについては，海域ごとの条件を考慮して検討しなければならない．

〔金子　新・渡辺秀俊〕

文　献

1) 海上保安庁水路測量第2巻：第8編　潮汐，第9編　潮流測量．pp.30-71，1951．
2) 海上保安庁水路業務準則施行細則：平均水面，別表第9．2001．
3) 彦坂繁雄ほか：海洋物理III，潮汐，潮流，pp.111-159，東海大学出版会，1971．
4) 佐藤一彦，内野孝雄：海洋測量ハンドブック，pp.455-466，566-568，東海大学出版会，1973．
5) 能沢源右衛門：新しい海洋気象学，成山堂，1960．
6) 和達清夫監修：海洋の辞典，東京堂，1960．
7) 永田　豊ほか：海の百科事典，丸善，2003．
8) 小倉伸吉：潮汐，岩波書店，1934．
9) Admiralty Manual of Hydrographic Surveying : The Hydrographer of the Navy Tauton, Vol. 2, Tides and Tidal Streams, Somerset
10) 海洋調査技術マニュアル：海洋調査編．pp.39-52，77-88，海洋調査協会．
11) 金子　新，江田憲彰，鄭　紅，高野　忠，山岡治彦，朴　在勲，山口圭介：沿岸音響トモグラフィー．海の研究，**12**(1)，1-19，2003．
12) Medwin, H.: Speed of sound in water; A simple equation for realistic parameters. *Journal of Acoustical Society of America*, **58**(1), 318, 1975.
13) Yamaoka, H., Kaneko, A., Park, J-H., Zheng, H., Gohda, N., Takano, T., Zhu, X-H. and Takasugi, Y.: Coastal acoustic tomography system and its field application. *IEEE Journal of Oceanic Engineering*, **27**(2), 283-295, 2002.
14) Park, J-H. and Kaneko, A.: Computer simulation of coastal acoustic tomography by a two-dimensional vortex model. *Journal of Oceanography*, **57**, 593-602, 2001.
15) Park, J-H. and Kaneko, A.: Assimilation of coastal acoustic tomography data into a barotropic ocean model. *Geophysical Research Letters*, **27**(20), 3373-3376, 2000.

6. GPSの測量工学への応用

近年，GPS (global positioning system：汎地球測位システム）の普及にはめざましいものがある．GPSはアメリカ合衆国が開発した人工衛星を利用した測位システムであり，衛星からの電波を受信することにより地球上のどこにおいても位置を測定することができる．

日本におけるGPSの利用は，カーナビゲーションとGPS携帯電話を代表例として広がりをみせ，大きな市場となっている．これら以外にも，船舶，航空機ならびに測量にも利用されている．

また，GPSの多くが移動体に利用されており，そこで採用されているGPSの測位方式は，主に単独測位またはディファレンシャル測位（DGPS）と呼ばれるもので，測位精度は前者が約10 m, 後者は約0.5～2 mである．

測量用のGPS方式には，相対測位による基線の3次元ベクトルの測定が数cmオーダという高精度な静止測量用のスタティック測位と，移動しながら高精度に測量ができるリアルタイムキネマティック（RTK）測位がある．リアルタイムキネマティック測位は，高精度の測位にもかかわらず簡単に測位ができるため，地理情報システム（GIS）の作成，作業機械のロボット化，盲人用のナビゲータなど，多くの分野で利用が期待されている．

6.1　GPS測位の概要

6.1.1　概要と特徴
1）GPSの変遷

GPS測位の基本原理は，衛星から送られてくる電波をGPS受信機で受信することにより衛星から受信機までの距離を算出し，同時に衛星から送られてくる衛星の位置情報をもとにGPS受信機の位置を計算するものである．

電波を利用した測位方式は，GPS以前は飛行機や船舶にとって自分の位置を知るための電波航法として，1940年ごろよりロランやデッカやオメガなどによる地上送信局によるナビゲーションシステムが実用化された．また，遠い宇宙の電波星を利用して，大陸間の位置を測定するVLBI（超長基線電波干渉法）などができるようになった．しかし電波星を利用するためには大型のアンテナと大型の受信機が必要である．そのため，電波星の代わりに人工衛星を利用し，アンテナと受信機を小型化したGPSが考案された．

1957年，人類が初めて地球を周回する衛星としてスプートニクを打ち上げてからの宇宙技術の急速な進歩により，人工衛星の利用による通信だけでなく，地球観測や気象衛星によるリモートセンシングなどの技術が発達するとともに，1964年に衛星航法システムNNSS（海軍航法衛星）が開発された．しかし，測位に時間を要し，測位できる時間帯にも制約があった．その後，1970年代になり，軍事用としてGPSがアメリカ合衆国で開発された．

GPSは24個以上の衛星が高度約2万kmで，約12時間で地球のまわりを1周する．現在では軍事用だけでなく測量，カーナビゲーションなど，民間にも利用されている（図6.1.1）．しかし，GPS受信機1台のみによる単独測位の精度では測量には利用できないので，地上に基準となるGPS基地局を設けて，その相対位置を測位することで精度を向上させる相対測位が開発された．このようなことが可能になったのは，宇宙ロケット技術とエレクトロニクスと処理技術の発達によるものである．

(a)カーナビゲーション

(b)精密測量用 GPS とアンテナ

図 6.1.1 GPS の民間利用の例

2） GPS 測位の種類

GPS 測位方式には，単独測位のほかに GPS 受信機を 2 台以上用いて誤差を取り除く相対測位がある．相対測位とは，2 つの受信機を用いて，2 点間の相対的な位置関係（基線ベクトル）を求めるものである．この方式は電離層や対流圏の影響による電波の遅延を含めた各種の誤差が打ち消し合うため，高精度に測位できる．各種測位方式を図 6.1.2 と表 6.1.1 に示す．

3） GPS システムの一般的な構成

GPS システムは，図 6.1.3 示すように宇宙部分，制御部分，利用者部分の要素により構成される．

① 宇宙部分： GPS は図 6.1.4 に示すように，24 個以上（予備を含む）の衛星で構成されており，約 12 時間の周期で地球を周回している．衛星からは，測位に関する情報として航法メッセージといわれる衛星の軌道情報や搭載時計の補正情報などのデータが C/A コードや P コード（Y コード）と呼ばれる信号に重畳されて送信されている．

② 制御部分： GPS の制御部分は，GPS 衛星の運航状況を監視，制御するために設置されており，主制御局と 4 か所の追跡制御局が地球上に設置されている．

③ 利用者部分： 衛星から送られてくる電波を受信して，移動体のナビゲーションや，測量などに利用される受信機のことである．

4） GPS 測位の原理

受信機の位置は，複数の衛星の位置情報（軌道情報）と衛星と受信機間の距離により演算される．図 6.1.5 のような，衛星ごとに異なる 1 ms（距離にすると約 300 km）の，コードと呼ばれる繰り返しパルスが衛星から送られてきている．GPS 衛星の電波発射のタイミングは原子時計によって制御されている．衛星から受信機までの距離は，衛星がパルス信号を送信してからそれが受信機に到達するまでの時間に電波の速度を乗じて得られる．そのためには，受信機側にも高精度な原子時計が必要となるが，実際には受信機に原子時計を搭載することは困難であるため，受信機では水晶時計を用いる．そこで受信機の時計誤差を未知数とすることにより，受信機側には原子時計がなくても

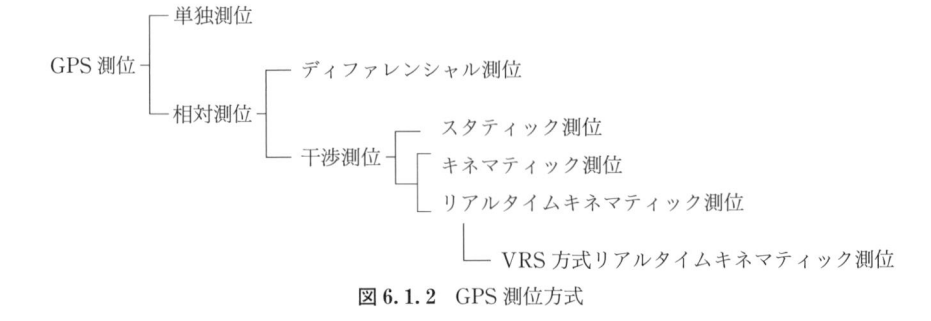

```
GPS 測位 ─┬─ 単独測位
          └─ 相対測位 ─┬─ ディファレンシャル測位
                      └─ 干渉測位 ─┬─ スタティック測位
                                  ├─ キネマティック測位
                                  ├─ リアルタイムキネマティック測位
                                  └─ VRS 方式リアルタイムキネマティック測位
```

図 6.1.2 GPS 測位方式

6.1 GPS 測位の概要

表 6.1.1 GPS 測位方式と特徴

方式＼仕様	単独測位	相対測位			
		ディファレンシャル測位（DGPS）	干渉測位		
			スタティック測位	キネマティック測位	リアルタイムキネマティック測位（RTK）
観測時間	リアルタイム	リアルタイム	20分〜数時間	移動体観測可能 後処理	リアルタイム
水平精度	約10 m	約0.5〜2 m	5 mm＋1 ppm×D	10 mm＋2 ppm×D	10 mm＋2 ppm×D
高さ精度	—	—	10 mm＋1 ppm×D	10 mm＋2 ppm×D	20 mm＋2 ppm×D
観測信号	コード	コード	搬送波	搬送波	搬送波
特徴	小型 安価	中精度が容易に得られる	高精度測位（静止）	移動体を高精度測位（後処理）	移動体をリアルタイムに高精度測位
用途	ナビゲーション 自動車 船舶 携帯電話など	高精度ナビゲーション 自動車 船舶 飛行機	基準点測量	最近はRTK測位が主流	応用測量 移動体高精度測位

精度は機種やメーカーにより異なるため，標準的な値とした．
D：基準局からの距離（m）．

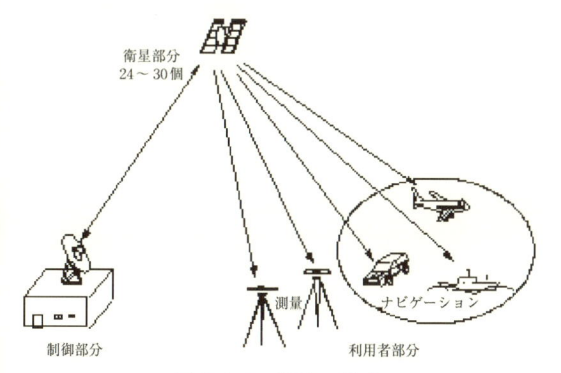

図 6.1.3 GPS の構成

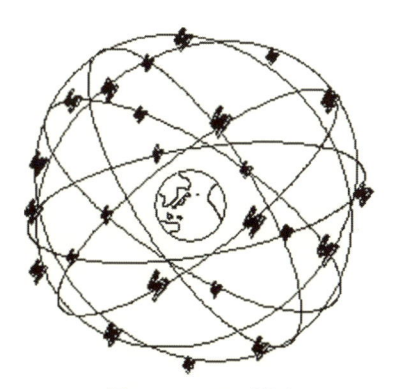

図 6.1.4 GPS 衛星

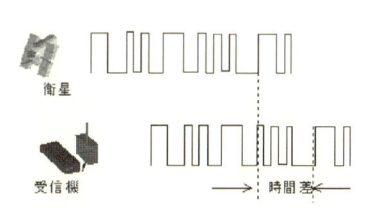

図 6.1.5 C/A コードの時間差

受信機の水晶時計の誤差を演算により求めて，原子時計と同期させている．

図 6.1.6 に示すように，衛星と受信機の距離を R とすると，衛星と受信機との間には次式の関係がある．測位を行うためには，受信機の位置 X, Y, Z と時計誤差 dt と未知数が4つのため，最低でも同時に4個の衛星からの信号が必要である．

$$R=\sqrt{(X-X_n)^2+(Y-Y_n)^2+(Z-Z_n)^2}+Cdt$$

ここで，X_n, Y_n, Z_n：衛星の位置，X, Y, Z：受信機の位置，R：衛星と受信機との距離，C：電波伝播速度，dt：受信機の時計誤差．

5） GPS の電波

衛星が送信している電波には，L1とL2と呼ばれる2つの周波数帯がある．L1の電波はC/Aコード，Pコードと航法メッセージで変調されている（表6.1.2）．

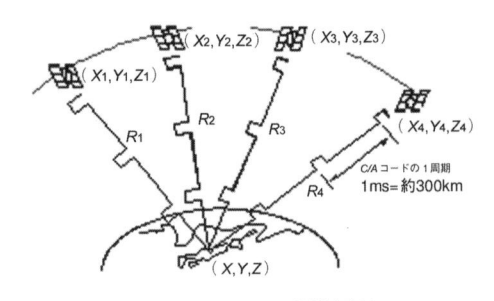

図 6.1.6　GPS の測位原理

表 6.1.2　GPS の信号

信号	L1	L2
搬送波周波数	1575.42 MHz	1227.60 MHz
波長	約 19 cm	約 24 cm
コード	C/A，P（P1）	P（P2）

L1とL2の2周波を用いるメリットは，共通な電離層を通る2つの異なる周波数の電波の速度の違いを利用することより，電離層遅延量を推定し除去できることである．このようなメリットがあるため，長距離スタティック測位や，リアルタイムキネマティック測位は，初期化時に限って2周波を利用している．

6）スペクトラム拡散の特徴

GPSシステムでは，通信方式にスペクトラム拡散（spread spectrum）を用いている．スペクトラム拡散方式とは，図6.1.7に示すように通常の狭帯域変調方式とは異なり，信号の帯域を広くさせる変調方式の総称である．スペクトラム拡散は，極端に広い帯域幅に信号エネルギーが拡散される結果，従来の狭帯域の変調方式に比較して以下の特徴がある．

① 送信は小さな電力密度の信号で，受信は小さなアンテナを利用できる．

② 通常の狭帯域方式ではノイズと周波数が同じときには混信するが，スペクトラム拡散は広く拡散しているため，信号処理（逆拡散）を行うことでノイズレベルを弱め，信号レベルは逆に強めることができる．

③ コードパターンを変えることにより，すべての衛星が同じ周波数を使用できる．

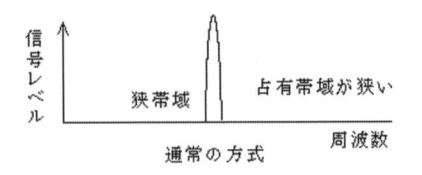

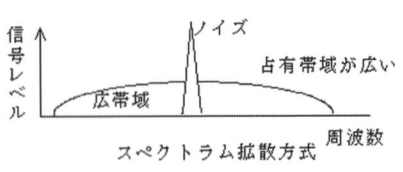

図 6.1.7　スペクトラムの特徴

7）GPS衛星から送られてくる情報

① 軌道情報：GPS衛星はアメリカ合衆国国防総省によって常時監視されている．約12時間の周期で地球のまわりを回っており，GPS衛星が国防総省の設置した監視局の上を通過するときに，衛星の高さ，位置，速度を確認する．測定した衛星の情報は，その衛星に送り返され，そして，このデータは衛星から航法メッセージとして測位用の電波に載せられて送信される．

② 衛星のヘルスステータス：衛星自身の機能が正常かどうか（健康状態）を示している．利用者はその衛星がGPS測量に使用可能か否かを選択する．

③ SV番号：SV番号は，各衛星に割り当てられた固有のコードパターンで，各衛星ごとに1番から連番になっている．

④ 協定世界時：協定世界時（coordinated universal time：UTC）は原子時系であり，日本中央標準時（Japan standard time：JST）は，協定世界時と＋9時間の時差がある．

6.1.2　誤差と補正方法

1）GPSの誤差要因

GPSによる単独測位は，以下のような誤差を含んでいる．以前はアメリカ合衆国の安全保障のため意図的につくられた衛星の時計のタイミングをずらすことで発生させる誤差SA(selective availability：選択利用性)が，民間使用の単独測位の場

合には精度を 30～100 m に劣化させていた．これが一番大きな誤差要因を占めていたが，現在は解除されている．それ以外に以下のような誤差がある．

① 衛星の時刻誤差．
② 衛星の軌道誤差．
③ 電波の電離層遅延補正による誤差．
④ 電波の対流圏遅延補正による誤差．
⑤ 電波のマルチパス干渉による誤差．
⑥ 受信機雑音による誤差．

GPS の種々の誤差は時々刻々変化しており，高精度を維持するためには，これらの誤差の補正を正確に行う必要がある．次にその補正方法について説明する．

2）相対測位

単独測位では先に説明した誤差要因を除去することは難しく，より精度の高い測位情報を得ようとした場合には相対測位が用いられる．

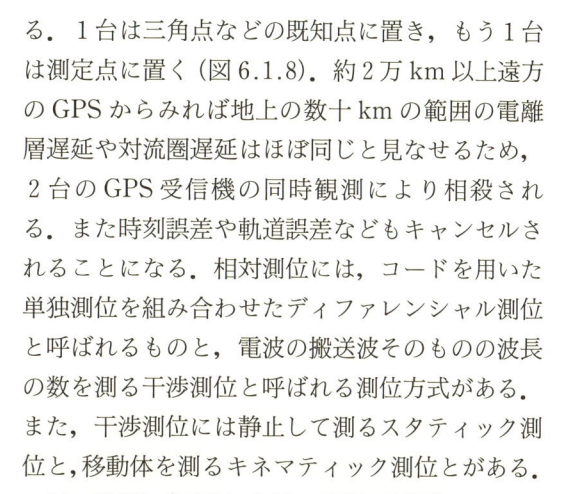

相対測位の場合，2 台以上の受信機が必要である．1 台は三角点などの既知点に置き，もう 1 台は測定点に置く（図 6.1.8）．約 2 万 km 以上遠方の GPS からみれば地上の数十 km の範囲の電離層遅延や対流圏遅延はほぼ同じと見なせるため，2 台の GPS 受信機の同時観測により相殺される．また時刻誤差や軌道誤差などもキャンセルされることになる．相対測位には，コードを用いた単独測位を組み合わせたディファレンシャル測位と呼ばれるものと，電波の搬送波そのものの波長の数を測る干渉測位と呼ばれる測位方式がある．また，干渉測位には静止して測るスタティック測位と，移動体を測るキネマティック測位とがある．

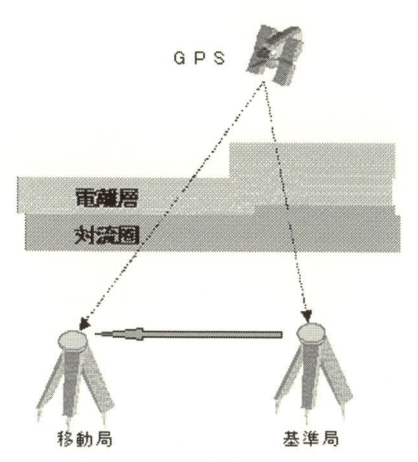

3）DOP（天空における衛星の配置）

衛星配置状況による測位精度への影響を表す数値である．天空における衛星の配置の分布が図 6.1.9(a) に示すようによくないと，精度が劣化する．これは三角測量，三辺測量における関係と同じである．同図(b)に示すように 4 個の衛星によって構成される 4 面体の体積が最大のときに，最も DOP がよい．

なお，DOP には，次のような種類がある．

① 幾何学的精度低下（geometrical dilution of precision：GDOP）．
② 位置精度低下率（position dilution of precision：PDOP）．
③ 水平精度低下率（horizontal dilution of precision：HDOP）．
④ 垂直精度低下率（vertical dilution of precision：VDOP）．
⑤ 時刻精度低下率（time dilution of precision：TDOP）．
⑥ 相対精度低下率（relative dilution of precision：RDOP）．

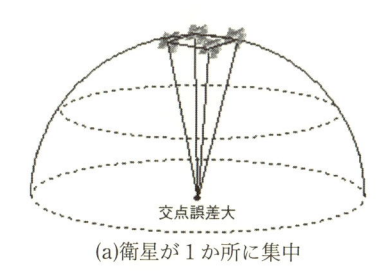

図 6.1.8 相対測位の概念図

図 6.1.9 衛星配置状況による測位精度への影響
(a) 衛星が 1 か所に集中　　(b) 最適な配置

6.1.3 相対測位の概要
1） ディファレンシャル測位（DGPS）

あらかじめ正確に位置が測量された基準点において，単独測位の受信機により測位した値との差は，対流圏や電離層などの影響による誤差と考えられるため，基準局は毎秒ごとにその差を補正値として送信し，移動局はその補正値で測位値を補正することによって共通誤差を取り除く方式である．補正情報を無線で送信することにより，リアルタイムで測位が可能である．ディファレンシャル測位は，比較的簡単に精度を 0.5～2 m 程度に向上することができる．このため精度をそれほど要求しない移動体の測量や船舶やカーナビゲーションで利用されている．

2） 干渉測位

干渉測位も，ディファレンシャル測位と同じく既知の固定点を利用する相対測位であるが，大きく異なる点は，干渉測位では測位のモノサシとして衛星の送信電波の波長を使うことである．干渉測位用受信機は，電波位相の検出と波数の積算機能をもっている（図 6.1.10）．衛星から送られてくる電波の波数と位相を測定することによって衛星から受信機までの距離を正確に測り，基準局からの基線ベクトルを求める方式である．

干渉測位では衛星と受信機のアンテナ間におけるGPS電波の位相を計算し，電波の位相として波の整数部分と1サイクル以下の端数を計算するが，整数部分は正確な値を直ちに求めることはできないため，各種の手法により推定することになる．これを初期化という．この整数部分の値がわかっていれば簡単に2つのGPS受信機間のベクトルを計算することができる．

① 初期化（整数値バイアスの決定）： 衛星から送信されている電波を連続した波とする．受信機が最初にデータ（波）を受信したとき，その波のどの部分であるかはわかるが（搬送波の位相の観測），この瞬間に衛星と受信機の全体の波の数は不明である．この未知数が整数値バイアスである．この整数値バイアスを解くことは処理の最も重要な部分である．搬送波を使用して基線ベクトルを求めるカギは，整数値バイアスを見つけ出すことである．以下に，整数値バイアスについて図 6.1.11 の干渉測位の原理図を用いて説明する．衛星から受信機までの距離 R は次の式で表される．

$$R = N\lambda + \lambda \cdot \phi/2\pi + CdT + Cdt$$

ここで，N：整数値バイアス，λ：波長，ϕ：位相，C：電波伝播速度，dT：衛星の時計誤差，dt：受信機の時計誤差．

さて，このような同じサイン波の繰り返しである搬送波の数をどのようにして数えるのであろうか．まず，ディファレンシャル測位で衛星までの距離を精度 0.5 m 程度で求める．1波長は約 0.2 m であることから，整数値バイアスは $N \pm 2$ の範

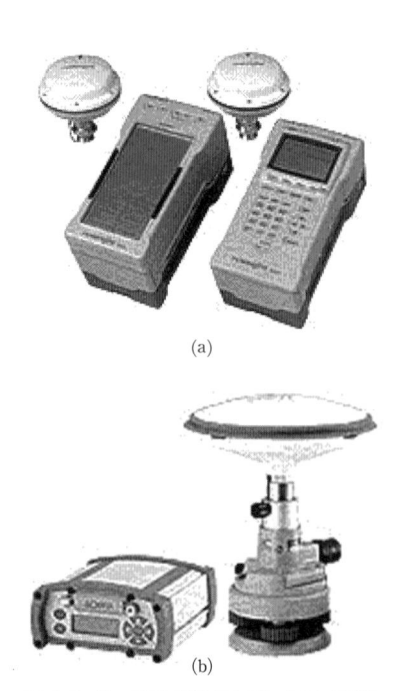

図 6.1.10 干渉測位受信機（ソキア製）

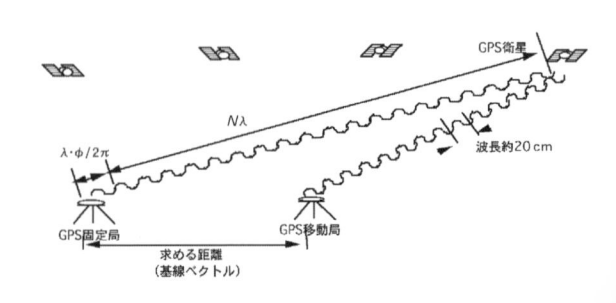

図 6.1.11 干渉測位の原理図

囲に一気に絞り込まれる．後はコンピュータを用いて $N-2$〜$N+2$ の値をそれぞれ代入して受信機の位置を演算する．GPS 衛星の移動に伴い演算を繰り返し，最も変化しない値が真値である．GPS 衛星が地球を 1 周約 12 時間で周回していることも，観測には重要な要素なのである．一度整数値バイアスを決定した後は，波の変化を追って位相が変化するごとに $N\pm 1$ を行う．このような整数値バイアス N を求めることを初期化という．

リアルタイムキネマティック（RTK）オンザフライは，受信機が動いている状態において，この整数値バイアスを求めるため，初期化時のみ衛星の数が 5 個必要であり，短時間で初期化を終了するためには L1，L2 の 2 周波を用いる．初期化完了後は衛星の数は 4 個で電波も L1 のみでよい．しかし，一瞬でも建物の近くや橋の下を通過したり衛星が 3 個になったりしたときにサイクルスリップ（電波の連続性が途切れること）が発生した場合には整数値バイアスが失われるので，再初期化が必要となる．

② 干渉測位の種類と特徴

・スタティック測位： 基準局と利用者局を固定して観測し，同時に取得した搬送波位相積算値データを用いて後処理で測位計算を行う．長時間の観測データが平均化されるため，測位精度は最も高い．

・キネマティック測位： 基準局は固定し，利用者局は移動しながら順次搬送波位相積算値データを取得し，後処理で基準局と利用者局のデータを用いて測位計算を行う．

・リアルタイムキネマティック測位： 基準局と利用者局双方で同時に搬送波位相積算値データを取得し，基準局はそのデータを利用者局へ伝送する．利用者局ではそのデータを利用し，実時間で利用者局位置の測位計算を行い，その結果を出力する．

当初，初期化は静止して行う必要があったが，オンザフライという技術が開発され，移動しながら初期化が可能となった．リアルタイムキネマティックオンザフライというが，最近ではほとんどのリアルタイムキネマティック測位用受信機がオンザフライ機能を保有しているため省略され，リアルタイムキネマティック測位と呼ばれる．

3） GPS 観測計画

測量用 GPS 受信機の基線解析ソフトウェアには，必ず観測計画立案のためのプログラムが付属している．GPS 測量の観測日と場所が決まったら，このプログラムにより，観測する衛星番号や上空の配置などを確認する．

なお，観測計画時にあらかじめ把握しておく主要な項目は次のとおりである．

① 観測点の場所（概略の経緯度）観測点数．
② 観測日，開始時刻，観測時間．
③ 受信機の機種と台数．
④ セッション数（複数の受信機で同時に行う観測を 1 回とする）．
⑤ 観測する衛星番号と衛星数．
⑥ 衛星の高度角．
⑦ エポック．

4） GPS 補正情報サービス

相対測位は基準局が必要となる．基準局からの補正情報の放送に対してユーザは何台でも対応できるため，ユーザが個別に基準局を設置するよりも補正情報サービスを利用した方が便利である．代表的な補正情報サービスは以下のとおりである．

① ディファレンシャル測位（陸上のカーナビゲーション用と海上の船舶用の 2 方式）

・カーナビゲーション（GPex）： ラジオの FM 多重放送を利用して補正情報を送るシステムであり，カーナビゲーションにオプション仕様で内蔵されている．

・船舶用ナビゲーション： 海上保安庁が中波ビーコンを利用して全国 27 か所の灯台から補正情報サービスを行っている．中波ビーコンは電波の出力も大きく 200 km 離れていても受信が可能である．日本の沿岸と陸上でもかなり遠くまで届く．

② リアルタイムキネマティック測位

・陸上・海上： 全国に 30 km 程度の間隔で配置されている国土地理院の電子基準点を利用して，GPS 衛星から発せられる電波を常時モニタリン

グすることにより，上空の電離層，対流圏の状態や衛星の軌道に関する情報を掌握し，それらの誤差要因を考慮した観測情報を利用者に提供するサービスがある．これは，VRS（virtual reference station：仮想基準点）と呼ばれており，電子基準点から大きく離れた地点でも近傍の複数の基準点情報によってリアルタイムキネマティック測位を実現する技術である．国土地理院ではリアルタイムキネマティック測位の情報だけでなくスタティック測位用の電子基準点の補正データサービスも行っている．

・主として海上用： 全国の重要港湾と大型海洋工事においては，海上DGPS利用推進協議会がリアルタイムキネマティック測位の補正情報サービスを行っている． 〔重松文治〕

6.1.4 VRS方式によるRTK測位

従来のRTK測位では，基準局とローバー（rover：移動観測局）間の距離が大きくなるに従って，電離層遅延や対流圏遅延などの影響による系統誤差が大きくなるため測位精度が低下し，その距離が10〜15 kmをこえると著しく精度が低下したり測位が困難になったりすることがあるという制約がある．VRS（仮想基準点）方式RTK測位（以下，VRS測位．ネットワーク型RKT測位に統一される）は，こうした制約を取り除くために開発された測位技術である．

1） VRS測位の方法

VRS測位は，ローバーの近くに仮想的な基準点を生成し，短基線RTK測位と同等の測位精度を得るもので，その方法は次のとおりである（図6.1.12）．

① GPS連続観測を行う各基準局の毎秒観測データをリアルタイムで制御センターに伝送する．

② ローバーは，自ら求めた概略位置（単独測位で求めた位置など）を携帯電話によりNMEA（National Marine Electronics Association）フォーマットで制御センターに送る．

③ 制御センターでは，概略位置にVRSを設置するとともに，基準局ネットワークのデータを用いて，VRSの観測データやVRS位置での電離層遅延などの補正値などを算出する．

④ 算出されたデータを直ちにRTCM（Radio Technical Committee for Marine）フォーマットでローバーに伝送する．

⑤ 伝送されたデータとローバーの観測データ

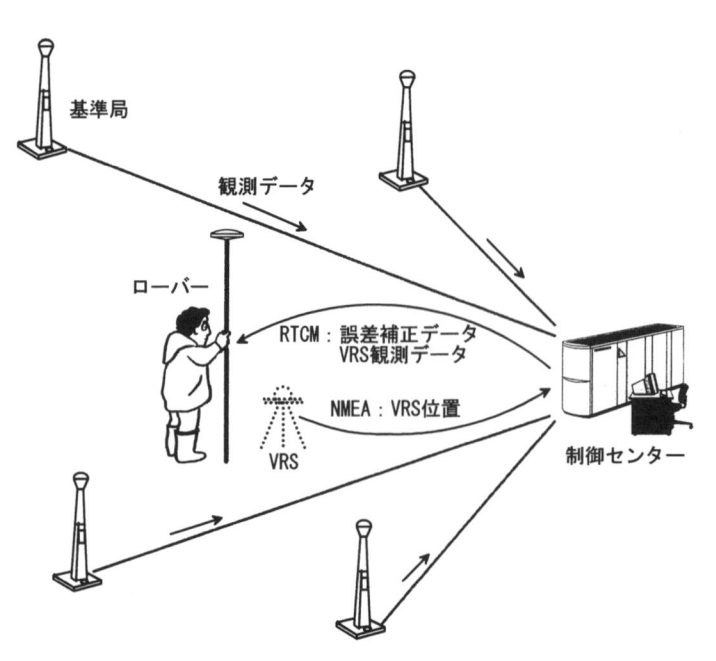

図6.1.12 VRS方式RTK測位（VRS測位）の方法

を用いて RTK 測位を行い，ローバーの座標を求める．

2) 基準局ネットワーク

従来の RTK 測位で制約となっている電離層遅延，対流圏遅延などに起因する誤差を削減するために，3以上の基準局からなるネットワークを利用する．基準局間の間隔は，コスト，測位精度などの観点から 40〜80 km 程度である．基準局で毎秒観測されたデータは，直ちにネットワークの中を流れて制御センターに送られる．

制御センターは基準局ネットワークの中枢で，主として次のような作業を行う．

① 基準局の観測データを収集し，不良データや欠測などのチェックやサイクルスリップの処理を行う．

② 系統誤差（電離層遅延，対流圏遅延，衛星位置誤差）をモデル式により計算する．

③ ネットワーク内基線の搬送波位相の整数不確定（アンビギュイティー）を解く．

④ ローバーに対する VRS を生成するためのデータを作成する．

⑤ 作成したデータをローバーに伝送する．

⑥ 基準局ネットワークのインテグリティー（完全性）を監視する．ネットワーク内基線のアンビギュイティー解や補正できなかった残留誤差を評価して，VRS 測位の信頼性を向上する．

基準局ネットワークを利用することにより，基準局とローバー間の距離に関係なく均一の精度で測位することができる．しかも，RTK 測位と比べると，必要な基準局の数を劇的に減らすことができる．

日本では VRS 測位の基準局として，全国土に高密度に配置された電子基準点を用いることができる．したがって，1台の GPS 測量機で，世界測地系（Japanese Geodetic Datum 2000）に準拠した座標を，高精度かつリアルタイムで得ることができる．

3) 誤差源

VRS 測位における主な誤差源と，それらを削減または除去する方法は，次のとおりである（図 6.1.13）．

① 衛星時計：　2個の衛星と2個の受信機間での観測値の差（二重差）をとって除去する．

② 衛星位置：　関数モデルにより補正量を算出する．

③ 電離層遅延：　衛星軌道と同じ．

④ 対流圏遅延：　衛星軌道と同じ．

⑤ マルチパス：　実時間校正で削減する．

⑥ アンテナ位相中心：　校正により変動量を求めて補正する．

⑦ 受信機時計：　衛星時計と同じ．

4) 誤差源のモデル化の例

① 電離層遅延：　地上 50〜1000 km の層は，気体分子が電離されて自由電子の密度が高い状態になっており，電離層と呼ばれている．電波が電離層中を通過するとき，自由電子の影響で電波の速度が遅くなって，大きな誤差要因になる．この電離層遅延の量は，図 6.1.14 に示すような単層モデルを用いて算出することができる．このモデルは大気中の自由電子が一定の高さ（たとえば 350

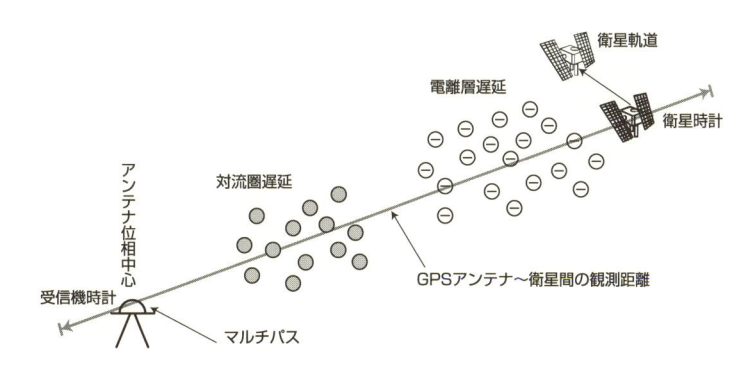

図 6.1.13　主な誤差源

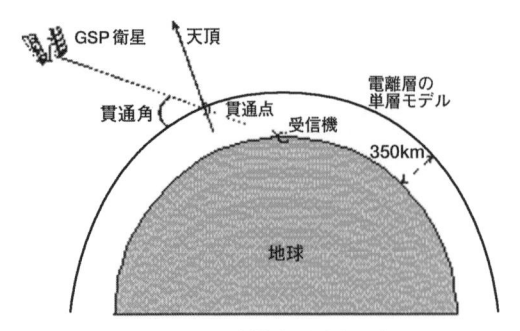

図 6.1.14 電離層の単層モデル

km) の層 (球状の薄い殻) に集中していると仮定する．衛星から受信機への視通線と単層との交点すなわち貫通点を求め，貫通点での天頂遅延と貫通角によって電離層遅延量を計算することができる．このモデルは，ゆっくりと時間変動する広域の電離層遅延に対しては有効であるが，伝播性電離層擾乱のような急激に変動する局地的な電離層擾乱にはあまり効果はない．この局地的な擾乱により，観測データに±1～2 cm 程度のバラツキが生じることがある．

② 対流圏遅延： 対流圏は，地表面から高緯度では約 8 km，低緯度では約 16 km までの大気層をいう．大気分子に起因する遅延がほとんど対流圏内で生じるので，対流圏遅延と呼ばれている．

対流圏遅延は，乾燥空気と水蒸気を分離して求める．対流圏遅延の大部分を占める乾燥空気は，かなり正確なモデルをつくることができるが，水蒸気の影響は観測時の天候条件に大きく依存するので正確なモデル化は困難である．対流圏遅延は，修正されたホップフィールドモデルなどを用いて算出される．これらのモデルでは気圧，気温，水蒸気圧を知る必要があるが，通常の測量に利用する場合は，標準的な気象条件 (気圧 1013 hPa，気温 20℃，海面での相対湿度 50％) が用いられる．

5) VRS 観測データの生成と残留誤差の内挿

制御センターでは，電離層遅延などの系統誤差を補正して，ネットワーク内の全基線のアンビギュイティーを解き，各基準局の座標を求める．誤差モデルは現実を正しく表しているわけではないので，各基準局で算出された座標と既知座標との間に差が生じる．この差は残留分または残留誤差などと呼ばれる．

VRS の周辺にある基準局の残留誤差を用いて内挿を行い，VRS 位置での残留誤差を求める (図 6.1.15)．内挿には，簡単な線形内挿のほか，重み付き線形近似，最小 2 乗コロケーション，双 1 次内挿などの方法が使われる．内挿には VRS の近辺の 3 基準局が選ばれるが，観測値が良好でない

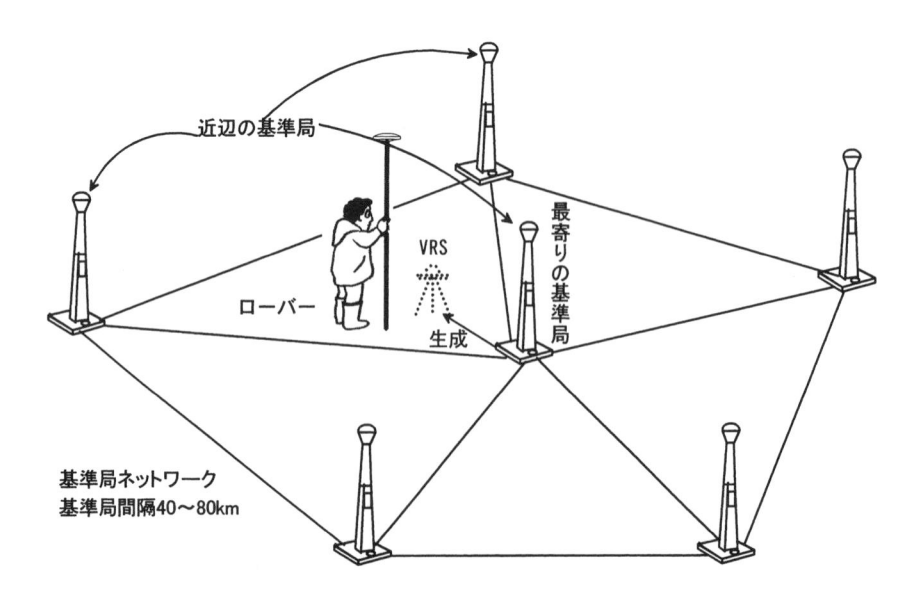

図 6.1.15 VRS の生成と残留誤差の内挿

表 6.1.3 VRS方式と放送方式の比較

項目	VRS方式	放送方式
データ伝送方式	双方向	片方向
ユーザ数	制限（同時利用は一定数以下）	無制限
通信メディア	携帯電話などの双方向通信	受信だけの小型装置利用可
ローバーの負担	VRS計算は制御センター側	VRS計算はローバー側 ローバーにパソコン必要
既存装置の互換性	既存GPS測量機利用可	拡張機能の付加必要
内挿計算	複雑な内挿計算が可能	単純な線形内挿計算

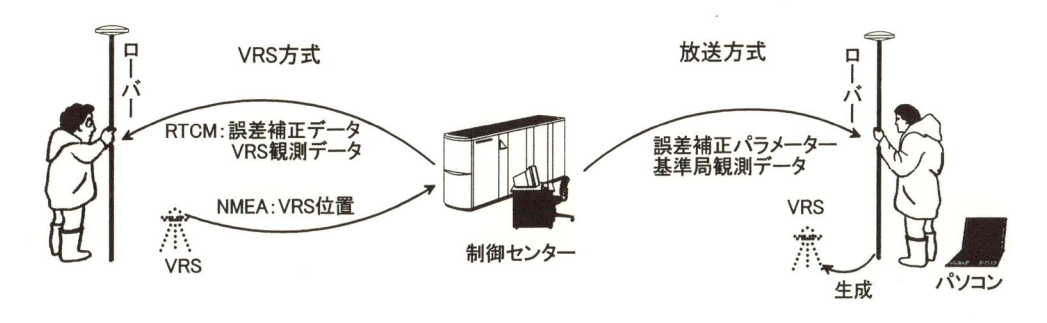

図 6.1.16 VRS方式と放送方式

基準局があれば，別の基準局が選ばれることがある．

次いで，VRSに最も近い基準局の観測データをVRSとの座標差分ずらせて，VRSの観測データをつくる．

制御センターからローバーにVRSの観測データと系統誤差の残留誤差の推定値が伝送されると，ローバーでは系統誤差を補正した自らの観測データと伝送されてきたデータを用いてアンビギュイティーを解きローバーの座標を求める．この後，観測が中断されるまで，移動しながら各点で精密測位を行うことができる．

6） VRS測位の精度

多くの実証実験の結果，VRS測位の精度は水平成分で±1〜2cm程度，垂直成分で±2〜3cm程度（いずれも標準偏差）で，短基線RTK測位とほぼ同等である．ただし，基準局とローバーとの距離が増加するに従ってRTK測位の精度が低下するのに対して，VRS測位の精度はネットワーク内では同じである．

7） VRS方式と放送方式の比較

基準局ネットワークを利用する測位には，VRS方式のほかに放送方式と呼ばれるものがある（図6.1.16）．これらの方式の大きな違いは，VRS方式はVRSを生成するための処理を制御センターのコンピュータで行うのに対して，放送方式はVRSを生成するための処理をローバー側で行うことである．

このような相違のため2つの方式には表6.1.3に示すような対照的な特徴がある．

文 献

1) Ulrich, V. *et al.*: Multi-base RTK positioning using virtual reference stations. *Proceedings of the 13th International Technical Meeting of the Satellite Division of the Institute of Navigation*, 2000.
2) Herbert, L. *et al.*: Virtual reference station networks—Recent innovations by trimble. *Proceedings of GPS Symposium*, 2001.
3) Herbert, L. *et al.*: Virtual reference stations. *Journal of Global Positioning Systems,* **1**(2), 137-

143, 2002.
4) Xiaoming, C. *et al*.: New tools for network RTK integrity monitoring. *Proceedings of the 16th International Technical Meeting of the Satellite Division of the Institute of Navigation*, 2003.
5) Herbert, L. *et al*.: Virtual reference stations versus broadcast solutions in Network RTK—Advantage and Limitations. *Proceedings of GNSS—European Navigation Conference*, 2003.

6.2 電子基準点リアルタイムデータの利用

6.2.1 電子基準点

電子基準点（GPS-based control station）は，国土地理院が運営しているGPS連続観測システム（GPS Earth Observation Network）の観測施設であり，測地基準点体系の維持および地殻変動の監視のために設置されている．平成3（1991）年度より順次整備が進められ，現在は約20km間隔で全国に1200点設置されている．電子基準点は高さ5mのステンレス製の柱（ピラー）形状となっており，上部にGPSアンテナが設置され，ここでGPS衛星からの電波を受信している．ピラー内部にはGPS受信機，通信装置などが収納されている（図6.2.1）．

観測したデータは，電話回線を通じて茨城県つくば市の国土地理院に送信されている．従来は1日数回に分けて観測データを送信していたが，平成14年度にほぼ全点で電話回線が常時接続化されたことにより，現在は毎秒送信されている．全国から集められた観測データは，国土地理院内の処理装置で毎日解析され，地殻変動をとらえる基礎データとして利用されている．電子基準点の整備により，地震発生直後の地殻変動が短期間でとらえられるようになった．観測結果は，地震調査委員会や地震予知連絡会などに報告されている．

電子基準点の観測データは，地殻変動監視に利用されているだけでなく，各種測量のための基準点データとして一般に公開されており，国土地理院ホームページから入手することができる（図6.2.2）．また，平成14年5月から，電子基準点のリアルタイムデータが一般に提供されている．

〔太島和雄〕

6.2.2 電子基準点データによるGPS補正データ配信システム

ここでは，国土地理院の電子基準点データを使ったGPS補正データ配信システムを説明する．

1） 電子基準点リアルタイムデータの流れ

国土地理院が全国に設置している約1200点（2004年3月現在）の電子基準点の観測データは，

(a)外観 　　　　(b)内部

図6.2.1　電子基準点

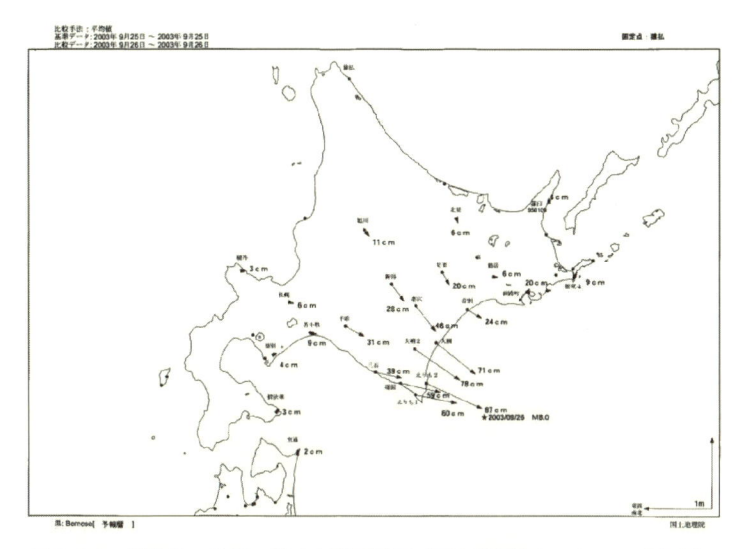

図 6.2.2 釧路沖の地震に伴う水平変動図（国土地理院ホームページより）

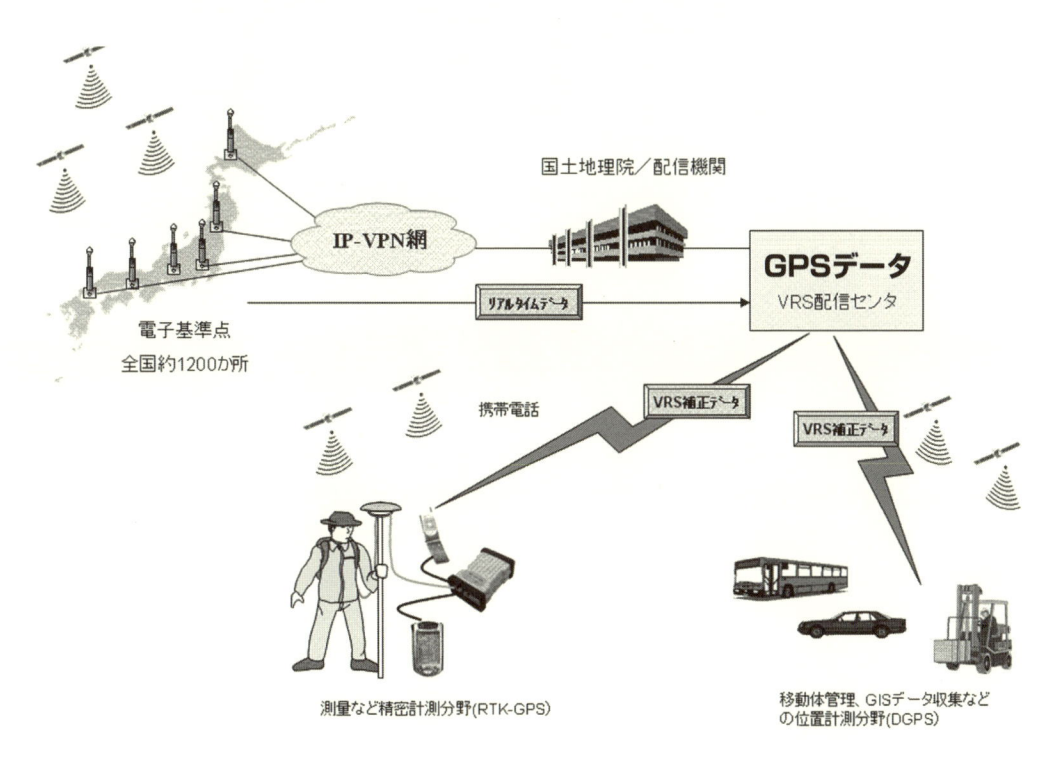

図 6.2.3 電子基準点リアルタイムデータの流れ

いったん国土地理院が管理するサーバに集められた後，配信機関である日本測量協会の配信サーバを経由して位置情報事業者に提供されている．

2004年12月現在，約1200点の電子基準点で観測されるリアルタイムデータが，常時接続の専用回線を通じて，24時間365日休むことなく提供されている．

電子基準点リアルタイムデータの流れを図6.2.3に示す．

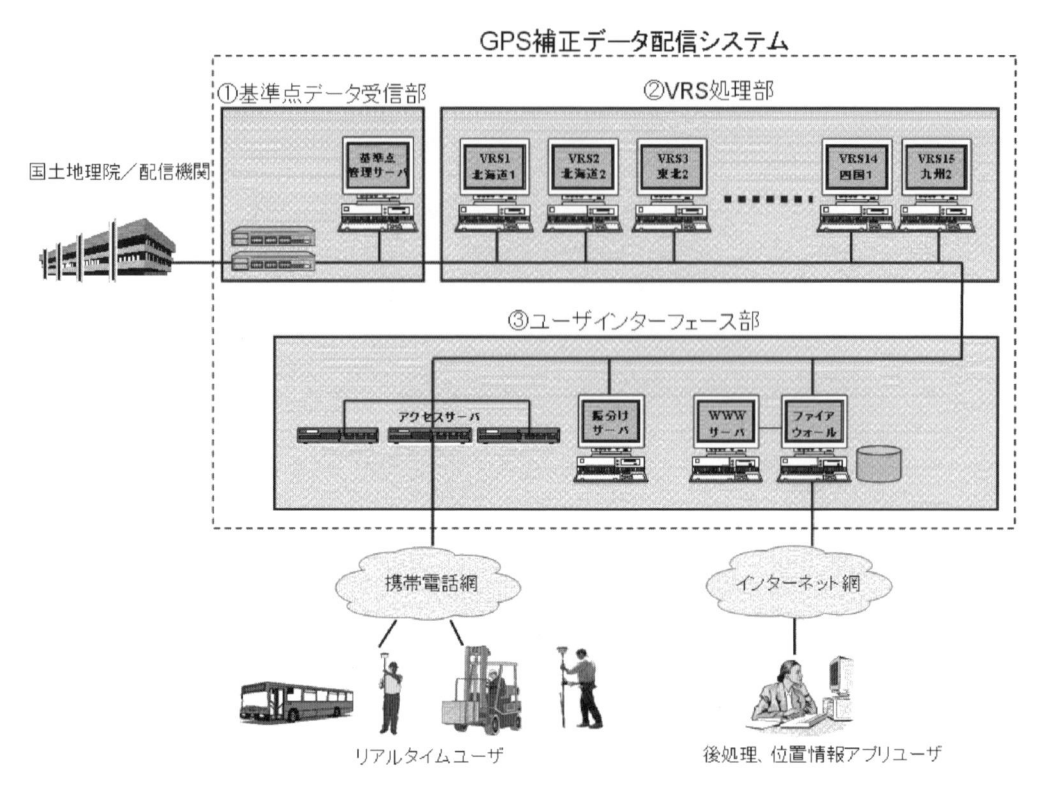

図 6.2.4　GPS 補正データ配信システム

2）GPS 補正データ配信システム

GPS 補正データ配信システムは，主に下記の3つの部分により構成される（図 6.2.4）．

① 基準点データ受信部：　ここでは最大 1200 点のデータを毎秒受けることができる専用線を配信機関サーバとの間に敷設している．配信機関サーバや GPS 補正データ配信システムを，同一の IDC（internet data center）内に設置することで，通信遅延や回線費用を低減するとともにセキュリティーを向上することができる．得られたデータは，基準点ごとに割り振られた VRS 処理部に分離して転送される．

② VRS 処理部：　日本 GPS データサービス社では，VRS（仮想基準点）処理ソフトウェアとして，トリンブル・テラサット社の GPSnet を採用している．また，全国を 11～13 のブロックに分けてそれぞれのブロックごとに GPSnet サーバを稼動させ，全国から携帯電話またはインターネット経由でかかってくる接続要求を分散処理している．それぞれのブロックはおおむね 30～60 km 間隔で選択された 30～40 点の電子基準点をサポートしており，全体で約 300～400 点程度の電子基準点を使ってサービスを行っている（図 6.2.5）．

全国に設置されている電子基準点での衛星観測の環境はさまざまで，長い年月を経るとその状況も変化するため，配信システムでは，電子基準点データの通信状態や捕捉衛星数，マルチパスの状況などを常時監視し，必要に応じて VRS 網の組み替えを行っている．

図 6.2.6 は，配信システムの操作画面の例である．

③ ユーザインターフェース部：　ここでは，全国の観測者からかかってくる電話を受け，観測者の位置に応じた GPSnet サーバとのセッションを確立し，RTCM フォーマットで補正データを配信する．このセッションは観測者からの通信が切断されるまで，毎秒データを送り続ける．アクセスサーバは，数百～数千の電話を同時に受けるこ

6.2 電子基準点リアルタイムデータの利用

図 6.2.5 電子基準点と VRS ブロック図

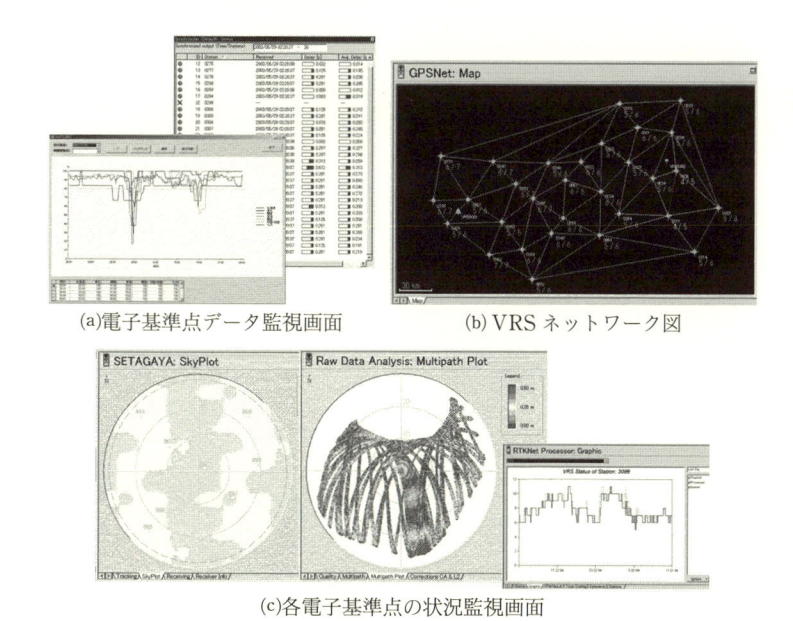

(a)電子基準点データ監視画面　　(b) VRS ネットワーク図

(c)各電子基準点の状況監視画面
図 6.2.6 配信システム操作画面（日本 GPS ソリューションズ提供）

とができる．また，スタティック/短縮スタティック測量や，航空機や自動車を使ったレーザ計測(後処理キネマティック）のための後処理用データのダウンロードをサポートするため，RINEX デー

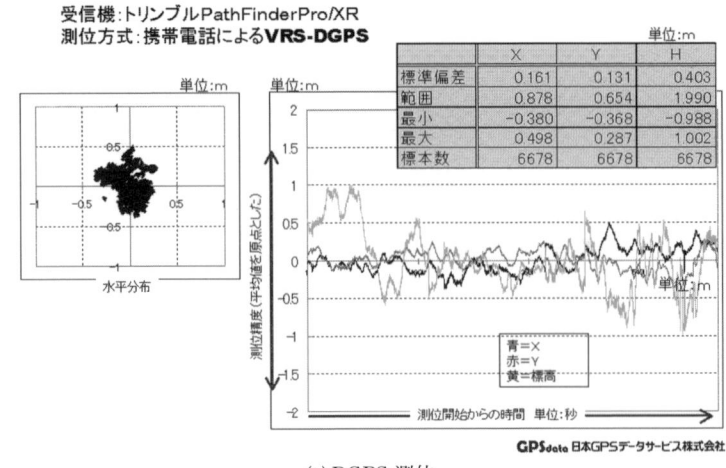

(a) DGPS 測位

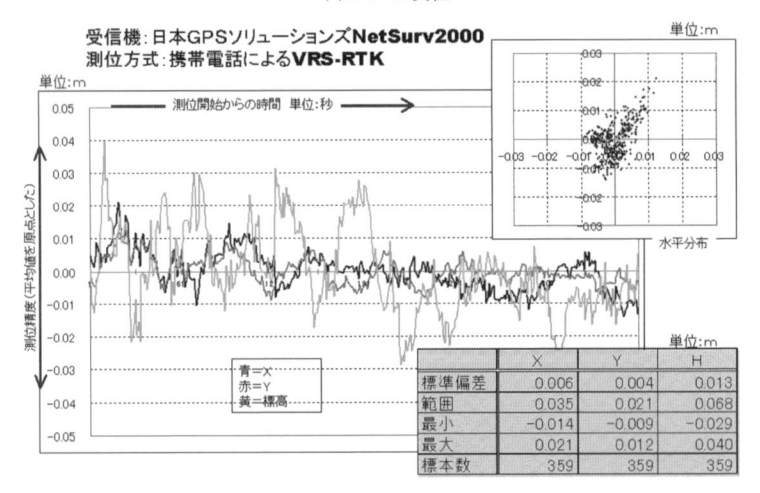

(b) VRS-RTK 測位

図 6.2.7 測位精度実験結果

タへの加工や蓄積，ウェブサイトでの公開を行うのもこの部分である．

3） 観測者の設備と測位精度

観測者は，VRS 接続が可能な 2 周波 RTK 測位用受信機に携帯電話を接続し，1〜3 cm 程度の精度で測位ができる．また，安価な DGPS 受信機を使い数十 cm〜数 m の精度（受信機の性能により異なる）で測位ができ，移動体管理や GIS データの収集などに利用することができる．

一般的な GPS 受信での精度検証の結果を図 6.2.7 に示す．この実験では，日本 GPS データサービス社の VRS 補正データを使った場合，DGPS 測位で水平 16 cm/高さ 40 cm（標準偏差），VRS-RTK 測位で水平 1 cm/高さ 2 cm（標準偏差）となっている． 〔山本吾朗・五百竹義勝〕

6.2.3 VRS 測位の精度検証
1） 精　度

観測値の良否は，正確さと精密さで判定される．観測値はある分布に従ったバラツキを示し，またその分布の平均値も真の値に対して多少の偏りをもつのが普通である．正確さは偏りの小さい程度，精密さはバラツキの小さい程度を表し，精度はそれらを総合した概念である．

VRS測位は，最寄りの電子基準点の座標と観測データに基づいて生成された仮想基準点を用いて行われる．三角点標識の上でVRS測位を行った場合，双方に誤差があるので，三角点座標とVRS測位結果が数mm以内で一致することは少ない．特に，三等および四等三角点の一部では10 cm以上の差が生じることがある．これはVRS測位の観測値に偏りが生じた場合もあるが，電子基準点の座標と三角点の座標が整合していないことに起因することもある．その主な原因として地殻変動などが考えられる．

VRS測位結果と10 cm程度以上異なる座標をもつ三角点も，国土地理院によって異常と認定されない限り，公共測量などの既知点として使用される．すなわち，従来の測量方法による結果とVRS測位結果とは整合しないことがある．したがって，VRS測位を公共測量などに利用する場合，従来と同様，作業地域内にある三角点などを既知点とした相対測定の方法で行うか，VRS測位で得られた結果を座標変換して三角点などの座標と整合したものにするなど，適切な措置を講じる．

2）短基線RTK測位の精度

まず，短基線RTK測位の精度について考察する．図6.2.8(a)～(c)はそれぞれ平面直角座標X成分，Y成分，H成分の毎秒観測値の時系列の例で，横軸は時間，縦軸は偏差（観測値と平均値の差：単位mm）を示す．基準局とローバーとの距離は約430 m，観測データ数は1872である．標準偏差は，X成分が2.0 mm，Y成分が1.6 mm，H成分が5.4 mmである．

多くの測量機器メーカーの仕様によると，RTK対応GPS測量機の精度は，水平成分の標準偏差が±10 mm＋1 ppm×D，垂直成分の標準偏差が±20 mm＋1 ppm×D程度である（Dは基準局とローバー間の距離）．したがって図6.2.8は，短基線RTK測位の非常に良好な観測結果の例である．

3）VRS測位の精度（PDOPが小さい場合）

図6.2.9(a)～(c)は，それぞれVRS測位で得た平面直角座標X成分，Y成分，H成分の毎秒観測値の時系列である．データ数は2870．標準偏差は，

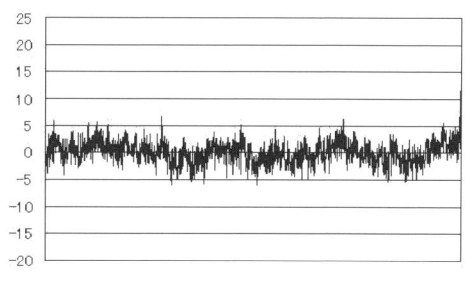

(a) X成分

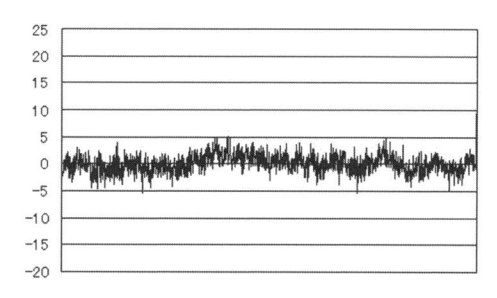

(b) Y成分

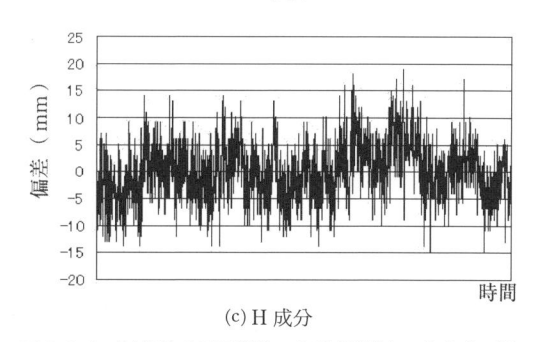

(c) H成分

図6.2.8 短基線RTK測位の毎秒観測値の時系列の例

X成分が3.4 mm，Y成分が2.8 mm，H成分が7.7 mmであり，短基線RTK測位よりもやや大きいが，十分にRTK対応GPS測量機の精度内にある．PDOP（position dilution of precision：位置精度低下率）は平均2.8と小さい．PDOPとは，観測している衛星配置の良否を示す指標で，最もよい配置（4衛星により構成される4面体の体積が最大）のときに1で，数字が大きくなるほど精度は低下する．ローバーと最寄りの基準局の距離は約5.4 kmである．

VRS測位結果がRTK測位よりもバラツキがやや大きいのは，周期が数十秒～10分程度の時間変動が大きくなっているからである．その理由として，VRS測位が遠く離れた基準局の観測データ

(a) X 成分

(b) Y 成分

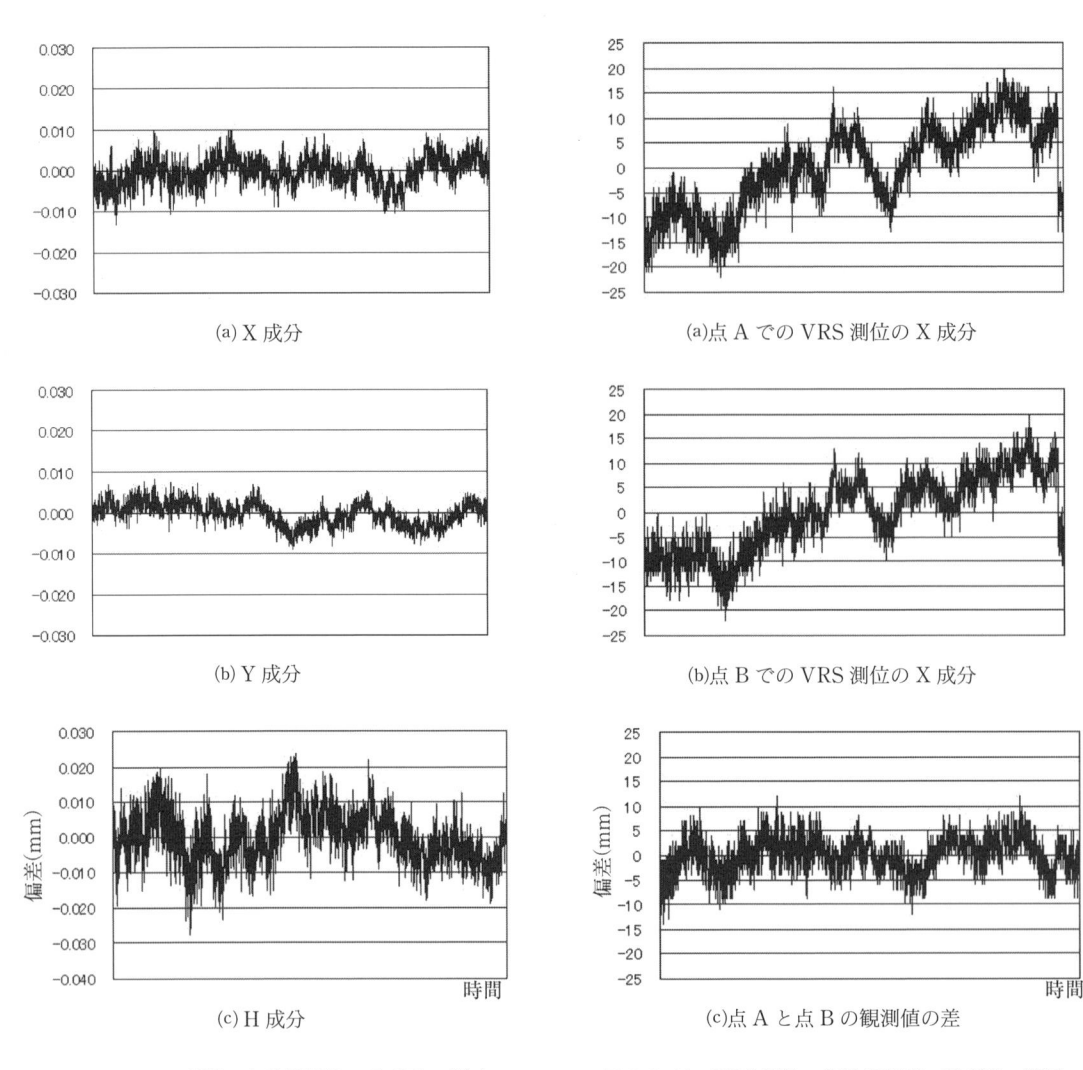

(c) H 成分

図 6.2.9 VRS 測位の毎秒観測値の時系列の例(1)

(a) 点 A での VRS 測位の X 成分

(b) 点 B での VRS 測位の X 成分

(c) 点 A と点 B の観測値の差

図 6.2.10 VRS 測位の毎秒観測値の時系列の例(2)

に基づいて電離層遅延などの誤差補正を行っているため, 誤差が十分に削減されていないからと考えられる. しかし, 標準偏差からわかるように PDOP が小さい場合は, 精密測位に利用できるだけの十分な精度がある.

4) VRS 測位の精度 (PDOP が大きい場合)

図 6.2.10 (a) は, ある点 A での X 成分の毎秒観測値の時系列で, PDOP が大きい場合の例である. データ数は 3600, 標準偏差は 8.6 mm である. PDOP は平均 4.7 で, PDOP と観測衛星数の時間変化は図 6.2.11 のとおりである. 図 6.2.10 (a) のグラフには次のような特徴がある.

① PDOP が小さい場合 (図 6.2.9 (a)) よりも偏差の時間変動が大きくなっている.

② PDOP が時間変化するに伴い, 偏差も変化している.

③ 時系列の最後で観測衛星数が 6 から 5 に変化したときに偏差は約 20 mm 飛んでいる.

5) 同時観測により得た結果の差

図 6.2.10 (b) は, 点 A と約 330 m 離れた点 B において, 点 A と同時観測した結果の時系列である. 同図 (a) と (b) は似通った傾向を示している. (c) は, (a) のデータから (b) の同時観測データを引いたものである. (c) は, (a) と (b) でみられた, 次の点が

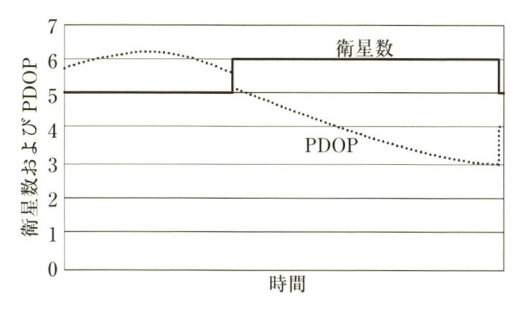

図 6.2.11 衛星数と PDOP

改善されている．
① 偏差の時間変動が小さくなっている．
② PDOP の時間変化に伴う偏差の変化がなくなっている．
③ 観測衛星数の変化に伴う偏差の飛びがなくなっている．

(a)～(c)のグラフの標準偏差は，それぞれ 8.6 mm，7.7 mm，3.8 mm で，明らかに精度が大幅に改善されていることがわかる．したがって，2 点で同時観測を行い測位結果の差をとれば，共通誤差が相殺され，高精度の基線ベクトルが得られることが期待できる．

6) 同時観測法による精密測量実証実験結果

表 6.2.1，6.2.2 は，図 6.2.12(a)のような路線で，2 台の GPS 測量機を使用した同時観測により精密測量実証実験を行った結果の一例である．実験実施日は 2003 年 2 月 9 日，実験場所は千葉県北部にある印旛沼実験場である．点間距離は約 100 m または 200 m，各点の座標はスタティック測位によって精密に求められているが，実験では両端の点 87 と点 97 を既知点，残りの点を未知点と仮定している．PDOP の平均は 2.4，観測衛星数の平均は 6.4 である．

2 つの同時観測値の差をとり間接的に求めた基線ベクトルを使って点 87 から点 97 に結合した後，点 87 と点 97 間で同時観測して間接的に求めた基線ベクトルを使って環閉合差を求め，精度点検を行った．表 6.2.1 からわかるように，環閉合差は十分に小さい．表 6.2.2 は表 6.2.1 の観測結果を 3 次元網平均したもので，偏差（スタティック測位結果との差）は小さく，良好な観測結果であることを示している．

表 6.2.1 VRS 測位 2 台同時観測法による精密測量実証実験（2003 年 2 月 9 日，印旛沼実験場）
良好な観測例．環閉合差は許容範囲内．PDOP の平均=2.4，観測衛星数の平均=6.4（単位：m）．

始点	終点	間接基線ベクトル（往観測）			間接基線ベクトル（復観測）			較差			衛星数変化	
		ΔX	ΔY	ΔZ	ΔX	ΔY	ΔZ	δX	δY	δZ	往観測	復観測
87	88	77.592	31.635	54.403							0	0
88	90	154.927	63.717	109.231							0	0
90	91	77.640	31.749	54.503							0	0
91	92	77.550	31.740	54.494							0	0
92	93	70.982	12.312	64.721							0	0
93	94	50.140	−27.852	78.803							0	0
94	95	25.488	−56.700	77.828							0	0
95	97	47.231	−117.493	154.808							0	0
97	87				−581.551	30.904	−648.788				0	0
合計		581.551	−30.894	648.792	−581.551	30.904	−648.788	0.000	0.010	0.003		

基線ベクトルの環閉合差：0.000，0.010，0.003．
ΔN：−0.001 [0.060]，ΔE：−0.008 [0.060]，ΔU：0.007 [0.090]．
[ ]内の数値は「ネットワーク型 RTK-GPS を利用する公共測量作業マニュアル（案）基準点測量」で定められている許容範囲．
ΔN は水平面の南北方向の閉合差，ΔE は水平面の東西方向の閉合差，ΔU は高さ方向の閉合差．

表 6.2.2 同時観測法による精密測量実証実験の3次元網平均計算結果（良好な観測例）

点 名	成分	平均値	偏差	標準偏差
88	X	−3981939.561	−0.003	0.003
	Y	3317290.312	0.003	0.002
	Z	3705181.393	0.008	0.003
90	X	−3981784.635	0.004	0.004
	Y	3317354.028	−0.001	0.003
	Z	3705290.625	−0.002	0.004
91	X	−3981706.996	0.001	0.005
	Y	3317385.775	−0.002	0.003
	Z	3705345.128	−0.005	0.004
92	X	−3981629.446	−0.009	0.005
	Y	3317417.514	−0.001	0.003
	Z	3705399.622	0.002	0.004
93	X	−3981558.465	−0.014	0.005
	Y	3317429.825	0.000	0.003
	Z	3705464.344	0.002	0.004
94	X	−3981508.325	−0.002	0.004
	Y	3317401.972	−0.010	0.003
	Z	3705543.148	−0.006	0.004
95	X	−3981482.838	−0.005	0.003
	Y	3317345.270	−0.005	0.002
	Z	3705620.976	−0.007	0.003
87	X	−3982017.153	0.000	0.000
	Y	3317258.678	0.000	0.000
	Z	3705126.989	0.000	0.000
97	X	−3981435.608	0.000	0.000
	Y	3317227.776	0.000	0.000
	Z	3705775.785	0.000	0.000

平均値は3次元網平均計算の結果．偏差はスタティック値との差．
片道観測を行い，点検のため環閉合．標準偏差は3次元網平均計算から算出．
点87と97は既知点と見なしているので，偏差と標準偏差は0．

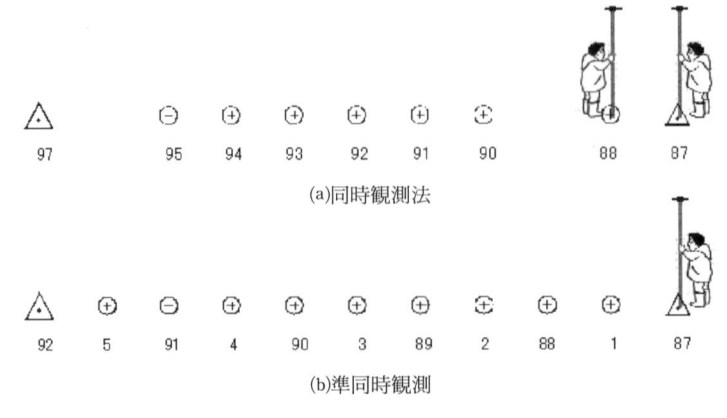

図 6.2.12 精密測量実証実験路線

7) 準同時観測法による精密測量実証実験結果

表6.2.3，6.2.4は，図6.2.12(b)のような路線で，1台のGPS測量機を使用して精密測量実証実験を行った結果の一部である．実験実施日は

表6.2.3 準同時観測法による基準点測量実証実験（2003年12月22日，印旛沼）（単位：m）

(a)再測の例：環閉合差は許容範囲外，往観測と復観測の較差の一部が許容範囲外．PDOPの平均＝2.0，観測衛星数の平均＝7.7．

始点	終点	間接基線ベクトル（往観測）			間接基線ベクトル（復観測）			較差			衛星数変化		備考
		ΔX	ΔY	ΔZ	ΔX	ΔY	ΔZ	δX	δY	δZ	往観測	復観測	
87	1	39.158	13.307	28.637	−39.149	−13.309	−28.630	0.009	−0.002	0.007	1	0	
1	88	38.427	18.340	25.769	−38.435	−18.340	−25.769	−0.008	0.000	0.000	0	0	
88	2	38.702	13.014	28.773	−38.704	−13.010	−28.773	−0.002	0.004	0.000	0	0	
2	89	38.770	18.812	25.839	−38.771	−18.805	−25.823	−0.001	0.007	0.016	0	0	
89	3	38.888	13.036	28.943	−38.886	−13.041	−28.937	0.002	−0.005	0.006	0	0	
3	90	38.571	18.853	25.689	−38.563	−18.867	−25.690	0.008	−0.014	−0.001	0	0	
90	4	38.942	12.741	29.032	−38.948	−12.801	−29.039	−0.006	−0.060	−0.007	0	1	※1
4	91	38.702	19.011	25.468	−38.690	−19.021	−25.473	0.012	−0.010	−0.005	0	0	
91	5	38.927	12.772	28.969	−38.929	−12.771	−28.980	−0.002	0.001	−0.011	−1	0	
5	92	38.642	18.893	25.509	−38.633	−18.970	−25.513	0.009	−0.077	−0.004	0	0	※2
合計		387.729	158.779	272.628	−387.708	−158.935	−272.627						

基線ベクトルの環閉合差：0.021，−0.156，0.001．

ΔN：0.069 [0.089]，ΔE：0.108 [0.089]，ΔU：0.094 [0.134]．[　]内の数値は許容範囲．

※1：復観測で点4から点90に移るときに衛星数が7から8に変化．点90の観測値に異常．
※2：往観測で点92の観測時に，衛星数が7と8の間を頻繁に行き交うときに観測値にずれが生じたものか．

(b)良好な観測例：環閉合差は許容範囲内，往観測と復観測の較差も許容内．PDOPの平均＝2.1，観測衛星数の平均＝8.4．

始点	終点	間接基線ベクトル（往観測）			間接基線ベクトル（復観測）			較差			衛星数変化	
		ΔX	ΔY	ΔZ	ΔX	ΔY	ΔZ	δX	δY	δZ	往観測	復観測
87	1	39.165	13.298	28.629	−39.163	−13.296	−28.627	0.002	0.002	0.002	0	0
1	88	38.434	18.331	25.770	−38.431	−18.341	−25.770	0.003	−0.010	0.000	0	0
88	2	38.712	13.004	28.755	−38.688	−13.027	−28.772	0.024	−0.023	−0.017	0	0
2	89	38.768	18.812	25.834	−38.769	−18.811	−25.838	−0.001	0.001	−0.004	0	0
89	3	38.880	13.041	28.939	−38.890	−13.025	−28.932	−0.010	0.016	0.007	0	0
3	90	38.591	18.842	25.682	−38.588	−18.844	−25.683	0.003	−0.002	−0.001	0	0
90	4	38.950	12.729	29.034	−38.942	−12.739	−29.032	0.008	−0.010	0.002	0	0
4	91	38.693	19.015	25.468	−38.704	−19.004	−25.469	−0.011	0.011	−0.001	0	0
91	5	38.932	12.760	28.972	−38.925	−12.770	−28.968	0.007	−0.010	0.004	0	0
5	92	38.626	18.974	25.517	−38.631	−18.971	−25.511	−0.005	0.003	0.006	0	0
合計		387.751	158.806	272.600	−387.731	−158.828	−272.602					

基線ベクトルの環閉合差：0.020，−0.022，−0.002．

ΔN：0.016 [0.089]，ΔE：0.005 [0.089]，ΔU：−0.025 [0.134]．

2003年12月22日,実験場所は印旛沼実験場である.点間距離は約50 m,各点の座標はスタティック測位によって精密に求められているが,実験では両端の点87と点92を既知点,残りの点を未知点と仮定している.観測点間を移動中に観測衛星数が変化して観測値に飛びが生じる確率を減らすため,また同時観測の相殺効果を少しでも利用して観測精度を上げるため,間接観測を行う2点間

表6.2.4 準同時観測法による基準点測量実証実験の3次元網平均計算結果(単位:m)

点 名	成分	再測の例 (閉合差外・較差外)			良好な観測例 (閉合差内・較差内)		
		平均値	偏差	標準偏差	平均値	偏差	標準偏差
88	X	−3981939.569	−0.011	0.018	−3981939.562	−0.003	0.009
	Y	3317290.322	0.013	0.011	3317290.315	0.006	0.006
	Z	3705181.392	0.007	0.015	3705181.393	0.008	0.008
89	X	−3981862.096	0.003	0.021	−3981862.098	0.001	0.012
	Y	3317322.139	0.000	0.014	3317322.146	0.007	0.008
	Z	3705235.997	0.000	0.018	3705235.999	0.001	0.010
90	X	−3981784.643	−0.003	0.021	−3981784.629	0.010	0.012
	Y	3317354.033	0.004	0.014	3317354.026	−0.003	0.008
	Z	3705290.627	0.000	0.018	3705290.623	−0.004	0.010
91	X	−3981707.002	−0.005	0.018	−3981706.989	0.008	0.009
	Y	3317385.816	0.039	0.011	3317385.774	−0.003	0.006
	Z	3705345.134	0.001	0.015	3705345.130	−0.003	0.008
1	X	−3981978.000	−0.003	0.013	−3981977.992	0.005	0.007
	Y	3317271.984	0.001	0.009	3317271.977	−0.006	0.005
	Z	3705155.623	0.002	0.011	3705155.620	−0.001	0.006
2	X	−3981900.866	−0.004	0.020	−3981900.864	−0.002	0.011
	Y	3317303.332	0.008	0.013	3317303.333	0.008	0.007
	Z	3705210.166	0.009	0.017	3705210.160	0.002	0.009
3	X	−3981823.209	0.004	0.022	−3981823.216	−0.003	0.012
	Y	3317335.175	−0.002	0.014	3317335.181	0.004	0.008
	Z	3705264.937	0.003	0.019	3705264.937	0.003	0.010
4	X	−3981745.698	−0.003	0.020	−3981745.685	0.010	0.011
	Y	3317366.802	0.037	0.013	3317366.762	−0.003	0.007
	Z	3705319.663	0.001	0.017	3705319.659	−0.003	0.009
5	X	−3981668.074	−0.006	0.013	−3981668.063	0.005	0.007
	Y	3317398.586	0.043	0.009	3317398.541	−0.003	0.005
	Z	3705374.109	0.002	0.011	3705374.103	−0.004	0.006
87	X	−3982017.153	0.000	0.000	−3982017.153	0.000	0.000
	Y	3317258.678	0.000	0.000	3317258.678	0.000	0.000
	Z	3705126.989	0.000	0.000	3705126.989	0.000	0.000
92	X	−3981629.437	0.000	0.000	−3981629.437	0.000	0.000
	Y	3317417.515	0.000	0.000	3317417.515	0.000	0.000
	Z	3705399.620	0.000	0.000	3705399.620	0.000	0.000
絶対偏差の平均			0.0079	0.0154		0.0045	0.0083

平均値は3次元網平均計算の結果.偏差はスタティック値との差.
標準偏差は3次元網平均計算から算出.
絶対偏差の平均は偏差の絶対値の平均.
点87と92は既知点と見なしているので,偏差と標準偏差は0.

の観測開始時刻の差をできるだけ短くするように努めた（平均1分30秒差）．これを準同時観測と呼ぶことにする．

ここで注意することは，各観測点で1観測を行うのは放射法による観測と同じで各観測は独立になり，既知点から既知点に結合する路線を形成できないことである．したがって，同時観測のときと同様に，間接的に基線ベクトルを求めるための1対の観測を独立に行う．たとえば，点A, B, Cで観測する場合，点Aで測定し，次いで点Bに移動して観測した後，さらに点Bで観測し，次いで点Cに移動して観測することになる．これによって，点Aから点Cに結合する路線を形成することができる．

表6.2.3は，点87から点92に結合する往復観測した実験の中の典型的な2例を示している．どちらの例もPDOPの平均が約2，観測衛星数の平均が約8であり，観測条件は良好である．

最初は，移動中に観測衛星数が1つ増加した際に観測値が飛んだこと，また観測中に1つの衛星が頻繁に見え隠れしたために生じたと考えられる観測値の飛びのために，環閉合差が大きかった例である．このような観測値の飛びを避けるには，あらかじめ観測衛星数予測図を用いて観測衛星数が変化しない時間帯を調べておくとよい．

もう一方は，観測中に観測衛星数の変化が起こらなかったため，良好な観測結果が得られた例である．このような良好な観測条件の下では，同時観測と同等な精度で観測できることを示している．

表6.2.4は，表6.2.3の観測結果を3次元網平均計算した結果である．最初の例では偏差が最大43 mmになるなど，あまりよくない結果になっている．もう一方の例では，残差が最大10 mm，ほとんどが5 mm以内という良好な結果になっている．

6.3 GPSによるリアルタイム測位の利用

6.3.1 精密測量への利用
1） VRS測位の特徴

多くの実証実験の結果などにより，VRS測位には次のような特徴があることがわかっている．

①観測衛星数とPDOP： VRS測位の精度は，観測衛星数とPDOPに大きく依存する．また，観測衛星数が変化するとき観測値が数cm飛ぶことがある．

②最寄りの電子基準点の座標精度： VRSの観測データは観測点の最寄りの電子基準点座標に基づいて作成されるので，測位精度（偏りの度合い）はその電子基準点の座標精度の影響を受ける．

③現地の三角点などの座標との整合性： 現地の三角点や公共測量により設置された基準点の座標は，必ずしも電子基準点座標と整合しているとは限らないので，VRS測位結果は観測点近傍の三角点や基準点の座標と整合していないことがある．

④系統誤差の残留分の影響： 観測点近辺にある3点以上の電子基準点の観測データから求められた電離層遅延などの系統誤差は，必ずしも十分に削減されず，観測値の時間変動などとなって残ることがある．PDOPが大きい場合には数cmの誤差源になることがある．

⑤同時観測の効果： 間隔が数百m以下の2点で同時観測を行い，両観測データの差をとると，観測衛星数の変化に伴うデータの飛びを補正でき，また系統誤差の影響を減らすことができる．

⑥VRSの位置： VRSとローバーとの距離が2〜3 km程度以内であれば，VRSが設置される位置によって精度が左右されることはない．

2） 厳密な精度点検を要する精密測量への利用

精密測量の例として，厳密な精度点検を行い既知点に基づいて未知点の座標を求める場合を考える．1）で述べたVRS測位の特徴を踏まえて，次のような方針に基づいて実施する．

①間接観測法： 既知点〜新点，新点〜新点などの相対位置を求めるため，2点の基線ベクトル

の差をとって間接的に求めた基線ベクトルで路線を形成する間接観測法で行う．図6.3.1(a)は2台のGPS測量機を用いた間接観測法で，2台で同時に観測する．同図(b)は1台のGPS測量機を用いた間接観測で，一方の点で観測が終了した後，他方の点に速やかに移動して準同時観測を行う．

②同時観測と準同時観測の比較： 同時観測と準同時観測には，表6.3.1に示すような対照的な特徴がある．測量の目的や両観測法の得失などを十分に考慮した上で，適切な観測方法を選択する．

③準同時観測を行う場合の留意点： 1台のGPS測量機を用いて精密測量を実施する場合，次のような点に留意する．

・PDOPが大きくなると，観測誤差が大きくなる傾向がある．さらにこの誤差は2つの基線ベクトルの差をとる操作の際に，理論的には誤差伝播により$\sqrt{2}$倍大きくなる．したがって，観測はPDOPができるだけ小さい時間帯に実施する．

・ある点Aでの観測が終了した後，隣りの点Bでの観測が終了するまでに観測衛星数が増減した場合，点Bの観測値が数cm飛ぶことがある．この現象は，観測衛星数が8〜9個という良好な観測条件の下でも起こることがある．また，特定の衛星が頻繁に見え隠れする場合も，観測値が飛ぶことがある．したがって，2点間の基線ベクトルを求める観測は，観測衛星数が変化しない時間帯で行う．

・2点での観測開始時間差をできるだけ短くすると，観測衛星数が変化する確率を小さくできるとともに，同時観測による相殺効果も少し残っているので，観測精度の向上につながる．

④精度点検の方法： 図6.3.2に示すように，既知点Aから新点1，2，3を通って既知点Bに結合する路線で，VRS測位による精密測量を行う

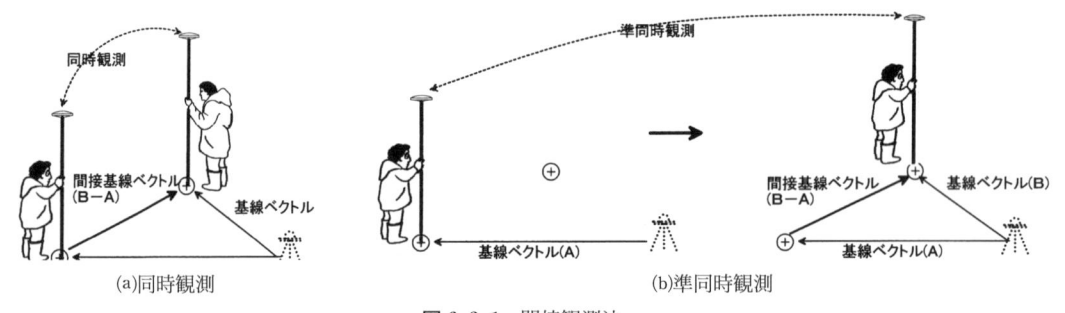

(a)同時観測　　　(b)準同時観測

図 6.3.1　間接観測法

表 6.3.1　同時観測と準同時観測の特徴

項　目	同時観測	準同時観測
主な機器	GPS測量機2式，連絡用電話	GPS測量機1式
作業員数	最低2人	最低1人
作業時間	RTK測位の間接観測法と同じ	RTK測位の間接観測法と同じ
PDOP値	5以下であれば特に問題なし	小さいほどよい
衛星数変化時の観測値変化	飛びが発生しても2つの観測値で相殺可能	数cmの飛びが発生するおそれがある
時間変動誤差	かなりの誤差が相殺可能	一部の誤差が相殺可能
環閉合差	上記3つの影響は少なく，多くの場合，環閉合差は小さい	観測値に飛びが発生すれば環閉合差が大きくなることがある
誤差伝播	理論的な誤差伝播量以下	理論的な誤差伝播量と同程度

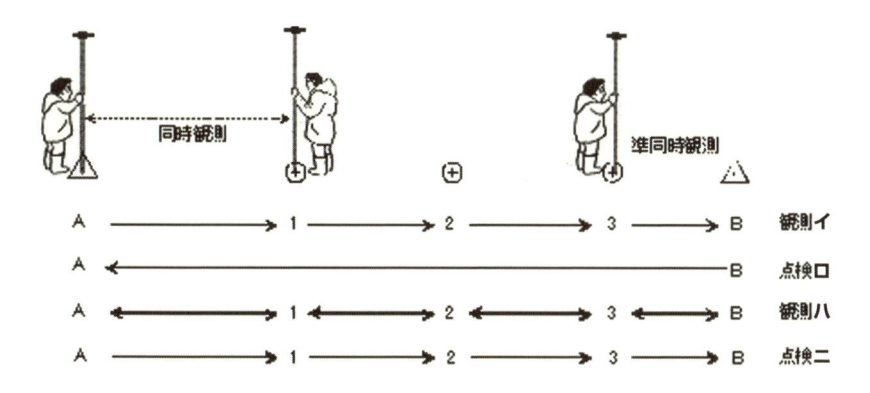

図 6.3.2 精度点検の方法

場合を考える．間接観測法により，A〜1間，1〜2間，2〜3間，3〜B間の基線ベクトルを求める（観測イ）．精度点検のため，B〜A間の基線ベクトルを求めるか（点検ロ），復観測を行ってB〜3間，3〜2間，2〜1間，1〜A間の基線ベクトルを求めて環閉合差を点検する（観測ハ）．観測ハの代わりに観測イを繰り返してもよい．基線ベクトルの環閉合差が大きい場合は，再観測をするかどうかを検討する．観測イを点検観測として繰り返し行って，各基線ベクトルのセット間較差を求めて，精度点検する方法もある（点検ニ）．

⑤ VRSの位置： VRSは，デフォルトではローバーでの単独測位で求められた位置に設置される．VRSは，最初にローバー近くに生成されたときが最も高性能な仮想基準点であり，ローバーから遠ざかるに従ってその性能は少しずつ劣化すると考えられるが，2〜3 km程度以内であれば，VRSは正常に作動する．VRSが正常に作動する範囲内では，VRSがどこにあってもVRS測位の精度に影響しない．ローバー側でVRSの位置を決めることができるが，RTK測位の場合と異なり，2点間の間接観測を行うとき，それぞれの観測で使用するVRSは同じである必要はない．

しかしまれにVRSの位置が間接基線ベクトルの精度に影響する可能性がある．例として，図6.3.3においてローバーAとローバーBでVRS測位を行って間接基線ベクトルを求める場合を考える．ローバーAのために生成されたVRSの最寄りの基準局を1，点Bで生成された最寄りの基準局を2とし，基準局2の座標が何らかの原因でずれていたと仮定する．すると両方の観測値から求めた間接基線ベクトルに，そのずれの分だけ誤差が加わることになる．共通のVRSを用いると，たとえ最寄りの基準局の座標がずれていたとしても，このような誤差の発生を防ぐことができる．

3) 厳密な精度点検を要しない精密測量への利用

厳密な精度点検を要しない精密測量にVRS測位を利用する場合を考える．現地の既知点の座標との整合性を確保する必要がなければ，何の制約も受けずに観測点でVRS測位を行っていくだけでよい．精度点検は，観測点の全部または一部で点検のための観測を行い，2つの観測値間を比較することにより行う．較差が大きいときは適切な措置を講じる．

現地にある既知点の座標に基づいた座標を得るには，いくつかの方法が考えられるが，ここでは2つの方法を紹介する．

①座標変換法：図6.3.4に示すように，観測区域を取り囲むような3点以上の既知点を選択する．既知点が不足する場合は，基準点測量を行って基準点を設置する．既知点の一つで初期化を行ってから，他の既知点で順次観測を行う．次いで既知点以外の各点で順次観測を行う．観測終了後，点検のため既知点で1セットの観測を行い，セット間の観測値の較差が小さければ観測作業は終了する．較差が大きければ再観測を行うかどうかを検討する．

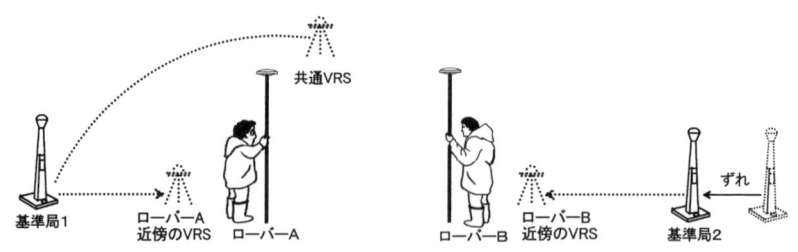

図 6.3.3　共通 VRS を用いて基準局座標のずれの影響を防ぐ

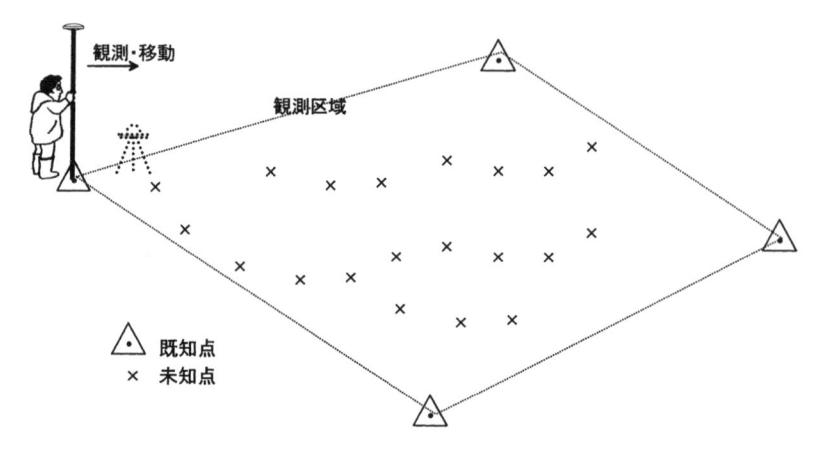

図 6.3.4　座標変換法

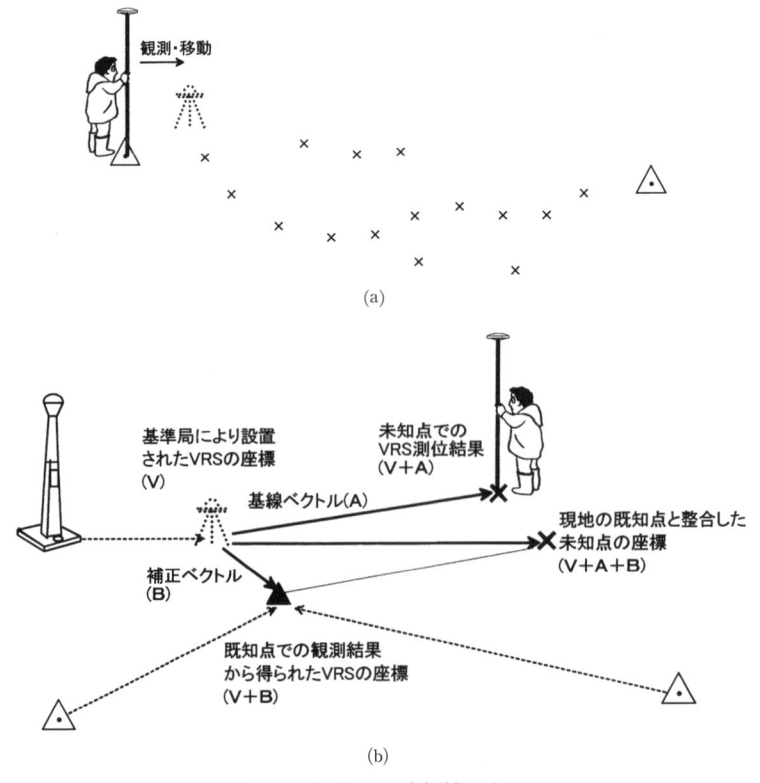

(a)

(b)

図 6.3.5　VRS 座標補正法

VRS測位で得た座標と既知点座標との整合性をとるため，既知点の観測値を既知座標値に座標変換する．座標変換にはヘルマート変換またはアフィン変換を用いる．座標変換で求めた，回転，移動，縮尺（ヘルマート変換の場合）またはねじれ歪み，移動，縮尺（アフィン変換の場合）のパラメータを使用して，各観測値を座標変換することによって既知点と整合した座標を得ることができる．

② VRS座標補正法： 図6.3.5(a)に示すように，この方法は座標変換法と同様にして観測するが，既知点は2点以上でよい．

VRS測位で得た未知点の座標を既知点座標に基づいた座標に変換するために，次のような処理を行う（同図(b)）．

・2点以上で行った既知点での観測結果からVRSの座標を算出する．
・算出した座標と基準局により設置された座標との差をとり，補正ベクトルを求める．
・VRS測位で得たすべての未知点座標に補正ベクトルを加える．

この方法は平行移動だけの補正を行うもので，座標変換法の特殊なケースである．座標変換法よりもやや精度が低下するが，簡便な方法である．

〔太島和雄〕

6.3.2　撮影精度管理への利用
1）基準点のいらない空中写真測量

写真測量における長年の夢に，基準点のいらない空中写真測量がある．この取り組みは，1960年代に始まった数値解析法空中三角測量のころから始められ，表6.3.2に示すフェーズを経て，GPSとIMU (inertial measurement unit：3軸のジャイロと3軸の加速度計からなる)のセンサを組み合わせた技術（以後，GPS/IMUと呼ぶ）により現実となった．

図6.3.6はGPS/IMUシステムの撮影におけるイメージを示したものであり，測量用の2周波GPS受信機と慣性測定装置 (IMU) で構成された慣性ナビゲーションシステムであり，航空カメラ撮影点の精密な位置と姿勢を測定する航空カメラ

表6.3.2　空中三角測量の発展経緯

フェーズ	時 期	出来事
第1 Phase	1960年	数値解析法空中三角測量の開始
	1970年	解析図化機の出現
	1990年	GPS実用化
第2 Phase	1990年中期	GPS空中三角測量
第3 Phase	1990年後期	自動空中三角測量
	2000年	デジタルステレオ図化機の実用化
第4 Phase	2000年前期	GPS/IMU空中三角測量
第5 Phase	2000年中期	デジタル航空カメラ同時空中三角測量

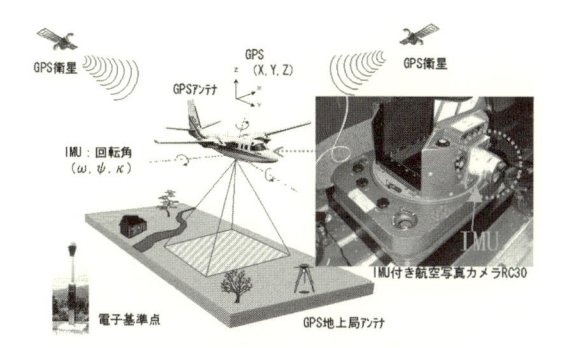

図6.3.6　GPS/IMUシステムの構成図

表6.3.3　GPS/IMUの性能（製品POSAV 510）

項　目	精度レベル
位　置	5～10 cm RMS
ロールピッチ	0.005° RMS/20 arcsecRMS（後処理）
ヘディング	0.008° RMS/1 arcsecRMS（後処理）

RC 30にIMUを取りつけ，撮影時に地上で同時刻のGPS観測（地上GPS基準局，あるいは電子基準点）をすることによって，撮影写真ごとに撮影点の3次元測地座標と回転角 (κ, ψ, ω)，いわゆる空中三角測量の成果（航空写真の外部標定要素）が直接観測できる．以下に，GPS/IMUを航空写真撮影に適用するに当たって，撮影時とGPS/IMU解析時での精度管理方法について記述する．

2）GPS/IMUの精度

GPS/IMUシステムは表6.3.3に示す性能を

表 6.3.4 検証点精度試験結果の計測精度（上段：標準偏差，下段：最大値，単位：m）

撮影縮尺	コース数モデル数	検証点数	X	Y	Z	補足
1/4000	4 コース, 40 モデル	28 点	0.098 0.165	0.104 −0.215	0.084 0.220	地上基準局
1/4000	4 コース, 40 モデル	28 点	0.100 0.171	0.105 −0.227	0.100 −0.178	電子基準点 （八尾）
1/12500	4 コース, 76 モデル	51 点	0.216 0.596	0.228 −0.525	0.216 0.490	地上基準局
1/12500	4 コース, 75 モデル	51 点	0.211 0.598	0.204 −0.547	0.250 0.560	電子基準点 （厚木）

公共測量作業規程第 150 条の多項式ブロック調整の制限値（撮影高度に対して，標準偏差 0.04% 以内，最大値 0.08% 以内）．
　1/4000 の場合：標準偏差 0.24 m 以内，最大値 0.48 m 以内．
　1/12500 の場合：標準偏差 0.76 m 以内，最大値 1.52 m 以内．

有している．この精度レベルから作成可能な地図縮尺は，1/500 地形図まで対応可能である．このことは，表 6.3.4 に示す精度検証試験結果より，1/12500（図化縮尺 1/2500 相当）などの中小縮尺撮影はもちろんのこと，撮影縮尺 1/4000（図化縮尺 1/500 相当）などの大縮尺撮影においても，従来のように基準点を用いなくても GPS/IMU 撮影によって，図化作業が実施できる精度を有した外部標定要素が得られていることを示している．

3）GPS/IMU 撮影精度管理

　従来の空中写真撮影には，基準点という絶対的な精度管理の基準がある．他方，GPS/IMU 撮影においては，GPS/IMU 撮影で取得される GPS および IMU データが精度確保のすべてであり，データに不具合いなどが発生した場合，撮影された写真は基準範囲外として扱われてしまう．そのため，GPS/IMU 撮影においては，精度管理法と判定基準を明確にし，図 6.3.7 に示す運用フローに従って GPS/IMU 撮影を実施し，内部検査，ならびに最終の精度評価が必要となる．すなわち，GPS/IMU 撮影，GPS/IMU 解析，GPS/IMU 調整の各工程において，精度管理のためのチェック方法と基準値範囲外の対処方法を取り決めておく必要がある．

　① GPS/IMU 撮影：　GPS/IMU 撮影は，図 6.3.8 に示すように，GPS による正確な位置算出（アンビギュイティーの決定）や IMU ドリフトクリア（IMU alignment）を実施するため，通常の撮影飛行に加え，特徴的な飛行（撮影前後 5 分間直進，8 の字飛行）が行われる．ここでのチェックポイントは，GPS および IMU データが安定して取得できるための撮影や飛行条件が行われているかということにある．表 6.3.5 に主なチェック項目を示す．

　② GPS/IMU 解析：　GPS 地上基準局データと航空機の GPS/IMU データをつき合わせてデータ解析し，航空写真ごとの外部標定要素データを算出する処理であり，これは内部検査に相当するものである．ここでは取得データの欠損と GPS/IMU 解析解の品質が重点的にチェックされ，設定判定基準と照査し，合否が判定される．

　③ GPS/IMU 調整：　ステレオモデルの縦視差を最小にするため，パスポイントとタイポイントの標定点を取得しバンドル調整を行う処理であり，このとき同時に地上検証点での精度検査を行う．これによって，GPS/IMU 撮影の精度が最終的に判定される．

　表 6.3.6 に GPS/IMU 解析と GPS/IMU 調整のチェックリストを示す．

4）GPS/IMU 撮影の利点と今後

　空中写真測量を行うには，対空標識設置や標定点測量，空中三角測量の工程によってステレオ写

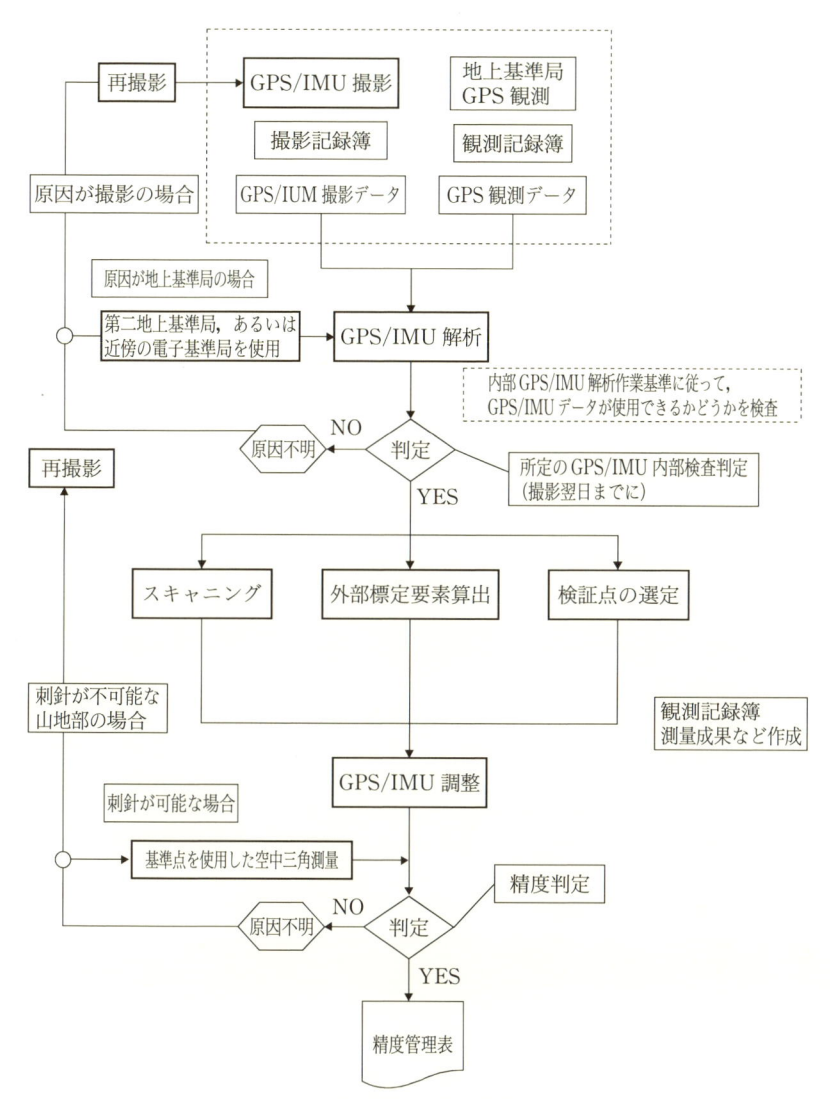

図 6.3.7 GPS/IMU 精度管理運用フロー

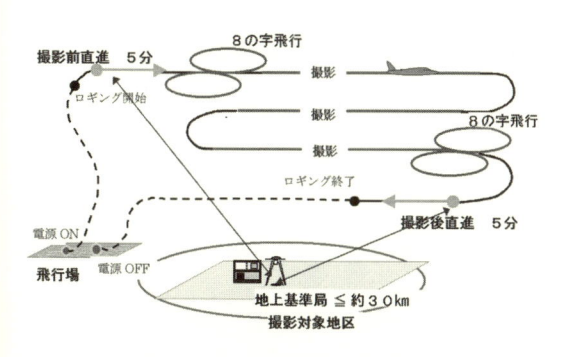

図 6.3.8 GPS/IMU の撮影形態

真同士の位置や姿勢の関係を解析的に求めなければならなかった．これに対して GPS/IMU を使った撮影では，写真1枚ごとに（撮影点ごとに）位置 (X, Y, Z), 姿勢 (ω, ψ, κ) が与えられる．よって，この GPS/IMU 観測値を従来の空中三角測量成果の代わりに用いると，その工程がショートカットされ，大幅な工期短縮が実現できる（図6.3.9）．また，電子基準点を利用した場合でも所定の精度範囲内であることが確認されたことで，撮影前，撮影時の現場作業が不要となり，さらなる工程短縮が実現できる．

今後は，航空機搭載デジタルカメラの導入で完全デジタルでの作業工程が構築できるため，空中写真の数値化工程不要やデジタルステレオ図化機

表 6.3.5 GPS/IMU 撮影のチェックリスト

チェックリスト	OK	確認方法	NG の対処法
撮影計画時，撮影前日			
1）PDOP が 3 以下になる時間帯となっているか	□	GPS 衛星飛来予測-資料 2	撮影日時を再検討する
2）衛星数 5 個以上が確保できているか	□	GPS 衛星飛来予測-資料 2	撮影日時を再検討する
3）アンビギュイティー方法（static initialization air start）が正しく選択できているか	□	机上確認	飛行場が 1）撮影地区の 30 km 以内か，2）撮影地区の 30 km 以上かを把握し決定する
撮影前チェック			
1）マルチパスの原因となる反射元（ビル）から機体を離して駐機しているか	□	目視確認	機体を反射元からさらに離して駐機する
5）POS 撮影飛行時における注意事項を遵守したか			再度，POS 撮影を実施する
・撮影前，8 の字飛行による IMU のイニシャライズを行ったか	□	撮影記録簿	
・撮影終了前，8 の字飛行による IMU のクロージングを行ったか	□	撮影記録簿	
・バンク角は 20°以内で飛行しているか	□	撮影記録簿	
・撮影地域から 20 分以上離れた場合，8 の字飛行を実施したか	□	撮影記録簿	航空管制上の理由や地形特性上の理由により 8 の字飛行が行えない場合は，S の字飛行を満足させることとする．
・同地域で撮影高度が異なる場合，各撮影高度での撮影前後に 8 の字飛行を実施したか	□	撮影記録簿	
・何らかの原因でシステムを再起動した場合，GPS のイニシャライズからやり直して実施したか	□	撮影記録簿	

による高度な自動化処理の実現により，現状以上の工期短縮が可能となる．このことは，近年必要性が叫ばれている空間情報データのリアルタイム更新を推進する原動力として，GPS/IMU 技術はますます重要となる． 〔内田 修〕

6.3.3 モービルマッピング

モービルマッピングシステム（mobile mapping system：MMS）とは，「車両に 3 次元位置と姿勢を検出する航法センサ，地物の相対位置，形状，画像を取得するデジタルカメラ，レーザスキャナなどのデータ取得センサを搭載し，走行しながら周辺データを収集することによって，デジタル処理により地理情報を効率的に取得するシステム」である．

第 2 章で解説された，GPS/IMU，デジタルカメラ，レーザスキャナを用いた「航空機からの測量」の地上版といえる．このモービルマッピングの計測原理を図 6.3.10 に示す．

一般に，対象地物の地理座標系における位置座標ベクトル p^m は，次式で計算される．

$$p^m = p_n^m + R_n^m(R_a^n r^a + r^n)$$

ここで，p_n^m：車両の位置座標ベクトル（地理座標系），R_n^m：航法座標系から地理座標系への回転行列，R_a^n：データ取得センサ座標系から航法座標系への回転行列，r^a：地物の相対位置ベクトル（データ取得センサ座標系），r^n：データ取得センサの相対位置ベクトル（航法座標系）．

MMS は，刻々と変化するデータ取得センサの位置と傾きを GPS/IMU で決定できるため，たとえば空中三角測量で必要となる外部標定が不要となり，基準点を用いないで対象地物の地理的位置

表 6.3.6 GPS/IMU 解析・調整の判定基準と NG 時処置

項目	処理	検査対象	判定内容	数値基準	NG 時の処置
GPS/IMU 解析内部検査	Extract	Processing Log File	POS 撮影データ（IMU，GPS）の抽出時検査を確認する	データの連続性検査，データギャップ検査でデータ欠損がないことを確認する IMU：1秒をこえるデータ欠損が発生していないこと GPS：10秒をこえるデータ欠損が発生していないこと	基準をこえるデータ欠損が発生している場合は，NG として再撮影を実施する 範囲内のデータ欠損が発生している場合においても，そのことを念頭に置き，後工程処理において判断を行うこととする
	POSGPS	Remote/Master L1 Satellite lock/ Elevation	地上基準局データ（Master）および POSGPS データ（Remote）の GPS データ受信品質を確認する	Master, Remote 共通 ①角度15°以上の衛星が少なくとも5個以上あること ②①を満たす衛星のうち，4個以上の衛星に同時にサイクルスリップが発生していないこと ③サイクルスリップの継続時間間隔が10秒以下であること，さらに，サイクルスリップの継続時間間隔が5秒以下であること	Master のみ NG の場合，近傍の電子基準点（1秒読み，または30秒読み）を使用する（30秒読みの場合は，1秒読みにリサンプリングを行って使用すること） Remote が NG の場合，再撮影を実施する
		PDOP Quality Factor	PDOP 数を確認するキネマティック解析の品質を確認する	PDOP が3未満であること 航空写真撮影中は，解析結果がフィックス解（品質：1）安定フロート解（品質：2）であること（ただし，コース変更など航空機旋回中においてのみ，フロート解（品質：3）であってもよいとする）	PDOP が3以上である場合，NG として再撮影を実施する 撮影中において，フィックス解，安定フロート解以外の場合は，NG として再撮影を実施する
		Combined Map	キネマティック解析時の推定位置精度を確認する	航空写真撮影中は，解析時の位置精度が「0.0～0.10：Q1，0.10～0.25：Q2」の範囲であること（ただし，コース変更など航空機旋回中においては位置精度が「0.25～0.76：Q3」であってもよいとする）	NG の場合は，POSGPS 処理を再度行う 条件変更後も，撮影中において，位置精度区分が Q1，Q2 以外となる場合は，NG として再撮影を実施する．特に，位置精度が未定（品質：Unk）である範囲がある場合は，必ず再撮影を実施する
		Combined Separation	キネマティック解析時の Forward/Reverse 較差を確認する	撮影ポイントでの較差が0.50 m 以下であること	NG の場合は，再撮影を実施する
	POSProc	Processing Log File	処理中に Measurement rejections が発生していないことを確認する	Measurement rejections の発生が10か所以内であること	Measurement rejections の発生が10数か所発生している場合は，NG として再撮影を実施する
		POSProc Smoothed Estimated Errors and RMS	位置情報（GPS）および角度情報（IMU）の精度がハードウェア仕様にほぼ等しいことを確認する	RMS Estimation Uncertainties の次の数値を満たすこと ① X, Y, Z Position RMS Error：0.05 m 以下 ② ω, φRMS Error：0.5 arcmin 以下 ③ κRMS Error：1.2 arcmin 以下	NG の場合は，再撮影を実施する
GPS/IMU 調整検証点[*1]精度管理	検証点	検証点誤差	検証点誤差が第150条の基準点誤差の制限範囲内である	誤差が水平位置および標高とも， 標準偏差が対地高度の0.04％以内 最大値が対地高度の0.080％以内 であること	NG の場合は，次のように対処する 刺針が可能な地区の場合，検証点を基準点として，さらに基準点が不足する場合は，刺針により基準点を追加し，通常の空中三角測量[*2]を実施する 刺針が不可能な山地の場合，再度，POS 撮影を実施する
	モデル，コース	モデル間，コース間較差	タイポイント[*3]の較差が第150条のタイポイント較差の制限範囲内であるあるいは，タイポイントの交会残差が第154条のタイポイントの交会残差の制限範囲内である	タイポイントの較差が水平位置および標高とも， 標準偏差が対地高度の0.04％以内 最大値が対地高度の0.08％以内 であることあるいは，タイポイントの交会残差が水平位置および標高とも， 標準偏差が0.015 mm 以内 最大値が0.030 mm 以内 であること	制限範囲をこえる場合，NG としてタイポイントの再測定を実施する
	相互標定	縦視差	残存縦視差が第146条の制限範囲内である	残存縦視差が0.02 mm 以内であること	制限範囲をこえる場合，NG としてタイポイントの再測定を実施する

[*1] 検証点は，コースあたり1点＋1点で配置することとする．
[*2] 基準点を使用した通常の空中三角測量の数値基準は，採用する調整計算法の基準点誤差の制限範囲内とする．
[*3] パスポイントも含む．

を計測できることを特徴としている．

データ取得センサがステレオカメラの場合，事前に精密に測量された基準点空間を撮影し，カメラの内部標定要素と車両-カメラ間の相互標定要素をあらかじめ計算しておく．いったん車両とカメラ間の相対関係が確定されれば，あとは車両の

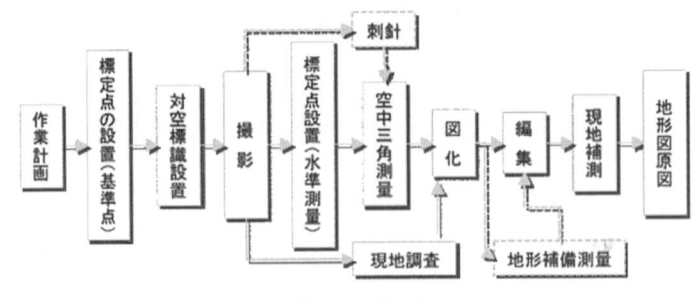

(a) 従来の作業工程

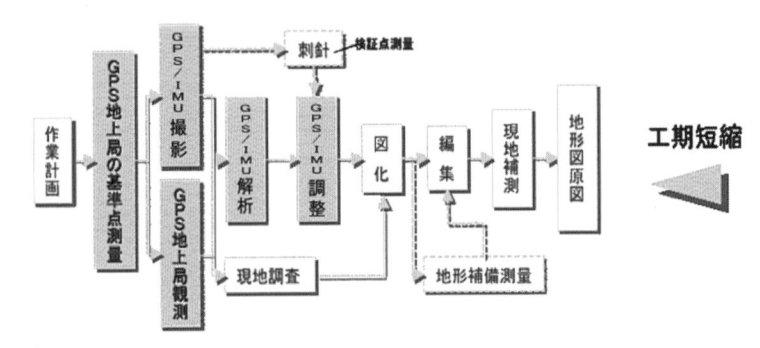

(b) GPS/IMU を用いた作業工程

図 6.3.9　GPS/IMU を使った地形図作成作業工程

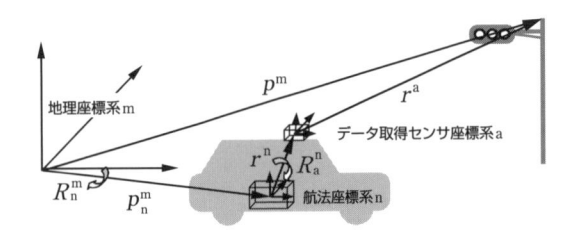

図 6.3.10　モービルマッピングの計測原理

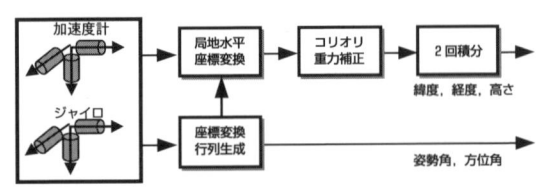

図 6.3.11　IMU 航法計算の流れ

位置と姿勢方位角を記録しながら道路周辺を連続的に撮影する．そして後処理で，航法情報と相互標定要素から撮影瞬間のカメラ光軸を計算し，対象地物の 3 次元位置を求めることができる．

1）航法センサ

航空機や船舶での GPS 利用と異なり，都市部を走行する車両では，建物，高架などで GPS 電波が遮断され連続的な測位ができなくなったり，構造物に反射したマルチパスの影響を受け測位精度が著しく劣化する．特に RTK 測位では，連続して 5 機以上の衛星からの搬送波を観測し続けることができないだけでなく，いずれかの衛星電波が建物や樹木で瞬時的にも遮られると，その衛星のアンビギュイティー（整数値バイアス）を求め直す必要のあるサイクルスリップが頻繁に発生する．このような技術的な問題から，都市部では cm レベル精度の RTK 測位を移動体に適用することが困難なため，m レベル精度の DGPS 方式が使われている．

また衛星測位だけでは，都市部や山間部において移動体の位置を安定して特定することには限界があり，IMU との併用が不可欠となっている．

近年主流となっているストラップダウン IMU の航法計算の流れを図 6.3.11 に示す．

車体基準軸に互いに直角に固定されたロール，ピッチ，ヨー方向の 3 軸ジャイロ出力より計算される座標変換行列で，3 軸加速度計の出力を東

西・南北・鉛直方向の局地水平座標系の成分に変換し，地球自転速度と移動速度によるコリオリの加速度を補正した後，重力加速度との和を2回積分して位置を求める．

このIMUは，50～100 Hzの連続的なデータを出力し，短時間ではきわめて高精度な相対位置と姿勢角を検出できるが，ジャイロのドリフトにより時間の経過とともに誤差が増大するという欠点がある．つまり，内部の水平基準が微小に傾いた場合，重力加速度が水平方向に積分され大きな位置誤差となって現れる．ジャイロの安定度は，ドリフトレート(時間経過に伴う変動量の標準偏差)として表される．

一方，GPS出力は数Hz程度であり，離散的なデータとなる．その精度は，IMUのように時間に依存することはないが，電波受信環境や衛星の配置や組み合わせによりバラツキが大きく，頻繁に測位不能となる．

GPSとIMUのそれぞれの欠点を相互に補うのが図6.3.12に示すGPS/IMU統合技術である．つまり，GPS電波が走行中に建物などの陰になって測位できなくなるか測位精度が著しく劣化する場合，IMUの長所である自立測位で補完し，IMUの欠点である誤差の増大をGPSが補正する．このように，どのような場所であっても連続的に高精度な測位が可能となる．

2) データ取得センサ

ステレオカメラは，基線の両端に固定された2台のカメラを装備する．車速エンコーダの出力パルスを計数し定距離間隔でトリガ信号を発生させ，それに同期してオーバーラップ画像を取得する機構をもつ．後処理にて，図6.3.13に示すような画面から対象地物をステレオ計測し経緯度に変換後，属性情報とともにデータベースに格納する．

レーザスキャナを利用すれば，道路と道路周辺地物の断面形状が把握でき，トンネル内や高架下の施設計測には特に有効である．また，ラインカメラを搭載することで高解像度な長大矩形画像を取得できる．図6.3.14に示すように，複数のレーザスキャナとラインカメラをそれぞれ進行方向に対して斜め前方，真横，斜め後方に向けて，それ

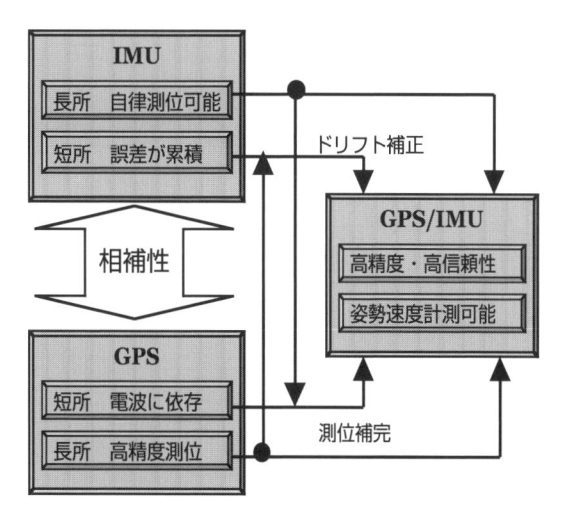

図 **6.3.12** GPS/IMU 統合技術

図 **6.3.13** ステレオ画像計測と入力

ぞれ鉛直方向にスキャンすることで，建物形状と周辺の連続画像を取得することができる．

3) モービルマッピングシステムの事例

1990年ごろからアメリカ合衆国，カナダを中心に研究開発が進められ，ここ数年さまざまなMMSが実用化されている．ここでは，国内で開発および実用化されたMMSのGeoMaster™について紹介する．計測車両の概観を図6.3.15に，データ取得センサの配置を図6.3.16に示す．航法センサとして，GPS/IMU/車速エンコーダを統合した複合慣性測量装置を用いている．また，データ取得センサとしてステレオカメラ，3台のレーザスキャナ，2台の3ラインカメラを搭載している．

この車両で取得されたデータを用いた都市空間

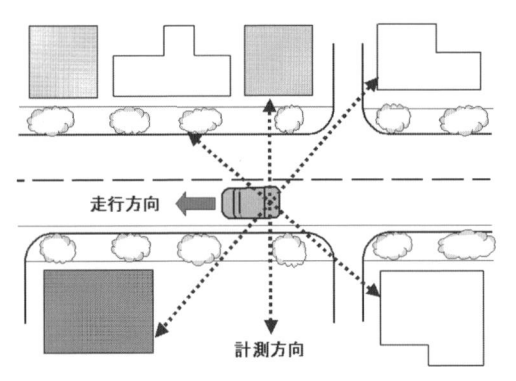

図 6.3.14　スキャナ方式によるデータ取得

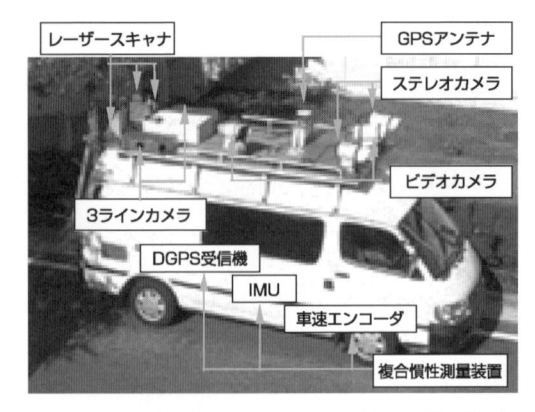

図 6.3.15　計測車両の外観（アジア航測（株）提供）

図 6.3.16　データ取得センサの配置（アジア航測（株）提供）

モデルの自動構築の流れを図 6.3.17 に示す．まず，地物までの距離データとラインカメラ画像を基準座標系につなぎ合わせる．次に，地物の形状を示す点群データから建物，地面，樹木などを認識，抽出して，建物を矩形ポリゴン，地面と樹木を三角ポリゴンとして表現する．最後に，これらの地物ポリゴンにテクスチャ画像を貼りつけ，3次元モデルを自動構築する．

このように，高品質な 3 次元都市空間データベースが広域で整備できれば，火災，洪水，汚染拡散などの都市型災害のシミュレーション，景観，日照，温熱環境の建物間影響評価などに応用できるほか，ドライビングシミュレータ，歩行者ナビゲーション，屋外拡張現実感システムなどに有用なデータを提供できると思われる．

4) データ取得事例

ミネソタ州では，マンホールや消火栓などのデータを取得し，施設管理や都市計画に利用されている．ウィスコンシン州のガス会社では，道路中心線を計測し航測地図を修正している．また，オハイオ州では，道路中心線とルート番号，交通標識，橋梁，ガードレールなどの道路施設をマイルポストの位置と関連づけて取得し，GIS データベースに登録している．これらのデータは，道路の拡幅や舗装の修復，新しい交通標識の設置などの場面で活用されている．

わが国においても，道路施設データベースや流通を支える共用情報基盤を形成することを目的とする道路 GIS 事業の検討が進んでおり，民間においても全国レベルの大縮尺地図を整備する事業が計画され，データ取得手法，コストについて検討されつつある．このような場面で，MMS の有効活用が期待されている．

5) 今後の課題と展望

① 大量のデータから有用な情報を抽出する自動化技術： MMS で取得された膨大なデータから迅速に対象物の 3 次元位置と属性情報を抽出す

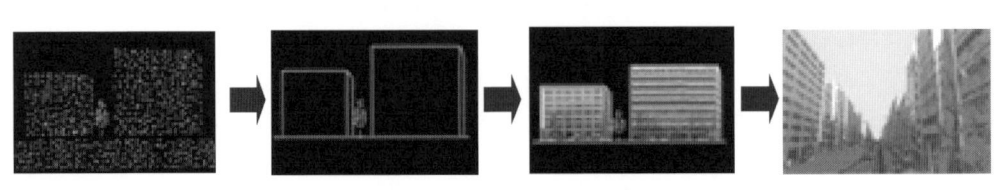

図 6.3.17　都市空間モデルの自動構築

る必要がある．このための地物認識技術と3次元自動計測技術の開発が不可欠である．今後MMS技術は，ネットワーク，コンピュータビジョン，バーチャルリアリティーなどの情報通信技術と融合し，相互に補強しながら新しい技術体系を創出していくと思われる．

②高性能かつ低価格な航法センサの開発：

近年のシリコンやマイクロマシニング技術の進展に伴い，超小型化，低コスト化が図られているMEMS慣性センサは，2年で1桁のめざましい性能向上を遂げている．MEMSジャイロの性能が1〜0.1 deg/hとなり，GPS受信機本体の価格より下がれば，コスト的な制約もなくなり，安価で高性能なMMSが普及することになる．

③RTK測位による高精度化：わが国において2009年からサービスを予定している準天頂衛星システムは，近代化されるGPS衛星，ガリレオ(Galileo)衛星に対応した次世代電子基準点からの補正情報を高仰角から配信する計画である．このような次世代衛星システムの環境下において，1日を通じて20機もの衛星が可視できるようになり，利用率，継続性，測位精度が大幅に改善される．また次世代衛星インフラに加え，衛星測位が難しい箇所には地上側補完インフラとして互換信号を送信する疑似衛星（スードライト）を設置することで測位の信頼性を確保できる．これらの技術を利用することで，近い将来，都市部においてもRTK測位を利用したデシメータ級の地物位置を取得できるモービルマッピング技術が実現しよう．〔下垣　豊〕

6.3.4　地すべり監視への利用

1） GPS利用による地すべり監視の特徴

地すべりは，山地や丘陵における傾斜地で，地塊（土塊）の一部が，粘土質の層からなるせん断面（一般的に「すべり面」と称される）の滑材の助けを借りて重力の作用により滑動する現象である．地すべり土塊が滑動するとさまざまな災害が発生するので，災害を未然に防ぐための対策や監視が必要となる．地すべりの活動を監視する上では，地すべり土塊の移動変位を観測することが有効で，近年，この観測のためにGPSが多く用いられるようになっている．

地すべり地におけるGPSによる移動変位観測は，地すべり土塊上の観測点と地すべり土塊外の不動点にGPSアンテナを設置し，不動点を基準とした相対位置座標の変化を測定していくものである（図6.3.18）．これは，GPSでなく光波測距儀による測量でも把握することができるが，1つの地すべり土塊の範囲が広大であったり，地すべりの巣と呼ばれるような斜面のどこもかしこも地すべり土塊になっているような地域では，不動点と観測点との見通しを確保できないことが多いため，困難となる．それに比べGPSは，上空の視通さえ良好な場所であれば，複数の地すべりブロック，地すべり土塊内の複数の地点での移動変位が観測できるので有利となる．

地すべりの地表面の移動変位を観測する手段としてはほかに，地盤伸縮計による観測がある．地盤伸縮計は，GPSに比べて分解能がよい（おおむね0.1〜1 mmの動きが計れる）が，明瞭な地すべりブロックの境界部（段差や亀裂が発生している箇所）をまたいで設置する必要があるため，境界が不明瞭な地すべり地や，段差の比高差や溝状地の幅が20 mをこえる箇所では，設置自体が困難となる．また，測定レンジが1 m以内なので，移動変位量の大きい地すべり地ではレンジオーバーとなったり，計器自体が損傷してしまうため，長期的な監視が不可能となることがある．

さらに，地盤伸縮計は一軸方向の1次元の計測であり，土塊側部境界に設置した場合のように地すべり移動方向と斜交して設置せざるをえない場合は，実際の土塊の移動量よりも小さな量しか計測できない．また，地すべり地内の小ブロックの境界に設置する場合は，あくまでもブロック間の相対的な動きを計測しているにすぎない．

これに対し，GPSは計測器の構造的な制約がないため，不動点を基準とした真の3次元的な移動変位の方向と量を長期的に計測することができ，大変位時にも追随して計ることができるというメリットがある．

なお，地すべりの動きを観測する上で，GPSは

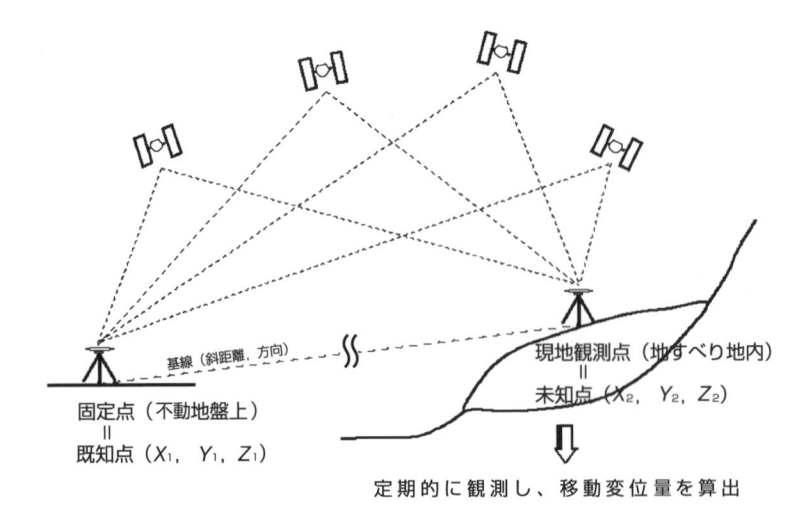

図 6.3.18　GPS による地すべりの移動変位観測の原理

必ずしも最良の観測計器とは限らない．たとえば，動きの小さい地すべりや，崩壊型のように比較的短期間に崩壊に至る地すべりでは，GPS は十分にその動きの変化をとらえきれない場合もある．その場合は，逆に微小変位がつかまえられる，地盤伸縮計などの計測器の方がよいこともある．また，GPS に限らないが，1種類の計器だけに頼って監視するのでなく，複数の計測器や手段を用いて総合的に監視することが基本である．

2) 地すべり活動状況や調査段階に応じた観測方法

移動変位といっても，地すべりは崩壊時を除いては緩慢かつ断続的に滑動するため，必ずしもリアルタイムで常時観測し続ける必要はない．したがって，地すべりの活動状況や調査段階に応じて，観測方法も使い分けることができる（表6.3.7）．

たとえば，調査開始直後で，動きの程度をまず知りたい場合は，同表①の一般的な GPS の測量のやり方（毎回，設置した杭の上に三脚でアンテナを固定する方法）で，1年に1回～数回，観測すればよい．

その結果，地すべりが活動していると判断される場合や，はじめから動きが活発であるとわかっている場合は，観測回数を増やして，時期による活動状況の違いや，降雨や融雪との関係を把握するため，同表② GPS センサ（アンテナと受信機）を常設して，連続的かつ自動的な観測ができるよ

うにする方がコストパフォーマンスが高くなる．

この使い分けは，GPS に限らず，他の地すべり用観測計器（地盤伸縮計など）を用いた場合でも同じである．自動観測をする場合は，センサを常設する必要があるので，高価で高機能な GPS 受信機を現場にもっていくよりも，このような常設用に特化した製品を用いるべきである．なお，そのような常設用の GPS センサは，地すべりだけでなく，火山での地殻変動観測にもよく用いられている．

ここまでの①，②の観測方法とも，測位法はスタティック測位で，1セッション 30 分～3 時間程度の観測とすることが多い．また，同じ地点の GPS 観測や解析結果（位置座標値）は，同じ日の計測で上空視界が良好であっても，時間帯，衛星配置，気象条件などにより，ある程度のバラツキが生じるため，1日に複数セッション観測を実施してチェックしたり，解析値を平均化処理するなどの必要がある．

これは，地すべりの動き自体が，年に数 cm～月に数 cm のレベルであるため，観測や解析成果のバラツキが大きいと本当に地すべりが動いたのかどうか判定しにくくなるので，より精度の高い計測が必要となるからである．

このように，地すべりの動き（移動速度）が比較的小さいうちは，スタティック法で観測頻度を

表6.3.7 段階別・観測点状況別での適した観測の方法[1]

方法	観測体制	天空率 ~30% (悪)	30~50%	50~100% (良)
手動計測	（1回/年）（初期～機構解析のみ）		GPSアンテナ／三脚	①毎回，三脚にアンテナ設置・スタティック法・1回～数回/年の頻度で実施・オフライン解析 6時間程度連続受信，複数セッションに分けて解析
半自動計測	通常時（1回/日） 粗		GPSセンサ⇒メモリーカード	②センサ常設・スタティック法・1～3か月ごとにデータ回収・オフライン解析 1時間観測/セッション×2セッション/回×1回/日
自動計測	観測頻度 異常時（1時間ごと）			・スタティック法・オンライン解析 GPSセンサ—パソコン 1時間観測（連続）
自動計測	（監視目的）緊急時（リアルタイム） 密			・RTK法など・オンライン解析 GPSセンサ—パソコン 数秒～数分ごと

上げてデータ数を増やせば連続的な動きを把握でき，その変位速度や速度変化状況から崩壊が間近なのか，まだ余裕があるのか判断できるので，その間にハード対策や避難体制を十分に考えることができる．

しかし，地すべりの動きがさらに活発になり，ハード対策が間に合わない場合は，実際に，避難や道路通行止めなどの措置が必要となってくる．その段階では，一般的な地すべり観測計器では追随できず，さらに，一定時間の観測が必要で，さらに解析にも時間がかかるようなスタティック法では，監視方法が適切でなくなる可能性がある．避難や通行止めの直前までの監視を目的とする場合（緊急時）は，多少精度が粗くなってもリアルタイムに動きが把握できるRTK法に切り替えることも視野に入れる必要がある．

3） GPSによる地すべり自動監視システム構築

GPSによる地すべり自動観測を可能にするには，電子基準点のミニチュア版を地すべり地に多点で設ければよい．

現地に常設する観測点の構造は，図6.3.19に示すように，GPSアンテナと受信機をレドームに格納したセンサを支柱に固定し，風荷重を考慮した上で基礎を設け，建て込むものになる．観測したい地点はしばしば商用電源が付近にないことが多いため，ソーラーパネルと蓄電池により稼働させる．

このような状態で，たとえば数セッション/日～1時間ごとに自動的に観測するように設定しておけば，自動的なGPSデータの受信が可能となる．そのデータを定期的に回収し，解析処理をすれば，経時的な地すべりの移動変位が得られる．ただし，データ回収を定期的に行うやり方は，一般的に半自動観測と呼ばれ，連続データは得られるものの，リアルタイム性に欠ける．

より地すべりの活動が活発な場合は，やはり，

遠隔から常に監視できるようにする必要があり，その場合は，GPS受信データを定期的に遠隔の集約局や監視局に伝送するオンラインシステムを構築する必要がある．

遠隔データ伝送の方法には，無線や携帯電話を用いるやり方や，有線電話回線を用いるやり方があり，現地の状況によって異なってくる．いずれにしても，センサを設置した観測点にデータ伝送できる装置（モデムなど）をさらに付け加えることになる．

遠隔の監視局で集約されたGPS受信データは，やはり，自動で定期的に解析を行い，位置座標を算出して，さらに，地すべり想定滑動方向や測線方向，標高方向などの成分に分解して算出するようにする．そのデータを用いて，常に最新の経時変化グラフや移動ベクトル図が閲覧できるようなシステムにしておく必要がある．また，監視局（事務所など）から離れた場所でもインターネットや携帯電話用ホームページを介して確認できるようにする．地すべりの管理基準値（要注意や警戒などの段階に応じた移動変位速度の基準レベル）をこえた場合は，LANや電子メールを通じて警報が自動発信できるようにしておくと，管理がしやすくなる（図6.3.20）．

4) 観測例

自動観測によって連続的なデータが得られると，移動方向や移動量，移動速度がわかるだけで

図6.3.19 現地のGPS自動観測設置例[2]

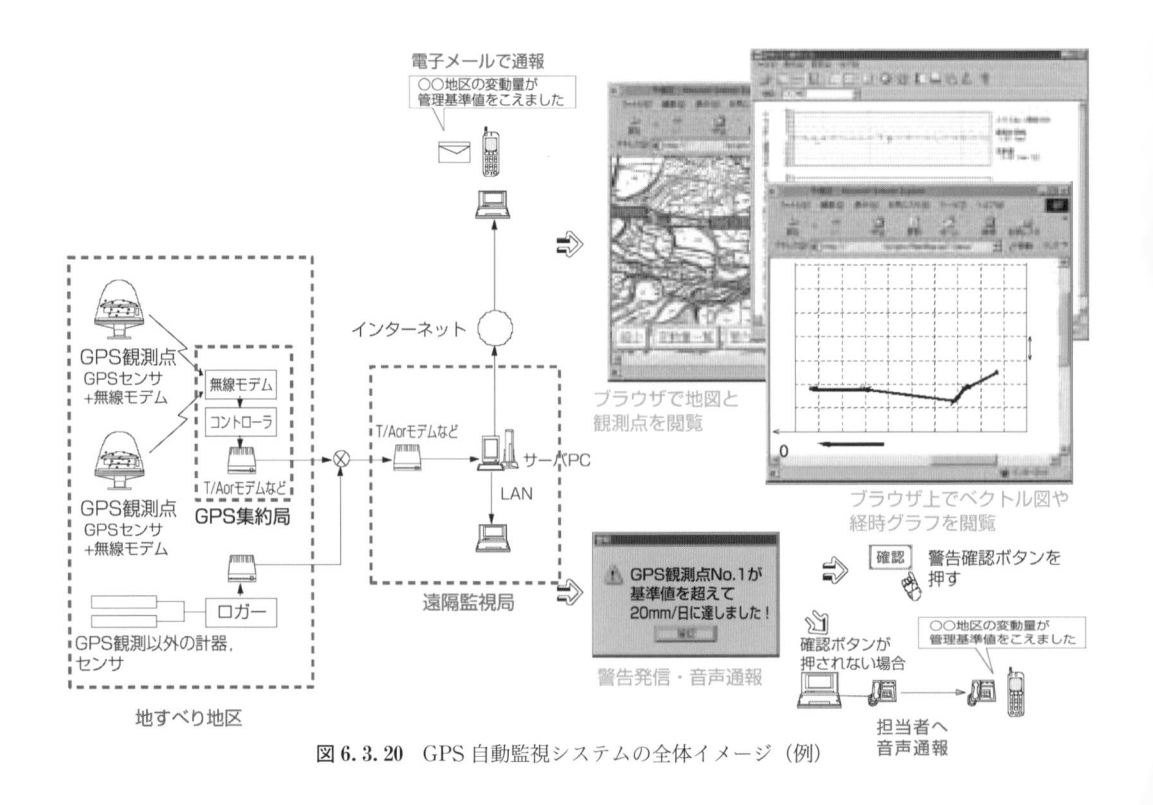

図6.3.20 GPS自動監視システムの全体イメージ（例）

なく，特異な地すべり機構がみえてくることがある．図6.3.21(a)は観測結果の経時変化グラフである．これを移動ベクトル図に表す（同図(b)）と単純に斜面の下方に移動変位しているわけでなく，期間によっては斜面上方への変位が現れることもある．この現象は，単純に下方に滑動する時期，隣接する地すべりブロックに押される時期，押されたために回転運動する時期といったように，時期によって動くパターンが異なる機構を示している可能性がある．〔落合達也〕

6.3.5 深浅測量システムへの利用

湖沼，河川，港湾などの深浅測量において，音響測深機，GPSを組み合わせることにより，3次元でその水底面形状などを計測することができる．

従来の深浅測量では，あらかじめ計測対象エリアの中に測線を設定し，その測線に沿って音響測深機を搭載した小型船を移動させながら水深を計測していく方式であったが，この場合，①断面形状しか測れない，②測線の設定に時間がかかる，③水平方向の座標精度が低いなどの問題があった．

これに対し，最新の深浅測量システムにおいては，ワイドスワス方式の音響測深機に，高精度GPSを組み合わせたものが登場し，上記3点の課題を克服するとともに，広範囲を短時間で，しかも高精度，高密度に計測することが可能になり，高度化された3次元のCADあるいはGIS関連のソフトウェアの普及と相まって，精度の高い3次元水底形状を計測，表示できるようになった．

これにより，港湾・河川土木，浚渫，ダム湖の堆砂量計測などの分野で，幅広く深浅測量システムが活躍することとなった．この最新式の深浅測量システムの概要について，以下に述べる．

1） システム構成

① ワイドスワス式音響測深機（1式）： 音響測深ソナーヘッド，測深機固定架台，測深データ解析装置から構成される．

② 2周波GPS受信機（3式）： 船上測位用GPS受信機2式(GPS受信機本体×2，GPSアンテナ×2)，船上GPSアンテナ固定架台，船上位置・方位解析装置および基準点用GPS受信機/アンテナから構成される．

③ 電源装置（バッテリー）（1式）．

④ 3次元解析システム（1式）．

2） システムの機能・性能

① 音響測深機： 照射角1〜2°のナローソナービームを約60本同時に照射することができる．このことにより，ソナーヘッドを中心に90〜120°の範囲を同時に測深することが可能となる．従来の，ソナー直下1点しか測深できないタイプに比べ，単純に60倍の能力を有する．また，ソナーヘッドの据え付け角度を可変設定できるものもあ

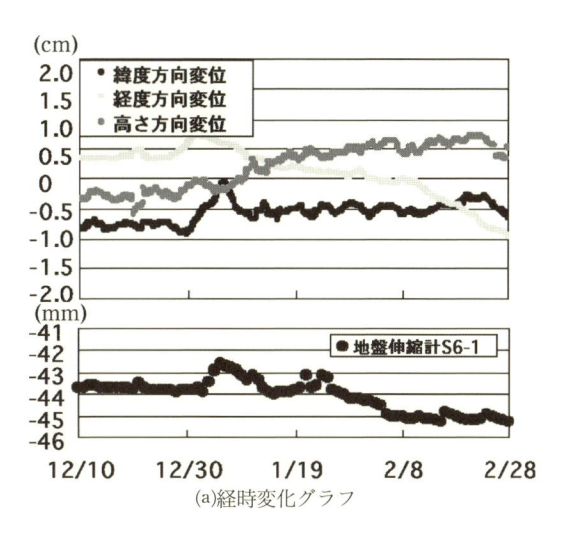

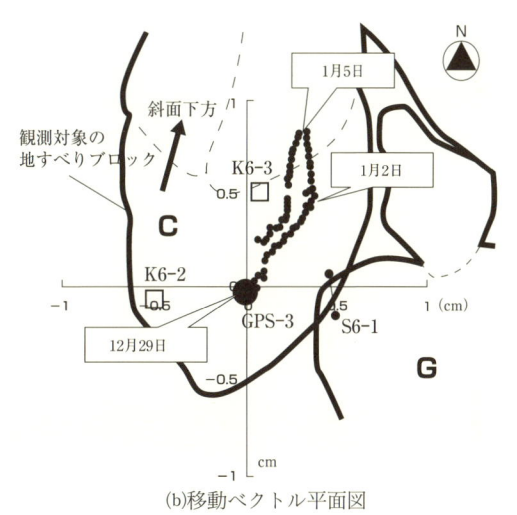

図6.3.21 GPSによる地すべり連続観測結果の例[3]

り，この場合，水際付近においてソナーヘッドを水際側へ傾けて照射することで，従来計測できなかった水際の水中急斜面の計測が可能となる．ソナーヘッドには，船の動揺により発生するヘッドの変位を計測するセンサが内蔵されており，変位によるソナービームの歪みを検出し，計測補正を行うことができる．音響測深機の測深能力は，200m程度であるが，使用する周波数，出力などにより異なる．ソナービームの送射は5Hz程度で，想定される深度を考慮した船速の調整により，高密度の計測結果を得ることができる．音響測深機単体での測深精度は，機種，深度，水中温度分布の把握の度合い，ソナービーム照射角などの要素で異なるが，おおむね数十cmの範囲で測深可能となっている．音響測深機には，1回に1点ずつ測る単素子方式と，一度に広い範囲を測るマルチスキャン方式がある．図6.3.22に測深機の単素子方式とマルチスキャン方式を示す．

② 2周波GPS受信機： 測深計測値に水平座標を与えるためにGPS受信機が必要となる．また船上の2台のGPS受信機によって同時計測することにより，作業船の方位およびソナービームの方位が求められる．要求される計測内容により，GPS方式に求められる精度も変化するが，ワイドスワス式の音響測深機の性能を引き出すには，数cmの精度をもつGPS方式が望ましく，この場合，RTK測位あるいはキネマティック測位の

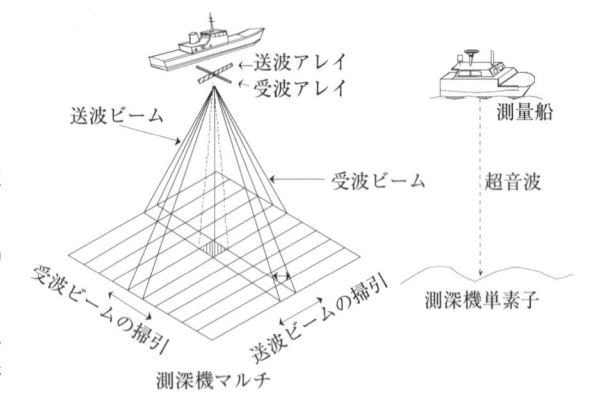

図6.3.22 測深機のマルチスキャン方式と単素子方式

GPS方式を用いる．RTK測位とキネマティック測位の違いは，測量作業中に実時間（リアルタイム）で水平位置を求めるか，測量作業終了後に解析ソフトウェアを用いて測量作業中の水平位置を求めるかであるが，いずれの場合にも，陸上に基準局と船上に移動局用GPS受信機を要し，数cmの誤差で水平位置を求めることができる．RTK測位の場合には，これ以外に，船上のGPS受信機と陸上基準局GPS受信機とを結ぶ通信手段が必要となる．通常，無線機，携帯電話などを使用するが，無線の場合は，伝播距離が短く，また携帯電話では，山間部や海上では通信圏外となる場合があるため，計測途中で陸上基準局と船上の通信が途切れ，作業が中断するおそれがある．無線の場合，陸上基準局を無線伝播範囲まで移動させる

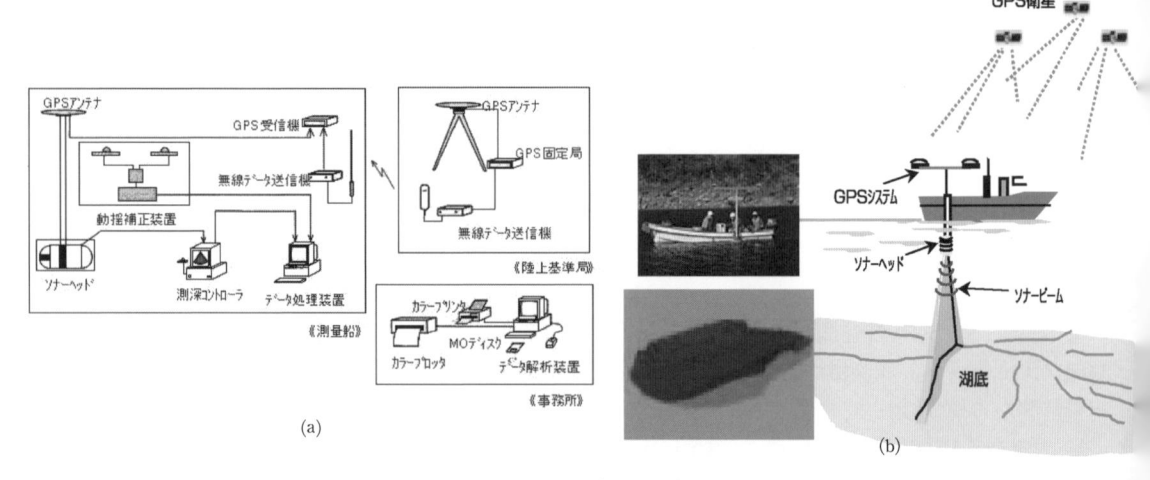

図6.3.23 GPS方式による自動深浅測量システム図

図 6.3.24　測量船内部

(a)テトラポット

図 6.3.25　GPS アンテナと方位計

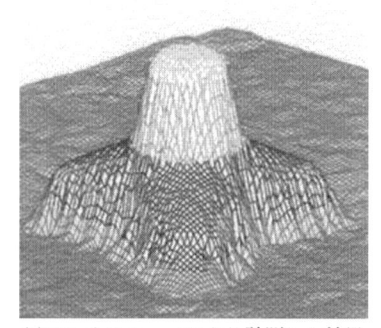

(b)マルチスキャンにより計測した結果

図 6.3.27　テトラポットのマルチスキャン計測

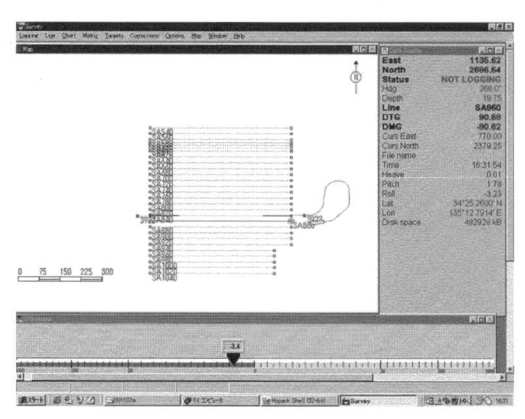

図 6.3.26　測量中のパソコン誘導画面

ことで計測可能となるが，再度基準点測量を行う必要があるほか，陸上基準点での作業者を必要とするなど，作業性に問題がある場合がある．また携帯電話が圏外の場合は対処できなくなる．一方キネマティック測位の場合には，陸上基地局と船上との通信を必要としないため，上記の問題はない．ただ，実時間で精度の高い位置データが得られないため，測量作業済みのエリアや船の航跡などの表示を行う場合には，単独測位レベルの精度（±10m 程度）となる．ただし，ワイドスワス方式の特長は，点ではなく面で測深できるところにあり，厳密な測線を必要としないため，作業性に問題はないと思われる．計測対象の地理的条件を事前に十分検討して，適切な GPS 方式を選定することが望ましい．

③データ処理： 音響測深機計測データ，GPS データおよびソナーヘッドの変位データを GPS 時刻により同期をとり，3次元データを生成する．

図 6.3.23 に GPS 方式による自動深浅測量システムを示す．また，図 6.3.24 に測量船の内部，図 6.3.25 に GPS アンテナと方位計，図 6.3.26 に測量中のパソコン画面，図 6.3.27 に通常の測深器では形状把握が難しいテトラポットをマルチスキャン方式で測量した結果を示す．〔山岡敦郎〕

6.3.6　陸上建設工事への利用

建設工事における GPS の利用技術について紹

介する．最近の建設工事はコストダウンが大きな目標となっている．そのためには，コンピュータとGPSを利用した情報化施工は，測量精度の向上のみにとどまらず，天候に左右されないための建設機械の稼働率の向上，自動運転などの省力化に必要不可欠のものとなりつつある．

1) 土地造成測量

空港，人工島などの大規模工事においては，調査，計画から施工に至るまで，精度が高く効率のよい測量技術が，工期の短縮化，省人化や建設コストの縮減化に必要である．しかし，従来の土工管理では，出来形管理，土量変化の管理，運土計画などの管理に多大な労力と費用を必要としている．これらの課題を改善する方法として，測量点をリアルタイムで計測できるRTK測位を利用した例について紹介する．構成は，GPS機器のほか，無線機，携帯用パソコン装置からなり，RTK測位で得られる作業員の現在位置や工事計画平面図などの必要情報を携帯用パソコンに図示することで，測定点への誘導や測定データの確認などができ，記録までの一連の処理を自動的に行う．測量データは，CADシステムを用いて，各種図表や地形変化，土量変化などの計算が迅速にできる．図6.3.28にシステムの運用画面を示す．測定者が現在位置を画面上で確認し，必要な測点観測を容易に，高精度に行うことができる．また，空港建設などの広いエリアでは，図6.3.29に示すように，車に搭載して行う場合もある．本システムを利用することにより，盛土の出来形などを連続的に自動記録することができる．このように出来形管理，運土計画などを連続して行うことができるため，省力化とコストダウンを図ることができる．

2) 建設機械自動運転支援システム

建設分野でのGPSの利用は，簡便なRTK測位による高精度測位が一般的である．設計図をもとにした測量作業や，造成地などの工事における盛土や切土などの土工量管理などにGPSが多く利用されている．これらの作業を従来の測量手法で行う場合，最低2名の作業者が現場で視通を確認しながら測量を行わなければならないので，多くの時間と手間がかかっていたが，RTK測位により人件費と作業時間の大幅な短縮に貢献している．

近年，土木事業において，IT(information technology：情報技術)を利用した施工技術（IT施工）の研究が進められている．これは，土木工事において，ITを導入して，工事期間の短縮やコストの削減，施工品質と安全性を向上させようとするものである．IT施工のキーテクノロジーは主に3次元CADによる設計・施工図面などの情報管理技術であるが，GPS受信機やトータルステーション，カメラ，レーザプロファイラなどのセンサ機器，および情報を管理システムにフィードバックするための通信技術も，施工時における重要な技術である．

IT施工の重要な目的の一つである「施工品質の向上」の例では，これらの技術を高度に組み合わせることにより実現したものとして，道路工事，埋め立て工事，ダム工事などで実施される撒き出しや転圧作業などでのGPSの利用による建設機械施工管理システムがあげられる．これらの工事

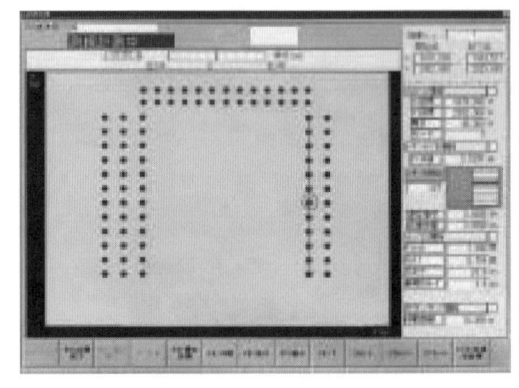

図 6.3.28　GPSとパソコンの誘導画面

図 6.3.29　GPSを車に搭載した測量車

では，土砂または粘土をダンプトラックにて現場に運搬，撒き出しを行い，ブルドーザーを使って敷き均し，転圧機械で規定の回数の踏み固めを行うことによって盛土材料の地盤強度を高めたり，路面整正や整地を行う．

運搬，撒き出しされた盛土材料をブルドーザーを使って均す作業を，工事現場では「敷き均し」と呼ぶ．この敷き均しを管理するために，ブルドーザーなどの撒き出し機械にGPS受信機を搭載し，重機の操作員（オペレータ）が重機の現在位置と造成地盤の計画高さ，現在の高さをリアルタイムに表示して，オペレータに対して「どこに」，「どれだけの量」を撒き出しするかの情報を与えることで重機の運転を支援する．

撒き出しが終わり均一な厚みに均した地面を振動ローラにより締め固める作業を，工事現場では転圧と呼ぶ．転圧作業に際しては転圧領域に対して作業規定で厳密に転圧回数が定められており，規定回数分の転圧作業を行わなかった場合には，不等圧による地盤の強度過不足が発生することがあり，施工品質に大きく影響が出る．振動ローラなどの転圧機械にGPS受信機を搭載し，現在位置と転圧領域，転圧状況（転圧回数）をリアルタイムに表示して，オペレータに対して「どのコースを」，「何回転圧する（または転圧した）」などの情報を与えることで重機の運転を支援する．

これら重機の走行をコンピュータに記録させることにより，走行結果がそのまま施工管理情報として活用できるため，合理的でかつ品質のよい施工が実現することになる．

前述の敷き均しや転圧の施工管理例は，建設機械をオペレータが操作し施工品質を上げるための情報化施工技術であるが，建設機械を遠隔操作により無人運転を行う遠隔操作施工技術がいくつか行われている．代表的な例として，雲仙普賢岳における災害復旧工事があげられる．

遠隔操作による無人施工とは，災害現場（地震，火山）などの危険区域にて施工する場合，オペレータや作業員が立ち入ることのできない現場において，建設機械を無線によって操縦し，施工を行う技術のことをいう．求められる技術要素としては「建設機械の無線制御」，「多角的な映像取得」，そして建設機械の位置や挙動を即座にかつ正確に取得するための「高精度位置把握」である．

高精度位置把握では自動的に座標が出力できるGPS受信機が，激しい振動を生じる建設機械上に容易に搭載できるため，無人化施工では一般に広く利用されている．

図6.3.30, 6.3.31は，雲仙普賢岳における無人化施工の例である．使用する大型建設機械（バックホウ，ダンプトラック，ブルドーザー：図6.3.30）は無線制御（radio control：RC）仕様となっており，操縦に必要な方向の画像は，車両にいくつか設置されたテレビカメラにて取得される．複数台存在する建設機械相互の位置関係や，刻々と変化する作業位置情報をリアルタイムでかつ正確に把握することが求められるため，管理する車両にはGPS受信機が装備されている．前述の無線制御のためのデータ（操縦，建設車両の状態），画像情報とともに正確な時刻と位置の情報を無線通信により遠隔操作室と交信し，オペレータが操作するための情報の収集と制御指示を行うなど，高度な情報化施工を行っている（図6.3.31）．

建設機械の自動運転支援のためのGPS利用は，これら無人化施工にて培われたIT技術のほか，GPSを利用できない場所（トンネルや谷間などの電波遮蔽域）における位置把握のためのGPS補完技術，GIS（geographical information system：地理情報システム）との連携により，実用の範囲を拡大しつつある．

3） 土取場（採石場）での利用

採石とは，岩石の採取を行う事業のことである．岩石の採取を行うとともに，岩石の破砕および破砕した岩石の洗浄を行って一定の規格に合わせて製品化する．電気やガスなどのエネルギーと同様に，道路，鉄道，建物基礎，大規模構造物など，人々の暮らしを支える社会基盤にはコンクリート建造物が多く，骨材が欠かせない．そのため，骨材の安定した品質，供給が強く望まれている．

採石は，原材料の貯蔵場所である原石採取場を採掘して岩石を採取する．これらの業務を始めるには，採石法に基づいて採石業者としての登録が

(a) GPS搭載ダンプトラック

(b) GPS搭載ブルドーザー

図 6.3.30　GPS搭載の大型建設機械
((株)熊谷組・北原成郎氏提供)

(a) オペレーション風景

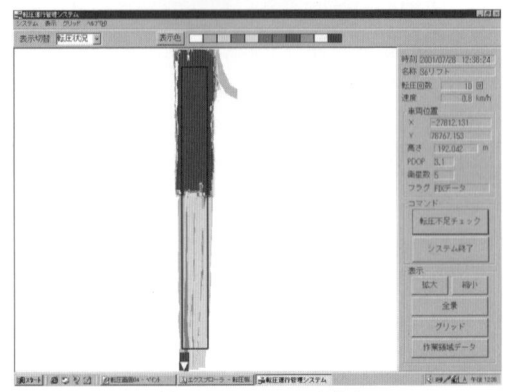

(b) オペレーション画面

図 6.3.31　雲仙普賢岳における情報化施工
((株)熊谷組・北原成郎氏提供)

必要である．さらに，採取場ごとに都道府県の知事による採取計画の認可が必要となり，許認可申請図面の作成作業など地形の情報を取り扱う業務が多い．原石採取場の現況地形は，採石作業を行う上で常に把握するべき情報であり，GPSやトータルステーションを利用して地形測量を行っている（図 6.3.32）．

原石採取場は車両通行帯と採掘現場が階段状に配置されており，危険性の高い法肩や法尻にて計測することがあり，GPSを利用した簡易な測量が用いられている．立ち入ることに安全上の問題がある場所においては，デジタルカメラを利用した写真測量システムの利用が検討されている．

大規模な露天掘り現場では，ダンプトラックの走行監視や採掘機械のロボット化に向けてGPS受信機を車両に取りつけて運転支援を行う場合がある．鉱石の露天掘り現場などは周囲を高い壁に囲まれているため，低仰角の衛星を受信すること

ができない．そのため，測位に不足する衛星をカバーするためにスードライト（pseudolite：疑似衛星）を周囲の壁に設置して利用衛星の数を補完する．これにより上空の見晴らしの悪い露天掘り現場においても良好な衛星配置を確保できるので，精度のよい測位が可能となる．

採石が進むことによって，原石山が採掘により岩盤の崩落や，大雨などにより山体そのものが崩れるといった災害が発生する可能性が大きい．日本の場合は採掘現場の近辺に住宅地がある場合が多く，山体の変位監視のためにGPSを利用した連続観測を行い，地域住民への安全に配慮している例がある（図 6.3.33）．

4）トンネル用基準点測量

トンネル工事における基準点測量は，従来の測量方法では見通しが必要なため，山，谷を横断し多くの時間と労力を要していた作業であったが，図 6.3.34 のようにGPS（スタティック測量）の出

図6.3.32 現況や地形観測風景（(株)かんこう提供）

現によって山越えの基線測量が簡単に行えるようになり，飛躍的に作業性が向上した．しかしながら，GPS測量は次の点に注意する必要がある．

① 山間部のため衛星観測条件が悪い： トンネル坑入口，出口付近は山間部のため，GPS衛星の観測条件が悪い．こうした周辺条件の悪さに対処するには，事前に測点周辺の障害物の状況を詳しく調べること，衛星観測計画を丹念に調べ，最も条件のよい時間帯を把握しておくこと，そしてできるだけ長時間観測することが肝要である．

② 標高の精度： GPS測量により得られる高さは，従来の標高と基準が異なる上，精度そのものも不足している．またGPS測量での高さ基準面とジオイド面との傾斜は国内では最大で数cm/kmもあるといわれている．そのため，トンネル延長が長くなる場合はこの傾斜の影響を大きく受けることになる．

5) 構造物の測量

大型の組み立てられたコンクリートまたは鋼材の構造物の設置は，高精度のGPSの使用で精密かつ安全に行うことができる．橋の一部のような大型構造物は精密に，構造物の設計どおりに確実な場所に設置する必要がある．従来の測量機器では，基準の装置との視通が必要であるなどの課題

図6.3.33 GPSと地形管理システムによる3D表示例
（新キャタピラー三菱(株)・坂井忠浩氏提供）

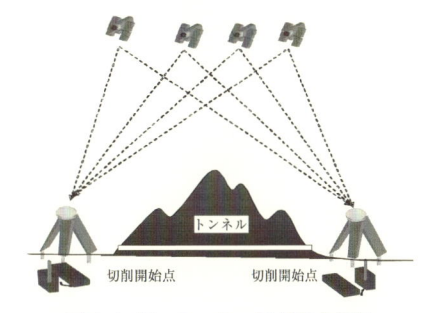

図6.3.34 トンネル用基準点測量

があった．

① 建築工事への利用： GPS測量は衛星電波

の受信の関係から，これまで障害物の少ない大規模な建設工事の測量には利用できても，ビルの谷間の建築工事には使用しにくいとされてきた．またRTK測位の精度は20 mm程度であることから，いわゆる墨出し作業には使えないと考えられてきたが，比較的衛星電波の受信環境のよい郊外の建築工事を対象として20 mm程度の精度で十分適用可能な「建物外周」，「基礎」，「山留」などの位置出しに利用している例が報告されている．

②吊り橋のたわみ計測： 吊り橋は，荷重，ケーブル温度，外気温，風速などで振動したり沈下したりする．そのため主塔や補剛桁の3次元変位を連続計測する動体計測装置に，図6.3.35に示すようにRTK測位が用いられている．RTK測位により容易に3次元計測が可能となったが，鉄塔やワイヤが電波障害になり設置場所が限定されるため，他の計測機器との併用が行われている．

〔重松文治〕

図6.3.35 吊り橋のたわみをGPSで観測(新キャタピラー三菱(株)・坂井忠浩氏提供)

6) 車両運行管理システム

GPSを利用したカーナビゲーションの情報を指令局や管理事務所へ無線で伝送することにより，車両の安全，能率，不法行為の監視などを行う．車を使ったビジネスでは，運行指令のわずかなタイミングの差が業務効率を大きく変える．そこで，GPS通信を利用し全車両状況をリアルタイムでモニタ表示する．指令局は必要な車両情報を瞬時に把握でき，より迅速で正確な運行管理を実行できる(図6.3.36)．運行管理システムの用途を示す．

① コンクリートミキサー車，除雪車，清掃車などの作業状態の把握．
② 不法投棄の防止．
③ 製造・販売，各種営業，配達指示．
④ 旅客運輸，運送・流通業．
⑤ 到着時間管理，配車の効率化など．

〔神崎政之〕

7) クレーン衝突防止

建設工事において，輻輳する建設機械の安全管理は，最も重要である．クレーンが輻輳する工事現場では，クレーンにGPSアンテナを取りつけ，互いに管理することにより，衝突防止ができる．

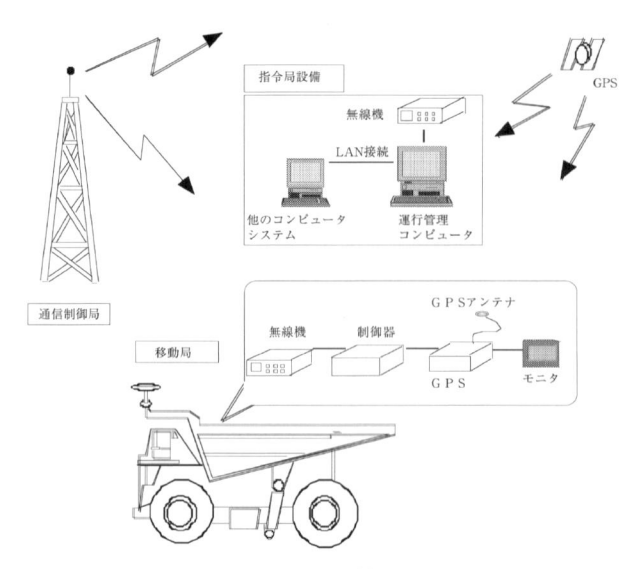

図6.3.36 車両運行管理システム

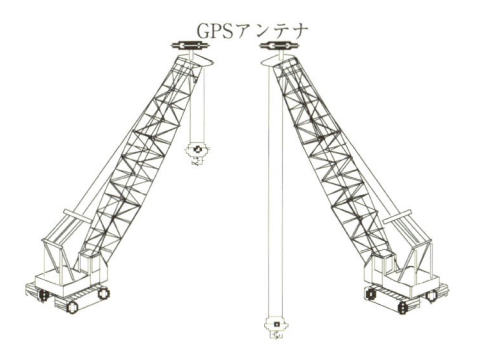

図 6.3.37 クレーン衝突防止

図 6.3.38 ブルドーザーの自動地均し管理

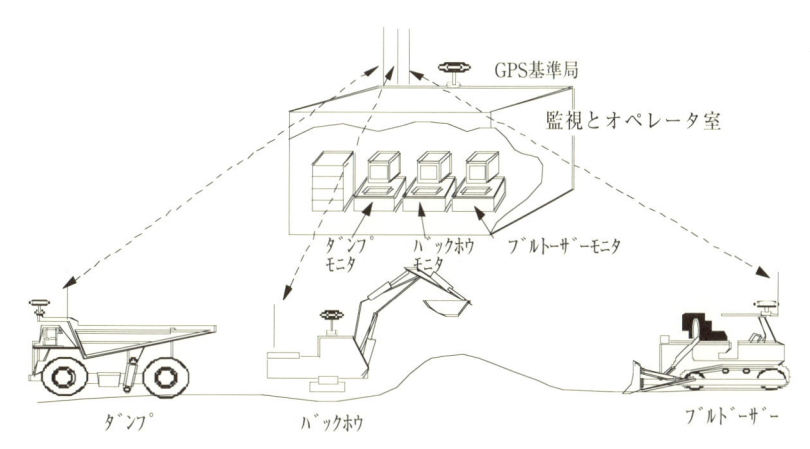

図 6.3.39 無人化施工の概念図

例を図 6.3.37 に示す．

8) ブルドーザーのブレードの高さ管理

建設工事においては，施工品質を確保しながらコストをいかに低減するかが重要なポイントである．そのためには建設機械の自動化は欠かせない．図 6.3.38 にブルドーザーの自動地均しの様子を示す．ブルドーザーに RTK 測位アンテナを取りつけて地均しの高さ管理とブルドーザーの位置管理を行う．運転手は現場の設計に関した地面の切土，盛土の位置を視覚的にみることができる．この結果，設計から地取りに至るまで完全なデジタルリンクを可能にし，効率よい施工が行える．

9) 自然災害における無人化施工技術

噴火活動は，地域に甚大な被害をもたらす．活動期間中の火山性噴出物が，強降雨時には土石流となって被害をもたらすことが予測され，これらの被害から地域を守るため，砂防ダムの建設などが行われる．安全上から施工エリア内が立ち入り禁止となるため，従来のオペレータによる作業が不可能である．このため，ブルドーザーやダンプに搭載したGPSやカメラから得られる位置情報や映像情報により，土砂除去作業の掘削，押土，積み込み，運搬のすべてを無人で遠隔施工したシステムが運用される．図 6.3.39 に代表的な無人化施工の概念図を示す．本システムは，建設機械の運転席からの映像を撮影するステレオカメラとGPSから構成される．ステレオカメラにより操作者は臨場感ある立体映像としてみることができ，無人化施工を行うことが可能となった．

〔重松文治〕

10) 盛土締固め管理システム

これまで盛土の締固め管理は，あらかじめ定められた点数の締固めや空気間隙率などで締固め度を測定する品質規定方式，あるいは締固め機械の稼働時間と走行距離データから締固め面積を計算する工法規定方式で行われてきたが，それぞれ，

によって，締固め機械，締固め回数，締固め層厚などの施工履歴を直接管理できるようになった．

① システム構成： システムは，GPS相対測位システムとデータの演算・表示・記録を行う運転室内のコンピュータ，および管理帳票を出力するためのパソコンで構成される．運転中の締固め機械の位置計測を，常時リアルタイムで精度よく計測するために，本システムではRTK測位を採用している．基本的な機器の配置は，現場内の既知の位置（固定局）にGPS受信機およびGPSデータの送信機を置き，締固め機械（移動局）にもGPS受信機と固定点から送られるGPSデータの受信機ならびにコンピュータを設置する．また，各種管理帳票の作成・出力を行うためのデータ管理用のパソコンを現場事務所に置く．なお，締固め機械を複数稼動させる場合でも，締固め機械に搭載する機器の増設だけで済む（図6.3.40, 6.3.41）．

② データ処理： GPSによって締固め機械の3次元位置を計測し，運転室内に設置したコンピュータ（ノートパソコンやパネルコンピュータなど：図6.3.42）にデータを送信する．コンピュータでは，あらかじめ所定の大きさのブロックに分割した締固めヤードデータに，測位データをもとに作成された機械の走行軌跡データを当てはめ，各ブロックにおける締固め機械の通過回数をカウントする．通過回数に応じてリアルタイムで画面上のブロックに色をつけ（図6.3.43），締固め管理ヤード全面にわたってこの処理を行うことによって，締固め回数の過不足を，オペレータがその場で把握することができる．また，締固め機械の位置データは，平面位置と高さの3次元データであるため，走行範囲である盛土ヤード全体の3次元地形データが同時に得られることになる．このデータを用いることによって，同一平面位置における前層の高さデータとの差をとり，締固め層厚も算出することができる．その他のデータ表示例として，図6.3.44に走行軌跡図と層圧分布図を示す．

③ システムの特徴
・施工ヤード全面にわたり，面的な締固め管理が

図6.3.40 計測機器を設置した締固め機械

図6.3.41 システム構成

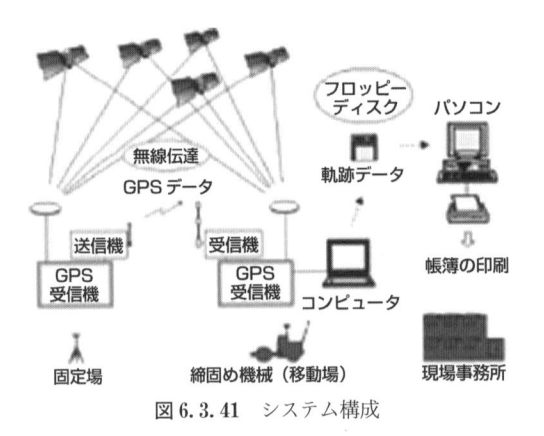

図6.3.42 運転室内のノートパソコン

多大な労力と時間を費やす作業であることや，盛土地盤全面を均一に施工したことを確認することが困難であるなどの問題が指摘されていた．そこで，モデル施工（現場転圧試験）によって決定した施工法が，施工範囲全面に対し履行されているかを自動的に確認するシステムを開発した．これ

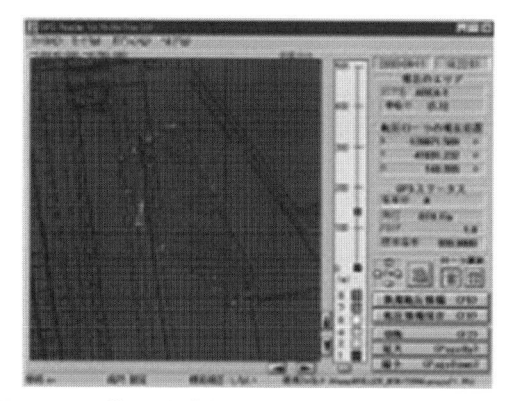

図 6.3.43 締固め作業中の表示画面（締固め回数分布）

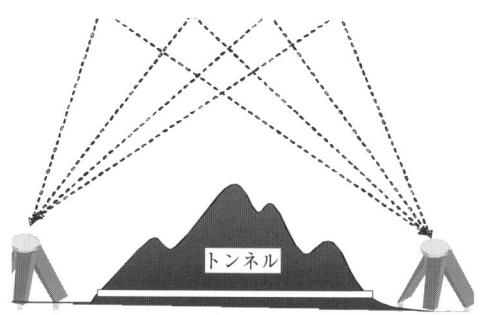

(a)走行軌跡図例

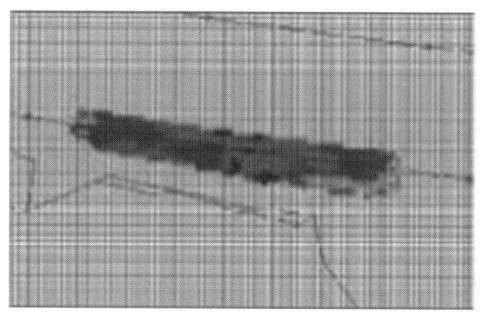

(b)層圧分布図例

図 6.3.44 盛土締固め管理システムの走行軌跡図例と層圧分布図例

できる．
・リアルタイムに締固め管理ができる．
・機械の走行軌跡のデータ（平面位置および高さ）から盛土地盤の出来形図などの作成が容易にできる．
〔三浦　悟〕

6.3.7　海上土木工事への利用

従来，海上測量の位置出しには，電波または光波測距儀が使用されていた．しかし，電波測距儀を使用する場合，測位精度が 1 m 程度であり，しかも高さの測定ができない．また運用に無線資格者が必要である．一方，光波測距儀を使用する場合には精度はよいが，気象条件の影響を受けやすいなどの課題があり，測量の高精度化と効率化が求められていた．GPS 測位システムの出現によりこれらの課題のほとんどが解決された．特に海上工事では，上空が開けているため GPS は最も適した測量システムであるといえるが，GPS 方式は使用目的や要求精度により使い分ける必要がある．海上工事では，要求精度 1 m 程度の場合にはディファレンシャル方式を，高精度が要求される場合にはリアルタイムキネマティック（RTK）方式を用いる．表 6.3.8 に従来の測量機器と RTK 測位との比較を示す．

1) 浚渫船管理システム

本システムは，船位計測システムと浚渫監視システムで構成され，浚渫船の工事に適用するもので，船の誘導や位置決めを容易にし，浚渫深度と浚渫土厚の適正な管理を支援できる．船位計測システムは，GPS で船上の定点を測位し，船上に設置されたジャイロコンパスおよび船体傾斜計の計測データで補正演算し，浚渫船位置平面図を CRT 画面上に表示する．浚渫監視システムは，船位計測システムから得られる測量データと各種計測データを受け，浚渫位置と現地盤に対する浚渫土厚を演算処理し，CRT 画面上にカッター位置と浚渫断面図を表示するものである（図 6.3.45）．

本システムの特長を以下に述べる．
①浚渫位置と浚渫状況を集中監視できるので，施工状況の把握が容易．
②CRT 画面上に描画された浚渫断面図により，浚渫位置および深度と現地盤に対する浚渫土厚を適正に管理できるため，正確な施工ができる．

2) 沈下管理システム

空港などの人工島や埋め立て工事において，地盤の沈下状況の把握のための高さ管理計測は重要な作業であり，また完成後の空港島の地盤変位管理は，飛行機の安全な運航のために重要な作業である．そのため，広範囲にわたる多くの測量点を正確にかつ効率よく観測する必要がある．しかし，

表 6.3.8 従来の測量機器と RTK 測位の概要

		RTK 測位	DGPS	自動追尾型光波測距儀	電波測距儀
測量範囲		15 km (基準局からの距離)	200～300 km (基準局からの距離)	3～5 km	80 km
精度	水平	±(1 cm＋2 ppm×D)	1～3 m	±(10 mm＋5 ppm×D)	±1 m
	高さ	±(2 cm＋2 ppm×D)	—	測角精度 ±3″	不可
使用可能台数		1基準局に対し移動局の使用は無制限	基本的には1台につき1測位	2台の従局に対し複数の移動局が測位可能(増えるほど遅くなる)	
長　所		・測定間の視認が不要 ・雨，霧などに対し強い ・高速移動する対象物(飛行機)でも測位可能		・近距離では最も高精度 ・室内でも測位できる	・雨，霧などに対し強い ・移動する対象物の測位可能
短　所		・上空が開けていること ・高精度測位では別に基準局を必要とする ・測位できない時間がある		・雨，霧などに対し弱い ・有効範囲が短い ・高速移動体は測位できない	・複数(2台以上)の従局を設置する必要がある ・高価 ・海面反射の影響を受ける

D：基準となるものから対象までの測定間距離．

現状の測量業務はそのほとんどの作業が人手によって行われているため，測量作業に長時間を要する上，据え付け誤差や読み取り誤差などが発生しやすく，作業の効率化が困難であった．リアルタイムに測定できる RTK 測位では，水平位置精度に比較して高さの精度が数 cm～10 数 cm と悪く，空港などの沈下観測のために必要な 1～2 cm の高さ精度を得るためには，測定点に長時間静止する必要があるため従来の方法では能率が悪い(図 6.3.46)．そのため高精度で効率のよい観測機器の開発が要望されていた．

本システムは，高さの測量作業における高精度化，省力化および効率化を目的としたもので，空港島の外の安定した基準点(水準点)を利用できる RTK 測位とレーザレベルとコンピュータを組み合わせることによりそれぞれの特徴を利用したものである．本システムの観測の原理は図 6.3.47 に示すようにレーザ受光器上に RTK 測位アンテナを固定することにより，平面位置を観測しつつ，高さはレーザレベルから得られる相対高さにより求めるものである．

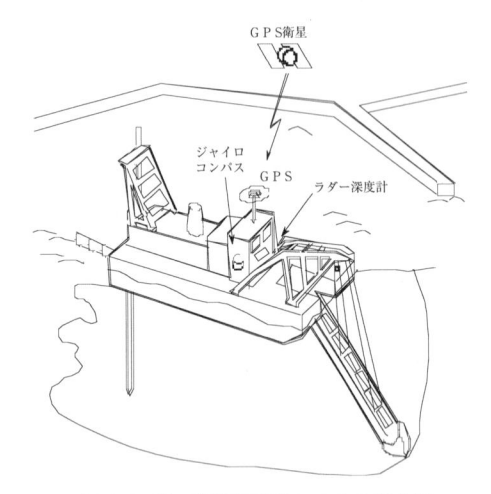

図 6.3.45 浚渫船管理システム概念図

図 6.3.48 に沈下計測の状況を示す．

3) 地層探査

海底の地質を調査する目的で行われる物理探査としては，音波探査法が有力な調査方法であり，広く使われている．音波探査は，調査船から音波を一定間隔で発振し，その音波が海底および海底下の地層の密度と弾性波速度の異なる面で反射さ

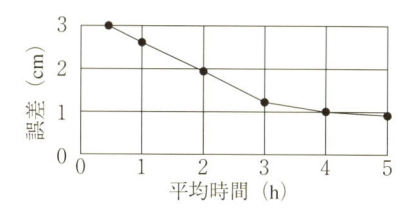

図 6.3.46 GPS の平均処理時間と精度（高さ）

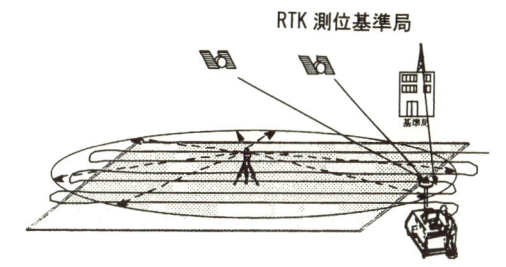

図 6.3.47 GPS とレーザレベルによる計測システム概念図

図 6.3.48 沈下管理システム

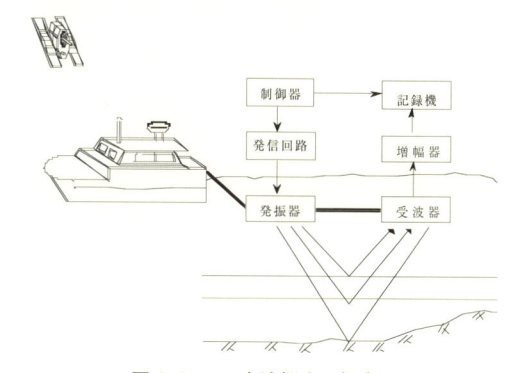

図 6.3.49 音波探査の概念図

れた波を受信する．その反射波の強弱および記録パターンをもとに，海底下の地質を調査する方法である．

一般に周波数が高いほど波長が短く，海底下の微細な構造まで分解できるが，エネルギーの減衰が大きくなり，可探深度は浅くなる．逆に，周波数が低いと波長は長くなり，エネルギーの減衰が小さくなって，可探深度は深くなるが，分解能は悪くなる．この発振系は音源といわれ，どの程度の深度までの探査をするか，どの程度細かくデータを得るかは，音源のもつ発振周波数と発振エネルギーによって決められる．

図 6.3.49 に音波探査の概念図を示す．音源から発振された音は，海底と海底下の地層の境界で反射される，この反射波を受信して記録する．日本の国境を決める大陸棚調査測量においても利用されている．音波の指向角が広いため，探査船の位置精度は数 m でよく，ディファレンシャル方式が適しているが，単独方式も用いられる．

4） 海中測位技術

海洋調査，海洋土木工事作業などに使われる海中測位の場合，GPS の電波は水中では届かないため，音波を用いた測位装置が用いられる．測距の原理は，海底や船舶に設置された音響基準と目標物体に取りつけられた音響基準との間の音響信号の伝播時間を測定して，海底や船舶の基準から相対的に目標物体の位置を決定する方法である．

測位装置で用いられるセンサには次のようなものがある．

① トランスデューサ： 船底などに装備される無指向性の送受波器で，トリガー信号を発信してトランスポンダからの応答信号を受信する．

② トランスポンダ： 海底または潜水船に設置される受波器と送波器を兼ねており，トリガー信号を受信して応答信号を発信する送受波器である．

音響測位方式は，座標系を決定する際の基本となる音響基準点の間隔の長短によって，次の3種に分類される（図 6.3.50）．これらの方式の測位は，海底や船体に設置された基準点に対して相対的に行われる．

① LBL 方式 (long base line system)： 図 6.3.50(a) に示すように 3 個以上のトランスポンダを海底に設置する．船上のトランデューサと各々のトランスポンダ間の直距離を音波の往復伝

(a) LBL (b) SBL (c) SSBL

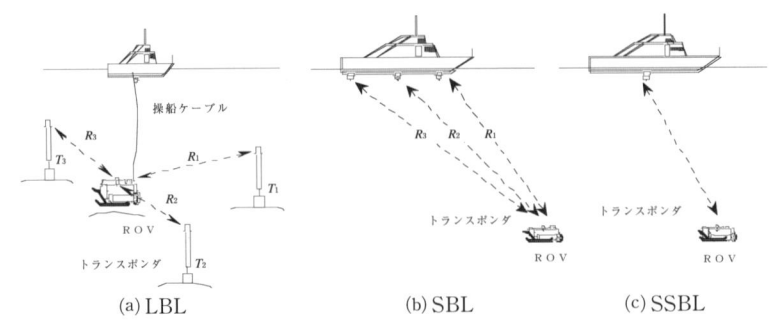

図 6.3.50　水中測位システムの種類

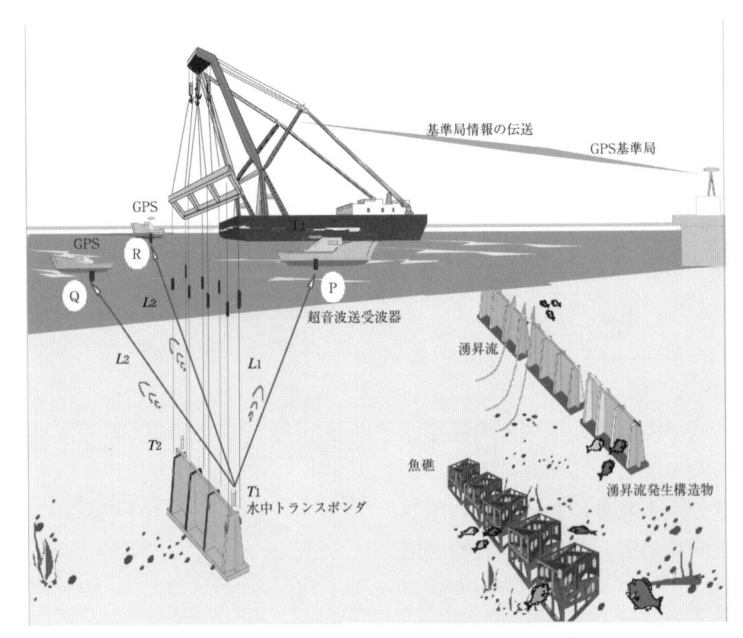

図 6.3.51　海上に展開した測量船による測位

播時間から測定すれば，3個の異なったトランスポンダに関する $R_i(i=1, 2, 3)$ から交点としての船上の送受波器の位置が決定される．この測位方式では，海底に設置した音響基準点である3個のトランスポンダの水深と相対位置を決定しておかなければならないが，位置精度は最もよい．なお，基準局を海底ではなく海上の測量船とし，超音送受波器とGPSを搭載した測量船を水深に合わせて展開して高精度に測位する方法を，図6.3.51と図6.3.52に示す．GPSと超音波センサを組み合わせることにより，大水深でも数十 cm の精度が容易に得られる．

② SBL 方式 (short base line system)：　概念図を図6.3.50(b)に示す．この方式は船体に3個の

図 6.3.52　起重機船による設置状況

音響基準点を5～10 m 離して設置するだけでよい．トランスポンダを装備した ROV (remotely operated vehicle) からの到来音波が船底のトラ

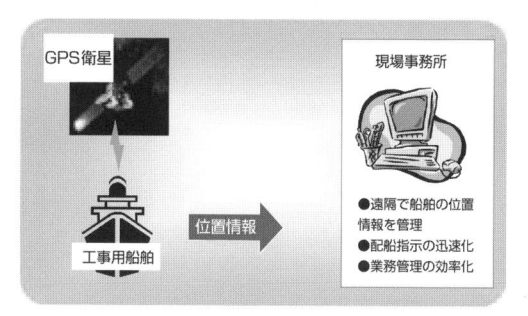

図 6.3.53 GPS，GIS を利用した海洋工事の施工管理概念図

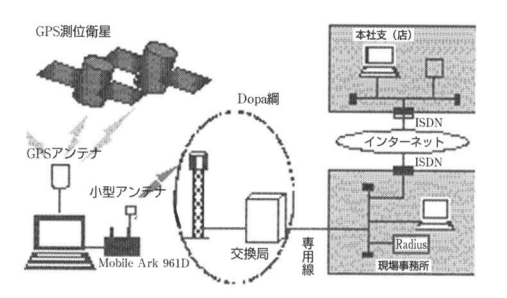

図 6.3.55 運行管理システムの構成図

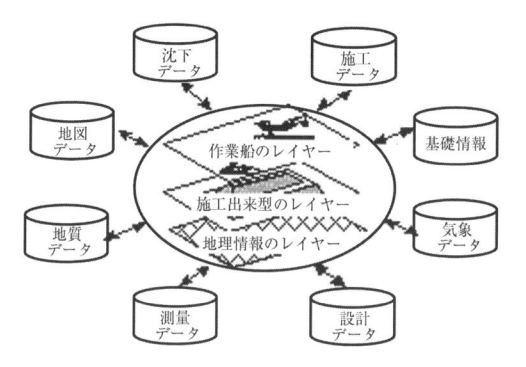

図 6.3.54 GIS による管理の概念図

図 6.3.56 事務所における運行管理システム

ンデューサで受波されるときの到来時間を計算することによって，ROV の位置が計測される．

③SSBL 方式 (super short base line system)： トランスポンダから送られてくる音波の向きと時間を測ることにより，位置が決定される．船体には，向きが測れる送受波機を設置するだけでよく，運用は容易であるが位置精度($1 \sim 3$ m)は劣る．

5） GIS を用いた海洋工事施工管理システム

これまで説明したような大規模な海洋工事では，急速施工と安全性を考慮した施工管理システムが要望されていた．そのためには各作業船の運航管理および施工管理に関する情報を迅速に管理事務所へ伝達し，状況判断が可能なようにデータを解析処理することが重要である(図 6.3.53)．これらを管理する方法として GPS や図 6.3.54 に示す GIS (geographic information system：地理情報システム) が考えられる．

現状の施工管理では，作業船の位置管理は地盤改良船や測量船などのように直接座標が必要な一部の作業船でしか行われていない．作業情報や位置の管理もそれぞれ作業別ごとに行われており，管理情報のほとんどは紙に記入され，必要なデータは再度コンピュータへ手入力される．そのため入力ミスが発生しやすく，作業船全体の配船状況が正確に管理できないなどの問題があった．しかも大規模な海洋工事では多くの企業が参加しており，全体の進捗を管理する総合管理情報は数日や数週間ごとに集計されるため，迅速な対応ができない．業務の効率化，省力化の観点から，これまで別々に行われていた施工管理の 1 元化が要望されていた．

本システムは，各種作業船の運航管理機能と施工管理機能から構成されており，この 2 つの機能の融合または使い分けによって稼動する（図 6.3.55）．

作業船の運航管理は，自船や他船の位置情報および属性情報（船名，船種，所属会社など）を，事務所のパソコン画面に表示された地図上において 1 元的に管理できる．また，気象情報や緊急連

絡など，作業に必要な情報を事務所から各作業船に文字情報として伝送できる．

施工管理は，作業船により観測された情報を事務所へ伝送し，事務所では，その結果の画像表示を即時に行い，現場担当者はそれをもとに作業船に対してパソコンで指示することができる．作業結果は事務所側に画面表示されるとともに，自動的に運航管理表に記載される．これにより，作業進捗状況を踏まえた各作業船に対する作業指示，施工品質の確保，安全かつ効率的な作業船の運航管理などに必要な施工管理に関する情報を迅速に伝達することが可能となった（図6.3.56）．

〔重松文治〕

6.3.8 さまざまな分野での応用例
1） 精密農業への利用

精密農業（precision agriculture）とは，農業生産全般の緻密な情報化を実現することにより，環境の保全や生産性の向上を図り，市場のニーズや生産コストなどを考慮しながら，最適な農業経営を行う方法である．1980年代後半に，アメリカ合衆国の大規模農場にて実験的に行われたものが，欧米で発展，普及したものである．

精密農業が行われるようになったきっかけは，大規模な圃場内部での作物の栽培管理を効果的に行うために，大量の農薬や化学肥料が使われたことで環境汚染が深刻化し，人体への汚染被害が顕在化したことによる．汚染に対する対処手段として無農薬農業や有機農業，生物防除（農作物の病害虫を，その天敵を利用して防除すること）などの農法が試みられたが，これら環境保全を中心と

図6.3.57　精密農具概念図（野口原図）

した考え方での管理方法は，コスト高に加えて生産性を低下させることが多く，農業従事者の支持を得ることが少なかった．そこで，圃場の大きさや生育状況をきめ細かく管理し，最適な量の農薬や肥料を効果的に与えることにより，環境への負荷を最小限にとどめ，生産性，収益性の向上を図ることが進められるようになった．

精密農業は，GPSとGISを基盤技術として，リモートセンシング技術，生育や土質，土壌中栄養分などを計測するセンサ技術が融合してデータベースを構築し，圃場の状態や作物の生育状態をリアルタイムに計測する．時々刻々変化するセンシング結果に基づいて，栽培管理をタイムリーかつ的確に行うことである（図6.3.57）．

特に精密農業を行う上で重要なことは，作物や土壌状態を管理する圃場の位置情報を正確に把握することである．作物の生育状態や土壌状態を正確に情報化するためには，圃場内の正確な位置を計測し，その位置座標をGISに登録し，時間と位置座標とともに土壌や生育状態，病害虫の発生情報，収穫情報を記録する必要がある．このようにしてでき上がるのが圃場マップである．これは精密農業の基礎データとなり，これらの情報を収集するためにGPSを利用する．圃場の全体座標を計測する場合にはcm精度を，作物の生育状態や土壌状態を計測するには2～3m程度の精度が一般的である．

また，圃場のリアルタイムな計測で得られた情報をもとに，生育環境改善のための肥料や病害虫の駆除のための農薬散布を行う．環境保全と食物の安全性，生産性を確保するために，最小限の散布を的確な位置で行うことが求められており，これらの作業において，GPSを利用した農業機械（農薬散布ヘリコプタ，作業機）の制御が行われる．たとえば，大規模な圃場において，窒素の欠乏している部分にだけ窒素施肥を，雑草が多い部分にだけ除草剤を散布するなどである．除草剤の場合，従来の8割程度も使用量を削減できる場合もあり，食の安全と環境保全の見地から有効である．

精密農業が普及している欧米では，リモートセンシングによる栽培管理や土壌状態を計測して圃

場の状態にかかわるマップを作成し，その情報をもとに農業機械によって農薬散布や収穫をするといった大規模農業経営が普及しており，GPSや生育・土壌・収穫量を計測する各種センサなどを搭載した農業機械が実用化しつつある．また，GPSを使用して作業中手放し運転ができる自動走行機能付きトラクターも商品化している．

日本では欧米のように大規模な圃場の管理を行うことを目的とするのではなく，農業の担い手不足からくる生産性の向上と省力化，作物の安全管理に焦点が当てられている．このような背景から，完全無人を目指したロボット化を含めた超省力技術の開発が，大学や研究機関で進められている．

図6.3.58は，トラクターを改造して耕耘，播種（作物の種子をまくこと）から最後の収穫までを可能とするために，作業経路を含む計画生成機能と計画どおりに運転を実行する自律作業機能を具備したロボットトラクターの例である．位置計測には精度±2cm程度のRTK測位を，姿勢角計測にはIMU (inertial measurement unit) を使用している．当ロボットトラクターは，耕耘，播種，中耕（作物の生育中に土の表層を浅く耕耘すること），防除，そして収穫までの全作業を無人化できる．さらに，ロボットトラクター自身で格納庫から農道を通って作業すべき圃場に移動して作業を行い，作業終了後に自ら格納庫に戻るといった一連の作業の無人化も可能である． 〔野口　伸〕

2） コンテナヤード荷役管理支援システム

近年，台湾，香港，シンガポールなど東南アジア各地に，最新鋭設備をもつハブ港湾が出現し，日本国内の主要港湾においては港湾使用料や荷役作業費などが他国に比べ割高であること，また24時間操業に対応できていないこと，諸手続きが煩雑であることなどの要因も相まって，その貨物取扱高は減少の一途をたどっている．この状況下，国内港湾においては，荷役作業のシステム化による高効率化を図ることで，作業コスト削減と時間短縮ならびにサービス向上を実現することが急務の課題となっている．

コンテナヤード（船やトラックなどに積み込むまでの間，コンテナを仮に置いておく場所）における荷役作業には，在庫管理，作業計画，作業指示，ルート解析など，さまざまなIT化されたシステムが存在するが，これらシステムがその機能を発揮するには，システムのもつ「情報」と実際の貨物（コンテナ）が一致していることが絶対条件となる．しかし，実際にはコンテナの積み降ろしは「人」が操作する機械に委ねられているため，そこには必ず「誤り」が存在する．その結果，最新の管理システムを導入しても，期待どおりの効果が得られない場合が多い（誤出荷，迷子コンテナの探索時間ロス）．この問題を解決する手段の一つとして，GPSを用いてコンテナ位置を管理するシステムがある．以下にこのシステムの概要を紹介する．

港湾コンテナヤードでは，長さ6mもしくは12m，幅2.4m，高さ2.6mのコンテナが数千〜数万個あり，船舶，トレーラーへの積み降ろしを行っている．ヤードには行，列，段で管理されるコンテナ積み付けのアドレスが設けられ，これにより，各コンテナの所在が管理される．各コンテナの積み降ろしおよび移動は，コンテナキャリアー，トップリフターなどの専用車両を用いて有人作業により行われる．

この車両にGPS受信機，車載パソコン，タッチパネル，無線通信装置などから構成される車載システムを搭載し，またコンテナヤード管理施設内にデータ収集や管理を行うセンターシステムを置き，両者間を無線データ通信で結び，コンテナと車両の位置管理を行うことができる（図6.3.59）．

機能を以下に示す．

① 車両に搭載されるGPS受信機により，車両

図6.3.58　ロボットトラクター（野口撮影）

位置を算出し，これをセンターへ送信することで，センターで常に各車両位置を把握できる．センターシステムより，各車両の車載システムに対し荷役作業の指示(どこにあるコンテナをどこへ運ぶ)を行うことができる．

② 車両に搭載されるGPS受信機により，ヤード内に積まれた，あるいはつかまれたコンテナの位置を算出することができる．

③ GPSにより算出されたコンテナ位置と，作業指示の内容を比較し，積み付け位置あるいは荷取り位置が作業指示と異なる場合には，作業者に対しアラームを出すことができる．

④ 指示した作業の進捗状況（積み付け作業中，荷取り作業中，移動中，作業完了など）や作業者および車両の状況(作業中，作業指示待ち，休憩，作業終了，故障など）を，車載システムを介してリアルタイムにセンターで把握することができるので，アイドル時間の発生や作業者間の作業量のバラツキが少ない，最適な作業指示を行うことができる．

また，このシステムの特長は次のとおりである．

① 2周波RTK測位用GPS受信機を車載することで，±数cmの精度で車両およびコンテナ位置を把握できるため，ジャイロ，タグなどの補助システムを必要としない．

② 磁気誘導のような方式では，誘導線埋設などの大がかりな工事を伴うが，GPSだけで位置計測を行うので，車両への機器据え付けのみですむ．また，レイアウトの追加や変更もシステム上でのデータ設定のみで対応できる．

③ コンテナ搬送車両の機械作動信号を車載システムに取り込むことで，人的ミスのない「情報」を得ることができる．

④ 2周波GPS受信機によるRTK測位は，精度が高く，また，衛星電波の遮蔽などによりRTK測位が途切れた場合でも，素早く再初期化が行われ，測位できる状態に復帰できる(1周波GPS受信機の場合，再初期化に数分を要する)．

数年前までは，2周波RTK測位用GPS受信機は非常に高価で，このようなシステムにおいて数十台規模で導入するには大きな投資が必要であり，その費用対効果が問題となっていた．しかし，国土地理院の電子基準点リアルタイムデータの公開，VRS方式によるRTK補正データ配信サービスの開始など，RTK測位を取り巻く環境の広がりとともに2周波RTK測位用GPS受信機の普及も進みつつある．これに伴い，2周波RTK測位用GPS受信機の価格も大幅に低下してきており，このようなシステムへの利用が可能になってきた．既設ヤードにも比較的容易に導入可能なGPSコンテナヤード荷役管理支援システムは，港湾IT化の必須システムになりうると期待される．

3) 消防車ナビゲーションシステム

近年，一般の自動車においてはGPSカーナビゲーションが大きく普及している．消防・救急の

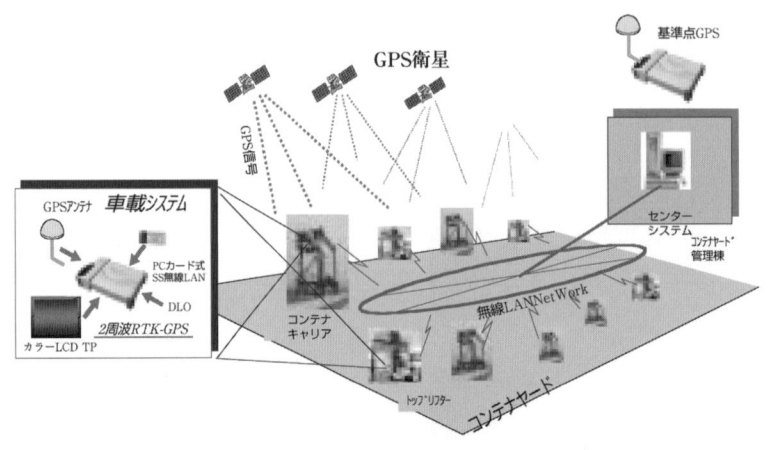

図 6.3.59 コンテナヤード荷役管理システム全体図

6.3 GPSによるリアルタイム測位の利用

分野においても，カーナビゲーションを応用した指令システムが各自治体で導入され始めている．

以下にこの消防車ナビゲーションシステムの概要を述べる．

消防車ナビゲーションシステム（図6.3.60）は，火災・救急通報に基づく災害情報を，迅速かつ正確に消防・救急車両へ伝達を行うとともに，災害現場への移動，災害現場付近，被災者搬送などにかかわる支援情報を提供する．また，消防・救急作業にかかわる全車両の動態を指令本部へリアルタイムに伝え，災害地から離れた指令本部においてその状況が的確に把握できることで，消防・救急活動がより適切かつ速やかに行われるよう支援することを目的とする．

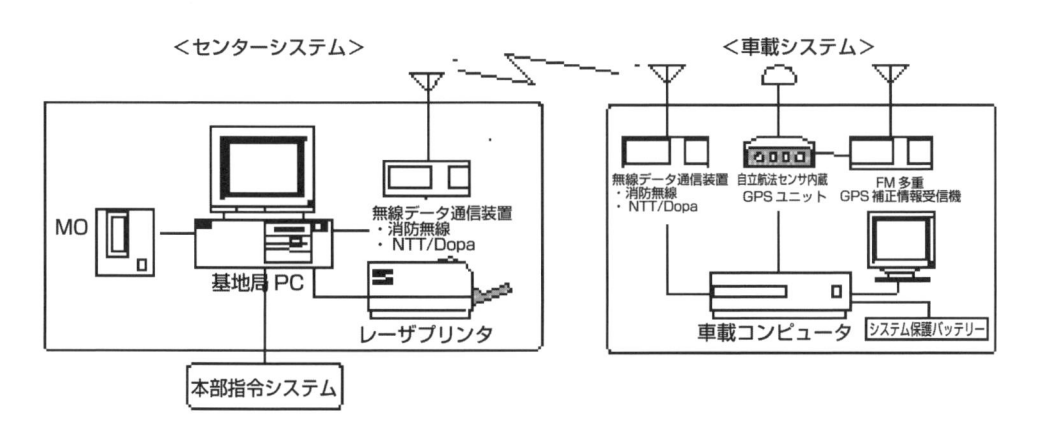

消防車ナビゲーションシステムの構成は次のとおりである（図6.3.61）．

① 消防・救急車両に搭載する車載システムと指令本部に設置されるセンターシステムおよび指令本部と各車両間を結ぶ無線通信システムから構成される．

② 車載システムは，各種データ処理を行う車載パソコン，各種情報を表示あるいは入力するタッチパネル式表示機，車両位置をとらえるGPS，データ通信を行う無線装置および電源装置から構成される．

③ センターシステムは各種データ処理を行う基地局パソコンを中心に，地図データベースの読み込み装置プリンタ，無線通信システムなどから構成され，指令台システムと連動する．

また，このシステムには次のような機能がある．

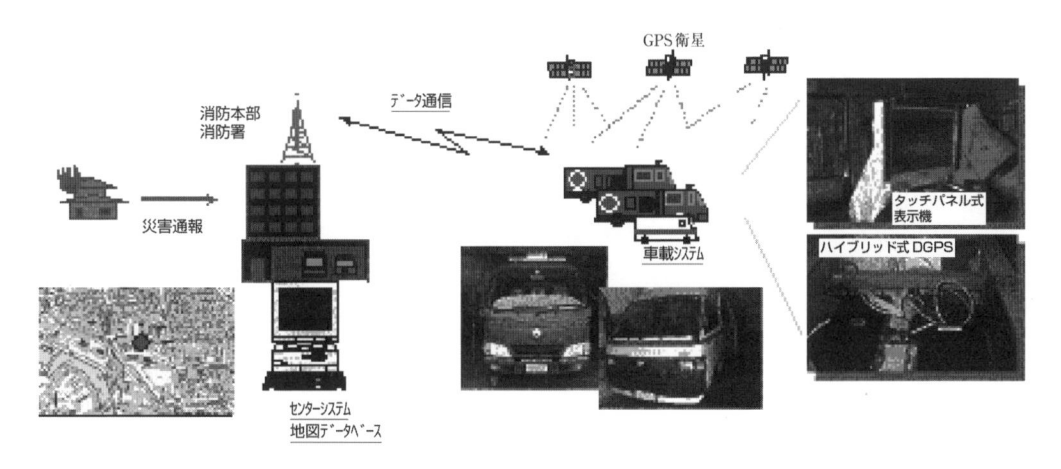

図6.3.60 消防車ナビゲーションシステムのイメージ

図6.3.61 消防車ナビゲーションシステムの構成

① 車載システム

・タッチパネル式表示機に，管轄地域内の道路地図および住宅地図を表示することができ，道路地図/住宅地図の表示切り替え，表示縮尺変更，表示エリア移動などをタッチ操作にて行うことができる．

・道路地図/住宅地図上にGPSでとらえた自車両の現在位置をシンボル表示し，車両の移動に応じて地図を自動スクロールすることができる．

・センターシステムより無線通信システムを介して送信される災害地情報に基づき，道路地図/住宅地図上に災害地点をシンボル表示することができる．

・自車両位置から災害地までのルート探索を行い，探索結果を道路地図上に表示することができる．

・タッチパネル式表示機上で，自車の動態（出動，移動，到着，着手，完了，帰任など）を入力し，無線通信システムを介してセンターシステムへ送信することができる．

・GPS でとらえた自車両の現在位置を，無線通信システムを介してセンターシステムへ送信することができる．

・車載システムの GPS はハイブリッド化（FM補正式 DGPS＋速度センサ＋ジャイロ）されており，GPS 衛星信号が受信できないトンネル，ビル陰などにおいても，自車両位置を算出することができる．

・センターシステムより無線通信システムを介して他の消防・救急車両の位置情報を受け取り，道路地図/住宅地図上にシンボル表示することができる．

・車載システムは，常時出動に備えて起動状態にする必要があるため，車両エンジン停止状態においても給電可能な電源システムを有する．電源システムは，車両エンジンの ON/OFF，車両バッテリー給電電圧の昇降に対応して給電ラインを切り替えることができる．

・タッチパネル式表示機上で，最寄りの病院のICU および CCU 情報，空きベッド情報，当直医情報などを参照することができる．

② センターシステム

・道路地図/住宅地図を編集し，消火栓，河川や池などの水利，病院などの消防・救急に必要な情報をシンボル付与することができる．

・車載システムより無線通信システムを介して送られてくる情報をもとに，基地局パソコンの画面上に各種情報を表示することができる．またこれら情報を指令システムへ送信することができる．

・指令システムより災害地情報など各種情報を受け取り，各車載システムへ無線通信システムを介して送信することができる．

消防車ナビゲーションシステムは，上記機能により，従来音声および紙で行われていた各種情報伝達をシステム化することができ，人的ミスのない正確かつ迅速な情報網を構築できる．今後も各自治体での導入が進むものと期待されている．

4） ゴルフカートナビゲーションシステム

近年，ゴルフ場は，プレー人口の伸び悩み，バブル期の開発負債，預託金償還，乱立による過当競争など，経営を取り巻く環境は厳しく，倒産も後を絶たない．名門ゴルフ場 10 コース以上を所有する経営会社においても例外なく苦しい状況にある．この状況下，各ゴルフ場では，集客増対策と経費削減対策に迫られており，これらを解決する手段の一つとして，GPS ゴルフカートナビゲーションシステムが開発され，複数のゴルフ場で導入が進められている．

以下にこのゴルフカートナビゲーションシステムの概要について述べる．

ゴルフカートナビゲーションシステム（図6.3.62）は，ゴルフ場のキャディに代わって，コース案内，距離表示など，各種情報サービスをプレーヤーに対して行い，キャディ数削減を図ること，また，クラブハウス内で全ゴルフカート運行状況の監視を行い，マーシャルなどコース管理者の削減を行っても安全やスムーズな運行に支障をきたさないようにすることを目的とする．

このシステムの構成は，次のとおりである．

① ゴルフカートに搭載する車載システムとクラブハウス内キャディマスタールームなどに設置される基地局システム，GPS 基準局および基地局

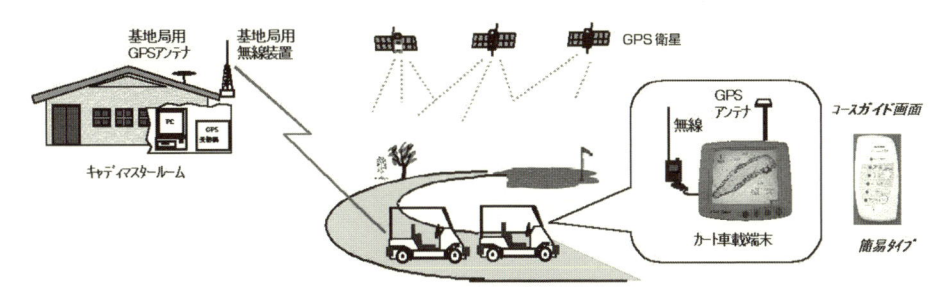

図 6.3.62 ゴルフカートナビゲーションシステムのイメージ

図 6.3.63 ゴルフカートに搭載された車載パソコン

システムと各ゴルフカート間を結ぶ無線通信システムから構成される．

② 車載システムは，GPS, 液晶ディスプレイ付き車載パソコン（図 6.3.63），スピーカ，無線装置などから構成される．

③ 基地局システムは，各種データ処理や運行監視，各種設定などを行う基地局パソコンを中心に，基準局 GPS 受信機，基地局無線装置から構成される．

また，次のような機能をもつ．
① 車載システム
・車載パソコンの液晶ディスプレイに，ゴルフカートが走行中のホール図を表示する．ホール図は，航空写真をもとに 1 ホールずつ切り出したもので，GPS 測量により得られた座標を含んでいる．ホール図は，ゴルフカートの移動に合わせて自動的に切り替わる．
・車載パソコンの液晶ディスプレイに表示されるホール図上に，GPS でとらえた自カートの位置をシンボル表示する．
・GPS でとらえた自カートの位置をもとに，ホール図上に，自カートからカップまでの距離，ティーグラウンドから自カートまでの距離（飛距離に相当），自カートからハザード（バンカー，池など）までの距離をリアルタイムに表示する．
・車載パソコンの液晶ディスプレイには，ホール図のほか，グリーン図（傾斜，カップ位置含む），ホール攻略法などのプレーヤーへのサービス情報を表示できる．
・各ゴルフカートがクラブハウスを離れた時点から経過時間を監視し，経過時間とプレーの進行（何ホール目か）を比較し，進行が予定時刻よりも遅れている場合には，当該カートの車載パソコン液晶ディスプレイ上に，プレー督促の画面を音声ガイダンスとともに表示することができる．
・GPS によりとらえられる自カート位置と，同一ホール内にいる先行カート位置とを比較し，その距離が規定値よりも近い場合には，打ち込み危険の画面を音声ガイダンスとともに表示することができる．
・ゴルフカートの移動に合わせて，一旦停止，坂道注意，茶店案内など，あらかじめコース内の各所に設定された情報を，車載パソコンの液晶画面に表示することができる．
・センターシステムより無線通信システムを介して，雷警報，プレー中止/再開などのメッセージを各ゴルフカートへ送信することで，車載パソコンの液晶画面にこれらメッセージを音声ガイダンスとともに表示することができる．
・車載パソコンおよび無線装置の操作により，ゴルフカートからクラブハウスに対し緊急通報を行うことができる．

②センターシステム
・基地局パソコンの画面上にコース全体図を表示し，その上に全カートの所在をシンボル表示することができる．各シンボルはカート番号が付与され，識別できるほか，カートの状態（正常プレー中，遅延，打ち込み注意待機中，緊急事態など）に応じたシンボル色で表示され，すべてのカート運行状況が把握できる．
・基地局パソコンで，各ホールごとのカップ位置，使用ティー，プレー標準時間などの各種設定を行うことができる．
・各カートと音声で通話できるほか，無線通信システムを介して各種指示情報を各カートへ送信することができる．

ゴルフカートナビゲーションシステムは，上記のほとんどの機能を，GPSによるリアルタイムのカート位置データと，精密にGPS測量されたホール図データとを合わせて実現される．そのため，ゴルフ場ごとに専用のGPS基準点を設置し，専用のDGPS補正データを生成，送信することで，GPS測位精度を維持している． 〔山岡敦郎〕

5) ITSへの利用

ITS (intelligent transport systems：高度道路交通システム）は，最先端の情報技術（IT）を活用して人と道路と車両を一体のシステムとして構築する，21世紀の社会システムである．最もなじみがあるのは高速道路の料金所で見かけるノンストップで料金支払いを行うETC（ノンストップ自動料金支払いシステム）であるが，道路管理や自動車交通のシステムに限らず，道路を利用する歩行者の自由な移動サービスも提供する総合システムをさしている．

RTK測位の応用では，自動車の走行支援システムへの展開が考えられるところであるが，わが国では，道路上に敷設したレーンマーカ方式が検討されていることもあって，この方面での研究は進んでいない．特にRTK測位を利用したものとしては，高精度な位置情報をもった道路GISデータの開発と一体となって行われた除雪車両の自動運行システムおよび歩行者ナビシステムなどのいくつかの研究が行われてきている．

①除雪作業支援システム：除雪車両にGPS受信機を搭載し，除雪車両の現在位置と作業状況などを事務所のパソコン端末の地図上で1元的に管理する除雪管理システムが実用化されている．除雪作業では，運転者および補助者が，積雪で覆われた障害物などを確認しながら協同で作業を進める必要があるなどの課題が残されている．除雪作業支援システムは，RTK測位方式によって逐次決定される除雪車両の位置情報を，道路構造物についての高精度な位置情報をもった道路GISデータと対比させることによって，縁石や投雪禁止場所を避けるなどを行いながら車両のワンマン運行による除雪作業を可能にするものである（図6.3.64）．

②歩行者ナビゲーション：高精度の道路GISデータと一体となった歩行者ナビゲーションは，視力障害をもった歩行者の安全な歩行を補助するシステムとして検討されているものである．RTK測位で逐次取得される歩行者の位置が，道路GIS基盤地図データなどで仮想的に作成される道路空間の中でトレースされ，目的地情報に見合った適切な移動情報を歩行者に与えることで，歩行者の安全な歩行を可能にする．このシステムでは，歩道上にあるガードレールや標識柱などの障害物の最新情報とともに，車道と歩道のステップの高さ情報などが高い精度で必要になるなど，安全な移動の確保にはGISデータ側に厳しい条件が要求されること，要所に現地地物を特定す

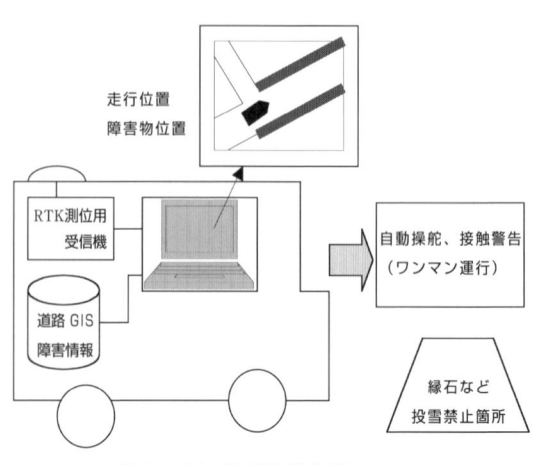

図6.3.64 除雪作業支援システム

るマーカを設置するなどの補助的仕組みが必要であることなど，課題も多い． 〔塚原弘一〕

文献

1) 小野田敏, 落合達也, 村中亮太：地すべり地におけるGPSの現況とその展望. 第39回地すべり学会研究発表会講演集, pp.483-484, 2000.
2) 浦 真, 下井田実, 有澤俊治, 落合達也, 村中亮太：GPSによる地すべり土塊移動の観測. 砂防学会誌, **53**(4), 76-83, 口絵写真, 2000.
3) 浦 真, 松尾 修, 竹内 宏, 川島 謙, 村中亮太, 小川紀一朗, 小野田敏：GPSを中心とした観測による三次元的地すべり挙動の推定. 第42回地すべり学会研究発表会講演集, 2003.

6.4 将来への展望

6.4.1 準天頂衛星

GPS衛星の利用において街路樹，高層ビルや山陰などでは電波の遮断があり，GPS測位ができない．人工衛星3機で構成する準天頂衛星システムは，サービスエリアのほぼ真上となる天頂付近に常時，1機の衛星がとどまる．天頂からのサービスによってGPS測位信号を補完することでユーザの可視性を大幅に改善することが可能となる．図6.4.1に準天頂衛星と静止衛星とGPSの位置関係を示す．準天頂衛星を用いると，ビルや山などの障害物の影響を少なくすることが可能となる．また，GPSの機能を向上させるシステムとして精度の改善なども期待されている．その上GPS情報だけでなく，移動体向けの通信・放送サービスに有効であると考えられている．2008年の打ち上げ，同年度中のサービス開始を予定している．

1）原　理

準天頂衛星を考える上で，通常のBSなどの静止放送衛星を思い浮かべるであろうが，赤道上空に位置する静止衛星は仰角48°以下であり真上にはこない．長楕円軌道衛星システムでは「東京エリアで仰角80°，東京以外でも70°程度を維持できる」．つまり，高いビルに囲まれたような場所でも上に空さえみえていれば，通信を維持できることになる．ではどうして衛星を真上にあるようにで

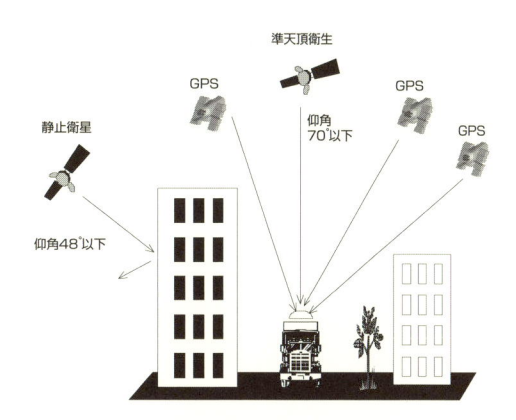

図6.4.1　準天頂衛星と静止衛星とGPS

きるのであろうか．それは，「3つの衛星がそれぞれ異なる楕円形の軌道を飛行し，その一つが常に日本の真上にくるように設定する」ためである．天頂衛星をつくるには，3機の衛星を動員して図6.4.2のように配置する．どの衛星も静止衛星と同じ高さ（35800 km）の円軌道に置くので，地球の自転に合わせて1日に1周回る．ただし，どの軌道も赤道から傾けてある．3衛星がそれぞれの軌道を回る位相を互いに調整すると，各衛星が描く8の字が図6.4.3のように重なり合って，3衛星は順番に1つずつ日本上空にくるようになる．そこで，電波を出す衛星を順に8時間ごとに切り替えると，切れ目なく日本上空から電波を降らせることができる．このように準天頂衛星は，1日3交代制で各衛星は8時間ずつ働く衛星である．衛星の配置により，ほかに非対称8の字軌道や水滴型軌道もある．

2）測位原理

準天頂衛星はGPSと組み合わせて測位を行う．GPSは内部にタイムマーク信号をつくる機器や原子時計が搭載されているが，準天頂衛星はGPSと同等な測位信号や，独自に設計した測位信号の生成や送信を行う機器を準天頂衛星に搭載し，タイムマーク信号をつくる機器や時計は地球局に置く．そのため準天頂衛星は通信衛星として，地球局からきた信号を中継する方式を採用することで構造が簡単になる（図6.4.4）．常時日本の天頂付近から測位信号を送信することで，GPSの数が不足するエリアにおいて数を増やすとともに衛

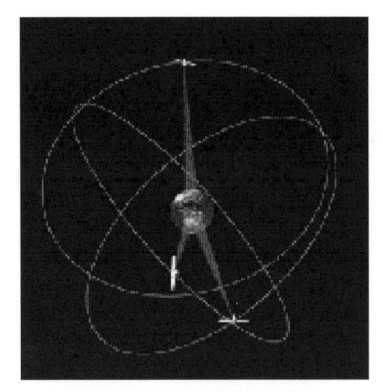

図 6.4.2　準天頂衛星の軌道

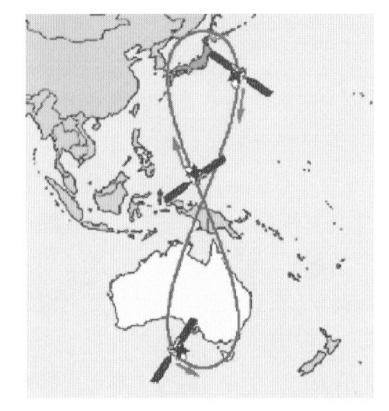

図 6.4.3　対象 8 の字地上軌跡の例

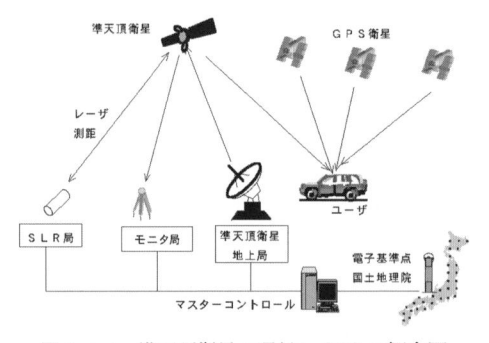

図 6.4.4　準天頂衛星の通信と GPS の概念図

星配置を改善してユーザの利用可能時間を増大させたり，DOP（衛星の配置による精度低下率）の向上を目指している．また，測位信号と合わせて，測位補正信号や GPS 衛星の利用可否情報などを送信して，測位の高精度化や高信頼化を図ることも検討されている．

3）特長と利用

準天頂衛星の特長を活かした新しいサービスの

イメージとしては測位情報だけでなく，通信機能を生かした自動車向けのテレマティクスサービス，歩行者向けの情報配信サービス，航空機や船舶向けには航行位置情報や気象海洋情報の提供や緊急通信サービスがあげられる．

また，ビジネス用途としては配送・運行管理やモバイルワーカー支援サービス，PDA（個人向け携帯情報端末）向けの各種情報提供，地図配信，車両盗難の緊急時通報，そして公共業務用途向けには海難救助，防衛，警察，救急，消防などの安心安全のための活動，防災や大規模災害への対応，道路や施設管理などへの幅広い活動に対する通信，放送，測位の複合サービスの提供などが考えられる．

6.4.2　スードライト

GPS は原理上，GPS 衛星を同時に 4～5 個受信する必要があるため，天空が開けている場所でしか利用できない．そのため，地下鉄や地下街などの地下空間はもちろんのこと，都会のビルの間や，山間部なども GPS を利用することができない．特に地下空間は準天頂衛星でもカバーすることはできない．スードライトは，従来不可能であると考えられていた場所において GPS が利用できるようにする技術である．その技術とは，地上にスードライト，すなわち疑似的（pseudo）な衛星（satellite）を設置するものである．これは全く新しい技術ではなく，1970 年代の GPS 衛星打ち上げ前の地上スードライト衛星補強システムの一つとして期待され，技術的に開発しなければならない問題や，ユーザ受信機に改良が必要となるため，テストにおいて使用されたもので，GPS 衛星信号と互換性のある周波数（L1：1575.42 MHz）を使用する．これは RTCM SC 104 でも信号仕様が定義されている．

1）概　要

スードライトは衛星が受信できない，もしくは不足する測量エリアにおいてスードライトを設置することで GPS 測量を可能とするシステムである．図 6.4.5 のようなビルが建ち並ぶ都市部においては，GPS 衛星がビルに遮られて測位に必要な

6.4 将来への展望

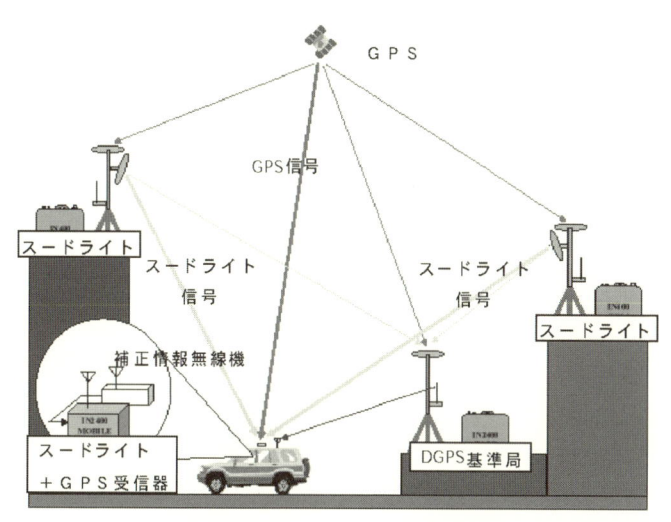

図6.4.5 スードライトの概念図

個数を受信することができない.そのようなときにビルの屋上へスードライトを設置し,都市部でもGPS測位を可能にするものである.スードライトはGPS衛星と同じ周波数で同じ情報を送信している.そのため情報が輻輳しないようにGPS信号の時間と同期をとる必要があり,高価な原子時計が必要となる.この問題をGPSから送られてくるタイミング情報を利用することで解決した.図6.4.5においてスードライトがGPSの電波を受信しているが,これはGPSの時計情報とタイミングをとるためである.このようにしてスードライトは,GPS衛星と同期をとりながらスードライトの位置情報などを送信する.

DGPSにするためには,DGPSのスードライト基準局を設置して補正情報を送る.その方法は従来と同じである.RTK測位も同じ方法である.RTK測位においてスードライトは2周波の必要はなく,1周波（L1：1575.42 MHz）のみを使用する.これは距離が近いため電離層や対流圏の影響がないためである.

スードライト送信部を図6.4.6に,ユーザ受信器であるスードライト対応1周波受信機を図6.4.7に示す.GPS信号と同じ信号を受信するスードライト受信機は,現在のGPS受信機に多少の変更を加えるだけで対応できる.

図6.4.6 スードライト送信部

図6.4.7 スードライト対応1周波受信機

2） 特長と利用

GPS衛星が不足するエリアや,GPS信号が全く受信できない室内,地下空間にスードライトを設置することで,GPS測位が利用できるようになるだけでなく,スードライトには以下の特長があ

る．

① スードライトにより，GPS衛星の数が「追加される」ことによる信頼性が向上する．

② スードライト配置によるDOPの向上により，測位精度が改善される．

③ RTK測位の初期化（アンビギュイティー）が早い．

それでは，この特長を活かした利用例について説明する．

まずGPS衛星が不足する山間部での測量や建設工事現場に設置することでGPSが利用できるようになる例を示す（図6.4.8）．このような場所ではGPSの必要性が高く，スードライトの出現が望まれている．

次に，都市部における利用例を図6.4.9に示す．これまで都市部においては林立するビルのためGPS衛星からの電波が受信できず，GPS測量を行うことができなかった．特にRTK測位は，たとえできたとしてもサイクルスリップが頻繁に発生し，そのつど初期化が必要となるため，このような場所では利用できないといわれている．カーナビでは，ジャイロと車速パルスによる自律航法システムを採用することでこの問題を解決しているが，自律航法システムの精度は数mである上，時間とともに精度が劣化してしまい，測量に必要な精度を満足していない．スードライトを利用する

ことで，これらの問題が解決される．ここで，スードライトの同期方法について説明する．図6.4.9のように，室内にスードライトを設置してスードライトだけで測位する場合には，各スードライトの同期をとるだけでよく，GPSとの同期をとる必要がない．そのため，専用の時計を設けることも可能である．

準天頂衛星やスードライトは，衛星情報と同時にVRSを利用した補正情報を同時に送信することで高精度な測位を可能とする．準天頂衛星は3衛星で効率よく広範囲をカバーできるが，それでもすべてカバーすることはできず，都市部やGPSが受信できない室内や地下空間にスードライトを

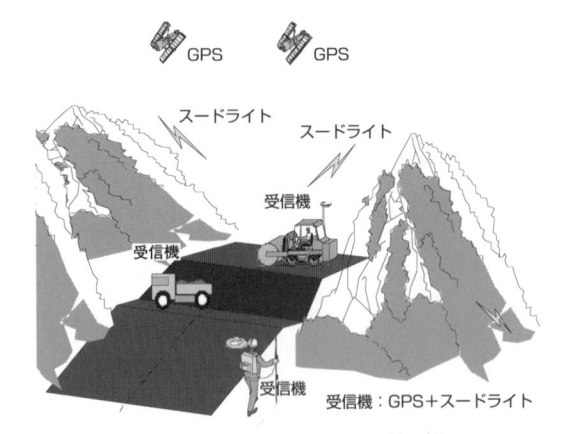

図6.4.8 山間部における利用例

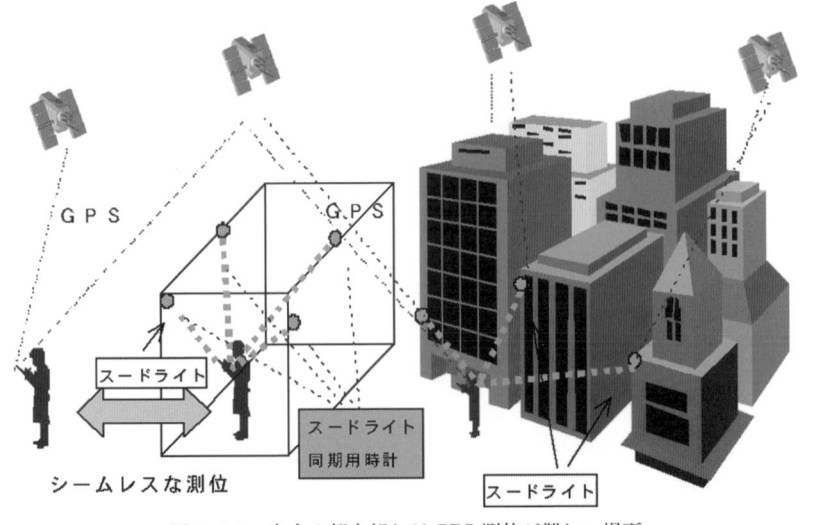

図6.4.9 室内や都市部などGPS測位が難しい場所

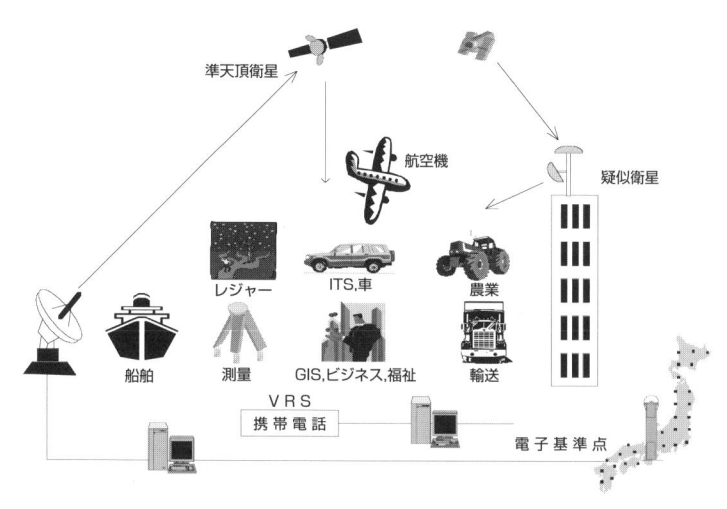

図 6.4.10 最新 GPS 技術の応用例

3) 課題

スードライトは新しい技術ではなく，GPS システムの地上テストで利用されたものである．しかし今は GPS 衛星が運用中であるため，電波の遠近問題が生じる．遠くの GPS 衛星からの微弱な電波と近くのスードライトからの強い電波の干渉といった問題である．地上における GPS 信号レベルはほぼ一定（−130 dBm）で，信号レベルは距離の 2 乗に逆比例する．そのため，近いゾーンはスードライト信号が GPS 信号を妨害し，遠いゾーンはスードライト信号は受信不能となる．現在，解決に向けての実験や検討が行われている．

〔重松文治〕

6.4.3 GPS の近代化計画

2000 年 5 月，GPS の測位精度を意図的に低下させていた政策が，当時のアメリカ合衆国大統領の命令により解除された．これは選択適用性（selective availability：SA）という軍事用と民生用を差別化するための機能を，意味がなくなったとして廃止したことによるが，これが GPS 近代化計画（GPS modernization）の第一歩である．

GPS の近代化計画はこの SA 解除に引き続いて，下記のような段階を経て行われることになっている．また，これに伴い地上管制施設の改善およびモニタ局の増強も図られる（図 6.4.11）．

以下に要点を示す．

① GPS の近代化は，すべてのユーザにおいて単独測位性能を水平精度で 100 m から 6 m またはそれ以下に改善する見込みである．測量用途においては，3 つの周波数帯を使用することで得られるワイドレーン（L1 と L5，L1 と L2，あるいは L2 と L5）が，アンビギュイティーの解決に寄与し，正確な搬送波測位が可能となるので，現在より迅速かつコスト効果よく cm 単位の精度が達成できることとなる．最も重要なことは，信号特性の設計改善と相まってスペクトル帯を分離した 3 つの民生用信号を使えることにより，電離層遅延をほぼ解消できることと，GPS 利用に対する干渉の影響が大幅に低減されることである．

② GPS 標準測位サービス（standard positioning service：SPS）とは，平和的な民生，商業および学術的な用途に提供するための，全世界にわたって継続的に直接ユーザ料金を徴収することなく提供されている衛星信号をさす．現在は民生用途に利用できる SPS は L1 波帯での C/A コードだけである．したがって民生ユーザの立場からみた GPS 近代化の目標は，符号化した追加的な民生用信号を得ることにある．ちなみに，測量用途に使用されている 2 周波受信機では，L1 波帯での受信に C/A コードを利用して，L2 波帯の受信

2000年5月	・SAの廃止
2005～2008年	・GPSブロックⅡR-M（近代化）の推進 ・L2波帯による追加民生用L2Cコード ・L1波帯およびL2波帯による追加軍事用Mコード
2006～2012年	・GPSブロックⅡF衛星改善 ・L2波帯による追加民生用L2Cコード ・L1波帯およびL2波帯によるMコード ・L5波帯による追加第3民生用L5Cコード
2012～2017年	・GPSブロックⅢ次々世代衛星への革新 ・L1波帯による追加新民生用L1Cコード ・L2波帯による追加民生用L2Cコード ・L1波帯およびL2波帯によるMコード

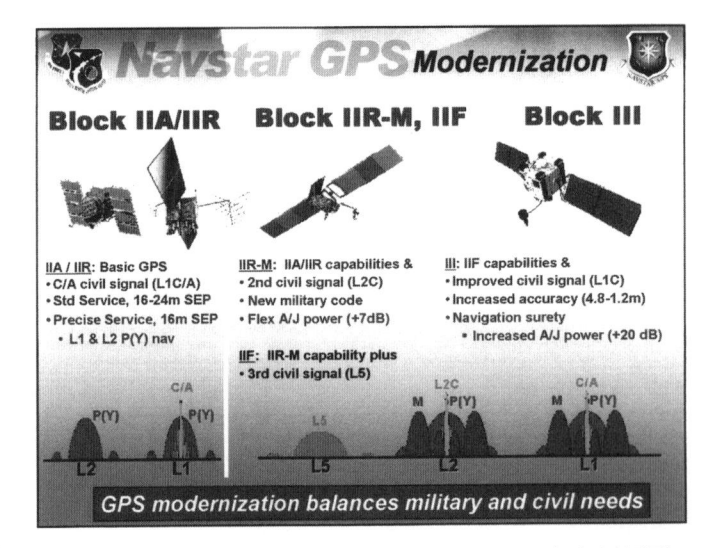

図6.4.11 GPSの近代化計画（44th CGsic Meeting）（西口原図）

ではコードレスまたは相互相関などの相関処理を行い，コード解読処理は行っていない．

③L2波帯へのコード追加は，単独測位のリアルタイムユーザに信号冗長性を与えるのみならず，測位精度の向上，信号利用率および保全性の向上，サービス継続性の改善および電波干渉耐性の向上をもたらす．特に測量用途で利用が促進されているリアルタイムキネマティック（RTK）などの高精度測位において，L2波帯の信号捕捉強度が高まることから，期待が高い．

④L2波帯に近接する周波数帯域には，既存の地上レーダなどGPSの受信に対して干渉を与えるものがあり，生命の安全にかかわる航空用途での運用を認めるにはL2波帯に民生用コードを追加するだけでは十分でないことが明らかになった．そこで，干渉の影響を受けないL5周波数帯に新たな広帯域GPS信号を設けることを選択した．

⑤L5波帯は，さまざまな方法を駆使して既存のL1波帯C/Aコード信号以上に性能を改善するよう特別に設計された．L5波帯の信号強度は，現在のL1波帯信号に比べて$-154\,\text{dBW}$から$-160\,\text{dBW}$へ，$6\,\text{dBW}$大きくなった．これにより，干渉耐性，特にL5波帯と同じ周波数帯域にある他のパルス発振システムからの干渉に対する耐性が改善される．

⑥GPS近代化は新しい衛星と信号にとどまらず，地上監視システムにも改善を行っている．現

6.4 将来への展望

在多くの改善が行われており，これらの改善を通じて衛星群から発信されるすべての信号をモニタする能力が向上し，制御ネットワークをより頑丈なものにして，測位精度を改善し，近代化した衛星の制御に必要な新しい機能が追加されることになる．

⑦地上制御ネットワークは，衛星の健康状態の監視や日常保全のような運用上の機能に加えて，GPS衛星群の衛星暦（軌道上の位置：almanac）と原子時計の補正パラメータを決定する．現在の構成ではモニタ局が6局であり，1日に1時間またはそれ以上，モニタ局の監視視野から何基かの衛星がみえなくなってしまい，この短い観測ギャップが問題となっている．保全性確保や精度改善を行うために，現在稼働中のモニタ局のほかにNational Geospatial-Intelligence Agencyのモニタ局6局を加えて，観測ギャップを埋めるとともに計算技術を更新して，衛星軌道および原子時計補正パラメータを含む衛星状況を推定するための処理を頻繁にかつ容易にすることを計画している．

6.4.4 ガリレオ計画

ガリレオ（Galileo）は，ヨーロッパ連合が計画し開発段階にあるGNSS（global navigation satellite system）である．この目的は，民生機関の管理運営により，ユーザ機器に測位，タイミングおよび速度情報などの基本機能に加えて，精度保証や探索救難機能などを衛星ベースのインフラストラクチャから提供し，付加価値サービスを展開することである．衛星航法技術の恩恵を全面的に得るためには，アメリカ合衆国GPSなどの既存システムとも補完的に相互運用が可能な複数のRNSS（radio navigation satellite service）周波数帯が必要であることは広く認められており，干渉耐性，信頼性，冗長性に富んだシステムとすることを目指している．

以下に要点を示す（図6.4.12，表6.4.1）．

①ガリレオと他のシステム（アメリカ合衆国のGPSまたはロシアのGLONASS）を併用するこ

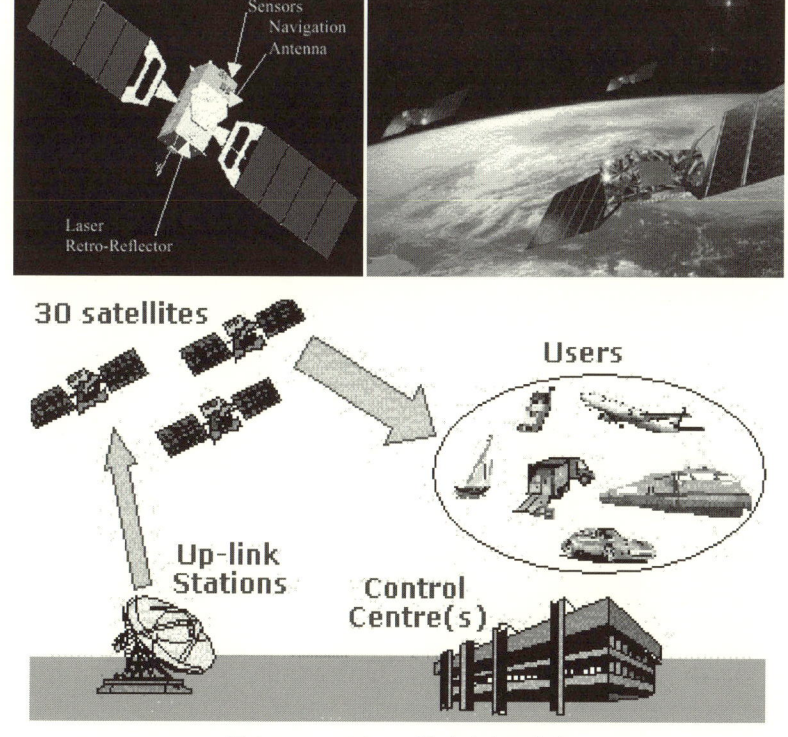

図6.4.12 ガリレオ計画（西口原図）

とで，利用可能な航法システムの数が増えることによるメリットを享受することができる．したがって，ガリレオはGPSやGLONASSと全面的に互換性があり，相互運用が可能なものとする．ガリレオ無線信号の構成設計に当たっては，既存のユーザ端末の手直しに要する費用負担を可能な限り少なくする方向で進められている．

②ガリレオはGPSやGLONASSとは独立の

表6.4.1 ガリレオ周波数と信号配分

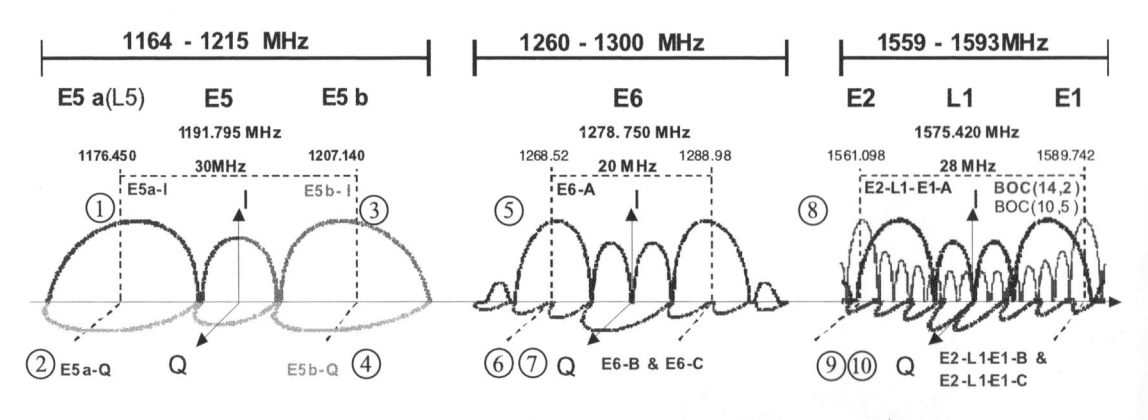

1164～1215 MHz（E5&L5） 利用帯域幅 30 MHz ・汎用および safety-of-life サービス	この帯域内の24 MHzのスペクトルを用いて汎用サービスおよび生命の安全にかかわるサービスをサポートする汎用信号を乗せることを計画．E5/L5波帯間の相互運用性，共同の戦術上の情報分配システムなどの既存サービスとの共存，ガリレオの独自性要検討により決定
1260～1300 MHz（E6） 利用帯域幅 20 MHz ・regulated および商用付加価値サービス	政府による regulated（規制）サービスと商用サービス（暗号化，TCAR）向けの信号用
1559～1563 MHz（E2） ・regulated サービス用	regulated（規制）サービス向け信号用，E6波帯との併用で電離層補正や信号の耐干渉性を図り，保証サービスを提供
1587～1591 MHz（E1） ・汎用および safety-of-life サービス	汎用サービスと生命の安全にかかわるサービス向け信号用の第2周波帯

Id	Signal Name		Central Frequency MHz	Chip rate Mchip/s	Ranging Code Encryption	Data rate symbol/s (bit/s)	Data encyption	Reference Service
1	E5a-I	data	1176.45	10	None	50 (25)	None	OS/SoL
2	E5a-Q	pilot	1176.45	10	None	No data	~	OS/SoL
3	E5b-I	data	1207.14	10	None	250 (125)	some	OS/SoL/CS
4	E5b-Q	pilot	1207.14	10	None	No data	~	OS/SoL/CS
5	E6-A	data	1278.75	5	Government	tbd	Yes	PRS
6	E6-B	data	1278.75	5	Commercial	1000 (500)	Yes	CS
7	E6-C	pilot	1278.75	5	Commercial	No data	~	CS
8	E2-L1-E1-A	data	1575.42	M	Government	tbd	Yes	PRS
9	E2-L1-E1-B	data	1575.42	2	None	250 (125)	Some	OS/SoL/CS
10	E2-L1-E1-C	pilot	1575.42	2	None	No data	~	OS/SoL/CS
11	L6 downlink	data	1544.10	~	~	~	~	SAR

補完システムであって，それがガリレオの利点の一つである．安全性を重視したいとき，共通の不具合いモードから保護できる冗長性を提供してくれる．また，日常生活において測位やタイミングサービスを利用する機会が増えるにつれて，このような冗長サービスへの依存度が大きくなり，国際的な運用管理に基づいた長期利用率の保証が必要になると考えられる．

③ ガリレオのシステム構成は，高度23300 kmにおいて，それぞれ56°の傾斜角を有する3つの等間隔面（3軸）に衛星を等間隔で配置する．これは，特に北緯の高緯度地域を含むヨーロッパ全体にわたって高品質サービスを提供することに重点を置いたもので，30機の衛星からなるMEO衛星群（medium earth orbiting satellites）が最適と結論された．衛星の本体は地球の方向に伸びた軸（ヨー：yaw）を中心に回転し，太陽電池パネルが常に太陽に面している．衛星は基本的な箱状構造で，ペイロード（payload）機器とプラットホームを別々の構造体パネルに取りつけることで，原子時計のようなデリケートな機器が慣性ジャイロやトルク軸のような可動部位から生じる干渉を受けないよう注意が払われている．推進用燃料を含めて，衛星の打ち上げ重量は675 kgで，出力は1500 W（end of life）と計画されている．

GPS，ガリレオ，そしてGLONASSは，国家戦略的な理由によって，完全自立的なシステムとして設計されている．しかし，これら3つのシステムから解放されている信号を注意深く組み合わせて使用することによって，新しい利用可能性が展開されてくる． 〔西口　浩〕

6.4.5 GPSを用いた地震予知

地震および火山の噴火が多発するわが国では，事前に危険を予知することは国家的関心事である．特に地震はいつ，どこで発生するかを正確に予知することは困難であった．火山については，いつ噴火するかを予知する有力な予知方法に欠けていた．

地震および火山噴火の予知は，学識経験者の判断により国や大学などの機関が実施しており，その情報は公開されてはきたが，社会不安に十分応えるものではなかった．

a. 従来の技術

従来，地震および火山噴火の予知は，精密な測量による地表上の点の水平変位および垂直変位の変動を解析することでなされてきた．水平変位は，精密基準点測量により，国家基準点あるいは設置された基準点の水平方向の変動で算出される．精密基準点測量には時間がかかるため，広い地域に点在する多数点をすべて同一日時あるいは短い期間内に観測することは不可能であった．このため，同時期における水平変位を求めることができず，観測間隔が大きくなり，観測日の不一致による誤差が生じるという欠点があった．

垂直変位は，精密水準測量により水準点の標高の変動値として算出されてきたが，水平変位の観測と同じ理由から，同時期の観測ができないという欠点を有していた．このように，水平変位と垂直変位が観測される観測点および時期が異なることは，従来の観測方法の短所である．

水平変位および垂直変位の観測年月日および観測点が異なるため，従来の方法では水平方向と垂直方向を同時性および同域性を以て3次元解析することが困難であった．このため，「いつ，どこ」で地震および噴火が起きるかという可能性を予知する精度が低かった．

近年人工衛星を利用した衛星測位システム（たとえばアメリカ合衆国のGPSおよびロシアのGLONASSなど）が実用できるようになり，衛星測位システムを利用した観測点（以降，衛星観測点と呼ぶ）において，連続的にその3次元座標が高精度で観測できるようになった．

衛星測位システムは，原子時計を搭載した複数の人工衛星（GPSの場合24個）を宇宙空間に打ち上げ，その空間的位置（通常地球重心を原点とし，赤道面にXY座標を設け，赤道面に直交する天頂方向をZ軸とするいわゆる地心座標系を用いる）を衛星追跡技術により，正確に求めておいた上で，地上の任意の位置に設置されたアンテナに，最低3個以上の衛星の時計信号を受信し，アンテナと衛星の間の距離を求め，解析的に，アンテナ位置

の正確な3次元座標を測定するシステムである．本項では，GPSによる電子基準点を用いた地震予知の可能性について言及する．

衛星観測を地震および火山噴火予知に利用する試みがなされている．不動と推定される衛星観測点1点を不動点扱いして，他の衛星観測点あるいは国家基準点などの相対的座標変動（不動点に対して東西変位，南北変位および楕円体高変位）を観測する方法が行われている．この方法は不動点の選択に依存するため，同じプレート上の変動は検知できないことが生じ，全国的で全般的な予知には適さない欠点があった．

衛星観測を連続的に実施している国土交通省国土地理院が管理している電子基準点の衛星観測データ（GPSを利用しているので，以降GPS観測データと呼ぶ）が2002年度から一般に一部開放されるようになり，2003年度以降は誰でもGPS観測データを実時間で利用できる基盤が整備された．

GPS観測による観測点間における距離の変動率の解析によっても，ある程度地震および火山噴火の予測は可能である．しかし，観測点間を結ぶ線分の変動率の測定では，震源域または被害地域を面的にいい当てるのは困難であった．

b. 解決しようとする課題

このように従来の方法では，時間分解能の高い災害時期の予知と，正確な被害地域の予知の精度は，あまり高いとはいえなかった．

本手法の目的は，①高い精度で地震や噴火予知を行うことができる方法を提供すること，②短期間における地震や噴火予知を迅速に行うことができる方法を提供すること，③地震や噴火の発生地域を高い精度で特定する方法を提供することである．

c. GPSを用いた地震予知の手法

本手法は，予知の基本データとして衛星観測データを用い，従来の観測点の座標移動量による解析に代わって，地表上の任意の3点から構成される三角形群の三角形面積の変動率を用いて，予知を実施することである．これにより，危険な地域を三角形単位で位置を予知できる．

三角形群の三角形面積は，地盤変動が水平方向および垂直方向いずれにも生起する可能性を考慮して，XYZ座標系のうち2軸から構成されるXY，XZおよびYZ平面上に投影された観測点の投影点により構成される3つの三角形の面積をそれぞれ算出する．

図6.4.13は本手法を説明するための三角形面積の概念図である．図においてA点，B点，C点はそれぞれ，任意に選ばれた地表上の3つの観測点である．X軸，Y軸，Z軸はそれぞれ地心座標系の3軸である．A点のXY投影面への投影点をA_{xy}，同様にB点のXY投影面への投影点をB_{xy}，C点のXY投影面への投影点をC_{xy}とする．同じようにA点のXZ投影面への投影点をA_{xz}，同様にB点のXZ投影面への投影点をB_{xz}，C点のXZ投影面への投影点をC_{xz}とする．さらにA点のYZ投影面への投影点をA_{yz}，同様にB点のYZ投影面への投影点をB_{yz}，C点のYZ投影面への投影点をC_{yz}とする．ここで，A_{xy}，B_{xy}，C_{xy}の3点で構成される三角形の面積をS_{xy}と定義し，A_{xz}，B_{xz}，C_{xz}の3点で構成される三角形の面積をS_{xz}と定義する．同様に，A_{yz}，B_{yz}，C_{yz}の3点で構成される三角形の面積をS_{yz}と定義する．今，時刻tにおける面積S_{xy}を$S_{xy(t)}$，時刻tよりΔt時間経過したときの面積S_{xy}を$S_{xy(t+\Delta t)}$とすれば，時刻

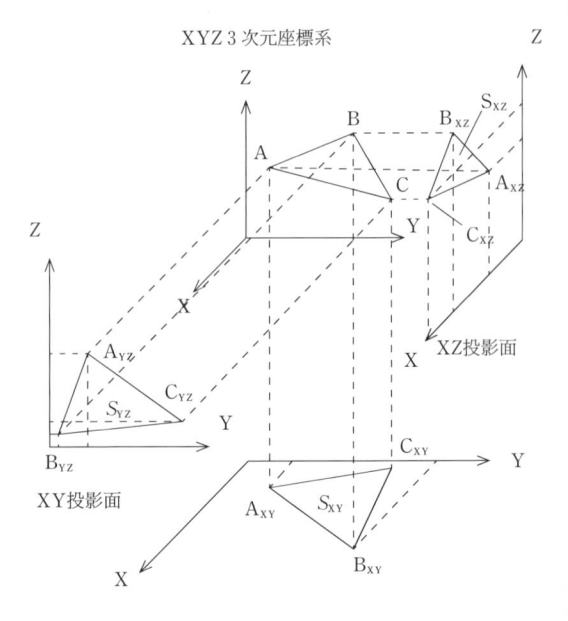

図6.4.13 三角形の投影面積計算の概念

t から $t+\varDelta t$ の間の三角形面積変動率 R_{xy} は，着目する観測時の三角形面積 $S_{xy(t+\varDelta t)}$ から前回観測時の三角形面積 $S_{xy(t)}$ を差し引き，前回観測時の三角形面積 $S_{xy(t)}$ で割った値で算出される．すなわち $R_{xy}=(S_{xy(t+\varDelta t)}-S_{xy(t)})/S_{xy(t)}$ で算出される．同様な方法で S_{xz}, S_{yz} に対して，R_{xz}, R_{yz} が算出される．

従来の技術においては，平面は測地座標系，高さは標高を利用してきたが，本技術は，衛星観測の直接出力である地心座標系を用いることで，座標変換に伴う誤差要因を排除した．

複数の衛星観測点における連続的あるいは定期的な観測を，同時期またはほぼ同時期，および同位置地点で実施し，上記の三角形面積の観測時間間隔における変動率 R_{xy}, R_{xz}, R_{yz} を算出し，その変動を監視し，解析することで，地震・噴火の予知を行う．

d. 電子基準点を用いた地震予知

本手法では，電子基準点の三角網から構成される三角形面積変動率の最大値に対して一定の閾値を指標として地震・噴火予知を行うものである．一般に大きな面積変動率が地震発生危険が高いといえる．しかし変動率の追跡のみでは，地震予知は正確ではない．

本手法においては，面積変動率に対して一定の閾値に基づくとともに，その値の正負の反転を指標として地震・噴火予知を行う．

面積変動率 R の値は一般にきわめて小さな値となり，100万分の1単位(ppm)の無次元の値で表される．変動率の算出に使う前回観測の値を固定してもよいし，そのつど観測期間のはじめの値を使ってもよい．

複数の観測の変動解析に当たっては，観測間隔が異なることがあるため，年または月など等間隔の観測期間に換算して表示すると，単位時間の変動すなわち速度を考慮した変動解析が可能になる．

一般に面積変動率が大きな値を示すときは，地震または噴火の規模が大きいことを推察できる．したがって面積変動率にある閾値を設け，この値を指標として地震・噴火予知を行う．

面積変動率が正の値のときは地盤が引張応力を受け，負のときは圧縮の応力を受けると解釈できる．したがって，正負が反転するときは，地盤が，引張から圧縮へ，または圧縮から引張に転じたときを意味し，地震または噴火の危険がきわめて大である可能性を有する．この面積変動率の正負の反転を指標として，地震・噴火の予知を行うことができるのである．

三角形群を構成する GPS 観測点は，全国約 1000 点をこえる電子基準点から任意に選択ができるが，本技術は，互いに十分な間隔を有すること，位置するプレート，地震や噴火の危険が予想される地域などを考慮して数十 km または数百 km の間隔の日本列島三角網を構築する．また，必要に応じて観測点を増減できることはいうまでもない．

島部あるいは半島先端に設置された観測点を含む三角形は一部海上を含むため，本技術においては，陸上の点のみしか解析できなかった従来の予知方法に対して，三角形に含まれる近海沿海の海域を含める予知が可能となる．

本手法においては，不動点を推定して選択する必要がなく，選定された GPS 観測点から構成される三角形群の面積変動率を等しい重み付けで監視できる長所を有する．すなわち，すべての点を動点と仮定することができ，地域を特定することなく日本全体の予知ができる．

電子基準点における GPS 観測の精度は，数 mm 以下であることを考慮し，さらに地震時の地盤の変動が数 cm 以上とすると，数十 km〜数百 km の間隔の三角形面積の変動率は，ppm である．筆者ら（荒木および村井）の観測例および解析研究によれば，震度 6 以上の地震または避難を必要とされる規模の火山噴火を想定するとき，年間の三角形面積変動率に換算した値が 1 ppm 未満は問題なしと予測でき，4〜9 ppm の範囲を注意，10 ppm 以上のとき前兆として警戒が必要であり，20 ppm 以上でさらに該面積変動率の正負が反転するときわめて危険であることが予知できる．これらの閾値は，今後観測例が蓄積されるのに伴い，さらに適切な値に微調整する必要性がある．

一般に地震は広範囲の地盤変動を伴い，火山噴火は狭い範囲の地盤変動を伴うことが知られている．したがって，地震および火山噴火の前兆調査段階においては，観測点の密度は粗くてもよいが，地震および火山噴火の予知段階においては，衛星観測点を目的に応じて，選択する必要がある．地震および火山噴火の直前予知段階においては，監視地域が特定されている段階であり，観測点および観測間隔を密にする必要がある．

e. 電子基準点の観測による地震予知検証例

以下に記述する検証例は，前記したように，GPSにより同地点および同日時に観測された3次元座標から算出された三角形群の三角形面積変動率を解析して地震の予知を行ったものである．図6.4.14は，以下の検証例において使用した日本列島三角網である．なお，三角形面積変動率は，年間変動率に換算した値である．

1) 離散的データによる地震予知

2002年以前は，国土地理院は電子基準点の公開をしておらず，年に1～2回程度のデータしか公開していなかった．2002年以前の地震については，離散的なデータしか利用できなかったので，以下に離散的データに基づく地震予知検証例を2つ示す．

① 鳥取県西部地震： 本手法の第一の検証例は，2000年10月6日に起きた鳥取県西部地震（M7.3）の予知に関するものである．GPS観測点のうち，当該地域周辺（中国・四国周辺）に位置する出雲，松山，広島，海南，徳島，高松，高知，大分，福岡の観測点を選択し，これらの観測点から形成される三角形群を次の9つの三角形で構成した（図6.4.15）．

- 1：出雲，海南，徳島
- 2：出雲，高松，松山
- 3：出雲，松山，広島
- 4：高松，広島，松山
- 5：高松，松山，高知
- 6：高松，高知，徳島
- 7：徳島，高知，松山
- 8：広島，松山，大分
- 9：広島，大分，福岡

GPS観測は，1998年11月，1999年11月，2000年4月，2000年9月の地震発生直前の4時期に実施し，それぞれ3期間（期間1：1998年11月～1999年11月，期間2：1999年11月～2000年3月，期間3：2000年4月～9月）のXY，XZ，YZ投影面における三角形面積変動率を算出し，さらに年間変動率に換算した．

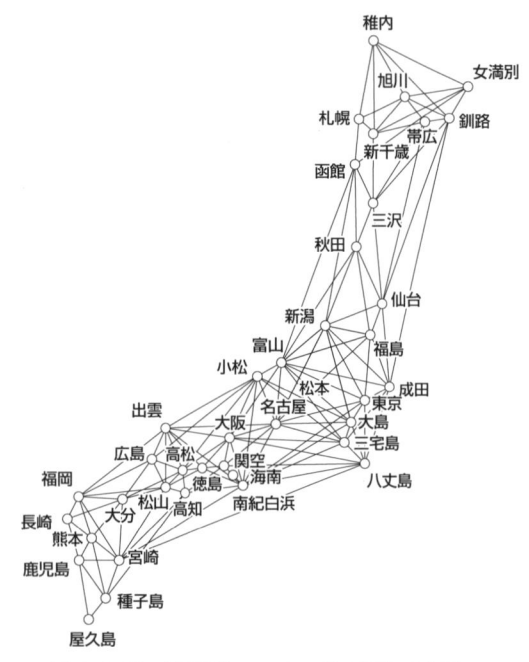

図6.4.14 地震予知のための日本列島三角網

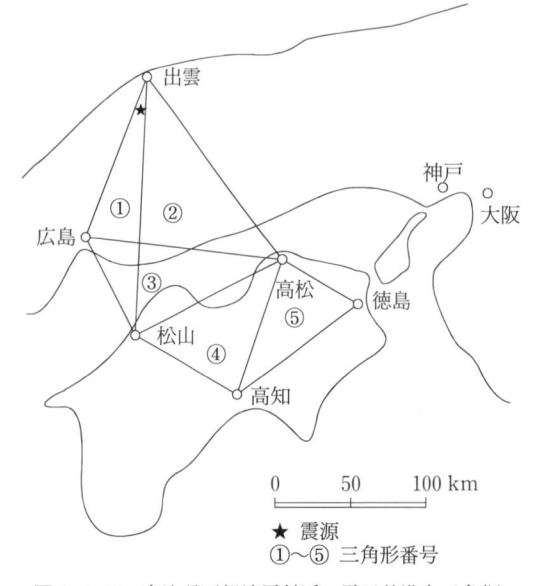

図6.4.15 鳥取県西部地震付近の電子基準点三角網

表6.4.2 鳥取県西部地震の三角変動率

三角形番号	期間1	期間2	期間3	備考
1	1	－3	－2	問題なし
2	0	3	0	問題なし
3	1	10	－1	前兆警戒
4	0	3	0	問題なし
5	0	5	0	注意
6	1	－4	0	注意
7	0	1	0	問題なし
8	0	－3	0	問題なし
9	0	0	0	問題なし

表6.4.3 三宅島火山噴火および神津島近海地震付近の電子基準点網

三角形番号	期間1	期間2	期間3	備考
10	0	0	0	問題なし
11	0	0	－4	注意
12	0	1	－64	きわめて危険
13	0	1	－36	きわめて危険

XY, XZ, YZ投影面の三角形面積の換算変動率のうち最も大きな値を示したのは，XZ投影面であった．XZ投影面における該三角形面積変動率（年換算率）は，上記9つの三角形および3つの期間に対して，表6.4.2の値（ppmの単位四捨五入）を示した．

三角形番号3は，きわめて危険な動きであり，鳥取県西部はこの三角形内に存在し，面積変動率の正負が反転した1か月後（2000年10月）にM7.3の地震が発生した．

② 三宅島火山噴火および神津島近海地震：

第二の検証例は，2000年6月に起きた三宅島火山噴火および神津島近海地震の予知に関するものである．

GPS観測点のうち，該当地域に位置する東京，成田，大島，三宅島の観測点を選択し，これらの観測点から形成される三角形群を次の4つの三角形で構成した（図6.4.16）．

・10：東京，成田，大島
・11：東京，成田，三宅島
・12：東京，大島，三宅島
・13：成田，大島，三宅島

観測期間および算出した値は，検証例①と同じである．三角形の面積変動率は表6.4.3に示した．

三角形番号12および13に対応する地域はきわめて危険であり，三宅島および神津島はこの三角形内に存在する．面積変動率の正負が反転した段階で，2000年6月に三宅島が噴火し，同年7月に神津島近海地震（最大M6.4）が発生した．

上記検証例のほか，2000年3月の有珠山噴火，2001年3月の芸予地震，同5月の浅間山噴煙（1200 mの高さ）の例においても，上記検証例と同じような予知が可能であったことが確認され，本手法の有効性が確認された．

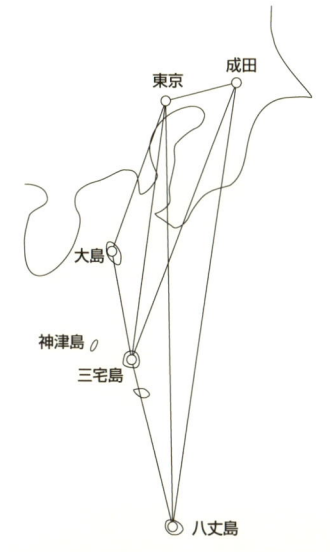

図6.4.16 三宅島火山噴火および神津島地震付近の電子基準点三角網

図6.4.17 女川と浜岡の位置図

2) 連続的観測による地震予知検証

先に述べたように，2002年以降は電子基準点が順次公開されるようになり，連続的な電子基準点の観測が可能になった．電子基準点のデータは，約1秒ごとに観測される．しかし，実際のデータをプロットしてみると，きわめて変動が激しく，雑音や理由不明の異常値がみられる．地震予知のためのGPSデータのトレンド解析には，正当な理由がないままに異常値などの棄却を実施することは，科学的とはいえない．この考え方から本手法においては，すべての観測データを自動的に取り込み，ある定められた期間の移動平均を以て地震予知のためのトレンドとした．試行錯誤の結果，15日間の移動平均がトレンドを探る指標として適切であると判断した．

① 宮城県沖地震： 2003年5月26日に宮城県沖において，M 7.0の巨大地震が発生した．2か月後の7月26日にM 6の地震が同一日に3回発生した．このときは，気象庁は，全く予知できず，テレビ会見で混乱を演じた．

本手法を検証するために，後追いではあるが，電子基準点の連続観測データを用いてチェックしてみた．図6.4.17に示すように，プレートの異なる女川（地震震源に一番近い電子基準点）と浜岡（約500 km離れた御前崎近くの電子基準点）の2点間の距離変動率を，地震予知のための指標とした．

図6.4.18は，15日間の移動平均を示すX軸方法の距離変動率である．このグラフをみると，2001年9月時点を始点とすると，直ちに20 ppmをこえる変動率を示し，2002年12月に大きな正負逆転が生じている．これは，本手法の危険予知の条件に合致する．しかし，すぐには地震は発生せず，約2か月前の2003年3月に擾乱が起こり，正負の逆転が再度生じた．そして，2002年12月の大擾乱から約6か月，2003年3月の小擾乱から約2か月後の5月26日にM 7.0の地震が発生したのである．

筆者らは，5月26日の時点におけるグラフの値がなぜ0に戻らないかを疑問に思っていた．

図6.4.18に示すようにその後の状況を連続して観測すると，はたして，2か月後の7月26日に

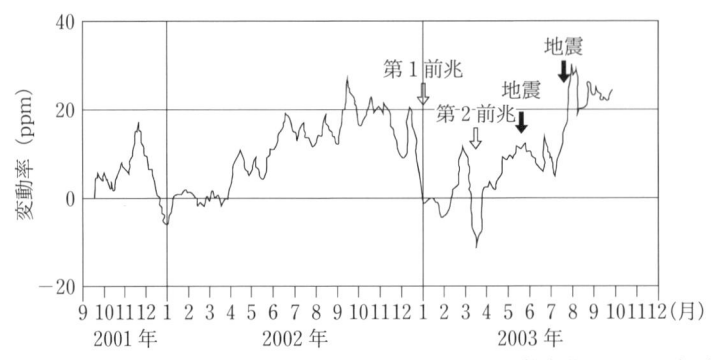

図6.4.18 宮城県沖地震を検証するための女川-浜岡間距離変動トレンド（X軸）

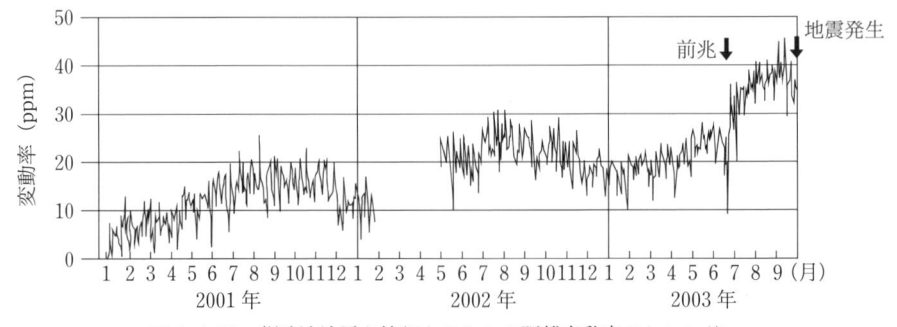

図6.4.19 釧路沖地震を検証するための距離変動率のトレンド

M6の地震が再度同じ地域で生起した．

　本検証例でみるように，プレートの異なる電子基準点の変動を監視することがきわめて重要であることが明らかになった．ちなみに，同じプレートに位置している電子基準点と女川の間の距離変動率はほとんどなく，監視に適さない．プレートの異なる電子基準点であれば，浜岡でなくても距離変動率は同様の傾向を示し，地震予知に利用できることがわかった．

　②釧路沖地震：2003年9月26日，北海道釧路沖においてM8.0の巨大地震が生じた．人命の被害はなかったものの，石油タンクの炎上被害が生じた．この地震に対して，本手法を適用すると，宮城沖地震と同様に検証可能なことがいえる．

　釧路沖地震では，プレートの異なる地点として，三重県白山を選定し，地震震源近くの点として，襟裳が選定された．

　発生3年前からの距離変動率を調べると，約1年で15 ppmになり，地震発生1年半前には15〜25 ppmの値を示すようになった．図6.4.19は，2年半前の2001年1月からの距離変動率の変化を示している．地震発生の約3か月前の2003年6月中旬に急激な下降とそれに続く急激な上昇が続き，30 ppmをこえる値が続き，6月の擾乱があってから3か月後の9月26日にM8の釧路沖地震が発生した．

　この図からもわかるように，高い変動率の値が続いた後，大きな擾乱があると数か月後に地震が発生する傾向がみられる．本ケースの場合，2003年の6月の擾乱が前兆現象であるととらえることが可能である．

f. 本手法の効果

　本手法によって以下の効果を得ることができる．

　①連続的に電子基準点のデータを監視することで，数か月単位で地震・噴火予知が可能となる．

　②地震・噴火の発生地域を電子基準点の配置三角網の範囲で特定することが可能となる．

　③民間企業または一般市民レベルでも地震・噴火の予知が可能になる．

　④衛星観測網を構築すれば，日本以外の地震多発国の地震予知および火山国の噴火予知に貢献することが可能となる．

　⑤地震や火山噴火による地盤の変動のみでなく，地すべりなど，3次元的変位をする地形や他の人工構造物の変動解析が可能となる．

　なお，本手法は，2003年1月に特許出願を行っている（特願2003-51965）．

〔荒木春視・村井俊治〕

文　献

1) 土屋　淳，辻　宏道：新・GPS測量の基礎，日本測量協会，2002．

7. デジタル航空カメラの測量工学への応用

本章では，従来のアナログ航空カメラを代替するデジタル航空カメラとして有力視されている，ラインセンサ型のスリーラインスキャナとエリアセンサ型のデジタルフレームカメラを取り上げる．

7.1 スリーラインスキャナ（TLS）

7.1.1 概　要

航空機用のラインセンサ型カメラの歴史は，1940年代，第二次世界大戦時の偵察機に搭載されたものにさかのぼるが，レンズの焦点面にラインセンサを並べるだけでマルチスペクトラム画像が容易に得られ，プッシュブルーム型センサとも呼ばれている．本格的には1980年代，SPOTなどの人工衛星に搭載されたスリーラインスキャナとして登場した[1,8,9]．その後，1990年代に入って，航空機搭載型の高精度キネマティックGPS（global positioning system：汎（全）地球測位システム），IMU（inertial measurement unit：慣性計測ユニット），さらには高密度化したCCDラインセンサの登場により，新たな波が始まったといえる．

一方，エリアセンサ型デジタル航空カメラは従来のアナログ航空カメラの延長形態として，また，レーザプロファイラの補助画像取得ツールとして市場に登場している．これら2つのアプローチは航空機搭載型でフルデジタルの空間データ取得システムとして活発に研究開発が行われている．エリアセンサ型は，あまり多くの画素をCCD撮像デバイスに配置することができないという半導体製造プロセス上の制約があり，複数のエリアセンサを組み合わせて用いる形態も登場している．

さて，ラインセンサ型デジタル航空カメラとして代表的なスリーラインスキャナは，DLR（ドイツ航空宇宙センター）のHRSC，Leica Geosystems社の固定翼搭載型のADS 40[19,20]，産学連携ベンチャーの株式会社宇宙情報技術研究所のヘリまたは固定翼搭載型のSTARIMAGERなどが知られている．本節では，STARIMAGERを例にあげて，TLSカメラのシステム構成，特徴，および応用を紹介する[6,7,18]．

7.1.2 原　理

図7.1.1は，STARIMAGERの外観写真であり，(a)は航空機の振動を抑圧してカメラの光軸を常に真下に向けておくスタビライザ，(b)はスタビライザを搭載したヘリのそれぞれの外観写真であ

(a)スタビライザ

(b)スタビライザ搭載ヘリ（AS 350）

図7.1.1　スリーラインスキャナSTARIMAGERの外観

る．図7.1.2に，TLSの動作原理を示す．少なくとも3個のCCDラインセンサパッケージがカメラレンズの焦点面上に互いに平行に配置され，航空機が飛行するのに合わせて，互いに100%オーバーラップした複数枚の2次元画像がライン画像の集合として形成される．図7.1.3は，TLSカメラで得られた前方視，直下視，後方視の画像であり（航空機の飛行方向は紙面の上から下），それぞれ視点の異なるシームレスな画像が得られることがわかる．たとえば，直下視の画像では，航空機の飛行方向では常に航空機の真下にあるライン上の地物が取得されることになり，航空機の飛行方向を向いている建物の壁はみえない．また，航空機の飛行方向と直角の方向では中心から遠ざかるにつれて，直角方向の壁が，より広く取得されていることがわかる．これに対して，前方視や後方視では，航空機の飛行方向については，一定方向の建物の壁がみえ続けている．すなわち，TLSカメラでは，航空機の飛行方向は正射投影（ただし，前方視，後方視では傾きのある正射投影），飛行方向と直角の方向は中心投影であり，2つの異なる投影方法が混在した画像が得られることになる．

一方，各ライン画像を撮影したときのTLSカメラの位置および姿勢は，それぞれ，GPS, IMUによって観測される．このため，STARIMAGERでは，GPSアンテナが航空機の屋根に取りつけら

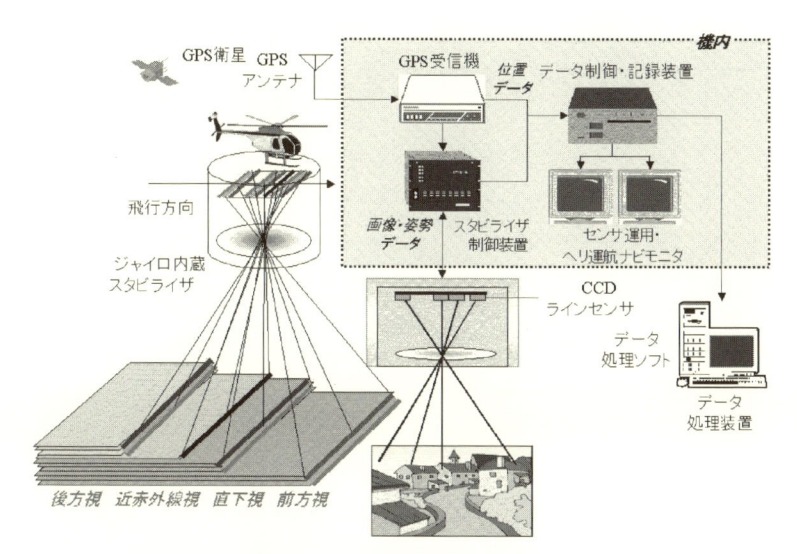

図 7.1.2　STARIMAGER の原理

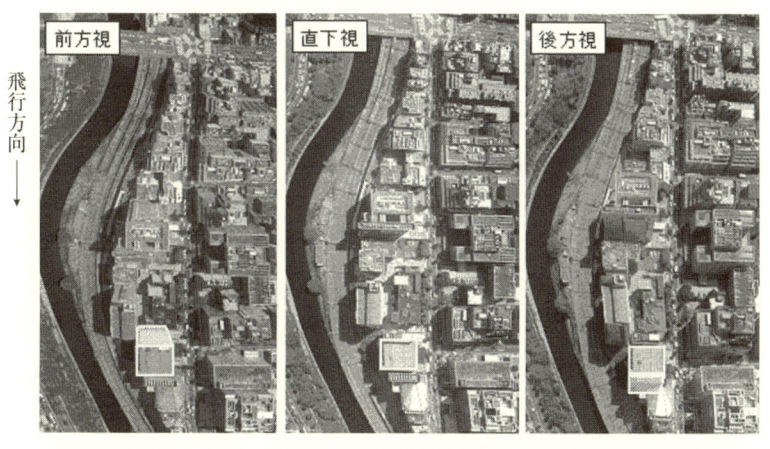

図 7.1.3　TLS 画像例

れ，光ファイバジャイロおよび加速度計から構成されるIMUが，スタビライザ内に収納されたTLSカメラの直上に固定されている[10]．

図7.1.4に示すように地上の計測点は，TLSカメラにより，まず前方視で，その後，直下視，後方視，それぞれの画像の中でライン画像として記録される．また，ライン画像ごとのTLSカメラの位置と姿勢も求められているため，3方向からの前方交会法により，計測点の3次元位置を求めることができる．このため，TLSは，原理的には，地上基準点による外部標定作業を必要としない自己完結型の測量システムということができる．

7.1.3 特　　徴

図7.1.5はTLSの構成上の特徴と，各特徴から導き出されるメリットをまとめたものであり，以下に概要を説明する．

① デジタル方式の適用：　写真現像焼き付けやスキャニング処理が不要であり，フィルムの変形，損傷，劣化などがない．また，像面照度に対して線形に応答する出力画像のダイナミックレンジが広く，建物や雲などの陰で暗くなっている部分の画像でも濃淡レベルを調整することによって簡単に回復することが可能で，最終的に画像認識できない地物が減り，現地調査が軽減できる．

② GPS/IMUの採用：　カメラ位置姿勢データの直接計測により，標定のための地上基準点が不要か少なくてすみ，基準点設置が困難な緊急時や現地への立ち入りが困難な箇所での調査に適している．

③ 高性能スタビライザの採用：　原画像に揺れやボケがなく，緊急時の監視画像の取得に適し，

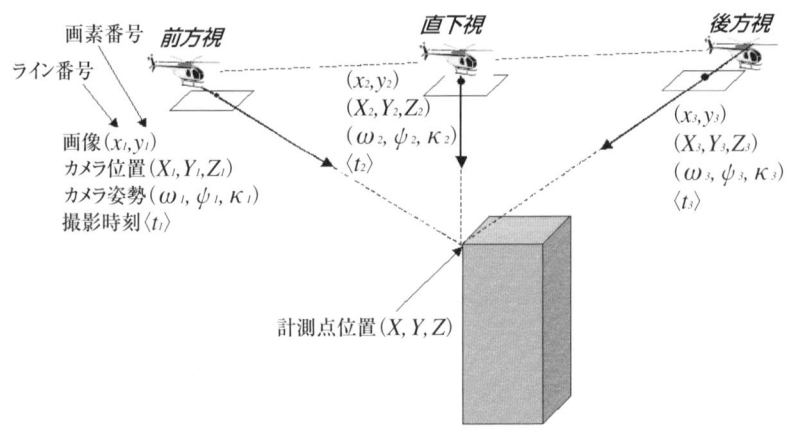

図7.1.4　3次元の点計測

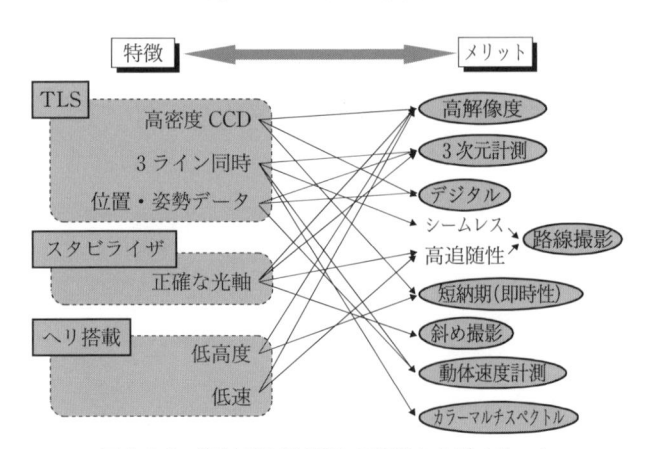

図7.1.5　STARIMAGERの特徴およびメリット

ライザを傾けることにより建物壁面のテクスチャ取得に効果的な斜め撮影が容易に行える．

④ヘリ搭載も可能： 低高度低速度撮影が可能で解像度が高い（図7.1.6）．視程や天候などの気象条件の影響が小さく，撮影頻度が高くとれる．また，低速での追随性により，道路，河川などの線状構造物あるいは地形を効率よく撮影できる．

⑤TLS方式の採用： 飛行方向には比高による歪みのない画像が得られ，品質の高いオルソ画像の作成に適する．飛行方向のモザイク処理が不要で廃棄部分がなく，線状構造物あるいは地形をシームレスに撮影することができる．また，3方向（3時点）の撮影で冗長性が高く，とりこぼしが少ない画像が得られ，撮影後の現地調査負荷が軽減できる．さらに，ステレオ角が一定している

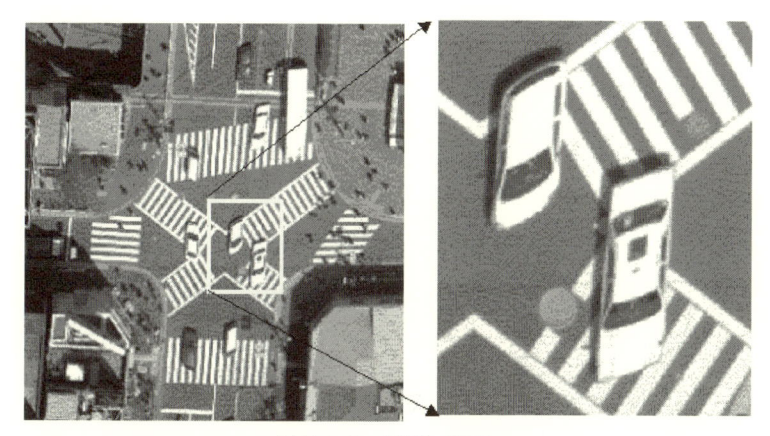

図7.1.6 高解像度画像

表7.1.1 STARIAMGER SI-290 の基本仕様

構成	項目		仕様
TLSカメラ	CCD素子	画素数/ライン	14403
		画素ピッチ	5 μm
	センサ数		10（3方向各RGBと近赤外）
	輝度ダイナミックレンジ		9 bit以上（12ビットデータ）
	レンズ焦点距離		90 mm
	ステレオ角		16°, 23°, 39°など
	撮影ライン数		500 ライン/s
スタビライザ	姿勢角度分解能		0.00125°
	空間安定度		0.00029°
	最大回転角速度		30°/s
GPS/IMU	GPS 2周波後処理キネマ	水平方向精度	2 cm + 2 ppm
		高さ方向精度	3 cm + 2 ppm
	GPSデータ出力		5 Hz
	IMUデータ出力		500 Hz
制御・記録装置	HDD記録	記録速度	150 MB/s以上
		記録容量	320 GB

ことから，ステレオマッチング時の対応点検索が容易で，3方向のステレオマッチング（トリプレットマッチング）により計測精度が向上する[2]．マルチスペクトル画像の取得が容易で，RGB 3本のラインセンサ画像からカラー画像を合成したり，近赤外線用のラインセンサから植生の活性度や土中の含水量を示す指標となる画像を作成したりすることができる．

7.1.4 撮影システムの構成

本項では，STARIMAGER で使われる撮影システムの構成について説明する．表 7.1.1 に STARIMAGER SI-290 の基本仕様を示す．

a. TLS カメラ

図 7.1.7 に TLS カメラの外観を示す．TLS カメラレンズの焦点距離は 90 mm であり，その焦点面に4個の CCD ラインセンサパッケージが互いに平行に配置されている．それらのうちの3個は，前方視，直下視，後方視に対応し，各パッケージはカラー画像形成のため，RGB の3本のラインセンサを有する．それぞれは，互いに 32 画素分だけ離れて収容されている．もう1個が前方視用と後方視用との間に近赤外線用（波長帯：760～860 nm）として置かれ，合計 10 本のラインセンサが置かれている．航空機の飛行に合わせて最大計 10 種類の 2 次元画像が同時に互いに 100%オーバーラップして得られることになる．ここで，直下視が 0°，前方視と後方視はそれぞれ −16°，23°の位置，さらに，近赤外視は 12°（0°と 23°との間）である．したがって，ステレオ計測における精度の指標となる前方視，後方視間の B/H 比（base-height ratio）は 0.69 である．各ラインセンサには，画素間隔が 5 μm で 14403 画素の CCD を使用しており，2.1 億画素相当の高解像度 2 次元画像が得られることになる．

b. スタビライザ

図 7.1.1 に示したように，TLS カメラを内蔵したスタビライザはヘリの場合，機体外側のアームに固定され，ヘリの振動を吸収する．スタビライザ上部に箱のようにみえる部分は振動吸収ばねであり，20 Hz よりも高い振動を吸収する．スタビラ

(a) 外観

(b) 焦点面の CCD

図 7.1.7　TLS カメラ

イザ自身は，外側 2 軸，内側 3 軸の計 5 軸のジンバル機構で各軸に取りつけられた光ファイバジャイロの角度情報に基づきサーボモータによる姿勢制御がなされる．これにより，振幅を抑えて TLS カメラの光軸をラインセンサのほぼ 1 画素に相当する範囲内（TLS カメラのロール角，ピッチ角，ヨー角をいずれも約 0.005°以内に抑える必要）に収めることができる．5～500 Hz の振動を印加したときのスタビライザの空間安定度は約 0.0003°である．したがって，風などによる航空機飛行の横ずれはあるものの，揺れでは画像のボケや画像周縁での廃棄部分は，ほとんど発生しない．図 7.1.8 は，スタビライザにより数度レベルの動揺を抑えて光軸の安定化を実現した例を示している．スタビライザを使用しない場合，取得された画像はボケたり波打ったりしてしまい判読はきわめて厳しくなり，後処理による修復も困難となる．そ

れに対して，スタビライザを用いると，高品質の画像が得られることがわかる．このため，STAR-IMAGER では後処理を施さない原画像でも，緊急時の画像，3D モデルに貼りつけるためのテクスチャとして活用でき，そのまま画像相関処理に供することができる．

c. GPS/IMU

図 7.1.9 に示すように，航空機の屋根に取りつけられた GPS アンテナにより，TLS カメラの位置を計測する．GPS 信号は 5 Hz で出力される各ライン画像に対応して補間計算される．このとき，機体の位置と，機体とスタビライザとのオフセットと機体の姿勢を考慮して TLS カメラ位置が補正される．GPS には後処理による L1/L2 の 2 周波キネマティック方式を適用している．通常，撮影地から 10 km 以内に設置する地上の GPS 基準局（図 7.1.10）におけるデータと航空機の屋根の GPS アンテナに接続されるローバー受信機からのデータを使い，航空機の位置を 2～3 cm+2 ppm×D 程度の精度で求めることができる（D は地上の GPS 基準局からの距離）．一方，TLS カメラの姿勢は，スタビライザ内の TLS カメラに固定された 3 軸の光ファイバジャイロと加速度センサからなる IMU から，500 Hz でスタビライザ制御装置に取り込まれる．このとき，姿勢角の分解能は 0.00125°である．また，位置および姿勢データ間の同期や定方位モードや進行方向モードなどのスタビライザ運用制御のため，GPS 信号からの正確な GPS 時刻データ（UTC time）と 1 PPS（pulse per second）信号をスタビライザに入力している．

d. 制御・記録装置

図 7.1.11 は機内設置の制御・記録装置であり，操縦士席のすぐ後ろに，機器ごとに入念に防振機構を施したラックに入れて設置している．TLS カメラからの画像信号および GPS/IMU からの位

数度レベルの動揺　　　　　0.005°以内に高安定

スタビライザなし　　　　　スタビライザあり

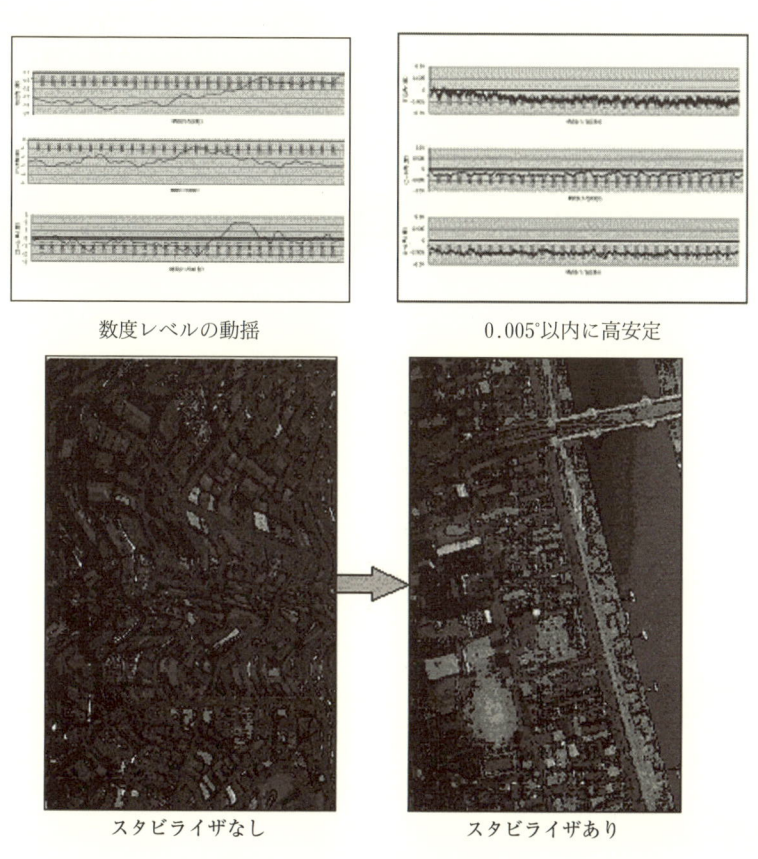

図 7.1.8 スタビライザの効果

置姿勢信号は，PCI バス用ディスクコントローラを用いて 8 台のハードディスクにランダムにアクセスすることにより，150 MB/s 以上の高速書き込みを実現している．

図 7.1.12 は，STARIMAGER の制御・記録装置で用いているモニタ画面の例である．(a)は，スタビライザのアライメント，制御モードや方向設定などのための画面であり，(b)は記録チャネル設定や撮影のスタート/ストップ，リアルタイムディスプレイの表示モードの設定などのための画面である．このほか，位置情報計測のためのキネマティック GPS アンテナとは別に設置された GPS アンテナで得られたリアルタイム測位情報をもとに航空機位置を撮影計画図上に示して操縦士に知らせるナビゲータ用のモニタ（後出の図 7.1.25 参照）も装備している．

e. TLS カメラ特性検査装置[11,12]

TLS の計測機能に対するキャリブレーションデータを求めるために必要な装置である．キャリブレーションには，研究室で実施するラボキャリブレーションと，撮影現場で実施するフィールドキャリブレーションとがある．また，キャリブレーションデータとしては，結像歪みや MTF などのジオメトリック特性と，周辺減光，感度，S/N 比などのラジオメトリック特性などがある．

図 7.1.11 機内設置の制御・記録装置

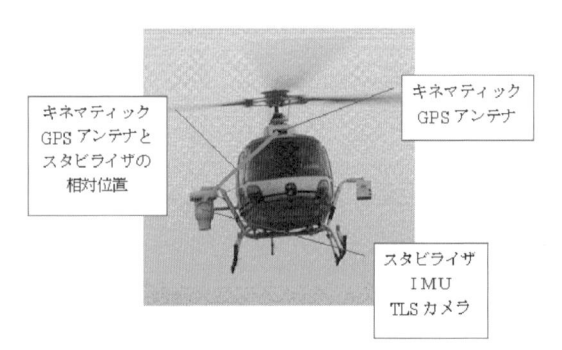

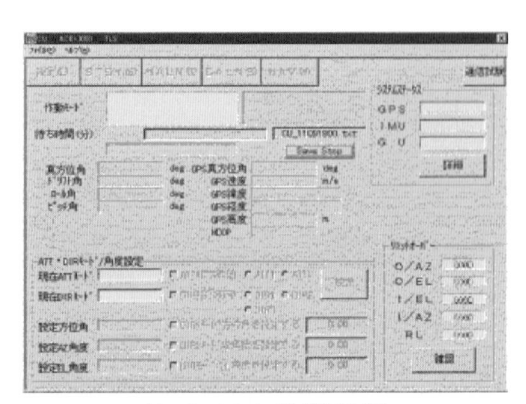

図 7.1.9 機上の GPS/IMU

図 7.1.10 地上の GPS 基準局

(a) スタビライザ制御画面例

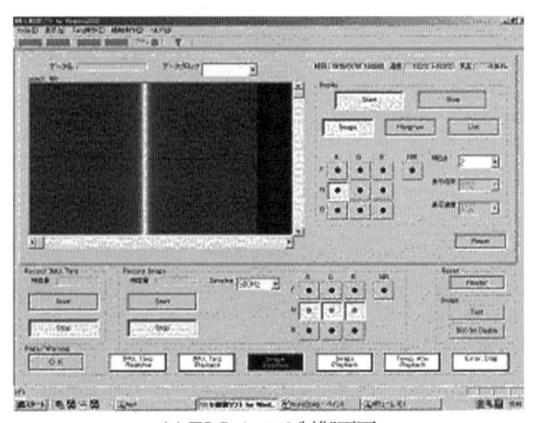

(b) TLS カメラ制御画面

図 7.1.12 制御・記録装置のモニタ画面例

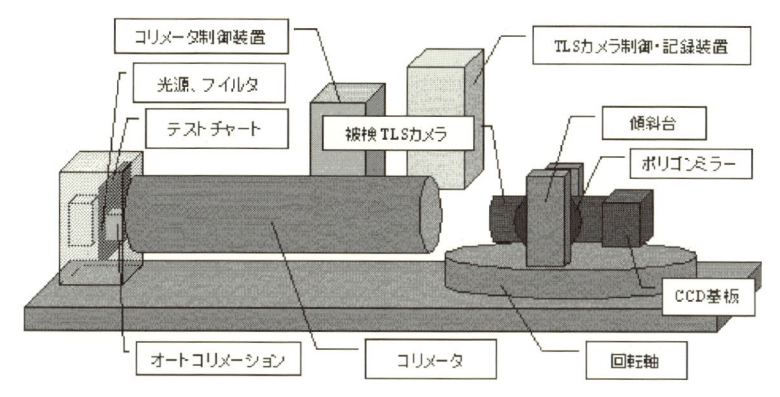

図7.1.13 TLSカメラ特性検査装置

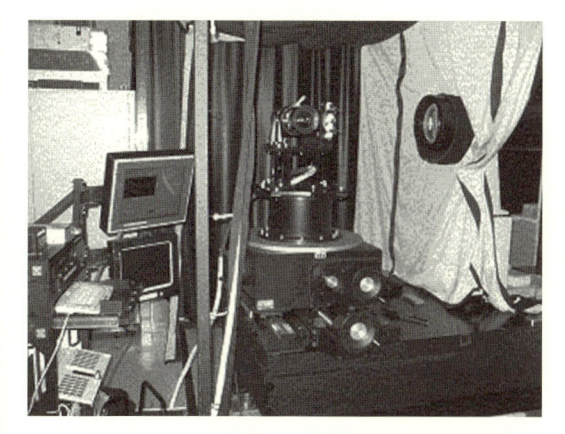

図7.1.14 TLSカメラ特性検査装置の外観

ジオメトリック特性のうち，計測精度に直接かかわる結像歪み特性は，通常，ラボキャリブレーションとフィールドキャリブレーションとを組み合わせることにより求める．ラボキャリブレーションでは，まず，レンズをセットする前のCCD基板におけるラインセンサの画素位置を3次元測定器を用いて測定する．次にCCD基板とレンズを組み合わせたカメラ単体としての結像歪み特性を測定するため，図7.1.13に示すようなTLSカメラ特性検査装置を用いる．TLSカメラ検査装置にTLSカメラをセットした状態を図7.1.14に示す．ここで，コリメータと被検TLSカメラとの光軸を合わせるためにはTLSカメラに固定されたポリゴンミラーからの反射光を用いて行う．また，前方視，後方視などの光軸から傾いたラインセンサの計測のためには，傾斜台を用い，結像位置の特定には，コリメータの焦点面のテストチャート位置に縦方向のスリット板と横方向のスリット板とを取り替えてセットし，それぞれ左右，上下に移動することにより行う．一方，フィールドキャリブレーションでは，あらかじめ十分な個数の地上基準点（GCP：ground control point）を整備したテストフィールドをTLSにより撮影する．このとき，ラボキャリブレーションで得られた歪み特性値データを初期値として，画像座標と地上座標との関係をセルフキャリブレーションで解析する．これにより，温度や圧力などによる，カメラのわずかな特性変化に対応する結像歪み特性を得ることができる．

また，ラジオメトリック特性は，積分球をTLSカメラで撮影し，得られる出力像を解析することにより測定できる．

一方，TLSカメラの運用時でも撮影前に画像の明るさや結像性に異常がみられないかを検査するため，図7.1.15に示すような光学系をもつTLSカメラテスタを用意している．図7.1.16はTLSカメラテスタの外観である．TLSカメラテスタは，ヘリ搭載時（縦置き），スタビライザの保管用キャリアー装荷時およびTLSカメラ単体時（横置き）のそれぞれの形態に対応することができる．回転するコリメータと傾斜台を用いることにより，飛行時の撮影シミュレーション（ライン方向解像度），周辺部検査（画素方向解像度）も可能である．TLSカメラテスタは，図7.1.17に示すように，近赤外視を含む4方向視の中央部および画素方向（モータ駆動）の検査が可能になるように設計されている．

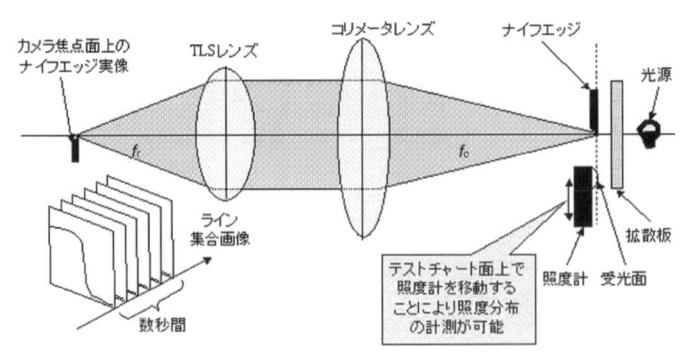

図 7.1.15　TLS カメラテスタ構成図

図 7.1.16　TLS カメラテスタ

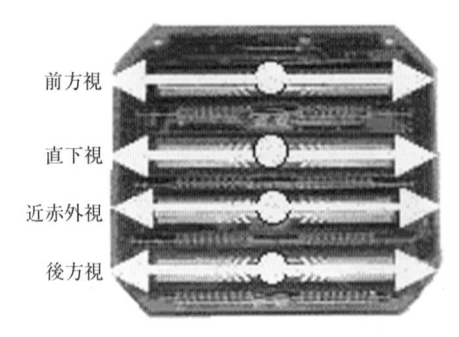

図 7.7.17　TLS カメラテスタ検査可能範囲

7.1.5　撮影方法

1）通常撮影

通常，ラインセンサをあらかじめ設定された方位に対して垂直に設定する定方位モードによる撮影を行う．図7.1.18に示すように，従来の航空写真と異なり，道路，河川，鉄道などをシームレスに撮影することが可能である．ヘリ搭載も可能なため，低速で低高度の撮影を行うことができ，高解像度画像を得ることができる．

2）斜め撮影

スタビライザの向きを撮影前に斜め方向にセットすれば，図7.1.19に示すように，幹線道路に沿ったビルの壁面や，道路や鉄道の法面や自然斜面のテクスチャを効率よく取得することができる．

3）道なり撮影

通常撮影に用いる定方位モードに対して，機体の進行方向に対してラインセンサを垂直に設定する進行方向モードがある．このモードを用いれば，図7.1.20に示すように，ある程度曲折した道路や河川でも単一の飛行で効率よく撮影することが可能となる．

7.1.6　データの特性と計測

図7.1.21に示すように，対地高度が600 mのときの撮影幅は480 mで，地上でCCD 1画素に相当する飛行方向と垂直の方向の解像度またはGSD（ground sample distance：地上サンプル距離）は3.3 cmとなる．一方，飛行方向の解像度は飛行速度で決められ，上記と同程度の解像度をもたせるためには，時速60 km（画像取得時間の2 msの間に3.3 cm進む）で飛行する必要がある．安定したヘリの運航を考慮して60 km/h以上，固定翼で180 km/hの速度が選ばれることが多い．

通常の航空写真は2方向視間のステレオマッチングであるのに対して，ここでは3方向視間のステレオマッチング（トリプレットマッチング）を行うことが可能となり，計測精度が向上するととも

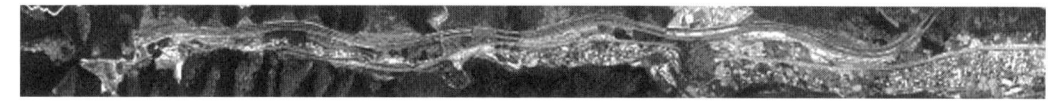

図 7.1.18 道路や鉄道のシームレス画像例

図 7.1.19 斜め撮影によるビル壁面の撮影

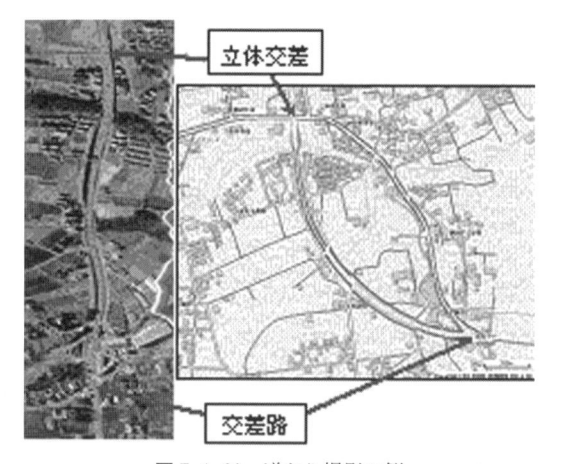

図 7.1.20 道なり撮影の例

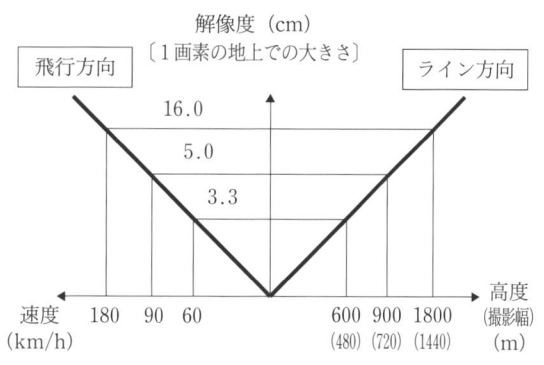

図 7.1.21 撮影高度，速度と解像度

に，冗長性による信頼性の向上が図られる．ここで，計測位置精度を上げるため，IMU信号のドリフトやGPSデータの取得頻度の制約を考慮して，適当な数の地上基準点により空中三角測量を行い，ライン画像の位置や姿勢の標定を行う．実際，500 m の対地高度で，水平方向10〜15 cm，高さ方向15〜20 cm の精度が得られ，1/500（水平高さとも精度25 cm）以上の大縮尺地図に対応できることになる[13,14]．

精度要求を満たすための撮影コースの設定や地上基準点の選択および配点計画は，重要な課題である．これまでの検討によれば，対象エリアがたとえ狭い路線状であっても2本以上のコースでカバーするとともに，それらのコースを横切るコースを設けることにより，より少ない地上基準点で必要精度が得られることがわかっている．ただし，空中三角測量を実施するに当たって，コース内の対応点であるパスポイントやコース間の対応点であるタイポイントを，十分な数，取得する必要がある．

7.1.7 データ処理システムの概要

TLS データ処理システムの機能ブロックダイヤグラムは，図7.1.22に示すように表現され，原データをベースに画像や位置姿勢データの前処理，空中三角測量，幾何補正，モノ画像計測，自動マッチングによる DSM（digital surface model：デジタル地表面モデル）の自動作成，DEM やオルソ画像の作成，ステレオ計測によるポリラインやポリゴンの取得など，従来のデジタ

ル写真測量システムと同等の機能を実現している．ここでは，TLS データ処理フローの実際を処理の順に概観することとする．

① ユーザインターフェースおよび計測システム： ユーザインタフェースは，画像の表示，操作，計測を可能とする．計測には，モノ計測およびステレオ計測モジュールがあり，それぞれ手動，半自動のモードがある．ここでは，TLS の前方視，直下視，後方視，それぞれの大規模画像を同時にローミングできる技術が使われている．ステレオ計測により，手動による道路，建物などの地物の計測や収集が可能となる．

② 空中三角測量： このモジュールには 2 つのステップがある．一つは観測された GPS/IMU データから画像の各ラインの位置姿勢の原データを得るステップである．この原データでもある程度のアプリケーションに耐える計測が行えるが，高精度アプリケーションには次のステップとして空中三角測量による位置姿勢の調整計算を行う．ここでは，自動のパスポイントおよびタイポイン

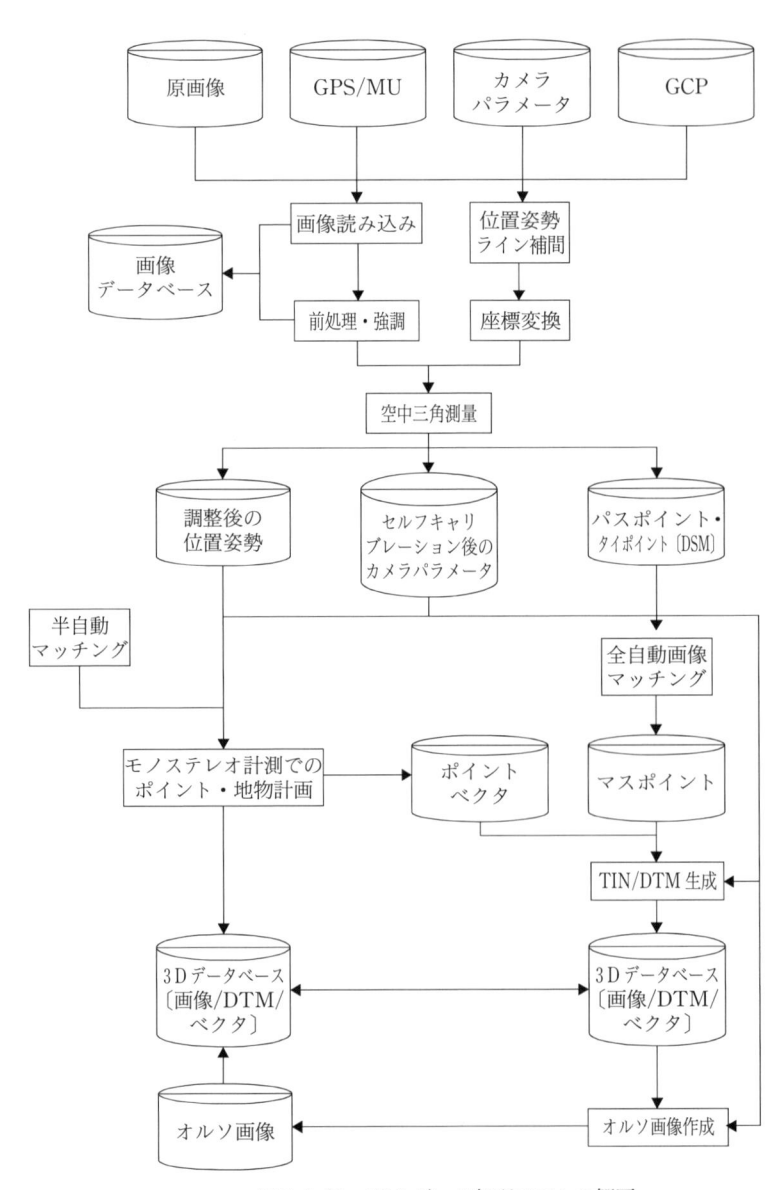

図 7.1.22 TLS データ処理ソフトの概要

ト抽出，マルチストリップやクロスストリップにおいて最小 2 乗マッチングによる調整計算を行う．

③画像幾何補正： このモジュールでは，外部標定パラメータの高周波の振動により起こる縦視差を軽減するため，原画像を準エピポラー画像に変形する．ここで，ラインセンサでは，純然たるエピポラー画像は存在しないため，準エピポラー画像と呼んでいる．スムーズなステレオ計測や画像マッチングに必要な機能である．幾何補正処理においては，空中三角測量後の位置姿勢データのみを用いた標準版と，既存の DSM/DTM(digital terrain model：デジタル地形モデル) を用いる高精細版とがある．高精細版では，残存する縦視差を許容値以下に軽減することが可能となる．

④DSM/DTM 生成： このモジュールでは，DSM の自動生成のためのマッチング機能が実現されている．同マッチング機能は，相互相関，最小 2 乗マッチング，マルチ画像マッチング，幾何学的拘束条件，エッジマッチング，リレーショナルマッチング，連続拘束条件付きマルチパッチマッチングなどの種々の手法を組み合わせて構成されている．このモジュールにより，大量のランダム標高点が得られ，テクスチャの乏しい領域でも，ローカルにはスムーズであるという拘束条件により，必要最低限の数のランダム標高点を得ることができる．

⑤オルソ画像生成： このモジュールにより，TLS 原画像と上記で得られた DSM/DTM に基づき，オルソ画像を生成することができる．

⑥3D 地物抽出およびモデリング： このモジュールでは，ポイントベースの地物抽出とラインあるいはエッジベースの地物抽出という 2 種類の半自動計測モードを実現している．前者においては，TLS データ処理ソフトが CyberCity 社の 3D モデリングソフトとステレオ計測による手動の 3D 点計測とを連携することにより，3D モデルの自動生成が可能である．後者では，直下視画像でのライン計測後，自動的に対応する建物輪郭などのラインを前方視および後方視画像から抽出できる[17]．

以下では，空中三角測量と DSM 生成のための自動画像マッチングについて詳述する．

a. 空中三角測量[11,12,15]

座標系 (x, y) を，焦点面上の主点を原点とし，x 軸が直下視の CCD ラインセンサと直交する画像座標系として定義する．ここで，(x, y) は，対応する画素座標 v（画素番号）と内部標定パラメータで関連づけされている．TLS カメラの内部標定パラメータと歪みパラメータが計測されれば，点の画像座標 (x, y) は画素座標 v（放射方向の歪み r に対する補正を含む）に関係して次式で表される．

$$\begin{cases} x' = x_0 + (v - Midv)\,ps\sin\alpha \\ y' = y_0 + (v - Midv)\,ps\cos\alpha \end{cases}$$
$$\begin{cases} x = x' + \Delta r x'/r = I_x(v) \\ y = y' + \Delta r y'/r = I_y(v) \end{cases} \quad (1)$$
$$\text{and} \quad \Delta r = a_1 r + a_3 r^3 + a_5 r^5$$
$$\text{and} \quad r = \sqrt{x'^2 + y'^2}$$

ここで，(x_0, y_0) は，CCD ラインセンサの中心の画像座標であり，α は画像の y 軸に対する前方視および後方視の CCD ラインセンサの軸傾斜角，さらに a_1, a_3, a_5 は放射方向に対称なレンズ歪みの補正係数である．$Midv$ は，CCD の中央の画素番号であり，ps は画素サイズである．

次に，ある時点における画像座標 (x, y) と地上座標 (X, Y, Z) とを関連づけるために，次式が使用される．

$$\begin{bmatrix} X \\ Y \\ Z \end{bmatrix} = \begin{bmatrix} X_0 \\ Y_0 \\ Z_0 \end{bmatrix}_N + \lambda R(\omega, \psi, \kappa)_N \begin{bmatrix} x \\ y \\ -c \end{bmatrix} \quad (2)$$

ここで，c はキャリブレーション後のカメラ定数（画面距離）であり，$X_0, Y_0, Z_0, \omega, \psi, \kappa$ は N 番目のスキャンサイクルに属する外部標定パラメータである．一定のスキャニング周波数 f_s を前提とすれば，標定パラメータは，画素座標 u の関数として次式のように記述される．

$$u = f_s t \quad (3)$$

これらの標定パラメータは機上の GPS/IMU により直接計測されるか，あるいは，いくつかの地上基準点による空中三角測量を経て推定される．GPS/IMU から直接計測される位置姿勢データ

は，GPS アンテナと IMU の中心がカメラの投影中心から離れていることから，カメラの投影中心そのものではなく，移動および回転のオフセットが発生する．加えて，IMU とカメラの軸との間のミスアライメントも存在する．これらのオフセットを考慮して，瞬間的な投影中心を求める正しい標定パラメータを得るために，次式のように補正しなければならない．

$$\begin{cases} X_0(t) = X_{\text{GPS}}(t) + \Delta X(t) \\ Y_0(t) = X_{\text{GPS}}(t) + \Delta Y(t) \\ Z_0(t) = Z_{\text{GPS}}(t) + \Delta Z(t) \\ \psi(t) = \psi_{\text{IMU}}(t) + \Delta \psi_{\text{IMU}} \\ \omega(t) = \omega_{\text{IMU}}(t) + \Delta \omega_{\text{IMU}} \\ \kappa(t) = \kappa_{\text{IMU}}(t) + \Delta \kappa_{\text{IMU}} \end{cases} \quad (4)$$

ここで，$(\Delta X, \Delta Y, \Delta Z)$ は GPS アンテナと TLS カメラとの間の移動に基づく変位補正であり，$(\Delta \psi_{\text{IMU}}, \Delta \omega_{\text{IMU}}, \Delta \kappa_{\text{IMU}})$ は IMU と TLS カメラとの間のミスアライメントを含む誤差である．GPS アンテナと TLS カメラとの間の移動変位ベクトルは航空機搭載時に地上測量により求められる．TLS ではスタビライザが高品質の原画像を得るために，地面に対してカメラが常に鉛直下を向くように制御しており，得られる姿勢データはカメラの姿勢そのものを意味しており，機体の姿勢は意味していない．このような変位の補正のため，機体の姿勢が記録される必要がある．結果として，全体の GPS とカメラとの間の変位ベクトルは次式で記述される．

$$\begin{bmatrix} \Delta X(t) \\ \Delta Y(t) \\ \Delta Z(t) \end{bmatrix} = R(\Omega(t), \Phi(t), K(t)) \begin{bmatrix} T_X \\ T_Y \\ T_Z \end{bmatrix}_{\text{GPS-IMU}} + \begin{bmatrix} 0 \\ 0 \\ s \end{bmatrix}_{\text{IMU-CAMERA}}$$
(5)

ここで，(T_X, T_Y, T_Z) は，GPS 受信機と IMU との間の移動変位ベクトル，s は IMU と TLS カメラとの間の垂直方向の変位である．ただし，その変位は 20 cm 程度であり，回転は無視している．$(\Omega(t), \Phi(t), K(t))$ は，瞬間的な機体の姿勢データである．また，IMU の姿勢誤差 $(\Delta\Phi_{\text{IMU}}, \Delta\omega_{\text{IMU}}, \Delta\kappa_{\text{IMU}})$ は，主として，不正な初期のアライメントとドリフト誤差 $(\psi_1, \omega_1, \kappa_1)$ による一定のオフセット $(\psi_0, \omega_0, \kappa_0)$ からなる．これらの誤差は正しい姿勢データ $(\psi_N, \omega_N, \kappa_N)$ を得るために決定する必要があり，次式のように記述される．

$$\begin{aligned} \Delta \psi_{\text{IMU}} &= \psi_0 + \psi_1 t \\ \Delta \omega_{\text{IMU}} &= \omega_0 + \omega_1 t \\ \Delta \kappa_{\text{IMU}} &= \kappa_0 + \kappa_1 t \end{aligned} \quad (6)$$

(1)〜(6)の数式を組み合わせることにより，TLS のセンサモデルは次式のように表される．

$$\begin{bmatrix} X \\ Y \\ Z \end{bmatrix} = \begin{bmatrix} X_{\text{GPS}}(t) \\ Y_{\text{GPS}}(t) \\ Z_{\text{GPS}}(t) \end{bmatrix} + R\begin{pmatrix} \Omega(t) \\ \Phi(t) \\ K(t) \end{pmatrix} \begin{bmatrix} T_x \\ T_y \\ T_z \end{bmatrix} + \begin{bmatrix} 0 \\ 0 \\ s \end{bmatrix}$$
$$+ \lambda R \begin{pmatrix} \omega_{\text{IMU}} + \omega_0 + \omega_1 t \\ \psi_{\text{IMU}} + \psi_0 + \psi_1 t \\ \kappa_{\text{IMU}} + \kappa_0 + \kappa_1 t \end{pmatrix} \begin{bmatrix} x \\ y \\ -c \end{bmatrix}$$

ここで，$t = \dfrac{u}{f_s}$；$\begin{bmatrix} x \\ y \end{bmatrix} = \begin{bmatrix} I_x(v) \\ I_y(v) \end{bmatrix}$ (7)

上式は，画素座標 (u, v) と地上座標 (X, Y, Z) との間の関係を記述したものであり，空中三角測量における基本的な数式として，下記に示す飛行軌跡モデルと組み合わせて用いられる．

一方，飛行軌跡のモデルについては，以下に示す3種類のものが適用できる．

① 確率的な外部標定による直接地上参照モデル (direct geo-referencing：DGR)．

② 2次までのキネマティックモデルと1次と2次の確率的な拘束条件をもつ分割多項式モデル (piecewise polynomial model：PPM)．

③ 可変標定解をもつラグランジェ多項式モデル (lagrange interpolation model：LIM)．地上基準点が多い場合に効果がある．

ここでは，最もよく用いられる DGR について説明する．機体の姿勢データが正しく記録できるという条件で，移動変位ベクトルが計算され，TLS カメラ中心の位置データが式(4)および式(5)に示すように補正される．機体姿勢誤差と GPS 誤差を考慮して，飛行軌跡全体に対する位置データは次式のようにモデル化される．

$$\begin{aligned} X_0(t) &= X_{\text{GPS}}(t) + X_{\text{off}} \\ Y_0(t) &= Y_{\text{GPS}}(t) + Y_{\text{off}} \\ Z_0(t) &= Z_{\text{GPS}}(t) + Z_{\text{off}} \end{aligned} \quad (8)$$

ここで，$(X_{\text{off}}, Y_{\text{off}}, Z_{\text{off}})$ は，ストリップ全体に

対して推定すべき未知のオフセットパラメータである．同様に，IMUの誤差項（$\Delta\psi$，$\Delta\omega$，$\Delta\kappa$）は，飛行軌跡全体に対して式(6)のようにモデル化される．式(6)〜(8)を組み合わせることにより，次のような空中三角測量に対する観測方程式を得る．

$$v_c = Ax_{off} + B_s x_s + B_d x_d + Cx_g - l_c; \quad P_c$$
$$v_s = x_s - l_s; P_s$$
$$v_d = x_d - l_d; P_d \quad\quad (9)$$
$$v_g = x_g - l_g; P_g$$

最初の等式は式(7)を線形にした観測方程式であり，x_{off}は未知の位置オフセット，x_sおよびx_dはそれぞれ未知のIMUのシフト項とドリフト項，x_gは地上座標ベクトル，A，B_s，B_d，Cは対応する設計行列，v，l，Pはそれぞれ，残差ベクトル，初期値ベクトル（vとlとの和が真値ベクトルとなる），重みベクトルである．

飛行軌跡モデルにより，残存するGPSアンテナ-カメラ間の変位ベクトルやIMU誤差項の補正に相当する9つのパラメータが決定される．このとき，IMUのシフトやドリフト項および地上座標は，確率変数として扱われる．なお，空中三角測量技術はTLSシステムのセルフキャリブレーションにも適用することができる．

b． 自動画像マッチング[4,16]

TLS画像は，以下に示すように，画像マッチングにとって，以下に示す新しい特性や可能性を提供する．

① 複数チャンネル（方向視およびストリップ）の多重画像を提供するため，多重の画像マッチングを可能とし，隠蔽，多重解，地表面の不連続性などによって起こされる問題の軽減につながり，また，3つ以上の画像間の前方交会により高い計測精度が得られる．

② 幾何学的な拘束条件，すなわち準エピポーラ線に沿っての探索範囲に制限できるような正確な内部および外部標定要素を提供する．

③ 飛行方向については，ほぼ正射投影に基づく画像を提供する．この特性は，修正MPGC（修正多重画像幾何学的拘束）マッチングにおける拘束条件として使われる．また，直下視画像では隠蔽部がより少ない．

画像マッチングによる自動DTM/DSM生成はここ数年，特に注目を浴びるようになった．多様なアプローチが開発され，DSM生成パッケージはいくつかのデジタル写真測量システムにおいて稼動を始めている．アルゴリズムや戦略はまちまちであるが，精度や問題点は共通している．実際，市場に登場している画像マッチングソフトの性能は，現状の技術ではまだ手動の計測には及ばない．DSM生成における問題点は下記のとおりである．

① テクスチャが乏しいか，全くないこと．
② 地物の明確な不連続性．
③ 地物片が近似可能な単純な平面をしていないこと．
④ 繰り返しある地物．
⑤ 隠蔽．
⑥ 影を含む動体．
⑦ 多重レイヤーをもつもの，あるいは透明な物体．
⑧ 反射などによる光学的なアーティファクト．
⑨ DSMからDTMへの変換．

ここでは，TLS画像マッチングにおいて，特に上記問題点の①〜⑥を検討することによりDSM生成することをねらって開発している．処理フローを図7.1.23に示す．ここでは，TLSの原画像と空中三角測量を行った位置姿勢データをベースとしている．いわゆる画像ピラミッドを構築した後，3種類の画像の特徴量，すなわち，特徴点，エッジおよびグリッドをもとにして画像マッチングを実施する．DSMに基づく不整三角形網（triangular irregular network：TIN）は，ピラミッドの各レベルにおける対応点から構成される．あるレベルの対応点は，近似やマッチングパラメータの計算のため，次のピラミッドレベルにおいて順次使用される．最後に，修正されたMPGCマッチングが，マッチングされたすべての特徴量に対してより正確なマッチング処理を実施したり，ミスマッチングを見つけたりするのに使われる．

通常のマッチング技術においては，面積ベースマッチング（area-based matching：ABM）や特徴ベースマッチング（feature-based matching：

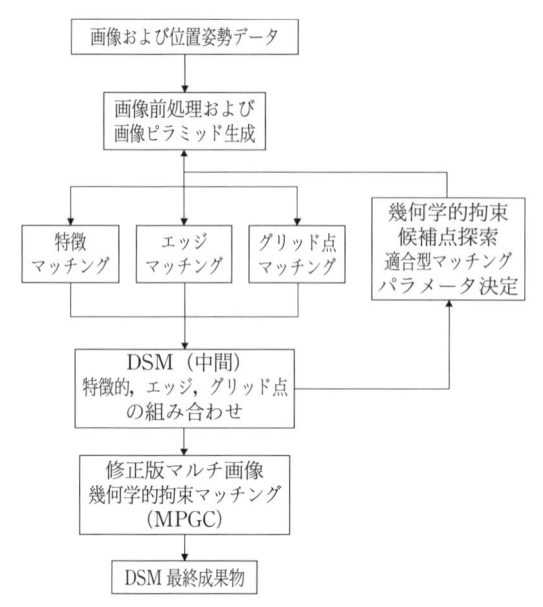

```
画像および位置姿勢データ
          ↓
    画像前処理および
    画像ピラミッド生成
     ↓    ↓    ↓         ↓
  特徴   エッジ  グリッド点    幾何学的拘束
 マッチング マッチング マッチング   候補点探索
                        適合型マッチング
                        パラメータ決定
     ↓    ↓    ↓         ↓
      DSM（中間）
      特徴的，エッジ，グリッド点
      の組み合わせ
          ↓
      修正版マルチ画像
      幾何学的拘束マッチング
         （MPGC）
          ↓
      DSM 最終成果物
```

図7.1.23 TLS 画像マッチングの処理フロー

FBM）が，DSM 生成において適用される2つの主要なアプローチである．それぞれ長所や短所はあるが，マッチング成功の鍵は，センサモデル，ネットワーク構造および画像コンテンツに関して実現可能で明確な知識を活用できる適切なマッチング手順を構築することにある．また，レーザプロファイラなどから得られた既存の DSM データを併用することにより，ステレオ点の探索範囲が織り込まれ，より効率のよい画像マッチングを行うことが可能である．

7.1.8 TLS 測量業務の実際

TLS においても従来の航空写真測量と同様の業務フローを有するが，TLS 方式は，7.1.3 項に記載した種々の特徴により，表7.1.2 に示すように，従来の航空写真方式に比べ，現像などの写真処理，スキャナによる画像のデジタル化，飛行方向のモザイキング処理などが不要となる．また，地上基準点数の削減により，対空標識設置，基準点測量，空中三角測量などにおいてコストの低減や工期の短縮を図ることができる．さらにダイナミックレンジが広いことや，歪みが少ないことにより，より多くの地理情報の獲得が可能である．さらに冗長性の高い画像であり，結果として現地調査負荷の大幅な削減が見込まれる．

1）基準点測量

地上基準点としては図7.1.24 のような既設の基準点を用いるか，あるいは，撮影された画像から判読しやすい地物を選択してから GPS などを用いて測量する．画像計測上，形状としては直径が少なくとも5画素以上ある円形が望ましい．測量された対象がマンホール内の鋲である場合は，そこからのオフセットを個々に計測してマンホールの蓋の中心の座標を算出するようにする．

2）撮影

撮影の前に，対象範囲の面積や形状，基準点の配点状況を考慮し，図7.1.25 に示すような飛行コースと撮影速度や高度を含む飛行計画を立案する．同図は，撮影時のナビゲーション用モニタとしても使用される．また，撮影時には，キネマティック GPS 処理による TLS カメラ位置姿勢の算出のため，撮影地から10 km 以内の地点に設置される GPS 基準局において連続観測を行う．

3）取得データのダウンロード

TLS カメラの機上にある制御・記録装置に記録された画像および位置姿勢データを，地上においてウィンドウズベースのワークステーションで取り扱えるようにする必要がある．このため，持ち帰った複数のハードディスクを制御・記録装置と同様の仕組みをもつエクスポート装置にセットす

表7.1.2 従来の航空写真測量との工程別処理負荷の比較

作業工程	従来方式	TLS
①対空標識設置	○	△
②標定点測量	○	△
③撮影	○	○
④現像・スキャニング	○	－
⑤現地調査	○	△
⑥空中三角測量	○	△
⑦DEM・オルソ画像作成	○	○
⑧モザイキング	○	△
⑨数値図化・編集	○	○
⑩現地補測	○	△

○必要，△軽減，－不要．

図 7.1.24　地上基準点の外観例

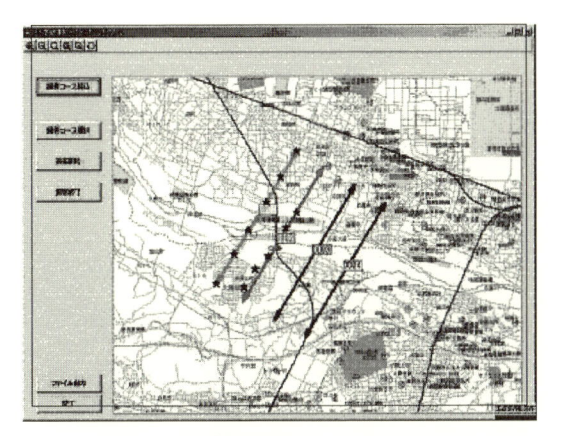

図 7.1.25　撮影計画とナビゲーション

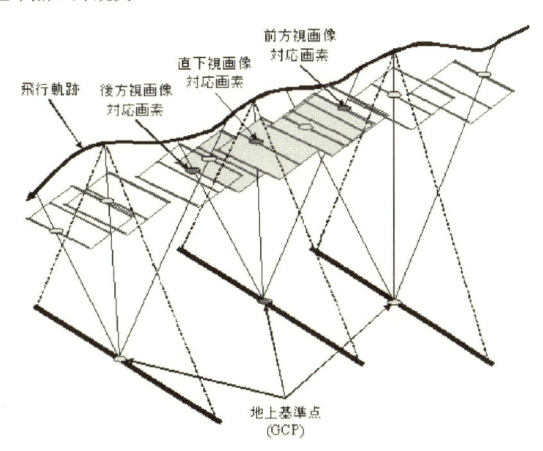

図 7.1.26　空中三角測量

ることにより，ダウンロードを行うことができる．

4）データの前処理

①画像の補正：　画像データは，カメラの特性により，偶数画素，奇数画素間の出力増幅率の偏差，周辺の光量低下（周辺減光），画素間の感度のバラツキなどの特性をもっている．そのため，事前に計測した特性を考慮して本来の画像に変換する必要がある．

②TLSカメラ位置姿勢算出：　カメラの位置と姿勢は，キネマティックGPS，スタビライザデータから算出する．キネマティック位置算出としては，国土地理院の電子基準点のキネマティックデータを用いてGPS基準局の正確な位置を算出する．また，航空機の移動点側の位置を基準局のキネマティック用データと合わせて算出する．キネマティック処理による位置データ，スタビライザからの姿勢データを画像時刻に同期させる．GPSやスタビライザは，TLSカメラ系とシステムが異なるため，厳密にデータの時刻同期を行う．ここで，GPSデータとIMUデータとの間の相関性を利用したカルマンフィルタを利用することにより，さらに精度の高い位置姿勢情報を求めることができる．

5）空中三角測量

図 7.1.26 に示すように，空中三角測量（aerial triangulation）においては，地上基準点に対応する画像上の位置を求めることにより，カメラの位置姿勢を調整する．合わせて，同一ストリップ内のステレオ対応点であるパスポイントと，複数コースの場合はコースにまたがるステレオ対応点であるタイポイントの画像座標を求めることにより，より正確な位置姿勢情報を求めることができる．

空中三角測量で用いているTLSカメラのセンサモデルは，前述したように共線方程式といくつかの飛行軌跡モデルの組み合わせで表現している．これらにより測定される各ライン取得時のカメラ位置姿勢データは外部標定データであり，その精度を高めることができる．

上記の空中三角測量ソフトの使用においては，下記の手順に従う．

①飛行軌跡の確認と，地上基準点の地上座標入

力と画像上の半自動位置計測（図7.1.27）．

② パスポイントおよびタイポイントの，画像上の全自動または半自動位置計測．

③ 位置姿勢調整計算．

④ 前方交会による地上評価ポイントの計測（図7.1.28，7.1.29）．

また，上記の処理は，十分な地上基準点の個数を有する検証フィールドにおいて実施することにより，TLSカメラの歪み特性を中心とするキャリブレーションデータを補正するためのセルフキャリブレーションを行うことができる．

6) ステレオ計測

ブレークラインの取得にはステレオ計測システムを利用する．点，ポリライン，ポリゴンの計測機能をベースとして計測図化作業を援用する機能が盛り込まれた，TLSステレオ計測図化ソフトウェアの画面を図7.1.30に示す．

7) DSMの作成

画像マッチングソフトでは，直下視画像を中心に前方視，後方視の画像の相関処理を行い，2ペアのマッチング結果を比較することで，より高い精度のランダム標高点の取得を可能としている[12]．図7.1.31は画像マッチングの結果の一例を示しており，各ランダム標高点は相関係数の高さに応じて色分けされている．

得られたランダム標高点数は，たとえば，国土地理院付近の500 m×2 kmの領域で5 cmの解像度の画像データに対して約38万点であり，密度換算すると0.4点/m²となる．結果として，図7.1.32

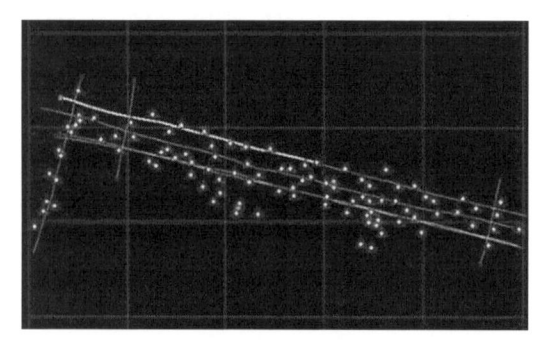

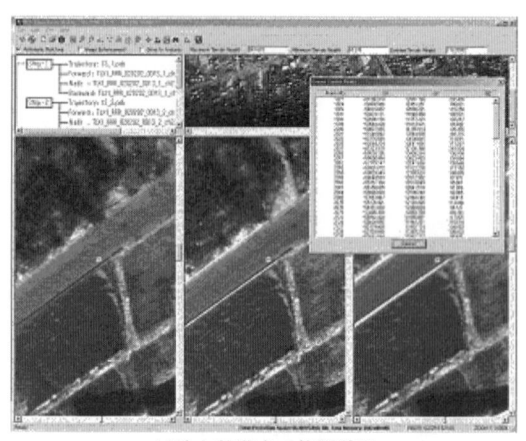

(a) 地上基準点の位置計測

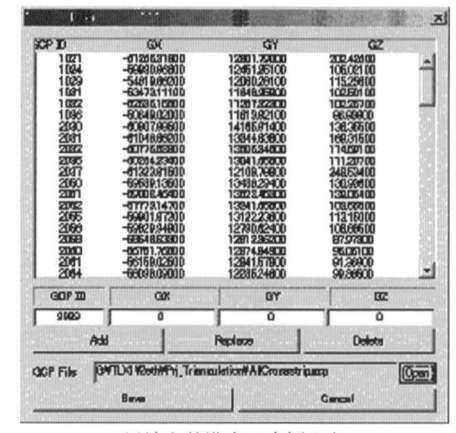

(b) 地上基準点の座標入力

図7.1.27 飛行軌跡と地上基準点の配点例

図7.1.28 地上基準点の画像上の位置計測と座標入力

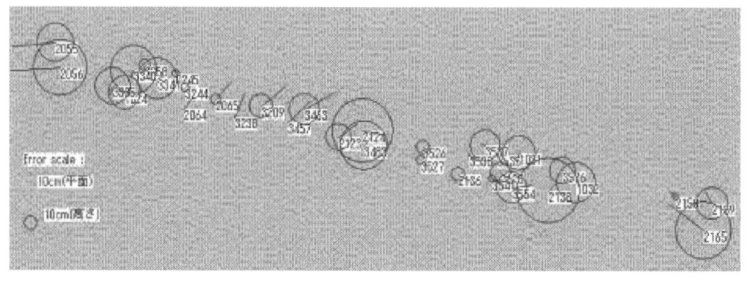

図7.1.29 標定結果例（残差ベクトル図）

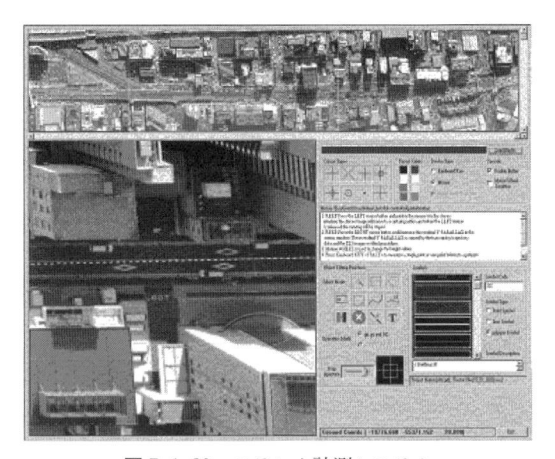

図 7.1.30　ステレオ計測システム

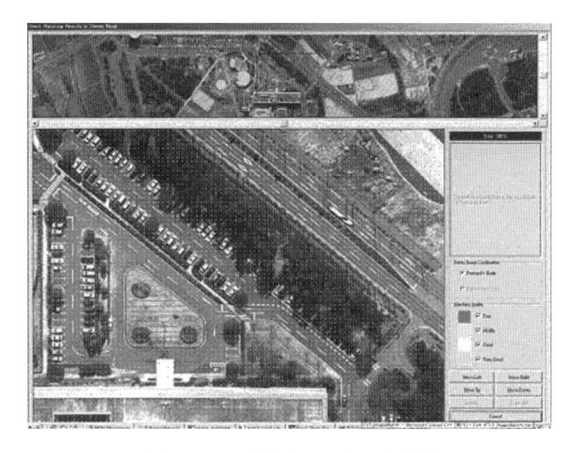

図 7.1.31　画像マッチング結果

に示すように，TLS では飛行方向に正射投影となる連続した直下視画像が存在するため，建物の直近まで，より広い範囲で品質のよい DSM が得られることがわかる．これは，従来の航空写真測量とは異なる特徴である．

8） テクスチャマッピング[5]

図 7.1.33 に示すように，3D ポリゴンデータ（TLS データから作成されたもの，他の情報源から作成されたものかを問わない）をベースとして，TLS 画像（斜め撮影を含む）の中からテクスチャを探し，各ポリゴンの隠蔽程度に合わせて最もよ

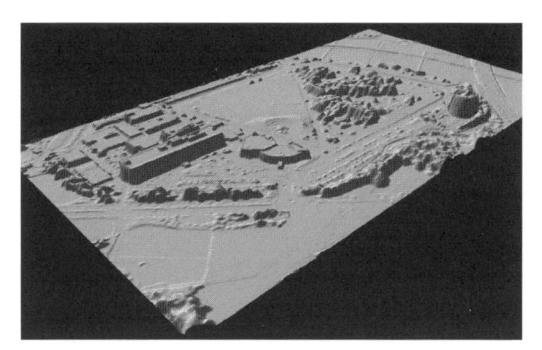

図 7.1.32　自動 DSM 作成例

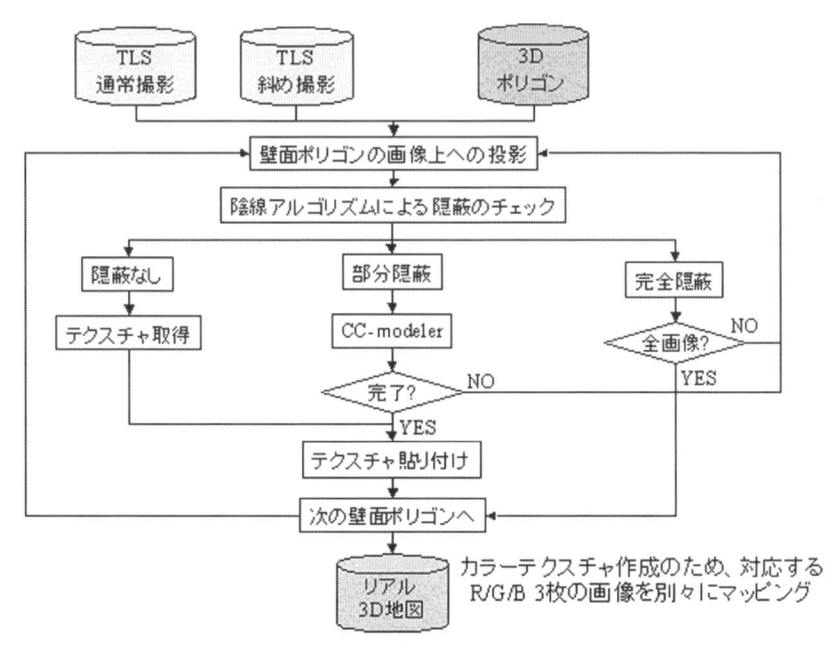

図 7.1.33　TLS 半自動テクスチャマッピング

図7.1.34 テクスチャマッピング例

図7.1.35 簡易オルソ画像

いテクスチャを選別して貼りつける．航空機の飛行線が道路に沿っている場合，直下視画像から道路に平行な壁面，前方視画像から進行方向で道路に垂直な壁面，後方視画像から逆方向で道路に垂直な壁面，それぞれのテクスチャが効率よく取得できる．また，斜め撮影画像による幹線道路に面した建物壁面のテクスチャの取得は前述したとおりである．新横浜地区に対して本ソフトを適用した例を図7.1.34に示す．

7.1.9 処理メニュー
1） 簡易オルソ画像
建物を含まない地形データ（DTM）に対してTLSの直下視画像を貼りつけることにより，簡易

ISTAR© 2002 - Original image from STARLABO
図7.1.36 簡易オルソ画像(上)と完全オルソ画像(下)

オルソ画像を得ることができる．また，単一コースの撮影ではカバーできないような広い範囲に対しては複数コースの撮影を行い，図7.1.35に示すように個々の簡易オルソ画像のモザイキングを実

2） 完全オルソ画像

図7.1.36はフランスISTAR社の協力によりコース間の多重度を上げて撮影したTLSデータを用いた完全オルソ画像（TrueOrtho™）の作成例である[21]．従来のオルソ画像が地盤データのみに基づくもので建物の倒れ込みがそのまま残されていたのに対して，建物まで含めてオルソ化がなされている．このため，GIS用背景画像として応用すれば，たとえば道路の下のガス管や水道管の位置を高精度に記述できることから，工事の際に誤って掘削するようなことを回避するのに役立つ．

3） 段彩図

図7.1.37に示すように，高地から低地に対して暖色から寒色へと色づけすることにより段彩図を形成することができる．段彩図は，特殊な眼鏡をかければ，立体視が可能であり，崩壊地の地形判読などにも効果を発揮する．さらに，オルソ画像を重畳すれば，地物レベルの把握でより判読性の高いものが得られる．

4） 高精細画像GIS

GIS（geographic information system：地理情報システム）の基盤データを構築するとき，従来の航空写真を用いて高価で工期のかかる地図をつくるかどうかは，重要な判断となる．この問題を解決するための新しい概念が画像GISである（図7.1.38）．ここでは，オルソ画像が，市販2D地図などの背景としてインポートされ，画像上での位置，距離，面積の計測が可能であり，モノ画像計測システムとも中央の地上座標を介して連動する．たとえば，2Dビューワのオルソ画像に写っている建物の高さは，その建物付近に対応する前方視，直下視，後方視の各画像を表示し，直下視画像上でビルの屋上をポイントすると高さが計算され，データベースにストアされる．実際，沿道の苦情処理や事故現場の状況把握など多くの応用では，必ずしも地図を使う必要がなく，画像のままでも十分である．このように，施設管理や工事設計などの応用において，現場に直接行くことなく3次元計測をしたり実際の画像をチェックしたりすることより，地図になってしまった場合では得られないような的確な状況把握を行うことが可能となる．

図7.1.37　高精細段彩図

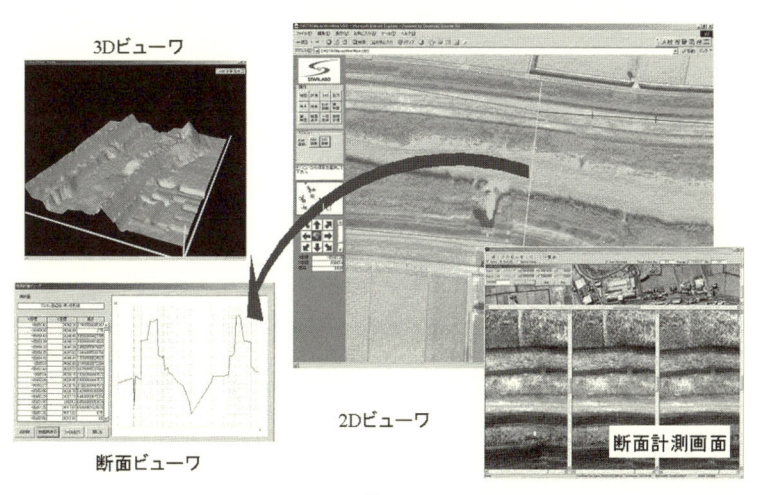

図7.1.38　画像GISビューワ

5) 高精細都市3Dモデル（新横浜）

図7.1.39は，3Dポリゴンの集まりとして高精細な都市の3次元モデルを構築した例である[5]．

図7.1.39　都市3Dモデル

図7.1.40　カラー画像と対応する近赤外線画像

斜め撮影を含めて得られたテクスチャは半自動的に選択され，貼りつけることができる．

6) リモートセンシング画像

近赤外線センサにより得られた画像(図7.1.40)とR（赤色）画像とを組み合わせて，リモートセンシングの分野で広く使われている，植生の指標として有効なNDVI (normalized difference vegetative index：植生指数）高精細画像を得ることができる（図7.1.41）．

7.1.10　応　用

TLSデータの特徴から，歪みの少ない高精細オルソ画像が効率よく作成されることを強味として，線状構造物や地形の3次元情報を，高解像度，

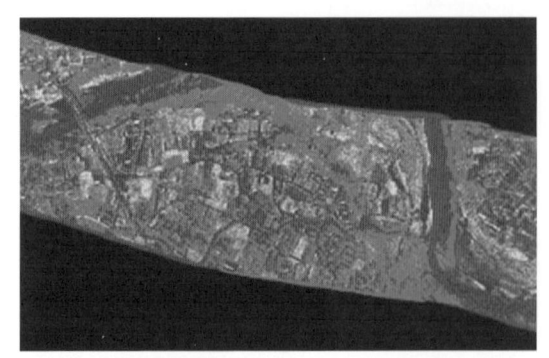

図7.1.41　NDVI高精細画像

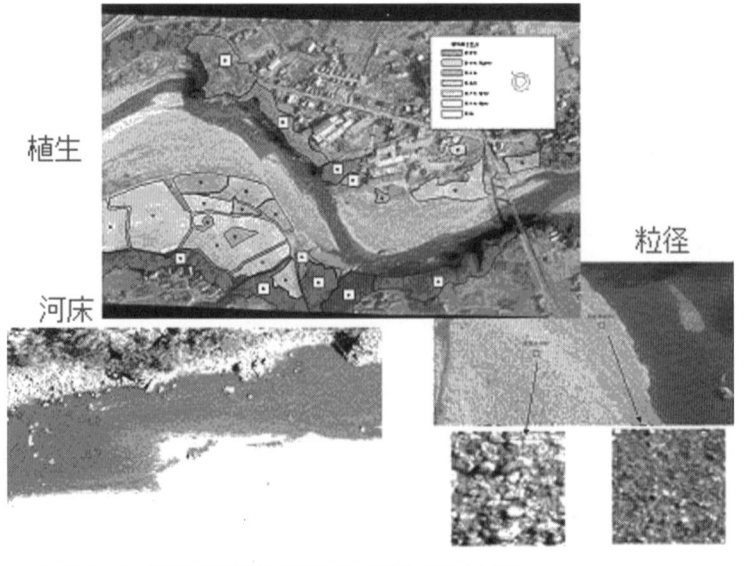

図7.1.42　河川環境調査（埼玉県寄居町の荒川上流）
（土木研究所からの委託研究に基づく）

図7.1.43 都市の3Dモデル（氾濫シミュレーションの例）

図7.1.44 水道配管GISのための背景オルソ画像

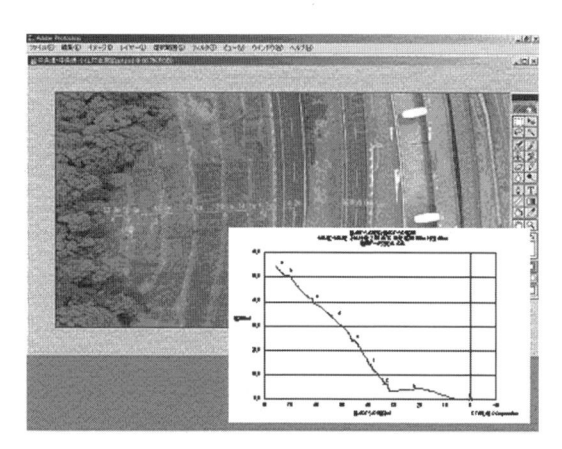

図7.1.45 道路法面の断面計測

図7.1.46 鉄道軌道内の管理画像

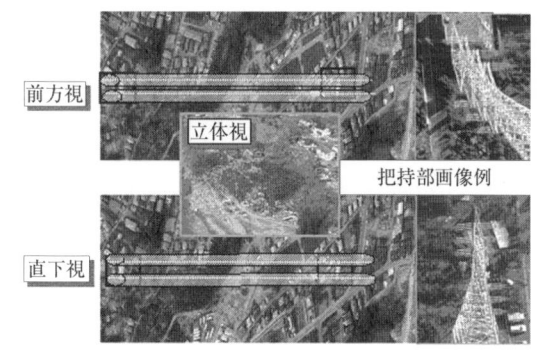

図7.1.47 送電線離隔計測

高効率，かつシームレスに取得する分野を中心に需要が拡大しつつある．構造物では，道路，橋梁，鉄道，送電線，パイプラインなどにおける建設前の調査，建設後の維持管理，GIS用の基盤データや背景画像としての応用である．カメラの位置姿勢を自ら計測できるため，緊急時や崩壊地など人の立ち入りが困難な場所でも計測に適している．

図7.1.42は，河川の撮影例であり，植生の調査，河川敷の礫粒径計測，河床計測などに用いている[3]．また，図7.1.43は，3Dポリゴンの集まりとして高精細な都市の3次元モデルを構築した例である．都市計画，景観シミュレーション，カーナビゲーション，ゲームなどへの応用が期待される．従来の1/2500の都市計画図や50mメッシュの地形図に基づくものでは得られなかった，床下または床上浸水の差まで判断できる高精度の氾濫シミュレーション用の地盤データとしても適用できる．

広域対応には，経済的な配慮からTLSデータと衛星画像または航空写真とのハイブリッド構造が主流となると思われる．TLSによる歪みの小さい高精細オルソ画像は，道路の下のガス管や水道管位置を高精度で表示できるため，誤って掘削するような事故を回避するのに役立つ（図7.1.44）．また，画像GISは，施設管理や工事設計などで，現場に行くことなく3D計測や実際の画像をチェ

ックすること可能とし，地図では得られないような的確な状況把握を行える．図7.1.45のように，高速道路法面の施工状況モニタリングや維持管理のため，TLS画像から得られる3D情報やテクスチャの利用が効果的である．図7.1.46のように鉄道GISとして鉄道軌道内外にある土工物の維持管理のために適用できる．図7.1.47のように，送電線と人家や樹木との間の離隔計測に適用することができる．

さらに，3方向の画像が一定時間差で取得できる特徴を利用して，車や流水など，動体の移動速度を計測することができる．また，航空機の飛行と車の移動との関係から生じる車の画像の変形や車の道路縁からの距離などから，道路に沿った交通流計測や違法駐車調査に応用することができる．〔津野浩一〕

文 献

1) 村井俊治：基準点不要のデジタル写真測量．全測連，'01春季号，15-20，2001．
2) 柴崎亮介，村井俊治：リニアアレイセンサによるトリプレット（3重ステレオ）画像を用いたステレオマッチングの精度，安定性の向上に関するシミュレーション．写真測量とリモートセンシング，**26**(2)，4-10，1987．
3) 深見和彦，岡田拓也，吉谷純一：TLSを用いた河川区域情報収集手法の検討．日本写真測量学会年次学術講演会，J-4，185-188，2002．
4) Li, Z. and Gruen, A.: Automatic DSM generation from TLS data. *Optical 3-D Measurement Techniques VI, Jan.*, **TS3**(I-93), 93-105, 2003.
5) Gruen, A., Li, Z. and Wang, X.: Generation of 3D city models from linear array CCD-sensors. *Optical 3-D Measurement Techniques VI, Sep.*, **TS12**(II-21), 21-31, 2003.
6) 津野浩一：空間情報技術の実際，スリーラインスキャナ（TLS）とその応用．日本写真測量学会，2002．
7) 津野浩一：スリーラインスキャナ（TLS）とその応用．写真測量とリモートセンシング（日本写真測量学会），**41**(4)，37-40，2002．
8) 村井俊治，松本好高：3ラインスキャナ（TLS）による3次元計測．写真測量とリモートセンシング，**33**(5)，21-25，1994．
9) 村井俊治，安岡善文：地球産業と宇宙産業．生産研究，**52**(3)，38-42，2000．
10) 特許02807622：航空機搭載総合撮影装置，1993．
11) Chen, T., Shibasaki, R. and Morita, K.: Development and calibration of airborne three-line scanner (TLS) imaging system. *3rd International Image Sensing Seminar ISPRS, Sep.*, 2001.
12) Chen, T., Shibasaki, R. and Murai, K.: Development and calibration of the airborne three-line scanner (TLS) imaging system. *Photogrammetric Engineering and Remote Sensing*, **69**(1), 71-78, 2003.
13) 森田一哉，柴崎亮介，陳 天恩，浦部ぽくろう，野口真弓：ラインセンサを用いた航空機搭載型撮像装置の精度評価．日本写真測量学会平成13年度秋季学術講演会，2001．
14) Gruen, A. and Li, Z.: TLS data processing. *3rd International Image Sensing Seminar ISPRS, Sep.*, 2001.
15) Gruen, A. and Li, Z.: Sensor modeling for aerial mobile mapping with three-line scanner (TLS) imagery. *International Archives of Photogrammetry and Remote Sensing*, **34**(Part 2), 139-146, 2002.
16) Gruen, A. and Li, Z.: Automatic DTM generation from three-line scanner (TLS) Images. *International Archives of Photogrammetry and Remote Sensing*, **34**(Part 3A), 131-137, 2002.
17) Nakagawa, M. and Shibasaki, R.: Study on making 3D urban model with TLS image and laser range data. *Asian Conference on Remote Sensing, Nov.*, 2001.
18) Murai, S., Murakami, M., Tsuno, K. and Morita, K.: Three-line scanner for large-scale mapping. *Optical 3-D Measurement Techniques VI, Sep.*, **TS2**(I-55), 55-64, 2003.
19) Tempelmann, U., Hinskin, L. and Recke, U.: ADS Calibration & Verification Process. *Optical 3-D Measurement Techniques VI, Sep.*, **TS2**(I-48), 48-54, 2003.
20) Paterake, M. and Baltsavias, E.: Analysis of a DSM generation algorithm for the ADS40 pushbroom sensor. *Optical 3-D Measurement Techniques VI, Sep.*, **TS3**(I-83), 83-92, 2003.
21) Nonin, P.: Automatic extraction of digital surface model from airborne digital cameras. *Optical 3-D Measurement Techniques VI, Sep.*, **TS3**(I-106), 106-113, 2003.

7.2 デジタルフレームカメラ

7.2.1 概　　要

これまでの航空写真測量用のカメラ（アナログ

カメラ）は技術的な完成度が高く，安定した精度の航空写真を世に送り出してきた．現在，デジタルカメラ技術の飛躍的進歩の中，これまでの航空写真測量用カメラの精度や撮影条件などを十分に満足する実用向きデジタル航空カメラの出現が，この分野では期待されていた．

それには，フィルムベースのアナログ航空写真測量用カメラの解像力レベルを保持し，これまでの航空写真測量で扱ってきた小縮尺から大縮尺までの地形図作成を可能とし，さまざまな撮影時の光量条件でも対応できる高画質な画像が取得できる能力が求められる．

加えて，従来の航空写真測量用カメラの代替ということになれば，画像のブレを除去できる像ブレ補正機能（FMC）の拡充性，さらには，これまでの航空写真測量に加えて，今後の各種調査への適用を視野に入れれば，パンクロやカラーだけでなく近赤外領域の画像も取得でき，それらの合成画像の作成まで対応できるマルチカメラ機能も求められる．

本節では，航空写真測量用のデジタルフレームカメラの代表的な機種であるZ/I Imaging社のDMCを例に，その原理，システム構成，カメラ構成，電子的像ブレ補正機構，GPS/IMU装置，画像データの格納装置，合成画像の作成，撮影画像の性能などを解説するとともに，今後の各種調査への応用，特に河川調査や緑地調査への利用性についてまとめる．

〔瀬戸島政博〕

7.2.2　原　　理

本項では，エリアセンサ方式のデジタル航空カメラの原理を概説する．デジタル航空カメラは，コンパクトデジタルカメラの巨大なもの，あるいは，航空フィルムカメラをデジタル化したものといえる．さらに画像サイズの巨大さや高い幾何精度を確保するため，特殊な技術が多用されている．

今日，数種のカメラがすでに実用化，市販されているが，ここではZ/I Imaging社のDMC（図7.2.1）を例に，他のデジタル航空カメラに共通する基本的な原理と特筆すべき機能を示す．

a. 基本的なシステム構成

航空機へ搭載されたDMCの機材構成は，図

図7.2.1　Z/I Imaging社製DMC

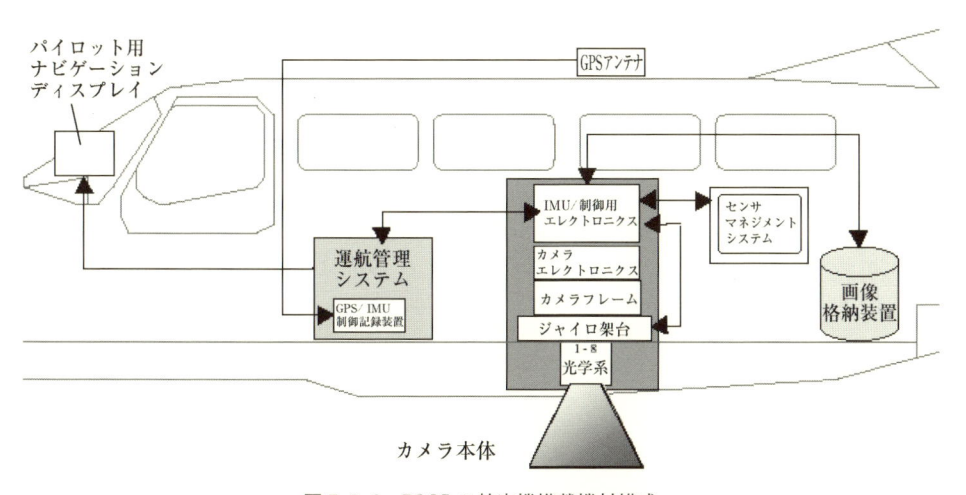

図7.2.2　DMCの航空機搭載機材構成

7.2.2に示すとおりである．基本構成は，カメラ本体，センサマネジメントシステム，画像データ格納装置，GPS/IMU制御記録装置などより成り立っている．

カメラ本体は，RMK-TOPと共通のジャイロ架台に設置される．このカメラ本体は，8台のCCD（電荷結合素子）カメラモジュール，制御用エレクトロニクスモジュール，およびIMU（慣性計測センサ）より成り立っている．制御用エレクトロニクスモジュールは，CCDカメラモジュール制御，シャッタの同期制御，画像データの転送制御などを行う．

センサマネジメントシステムは，パソコンとソフトウェアより構成されている．これは，カメラ本体の動作監視，パイロットの飛行ナビゲーション情報の制御，表示などを受け持っている．撮影士は，光学ファインダに代えてLCDモニタにより撮影作業を実施できる．

画像データ格納装置は，RAID構成のハードディスクと高速の通信インターフェースからなる．8台のCCDカメラモジュールからの画像データを並列かつ高速に格納する．

GPS/IMU計測制御装置は，カメラ本体に設置されたIMUや機外のGPSアンテナからの計測データの監視，収集を行う．

航空機搭載機材のほかにデータ後処理装置が必要である．これは大きなハードディスクを有するパソコンである．撮影画像データのダウンロードや各種後処理のために使用される．

1） 複眼カメラの仕組み

DMCには，8台のCCDカメラモジュールが用いられている（図7.2.3）．カメラ本体の中央に近い4台は，高解像度のパンクロ画像用センサで，相対的に小さく傾いて収束撮影をするよう配置されており，7000×4000画素のCCDチップが用いられている．焦点距離は120 mmである．外側に配置される4台は，RGBおよび近赤外用のセンサで相対的に並行に，かつそれぞれがパンクロセンサ4台分とほぼ同じ範囲を撮影するよう配置されている．3000×2000画素のCCDチップが用いられている．焦点距離は25 mmとなっている．これ

図7.2.3　8台のCCDカメラモジュール

ら8台のCCDカメラモジュールで撮影された画像は，後処理によりRGBまたはカラー近赤外かつ高解像度の単一画像に合成される．

複数のレンズシステムを組み合わせて広い画角を確保する試みは，空中写真撮影の初期より知られていた．過去において偵察用カメラKS-153やパノラマカメラKRb 8/24などの複眼カメラが製作されている．複眼となった理由は，物理的に精度のよい超広角レンズを作成できないことにあった．デジタル航空カメラにおいて複眼カメラ構成が利用されるのは，その他の異なる理由にもよる．経済的理由においてCCDチップの大きさには制約がある．また，技術的理由においては，たとえ大きなCCDチップが利用可能であったとしても，撮影時間間隔をフィルムカメラ並みの2秒程度にするには非常に高速なデータ転送が要求され，複数のCCDチップを用いた並列処理が現実的であるためである．

複眼カメラにおいて，移動しながら撮影する複数の画像を合成するに当たって，幾何精度を高く保つために各CCDカメラモジュールのシャッタ同期技術は，きわめて重要である．シャッタはピエゾ素子で駆動され，絞りの機能を合わせ持っている．機械的駆動箇所が少なく，動作の信頼性や耐久性が高い．光電シャッタはレンズ中心に取りつけられており，航空機の移動による歪み（ディストーション）を生じないよう設計されている．

2) 電子的 FMC 装置

航空フィルムカメラでは，露光時間中の航空機の移動による像の横ブレが生じる．これは，特に 1/5000 以上の大縮尺の撮影において顕著である．これを防ぐために，FMC (forward motion compensation：像ブレ補正機構) と呼ばれる装置が用いられ，撮影速度に合わせて，露光時にフィルムを瞬間後退させる機構である．

他方，DMC には，TDI (time delay integration：時間遅延機構) と呼ばれる電子式の像ブレ補正装置が搭載されている (図 7.2.4)．各カメラモジュールにおいて，露光中，撮影のデータは CCD のラインごとに読み取りレジスタに転送される．このとき，航空機の移動速度に同調してレジスタを後方にシフトさせて，像ブレを減少させる機構である．また，ジャイロ架台により偏流角を減少させることで，より正確に像ブレの補正を行うことができる．

3) GPS/IMU 装置

他の航空機デジタルセンサと同様に，DMC においても GPS/IMU 装置はきわめて効果的に計測作業を簡略化する．特に小縮尺の計測作業においては，空中三角測量に匹敵する精度で外部標定要素を計測できる．なお，デジタル航空カメラで撮影された画像は，中心投影画像として合成されるため，空中三角測量など別の解法を用いた計測が可能である．このため，GPS/IMU 装置はラインセンサ方式カメラとは異なり，必須ではない．

4) 画像データ格納装置

DMC で撮影される画像は，1 組 8 枚 (8 CCD カメラモジュール) あたりで約 600 MB となる．また，撮影時間間隔は，最短で 2 秒である．これらのデータを格納するために，カメラと RAID レベル 0 (複数の HD 装置によるストライピングされた論理ボリューム) の HD 装置との間はファイバチャンネル (高速データの転送規格) によるインターフェース 3 組で接続されて，並列のデータ転送が行われる．格納装置の容量は 840 GB で，約 2000 枚の画像が格納できる (図 7.2.5)．これは，500 フィートの航空フィルムの 3 本分に相当する．

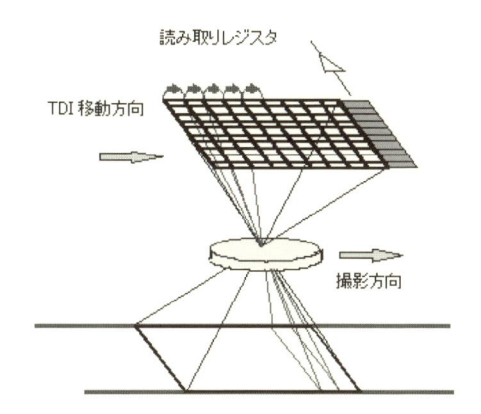

図 7.2.4 TDI の原理

図 7.2.5 画像データ格納装置

b. 中心投影合成画像の生成

各撮影地点で取得された 1 組 8 枚の画像のうち，4 枚のパンクロ画像は，後処理で 1 つの合成中心投影画像として再構成される (図 7.2.6)．この変換は，カメラの外部定位と被写体空間までの距離をパラメータとして行われる．ところが一般には撮影時点では，外部定位や地上までの距離を正確に把握できないため，撮影基準面までの距離をパラメータとして処理する．このため，厳密な中心投影像とはいえない．しかし，写真測量におけるその影響を十分に考慮の上で設計されている．合成変換による厳密な中心投影像とその誤差は，撮影高度が低いほど大きく，また，撮影される地表の起伏の比高差にも比例する．たとえば，撮影高度が 500 m で撮影基準面からの比高差が 100 m ある地点の合成中心投影画像と厳密な中心

投影との誤差は，0.43 ピクセル，地表面で 1.7 cm となる．設計上では撮影高度が 300 m 以上であれば計測に実質的な障害を生じない．なお，合成画像における仮想の焦点距離は，120 mm に設計されており，パンクロCCDカメラモジュールとほぼ同一で拡大縮小はほとんどされずに画像が再構成される．

後処理では，中心投影合成画像生成のほかに，必要に応じて，パンクロ中心投影合成画像とRGB，および近赤外バンドの画像を利用してパンシャープン処理を施し，パンクロと同解像度のカラー，または近赤外カラー画像を生成することができる．

c. 画像の性能

DMC で撮影される画像の諸元を表 7.2.1 に示す．

DMC では，1 枚の撮影範囲が少し小さいものの，ほぼフィルム航空カメラの性能をカバーしていることがわかる．また，フィルムと比較して高い色深度や，近赤外画像が同時に取得されるなどの利点を有している．これらより，DMC がフィルム航空カメラの代替となりえているといえよう．写真測量作業おいては，これまで研究されてきた一般的な写真計測技術や機材がそのまま利用できることが特筆すべき点である．

〔加藤　哲・山田啓二〕

7.2.3 主な利用例
a. 河川分野への利用

多摩川の河川敷を撮影した画像を図 7.2.7 に示す．リアルカラー画像のみでも水際部に分布する木本や草本に関して，その種別や分布範囲が明瞭に識別できることがわかる．河川周辺部の土地利用（農地や緑地の分布）もよく識別できるので，これらも含めて河川空間の環境調査に威力を発揮するものと思われる．図 7.2.8 は近赤外バンドと可視光赤バンドの比を正規化して求めたものである．値が大きい（図 7.2.8 では白っぽい）箇所には植生が分布しており，コンクリートなどの人工護岸や道路，水面，河川敷の砂利などの分布域は 0 またはそれに近い値（図 7.2.8 では黒っぽい箇所）を示す．この計算式の値と実際の植生などとの相関関係は，今後現地調査などにより詳細に検討する必要があるが，従来の空中写真では困難だった定量的な植生分布の把握が期待できる．

河床部を拡大していくと，砂礫，岩，人工構造物など，河床材料の違いが明瞭に識別できる．図

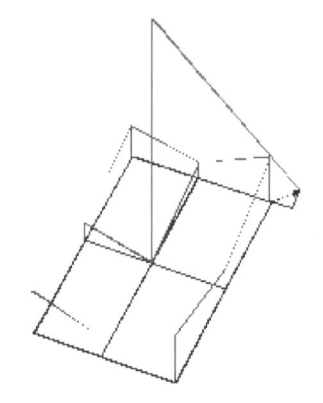

図 7.2.6　4 枚のパンクロ画像合成の概念

表 7.2.1　DMC 合成画像の諸元

項目	値
解像度（ピクセル）	13000×8000
物理的画像サイズ (mm)	95×168
物理的解像度（μm）	12×12
合成画像仮想焦点距離 (mm)	120
ラジオメトリックな解像力 (bit)	12
撮影時間間隔	約 2 秒ごと
画角（°）	44×74

図 7.2.7　河川敷のリアルカラー画像

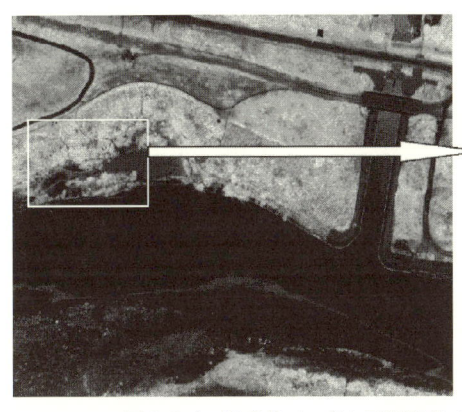

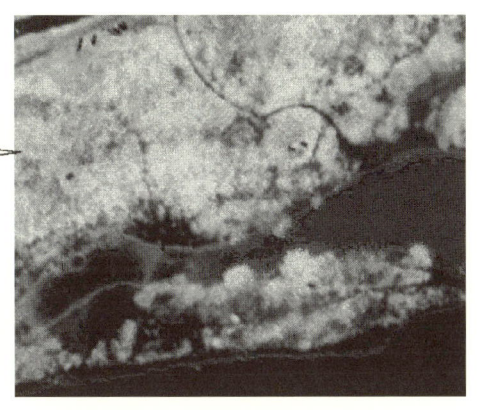

図7.2.8 近赤外バンドと可視光赤バンドの比演算結果（右画像は部分拡大）
次式によって求めた．
$$(B_{dmccir1} - B_{dmccir2})/(B_{dmccir1} + B_{dmccir2})$$
ただし，$B_{dmccir1}$ は近赤外バンド，$B_{dmccir2}$ は可視光赤バンド．

7.2.9は砂礫，岩，植生などが分布する河川敷のリアルカラー画像である．

この事例では水面下に人工構造物（根固め）があり，部分的に強調処理を施すことによってさらに鮮明に表示することが可能である(同図下)．これは従来の空中写真にはないデジタルデータの特長といえる．図7.2.10は，砂礫からなる河川敷を対象として，画像処理により礫を抽出した例である．ここでは分解能約4.8 cmの画像を用いて約10 cm以上の大きさの白っぽい礫を抽出した．図中の灰色で示した部分は，細粒の砂礫であり1つずつを区分することは困難である．抽出が可能な礫については，粒度別に個数をカウントし，その構成比を求めることができる(図7.2.10)．こうした河床材料の分布は，生物の生息・生育環境や河床変動解析の基礎情報となるので，前述の環境調査への活用に加えて河川管理での有効活用も期待できる[1]．

〔廣瀬葉子〕

b. 緑地調査への利用

緑地調査では，緑の分布や面積の把握，特徴的な緑化箇所の把握などが必要とされる．ここでは，デジタルフレームカメラで撮影される高精細画像の利用性について記述する．

都市の緑地は，環境保全機能，レクリエーション機能，防災機能，景観構成機能などのさまざまな機能を有している．1994（平成6）年に改正された都市緑地保全法では，市町村による「緑地の保全及び緑化の推進に関する基本計画」（緑の基本計画）が制度化され，定期的に緑の実態調査が実施されるようになってきた[2]．今後都市緑地法へ

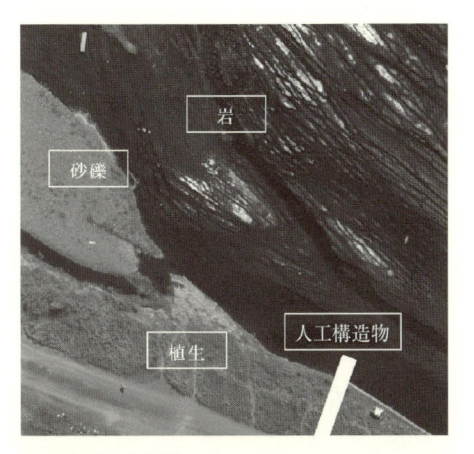

図7.2.9 河川敷の判別事例
下図は上図の一部を強調処理したもの．

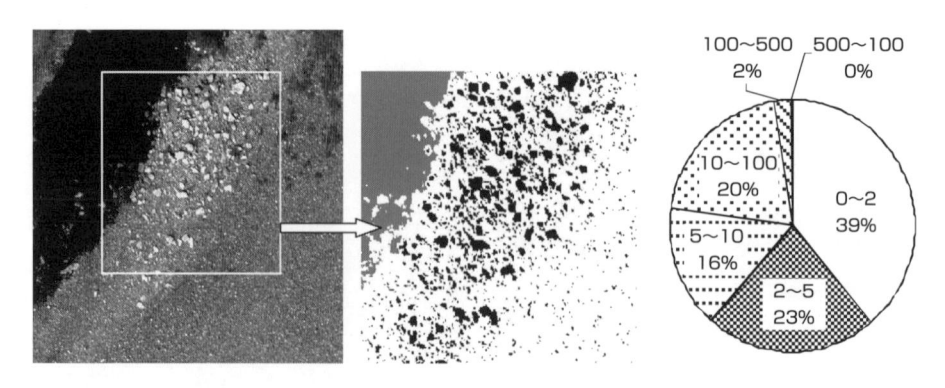

図 7.2.10 砂礫の分類および粒度のランク別集計結果
10 cm 以上の礫について，ランクの別に個数をカウントし，構成比を求めて円グラフに示す．

の改正や，景観法案の動向も絡み，一層緑地調査の重要性が高まってきている．

緑の実態調査で主に調査される項目を表 7.2.2 に示す．緑被の分布，屋上緑化の現況は空中写真判読によって実施されることが多く，壁面緑化，街路樹，接道緑化などの現況は，既存資料や現地調査でなされることが多い．

デジタルフレームカメラの特徴の一つとして，高い空間分解能があげられる．緑の実態調査の項目のうち，緑被分布は判読水準がマニュアル化さ

表 7.2.2 緑の実態調査の主な調査項目

	緑被分布	屋上緑化	壁面緑化	街路樹	接道緑化
C区（S 60）	空中写真（1/10000） 10 m²以上（水準II）	−	現地調査	−	現地調査
B区（S 61）	空中写真（1/5000） 10 m²以上（水準II）	−	−	−	−
H市（S 63）	空中写真（1/5000） 330 m²以上	−	−	現地調査	現地調査
B区（H 3）	空中写真（1/5000） 10 m²以上（水準II）	−	−	−	−
D区（H 4）	空中写真（1/10000） 10 m²以上（水準II）	−	−	既存資料 現地調査	現地調査
I市（H 4）	空中写真 10 m²以上（水準II）	−	現地調査	現地調査	現地調査
E区（H 5）	空中写真（1/5000） 10 m²以上（水準II）	−	−	−	現地調査
F区（H 6）	空中写真（1/10000） 100 m²以上	−	−	−	現地調査
A区（H 7）	空中写真（1/5000） 9 m²以上（水準II）	空中写真（1/5000）	−	既存資料	既存資料
G区（H 7）	空中写真（1/5000） 1 m²以上（水準I）	空中写真（1/5000） 1 m²以上	現地調査	既存資料	現地調査
B区（H 8）	空中写真（1/5000） 10 m²以上（水準II）	−	−	−	−

7.2 デジタルフレームカメラ

表 7.2.3 緑被率の調査水準[3]

調査水準	使用する写真のスケール	最小読み取り精度	想定する調査対象
水準 I	1/2500	1 m	街路樹，生垣などの小さな緑被地まで計測する調査水準
水準 II	1/5000	3 m	大きな街路樹による緑被地程度までを計測できる調査水準
水準 III	資料図面を使用	−	山林など大規模な緑被地を中心として計測する調査水準

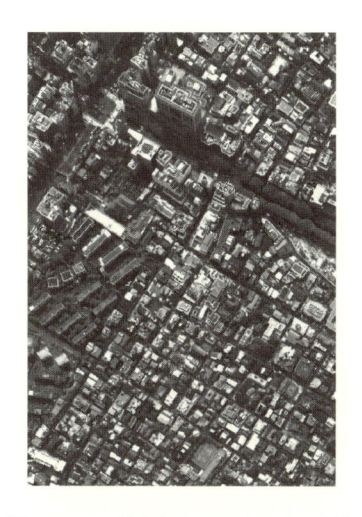

図 7.2.11 都市部フォルスカラー画像

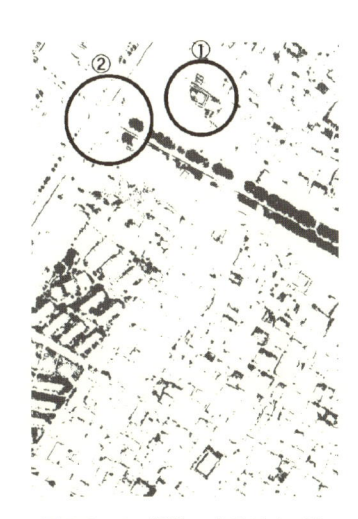

図 7.2.12 緑被の自動抽出画像

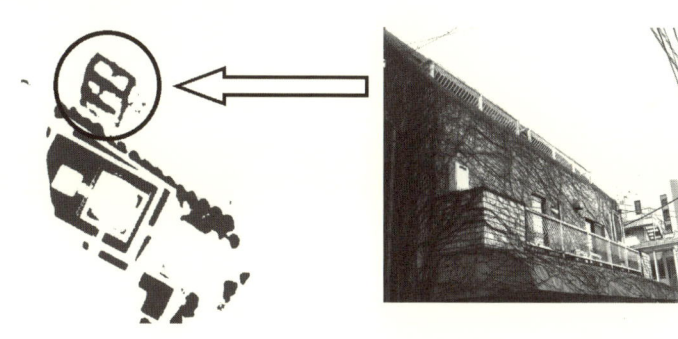

図 7.2.13 屋上緑化，壁面緑化の抽出事例（図 7.2.12 ①の箇所）
(右)現地写真，(左)デジタルフレームカメラによる抽出結果．

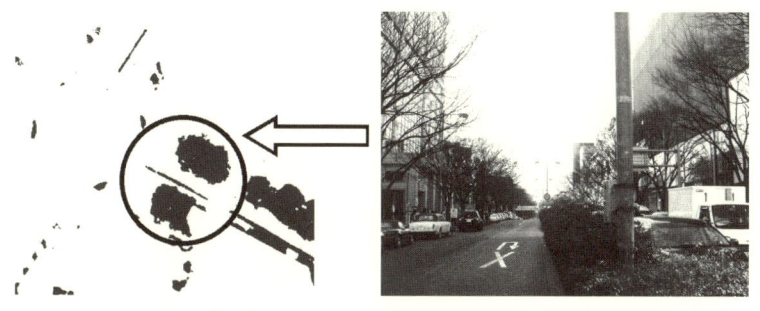

図 7.2.14 街路樹，接道緑化の抽出事例（図 7.2.12 ②の箇所）
(右)現地写真，(左)デジタルフレームカメラによる抽出結果．

れており[3]，水準Ⅱレベルで調査されるケースが多い（表7.2.3）．緑被調査に高分解能衛星を適用した場合，水準Ⅱレベルはおおむねクリアできるが，水準Ⅰレベルは困難である．一方，デジタルフレームカメラは数cmの分解能での撮影が可能であり，水準Ⅰレベルでの調査に適用できる可能性がある．

また，デジタルフレームカメラは，可視光バンドと近赤外バンドのデジタルデータを同時に取得することができる．近赤外バンドは植生の反射が強いため，緑被の抽出に威力を発揮するものと考えられる．東京都の青山周辺を撮影した画像（図7.2.11）において，近赤外バンドと可視光赤バンドの比を正規化した画像から緑被を自動抽出した結果を図7.2.12に示す．拡大すると屋上緑化ならびに壁面緑化が抽出されていることがわかる（図7.2.13）．また，街路樹や接道緑化も明瞭に抽出されていることがわかる（図7.2.14）．

これらの自動抽出結果の精度は改めて検証する必要があるものの，デジタルフレームカメラによって定量的な緑被分布を効率的に把握できる可能性があるとともに，従来の空中写真では困難だった調査項目に対しても活用が期待される．

〔今井靖晃〕

文　献

1) 岡田拓也ほか：画像解析による河床材料調査の可能性．河川技術に関する論文集，**6**，351-356，土木学会水理委員会河川部会，2000．
2) 日本公園緑地協会：緑の基本計画ハンドブック，1995．
3) 東京都：緑被率標準調査マニュアル，1988．

8. レーザスキャナの測量工学への応用

8.1 概　　要

　測量工学分野では，以前であれば航空カメラから撮影した航空写真が，この分野全体に共通した情報源として，計測，判読，解析などに広く用いられてきた．現在，この航空写真が果たしてきた測量工学分野全体で共通利用できる情報源としての役割に加え，レーザスキャナで取得した DEM (digital elevation model) が新たな測量工学分野の可能性を切り開こうとしている．

　レーザスキャナは，航空型と地上型に大別される．航空型のレーザスキャナでは，GPS (global positioning system) と IMU (inertial measurement unit) により計測位置や計測時の機体の傾きと加速度が求められる観測装置を搭載した航空機やヘリコプタを用い，レーザ光を進行方向に直交して地上に向けて照射しながら，地上から反射してくる光をとらえ，その往復時間によって距離を測定する．一方，地上型のレーザスキャナでは，既知点上にレーザスキャナ装置を設置し，その地点から任意の対象物に向かって上下左右に照射したレーザパルスが反射して戻ってくるまでの往復時間から算出される距離を測定する．

　特に，航空型のレーザスキャナは広域を均一な精度で短時間に計測することができ，現在，防災や河川管理，森林資源などの分野での利用が急速に拡大している．大規模な地震災害の発生が想定されている昨今，発災直後の被災状況をリアルタイムに把握するための手段として，航空型のレーザスキャナの利用が期待されている．航空型のレーザスキャナでは，取得した DSM (digital surface model) と DSM からフィルタ処理で求められた DEM の 2 通りのデータから差分量を計算することで，樹高計測が可能となる．このように，DEM 作成だけの利用に限らず，その応用範囲は広い．

　以上のようなレーザスキャナの現状を踏まえ，本章ではレーザスキャナの測量工学への応用について，事例を主体にまとめた．8.2～8.3 節には，航空型および地上型のレーザスキャナのシステム構成，計測原理，計測精度，特徴についてまとめた．8.4 節以降の各節では，応用事例を中心に利用の現状をまとめた．利用分野はおおむね次のように大別される．

・都市 3 次元モデル，景観シミュレーションへの利用（8.4，8.5 節）．
・地形解析，斜面防災への利用（8.6，8.7 節）．
・河川砂防，海岸調査への利用（8.8，8.9 節）．
・積雪調査への利用（8.10 節）．
・森林資源調査，都市近郊林の階層構造把握への利用（8.11，8.12 節）．
・送電線近接樹木調査への利用（8.13 節）．
・文化財計測への利用（8.14 節）．
・土木構造物計測への利用（8.15 節）．

　なお，各節での利用事例において，特に地上型レーザスキャナの利用がかなり定着している分野においては，航空型と地上型の両レーザスキャナによる事例をまとめた．　　　　〔瀬戸島政博〕

8.2　航空レーザスキャナ

　航空レーザスキャナは，空中から地形あるいは植生や構造物の標高，浅海地形などを計測するシステムである．

　このシステムは，航空機に搭載された GPS，IMU，ノンプリズムレーザ測距儀，地上に設置される GPS 基準局によって構成されるとともに，

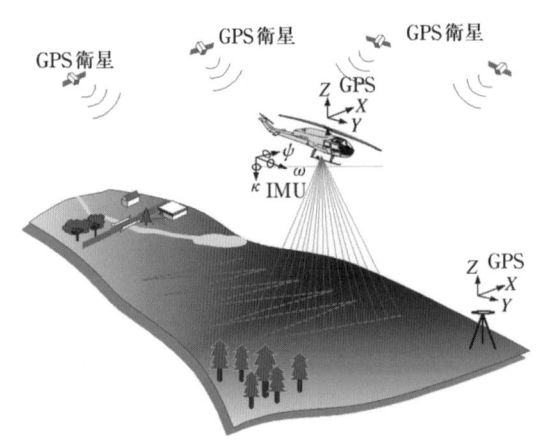

図 8.2.1 航空レーザスキャナの概念

品質管理やデジタルオルソ作成のためにデジタルカメラの搭載が標準となっている（図 8.2.1）．

その原理は，GPS と IMU により航空機の位置と姿勢・加速度を計測し，また，ノンプリズムレーザ測距儀により走査しながら地上までのレーザ光の照射方向と反射時間を計測し，これらの装置の関係づけ（キャリブレーション）と計測データの解析により，レーザ光の反射位置の標高を求めるものである．

なお，浅海地形を計測するシステムでは，2つの異なる波長のノンプリズムレーザ測距儀が搭載され，近赤光（1064 nm）で海面を，緑光（532 nm）で海底を計測して水深を解析する．

8.2.1 標高の計測原理

1） 航空機位置の解析

航空機の位置は，機体の屋根などに取りつけられた GPS によって計測される．GPS による計測は，地上 GPS 基準局との相対測位による連続キネマティック方式が採用され，地上 GPS 基準局には電子基準点が用いられる．連続キネマティック測位では計測開始前に整数値バイアス決定のために初期設定を行う必要があるとともに，航空レーザスキャナでは 2 周波型受信機を使用した高速バイアス決定技術 OTF を用いることにより，計測時に生じた短時間の受信切断を回復させている．また，エポック間隔は，通常は 1 秒であるため，その中間位置は IMU から得られた姿勢と加速度を用いて補間される．

2） 航空機姿勢と加速度の解析

航空機の姿勢と加速度変化は，ノンプリズムレーザ測距儀に取りつけられた IMU によって計測される．IMU は，直交 3 軸にそれぞれ配置されたレーザリングジャイロにより航空機の進行方向（ピッチング），直交方向（ローリング），回転方向（ヘディング）の姿勢と加速度を，数十分の 1～数百分の 1 秒間隔で計測する．レーザリングジャイロは，センシングコイルに 2 本の光ファイバを巻きつけ，位相の揃った入射光を光カプラにより 2 分岐して逆行するように発光，再びカプラにより合成させて干渉パワーを検出する．装置が静止していると，逆行してきた光の位相差は同じであるために干渉した光のパワーは最大となるが，装置が動揺するとその干渉パワーが逆行してきた光の位相差によって変動する．この検出結果により，動揺の状態を得ることができる．

3） 航空機からの測距

航空機から地上までの測距は，機体の床に穴をあけて取りつけられたノンプリズムレーザ測距儀により行われる．測距方法は，レーザ光の伝播速度を一定と仮定し，照射してから反射してくるまでの時間を測定して距離に換算する方法がとられている．1 秒間に数千～数万回の頻度で平面鏡に向けて照射され，平面鏡の往復回転により地上を走査する．

レーザ光の拡散度は 0.2～2.5 mrad が採用され，指向性が非常に高いために 0.2 mrad の拡散度では上空 1000 m から照射しても，地上での広がりは直径 20 cm にすぎない．この拡散の途中でレーザ光の一部が樹木の枝葉などに反射して最初に戻ってきたパルスをファーストリターンパルス，最後に戻ってきたものをラストリターンパルス，この中間をアザ（other）リターンパルスと呼び，これらを検知することにより，表層と地上の標高を同時に計測することが可能である（図 8.2.2）．

なお，反射強度も記録することが可能であり，反射強度の違いによる土地被覆分類やバイオマスの計測などへの利用が期待されている．

使用されるレーザ光は，クラス 4 A に分類され

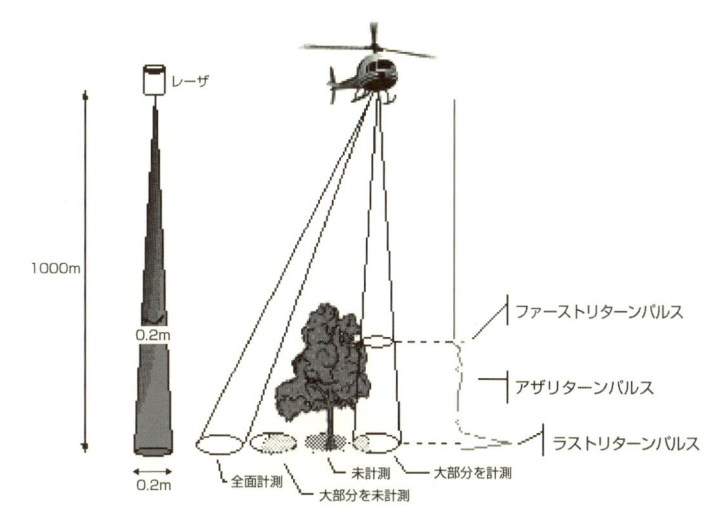

図 8.2.2 レーザ光の拡散度と反射

る高出力で危険性が高いため，計測対象の一定距離以内に航空機が近づいた場合には眼保護（アイセーフ）機能を作動させて照射を停止させる必要がある．なお，通常は数十分の1秒で走査しながら時速数百kmで飛行している航空機から数万分の1秒という短時間で照射されているため，人の眼に入ったとしてもほんの瞬間で，人体には安全である．また，数百～数千mの上空から照射されたレーザ光は，地上に到達した時点では数十cm以上の広さに拡散し，レーザ光の強度も減衰されている．

4）　標高解析

標高解析では，最初にGPSデータを用いて基線解析を行い，キネマティック解を求める．その際，GPSデータの受信，サイクルスリップやマルチパスの発生状況を確認した上で，エレベーションマスクや計算から除外する衛星の設定を行うとともに，キネマティックアンビギュイティー決定時のパラメータなどの入力を行う．また，データ受信順である順方向の解析のほかに逆方向の解析も行い，双方の標準偏差に基づいてこれらの合成を行ってエポック時の解を決定する．

次にGPSエポック時の解とIMUデータの合成を行い，最適な軌跡の決定と姿勢要素の計算を行う．計算時にはカルマンフィルタのパラメータ，残差の許容値，連続除外数の制限値，概略軌跡および精密軌跡の決定時の標準偏差推定値などを入力する．カルマンフィルタの誤差モデルとGPSの観測値の間に想定される誤差要因を検査し，場合によってはGPSの計算にさかのぼって再計算を行う．

最適化された計測の軌跡から内挿処理によりレーザ光の照射された位置の座標と姿勢要素を求め，走査方向角と地上までの距離を合成することによりレーザ光反射位置の標高を得ることができる．

なお，GPS，IMU，ノンプリズムレーザ測距儀は，個別に航空機に搭載されているため，互いを関連づけたキャリブレーションデータによる補正が必要である．キャリブレーションデータとしては，航空機の進行方向，直交方向，回転方向の取り付け誤差と直交方向の角度検出誤差が必要であり，レーザ光の照射位置などは外部からの計測が不可能であるため，巨大構造物や広い平坦地を用いて実際の形状と計測された形状との差異から求める．

計測された標高は，目的によって不要なデータを取り除く編集が行われる．たとえば森林の樹冠率算出に必要な標高では，ファーストリターンパルスを用い，枝葉を通過して計測されたデータは除去される．地形解析に必要な標高では，ラストリターンパルスを用い，樹冠や枝葉などで反射されたデータは除去される．不要データは，目的とする地形などの形状をフーリエ解析などによって

推定し、これから外れるデータを自動除去した後、同時に撮影したデジタルカメラの画像との重ね合わせや等高線生成による目視判読で除去される。

このようにして編集された目的とする対象物のみの標高データは、内挿処理により格子状のメッシュ (DTM や DSM) や等高線などに加工され、最終成果となる。

8.2.2 計測密度

航空レーザスキャナで計測される標高の密度は、照射数、走査角度、飛行速度、対地高度、地形条件などによって異なってくる。

たとえば、1 秒間に 25000 回照射し、22.6°の角度で 25 回走査する航空レーザスキャナ装置を用い、対地高度 1000 m を時速 180 km で飛行する航空機から平坦地が計測されたとすると、1 秒間に 50 測線の計測が行われることになり、1 測線あたりの計測数は 25000÷50 で 500 点となる。走査角度 28°で対地高度 1000 m の場合、走査幅は地上で約 500 m となるため、進行方向に直交する計測間隔は 500 m÷500 点で 1.0 m となる。

進行方向の計測間隔は、時速 180 km では 1 秒間に約 50 m 進むため、これを 50 測線で割ると、測線の中心では 1.0 m 間隔となる。

なお、レーザ光の走査は平面鏡で行われるため、平坦地でのレーザ光の軌跡はジグザグに軌跡が描かれることになり、均等な格子状にはならない。また、地形の形状や航空機の動揺により、計測密度は変化する。

8.2.3 計測精度

航空レーザスキャナで計測される標高の精度は、システム自体がもつ測精度だけでなく、計測密度や地形条件などに大きく影響される。

システムを構成する GPS によるエポック時のキネマティック解は、基線長や衛星の数と配置、あるいは電離層の状態などによって異なるが、5〜30 cm といえる。IMU の姿勢計測精度は、現在採用されている最も高精度な機種では加速度の検出が 0.5 cm/s、ロールとピッチ角の検出が 0.005°、ヘディング角の検出が 0.008°といわれている。ノンプリズムレーザ測距儀の測距精度は、3〜5 cm といえる。これらを統合した結果がシステム自体の所持する精度といえるが、平坦な地形で計測した結果を水準測量の成果と比較した検証では、±15 cm に入ることが確認されている。

計測を現実世界に適用すると、計測密度や地形斜度、土地被覆状況などが精度に影響を与える。

計測された標高は、通常、解析や表示、保管の容易さから直交格子のデータに変換される。この変換は内挿処理によって行われるが、計測密度に関係なく格子間隔を設定することができる。その際、地形が平坦か等傾斜であれば粗い計測値から密な格子点を生成しても精度は劣化しないが、起伏がある場合にはその影響を受ける。

地形の起伏は計測標高を地上に到達したレーザ光の拡散範囲（フットプリント）内の最高点あるいは最低点とするが、位置座標は拡散範囲の中心が記録される。さらに、位置座標自体がもつ誤差は、あたかもその誤差量だけずれた位置を計測したように認識するため、標高精度は地形斜度の緩急に影響を受けることになる。

植生の密生度は、地上に到達するレーザ光の通過率に大きな影響を与える。これを補うために計測密度を密にしても、ある密度からは空隙の多い箇所に集中することになり、格子状への内挿には効果を発揮せず、精度向上は図れなくなる。

高層建築物のような人工構造物においては、レーザ光を強く反射させたり、乱反射させたりする一方、敷設直後のアスファルトや屋根素材の種類、波のない静水面などからは反射がないなど、計測精度に影響を与える。

なお、システム自体がもつ水平位置の精度は、対地高度の 1/2000 未満程度である。しかしながら、形状をもたない標高から位置を特定することは不可能であるとともに、標高の精度自体にこの水平位置の誤差が含まれることから、航空レーザスキャナの精度は標高のみで評価される。

8.2.4 計測条件

航空レーザスキャナは、航空機から指向性の高いレーザ光を走査しながら標高を計測することか

ら，次のような条件が発生する．

天候条件としては，風速が5 m/sをこえず，降雨や降雪，あるいは濃霧などがなく，曇天でも，雲が航空機より上空にある場合には，計測が可能である．この条件からすると日中だけでなく，日の出，日没，あるいは夜間でも計測が可能であるが，夜間は航空機運行の安全上，災害などの緊急時以外には計測しない．

地形条件として壁岩などのような急峻な地形，高層建物などの構造物が林立する地形では，レーザ光の発射位置に対して急峻な地形や高層建物に挟まれた地形が隠蔽されないように，飛行航路やレーザ光の走査角度を決定する必要がある．

植被地帯で植生下の地形を計測しようとする場合には，樹種や密生度，季節変化に留意する必要がある．たとえば，落葉期の広葉樹林では高い確率で地形まで通過するが，密生している地区の繁茂期ではほとんど通過しない．また，竹林もレーザ光をほとんど通過させない．同様なことがクマザサなどにもいえるが，草丈が一定のため，草丈を調査することにより補正が可能となる．したがって，山地の計測を行おうとした場合，晩秋が最も計測に適した時期となるが，天候などで計測機会が少ないと降雪によって計測機会を逃してしまう．初春の融雪期での計測も考えられるが，残雪状態で一斉に樹木の芽吹きが始まれば，レーザ光の通過率を極端に下げてしまうので留意する必要がある．

人工構造物による土地被覆条件としては，高層建築街では地上開度が小さくて地上までレーザ光が届く確率が低くなる．また，建築素材によっては反射強度が極端に強かったり，ガラス窓を透過して室内から反射してきたり，壁面などで多重反射したり，渋滞する車や滞留する排気ガスで反射したりと，条件は必ずしもよくないため，後処理での補正と編集が一層重要となる．

高層建築などによって生じる計測範囲の隠蔽は，密度の高い森林の樹幹によっても同様に発生する．これらについては走査角度を狭くするなどの対処が必要であるが，計測幅の減少を補うためにコース数を増加させなければならず，経済性が損なわれる．

8.2.5 空中写真測量との融合

航空レーザスキャナは，優れた地形計測技術であるが，得られる成果は標高データのみである．レーザ計測と同時にデジタルカメラで撮影した画像で空中写真測量を行い地物を取得することも可能であるが，画郭が狭いためにファイル数が増えることや地物取得に耐える画像にするためには，光量のある日中の撮影に限られることなどから，必ずしも有効に活用できる状態ではない．

標高データからの地物形状の抽出も試みられているが，計測密度が0.5 mや1.0 mの高密度の成果であっても，画像の地上解像度にすれば高分解能衛星の解像度にしかすぎない．さらに，均等に計測されているわけではないこと，標高の変化が顕著でなければ抽出できないことなどから，建物のみの抽出に限定しても中縮尺地図程度と考えられる．

一方，一般図作成の標準技術である空中写真測量では，写真に写ったものしか計測できず，植生下の標高などでは計測者の経験に依存した推測に頼るしかなかった．したがって，森林地帯などでの等高線精度は極端に低下していた．

このような航空レーザスキャナと空中写真測量の特徴を鑑みると，目的による使い分けや融合した利用が重要となる．　　　〔津留宏介〕

文　献

1) 佐田達典：GPS測量技術，オーム社，2003.
2) 多摩川精機編：ジャイロ活用技術入門, 工業調査会, 2002.
3) 小林春洋：レーザの本，日刊工業新聞社，2002.
4) 津留宏介, 中島　保, 藤原輝芳：航空レーザ測量の品質評価. 写真測量とリモートセンシング, **41**(1), 2002.

8.3　地上レーザスキャナ

1970年代に商品化が始まった地上レーザスキャナは，あるがままの空間情報を点群データとして取得する装置である．現在，土木測量，構造物

測量，遺跡文化財測量など多方面にて使用されており，ニーズが点計測から点群計測へと変化していることがうかがわれる．ただし，地上レーザスキャナの最終目的はデータ取得ではなく，最終成果品すなわち要求仕様を満たす加工データである．ここでは，最終成果品作成のためのツールという視点から地上レーザスキャナについて概説する．

8.3.1 装置構成と測定原理
1) 装置構成
地上レーザスキャナの普及は，レーザ技術の進歩とパソコンの高機能化，低価格化に依存するところが大である．図8.3.1は装置例であり，レーザ光を照射して測定点からの反射光を受光するスキャナ本体と，スキャナ本体の操作，データ計測，加工を行うソフトウェアから構成される．また，レーザ光のスキャンは，図8.3.2のように回転ミラー（あるいはポリゴンミラー）を用いて行われる．

レーザスキャナが測定するのは，被測定物表面上の各点の3次元空間座標である．これら座標値をもつ測定点の集合は点群と呼ばれる．パソコン上には測定された点群データが反射強度に応じてカラー表示され，各点が座標値をもつことからパソコン上での3D表示や，距離・体積などの測量が可能となる．点群データからは平面図，断面図，等高線などの作成やモデリング，土量計算などの作業が従来に比べてはるかに短時間で行える．また，いったん測定物のあるがままの情報をレーザデータとして取得しておけば，後日再測量が必要になった際も再度現場に行く必要もなく，パソコン上にて測量作業が可能となる．地上レーザスキャナを使うメリットは，次のとおりである．

① 高速：　1秒間に数千〜数十万点のデータ取得が可能．
② 安全：　危険な場所でも立ち入ることなく計測可能．
③ 完全：　数百万点の点群データが得られるので，ほぼ完全な情報取得が可能．
④ 経済性：　最終成果品完成までの時間や人件費など，大幅な経費削減が可能．

2) 測定原理
地上レーザスキャナで測定されるのは，r, φ, θ の極座標である．角度 φ, θ はレーザ光の方向を変えるスキャニングミラーの回転角度から求められ，距離 r はレーザ光の特性，すなわち指向性や単色性を利用して直接計測される[1]．この極座標が通常の直交座標 (x, y, z) に換算され，座標値として認識される（図8.3.3）．

レーザ光を使った距離測定法には，①タイムオブフライト法，②位相差法，③光波干渉法，④偏光変調方式，⑤周波数変調法などがある．③〜⑤は短距離を高精度で計測するのに使われるが，測量に用いられる地上レーザスキャナの方式は①と②であるので，ここではそれらについて説明する．

① タイムオブフライト（TOF）法：　レーザ光を1秒間に数千発のパルスで発振させ，反射して

図8.3.1　地上レーザスキャナ装置例（Leica社製）

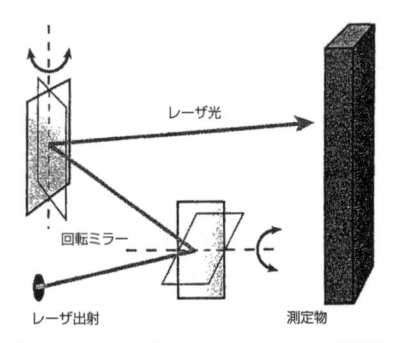

図8.3.2　レーザスキャナのスキャン原理

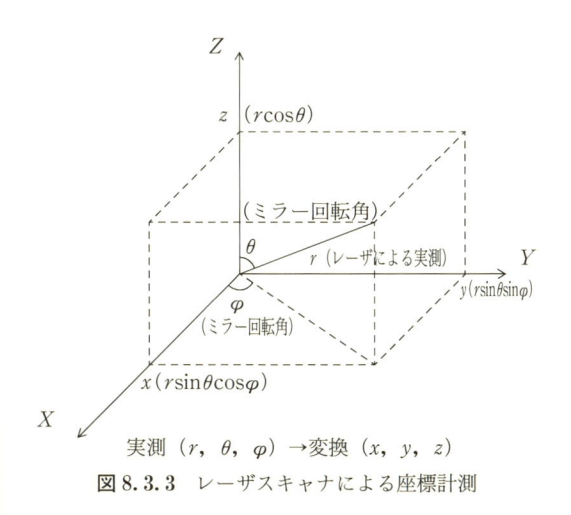

8.3 地上レーザスキャナ

図 8.3.3 レーザスキャナによる座標計測
実測 $(r, \theta, \varphi) \rightarrow$ 変換 (x, y, z)

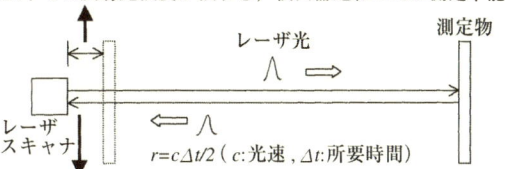

図 8.3.4 タイムオブフライト法の原理
1m 以下では反射光強度が強すぎ，検出器飽和のため測定不能
$r = c\Delta t/2$ (c:光速, Δt:所要時間)
受光は出射とほぼ同時（50 m の測定で 10 億分の 3 秒）

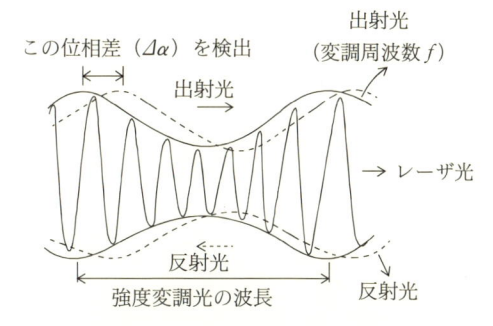

図 8.3.5 位相差法の原理
この位相差 $(\Delta \alpha)$ を検出
出射光（変調周波数 f）
距離は $r = c\Delta \alpha/4\pi f$ から求まる

戻ってくるパルスを検出器で受光し，所要時間 Δt から，測定点までの距離 r が $r = c\Delta t/2$（c は光速：3×10^8 m/s）より求められる（図 8.3.4）。同時に反射パルスの強度も測定できるので，その強度に応じて色分けしてパソコン上に表示できる．ほとんどの市販レーザスキャナは TOF 方式である．

② 位相差法： 連続発振を行うレーザ光に，高周波の強度変調をかけて測定物に照射する．照射光と戻り光との間には若干の位相のずれが生じる．この変調光の位相のずれ $\Delta \alpha$ から測定点までの距離 r は $r = c\Delta \alpha/4\pi f$（$f$ は変調周波数）から求まる（図 8.3.5）．最大測定距離は変調光の 1 波長分相当になるので TOF 法より短くなるが，連続光を使用しているので測定スピードは TOF 法より格段に速い．

8.3.2 技術の現状と動向

1） 市販の地上レーザスキャナ

地上レーザスキャナは中距離用（200 m くらいまで）と長距離用（200 m 以上）に分けて考えるべきである．前者では短波長（緑）のレーザ光が使用され測定精度が重要となるが，後者では長波長（赤）のレーザ光が用いられ，精度よりデータ取得の可否が重要となり，それぞれ使用目的が異なるためである．現在市販されている代表的な地上レーザスキャナメーカーを表 8.3.1 に示す．詳細な

表 8.3.1 主要地上レーザスキャナメーカー

メーカー	製造国	代理店	URL
Callidus	ドイツ	㈱ニコン・トリンブル	http://www.nikon-trimble.co.jp/
iQsun	ドイツ	㈱オーサム	http://www.iqvolution.de/pages/3 dls/3 dls.html
Leica	アメリカ	ライカジオシステムズ㈱	http://www.leica-geosystems.com/jp/
Mensi	フランス	メンシー㈱	http://www.mensi.co.jp
Optech	カナダ	日本シーベルヘグナー㈱	http://www.nshkk.co.jp/japan/index.htm
パルステック工業㈱	日本		http://www.pulstec.co.jp/index.html
Riegl	オーストリア	リーグルジャパン㈱	http://www.riegl-japan.co.jp/Japanese/index.htm
Z+F	ドイツ	極東貿易㈱	http://www.zofre.de/e_index.html

情報入手のために URL も記しておく．

2） 測定精度

まず，「精度」という言葉が使われた場合，次のどの意味で使われているのかを明確にする必要がある．

① 距離精度（range accuracy）： 測定距離と実際の距離との最大誤差．

② 座標精度（position accuracy）： 測定座標値と実際の座標値との最大誤差．

③ モデリング精度（modeling accuracy）： モデリング後の座標精度．

④ 角度精度（angle accuracy）： 角度測定の際の最大誤差．

⑤ 分解能（resolution）： 2点として識別できる最小距離または角度（最小読み取り角とビーム径に依存）．

一般に精度というと距離精度の意味で使われる場合が多い．図8.3.6にドイツの i 3 mainz, Institute for Spatial Information and Surveying Technology から発表された各社の距離精度の実測データを示す．また，スキャニングで取得されるのは座標値であるから，座標精度も問題とされなければならない．座標精度の確認はトータルステーションでの測定値との比較で行えるが，さらに高精度の校正には，座標精度 0.01 mm オーダのレーザトラッカを使う．

3） データ処理

点群データ処理においては，使用するソフトウェアの優劣が最終成果品の品質を左右すると同時に，作業時間，すなわち経費にも影響する．したがって，地上レーザスキャナの選択に当たっては本体性能だけでなく，処理スピード，市販CADソフトとの互換性など付随する処理ソフトウェアの機能確認が重要となる．なお，各社の点群データ互換性に関してはほとんどないと考えた方がよいが，ソフトウェアによっては対応できるものもある．

4） 地上レーザスキャナの限界

次に示すような，地上レーザスキャナの限界を認識しておくことは，正しく装置を使うためにも有用である．

① レーザ光が届かない部分は測定できない．

② 動体は測定対象とはならない．

③ 通常5%以上の反射率が必要．黒あるいは補色（レーザ光が緑ならば赤が補色）の対象物の測定は困難であり，水面や鏡面なども測定できない．

④ 3 mm 以下の高精度が要求される計測には使用できない．

⑤ 小さな物体の計測（多くの場合高精度が要求される）には不向きである．

5） 技術動向

地上レーザスキャナによる計測は，所定の座標系に即した空間情報の取得，すなわち広い意味で

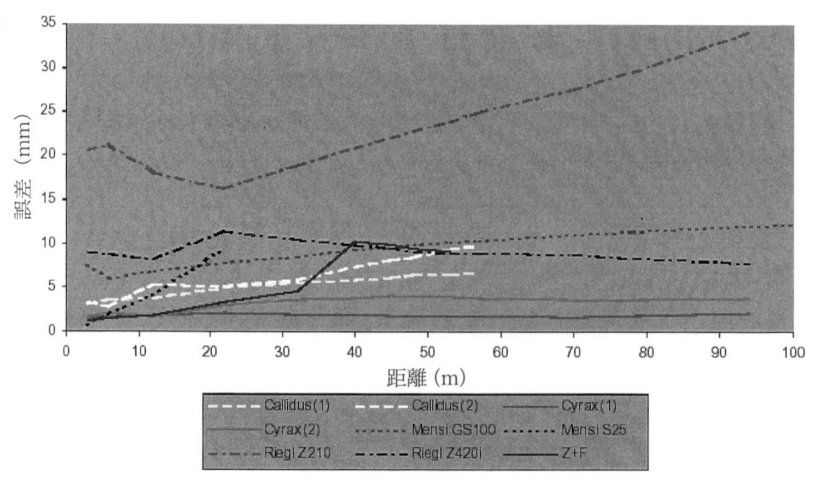

図 8.3.6 距離計測精度の実測値（標準偏差値）[2]

の「測量」である．今後は，測定距離，スピード，座標精度などの性能面での向上もさることながら，使いやすさもさらに追及され，まさに測量ツールとして普及していくと考えられる．また公共測量へのニーズも高まりつつある．測量の3次元化は時代の流れである． 〔大谷　豊〕

文　献
1) 矢島達夫，霜田光一，稲場文男，難波　進編：新版レーザハンドブック，朝倉書店，10章，1989．
2) Boehler, W., Bordas, M., Marbs, V. and Marbs, A.: Investigating Laser Scanner Accuracy (i3mainz, FH Mainz) (http://scanning.fh-mainz.de/scanner-test/results 200404.pdf)

8.4　都市3次元モデル構築への利用

本節では航空レーザスキャナを利用して，実空間の3次元コンテンツの素材を作成する方法の一つを紹介する．

a.　処理の流れ（図8.4.1）

レーザデータと航空写真の両方を用意する．諸元は問わない．レーザデータは建物の高さや大きさなどが3次元点群として直接取得できるが，建物などの稜線すなわちブレークラインが取得できない．そこで画像からブレークラインを取得し，建物形状として活用することでレーザデータの短所を補う．

ブレークラインの取得は，大別して，画像処理による自動生成と画像を参照して手動で取得する2つの方法がある．ここでは，単写真の画像処理による自動取得方法を紹介する．

レーザデータは地形以外の地上物体に当たっている点の除去を行い，地形点群を抽出する．これを一般にフィルタリングと呼ぶが，これに関しては次項で説明する．地形面は地形点群の点と点の間を内挿することによって連続面として作成し，3次元の地形形状を生成する．一方でフィルタリングによって振り分けられたその他の点群を建物点群データとする．この点群は実際には建物以外にも車や木，人，電線など地上にあるあらゆる物体を取得した点が含まれているが，その大半が建物に当たっているためである．写真から取得した建物形状に建物点群データで高さを与え，建物の3次元形状を生成する．

b.　都市部用フィルタリング
1)　都市部と山間部での使い分け

比較的平坦な土地に建物が隣立している都市部と，起伏に富み，樹木が生えている山間部ではレーザデータの空間分布の性質に相違がみられる．そのため，不要となるレーザ点（ノイズ）の除去は，異なるアルゴリズムのフィルタリングを対象地ごとに使い分けるのが一般的である．

都市部では，地表面と建物の上面に点群が二分される．地盤面より上の樹木や電線などの点群は建物との判別が難しいが，地盤面よりも下にある点群はノイズと判断できる．その一方で山間部では地盤の高低差が大きく，同じ高さでも地盤と植生が混在するため判別は容易ではない．さらに，植生に多様性があれば地盤面の抽出はより困難となり，多層的に点群を分類することはできるが，明らかにノイズとわかるものは少ない．

2)　原　理

ここでは都市部を対象とするため，都市部用フィルタリングについて説明する．図8.4.2に概念図を示す．まず対象範囲を格子状にタイル分割し，各タイルごとに計測されたレーザデータの空間的な分布の統計値を算出する．次に統計値をもとに

図8.4.1　処理の流れ

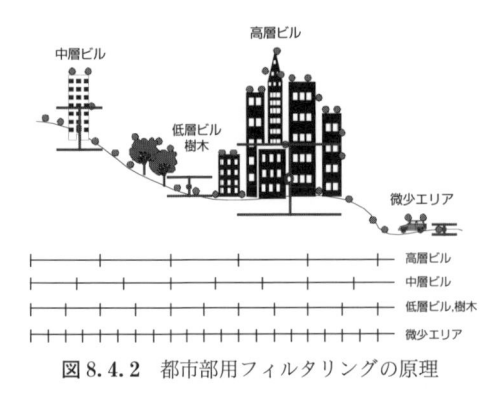

図8.4.2 都市部用フィルタリングの原理

(a)フィルタリング前

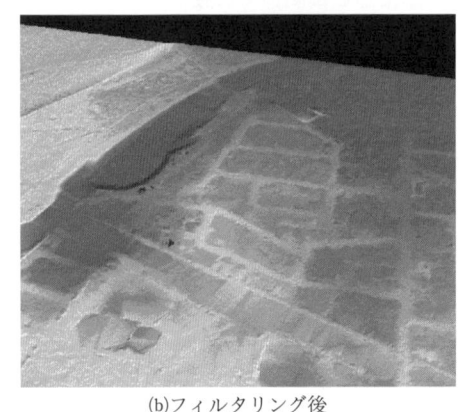

(b)フィルタリング後

図8.4.3 都市部用フィルタリングの結果

え．この際，堤防や盛土などは一般的に地盤面として扱うべき対象物である．ここでは，堤防の形状は保持されている．

c. 画像からの建物形状抽出

1） デジタル画像の処理

構造物の上面は明るいものが多く，アスファルトや影とのコントラストが強いので，画像から構造物などの外形線を抽出するためにこのコントラストを利用する．デジタル画像は単写真白黒8 bit 階調で，1ピクセル約33 cmのものを使用した（図8.4.4）．

まず，デジタル画像のピクセル値（輝度）に対して閾値を設定し，ピクセル値を2～4つに分類する．2つに分類することを2値化というが，こ

図8.4.4 対象地域のデジタル画像

閾値を決定し，計測されたレーザデータに含まれている地盤以外の樹木や構造物などの表層面上の計測点群を除去し，地表面のデータを得る．処理対象により繰り返し回数は変わるが，これらの閾値やタイルの大きさを変更し，処理を繰り返す．

3） 結　果

フィルタリングにより地盤高を抽出する前後の比較を図8.4.3に示す．これにより，建物や高架道路などの地物が取り除かれている様子がうかが

図8.4.5 2値化により得たポリゴン

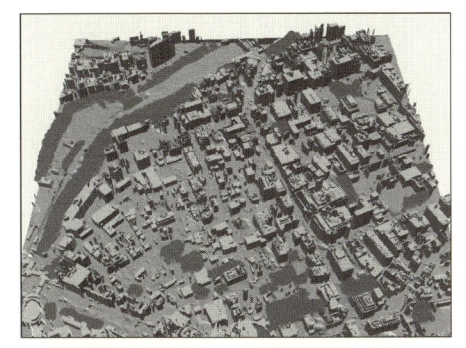

図8.4.6 都市モデルの3次元表示

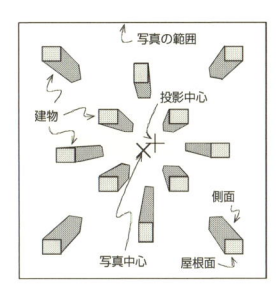

図8.4.7 単写真に写っている建物の例

れを行った結果を図8.4.5に示す．

図8.4.5と処理前の図8.4.4を比較すると，抽出できていない構造物があることがわかる．よりよい結果を得るためには，閾値の再検討が必要と予想される．次に，ラスタからベクタへの変換により，分類後の画像をポリゴン化し，境界線を得る．これを構造物の外形線とする．

2） データの3次元化

作成した外形ポリゴンに高さを与えて3次元化する．その高さの推定にレーザデータの建物点群データを使用する．点群は約3mの間隔で計測され，垂直方向で約15cm，水平方向で約30cmのバラツキをもっている．

この建物点群データと建物の外形ポリゴンの位置を重ねて，各ポリゴンの内側にある計測点を判別する．各ポリゴン内の計測点から高さの平均値あるいは最頻値を外形ポリゴンの高さとする．地形面と交わる高さからレーザ計測点との高さまで外形ポリゴンを引き延ばすと，単純な3次元化建物形状を生成することができる（図8.4.6）．

d． 課題と今後の展開

c項では単写真を使用した例を紹介した．ここで単写真の特徴を整理すると，中心投影のため投影中心から放射状に建物が倒れ込んでいる．また，投影中心と写真中心は一致せず，基準面と平行ではない．つまり，図8.4.7にみられるように，写真の中央付近の投影中心からの距離が遠いほど，また，高い建物ほど建物の側面が多くみえるようになり，写真中心からみた方向によってこの効果にはバラツキがあることになる．したがって，写真では建物の屋根を建物の位置としたいが実際の位置よりもずれており，2値化した画像は建物の側面と屋根面を別のポリゴンとしてしまう．その一方でレーザデータの水平位置は，写真を正射影にしたものと同じであるため，本来ならば，側面のポリゴンを削除して屋根面のポリゴンの位置修正を行う必要がある．

今後は，屋根面ポリゴンの位置修正を行う手法を確立する必要がある．さらに建物点群として分けられた点群を樹木と建物，あるいはノイズに分類することや，その結果を利用して建物以外の地物の3次元形状を作成することが考えられる．

〔栗崎直子・武田浩志〕

文　献

1) 政春尋志，長谷川裕之：レーザスキャナーによる高密度DEMからの建物形状抽出．写真測量とリモートセンシング，**38**(4)，65-68，1999．
2) Zhao, H. and Shibasaki, R.: Reconstructing textured urban 3D model by fusing ground-based laser range image and video. *Proceedings of International Workshop on Urban Multi-Media/3D Mapping, June 8-9 1998, Tokyo, Japan,* 111-117, 1998.
3) 栗崎直子：都市部計測時の航空機レーザ測量データの特性，地理情報システム学会講演論文集，**10**，89-92，2001．
4) 武田浩志，栗崎直子：3次元都市モデル作成のための航空機レーザー測量のデータ処理．全国測量技術大会2001　東京，資料集，2001．

8.5　景観シミュレーションへの利用

航空レーザ測量システムにより得られたデータは，地表面や地物の凹凸をとらえていることから，われわれの生活空間の3次元モデルを構築するこ

図 8.5.1 空間モデル

図 8.5.2 景観シミュレーション

(a)レーザデータ

(b)地図

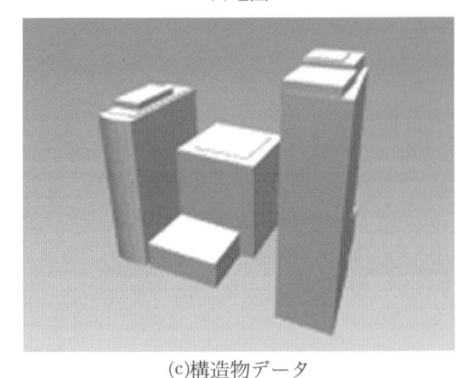

(c)構造物データ

図 8.5.3 3次元モデル構築

とができる．3次元モデルは，小高い山の上に立ち，どのように景色がみえるのかという単純な興味から，われわれの実世界をいかにして記録に残すかという問題まで解決してくれる．

一般に，景観がどのようにみえるかを示すものとして，景観シミュレーション画像が利用されている．たとえば，図8.5.1は，既存のレーザデータを用い，航空写真を画像として重ね合わせた空間モデルであり，図8.5.2は，景観を楽しむためにシミュレーションした画像である．

1) 3次元モデルの構築

3次元モデルは，航空レーザ測量システムにより得られたデータを地表面と地物とに切り分け，地表面のみのデータで構築を行う．言い換えれば，3次元モデルは地表面の高低差がはっきりと表れ，坂道や，小高い丘などの表現が可能となる．

また，地物と判断されたデータは，ポリゴン化を行うことにより，建物や樹木などの判別を形状で行うこともできるし，2次元地図データを重ね合わせることで地物の種類を判別することも可能である．図8.5.3は，2次元地図データをもとに，レーザデータそのものがもっている標高と，地表面を形成しているモデルとの両方を用いて，構造物などの高さを求めて，建物の輪郭だけにとどまらず，建物の塔屋（階段室や機械室など）までもリアルに表現している．

2) テクスチャモデルの構築

1)項にて構築した建物モデルを地表面モデルの上に立ち上げると，図8.5.4に示すように，建物を白モデルにした景観画像を作成することができる．この画像では，建物の屋上より見渡した景色を表現できるが，リアリティーを与えられない．

図 8.5.4　白モデル

図 8.5.6　国会議事堂

図 8.5.5　テクスチャモデル

図 8.5.7　東京ドーム

景観にリアリティーを与え，より美しくするために，次のような処理を行う．まず，景観の範囲の建物に関して，実際に現地で市販のデジタルカメラを用いて，建物側面の画像を取得する．次に，取得した画像を用いて，白モデルの各建物の側面に貼りつけていく．また，建物の屋上部分に関しては，航空写真の画像より，屋上の部分を切り出し，側面と同様に建物に貼りつける．

この作業を連続して行うことにより，図 8.5.5 に示すように，より現実的な町並みを表現することが可能となる．また，場合によっては，看板などの文字の再現も可能となる．しかしながら，2 次元ベクトルデータをベースとした場合は，構造物形状が単純化されているために，複雑な形を表現することは非常に難しい．そこで，ランドマークとなる構造物に関しては，図 8.5.6，8.5.7 に示すように，CG で構造物を作成してからモデルに取り込む手法がとられる．

これらのテクスチャモデルの用途は，景観シミュレーションに加え，カーナビ，ウォークナビ(携帯電話や PDA を活用した道案内)，Web 配信，観光案内，バーチャルモール，ゲームなど多分野での活用が見込まれている．

3）　使用したファイル仕様

テクスチャモデルのデータは，CG の標準的なフォーマットである OBJ フォーマットで作成しており，そのファイル構成は以下のようになっている．

①obj ファイル：　構造物，地盤の形状を記述したファイル．

②mtl ファイル：　形状の色，テクスチャ画像などそのマテリアル（材質）を定義したファイル．

③bmp ファイル/jpeg ファイル：　mtl ファイルで定義されるテクスチャ用画像ファイル．

以上のようなデータがあれば，既存の CG ソフトなどを用いて，景観シミュレーションが容易にできる．

図 8.5.8 超高層物件向け眺望システム

4） 眺望システム

これらのことを踏まえて，景観シミュレーションの一つである眺望システムの一例を図 8.5.8 に示す．大都市の超高層マンションやオフィスビルでは，部屋からの眺望が重要な要素となる．そのために，リアルな 3 次元都市を正確な位置から眺めることができ，高い精度の眺望，景観を検証することができるシステムが望まれている．このシステムでは，テクスチャモデルを用いることで，リアリティーと臨場感のある眺望をパソコンの画面上に表示し，瞬時に視点を変えて，景観をみることができる機能を実現している（http://www.yokohamatowers.com/view_system.html より転載）．　　　　　　　　　　　　〔中尾元彦〕

文　献

1） MAPCUBE ホームページ　http://www.mapcube.jp/index1.html
2） 航空レーザ測量 WG：図解 航空レーザ測量ハンドブック，日本測量調査技術協会，2004．

8.6　地形解析への利用

ここでは，地形解析において航空レーザスキャナによる地形計測のもたらす意義を解説し，その事例を示す．地形解析は，「地形の地理的・歴史的・物理的側面のすべてを解明し，その変化を予測することを目的とする一般地形学や，地形の保全・改造・利用法の理論と技術を研究する地形工学，あるいは地形を使ってその他の事象の空間的・時間的変化を説明し予測を行う応用地形学の分野に

おいて，地形を記述する手法」と，一般的には理解されている．地形の形態的特徴のうち，定量的に記述できる高度，距離，斜面傾斜，谷密度などの要素を地形量と呼ぶ．地形量の基本，すなわち，地表面の任意の地点の高度分布形状を知ることにおいて，航空レーザスキャナが貢献すると思われる点は次の 3 点である．

① データ密度が高い．
② 十分に精度のよい数値地形モデルである．
③ 条件がよければ，樹木下の地盤高の抽出が容易である．

これらの特性について以下に解説する．

1）　高密度の地形情報（良好な再現性の確保）

地形情報が高密度であることの利点を，まず旧来見慣れた地形表現方法である等高線表示との比較でみてみる．等高線は，基本的に高さを表す情報である．それだけでなく，同標高を連ねた線を一定標高間隔で描画することにより，斜面の傾斜（等高線の間隔），傾斜の変化（等高線密度の変化），斜面の平面形（線の向き）などを視覚的に同時に表現する優れた地形表現手法である．しかし，従来の大縮尺地形図は，この長所を十分に生かしていない．従来の航測図においては，描画のための情報量を豊富にするには作業量の限界がある．また植生のある領域では地盤面を推定して等高線を描くため，精度のよい情報が面的に一様かつ高密度に分布しているわけではない．そのため，大縮尺の地形図においては，標定された 2 点間の距離については精度が保証されても，斜面単位で地形的特徴を記述したい場合に期待する地形表現が十分に得られない．そのため，地形の形状をより詳しく知りたいというユーザは，空中写真というアナログ情報の判読によって，密度の十分に高くないデジタル的な情報を補っていた．しかし画像情報であるがゆえの位置情報の不足や，植被の影響を十分に回避することは困難であった．

航空レーザスキャナで取得する高密度な情報は，この課題に応えてくれる．現在の計測器の性能では，地上における計測密度を数十 cm 間隔にすることもできる．このレーザデータから得られる地表の起伏情報は，調査者が現地で視認できる

地形の起伏とほぼ1：1に近似できる地形モデルをつくるのに十分であるといってよい．このような地形モデルに基づけば，等高線による表示も，本来もっているアナログ的な表現力が十分に発揮され，地形の再現性がはるかに向上する（図8.6.1）．

2）数値地形モデル（さまざまな表現への加工）

航空レーザスキャナによるデータは，計測点ごとに精度のよい地理座標の数値情報をもち，同時に地形量の基本となる高度情報そのものが直接得られることも大きな特徴である．そのため，空中写真が太陽光に依存した輝度，濃淡の情報であり，写真判読では撮影間隔によって固定する立体感と自然の陰影とに頼って地形形状のパターンを認識するのに対し，航空レーザスキャナによるデータは，さまざまな数値処理によって知りたい情報を効果的に抽出し，可視化することができる．たとえば，高度変化の微細な地形を表現したいとき，標高値を拡大して過高感を強調したり，陰影の効果（方向，強度）を自由に変化させることができる．これは，太陽光という自然条件に強く依存している従来の写真判読では困難な作業であった．また，高さ情報から直接，傾斜区分，ラプラシアン，地上開度，地下開度などの，特定の地形量に注目した，さまざまな主題図を作成できる（図8.6.2）．

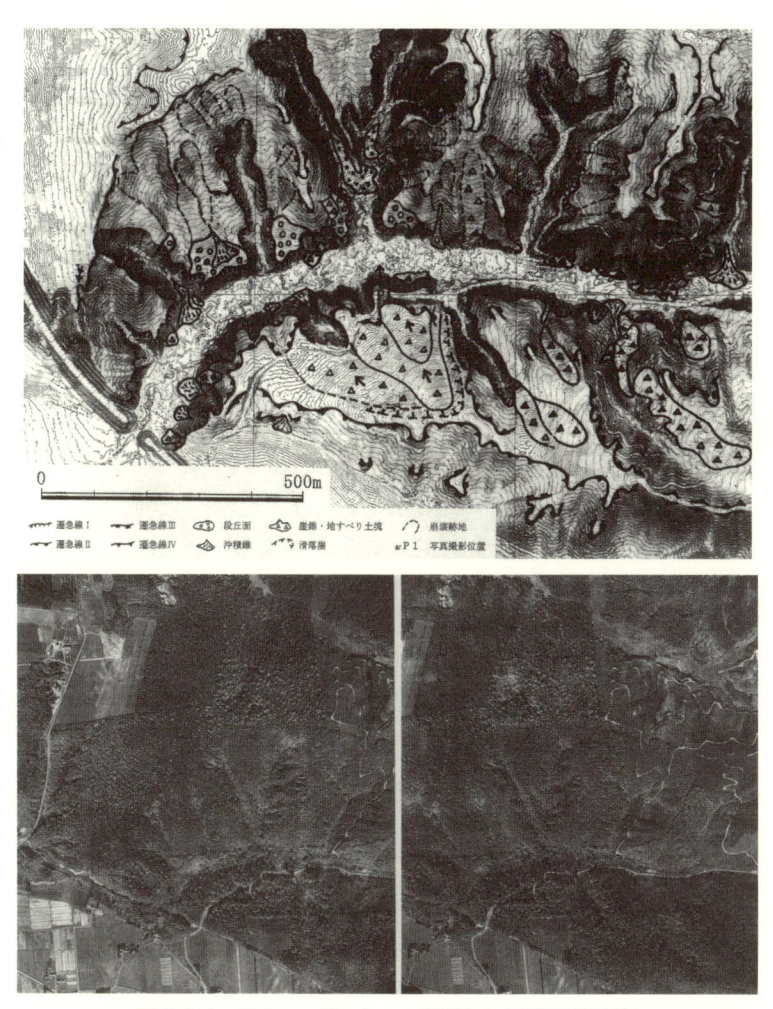

図 8.6.1 航空レーザスキャナ成果からの地形判読図[1]

地形表現が細かいため，微地形を詳細に判読できる．空中写真では植生の影響もあって微地形は判読しづらい．地形図の等高線は0.5m間隔．空中写真はCHO-77-49 C 5 B-32-33．

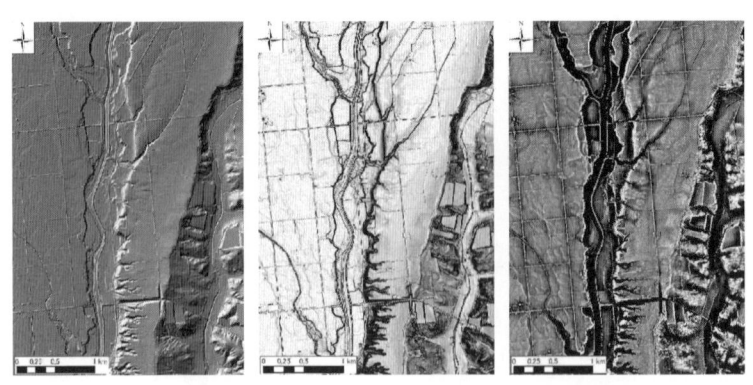

図 8.6.2 平坦な段丘地形についてのさまざまな地形表現陰影図（左），傾斜区分図（中），地上開度図（右）[2]

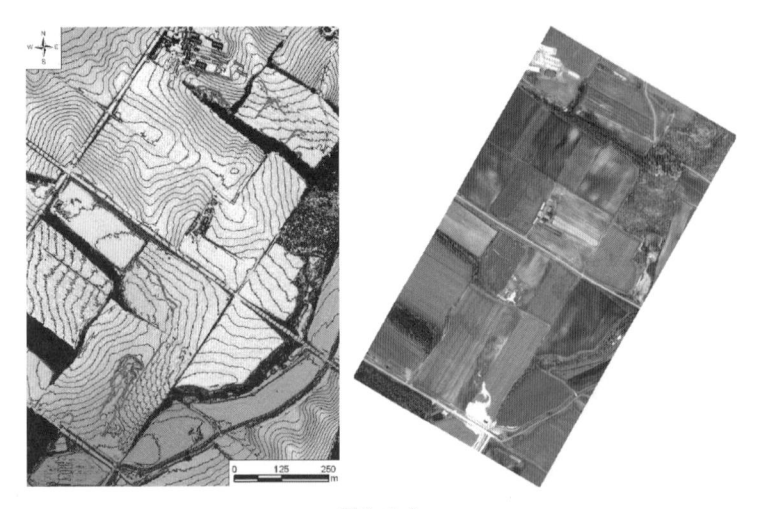

図 8.6.3

左の図は，傾斜量図に標高のカラー表示と 1 m 等高線を重ね合わせ，判読した亀裂の分布を表示．不連続な等高線の形状から，人工改変地形である斜面が推定できる．右の図は，同じ地点の空中写真で，どこも同じような耕作地のようにみえる．

これまでも，数値化された地形情報はさまざまな方法で作成されており，一般にも流通しているものもある．しかし，等高線から読み替えたデータでは，もとの地形表現は失われ，またグリッドサイズが相対的に大きいために，微小な地形に対しては地形モデルの再現性がよくなかった．

一方，航空レーザスキャナによる地形情報は，高さと形状についての再現性のよい情報が，読み替えや移写の手間なく迅速に得られる．また精度のよい地理座標をもつために，GIS データとしての利用が容易であることも重要な特徴である．地形解析の結果をそれぞれ重ね合わせることにより，さまざまな表現方法を選択抽出し，多角的な視点で判読を行うことができる．また時系列的な変化などを定量的に追跡することが容易である．図 8.6.3 に，傾斜区分図に標高値をカラーで表示し，さらに等高線を描画して，斜面の面的な特徴を表したものを示す．

3）植生の除去が容易である（客観的な情報の取得）

航空レーザスキャナでは，空中写真測量では推定情報であった植生下の地形情報（地盤高）をより客観的に取得できる．従来の空中写真測量では，植生に覆われて地盤が視認できなかった範囲については，樹高などを一定と仮定して地盤面を表現していたのに対し，レーザ光の反射パルスを選択

文　献

1) 応用地形学研究小委員会：応用地形フォーラム(5). 応用地質, **44**(4), 249-253, 2003.
2) 佐々木寿, 向山 栄, 高村利峰, 丸山智康：航空機レーザスキャナで判読した十勝中央部撓曲帯の段丘地形. 日本応用地質学会平成15年度研究発表会講演論文集, p.345, 2003.
3) 向山 栄, 佐々木寿, 高見智之, 小山嘉紀, 塚本 哲, 稲葉千秋, 小田三千夫：平成15年(2003年)十勝沖地震によって生じたシラスの液状化による絞り出し流動現象—航空機レーザスキャナ計測の人工改変地形判別への応用事例—. 応用地質, **45**(5), 259-265, 2004.

8.7　斜面防災への利用

8.7.1　航空レーザスキャナの場合

斜面防災とは，斜面の勾配により不安定となった一部の土塊，石塊，水脈，樹木，また斜面の地形そのものなどが重力によって下方に移動する際に人間の生活環境に及ぼす被害を，可能な限り防ぐための営みである．

航空レーザスキャナの斜面防災への利用としては，次の5つの段階が想定できる．

①現況を調査し，より正確な地形などの資料を作成する．

②類似の地形で災害が発生しているかを調査し，比較することで災害を予測する．

③地形状などの情報から判読解析を行い，シミュレーションで危険度ランクをつける．

④同一地点のモニタリング調査で変動状況を監視し，予測を行う．

⑤防災上の施工を行うために机上で概略設計を行う．

ここでは①現況調査，③地形判読，④モニタリングについて主に説明する．

1）現況調査

空中写真測量では，樹林地帯では樹高を引いた形状を地形標高としていたために正確な形状は表現できなかった．図8.7.1のように樹冠粗密度が80％をこえるようなスギ林の中を沢が通っている地形では，樹木の繁茂によって地形の変化点が覆われ，詳細に図化することが難しくなる．図8.7.2

(a) DSM

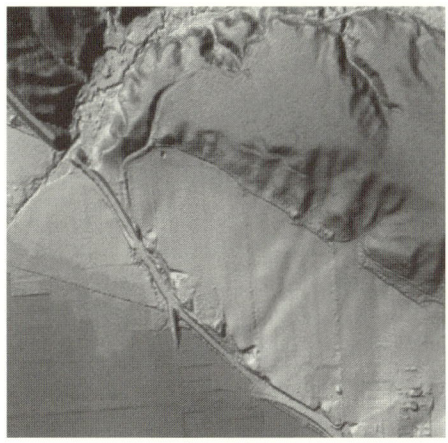

(b) DEM

図8.6.4　フィルタリングにより，DSM(a)(等高線は1m間隔)から樹高を除去して作成したDEM(b) 起伏表現として北西に光源を置いた陰影を与えた．DSMで等高線が不整形に密な部分が樹木を示す．

することによって地盤高に格段に近い標高データを得て地形モデルをつくることができる．これは，従来の写真判読によっても補うことが困難だった未確認の部分情報を得ることが容易になる，写真判読の個人差の影響が無視できなかったような情報が客観的に得られることであり，地形情報の均質性向上への貢献が大きい．図8.6.4では，樹木からの反射データを残した状態では地形として認識できなかった谷地形が，フィルタリング後には微小な谷地形として明瞭に現れていることがわかる．

〔向山　栄〕

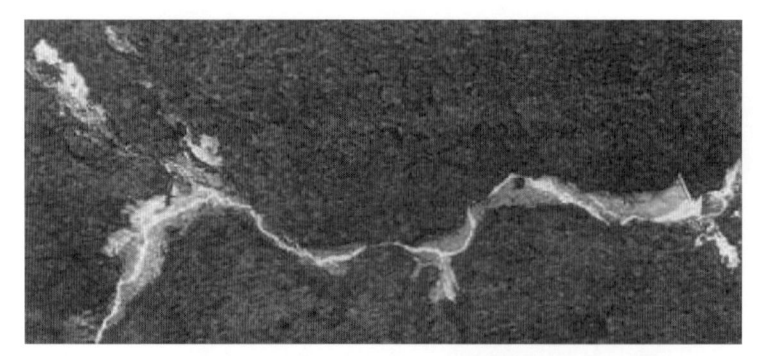

図 8.7.1　空中写真（比較用）

図 8.7.2　空中写真測量による地形図（等高線間隔 2 m）

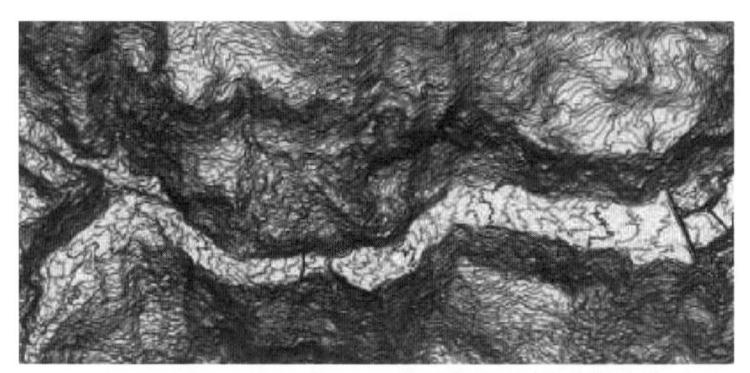

図 8.7.3　航空レーザスキャナによる等高線図（等高線間隔 2 m）

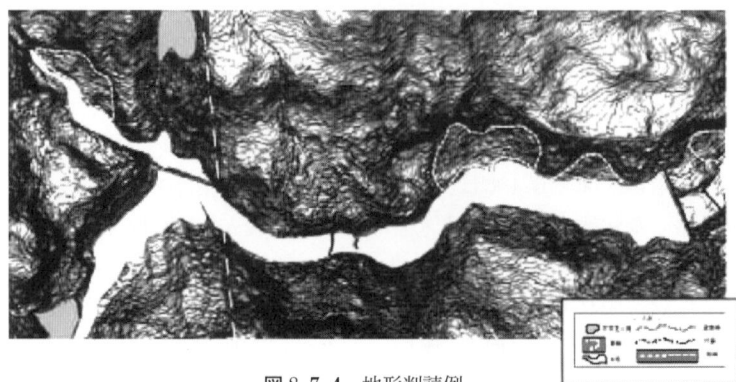

図 8.7.4　地形判読例

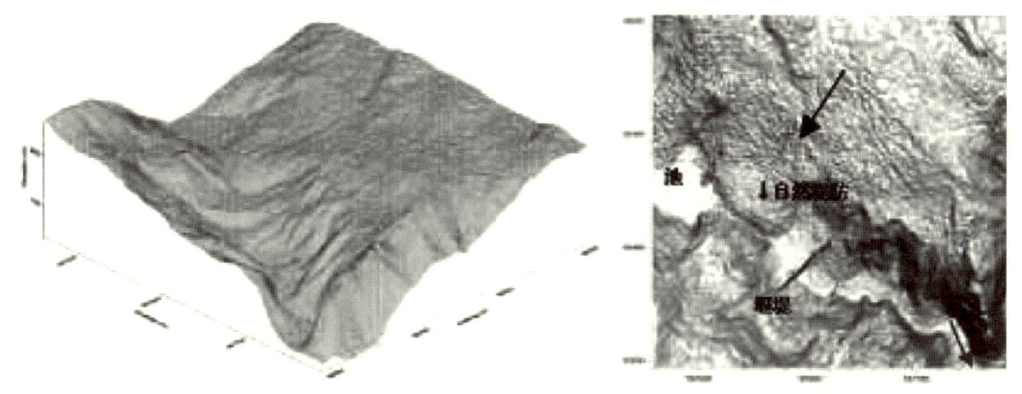

図 8.7.5　地すべり地舌部鳥瞰図（初期変動・発生前）

図 8.7.6　地すべり地舌部陰影図（1998 年 5 月，福島工事事務所）

は空中写真測量による地形図，図 8.7.3 はレーザスキャナによる陰影に等高線図を重ねたものである．

図 8.7.2 と図 8.7.3 は，ともに 2 m を主曲線とする等高線図である．図 8.7.2 では，地形図として等高線と地図情報を記号で表している．たとえば崖の記号は斜面を囲み，上端から下方に垂線を下ろす．堰堤などの構造物の記号では，中抜きの線で表し，影をつけて立体的に表す場合もある．図 8.7.3 は，レーザデータで作成した数値地形モデルに陰影を発生させて輪郭を出し，等高線を重ねる形で作図されている．また，すべての等高線を地形データから直接発生させることができる．

地図として情報を得るには，記号化された従来の地形図の方がみやすい利点はあるが，現況を調査して詳細な地形の資料を得て特徴を解析する上では，航空レーザスキャナにより得られたデータを使用する方がより正確といえる．

2）地形判読

斜面防災は，勾配と不安定な形状を調査し災害を防ぐことである．地形の変化点を求め，地質が類似する周囲の地形との比較対照が重要になる．図 8.7.3 をもとに地形的特徴を判読すると，図 8.7.4 を作成することができる．遷急線は，崖の上部が浸食している位置である．周囲と比較して突出している箇所は支えがなくなるので，さらに崩壊の危険があると判断できる．この場所で発生した土砂などは，下方に崖錐として堆積する．崖錐は，崖や急斜面からより緩斜面になる変位線（遷緩線）で囲まれて判別できる不安定土塊である．同様に沢などから運ばれた土砂が堆積している沖積錐や土石流錐も不安定土塊である．不安定土塊は，緩やかな斜面であっても周囲より脆弱な場所である．また，上方から土塊が落ちてくる危険もある．

斜面勾配によって発生する水の流れは，別の観点で重要である．土塊などは水と混ざると摩擦抵抗が下がり，遠くまで土砂や岩，樹木などを運ぶことになる．沢筋に当たる箇所では，重要な施設を設置しないか，危険を回避する施工を行う必要がある．

3）モニタリング調査

災害の調査では，前兆現象をとらえること，発生後は災害規模を迅速にとらえること，そして経緯を確認して 2 次災害が起きないように監視する必要がある．ここでは斜面災害でも規模の大きな崩壊の一つである，地すべりのモニタリング例を解説する．

図 8.7.5, 8.7.6 は，大きな地すべり地の舌部に発生している 2 次的な地すべり変動の初期の状態である．堰堤の上部に土砂が流れ，沢を自然堤防で堰き止めて池が生じている様子がわかる．雪解け水が地下水となってすべり面に作用し，土砂が移動していると考えられている．

図 8.7.7, 8.7.8 は，不安定であった土塊に対し，台風による豪雨が引き金となって舌部に地すべりが発生した直後のデータである．地すべり発生と同時に自然堤防が決壊し，池の水はすべて地すべ

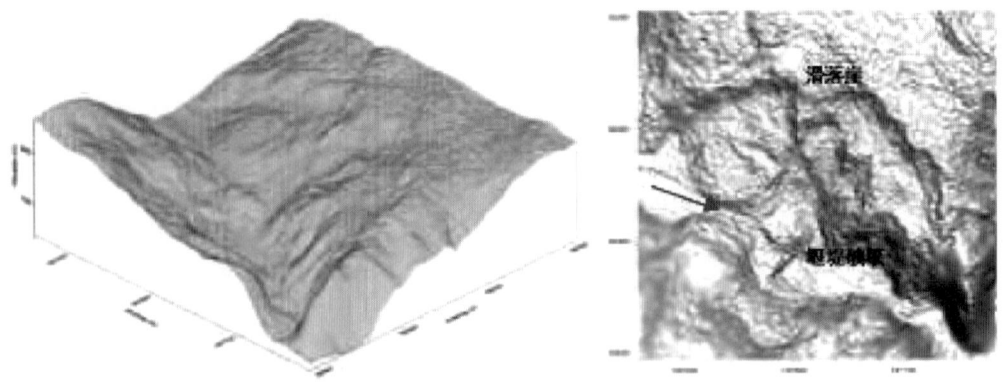

図8.7.7 地すべり地舌部鳥瞰図（1998年9月，福島工事事務所）

図8.7.8 地すべり地舌部陰影図（1998年9月，福島工事事務所）

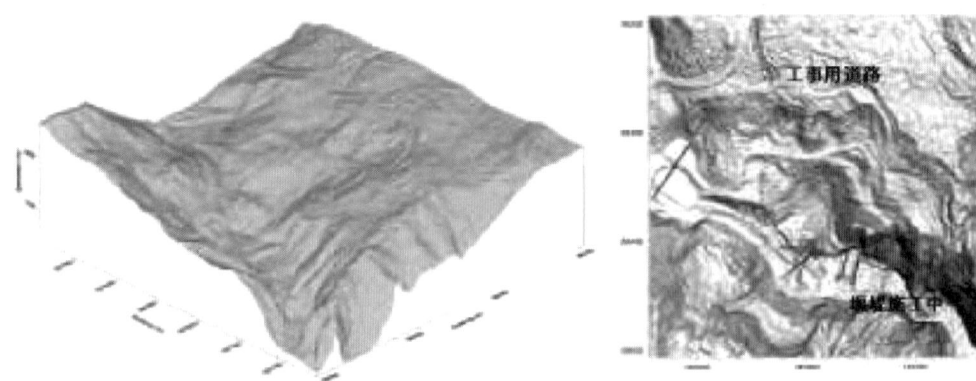

図8.7.9 地すべり地舌部鳥瞰図（1年後の状況）

図8.7.10 地すべり陰影図（1999年11月，福島工事事務所）

り土塊とともに土石流となって下流に流れ出ている．そのため，直下にあった堰堤は破壊されている．

図8.7.9，8.7.10は，地すべり発生から1年後のデータである．地すべりの滑落崖は工事用道路と遷急線部が崩れて崖錐として堆積したために丸みを帯びて判別しにくい．自然堤防による池の跡に谷止め工が施工され，土石流によって崩壊した堰堤の下部に新しい堰堤の施工が始まっていることがわかる．地すべり土塊上の樹木の様子から，緩やかな活動が続いていることがわかる．

図8.7.11，8.7.12は，地すべり発生から2年半後のデータである．滑落崖の形状が，ますます不鮮明になっている．また，不安定土塊の形状も1年半前の計測データとほぼ同じであることから，集水井などの施工が効力をなしていると考えられる．

以上が地すべり地の初動から終息までの約3年間のモニタリング調査結果の概要である．この地すべり地と類似の地形は図8.7.3,8.7.4の不安定土塊でも見受けられることから，今後も周囲の地形で発生することが予測される．

4） 変化量計算

前述したモニタリング調査で利用した地すべりと地すべり起源の土石流発生をもとに，変化量計算の手法について述べる．図8.7.13は，地すべり災害の発生前のデータから樹木を取り除いて作成したDTMに地盤や水面のイメージ画像を合成した陰影図である．図8.7.14は，図8.7.13と同様の方法で作成した地すべり災害発生直後のDTM陰影図である．この2時期のデータを1mの格子データとし，同一座標の差分により変化をみることができる（図8.7.15）．

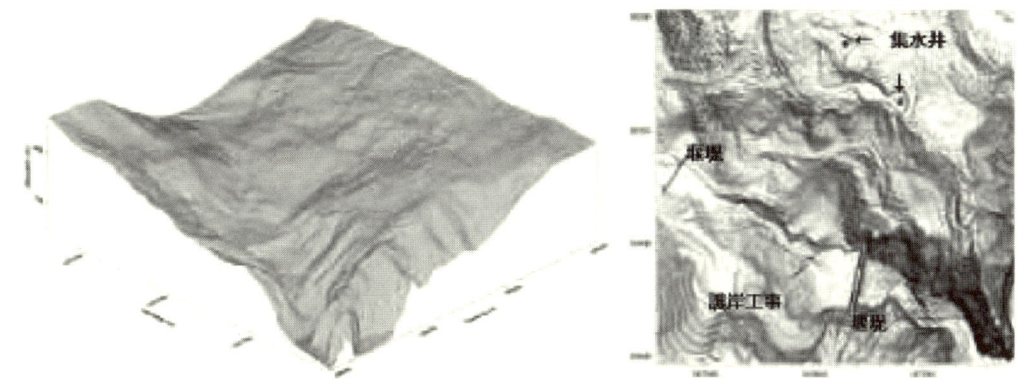

図 8.7.11　地すべり地舌部鳥瞰図（2年半後の状況）

図 8.7.12　地すべり地陰影図（2001年4月，福島工事事務所）

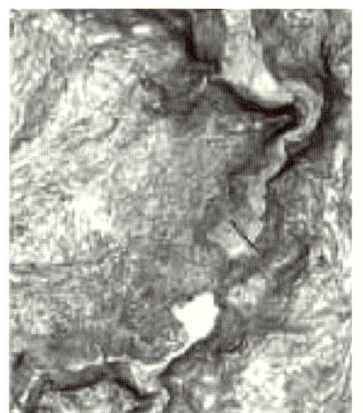

図 8.7.13　災害発生前画像

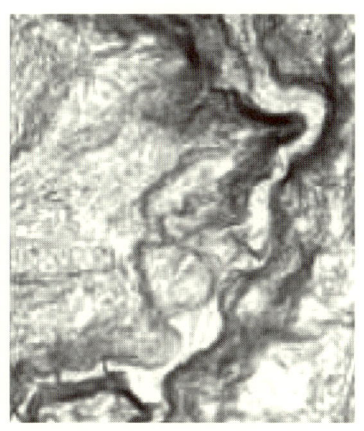

図 8.7.14　災害発生後画像

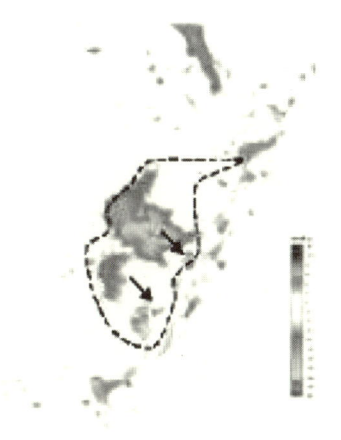

図 8.7.15　差分のカラー階彩図

土量の変化量を計算するには，堰堤間の河道範囲の差分データを算出して合計するメッシュ法で行うことができる．従来の断面法と比較しても，簡易で正確な手法といえる．ここで注意すべきことは，同一座標の上下変動のみをみているので，スライドした場合には変化の方向ベクトルは抽出しないことである．図 8.7.15 の地すべり滑落崖の寒色から舌部である暖色の間は，土砂が移動している．

斜面防災で必要となる情報は，本項で記述してきた詳細な地形状のほかに斜面を構成している地質，樹木の状況，気象条件や地震，火山などのデータがあると，より詳細に解析することができるのはいうまでもない．しかし，これまでは把握することが難しかった災害地や災害が起こりそうな地形的特徴（弱線，断層，地すべり，大規模崩壊，不安定土砂土塊）を現地に直接入らずに把握できることは，航空レーザスキャナを利用する防災調査の強みといえる．

〔秋山幸秀〕

8.7.2　地上レーザスキャナの場合

1）　斜面防災における地上レーザスキャナの適用の目的

一般的に，斜面防災における地形や位置情報に関して，次の点が必要である．

①不安定な地形状況，②地形の変化状況，③災害時の被害状況をもとにした2次災害の防除のための地形状況，④防災対策を検討，施工するに足る十分な精度など．

一方，地形把握にかかわる現状の問題点として，「アンケートによる斜面調査・評価の問題点」[1]では，地形判読，急崖調査法，詳細地形図などが不足していたことを報告している．

表 8.7.1 航空レーザスキャナと地上レーザスキャナの計測上の制約条件

種別	計測能率*	計測上の制約条件	コスト
航空	約 10^7 (点/h) 約 $10^{0\sim-2}$ (km²/h)	植生が密な場合，地形が取得できない． 急斜面の場合，レーザ光入射角が浅く測定密度も低下し，緩斜面に比べ精度が低下する． 地上型に比べ，測定密度が小さく，地形分解能および測点精度は低い．	航空機の運用などの固定費が地上型に比べ高く，狭い面積であると割高になる．
地上	約 10^6 点（点/h） 約 $10^{-1}\sim^{-2}$ (km²/h)	植生が密な場合，遠隔地から計測できない．ただし，樹高が高く低木が粗な場合，計測可能． 平地では，レーザ光入射角が浅くなり，計測距離が長くなるほど精度が低下する．	実測より地形分解能がよく低コスト．なお，高い精度が不要な場合，測定対象面積が広くなると航空機搭載型より割高になる．

*機種により多少異なる．

表 8.7.2 地上レーザスキャナの適用効果が高いと考えられる斜面

特徴	データの高速取得 (速度*：10^6点/h)	非接触計測 (測定可能距離*：$10^{0\sim3}$ m)	データの高密度取得	能動型センサ （近赤外レーザ）
場面	スピードが要求される場面	危険な箇所， 立ち入り困難な箇所	微地形の把握， 変動状況のモニタリング	暗い， 光源がない
対象	災害発生時，斜面対策工の施工管理，高速化によるコスト削減	急崖，著しく不安定な斜面，災害発生箇所	ガリなどの浸食地形，崩土などの堆積地形，地すべりなどの段差地形，岩盤に生じる亀裂やオーバーハング，変位の面的な把握	夜間計測

*機種により多少異なる．

これらの点に対し，地上レーザスキャナを斜面測量に用いた場合，急崖や平地を問わず，微地形を判読することができる詳細な DTM，DSM，およびこれらをもとに作成される各種地形図，あるいは任意範囲の 3 次元位置情報を，高速かつ安全に取得することが可能になる．

なお，前出の航空レーザスキャナと，地上レーザスキャナを比較した場合，表 8.7.1 のような相違が考えられ，概して，前者は傾斜が緩く比較的規模の大きな地形を広範に把握することに向き，後者は斜面が急峻な場合や比較的小規模な地形に向く．

2） 対象斜面

地上レーザスキャナは，その機器の性能や，機器を地上に据えて計測することを考慮すると，表 8.7.2 に示すような場面で適用の効果が期待できる．

これらの不安定要素をもつ斜面地形は，想定される災害の規模に応じてさまざまであり，測定密度が高いほど細かな地形が把握できる．これらの地形には，断層などによるリニアメントのように数百 m 以上にわたるものから，地すべりにおける比高差数十 cm オーダの段差地形，岩壁における数 cm オーダの亀裂などの小規模なものまで多様である．

3） 計測・調査フロー

斜面防災における各種地形図の役割は，斜面や個々の不安定部の状況を把握するに足る分解能が必要であるが，把握対象の規模に応じて，機器の選定，計測計画の立案，膨大な数のデータの処理方法を検討する必要がある．図 8.7.16 に作業フローの一例を示す．

4） 斜面計測における注意点

防災のための計測，図化のポイントは，斜面の安定度や防災対策を検討するための基図として十分な地形分解能を有することにあり，これを満足するよう心がける必要がある．

ただし，自然斜面は植生が繁茂していることが

```
①測定準備
  ・現地調査→測定計画立案（植生などの遮断物の影響，斜面形態と必要な地形分解能などを検討）
②標定点の設置
  ・基準点位置の選定（複数回のスキャンや既存図などと合成を行う場合に必要）→観測（4級基準点相当）
③スキャン
  ・測定範囲，測定間隔などの設定→スキャン→データ確認（点群 or 計測画像）→データの保存
  ＊複数スキャンする場合は，移動し，上記作業を繰り返す．
④データの整理・統合
  ・データの座標系変換→ノイズフィルタリング，不要な範囲の削除，複数スキャンの場合はデータ統合
⑤図化
  ・DTM，DSMの生成→鳥瞰図，コンター図，段彩図，傾斜区分図，陰影図，横断図などの作成→出力
    （既存図面などとの合成を行う場合もある）
⑥主題図の作成
  ・⑤で作成した図，地形判読図，各種主題図の重ね合わせ図→防災上の問題点の抽出
  ・複数時期のデータの差分図（断面〜立体図による変位量の可視化）→モニタリング（変化量算出）など
```

図 8.7.16 地上レーザスキャナによる斜面防災計測・図化フロー

多く，植生は地形データの取得を妨げるノイズとなることから，測定後に十分なノイズ除去を行うことが肝要である．なお，植生に遮られた計測できない部分を減らすには，同一範囲を異なる地点からスキャンしてデータを合成したり，レーザ受光モードの設定をラストリターンパルス取得モードにすると効果がある．

また，地上レーザスキャナには多くの機種があり，数十m以内を数mmオーダで，1 km以上を数cmオーダで測定できるものまでさまざまある．スキャナの選定の際は，微地形などの規模，測定対象までの距離などを検討し，目的に応じた機種の選定が必要である．

これらに加え，他の計測手法の併用など，効果的な計測計画立案が重要である．

5) 現在の技術動向

地上レーザスキャナによる斜面地形計測に関して，国内では1999年ごろより報告されている．最近では，たとえば，計測・解析技術の開発に関する研究[2]や事例紹介[3]などがあり，計測手法のマニュアル化[2]も図られつつある．詳しくはそれらの資料を参照されたい．

6) 地すべりにおける適用例

陰影図や詳細な傾斜区分図などを用いて地すべり地形判読を行ったり（図8.7.17）[4]，平面図や断面図を対策工事の基図として利用することが可能である[7]．ただし，地すべりは斜面傾斜が緩く比較

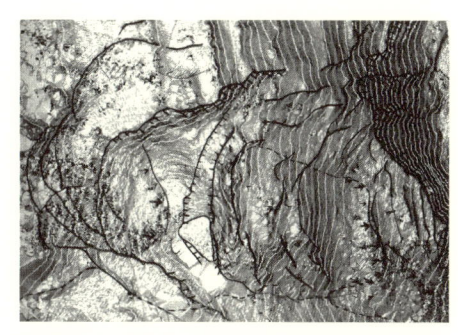

図 8.7.17 陰影図を用いた地すべり地形判読図[4]

的規模が大きいものが多いことから，規模に応じて航空レーザスキャナと空中写真測量などの併用も検討する必要がある．

7) 斜面崩壊における適用例

崩壊前は地すべりのように明瞭な変状地形を呈さないことが多く，不安定地形の判読可能なデータの取得は困難な場合が多い．

一方，崩壊発生後は，災害規模の把握や対策工の基図としての利用効果は高く[3,8]，危険域への立ち入り作業もなく安全である．

8) 土石流における適用例

不安定土砂の量や分布域などを把握する上で，流下経路のみならず周辺斜面の地形情報が必要であることから，渓流内からの計測は効果的である（図8.7.18）[5]．

なお，土石流は植生の繁茂する多雨期に発生することが多く，空からの計測では地表面の十分な

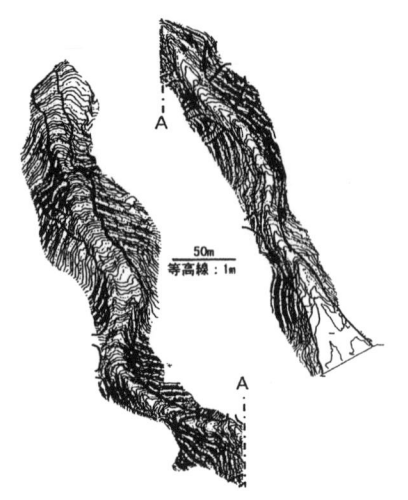

図 8.7.18 土石流発生箇所の等高線図[5]

太線で囲まれた範囲が土石流の流下経路．太線の外側はスギの植林地であるが，地表付近の植生ノイズデータを除去することにより，斜面形状が把握できる．

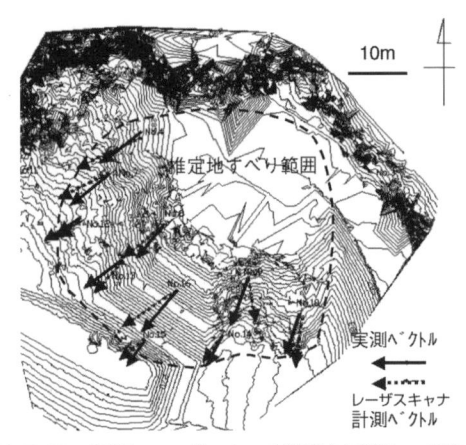

図 8.7.19 実測とレーザスキャナ計測（文献[6]に一部加筆）ベクトルの平面図上での比較．

把握は難しいと考えられる．

9) 落石，岩盤崩壊における適用例

落石や岩盤崩壊は急峻で危険な崖地を主な発生場所とする．これらに対し，災害防除工の検討[9]や亀裂解析への利用[10,11]，落石解析[12]へ適用されており，空中写真測量に比べて計測数が削減できるなどの利点があるが，計測が困難な場合が多い崖地上方斜面は，空から計測するなどの工夫が必要である．

10) モニタリング

上述の事象において，いずれも複数時期の計測結果を用いて変化状況をモニタリングすることが可能である．モニタリングによって，変化量や変化領域が把握できる（図8.7.19）[4,6,9]．

〔小野尚哉〕

文献

1) 日本応用地質学会編：斜面地質学－その研究動向と今後の展望－，1999．
2) 国土交通省国土地理院：平成14年度地上型スキャン式レーザ測距儀による斜面地形計測・解析技術の開発に関する研究作業，2003．
3) 日本写真測量学会編：空間情報技術の実際,日本測量協会，2002．
4) 小野尚哉，伊藤雅之，原田政寿，渡子直記：地形精度が安定解析に与える影響について－レーザスキャナとトータルステーションの比較－．第40回日本地すべり学会研究発表会ポスター展示資料，2001．
5) 小野尚哉，三好壮一郎，笠原拓造，鈴木知明，中筋章人：平成15年7月太宰府土石流災害発生直後の地上型レーザスキャナによる詳細地形解析．平成16年度砂防学会研究発表会講演集，2004．
6) 淺野広樹，石井靖雄，綱木亮介：3Dレーザスキャナによる地すべり移動量計測の検討.第40回日本地すべり学会研究発表会地すべり2001講演集，pp.279-282，2001．
7) 小野尚哉，藤井 徹，安原裕貴，伊藤雅之，岩崎智治：ノンプリズム型3Dスキャン式光波測距儀による地すべりの三次元モニタリング適用例－地すべり調査と対策工検討の為の迅速な基図の作成－．第39回地すべり学会研究発表会講演要旨集，pp.47-50，2000．
8) 小野尚哉，藤井 徹，渡子直記，畑 和宏，佐藤和志：3Dレーザーミラースキャナを用いた迅速な地形調査－道路災害時における有効性－．全地連技術フォーラム2001講演集，pp.63-64，2001．
9) 三戸嘉之，本多政彦，小野尚哉，藤井 徹，安原裕貴：のり面・崖地の高密度三次元座標データの取得と応用地質分野への活用－2点間の高精度計測から，面的な高密度計測へ－．応用地質，**42**(6)，351-364，2002．
10) 山崎 敦，小野尚哉，永吉哲哉，渡子直記，藤井 徹：地上型スキャン式レーザ測距儀による岩盤計測と落石解析への適用事例（その1）－現地計測の考察－．第36回地盤工学会研究発表会講演集，pp.169-172，2001．
11) 林 直宏，高見智之，川村晃寛：個別要素法を用いた落石の挙動解析事例の報告．全地連技術フォーラム2001講演集，pp.73-74，2001．
12) 国土交通省東北地方整備局福島工事事務所：平成

12年度　蟹ヶ沢・松川流域土砂移動解析業務報告書，2000．
14) 秋山幸秀：空中レーザ計測システムの治山・砂防関係への応用．写真測量とリモートセンシング，**39**(2)，25-28，2000．

8.8　河川砂防への利用

近年，河川氾濫などの災害対策利用を目的とした，航空レーザスキャナによる地形基盤データ作成が注目されている．国土交通省は2004年度から3年計画で，全国の河川流域について航空レーザスキャナから作成する地形の基盤データを整備する方針である．ここでの活用方法の一つとして，河川が氾濫した際の浸水地域の予測，国や自治体など途中で管理者が変わることもある河川の，上流から下流まで流域の地形を把握することで予測の精度を高め，効率的な河川改修に役立てるという（2003年8月26日付，日本経済新聞朝刊）．

そこで，本節では，河川砂防のための基盤データの作成およびそれらのデータを利用して土砂移動，洪水氾濫シミュレーション，施設設計への利用事例について記す．

1)　河川砂防における従来の計測手法

河川砂防事業において，河床の地形計測や土砂移動計測には，従来，空中写真測量や現地測量による横断計測が行われてきた．しかし，従来の計測データは，アナログ的に処理されることが多い．したがって，砂防基礎データとして広く用いられる等高線図や横断図などの場合，解析処理を行う際に再度デジタル化する必要があることや，特定箇所のデータしか得られないなどの問題があった．また，空中写真測量の場合，計測にかかわる問題として，2時期の位置関係の精度や，図化機オペレータによる観測の個人差などがあげられる．これらを解消するために，モデル単位に標定点を移写して相対的な横断計測でミクロ的に比較する手法，ステレオマッチングによりDEMデータを取得するマクロで面的な比較手法が考えられていた．しかし，いずれも作業量の増大，精度の信頼性などの問題点が解決されていない．また，現場での実測の場合，時間と人手がかかるために広域の範囲を計測するのは非常に困難である．これらの課題に対し，面的かつ広範囲な地形基盤データ作成に有用な手法の一つとして，航空レーザスキャナの利用があげられる．

2)　航空レーザスキャナによる河川砂防基盤データ作成

航空レーザスキャナにより，計測エリアにおける3次元データが得られる．次に，樹木，建物など，地形以外のデータを除去して，残ったデータからTINなどの3次元データが作成できる（図8.8.1）．加えて，2時期の差分や洪水氾濫シミュレーションを行う際に計算が容易なメッシュデータなどに加工した地形データも作成可能である．これらの地形データを砂防事業の基盤データとして利用することにより，面的な地形状況が把握できる．

さらに，この地形データを市販の画像解析，GIS，CADソフトなどに取り込み処理，解析することにより，等高線図（図8.8.2）が作成できる．ただし，地物の認識は，レーザ点群の間隔（または密度）に依存するため，道路縁や水際線などの線形状を有する地物と等高線の整合は困難である．地物と等高線の整合には，レーザデータにブレイクラインを付加させた解析，処理が必要である．

また，画像解析ソフトやGISソフトを用いて3次元地形データの標高値に対して相対的に配色し，一定方向から地形データに対して陰影（比高感）をつけることで，標高データの陰影図（図

図 8.8.1　TINによる河川周辺地形状況把握

8.8.3）が作成できる．この陰影図を用いることで，等高線図からは判断できない面的で細かな地形を判読することが可能となる．また，視点の異なる2つの鳥瞰画像を青系と赤系で彩色して合成し，余色眼鏡を使って観察することで，立体的に地形を判読することも可能である．これにより，河川周辺の地形形状の概略について，初心者でも比較的，容易に把握可能となる．

近年では，航空レーザスキャナでの計測と合わせて，カラーデジタルカメラによりカラーデジタル画像を撮影するシステムが普及している．同時に撮影された画像をレーザデータで正射変換することにより，カラーオルソフォトが作成できる．このカラーオルソフォトと等高線（図8.8.4）や，陰影図などを重ねて表示することにより，レーザデータのみでは把握しにくい地表面の状況を把握することが可能である[1]．

さらに，TINデータもしくはメッシュデータの上にカラーオルソフォトを重ねることにより，鳥瞰図（図8.8.5）が容易に作成可能となる．このようにリアルな3次元地形モデルを作成することにより，解析後の氾濫状況などを説明する資料にもなり，視覚的に把握する際の有効なデータおよび画像となる．

3）土砂移動状況の把握

航空レーザスキャナによる時系列の地形計測を行うことにより，これまで把握が困難であった河床や崩壊地の面的な変動状況の把握が可能となる．また，面的なデータから任意の断面が作成でき，各種解析の精度を向上させることができる．

次に，洪水前後の2時期の面的地形データを用いた河床変動把握の事例を示す[2]．

①DEMによる面的な比較：洪水前後のオルソフォトを図8.8.6，8.8.7に示す．これらの写真から洪水前後で河床変動の有無は明らかである．そこで，2時期の地形データを同一メッシュサイズのデータに加工し，各々のメッシュの差分を計算することによって，土砂移動量の把握が可能で

図8.8.2 等高線図

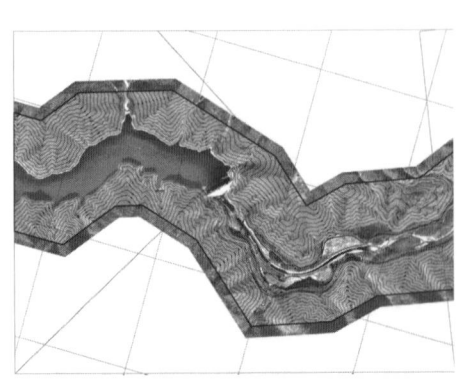

図8.8.4 等高線とオルソフォト

図8.8.3 陰影図

図8.8.5 河川流域の鳥瞰図

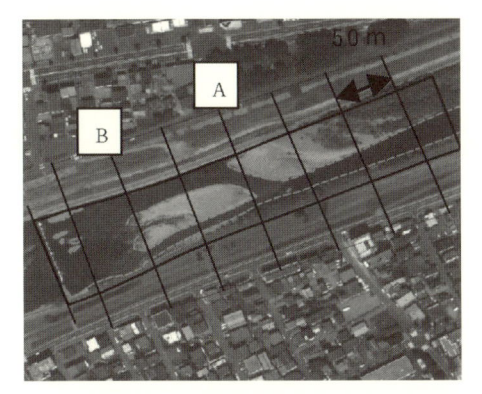

8.8 河川砂防への利用

図8.8.6 洪水前のオルソフォト

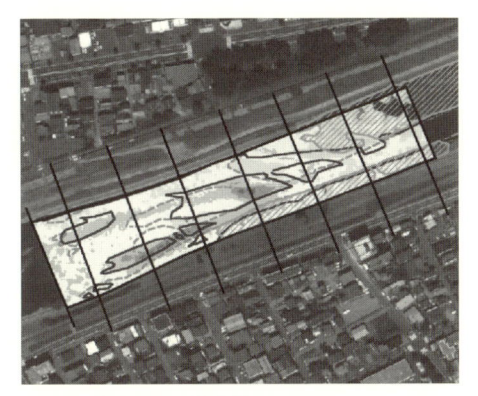

図8.8.7 洪水後のオルソフォト

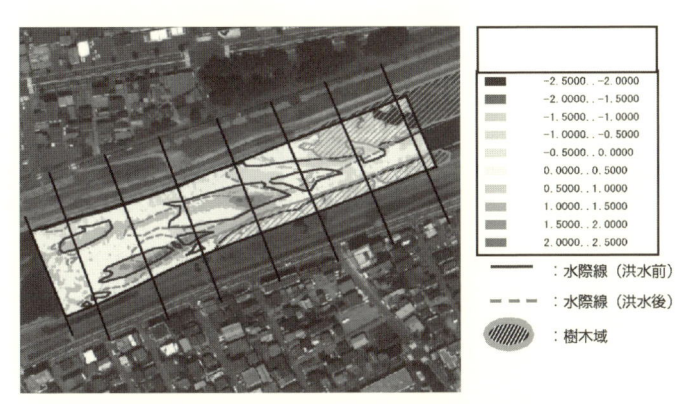

図8.8.8 河床変動マップ（洪水前後の比較）

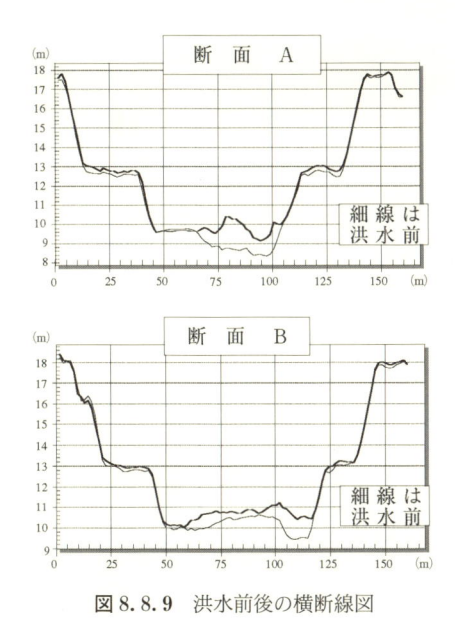

図8.8.9 洪水前後の横断線図

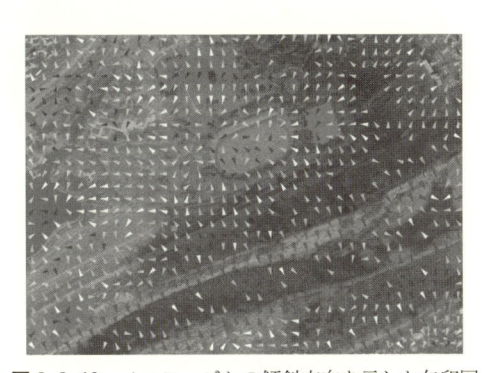

図8.8.10 メッシュごとの傾斜方向を示した矢印図

ある．図8.8.8は，2mメッシュの2時期のDEMデータの差分結果である．

このように，DEMの差分処理によって，河床変動状況の変化を面的にとらえることができる．この結果およびレーザ計測の精度から，数十cm以上の違いがみられる箇所の把握は可能であると思われる．

② 横断図による比較： 3次元のTINやメッシュデータを作成し，CADソフトなどを用いれば，任意の地点の縦横断図の作成ができる．そこ

図 8.8.11 氾濫,洪水の CG 表現の例

で,断面 A, B それぞれの横断面図を図 8.8.9 に示す.洪水前後の河床高の違いおよび水際などの植生の影響によるノイズの存在を,横断面図とオルソフォトを併用することにより判別できる.横断面 A の河岸は,図 8.8.9 からは河床低下があったような表現となっているが,図 8.8.6, 8.8.7 のオルソフォトから,実際には樹木の影響を考慮する必要があることが判断できる.

このように,面的な土砂移動モニタリング調査が可能なので,土砂堆積箇所の把握,土砂輸送量調査,砂防計画(流域土砂管理計画)にも利用可能である.

4) 洪水氾濫シミュレーションへの利用

① 氾濫域地形データの作成: 作成したメッシュデータを用いることにより,容易に傾斜区分,斜面方位などが計算でき,それぞれ区分図を作成することで,詳細な地形形状や特徴が把握できる.図 8.8.10 はメッシュごとの最大傾斜方向を示しており,面的な傾斜方向の把握が可能であることを示している.これにより,洪水や氾濫の際の水の流れる方向を大局的に把握できる.

② 氾濫シミュレーション結果の表現: 地形メッシュデータを利用して氾濫シミュレーションした結果を,航空レーザスキャナによる 3 次元都市モデルと重ねることで,想定災害時の CG が作成できる(図 8.8.11).このような画像は,河川氾濫,洪水への防災に対する住民の理解を高めるために効果的である.

5) 砂防施設概略設計への利用

航空レーザスキャナを利用すると精度の高い断面図が作成できることから,設計作業の効率化を図ることができる.精度的には基本設計,概略設計レベルが対象となる.また,レーザから作成さ

図 8.8.12 設計した構造物の 3 次元表示

れる地形データとオルソフォトおよび設計した構造物のデジタルデータを CAD ソフトなどに取り込むことにより,設計した構造物などの概観の 3 次元のリアルな表示が可能となる(図 8.8.12).

〔白井直樹〕

文 献

1) 久保 毅ほか:航空レーザ測量を用いた河床変動状況の把握事例.砂防学会研究発表会概要集, **37**, 18-19, 2003.
2) 飛田康宏ほか:航空レーザ計測を用いた砂防事業の基礎データ作成と河床変動状況の把握事例.応用測量論文集, **14**, 91-97, 2003.

8.9 海岸調査への利用

国土の保全と確保を旨とする国家にとって,海岸浸食は重要な問題である.海岸保全の対応をするためには,汀線(海岸線)の調査を行い現況の把握をして変化の兆しを判定し,場合によっては工事を行う必要がある.従来の調査方法は,汀線測量として地上測量や空中写真測量などを行っている.しかし,潮の干満と打ち寄せる波の影響で

8.9 海岸調査への利用

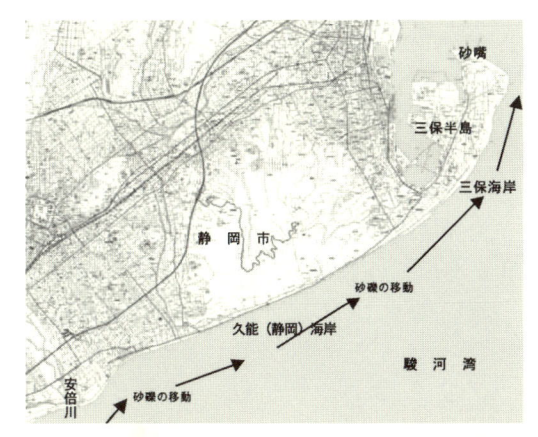

図 8.9.1 砂礫の移動方向（静岡市の静岡海岸-三保海岸, 1/25000地形図）

図 8.9.2 1976年11月8日（佐藤 武撮影）

図 8.9.3 2003年4月7日（山本太郎撮影）

絶えず変動する汀線の位置を押さえることは難しい．地上測量の場合は，海岸線に直交する測線の測量を等間隔で行い，斜面勾配を延長して0mになる箇所を計算し，0mの点の連続線として汀線を表現することになる．空中写真や衛星画像で汀線を求める場合，撮影した時間から潮汐の状況を推定して汀線を計算する．概略で汀線を求めることは可能であるが，干潟のような緩やかな勾配では汀線の水平位置が干満によって大きく変化するので難しい．

また，海岸は海と陸との境界であり，海象と気象の両方に絶えずさらされている．つまり，海岸線は海流やうねり波浪など波の影響と風雨による変化が大きい．特に台風などの大風が吹く場合に変化する．また，よく晴れた天候の場合でも，海と陸との温度差により陸風，凪，海風などが絶えず繰り返している．海岸の構成物である砂などは風の影響による移動が多く，従来は，定点において正確に高さの変化を測ることができる砂面計が用いられてきた．しかし，この調査方法では局地的な増減をとらえることができても，全体的な変化を3次元でとらえたことにはならない．航空レーザスキャナでは，従来の手法では行えなかった海岸域を面としてとらえることができる．ここでは航空レーザスキャナ（朝日航洋株式会社製ALMAPS）を使用した静岡-三保の海岸線変動を例に，調査事例を紹介する[1~3]．

三保半島は，安部川から供給された砂礫によって生成された砂嘴の半島である（図8.9.1）．

この海岸は，安部川の砂礫が高度成長期に資材として利用されたことに端を発し，後に上流に設置した砂防ダムによる砂礫の供給止めや護岸工事によって形が変化している（図8.9.2, 8.9.3）．大きな変化を受けたのは，1990年代で，100m近い海岸浸食が起きている．また逆に，浸食対策の養浜による変化もある．ここでは三保海岸の海岸浸食とその状況，そして，砂嘴の先端などの変化を，多時期のデータによって得られた3次元形状を用いて検討する．航空レーザスキャナによる計測は，次の日程で行った．

・第1回： 1998年11月13日計測　7点以上/

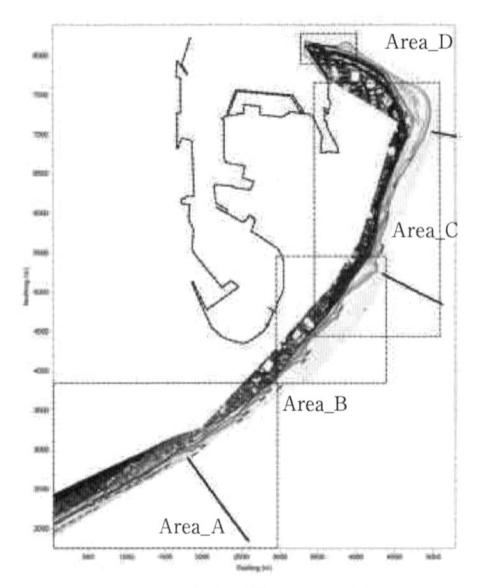

図 8.9.4 海岸形状エリア分割図

ている範囲，Area_B は景勝地の羽衣の松原海岸を保全するために養浜を行い砂浜の浸食と成長が変動している範囲，Area_C は海岸線の変動が少ない範囲，Area_D は砂浜が堆積し成長している範囲である．この 4 つのエリアの経年変化を図 8.9.5〜8.9.8 に示す．Area_A については，図 8.9.2，8.9.3 の空中写真でわかるように，海岸線が後退し，護岸工としてテトラポットの離岸堤（ヘッドランド）が海岸線に平行に並んでいる．このエリアでは，浜はやせたままの状態である（図 8.9.5）．

Area_B では，養浜による砂の供給が 1991 年から始められており，供給による増加と浸食による減少とのせめぎ合いが続いている（図 8.9.6, 8.9.7）．1999 年に図 8.9.5 中の矢印の位置に施工後，護岸工の上流で浜が維持，成長し，直後の下流側では供給が滞り浸食を受けている様子がわかる．Area_C においては，周囲と比較して海底地形が急勾配であるためか，成長が緩やかである（図 8.9.7 北側）．Area_D は北方の海底地形が緩斜面であり，下流側の浜の砂礫が運搬されて堆積し，砂嘴が現在でも成長し続けている．砂嘴部の大き

m^2．
・第 2 回： 2000 年 4 月 7 日計測 5 点以上/m^2．
・第 3 回： 2003 年 4 月 7 日計測 1 点以上/m^2．

海岸線の形状をもとに類似の特徴をもつ 4 つのエリア（A，B，C，D）に 4 分割して比較する（図 8.9.4）．Area_A は浸食を受け護岸工が施工され

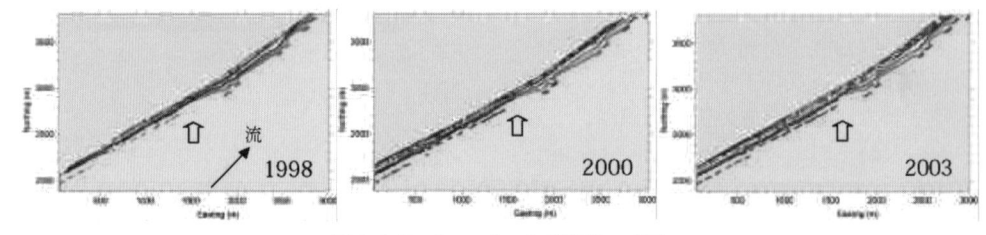

図 8.9.5 Area_A：久能海岸の変遷
矢印は海岸浸食の境界である．東進していた海岸浸食は，施工の結果矢印の位置でとどまっている．

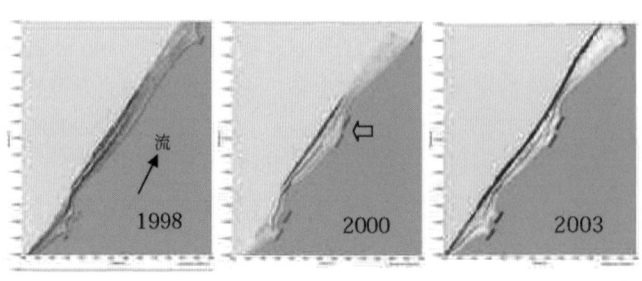

図 8.9.6 Area_B：三保海岸

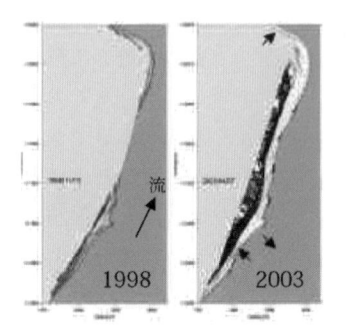

図 8.9.7 Area_C：三保海岸
1998〜2003 年の変化．

な変化としては1998〜2003年で約30 mの成長が認められる（図8.9.8右上）．同様の変化は，図8.9.9，8.9.10の円の中でも確認できる．

図8.9.11は，Area_Bを拡大して表したもので，浸食と養浜による浜の前進で汀線が大きく変化していることがわかる．この図では3時期のレーザデータの形状から作成した標高0 mの等高線を汀線としている．この手法によって潮汐による誤差を取り除くことが可能となった．

航空レーザスキャナで得られるデータを用いて，面で2時期のデータ比較を行うと，さらに細かい解析が可能である．図8.9.12は，2000年のデータから1998年のデータを減じ変化量分布とした．画像中央の2基の離岸堤が新たに設置された後，浸食と浜の前進（堆積）が認められる．また浸食の大きな南西位置に養浜用の砂礫が設置されている．図8.9.13は2003年のデータから2000年のデータを減じた変化量分布であるが，図8.9.12の養浜砂礫の設置位置から砂礫が移動され整地がなされているほか，中央北東側にさらに養浜の施工が行われているが，その一部が浸食を受けている様子がわかる．

航空レーザスキャナによる海岸域の調査では，自動的に汀線の位置が求められ，養浜箇所および浸食域，堆積域を3次元でとらえるといった特徴がある．これらの特徴を活用することにより，運搬と堆積の継続によって維持されてきた浜が離岸堤によって固定されると，砂礫が北下流に運搬され堆積するよりも，堤により回折する波によって砂礫が運び去られる作用の大きいことが理解できる．このような浸食作用や浜の成長などのメカニズムを解明するモニタリング調査を対象地で行うことで，効率的な保全対応が行える．

〔秋山幸秀〕

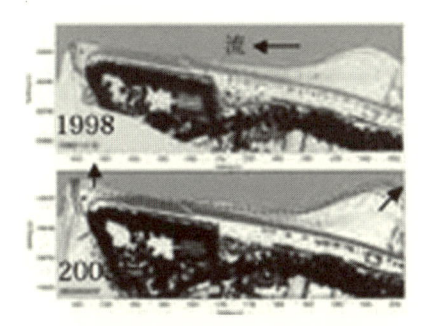

図8.9.8　Area_D：砂嘴の成長 1998〜2003年の変化．

図8.9.9　1996年9月2日撮影

図8.9.10　2003年4月7日撮影

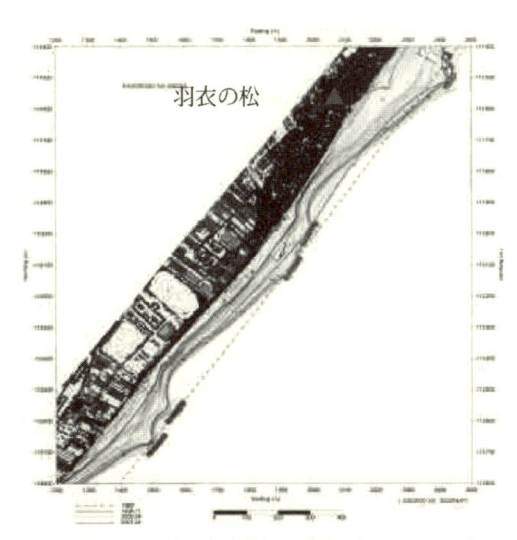

図8.9.11　汀線（海岸線）の変化（1998〜2003年）

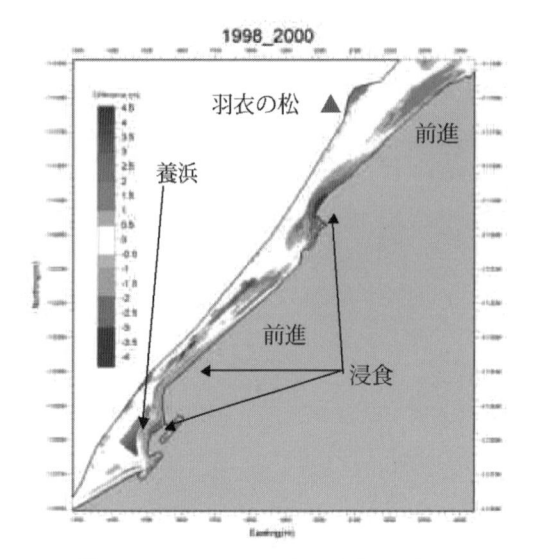

図 8.9.12　1998〜2000 年の変化量分布図

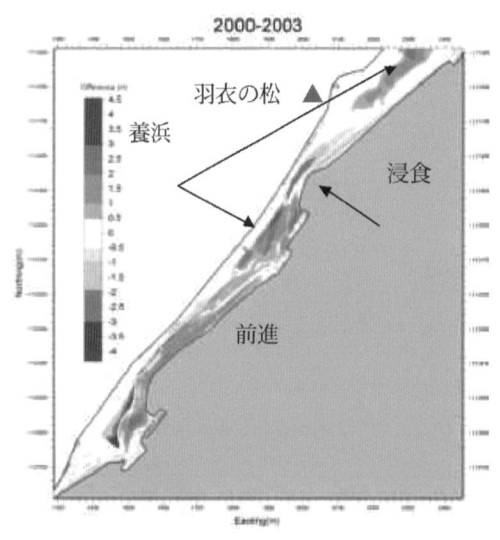

図 8.9.13　2000〜2003 年の変化量分布図

文　献

1) 佐藤　武：清水市折戸海岸の浸食について－礫・粗粒物質の移動－. 東海大学紀要海洋学部, 第 46 号, 107-117, 1998.
2) 秋山幸秀, M.P.B. セーナカシリ, 根元謙次, 広松峰男：Air-borne LiDAR による三保海岸海岸浸食調査. 第 25 回技術発表会論文集, No.85, 82-95, APA, 2003.
3) 秋山幸秀：LiDAR による三保半島の海岸線調査－浸食と堆積－. 第 15 回研究発表会海洋調査技術学会, pp.25-26, 2003.

8.10　積雪調査への利用

日本では豪雪地域といわれる地域が全国土の 5 割を占め, 人口の 2 割が居住しているといわれている. また, 集落を対象とした雪崩などの危険箇所は, 全国に約 15000 か所が存在している（図 8.10.1）.

雪崩とは, 山腹に積もった雪が重力の作用によって斜面を崩れ落ちる現象であり, 表層雪崩と全層雪崩に分けられる. 表層雪崩は, 厳冬期に多く起き, 速度が速く破壊力が強大で被害範囲も広くなる. 一方, 全層雪崩は, 春先に多く起きる.

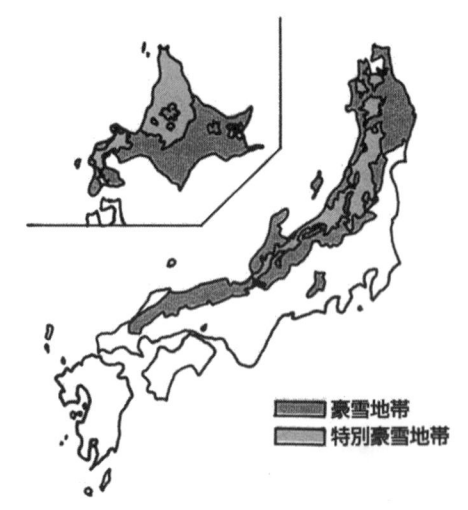

図 8.10.1　豪雪地帯[3)]

図 8.10.2　冠雪時の空中写真

地形を面的に計測する技術としては空中写真測量が存在したが，立体視が困難なために積雪面への適用は不可能であった（図8.10.2）．航空レーザスキャナでは，レーザ光を使用して能動的に被写体を計測するため，積雪量の把握や雪崩災害時の緊急対策などへの利用が期待できる．

図8.10.3は，積雪面を計測した事例であり，(a)無雪期の空中写真，(b)DTMの陰影図，(c)地形の等高線，(d)積雪深段彩図，(e)積雪時の空中写真，(f)積雪面陰影図，(g)積雪面等高線，(h)積雪深陰影図である．

積雪面の計測は，特に積雪深が深い地区では樹木や構造物などのような遮蔽物が存在せず，計測したレーザデータに目視編集を加えることなく成果品として整理することができ，航空レーザスキャナを最も効果的に活用できる対象の一つである．

ただし，積雪深を解析するためには，別途地形を計測したレーザデータが必要であり，それらは積雪深の精度に大きく影響する．

図8.10.4は，計測された積雪面データを解析した事例であり，クレバスの形状が明瞭にとらえられている位置を示している．図8.10.5では，クレバスを横切る断面（E-F）を表現している．クレバス部の下方が剥がれて，氷塊として盛り上がっていることが解析されている．

航空レーザスキャナでは，黒色の屋根瓦や施工直後のアスファルト舗装，静水面などでレーザ光が反射しないことが知られている[1]．また，積雪面などではレーザ光の反射強度が強くなるため，計測精度に少なからぬ影響を与える．

表8.10.1は，航空レーザスキャナを用いて積雪面および隣接する除雪済みの道路を計測して較差を求め，水準測量による実測値との比較を行って

| (a)無雪期の空中写真 | (b)DTMの陰影図 | (c)地形の等高線 | (d)積雪深段彩図 |
| (e)積雪時の空中写真 | (f)積雪面陰影図 | (g)積雪面等高線 | (h)積雪深陰影図 |

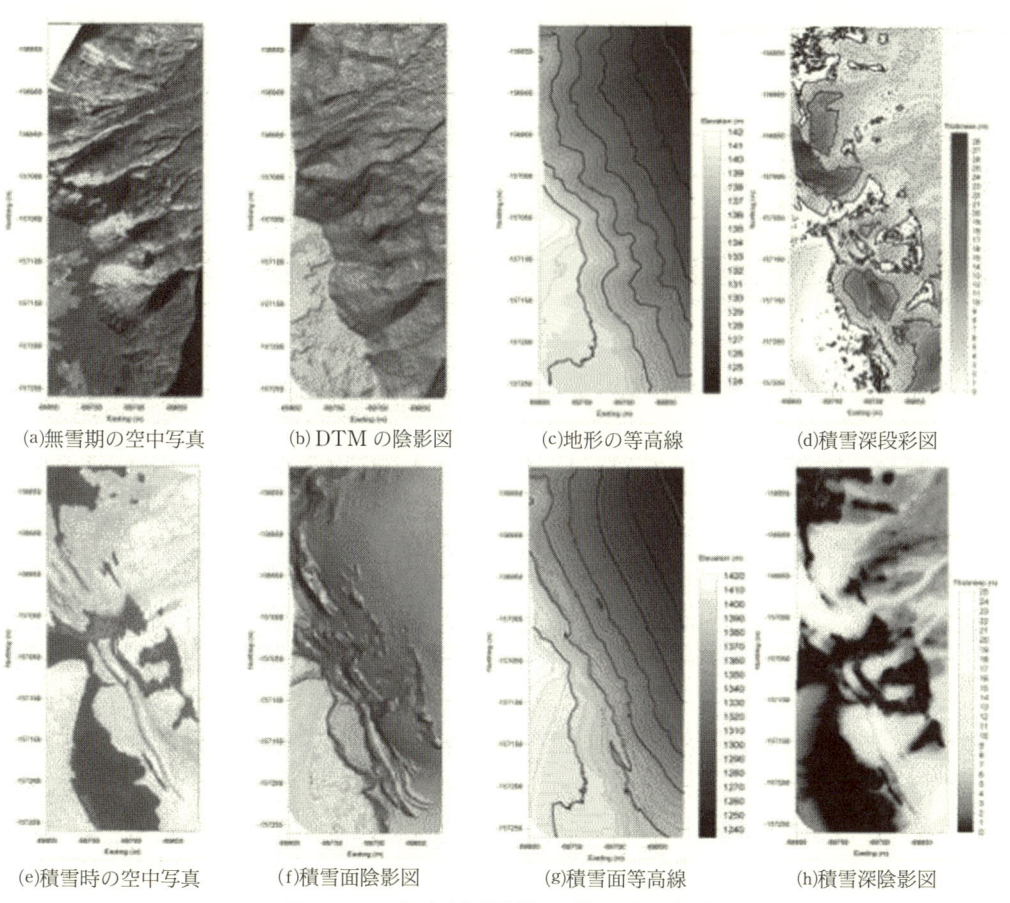

図8.10.3 積雪面計測事例[4]（説明は本文参照）

陰形図

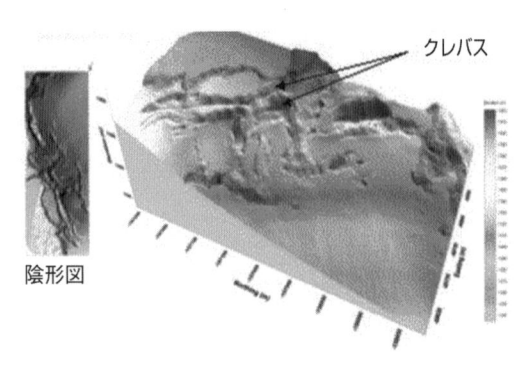

図 8.10.4　積雪解析事例

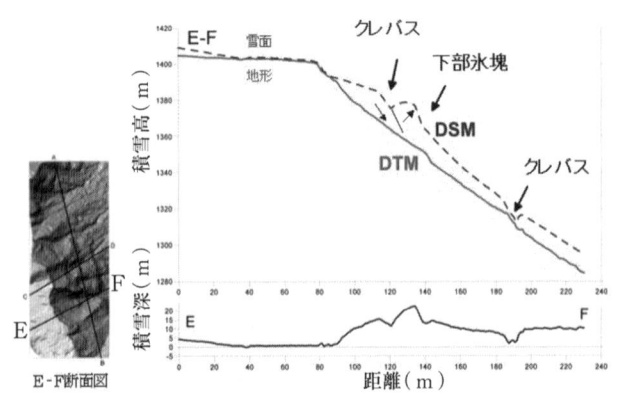

E-F断面図

図 8.10.5　積雪深の計測[4]

表 8.10.1　積雪面がレーザ計測に与える影響（単位：m）

計測番目	航空レーザ測量			実測	較差
	雪面高　a	路面高　b	積雪高　c=a−b	積雪高　d	c−d
1回目	754.01	752.14	1.87	1.65	+0.22
2回目	754.16	752.40	1.76	1.64	+0.12

計測精度の検証した結果である[2]（図 8.10.6）。

　航空レーザスキャナを対地高度 2000 m からビーム拡散度 0.2 mrad で平均計測密度 1.5 点/m^2 で，日時を変えて 2 回にわたって計測を行った結果，積雪面が航空レーザスキャナによる測量に与える影響が＋10 cm 強〜＋20 cm 強であるという結果が得られている．なお，積雪面の影響は対地高度に比例するものと考えられる．〔津留宏介〕

文　献
1）　日本写真測量学会編：空間情報技術の実際，日本測量協会，p.24，2002．
2）　小菅　博，齋藤充則，星野光男，津留宏介，中島　保：航空レーザ測量による積雪面計測についての精度検証．日本写真測量学会平成 15 年度年次学術講演会，pp.203-204，2003．
3）　国土交通省砂防部ホームページ http://www.mlit.go.jp/river/sabo/link81.htm
4）　秋山幸秀，高貫潤一，藤原輝芳，山本岳史，関谷　正：航空レーザによる雪面計測事例．JESECE Publication No. 35, 平成 14 年砂防学会研究発表会概要集．

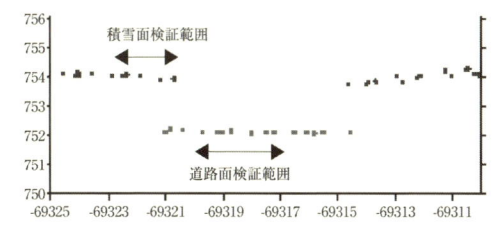

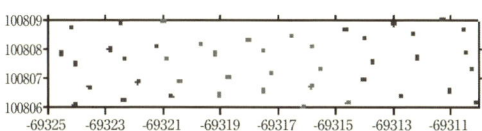

図 8.10.6 積雪面レーザ計測の精度検証

8.11 森林資源調査への利用

今日,地球環境の保全,持続的な国土環境の保全,循環型社会の形成,そして自然と人との共生の場の形成など,さまざまな視点から森林や森林資源の重要性が叫ばれている.そのために,森林を整備し,森林が本来もっている多面的な公益機能が発揮できるような施策が推進されている.森林の管理や利活用を進めていくには,樹種,樹高,林分構造などの森林の基本情報を面的にとらえていくことが必要とされる.

ここでは,落葉前後に観測した航空レーザスキャナデータを用いて,地盤高および樹冠高を計測し,現地での地上測量による実測データと比較照合することから,森林域でのこれらの計測の可能性を検討した[1,2].

1) 解析地区

解析地区は,東京都八王子市に位置する森林総合研究所多摩森林科学園を対象とした.同科学園内に次の3検証箇所を設定し,地盤高および樹冠高の計測精度を検証した.

①ST-1: スギ壮齢林からなる密生林が立地する急傾斜地.

②ST-2: 落葉広葉樹林(サクラ保存林)の密生林からなる尾根状の緩傾斜地.

③ST-3: 常緑・落葉混交の壮齢林が立地する平坦地および急崖地.

2) 解析方法

① 使用した航空レーザスキャナの計測諸元:
使用した航空レーザスキャナはRAMS (EnerQuest Systems 社製)で,2000年10月11日(落葉前)と2001年2月12日(落葉後)に観測した.両時期とも高度2500 m,スキャン角15°,スキャン幅650 m,レーザ照射密度約2 m四方に1レーザで観測した.

② 現地調査: 現地調査は,地表面が最もよく露出する厳冬期(2001年2月8~9日)に実施した.地形測量は,地形面が急激に変化している傾斜変換点で約1 m間隔,地形の変化が緩やかな地点では約2 m間隔で計測した.樹高計測は,検証地区内において樹冠および根元の見通しのよい箇所のすべての樹木に対し,位置座標と標高を計測した.地形計測には株式会社トプコン製のトータルステーション(GPT-1002)を用い,樹高計測にはTIMBERTECH社製の樹高計(VERTEXIII)を使用した.

③ 地盤高計測に関する検討: ここでは,航空レーザスキャナによる取得データからどの程度の精度で地盤面の想定が可能かについて検討した.すなわち,取得データにフィルタ処理を加えて地盤面を想定し,その結果を現地測量結果と比較照

合することで，同スキャナによる地盤高計測の適用性について検証した．

④ 樹冠高計測に関する検討： 航空レーザスキャナで比較的正確に計測できると考えられる樹冠部の高さについて，どの程度の精度で計測されているかを検証した．そのために航空レーザスキャナによる樹冠高と現地での実測樹頂高（実測地盤高＋実測樹高）を比較した．

3） 地盤高計測に関する検討

航空レーザスキャナによる地盤高計測の精度については，植生被覆の影響が少ない落葉後の2001年2月12日の計測データによるDEMと，同年同月8～9日に計測した現地実測データによるDEMとの比較に基づいた．表8.11.1には，実測によるDEMに対する航空レーザスキャナによるDEMの差を示す．図8.11.1，8.11.2には，検証箇所別の航空レーザスキャナと実測によるDEMの比較を示す．

ST-1で航空レーザスキャナによるDEMと実測によるDEMを比較した場合，実測した279点でのRMSEが0.9mであり，両DEMの差が1m以内にある地点が実測箇所の93％に相当していた．また，特定の地形断面上でみると，比較的傾斜が急であるにもかかわらず両者のDEMの差

表8.11.1 実測に対する航空レーザスキャナのDEMとDSMの差

検証箇所	DEMの差			DSMの差	
	測点数	RMSE (m)	1m以内の比率（％）	測定本数	RMSE (m)
ST-1	279	0.886	93.0	31	1.689
ST-2	526	0.486	97.9	20	1.489
ST-3	314	0.669	93.6	15	1.493

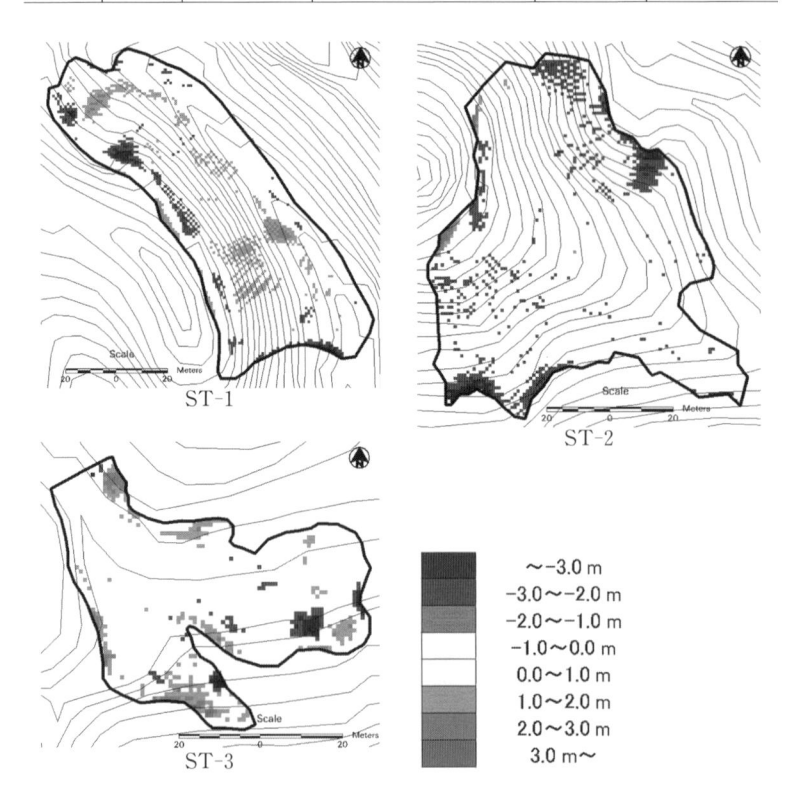

図8.11.1 検証箇所別の航空レーザスキャナと実測によるDEMの比較
（航空レーザスキャナDEMから実測DEMを引いた差）

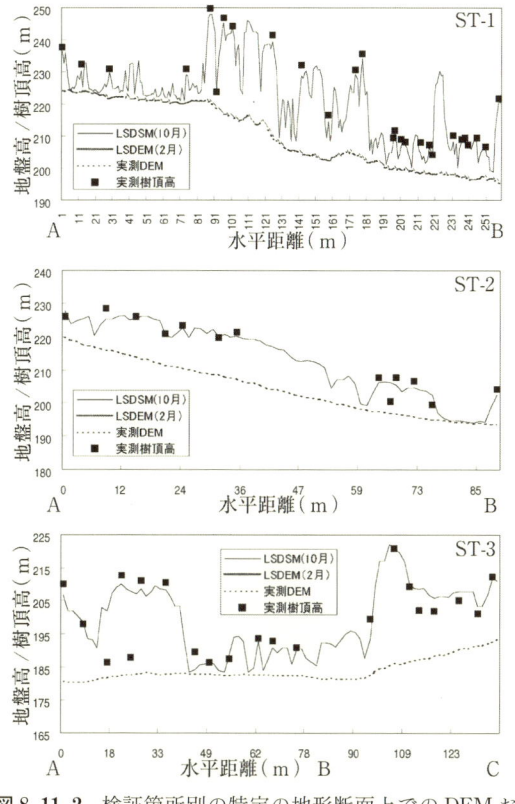

図 8.11.2 検証箇所別の特定の地形断面上での DEM および DSM と実測地盤高/樹高との比較（LS：レーザスキャン）

異は全体に 1〜2 m であった．しかし，大径木が密生している箇所（北端部など）では，その影響でレーザ光が地表面まで到達しないため，航空レーザスキャナによる DEM が高めに算出された．

ST-2 で航空レーザスキャナによる DEM と実測による DEM を比較した場合，実測した 526 点での RMSE が 0.5 m であり，両 DEM の差が 1 m 以内にある地点が実測箇所の 98％に相当していた．

ST-3 では，実測した 314 点に対する航空レーザスキャナによる DEM の誤差は，RMSE で 0.7 m であり，両 DEM の差が 1 m 以内の割合は 94％に相当していた．しかし，地区西部以外の一部で両 DEM に差異が生じていた．これは常緑広葉樹の高木層が高密度に繁茂し，急崖部，急斜面から形成される複雑な地形を呈しているためにフィルタ処理で間引かれた測定点だけでは十分に地形が表現できなかったためである．

以上のように，ST-1〜3 での検証結果から落葉後に計測した航空レーザスキャナデータによる DEM と実測による DEM は 1 m 前後の値で整合しており，面的にしかも迅速に地盤高を計測していく限りにおいては，有効な一手法と考えられる．

4) 樹冠高計測に関する検討

ここでは，航空レーザスキャナによる樹冠部の DSM（2000 年 10 月 11 日計測）と前述の DEM（2001 年 2 月 12 日計測）を用いて，DSM から DEM を引いた差として樹高を求め，現地で実測した樹高と地盤高とを加えた実測樹頂高と比較した．

ST-1 では，航空レーザスキャナによる DSM と実測樹頂高の差異は，RMSE で 1.7 m（実測本数 31 本）である（表 8.11.1）．図 8.11.2 のように全体的に DSM は実測に比べて若干低めとなる傾向があり，前述の航空レーザスキャナによる DEM が実測による DEM に比べて若干高めに算出されることも勘案すると，樹高としては若干低めに算出される可能性がある．

ST-2 では，実測本数 20 本で比較した場合，航空レーザスキャナによる樹頂高の RMSE が 1.5 m であり，樹高の実測本数の約 70％に相当する箇所では±1 m 以内の差であった（表 8.11.1）．次に地形断面上で両者を比較すると（図 8.11.2），DSM は実測樹頂高と一部を除いて一致していることがわかる．航空レーザスキャナと実測による樹頂が一致している箇所では樹木が垂直に成育しているのに対し，両者に差異がみられる箇所では樹木が倒伏して立地している場合が多かった．

ST-3 では，実測本数 15 本で比較した場合，航空レーザスキャナによる樹頂高の RMSE が 1.5 m である（表 8.11.1）．また，ST-2 と同様に，DSM は実測樹頂高と一部を除いて一致していた（図 8.11.2）．前述の航空レーザスキャナによる DEM が実測による DEM と一致していることを勘案すれば，ST-3 のような平坦面での樹高は航空レーザスキャナデータできわめて精度よく測定できる可能性があるものと考えられる．

以上から，落葉前に観測した航空レーザスキャ

ナデータによるDSMと実測による樹頂高とは1〜2mの差であることがわかり，広葉樹など現場で樹頂を特定しにくいことを勘案すれば妥当な精度と考えられる．さらに，落葉後に観測した航空レーザスキャナデータによるDEMと併用することで，面的かつ効率的に樹高を計測していく有効な手法として位置づけられる．

地盤高の精度検証では，落葉後に観測したデータから作成したDSMと実測によるDEMとを比較した．ST-1～3での検証では，実測に対する航空レーザスキャナのDEMの差はRMSEで0.486～0.886m，1m以内の差は検証箇所の全測点数に対し93.0～97.9％であった．このことから，落葉後に観測した航空レーザスキャナによるDEMと実測による場合のDEMとの整合が高いことがわかった．

また，樹頂高の精度検証では，落葉前に観測したデータから作成したDSMと実測した樹頂高とを比較した．ST-1では測定本数31本に対する航空レーザスキャナのDSMの差はRMSEで1.689m，ST-2では1.489m，ST-3では1.493mであり，落葉前の航空レーザスキャナデータから作成したDSMは，実測樹頂高と比較的整合していることがわかった． 〔瀬戸島政博〕

文 献
1) 瀬戸島政博，赤松幸生，船橋 学，今井靖晃，天野正博：航空機レーザスキャナによる森林域の計測とその適用性．写真測量とリモートセンシング，41(2)，15-26，2002．
2) 瀬戸島政博，天野正博，赤松幸生：森林域における航空機レーザスキャナの利用性．森林航測，No.196，98-103，2002．

8.12 都市近郊林の階層構造把握への利用

都市近郊の代表的な樹林として，里山林があげられる．里山林は，人が長い間手を加えることにより保全がなされ，自然と人とが共生した場を形成してきた．加えて，今日，京都議定書にみられるような地球温暖化の原因とされる二酸化炭素の吸収・固定の場としても，その管理や利活用が求められている．このような里山林の管理や利活用を進めていく上で，里山林を構成する樹種，樹冠の広がり，樹高などの情報に加え，階層構造などの樹林内の垂直的な樹林構成を面的にとらえていくことが必要とされる[1]．

ここでは，落葉前後に時系列に観測した航空レーザスキャナデータを用いて，代表的な落葉広葉樹林の階層構造の把握への利用性を検討した[2,3]．

1) 使用データと解析地区

使用した航空レーザスキャナは，RAMS (Ener Quest Systems 社製) で，次の3時期の観測データを使用した．

① 落葉前： 2000年10月11日観測データ．
② 落葉中： 2000年12月3日観測データ．
③ 落葉後： 2001年2月12日観測データ．

各時期とも高度2500m，スキャン角15°，スキャン幅650m，レーザ照射密度約2m四方に1点で観測した．

ここでは，東京都八王子市内にある森林総合研究所多摩森林科学園内のケヤキ林を対象とした．

2) 時系列なDSMの変化量による階層構造の把握

落葉前後に観測した航空レーザスキャナによるDSMを比較照合することで，図8.12.1に示すように，落葉広葉樹林下に発達する常緑広葉樹の亜高木層や低木層などの階層構造を把握することができる．

すなわち，落葉前のDSMは落葉広葉樹の高木層がなす樹冠高をとらえ，落葉後のDSMでは高木層をなす落葉広葉樹林の下層を占有している常緑広葉樹の亜高木層や低木層，草本を含む下層植生の部分の高さをとらえることができる．したがって，その差分量から階層構造が把握できることになる．

3) ケヤキ林における階層構造の把握

① 各DSMの変化からみた階層構造の把握：図8.12.3は落葉の進行時期別にDSMの差分量を求めたものである．同図(a)の期間（10月中旬～12月初旬）では，地区中央部以外で差分量が大きく，同図(b)の期間（12月～2月）では地区の半

8.12 都市近郊林の階層構造把握への利用

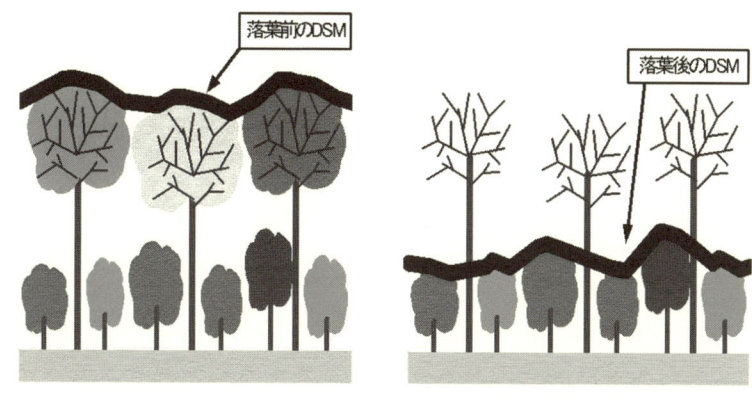

図 8.12.1 落葉前後の DSM を用いた落葉広葉樹林の林分構造の把握

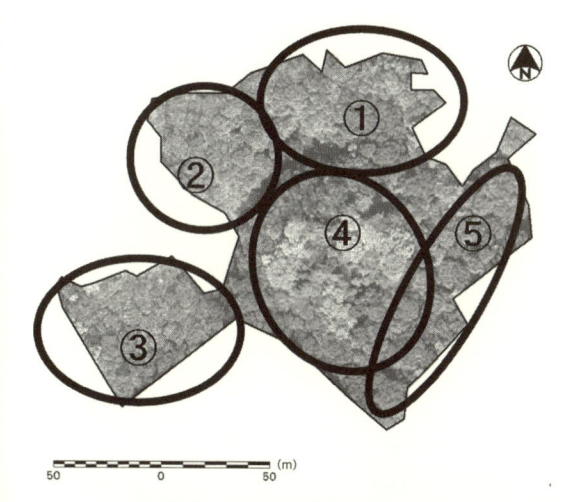

図 8.12.2 解析地区のゾーニング

分で差分量の変化が表れている（地区西端部や地区東端部）．同図(c)は落葉前後の DSM の差分総量を示したもので，地区全体では差分量 21 m 以上からなる箇所が地区の大半を占め，次いで差分量 16～20 m の箇所，6～10 m の箇所が占めている．

地区北端部（図 8.12.2 ①，②）では大半が 11～15 m の差分量からなり，一部に差分量が 21 m 以上の箇所もある．これらの差分量からみて，大半の箇所は，ケヤキ高木層下が常緑広葉樹の亜高木層や低木層で覆われる階層構造であることがわかる．現地検証により，ケヤキ高木層と常緑広葉樹などの亜高木層・低木層に覆われる箇所であることが確かめられている．この箇所の高木の樹高が 16～27 m（実測した 12 本の平均樹高 21.4 m），亜高木・低木の樹高が 3～11 m（実測した 8 本の平均樹高 7.5 m）であった．したがって，高木と，亜高木・低木の樹高差は 5～25 m の間で，平均でみれば 15 m 内外となり，DSM の差分量とよく整合していた．このことから，差分量 21 m 以上の箇所は下層植生のあまり発達しないケヤキ高木層，それ以外は常緑広葉樹の亜高木・低木の発達する階層構造をもつケヤキ高木層に大別できた．

地区西端部（図 8.12.2 ③）の大部分は DSM の差分量が 21 m 以上からなり，現地検証では，高木層下の亜高木・低木はあまり発達しない階層構造であった．この箇所には樹高 15～27 m（実測した 12 本の平均樹高 20.8 m）のケヤキ高木層が発達し，その下には樹高 5～6 m の亜高木・低木がまばらに発達している程度であり，DSM の差分量から把握しやすい階層構造であった．

地区中央部（図 8.12.2 ④）は，常緑広葉樹高木層と落葉広葉樹高木層とが混交する箇所であり，常緑広葉樹高木層では当然のことながら DSM の差分量は 0 m を示す．落葉広葉樹高木層の DSM の差分量は 11～15 m を示し，その層下には常緑広葉樹の亜高木・低木が発達する階層構造であることが把握できた．現地検証から，この箇所の落葉広葉樹高木層の樹高は 14～24 m（実測した 12 本の平均樹高 18 m）に対して，亜高木・低木の平均樹高が 11 m に及び，常緑広葉樹の亜高木・低木の発達した林相であり，DSM の差分量からみた階層構造の把握とよく整合していた．

地区東端部（図 8.12.2 ⑤）では，DSM の差分量 21 m 以上の箇所が大半を占めている．この箇

所はケヤキ高木層と下層植生から構成され，樹高差20m以上であった．

②特定断面でみた階層構造の把握： 次に，A-B断面（図8.12.4(a)，断面位置は図8.12.3(c)を参照）での時系列なDSMの差分量をみると，谷地形を示す箇所に生育するケヤキ高木層では比較的早い時期から落葉し，その層下には下層植生があまり発達しない階層構造であることがわかる．断面中央の尾根部（図8.12.2④）には常緑広葉樹の高木層が立地し，隣接する落葉広葉樹高木層は落葉の進行した12月初旬以降に落葉している様子が認められ，ケヤキとは異なるコナラの高木層であり，その層下には厚く常緑広葉樹の亜高木で覆われている状況がわかる．同様に②の箇所（図8.12.2②）の急斜面上にも12月初旬以降に落葉が進行している高木層が認められ，その層下には常緑広葉樹の低木や草本で覆われている状況が把握できる．

以上から，A-B断面上の階層構造は，(1)下層植生の発達が進んでいない落葉広葉樹高木層（主としてケヤキ高木層），(2)低木・草本が下層に発達する落葉広葉樹高木層（主としてケヤキ高木層），(3)常緑広葉樹の亜高木・低木が下層に発達する落葉広葉樹高木層（コナラ高木層・ケヤキ高木層），(4)常緑広葉樹高木層（主としてアラカシ高木層）の4パターンに区分できた．

同様に，C-D断面（図8.12.4(b)，断面位置は図8.12.3(c)を参照）での時系列なDSMの差分量をみると，谷地形部では比較的早い時期に落葉し，その差分量からみて下層植生があまり発達しないケヤキ高木層からなる階層構造と考えられる．地区西端部（図8.12.2③）では，比較的早い時期に落葉する高木層（現地調査によりカツラ林と判定）と，12月初旬以降に落葉する高木層（主としてケヤキ林）があることがわかる．どちらも下層植生はあまり発達していない．④の箇所（図8.12.2で④で示す箇所）の尾根部や斜面部は，厚く常緑広葉樹林の高木層や亜高木層に覆われる階層構造であることがわかる．

以上から，C-D断面上の階層構造は，(1)下層植生があまり発達しない落葉広葉樹高木層（比較的

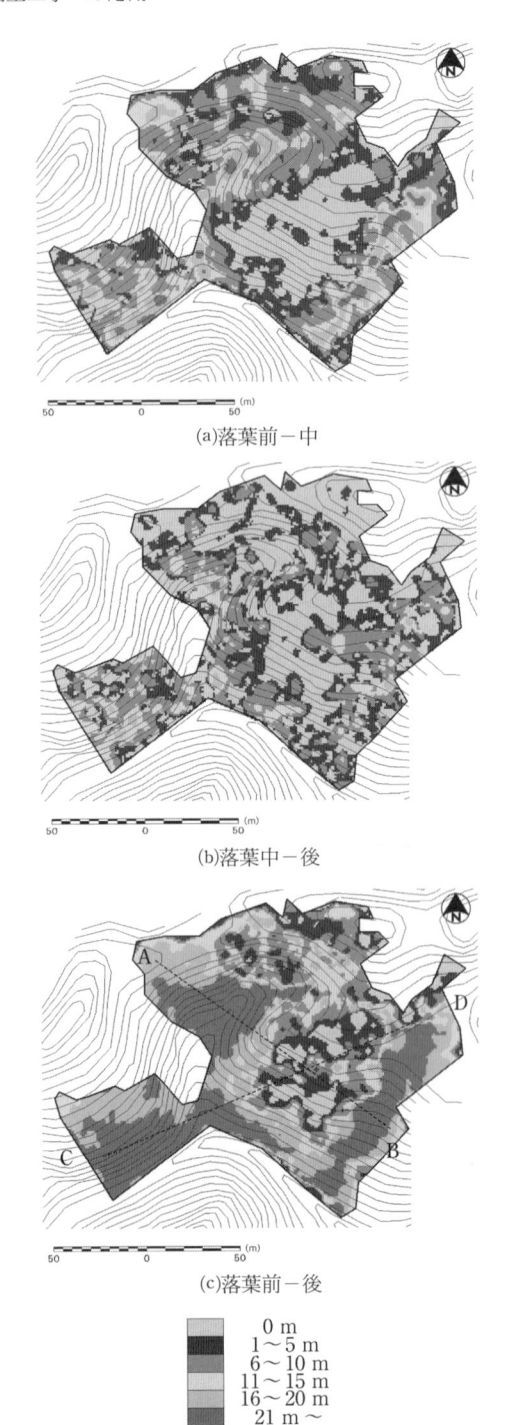

(a)落葉前−中

(b)落葉中−後

(c)落葉前−後

0 m
1〜5 m
6〜10 m
11〜15 m
16〜20 m
21 m〜

図8.12.3 DSMの差分量

落葉時期が早い林相とそれよりも落葉の遅い林相がある），(2)常緑広葉樹の亜高木が厚く覆う落葉広葉樹高木層（コナラ高木層・ケヤキ高木層），(3)常緑広葉樹高木層（主としてアラカシ高木層）の3

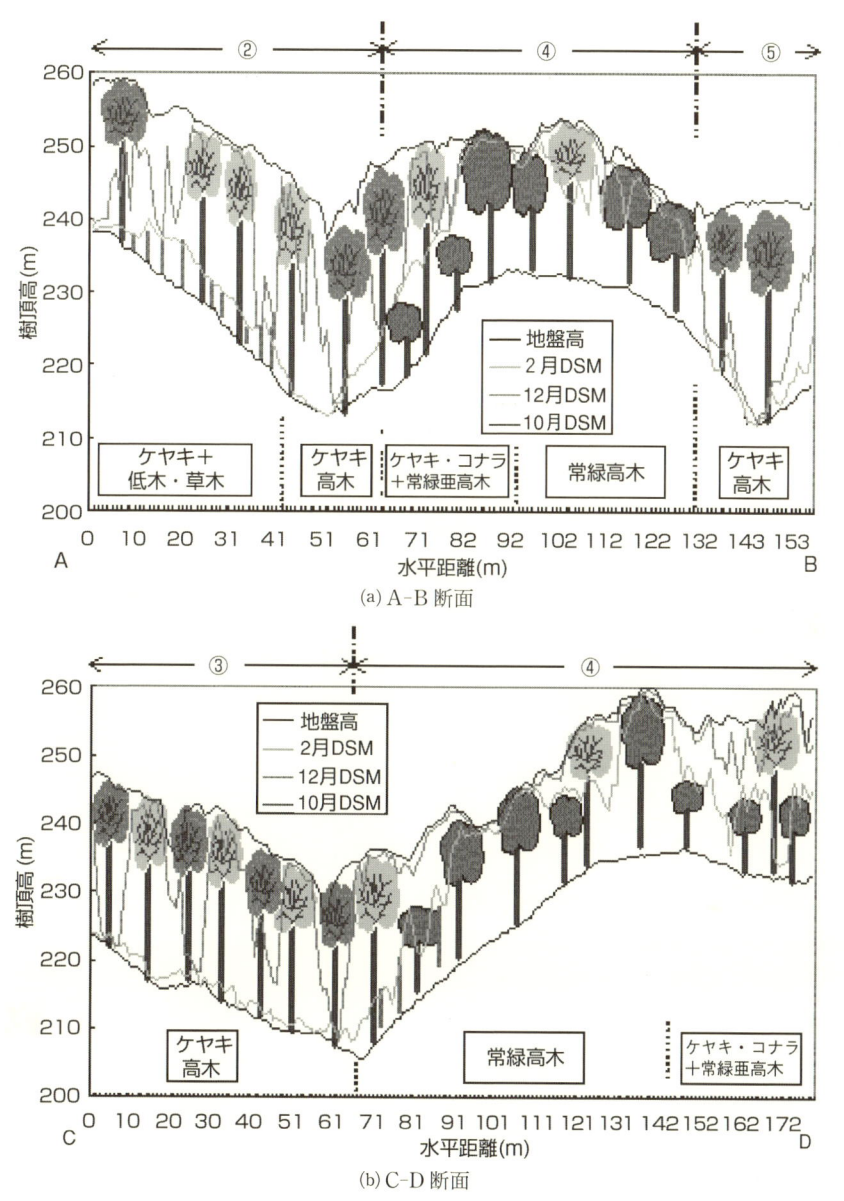

8.12 都市近郊林の階層構造把握への利用

(a) A-B断面

(b) C-D断面

図 8.12.4　DSM 差分量からみた階層構造

パターンに区分できた.

　階層構造のより詳細な把握に当たっては，ここで試みた落葉前後に観測した航空レーザスキャナデータから作成した DSM の解析に加えて，時系列なカラー空中写真画像あるいは高分解能衛星から取得した画像データを併用しながら，解析していく手法を検討することが急務な課題と考えている.

　また，航空レーザスキャナデータにより，より高い精度で樹頂高を把握していくには，中間反射パルスデータ（本研究で使用した航空レーザスキャナでは 5 つの反射パルスデータが取得でき，そのうち，今回はファーストおよびラストの 2 パルスを使用した）の利用も，今後は考えていきたい.

〔瀬戸島政博・今井靖晃〕

文献

1) 重松敏則，朝廣和夫，瀬戸島政博，牧田史子：現存植生環境動態図の作成とその活用に関する基礎的研究．日本造園学会誌ランドスケープ研究, **60**(5), 527-530, 1997.
2) 瀬戸島政博：異なる時期に観測した航空機レーザスキャナデータを用いた都市近郊の樹林計測．生産研究, **55**(2), 98-103, 2003.
3) 瀬戸島政博，今井靖晃，船橋 学，岡崎亮太，天野正博：落葉前後の航空機レーザスキャナデータを用いた里山の樹高計測と落葉広葉樹の林分把握に関する基礎的検討．日本造園学会誌ランドスケープ研究, **66**(5), 503-508, 2003.

8.13 送電線近接樹木調査への利用

8.13.1 近接樹木調査の概要

1) 離隔距離の基準

特別高圧架空電線（送電線）と他の工作物との接近や交叉は，単に接地障害を引き起こすばかりでなく，断線事故や山火事など，甚大な被害の発生につながるおそれがある．こうした事故を未然に防止するため，通産省告示25号「電気設備に関する技術基準を定める省令」によって保つべき離隔距離が定められている．近接樹木については，使用電圧別に表8.13.1の離隔距離が定められ，どのような場合においてもこれを維持しなければならない．

2) 調査手法

山地が卓越するわが国では，かつて近接樹木調査は，徒歩による目視巡視が行われてきた．そして樹木が接近している箇所を発見すると，絶縁製の検測ポールやトランシットを用いて離隔距離を実測してきた．しかし，長大な山間の送電線について，絶え間なく成長する樹木を対象に繰り返し現地調査することは，多くの労力と費用が必要であり，予防的に必要以上の山林を過剰に伐採するなどの問題を抱えていた．やがて，現地実測の困難を軽減するため，近接樹木調査に空中写真図化による離隔距離計測手法が取り入れられるようになった．しかし，空中写真の画質や撮影縮尺によっては，電線自体や樹冠部の識別が困難なため，離隔距離を精度よく計測できないケースもみられた．

1990年代後半に入ると，航空レーザスキャナ測量技術を用いた離隔距離計測手法が実用化された．この計測手法は，空間におけるレーザスキャナ位置と姿勢，レーザ光の送受信方向およびその走時をもとに，架空送電線と線下の山林を含む実空間を3次元の点群データとして計測する技術からなり，支持物（鉄塔，アーム部），電線，樹木（樹頂，樹冠，樹高）など，離隔距離の算出に必要なデータを短時日で取得する能力をもっており，最近では近接樹木調査への適用例が多くなってきている．すなわち，空中測定後時間を置かずに，管理温度における電線弛度を算定するために必要な，鉄塔座標，支持点座標および電線カテナリー，離隔距離算定に必要な樹頂座標，樹高算定のための地盤座標などの必要なデータを手に入れることができる．

3) 離隔検討

送電線と近接樹木との離隔不足は，第一に，樹木が成長することによってもたらされるが，強風によって樹木が横揺れしたり，降雪時に落雪によって枝が反跳したり，また枯死などによって傾斜倒壊するなどの動的要因が作用する場合もある．

一方，電線に関しては，夏場の電力需要増大期などに電線温度が上昇して電線弛度が増大し，離隔不足となる場合がある．また，冬期の雪氷付着を原因として，異常荷重による弛度増や雪氷の落下によるスリートジャンプ（反跳）および強風によるギャロッピング（動揺）などの動的要因が離隔不足をもたらすことがある．

近接樹木調査では，あらゆる事態において技術基準が示す離隔距離を確保するため，主に，①最悪の電線温度における電線弛度，②電線の横振れ

表8.13.1 裸電線と低高圧架空電線などとの離隔距離[1]

使用電圧	離隔距離	使用電圧	離隔距離
60 kV以下	2.00 m以上	187 kV	3.56 m以上
66 kV	2.12 m以上	220 kV	3.92 m以上
77 kV	2.24 m以上	275 kV	4.64 m以上
110 kV	2.60 m以上	500 kV	7.28 m以上
154 kV	3.20 m以上		

8.13.2 航空レーザスキャナによる離隔距離解析

1) レーザデータの分離

航空レーザスキャナの測定結果からは、レーザ光反射点の3次元座標が得られるが、これらの点群データには、送電線の鉄塔や電線のほか、近接樹木などの地物からの反射点データが含まれている。図8.13.2に、測定結果事例を示す。図中のファーストリターンパルスは、パルス反射波形のうち、最も速い走時をもつ反射パルスからなる点群をさし、ラストリターンパルスは、最も遅い走時からなる反射パルスの点群をさす。前者からは、送電線や樹冠からの反射データが得られ、後者からは、主に地盤からの反射データが得られる。なお、林間の地盤データをより多く得るためには、パルスのビーム幅を絞って樹冠部の通過性を高める工夫を施した装置が有効である。

地盤以外の離隔距離解析に必要なデータは、ファーストリターンパルスデータから判読分離する（表8.13.2）。

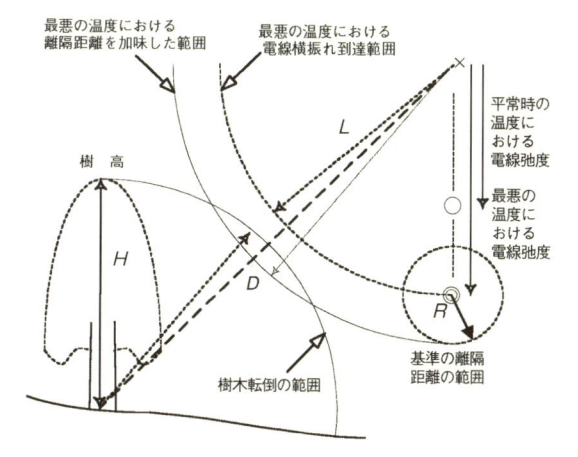

図 8.13.1 離隔検討概念図
×：電線支持点を結ぶ直線の位置、○：平常時の温度における電線の位置、◎：最悪の温度における電線の位置、L：最悪の温度における電線弛度、R：基準の離隔距離、H：樹高、D：横振れ中心と転倒中心の距離.

範囲、③樹木の転倒範囲の側面から離隔距離を検討することが行われている。図8.13.1に、離隔検討の概要を示す。

同図の離隔検討では、平穏な環境下の場合、十分な離隔距離が保たれている。しかし、最悪の電線温度における電線弛度に離隔距離の基準値を加えた横振れの範囲と樹木が根元から折れて転倒した場合、基準の離隔距離が不足することを示している。すなわち、電線支持点を結ぶ直線と離隔検討面との交点（図中×印：横振れ中心）と樹木の根元（転倒中心）の距離をDとすると、技術基準を満足させるための条件、$D \geqq (H+L+R)$を満たしていない。したがって、この例では、樹木上部もしくは根元から伐採して離隔距離を維持しなければならない（伐採部分の長さ：$\Delta H \geqq (H+L+R)-D$）。

なお、電線の横振れは強風時に起きるのが一般的であるので、最悪の電線温度発生時ではなく、平常時の管理温度における電線弛度を基礎とする場合が多い。また、冬季に発生するスリートジャンプやギャロッピングも、寒冷な環境を考慮して、平常時の管理温度における電線弛度による横振れ範囲を準用する場合がある。

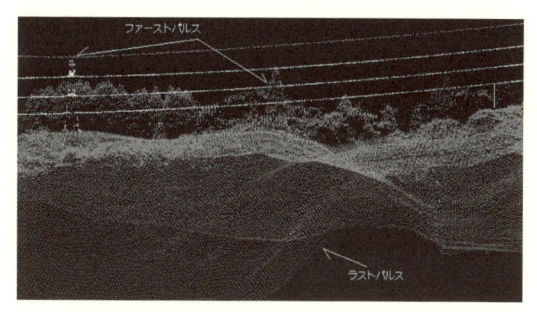

図 8.13.2 航空レーザスキャナ測定結果

表 8.13.2 レーザデータの分離

ファイル名称	データの種類	利用法
電線ファイル	電線、がいし部の点群	現況電線カテナリー検出
鉄塔ファイル	鉄塔、アーム部の点群	鉄塔座標、径間長、電線支持点、弛度基線
樹木ファイル	送電線以外の樹冠などの点群	毎木樹頂座標検出
地盤ファイル	樹木、地物を除去した地形DTM	樹頂に対応した樹高計算

2） レーザデータの利用法

①電線ファイル： 電線ファイルの点群から，測定時の電線温度に対応したカテナリーが容易に再現できる．しかし，離隔距離管理上は，管理温度におけるカテナリーが基準となるので，計測時の電線温度と管理温度の差，電線の長さや線膨張率などから，管理温度における弛度を計算によって求め，カテナリーを再現する．電線カテナリーを再現するには，がいし（碍子）のアーム側支持点，がいしの電線側支持点，電線中央（最大弛度）など5点以上のデータが必要である．

②鉄塔ファイル： 電線支持点（電線と鉄塔の接合部）は，正確な弛度計算や電線の横振れ検討に必要かつ重要なデータである．しかし，航空レーザスキャナ計測データから電線支持点を直接入手できることは少ない．そこで，鉄塔ファイルのレーザデータと鉄塔構造図（既存資料）を照合し，鉄塔中心座標および電線支持点，具体的にはアーム先端部のがいし装置取り付け部の座標を検出する．鉄塔の下線アーム部構造を鉄塔ファイルレーザデータと重ね合わせた結果を図8.13.3に示す．

③樹木ファイル： ファーストリターンパルスデータから，電線データおよび鉄塔データを取り除き，樹木ファイルを作成する．樹木ファイルから，フィルタ処理によって樹木ごとの樹頂を選点し，その座標を記録する．樹頂座標は，地盤ファイルと照合され，樹高算出に利用される．

④地形ファイル： 地盤ファイルから地形DTMを作成して，任意の座標および地盤標高が算出できるようにする．また，樹頂データとの差により，毎木の樹高を算出する．

3） 適用性

現況の送電線は，建設以降の年数の経過に伴って電線の永久伸びが発生したり，鉄塔建て替えや線種張り替えなどの改良工事により，建設時点と様相が変化していることがある．

航空レーザスキャナ計測は，現況の電線位置や樹木状況が把握できるので，管理条件に従った離隔距離解析を精度よく行うことができるばかりでなく，高い精度で現況離隔が把握できる．

さらに，これらの解析データはデジタル化されているので，専用の管理システムを用いて，危険度ランク別帳票作成，年度別樹木成長計算，任意箇所の縦横断図作成，伐採箇所面積の算出など，近接樹木管理に必要な情報を分析することにより，管理業務の簡素化を図ることができる．たとえば，図8.13.4は，離隔距離の解析結果を離隔検討図として出力した例で，樹種ごとの成長率や経過年数を変えて将来の離隔不足を予測することも，管理システムを使って容易に行うことができる．

〔永谷　瑞・髙田和典〕

文　献

1) 電気技術基準調査委員会編：架空送電規定（電気技術規定送電編：JEAC 6001-1993），pp.217-271，日本電気協会，1993．

図 8.13.3　鉄塔ファイルと鉄塔構造図の重ね合わせ

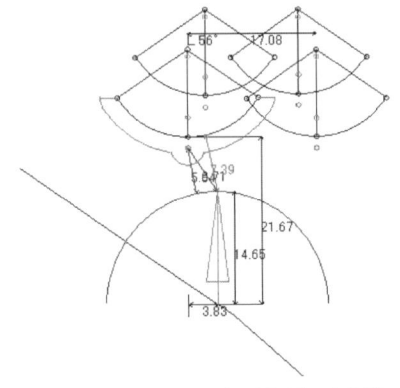

図 8.13.4　離隔検討図出力例

8.14 文化財計測への利用

8.14.1 航空レーザスキャナの場合

人間は，太古より自然がつくった地形の特徴を生かし，または大幅に造成し，集落や住居，祭殿，墓標などを建造してきた．しかしながら，どのような地形に建てられた堅ろうな構造物でも，定期的に補修したり建て替えたりしない限り，時とともに失われてしまうことが常である．特に日本は湿度が高くて自然災害が多く，土や木や紙でつくられる日本建築は，年月を経て朽ち果て，樹木が繁茂して遺跡の特徴を全体としてとらえることは難しくなる．

このような文化財で規模の大きなものは，空中写真を使用して地形図を作成するなどの方法で現況が把握されてきた．しかしながら，繁茂している樹木などの上から正確な現況を把握することは困難である．また，文化財保存の立場からむやみに立ち入ることができなかったり，たとえ立ち入りが可能であっても樹木に視界が遮られたりすることが多いため，空中写真で得られない細部を現地調査で補うことも困難である．

レーザ計測では，指向性が高いという特徴により樹木による障害を軽減できるため，特に植生で覆われた大規模な埋蔵文化財では，航空レーザスキャナの適用が有効である．

▶事例1：いたすけ古墳

いたすけ古墳（大阪府堺市百舌鳥本町）は，5世紀中ごろにつくられた百舌鳥古墳群の中央に位置し，前方部が西向きでまわりを堀で囲まれた前方後円墳である．大きさは，全長約146 m，後円部は径約90 m，高さ約11.5 m，前方部は幅約99 m，高さ10.5 mで3段に築成され，南部のくびれ部には造出がある．葺石（区画目印）や埴輪（生けにえの身代わりや土留め）があり，衝角付冑の埴輪が出土している（図8.14.1）．

堀の周辺には樹木が茂っており，南側には1955（昭和30）年ごろに計画中止となった土取り事業用に架けられた橋脚が残されている．

航空レーザスキャナによる計測は，古墳保存のための基礎資料として等高線図，陰影図，鳥瞰図，断面図の各図面を作成するとともに，3次元CG映像を作成して視覚的に理解しやすくすることを目的として実施された．また，古墳前方の竹林に関しても詳細な等高線図が求められたため，ヘリコプタ搭載型航空レーザスキャナ（朝日航洋株式

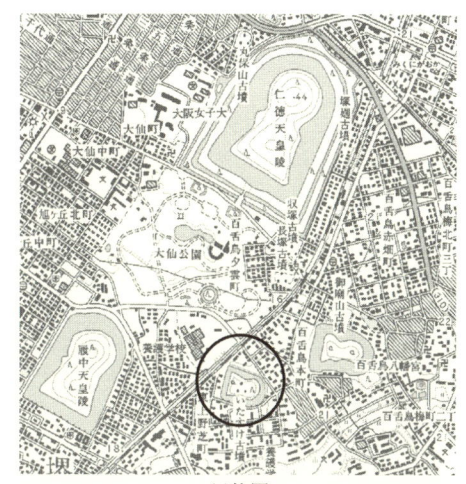

(a)位置

(b)空中写真

図8.14.1　いたすけ古墳の位置と空中写真[10]

図8.14.2　計測データの散布状況

(a)等高線図　　　　　　　　(b)陰影図　　　　　　　　(c)鳥瞰図

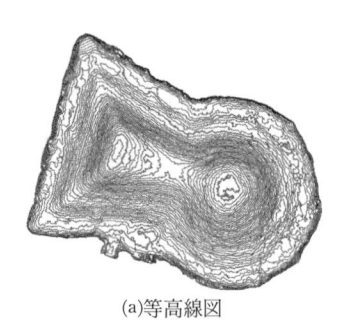

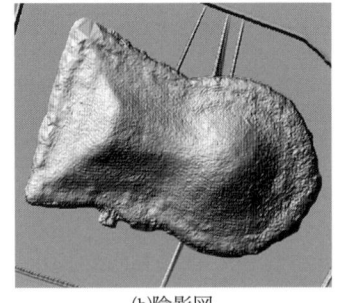

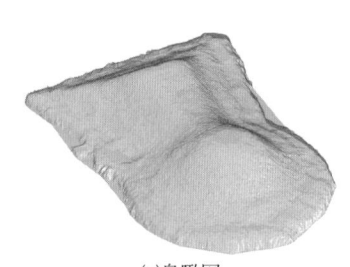

図8.14.3　いたすけ古墳の計測データより作成した等高線図，陰影図，鳥瞰図（ワイヤメッシュ）

会社製ALMAPS）を用いて，計測点を20cmに1点以上の密度とした（図8.14.2）．

図8.14.3(a)は，計測データから等高線間隔0.25mで生成した等高線図，(b)は，計測データに陰影で表現した陰影図，(c)は，計測データからワイヤメッシュを生成して斜め上空から表示したものである．これらはすべて，編集済みの計測データから自動的に生成されている．このように，航空レーザスキャナによって高密度な標高データを整備することにより，多様な表現が可能となり，文化財への理解を高めることができる．

▶事例2：大野寺跡土塔遺跡

大阪府堺市土塔町にある土塔遺跡は，長辺59m，短辺54m，高さ9mで，土のブロックをピラミッド状に13層にわたって積み上げ，各層ごとに瓦を葺いた仏塔（土塔）である．奈良時代の727（神亀4）年に行基によって建立された49院の一つで，大野寺境内跡地にある[2]．1953（昭和28）年に国史跡に指定され，現在は堺市が管理し，保護のために金網で囲って立ち入りを制限している（図8.14.4）．

土塔は，国内では珍しく，ほかは奈良の東大寺頭塔（767年築造）と岡山の熊山遺跡（8世紀末ごろ築造），現存していないが大阪府の四天王寺で確認されているのみである．

図8.14.5(a)は，大野寺跡土塔遺跡を上空から撮影した空中写真，(b)は，既存の1/250地形図（0.25m間隔の等高線で表現），(c)は，ヘリコプタ搭載型航空レーザスキャナを用いて0.3〜0.4mに1点の密度で計測したラストリターンパルスから，既存地形図と同じ0.25m間隔で等高線を作

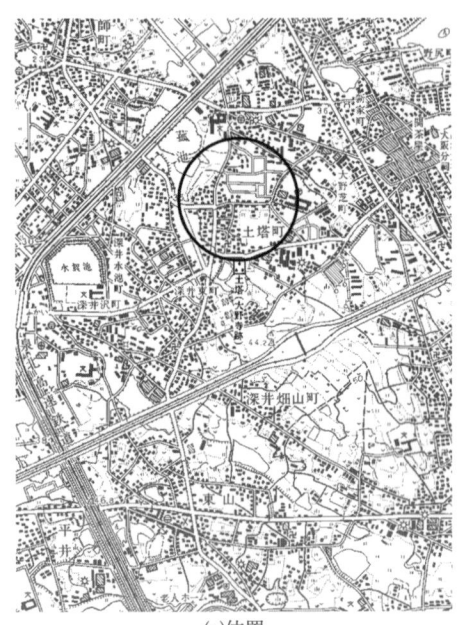

(a)位置

(b)景観写真

図8.14.4　大野寺跡土塔遺跡の位置と景観写真

成し，陰影をつけたものである．

既存の地形図からでも斜面が一様でなく，部分的に平坦な場所があることがわかるが，航空レーザスキャナの計測データの場合，平坦な場所が水平に連続して存在することが読み取れ，土塔遺跡の特徴である層状の遺跡であることがわかる．

▶事例3：虫川城址

虫川城は，新潟県浦川原村大字虫川字古城小字

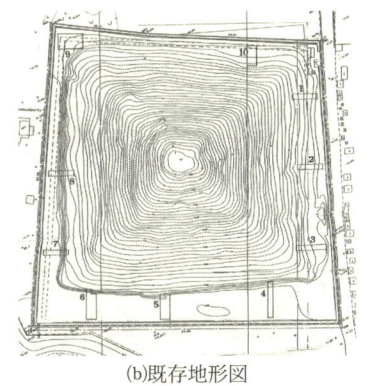

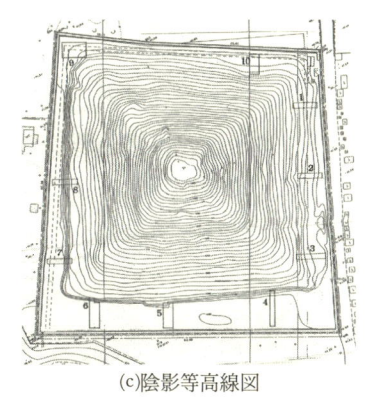

(a)空中写真　　　　　　　(b)既存地形図　　　　　　　(c)陰影等高線図

図 8.14.5　大野寺跡土塔遺跡の空中写真，既存地形図（1/250），陰影等高線図（レーザスキャナ）

馬場に位置する標高 94 m の半独立丘に構築された戦国期の典型的な山城である．保倉川と小黒川，細野川との合流地点，旧関東街道の北側に立地し，南西側には樹齢 1200 年，樹高 30 m の大杉が現存する（図 8.14.6）．

虫川城は，船運と陸運による交通の分岐点を牽制する地の利にあり，川全体を巧みに利用した戦国末期の縄張り（築城法）を残す貴重な山城遺跡である．三国街道の拠点である直峰城の支城として，大きな役割を果たしていたと考えられる．

北越北線建設工事に伴って虫川城跡の一部の地形が改変されることになり，浦川原村教育委員会が遺跡の形状を 3 次元データとして後世に残すことになった[5]．

計測は，ヘリコプタ搭載型航空レーザスキャナ（朝日航洋株式会社製 ALMAPS）により 0.2〜0.3 m に 1 点の密度で行った（図 8.14.7）．図 8.14.8 は，村史に掲載されている城址の縄張り図（ケバを用いて遺構の状況を表現し，地形図上に乗せた図）である．航空レーザスキャナの計測値（図 8.14.7）と比較すると全体に丸みを帯びて記述されていることがわかる．また，樹木に覆われていて不明瞭であった城址の地形形状，特に平坦地の形状が詳細になった．平坦地の数や大小は，その敷地内に兵をどのくらい展開できるかを測る重要な要素である．平坦地形が明らかになったことで，虫川城が敵の攻撃に対し，北東からは保倉川と崖，南方および南西からは急崖で，搦め手である北西からは三重の郭で防衛する機能的特徴をより具体的な兵力から分析できることとなった．

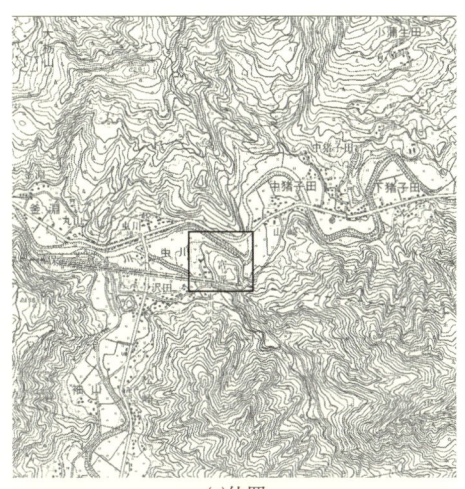

(a)位置

(b)空中写真

図 8.14.6　虫川城址の位置と空中写真

『浦川原村史』第三章「中世」によると，虫川城の形状は次のように記述されている．

「……主郭（本丸）は長さ 35 m，幅 20〜30 m の

平坦地で南端（長さ18 m，幅10 m）が1 m高い．矢倉跡であったと思われる．北麓に長さ8 m，幅4 m，高さ1 mの盛り土がある．主郭の西下に長さ30 m，幅2.5 mの腰郭が，その下に長さ30 m，幅20 mの郭が，その下に長さ120 m，幅15 mの腰郭が階段状に構築されている．その下に長さ80 m，幅100 mの二の丸跡がある．ここの南端に井戸がある．二の丸下方に長さ130 m，幅2～8 mの腰郭が，その下方に墓地が，さらに長さ50 m，幅100 mの平坦地（今日では畑）が続く．この地域が虫川城の根小屋地区であったと思われる．根小屋地区の南端，今日の創作館付近が小字「馬場」である．虫川城の馬場遺跡である．岩崎徳治家の屋号が「ほりばた」であることから，この付近に堀があったのであろう．伝説によると，南北朝の動乱時代，新田義貞の部下で信越両国の太守であった直峰城主風間信濃野守信昭の家老杢田主膳の居城といわれているが，城主や城歴は不詳である．……」

航空レーザスキャナの計測結果に基づくと，次のようになる．

主郭(本丸：図8.14.7①)は長さ55 m，幅20～30 mの平坦地（中略）がある．主郭の西下に長さ45 m，幅5～20 mの腰郭（同図②）が，その下に長さ50 m，幅20 mの郭（同図③）が，その下に，長さ112～126 m，短幅14 m，長幅30 mの腰郭（同図④）が階段状に構築されている．その下に長さ75～128 m，幅66 mの二の丸（同図⑤）跡がある．ここの南端に井戸がある．二の丸下方に長さ142 m，幅2～8 mの腰郭（同図⑥）が，その下方に墓地が，さらに幅180 mの平坦地（今日では畑：図⑦）が続く（後略）．

〔津留宏介・秋山幸秀・山本貴春〕

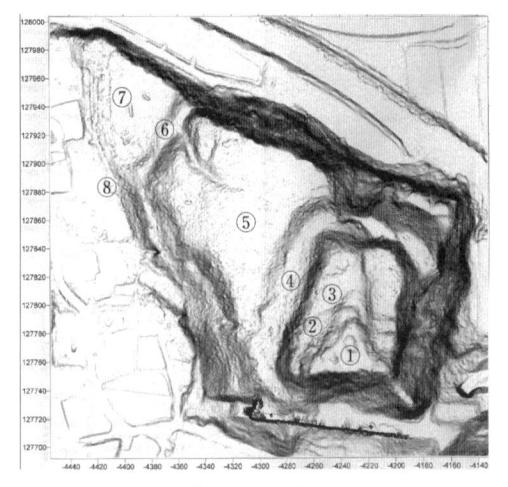

図8.14.7　虫川城址の陰影図と平坦面

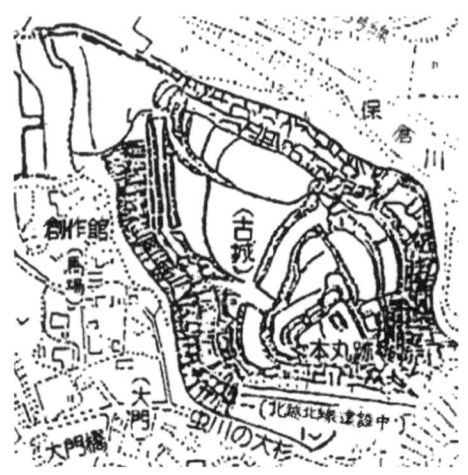

図8.14.8　虫川城縄張り（『浦川原村史』第三章「中世」より）

8.14.2　地上レーザスキャナの利用現状と注意点

本項では，文化財分野において地上レーザスキャナが利用されている現状および計測上の注意点について記述する．なお，計測後の成果品に対する処理方法や個別成果品の具体的な結果およびその作成方法は対象外とし，1次的なデータ取得に限定して記述する．

a．計測の現状

近年，文化財分野での地上レーザスキャナは，その精度と計測範囲（1～数百 m）に合った計測対象に限定して，以下のような対象物の計測に使用されている．

1）遺跡，遺構計測

遺跡や遺構の外形寸法，遺構形状の計測，周辺地形形状の計測に地上レーザスキャナが多く利用され始めている（図8.14.9）．特に，発掘調査における測量作業過程では，従来の平板測量や写真測量に比較して，その高い計測精度，短い計測時間，机上での計測の再確認がいつでも可能になるとい

う利点が評価され，その有効性が認知されつつある．

2） 遺跡の周辺地形計測

発掘された遺跡の周辺地形を把握することは，その目的や性格を知るためにも非常に重要な意味をもつため，遺跡本体の調査に合わせて重要な調査対象となっている[1]（図8.4.10）．特に，地形測量においては重要な地形の変化点の把握が必要であるが，地上レーザスキャナによる計測データでは従来の測量による点計測を行った場合には避けられなかった，計測時の人間の判断による位置の不確実性を避けることができるため，より現物に近いデータの取得が可能となっている．したがって，遺跡本体とともにその周辺地形の空間位置情報を3次元で取得する地上レーザスキャナを使用することは，従来の平板測量や距離測量，水準測量などで取得していた方法に比較して，その計測時間，精度の面で有効な計測手法の一つである．

3） 建築物計測

国や自治体，または国際機関などにより重要文化財として指定されているような建築物では，その外形および内部寸法などの外部露出部分の計測にも地上レーザスキャナは多く使用されている（図8.14.11）．特に，現状の形の寸法を3次元的に取得できるとともに，その取得データを汎用の3次元CAD上で3次元モデルおよび2次元図面として簡単に管理できるようになったため，あるがままの状態での図面化を求められる文化的価値のある建築物の計測では非常に高い評価を得ている．日本国内においては，歴史的な関係から，宗教に関連する建築物や近代化遺産などの貴重な建築物が数多く現存するが，それらの現状計測の分野でも多く利用され始めている．

4） 構造物計測

大型の仏像や石橋，石垣など，文化財としての構造物計測では，従来の測量による点計測だけでは計測密度が粗すぎて全体像の把握ができにくい．そのため，その図面化段階で，計測担当者によるスケッチなどで図面化をしているものが多く存在する．特に，詳細な寸法を取得するには，手計測による採寸で膨大な時間を要してしまう．こ

(a)側面計測データ

(b)正面計測データ

図8.14.9 遺跡，遺構計測（窯跡全景の側面[2]および正面計測データ[3]）

(a)周辺地形計測データ

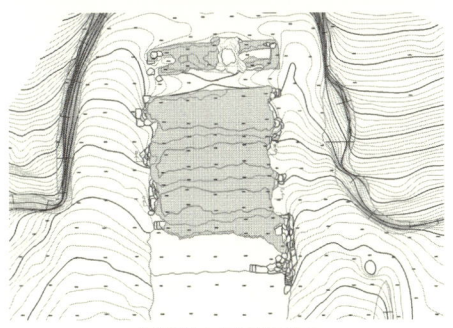

(b)窯跡と周囲地形図

図8.14.10 遺跡の周辺地形計測（周辺地形計測データ例[4]，窯跡と周囲地形図[5]）

のような構造物計測に対しては，非接触でかつ，一度に数百万点という点群の計測データを必要な計測間隔で取得できる地上レーザスキャナは，この分野での利用実績が多く，今日ではさまざまな重要構造物の計測に欠かせない計測装置として定着しつつある（図8.14.12）．

b. 計測上の注意

従来の計測方法とは違い，地上レーザスキャナによる計測では，以下の項目に十分に注意して計測する必要がある．

1) 計測準備段階での注意点

①基準点の管理： 計測対象物の最終座標をどのように管理するかはその目的によりさまざまであるが，計測の再現が可能なように，計測対象物の近傍に測量のための基準点を設置する必要がある．地上レーザスキャナによる計測では，その基準点上から直接対象物を計測してデータを取得するか（図8.14.13），またはその近傍の任意点から対象物を計測し，合わせてその基準点上からトータルステーションで地上レーザスキャナ専用ターゲットを観測することにより（図8.14.14），公共座標もしくは任意座標系に変換することができる．したがって，基準点の管理はそのデータの価値を高めるための重要な要素の一つである．なお，エリアが広い範囲に及ぶ場合は測点を複数設置する．その際，データはその位置情報で結合されるため，なるべく誤差が小さくなるようにトラバースを設定する必要がある．

②計測対象外物の除去： 地上レーザスキャナによる計測では，対象エリア内にある対象物はレーザ光を反射するものであればすべて計測対象として位置情報を取り込んでしまう．計測範囲内に置かれた発掘道具や不必要な草木，発掘されていない堆積土砂，ゴミなどもすべてその表面位置情報を取得するため，その背後にある正しい対象物位置の取得ができなくなってしまう．したがって，計測を始める前には対象エリア内の清掃や不必要なものの除去を十分に行い，最適な状態で計測することが重要である．

2) 計測上の注意点

①計測対象エリアへの立ち入り禁止： 地上レーザスキャナでの計測は写真計測と違い，スキャニングによる計測時間が必要になる．スキャナの機種や計測範囲，計測密度により差はあるが，通常は数分〜数十分の時間が必要である．したが

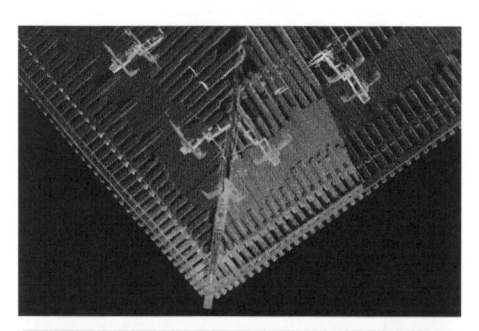

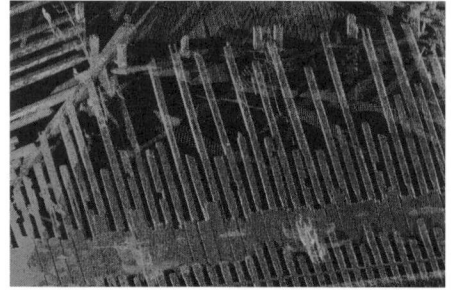

図 8.14.11　建築物計測（屋根組計測データ例[6,7]）

(a)石橋橋脚のデータ

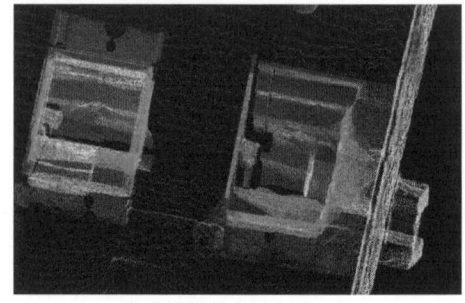

(b)水道橋放水口のデータ

図 8.14.12　構造物計測（石橋橋脚[8]と水道橋放水口[9]の計測データ）

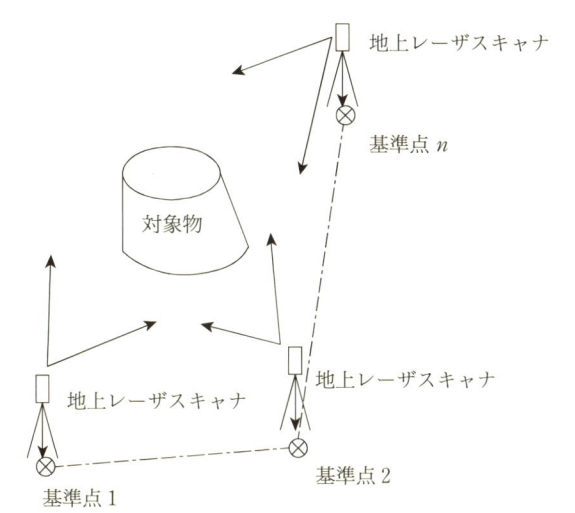

図 8.14.13 基準点からの座標取得方法
基準点位置情報をあらかじめ地上レーザスキャナに設定した後，測点上から対象物を計測して3次元位置情報を基準点の座標に合わせて取得する．

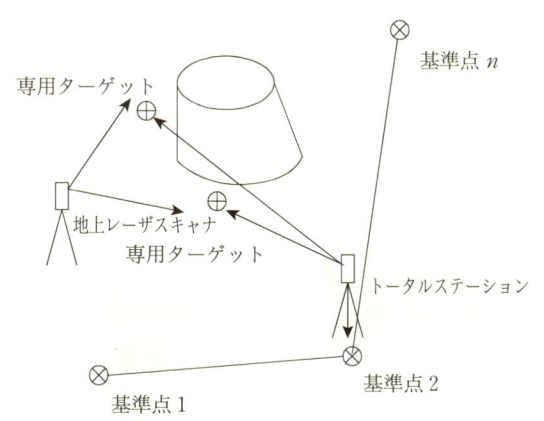

図 8.14.14 専用ターゲットの計測による座標取得方法
基準点から地上レーザスキャナ専用ターゲットを観測し，あらかじめ計測された対象物の3次元計測データ（任意座標）を基準点の座標に変換する．

って，計測途中に対象エリア内へ立ち入るとレーザ光を遮ってしまうため，できるだけ計測途中での対象エリアへの立ち入りは避けるように注意する必要がある．

3） 計測後の注意点

① データ結合処理： ほとんどの対象物は3次元的な形状をしているため，複数の方向から計測したデータを同一の座標系で合成処理する必要がある．地上レーザスキャナによる3次元データに対する計測誤差を生じさせる要素の一つはこの合成による誤差であるため，合成方法の選択が取得データの精度において重要であることを認識し，最適な方法を選択する必要がある．

文化財分野では，さまざまな対象物を地上レーザスキャナで計測し始めている．この事実は，近い将来においてこの分野での計測データおよび調査データが3次元のデジタルアーカイブスとして定着するとともに，3次元デジタルデータとして後世に渡すデータ管理を行う時代が到来することを意味している．　　　　　　　　〔村山利則〕

文　献

1) 江坂輝爾：考古実測の技法，pp.21-31，ニュー・サイエンス社，1984．
2) アコード：連房式登り窯側面計測点群データ「揖保川町，野田焼古窯」，2003．
3) アコード：連房式登り窯正面計測点群データ「揖保川町，野田焼古窯」，2003．
4) 新潟県佐渡市教育委員会：佐渡金山労働者宿舎跡地周辺地形点群データ，2004．
5) アコード：連房式登り窯測量図「揖保川町，野田焼古窯」，2003．
6) 奈良県教育委員会：唐招提寺金堂屋根組計測点群データ-1，2002．
7) 奈良県教育委員会：唐招提寺金堂屋根組計測点群データ-2，2002．
8) 熊本県矢部町企画商工観光課：通潤橋橋脚部計測点群データ，2003．
9) 熊本県矢部町企画商工観光課：通潤橋放水マス計測点群データ，2003．
10) 堺市ホームページ http://www.city.sakai.osaka.jp/city/info/_syougai/_kyouiku/bunkazai/itasuke.html
11) 榎・向陵開発協議会編：行基菩薩と向泉寺．
12) 堺市立埋蔵文化財センター：大野寺跡平成9年度発掘調査速報展「土塔出土の人名瓦」．
13) 堺市教育委員会：ハンドブック堺の文化財．
14) 浦川原村教育委員会：平成12年度　虫川城址空中レーザ測量．

8.15　土木，構造物関連への利用

地上レーザスキャナの用途の中で最もニーズが

高いのは，土木，測量分野であり，文化財，建築，プラント，生産設備などへの応用がそれに続く．ここでは，土木測量，構造物関連分野における地上レーザスキャナ使用上の留意点および測定例について概説する．

8.15.1 地上レーザスキャナの使用上の留意点

1) 装置選択

1台ですべての計測に対応できる万能な地上レーザスキャナは，残念ながら存在しない．まず，取得した点群データで何をするのか，すなわち最終成果品は何かというところからスタートし，その使用目的に合った最適な地上レーザスキャナを選択することが必要である．また，スキャナ本体の仕様だけでなく，点群データ処理ソフトウェア機能も選択の際の重要な検討事項となる．

2) 測定計画作成

レーザ光が当たらない部分の測定は不可能であるため，実際の測定においては1回のスキャニングで済むケースはほとんどなく，場所を変えてスキャニングを行い，最終的にすべての点群データを合成するという工程を踏むことになる．したがって，測定前の計画の良否が最終成果品の品質に大きく影響する．留意点は次のとおりである．

①測定漏れがないようにスキャナ設置場所とスキャニング回数を決定する．スキャニング回数が少ないほど点群データ合成に伴う誤差は小さくなる．

②ターゲット設置場所を決定する．計測時にトータルステーションを併用するかどうかで設置の仕方は多少異なる．

・トータルステーションを用いない場合：隣接する複数のスキャニングデータがオーバーラップするように計測するが，そのオーバーラップ部に合成ポイントとしてのターゲットを設置する．

・トータルステーションを用いる場合：1スキャンの視野内にターゲットを設置する．そのターゲットをトータルステーションで計測し，その座標値をもとに複数のスキャンデータの合成が可能となる．したがって，スキャンデータは必ずしもオーバーラップさせる必要はない．

なお，いずれの場合でも，3次元データの合成であるため，1スキャン内に最低3個のターゲットの設置が必要である（図8.15.1）．

3) 測定

測定に際しての一般的な注意事項を述べる．

①装置の設置に際しては，振動の影響を受けない場所にしっかり固定することが必要である．装置の揺れはカメラの手ブレと同様，測定結果の品質や精度の低下につながる．

②測定中に装置が動いてしまうと座標系が変わってしまうので，測定データの整合性がとれなくなる．したがって，測定中に装置を載せた三脚が動いたり地面に食い込んだりしないよう細心の注意が必要である．

③最終成果品に必要とされる品質や精度からスキャン密度を決定する．設定を誤るとデータが使い物にならないケースも出てくる．

④測定物の色がレーザ光の色と補色の関係（緑と赤など）にある場合，測定物からの反射は弱まるので測定できない場合がある．

⑤水面などでは，レーザ光がほとんど透過，吸収されるため，測定は困難である．また鏡面なども乱反射がないので計測できない．ただし，建物の窓ガラスは塵などの付着により計測できることもある．

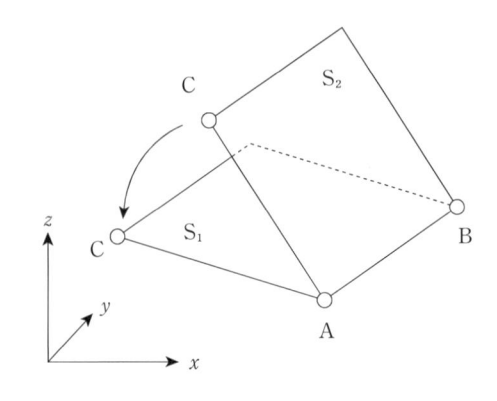

図 8.15.1 3Dオブジェクトの合成
A, B, C 3つの共通ターゲットがあれば，オブジェクト S_1, S_2 上のすべての点，したがって，もっと一般的に2つの点群データは一義的に合成される．

図 8.15.2 高架橋現況図作成
最終成果品：3D CAD モデルおよび等高線．現場作業：2 名で 2 日．
室内作業：1 名で 2 日．
利点：交通遮断の必要なし，短納期での納入，詳細情報取得可能．

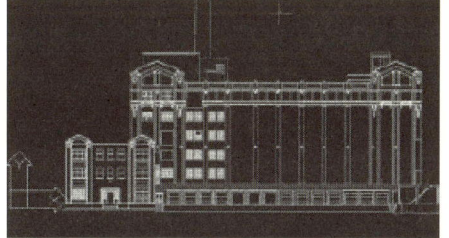

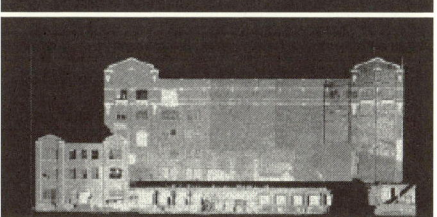

図 8.15.4 建築物の 2D/3D 図面作成
10 階建て，60000 m² の建築物を測量．
最終成果品：2D の立面図．
現場作業：2 名で 21 日．室内作業：5 週間．
利点：50％の経費節減，安全に測量，短期間で作業が完了，詳細なデータを取得．

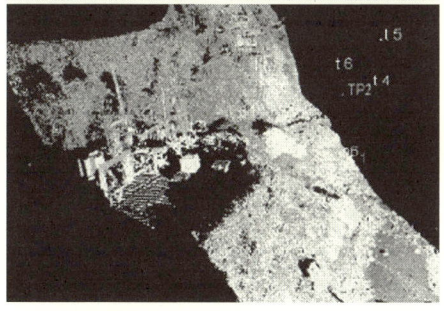

図 8.15.3 ダム基底現況図作成
140 m (L)×150 m (H) のダム基底部の測量．
最終成果品：3D 地形図．
現場作業：2 名で 1 日 8 スキャン．
室内作業：1 名で 2 日．
利点：従来法に比べ 95％の作業時間短縮，点群データより作成された地形図は従来法で作成された地形図とほぼ完全に一致，斜面を登る必要なし．

⑥動体は測定対象とはならない．

4） データ処理

点群データ取得は作業のスタートであり，要求される成果品に至るまでには多くの作業が必要となる．データ処理は専用ソフトウェアによって行われるが，その処理作業における留意点を述べる．

① レーザデータの処理スピード： 何百万点ものデータを扱うことになるため，処理スピードは作業効率上重要な要素である．処理スピードはパソコン本体の仕様と同時に，処理ソフトウェア自体の処理能力の優劣に大きく影響される．

② 市販 CAD ソフトウェア使用の可否： 点群データを市販 CAD ソフトウェア上で扱うことができれば，作業効率は格段に向上する．CAD との相性もソフトウェア選択のポイントとなる．

③ 他の処理ソフトの併用： モデリングなど，目的によっては他の 3D 処理ソフトウェアとの併用が効果的な場合もある．

8.15.2 測 定 例

1） 建造物の現況図作成（図 8.15.2，8.15.3）

古くて図面がない建造物の現況を 3D デジタルデータとして保存したいという需要が増加しているが，これは文化財や遺跡のデジタルアーカイブ化と同様，地上レーザスキャナの典型的なアプリケーションである．

2) 建造物の 2D/3D 図面作成

古い建造物では図面がない場合が多く，その改修や取り壊しのためのデータ保存の目的で図面作成が必要とされる．地上レーザスキャナを利用する利点は，図 8.15.4 に示す例からも明らかである．

この作業のためには，点群データが市販の CAD 上で扱えることは作業効率化の上から重要である．なお，点群データを取得しておけば，任意のスライス面での断面図などは後から容易に作成できる．

3) モデリング

点群データに幾何学形状をフィットさせてよりリアルな映像や景観を再現する，いわゆるモデリングに対する需要も，非常に大きい．図 8.15.5 の

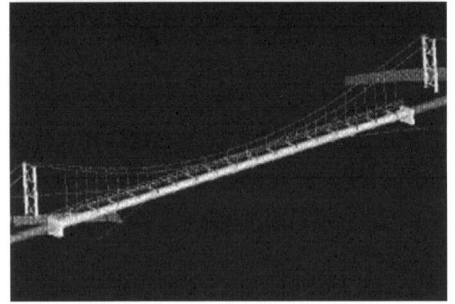

図 8.15.5 吊り橋状パイプラインのモデリング
最終成果品：3D モデルおよび等高線（要求座標精度 6 mm）．
現場作業：2名で1日，12スキャン，室内作業：6日．
利点：完全で正確な形状データの取得，低コスト，取得された点群データは将来の状態検査のデータとして十分使用可能，安全な測定．

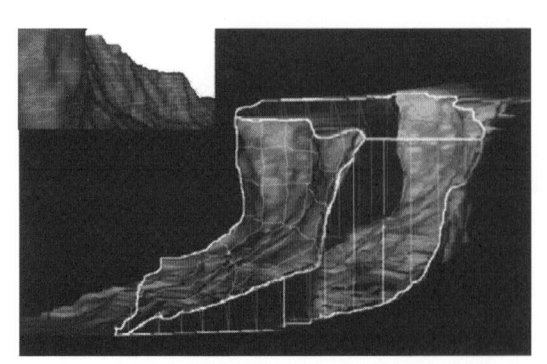

図 8.15.6 鉱山斜面の土量計算
90 m (L)×12 m (H) の斜面測量．
最終成果品：2D 図面および掘削量計算．
作業：1名で1時間．
利点：従来測量法に比べ 50％のコスト削減，安全性の確保．

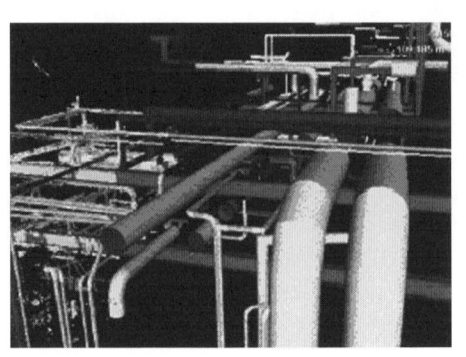

図 8.15.7 石油配管の干渉チェック
100 m (L)×15 m (W)×8 m (H) 内に通す新しい配管設計のための測量．
最終成果品：3D モデル．
現場作業：1名で2日半，33スキャン，室内作業：1名で3週間．
利点：正確なあるがままのデータが得られるため設計した配管が実際に干渉しないかどうかのチェックが着工前に可能，複雑な配管現況データが人手による直接計測なしで容易に取得可能．

例からもわかるとおり，スキャニング自体は比較的容易であるが，モデリング作業は非常に時間のかかるものである．モデリングには専用のソフトウェアを使用することも有効である．

4） 土量計算（図 8.15.6）

土砂や積雪などの掘削量も地上レーザスキャナで計測されている．作業現場は危険な場所であることも多く，安全かつ短時間で計測可能という利点は大きい．

5） 配管の干渉チェック（図 8.15.7）

工場内に配管を増設する場合，現況の点群データを取得しておけば，設計データを点群データ上に落とし込むことにより，既存の配管と干渉が起きないかどうかがパソコン上で点検できる．したがって，着工後干渉が発見され設計をやり直すなどという大きなロスが事前に防止できる．

ここで紹介した計測例はごく1部であり，実際の用途例は多岐にわたっている．あるがままの情報が必要となる用途には，地上レーザスキャナは強力なツールとなる．しかし，地上レーザスキャナは万能ではなく，適切に使われなければ取得データが無意味なものとなる． 〔大谷　豊〕

文　献

1) Cyra Technologies INCYDER ホームページ http://65.200.93.133/INCYDER/index.htm
2) Specifying a Laser Scanning Project : Top ten Success Factors, SparView™ November18, 2003.
3) GIM International: Terrestrial Laser Scanning of Assets, February 2004.

9. 高分解能衛星画像の測量工学への応用

9.1 高分解能衛星画像の概要

9.1.1 出現背景

1990年代の東西冷戦構造の崩壊を受け，アメリカ合衆国では国防予算が削減され，軍事技術の民需転用による新規事業展開の模索が始まった．このような背景の中，1994年に同国政府の規制緩和により，軍事技術の民生転用を許可する大統領令が発表された．これにより，商業ベースにおいて地上分解能1mクラスの衛星画像の販売事業が可能となった．数年の開発・製造期間を経て，1999年9月に打ち上げに成功したIKONOS衛星が世界初の地上分解能1mを有する商用高分解能衛星として注目された．その後，2001年10月にQuickBird，そして2003年6月にOrbView-3が打ち上げられ，商用高分解能衛星として運用されている．本章では，このような地上分解能1mクラスの衛星画像とその利用について述べる．図9.1.1に各種高分解能衛星の外観を示す．

9.1.2 高分解能衛星および撮影の特徴

1) 衛星の軌道

表9.1.1は，現在運用中の各種高分解能衛星の仕様をまとめたものである．高分解能衛星は，地上高度約450 km（QuickBird）～680 km（IKONOS）の上空を，太陽同期準極軌道で地球を周回しながら衛星搭載カメラにより地上を撮影する．太陽同期軌道をとっているので，地方時では常に一定時刻（午前10時30分ごろ）に日本上空を通過するようになっている．図9.1.2に衛星の軌道図を示す．

2) ポインティング撮影機能

高分解能衛星撮影の最大の特徴の一つに，ポインティング機能があげられる．一般的にポインティング機能を実現する手段として，カメラの光軸方向を傾ける方式と，衛星本体を傾けて撮影する方式がある（図9.1.3）．前者は衛星軌道の垂直方向のみポインティングできるのに対して，後者は任意の方向に可能である．高分解能衛星の場合には，衛星本体の姿勢を傾けるポインティング撮影方式を採用しているため，全方位に30～45°傾け

(a) IKONOS (b) QuickBird (c) OrbView-3

図9.1.1 各種高分解能衛星の外観
(a) Space Imaging社提供，(b) DigitalGlobe社提供，(c) ORBIMAGE社提供．

表9.1.1　各種高分解能衛星の仕様

衛星名	IKONOS	QuickBird	OrbView-3
打ち上げ年	1999年	2001年	2003年
衛星重量	725 kg	953 kg	360 kg
軌道の種類	太陽同期	太陽同期	太陽同期
軌道高度	680 km	450 km	470 km
軌道傾斜角	98.1°	97.2°	97°
軌道周期	98分	93.5分	94分
回帰日数	11日	11日	16日
再帰観測日数	1.6日	1〜3.5日	3日以内
ポインティング機能	±45°	±30°	±45°

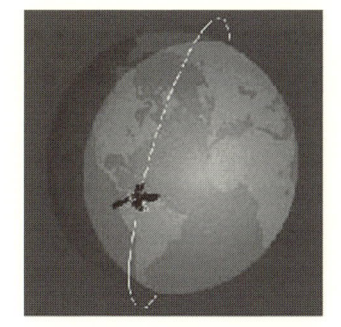

図9.1.2　衛星の軌道図

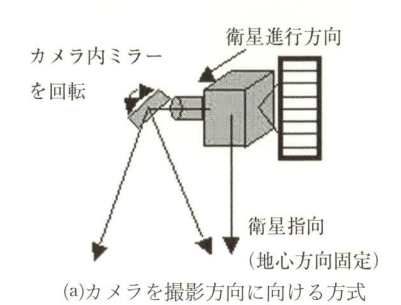

(a)カメラを撮影方向に向ける方式

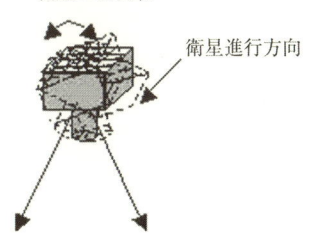

(b)衛星本体を撮影方向に向ける方式

図9.1.3　ポインティング機能による撮影方式の違い

て撮影可能である．この機能を利用することにより，衛星直下の地域でなくても撮影することができ，同一地域の撮影頻度が大幅に向上する．再帰観測日数でわかるように，地上の同じ地域を数日に1回の頻度で撮影することが可能であり，特に災害時の緊急観測には威力を発揮する．

3）ステレオ撮影機能

ステレオ撮影は地上の同一場所を異なる角度から撮影することで，画像対が得られる．高分解能衛星の場合，このステレオ撮影は同一軌道上で実現している．観測された2枚の画像は同じ軌道上で撮影されるため，時間間隔は1〜2分程度となり，ほぼ同条件下での撮影と見なすことができる．ステレオ立体視することで，地物の高さ情報を取得したり，地物の目視判読に利用される．また，立体視するために必要なパラメータは画像とともに提供され，それに対応する処理ツールも多く市販されるようになってきている（SocetSet, ZI Imagestation, ERDAS Stereo Analyst, PCI Geomaticaなど）．

4）位置情報取得機能

高分解能衛星には高精度なGPSやジャイロ装置が搭載されており，画像撮影時の衛星位置，姿勢データなどが記録されている．これらのデータを使って，観測された地上データの位置情報を高い精度で割り出すことができる．最終的な画像製品には，各画素に緯経度情報が付加され，提供されている．

9.1.3　衛星搭載センサ

表9.1.2は，現在運用中の高分解能衛星に搭載されているセンサの仕様をまとめたものである．どの衛星に搭載されているセンサの観測波長帯域もほとんど同じ仕様となっている．2種類のセンサにより構成される．一つは可視光の青から近赤外の波長域までをカバーするパンクロマティック（パンクロとも呼ぶ）で，もう一つは同波長域を青，緑，赤，近赤外の4つに分けたマルチスペクトル（マルチとも呼ぶ）センサである．衛星直下観測時の地上分解能は，パンクロでは0.61 m（QuickBird）〜1.0 m（OrbView-3）で，マルチの場合はそ

表 9.1.2　高分解能衛星搭載センサの仕様

衛星名	IKONOS	QuickBird	OrbView-3
センサ種類	パンクロ/マルチ	パンクロ/マルチ	パンクロ/マルチ
画角	0.95°	2°	0.98°
地上分解能（衛星直下）	0.82 m（パンクロ） 3.3 m（マルチ）	0.61 m（パンクロ） 2.44 m（マルチ）	1.0 m（パンクロ） 4.0 m（マルチ）
観測幅（直下）	11.3 km	16.5 km	8.0 km
観測波長帯域　パンクロ	0.45〜0.90 μm	0.45〜0.90 μm	0.45〜0.90 μm
観測波長帯域　マルチ	0.45〜0.52 μm 0.52〜0.60 0.63〜0.69 0.76〜0.90	0.45〜0.52 μm 0.52〜0.60 0.63〜0.69 0.76〜0.90	0.45〜0.52 μm 0.52〜0.60 0.63〜0.70 0.76〜0.90

の4倍に当たる2.44 m（QuickBird）〜4.0 m（OrbView-3）である．衛星直下観測でない場合には，撮影角度によって地上分解能は若干異なるが，地上処理する段階で同じとなるようにリサンプリング処理され，提供されている（たとえば，IKONOSの場合はすべて1 mに再配列されている）．センサの観測幅は，衛星直下で8 km（OrbView-3）〜16.5 km（QuickBird）となっているが，実際の撮影においては前述したポインティング機能を利用することで，広域の画像取得が可能となる．たとえば，IKONOSの場合は幅11.3 km，長さ数十〜数百kmにわたる範囲，もしくは撮影幅の数倍の広さの範囲を1回の撮影で実現している．

9.1.4　画像製品の種別

高分解能衛星に搭載されたセンサで直接観測される画像にはパンクロ（白黒）画像とマルチスペクトル（多バンド）画像がある．地上処理する段階で，各衛星画像プロバイダからさまざまな画像製品が提供されている．たとえば，幾何補正の処理レベルによりジオ画像とオルソ画像があり，また単画像のほか，ステレオ画像も提供されている．ここでは，各画像製品について簡単に説明する．

① パンクロ画像：　可視光の青から近赤外の波長域までをカバーするパンクロマティックセンサによって取得される白黒画像で，高い地上分解能を有しているのが特徴である．図9.1.4(a)に東京丸の内周辺を撮影したIKONOSのパンクロ画像例を示す．建物の形状や道路にある車，車線，公園にある樹木などがはっきりと識別できる分解能をもっている．

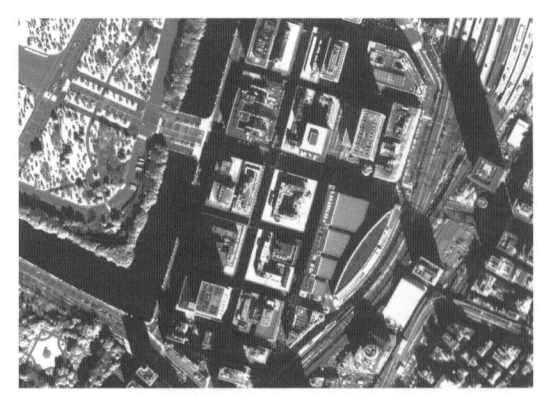

(a) IKONOSパンクロ画像の例

ⓒ日本スペースイメージング
(b) IKONOSパンシャープン画像の例

図 9.1.4　画像製品の種別例（カラー口絵1参照）

②マルチスペクトル画像： マルチスペクトルセンサによって取得される4バンドの画像で，それぞれ青，緑，赤，近赤外の波長域に対応している．パンクロ画像に比べ地上分解能は劣るが，それぞれの波長域に対応する情報が得られることから，解析用途などに利用される．

③パンシャープン画像： パンクロ画像とマルチスペクトル画像を用いて，独自の処理手法によりパンシャープンと呼ばれる合成画像が作成されている．パンクロ画像の高い地上分解能とマルチスペクトル画像の色情報を組み合わせたもので，画像判読の目的に多く利用されている．図9.1.4(b)にIKONOSのパンシャープン画像の例を示す．これは4枚あるパンシャープン画像の緑，赤，近赤外に対応する3枚を用いたフォールスカラー表示で，樹木などの植生域は赤く映されている．

④ジオ画像： 高分解能衛星で取得される生データは一般的に必要な補正処理（ラジオメトリック補正，ジオメトリック補正）を経てエンドユーザに提供される．ジオ画像はラジオメトリック補正を行った後，地球の丸み形状や衛星システムに起因する歪みを幾何学的に補正した画像である．画像の位置精度は，衛星の撮影角度，地形の起伏状況によって決められる．

⑤オルソ画像： 詳細な標高データや地上基準点（GCP）を用いて，さまざまな地形要因を考慮し，地表物の真上から撮影されたように正射変換を施した画像（正射投影画像）である．画像の水平位置精度は，主に利用する標高データの細かさや精度に依存する．

⑥ステレオ画像： 地上の同じ地域を同一軌道上の異なる角度から撮影された画像対のことで，ステレオ立体視することにより，地物の高さ情報の抽出や地物の判読性向上に利用される．

9.1.5 高分解能衛星画像の特徴

高分解能衛星画像は航空写真に匹敵する地上分解能をもつデジタルデータであり，さまざまな処理や加工が容易にできる．高分解能衛星画像の長所を以下にまとめる．

①広域性： 高分解能衛星の撮影幅は8〜16.5 kmで，1回の撮影で長さ方向には数十〜数百km（IKONOSの場合）にわたる画像取得が可能となり，従来の航空写真と比較した場合には，優れた広域性を有している．

②高頻度： ポインティング機能を利用することで，同じ地域の画像を高い頻度で取得することが可能であり，特に火山噴火，地震，洪水など災害時の観測には威力を発揮する．

③均質性：高分解能衛星の撮影画角は非常に狭いので（0.95〜2°），斜め撮影の場合でも，撮影された建物の倒れ方にはバラツキがなく，また周辺減光などのムラがない均質な画像が得られる．

④位置精度： オルソ補正された高分解能衛星画像の水平位置精度は非常に高く，すでにIKONOS画像を利用した縮尺1/5000の写真地図が作成されている．

⑤輝度分解能： 高分解能衛星画像データは11ビット（2048階調）の輝度分解能をもっており，明るい地物から建物の影など暗い地物まで広い輝度範囲にわたり，データ欠損することなく画像が取得される．

⑥近赤外画像： 可視域の赤，緑，青のほかに，近赤外域の画像データも同時に取得することができ，植生，土地利用調査などへの利用が可能となる．

⑦撮影場所： 高分解能衛星は撮影場所の制限を受けることなく，火山噴火などの大規模な自然災害時，国境地帯，極地など，航空写真の撮影が困難な場合にも対応可能である．

以上は高分解能衛星画像の長所として列挙したが，可視から近赤外までの光学センサで撮影している関係で，撮影地域の雲の状況に影響される．また，衛星軌道による撮影周期および撮影時間があらかじめ決まっているので，いつでも必要な場所の撮影ができるわけではない点については，十分に留意する必要がある．

9.1.6 衛星画像購入および利用に際しての注意点

高分解能衛星画像の購入には，大きく，すでに

撮影された地域の画像（ライブラリー画像）の購入と，新規にリクエストし撮影される画像の購入の，2つの形式がある．ここでは前述した高分解能衛星画像の種別や特徴を踏まえ，ライブラリー画像購入に際しての注意すべき点を整理する．なお，新規に撮影のリクエストをする場合には，撮影条件，画像購入義務など細かな規定があるので，後述する各プロバイダに問い合わせするか，各プロバイダのホームページを参照されることとし，ここでは省略する．

① 製品処理レベル： 衛星で撮影されたデータに対して必要な補正処理（ラジオメトリック補正，ジオメトリック補正など）を施した各処理レベルのデータがあり，各衛星画像プロバイダにより異なる製品群が用意されている．また，オルソ処理を施した画像については，保証する位置精度により製品名，価格が異なる場合がある．

② 地上分解能，バンド構成： パンクロ画像，マルチスペクトル画像，パンシャープン画像から選択できる．また，衛星により，異なる地上分解能の製品が用意されている場合がある．マルチスペクトル画像，パンシャープン画像のバンド構成については4バンド，または3バンド（トゥルーカラー，フォールスカラー）からの選択が可能である．

③ エリア指定： 緯度経度指定または市町村名指定などによる．各衛星画像プロバイダにより最低購入面積が規定されているので注意が必要である．

④ 撮影日，撮影角度指定： 撮影日，撮影角度指定による検索が可能である．

⑤ ファイル形式指定： 各衛星により画像の標準フォーマットが指定されている．IKONOS，QuickBird については汎用性の高い Geo-Tiff，NITF が標準となっている．

⑥ 画像階調指定： 8 ビットまたは 11 ビットの指定が可能である．

⑦ 投影座標系，楕円体指定： 標準的な平面直角座標系，世界測地系，UTM/WGS 84 などが指定可能である．

⑧ データ格納媒体： CD-ROM，DVD など，一般的な媒体が指定可能である．

⑨ ライセンス形態： 通常使用権のみの購入となる．また利用する場所の数などによりライセンス形態が異なる場合があるので，注意が必要である．

9.1.7 日本国内における運用状況

高分解能衛星の日本国内における運用状況を表 9.1.3 にまとめる．

① IKONOS： アメリカ合衆国 Space Imaging 社が打ち上げ，運用する衛星で，世界初の高分解能衛星として知られている．日本では日本スペースイメージング株式会社が IKONOS 衛星の直接送受信およびデータの販売権を取得している．神奈川県藤沢市と沖縄県那覇市に設置された2基

表 9.1.3 各高分解能衛星の日本国内における運用状況

衛星名	IKONOS	QuickBird	OrbView-3
運用機関	Space Imaging 社	DigitalGlobe 社	ORBIMAGE 社
日本国内運用機関	日本スペースイメージング㈱	日立ソフトウェアエンジニアリング㈱	㈱NTTデータ
日本国内受信局	2基稼動中（送受信可能）	なし	1基整備済（受信のみ）
画像処理システム	あり	なし	あり
販売形態	ライブラリー画像 新規撮影サービス	ライブラリー画像 新規撮影サービス	不明
販売画像	国内，海外画像	国内，海外画像	不明

のアンテナを利用して，日本全土のほか，西は中国大陸東部，南はフィリピンまでの範囲内の直接送受信およびデータ処理を日本国内で行っている．日本国内で直接送受信できる利点としては，撮影実施直前の気象情報などを考慮した柔軟な運用ができ，また，災害発生など緊急時の撮影対応や撮影された画像のデリバリー時間の短縮などがあげられる．

② QuickBird： アメリカ合衆国 DigitalGlobe 社が運用する高分解能衛星で，衛星直下撮影時の地上分解能は 61 cm という，現在運用中の高分解能衛星の中では最高の地上分解能を誇っている．QuickBird の画像データについては，日立ソフトウェアエンジニアリング株式会社が日本国内およびアジア地区の独占販売権を取得している．現在，日本国内にデータの送受信局はなく，DigitalGlobe 社の方針により，衛星の運用は一括してアメリカ合衆国にて行われている．

③ OrbView-3： アメリカ合衆国 ORBIMAGE 社が運用している商用高分解能衛星で，現在運用中の3つの衛星の中では直近に打ち上げられたものである．日本国内では，株式会社 NTT データが OrbView-3 画像データの独占受信販売権を取得している．日本に設置された受信局で受信圏内の撮影計画を策定し，データの直接受信および処理が行われている．

〔李　雲慶・荻窪一宏〕

文献

1) Space Imaging 社ホームページ http://www.spaceimaging.com/
2) DigitalGlobe 社ホームページ http://www.digitalglobe.com/
3) ORBIMAGE 社ホームページ http://www.orbimage.com/
4) 日本スペースイメージングホームページ http://www.spaceimaging.co.jp/
5) 李　雲慶：高分解能衛星 IKONOS とその利活用について．画像ラボ，15(2)，12-15，2004．

9.2　農業分野への応用

日本では，1945 年の第二次世界大戦の敗戦時，農村での生産基盤の疲弊，台湾，朝鮮半島，中国東北部からの食料移入の中断という未曾有の食料不足下において，食料増産のために農地開拓および改良事業が押し進められ，農地の面的な拡大と質的向上が図られた．この農業土木事業のために，地上での測量や航空写真による測量が盛んに行われた．現在，新規農地開発は少なくなっているが，国際競争に対抗できる農業育成のための農地基盤整備が求められており，農業土木での測量への需要は依然として高い．当然ながら，事業コストの削減が求められており，高分解能衛星画像を利用することで経費節減につなげることができると期待されている．狭義な測量という面では，現在の写真測量における航空写真の部分を高分解能衛星画像に置き換えるというだけの話になるが，測量工学を広義にとらえて，情報の収集に関する工学と位置づけ，農業分野での高分解能衛星画像利用について解説する．

農業の基本は，人類が大地を耕し農作物を育て食料を得ることであり，長い歴史を有している．このように，農業は人間の行為であり，多くの場合は定住して長期にわたり生産に従事しているので，国，県，市町村，あるいは，農業協同組合などがそれぞれの立場で，農業に関する情報を集めるシステムをつくり上げている．高分解能衛星画像の利用により，これらの既存のシステムに勝る新たな情報システムを構築するか，従来の収集システムに対して補完する新たな情報を提供することで，データ利用の推進がなされる．

衛星リモートセンシングの特徴は，広域を瞬時に周期的に観測することであり，このことは，広域を面的に短時間に調査する必要のある農業調査に適していると考えられる．1972 年の LANDSAT 1 号の打ち上げにはアメリカ合衆国農務省が深く関与しており，その大きな目的の一つは，世界の農業監視であった．世界的には衛星データの利用推進の先導役を農業分野が担っているの

に，日本の農業分野での利用が低迷しているという状況にある．その理由として，①アジアモンスーン地帯であり，農作物の生育時期に雨天や曇天のときが多く，適時の光学センサデータが得にくい，②土地利用が細かく複雑に入り込んでおり，中分解能衛星データの分解能では，ミクセルが多く純粋な画素が少なく，土地被覆ごとの特性を明らかにすることが難しい，③日本は第二次大戦直後の食料危機の時代に，高精度な食料生産量把握のための行政組織をつくり上げており，リモートセンシング技術を採用するためにはこの精度に追いつく必要がある，④日本農業はもともと精密農業であり，リモートセンシング技術で精密化して利益を上げる余地は少ない，⑤アメリカ合衆国の大農園と違い日本農家は零細であり，個々の農家が新たな技術を利用する資金がない，⑥衛星観測データを解析者に渡すまでの配布時間が長く，解析結果が得られるまでに時間がかかりすぎて営農指導に利用できない，などが考えられる．

高分解能衛星についても，1999年に打ち上げられたIKONOSをはじめとし，2001年のQuickBird，2003年のOrbView-3は，いずれもアメリカ合衆国の民間企業が農業利用を見込んで打ち上げたという状況である．この高分解能衛星画像の利用で，②の土地利用が細かく複雑で衛星データ利用が困難という面は解消された．また，①の農作物の生育時期に雨天や曇天のときが多く，適時のデータ取得が難しいという面も，多数の高分解能衛星が出現してくることで徐々に解消されると考えられる．農業分野の分け方については立場により異なるが，ここでは6項目に分け，それぞれの項目ごとに高分解能衛星画像との関係を述べる．

1）農業管理

農家は今までの慣習や政府の指導や規制，個人の考えや思想により変形しているが，基本的には収益が最大になることを目指して農業経営を行っている．アメリカ合衆国の大規模農場では，農作物の生育把握にリモートセンシング技術に結びついたGISを使用して，精密農業を実践し高収益に結びつけている場合が多い．大規模農地にGISを導入し，高分解能衛星画像を用いて面的な圃場現況を把握することにより，病虫害の被害低減や適時の除草および肥料散布により，収量の増加と管理コストの削減をすることができ，増収益に結びつけられる．しかしながら，日本やアジアにおいては，作物の育つ時期に雨天や曇天が多く，また，すでに精密農業がされており，さらに，アジアにおいては一般的に農業の収益が低く，農家がGIS作成に費用投下できない状況にある．このように，アメリカ合衆国においては，農業管理が衛星リモートセンシングの中心的利用の一つであるが，この項目の日本でのリモートセンシング技術の利用は難しい．このように，日本においてはアメリカ合衆国の技術はそのまま当てはめることはできないが，地方自治体および農業協同組合が地域の農業を指導するための道具として利用されつつある．この例として，北海道でのおいしい米づくりのための衛星データ利用がある[1]．米の食味はタンパク質含量と相関が高く，タンパク質が多いとおいしくない．刈り取り3週間前の衛星画像から算出した正規化差分植生指数と米のタンパク質含量は，高い相関があり，この関係をもとに，衛星画像からの水稲のタンパク質含有量マップを作成することができる．このマップで米のタンパク質含有量の多い圃場の農家に対して，翌年の窒素肥料の施肥量を少なくするように指導している．さらに，買い入れ価格に対して差をつけることを始めている．北海道は，1枚あたりの圃場面積が広いため，SPOTなどの中分解能衛星画像も利用できるが，北海道以外の日本では高分解能衛星画像の利用が前提となる．図9.2.1は，北海道におけるIKONOSデータを用いておいしい米の分布図を作成したものであり，1枚の圃場の中でも米の味にムラがあることがわかる．

2）農業統計情報

高分解能衛星データは，図9.2.2に示すように，田畑の境界を精度よく検出することができ，正確な作付面積把握が可能と期待されている．作物統計情報の目的は，各々の作物の作付面積とその生育状況の把握により単位面積収量推定を行い，面積と単位面積収量を掛け合わせて収穫高を推定，予測することである．農作物収穫高予測をリモー

9.2 農業分野への応用

(a)原画像

(b)分布図

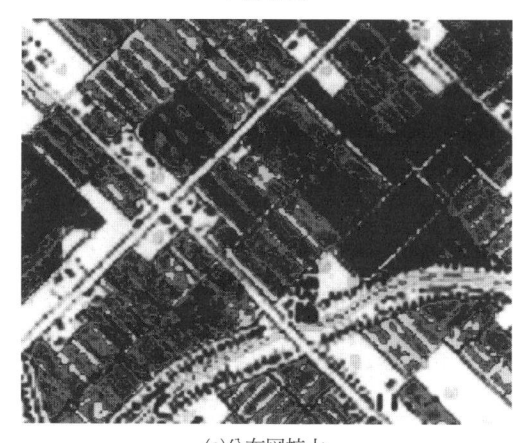

(c)分布図拡大
Ⓒ日本スペースイメージング

成熟期の植生指数

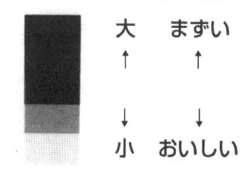

大　まずい
↑　↑
↓　↓
小　おいしい

白色は水稲以外

図 9.2.1　IKONOS 画像によるおいしい米の分布図
（カラー口絵2参照）

Ⓒ日本スペースイメージング
図 9.2.2　IKONOS 画像による圃場の計測

トセンシング技術により実施しようとすると，リモートセンシングデータにより作物の栽培面積把握は可能であるが，単位面積収量の予測にはリモートセンシングデータの不足がネックとなっている．気象データと作物成長に関する知見により，気象観測データを作物成長モデルに入力することで，作物の生育程度が推定できるようになりつつある．日本では，リモートセンシングを使わずに地上調査データのみで収穫高予測を行ってきたが，作物の栽培面積は衛星データを活用して効率化することが検討されている．

現状では，①農作物の生育時期に雨天や曇天のときが多く，適時のデータ取得が難しい，②土地利用が細かく複雑で衛星データ利用が困難という2つの問題が大きく存在する．前述のように，2つとも高分解能衛星の今後の発展で解決される問題であるが，毎年，日本全国の農地について作物生育期に高分解能衛星画像を取得することは，衛星の撮影能力とコストの両面から困難である．この問題を解決するため，高分解能衛星画像により圃場区画を求めておき，中分解能衛星および合成開口レーダ (SAR) により区画内の生育作物を判別する手法[2]が考えられた．この方法だと，SAR を含めた高または中分解能衛星データを年1回観測することで水稲作付図を作成することができ，実際の利用技術に近づいたといえる．また，価格の高い野菜などでは，高分解能衛星データの利用も可能と考えられ，作付面積把握に有効であること

が示されている[3]．

3）農地開発および保全情報

農地開発および農地保全のための農業土木情報は，土地評価のための個々の主題図と総合化された評価図であり，いずれも典型的な地理情報である．この分野で，発展途上国の要請で行われた農業開発適地選定などのプロジェクトにおいては，衛星画像とGISを利用している．農地開発や農業基盤整備のためのリモートセンシング情報の利用は，航測会社を中心とする民間会社で広く行われており，その解析対象エリアは全世界に分布しており，リモートセンシング技術が活発に実利用化された分野である[4]．

4）生物資源情報

リモートセンシング技術の大口ユーザとして資源探査があげられるが，多くの場合，鉱物資源探査である．この鉱物資源探査においては，地中に埋蔵された地下資源を，地表に現れた兆候から推定しており，直接鉱物資源がリモートセンシングで見つけられるわけではない．これに比べると，生物資源の主たる植物は地表に存在するので，鉱物資源よりリモートセンシングが利用しやすいと考えられる．農業分野においては，生物工学の進歩に伴い，遺伝資源探査として野生植物の探査の必要性が急速に認識されることとなり，発展途上国へ探査ミッションを送り出すケースが増えている．この探索地域を決定し，かつ，リモートセンシング技術とGPS技術を利用し，効率的な遺伝資源探査を実施すべきであり，高分解能衛星データの利用が基本である．

5）防災情報

自然災害を人間が防止できるかという点では，農業に対しても防災という言葉は適切でない．しかし，防災が日本語として定着しており，自然災害の被害低減という意味も含めた慣用語として防災という言葉を用いる．人の命に最大の重要度を与えている現代社会では，人命に関する災害に対しては多くのコストをかけることが可能である．しかし，農業災害では，防災にかけられるコストは想定される農業災害低減効果の金額をこえることはできない．また，常時，多種の光学およびSARセンサにより農業地帯のモニタリングをする必要があり，このための組織づくりが必要である．低および中分解能衛星画像により，常時農地をモニタリングしておき，異変が認められたときに，高分解能衛星画像を撮影して，実態把握を行うことが重要である[5]．

6）農業の多面的機能

平野の外側の周辺部から山間地までの，国土の骨格部分をなす中山間地域などは，流域の上流部に位置することから，中山間地域などの農業，農村が有する水源涵養機能，洪水防止機能などの多面的機能によって，下流域の都市住民を含む多くの国民の生命や財産と豊かな暮らしが守られている．このため，担い手の育成などによる農業生産の維持を通じて，多面的機能を確保する観点から，中山間地域などにおいて，継続して農業生産活動や，水路や農道の維持や管理などを行う協定を農業者または集落などと結ぶことにより，交付金を支給する中山間地域等直接支払制度が発足している[6]．この要件として，傾斜度や農地面積などの評価に航空写真が使われたケースが多いが，今後は高分解能衛星データの利用になると思われる．さらに，農業のもつ多面的機能を正確に評価する必要が増加するものと考えられ，たとえば，景観評価などのためには，高分解能衛星画像とステレオ画像から求めた標高データからの3次元画像のシミュレータにより，妥当な金額的評価をするなど，高分解能衛星データの利用価値は大きい．

〔斎藤元也〕

文　献

1) 安積大治, 志賀弘行：水稲熟成期のSPOT/HRVデータによる米粒蛋白含有率の推定．日本リモートセンシング学会誌, **23**(5), 451-457, 2003.

2) 髙橋一義, 力丸 厚, 向井幸男：水稲作付け面積の高精度計測について－輪郭参照方式の適用－．日本リモートセンシング学会誌, **23**(5), 491-496, 2003.

3) 小阪尚子, 宮崎早苗, 井上 潮, 斎藤元也, 安田嘉純：高分解能衛星画像を用いた野菜の圃場面積算出のための作付品目及び生育ステージ推定．日本リモートセンシング学会誌, **23**(5), 516-529, 2003.

4) 斎藤元也：技術情報「農業におけるリモートセンシングの利用と課題」．農林業協力専門家通信, **17**(1), 16-

30, 1996.
5) 永谷 泉, 斎藤元也, 小川茂男, 宋 献方：NOAA/AVHRR を用いた準リアルタイム農業災害モニタリングシステムの構築. 日本リモートセンシング学会誌, **23**(5), 555-562, 2003.
6) 農水省農村振興局地域振興課：中山間地域等直接支払い制度とは, 2004. http://www.maff.go.jp/soshiki/kambou/joutai/onepoint/public/chu_top.html

9.3 森林分野への応用

9.3.1 森林分野の範囲

ここでは，高分解能衛星の利用が期待される森林分野の範囲を定義した上で，1次データとして取得された高分解能衛星データをどのように処理・加工し，2次データにするかという一連の技術を述べ，その森林分野の応用に際しての問題点とその解決策について解説する．

森林分野とは，環境評価のための調査や測量の一つとしてとらえることができ，主な内容は，資源測定とこれを踏まえた計画になろう．その意味でわが国の森林資源の把握と管理計画は大部分を国，県，市町村などの行政機関が行っているが，それぞれが抱える林野行政上の問題は，取り扱っている森林地域の広がりや森林資源の内容とその取り扱い方法に応じて異なっている．一方，民間における森林分野では森林の管理を直接行う森林組合が主にあげられるが，市町村の森林管理と連動するケースも多い．

以上のことから，本節でいう森林分野とは，主に林野行政への利活用を中心とし，現在抱えている問題を明らかにした上で，解決法としての高分解能衛星の利用を解説する．

9.3.2 森林分野における高分解能衛星データの処理・加工

森林分野における利用を考えるとき，林分や林相という森林の概念が重要である．林相とは樹種や樹高階，樹冠や立木の疎密度の要素を合わせ持った「かたまり」をさし，このかたまりごとに資源量を把握し，管理計画を立てるのである．つまり高分解能衛星データから情報を得るための処理・加工を行う場合，個々の立木ではなく同質の立木のかたまりである林相をとらえる必要がある．

これまで，森林分野におけるリモートセンシングの利用は Landsat™ に代表される中分解能衛星データが主であった．その際に用いられた処理・加工の一つに土地被覆分類があげられ，処理はピクセルごとに分類する手法が採用されていたが，前述のように林相というかたまりをとらえるにはピクセルベースでの分類は不向きである．そこで同質のものを寄せ集め，林相としてとらえることができるオブジェクトベースの分類手法が有効である．オブジェクトベースの分類を採用したソフトウェアの一つとして eCognition（イーコグニッション）があげられる．これはドイツの Definiens 社が開発したソフトウェアである．人間が空中写真や衛星画像をみたとき，無意識に同一の土地利用や土地被覆を1つにまとめ上げ，それが針葉樹林や伐採跡地であると判別できるのはどうしてかという問いから，画像認識とは色調と形状によって等質なものをまとめることであると定義したものである．

図 9.3.1 は，2002 年 7 月に IKONOS 衛星によって撮影された分解能 1 m の画像であり，樹木を1本ずつ確認することができるほどの地上分解能をもっている．また，林道や伐採跡地，人工林など画像をみただけで，いくつかのかたまり（＝林相）が認識できる．

これに eCognition で林相区画線（白い線）を自動生成したものが図 9.3.2 であり，見た目で 1 つの林相だろうと認識していた境界に区画線（＝林相区画線）が生成されている．

この区画線はデジタルデータとして出力し，GIS に直接読み込ませることができる．従来は空中写真を肉眼で林相判読し，その結果を森林基本図などに移写した後，デジタイズすることで GIS システムに取り込んでいたが，この作業が効率化できる．

さらに区画の中には，含まれているピクセルの平均値や分散，テクスチャの指標など，さまざまな情報が格納されており，この情報と地上情報を

図 9.3.1　森林部を撮影した IKONOS 画像

図 9.3.2　林相区画線を自動生成した結果

関連づけて，林相記号付きの林相図を作成することも試行されている．

つまり，林相が判別できる高分解能衛星画像とこのソフトウェアを組み合わせることで，2次データとして加工した林相図を半自動で作成することができるのである．

9.3.3　森林分野が抱える問題とその解決策

木材生産としての機能を担っていた森林であるが，生物多様性の保全や炭素吸収源としての役割など，そのニーズは近年多様化してきた．森林の管理は森林簿という悉皆情報を基本単位として行われているが，この森林簿の情報が現状に合わなくなっており，現在それを効率的に更新することが望まれている．

そのため，以下に森林簿情報に関連するさまざまな問題解決について，高分解能衛星画像がどのように利用できるかを検討する．

1）森林・非森林の区分への利用

森林法の上で森林と定義するものは，森林法第2条で規定されており，さらに森林の管理計画を立てるべき森林については，この一部として同法第5条で規定されている．しかし，この境界線が不正確もしくは適切ではないことが，現在大きな問題となっている．

高分解能衛星画像から前述の2条森林や5条森林を把握するには，1m相当の分解能をもつデータ以外に，2.5mのパンクロ情報をもつSPOT衛星画像も有効である．しかし，いずれの場合も既存の境界線情報を提供するGISを利用することによって，十分な成果を上げることができる．

2）樹種区分への利用

竹林の拡大による林相の変化など，現在の森林簿に記載されている樹種は必ずしも現地の状況に即していないという問題がある．高分解能衛星画像がもつ赤，青，緑の可視域データと近赤外データを組み合わせたデジタル解析では，色調とテクスチャの情報をもとに針葉樹と広葉樹の区分やスギ，ヒノキ，竹林の区分ができる（図9.3.3）．今後さらに細かい樹種区分の手法や，樹高や密度に関する情報を抽出する技術も開発され，森林簿情報の修正，更新に利用されてこよう．

3）森林災害・被害への利用

山地地帯における土砂崩壊や台風による倒木被害，森林火災（図9.3.4）などの状況把握に，高分解能衛星画像を利用することが可能である．特に災害が発生した直後には被害の範囲や面積，程度を把握する必要があり，広域同時性をもつ衛星データ利用が有効である．しかし被害直後にデータを提供するという即時性には欠けており，今後の観測体制に期待したい．被害面積の把握手法は目視による判別や植生指数（NDVI）などを使ったデジタル解析，さらに，樹冠の状態から推定するテクスチャ解析などがあげられる．松くい虫被害など，病虫害地域の把握への利用については，近赤外データや植生指数を利用した把握手法が従来から提案されている．しかし，被害程度が軽微な場合は，高分解能衛星データでは検出できないケー

図 9.3.3　高分解能衛星データからみたさまざまな林相と林相区画線

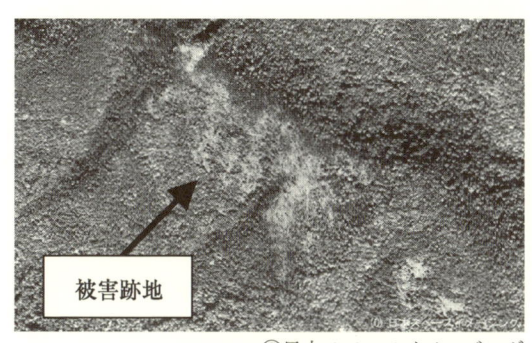

（右側ラベル：広葉樹／カラマツ／スギ／ヒノキ）
ⓒ日本スペースイメージング

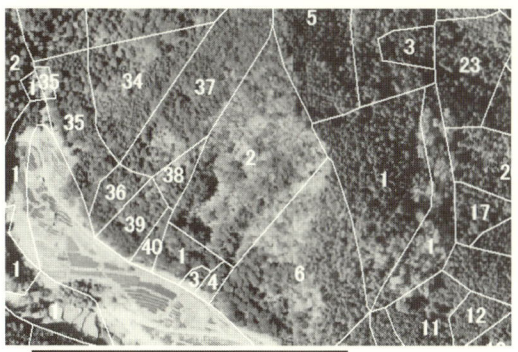

図 9.3.4　森林火災後の画像
（画像中ラベル：被害跡地）
ⓒ日本スペースイメージング

図 9.3.5　森林簿と高分解能衛星画像との結合

被害跡地が明瞭に把握でき，被害面積などの情報が得られる．

4） 森林簿への利用と GPS とのリンク

従来は森林基本図（縮尺 1/5000）という林小班の区画線が入った図面と，これに対応する森林簿を突合しながら利用していた．しかし地図ベースの管理では森林簿の情報が正確かどうか，現状がどのようになっているかを把握するにはかなりの労力が必要であった．この森林基本図に高分解能衛星画像を背景として入力することでこの課題を解決することができる（図 9.3.5）．

また，GPS による周囲測量も普及し始めており，この測量データを衛星画像上に展開することで，地上調査との結合がしやすくなり，概況把握として有効である．

9.3.4　今後の利用

ここ数年で，高分解能衛星画像の普及とともに，わが国の森林管理にリモートセンシング技術が実際に導入され始めるであろう．森林分野としては十分な地上分解能が得られつつあるので，これに加えて時間分解能が向上することがその利用促進に重要となる．また，これまでは林相区分など 2 次元の面的な情報の利用が中心であったが，解析技術の向上やその他データとの組み合わせ利用などにより，炭素固定量やバイオマス量など 3 次元情報の取得技術の開発が今後期待される．

さらに，全国の都道府県で導入されつつある統

スもあることを付記しておく．

図 9.3.4 の画像は，岐阜県百ヶ峰で発生した森林火災の後，IKONOS 衛星によって撮影された被害跡地で，フォールスカラー表示したものである．

合型 GIS や森林 GIS は，デジタル形式としての高分解能衛星画像の受け皿として重要な役割を果たすであろう． 〔鈴木 圭〕

文 献

1) Defeniens Imaging : eCognition User Guide, pp.3-22, 2001.
2) 松本光郎：林業技術，**724**，11-15，2004．
3) 日本林業技術協会：森林資源モニタリング調査データ地理解析事業報告書，**124**，2002．

9.4 河川分野への応用

9.4.1 可 能 性

河川は治水，利水および潤いのある水辺空間，多様な生物の生息・生育の場としての役割を担っている．一方，流域の急激な変化に伴い，渇水，内水氾濫などの新たな弊害が生じている．これらの状況からみて，河川とその周辺地域の各種調査はますます重要になってきているといえる．

河川・流域管理では，平常時の河川調査および減災のための情報収集・解析，災害時の情報収集，流域水循環特性把握のための情報収集など，さまざまな範囲，精度，収集頻度の情報が必要となる．

比較的広い範囲にわたる精細な土地被覆にかかわる情報を，均一の精度で必要とした場合，高分解能衛星データは有効である．ここでは，河川にかかわる調査分野のうち，特に高分解能衛星の利用が効果的と考えられる下記の項目について，その利用事例を示す．

① 河川と周辺地域の環境区分．
② 河川周辺地域の浸透・不浸透区分．
③ 河道変化のモニタリング．

9.4.2 事 例
1） 河川と周辺地域の環境区分

河川環境を把握することは，近年注目されている多自然型川づくり施策や，流域・都市自然再生事業などに基礎的な情報を提供するという点で重要である．高分解能衛星データを利用することにより，河川だけでなく，その周辺地域の環境情報も同時に把握することが可能となる．

現在，河川の環境調査として全国的に統一して行われているものに，「河川水辺の国勢調査」がある．この調査は，109 の一級水系の河川および重要な二級水系の河川を対象として，航空写真と現地調査により，精細な精度で行われている．調査項目には，河川敷の現存植生調査が含まれており，5 年ごとに群落・群集レベルで植生図が作成される．また，河川調査では魚類の生息・生育上重要な情報である瀬・淵の調査も行われている．

高分解能衛星データによる解析では，航空写真判読と現地調査の精度まで達成することは困難である．しかしながら，均一で客観的な情報から，従来調査より広い範囲の環境を効率的に調査することが可能と考えられる．その結果得られる情報は，流域の自然再生や環境の保全のための基礎資料として提供することを想定した．

図 9.4.1 には，荒川中流域の IKONOS 画像（マルチスペクトル，デジタルジオ画像）とその環境区分結果を示す．環境区分項目は，衛星データで区分可能，かつ生物の生息環境上，区分が必要と考えられる項目とした．分類には夏季の画像を主として用い，落葉樹，常緑樹などの分類には冬季の画像を併用することによって精度向上を図った．

2） 河川周辺地域の浸透・不浸透区分

流域の水循環を把握するためには，降水量などの水文データや，地形，地質，人口，地下水利用状況などを入力パラメータとするモデル式が用いられる．都市域の水循環を解明するモデル式では，不浸透域の面積が重要なパラメータの一つとなっている．しかしながら都市域では土地利用が複雑で変化が激しく，良好な既存の情報を入手することは困難である．地上分解能 1 m の高分解能衛星を用いた土地被覆分類を行うことにより，最新で詳細な不浸透域の分布や面積比率を把握できる．

使用した衛星データは，2002 年 9 月 19 日撮影の IKONOS マルチスペクトル画像およびパンクロマティック画像，さらに DEM（レーザスキャナによる 5 m メッシュ）を用いた．対象地域は都市の中央部を鏡川が横断する高知市の中心部とし

9.4 河川分野への応用

(a) IKONOS 画像（マルチスペクトル 4 バンド，デジタルジオ画像）
ⒸΟ日本スペースイメージング

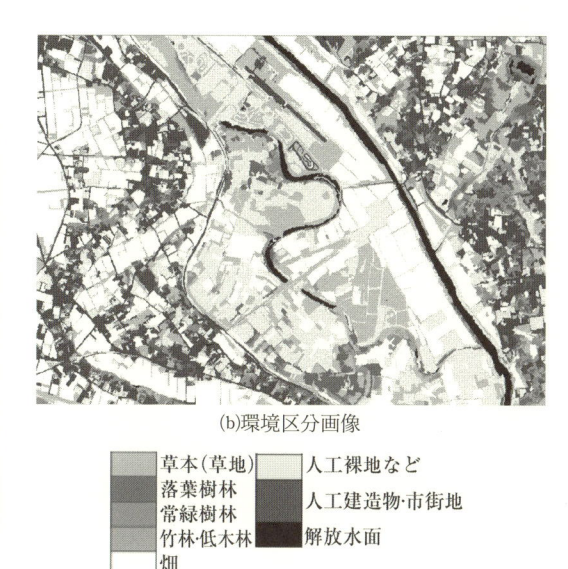

(b) 環境区分画像

凡例：
- 草本（草地）
- 落葉樹林
- 常緑樹林
- 竹林・低木林
- 畑
- 水田
- 人工裸地など
- 人工建造物・市街地
- 解放水面

図 9.4.1 IKONOS 画像を用いた河川周辺の環境区分の例

(a) IKONOS パンクロマティック画像
ⒸΟ日本スペースイメージング

(b) 浸透・不浸透分類画像

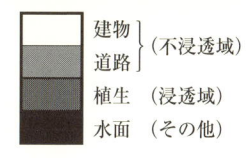

凡例：
- 建物 ＼
- 道路 ／（不浸透域）
- 植生（浸透域）
- 水面（その他）

図 9.4.2 IKONOS 画像を用いた浸透・不浸透域の分類例

た．図 9.4.2(a) に，利用した IKONOS パンクロマティック画像を示す．

分類手法は，まず最初に IKONOS 画像のパンクロマティックとマルチスペクトルの両方を用いて色調と形状をもととした領域分割を行い，この領域ごとに，水面，植生，コンクリート・アスファルトに 3 区分した．次に 5 m メッシュの DEM を用いてコンクリート・アスファルトを建物と道路に区分し，最終的に建物，道路，植生，水面の 4 区分とした．植生には学校のグラウンドなどの裸地を含んでいる．建物および道路が不浸透域，植生は浸透域，水面はその他となる．分類した結果は，同図(b)に示す．元画像と比較すると，植生，水面はほぼ正確に抽出できている．一戸建てと道路の区分に誤分類がみられるが，不浸透域としての区分には問題はないと考えられる．ただし，街路樹は植生/浸透域として区分しているため，道路の一部は浸透域となっている．この区分は衛星画像のみでは困難であるが，道路の分布情報など，他の地理情報を併用することによって可能と考えられる．

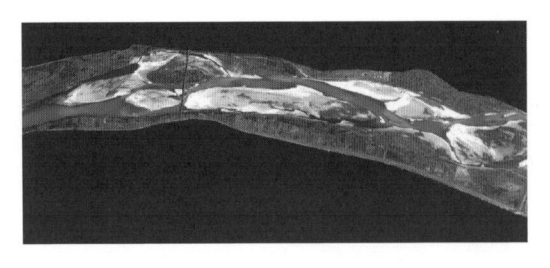

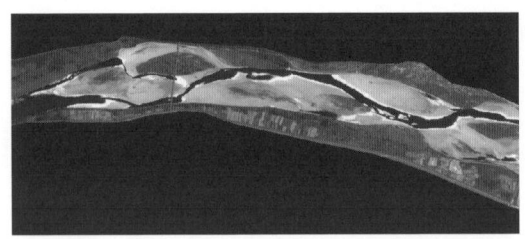

(a) 増水時（2000年8月11日）のIKONOS画像　　(b) 低水時（2002年8月11日）のIKONOS画像

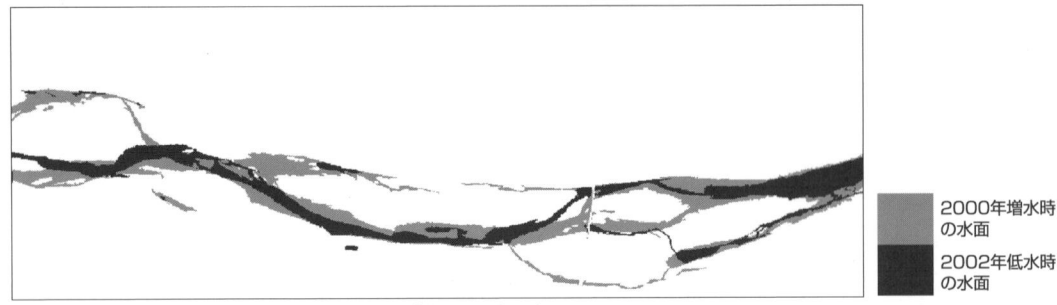

ⓒ日本スペースイメージング

(c) 2時期の河道部分の重ね合わせ

図9.4.3　IKONOS画像の河道変化モニタリングへの利用例

3）河道変化のモニタリング

河川において大規模な出水があると，流路や砂州の移動，形状の変化が起こる．このような河床形態の変動を把握することは，治水だけでなく河川の総合的な土砂管理や環境生態系の管理といった観点から重要である．ここでは，2時期の高分解能衛星データの比較による河道変化のモニタリングの可能性について検討した．

対象地域は，ある程度の幅をもつ河川区間で，低水路に人工的な護岸がなく，かつ植生のない中州が存在している箇所という条件から，埼玉県熊谷市付近の荒川河川敷とした．

使用したデータは低水時（2002年8月11日撮影）および増水時（2000年8月11日撮影）のIKONOS画像（マルチスペクトル4バンド，デジタルジオ画像）である．図9.4.3(a)，(b)に，利用したIKONOS画像を示す．

ここでは，河道の変化状況を把握することが目的なので，各時期の画像から水面部分を抽出し，抽出された2時期の水面画像を重ね合わせてその変化を把握した．その結果を同図(c)に示す．水面の抽出は，各時期の衛星画像を用いて画素を単位とした教師付き分類により，水面，植生，裸地・砂礫の3項目に分類し，水面のみの画像を作成した．

今回は，2000年と2002年の画像を用いたため，低水時と増水時の比較とともに経年変化による河道の変遷状況が明瞭にとらえられている．河川を定期的に観測することにより，河道変化のモニタリングは有効であると考えられる．〔廣瀬葉子〕

9.5　防災分野への応用

9.5.1　防災分野における高分解能衛星の役割

わが国はその位置，地形，地質，気象などの自然条件から，暴風雨，豪雨，豪雪，洪水，高潮，地震，津波，噴火その他の異常な自然現象による災害の発生しやすい国土となっている．そして防災とは，これらの災害の発生を予見して未然に防止し，災害が発生した場合における被害の拡大を防ぎ，また，災害の復旧を図ることをいう．しかし，進歩した現代の科学をもってしてもこれらの自然現象により発生する災害を防ぐことは困難であるとの考え方から，最近では防災（disaster prevention）ではなく減災（disaster reduction），すなわち，災害により発生するであろう被害の軽減

を図ることが現実的であるとの考え方になってきている．この被害の軽減にかかわる衛星リモートセンシングの役割は大きい．これまでの被害軽減のための衛星リモートセンシングの利用は，台風の発生や進路の監視などのような，早期警戒やその対策に資する短期的な予知や予測，あるいは広域に発生した林野火災の延焼状況の把握や火山噴火の降灰域の把握などのように被災状況の監視を目的にしている．これらの観測には，気象衛星のような低分解能衛星や中分解能衛星の画像が利用されてきている．いずれも衛星リモートセンシングのもつ非接触で広い範囲を同時に，定期に，かつ客観的な画像情報として得られる特徴を利用したものである．

一方，災害の規模は，地震の震度や火山噴火の規模，あるいは洪水による冠水域の広さなどではなく，どれだけ多くの人命や財産が失われ，また，影響を受けたかなどの被害程度によって決められる．特に都市部において発生する災害は，高度に発達した道路や鉄道，情報通信，電気，水道，ガスなどのライフライン，堤防やその他の人工構造物など社会インフラに与えるダメージが大きく，人命，財産への直接的な影響，被害を与える大きな災害となる．このような都市部に発生した災害による被害状況の速やかな把握には，高分解能衛星画像の利用が最も有効かつ簡便な方法であるといえる．

9.5.2 高分解能衛星画像の災害軽減への利用例

1) 地震災害

近年のわが国で発生した都市型の自然災害の代表に，1995年の阪神淡路大震災がある．多くの人命を失うと同時に道路網や情報通信網が寸断され，ほとんどすべてのライフラインがダメージを受ける甚大な被害が出た．

発災時には被災者の救援や2次災害の回避，復旧支援のための重要な情報として，その被災域と被災程度などの災害状況の速やかな把握がきわめて重要となる．また，その被害が大きくなればなるほど被害状況の把握は困難となる．阪神淡路大震災のときも，発災後約2日間の空白期間があったといわれるほど，被害状況にかかわる情報は欠落していた．当時，フランスのSPOT衛星のパンクロマティックが最も分解能の高い画像であったが，阪神高速道路の倒壊ですらその判読は困難であった．現在では，IKONOSやQuickBirdのような1m以下の分解能をもつ「高分解能衛星」が運用され，本格的な防災利用の時代が到来した．図9.5.1は，2003年12月26日にイランの南東部ケルマン州の古都バム市で発生した震災をQuickBirdで観測した画像である．M6.6の地震はバム市とその周辺地域に居住する住民のほとんど全部に影響を与え，多くの住宅の倒壊と死傷者を出した．報道によればバム市の約70％（約25000戸）の住宅が倒壊し，死傷者は4万人にものぼったという．家屋の被害状況は，この高分解能衛星画像からも明瞭にわかる．このように海外で発生した災害であっても，その被害状況を航空写真なみの分解能で簡便に，かつ即時的に把握することができる．これは高分解能衛星のもつ大きな特徴であり，航空機ではできない技である．

2) 土石流災害

わが国は急峻で複雑な地形を有するために，気象現象を素因あるいは誘因として発生する地すべりや土石流，土砂崩壊といった災害も多発している．これらの災害が発生する地域の多くは，その災害現場に立ち入ることが困難あるいは危険である場合が多い．そのため，被災者の救済や2次災害の回避など，救援復旧活動に必要な災害状況の把握に遅延が生じ，速やかな救援活動に支障をきたすことがある．しかし，高分解能衛星画像を利用することにより，どんなに危険な場所であっても，災害現場の状況を画像情報として航空写真なみの空間分解能で簡便に得られる．図9.5.2は，2003年7月20日に熊本県水俣市の山間部で発生した土石流の発生現場（同図(a)，(b)）とIKONOSで観測された画像（同図(c)）であるが，(a)で明らかなように土石流は急峻な谷あいで発生している．このような場所での発災でも，高分解能衛星画像を利用することによって状況把握が行える．

© 2004 DigitalGlobe, Inc. All Rights Reserved.
(a)震災前（2003年9月30日撮影）　　　　　(b)震災後（2004年1月3日撮影）

図9.5.1　QuickBirdによるバム市（イラン）の震災前後の観測画像
　　　　　詳細は本文参照．

©VisionTech Inc.
©VisionTech Inc.
©日本スペースイメージング

図9.5.2　IKONOSによる熊本県水俣市の土石流災害観測画像（カラー口絵3参照）
　　　　　詳細は本文参照．

3）洪水災害

　図9.5.3(a)および(c)は，2000年9月11～12日にかけて発生した台風14号に伴う東海豪雨災害後のIKONOS画像である．同図(b)は，災害直後の航空写真から1m分解能にシミュレーションした画像である．また，同図(d)は，豪雨による浸水時と浸水前の画像から構造物や地形図などを参考にして浸水状況を判読し，浸水の範囲や浸水深を推定して浸水推定図としたものである．このように，高分解能衛星画像を利用することによって，被害状況の定量的な解析ができる．

　このほか，その危険性から災害現場に近づけない災害に，火山噴火がある．火山噴火の場合は，その直上を航空機で飛行することが禁止されるた

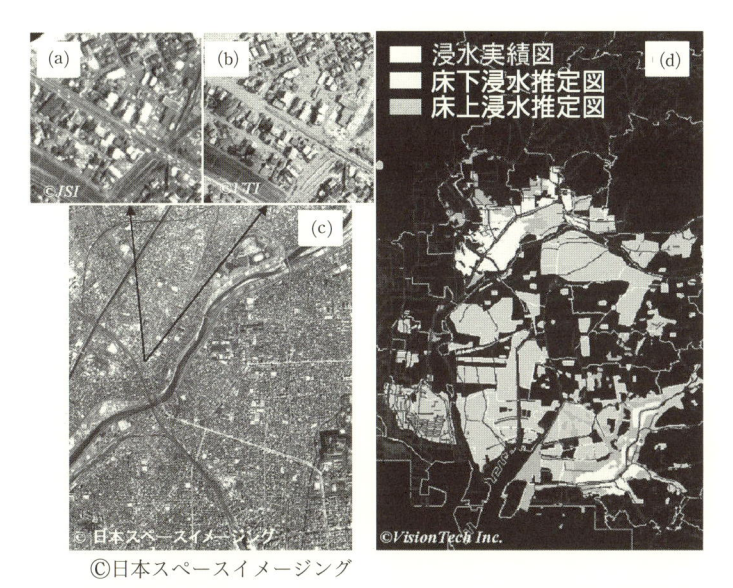

図 9.5.3 IKONOS および航空機による名古屋市の東海豪雨災害状況画像（カラー口絵 4 参照）
詳細は本文参照．

め，高分解能衛星画像は航空機観測に取って代わる重要な役割を担う．

9.5.3 高分解能衛星画像の将来的防災利用

「災害は忘れたころにやってくる」といわれるが，台風などの気象災害のように，ある程度予知，予測が可能な災害はもちろんのこと，地震や，火山のようにある程度周期性が考えられている災害などは，事前の備えによって被害の軽減を図ることができる．その一つにハザードマップの作成がある．定期観測が可能な高分解能衛星画像は，きわめて多くの情報をもった基本データとして簡便に蓄積できる素材である．また，画像からは得られない情報と関連づけて保存することやその更新が簡便に行えることから，ハザードマップの作成に有効な情報源に位置づけることができる．さらに，縮尺 1/5000 程度の画像が得られる高分解能衛星画像は，GPS 機能付きのデジタルカメラやナビゲーションシステム，ならびに携帯電話と組み合わせて利用することにより，災害通報や被災状況通報，あるいは被災救援通報などリアルタイム性が要求される災害現場での各種通報システムに利用することが可能となる．これまでのように，得られた画像情報を救援者だけが一方的に利用するにとどまらず，被災者，救援者の双方が情報をシェアリング（共有）して利用することが可能となる．このような画像情報のシェアリングは今後の方向であり，被害軽減に大いに貢献するものと期待できる． 〔原　政直〕

文　献

1) 災害対策基本法．
2) 官報資料版（第 3659 号付録），pp.1-4, 2003．
3) 災害対応総合情報ネットワークシステム外部仕様検討報告書，pp.13-16．ニューメディア開発協会，1996．
4) 竹田　厚：自然災害科学，**20**(2), 127-130, 2001．
5) ESA ホームページ http://www.disasterscharter.org/
6) USGS ホームページ http://earthquake.usgs.gov/
7) ADRC ホームページ http://www.adrc.or.jp/

9.6　環境分野への応用

高分解能衛星は，地表面や浅海域の詳細なマッピングを可能にするものとして，環境分野においても大きな期待をもって迎えられた．環境分野での高分解能衛星の利用法としては，①熱帯林やサンゴ礁など空間的に複雑な構造をもつ生態系のマッピング，②投棄廃棄物や水路など空間的に小規

模な構造物の検出，③ GIS との統合や 3 次元表示など高分解能衛星画像を用いた景観シミュレーションがあげられる．

高分解能衛星の利用に関して特筆すべき成果は，IKONOS を対象として，NASA 主導で行われた Science Data Purchase プログラム[20]であろう．このプログラムによって，高分解能衛星によるさまざまな生態系のマッピング性能が明らかとなってきた．本節では，こうした海外での事例も含め，高分解能衛星の環境分野への応用例を紹介する．

9.6.1 生態系のマッピング

生態系のマッピングにおいては，高分解能衛星画像による高い分類精度が示されている．樹種や樹冠の構造が多様な森林においては，高分解能衛星画像が大いに力を発揮すると考えられ，IKONOS，QuickBird の利用により林相，構成樹種区分や樹冠抽出が可能になることが期待されている（9.3 節および文献[16]）．アマゾンの熱帯林では，二酸化炭素の収支解明を主な目的とし，土地被覆分類性能の向上，樹冠やバイオマスのマッピング，伐採地の検出を対象として IKONOS を用いた研究が行われた[8]．1 m の分解能をもったパンクロマティック画像やパンシャープン画像によって樹冠の検出が行われ[2,14]（図 9.6.1），これらの結果を用いて樹木の死亡率が推定されている[3]．また，樹冠のテクスチャ解析による樹齢の分類も成功を収めている[6]．

マングローブ林や湿原においても，IKONOS によって高い分類性能が得られている．沖縄県西表島のマングローブ林では 10 のクラスで 91.8% の分類精度が得られた[18]．また，カナダの湿原においては，1 時期の画像で 84%，2 時期の画像で 95.9% の分類精度が得られている[4]．

サンゴ礁も，熱帯林と同様に空間的に複雑な構造をもっているため，高分解能衛星画像の利用が効果的である（図 9.6.2）．IKONOS を用いた世界各地のサンゴ礁の底質の分類例では，4〜5 のクラスで平均で 77% の分類精度が達成され，Landsat ETM+ を用いた分類に比べて 15〜20% の精

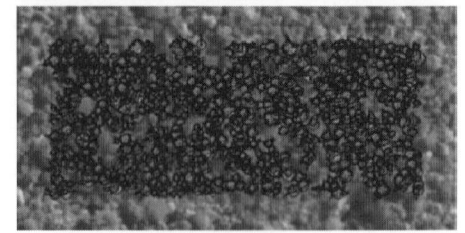

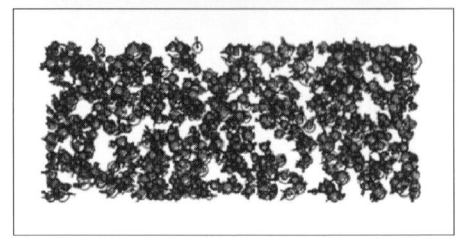

図 9.6.1 IKONOS 画像による熱帯林における樹冠抽出[8]

度向上が明らかにされた[1]．こうした結果に基づき，過去の空中写真と IKONOS 画像の分類結果を比較することにより，カリブ海のサンゴ礁において，サンゴ被度が 20 年間で大きく減少していることが報告されている[11]．また，高分解能衛星は，底質の分類のみならず，サンゴ礁域や他の浅海域の水深の推定にも利用されている[7,17]．

9.6.2 小規模な構造の検出

高分解能衛星は，生態系の一部の要素など空間的に小規模な構造の検出に有効である．植生指数の変化により廃棄物が投棄された可能性のある地点の抽出を行い，その後画像の判読と現地調査によって廃棄物の検出を行うシステムの開発がなされている（図 9.6.3）．このほかにも，熱帯雨林伐採地の抽出[13]，野生動物の生息地間を結ぶ畦道や街路樹などコリドーの抽出[15]，湿原を結ぶ役割を果たす水路の検出[12]が行われている．サンゴ礁においては，サンゴの白化現象（高水温をはじめとするストレスによってサンゴが白色になって斃死

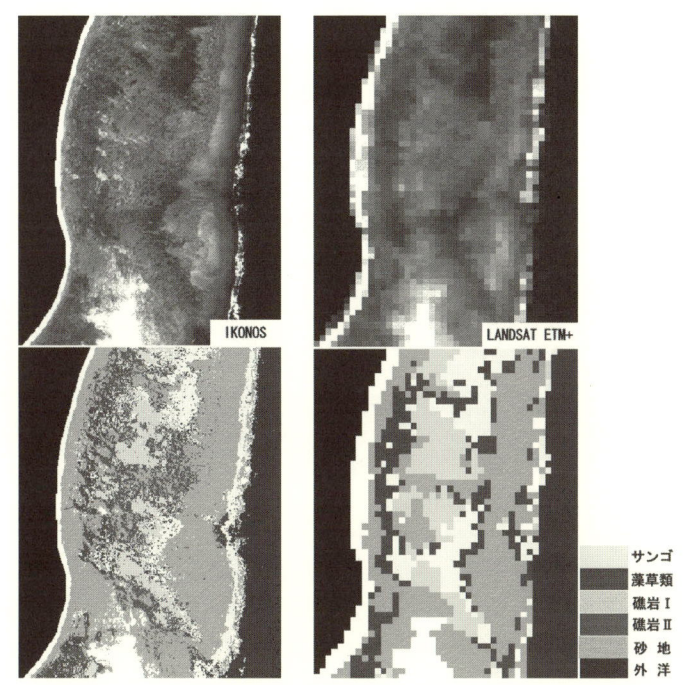

図9.6.2 IKONOS画像（左）とLANDSAT画像（右）によるサンゴ礁の分類結果（カラー口絵5参照）NASAのScience Data PurchaseプログラムおよびJAXAと国立環境研究所とのALOS共同研究により得られた成果．

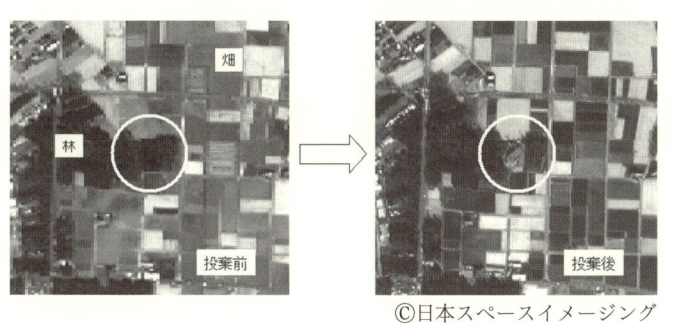

(a) IKONOS画像による投棄廃棄物の検出（○部分）　©日本スペースイメージング

(b) 2時期の植生指数の差による廃棄物可能性区域

図9.6.3 投棄廃棄物の検出
田村正行，大迫政浩氏（国立環境研究所）提供．環境省委託業務「不法投棄等衛星監視システム開発調査」により得られた成果．

してしまう現象）の効率的な検出に高分解能衛星の利用が効果的なことが放射伝達シミュレーションによって示され[19]，実際にオーストラリアのグレートバリアーリーフのサンゴ礁で，IKONOS画像を用いて白化現象が検出されている[5]．

9.6.3 景観シミュレーション

高分解能衛星画像は，位置精度がよいという特徴をもっており，GISに統合化される画像データとして適している．GIS上でDEMと統合することによって，3次元表示が可能となり，藤沢市[9]や釧路湿原（図9.6.4）を対象とした3次元景観シミュレーションシステムへの利用が試みられている．

以上のように，環境分野からの要求に対して高分解能衛星の性能は十分に高いことが示され，応

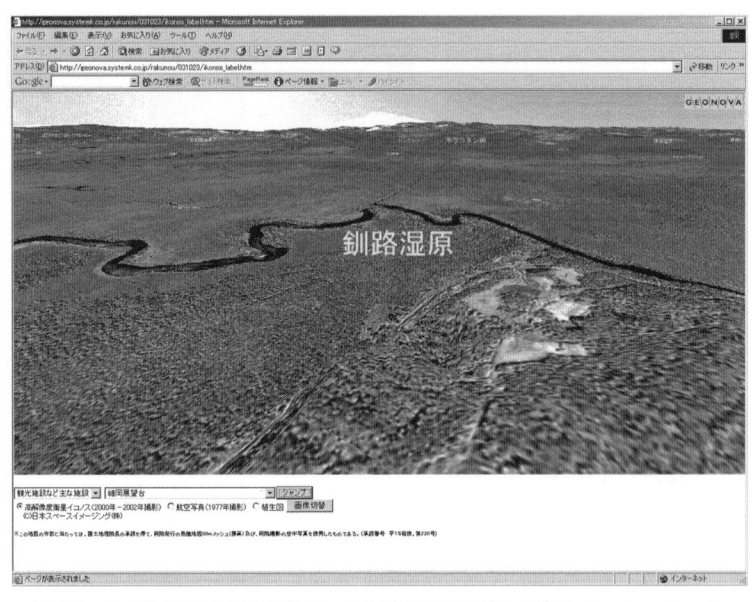

図9.6.4 IKONOS 画像を利用した釧路湿原の3次元景観シミュレーション
環境省釧路湿原自然再生プロジェクト (http://www.env.gr.jp/kushiro)，亀山 哲氏（国立環境研究所），金子正美氏（酪農学園大）の提供による．

用例がしだいに蓄積されつつある．しかし，高分解能衛星によって分類精度が向上する一方で，画像の取得範囲が小さい，価格が高いといった難点があり，トレードオフが生じている．Mumby と Edwards[10]は，高分解能衛星と他の衛星センサ，航空機センサのマッピング性能に関して画像の取得コストを含めた分析を行い，サンゴ礁において高分解能衛星を使用すべき条件を明らかにした．他の生態系や地域においても同様の作業を行い，高分解能衛星の適切な利用法を定量的に明らかにすることが必要であろう．同時に，高分解能衛星と中・低分解能衛星を複合利用する研究も望まれる．こうして解析され，GIS に統合されたデータは，生態系の機能や変遷を理解する上で有効である．現在運用中の IKONOS, QuickBird や，将来的に打ち上がる衛星センサを含め，高分解能衛星のデータが時間的・空間的に蓄積されつつあり，今後ますます高分解能衛星の利用が増加することは間違いないと思われる． 〔山野博哉〕

文 献

1) Andréfouët, S., Kramer, P., Torres-Pulliza, D., Joyce, K. E., Hochberg, E. J., Garza-Perez, R., Mumby, P. J., Riegl, B., Yamano, H., White, W. H., Zubia, M., Brock, J. C., Phinn, S. R., Naseer, A., Hatcher, B. G. and Muller-Karger, F.: Multi-site evaluation of IKONOS data for classification of tropical coral reef environments. *Remote Sensing of Environment*, 88, 128-143, 2003.
2) Asner, G. P., Palace, M., Keller, M., Pereira, R. J., Silva, J. N. M. and Zweede, J. C.: Estimating canopy structure in an Amazon Forest from Laser Range Finder and IKONOS satellite observations. *Biotropica*, 34, 483-492, 2002.
3) Clark, D. B., Castro, C. S., Alvarado, L. D. A. and Read, J. M.: Quantifying mortality of tropical rain forest trees using high-spatial-resolution satellite data. *Ecology Letters*, 7, 52-59, 2004.
4) Dechka, J. A., Franklin, S. E., Watmough, M. D., Bennett, R. P. and Ingstrup, D. W.: Classification of wetland habitat and vegetation communities using multi-temporal Ikonos imagery in southern Saskatchewan. *Canadian Journal of Remote Sensing*, 28, 679-685, 2002.
5) Elvidge, C. D., Dietz, J. B., Berkelmans, R., Andréfouët, S. S., Skirving, W., Strong, A. E., Tuttle, B. T.: Satellite observation of Keppel Islands (Great Barrier Reef) 2002 coral bleaching using IKONOS data. *Coral Reefs*, 23, 123-132, 2004.

6) Franklin, S. E., Wulder, M. A. and Gerylo, G. R.: Texture analysis of IKONOS panchromatic data for Douglas-fir forest age class separability in British Columbia. *International Journal of Remote Sensing*, 22, 2627-2632, 2001.
7) Huguenin, R. L., Wang, M. H., Biehl, R., Stoodley, S. and Rogers, J. N.: Automated subpixel photobathymetry and water quality mapping. *Photogrammetric Engineering and Remote Sensing*, 70, 111-123, 2004.
8) Hurtt, G., Xiao, X., Keller, M., Palace, M., Asner, G. P., Braswell, R., Brodízio, E. S., Cardoso, M., Carvalho, J. R. J., Fearon, M. G., Guild, L., Hagen, S., Hetrick, S., Moore III, B., Nobre, C., Read, J. M., Sá, T., Schloss, A., Vourlitis, G. and Wickel, A. J.: IKONOS imagery for the Large Scale Biosphere-Atmosphere Experiment in Amazonia (LBA). *Remote Sensing of Environment*, 88, 111-127, 2003.
9) 森 正寿, 倉地隆治, 高橋利光: IKONOS 画像の GIS への統合化と3次元表示. 日本リモートセンシング学会第32回学術講演会論文集, pp.173-174, 2002.
10) Mumby, P. J. and Edwards, A. J.: Mapping marine environments with IKONOS imagery : enhanced spatial resolution can deliver greater thematic accuracy. *Remote Sensing of Environment*, 82, 248-257, 2002.
11) Palandro, D., Andréfouët, S., Dustan, P. and Muller-Karger, F. E.: Change detection in coral reef communities using Ikonos satellite sensor imagery and historic aerial photographs. *International Journal of Remote Sensing*, 24, 873-878, 2002.
12) Quinton, W. L., Hayashi, M. and Pietroniro, A.: Connectivity and storage functions of channel fens and flat bogs in northern basins. *Hydrological Processes*, 17, 3665-3684, 2003.
13) Read, J. M.: Spatial analyses of logging impacts in Amazonia using remotely-sensed data. *Photogrammetric Engineering and Remote Sensing*, 69, 275-282, 2003.
14) Read, J. M., Clark, D. B., Venticinque, E. M. and Moreira, M. P.: Application of merged 1-m and 4-m resolution satellite data to research and management in tropical forests. *Journal of Applied Ecology*, 40, 592-600, 2003.
15) 榊原 淳, 望月貫一郎, 原慶太郎: 植生指数を用いた生息地間のコリドー抽出手法の検討II－高分解能衛星画像を用いた解析－. 日本写真測量学会年次学術講演会, pp.281-284, 2002.
16) 瀬戸島政博: 高分解能衛星から里山林をみる. 写真測量とリモートセンシング, 42, 2-3, 2003.
17) Stumpf, R. P., Holderied, K. and Sinclair, M.: Determination of water depth with high-resolution satellite imagery over variable water types. *Limnology and Oceanography*, 48, 547-556, 2003.
18) 高井祐介, 酒井徹朗, 吉村哲彦: IKONOS データによる西表島マングローブ林の観測. 日本リモートセンシング学会第30回学術講演会論文集, pp.229-230, 2001.
19) Yamano, H. and Tamura, M.: Detection limits of coral reef bleaching by satellite remote sensing : simulation and data analysis. *Remote Sensing of Environment*, 90, 86-103, 2004.
20) Zanoni, V. M. and Goward, S. N. eds.: IKONOS Fine Spatial Resolution Land Observation. *Remote Sensing of Environment*, 88, 1-219, 2003.

9.7 地形図作成への応用

地上分解能1m程度の高分解能衛星画像による地形判読，地物抽出，およびこれらの計測は，従来の航空写真を用いて行ってきたプロセスを，若干変えることにより可能となる．ここでは，高分解能衛星画像に関する特性を踏まえ，画像を用いた判読，地物，地形抽出の可能性について解説する．

9.7.1 高分解能衛星画像からの地物抽出概要

衛星画像の利用を考える場合，事前に各衛星の特徴およびプロダクトとしての画像データの特性について整理し，把握する必要がある．

1) 高分解能衛星の能力，性能に関する認識

高分解能衛星は衛星ごとに，周期特性，センサの種別，スペクトル分解能，観測幅(面積)，地上分解能などの違いがある(9.1節参照)．この特徴は，データ処理工程や処理時間，取り扱い，あるいは画像を表現する際の手間などに影響する．高分解能衛星搭載センサによる観測は，地表面にある地形や地物の分光反射特性に基づき行われ，画像データとして表現されている．

2) 空間データ基盤の素材としての位置づけ

空間データ基盤は，図9.7.1に示すとおり，画

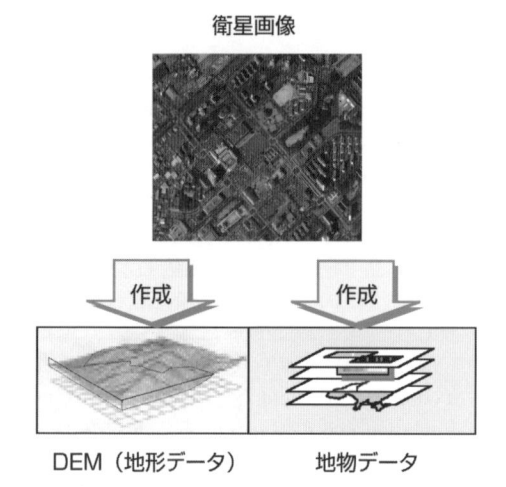

図 9.7.1 空間データ基盤要素

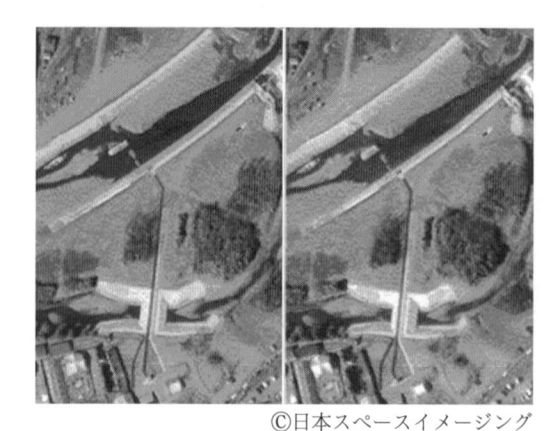

図 9.7.2 画像の判読性サンプル
ⓒ日本スペースイメージング

像データ，地物データ，高さデータ（DEM）に区分することができ，これら3つの要素について運用目的を考慮の上，融合し構築する．高分解能衛星画像は，これら3つの要素すべてについて素材となりうる．

9.7.2 高分解能衛星画像の性能
1） 位置精度

高分解能衛星画像の位置精度は，ジオ画像やオルソフォト画像などの種別により異なる．このうち放射量補正，センサシステム補正処理を行ったジオ画像の位置精度については，国内外のリモートセンシングや写真測量関連学会により，画像製品とともに提供される衛星のパラメータファイルを用いた検証事例として報告されている．その結果，地上基準点（GCP）を1点以上用いることにより，画像の位置精度はX，Y，Z各成分とも，±1.0 m 以内（RMSE）にとどまっている．なお，検証に用いるGCPの形状は，日本国内の場合，画像の視認性が高い地物（たとえば，道路や駐車場のマーキング，白線など）が用いられているが，海外では，ロータリーの円の重心を求めたものなどを用いて，基準点としての不変性を担保している．

2） 判読性

現在国内におけるベクタデータとして扱う地物は，公共測量作業規程や国土基本図図式規程で規定されているものを用いることが一般的である．これら地物の種類は，国土基本図図式規程によれば，およそ190の図式が存在する．これら図式のうち，境界などの非可視なものを除くと，約130の地物が可視または描画可能な地物となる．このうち衛星画像から判読が可能な地物は，約70地物である（IKONOS ステレオ視の場合）．

図 9.7.2 に，IKONOS ステレオ画像のサンプルを示す．サンプル図からは，河川（二条河川），橋梁，道路，堰，土堤，建物，植生などが判読できる．他の高分解能衛星（QuickBird など）に関しても，パンシャープン画像の場合，IKONOS 衛星画像と同程度の判読性能があると推測される．

判読を実施する場合に考慮しなければならない事項として，オペレータの経験や分解能により，成果が大きく変動することがあげられる．オペレータの経験により判読が左右されるのは，画像の色調の変化のみでは明確に判断できず，周囲の状況を把握することにより導かれる例が存在するためである．たとえば土地利用などは，周囲の状況（植生や耕作状況など）を確認することにより，その存在が確認できる場合がある．

また，判読性と分解能の関係は，一般的な指標として，地上分解能の3倍（ピクセル）以上の地物であれば認識が可能となり，地上分解能の約20倍の地物であれば，判読が可能であるとされている．

3) 描画性能

地物を抽出するための描画性能は，ステレオ画像とオルソフォト画像の違い，色調，色合いなど画像の特性や，地物側の判断条件により，その性能は大きく左右される．このため，画像の判読性や描画性は，画像の地上分解能によりすべての指標が決められるとはいえない部分がある．衛星画像からの図化を行う場合は，これらの点を考慮して実施する必要がある．

4) データのハンドリング

地形データ抽出時，データの運用やハンドリングを考慮し，編集や構造化処理を行う必要がある場合が多くなっている．地物データを構築する場合，運用者がデータをどのように使うかを抽出以前に考慮して，それに見合ったデータを作成する必要がある．

9.7.3 地形図作成手法

衛星画像を用いて地形図を作成するに当たっては，判読性や地物抽出性といった画像の性能を考慮し，図9.7.3に示す作成工程に準じて実施した．地物抽出は，判読可能な地物についてステレオ，オルソフォト両タイプの画像について行い，現地測量結果（リファレンスデータ）と比較することで位置精度を確認した．その結果，単点での位置精度比較では標準偏差（RMSE）がステレオ画像で±1.0m程度，オルソフォト画像では±2m程度であった（IKONOS画像利用による実験値）．これらの数値は，高分解能衛星画像は，ステレオで1/2500レベル，オルソフォトで1/5000レベルの地物を抽出する性能をもっていることを示す．図9.7.4は，その際に行った地物抽出結果である．なお，QuickBird衛星やOrbView-3衛星については，これらの抽出ベクトルデータの国内における検証は行われておらず，具体的な数値を現在では示すことができない．

衛星画像は高い整備率に加え，広域性や即時性に優れた部分があり，また数点のGCPを用いることにより画像自体の位置精度が向上し，地物の抽出が2500〜5000レベルで行える．そのため，広域の空間基盤データの素材として，また写真地図のような空間データプロダクト（図9.7.5）を構築する基盤そのものとして，大いに活用すべきものであると考える．

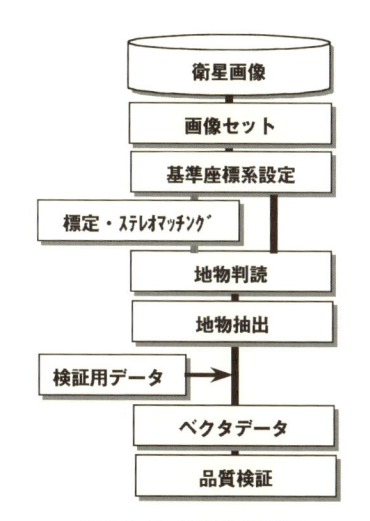

〔加藤　哲〕

図9.7.3　地物抽出工程

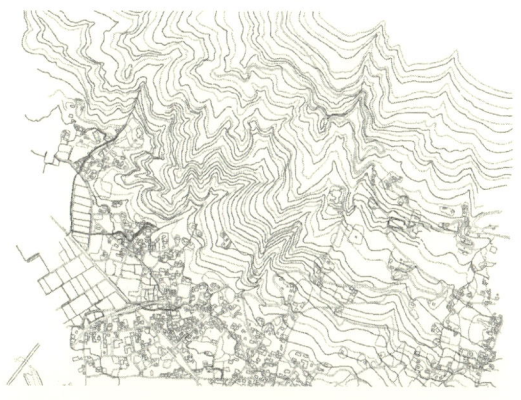

図9.7.4　地物抽出結果

図9.7.5　空間データプロダクト

文 献

1) 山川　毅ほか：高解像度IKONOS衛星画像を用いた精密3次元計測．写真測量とリモートセンシング，41(2)，2002．

2) 飯田　洋ほか：IKONOSステレオ画像を利用した2万5千分の1地形図作成の試み．国土地理院時報，92号．

10. レーダ技術の測量工学への応用

レーダ (radar) とは，発信および受信を同一の場所で行い，かつ，目標物体の位置を決定するために物体による反射性（1次レーダ）または再発射性（2次レーダ）を利用する無線測位方式である．

一般には，1次レーダすなわち電波のパルスを利用したパルスレーダをレーダということが多い．レーダ技術の測量工学への応用は，1956年ごろには電波測距儀として開発が進められ，当然パルスレーダでは測量として使える精度に至らず，2次レーダ方式（主局，従局の2台の装置を両測点に設置する方法）でパルスの代わりに精度の高い信号周波数をもったサイン波などを用いて位相差測定によって距離測定精度を高めた．すなわち光波測距儀の位相差測定と同じ方式を使ったのである．しかし，主局，従局の装置を設置，操作するため費用（装置価格，測量作業者の数）がかさみ，さらに電波の広がりによる反射波の影響が大きく，光波測距儀に押されて一般市場から消え，特殊な市場のみの利用になったという経緯がある．逆に，光波測距儀は機能の優れた高輝度光源の出現によりパルス測距儀が主流になり，近距離測量では反射鏡（プリズムミラー）を測定点に設置しなくてもすむようになった．

しかし，光波と違って電波には多くの利点がある．近年のエレクトロニクス技術の発達は，測距装置の機能から少し離れた分野で測量の現場に活用され始めた．したがって，これから測量に関係する人々は，このレーダ技術の知識をもつ必要がある．この章では，測量工学の立場からレーダの基礎知識から応用までを解説する．

10.1 概　　　要

10.1.1 測量工学との関係

測量といえば測地学や測量法による基本測量，公共測量関係が主であったが，測量工学では計測にも分野を広げ，電子技術を使った新しい測量の領域も含める．スキャナやレーダ技術はこれに当たる．測量業関係の企業ではレーダの技術も多方面で使われ始め，その利用技術は近年紹介記事が多くなった．測量技術者にとってなじみの薄かったこのレーダを，基礎から知識を進め，応用していくための技術として理解を深めていただきたい．

10.1.2 原　　　理

レーダは，前述したとおり，1次レーダ（主にパルスレーダ）と2次レーダがある．もう一つの

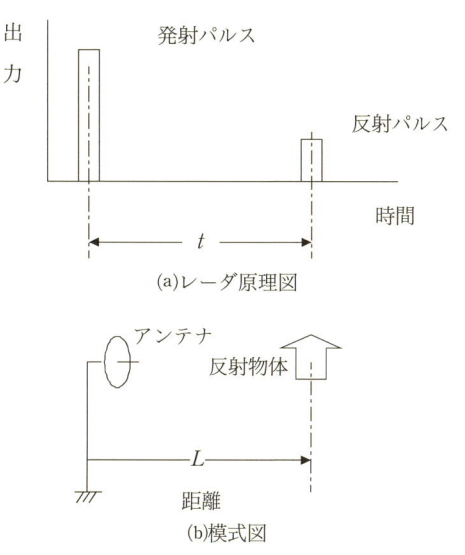

図 10.1.1　パルスレーダによる距離測定

分け方では，パルスレーダとCWレーダである．また，アンテナが1つで送受信に使われるものと，別々のものがある．主に利用されているのはパルスレーダなので，これについて解説する．

パルスをアンテナから放射し，距離Lmのところにある反射物体で反射させると，再びアンテナに戻ってくる．この間の時間を測定する（図10.1.1）．放射してから反射して戻ってくるまでの電波の往復所要時間をt秒とすると，

$$L=1/2\times C_0\times t \quad C_0：光速 \quad (1)$$

となる．

光や電磁波は，通る物体によってその速度が変わる．大気や地中，コンクリートなどそれぞれの物体中を通過するとき，その電磁波速度が次式で計算できる．大気中を通過する光の場合は，その気体の屈折率nで速度が変化する．その速度をV_b m/秒とすると式(2)で表される．また，物体中を通過する場合にはその伝播速度V_c m/秒は誘電率ε，透磁率μに関係し，式(3)のようになる．

$$V_b=C_0/n \quad (2)$$
$$V_c=C_0/(\varepsilon\cdot\mu)^{1/2} \quad (3)$$

このように速度を知り，距離計測を行うが，光波測距儀でもレーダでも数百〜数千回くらい繰り返し測定を行い統計処理されて測距値を表示する．この処理によって距離測定の精度を上げている．

レーダに使うパルスは，図10.1.1(a)に示したとおりのパルス形状をしているが，実際にはパルス幅をもつ．このパルス幅は，細かい周波数f_0（送信周波数という）で変調されている（図10.1.2）．以降，発射パルスを送信パルス，反射パルスを受信パルスと言い換えて解説する．

レーダの性能は，これらの要素「パルス繰り返し時間T」と「パルスの幅τ」で決まる．

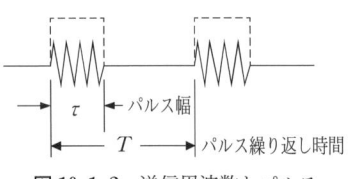

図10.1.2 送信周波数とパルス

10.1.3 レーダ感度方程式

レーダの送信出力をP_t(W/m²)，送信アンテナ利得をG_tとするとき，アンテナからLmなる距離での放射電磁波の電力密度P_d(W/m²)は，

$$P_d=P_t\cdot G_t/4\pi L^2 \quad (4)$$

となる．距離Lmのところで散乱断面積σm²なる物体が電波を散乱したとすると，レーダの受信アンテナにおける目標物からの反射波の電力密度P_{dL}は

$$P_{dL}=P_d\cdot\sigma/4\pi L^2 \quad (5)$$

であり，受信アンテナの有効開口面積をAem²とすれば，受信電力P_r(W)は，

$$P_r=P_t\cdot G_t\cdot\sigma\cdot Ae/(4\pi L^2)^2 \quad (6)$$

また，アンテナの有効面積Aeは実際のアンテナ面積Apとの関係は

$$Ae=2/3\times Ap \quad (7)$$

の関係にあることが知られている．

アンテナの有効面積Aeとアンテナ利得Geの関係は，

$$Ge=4\pi\cdot Ae/\lambda^2 \quad \lambda：使用波長(m) \quad (8)$$

である．ここで送信アンテナと受信アンテナが同じものとし，そのアンテナ利得をGとすれば，

$$P_r=P_t\cdot G^2\cdot\sigma\cdot\lambda^2/(4\pi)^3L^4 \quad (9)$$

となる．この式をレーダ感度方程式という．もしくは，Aeの代わりにApを使うこともある．さらに，レーダが製作されると出力P_t，電波の波長λ，アンテナの面積Apは決まるから，レーダ定数をkとすると，受信電力P_rは距離Lの4乗に反比例することがわかる．

$$k=P_t\cdot Ap^2/9\pi\cdot\lambda^2$$

とおくと

$$P_r=k\cdot\sigma/L^4 \quad (10)$$

となる．

10.1.4 レーダによる測距制約の条件

1) 最大測距制約条件（L_{max-1}）

最大測距の制約条件はいくつかあるが，受信電力，パルス周波数の種類による大気減衰については次項で説明する．この項で説明するのは，パルスの繰り返し周波数（一般には300〜3000 Hz）によって，どのくらい遠くまで計測できるか，すな

わちパルス繰り返し時間による最大測距条件を説明する．それは最初の式(1)を使えば計算できる（図10.1.3）．

$$L_{\max-1}(\mathrm{m}) = (1/2) \times C_0 T \tag{11}$$

パルスを送信して，さらに次のパルスを送信した後になって遠くの目標から反射波を受けると，近くに目標物があるように間違う（図10.1.4）．遠距離制約はここにある．さらに，目標が遠くなるほど受信電力 P_r は $1/L^4$ に比例して減少する．これは10.1.7項で詳しく説明する．

2） 最小測距制約条件（$L_{\min}$）

最小測距の制約については，送信パルスを送信中は受信できないのでパルス幅により決まる（図10.1.5）．

$$L_{\min}(\mathrm{m}) = (1/2) \cdot C_0 \cdot \tau \tag{12}$$

ここで，パルス幅 τ を小さくすると，より近距離を探知できる．しかし，普通，受信機の帯域幅はパルス幅に反比例するようになっているため，パルス幅を小さくすると帯域幅が大となる．つまり，帯域幅と増幅度は反比例するから，増幅度が下がり，最大探知距離が今度は小さくなる．すなわち，

$$f（周波数）= 1/\tau \tag{13}$$

パルス幅を $1\,\mu\mathrm{s}$ とすると周波数 f は $1\,\mathrm{MHz}$，パルス幅を小さくして $0.1\,\mu\mathrm{s}$ とすると $10\,\mathrm{MHz}$ の高周波の電流を増幅できなければならなくなるので，帯域幅を大きくする必要がある．さらに，送受信共用のアンテナを使っている場合には，パルスの立ち上がり，立ち下がりなどの影響で送信から受信に切り換わるのに少し時間がかかるため，さらに2～3割は遅れをみておく必要があるので，最小測定距離はさらに長くなることを考慮すべきである．

10.1.5 距離分解能

目標の物体が2つあるとき，送信パルス幅 τ より距離 d（反射パルス間隔時間）が短いと，2つの物体と認識できない（図10.1.6）．

Aの反射とBの反射がパルス幅 τ より短い時間のうちに続くと判別ができない．

$$L_{\min}(\mathrm{m}) = C_0 \times \tau / 2 \tag{14}$$

さらにパルスの短さ，シャープさによって距離分解能が高まるが，L&L National Lab. では $50\,\mathrm{ps}$（50×10^{-12} 秒）の立ち上がり時間のパルスをつくる回路の試作情報もあり，これは最も高精度なパルスの情報の中の一つである．

10.1.6 方位分解能

方位分解能とは，パラボラアンテナによって鋭い指向性をもたせるが，その拡散範囲内に2つ以上の目標物体が存在すると，2個と判定できないことをいう．対応策として，下記により分解能を上げることができる．

① 周波数の高い電波を採用して指向性を鋭くする．通常数 GHz 以上を採用する．

② アンテナ開口を大きくする（大きな回転式ア

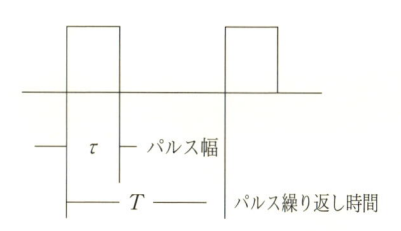

図10.1.3 パルス繰り返し時間図

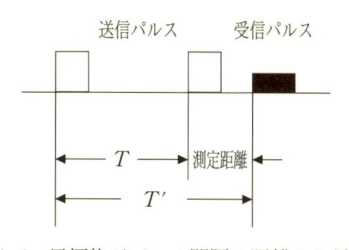

図10.1.4 目標物がパルス間隔の距離より長いとき

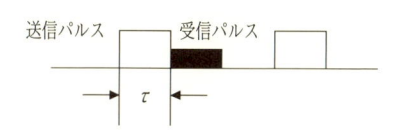

図10.1.5 目標物がパルス幅の距離より短いとき

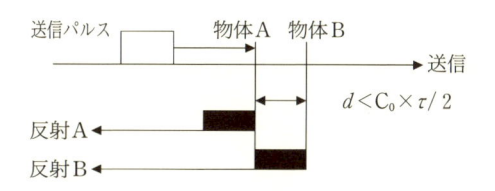

図10.1.6 2つの目標物の距離がパルス幅より短いとき

表 10.1.1　晴天時の大気減衰係数[11]

レーダ周波数帯	周波数(GHz)	往復路減衰係数 k_a(dB/km)	用　途　例
L	1.3	0.012	航空路監視レーダ（ARSR） JERS-1の合成開口レーダ（SAR） 1.5 GHz 地中探査レーダ
S	3	0.015	空港から約 100 km 圏に入った航空機を約 20 km 以内に誘導（ASR）
C	5.5	0.017	雨量観測，雷探知レーダ
X	9.6	0.024	近距離観測用レーダ（PAR） （航空機の着陸点近くまで誘導） 「大気の窓」，「電波の窓」と呼ばれる
K_u	15	0.055	衛星真下に発射し高度計，海の波高測定
K	22	0.3	放射計として水蒸気の熱放射電波観測（受動型）
K_A	35	0.14	衛星と地上間の通信
V	60	35.0	酸素の共鳴吸収線

ンテナでは，回転の動きが鈍くなる．アンテナのアレイ方式採用により解決している例もある）．

10.1.7　受信電力からみた最大探知距離
　　　　　(L_{max-2})

目標が遠くなるほど，受信電力 P_r は $1/L^4$ に比例して減衰する．レーダ装置にとっての最小探知信号を S_{min} とすると，

$$L_{max-2}^4 (\mathrm{m}^4) = P_t \cdot G^2 \cdot \sigma \cdot \lambda^2/(4\pi)^3 \cdot S_{min} \tag{15}$$

ただし，

$$S_{min} = K \cdot T_0 \cdot B \cdot (\mathrm{NF}) \cdot (S_0/N_0)_{min} \tag{16}$$

ここで，K：ボルツマン定数$(1.38 \times 10^{-23}$(J/K))，T_0：290 K(室温)，B：周波数帯域幅，(NF)：受信機の雑音指数，S_0/N_0：S/N 最小値．

したがって，最大探知距離は装置本体の性能によっても決まる．

10.1.8　使われる信号周波数

大気中を伝播する電波には，大気ガスの分子散乱および大気中の水蒸気や酸素による吸収などに原因する減衰を生ずる．この減衰は低い周波数帯では通常は考えなくてもよいが，マイクロ波帯では無視しえない大きさとなり，ミリ波帯になると，レーダの性能に重大な支障をきたす場合がある．

海抜ゼロレベルの伝播経路（大気成分がほぼ均一）をとった場合の大気減衰による伝播損失は，単位距離あたりの往復路減衰係数 k_a(dB/km) と伝播距離の積となる．

表 10.1.1 には，この電磁波周波数に対する減衰係数を示すとともに代表的な用途を記した．

10.1.9　装置の性能を上げる技術

同じ周波数のレーダを近くに設置すると，互いに干渉し合うのでデータが混乱する．また，最も基本的な技術であるが，外部や装置内部のノイズもレーダの性能に影響を及ぼす．この干渉やノイズも含め，高性能化のために，以下の新しい技術が開発されている．

①レーダの装置には回転式のアンテナをもつものが多い．しかし急接近する目標物や速度の速い移動物体を複数とらえるには，回転式のものでは間に合わないことがある．このためにレーダのアンテナを複数個並べて観測するアンテナアレイ式のものが開発されている．位相差をもたせたアンテナを並べるのであるが，それぞれのアンテナに位相器（電波の位相を任意に変える装置）をも

ち，これによって位相を変えながら，全部のアンテナの位相が一致する方向の反射電波（目標物体）をとらえる．いわゆる動きのないレーダアンテナで，このようなレーダをフェーズドアレイアンテナをもつレーダという．

② レーダ本体の発信機の電波を，ノイズ発生回路によってつくったインテンショナルノイズで変調，ランダマイズさせ，互いに干渉を避けるシステムがある．隣り合っても何ら問題ない．このシステムは，路面下の空洞をチェックする検査車にレーダ装置をアレイ状に設置し，一度に道幅の広範囲を探査できるようにした実施例がある．HERMES (high-speed electromagnetic roadway mapping and evaluation system) ではレーダアレイエレメントを64（128アンテナ）並べた路面下空洞探査装置を開発した．

③ ノイズに強いレーダシステムにするために，M系列符号（M-sequence code）など，擬似ランダム符号で送信信号を変調して信号処理の性能を上げる方法がとられている．これはホワイトノイズのようなランダムノイズには非常に強くなり，影響を受けにくくなる．この技術は多くのレーダシステムに取り入れられている． 〔中澤齋彦〕

文　献

1) 吉田　孝：電子情報通信学会編，改訂 レーダ技術，1996.
2) 三輪　進：理工学講座 電波の基礎と応用，東京電気大学出版部，2000.
3) Micropower Impulse Radar. *Science and Technology Review*, January/February, Lawrence Livermore National Lab., 1996.
4) 森川博之：レーダシステム，2003（ウェブサイト）．
5) 落合徳臣，茂在寅雄：レーダの理論と実際，海文堂．
6) 田中正行，高山潤也，大山真司，小林　彬：マイクロ波伝播速度を仮定しない点的埋設物位置座標の同定．第19回センシングフォーラム，2002.
7) キクスイ・ナレッジ・プラザ：マイクロウエーブ・テクノロジ（ウェブサイト）．
8) HERMES：Radar inspection of concrete bridge decks. *SPIE*, **2946**, 1996.

10.2　レーダを利用している測量分野

10.2.1　合成開口レーダ

a.　原理と実際

1）　原　理

合成開口レーダ（synthetic aperture radar：SAR）は，衛星や航空機に搭載され，その進行方向に対して側面から斜め下方に電波を照射するレーダ（映像レーダ）である．進行方向（アロングトラック方向あるいはアジマス方向と呼ぶ）にビーム幅を絞り，側面方向（クロストラック方向あるいはレンジ方向と呼ぶ）には広いビーム幅をもつファンビームと呼ばれるパターンのアンテナからパルスを送信する．送信されたパルスが地上で散乱されて衛星や航空機に戻る遅延時間は，地上と航空機との距離に比例するから，受信されるレーダ信号はクロストラック方向の1次元の地表面からの散乱強度を示すことになる．これに直交して衛星や航空機が移動するため，2次元の映像が得られる．このときの分解能はアロングトラック方向にはビーム幅，クロストラック方向にはパルス幅により決まるが，パルス幅はパルス圧縮により改善され，クロストラック方向には，衛星や航空機の移動により得られるいくつかの位置での信号を合成することにより，実効的なビーム幅の狭隘化（開口長の合成）を行う．こうした信号処理は現在では通常，位相を含めたデジタルの受信信号を計算によって処理することによって得られる．最終的に得られる理論的な分解能は，クロストラック方向は，パルス圧縮に用いられる周波数帯域の逆数であり，アロングトラック方向は，実際に装着されるアンテナのこの方向の実開口長の半分となる．そのため衛星や航空機から地上への距離には依存せず高い分解能を得られるのが特徴である．

合成開口レーダは，通常数cm～数十cmの波長のマイクロ波を自ら送信し，地上からのその散乱波を観測するため，雲や霧などの気象粒子により遮られることがなく，また日射を必要とせずに夜間でも観測可能である．この点が一般的な光学

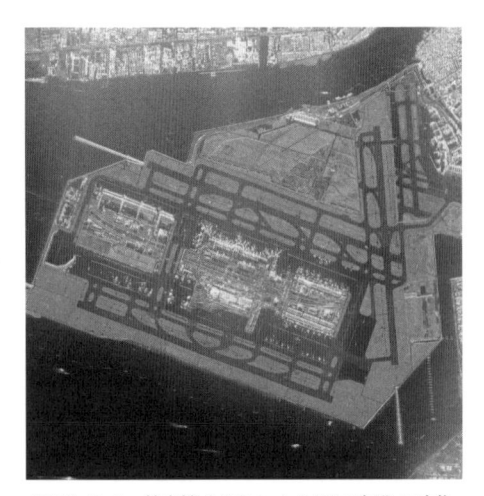

図10.2.1 航空機SARによる羽田空港の映像

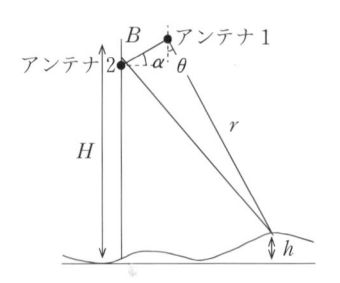

図10.2.2 クロストラックインターフェロメトリーの説明図

センサと大きく異なる点であり，常時，雲のかかっている地域や火山の噴煙，さらに日射の限定される極域の観測には，光学センサ以上に有望視されている．合成開口レーダによる映像の輝度は，地上の事物に対するマイクロ波の後方散乱特性を示している．一般には斜めからの入射の場合の散乱特性は，表面が滑らかなほど後方散乱が小さく，電波の波長と同程度の粗い面ほど後方への散乱が大きい．したがって，表面が非常に滑らかな場合（たとえば，空港の滑走路）には，非常に暗く，粗い表面の場合には明るく映る．図10.2.1は，後述するXバンド（9.55 GHz）の航空機SAR（Pi-SAR）による羽田空港の映像を示しているが，滑走路は黒く（信号強度が弱く）観測される．詳細にみると，駐機された航空機の形状もわかる．これは，1.5 mの分解能による映像である．ここで色がつけられているのは，後述するポラリメトリーの機能によって観測された偏波特性に色を割り当てたためである．こうした信号強度や偏波による特性は，地上の表面形状に大きく左右される．したがって，分解能より大きな形を把握することはもとより，それよりも微細な情報に対しても偏波を用いることにより観測が可能である．

また，地形の変化がある場合に，SARによる映像は地表面高度に応じた画像歪みが生じる．これは，レンジ方向に投影されている物体の位置が，実際はレーダからの距離によるためであり，高い高度のものが，レーダのある方に倒れ込むフォアショートニング，それによって場所の手前にあるものが隠されてしまうレイオーバー，またその後ろが隠されてしまうシャドウイングなどの効果が現れる．

2) インターフェロメトリーによる地表面高度計測

通常のSARは，平面状にマッピングされた2次元情報であるが，2個（以上）のアンテナから受信される信号を処理することにより，高さや時間的な変化を追うことのできる3次元データを得ることができる

SARシステムは，散乱波を強度と位相の両方を保存した形で受信する．したがって，わずかに離れた2つのアンテナで観測を行う場合に，同じターゲットからの散乱は，その伝播経路長の差により異なった位相差を受信することが可能である．この差は，以下に述べるように，多くの場合は地形の高度を知ることが可能であり，位相情報を含まない視差によるステレオ計測よりも，非常に高精度の情報を得る．こうした，2つのアンテナからの受信信号の位相差を取り出す処理は，2つの複素映像データの相関処理により実現でき，インターフェロメトリーと呼ぶ．

① クロストラックインターフェロメトリー：

図10.2.2に示すように，クロストラック方向に並べた2つのアンテナ（水平から α 傾いているとする）でターゲットを観測すると，両者に入力される信号には，式(1)で示される位相差が観測される．

$$\phi = (2\pi/\lambda) B \sin(\theta - \alpha) \tag{1}$$

ここで，λ は電波の波長である．また，B はアンテナ間の距離で，ベースライン（基線）と呼ばれる．今，2つのアンテナ間で受信したデータの位相を計測することができれば，入射角 θ を計測でき，航空機の高さ H，ターゲットまでのレンジ距離 r とするとき，

$$h = H - r(\cos\theta) \tag{2}$$

から，ターゲットの高さ h を非常に高い精度で推定することができる．これは，2つのアンテナからのデータの干渉をとることであり，次に述べるアロングトラック方向の干渉と区別してクロストラックインターフェロメトリー（cross-track interferometry）と呼ばれる．

式(1)および式(2)は，飛翔体にアンテナを2個配した SAR の場合で，シングルパスインターフェロメトリーと呼ばれる．この場合には，どちらか一方が送信アンテナとなり，2個のアンテナで同時に受信するから，位相差は片道分の距離差によるため，式(1)に示すような位相差になる．

一方，1つの受信アンテナを搭載した飛翔体が少しだけ離れた2回の飛行パスで同じ場所を観測するときも，位相差を計測することが可能な場合があり，この場合をリピートパスインターフェロメトリーと呼ぶ．衛星搭載 SAR においては，軌道高度が高いため，十分な標高精度を得るためには，後述するようにベースラインを大きくとる必要があり，一般には衛星本体に2つのアンテナを装着することは困難であるので，リピートパスインターフェロメトリーによる地形観測の手法が開発されている．しかし，一般的には地形が空間的に変化するほかに，2つの観測日間の時間的な変動を含むことになる．

航空機搭載 SAR の場合には，比較的高度が低いためアンテナを航空機に2つ装着することにより，十分な標高精度を確保したベースライン構成がとれる（シングルパスインターフェロメトリー）ため，時間的な変化を考えずに地形のデジタル標高モデル（DEM）を作成することができる．リピートパスの場合には，位相差は往復分の距離差となるので，シングルパスでの式(1)で 2π のところが 4π に置き換わる．

ベースラインの推定については，リピートパスの場合には，ベースラインは2つの軌道間の距離となるが，一般にはその軌道要素は十分な精度ではない．そのため，2つの映像の画像マッチングと干渉性をもとに，軌道を推定する手法が一般には用いられる．

② 差分インターフェロメトリー： 衛星でインターフェロメトリーを応用する場合には，通常は2回以上のパスによるデータを用いたリピートパスインターフェロメトリーとなる．この場合，2回の衛星の観測には時間差があるため，地表面に変動がある場合には，観測された干渉データは必ずしも地表面高度を直接反映したものにはならない．そこで，既知の地表面高度データや複数の干渉データの差分をとることにより，地表面高度と変動を分離しようという試みが差分インターフェロメトリー（differential interferometry）である．差分インターフェロメトリーには，いくつかの手法が提案されている．

まず一つは，高度情報（DEM）を先に与えることにより変動を取り出そうとするもので，2パス法とも呼ばれる．ターゲットがゆっくり運動するような場合には，位相差はターゲットのトポグラフィカルな変位とともに運動を含んだものとなる．この場合，3つ以上の独立でかつ相互に干渉性が保存されているデータを用いれば，高度差に伴う位相差と運動に伴う位相差を分離することができる．この方法を3パス法とも呼ぶが，この手法について簡単に解説する．

ターゲットが v の速度で一様に運動している場合，時間差 T で観測されたアンテナ i と j による受信波の位相差 ϕ_{ij} は，

$$\phi_{ij} = (4\pi/\lambda) B_{ij} \sin(\theta - \alpha_{ij}) + (4\pi/\lambda) v T_{ij}$$

となる．ここでは簡単のため $T_{12} = T_{23}$ とすると，

$$\Delta\phi_{13} = \phi_{12} - \phi_{23}$$
$$= (4\pi/\lambda B'_{13}) \sin(\theta - \alpha'_{13})$$

となり，運動による効果がキャンセルされる．これにより，運動による誤差を含まない，地形情報を得ることができる．さらに，

$$\Delta\phi_{13} - k\phi_{13} = 4\pi/\lambda v T_{13}$$

なる最適値 k を全映像の中で与えることにより，

速度 v を推定することが可能となる．

③ 干渉条件： インターフェロメトリーは，2つのアンテナからの受信信号を相関処理するため，その可干渉性（コヒーレンス）が必要である．一般にどんな条件でも，2つのアンテナからのデータがあれば相関が確保されるわけではない．2つの受信信号の相関係数を ρ とすると，

$$\rho = \rho_1 \cdot \rho_2 \cdot \rho_3$$

と表される．ここで，ρ_1 は SNR に依存する相関，ρ_2 は空間的な配置に依存する相関，ρ_3 は時間変動による相関である．

・SNR の条件： SNR と相関係数 ρ との関係は，次式で表される[5]．

$$\rho = 1/(1+\mathrm{SNR}^{-1})$$

・ベースラインの条件： ベースラインに関連する相関条件は，2つのわずかにずれた入射角での視点から起きるものであり，角度差またはベースラインが大きくなるにつれて，相関が悪くなる．相関は，ベースライン 0 から限界ベースライン B_c に変化するにつれて，線形に変化する．

$$B_c = \lambda r/(2R_y \cos\theta)$$

ここで R_y は，グランドレンジ分解能であり，θ はその入射角である．限界ベースラインは，視線方向に垂直な成分である．視線方向に平行な成分は非相関に寄与しない．最適なシステム性能に対して，ベースラインは高度に対し十分な位相感度をもたせるため，十分大きくとることが必要であるが，一方，限界ベースラインよりも十分に小さくなければならず，最適なデザインには両者のトレードオフが必要である．さらに，大きな地形変化がある場合には，平坦な地形に比べてその条件は一層厳しくなる．

・時間変動による非干渉： リピートパスインターフェロメトリーにおいて2つの観測時間の間に地表の散乱体が運動している場合には，それにより相関が悪くなる．

$$\rho = \exp\{-1/2(4\pi/\lambda)^2(\sigma_y^2 \sin^2\theta + \sigma_z^2 \cos^2\theta)\}$$

ここで，σ_y および σ_z は，それぞれレーダの移動方向に直行する方向および鉛直方向の2乗平均の移動量である．

④ アロングトラックインターフェロメトリー： 受信アンテナが飛翔体のパスに沿った方向に配置されている場合をアロングトラックインターフェロメトリーと呼ぶ．この場合の位相差は，同じターゲットからの散乱波を前のアンテナが受信してから後ろのアンテナが受信するまでの時間 B/v（v はレーダの速度）に，ターゲットが動くことに起因するもので，ターゲットのレンジ方向の速度 u に比例するから，位相差は次式で与えられる．

$$\phi = 4\pi u B/(\lambda v) \tag{3}$$

3) ポラリメトリーおよび多周波による分解能より細かい地表面状況を計測する手法

SAR は，地上の事物からの散乱特性の違いによって，その識別を行うことを目的としているが，分解能以上の大きさの形状があれば，上記の航空機のように識別が可能である．しかし，地表の状況は，こうした構造のはっきりしたものばかりではなく，たとえば森林地域のように，分解能よりも小さなスケールで複雑な構造をもつものもある．こうした，連続的な散乱体の場合や分解能以下の形状をとらえる試みが，偏波による散乱特性の違いを利用したポラリメトリー（polarimetry）と呼ばれる手法である．

一般に電波は，伝播方向に垂直な面内で振動するが，その振動面は任意である．一般的には，1波長の中で振動面が回転する楕円偏波であるが，これは，（電波が鉛直方向に伝播していない場合）水平な面内での振動成分（H：水平偏波）と，伝播方向と水平方向に直交する面内の振動成分（V：垂直偏波）の合成である．レーダの送信アンテナと受信アンテナは，水平偏波または垂直偏波を選んで設計することができるが，この2つの成分をほぼ同時に送信してほぼ同時に受信することができれば，合成開口レーダが位相も計測できることから，任意の楕円偏波（水平偏波などの直線偏波も楕円偏波の一部）を送信して，任意の楕円偏波のアンテナで受信したものと同じ効果を計算することができる．任意の楕円偏波を入射したときの出力される楕円偏波を記述するものを散乱マトリックスと呼ぶ．

一般に，交差偏波を生ずる原因としては，入射

方向に対して傾いた平面であることや，多重散乱によることがあげられるが，たとえば単純な例としては，一般に裸地よりも森林などの植生がある方が，交差偏波を生じやすい．また，人工的な構造物は，特殊な条件以外は，一般に同相偏波の散乱特性をもつ．これを用いると単純に，送受の偏波の組み合わせ（HH，HV，VH，VV）の4成分に色を割り当てるだけでも，植生か非植生かの区別がつく．こうした手法は，一般的なポラリメトリーと区別して多偏波（multi-polarization）と呼ぶこともできる．しかし，たとえば入射方位に対して45°の傾きをもった人工構造物は，非常に強い交差偏波特性をもつため，単純な方法では分類の成績を上げることができない．

そこで，レーダによって観測される散乱マトリックスを素性のわかった形状の散乱因子に分解することにより，こうした不確定性を除く手法が提案されている．しかし，これは，どういった散乱因子を選ぶか，あるいはそれらの直交性をどう評価するかが問題となる．こうした流れを汲んで，統計的により確度を上げた手法も提案されている．

こうしたポラリメトリーの手法は，ポラリメトリックな SAR データが最近になって航空機のデータによって提供され始めたため，今後，発展が期待される．

さらに，周波数による散乱の違いを利用することが，SAR による地表面のモニタに有効である．マイクロ波の波長は数 cm～数十 cm であるから，地上の事物によってはその透過性に周波数依存性がある．したがって，複数の周波数のデータを組み合わせることにより，地表の体積的な物理量の計測が期待される．たとえば，森林のバイオマスの計測には，こうした多周波の計測が有効である．

4） 航空機 SAR の実際

① NICT/JAXA 航空機搭載高分解能 3 次元映像レーダ（Pi-SAR）： 情報通信研究機構（NICT）と宇宙航空研究開発機構（JAXA）により開発された航空機搭載映像レーダ（Pi-SAR）は，1997 年より本格的な観測実験を開始した．こ のシステムの仕様をまとめたものを表 10.2.1 に示す．表に示されるように，X バンドは 1.5 m，L バンドは 3 m の分解能をもつ．また，X バンドはインターフェロメトリーとポラリメトリーを同時または選択的に，L バンドもポラリメトリーの機能を有している．この 2 つの周波数は，単独でも同時でも観測することができるが，ほとんどの場合に同時観測を実施している．このシステムはガルフストリーム II 型と呼ばれるジェット機に搭載され，地上 6000～12000 m の高度で観測を行う．12000 m の高度では対流圏内の大気の擾乱を受けにくいが，それでも姿勢や軌道の補正が必要で，そのために INS および GPS によるデータを同時取得している．X バンドは導波管スロットアレイ型のアンテナで，左側に水平および垂直偏波のアンテナが右に垂直偏波のアンテナが装着され，送信は左から，受信は左右双方から可能となっている．L バンドは水平および垂直偏波のパッチアンテナが装着されている．さらに X バンドのアンテナは，航空機の機首方位と進行方向のずれ（偏流角）補正とアンテナのエレベーションパターンの最適化のために 2 軸可変となっている[3,4]．こうした航空機 SAR は，これまで各国で開発されてきたが，これらの機能がすべて同時に搭載・観測さ

表 10.2.1　Pi-SAR の基本性能

レーダ周波数帯	X バンド	L バンド
周波数	9.55 GHz	1.27 GHz
偏波	full polarimetry	full polarimetry
入射角	10～75°	20～60°
サンプル幅	4.3 km for full function	19.6 km
	19.3 km for VV InSAR	
分解能	1.5 m	3 m
ベースライン	2.3 m	
高度精度	2 m	
プラットホーム	ガルフストリーム II 型	
高度	6000～12000 m	

れるわけではなく，観測時にオプションを取り替えて観測するものも含まれている．こうした自由度がまた航空機搭載であることの強みでもあり，それらの組み合わせや運用の方法などに，それぞれ個性がある．

Pi-SAR の場合には，最先端的な機能の搭載を目指しただけでなく，実験にとどまらず実用上も有効な設計を目指した．結果として，2000 年に発生した相次ぐ火山災害時には，その有効性を示した．また，同じ 2000 年にはアメリカ合衆国 JPL の AIRSAR との国内共同観測を実施し，L バンドの相互校正のほか，2 つのレーダを組み合わせた X，C，L，P の 4 バンドの多周波ポラリメトリーデータが揃い，その応用的研究が進められている．

② スペースシャトルによる SAR 実験： アメリカ合衆国がスペースシャトルに初めて SAR を搭載した実験を実施したのは 1981 年で，Shuttle Imaging Radar (SIR) 実験としてシリーズ化し，1994 年には SIR-C として L，C，X（X はドイツとイタリア）の 3 バンドのポラリメトリーを，2000 年には SRTM として C および X バンドによるシャトルから 60 m のブームを用いたシングルパスインターフェロメトリーの実験を実施してきた．これらの実験によるデータが，これまで応用面の解析技術を先導してきた成果は大きい．

5） 衛星搭載 SAR の実際

表 10.2.2 は，これまで打ち上げられてきた SAR 搭載の衛星と，今後打ち上げが予定されている衛星の主要諸元をまとめたものである．1978 年に打ち上げられた SEASAT 衛星は，わずか 3 か月の運用期間であったが，1990 年代に入り，SAR の具体的な応用性を目指した衛星が次々と打ち上げられた．ESA による ERS-1（C バンド，VV 偏波），日本による JERS-1（L バンド，HH 偏波），そしてカナダによる RADARSAT（C バンド，HH 偏波）である．これらの衛星はいずれも単周波，単偏波で分解能が約 20～30 m であったが，同時期に 3 つの衛星が揃ったことにより，同一地点を多周波で多偏波で観測する機会を与えることになり，偏波の有用性を示すことになった．また，これらの衛星の運用が比較的長期にわたったことから，リピートパスの干渉 SAR の試みが多くなされ，基本的な技術開発が完成された．こうした実績をもとに，2000 年代に入って打ち上げが計画された衛星では，偏波や干渉 SAR への具体的な試みが搭載されてきている．

表 10.2.2 衛星搭載 SAR の主要諸元

衛星名	SEASAT	ERS-1/ERS-2	JERS-1	RADARSAT	ENVISAT-1 (ASAR)	RADARSAT-2	ALOS (PALSAR)	TerraSAR
打ち上げ年	1978	1991.4/ 1995.4	1992.2	1995.11	2002	2006	2004	2006
運用機関	NASA	ESA	NASDA	CSA	ESA	CSA	JAXA	Germany
軌道高度 (km)	794	785	568	793～821	800	798	700	520
軌道傾斜角	108	98.5	97.7	98.6	98.55	98.6	98	98
周波数	L (1.27 GHz)	C (5.3 GHz)	L (1.275 GHz)	C (5.3 GHz)	C (5.3 GHz)	C (5.3 GHz)	L (1.27 GHz)	X (9.6 GHz)
偏波	HH	VV	HH	HH	(VV/HH) (VV,HH/ HH,HV/VV,VH)	(VV/HH) (HH,HV, VV,VH)	(VV/HH) (VV,HH,HV/ VV,HH,VH)	(VV,HH,HV/ VV/HH/VH)
入斜角	23	23	38.7	10～60	14～45	20～60	18～60	20～60
観測幅 (km)	100	100	75	50～500	50～405	10～500	50～350	5～100
空中分解能 (m)	25	30	18	9～147	30	3～100	10/20/100	1～16
備考				scan-SAR additionally left-looking mode	scan-SAR	scan-SAR	scan-SAR	spotlight

2002年に打ち上げられたヨーロッパのENVISAT-1は，多偏波の観測モードをもち，2005年に打ち上げられる日本のALOS (Advanced Land Observation Satellite) 衛星には，ポラリメトリーやインターフェロメトリーといった先進的な機能が考慮されている．また，ALOSと同時にヨーロッパによる子衛星の同時運用が計画されており，実現すれば準シングルパスのインターフェロメトリーがグローバルに可能になる．このように，これまで述べてきた技術は，実用に向かいつつあるといえる． 〔浦塚清峰〕

b. 応 用 例

1) 強度画像の応用

① 単画像利用による地質情報解析（インドネシア共和国スラウェシ島南西部）： SAR画像は，全天候・森林透過特性に優れており，光学データでは雲により観測機会の少ない熱帯雨林地域の地質や地質構造の情報抽出に有効である．一般に，SAR画像の判読には各画素の濃度（後方散乱係数）を用いるが，後方散乱係数は，誘電率，ラフネスなど地表面パラメータのほかに，周波数，偏波，入射角などの観測パラメータに規制される．このようにSAR画像そのものはスペクトルのもつ岩質情報などを含まないため，岩石がそれぞれの特性に応じてつくり出す地表面の形態を知り，後方散乱係数のパターンやテクスチャから地質情報の抽出を行う．

ここに示す例は，多くの油・ガス徴が存在するスラウェシ島南西部において，JERS-1 SAR画像を利用して地質単元区分や地質構造解析を行った事例である．当該地域では，中新世後期～鮮新世のシルト岩，砂岩，石灰岩からなるワラナエ層下部のタシピ石灰岩がガス田の貯留岩となっており，これらの岩石の分布を把握することは重要な要件となる．図10.2.3(a)は東センカン堆積盆南部のJERS-1 SAR画像であり，同図(b)はこれをテクスチャ，抵抗度，ベディング（堆積面）の発達度を基準にした判読図である．

石灰岩は構成する炭酸塩が水に溶ける浸食作用（溶食）を受け，さまざまなカルスト地形を呈する．本地域の石灰岩はそれぞれの堆積単元ごとに，岩質に対応したドリネ群が形成され特徴的なテクス

(a) JERS-1 SAR画像

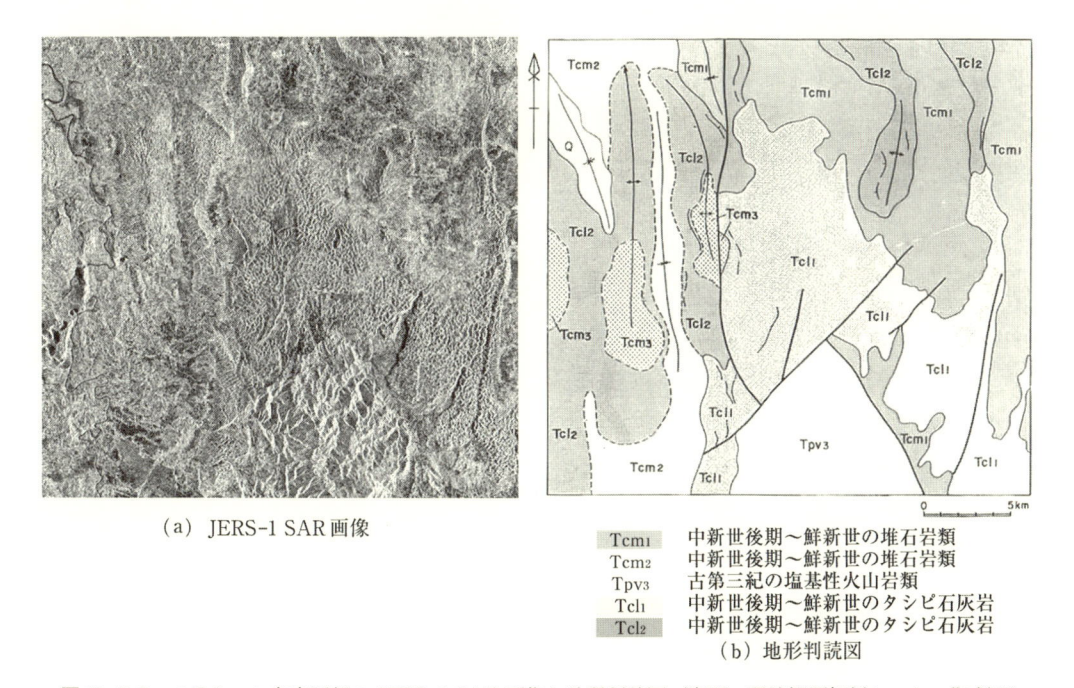

Tcm1　中新世後期～鮮新世の堆石岩類
Tcm2　中新世後期～鮮新世の堆石岩類
Tpv3　古第三紀の塩基性火山岩類
Tcl1　中新世後期～鮮新世のタシピ石灰岩
Tcl2　中新世後期～鮮新世のタシピ石灰岩
(b) 地形判読図

図10.2.3　スラウェシ島南西部のJERS-1 SAR画像と地質判読図（資源・環境観測解析センター作成）[12]
（カラー口絵6参照）
詳細は本文参照．

チャを呈する．このテクスチャを石灰岩区分の指標として，東センカンのガス田の貯留岩であるタシピ石灰岩（Tcl）を抽出したのが同図(b)である．判読に用いた SAR 画像をみると，石灰岩のテクスチャと砂岩（Tpv_3）の示すテクスチャと大きく異なり，画像から岩質判読できることがわかろう．また，タシピ石灰岩（Tcl）はテクスチャの差から2サブ単元に区分される．タシピ石灰岩は，石灰岩片を含む泥岩/石灰岩の互層と石灰岩層から構成され，後者は優れた孔隙率と浸透率を有し，ガスの貯留岩となっている．SAR 画像判読結果では前者は Tcl_1 に，後者は Tcl_2 に対比され，貯留岩分布に関する有効な情報を得ている．このように，光学データと比較して SAR 画像は，雲や森林透過性に優れ，地形を指標とした地質解析への応用が可能である．

② 経時変化把握への応用（メコン川下流域の洪水モニタリング）： レーダリモートセンシングは，全天候観測ができる利点から，年間を通じて雲の多い熱帯雨林地域の環境・防災モニタリングや気象災害状況把握への利用効果は大きい．ここに示すメコン川下流域は，毎年雨季の半ばから後半の8～11月にかけて洪水が発生し，長期間湛水する．このような広域かつ長期にわたる洪水状況に対し，SAR 情報の一つである後方散乱係数が地表ラフネスに依存する特徴が利用できる．すなわち，地表面は洪水時に水面に変わるため，それまでの地表ラフネスを失い，急激に後方散乱係数を下げる．この特徴を利用することにより洪水に覆われた地域のモニタを行う．

洪水地域は，時期的に相前後する2画像間の輝度値を差分して抽出される．この方法は図 10.2.4 に示すように，以下のプロセスで実行される．

(1) 画像間の精密位置合わせをする（レジストレーション）．
(2) 対応するピクセル間の輝度値を差分演算する．
(3) 閾値を設定して無変化地域を抽出する．
(4) 演算値をカラー表示（新規浸水地域と離水地域の識別）する．

(3)において，洪水継続地域，河川・湖沼および都市部は輝度値の変化が小さいので，閾値を設定し，無変化地域として除外する．

以上の処理を，観測期間中繰り返し観測したすべてのデータに適用することにより，洪水地域の

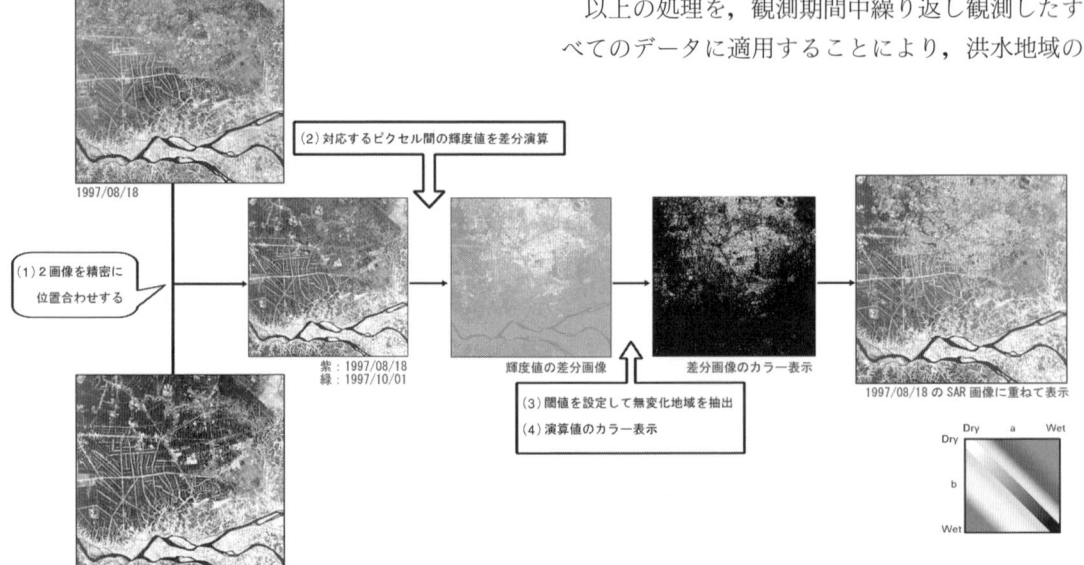

図 10.2.4　洪水モニタリングのデータ処理フロー図（資源・環境観測解析センター作成）（カラー口絵 7 参照）
洪水前（1997年8月18日）と洪水後（1997年10月1日）を例にあげて，データ処理プロセスを説明している．この場合，輝度値の差分画像において淡くなるほど，後方散乱係数の損失が大きいことを意味し，カラー表示画像では赤に近い色で表現される．

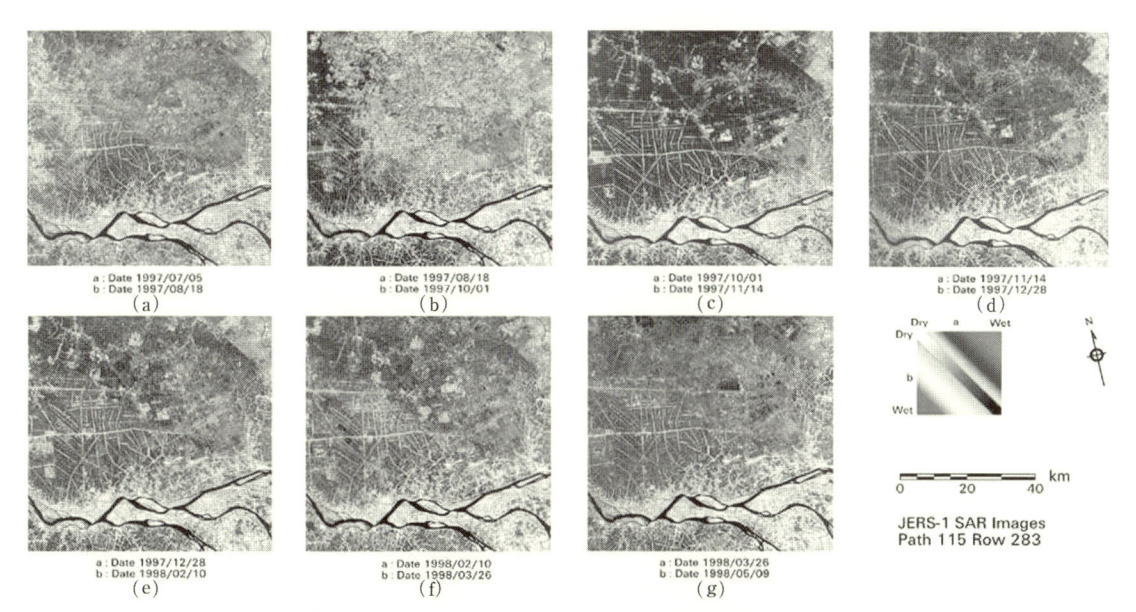

図10.2.5 JERS-1 SAR画像による洪水モニタリング（資源・環境観測解析センター作成）（カラー口絵8参照）
(b)に使用した2画像（1997年8月18日，1997年10月1日）が洪水発生を前後しており，洪水被害地域となったメコン川北部が演算値の大きさに応じて黄緑〜黄〜赤で表現されている．(c)では，2時期を通じて湛水状態が継続しているため，画像全体が黒く表示される．その後，雨季から乾季に変わる(d)では，洪水地域が消えて地表面が現れた様子が青〜紫で示されている．

推移状況をモニタリングした結果が図10.2.5である．ここでは，JERS-1 SARが回帰する44日ごとに観測したデータを用い，1997年7月〜1998年3月の間に湛水した地域を黄〜赤で，湛水状態から地表面が現れた地域を青〜紫で，それぞれ差分値の大きさを表現した．洪水の及ばない地域は白く，2時期を通じて湛水している地域は黒く表現される．なお，メコン川は画像下部を西から東へ流れている．当該地域は熱帯モンスーン気候に属し，5〜10月は雨季となり，毎年8〜11月は洪水地域が大きく広がる．図10.2.5は8〜9月に上流から徐々に洪水範囲が下流に広がり，10〜11月の湛水期間を経て，11〜12月に洪水地域が消滅する様子をとらえている．

2）インターフェロメトリーの応用

インターフェロメトリー（InSAR）は，SARデータに含まれる位相情報を利用して地形標高や地表の微小変位を抽出する技術である．InSARでは，2枚のSAR位相画像を干渉させて位相差を計算する．ここで得た位相差は地形標高を反映した位相（地形位相）であり，数値標高モデル（DEM）の作成などに利用される．さらには，InSARで得られた複数の地形位相の差分や，既存DEMからシミュレートされた地形位相との差分をとることにより，地表変位成分を面的に抽出することができ，差分インターフェロメトリー（DInSAR）と呼ばれている．近年InSAR技術は注目を浴びており，活発な利用技術の研究開発が行われている．

① 数値標高モデル（DEM）の作成： 図10.2.6に示す図は，鹿児島県北部地域霧島山付近のDEMで，JERS-1 SARデータを利用して作成された．使用したデータの諸元は表10.2.3のとおりである．InSARでは2つのSAR位相画像を利用する．2枚のSAR画像の位相差を算出するために，一方のSAR画像を基準として，これに他方のSAR画像を精密に重ね合わせて再配列させる．その後，2枚のSAR画像の位相差をピクセル単位で計算する．この位相差には2πの整数倍の不確定数があるので，位相アンラッピング処理を施す．そして，次式に基づいて位相差を地形標高に変換することにより，DEMを作成することができる．詳細はa項を参照されたい．

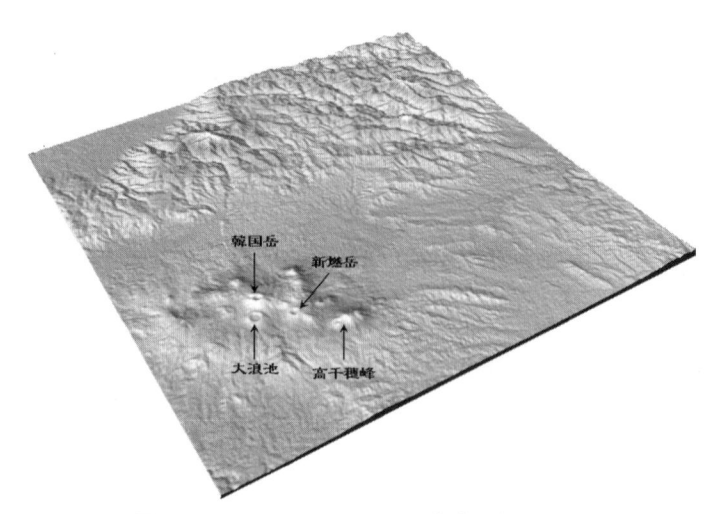

図 10.2.6 InSAR による DEM 作成（出口原図）

表 10.2.3 DEM 作成に使用したデータ諸元

使用データ	master	1993/3/10
所得日	salve	1993/4/23
path/row		78/247
B_p（軌道間処理）		319(m)

$$h = (\lambda \rho \sin\theta / 4\pi B_p) \times \phi$$

ここで，h は標高，λ は波長，ρ はスラントレンジ長，θ は入射角，B_p は軌道間距離の垂直成分，ϕ はアンラップされた位相差値である．JERS-1 SAR の場合は $\lambda = 0.2353$ m, $\rho = 724300$ m, $\theta = 39.4°$ であるため，これらを代入すると，

$$h = (8608/B_p) \times \phi$$

を得る．本計測で重要な要素は軌道間距離の垂直成分 B_p である．この場合の InSAR は，わずかに異なる位置から同一地点の位相差を求めることであり，2画像間の相関が失われない程度に軌道間距離が離れている必要がある．上式によれば B_p が大きいほど h の値は小さくなるため，干渉位相の地形分解能は高くなる．しかしながら，DEM の分解能を向上させようとして B_p の大きな画像ペアを選択しても，2画像間の相関が低下し，画像マッチング精度低下や位相アンラップエラーを引き起こすため，必ずしも DEM の精度が向上するとは限らない．これまでの実験的な計測の結果，JERS-1 SAR を用いた例では 100 m〜1 km 程度の軌道間距離で比較的良好な結果が得られている．ただし，地形起伏や植生状況，さらには使用するデータの取得時期（積雪はコヒーレンス低下の要因）など，計測誤差を発する要因が多く存在するので，対象地域におけるこれらの要素を考慮して，SAR 画像の組み合わせを選択すべきである．

図 10.2.6 の事例では B_p が 319 m であるため，2π ラジアンに相当する地形高度は 170 m 程度となる．SAR 画像の位相情報が精度 5% で取得されているとすれば，作成された DEM の精度は，おおむね 8.5 m 程度ということになる．

② 差分インターフェロメトリー： 差分インターフェロメトリー（DInSAR）の処理手順は，異なる観測時期の間に地震や火山活動あるいは地盤沈下などで地表面が変動している場合，SAR データのもつ位相には地形による位相差以外に，地形変位による位相差が含まれる．そこで，既存の DEM を利用して位相差から地形位相分を取り除けば，地形変位分の位相差を抽出することができる．既存 DEM を利用する方法は「2パス法」と呼ばれ，①で解説した方法，すなわち変動前の2方向からの SAR データで作成した DEM を利用する方法は「3パス法」，あるいは「4パス法」と呼ばれる．本計測に利用した SAR 画像の数によって呼び方を区別することがある．

DInSAR で計測される位相差は，1サイクル

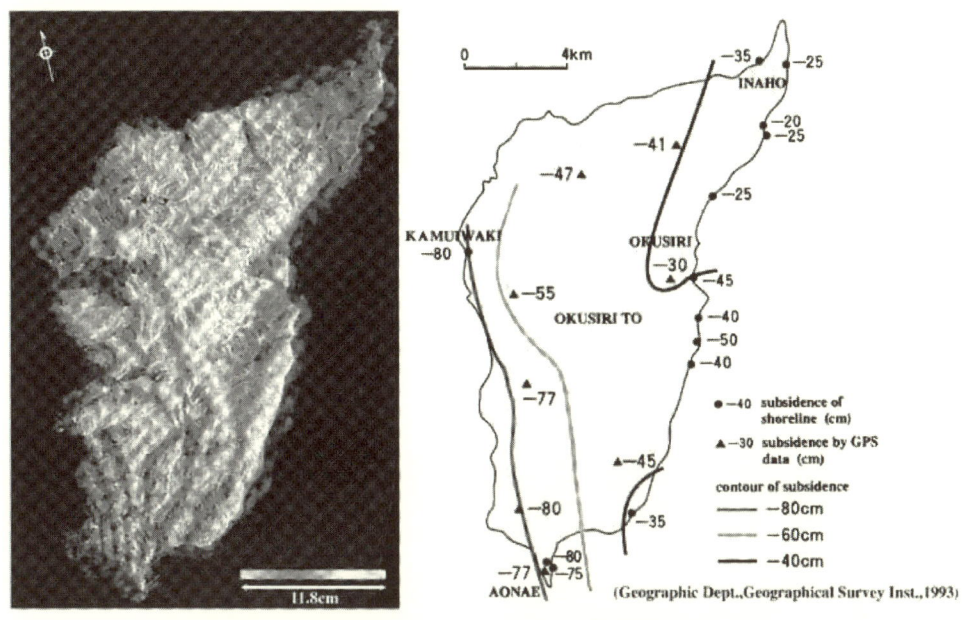

(a) 地震前後の JERS-1 SAR データを用いた
3 パス差分インターフェロメトリー結果

(b) GPS 観測結果から作成された地殻変動量分布
（国土地理院）

図 10.2.7　北海道南西沖地震による地殻変動検出事例（資源・環境観測解析センター作成）[11]（カラー口絵 9 参照）
詳細は本文参照．

表 10.2.4　北海道南西沖地震による地殻変動検出に使用したデータ諸元

使用データ (DEM)	master	1993/ 8 /21	1993/ 7 / 8
	salve	1993/10/ 4	1993/10/ 4
path/row		67/230	67/230
B_p（軌道間処理）		512(m)	296(m)

(2π ラジアン）が半波長分の地形変位に相当する．つまり，地形変位計測の精度に影響を与えるパラメータは波長のみであり，①で解説した DEM 作成の場合とは異なり，2 つの SAR 画像の相関を低下させないように軌道間距離は短いほどよい．波長が 23.53 cm の JERS-1 SAR の場合は，2π ラジアンに相当する地形変位は約 11.8 cm ということになる．ただし，ここでいう地形変位は衛星-地表間（衛星の視線方向）の 1 次元的な変化量を意味する．この方法では，位相差の増加は衛星から遠ざかる方向の地表変化（たとえば沈下），位相差の減少は衛星に近づく方向の地表変化（たとえば隆起）を示す．これはスラントレンジ方向の変位を示すもので，垂直変位を求めるためには換算する必要がある．

③ 地震に伴う地殻変動の計測（北海道南西沖地震）：　人工衛星によるリモートセンシングは，広範囲を同時に観測できることから，大規模・広域自然災害の発生状況や被害の全体像を面的に把握するには有効な手法となる．ここでは，1993 年に発生した北海道南西沖地震に 3 パス差分インターフェロメトリーを適用した事例を示す．

1993 年 7 月 12 日に北海道南部地域で発生した M 7.8 の北海道南西沖地震は，北海道や東北地方の各地で震度 4〜5 を記録し，奥尻島を中心に多大な被害をもたらした．地震計が設置されていない奥尻島は震度 6 の烈震であったと推定されている．図 10.2.7(a) の画像は，地震前後の JERS-1 SAR データを用いて実施した 3 パス差分インターフェロメトリーの結果である．ここでは表 10.2.4 に示すように，1993 年 7 月 8 日，8 月 21 日，10 月 4 日の 3 時期のデータを使用している．この図は連続する位相差 11.8 cm の 1 サイクルに青〜赤〜黄の色を与えて作成されている．その

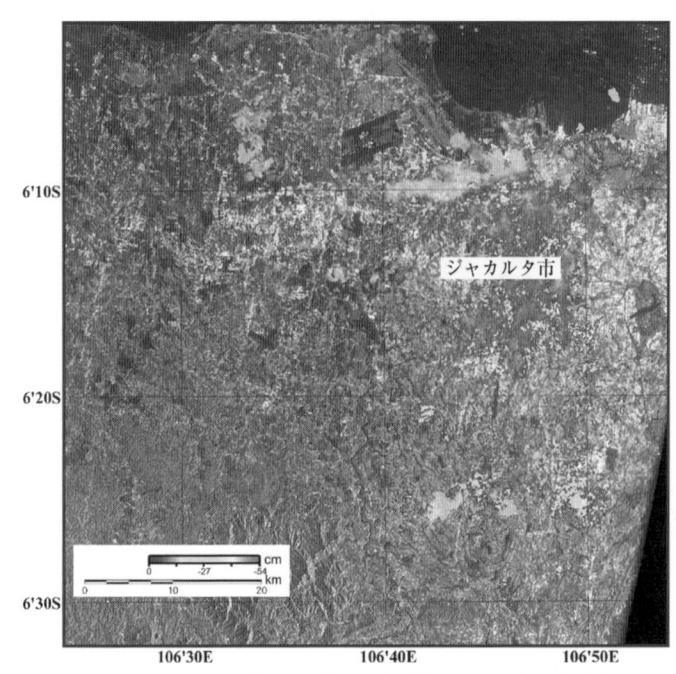

図 10.2.8　ジャカルタにおける地盤沈下検出事例（資源・環境観測解析センター作成）
（カラー口絵 10 参照）
JERS-1 SAR データを用いた 3 パス差分インターフェロメトリー結果．

結果，奥尻島東部から南西部にかけて 5～6 サイクル分の赤～黄～青の縞がみられ，奥尻島南西部の方が東部よりも，60～70 cm 程度衛星から遠ざかる方向，すなわち沈下する地殻変動が発生したことを表している．

図 10.2.7(b)に示す画像は，国土地理院により取得された GPS 観測結果から作成された地殻変動量の分布である．GPS 観測では，奥尻島東側で 25 cm 程度の沈下が，南西部で最大 80 cm 程度の沈下が観測されており，東部から南西部にかけて沈下量が増大する地殻変動がとらえられている．その相対的な沈下量に着目すると，差分インターフェロメトリーの結果は GPS 観測の実測値とおおむね一致した傾向をとらえているといえよう．

④ 地盤の面的沈下量の計測：　近年，メキシコシティー，バンコク，上海，ジャカルタのような大都市では，急速な工業化と人口増加に伴う過剰揚水が原因とされる地盤沈下が問題視されている．都市部の地盤沈下は地上建造物に影響を及ぼすため，その発生域分布や沈下量の詳細な把握は重要である．地盤沈下発生状況の把握や監視には水準測量や GPS 測量が通常実施される．これらは，測点での上下変動を高精度に計測することができるが，平面的変動分布の把握にはより多くの測量点が要求され，多くの時間，費用，労力を要する．そのため，差分インターフェロメトリーは広域の面的計測手法として期待できる．

⑤ インドネシア共和国ジャカルタの地盤沈下：　1970 年代，ジャカルタでは急速な人口増加と産業化が始まり，1980 年以降，過剰な地下水汲水が原因とされる地盤沈下が多くの箇所で発生している．図 10.2.8 は，JERS-1 SAR データ（1993 年 10 月 3 日，1995 年 9 月 7 日，1995 年 10 月 21 日）を用いて 3 パス差分インターフェロメトリーを適用した事例である．

同国では，国土地理院が発行しているような高精度 DEM は十分に整備されておらず，また被雲率が高く光学センサによる DEM 作成もあまり期待できない．そこで，1995 年 9 月 7 日と同年 10 月 21 日のペアで DEM を作成し，1993 年 10 月 3 日と 1995 年 9 月 7 日のペアで地盤沈下量を計測する 3 パス法を実施した．ここで，使用したデータ

の諸元は表10.2.5のとおりである．地盤沈下は地震や火山活動による地殻変動とは異なり，鉛直下向きへの変動なので，次式によって位相差を沈下量へ変換している．Δd は沈下量，ϕ はアンラップされた位相差，λ は波長，θ は入射角である．

$$\Delta d = \phi\lambda/4\pi\cos\theta$$

図10.2.8から，差分インターフェロメトリーによりジャカルタ市北西部を中心に2年間で約20 cm程度，年平均で10 cm程度の沈下量が計測されたことがわかる．図10.2.9に示すグラフは，ジャカルタの年間地下水汲水量の記録[25]であり，1980年代以降，ジャカルタで汲み上げられる地下水の量が急激に増加したことを示している．地下水汲水量が帯水層への涵養量を過剰に上回れば，必然的に地盤は沈降する．ここで適用したデータは地下水汲水量が最も多い1993〜1995年のデー

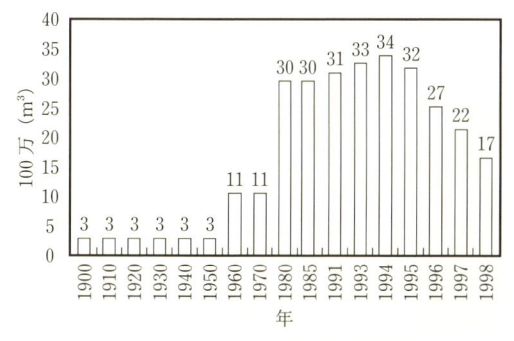

図10.2.9 ジャカルタの年間地下水汲水量[23]

表10.2.5 ジャカルタの地盤沈下検出に使用したデータ諸元

使用データ（DEM）	master	1995/9/7	1995/9/7
	salve	1995/10/21	1993/10/3
path/row		108/311	108/311
B_p（軌道間処理）		707(m)	351(m)

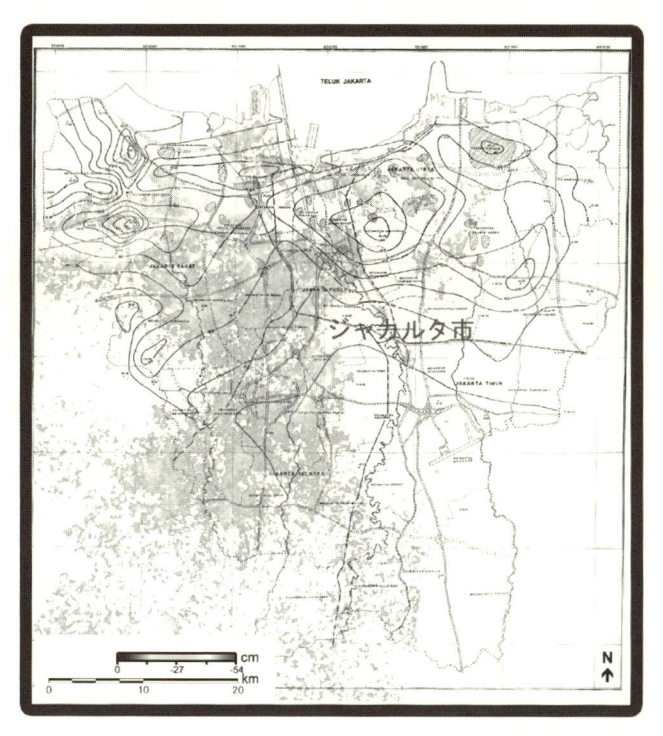

図10.2.10 差分インターフェロメトリー結果とGPS測量結果の比較
（カラー口絵11参照）

差分インターフェロメトリー結果をカラーで，GPS測量結果を等沈下線で表示している．図の左上がジャカルタ市北西部に位置し，差分インターフェロメトリーでとらえられた地盤沈下の中心に当たる．GPS測量による結果も，同じ位置に最大沈下量を計測しており，両手法の整合性が示されている．

(b) 水準測量による等沈下量線図

図 10.2.11　千葉県房総半島における地盤沈下検出事例（(a)は出口，(b)は資源・環境観測解析センター[13]作成）（カラー口絵12参照）詳細は本文参照．

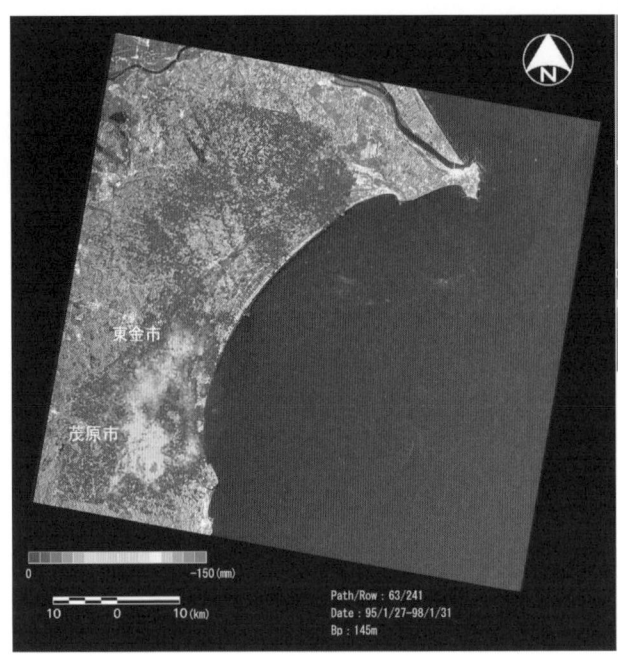

(a) JERS-1 SAR データを用いた地盤沈下量を示す2パス差分インターフェロメトリー結果

タであり，過剰な地下水汲水が原因で，この期間に生じた沈下量をとらえた結果と考えてよい．ジャカルタでは，地盤沈下の発生状況を監視するため水準測量やGPS測量が実施されており，図10.2.10は図10.2.8に示した差分インターフェロメトリー結果とGPS測量結果を比較した図である．MordohardonoとSudarsono[22]によると，GPS測量では1991〜1997年にかけて6〜10 cm/年の沈下量が報告されており，差分インターフェロメトリーの計測結果の信頼性が確認される．また，図10.2.10をみれば，両手法で検出された地盤沈下発生範囲もよく一致していることがわかる．

⑥ 千葉県房総半島の地盤沈下： わが国の水溶性天然ガス生産量の約90%は，千葉県を中心とした南関東ガス田から生産されたもので，生産された天然ガスは都市ガスとして供給されている．天然ガスは新第三紀鮮新世〜第四紀更新世の砂岩泥岩互層中にある「涵水」に溶けた状態で存在しているが，この涵水には殺菌剤，工業用触媒，造影剤などに利用されるヨードも含有されている．そのため，天然ガスおよびヨードの採取方法は涵水を汲み上げる方式となり，昭和40年代後半には天然ガス開発に伴うとされる地盤沈下問題が生じた．

図 10.2.11(a)に示す画像は，JERS-1 SAR データを用いた1995年1月27日〜1998年1月31日までの約3年間の地盤沈下量を示す2パス差分インターフェロメトリーの計測結果である．地形位相の除去には，国土地理院発行数値地図50mメッシュを使用した．ここで使用したデータの諸元は表10.2.6に示される．この結果，茂原市の中心部で150 mmに達する局所的沈下が検出されており，茂原〜東金市周辺には50〜70 mm程度の沈下量が計測されている．

千葉県は，毎年県全域の水準測量を実施している．図10.2.11(b)は，この水準測量成果から作成

表 10.2.6　房総半島の地盤沈下検出に使用したデータ諸元

使用データ	master	1995/ 1 /27
所得日	salve	1998/ 1 /31
path/row		63/241
B_p（軌道間処理）		145(m)

した1993年1月～1997年1月の等沈下量線図である．この図では，茂原～東金市付近の地盤沈下が顕著であり，その沈下量は4年間で40～60 mmに及ぶ．また，最大沈下量が計測されたのは茂原市の中心部で，4年間で80 mmに達する．差分インターフェロメトリーによる計測結果では，茂原市の最大沈下量は50 mm/年であり，水準測量では20 mm/年である．また，その周辺域では差分インターフェロメトリーで20 mm/年前後，水準測量で10～15 mm/年という計測結果が得られた．差分インターフェロメトリーでは水準測量と比較してやや大きい沈下量が得られているが，全般の沈下傾向としては整合性のよい結果が得られている．

水準測量では各測定点で精度の高い計測値を得ることができるが，費用や労力などの制約から十分な空間分解能を得るのは困難である．また，水準測量では道路沿いに設置された水準点を計測するが，実際に沈降するのは水田など道路から離れた地域であることが多く，測定点の選定は重要である．一方，インターフェロメトリーによる計測では，高い空間分解能で面的な変動を計測できるが，地表面の変化や大気水蒸気の影響などが計測誤差の要因となる．今後は，これら両者の長所・短所を精査することにより，互いの相互補完的な利用方法の開発が期待される．

3) 今後の課題

本項では，強度画像利用としてスラウェシ島の地質判読およびメコン川洪水モニタリングをインターフェロメトリーの応用としてDEM作成，北海道奥尻島地震による地殻変動計測，ジャカルタおよび千葉県房総半島の地盤沈下計測を事例に取り上げた．強度画像利用においては，全天候・森林透過特性に優れたSARの情報抽出能力とモニタリングへの利用効果を理解されたであろう．また，インターフェロメトリー利用においては，大気水蒸気の影響などの計測誤差を与える問題が残されているため，まだまだ計測精度の検討は必要であるものの，広域の面的地形および地形変動計測技術には魅力があり，離散的計測である水準測量やGPS測量と組み合わせることにより，計測精度の向上が期待される．

SARデータは継続的・定期的計測に便利であり，またデータ価格も低廉で経済的であることから，SARが実用的で有効な測量技術に位置づけられるとともに，活発な利用促進が期待される手法である．
〔丸山裕一・出口知敬〕

10.2.2 コンクリート内部探査
a. コンクリート内部探査レーダ

レーダによってコンクリートの内部を探査する．電磁波をコンクリートの中を通すことにより内部の異質物体による誘電率などの違いによる境界面からの反射波によって内部構造を調べる方法である．

コンクリート構造物の診断は外観（ひび割れなど）調査から内部（鉄筋，空洞）探査，そして強度推定，切片破壊試験による強度テストなどによって行われ，その中から寿命予測，維持管理方針などを決める．

この内部探査の手法の一つに電磁波レーダがある．ほかに赤外線サーモグラフィー法，超音波法，衝撃弾性波法，電磁誘導法などがある．

レーダのアンテナから電磁波をコンクリート表面に向け送ると，コンクリート内の電気的性質（主に誘電率 ε）の異なる鉄筋や空洞などがあると，その境界面で反射が起こり，この反射波を受信アンテナで受けその距離を探知する．通常のレーダの原理と同じである．ただし，通過する媒体が空気の場合と異なりコンクリートであるため，電磁波の速度が変わる．コンクリート中の電磁波の速度を V_c(m/s)とすると，

$$V_c = C_0/(\varepsilon \times \mu)^{1/2} \qquad (1)$$

ここで，C_0：光の速度，ε：比誘電率（真空を1.0とした場合の物体の誘電率），μ：比透磁率（真空の透磁率を基準にした値で，ほぼ1.0）であることは説明した．したがって，反射物体までの距離 L(m)は，

$$L = V_c \times t/2 \qquad (2)$$

となる．この誘電率 ε の決定が測定精度に大きく影響する．

誘電率 ε の求め方は，同じようなコンクリート

図10.2.12　鉄筋位置の探査

図10.2.13　コンクリート探査機原理図

(a)コンクリート内部の鉄筋探査データ　　　　(b)模式図

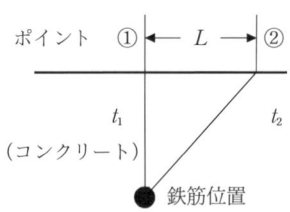

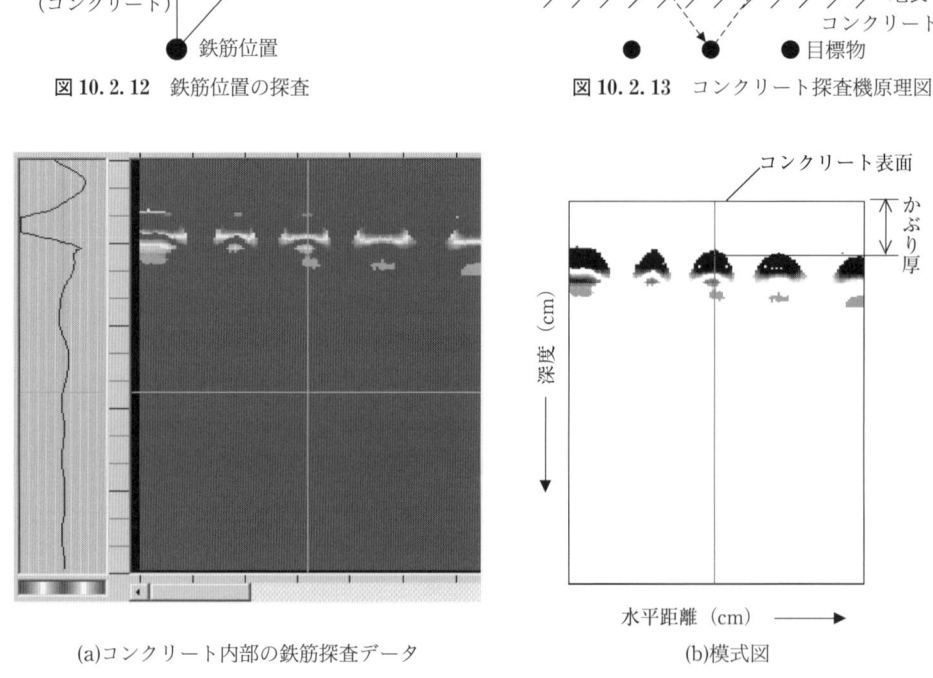

図10.2.14　(a)コンクリート内部の鉄筋探査データと(b)模式図（(株)バーナム提供）

で壁などの厚みのわかっている箇所を測定して決めるか，同じようにコンクリート内にある鉄筋に対してレーダの位置を一定距離（L）だけずらして得られた t_1, t_2 を使って計算により出す方法がある（図10.2.12）[29]．

また，10.3.2項で，埋設物位置と伝播速度を同時に固定する方法の提案(論文：田中正行ほか「マイクロ波伝播速度を仮定しない点的埋設物位置座標の道程」)を紹介する．

$$\varepsilon = V_c^2 \times (t_2-t_1)/4L^2 \quad (3)$$

コンクリート内部探査レーダの原理図を図10.2.13に示す．

測定時には表示器（ブラウン管）上に表示されるレーダ信号は境界ごとにきれいな波形が得られず，経験的な積み重ねによってデータ判定をしなければならない．それは電波の多重反射により画像が不鮮明になるためである．このため，使用周波数にもよるが，ほぼ10 cm以上の間隔が必要になる（図10.2.14）．距離方向分解能または垂直分解能という．

b. 超音波診断法を用いたひび割れ診断とその他の手法例

コンクリート構造物の診断においては，レーダ（電磁波）による方法のほかにも種々の手法があり，この超音波による診断法も広く使われ標準化されている．ここでは概念がレーダ方式と大変似ている超音波によるコンクリート診断について説明する．なお，コンクリート診断法については表10.2.7にまとめたので，要求される診断項目に従ってどの方法を選択するかの参考にしていただきたい．

超音波診断法の説明に入る前に，その原理に簡単に触れておく．

超音波（ultra sonic）とは，20 kHz以上の周波

表10.2.7 コンクリート構造物の非破壊診断技術の概要[28]

点検方法	原理および試験装置	点検対象	備考
超音波法	超音波パルス（縦波，横波）検査装置	主に構造物内部検査，ひび割れ深さ検査	速度の特定が必要（厚みのわかっている同材質の計測により距離確定など）．斜めひび割れの測定は困難
衝撃弾性波法	衝撃波（縦波）の伝播速度および波形解析	厚さ，内部欠陥，構造物の根入れ深さ	振幅が大きく，波長も長いため大きな部材に適する．埋設物などの位置計測は難しい
赤外線法	表面近傍の比熱，熱伝導率の局部変化による温度分布の赤外線映像を使用	表面剥離，材質の違い，漏水の状態検査	カメラで一度に広い範囲の計測可能．デジタルカメラ（高分解能）などが使われる
電磁波法（レーダ法）	電磁波を使って電気的特性（誘電率 ε）の異なる物質の境界面で反射する性質	内部欠陥，空洞，内部構造調査など	誘電率の決定が難しい．既知厚さ部での校正が必要である
電磁誘導法	交流電磁場中の導伝体（鋼材）による電磁現象	配筋状態，鉄筋径など	振幅方式とベクトル方式がある
放射線法	透過放射線画像 X 線装置	鉄板などの品質管理に利用される方法．コンクリート厚さの測定など	安全管理が大切．各種規制および資格に関する法令に従う必要あり

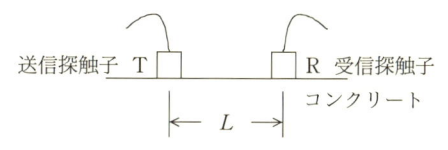

図10.2.15 ひび割れ深さの測定原理

表10.2.8 ひび割れの深さの測定方法[27]

超音波伝播速度法	T_c-T_0法 T 法 BS 法 修正 BS 法 直角回折波法
衝撃弾性波法	—

数帯の音波のことをいう．通常 20 kHz 以上は音として人間には聞こえない．ここで，その波長 λ，音速 V_{ac}，周波数 f の間には次の関係がある．

$$\lambda = V_{ac}/f \quad (4)$$

音速は電磁波と違い伝播速度が遅く，空気中では 343 m/s（20℃）である．たとえばコンクリート中の音速は約 4 km/s，鉄では約 5 km/s，水中は約 1.5 km/s である．つまり伝播する物質の性質によって伝わる速度も変わる．減衰は距離が長くなれば多くなり，周波数が高くなっても多くなる．送受信探触子をコンクリートの上に間隔 L m にそれぞれ設置した場合に，距離方程式は，受信までの時間を Δt 秒とすれば，

$$L = V_{ac} \times \Delta t \quad (5)$$

となる（図10.2.15）．現在，コンクリート構造物のひび割れ深さを推定するための診断手法として

は，大きく分けて超音波伝播速度法，衝撃弾性波法などがある．

よく利用されているものとして，超音波伝播速度法に属する各種測定方法について説明する．

ひび割れ深さの測定方法を，表10.2.8にまとめた．このうち主な測定法である T_c-T_0法，BS 法，修正 BS 法について，その概略を説明する．

1） T_c-T_0法

T_c-T_0法とは，コンクリート部材のひび割れ部と健全部の測定を行い，双方のデータを比較することによりひび割れの深さを算出するものである．

ひび割れ部の測定方法は，ひび割れ部分の中心から両側に送信探触子，受信探触子を図10.2.16

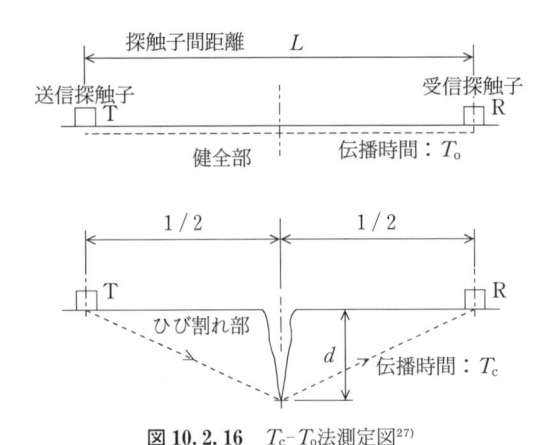

図 10.2.16 T_c-T_o 法測定図[27]

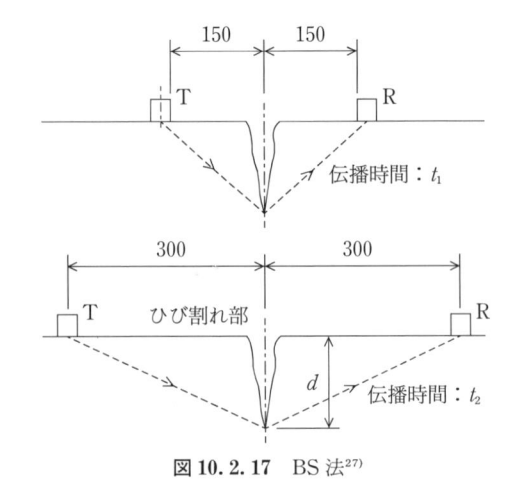

図 10.2.17 BS 法[27]

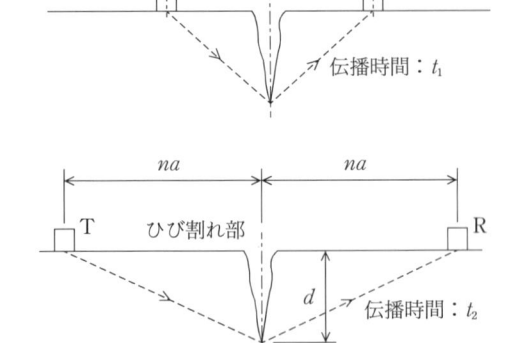

図 10.2.18 修正 BS 法[27]

に示すように等距離に設置する．送信探触子 T から出た縦波超音波が，図中の破線のように，ひび割れ先端部を経て受信探触子 R に達するまでの時間 T_c 秒を測定する．

健全部の測定は，ひび割れ部を測定した探触子の間隔と同じ距離 L(m) に設置した両探触子間を超音波が伝播する時間 T_o 秒を求め，式(6)により，ひび割れ深さ d(m) を求める方法である．

また，コンクリート中を伝わる超音波の伝播速度 V_{ac} がわかっている場合は，式(7)を用いてひび割れ深さ d を求めることができる．

$$d = (L/2) \times \sqrt{(T_c/T_o)^2 - 1} \quad (6)$$

$$d = (1/2) \times \sqrt{(V_{ac} \cdot T_c)^2 - L^2} \quad (7)$$

2) BS 法および修正 BS 法

BS 法 (図 10.2.17) は，ひび割れ部分からの距離を 150 mm および 300 mm と，定まった間隔に送信探触子と受信探触子を設置し，それぞれの伝播時間 t_1 および t_2 を求め，式(8)によりひび割れ深さ d を算出するものである．

また，修正 BS 法 (図 10.2.18) は，ひび割れ部分から探触子までの距離を任意の等間隔 n および na と定め，それぞれの伝播時間 t_1 および t_2 を求め，式(9)によりひび割れ深さ d を求める．

$$d = 150\sqrt{(4t_1^2 - t_2^2)/(t_2^2 - t_1^2)} \quad (8)$$

$$d = a\sqrt{(n^2 \cdot t_1^2 - t_2^2)/(t_2^2 - t_1^2)} \quad (9)$$

3) 測定上の留意点

超音波伝播速度法によるひび割れ深さの測定に当たって，超音波の伝播する経路は，図 10.2.19 に示すように，コンクリート表面伝播経路，鉄筋表

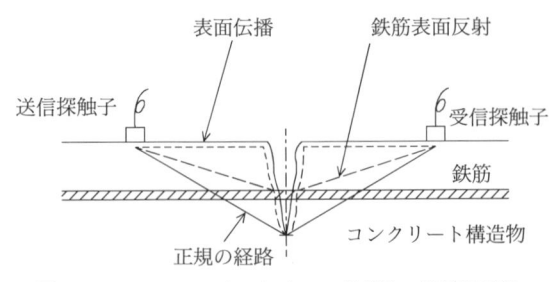

図 10.2.19 コンクリート中での超音波の伝播経路[27]

面を反射した経路，そして，本来の計測に必要なコンクリートひび割れ先端を経由した伝播経路がある．また，ひび割れの入り方にもいろいろなケースがあり，それによっても測定値に影響が生じる．よって，これらの影響があるかどうかの判断は，調査に携わる技術者が適切に行う必要がある．

4） 衝撃弾性波法

衝撃弾性波法は，コンクリート内部を伝達する波の発生をハンマーなどの打撃によって発生させ，その波の伝播時間を測定し，解析することでひび割れ深さを測定する．前述した超音波伝播測定法に比べ発生するエネルギーが大きいため，伝播距離が長く，より深いひび割れの測定が可能である．ただし，一般的に測定精度が超音波伝播速度法に劣る傾向にあるため，今後精度の向上に向けた開発が期待されるところである．

〔淵沢智秀・中澤齋彦〕

10.2.3 地中探査レーダ
a. 経　緯

地中探査レーダの構想は古く，1900年当初から試みられていた．その後さまざまな実験が行われたが，いずれも実現化する技術的バックアップがなく，レーダ方式の地中探査システムが具体化したのは1960年代になってからである．極地での雪氷厚を対象とした探査から始まり，南極における800～2800 mに及ぶ氷原の探査，地下構造探査，石炭鉱山探査などに使用され，1970年代には地盤に対して適用することが試みられるようになった．

わが国でも昭和46（1971）年以降に具体的な研究や報告が行われ，昭和50年代に入って地下3 m程度に埋設した直径10 cmの鉄パイプ，塩ビ管，ヒューム管などを画像化できる地中レーダ探査システムが開発されてほぼ実用化されるようになり，その後多くの改良を重ね現在に至っている．

b. 原理および装置の概要

電波による地中探査では，比較的均質なコンクリート内部の探査とは異なり，土質の変化や含水比の相違などによって電波の伝播速度を決定する誘電率はさまざまに変化することを考慮する必要がある．地中探査レーダは地表から地中の物標までの距離（深度）を電波の往復時間によって計測しているため，調査地の地盤の誘電率をできるだけ正確に把握することが精度のよい探査結果を導き出すことになる．

一般に地中探査レーダは，VHF（超短波）～UHF（極超短波）と呼ばれる電磁波を使用しており，探査可能な最大深度は電磁波の送信能力と，地中における伝播損失によって決まる．このうち，送信能力は電波法の規制を受けて決まり，地中の伝播損失は主に地盤の誘電率によって決まる．誘電率は小さいほど伝播損失は小さくなるため，誘電率が小さいほど探査深度は深くなる．一方，土の誘電率は含水比と密接な関係があり，含水比の高い土ほど誘電率は高く，伝播損失も大きくなる．したがって探査深度は浅いものとなる．地中探査レーダシステムはアンテナ部から地中に電磁波を発射し，地中の種々の物標から反射する電磁波を受信し，信号処理をしてアンテナ走行断面をブラウン管にカラー映像で表示して，物標の位置を非破壊的に探査するものである．

一般的な地中探査レーダシステムの構成は図10.2.20に示すようにアンテナ部とディスプレイ部からなっている．

アンテナ部は電波の送受信を行い，ディスプレイ部では受信した信号を処理して表示する．アンテナは機種によっては送信部と受信部が独立したものもあるが，一般的なシステムは一体となっている．アンテナから地中に発射された指向性をもつパルス状の電波は，物標で反射されて受信されるが，この受信波形を10回程度ごとに平均化し，その反射強度に対応するカラー指示（8色程度）を行い，ディスプレイのブラウン管上に縦方向の1本の走査線として表示している．

アンテナについている車軸には，移動の距離を検出するエンコーダがついており，ここからの信号によりブラウン管の横方向の走査を行っている．すなわち，横軸を水平位置，縦軸を深さとし，対象物の反射強度に応じた信号をブラウン管に表示している．

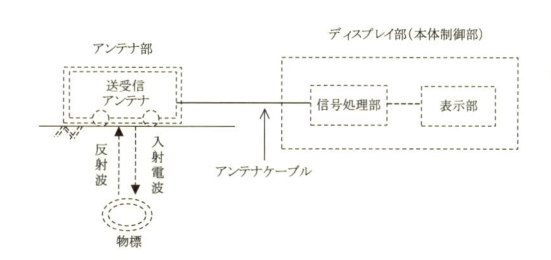

図10.2.20　一般的な地中探査レーダシステムの構成

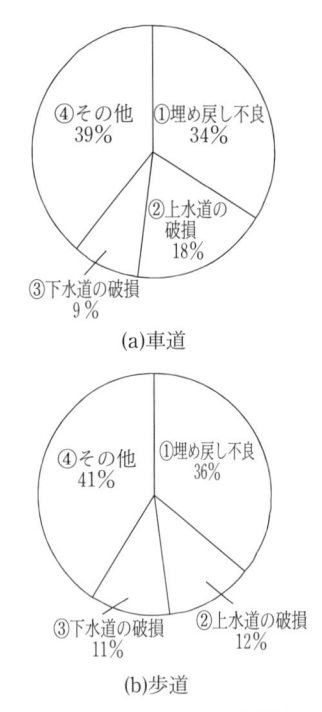

図 10.2.21 原因別の発生割合[33]

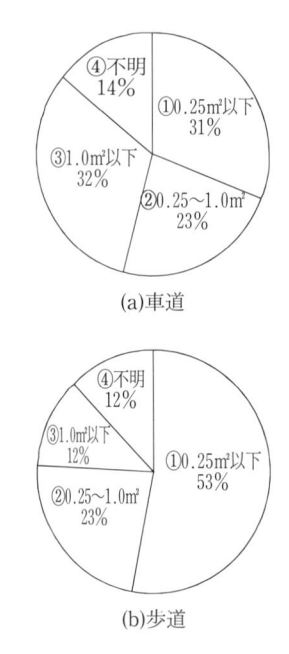

(a)車道
- ①埋め戻し不良 34%
- ②上水道の破損 18%
- ③下水道の破損 9%
- ④その他 39%

(b)歩道
- ①埋め戻し不良 36%
- ②上水道の破損 12%
- ③下水道の破損 11%
- ④その他 41%

図 10.2.22 規模別の発生割合[33]
数値は陥没の平面的な規模を示す．

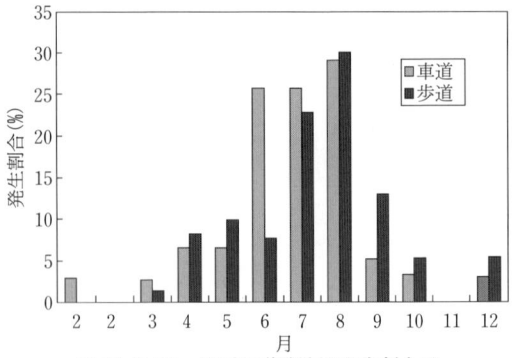

(a)車道
- ①0.25㎡以下 31%
- ②0.25〜1.0㎡ 23%
- ③1.0㎡以下 32%
- ④不明 14%

(b)歩道
- ①0.25㎡以下 53%
- ②0.25〜1.0㎡ 23%
- ③1.0㎡以下 12%
- ④不明 12%

図 10.2.23 月別の道路陥没発生割合[33]

1) 道路空洞調査

都市では，上・下水道，ガス，電気，通信などの輸送に地下埋設管が広く使用されているが，都市の地下利用には種々の制約があり，これらの管の多くは道路面下に直接もしくは洞道形式で設置されている．しかし，埋設の後，長い時間を経過すると地表状況の変化により，その位置も不明確になることがあり，また，地下水流動による吸い出し現象や，埋設管そのものの老朽化による漏水，地下工事による緩みなど，空洞の発生する要因はますます増加している（図10.2.21）．

図10.2.22は規模別の発生割合を示したものである．車道では歩道に比べ，陥没の平面的な規模が1.0m（円形だとすると直径は1m以上となる）をこえる大規模の道路陥没が約3割を占めており，道路交通への支障や大事故へ発展する可能性が高いことが指摘される．

図10.2.23は月別の発生割合を示したものである．車道では，6〜8月の3か月に集中して発生しており，約8割にも達している．路面温度が高くなってアスファルトの剛性が低下し，しかも降雨量が増大する夏季に集中していることがわかる．

歩道では車道ほどの偏りはみられないが，これも7〜9月の3か月で約6割が発生している．

道路空洞の発生原因には，次のようなものがあげられる．

① 埋め戻し不良

埋め戻し土の材料が不適当であったり，転圧が不十分な場合には，埋め戻し土が沈下して舗装との間に空隙が生じたり，路面にクラックや凹みを

以下，地中探査レーダの適用事例ごとに概要を説明する．

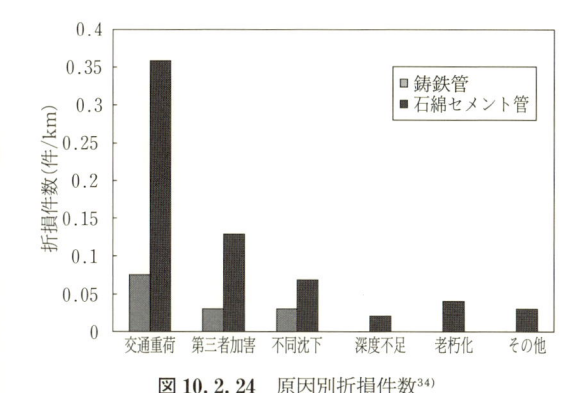

図10.2.24 原因別折損件数[34]

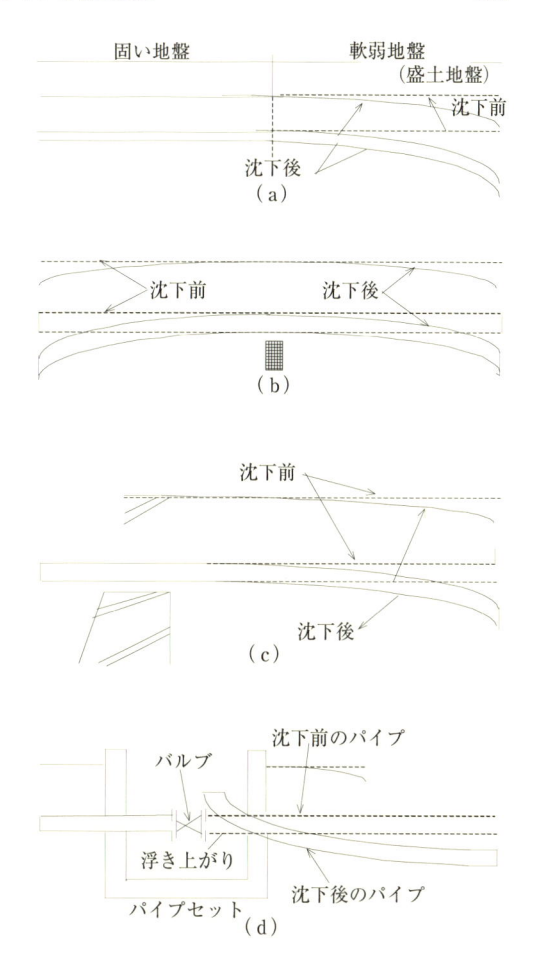

生じたりすることがある．このような変状に，雨水の浸透や地下水の変動による土砂の移動，流出といった現象が加わると，空隙は大きな空洞を形成するに至り，ついには道路の陥没といった事故につながる危険性を有している．東京都の実態調査結果では，道路陥没発生原因の第1位で，およそ35%を占めている．これらの変状を防止するためには，締固めが容易で，非圧縮性で透水性がよく，かつ水の侵入に対しても強度が低下しない材料（一般的には砕石，砂利，粒度の粗い砂など）を埋め戻し土として使用し，十分な転圧をすることが肝要であるとされている．

② 埋設管の損傷による漏水

上水道や下水道などの埋設管が損傷を受けて漏水が生じた場合，漏水による土砂流出によって空洞が形成される可能性は，きわめて高いものといえる．東京都の実態調査による発生原因の第2位で，約25%を占める埋設管まわりと呼ばれるものがこれに相当する．

図10.2.24は，名古屋市域で発生した配水管の破壊に関する実態調査資料をもとに，原因別の折損件数を管理別に埋設延長1 kmあたりに直して示したものである．埋設管の折損は，管種を問わず交通荷重，第三者加害，不同沈下の3つの原因が大半を占めているのがよくわかる．

・交通荷重： 交通荷重による折損の問題は，交通荷重や繰り返し荷重が管に与える疲労の影響を考えると，結果的に管の埋設深度と管の強度や材質の問題と等価であると考えられる．

・第三者加害（他工事）： これは，上・下水道や

図10.2.25 不同沈下現象の例[34]

ガス，通信，電力などの埋設工事や建設基礎工事，道路舗装工事など，種々の工事が直接埋設管に損傷を与える人為的なもので，工学的な検討の対象外に置かれるものであろう．

・不同沈下： 不同沈下の要因にはさまざまなものがあるが，一般的に埋設管の不同沈下は，地盤の不均一性や圧密，交通荷重や他工事によって生じる地盤沈下などに主として起因している．

埋設管は線的，面的に分布する連続体のため，不同沈下の影響を受けやすく，特に埋設管の折損に大きな影響を及ぼすものは，図10.2.25に示すような局部的な不同沈下である．同図(a)は剛性の異なる地盤中に管を埋設した場合，軟弱地盤や盛土地盤が沈下したり，また，既設の埋設管下の地下工事などによって，既設管の支持地盤を緩めた場合などに生じる不同沈下である．(b)～(d)は埋設

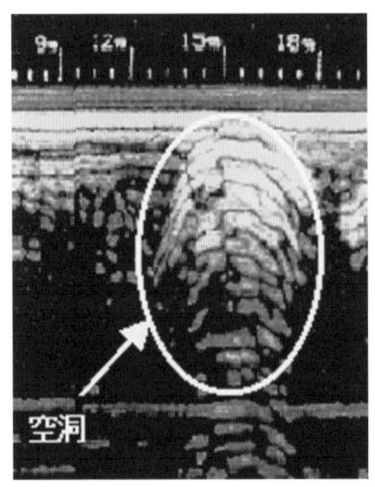

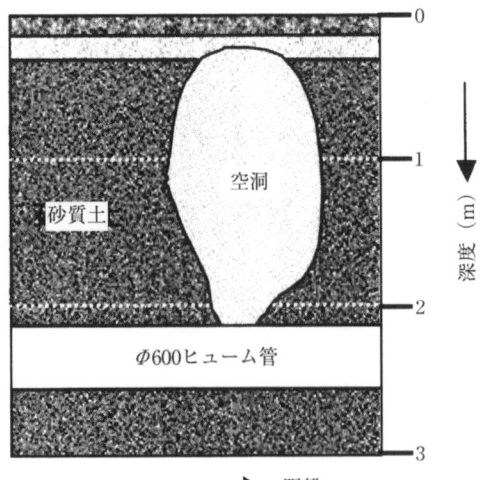

図 10.2.26　地中空洞

40 cm 付近から引き上がりを伴う強い反射がみられ，深度方向への多重反射も認められる．このような特徴的な反射を空洞パターンという．

図 10.2.27　護岸の大規模陥没

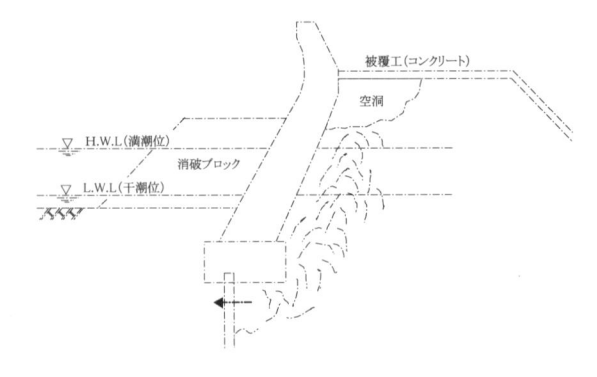

図 10.2.28　海岸堤防空洞の発生原因

管が不動な構造物を支点とする場合の不同沈下で，これは構造物周辺の地盤沈下に起因している．

図 10.2.26 に，地中探査レーダによって発見された地中空洞事例を示す．

2）　海岸堤防空洞調査

図 10.2.27 は，海岸堤防背後のコンクリート被覆部で発生した幅 6 m，長さ 20 m，深さ 5 m の大規模陥没の事例である．陥没原因は，波浪の影響や潮位に連動して変化する背面水位の上下が，知らず知らずのうちに土砂を吸い出し，空洞を形成し，ついには陥没に至ったものと考えられる（図10.2.28）．

このように，海岸堤防の被災のほとんどは，背面水位の上下による土砂の吸い出しや波浪による構造物脚部の洗掘とこれに伴う土砂の吸い出しであろうと考えられる．

3）　トンネルの覆工厚および覆工背面空洞調査

トンネル変状の種類と発生原因については，表10.2.9 に示すようにまとめることができる．

トンネルの覆工は，明治年間にはレンガが，大正年間にはコンクリートブロックおよび場所打ちコンクリートが使用されており，昭和に入ってからは大部分が場所打ちコンクリートで施工されるようになった．昭和 51（1976）年には，わが国で初めて NATM（new Austrian tunneling method）工法が導入され，現在では標準工法となっている．

NATM 工法以前の在来工法では，その施工方式上，地山と覆工の間に空隙が残ることが多く，特に天盤部ではこの傾向が強いものといえる．さ

表10.2.9 トンネル変状の種類と発生原因（文献[35]より引用，編集）

変状の分類	変状の原因	
・ひび割れおよび目地切れ ・圧ざ ・表面欠落および剥落 ・漏水（凍害） ・排水不良（噴泥） ・断面縮小または変形 　（はらみ出し） ・盤膨れ ・沈下 ・移動 ・覆工材の強度不足 ・覆工背面の凍結	外圧などによるもの	・偏土圧 ・膨張性地山あるいは支持力不足 ・覆工背面の空洞 ・近接工事の影響
	材質老化などによるもの	・老朽化 ・酸性水によるコンクリートの劣化
	漏水その他	・漏水または凍害

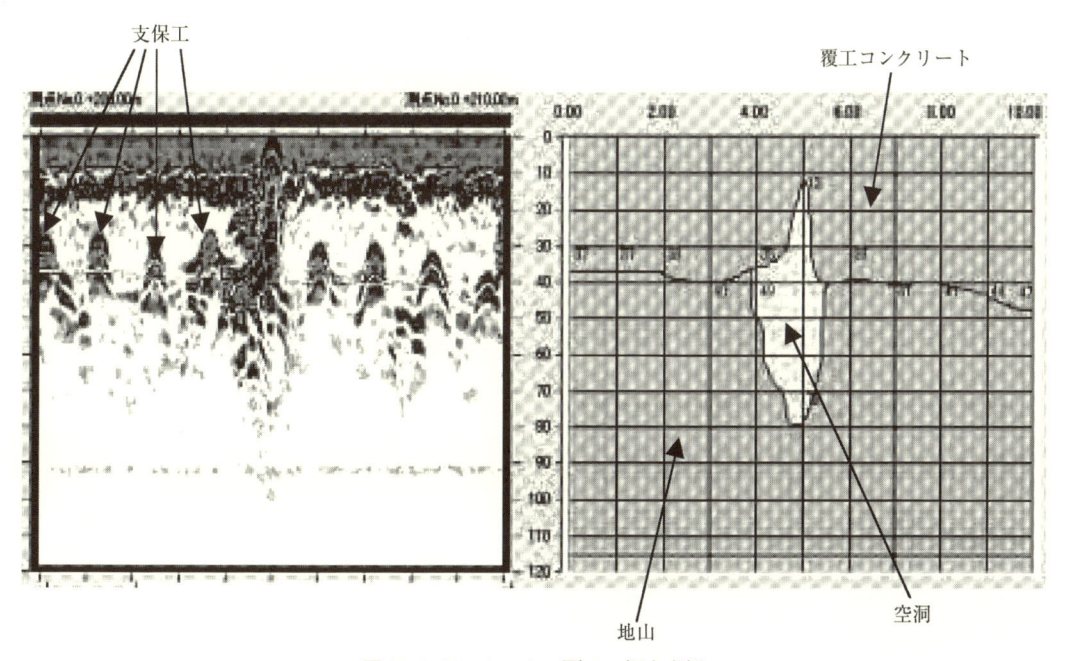

図10.2.29 トンネル覆工の探査事例

らに，地質状況が悪い場合には，天盤や側壁の背面地山が膨張したり，緩んだ地山が崩壊して空隙の範囲が拡大し，巻き厚の不足を生じたり，地山と覆工との間の接触状態が不規則になり，このためトンネルの覆工には偏圧荷重が常にかかることになる．

このように，地形・地質上の要因や，施工上やむをえない要因によって，トンネルに変状が発生するケースが多いものといえる．

現在，変状が生じているトンネルの大部分は在来工法で施工されたトンネルであり，トンネルそのものの老朽化に対してはもちろんのこと，地山の性状も含め今後の点検，保守，管理がますます重要となってくるものと考えられる．

図10.2.29に，トンネル専用レーダを使用したトンネル覆工の探査事例を示す．覆工厚や覆工背面の空洞を精度よくとらえている．

4) 地中埋設管調査

上・下水道，ガス，電力，通信などの地中埋設管は，各々の占有者が工事記録などにより正確な

位置や深度，材質，口径などを管理しているが，道路の拡幅や舗装形態の変更による土かぶりの変化などにより，実際の位置や深度とは異なる場合がたびたびみられ，他工事による管の破損事故も発生している．また，古い管については管路が不明なものも多く，確認のための試掘を行う場合も多々あるが全区間の試掘は不可能であるため，埋設管の位置や深度に関する情報を路面を堀削することなく，正確に調査する手法が要求されている．

ここでは，地中レーダ探査装置を使用した埋設管探査法について紹介する．

調査の流れは図 10.2.30 に示すとおりである．現地調査を進めるに当たっては，探査精度や作業効率を上げるために，平面図や埋設管管理図面を入手するとともに，マンホール，バブルボックスなどの付属設備の位置や舗装の継ぎ目，路面復旧跡，舗装構成など，路面状況を調査しておくことが特に望まれる．

図 10.2.31 に，道路路面下の地中埋設管をとらえた事例を示す．異なる深度に 3 本の管が確認できる．

5) 遺跡調査

埋蔵文化財の発掘調査に当たり，埋蔵物の分布状況，平面的な規模や深度および形状などの概略を掘削することなく把握できれば，発掘調査そのものに大きなメリットとなる．埋蔵物の材質や年代などの具体的属性を知ることは不可能であるが，地中探査レーダによる事前探査を実施することにより，発掘調査の効率化が図れ，調査期間の短縮，経費の節約などが期待できる．

地中レーダを使用して，埋蔵文化財（古墳の墳

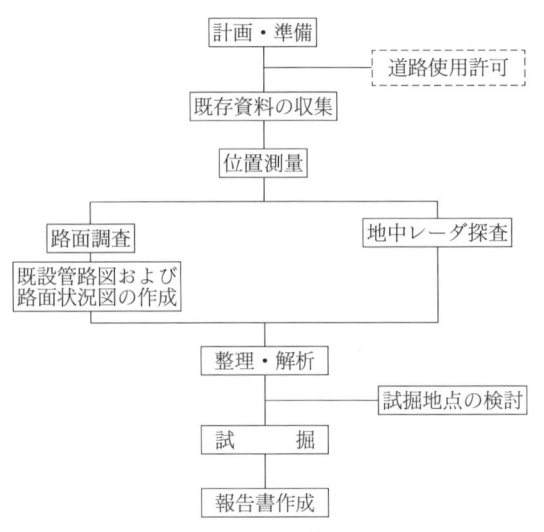

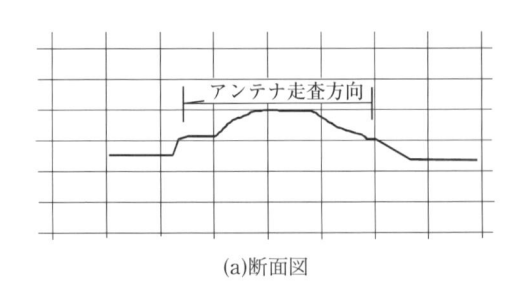

図 10.2.30 地中埋設管の調査の流れ

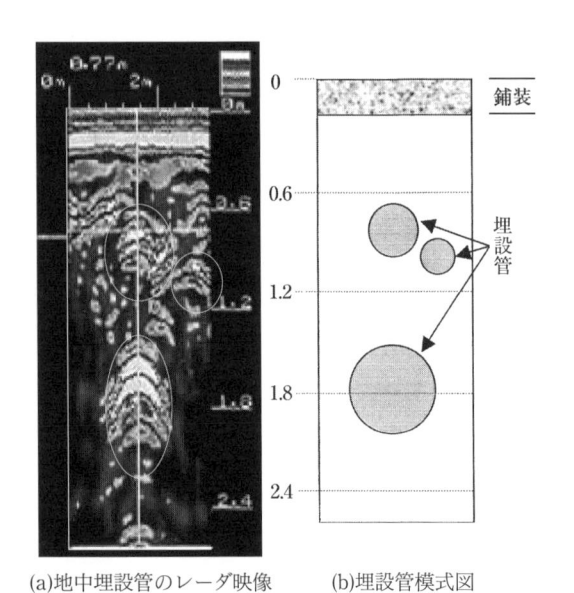

(a)地中埋設管のレーダ映像　(b)埋設管模式図

図 10.2.31 地中埋設管調査

(a)断面図

(b)縦断探査映像

図 10.2.32 墳丘部の断面図と縦断探査映像

丘部および周濠部）を探査した事例を紹介する．図10.2.32(a)は，墳丘部の断面図である．探査は，図に示す位置についてアンテナを走査し，同図(b)に示す地中レーダ映像を得た．

映像は非常に変化に富んだものとなっており，墳頂部を中心に左右に傾斜する顕著な土性の変化面が認められる．図10.2.33は，この土性の変化面の各位置での深度を映像解析により読み取り，アンテナ走査面の勾配補正を行った上で断面図を作成したものである．これによると，墳丘内部には山型をした土性の変化面が存在することがわかる．また，墳頂部を縦断する他の測線でも同様の反射映像が得られ，これらのデータをコンピュータ処理により3次元的に表現し，墳丘内部の形状を想定したものが図10.2.34である．

周濠部での探査は，図10.2.35(a)に示すような方向にアンテナを走査して行っている．結果は，同図(b)の地中探査レーダ映像および同図(c)の解析結果図に示すように，土層の傾斜として周濠の斜面がみられ，U字型を示す堆積土層の境界面がはっきりと認められることから周濠の存在が推定される．

以上のように，地中探査レーダを使用した埋蔵文化財の調査は，古墳の調査だけでなく，外観から推測できない内部の概略状況の把握が可能となり，発掘調査のための貴重な資料として活用することが可能である．

6） 管渠内部からの地中探査レーダ

地中探査レーダは，地上からの探査を前提としているが，近年埋設管渠内部を自走しながら，管渠周辺の地中に存在する空洞や地盤の状況が探査可能な地中探査レーダも開発されている（図10.2.36(a)，(b)）．

この地中探査レーダは，魚眼カメラも搭載しておりレーダ探査と同時に管渠内部の撮影が可能であることから，老朽化の進んでいる下水管や樋門，

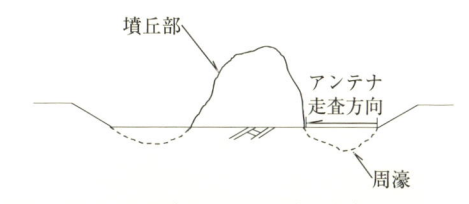

(a)調査のアンテナ走行方向

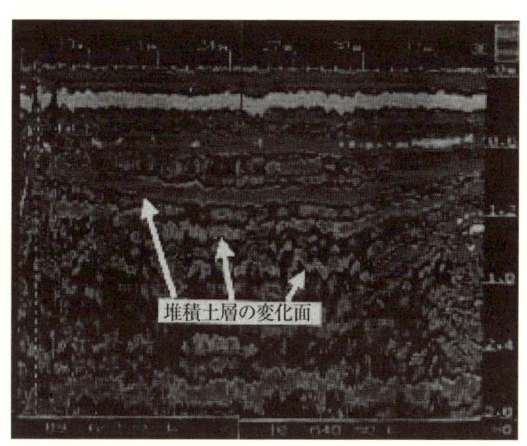

(b)地中レーダ映像

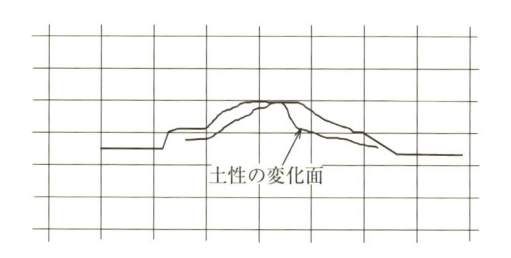

図10.2.33 解析結果断面図

図10.2.34 内部形状想定部

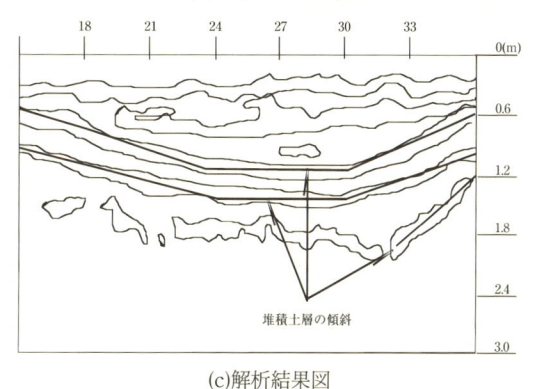

(c)解析結果図

図10.2.35 周濠部の探査

(a)装置　　　　　　　　　　　　　　　(b)概念図

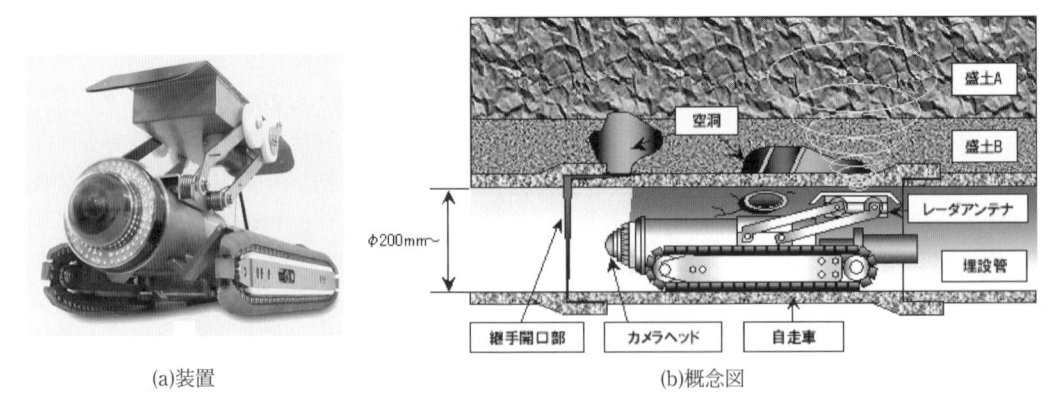

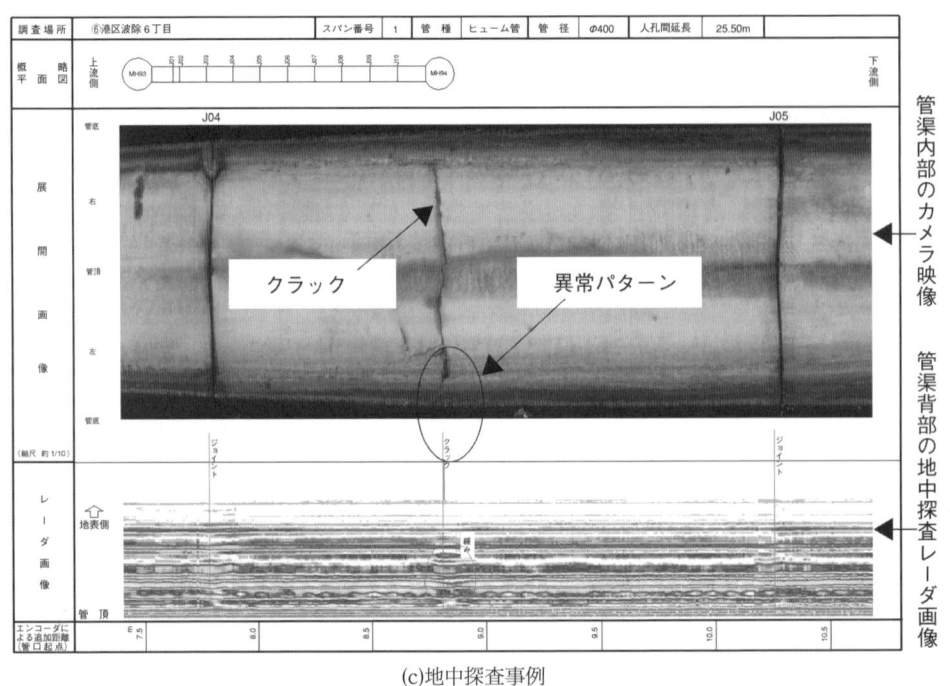

(c)地中探査事例

図10.2.36 管渠内部からの地中探査レーダ

樋管などの調査に応用され，地中の探査とともに管渠そのものの健全度判定などにも活用されている．

図10.2.36(c)に，管渠内部からの地中探査事例を示す．管渠内部のクラック箇所背面に異常パターンが認められる．　　　　　　　〔垂水　稔〕

10.2.4　その他レーダ技術を利用した測量機器（液面センサ）

市販されている地中探査レーダ機器の例を図10.2.37に，また，機器の仕様を表10.2.10に示す．

マイクロ波式液面レベル計（electronic dip-stick：図10.2.38）が開発，販売されている．河川測量では水量の監視に水位を常時調査することがある．現在，液面計測には浮子を利用したものからレーザパルスや超音波，電磁波を使って液面で反射した信号波によって計測するエレクトロニクスを活用したものがある．たとえば走行中の自動車のガソリンタンク内のガソリン量の計測や，増水して荒れた河川の水位のように，液面が安定していないものの計測は難しい．このレーダ方式

(a)KSD-21　　　　　　　　　　　　(b)GPR-10 C

(c)ハンディサーチ NJJ-95 A　　　　(d)地中探査レーダ NJJ-96

図 10.2.37　地中探査レーダ機器（(株) バーナム，(株) 光電製作所，日本無線 (株) 提供）

による液面観測は，パルスの発信ごとにデータが得られ平均化された状態で計測値が表示される．

このシステムの原理は以下のようになっている．

マイクロパルス（電磁波）をロッド（金属棒）またはケーブルを媒体にして一端から伝播させ，ロッド（ケーブル）が浸っている誘電率 ε の変化する部分（空気中から水に入る境界面など）から反射して戻ってくるまでの時間 τ（秒）を計測することによって水面までの距離を表示するシステムで，一般のパルスレーダシステムと同じ原理である．ただ，電磁波はこのロッド（金属棒）の表面を走り，境界面に接して反射してロッドを伝って戻る．この境界面はいろいろの材質のものが試みられ，水，海水，ガソリン，重油など，使用可能のものは多い．またこのロッドの任意の位置で握

るとその部分までの距離が計測される．すでに製品化されており，市販もされている．

〔中澤齋彦〕

文　献

1) Curlander, J. C. and McDonough, R. N. : Synthetic Aperture Radar, John-Wiley & Sons, 1991.
2) Henderson, F. M. and Lewis, A. J. eds.: Principles & Applications of Imaging Radar, Manual of Remote Sensing, 3rd ed., Vol.2, John-Wiley & Sons, 1998.
3) Kobayashi, T., Umehara, T., Satake, M., Nadai, A., Uratsuka, S., Manabe, T., Masuko, H., Shimada, M., Shinohara, H., Tozuka, E. and Miyawaki, M. : Airborne dual-frequency polarimetric and interferometric SAR. *IEICE Transaction on Commun.*, **E83-B**(9), 1945-1954, 2000.
4) 梅原俊彦，小林達治，浦塚清峰，増子治信：CRL に

表 10.2.10　コンクリートおよび地中探査レーダ機器の仕様

レーダ名称		KSD-21	GPR-10 C	SIR-2000	RAMAC	NJJ-95 A	NJJ-96
メーカー		㈱光電製作所	㈱光電製作所	GSSI	MALAGeoScience	日本無線㈱	日本無線㈱
製造国		日本	日本	アメリカ合衆国	スウェーデン	日本	日本
使用周波数 (MHz)		500〜1000	200〜500	15〜2000	50, 10, 200, 400		
寸法 (cm)	アンテナ	37(W)×27(H)×15(D)	70×75×24	20×10×5 (1500 MHz)	100×100×100	15×15×216	53×62×88
	コントローラ	31×33×7 (+ノートパソコン)	43×32×27	35×30×16	40×30×10 (+ノートパソコン)		
重量 (kg)	アンテナ	15	35				
	コントローラ	3.5 (+ノートパソコン)	20	6		1.1	65
電源		AC 100 V または DC 13 V	DC 13 V	DC 12 V	付属充電池	バッテリー動作	DC 12 V
消費電力		50 VA	30 VA				80 W
探査深度		0.1〜1.0 m	0.2〜2.5 m	0.5 m(1500 MHz)	2 m	0.5〜20 cm	0〜2 m
解像度		2.5 cm	4 cm	2 cm(1500 MHz)	7.5 cm	鉄筋6 mmφ以上	
利用分野		トンネル点検調査 樋管・樋門点検調査 河川・海岸護岸点検調査 コンクリート構造物点検調査 鉄筋の位置調査	空洞調査 地中埋設物(管)調査 遺跡調査 舗装点検調査	地質構造 石灰岩空洞 埋設物 路面下空洞 鉄筋、コンクリート厚 高精度舗装厚	地中探査	コンクリートアンカー調査 コア抜き調査 ビルなどコンクリート建造物調査 コンクリート構造物診断調査 ガス工事調査	地中埋設物、空洞探査

(株)光電製作所, 日本無線(株) カタログより, 東京大学第三物理探査ゼミ・西尾担当「新型地中レーダの紹介と誘電率と体積含水率の関係」参照.

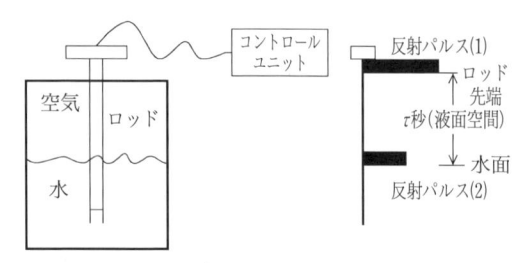

図 10.2.38　マイクロ波式液面レベル計

おける航空機搭載3次元 SAR の開発. 信学技報, **SANE95-99,** 33-38, 1995.

5) Zebker, H. A. : The TOPSAR interferometric radar topographic mapping instrument, *IEEE Transaction on Geosci. Remote Sensing*, **30**, 933-940, 1992.

6) Zink, M., Olivier, P. and Freeman, A. : Cross-calibration between airborne SAR sensors. *IEEE Transaction on Geosci. Remote Sensing*, **31**(1), 237-245, 1998.

7) Cloude, S.R. and Papathanassiou, K. P. : Polarimetric SAR interferometry. *IEEE Transaction on Geosci. Remote Sensing*, **36**, 1551-1565, 1998.

8) Reigber, A. and Moreira, A. : First demonstration of airborne SAR tomography using multibaseline L-band data. *IEEE Transaction on Geosci. Remote Sensing*, **38**(5), 2142-2152, 2000.

9) 浦塚清峰ほか PacRim 2 実験グループ：パシフィックリム 2000 実験速報．日本リモートセンシング学会第 29 回学術講演会論文集，2000．
10) 藤井直之ほか：特集　干渉合成開口レーダー (InSAR, 1992)．測地学会誌，**45**(4)，275-358，1999．
11) 資源・環境観測解析センター：地球資源衛星 1 号 (JERS-1) データ利用成果集，1999．
12) 資源・環境観測解析センター：平成 6 年度石油資源遠隔探知技術の研究開発報告書，1995．
13) 資源・環境観測解析センター：平成 13 年度石油資源遠隔探知技術の研究開発報告書，2002．
14) 資源・環境観測解析センター：資源探査のためのリモートセンシング実用シリーズ⑤　合成開口レーダ (SAR, 1992)．
15) 資源・環境観測解析センター：資源・環境リモートセンシング実用シリーズ①　宇宙からの地球観測，2001．
16) 資源・環境観測解析センター：資源・環境リモートセンシング実用シリーズ②　地球観測データの処理，2002．
17) 資源・環境観測解析センター：資源・環境リモートセンシング実用シリーズ③　地球観測データからの情報抽出，2003．
18) 物理探査学会編：物理探査ハンドブック，1998．
19) 日本測量学会：合成開口レーダ画像解析ハンドブック，1998．
20) 矢来博司，村上　亮，飛田幹男，中川弘之，藤原　智：秋田県内陸北部（鬼首付近）での地震に伴う地殻変動 — JERS-1 の干渉 SAR 解析より —．平成 14 年度 InSAR 技術研究会研究集会，2003．
21) 飛田幹男：合成開口レーダー干渉法の高度化と地殻変動解析への応用．測地学会誌，**49**(1)，1-23，2003．
22) Murdohardono, D. and Sudarsono, U. : Land subsidence monitoring system in Jakarta. *Proceedings of Symposium on Japan-Indonesia IDNDR Project : Volcanology, Tectonics, Flood and Sediment Hazards, Bandung*, pp.243-256, 1998.
23) Hirose, K., Maruyama, Y., Murdohardono, D., Effendi, A. and Abidin, H. : Land subsidence detection using JERS-1 SAR Interferometry. *The 22nd Asian Conference on Remote Sensing, Singapore*, 2001.
24) Hirose, K., Maruyama, Y., Quy, D. V., Tsukada, M. and Shiokawa, Y. : Visualization of flood monitoring in the lower reaches of the Mekong River. *The 22nd Asian Conference on Remote Sensing, Singapore*, 2001.
25) Sudibyo, Y. : Perkembangan Airtanah Terpantu di Jabotabek. *Bulletin Geologi Tata Lingkungan*, **11**, 70-87, 1999.
26) 堀口克実：千葉県の水溶性天然ガスフィールドの現状　http://www.japt.org/html/iinkai/seisan/seisan/horiguchi.htm
27) 日本構造物診断技術協会：コンクリート構造物の健全度診断技術の開発に関する共同研究報告書 — コンクリート構造物の非破壊検査マニュアル —，1994．
28) 日本構造物診断技術協会：構造物診断士講習会テキスト，p.220，2003．
29) 谷川恭雄監修：コンクリート構造物の非破壊検査・診断技術，技術情報協会，2000．
30) 104 コンクリートライブラリー　2001 年制定コンクリート標準示方書［維持管理編］制定資料，土木学会，2000．
31) コンクリートのひび割れ調査，監修，補強指針 — 2003 —，日本コンクリート工学協会，2000．
32) 保国光敏，阿部　裕，土弘道夫，五十嵐寛昌：電波探査技術を利用した浅層地盤調査法．土と基礎，**33**(7)，1985．
33) 小林一雄，内田喜太郎，金子義明：アスファルト舗装下における空洞の非破壊探査手法に関する調査（その 1）．東京都土木技研年報，1989．
34) 土質工学会編：地中埋設管の調査・設計から施工まで，土質工学会，1984．
35) 猪熊　明：道路トンネルの緊急点検と今後の維持管理．トンネルと地下，**21**(10)，土木工学社，1990．
36) 日本無線株式会社：地中レーダ (NJJ-95 A，NJJ-96) カタログ，2004．

10.3　レーダの最新技術と将来

10.3.1　パルスの立ち上がり高精度化（インパルスレーダ）

パルスレーダはパルスの中に搬送波をもっていると説明してきたが，この搬送波を伴わない高電圧の短いパルス（1 ns 程度）を送信する方式のもので，インパルスレーダというレーダがある．送信アンテナの帯域幅による制限を受けた周波数成分が放射され，反射波を受信するもので，通常のレーダと原理は変わらない．たとえば，海氷の氷厚測定では，送られた周波数成分のうちの海水の減衰を受けにくい反射波（低周波数成分）を受信して行われる．用途は地中あるいは水中の金属パイプ，氷の厚さなどを探査するときに利用される．しかし，このインパルスレーダは受信エコーが複雑で解析が難しい[1]．

MIR（マイクロインパルスレーダ）は従来のイ

ンパルスレーダ（ただし微弱出力電波）の原理を使用して目標物を探査するために近年開発された技術で，この章のはじめにレーダ感度方程式を示したが，中に変調周波数と信号出力は相反の関係にあることを述べた．MIR は超高周波（0.2 ns）のインパルスを送信することによって，短いパルスで広域バンドの性能を活用し，いろいろな反射物体の情報を取り出す技術である．立ち上がり時間が 50 ps と鋭く，特別な用途開発が期待されている[2]．たとえば，この MIR は探査距離があまり長くないが，コンクリート壁の先にある水分の多い物体の検知などもできる．超高周波のため高出力は出せないので，小電力化により小型で安い回路システムが提案されている．

10.3.2 未知である電磁波伝播速度を決める技術

地中探査レーダにおいては，より正確な距離情報を得るには地中の比誘電率を詳しく知る必要がある．多くは「乾いた土」，「水分を含んだ土」程度の分類でこの比誘電率を決めていたが，レーダの観測位置と埋設物の位置，伝播時間と伝播速度との間の幾何学的関係を利用して同定しようとの試みが報告されている（10.1 節の文献[6]）．これが実用化されるともっと計測精度が上がり，探査価値が上がる．

光波測距儀では，高い測距精度を得るために光路に当たる空気中の全屈折率を知る必要があるのと似ている．普通は観測点の大気の温度，気圧（水蒸気圧）の測定によって観測点 1 点または両端点の 2 点の平均値の屈折率を使って光路の屈折率を推定して光速度を出し，距離測定をしている．光波測距儀では正確な距離測定を行うため，キャリアーとして使う光波を最低 2 波長を使って距離観測を行い，全光路中の屈折率の影響を除去する方法が報告されている．

10.3.3 レーダ技術を使って何ができるか
1） 地雷探査

金属性の地雷探査だけでなく，プラスチック材を使用したものも探査できる．探査システムは地中探査と同じである．しかし安全の観点から通常の探査機器とは別仕様で開発されている．

2） 自動車追突（衝突）防止センサ

道路走行中に前の自動車との間隔を常時測定し，追突を未然に防ぐ装置が試作されている．さらにガードレールのような道路のサイドに壁を設置し，走行中の自動車との間隔を計測して，常に一定距離になるように自動運転するためにこのセンサの使用テストが進められている．ハイウェイ自動走行自動車への研究である．

このような便利なものも実用化テストに長時間を必要としている．特に，すれ違う自動車の同じようなレーダ信号を感知したら，交通渋滞や，間違えば事故になるおそれもある．そこでレーダの信号の混信を防ぐカギが重要になる．混信の確率が 100 万分の 1 としてもだめで，どのように解決していくか新しい技術の開発も進んでいる．

3） 人体遠隔診察センサ

健康診断のときに心電図をとることがある．測定しているときに患者の身体にセンサを貼りつける方法がとられているが，MIR センサのインパルスレーダを使って医者と患者が対話しながら，離れた状態で患者の身体には全く触れることなく，各心室の測定ができることが紹介された．これは遠隔診察ともいえる新しい試みである．

4） 電磁波による要救助者探査装置

電磁波探査システムは，被災者が木造家屋の下敷きになったり，全く意識がなく，動けないようなときに，被災者の心臓の鼓動と呼吸の動きを探知して存在を確認する．周囲で車両が活動している状況でも影響されず探査が可能なシステムがある．NATO 軍の SR-Ver.2-2293 や，セレクトロニク社の生存者探査システムが紹介されている．

5） セキュリティー

セキュリティーのセンサにはさまざまな原理を使った機器があるが，ここではレーダを使い，かつより便利な方法の紹介をする．

実施例として，宝石を守るために近寄ると警報が鳴るシステムがある．しかし見学客が来る時間帯では，このような警報システムのスイッチは切っていることが多い．しかしレーダ警報システム

は特定の距離以内（距離 R の球形）に人や物体が近づくと警報が鳴るシステムである．この原理は，壁やガラスの内側からレーダで物体（この場合は侵入者）までの距離を感知し，設定した距離範囲以内に入ると警報が鳴るシステムである．したがって，常時システムを働かせて，盗難だけでなく，いたずら防止にも効用がある．

6） see through センサ

壁やコンクリートブロックを通してその内部を検知できる．地中レーダやコンクリート内部探査レーダと同じ機能であるが，たとえばブロック塀の内側にある動物や植物といった異種の物体も検知できる．これを see through 効果と呼んでいる．

7） 気象レーダ

天気予報でなじみのある，衛星による気象観測ができるようになる前には，富士山の頂上からも観測が続けられていた．見晴らしのよい箇所から雲の状況を監視して予報に使っている．雲の状態をレーダ（2.8 GHz，ほかでは 5.3 GHz）で観測し，予報に使っている．この原理は一般のレーダ機器のものと同じである．国土交通省がダムや道路管理のために雨量観測レーダ（C バンド）を独自に設置している． 〔中澤齋彦〕

文 献

1) 岡本謙一：海氷の電波リモートセンシング．電波研究所ニュース，No.105，1984．
2) Azevedo, S. and McEwan, T. E.: Micropower impulse radar. *Science and Technology Review*, January/February, 1996.

11. 熱画像システムの測量工学への応用

11.1 概　　要

　熱画像の解析とその利用は，リモートセンシング分野において比較的早い時期から実用化が進んできた領域である．その成果の一端が，日本写真測量学会編『熱赤外線リモートセンシングの技術と応用』として 1986 年に刊行されている．

　人の眼では直接みることのできない熱赤外線の画像は，リモートセンシングならではの画像であり，広域を対象に均一な精度で短時間に記録された温度情報である．そのため，陸域から海域までの幅広い有益な情報を抽出できる情報源として活用できる．

　熱画像は，人工衛星，航空機(固定翼，回転翼)，地上の各プラットホームから観測されたものがある．人工衛星からとらえられた熱画像は，NOAAのような低分解能の解像度で超広域を網羅的に短時間の周期で観測するものから，LANDSAT やASTER などのような地球観測衛星から中分解能の解像度で広域を観測したものまである．これらの熱画像では，海表面温度分布や火山活動のモニタリングなどに利用されている．

　航空機からとらえられた熱画像には，固定翼の航空機による場合と回転翼のヘリコプタによる場合とに大別される．前者では火山活動のモニタリング，ヒートアイランド現象の把握，水温モニタリングなどに，後者では吹き付けのり面の空洞探知，送電線異常点検などに利用されている．

　地上からとらえた熱画像の場合は，時系列な画像の取得とそれに基づく画像解析がなされ，コンクリート構造物点検のような詳細なモニタリング手法に利用されている．

　以上のような熱画像システムの現状を踏まえ，本章では熱画像システムの測量工学への応用について，事例を主体にまとめた．11.2 節には，熱画像システムの原理と現在利用されている代表的な熱画像システムについて紹介した．11.3 節以降の各節では，応用事例を中心にその利用分野をまとめた．

・火山活動のモニタリングへの利用（11.3 節）．
・道路のり面管理への利用（11.4 節）．
・コンクリート構造物点検への利用（11.5 節）．
・設備診断への利用（11.6 節）．
・切土地盤評価への利用（11.7 節）．
・都市の温度環境解析への利用（11.8 節）．
・水温把握への利用（11.9 節）．
・鳥類生態調査への利用（11.10 節）．

　なお，本章では，これまで熱映像あるいは熱赤外線画像という用語が多用されているが，最近では熱画像という用語が定着しており，熱画像を取得するセンサおよび解析システムを含めた広義な視点から，「熱画像システム」で統一した．

〔瀬戸島政博〕

11.2 原　　理

　熱画像システムは，対象物の温度を面的に計測するシステムで，以前より水温分布計測など，特定分野で使われてきたが，特に近年，センサの高性能化，小型化，低価格化が進み，利用分野も広がってきている．たとえば，航空機搭載型の本格的なセンサは，多波長化，他センサとの併用など，新たな技術の試みがなされ，資源開発のための鉱物識別，防災，森林火災のマッピングなど多くの分野で利用が検討されている[1,2]．一方で，ハンディタイプの赤外線カメラは小型化，軽量化が進み，地上での観測やヘリコプタなどを用いた簡易な航

空観測にも用いられるようになっている[3]．ここでは，次節以降の事例で用いられている最近の熱画像システムについて解説する．

11.2.1 温度計測の原理

熱画像システムは，物体が表面から放射する赤外線を面的に測定し，記録媒体に一連の画像として収録し解析するシステムである．システムが対象とする赤外線は，波長3～12 μm程度の中間赤外～遠赤外線に当たる．この波長帯の赤外線は温度と密接な比例関係をもっている．放射率（最大の放射を示す黒体を基準とした場合の，一般の物体の放射を表す量）が ε の場合，物体の単位面積あたりおよび単位波長あたりの放射エネルギー量は，式(1)で表される[4]．

$$E_\lambda = \varepsilon \times (2\pi hc^2)/\lambda^5 \times (1/e^{ch/\lambda kT} - 1) \quad (1)$$

ここで，E_λ：放射エネルギー（W/cm^2・μm），ε：放射率(%)，h：プランク定数 6.6261×10^{-34} (Ws^2)，c：光速度 2.9979×10^{10} (cm/s)，λ：波長(μm)，k：ボルツマン定数 1.3807×10^{-23} (W・s/K)，T：絶対温度(K)．

すなわち，物体は温度が高いほど，その表面から強い赤外線を放射するという関係がある．したがって，熱画像システムで赤外線放射の強度を測定することにより，物体の表面温度を把握することが可能となる．

11.2.2 主な熱画像観測システム

1） 衛星搭載システム

衛星搭載システムは，気象衛星を中心にかなり古くから利用されてきている．近年では，陸域観測衛星にも搭載され，資源探査や水温分布調査，ヒートアイランドなどの環境分野の現象把握などに利用されている．現在運用されている衛星，センサでは，LANDSAT TM（地上分解能120 m），同ETM＋（60 m），TERRA ASTER（90 m），同MODIS（1 km），NOAA AVHRR（1.1 km）などがある．

2） 航空機搭載システム

航空機搭載システムも，水温分布調査などを中心に古くから利用されてきている．表11.2.1には各種の航空機搭載システムの例を，図11.2.1には航空機搭載システムの一例を示す．最もよく用いられてきているのがスキャナ形式のシステムで，単一あるいは複数の波長帯の赤外線をとらえる検知器とメカニカルスキャナにより構成されている．一方，非冷却のラインセンサを用いたプッシュブルーム方式で熱画像を取得するシステムもある（図11.2.1参照）．このシステムでは，将来的に多バンド化される予定もある．また，エリアセンサ形式のシステムには，下記3)と同様の赤外線カメラや，高速スキャナと赤外線検知器を組み合わせ，2次元画像をリアルタイムで得るFLIR Systems社のシステムがあり，ヘリコプタなどに搭載され運用されている．このように，航空機搭載システムにはさまざまな形式のものがあるので，用途により選択し，特長を生かして利用することが肝要である．

3） 赤外線カメラ

赤外線カメラとは，ハンディタイプの小型軽量な熱画像システムである．現在用いられている一般的な赤外線カメラは，検出波長が3～5 μmの短波長タイプのものと，8～14 μm程度の長波長タイプのものに大別できる．これらの赤外線カメラで表面温度を計測する際，屋外の自然環境条件下では太陽光など計測対象物以外の物体が放射する赤外線の影響を受ける．屋外の自然条件下では，比較的この影響を受けにくい長波長タイプの赤外線カメラを用いることが適当と考えられる．表11.2.2には代表的な長波長タイプの赤外線カメラの一覧を，図11.2.2には赤外線カメラの一例を示す．最近では，長波長タイプのシステムでは，多くの機種が同じタイプの2次元非冷却センサを採用しており，分解能などの性能もほぼ同等になっている．また，小型軽量化，可視画像の同時記録などの機能付加が進み，屋外での調査などにおいて，より使いやすくなってきている．

〔赤松幸生〕

文 献

1) Hoffman, J. and Riggan, P. : The design and flight performance of the multispectral airborne

表 11.2.1 各種の航空機搭載型熱画像観測システム（例）

	中日本航空㈱	中日本航空㈱	中日本航空㈱	カナダ ITRES 社	三菱電機㈱	FLIR Systems
メーカー名						
製品名称	J-SCAN-AT-AZM	VAM-90 A	J-SCAN-AT-5 M/II	TABI-320	IR-5120 C	2000 A
形式	スキャナ	スキャナ	スキャナ	ラインセンサ	エリアセンサ	エリアセンサ
測定波長帯 (μm)	8〜10.5, 11〜12.7	3.5〜13 (4分割)	8〜14	8〜12	3〜5	8〜13
熱赤外バンド数	2	4	1	1	1	1
冷却方式	液体窒素	液体窒素	液体窒素	非冷却型	スターリングサイクルクーラ	圧縮アルゴンガス
測定温度範囲 (℃)	−20〜500	−20〜250, −10〜1500	−20〜250	−20〜110, 0〜1000	−20〜2000	−20〜201
温度分解能 (℃)	0.2	0.5	0.2	0.1, 2	0.15	0.1
測定視野角（水平×垂直）	水平80°	水平60°（サイドルッキング可能）	水平80°	水平48°	14°×11°（50 mmレンズ）	28°×15°
空間分解能 (mrad)	1.25/2.5 切り替え	1.5	2.5	2.8	0.5 (50 mmレンズ)	1.9
走査速度	74 RPS	60 RPS	61 RPS	1/60 秒 (ライン)	1/60 秒 (フィールド)	1/30 秒 (フィールド)
表示画素数（水平×垂直）	2234 (1ラインあたり)	1368 (1ラインあたり)	1024 (1ラインあたり)	320 (1ラインあたり)	262144 (512×512)	328125 (525×625)
データ深度 (ビット)	14	14	14	12	10	10
記録モード	VLDS (METRUM 社)	VLDS (METRUM 社)	VLDS (METRUM 社)	ハードディスク 32 GB	NTSC VTR テープ RS-170 モノクロ	NTSC/PAL VTR テープ RS-170 モノクロ
電源	DC 28 V	DC 28 V	DC 28 V	DC 28 V	DC 22〜28 V	DC 12 V
センサ部重量 (kg)	70	52	58（制御部含む）	6	21.2	26.1
センサ寸法 (mm)	590(W)×753(D)×517(H)	320(W)×607(D)×436(H)	600(W)×600(D)×686(H)	150(W)×370(D)×250(H)	145(W)×350(D)×170(H)	φ400（ポッド径）
備考	航空機搭載専用装置である。熱バンドを含め可視〜短波長赤外域に43 chの波長帯を所有している。三軸制御マウントに搭載されており、航空機の揺動による画像の歪みが少ない。	火山観測を目的に開発された装置で、最高1500℃まで計測可能。噴煙の影響や火山口直上での観測による危険を避けるため、サイドルッキングモードでの観測が可能である。機上電話回線によりデータを切り出して転送する速報機能を有する。	小型航空機に搭載可能なMSSである。可視、近赤外、熱赤外の5バンドが同時に観測可能である。	フルデジタル、プログレッシブな熱画像をプッシュブルーム方式で撮影するマイクロボロメータである。使用目的に応じて、3つのカスタマイズされた観測温度帯を選択することができる。データ値は摂氏温度 (℃) で取得される。将来多バンド化される予定もある。	広角・望遠・ズームなど交換レンズ群が豊富である。デジタル・リード・アウト/GPIB/64階調 RGB出力を備える。通常環境温度のほか高温放熱体のモニタリングに有利である。空撮用防振架台（ヘリコIII）に設置可能である。	航空機機外搭載用で広角（狭角2眼式、50Gの耐震性をもつ）ジンバル架台に格納されており、リモートコントローラで機内から操作する。AGCによる自動露光のほかダイナミックレンジ調整も可能である。

406　11. 熱画像システムの測量工学への応用

図11.2.1 航空機搭載システムの一例（TABI-320）

表11.2.2 代表的な長波長タイプの赤外線カメラの例（各メーカーのカタログより）

メーカー名	NEC三栄㈱	日本アビオニクス㈱	CHINO
製品名称	サーモトレーサ	ネオサーモ	サーモビジョン
製品形式	TH 9100 MV	TVS-700	CPA-8000
測定波長帯（μm）	8～14	8～14	7.5～13
冷却方式	非冷却型	非冷却型	非冷却型
測定温度範囲[*1]（℃）	－20～2000	－20～2000	－40～2000
温度分解能（℃）	0.06	0.05	0.08
測定距離（cm）	30～∞	30～∞	30～∞
測定視野角（°）（水平×垂直）	21.7×16.4	26×19.6（標準レンズ）	24×18（標準レンズ）
空間分解能[*2]（cm）	1.26	1.43	1.3
フレーム時間（秒）	1/60	1/30	1/60
表示画素数（水平×垂直）	76800（320×240）	76800（320×240）	76800（320×240）
データ深度（ビット）	14	12	―
記録モード	コンパクトフラッシュ	コンパクトフラッシュ	PCカード
内蔵モニタ	3.5インチLCD	3.8インチカラー液晶	4インチカラー液晶（オプション）
電源	バッテリー，ACアダプタ	バッテリー，ACアダプタ	バッテリー
バッテリー駆動時間	2時間30分	60分以上	約2時間
重量（kg）	1.3（バッテリーを除く）	1.8（レンズ，バッテリーを含む）	2.2（モニタ，バッテリーを含む）
カメラ寸法（mm）	109(W)×182(D)×106(H)	100(W)×239(D)×125.5(H)	100(W)×220(D)×120(H)
可視画像	41万画素（752×480）	―	640×480，フルカラー

[*1]オプションまで用いた全レンジでカバーできる温度範囲，[*2]距離10mにおける分解能．

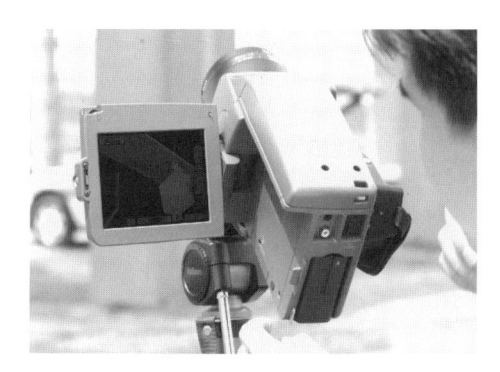

図11.2.2 赤外線カメラの一例（TVS-600）

firemapper system. *Proceedings of 5th International Airborne Remote Sensing Conference*, 2001.

2) Vaughan, R. and Calvin, W.: Mapping alternation minerals with SEBASS hyperspectral thermal infrared data. *Proceedings of 5th International Airborne Remote Sensing Conference*, 2001.

3) 船橋 学，赤松幸生ほか：多段階リモートセンシングによる干潟調査手法の検討．日本写真測量学会秋季学術講演会発表論文集，pp.75-78，2000．

4) 日本写真測量学会編：熱赤外線リモートセンシングの技術と実際，鹿島出版会，pp.40-42，1987．

11.3 火山活動のモニタリングへの利用

11.3.1 航空機 MSS によるモニタリング
1) 航空機 MSS による地熱分布調査

航空機搭載の熱赤外センサによる火山活動のモニタリングは，その機動性の高さと解像度の高さから広く利用されている．航空機からの観測方法としては，主に航空機 MSS による観測と，ヘリコプタに搭載した地上用のサーモビューワなどの装置を用いる方法の2つがある．ヘリコプタ手法では，高い解像度が得られる反面，観測範囲が狭く，火口周辺の高温部の観測には適しているが，もう少し広範囲のモニタリングには使いづらい．そこで，ここでは航空機搭載 MSS によるモニタリング手法について述べる．

航空機 MSS は，人工衛星に比べると1桁以上高い空間分解能が得られる．観測域はやや狭いが，幅数 km の帯状の範囲でデータを取得可能で，噴火口周辺の温度分布観測には十分な範囲を観測できる．さらに，最高 1500°C まで測定可能のものもあるなど，火山活動による高温の地熱異常の観測が可能である（表 11.2.1 参照）．

火山の地熱分布調査は，日射の影響を避けるため，夜間に実施するのが望ましい．日中，火山性噴出物で覆われた地表は，日射の影響を受け 60°C 以上に達する場合もあり，日中に観測を行う場合には，地熱の影響であるのか日射の影響であるのかをよく見極める必要がある．

しかし，火山活動が活発な時期には，突然の噴火による危険を避けるため，日中に観測を行う場合もある．日中に観測を行う利点としては，熱バンド以外の可視・近赤外バンドを同時に観測することにより，火山灰の分布状況などを把握できる点があげられる．また，火山活動により熱異常地帯の温度が高温である場合には，日射の影響はそれほど大きくないと思われる．

図 11.3.1 は，VAM-90 A による三宅島の観測結果である[1]．この観測では，観測機器の校正結果から，火口内の最高温度が 360°C であると観測された．また，同時に観測された可視・近赤外域から，R に band 4（1.55〜1.75 μm），G に band 3（0.8〜1.1 μm），B に band 2（0.6〜0.7 μm）を使用して合成カラーを作成すると，植生は緑色，裸地（岩石，降灰域）は青色〜青紫色に発色し，地表面の被覆状況も合わせて把握できる．

リモートセンシングで観測された放射輝度から温度に変換するためには，観測装置の校正値を用いる．ただし，精度を上げるためには，大気の吸収による影響を考慮しなくてはならない．大気補正には大気モデルを用いる方法と，大気の吸収の異なる波長帯により水蒸気量などを推定して補正する方法がある[2]．しかし，火山からは熱エネルギーの吸収源となる水蒸気，CO_2，SO_2 などが大量に放出されており，この見積もりは非常に難しい．

こうした方法によらない場合には，観測と同期した地上測定値との関係式を用いて地表面温度に変換することになる．地上観測を行う方法は，平穏な時期のモニタリングには適しているが，活動中の火山周辺に立ち入りができない場合があることや，表面温度が高温である場合，常温付近の温度校正値から，大きく離れた高温値を外挿すると誤差が大きくなることから，活動が活発な火山にはあまり適していない．

活動中の火山の温度分布は，防災上速やかに伝達することが必要となる場合が多い．このため，防災科学技術研究所では，VAM-90 A により観測したデータを機上で電子媒体に出力し，着陸後速やかに電話回線を用いて研究所に電送し画像化して温度分布を把握するシステムを備えている（図 11.3.2）．速報性を重視しているため，転送された画像は，幾何学的に少し歪んでいるが，火口の形状などから，高温域の場所は容易に特定することができる．

また，送信画像は，用意されたテーブルによりデジタル値から輝度温度に変換され，マウス操作により画像の任意の点の温度やヒストグラムを読み取ることができる．この方法では，地上から電話回線でのデータ転送であったが，近年の通信技術の発達により，近い将来には上空からデータを送り，より即時性を高めることができるようになると期待される．

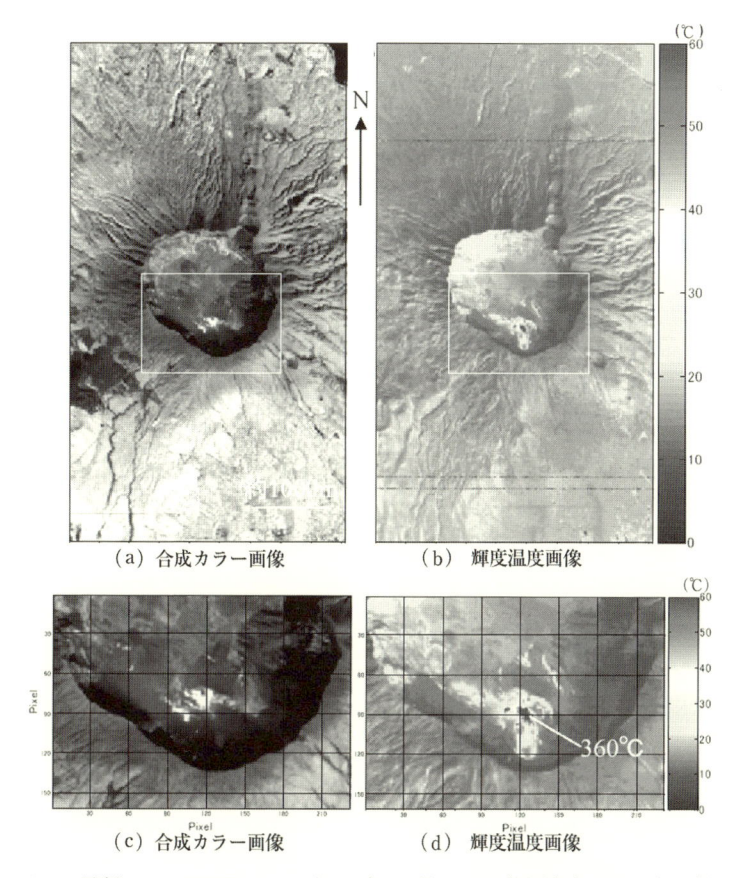

11.3 火山活動のモニタリングへの利用

図 11.3.1 飛行コース MYK 03-1 A (2003 年 10 月 23 日,観測高度 3600 m) の速報画像データを用いた三宅島火口付近の合成カラー画像と輝度温度画像(防災科学技術研究所ホームページより)(カラー口絵 13 参照)

画像(c)と(d)は(a)と(b)に白枠で示した火口付近の拡大図.合成カラー画像(a)と(c)は,R に band 4 (1.55〜1.75 μm),G に band 3 (0.8〜1.1 μm),B に band 2 (0.6〜0.7 μm) を使用.植生は緑色,裸地(岩石,降灰域)は青色〜青紫色に発色.画像の 1 ピクセルは約 9 m.

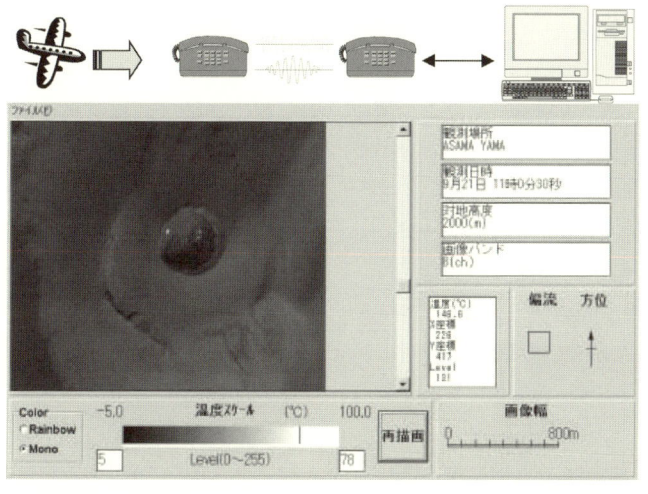

図 11.3.2 VAM-90 A のデータ速報システムの概念図と速報画面

2) 熱赤外域による二酸化硫黄の検出

三宅島では2000年6月に噴火した後，雄山山頂火口から有毒ガスであるSO$_2$が大量に放出されており，全島民が避難する大きな要因となった．こうした火山ガスのモニタリングを，熱赤外域のリモートセンシングで行う手法が提案されている．

熱赤外域は，大気の窓と呼ばれ比較的大気成分による吸収が少ない領域であるが，水蒸気のほかに，わずかながらSO$_2$やCO$_2$による吸収帯が存在する．この吸収の影響を逆に利用して，火山から放出される火山性ガスの濃度や分布を検出することができる．ASTER[3]とVAM-90A[4,11]を用いた解析事例が報告されているが，ここでは，VAM-90Aの例を紹介する．

図11.3.3は，熱赤外域における，SO$_2$の吸収帯を示したものである．7.5μm付近に大きな吸収帯があるが，この帯域は水蒸気の吸収帯と重なっておりSO$_2$検出には利用できない．そこで，検出には8.6μm付近の小さな吸収帯を用いる．

この吸収帯を含むバンドと含まないバンドを比較し，SO$_2$の吸収量を求めることにより，大気中のSO$_2$量を推定する．そのためには複数の熱バンドを保有するセンサが必要である．

VAM-90Aは表11.2.1に示したとおり8～12μm帯域に2つのバンドを保有している．このうち，SO$_2$の吸収帯はband8に含まれるが，band8全体ではSO$_2$による吸収の影響は非常に小さいので，これを検知するために温度センサの波長帯をそれに合わせて絞り，相対的にSO$_2$吸収の感度を上げる改良がなされた（図11.3.4）．

図11.3.5は，改良後のVAM-90Aによる三宅島の観測結果である．火口から放出されたSO$_2$が，東（画像の右方向）に向かって流れ，その影響でSO$_2$分布域の海面温度が低下しているのがわかる．火口付近と沖合の黒い部分は雲である．

SO$_2$量の算出には，海水面の温度，噴煙温度，および航空機で実測した放射輝度温度に対し，MODTRAN 4.0により，SO$_2$の濃度を変えてシミュレーションを行い，SO$_2$濃度を推定する．さらに，観測時の風速と観測画像から求めたSO$_2$の影響域の幅により，濃度を積分しSO$_2$放出量を算出

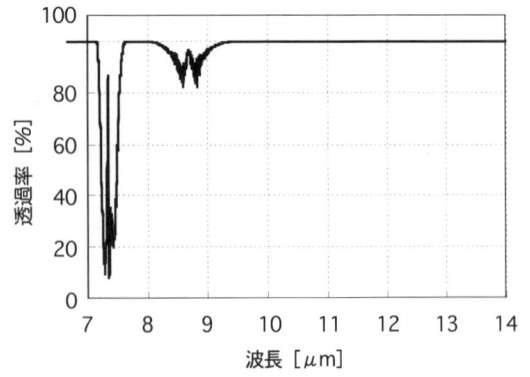

図11.3.3 熱赤外域におけるSO$_2$の吸収帯[4]

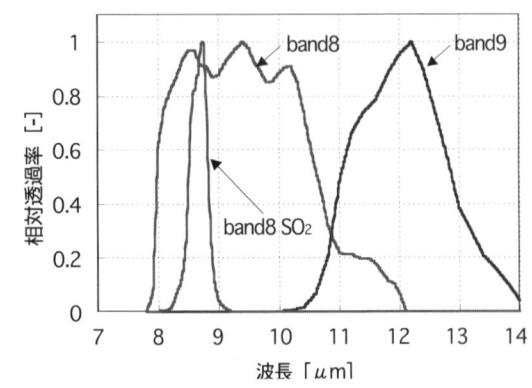

図11.3.4 VAM-90Aの熱赤外域の波長特性[4]

する．この例では推定値が10000～28000t/日と見積もられ，他の観測値とほぼ一致した結果が得られた（図11.3.6）． 〔宮坂 聡〕

11.3.2 ヘリコプタ搭載の熱赤外線ビデオカメラによるモニタリング

1) ヘリコプタ搭載型の空中モニタリングシステム

火山活動は，高温の噴気や抛出物が地表に現れることから，熱画像システムによる査察が有効である．噴火活動の前兆現象から，本格的な活動の性格を予測して災害防止に役立てたり，また，それらのプロセスをモニタすることから，地下深所の地熱体の挙動を明らかにするための情報も得られる．

火山活動のモニタリングでは，災害現場に立ち入ることは危険であり，また，衛星リモートセンシングでは，熱画像の空間分解能が低く詳細な温度データがリアルタイムで得られにくいことか

図 11.3.5 VAM-90 A で得られた三宅島の熱映像（2001 年 12 月 17 日観測）
SO₂ の吸収帯を含む狭域に改修した band 8 により，火口から放出された SO₂ による温度低下が観測された．

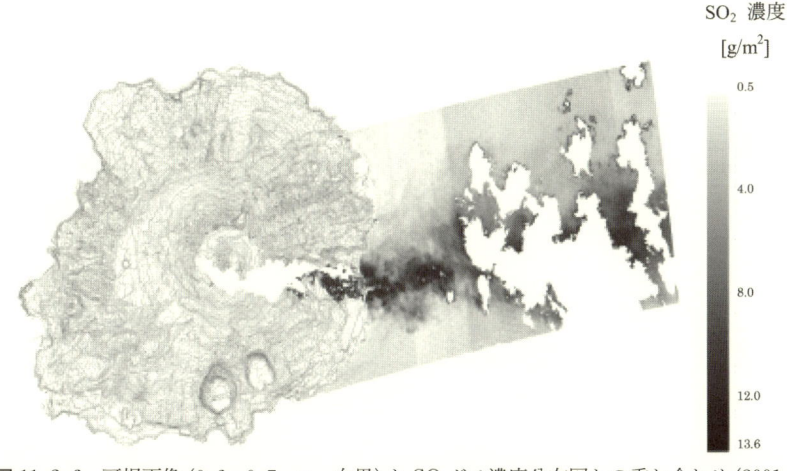

図 11.3.6 可視画像（0.6～0.7 μm，白黒）と SO₂ ガス濃度分布図との重ね合わせ（2001 年 12 月 17 日観測）
白色部位は，水滴（凝結水）領域で SO₂ ガス濃度の定量は不可能．陸地上空の SO₂ ガス濃度は暫定値．

ら，航空機によるリモートセンシングが有効である．特にヘリコプタは，空中で静止したり，自由な速度や高度で運動できるので，防災情報収集用プラットホームとして優れている．

図 11.3.7 に，熱赤外線ビデオカメラと搭載機を示す．このセンサは，常温の 300K に対応した波長 8～12 μm にピークを示す黒体分光放射束もつ TIR (thermal infrared) タイプのセンサであるが，火山活動モニタリングのように高温の被写体が対象となるときは，可視光から中間赤外線までカバーできるようにコンバインされた VIR (visible and near-infrared) タイプのセンサ[5]が有効である．

熱画像システムは，表面温度情報を画角内の放射輝度分布としてとらえるので，画像自体から発熱体の有無や内部構造を判断することができる．しかし，それらの規模や温度を情報として引き出すためには，いくつかのサポート情報が必要になる．たとえば，図 11.3.8 に示すように，放射輝度-温度変換のためには放射温度計によるグランドトルースデータが必要であり，被写体の規模を得るためには，撮影範囲の地理的位置や縮尺を決定する高度情報や瞬間視野角などの情報が必要である．また，リアルタイムに情報を対策本部に伝送する生中継装置も，緊急時には有効である．

(a) 熱赤外ビデオカメラ（インフラビジョン 2000 A）

(b) 搭載機（ベル 206 B）

図 11.3.7　ヘリコプタ搭載型熱赤外ビデオカメラ

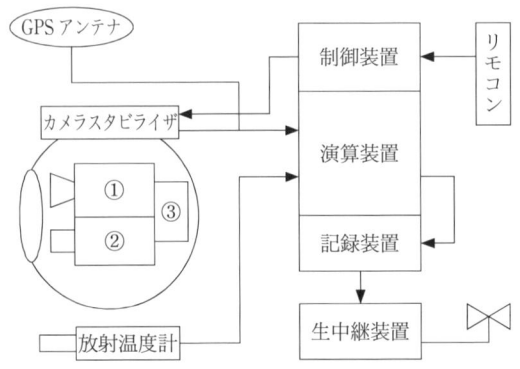

図 11.3.8　ヘリコプタ搭載型熱画像システム概念図
①赤外線カメラ，②レーザ距離計，③ジャイロ加速度計．

2) 火山活動モニタリング事例

① 大島三原山の 1986 年の活動

伊豆大島は，1986 年 11 月，12 年ぶりに噴火活動を開始し，1 年後の 1987 年 11 月，深さ 100 m に達する火口陥没を残して終息した．この間の熱画像システムを使ったモニタリングについて，事例を紹介する[7,8]．

1986 年に始まった伊豆大島火山の主な活動は次のようである[7]．

- 前兆期：　1986 年 7 月火山性微動が開始，10 月にいったん途切れ，その後再び続く．
- 活動期：　同年 11 月 12 日三原山東南東火口壁から大量の噴気，15 日に至り火口壁での噴気と崩落が活発化，火映現象が観察される．16～17 日にかけ，有感地震（最大震度 4）が頻発し，三原新山の火口に溶岩湖が出現する．21 日には，三原新山火口北方のカルデラ内や剣が峰から北西方にかけての外輪山斜面に割れ目噴火が始まり，大規模な噴泉が出現する．この噴火に伴い震度 5 を含む有感地震が群発するようになり，22 日には伊豆大島近海を震源とする M 6.1 の地震が発生し，カルデラ内の火口から多量の噴煙が立ち昇る．これらの地震に伴い，島の各地で亀裂や変色海域が発生し，活発な地盤変動が起きていることを示す．
- 終息期：　同年 11 月の活動後，比較的静穏に推移していたが，1 年後の 1987 年 11 月 16 日，再び山頂付近で小噴火を起こす．17 日の山頂火口底陥没運動に引き続き，18 日には火映現象を伴う噴火が起こり，火口底の陥没が 100 m に達するに至る．その後，一連の火山活動は終息に向かう．

② 割れ目噴火口

噴火活動がおおむね峠を越した 1986 年 11 月 28 日，ヘリコプタによる熱画像システム撮影飛行を実施した．図 11.3.9 に，剣が峰火口～外輪山斜面に発生した主な割れ目噴火火口の熱画像を示す．剣が峰火口では，火口壁上部に相当する位置で高温部が馬蹄形を呈し，火口内部の低温部と際立った対比をみせている．また，外輪山斜面の火口においても同様に，火口内部より火山抛出物の堆積部の方が相対的に高い温度が維持されている．このことは，火山抛出物の供給源である火口の方が高温であるという予測を覆す結果となった．

図 11.3.9 は，TIR タイプの熱赤外線カメラによる熱画像のため，火口付近の温度差に対応していない．そこで，VIR 画像の代わりに，熱画像と同時に撮影した可視カラー映像より，赤バンドのみの画像を作成して火口内部の構造を調べてみた．図 11.3.10 は，その一例で，火口縁辺部から

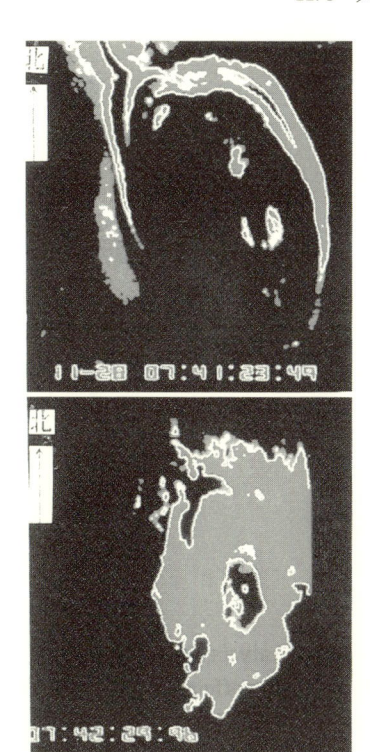

図 11.3.9　割れ目噴火口の熱画像[6]

図 11.3.10　割れ目噴火口の構造[7]

内部に向けて輝度が低下し，火道と思われる部分で最も低くなっている．すなわち，噴泉の供給源となったマグマは，わずか1週間の間に火道周囲を加熱する間もなく，地下内部へと戻ってしまったものと推測された．

③ 山頂火口の陥没

1986年噴火の1年後の1987年11月12日，三原新山火口周辺を熱画像システムで観察した．三原新山の新規噴火口は，1986年噴火の際，噴出した溶岩で満たされて溶岩湖となり，溢流した溶岩はカルデラ火口原に達していた．

12日の観測では，図11.3.11(a)に示すように，新規噴火口中央部の埋没火口付近でリング状の高温部と固化した溶岩湖表面の低温部とが著しい対比をみせていた．埋没火口の表面温度が低温である事実からは，溶岩本体はすでに地下内部に引き下がり火口が空洞化していること，また，リング状の高温部は，火口縁に沿って亀裂が発達していることを示し，固化した溶岩が支えを失って不安定な状態にあることが推察された．このモニタリングから4日後の16日，三原新山の南側に存在していた高温部から小噴火が開始し，火口の陥没が始まり，18日には深さ100 mに及ぶ火口孔が出現した．図11.3.11(b)に陥没後の火口の熱画像を示す．この結果は，熱画像システムが陥没の前兆をとらえた初めての事例で，このシステムによる火山活動モニタリングが有効であることを示している．仮に，埋没火口の表面が高温に維持されていたとしたら，三原山の噴火活動と火口底の高さの関係から，新たな噴火活動の再開につながる兆候としてとらえることができたであろう．

3） 熱画像システムの火山活動モニタリングへの適用性

熱画像システムによる火口の観察から，地下内部の溶岩の挙動を推測することができた．すなわち，外輪山斜面の割れ目火口からは，割れ目に迸入した溶岩が噴泉を伴う噴火の後，早い段階で後退していたこと，一方，山頂火口では，溶岩湖表面が自重を支えられる程度の厚さまでクラスト化した後，溶岩が後退していたことを読み取ることができる．これらの溶岩の動きに関する情報は，火山活動のプロセスを考える上で貴重な資料となろう．

また，1986年の噴火に際して，大島沿岸の各地で，地下水の湧出に伴う低温海面が観察され，溶岩の上昇など，地層間隙水圧を増大させる何らかのインパクトとの関連について報告がなされている[8]．

このように，熱画像システムによる温度情報は，

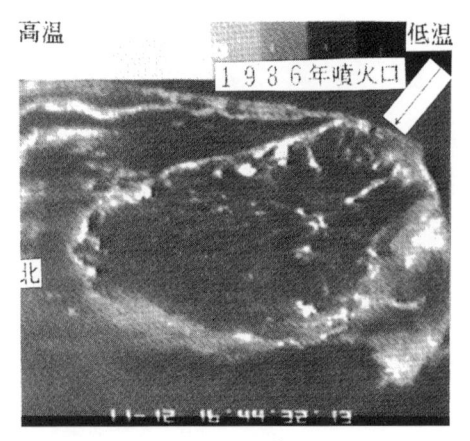

(a) 陥没前

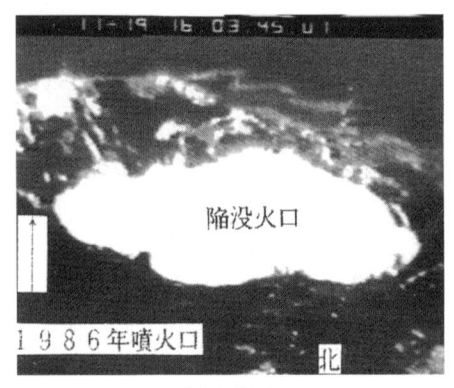

(b) 陥没後

図11.3.11 陥没前後の山頂火口の熱画像[6]

火山活動の実態把握やプロセスの解釈に有効であり，モニタリング技術として活用が期待される．

〔髙田和典〕

11.3.3 地上熱画像での例

火山活動における噴煙や噴気，高温地帯の分布は，地下のマグマの規模やその活動状況を示す指標であり，火山活動の監視項目として重視されている．噴煙は，火山から放出される熱エネルギーと深い関連があると考えられており，その状態を観測して熱エネルギーの供給量を直接見積もり，火山活動の活発さを定量的に把握しようという試みがなされている．また，噴煙や噴気の噴出量，および噴出速度は，爆発的な噴火の際に急増することが定性的に知られている．さらに，地表の高温地帯の温度や分布形状は，地下のマグマや熱流体の移動状況を反映して変化する．このような噴煙，噴気，高温地帯の変化を時系列的かつリアルタイムに知ることは，火山活動の推移を把握し，予警報的情報を発信して，火山災害を軽減することに役立つ．ここでは，まず噴煙を対象にした熱画像による計測事例と，移動体の形状測定技術について紹介する．

1) ポータブル赤外線熱画像装置による噴煙の温度観測の事例

2000年有珠山の噴火では，山麓に生じた火口が湯沼と化し，泥を吹き上げる水蒸気爆発が長く継続した（図11.3.12）．火口が乾いてくると，高温の火砕サージが発生する可能性が懸念され，火口付近の地下水の有無や温度を知ることが重要な課題となった．そこで噴気の温度を測定して，温度が沸点をこえるかどうかに注目して連続観測を行った．観測方法は，ポータブル赤外線熱画像装置を火口から約1500mの地点に設置し（1ピクセル＝約1m^{2}の解像度に相当），1回10～30分間の連続観測を行って，動画上での瞬間最高温度の極値を記録するものである．

3月31日の噴火開始の半月後から約3か月間の観測結果を図11.3.13に示す．4月中旬は，炸裂型と呼ばれた水蒸気がやや乏しい噴煙で高温が現れた．その後は定常的な白色の噴煙が続いたが，6月以降には一時的に水蒸気の少ないジェット型の噴煙を噴き上げ，それが比較的高温を示した．観測期間中に，噴煙温度が沸点をこえることはな

図11.3.12 有珠山2000年噴火における西山火口のコックステイル型噴煙（観測地点より2000年4月21日撮影）

く，大規模な活動の活発化や，それに対応する温度の上昇はみられなかった．しかし，火口近傍で観測された微動の振幅の変化（図 11.3.13(b)）と比較すると，噴煙の爆発性と温度とは比較的よい相関があるようにみえ，火山の活動性の指標としての噴煙温度観測の有効性が期待できる．

2） ビデオ画像による火山噴煙動体の観測システムの事例

噴煙や噴気の形状を計測するためには，面的な画像情報を取得する必要がある．また噴気の形は絶えず変化するため，定量的かつ統計的な解析に使える時系列的な観測値が必要である．ビデオ画像を用いた動体の追跡，流動体の運動形態の解析は，室内実験のような場において近年は盛んに用いられるようになってきた．しかし，動画像を用いて噴煙や噴気など，不定形動体を直接観測する計測システムの事例は少ない．ここでは，野外観測において，動画像の画像解析手法を利用して不定形動体の領域や流速を検出する噴煙計測システムを紹介する．

このシステムは，画像取得ソフトウェアと移動領域抽出ソフトウェア，さらに速度/変位ベクトル計測ソフトウェアの組み合わせからなり，ビデオ画像から噴煙，噴気の噴出高度と噴出速度の計測を連続的に行う．システムの基本イメージを図 11.3.14，11.3.15 に示す．

このシステムはパソコンの制御によって，噴煙や噴気の動画像の記録，画像の処理を自動化し，時系列的に連続した計測結果を出力する．不定形をした移動体の領域を抽出するには，任意の時間間隔の差分画像から画素単位の輝度差を読み取り，時間軸積算や拡大縮小による穴埋め，特定輝度部分の排除などの画像処理を行う（図 11.3.16，11.3.17）．また噴出速度を算出するには，画像の任意の範囲に対し，任意の時間間隔の画像間相関演算によりオプティカルフローを検出する（図

(a) 噴煙温度の時系列変化

(b) 火口近傍の微動振幅の時系列変化

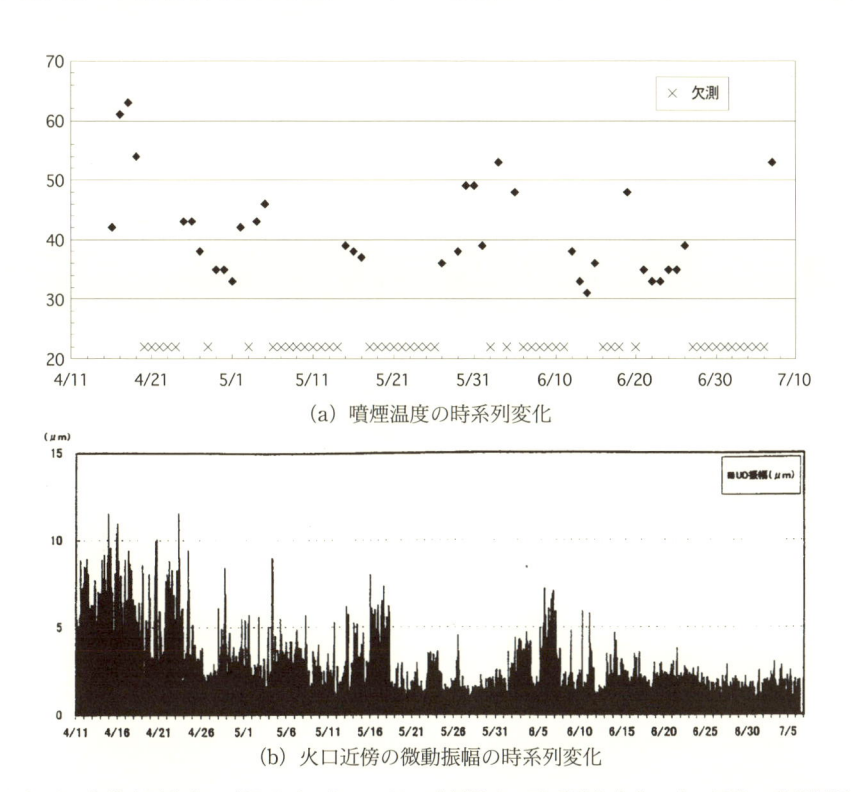

図 11.3.13 有珠山西山火口（N-B 火口）における噴煙温度の時系列的変化と火口近傍の微動振幅の時系列的変化の対応[10]
4月中旬はコックステイルジェットと炸裂型．炸裂時に高温出現．6月中旬以降，小さなジェットを間欠的に出す一方，時々噴煙休止．

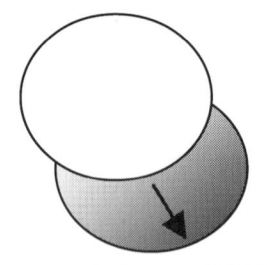

図 11.3.14 差分画像による移動領域抽出

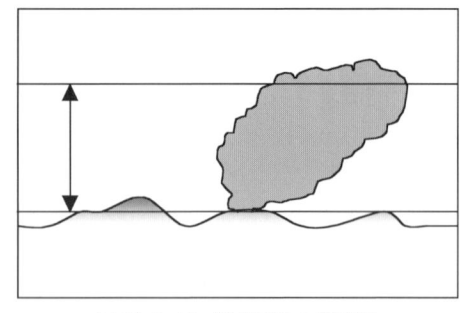

図 11.3.16 噴煙高さの算出図

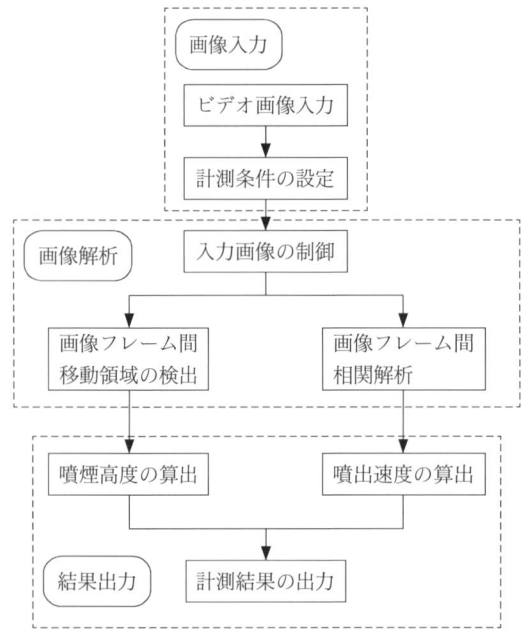

図 11.3.15 ビデオ画像による噴煙観測システムの概念図

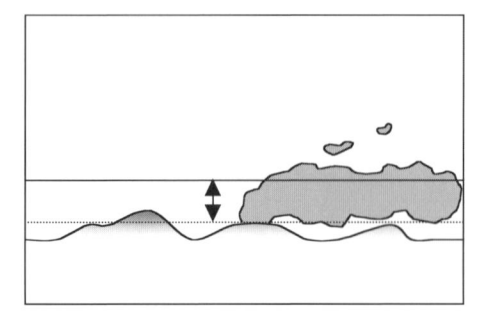

図 11.3.17 判別分析で閾値を設定し誤判別を防止

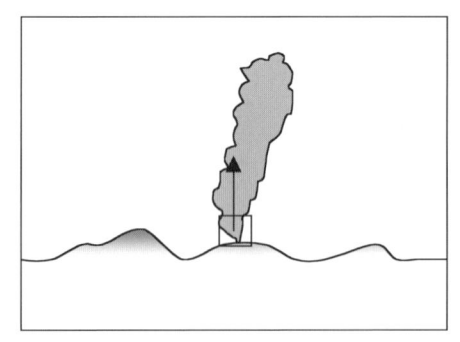

図 11.3.18 計測領域内の速度ベクトルの表示

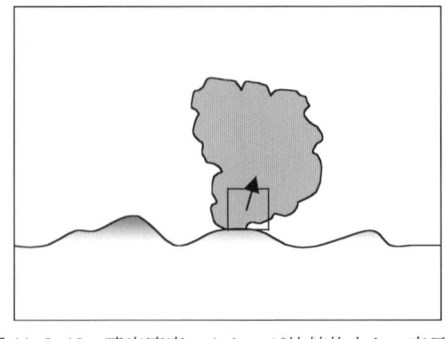

図 11.3.19 噴出速度ベクトルが比較的小さい表示例

11.3.18, 11.3.19).

このシステムを 2000 年有珠山噴火の小規模な噴煙に対して運用した画像を図 11.3.20, 11.3.21 に示す．画像取得装置は一般家庭用のデジタルビデオカメラを用い，噴火口から高さ 300～500 m 上昇している噴煙を 1500 m 離れた観測点から撮影した．肉眼で識別でき，背景により高速で動く大きな物体がなければ，移動領域が明瞭に検出される．解析には熱画像を使うこともでき，その場合は高温領域の広がりを連続的に観測できるため，火山活動の推移をモニタリングすることに貢献できると考えられる．　　　　　　〔向山　栄〕

文　献

1) 防災科学技術研究所：三宅島の山体表面温度観測について(平成 15 年 10 月 23 日観測速報画像判読結果)，

図 11.3.20 デジタルビデオで取得した噴煙

図 11.3.21 領域抽出と噴出口直近の速度ベクトル

2003.
2) 土屋 清：リモートセンシング概論, 朝倉書店, 1990.
3) 浦井 稔, 福井敬一, 山口 靖, David C. Pieri：ASTERによる火山観測の可能性とグローバル火山観測計画. 火山, 44, 131-141, 1999.
4) 実渕哲也, 鵜川元雄, 宮坂 聡, 久保田 竜：航空機搭載型MSS(VAM-90A)の熱赤外画像による三宅島の二酸化硫黄ガス濃度分布計測. 日本リモートセンシング学会第33回学術講演会論文集, 2002.
5) Rees, W. G.：Physical Principles of Remote Sensing, Cambridge University Press, pp.147-158, 2001.
6) 荒木春視：熱赤外線ビデオカメラが捉えた火山の生態―伊豆大島三原山の噴火活動―. 写真測量とリモートセンシング, 28(2), 1989.
7) 荒木春視：ヘリコプターを利用したリモートセンシング技術の土木施設管理及び防災への応用. 東京大学工学部博士論文, 100-147, 1992.
8) 荒木春視, 杉浦邦朗：大島周辺の海面温度（火山活動と水温）―ヘリコプターからのリモートセンシング. 写真測量とリモートセンシング, 29(2), 130-138, 1990.
9) 日本写真測量学会編：熱赤外線リモートセンシングの技術と実際, pp.39-44, 鹿島出版会, 1986.
10) 稲葉千秋, 並川和敬, 片岡達彦, 向山 栄, 曽我智彦, 鈴木 拓, 総合観測地質グループ：有珠山2000年噴火の噴煙熱映像観測. 日本火山学会秋季大会講演予稿集, 181 pp., 2000.
11) 実渕哲也：航空機MSS(VAM-90A)で計測した三宅島のSO$_2$ガス濃度分布. 日本赤外線学会誌, 13(1), 2003.

11.4 道路のり面管理への利用

現在，高度成長期に建設された多くの道路施設の老朽化が進行し，管理瑕疵問題を引き起こしているが，特に，のり面保護工の一つである吹き付け工は，施工方法が比較的簡易で多用されること，また，耐用年数も短いことから，改修などの対策が必要なのり面が加速度的に増加しつつあることが問題となっている．

吹き付けのり面の老朽化が進行すると，ひび割れによるモルタル自体の崩落や，地山保持力の低下に伴う落石や岩盤剥離など，重大な事故に直接結びつく事態を引き起こす．このため，全国の道路管理機関で日常的に点検が行われているが，多くの場合，目視による外観検査にとどまっており，吹き付け工の損傷状況や地山との密着状況などに基づき老朽化を客観性をもって診断し，防災性の向上に必要な対策を講ずるための臨床技術が求められてきた．

本節で紹介する熱画像システムを使った道路吹き付けのり面の老朽化診断技術は，リモートセンシングの特徴を生かし，吹き付け工を損傷させることなく，安全にかつ能率よく弱点箇所を抽出してのり面全体の老朽化が診断できるように工夫されている．旧建設省土木研究所が民間企業との間で実施した共同研究の成果[1]およびそれを取りまとめた熱赤外線影像法による吹き付けのり面老朽化診断マニュアル[2]に従って，利用技術を紹介する．

11.4.1 吹き付けのり面の調査
1) 吹き付けのり面と熱移動

この調査方法は，熱画像システムを使って，吹き付けのり面表面の温度分布や温度変化を調べ，これを手がかりに，吹き付け工裏の空洞や地山の性状など，落石や剥離崩壊につながる要因を推定することを特徴としている．吹き付け工が地山に密着しているか，または，地山との境界に空洞が形成されているか，吹き付けのり面における熱伝達の様式を考慮して，表面からは観察できない吹き付け工内部の状態を推定する．

一般に，熱の伝わり方には，輻射，伝導，対流の3態が知られているが[3]，この調査方法では吹き付けのり面を構成する物質の熱伝導の違いに注目する．

日中，太陽の強い輻射を受けた吹き付け工表面では，表面を構成する物質の分子や原子が，加えられた熱エネルギーを吸収して激しく振動するようになり，温度が上昇する．吹き付け工表面で開始した激しい分子振動や格子振動は，熱力学の法則に従って，モルタルや地山内部に順次伝えられていく．このとき，伝播経路に存在する物質の熱伝導率の違いによって，一時的に，表面温度の分布に差が生じる．すなわち，吹き付けのり面内部が熱伝導率の低い物質で構成されている場合は，熱エネルギーが蓄積し，高い表面温度が観察され，逆の場合は相対的に低い温度が観察されることになる．表11.4.1に，主な物質の熱伝導率を示す．単位は，伝導方向の長さあたり(m^{-1})，区間前後の温度差あたり(K^{-1})のワット数(W)である．金属のように緻密で整然とした結晶格子をもつ物質で熱伝導率が高く，密度が小さい流体で熱伝導率が小さい．特に空気の熱伝導率が極端に小さく，空気を多く含む脱脂綿やレンガなども熱伝導率は低い．

これらの関係を参照し，また，熱画像システムを使った観測事例を総合すると，吹き付けのり面の地山性状と吹き付け工の表面温度の間に，表11.4.2に示す関係が整理される．また，日中における熱伝達の様相と表面温度との関係を，図11.4.1に模式的に示す．

熱画像システムでは，熱赤外線カメラを使って，モルタルや植物の表面温度分布を映像として記録する．具体的には，絶対温度300K前後の黒体が放射する電磁波に感応するセンサがその強弱を検出し，放射発散度と絶対温度との関係を表すステファン-ボルツマンの法則に従い，表面物質の放射率を考慮して温度変換，表示する仕組みになっている．しかし，正確な温度校正が難しいことから，この方法では，温度分布や温度変化を相対的なデータとして利用している．

表11.4.1 主な物質の熱伝導率[4]
（単位：$Wm^{-1}K^{-1}$）

物質名	熱伝導率
鉄	76
アルミニウム	210
アスベスト	0.13
板ガラス	1.1
レンガ	0.13
スレート	2.0
脱脂綿	0.025
水（10℃）	0.62
氷	2.1
空気（0℃）	0.024

表11.4.2 吹き付けのり面の地山性状と表面温度の一般的パターン[2]

	吹き付け背後の性状	深夜・早朝	日中	2時刻の温度変化
I	空洞部	低温	特に高温	温度変化が特に大きい
II	土砂部	低温	高温	温度変化が大きい
III	湿潤部	低温*	特に低温	温度変化が特に小さい
IV	健全部	高温	やや低温	温度変化が小さい

*冬季，地下水温が相対的に高くなる場合は，日中，夜間において湿潤部の温度が高くなる場合がある．

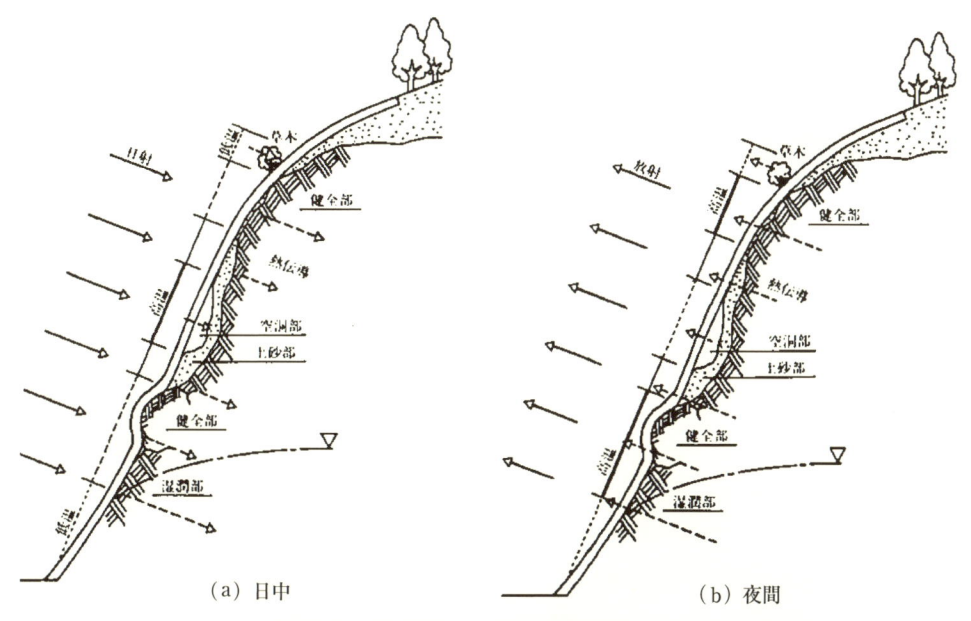

図 11.4.1 吹き付けのり面の熱移動模式図[2]

2) 調査事例

図 11.4.2 は,栃木県塩谷郡藤原町の町道 658 号線の吹き付けのり面を調査した結果である.

対象のり面は,風化花崗岩の地山に施工された吹き付けのり面で,南に面し,高さ約 10 m,幅約 12 m,のり勾配は 1：1 で平板状を呈する.ラス網を張って吹き付けたモルタル吹き付け工が 5〜15 cm の厚さで施工されている.工事は,昭和 40 年代に行われたと推測され,幅 3 cm に及ぶ開口ひび割れがのり面中央を縦断するなど,老朽化が著しい.

熱画像システムによる観測は,のり面に正対した 15 m 離れた位置に熱赤外線カメラを置き,放射冷却により前日の残留熱が最も減少している早朝 6 時と,日照による熱エネルギーが最大に達したと思われる午後 3 時の 2 回,観測を実施した.観測した画像をそれぞれ温度解析するとともに,温度差画像を作成し,表 11.4.2 に示した判定基準や目視観察の結果と照合しながら判読を行った.

判読の結果,空洞部の温度特性を示す範囲が,のり面中央部を横断するように分布することが明らかとなった.また,のり面上部には,水分の多い土質の存在を示す湿潤部が,のり面下部には,吹き付け工が岩盤と密着している特徴を示す健全部が分布していることが明らかとなった.この判読結果を検証するため,空洞部の中央を縦断する側線に沿ってコア抜き調査を実施した結果を表 11.4.3 に示す.

コア抜き調査の結果,熱画像システムで空洞部と判定された部位に明らかな空洞が存在すること,また,のり面上部には含水比の大きな土砂もしくは土砂化した風化岩があり,のり面最下部には貫入不能な岩盤が存在することが判明し,熱画像判読の結果が,実態と一致していることが明らかとなった.これらの結果を総合して推定した対象のり面の縦断構造を図 11.4.3 に示す.

これらの結果から,調査対象とした吹き付けのり面の老朽化について,①対象吹き付けのり面には,中段に水平方向に広く空洞が存在している.これらの空洞は地山の花崗岩が風化し,風化土砂が水抜孔から流出することによって発生したものと判断される,②現在,空洞部における風化層の厚さは薄くモルタル面の背後から土圧がかかる状況になく当面の崩壊のおそれはない,③しかし,今後定期的に調査を行い,既存のひび割れの開口幅が拡大したり,新たな開口ひび割れが発生することがあれば,切り直しを含めた対策を検討する必要がある,と診断されている.

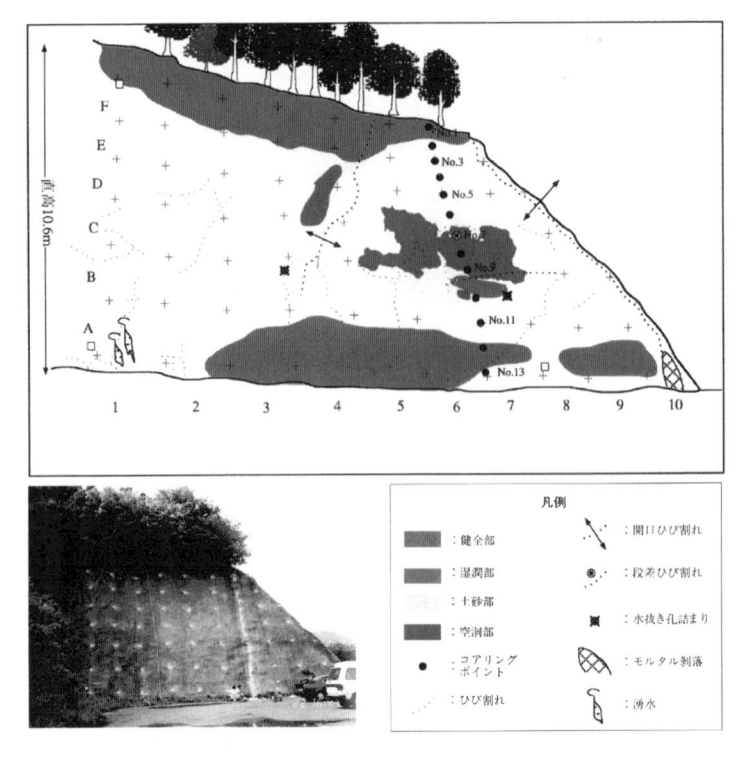

420   11. 熱画像システムの測量工学への応用

図 11.4.2　熱画像判読図[2]

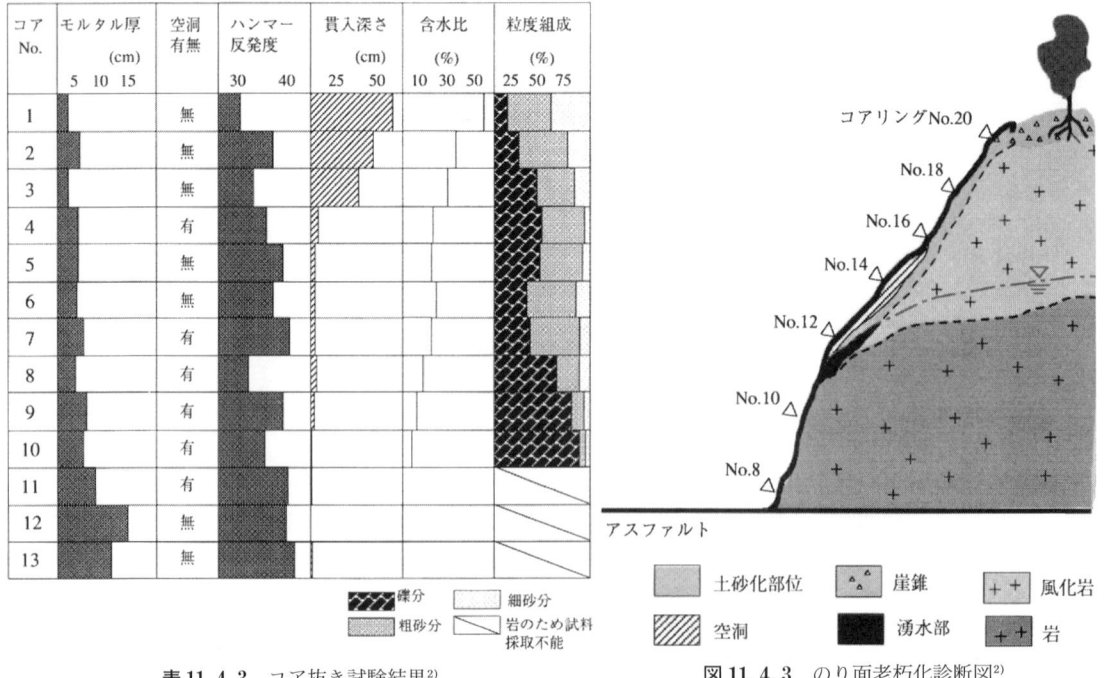

表 11.4.3　コア抜き試験結果[2]

図 11.4.3　のり面老朽化診断図[2]

3) 適用上の留意点

吹き付けのり面は，方位や表面形状および植生の有無などによって，日照や放熱の条件が一様でない場合がある．また，吹き付け工の厚さや落石防止網の有無なども，吹き付けのり面における温度分布や温度変化に影響し，老朽化判定の誤認要因となることがある．

たとえば，北向きのり面では，日中の温度上昇が大気の温度や太陽の散乱光からの熱エネルギーのみに依存するため，明確な温度変化のパターンが得られにくいので，慎重な判定が必要である．また，のり面が曲面であったり，岩盤や岩塊による凹凸がある場合，日照と日陰のコントラストが強く誤認の要因となるので，較差の少ない曇天に観測するとよい．吹き付け工表面の湧水やススキなどの植物の繁茂も温度観測に影響する．現地観察記録を参照して誤認要因を含む部分を判定から除外するなどの工夫が必要である．さらに，吹き付け工自体の厚さや補修吹き付け層との間のリバウンド層の存在なども誤認要因となるので，現地観察時にハンマーによる打音で調べておくとよい．吹き付け工のモルタルにはたくさんの気泡が含まれており，熱伝導率は比較的小さい．このため，吹き付け工が厚くなると，内部の地山の温度状況が明確に反映されなくなるので，注意が必要である．吹き付け工の厚さが 10～15 cm 程度のとき，良好な地山温度特性が得られる．

11.4.2 吹き付けのり面老朽化評価の手順

熱画像システムを使った吹き付けのり面調査は，比較的精度よく内部構造が把握でき，簡便な調査法であることから，初期的な概査として老朽化診断に使うことができる．

しかし，実際の吹き付けのり面には誤認要因が多いので目視調査や周辺調査による補助情報が不可欠であり，また，吹き付けのり面の改修や更新が必要な場合には，コア抜きによる検証のほか，ボーリング調査や弾性波調査などを行って土砂動態を推定して設計に役立てるなどの精査が必要である．表11.4.4に，吹き付けのり面の診断にかかわる評価順序を表示する．

〔髙田和典〕

文　献

1) 建設省土木研究所：熱赤外線影像法による吹付のり面の老朽化診断に関する共同研究報告書．土木研究所共同研究報告書，第139号，1995．
2) 建設省土木研究所：熱赤外線影像法による吹付のり面老朽化診断マニュアル，pp.1-125，土木研究センター，1996．
3) Rees, W. G. : Physical Principles of Remote Sensing, pp.147-158, Cambridge University Press, 2001.
4) Smith, C. : Environmental Physics, pp. 97-104, Routledge, 2001.

表11.4.4 吹き付けのり面総合評価フロー

概査	目視調査	吹き付け表面の剝離，ひび割れ，はらみ出し，モルタルの脆弱化など，吹き付け工自体の劣化要因を観察し，記録する．
	周辺調査	吹き付けのり面周辺の地形や地質を観察し，摂理，断層，風化土層の状態，段落ち，地山の亀裂，崩壊や地すべり地形の有無を調べる．
	熱赤外線調査	吹き付け背後の空洞，土砂部の範囲，吹き付け背後の湿潤範囲など，吹き付け工の密着不良にかかわる要因を抽出する．
精査	コア抜きによる検証	吹き付け工の密着不良が顕著で老朽化が懸念されるとき，吹き付け背後の空洞や土砂部の確認，地山の風化状態や風化層の厚さなどを調べ，対策の必要性を検討する．
	対策のための調査	対策が必要と判断された場合，複数のコア抜き調査，ボーリング調査や弾性波調査などにより，吹き付け背後の地山風化状況を具体的に把握する． これらのデータをもとに斜面の安定度を計算し，これに見合う勾配で切り直し，のり枠工など別工法を採用するか，あるいは同等の補強工法を施工するかを検討する．

11.5 コンクリート構造物点検への利用

11.5.1 コンクリート構造物点検の背景

近年，コンクリート構造物からのコンクリート片剥落事故が発生している．特に，1999(平成11)年には山陽新幹線の高架橋などからコンクリート片落下が相次ぎ，新聞報道などで大きく取り上げられたことは記憶に新しい．このような事故は構造物そのものの性能よりも，第三者に被害を及ぼす可能性が高いという点で社会的に注目されており，その防止のためには剥落予備軍と考えられる変状箇所を把握することが必要である．

一方，これら変状箇所の把握を含め，コンクリート構造物の維持管理に必要とされる点検項目としては，外観変状，コンクリート強度，中性化深さ，塩分量，鋼材位置，鋼材腐食などが必要と考えられている[1]．これらのうち，調査の第1ステップとしての外観変状調査では，膨大なコンクリート構造物の中から剥落懸念箇所を絞り込むことが必要となる．このための手法としては，ある程度の範囲の情報を同時に取得可能な画像情報などを利用して，効率的に調査を実施していくことが重要となる．

以上のような背景から，特別な設備を必要とせず，自然環境下で非破壊・非接触で短時間に検査可能な赤外線カメラを用いた高架橋コンクリート点検への応用事例を紹介する．

11.5.2 赤外線画像による検査方法と従来法との比較

1) 赤外線画像による変状抽出の原理

赤外線画像により得られる情報は，対象の表面の温度分布であり，直接的に背後の変状などをとらえることはできない．しかし，背後の変状などにより表面温度の変化状況が健全部と異なり，そのパターンをとらえることで間接的に剥離や空洞などの変状域を抽出することが可能となる．

図11.5.1には，コンクリート構造物における変状と表面温度の経時変化の関係を示す．図に示すように，剥離部，空洞部においては表面のコンクリートが遊離しているために，剥離部が示す熱容量は小さく，「熱しやすく冷めやすい」という傾向を示す．このため，健全部に比べて昼夜の温度差が大きい．また，昼間の温度が健全部より高く，夜間の温度が健全部と同等か場合により低くなる傾向を示す．漏水がある場合は熱容量が大きくなり，健全部に比べて温度差は小さく，常時低温を示すようになる．赤外線画像による変状抽出はこれらの考え方に基づき，昼夜各時期の温度分布や2時期間の温度差画像上で特徴的なパターンを判読することによりなされる．実際の構造物では方位，傾斜角，日射条件，材質の均質性，乾湿の状況など，周囲の環境条件がさまざまである．これらの条件も構造物の表面温度分布に大きく影響するため，実際の変状域（剥離など）抽出に当たっては，前記条件を考慮しながら判定を行う必要がある．

2) 従来方法との比較

コンクリート構造物の変状調査は，主に目視調

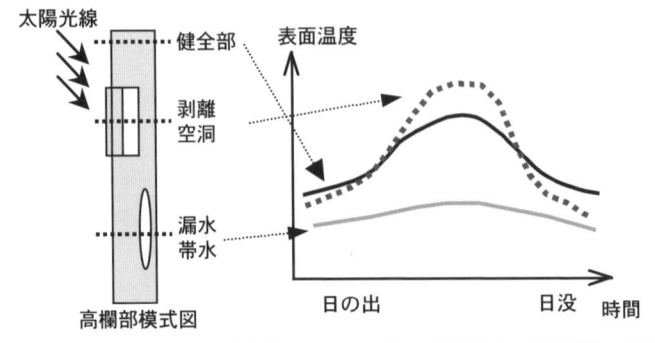

図11.5.1 コンクリート構造物における変状と表面温度の経時変化の関係

査と打音検査が行われているが，これらの方法には以下のような課題が残る．

① 目視調査では表面に現れている異常部しか把握できない．

② 打音検査では高所作業車などの足場が必要となり，作業効率が悪い．

③ 検査者によって調査結果に違いが生じやすく，客観性に乏しい．

これに対し，赤外線画像法では鉄筋かぶり深さ程度の表層部変状（剝離，滞水など）であれば把握可能であり，非接触検査であるために調査効率は高い．また，画像データに基づくため客観性が高く，データ保存によって再現性が確保されるなどの利点がある．一方，高架橋など屋外環境下のコンクリート構造物検査においては，観測時の気象状況に検査結果が左右されるため，赤外線画像法を実用化していく上では，適用可能な気象条件を明らかにすることが最重要課題となる．

そこで，以下に高架橋における観測事例と適切な観測条件を検討した事例を紹介する．

11.5.3 高架橋の観測事例

ここでは，主に昼間時を対象に赤外線画像による剝離判別性の確認を目的とした．

1） 試験観測の概要

試験観測は，表11.5.1～11.5.3に示す諸元で実施した．また，使用した赤外線カメラは，日本アビオニクス社製TVS-600シリーズである．TVS-600は，太陽光など計測対象物以外の物体が放射する赤外線の影響を受けにくい長波長タイプ（観測波長帯 $8 \sim 14 \mu m$）のものである．

冬季における実観測データを用いて検討を行った．図11.5.2には，A高架橋の張出床版部を例に天候別（晴天時および曇天時）の時系列赤外線画像を示す．

デジタルカメラ画像上では，撮影範囲の右上方に大きなパッチ状の補修跡が，さらに中央やや左側に小さな補修跡が見受けられる以外には，特に目立った補修跡や亀裂，ジャンカなどの異常部分は確認できない．これに対し赤外線画像上では，晴天時の11～15時ごろに画像左側の大きな補修

表11.5.1 試験観測対象高架橋の諸元

高架橋	線路方向	ライニング	高架橋高
A	南東-北	有無混在	18 m
B	東-西	有無混在	15 m

表11.5.2 試験観測条件

項目	諸元	備考
季節	冬季（12～2月）	—
天候	晴天，曇天，雨天	代表的な天候を網羅
時間	9～17時ごろ	昼間点検作業を想定

表11.5.3 観測項目

大項目	小項目	諸元
気象	気温	10分間隔
	日射量	10分間隔
	風速	毎正時
表面温度	赤外線画像	1時間ごと
表面状況	可視画像	1時間ごと

跡の中に，逆L字型の高温部が確認できる．また，中央部やや左側の補修跡内にも高温部の存在が確認できる．さらに，小さな補修跡のやや左側にも，多くの高温部領域が判別できる．ただし，15時ごろの赤外線画像では判別性がやや低下している．これらの部分は，打音検査の結果いずれも剝離空洞が認められた地点である．

曇天時の赤外線画像（図11.5.2(b)）では，晴天時に確認された上記のような高温部はほとんど確認できない．雨天時も同様であったことから，本調査手法は晴天時に実施することが必要と考えられる．

同様に，各部位ごとに観測した時系列赤外線画像から，時間帯別の判別性について検討し，冬季における晴天時の総合的な判別性について，表11.5.4にとりまとめた．

これによれば，対象高架橋における赤外線画像法の適用時間帯は10～14時ごろを中心にすることが適当と考えられる．

各部位のうち，日射を受けにくい床版部は，赤外線画像による剝離抽出が最も困難と考えられる

(a) 晴天時

(b) 曇天時

図 11.5.2　時系列赤外線画像

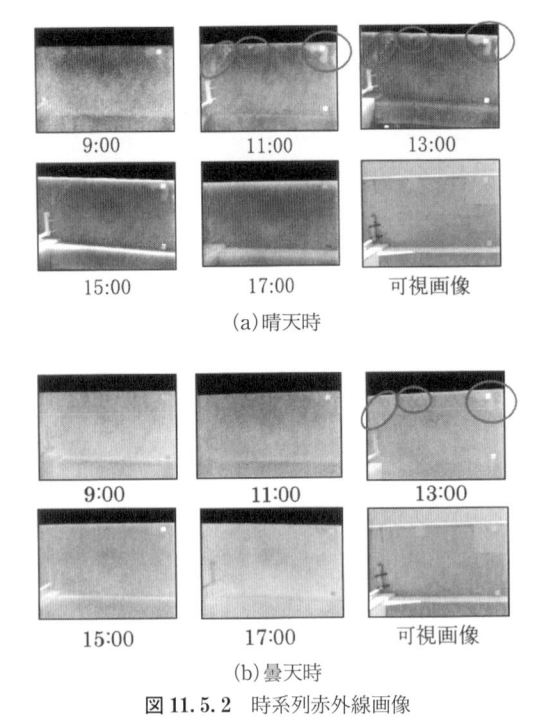

表 11.5.4　判別性の時系列評価例（冬季の晴天時）

時刻 部位	9	10	11	12	13	14	15	16	17
高欄北	△	○	○	○	○	△	△	○	○
張り出し北	×	○	○	○	○	△	△	○	×
床版	△	○	○	○	○	○	○	○	×
張り出し南	△	○	○	○	○	○	○	△	△
高欄南	○	○	○	○	○	○	×	○	○

○：判別性良好，△：判別可，×：判別不可．

が，試験観測結果から床版部についても適用可能であると評価できる．

2）現場適用時の主な影響因子

①ライニングの影響：　床版部について，赤外線画像法による温度異常部抽出結果とたたき落とし調査結果例を図11.5.3に示す．この調査対象床版部はライニングが施されており，デジタルカメラ画像では剥離や補修跡が全く確認できない．しかし，赤外線画像では異常な高温部が多数把握されている．検証のために実施したたたき落とし調査では4か所の剥離が確認され，赤外線画像では，たたき落とされた部分が確実にとらえられていることが確認できた（図11.5.3実線部）．なお，本

(a) 可視画像（たたき落とし調査前）

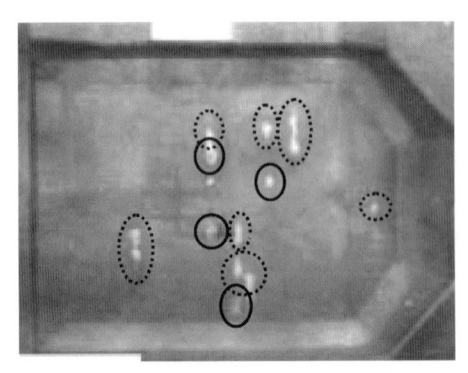

(b) 赤外線画像（たたき落とし調査前）

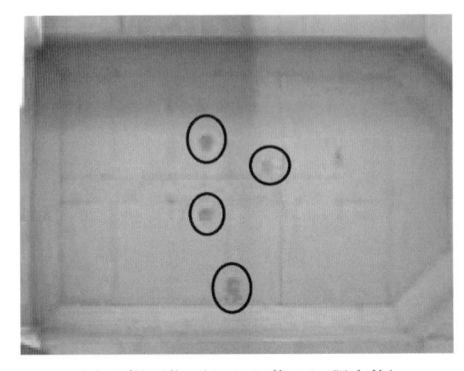

(c) 可視画像（たたき落とし調査後）

図 11.5.3　床版部調査事例

床版部では剥離以外の温度異常部（高温部）も多数観測されていることが赤外線画像から判別される（同図点線部）が，近接目視およびたたき落とし時の調査結果から，補修跡であることが確認された．

以上により，補修跡を異常部としてとらえることがあるものの，ライニング処理されている高架橋においても赤外線画像で剥離抽出可能であることが確認され，本手法の有効性が示されている．

②適用時間による逆転現象： コンクリート内の剝離・空洞部は，熱容量の違いから「熱しやすく冷めやすい」特性をもっている．日中の時間帯を中心として，剝離・空洞部は周囲の健全部と比較して高温を示す．一方，日没後の夜間を中心として剝離・空洞部が周囲よりも低温となる温度の逆転現象が発生する．なお，周囲と比較して高温から低温，あるいは低温から高温への遷移時間帯においては，剝離・空洞部と健全部の温度差が小さくなるため，この時間帯における赤外線画像法の適用は避ける必要がある．

③ノイズ条件： 屋外環境下のコンクリート構造物は，風雨にさらされることによって汚れや漏水跡などが付着する．また，建造後の経年劣化などにより，補修工事などが行われることが一般的である．これらの要因は，赤外線画像を用いた異常部抽出においては，その判別を阻害するノイズ条件（誤判別要因）として現れる場合がある．ノイズ要因の形状と赤外線画像上で確認される温度分布が全く同じであることが特徴である．この場合，現地観測時に目視と赤外線画像を合わせて確認することや，デジタルカメラ画像を同時に撮影しておくことで誤判別を軽減することが可能である．

11.5.4 熱収支シミュレーションによる適切な観測条件の検討

1） 熱収支モデルの概要

前項までの試験観測では，特定のケースにおいて赤外線カメラによる剝離抽出手法の適用可能条件を整理した．しかし，現場における実測データだけでは，特定条件（気象条件，構造など）を対象とせざるをえないことから，熱収支モデルを用いたシミュレーションを行うことで，より多くの環境条件下における本手法の適切な観測条件を検討することも必要と考えられる．ここでは，熱収支モデルのシミュレーションにより，春季，夏季，秋季の剝離判別性を評価した事例を紹介する．図 11.5.4 に熱収支モデルの基本構成を示す．

熱収支モデルでは，構造物表面と内部での熱収支を逐次処理により解き，表面温度の時間的変化を求める．基本解析式は同図に示すとおりである．

2） モデルパラメータの適正化

熱収支モデルによるシミュレーションでは，以下のようなさまざまなパラメータを設定する必要がある．

①物性値（材料特性）： 熱伝導率，比熱，密度．
②表面熱収支関連： 気象条件（日射，気温，風），長波放射率，日射吸収率，熱伝達係数．
③構造（形状）： 剝離の深さと厚さ，構造物方位．

温度シミュレーションを正確に行うには，これらのパラメータを実際の高架橋に整合させることが必要となる．ここでは，試験観測時の赤外線画像から得られた温度値を真値とし，熱収支モデルによって得られる推定温度を比較することでパラメータの適性化を行った．具体的には，試験観測時の表面熱収支関連パラメータと，理論値や設計条件から得られる物性値および構造パラメータを初期条件として利用することによって温度推定を行った．その後，推定結果と真値の整合性から，適正と考えられる範囲内でパラメータを試行錯誤的に設定し，真値との整合性が最も良好となるよ

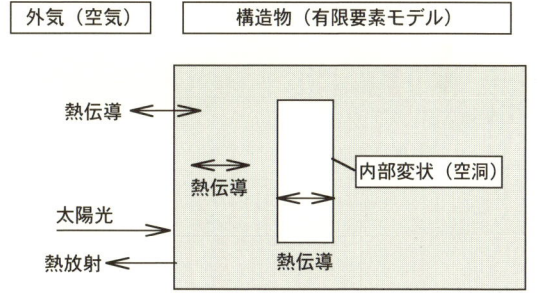

図 11.5.4 熱収支モデルの基本構成

①熱伝達： 表面と外気との間で成される熱収支．
$$q = h(T_1 - T_2)$$
h：熱伝達係数，T_1：境界部の構造物温度，T_2：外気温または変状部温度．

②熱放射： 大気放射と表面熱放射の間の収支．
$$E = \varepsilon\sigma(T_s^4 - T_a^4)$$
ε：構造物表面の長波放射率，σ：ステファン-ボルツマン係数，T_s：構造物表面温度，T_a：外気温．

③熱伝導： 内部を伝わる熱による収支．
$$\partial T/\partial t = \lambda/C_p\rho\,(\partial^2 T/\partial x^2 + \partial^2 T/\partial y^2 + \partial^2 T/\partial z^2)$$
T：温度，t：時間，λ：熱伝導率，C_p：比熱，ρ：密度，x，y，z：空間座標．

う，各パラメータの調整を行った．
3） 剥離判別性の評価

最終的に得られたパラメータを用いて，季節，天候，時間帯などの条件を変えながら，各条件下における構造物表面の温度変化を推定し，健全部と剥離部の温度差を求めた．これにより，さまざまな条件下における適切な適用条件を推定した．なお，気温や日射量などの変動パラメータは，調査地点近隣の気象観測所における実測データを利用した．このデータから推定された剥離部と健全部の温度情報から判別性を評価し，さまざまな環境条件下における適用性を評価した．

表11.5.5には，熱収支モデルから得られた剥離判別性評価事例を示す．

これによると，評価対象高架橋では夏季には判別性が極端に低下し，本手法を実用的に運用することが困難と想定された．このように，実測した赤外線画像がない場合でも熱収支モデルにより剥離判別性が評価できるので，個別構造物の調査計画や本手法の通年における運用計画立案に対して有効であることが示された．

以上のことから，赤外線画像法を屋外環境下のコンクリート構造物に適用するためには，次の点に留意すべきである．

① 常に気象条件や日照条件などを把握しながら観測を実施する．

② 適用可能性の高い条件で利用する．

③ ノイズ条件による誤判別を軽減するため，目視あるいはデジタルカメラ画像撮影を合わせて行う．

④ 必要に応じて，熱収支シミュレーションなどにより対象構造物における適用可能条件を事前に推定しておく． 〔虫明成生〕

文　献

1) 2001年制定　コンクリート標準示方書［維持管理編］，土木学会，2001．
2) 建設省，運輸省，農林水産省：土木コンクリート構造物耐久性検討委員会の提言，2000．
3) 岡本芳三：遠赤外線リモートセンシング熱計測法，コロナ社，1993．
4) 赤松幸生，瀬戸島政博，安田嘉純：熱画像による構造物の変状診断手法の基礎検討．地盤工学会誌，48(5)，2000．

表11.5.5　熱収支モデルから得られた剥離判別評価例

(a)春季

部位＼時刻	9	10	11	12	13	14	15	16	17
高欄北	○	○	○	○	○	△	△	×	×
床版	△	△	○	○	○	○	△	△	×
高欄南	○	○	○	○	○	○	△	×	×

(b)夏季

部位＼時刻	9	10	11	12	13	14	15	16	17
高欄北	△	△	△	△	×	×	×	×	×
床版	×	△	△	△	△	△	△	×	×
高欄南	△	△	△	△	△	×	×	×	×

(c)秋季

部位＼時刻	9	10	11	12	13	14	15	16	17
高欄北	○	○	○	○	○	△	×	×	△
床版	○	○	○	○	○	○	○	△	○
高欄南	○	○	○	○	○	△	△	×	○

○：判別性良好，△：判別可，×：判別不可．

11.6　設備診断への利用

近年，屋外野球場に人工芝が使われるようになってきている．しかし，こうした球場では，夏場，太陽の輻射熱によって高温となるため，プレイヤーは耐えがたい苦痛をこうむる結果となっている．このため，球場では，頻繁に散水したり，冷却水パイプ網を敷設するなどの対策をとっているが，労力やコストといった運営面で負担となっている．そこで，球場に敷設されている雨水排水管網を利用し，空気の自然循環を利用した空冷設備が考案され，実用化されてきている．本節では，熱画像システムを適用してこのような空冷設備の効果を検討した事例を紹介する[1]．

11.6.1　クーリングシステム
1） 球場施設の表面温度

太陽輻射を受けた地表面温度は，通常，気温の

1.7倍前後の値となることが経験的に知られているが，輻射を受ける物質の熱慣性[2,3]によって物体の表面温度やその時間的変化が異なる．表11.6.1は，K球場の主な地物の表面温度と熱慣性を示す．また，図11.6.1に，熱慣性と表面温度の関係を図示した．表面温度は，計測対象の熱赤外線放射率を考慮した放射温度計による計測値，熱慣性P（$Jm^{-2}K^{-1}S^{-0.5}$）は，計測対象の物性[4]から，下式によって算出した．

$$P = \sqrt{C\rho K}$$

ここで，C：比熱，ρ：密度，K：熱伝導率．

この観測結果から，人工芝の表面温度は，夏場の日盛りには70℃以上に達することが明らかになったが，このとき，人工芝に近い大気層の気温も40℃をこえていると推定され，きわめて苛刻な環境であったことがわかる．

2） クーリングシステム

新しいクーリングシステムは，空冷用の空気筒を図11.6.2のように雨水排水管路に接続し，路盤内部で相対的に低温に維持されている管路内の空気を，球場内大気の上昇による自然対流で，グラウンドに供給する仕組みになっている．K球場では，プレーヤーの守備位置とその周囲に，合計42個の空気筒が埋設されている．

表11.6.1 K球場設備の熱慣性と表面温度
（9月2日12時観測，気温34℃）[1]

種別	表面温度（℃）	熱慣性（$Jm^{-2}K^{-1}S^{-0.5}$）
人工芝	72〜68	850
グラウンド（土）	51	2200
アスファルト	68	1200
日陰部分	39	―

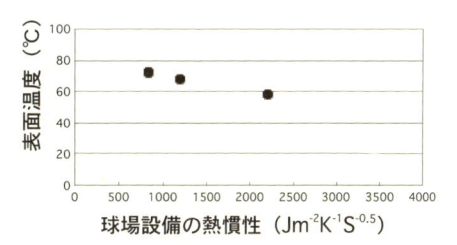

図11.6.1 K球場設備の熱慣性と表面温度[1]

K球場のように観客席のスタンドで囲まれた球場は，盆地と同じように横方向からの大気の移流が抑制されるため，温められた大気がとどまりやすい構造となっている．特に，風がなく球場内の大気が攪拌されにくい場合は，高温の大気が球場内にとどまり，顕著な気温の逆転現象が発生する．このとき，図11.6.3に示すように，クーリングシステムから外部の空気が供給されると，不安

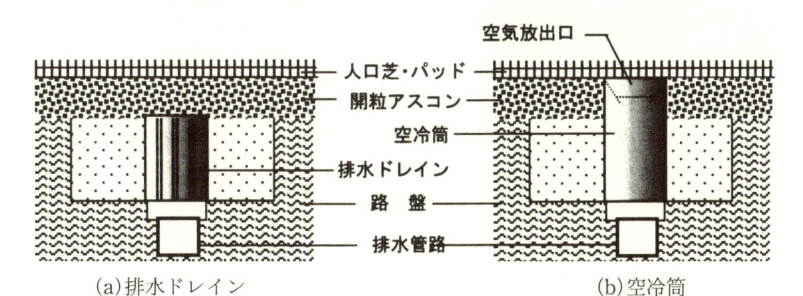

図11.6.2 クーリングシステム断面図（清水建設（株）資料を簡略化）

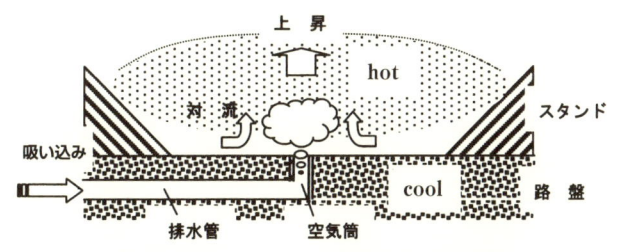

図11.6.3 クーリングの概念（高田原図）

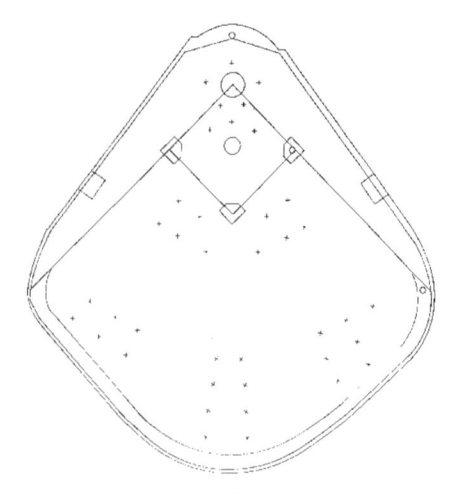

(a) 全景　　　　　　　　　　　　　(b) 空気筒設置箇所

図 11.6.4　K 球場全景と空気筒設置箇所[1]

定な平衡状態が破れ，球場内の大気は対流を起こす．また，対流が起きると，グラウンド付近の気圧が相対的に下がるため，さらに外部の空気を呼び込む循環が自然に発生することになる．

11.6.2　熱画像システムの適用
1)　温度分布データの取得

K 球場のように広くて平坦な場所の熱画像を得るには，航空機を使って撮影するのが有利である．この適用例では，ベル 206 B 型ヘリコプタに熱赤外線カメラを真下に向けて取りつけ，熱画像を取得した．撮影高度は，球場全体を同一画角に収めるのに必要な高度や空間分解能を上げるのに必要な低い高度を適宜採用した．また，空中撮影と同時刻に，球場内外の物性や温度が異なるいくつかの地物について放射温度を測定し，熱画像の濃度を温度に変化するためのデータとした．撮影当日の天候は，快晴微風で気温 34°C，湿度 57% であった．

熱赤外線カメラは，通常，単チャンネルの白黒濃淡で被写体を映像化する．この映像から得られる画像は，白黒の濃淡で表現されており，被写体からの熱赤外線の放射強度を表現しているが，カメラのゲインやレベルに依存する相対的な濃度となっている．このため，放射温度測定箇所の画像濃度を分析し，地物の表面温度と画像濃度の関係

表 11.6.2　熱画像の温度区分[1]

階層	色	温度範囲 (°C)
1	黒	$t < 64$
2	紺	$64 \leq t < 66$
3	淡青	$66 \leq t < 68$
4	濃緑	$68 \leq t < 69$
5	緑	$69 \leq t < 69.5$
6	黄緑	$69.5 \leq t < 70$
7	黄	$70 \leq t < 72$
8	橙	$72 \leq t$

を調べておくことが必要となる．図 11.6.4 は，高度 800 m から撮影した K 球場の全景と空気筒設置箇所を示す．表 11.6.2 は，熱画像の階層別の温度区分である．図 11.6.5(a) に，濃度–温度変換後の温度分布を示す熱画像を，(b) に 1°C ごとの等温線図を示す．

2)　K 球場内の温度分布

K 球場は，グラウンド面全体に人工芝が敷き詰められているが，内野やブルペンのピッチャーズマウンドおよび 4 つのベース周辺は土のグラウンドとなっている．

土のグラウンドは，人工芝に比べて相対的にかなりの低温を示し，土の水分蒸発による放熱作用が働いていると考えられる．なお，ライト側外野

11.6 設備診断への利用

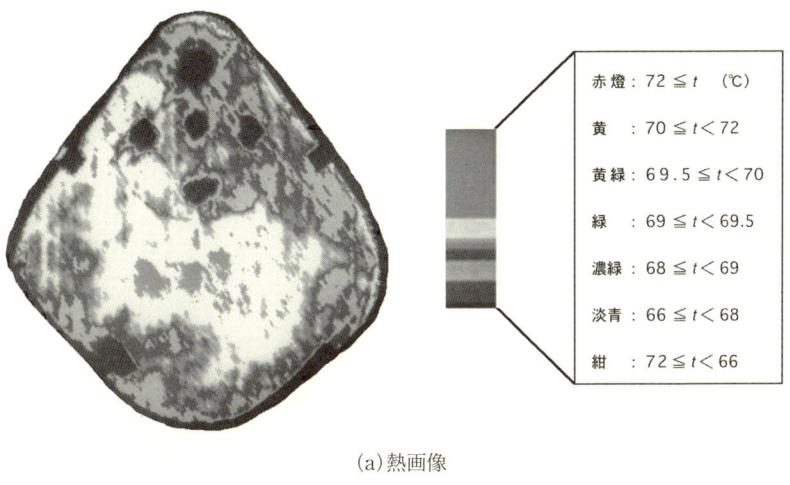

(a) 熱画像

赤燈：$72 \leq t$　（℃）
黄　：$70 \leq t < 72$
黄緑：$69.5 \leq t < 70$
緑　：$69 \leq t < 69.5$
濃緑：$68 \leq t < 69$
淡青：$66 \leq t < 68$
紺　：$72 \leq t < 66$

(b) 等温線図

図 11.6.5　K 球場内の温度分布[1]

にある低温領域は，ナイター照明塔の影である．

人工芝被覆部では，3 か所の外野守備位置と二塁ベースで囲まれた区域に 70℃ 以上を示す最も高温の領域が広がっている．しかし，3 つの外野守備やショートの守備位置および本塁周辺では，66～68℃ を示す領域が分布していることが判別できる．また，これらの低温領域と図 11.6.5 に×印で図示した空冷筒の分布領域がよい対応を示して

おり，新しいクーリングシステムが効果をあげていることがわかる．

この熱画像システム適用例は，対流による熱移動を対象として，設備の効果診断に応用したものである．壁材の浮き上がりによる空洞を発見する建物診断や電力輸送設備の発熱異常の発見など，多方面における設備診断への熱画像システムの活用がなされている．設備診断に際しては，部材の

熱慣性や熱伝達の形式あるいは発熱のプロセスをよく考慮して適用することが必要である．

文献

1) 日本道路株式会社：川崎球場人工芝温度分布調査報告書，1991．
2) 日本写真測量学会編：熱赤外線リモートセンシングの技術と実際，pp.39-44，鹿島出版会，1986．
3) Rees, W. G. : Physical Principles of Remote Sensing, pp.147-158, Cambridge University Press, 2001.
4) 関 信弘編：伝熱工学，pp.240-245，森北出版，1988．

11.7 切土地盤評価への利用

掘削工事によって切土地盤が形成されると，応力開放や風化により，切土面付近の地盤の物性が変化する．それに伴って熱慣性や熱拡散率などの熱的な性質も変化することから，地盤表面の温度分布やその時間的変化を手がかりに，地盤の性質や安定性を評価する試みがなされている．たとえば，荒木ら[1]は，固結度の低い新第三紀泥岩層中のトンネル切羽において，掘削後の内空変位と間隙水の浸潤との関係に注目し，表面温度をモニタすることによって切羽地盤の安定性を評価する手法を提案している．また，稲葉らの共同研究グループ[2]は，切土岩盤斜面を対象とし，その表面温度の日変化を手がかりに最適な熱慣性モデルを逆算の上，岩盤を多孔体と見なしたときの間隙率を媒介変数として熱慣性を力学的物性値に置き換えることにより斜面の安定計算を行う手法を提案している．これら熱画像システムを使った手法は，従来の原位置試験による地盤評価手法に比較して，観測が容易で切土面全体が把握できることや比較的短時間で結果が得られることから，施工現場での活用が期待される．ここでは，貞弘ら[3]による熱画像システムを岩級区分に適用した事例を紹介する．

11.7.1 地盤の熱的性質とその変化

一般に，地熱に比べて太陽の輻射熱の方がはるかに強いので，地表面温度は日周期あるいは年周期で変化する．熱慣性 P は，この温度変化に対する物質の反応の強さを表す尺度で，比熱 C，密度 ρ および熱伝導率 K から，$P=\sqrt{C\rho K}$ で表され，熱慣性が小さい物質ほど温度の周期較差が大きい．また，熱拡散率 Γ は，温度変化の地盤内部への伝わり方を示す物理量で，$\Gamma=K/C\rho$ で表される．

図 11.7.1 は，主な物質の熱慣性と熱拡散率の関係を示している．なお，図右側のスケールは，地盤表面温度の周期較差の消滅深度を示す．同図から，地盤を構成する地層の熱慣性は，その密度や熱伝導率に基づき，軽く熱伝導率が小さい地層で 400 $Jm^{-1}K^{-1}s^{-0.5}$，緻密で熱伝導率が大きい地層で 4000 $Jm^{-1}K^{-1}s^{-0.5}$ 程度の値をとり，熱拡散率も熱慣性にほぼ比例して増減することがわかる．

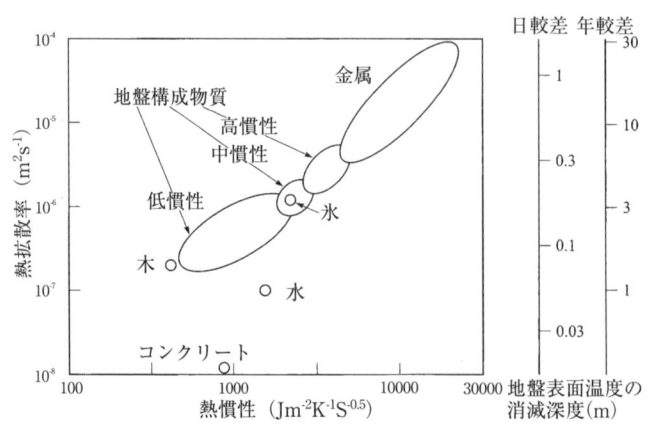

図 11.7.1 主な物質の熱慣性と熱拡散率[4]

地盤を構成する地層や岩盤の風化が進行すると，間隙の占める割合が増加して多孔質となる．この間隙に空気や水を含むことにより，地盤の熱的性質も大きく変化することになる．特に水は最も熱容量 $C\rho$ が大きく，熱せられにくく冷めにくいため，水分を多く含む多孔質地盤では，表面温度の周期的変化は小さくなる．逆に，間隙が空気で満たされていると，表面温度の周期的変化は大きくなる．地盤の風化過程を間隙の増加過程と見なせば，地盤表面温度の変化は，地盤を構成する岩盤の強弱の指標として使うことができる．

熱画像システムは，調査対象から放射される熱赤外線を観測する．貞弘ら[4]は，このシステムの現場への適用に当たって，風化の程度に関連づけ，岩盤区分にかかわる温度差要因を次の3点に整理している．

① 岩の熱拡散率の相違： 風化の程度により，亀裂や空隙の占める割合が異なり，熱拡散率が異なる．

② 含水状態の相違： 亀裂や空隙が多いと，水の蒸発による潜熱放散が表面温度に影響する．

③ 風化程度による放射率の相違： 放射率は表面の粗度や物性によって異なり，放熱過程で表面温度に差を生じる．

11.7.2 岩盤区分の事例
1) 岩盤表面温度の観測

調査対象は，ダム建設用の原石山の切土岩盤で，領家帯の複合岩類（片麻岩，花崗岩）からなる．切土斜面の勾配は1：1．観測範囲は，切土面に対して縦5.5m，横4.5mの領域で，図11.7.2に斜面の状況を示す．地質調査によれば，斜面は地山表層部を切土しており，上部には崖錐堆積物がかぶり，露岩部の上半は強く風化した片麻岩，下半は風化花崗岩からなる．露岩部の岩級は，上からE/D，CL，CMとなっており，節理面に沿って風化軟質部が発達している．

熱画像システムによる温度観測は，太陽輻射量が大きい9月と比較的小さい11月の2回，24時間実施し，温度観測と同時に，気温などの気象観測およびグランドトルースとして，熱電対温度計

図11.7.2 調査対象の切土斜面[3]

表11.7.1 熱画像観測日の気象条件（文献[3]に一部加筆）

実施時期	天候	最高気温(°C)	最低気温(°C)	日較差(°C)
9月	晴れ	32	12.5	19.5
11月	曇り	11.5	3.8	7.7

による岩盤温度の観測を行った．表11.7.1に，観測当日の気温日周期較差を示す．

2) 観測結果

図11.7.3に，9月における熱電対による岩盤表面の温度変化を示す．岩級別の表面温度は，夜間から夜明け前では顕著な差は認められないが，日中の温度上昇過程では，CH級岩盤で表面温度が高く，D級岩盤に数°Cの差が生じた．また，温度下降過程でも（CH級岩盤温度＞D級岩盤温度）の関係を維持しながら，しだいに差がなくなる．11月の結果でもほぼ同様であったが，最高表面温度付近でCH級岩盤とD級岩盤に差がなく，このことは増加した水分の潜熱放散と岩盤内部への熱の移動とが相殺された結果と判断されている．

このような岩盤表面温度の日周期特性を，岩盤の物性および含水状態との関連で説明することができるか確認するため，熱電対による表面と－5cm深度の温度差から算出した熱拡散率および体積水分率をパラメータとして温度日周期変化のシミュレーションを行った．表11.7.2に，使用したパラメータを示す．

これらのパラメータを用いたシミュレーションの結果は，表面温度の実測日周期変化と良好な一致をみせ，定性的に次の傾向があることがわかった．

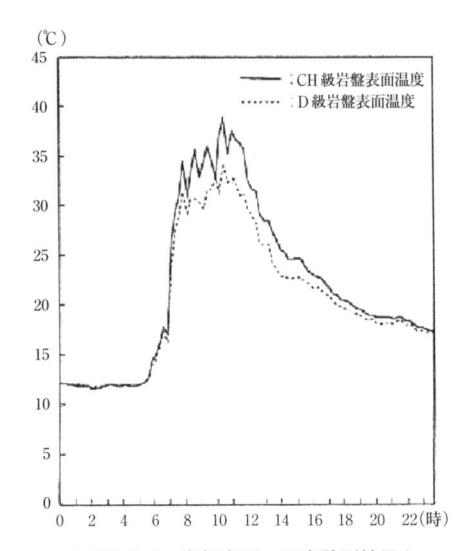

図 11.7.3 岩盤表面の温度計測結果[3]

表 11.7.2 岩盤区分と熱拡散率[3]

岩盤区分	熱拡散率 K ($Jm^{-1}K^{-1}S^{-0.5}$)	体積水分率(%)	
		9月	11月
CH級	3.30 E-06	1	1
D級	1.08 E-06	5	10

表 11.7.3 岩級区分指数[3]
＝（温度降下時の2時刻の温度差）／（温度降下後の2時刻の温度差）

CH級	1.5以下	CL級	2.5〜3.5
CM級	1.5〜2.5	D級	3.5以上

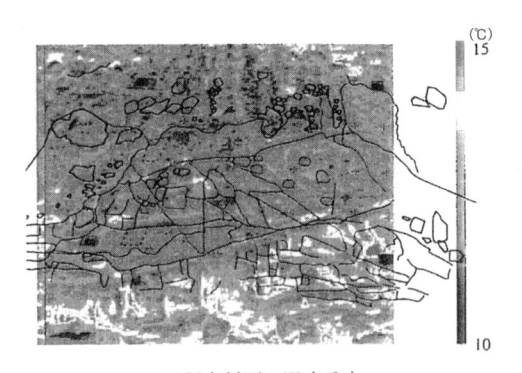

(a) 調査斜面の温度分布

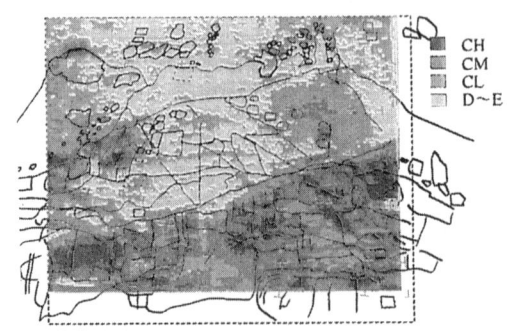

(b) 岩級区分予測画像

図 11.7.4 調査斜面の温度分布と岩級区分予測画像（9月）[3]

① 温度上昇時の岩級による表面温度差は，気象条件，水分条件に依存し，安定した傾向は認められない．

② 温度降下時の岩盤の表面温度は，気象条件，水分条件によらず常に新鮮な岩盤で高い．

このことから，熱画像システムによる温度観測結果のうち，表面温度下降過程における温度差データを使うものとし，さらに，観測日の気象条件を排除するため，ほぼ温度降下が終了した時期の温度差データとの比演算画像を作成した．次に，これら比演算画像に対して表 11.7.3 の岩級区分指数により，図 11.7.4 に示す岩級区分画像を作成した．

この結果と図 11.7.5 の実測岩級区分図を比較して明らかなように，熱画像システムによる岩盤岩級区分と実測結果とには，良好な整合が認められ，特に，硬軟区分図との整合性が高いことが明らかになった．熱画像システムを岩盤評価に適用する場合の留意点は次のとおりである．

① 岩盤分類に熱画像システムを適用する場合，最高気温到達後の温度降下時における複数の画像を解析する．

② 各岩盤区分の温度降下は，新鮮な岩盤ほど緩やかに，風化の進んだ岩盤ほど急激に降下する特徴がある．

③ 岩盤の湿潤状態は，岩盤区分誤認の要因となるが，温度降下過程の温度変化の差を用いることで，ある程度誤認は避けられる．

④ 気温の日周期較差が大きいほど，岩盤区分の精度が上がるが，10℃以下の温度較差のときでも硬岩の識別は可能である．

ただし，一般性を高めるため，異なった気象条件，異なった岩盤条件でのデータの蓄積が必要である．

〔髙田和典〕

11.8 都市の温度環境解析への利用

□ CH級 □ CL級 ■ E級
□ CM級 □ D級   ■ 崖錐
(a)実測軟硬区分図

□ A 極硬 □ C 中硬 ■ E マサ状
□ B 硬   □ D 軟   ■ 崖錐
(b)実測岩級区分図

図 11.7.5 実測による岩級区分と軟硬区分[3]

文　献

1) 荒木春視, 栗原則夫, 安川正春：トンネル切羽温度分布と内空変位. 写真測量とリモートセンシング, **26** (特集号II), 1987.
2) のり面研究会：岩盤の風化度判定方法. 特許公報 2867333号, 1977.
3) 貞弘丈佳, 小池淳子, 藤原鉄朗, 石橋晃睦, 吉川祐司, 中村美夫：熱赤外線映像法による岩盤分類手法の検討. こうえいフォーラム, **6**, 73-79, 1997.
4) Rees, W. G. : Physical Principles of Remote Sensing, pp.153-157, Cambridge University Press, 2001.

11.8 都市の温度環境解析への利用

11.8.1 都市空間の熱環境
1) 都市のヒートアイランド現象

都市には, 幹線道路の周辺の大気汚染や騒音, 交通渋滞, ゴミといったさまざまな環境問題がある. さらに, 都市の環境問題の一つとして, ヒートアイランド (heat island) 現象が発生している. ヒートアイランド現象は, 周辺の気温の低い地域を海にたとえ, 気温が高い市街地の地域が島状に存在する状況である. この現象の主な原因は, 建物や舗装道路に覆われ, 蒸散 (植物) や蒸発 (地表面, 水面) による冷却機能が効率よく作用していないこと, 産業や交通などの活動に伴い空調機器などの人工排熱が増加することといわれている.

ヒートアイランド現象を緩和するには, 都市の熱環境の把握と現象の要因を分析して, 総合的に都市のエネルギー消費量を減らすヒートアイランド対策を効果的に図ることが重要である. この対策は, ヒートアイランド現象の緩和策としての効果以外に, 大気汚染, 地球温暖化防止に有効である.

都市環境の再生, 都市自然環境の保全, ヒートアイランド現象の緩和の観点からの対策として, 現状の緑地と市街地の構成の見直しがある. 都市の自然環境にとって緑被が最も重要な土地被覆である. 緑被が都市の環境に果たしている機能, 役割を明確にして都市に最低限必要な緑被の質と量, さらに空間的な分布を検討することが必須と考えられる. 都市に風の道を形成させ, 生態系ネットワークを形成するという緑被の効果が期待されている. 具体的には, 樹林, 草地などの緑被地, 水面, 河川, 裸地, 建物屋上, 壁面緑化などの自然地表を増加させることである.

ヒートアイランド対策で重要なことは, 都市の温度環境の変化を継続的にモニタリングしながら, 都市の温度上昇を抑えるための対策の効果を総合的に評価して, 次の対策を施すことである.

2) 都市空間の熱環境の地図化

土地利用やエネルギー消費の変化に伴う気温上昇をある基準以下に抑えるために, 熱環境アセスメントが行われている. 熱環境アセスメントでは, 土地利用図, 土地被覆図, 日射反射率図, 表面温度図, 工場や建物や交通からの人工排熱図, 地形図などを利用して地域熱環境図を作成する. この地域熱環境図に基づき, 気温上昇や熱環境改変に

よる人間への直接的影響，大気汚染物質の拡散への間接的影響，地表面熱収支変化による生態系への影響を明らかにしている．

最近では，大気汚染対策，都市環境計画に利用する観点から環境アセスメントにおいて，都市環境のクリマアトラス(klimaatlas)の採用が考えられている．このクリマアトラスは，気候分析図とも呼ばれている．クリマアトラスを作成する目的は，気象学に基づいて対象地域を分析して，地域全体の自然環境の保全，かつ省エネルギーとなるように最適な都市環境を決めることである．

クリマアトラスの活用の一つは，GIS(地理情報システム)を用いた環境情報システムの情報として扱い，各種の環境情報と重ね合わせて地域の気候特性と都市の熱環境との関係をわかりやすく表現することである．また，この環境情報はインターネットを通じて住民へ提供することができる．クリマアトラスの緑の基本計画への利用は，緑の現況調査データに加え，地域の風の流れ，大気の環境負荷の状況を考慮して，地域の気候特性の中で緑の配置の検討を支援することができる．さらに，環境影響評価，環境基本計画などに利用することが考えられる．

都市の熱環境の改善対策を推進するために，都市空間の熱環境の情報を体系的に整理して，都市の熱環境を地図化することが不可欠である．地図化された都市の熱環境から熱の発生源，発生原因と過程を究明できる．また，他の事象の分布図と比較することで，相関関係，因果関係を考察できる．このような解析のために，時刻別，日別，年別など，ある事象の時間的・空間的な変化を分布図にすることが必要である．

3) 地表面温度の測定

都市の熱環境の地図化のために，地表面温度図は重要な主題図である．地表面の日射反射の熱的特性，日射量と表面温度の関係，熱の発生場所を知るために，熱赤外線ビデオカメラ，航空機搭載型熱赤外線スキャナ，人工衛星から観測した熱赤外画像などで地表面温度を測定する．

熱赤外線画像が観測する測定対象の地表面温度分布は，急速に変化するとともに，眼で確認することができない．目的のための熱赤外線画像を得るためには，熱赤外線画像の観測時において，対象と熱赤外線，測定対象の時間的温度特性，測定対象の空間的特性の項目について注意を払うことが重要である．表11.8.1に，熱赤外線画像を用いた調査類型区分を示す．

熱赤外線画像データの利用の一つとして，間接的な植生活力度の測定がある．正常な活動が行われず，植生活力の低下が生じている植物の場合，水の移動量と蒸散量とが平衡を保つ調節機能に支障をきたし，葉の温度が高くなる．同種，同樹齢の樹木の場合，活力が低下している樹木は，正常な樹木に比べ葉の温度は高くなる．この現象を熱赤外線画像センサで観測することにより，植生活力度の調査が可能となる．

4) 航空機搭載型熱赤外センサを用いた観測

都市の熱環境を観測する場合，局所的なモニタリング，中規模範囲のモニタリング，広域な範囲のモニタリングがある．局所的なモニタリングで

表11.8.1 調査類型区分（文献1)に加筆）

類型	内　　容	応用調査例
I	熱異常地点の発見	温泉探査，工場エネルギーロス調査，動物生態の夜間モニタリング調査，火口調査，燃焼地点調査
II	表面温度分布の把握	各種表面温度分布調査，地熱調査
III	温度分布の時間変化把握	雲の動き，水の流動調査，サーマルイナーシャ (thermal inertia) 調査
IV	温度分布により間接的に現象を推測	河川水拡散調査，土地被覆調査，法面空洞調査，漁場探査
V	放射率の相違による区分	地質区分調査
VI	熱赤外線で検地できない	気温，水面下の温度，煙の温度

11.8 都市の温度環境解析への利用

表 11.8.2 航空機速度とアロングトラック方向解像度の関係（TABI を使用の場合）

航空機速度 (キロノット/h)	80	100	115	130	150	170	190
アロングトラック 方向の解像度(m)	0.70	0.87	1.00	1.14	1.31	1.49	1.66

表 11.8.3 航空機対地高度とアクロストラック方向の解像度の関係（TABI を使用の場合）

航空機対地高度 (フィート)	400	800	1200	1600	2000	2400	2800
アクロストラック 方向の解像度(m)	0.34	0.68	1.02	1.35	1.86	2.03	2.37

表 11.8.4 アクロストラック方向の解像度とスキャナ走査幅の関係（TABI を使用の場合）

アクロストラック 方向の解像度(m)	0.5	0.75	1.00	1.25	1.50	1.75	2.00
スキャナ走査幅 (m)	160	240	320	400	480	560	640

はポータブルな熱流センサや熱赤外線ビデオカメラを利用する．広域な範囲のモニタリングでは，広域性，周期性，即時性，客観性の点で優れている人工衛星をプラットホームとするリモートセンシング技術を利用する．しかしながら，熱流センサや熱赤外線ビデオカメラでは，精度高く熱環境の空間分布の状況を推定することは困難である．また，人工衛星データは観測時刻が一定であり，必ずしも都市の熱環境解析に十分とはいえない．

最近，中規模な範囲のヒートアイランド現象を解析する場合，航空機搭載型熱赤外センサのリモートセンシング技術が利用されている．その理由は，空中直接定位システム（GPS/IMU）の情報から航空機の位置および姿勢を高精度で計測できること，高精度の航空機の位置および姿勢情報から撮影した画像データの位置補正を高精度に処理できることである．航空機からのデータ収集の特徴は，以下のとおりである．

① 必要とする時期，時間にデータが収集できる．

② 測定対象に応じて必要な瞬時視野の大きさを設定できる．

③ 測定対象の温度特性に合わせて観測温度範囲を設定できる．

代表的な航空機搭載型熱赤外センサの一つに，thermal airborne broadband imager（TABI，カナダの ITRES 社製）がある．このセンサは，プッシュブルーム方式のマイクロボロメータで地表面から放出される赤外線エネルギーを感知する．感知した赤外線エネルギーは放射率が一定として温度に変換され，地表面放射温度分布が得られる．

TABI を使用した場合，表 11.8.2〜11.8.4 に，航空機速度とアロングトラック方向解像度，航空機対地高度とアクロストラック方向解像度，アクロストラック方向解像度とスキャナ走査幅の関係を示す．たとえば，解像度 1 m の画像を撮影するためには，時速 115 キロノットのスピードで高度 1200 フィートの飛行が必要となる．このとき，走査幅は 320 m となる．図 11.8.1 に，2003 年 9 月 14 日 23：30 ごろの大坂城周辺を観測した地上解像度 3 m の TABI データから算出した地表面温度分布図を示す．

都市の熱観測のために航空機搭載型熱赤外線センサを利用することは，都市の温度環境の変化を継続的にモニタリングするための最適な手段である．また，航空機搭載型熱赤外線センサは，短時間に広範囲の温度情報を高精度で取得できるため，都市の温度環境解析の分野にとどまらず，さまざまな分野への応用が期待される．

〔望月貫一郎〕

(a)空中写真

10　　　　　　　　　　40℃
(b)地表面温度分布図（TABI による）

図 11.8.1　大坂城周辺の地表面温度分布図
（2003 年 9 月 14 日 23：30 ごろ観測）

11.8.2　ヒートアイランド現象
1)　地表面温度分布調査

近年，都市部での気温の上昇（ヒートアイランド現象）が問題となっている．ヒートアイランド現象の実態把握のために，地上観測などが行われているが，気象庁や地方自治体の気象観測点は限られており，広範囲な地域の地表面温度の把握は十分とはいえない．また，ヒートアイランドを低減するには，緑地公園の整備や屋上緑化の推進などによる緑被率の増加や，河川や池や水路などを効果的に配置することが有効であるといわれているが，こうした対策の効果を把握するには，面的な温度分布を調べる必要がある．

このような地表面温度分布の把握には，リモートセンシング（RS）による地表面温度観測が有効である．図 11.8.2 は，航空機 MSS により住宅地（神奈川県逗子市）の夏の昼と夜の地表面温度分布を調査した結果である．この図から，夏季の日中には，建物屋根や道路の表面温度が高温（白色）になっているのに対し，街路樹や周辺の林では低い温度（黒色）となっており対照的であること，また，夜になると，建物屋根の温度は低くなるが，道路の温度は引き続き高温のままで，ヒートアイランドの一因となっている様子がよくわかる．

地表面温度分布を観測できる RS データとしては，さまざまな種類のデータがあるが，広域な調査には，気象衛星 NOAA や LANDSAT などの人工衛星データが適している．NOAA/AVHRR は，1 日に 2 回日本上空を飛来するため観測頻度が高い．直下での解像度が 1.1 km と比較的粗いため，詳細な熱分布把握は難しいが，2700 km の観測幅があり，ほぼ日本全域の温度分布を知ることができる．

LANDSAT 7/ETM＋（分解能 60 m）や ASTER（分解能 90 m）は NOAA より 1 桁以上空間分解能が高く，観測幅も 185 km および 60 km と大都市近郊やその周辺の環境も含め広範囲な温度分布が詳しく得られることから，これを用いた多くの研究や調査報告がある[6,7]．

ヒートアイランド現象の把握には，夜間の温度観測も重要である．人工衛星の夜間の飛来時間は NOAA が午前 3 時前後，LANDSAT が午後 9 時前後である[7]．ただし，LANDSAT では昼と夜を同一日で観測することはできない．その点航空機観測は，観測時間を基本的に自由に設定できるため，同一日の昼・夜の観測が可能である．

解像度の違いも重要な要素の一つである．図

11.8 都市の温度環境解析への利用

(a)正午ごろ　　　　　　　　　　　　　　　(b)午後8時ごろ

図11.8.2 住宅地における夏季の地表面温度分布（建物と道路の重ね合わせ）

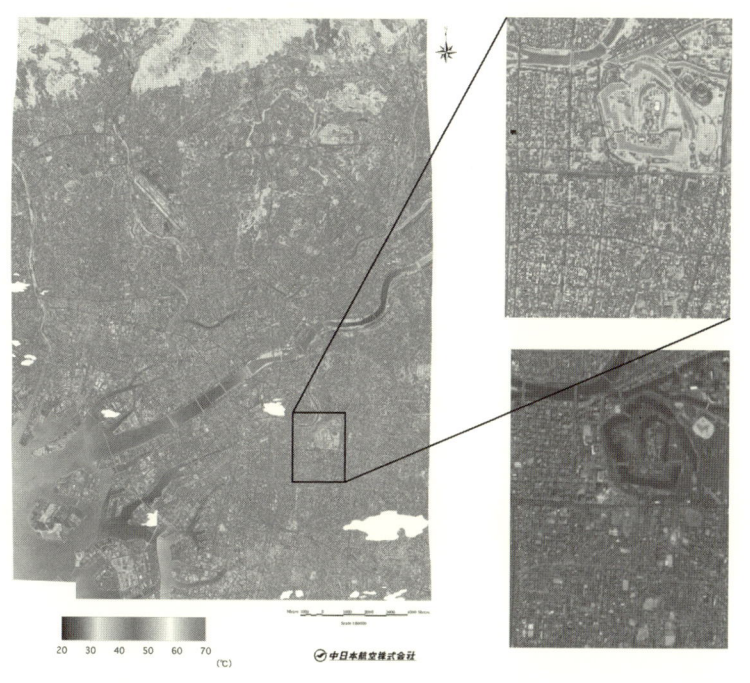

図11.8.3 航空機MSSによる大阪市周辺の地表面温度（左）と大坂城周辺の拡大画像
（右上：温度分布，右下：フォルスカラー画像）（カラー口絵14参照）

11.8.3は，航空機MSSで観測した大阪市周辺の地表面温度分布である．図右上は地表面温度の拡大画像，右下は同時に撮影したフォルスカラー画像を示したものである．航空機MSSでは，可視域や近赤外域と同じ解像度（この場合は空間分解能4 m）で詳細な温度分布が得られる．拡大図をみると，大坂城公園の内部は，堀の水や周辺の緑地に囲まれ比較的低い温度が現れているのに対し，大坂城の南西に位置する市街地では建物の屋根や道路が高温域として現れているのがよくわかる．

また，詳細にみると市街地にも小さな緑地が点在し，この地域では，地表面温度が周囲より低くなっている．図11.8.4は，図11.8.3の全域で植生指数（normalizes difference vegetation index：NDVI）を求め，それと地表面温度を比較したものである．NDVIが高いと地表面温度が低くなる傾向が現れている．

建物の外壁や窓などからの熱放射もヒートアイランドを引き起こす重要な要素である．建物側面の観測は，サイドルッキング可能な航空機MSS

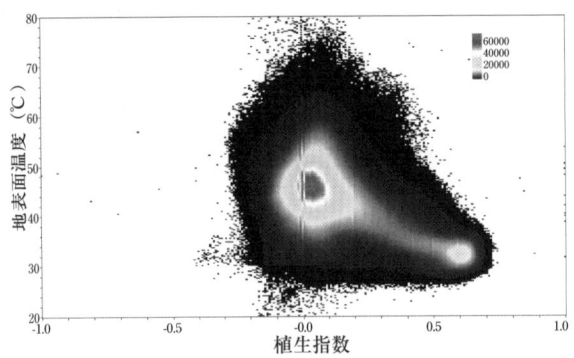

(Linear Regression: $y=-20.77x+46.14$, Correlation Coefficient: -0.58)

図11.8.4 大阪市周辺の植生指数と地表面温度との関係
（図11.8.3の観測値に基づく）

を用いて調査することもできるが[8]，地上から熱赤外放射カメラなどで観測を行う方法が一般的である[9]．地上からの観測では，上空からはとらえられないベランダなどの複雑な構造物からの熱放射を測定することが可能である．

2) 気温との関連

RSで直接得られる温度分布は，地表面の放射輝度を温度に換算したものである．一方，気象観測で得られる気温は，地上1.5 mの日陰の大気温度であり，両者は必ずしも一致しない．しかし，近藤ら[7]はLANDASTデータから求めた地表面温度とAMEDASで得られた気温を分析し，両者に高い相関係数があることを示している．

AMEDASなどの常設観測点のみでは測定点数が十分でない場合，RS観測に同期した地上観測を行う必要がある．地上での同期観測は，地表面温度だけでなく，気温や湿度などを同時に観測することにより，ヒートアイランド現象の実態をより詳しく得ることができる利点もある．また，RSによる地表面温度測定では，大気の吸収の影響を考慮する必要があるが，地上測定を併用すれば大気の影響を避けることができる．このとき地上測定は，データの不均一さを避けるため，センサの解像度より少なくとも2～3倍の面積をもつ均一な場所で実施することが望ましい．また，特に日中の温度観測では，地表面温度は短時間で急激に変化するため，短時間で観測が終了するRSと比較するためには，測定時間をできるだけ同期させる必要がある．

3) シミュレーションへの応用

ヒートアイランド現象解明のために，気候モデルなどを用いた数値シミュレーションが用いられることも多い．このシミュレーション結果には，土地利用条件を入力する必要があるが，その入力値としてRSによる土地被覆分類結果を用いたり，解析された地表面温度結果を検証したりする上で，RSによる地表面温度分布の把握は有効である．大岡ら[10]は，大阪府を対象にメソスケールモデルにより気流解析を行って対象地域の地表面温度分布を算出した．このときの土地利用を国土数値情報および細密数値情報をもとに計算した場合と，航空機MSSで得られた土地被覆分類結果を入力した結果に対し，実際の気温の変化を比較したのが図11.8.5である．

土地利用条件を変えることにより，解析結果の

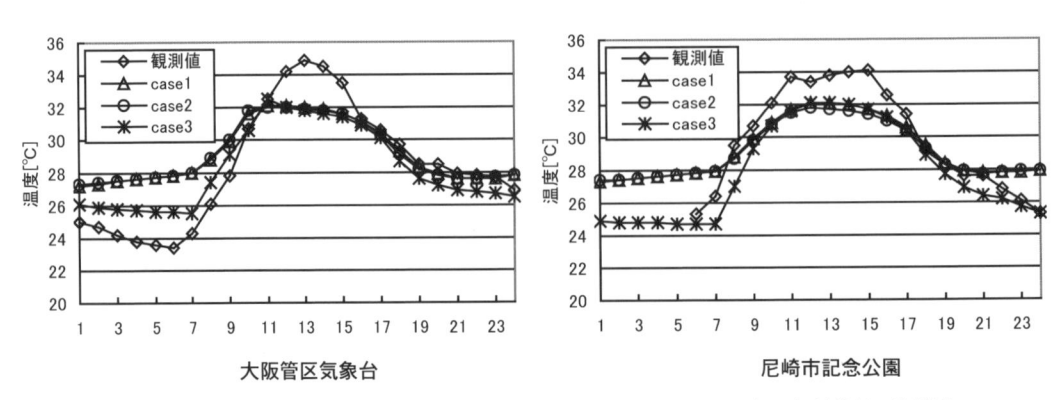

大阪管区気象台

尼崎市記念公園

図11.8.5 異なる土地利用データを用いたメソスケールモデルによる気温解析結果の比較[10]
case 1：国土数値情報，case 2：細密数値情報，case 3：航空機MSSデータ．

地表面温度が変化するが、3種類の土地利用条件ではMSSによる結果が実際の気温変化と最もよく一致した．

ヒートアイランドの状態を表す指標として、さまざまな指標が提案されているが、その中に梅干野らが提案したヒートアイランドポテンシャル（HIP）がある．HIPは、街区すべての建物、地面、樹木などの表面温度と気温との差の積分を街区の水平投影面積で除したもので、地表面温度がどれくらい大気を温め気温上昇を進める力があるかを評価する指標である[11]．実際に、すべての街区内の表面温度を実測するのは困難であるが、梅干野らは、地上からの赤外カメラや航空機MSSによる観測結果をもとにHIPを求めている[12]．

このように、ヒートアイランド現象の把握にはRS手法が有効であり、熱赤外域だけでなく可視・近赤外域のデータと合わせて利用することにより、緑化対策などのヒートアイランド緩和策への応用が期待される．

文 献

1) 日本写真測量学会編：熱赤外線リモートセンシングの技術と実際，鹿島出版会，1987．
2) 日本建築学会編：都市環境のクリマアトラス，ぎょうせい，2000．
3) 小澤淳眞，岡田宏之，福澤由美子，K.K.ミシュラ，橘 菊生，笹川 正：カメラアイ 航空機熱センサーによるデジタル熱画像．写真測量とリモートセンシング，**42**(6)，2-3，2004．
4) 尾島俊雄：ヒートアイランド，東洋経済新報社，2002．
5) 国土交通省：災害等に対応した人工衛星利用技術に関する研究総合報告書，2003．
6) 大阪府：大阪府ヒートアイランド現象実体調査結果，2003．
7) 近藤昭彦ほか：ランドサットデータによる関東平野の諸都市のヒートアイランド強度の解析．日本リモートセンシング学会誌，**13**，120-130，1993．
8) 梅干野晃ほか：サイドルッキング航空機MSSデータを用いた丘陵開発地域のヒートアイランドポテンシャルの計量および土地被覆との関係の検討．日本建築学会計画系論文報告集，**471**，29-37，1995．
9) 梅干野晃，浅野耕一，金丸剛久：熱画像を用いた建物外表面からの顕熱流量の解析．日本建築学会計画系論文報告集，**500**，43-50，1997．
10) サステナブル構造システム研究委員会：リモートセンシングデータを用いた阪神地区の都市気候数値シミュレーション，RC-39サステナブル構造システム研究委員会平成15年度報告書，東京大学生産技術研究所，2004．
11) ヒートアイランド実態調査検討委員会：平成12年度ヒートアイランド現象の実体解析と対策のあり方についての報告書，2001．
12) 梅干野晃ほか：熱画像による都市・建築の熱環境解析．日本赤外線学会誌，**5**(1)，52-64，1995．

11.9 水温把握への利用

リモートセンシングによる水温分布調査は、エルニーニョ現象把握のような地球規模から、発電所の温排水による水温の変化のような小規模な現象まで広く行われている．

図11.9.1は、LANDSAT ETM+で得られた海水温の分布を示している．房総半島沖に黒潮の影響と思われる比較的水温の高い領域がみられる．また、銚子付近には、利根川からの河川水の拡散と思われる温度パターンもみられる．リモートセンシングでは、水温の把握だけでなく、水温分布を面的にとらえることにより、水の流動状況をとらえることも可能である[1]．

水温把握に利用できるセンサは、人工衛星や航空機MSSなど多様であるが、対象とする領域の大きさ、調査対象とする現象の大きさ、観測頻度およびデータ収集に必要な費用などにより、最適なセンサを選定することになる．以下に対象領域別に利用可能なセンサとその特徴を述べる．

11.9.1 広域（日本沿岸など）

広域の水温把握には、気象衛星NOAAなどの気象観測衛星が適している．NOAAのAVHRRセンサは約2800 kmの観測幅があり、広範囲を観測できる．センサの解像度は直下で1.1 km程度であるが、海流などの大規模な水塊の温度や流動状況などを知るには十分な解像度といえる．通常2機が運用されていることから、同一地域を1日2回観測することができるため実用性が高い．

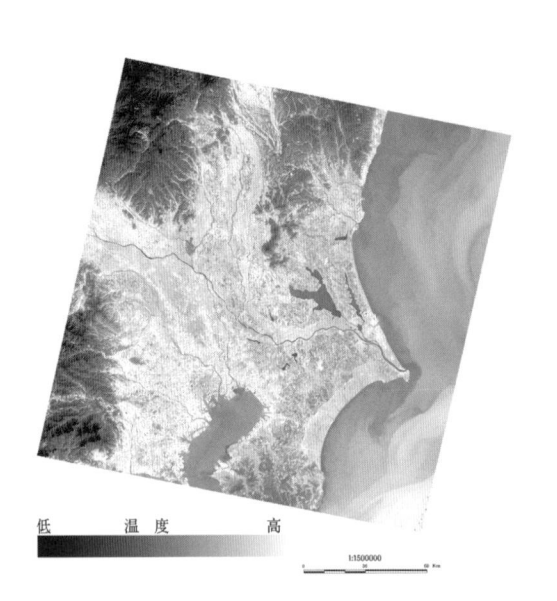

図 11.9.1　LANDSAT　ETM＋による温度分布画像（1999 年 10 月 21 日）

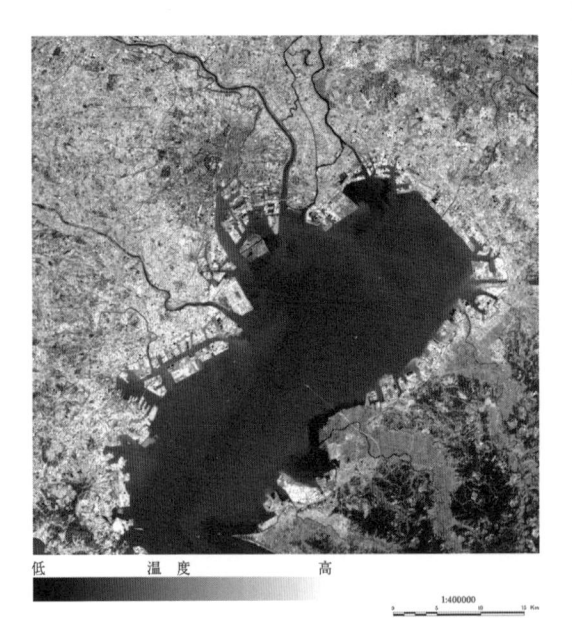

図 11.9.2　図 11.9.1 から東京湾を拡大したもの

AVHRR 以外のセンサとしては，TERRA と AQUA に搭載された MODIS が利用可能である．観測幅 2330 km で 1 km の解像度があり，日本付近をそれぞれ 1 日 2 回観測している．

11.9.2　中程度の海域

もう少し狭い 100 km 四方程度の範囲の情報把握には，LANDSAT TM や ASTER データを用いることができる．図 11.9.1 は LANDSAT ETM＋による関東周辺の温度分布を表したもので，図 11.9.2 はその中の東京湾を拡大したものである．この解像度では東京湾の内部の地域的な海水温の調査が可能である．航空機の解像度には及ばないものの，河川水の拡散や発電所から排出される温排水のモニタリングもある程度は可能である．

ただし，回帰日数が 2 週間程度と観測頻度が低く，天候との関係で必要な時期に必ずしもデータが得られない場合があるので注意が必要である．また，観測時間が午前 10 時前後で，固定されているため，潮汐の変化などによる水温分布の変化をとらえることは困難である．

11.9.3　詳細調査

航空機による調査は，観測海域の大きさには制限があるものの，数 m という高い空間分解能が得られ，発電所からの温排水の拡散状況や河川水の拡散状況など比較的小さな温度変化パターンをとらえることができる（図 11.9.3）．また，沿岸では，潮位の干満により流況が大きく変わることが多いが，観測時間を任意に設定することができ，潮汐による影響の把握も容易であることから，沿岸域での水温分布調査には航空機観測が 20 年以上前から用いられている．

11.9.4　データの取得

人工衛星データは，研究目的に限って，ポインティング機能を利用して指定した時期に指定した海域を観測することが可能な ASTER を除けば，配布および対象期間からのデータリストを検索し，過去のデータを入手するか，新たに軌道を周回してくるまで待つことになる．

航空機観測データは，航空機を飛ばす必要があるため，人工衛星データを購入する場合に比べ費用がかかる．安価とはいえない費用により観測を行うことから，綿密な計画を立てることが必要で

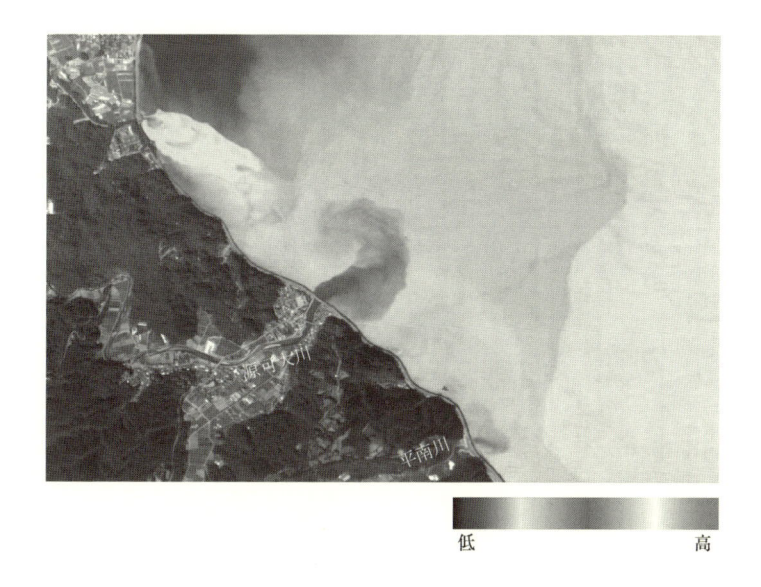

図 11.9.3 航空機 MSS により得られた海水温度分布（沖縄県中部）
陸域は同時に得られた可視域のデータにより作成したトゥルーカラー画像を背景とした．

ある．そこで，観測計画立案方法について述べる．

航空機観測は一般には航空機搭載型 MSS 装置を用いる．観測幅は航空機の高度に比例する（図 11.9.4）．たとえば走査角 θ のセンサで飛行高度 H での観測幅 W は，

$$W = 2\tan(\theta/2)H \tag{1}$$

となる．θ を 80°，H を 3000 m とすると観測幅 W は約 5000 m になる．

飛行高度に比例して空間分解能も変わる．センサの瞬時視野角（IFOV）を a mrad とすれば，センサ直下での空間分解能 iw は，

$$iw = a \cdot H \tag{2}$$

となり，a が 2.5 mrad の場合，飛行高度 3000 m では iw は 7.5 m となる．これは LANDSAT より 1 桁高い分解能である．

できるだけ効率よく観測を行うためには走査幅は広い方がよく，飛行高度を高く設定するのがよい．ただし，観測に使用される航空機の性能から最大高度は 5000 m 程度に制限される．また，MSS 装置による日中の観測では，熱赤外域だけでなく，可視域・近赤外域のデータも同時に取得でき，濁度やクロロフィルなどの要素も観測できるため，同時に調査することが多く，その場合にはあまり高度を上げすぎると大気の散乱の影響が大きくな

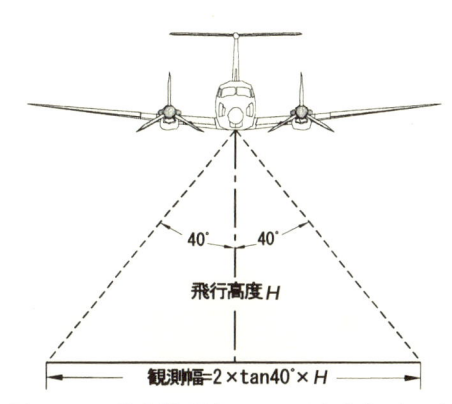

図 11.9.4 航空機観測における飛行高度と観測幅

りすぎるので，通常 3000 m 程度に抑えることが必要である．

観測エリアを 1 コースでカバーできない場合には，サイドラップを 30％程度とり，複数コースで観測することになる．複数コースで観測を行うと観測時間が多くかかるが，あまり時間がかかると，潮汐の状況が大きく変化するので，観測時間を 1 時間程度に抑えた方がよい．したがって，観測範囲はコース長 20 km なら 5 コース程度で収まるように設定する必要がある．

また，観測時間帯については，海上保安庁発行の潮汐表を参考にし，干満時刻および潮位を調べた上で計画する．

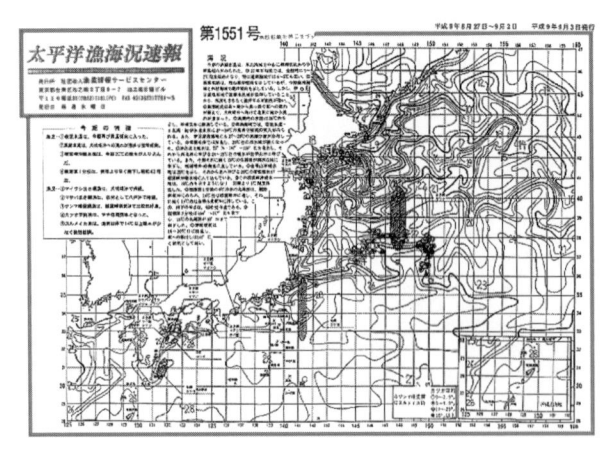

図11.9.5　漁業情報サービスセンターによる漁海況速報のサンプル（同センターホームページより）

11.9.5　温度推定

海面温度推定の精度向上のためには，大気による吸収の影響除去が必要となる．NOAAやMODOS ASTERは，熱赤外域に複数のバンドを有しており，バンドによって大気による吸収の影響度が異なるため，これを用いて大気補正を行うアルゴリズムが開発されている[2]．この結果を用いて，NOAAからは，補正後の温度データが提供されている．社団法人漁業情報サービスセンターでは，NOAAデータをもとにした漁海況速報（図11.9.5）を配信している[3]．

このほかのセンサでは自らの観測結果から大気補正を行うことができないので，大気モデルを利用することになるが，実際の大気との違いをどう見積もるかが課題となる．

なお，こうして得られた海面の温度は，表皮水温といわれ，水面わずか20μm程度の厚さの表面から放射されるエネルギーを計測したものである．表皮水温は，水面付近の大気温度にもよるが，通常海面温度として採水や熱電対などで測定される水面下30cmにおける温度と場合によって数度程度の差があるといわれている[4]．

そこで，海上実測調査を同時に実施し，温度校正を行う方法が用いられる．この場合，実測される海面下30cmの水温と表皮水温との温度差が一定と仮定して相関分析を行い，海上実測への変換式を求めることになる．　　　　　〔宮坂　聡〕

文　献

1) 稲掛伝三：熱画像に見られる小規模現象の海洋構造．日本リモートセンシング学会誌，11(2)，110-117，1991．
2) 高島　勉，高山陽三：NOAA衛星による海面温度測定．日本リモートセンシング学会誌，6(1)，37-47，1986．
3) 為石日出生：わが国の漁海況予報について．日本リモートセンシング学会誌，11(2)，167-175，1991．
4) 杉森康宏：海洋のリモートセンシング，共立出版，1982．
5) 日本リモートセンシング研究会編：図解リモートセンシング，日本測量協会，2001．
6) 土屋　清：リモートセンシング概論，朝倉書店，340 pp.，1990．

11.10　鳥類生態調査への利用

11.10.1　目　　的

ワシタカ類やフクロウなどの猛禽類は生態系の上位に位置する種であり，自然の豊かさを象徴する生物といえる．しかし，多くの種は近年の生息環境の悪化などにより，分布域の減少や生息数の減少が指摘され，その保護が求められている．

建設事業においても，ワシタカ類を特定対象とした環境調査および保護方策の検討を行う例が増えている．また，1999年6月に施行された「環境影響評価法」では，「生態系」が新たな項目として追加され，ワシタカ類は食物連鎖の頂点に立つ上位種ということから，その生態，他種との相互関

係および生息環境の状態を調査し，事業実施に伴う影響の程度を把握することが求められている．

1） 従来の調査方法と課題

鳥類調査では，一般的には，調査対象地にどのような鳥類がどのくらい生息しているかを把握するため，生息状況や集団分布地の状況を調査する．特に猛禽類（ワシタカ類）調査の場合は，環境庁より「猛禽類保護の進め方（特にイヌワシ，クマタカ，オオタカについて）」[1]が1996年に刊行されており，行動範囲や営巣地，繁殖状況を把握することが求められている．

調査では，図11.10.1に示すように，倍率7～10倍程度の双眼鏡や20～60倍程度の単眼望遠鏡を併用して観察する．これにより，たとえば猛禽類の場合，行動範囲（飛翔軌跡など）や営巣地を把握し図面上に表示するなどの作業が行われている．しかし，現状では目視を前提とした調査であることから，識別能力に個人差がある，効率が悪い，位置情報が正確に把握できない，林内では鳥類の識別が困難などの課題がある．

2） 実験の目的

既往調査結果[2]によれば，たとえばクマタカの体温は平均で40.4℃であり，かなり高温になる．したがって，熱画像観測装置により飛翔中あるいは森林表層に位置する鳥類を観測すれば，目視に比べて明瞭に識別でき，営巣地の把握の効率化などに寄与できると考えられる．そこで，ここでは①山間部における猛禽類などの大型鳥類，②都市公園における小型鳥類を対象に熱画像による実験観測を行い，鳥類識別の可能性を検討することを目的とした[3]．

11.10.2 実験方法

1） 山間部の大型鳥類の観測

まず，実際の生息地である山間部において，猛禽類などの大型鳥類の観測を試みた．ここでは，飛翔中および林内にとまっている大型鳥類を遠距離（0.5～2 km）から観測するとともに，林内で樹冠部を見上げて観測し鳥類の識別を試みた．なお，観測距離が長いことから，熱画像の観測は望遠レンズ（焦点距離 $f = 70$ mm）を用いた．

図11.10.1 鳥類調査のイメージ

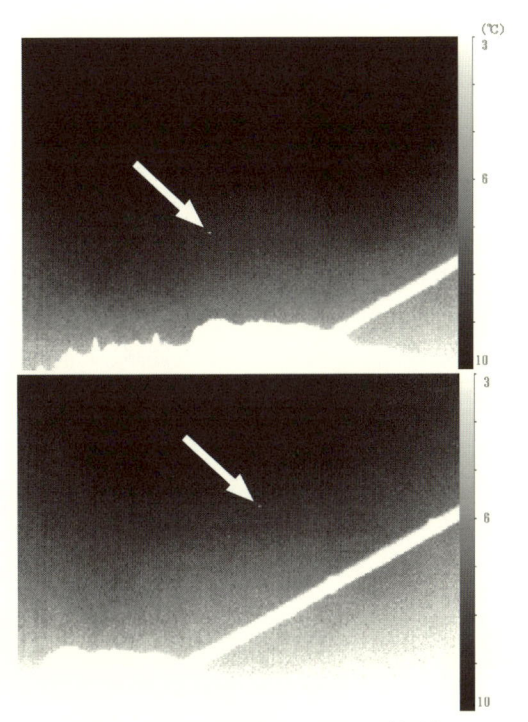

図11.10.2 飛翔中のクマタカの熱画像

2） 都市公園の小型鳥類の観測

特に林内での鳥類検出を対象に，都市公園の小型鳥類を観測した．ここでは，主に林内での調査をイメージし，樹木にとまっている小型の鳥類を対象に，近距離（10～50 m）から見上げる形で観測した．この際，熱画像と同時にデジタルカメラの撮影を行い，可視での識別状況との比較検討を行った．なお，観測距離が短いことから，熱画像の観測は標準レンズ（$f = 35$ mm）を用いた．

11.10.3 実験結果と考察

1） 山間部の大型鳥類の観測

飛翔中のクマタカを観測した事例を図11.10.2

に示す．約2 km離れた地点を飛翔しているところを観測した．背景が空であるため，クマタカはかなり明瞭にとらえられており，時系列に観測することで移動状況も把握できることがわかる．なお，クマタカよりもやや小型のトビを約1 kmの距離で観測したが，これも明瞭にとらえられた．

一方，クマタカがとまっている樹林を約500 mの距離から観測した熱画像を図11.10.3に示す．クマタカの存在が示されている可能性はあるが，日照による樹林表面の高温パターンと混在して，明瞭には把握できない．樹林表面の温度は，日照が当たる場所でも最高30℃以下で，鳥類の体温とはかなり差があるが，観測距離や日照によるノイズパターンなどによって，識別が困難になる可能性があることがわかる．

2） 都市公園の小型鳥類の観測

都市公園において，約10〜20 mの至近距離から小型鳥類（スズメ，ドバト）を観測した例を図11.10.4に示す．(a)のスズメの観測例では，可視画像ではほとんど確認できない鳥類が，熱画像では明瞭に識別できていることがわかる．これにより，林内における個体の生息の確認や個体数のカウントなど，従来労力を要していた作業を的確かつ効率的に行える可能性が見出された．一方，(b)のドバトの観測画像をみると，スズメと同様に明瞭に識別できているが，個体や向きにより温度値が異なりやや識別しにくい例もみられる．このように，

図11.10.3 クマタカがいる樹林の熱画像

(a)スズメの観測例

(b)ドバトの観測例

図11.10.4 鳥の種類による識別性の違い（左：可視画像，右：熱画像）

(a) 下方からみた幹や建物のノイズ　　　　(b) 側方からみた樹木表面のノイズ

図 11.10.5　日照などによるノイズの例

図 11.10.6　樹木に隠れた鳥類の識別性（左：可視画像，右：熱画像）

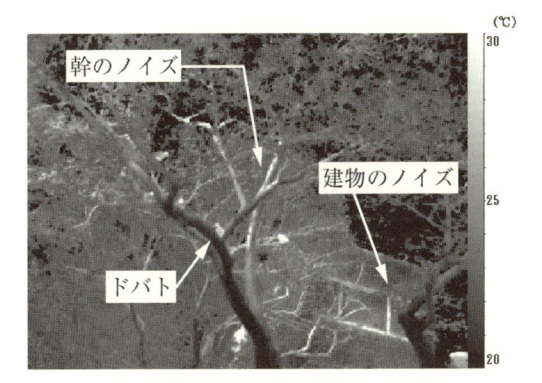

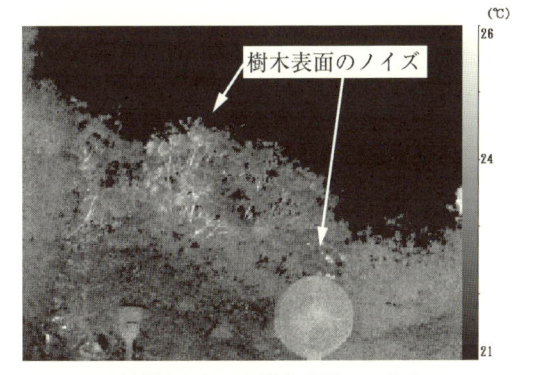

鳥類の種類や個体によって，識別性が異なる可能性もあることがわかる．なお，熱画像上での鳥類表面の最高温度値は，スズメで約33℃，ドバトで約37℃であり，平均的な体温にほぼ近い測定値が得られている．体温は鳥類の健康状態と関係しているとの報告[2]もあり，このように近接して観測することにより，その情報が得られる可能性が見出された．

一方，鳥類の観測時にみられたノイズの例を図11.10.5に示す．(a)ではドバトのとまっている樹木の枝が日照を受けて高温を示し，背景となる建物の一部が高温を示すなど，鳥類の識別を困難にするノイズを生じていることがわかる．また，(b)では樹木表面の葉が日照を受けて，広範囲に高温パターンを示し，鳥類識別の障害となっている．実際の調査時には，これらのノイズを考慮して鳥類を判別する，日照の顕著な昼間を避け，薄明時や夜間に観測を行うなどの配慮が必要と思われる．なお，現地観測時の画面上では，鳥類が小刻みに動くため，ノイズとの識別は比較的容易であった．

約30mの距離から樹木に隠れた鳥類を観測した例を図11.10.6に示す．これは，カラスの尾の一部のみが葉の隙間からみえている例であり，目視ではほとんど判別できないが熱画像では鳥類の存在が識別できている．この例から，樹木の隙間から個体の一部が見通せれば，熱画像により比較的容易に個体が識別できることがわかった．

11.10.4　熱画像の鳥類調査への利用性

今回の検討によれば，熱画像により樹林表面および林内に存在する猛禽類が比較的容易に抽出されるので，従来膨大な人員を要していた営巣地の確認作業の効率化に寄与できると考えられる．また，鳥類の出現（飛翔開始）を検出，通報し，その飛行軌跡を追跡することにより，従来の目視に

よる確認作業の省力化，見落としの低減，軌跡記録の定量化に寄与できると思われる．さらに，近距離から観測すれば，鳥類の表面温度が計測できるので，健康状態を表す体温の把握にある程度使えるのではないかと考えられる． 〔赤松幸生〕

文　献　(11.10節は，主に文献[3)]に依拠する)

1) 環境庁自然保護局野生生物課編：猛禽類保護の進め方(特にイヌワシ，クマタカ，オオワシについて)，1997．
2) クマタカ生態研究グループ：クマタカ・その保護管理の考え方，p.18，2000．
3) 日本写真測量学会編：空間情報技術の実際，pp.194-199，日本測量協会，2002．

12. 測量工学で使用される主なデータ処理技術

12.1 統計処理

測量に限らず，すべての測定（観測，計測）には誤差がつきものである．測定において得ることができるのは，真値に何らかの誤差を伴った測定値である．本節では，不注意によって生じる過誤や，発生の原因や仕組みが明らかな系統誤差（定誤差）を除いても，データになお残る「偶然誤差」を統計学的に処理する方法について説明する．

12.1.1 測量工学における統計処理

過誤や系統誤差を排除した結果残る偶然誤差は，確率変数であると考えられる．技術の進歩によって誤差の絶対値を小さくする努力は続けられているが，偶然誤差（以下，誤差）を人為的に制御することはできない．したがって，われわれは真値を直接知ることはできない．そこで，測定によって得られるデータから，真値を何らかの方法で推定する必要がある．

まず，誤差と残差，推定量と推定値という言葉について簡単に説明する．測定には確率変数である誤差 e を伴い，真値が y である量を測定したときの測定値（観測値，計測値）を y_0 とする．通常，真値 y は非確率変数であるとされる．このとき，次式が成立する．

$$y_0 = y + e \tag{1}$$

y の推定した値を $\hat{y}$ とすると，

$$y_0 = \hat{y} + v \tag{2}$$

と書ける．このとき，v を残差と呼ぶ．

特定の値をもったデータの組に対して推定された値のことを推定値といい，式(2)に示すとおり，測定値と推定値の乖離分が残差である．一方，推定量とは，測定によって，特定の値を前提としない変数を得たと想定した場合に，最小2乗法などの統計学的な方法に基づく計算から真値と推定される解のことである．推定量に対して具体的なデータが入力されて特定の値になったものが推定値であり，別の言い方をすれば，確率変数である推定量の一つの実現値が推定値である．

真値を推定する統計学的な手法としては，測定に伴う誤差の確率分布を特に仮定しない最小2乗法と，分布形を明示的に仮定する最尤法の，大きく分けて2つの方法がある．なお，ほとんどの文献では「最尤法」という用語を用いるが，「最尤推定法」という用語を使う場合もある（文献[3]など）．

測定対象の構造が比較的単純な場合には，誤差の確率分布に正規分布を仮定して最尤法により導かれる推定量は，最小2乗法による推定量と一致する．また，自然科学において，実験や観測がよく制御された場合には誤差は正規分布に従うと考えられること，さらに，誤差に確率分布を仮定しない最小2乗法の方が定式化が容易なことなどの理由から，測量工学においても最小2乗法が広く用いられている．これについては，12.4節において改めて説明する．

ところで，測量に関する文献では最確値という言葉が用いられることも多い．最尤法の文脈においては，尤度というものが定義され，その意味では最も確からしいという呼び方も説得力をもちうるが，最小2乗法においては確からしさに相当する概念は曖昧であり，その定義は不明確である．最近では，あまりこの言葉を用いない傾向にあるようなので（たとえば，文献[4]），本節でも用いないこととする．

統計学的な処理を行うためには，観測されたデータの精度に関する情報が必要となる．精度の低い機器や方法によって得られたデータ，すなわち

精度の低いデータと，これとは反対に精度の高いデータが混在する場合には，後者をより重視して推定作業を行う方が合理的なためである．実際，統計学的にもそのような重み付けを行う推定方法が望ましい結果を与える．アナログ式かデジタル式かにかかわらず，測量に使用する器具や機器については，あらかじめ実験によりその測定精度が得られており，実際の測量での真値の推定作業においては，それらの測定精度に関する情報が用いられる．

12.1.2 手順と精度

統計処理の大まかな手順は図12.1.1に示すとおりである．適切な機器と環境のもとで計測を行い，得られたデータから知りたい未知量を最小2乗法などの統計学的な手法を用いて推定する．そして，その推定の精度を計算し，必要とする精度が得られているかを検討する．当然，途中でそのつど，データの入力や計算間違いなどの初歩的なミスがないかも確認する必要がある．

既述のとおり，データから未知量を推定する手法には，最小2乗法などの方法がある．通常，これらの方法によってデータの統計処理を行えば，一意に推定値が得られる．しかし，推定値は，真値の近辺に分布すると考えられる確率変数の一つの実現値にすぎない．すなわち，推定はある精度を伴う作業である．当然，もとのデータに含まれる誤差が大きければ，推定の精度も低くなる．

すなわち，推定量は確率変数であり，分散をもつ．推定値はそのような確率変数の一つの実現値と見なされ，測定によって得た値が，どの程度の広がりをもった分布から得られたものであるかによって，測定結果に対する信頼度が変わってくる．分散は，確率変数のバラツキ具合いを表す指標であるので，測定の精度を示す指標としても利用される．測定結果の信頼度を検討する上で，最も単純な方法は，誤差の分散（誤差分散）を推定する，もしくは，推定値の分散を計算する方法である．測定の対象に比べて誤差分散が大きければ，推定値にも大きな誤差を伴うと考えられる．つまり，推定値の背後にある確率分布の分散を推定することにより，測定結果の信頼度を判断することができる（12.4.5項参照）．図12.1.2には，測定に伴う誤差が大きい場合（すなわち誤差の分散が大きい場合：左上）と，小さい場合（誤差の分散が小さい場合：右上）を示している（確率密度関数の値を示す縦軸は省略）．それぞれの場合について，推定値が従うと考えられる確率分布がその下に示されている．推定値の分布の分散が小さいということは，推定値のごく近辺に真の値が存在する可能性が高いということが直感的に想像できよう．

より明示的に精度を示す方法の一つとして，信頼区間の推定がある．そこでは，推定値を$\hat{y}$として，次のような式を得る．

$$P[\underline{\theta}(y_1, y_2, \cdots, y_n) < \hat{y} < \overline{\theta}(y_1, y_2, \cdots, y_n)]$$
$$= 1 - \alpha \qquad (3)$$

ここで，$P[\ ]$はある事象が起こる確率を表し，式(3)は区間$[\underline{\theta}(y_1, y_2, \cdots, y_n), \overline{\theta}(y_1, y_2, \cdots, y_n)]$

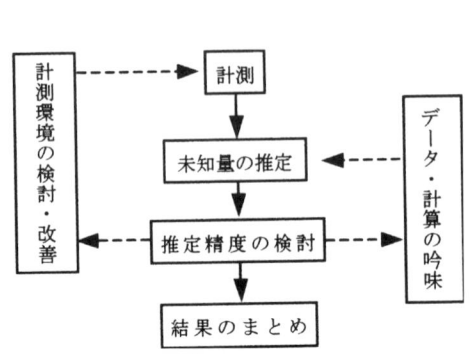

図12.1.1 統計処理の手順

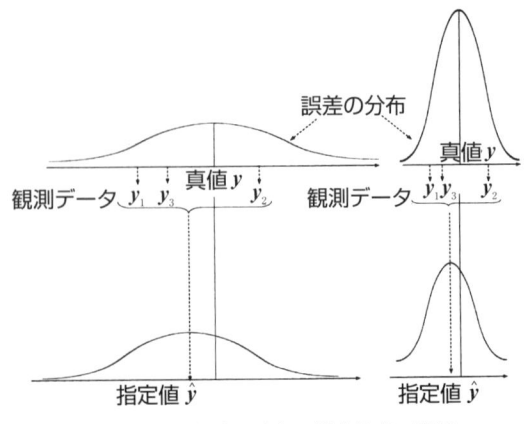

図12.1.2 誤差の分布と推定精度の関係

が $1-\alpha$ の確率で推定値 $\hat{y}$ を含むということを意味する．このとき，$[\underline{\theta}(y_1, y_2, \cdots, y_n), \overline{\theta}(y_1, y_2, \cdots, y_n)]$ を $\hat{y}$ について信頼係数 $1-\alpha$ の信頼区間という（後で説明するように，この α を有意水準と呼ぶ）．

誤差の分布が既知であれば，もしくは適当な分布が仮定できれば，真値 y について同様に以下のような式を得ることができる．

$$P[\underline{\Theta}(y_1, y_2, \cdots, y_n) < y < \overline{\Theta}(y_1, y_2, \cdots, y_n)] = 1-\alpha \qquad (4)$$

区間 $[\underline{\Theta}(y_1, y_2, \cdots, y_n), \overline{\Theta}(y_1, y_2, \cdots, y_n)]$ は y について信頼係数 $1-\alpha$ で求められた信頼区間である．たとえば，$\alpha=0.05$ とすると，真値は95％の確率で区間 $[\underline{\Theta}(y_1, y_2, \cdots, y_n), \overline{\Theta}(y_1, y_2, \cdots, y_n)]$ に存在するということを意味する．測定の精度が高いということは誤差の分散が小さいということであり，それだけ信頼区間は狭くなる（図12.1.3）．

真の値がある範囲（区間）に収まっていてほしいと思っても，信頼区間が大きすぎるとかなりの確率でそれを外れる可能性がある．そのような場合には，機器を交換したり，測定をやり直したりすることによって，信頼区間を小さくする努力が必要となる．

推定により得られた値から，事前に想定していた値が得られたといえるのかどうか，あるいは，特定の範囲に入っているのかどうかを検証したい場合もある．たとえば，ある箇所で2本の線分がなす角が90°なのかどうか，測定機器の誤差が要求される精度に対応して十分小さいかどうか．そのような場合，信頼区間による方法でこれを検討するのも一つの方法であるが，これとは表裏の関係にある検定を行うことが多い．

検定の最も一般的な方法の一つは，ある仮説を設定し，その仮説の確からしさを確率に基づいて計算することにより，その妥当性を吟味するという仮説検定の手続きをとるものである．仮説検定は，本来証明したいこととは背反する事実からなる帰無仮説を立て，この仮説を棄却する形で，証明したい仮説（対立仮説）を支持するというものである．なぜこのような方法をとるかといえば，

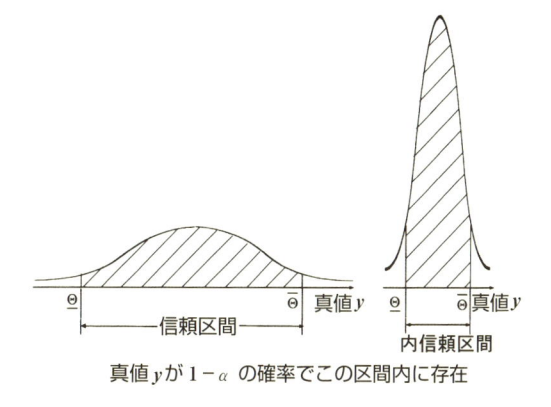

図12.1.3 推定精度と信頼区間

ある事実（命題）を直接証明するのは一般的には非常に困難だからである．いくら証拠があっても，その事実が絶対に正しいとはいえない．これに対して，ある事実が正しくないことを証明するには，たった1つでも証拠（反証）があればよい．

仮説検定の具体的な方法は，仮説が正しいとしたときに，それが現れる確率を計算し，その確率が非常に小さいと判断されるような測定値が計測により得られた場合には，仮説は成り立たないと考えてこれを棄却，そうでなければ棄却しないというものである．すなわち，まず，仮説が正しいとしたときに推定値が $1-\alpha$ の確率で入る範囲（採択域）を求める．このとき，どのくらいの確率をまれと考えるかの基準となる確率 α を有意水準といい，採択域の範囲外を棄却域という．通常，検定には，判断の基準のために検定統計量が用いられる．なお，詳しくは，帰無仮説の内容に応じて，両側検定と片側検定がある．図12.1.4には，仮説が検定統計量の分布において裾の方に位置し，有意水準 α において棄却される場合を概念的に示している．

ここで注意しなければならないのは，仮説を棄却しないからといって，仮説を積極的に支持することにはならないということである．先に述べたとおり，ある事実を否定するのにはたった1つでもこれを否定する材料を見つければよいが，肯定的な事実を証明するためにはたった1つの証拠では不十分だからである．また，仮説を棄却するか否かは，あくまで有意水準に基づくものである．

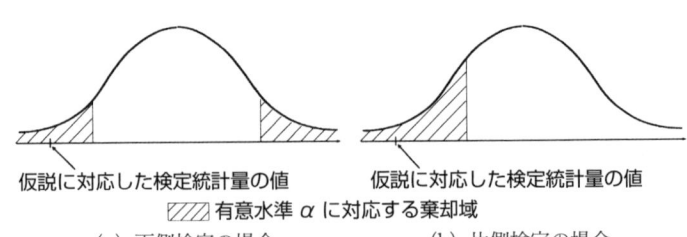

(a) 両側検定の場合　　(b) 片側検定の場合

仮説に対応した検定統計量の値
有意水準 α に対応する棄却域

図 12.1.4　検定統計量の分布

たとえば、5％の有意水準で棄却された場合でも、それは、測定において、たまたま、まれにありうることが現れていたのかもしれない。だからといって、有意水準をもっと小さくして1％とすると、逆に棄却すべき場合を受容してしまう可能性が高くなる。計測の実態に合わせた水準の設定が必要となる。

具体的な仮説検定の計算手順については12.4.5項を参照されたい。

さて、今、ある量の測定を行った後に、その量から計算される別の量を求めたいとする。たとえば、領域の辺長 x_j の測定を行った後、その領域の面積 A を求める場合などであり、領域が三角形や長方形のような単純な形であれば、面積は辺長のみの関数となる。この場合、距離の計測は面積を求めるための間接測定である。

より一般的に、m 個の異なる変量 $x_j (j=1, 2, \cdots, m)$ と未知変量 y の間に次のような関係があるとする。

$$y = f(x_1, x_2, \cdots, x_m) \tag{5}$$

ここで、$x_j(j=1, 2, \cdots, m)$ が確率変数であれば、その関数によって表現される y も確率変数となる。そして、$f(x_1, x_2, \cdots, x_m)$ が $x_j(j=1, 2, \cdots, m)$ について微分可能な単調増加関数であるといった条件を満足すれば、$x_j(j=1, 2, \cdots, m)$ の密度関数から y の密度関数を直接求めることができる（たとえば、文献[1]）。当然、x_j の期待値 μ_j や分散 σ_j^2、共分散 $\sigma_{j,k}(j\neq k)$ がわかっているときには、y の期待値 μ_y や分散 σ_y^2 も容易に計算することができる。

特に、分散に関する次式は、変量 x の測定に伴う誤差（の分散）が、変量 x と知りたい量 y との関係を通して、知りたい量 y と推定誤差（の分散）へ変換されるということを表しており、誤差伝播の法則と呼ばれる。

$$\sigma_y^2 = \psi(\sigma_1^2, \sigma_2^2, \cdots, \sigma_m^2, \sigma_{1,2}, \sigma_{1,3}, \cdots, \sigma_{m-1,m}) \tag{6}$$

ここで、$\psi(\ )$ は $f(\ )$ から導かれる関数であり、たとえば、$f(\ ) = a_1 x_1 + a_2 x_2 + \cdots + a_m x_m$ のような簡単な関数の場合には、$\psi(\ ) = a_1^2 \sigma_1^2 + a_2^2 \sigma_2^2 + a_m^2 \sigma_m^2 + 2a_1 a_2 \sigma_{1,2} + 2a_1 a_3 \sigma_{1,3} \cdots + 2a_{m-1} a_m \sigma_{m-1,m}$ と計算される。$f(\ )$ がより複雑な式の場合には、解析的に求めることが困難な場合が多く、通常、測定値回りで線形近似をした上で、同様の計算を行う。

〔堤　盛人〕

文　献

1) 竹内　啓：数理統計学、東洋経済新報社、1963.
2) 中村英夫、清水英範：測量学、技報堂出版、1999.
3) 中川　徹、小柳義夫：最小二乗法による実験データ解析、東京大学出版会、1982.
4) 中根勝見：GPS時代の最小2乗法　測量データの3次元処理、東洋書店、1994.

12.2　座標変換

座標変換 (coordinate transformation) は、投影法の異なる地図や画像を合わせる、あるいは、幾何的な歪みのある画像などから歪みを補正する技術である。幾何補正 (geometric correction) や位置合わせ (registration) とも呼ばれる。座標変換は、複数の空間情報を統一的に扱うときに必ず生じる共通の問題である。

座標変換の方法は、システム補正と基準点による方法に大別される[1]。

12.2.1 システム補正

システム補正とは，幾何的歪みを除去するための理論的補正式がわかっている場合に，その理論的補正式を用いて座標変換を行う方法である．ここで考慮する幾何的歪みには，センサ機構に起因する内部歪みと，センサの位置や姿勢に起因する外部歪みがある[2]．しかし，観測中にも常時変化する幾何学的な条件をすべて知ることは現実上不可能であり，システム補正の精度は，一般に高くない．

12.2.2 基準点による方法

基準点による方法は，座標系間の幾何学的関係が不明である場合や，局地的に高精度な補正を行う場合に用いられる．基準点による座標変換法の流れを図12.2.1に示す．たとえば，x-y座標系をもつ画像をu-v座標系をもつ画像に位置合わせを行いたい場合には，両画像内において対応関係が明確に認識でき，かつ座標が既知である点を基準点とする．その後，対応する基準点を合致させるようにx-y座標系からu-v座標系への座標変換式 ($u=f(x,y)$, $v=g(x,y)$) を同定することになる．なお，内挿，再配列に関しては，12.5節を参照されたい．設定した座標変換式のパラメータは，通常，最小2乗法により求められる．代表的な変換式として，下記のものが用いられる．

1) ヘルマート変換（Helmert transformation）

$$u = ax + by + c$$
$$v = -bx + ay + d \qquad (1)$$

ここで，縮尺：$m=\sqrt{a^2+b^2}$，回転角：$\theta = \tan^{-1}(b/a)$．

ヘルマート変換は，縮尺の変更，平行移動，回転を表現する（図12.2.2(a)）．最低2点以上の基準点により，パラメータを決定可能である．

2) アフィン変換（affine transformation）

$$u = ax + by + c$$
$$v = dx + ey + f \qquad (2)$$

アフィン変換は，ヘルマート変換に加え，スキュー変形（長方形を平行四辺形に変形するせん断変形）を表現する（図12.2.2(b)）．最低3点以上の基準点により，パラメータが決定可能である．

3) 擬似アフィン変換（pseudo affine transformation）

$$u = axy + bx + cy + d$$
$$v = exy + fx + gy + h \qquad (3)$$

擬似アフィン変換は共1次変換とも呼ばれる（図12.2.2(c)）．最低4点以上の基準点により，パラメータを決定可能である．

4) 2次射影変換（2D projective transformation）

$$u = (ax + by + c)/(px + qy + 1)$$
$$v = (dx + ey + f)/(px + qy + 1) \qquad (4)$$

2次射影変換は，アフィン変換を施した図形をそれと平行でない平面に中心投影したものであり，アフィン変換を包含するものである．そのため，ある傾きのある画像を他の傾きの画像に変換する偏歪修正によく用いられる．また，射影変換は共線条件式（collinearity condition：12.8節参照）において，撮影対象が平面であることを仮定することにより導くことができる[3]．

5) 3次射影変換（3D projective transformation）

$$u = (ax + by + cz + d)/(px + qy + rz + 1)$$
$$v = (ex + fy + gz + h)/(px + qy + rz + 1) \qquad (5)$$

点(x, y)における標高zを考慮した3次射影変換も用いることができる．

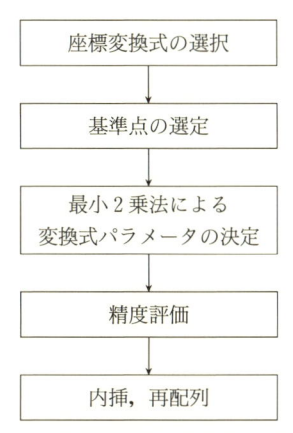

図12.2.1 基準点を用いた座標変換の流れ

座標変換式の選択 → 基準点の選定 → 最小2乗法による変換式パラメータの決定 → 精度評価 → 内挿，再配列

(a)ヘルマート変換

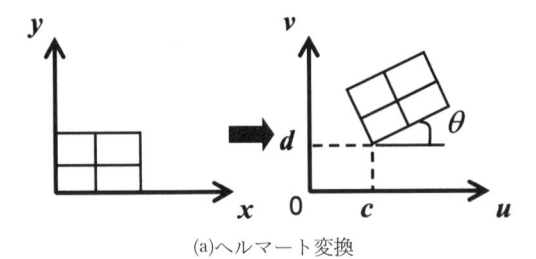

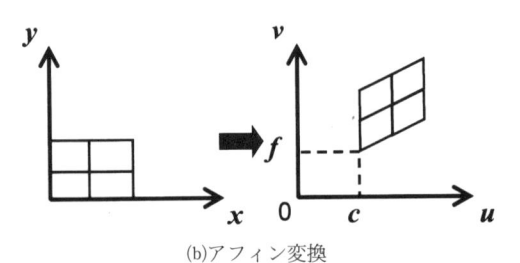

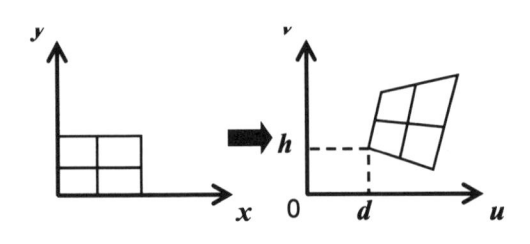

(b)アフィン変換

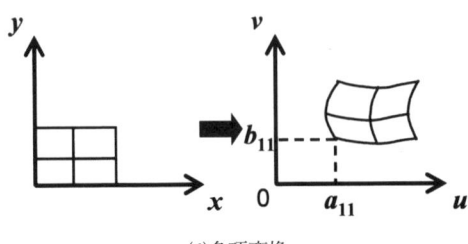

(c)擬似アフィン変換

(d)多項変換

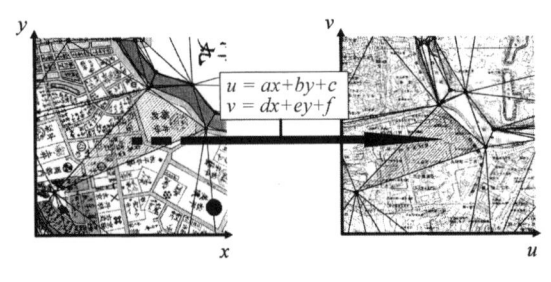

(e) TIN とアフィン変換を統合した変換法

図12.2.2　座標変換の方法．

6）多項変換（polynomial transformation）

$$u = \sum_{i=1}^{n}\sum_{j=1}^{n} a_{ij} x^{i-1} y^{j-1}$$
$$v = \sum_{i=1}^{n}\sum_{j=1}^{n} b_{ij} x^{i-1} y^{j-1} \quad (6)$$

多項変換は，高次多項式により表現された変換であり，画像の歪みがより複雑な場合などに用いられる．基準点の再現性は高精度であるが，線形性は一般に保持されない（図12.2.2(d)）．

12.2.3　局所的座標変換

上記の座標変換は，ある対象画像（あるいは地図）を1つの変換式により変換する大域的座標変換である．一方で，歪みが場所により異なる場合には，高精度の座標変換は期待できない．そこで，局所的座標変換も提案されている．局所的座標変換は区分的内挿法を適用したものであり，piece-wise rubber sheeting とも呼ばれる．最もよく用いられるものは，TIN（triangulated irregular network：不定形三角網）とアフィン変換を用いた方法である．この方法では，まず与えられた基準点を頂点とするようにTINを形成する．両画像とも同相のTINが形成されているという条件のもと，対応する三角形ごとにアフィン変換を適用する（図12.2.2(e)）．この場合，自由度が0のため，基準点は完全に合致する．

ところで，アフィン変換は線形性を保持する変換であるために，三角形内の直線分は必ず直線分へ変換されるという特性がある．これにより，三角形内の直線形状が変換後も必ず保持されるという利点があるが，逆に隣接三角形にまたがる直線形状は，三角形辺上において屈曲する可能性を有する．TINと座標変換を組み合わせて滑らかに空間内挿を行う研究もなされている．たとえば，三角形辺上の属性データ（標高データなど）の連続性に加え，連続の滑らかさに関するいくつかの仮定を設ければ，三角形ごとに変換式を一意に決定できる変換は，アフィン変換以外にも5次多項式があることが知られている．したがって，この方法を用いれば三角形の辺上において直線形状が不自然に屈曲するような問題を回避できるであろう

と期待されるが，5次多項変換であるために，変換前の三角形の辺が変換後においても直線分となる保証はない．

局所的歪みを扱う方法として，クリギング内挿法（kriging interpolation）の適用も考えられる．この方法では，アフィン変換で大局的な位置合わせを行い，注目地点近傍の基準点をコバリオグラムにより重み付け内挿することにより，その変換を行う．クリギング内挿法に関しては，12.5節を参照されたい．

文　献

1) 中村英夫，清水英範：測量学，pp.401-403，516-518，技報堂出版，2000．
2) 高木幹雄，下田陽久：画像解析ハンドブック，pp.425-429，東京大学出版会，1991．
3) Mikhail, E. M., Bethel, J. S. and McGlone, J. C.: Introduction to Modern Photogrammetry, pp.84-87, John Wiley & Sons, 2001.
4) Akima, H.: A new method of interpolation and smooth curve fitting based on local procedures. *Journal of the Association for Computing Machinery*, **17**(4), 589-602, 1970.

12.3　ハフ変換

ハフ変換（Hough transform）は，画像中からパラメータにより表現できる図形（直線，円，楕円，放物線など）を抽出する手法であり，ノイズに強い手法として知られている．1962年にHoughにより直線を検出する方法として提案され，1972年DudaとHartにより実用的な手法への改良が行われ，その後，盛んに研究されるようになった[1]．

12.3.1　基本原理[2]

ここでは，最も単純な直線の検出に関して解説する．今，直線を極座標で表現すると，

$$\rho = x\cos\theta + y\sin\theta \qquad (1)$$

となる．ここで，ρ は座標原点からの直線へ下ろした垂線の長さ，θ は垂線と x 軸とのなす角である（図12.3.1）．直線が固定されていれば，この直線は ρ-θ パラメータ空間中の1点として表現される．また，画像空間における点 (x_0, y_0) を通る任意の直線は，

$$\rho = x_0\cos\theta + y_0\sin\theta \qquad (2)$$

となり，この直線群をパラメータ空間中で表現すれば，正弦曲線となる．ここで，画像中，エッジ抽出オペレータ，あるいは線抽出オペレータにより抽出された特徴点（エッジピクセル）を通る直線群は，パラメータ空間上では，正弦曲線となり，ある同一の直線上の特徴点に関して同様の操作を行うと，パラメータ空間上では，それらの正弦曲線群は1点で交わることとなる（図12.3.2）．

上記の原理に基づいて，具体的には下記の操作で直線の検出を行う．

① ρ-θ 空間において2次元ヒストグラムを用意し，初期値を0とする．

② 画像空間において抽出された特徴点を通る直線に対応する，パラメータ空間での正弦曲線の

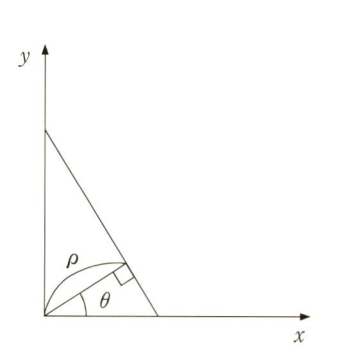

図 12.3.1　直線の極座標表現

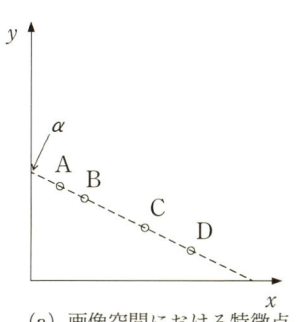

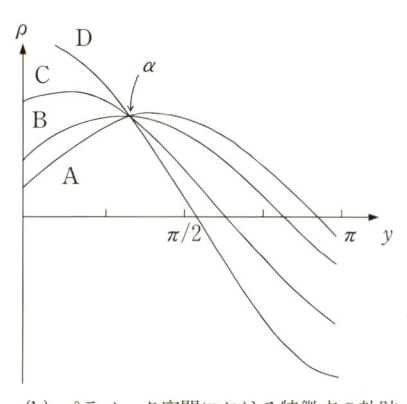

(a) 画像空間における特徴点　　(b) パラメータ空間における特徴点の軌跡

図 12.3.2　ハフ変換による直線検出

軌跡を描き，軌跡上のヒストグラムの値を1増加させる．

③ すべての特徴点に対し②と同様の操作を行い，パラメータ空間の2次元ヒストグラムにおける極大点を探索する．

④ 極大点に対応するパラメータ ρ と θ が，画像空間における検出するべき直線のパラメータである．

ハフ変換は，画像空間中の特徴点が連続していなくても直線検出が可能である．Hough は当初，直線の傾きと切片をパラメータとしていたが，この場合，画像空間が有限であるにもかかわらず，パラメータ空間は有限とならない．そこで，Duda と Hart は極座標によるハフ変換を提案した[3]．ハフ変換は直線以外の円や楕円にも適用可能である．円の場合はパラメータが3つ，楕円の場合にはパラメータが5つとなる．

12.3.2 一般化ハフ変換[1,3]

対象図形が直線や円に限らず，代数方程式では表現できない任意形状の曲線に対し，Ballard は，ハフ変換を拡張した一般化ハフ変換 (generalized Hough transform) を提案した．この方法の重要な点は，従来のように検出対象を単一の方程式で記述するのではなく，接線の集まりとして記述することである．パラメータ空間は，対象図形の傾き θ，位置 (u, v)，縮尺変換 s の4次元となる．具体的方法は下記のとおりである．

① 検出する図形の形状をテンプレートとして記述する．たとえば，図 12.3.3 に示す図形をテンプレートとした場合，濃淡値勾配（接線の傾きと直角方向）と参照点 R に対する極座標 (ϕ, r, α) によりテンプレートの画素を表現する．これらの値は R テーブルと呼ばれる表に登録される（表 12.3.1）．R テーブルはテンプレートの始点画素から終点画素まで順次作成されるが，濃淡値勾配 ϕ の大きさ順に並べ替えると便利な場合もある．

② (u, v, θ, s) 空間において，4次元ヒストグラムを用意し，初期値を0とする．

③ 対象図形を検出したい画像中の特徴点 (x, y) における濃淡値勾配 ϕ_1 を求める．

④ すべての (θ, s) の組み合わせに対して，$\phi_1 - \theta$ と対応する $(r(\phi_1-\theta), \alpha(\phi_1-\theta))$ を R テーブル中から探索する．

⑤ 回転角 θ と縮尺変換 s の組み合わせに対応する平行移動 (u, v) を，次式により求め，パラメータ空間のヒストグラムの値を1増加させる．

$$u = x + r(\phi_1-\theta) \cdot s \cdot \cos(\alpha(\phi_1-\theta) + \theta) \\ v = y + r(\phi_1-\theta) \cdot s \cdot \sin(\alpha(\phi_1-\theta) + \theta) \quad (3)$$

⑥ すべての特徴点に対し③〜⑤を繰り返し，ヒストグラム値の高いパラメータを抽出する．このパラメータに基づき，形状テンプレートを画像空間に写像することにより，図形の検出を行う．

ここでは，検出対象を曲線であると仮定したが，実際には，ハフ変換と同様，特徴点が連続していない，あるいは複数の曲線に対して適用可能である．すなわち，対象物体は線上の図形であれば，どのようなものでも構わない．さらに，画像空間中において，対象物の一部が隠蔽されている場合でも検出を可能としている．ただし，その計算量は膨大なものとなることには注意が必要である．

〔布施孝志〕

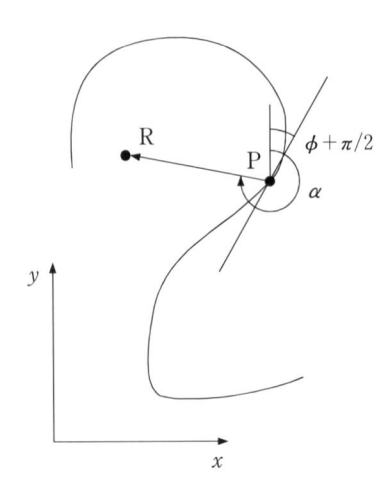

図 12.3.3 一般化ハフ変換におけるテンプレートの記述

表 12.3.1 R テーブル

濃淡値勾配 ϕ	極座標 (r, α)
ϕ_1	(r_{11}, α_{11})
⋮	⋮
ϕ_P	$(r_{P1}, \alpha_{P1}), (r_{P2}, \alpha_{P2})$
⋮	⋮
ϕ_N	(r_N, α_N)

文献

1) 鈴木　寿：ハフ変換と応用．応用数理，**9**(3)，207-219，1999．
2) 田村秀行編著：コンピュータ画像処理，pp.204-206，オーム社，2002．
3) 松山隆司，久野義徳，井宮　淳編：コンピュータビジョン　技術評論と将来展望，pp.149-165，新技術コミュニケーションズ，1998．

12.4　最小2乗法

12.4.1　測量工学における最小2乗法の利用

地上での光学レンズの助けを借りながらも，基本的には人間の眼で直接的・間接的に測量を行っていたころ，すなわち第2章で「アナログ時代」と呼ばれている時代から現在に至るまで，測量におけるデータの統計処理において最もよく用いられる方法は最小2乗法である．(12.1.1項参照)．ここでは，測量あるいは測量工学におけるデータ処理としての最小2乗法の本質について説明する．

最小2乗法とは，残差の2乗和を目的関数としてこれを最小化するという最適化問題を解くことにより真値を推定するものであり，「最小自乗法」の字があてられることもある．最小2乗法は，18世紀の終わりから19世紀初頭にかけて，LegendreやGaussが天体の軌道計算を行う目的で提案したのが最初といわれる（たとえば，文献[1]）．その後，測地学をはじめとするいくつかの分野で最小2乗法が適用されるようになる．さらに20世紀になると，統計的推測という観点からの研究が進むとともに，今日のような行列表現も定着してきた（たとえば，文献[2]）．現在では，工学における制御理論など，さまざまな分野で応用が進んでいる．

天体観測の中から生まれた最小2乗法は，すぐに測量にも応用された．測量器具は，その時々で時代の最先端の技術が導入され，より精度の高いものが開発されてきた．しかし，測量とは，基本的には地点の空間的な位置を計測する作業であり，その作業を突き詰めれば，長さか角度を測ることであるという点に変わりはない．したがって，測量における測定（計測）データの統計処理は，定型の形にまとめることが比較的容易であり，各々の定型に応じて，あらかじめ公式のように計算式が準備されている．計算機が登場する以前では，毎回の測定の結果を手で計算する必要があり，そのような定型パターンに沿った計算は，作業の迅速化と計算間違いの回避に大いに役立った．

測定は，直接か間接か，制約条件があるかないかの4つに大きく分類される（たとえば，文献[5]）．また，観測方程式が未知変数に関して線形か非線形かでも区別される．

最も一般的なのは，間接で制約条件のある測定で，観測方程式が未知変数に関して非線形な場合である．しかしながら，未知変数に関して非線形の関数を扱うためには，線形の場合に比べて高度な計算方法に関する知識が必要となるだけでなく，推定量に関する理論が格段に難しくなる．一方，条件付きの場合は，通常の最適化問題同様，Lagrangeの未定乗数法によって制約条件を目的関数に取り込めばよいだけであり，数式が多少複雑になる点を除けば，理論として特に難しい点はない．以下では，最も簡単な，条件のない線形の直接測定を例に取り上げて説明する．

最小2乗法が有益な方法論として支持されているのは，統計学的に望ましい性質をもつからである．同時に，定式化が容易で，計算上も比較的扱いやすいという特徴をもつ．そのため，工学的に便利な方法として，たとえば幾何学的な形状へ曲線や曲面を当てはめる際のパラメータの設定など，必ずしも誤差や統計処理ということを意識しない場合でもしばしば用いられる．また，一口に最小2乗法といっても，最も単純なものから，派生した多少複雑なものまで，さまざまな方法が提案，利用されている．

次の12.4.2項で最小2乗法の基本的な考え方を説明した後，12.4.3項以降で最小2乗法から導かれる推定量の特徴，さまざまな最小2乗法，推定の精度の検証方法，そして，測量工学における最小2乗法利用上の特徴について概観する．

12.4.2 基本原理

ある量 y を n 回測定したときの測定値を y_i ($i=1, 2, \cdots, n$) とする．毎回の測定値は，測定誤差 e_i ($i=1, 2, \cdots, n$) を伴ったものであると考えられるので，真値 y を用いて以下のように表される．

$$y_i = y + e_i \quad (i=1, 2, \cdots, n) \tag{1}$$

なお，最小2乗法では，誤差の分布型そのものを仮定する必要はないが，物理的な測定を行う状況下においては，各々の e_i は正規分布に従う確率変数を思い浮かべれば理解しやすいだろう．

誤差はランダムに発生するため，実際の真値 y を知ることはできない．そこで，y を何らかの方法で推定する．推定した値を $\hat{y}$ とし，式(1)を以下のように書き直す．

$$y_i = \hat{y} + v_i \quad (i=1, 2, \cdots, n) \tag{2}$$

ここで，v_i を残差といい，式(2)を観測方程式という．文献によっては，残差の前の符号がマイナスであるものもあるが，書き手の好みの問題であり，本質的な問題ではない．

式(2)において，$\hat{y}$ を入力，y_i を出力と見なすと，ここでの問題は出力である測定値 y_i から入力 $\hat{y}$ を求める逆問題と考えることができる．$\hat{y}$ と v_i に分ける方法は無数にあるため，これだけの情報では，解としての $\hat{y}$ を求めることができない．そのような問題は，非適切逆問題と呼ばれる（たとえば，文献[3]参照）．このように，解が不定である非適切な問題を一意な解をもつように適切化するためには，何らかの工夫が必要となる．各測定が独立で等精度であると仮定する最も単純な最小2乗法では，適切化の方法として，残差の2乗和を最小化という基準を導入する．すなわち，次式に従って $\hat{y}$ を決定する．

$$\min_{\hat{y}} \quad S = \sum_{i=1}^{n} v_i^2 = \sum_{i=1}^{n} (y_i - \hat{y})^2 \tag{3}$$

v_i^2 は $\hat{y}$ の2次関数であるので単峰で極小値が最小値となる．したがって，以下のような1階の条件式である正規方程式を解けばよい．

$$dS/d\hat{y} = -2\left\{\sum_{i=1}^{n}(y_i - \hat{y})\right\} = 0 \tag{4}$$

これより，y の推定量 $\hat{y}$ は次式のとおり導かれる．

$$\hat{y} = (1/n) \times \sum_{i=1}^{n} y_i \tag{5}$$

式(5)により，たとえば，特定の2点間の距離を推定する際，複数回の測定によって得た値の算術平均をとるという方法は，最小2乗法によって導かれることがわかる．

式(1)において，誤差 e_i は確率変数であり，したがって，$\hat{y}$ も確率変数であり，推定量と呼ばれる．これに対し，y_i に具体的なデータ（数値）を入力した際の $\hat{y}$ は推定値と呼ばれる（12.1節参照）．

12.4.3 最小2乗推定量の性質

確率変数である誤差 e_i には，通常，次のような仮定をおく．

$$\begin{aligned} E[e_i] &= 0 \\ \mathrm{var}[e_i] &= \sigma^2 \end{aligned} \tag{6}$$

ここで，$E[\ ]$ は期待値を表す演算子，$\mathrm{var}[\ ]$ は分散を表す演算子である．e_i が確率密度関数 $g(e)$ をもつ連続分布に従うとき，$E[e_i] = \int_{-\infty}^{\infty} e g(e) de$, $\mathrm{var}[e_i] = \int_{-\infty}^{\infty} e^2 g(e) de$ である．このとき，式(5)で表される推定量 $\hat{y}$ の期待値は，次のように計算される．

$$\begin{aligned} E[\hat{y}] &= E\left[\frac{1}{n}\sum_{i=1}^{n} y_i\right] = E\left[\frac{1}{n}\sum_{i=1}^{n}(y+e_i)\right] \\ &= E[y] + E[e_i] = y + 0 = y \end{aligned} \tag{7}$$

すなわち，$E[\hat{y}] - y = 0$ であり，推定量の期待値と真値の乖離である偏りがない．このような推定量は不偏推定量と呼ばれる．

次に，式(5)に対して，データの数に対応した推定量の数列 $\{\hat{y}_n\}$ ($n=1, 2, \cdots$) を考える．このとき，以下の式が成立する．

$$p\lim_{n\to\infty} \hat{y}_n = y \tag{8}$$

極限を表す記号 $\lim$ の前に確率を表す p がついた $p\lim$ は，確率極限と呼ばれる．これは，任意の定数 $\varepsilon > 0$ に対して，$\lim_{n\to\infty} P[|\hat{y}_n - y| > \varepsilon] = 0$ あるいは $\lim_{n\to\infty} P[|\hat{y}_n - y| \leq \varepsilon] = 1$ となることを表す．ここで，$P[\ ]$ はある事象が起こる確率を表す．式(8)を満足するような推定量は，一致推定量と呼ばれる．ここで扱う例において，推定量が一致推

定量になるということの証明は，紙面の都合で省略するので文献[6]などを参照されたい．

推定量の一致性は，データ数を限りなく多くすれば推定値が真値の近傍から外れなくなるということを意味し，努力が報われるという意味において望ましい性質である．実際には，データをそれほど多くとることは不可能であり，非常に数の限られたデータを用いて推定を行わなければならない．そのような場合に，推定量にバイアスがないという不偏性は望ましい性質である．

推定量の分散は，次のように計算される．

$$\begin{aligned}\mathrm{var}[\hat{y}_n]&=E[\{\hat{y}-E(\hat{y})\}^2]=E[(\hat{y}-y)^2]\\&=E\left[\left\{(1/n)\times\sum_{i=1}^n y_i-(1/n)\times\sum_{i=1}^n(y_i-e_i)\right\}^2\right]\\&=E\left[(1/n^2)\times\left(\sum_{i=1}^n(e_i-0)\right)^2\right]=\sigma^2/n\end{aligned}$$
(9)

一方，次式のとおり，簡単な計算により残差2乗和 S を $(n-1)$ で除したものの期待値が誤差の分散に等しいことがわかる．

$$E[S/(n-1)]=\sigma^2 \tag{10}$$

すなわち，$S/(n-1)$ は誤差分散の不偏推定量である．通常の標本分散の計算では，分母が n であるのに対し，式(10)では $(n-1)$ となっており，この $(n-1)$ のことを自由度という．式(10)により誤差分散を推定することで，測定の精度を検討することが可能である．

ここまで，確率変数である偶然誤差 e_i には，特に分布形を仮定してこなかった．自然界における物理的な量の測定においては，特別な状況を除き，偶然誤差は正規分布に従うと考えられることも多い．式(5)から，簡単な計算により，誤差が正規分布に従うときは推定値も正規分布に従うことがわかる．したがって，推定値の分散を計算することにより，推定値がどのような正規分布に従う変数から得られたものと考えられるかを推測することができ，その推定精度，すなわち測定の精度を検討することができる．

ところで，式(5)は，推定量が確率変数である y_i の1次結合によって求められることを示している．ここでは，1次式の係数がすべて $1/n$ であるが，さまざまな係数の場合を含めて，このような推定量は線形推定量と呼ばれる．最小2乗推定量は，任意の線形推定量に比べて分散が小さいということが知られている（2つの不偏推定量を比べて分散が小さい方がよいという基準は，効率性と呼ばれる）．すなわち，線形推定量の中で不偏推定量を与えるもののうち，式(5)によって与えられる最小2乗推定量は最も分散が小さく，最良線形不偏推定量（best linear unbiased estimator：BLUE）と呼ばれる（Gauss-Markovの定理）．BLUEは，最小2乗法を統計学的に支える重要な根拠の一つになっている．

12.4.4　さまざまな最小2乗法

各測定の精度が異なるとき，すなわち，誤差が異なる分散をもつ確率分布に従うことがわかっているとき，測定の精度に応じた重み w_i を導入して，次のような重み付き最小2乗法を用いる．

$$\min\sum_{i=1}^n(v_i/w_i)^2 \tag{11}$$

誤差の分散が異なるにもかかわらず，等しい重み付けにより推定を行えば，誤差分散を過小に推定してしまい，次で説明する区間推定や仮説検定にも影響を及ぼしてしまうからである．ここでの重みとして $w_i^2 \propto \mathrm{var}[e_i]$ となるような値をとると，そのような問題を回避することができる．

より一般的には，誤差が相互に相関をもつ場合も考えられる．t をベクトルおよび行列の転置を表す記号とし，$\boldsymbol{y}=(y_1, y_2, \cdots, y_n)^t$，$\boldsymbol{v}=(v_1, v_2, \cdots, v_n)^t$，$\boldsymbol{\hat{y}}=(\hat{y}, \hat{y}, \cdots, \hat{y})^t$ とすると，

$$\boldsymbol{y}=\boldsymbol{\hat{y}}+\boldsymbol{v} \tag{12}$$

であり，そのとき，誤差の分散共分散行列 Σ を用いて以下のような最適化問題を解く．

$$\min \boldsymbol{v}^t \Sigma^{-1} \boldsymbol{v} \tag{13}$$

このような方法は一般化最小2乗法と呼ばれる．最初に説明した，最も単純な場合は Σ が単位行列のときであり，通常最小2乗法と呼ばれる．

分散共分散行列の各要素の値はわからないが，各要素の比が何らかの情報により事前にわかって場合がある．そのような比からなる行列を G とすると，ある一定の分散 $\overline{\sigma}^2$ を用いて以下のように書

くことができる．

$$\Sigma = \bar{\sigma}^2 G \qquad (14)$$

このとき，分散共分散行列の構造を表す行列を G をコファクタ行列と呼ぶ．

直接測定では，未知変数に関して線形な観測方程式に対し最小2乗法を適用し，線形な正規方程式を解くことにより推定量（推定値）が得られた．ところが，間接測定のように，観測方程式が未知変数に関して非線形な場合には，正規方程式を解くのが容易ではなく，これを解くこと自体が大きな問題となる（たとえば，文献4)）．そのため，非線形最小2乗法の適用が必要となる．

また，測量では，三角形の内角の和は180°であるといった，必ず満足しなければならない条件が存在する場合がある．このような条件を方程式に表したものを条件方程式という．条件方程式がある場合には，それを式(13)の制約条件として加えることとなる．実際にこれを解く際の一つの方法は，通常の最適化問題同様，Lagrange の未定乗数法によって制約条件を目的関数に取り込み，正規方程式を解くことで乗数とともに推定量（値）を解として得るものである．

12.4.5 最小2乗法による推定の精度検証

既述のとおり，推定量は確率変数であり，推定値はその一つの実現値と見なされる．測定によって得た値が，どの程度の広がりをもった分布から得られたものであるかによって，測定結果に対する信頼度が変わってくる．測定値が非常に幅の狭い確率分布から得られたものと判断されれば，真値もその辺りにあると考えられる．逆に，幅の広い確率分布から得られたものと判断されれば，真値が実際にどの辺りにあるのか見当がつかない．

12.4.3項で述べたように，推定の精度を検証する方法の一つは，誤差の不偏分散を計算し，誤差がどの程度の広がりをもった確率分布に従うかを推測するものである．すなわち，測定の対象に比べて誤差分散が大きければ，推定値にも大きな誤差を伴うと考えられる．たとえば，10 m の距離を測定する際に，誤差の分散の平方根である標準偏差が 10 cm もあるとすると，通常は十分な精度が

得られているとはいえないので，計算を見直したり，測定をやり直す必要がある（12.1.2項参照）．

推定の精度を明示的に考慮する一つの方法として，信頼区間の推定がある．区間推定を行うためには，誤差の確率分布を仮定する必要がある．ここでは，誤差 e_i が正規分布 $N(0, \sigma^2)$ に従うとし，分散 σ^2 は既知であるとする．このとき，$\hat{y}$ は正規分布 $N(y, \sigma^2/n)$ に従う．よって，次式で定義される z は標準正規分布 $N(0, 1)$ に従う．

$$z = (\hat{y} - y)/(\sigma/\sqrt{n}) \qquad (18)$$

ここで，$P[-\theta < z < \theta] = 1 - \alpha$ とする．たとえば $\alpha = 0.05$ のとき，$\theta = 1.96$ である．もちろん，z に基準化しなくても，ここに示すような計算は可能である．このとき，

$$P[y - \theta \times (\sigma/\sqrt{n}) < \hat{y} < y + \theta \times (\sigma/\sqrt{n})]$$
$$= 1 - \alpha \qquad (15)$$

であり，これから，

$$P[\hat{y} - \theta \times (\sigma/\sqrt{n}) < y < \hat{y} + \theta \times (\sigma/\sqrt{n})]$$
$$= 1 - \alpha \qquad (16)$$

となる．式(16)は区間 $(\hat{y} - \theta \times (\sigma/\sqrt{n}), \hat{y} + \theta \times (\sigma/\sqrt{n}))$ が $1 - \alpha$ の確率で真値 y を含むことを意味する．

このように，$P[\underline{\theta}(y_1, y_2, \cdots, y_n) < \hat{y} < \bar{\theta}(y_1, y_2, \cdots, y_n)] = 1 - \alpha$ のとき，$[\underline{\theta}(y_1, y_2, \cdots, y_n), \bar{\theta}(y_1, y_2, \cdots, y_n)]$ を信頼係数 $1 - \alpha$ の信頼区間という．測定の精度が高いということは誤差の分散 σ が小さいということであり，式(16)より，それだけ信頼区間は狭くなることを意味する．信頼区間が期待した範囲より大きすぎる場合には，機器を交換したり，測定をやり直したりすることによって，信頼区間を小さくする努力が必要となる．

当然，誤差の分散はいつも既知であるとは限らない．その場合には，次式で表される T が自由度 $n-1$ の t 分布と呼ばれる確率分布に従うことを利用し，同様の計算を行えばよい．

$$T = (\hat{y} - y)/(S/\sqrt{n-1}) \qquad (17)$$

12.1.3項において説明したとおり，推定精度を検証するもう一つの方法は，区間推定と表裏一体の関係にある検定である．先ほどと同様に，誤差 e_i が正規分布 $N(0, \sigma^2)$ に従い，分散 σ^2 は既知で

あるとする．すなわち，$\hat{y}$ は正規分布 $N(y, \sigma^2/n)$ に従う．このとき，推定値 $\hat{y}$ について，$y=y_H$ という帰無仮説を有意水準 α で検討してみる．もし，$y=y_H$ が正しければ，$\hat{y}$ は正規分布 $N(y_H, \sigma^2/n)$ に従う．この分布をもとに，

$$P[\hat{y} < -y_{\alpha/2}] = P[y_{\alpha/2} < \hat{y}] = \alpha/2 \quad (20)$$

となるような $y_{\alpha/2}$ を計算することができる．たとえば，$\alpha=0.05$ のとき，$\hat{y}<y_{0.025}$ もしくは $y_{0.025}<\hat{y}$ となるのはたかだか5％しかなく，そのようなことが起こるのは非常にまれであると考えられる．これにより，もし，$\hat{y}<y_{0.025}$ あるいは $y_{0.025}<\hat{y}$ となるような推定値 $\hat{y}$ が得られたとしたら，そもそも $y=y_H$ という仮説が誤りだったのではないかというように考えることができる．仮説 $y=y_H$ を有意水準 α で棄却するといい，このような検定方法を両側検定という．

たとえば，地殻の変動に伴い，2地点間の距離が変化したかどうかを調べたいとする．測定データに基づき，変化しないという帰無仮説を検討してこれが棄却されれば，2地点の距離が変化したと推定される．ただし，厳密には，帰無仮説が棄却されないからといってこれをそのまま受け入れるわけにはいかない（12.4.3項参照）．なお，測量を例とした検定方法については，文献[2]によくまとめられている．ここで説明しなかった片側検定も含め，そちらも参照されたい．

12.4.6 測量工学における最小2乗法利用上の特徴

最小2乗法に関しては多くの優れた文献があり，それらを参照されるのが理論を習得する一番の近道であろう．ただし，これらの文献の著者の多くは，統計学や応用数学，工学から経済学，心理学などの社会科学に至るまで，さまざまな分野の専門家であり，それぞれの分野の慣習や著者の好みによって特徴がある．

たとえば，測量学の書籍においては，3辺測量のように未知変数である未知座標に関して非線形な観測方程式に最小2乗法を適用する際，当たり前のように測定値のまわりで観測方程式を Taylor 展開して線形化し，水準測量のような線形の問題の解き方に倣って計算を進める．測量学以外の多くの書籍では，通常の最適化問題の解法に従って非線形最小2乗法を適用し，解の探索過程において線形化して計算を行う，いわゆるGauss-Newton法などが用いられる．もちろん，両者は本質的に同じことを行っているわけであるが，測量学において，まず最初に観測方程式を未知変数に関して線形化するのは，すでに推定値の近似値が得られているという暗黙の了解があるからである．このような状況は，少なくとも社会科学では非常にまれである．

同様に，測量では誤差の分散共分散行列の要素の比からなるコファクタ行列を用いるのも，そのような構造自体があらかじめわかっているという測量特有の事情を反映したものであろう．

条件方程式という用語も，自然科学の分野以外ではあまり見かけない言葉である．三角形の内角の和が180°になるといったような幾何学的な，必ず満足すべき確固たる条件式がある場面は，測量以外ではあまり多くないのかもしれない．誤差伝播という用語も社会科学系では見かけない．

多くの分野で利用される最小2乗法であるが，各分野における専門家とは背景を異にする測量工学に携わる本書の読者が，彼らの文献を読む際には，これらのことをあらかじめ知っておくとよいだろう．　　　　　　　　　　　〔堤　盛人〕

文　献

1) 安藤洋美：最小二乗法の歴史，現代数学社，1995．
2) 田島　稔，小牧和雄：最小二乗法の理論と応用，東洋書店，1993．
3) 土木学会編：土木工学における逆問題入門，土木学会，2000．
4) 中川　徹，小柳義夫：最小二乗法による実験データ解析，東京大学出版会，1982．
5) 中村英夫，清水英範：測量学，技報堂出版，1999．
6) 蓑谷千凰彦：計量経済学の理論と応用，日本評論社，1996．

12.5　空間内挿法

空間内挿法は，対象地域で規則的あるいは不規

則的に分布する地点で観測された地理的事象の属性データをもとに，同地域内で観測されなかった地点の属性データを推定する方法である．測量では，たとえば等高線作成時に，等高線上の点の座標計算などに用いられる．

空間内挿は，2種類の基本的な仮説に基づく．一つは，空間的に互いに隣接する地点は離れた地点よりも似た属性値をもつことが多いという地理的事象の空間相関の仮定であり，内挿点近傍の観測データのみを用いる手法である．もう一つは，対象地域に分布する地理的事象の観測データをもとに作成されたサーフェスは連続的なものであるという仮説であり，すべての観測点の属性データを用いて推定する手法が考案されている．

ここでは，空間内挿法を，局所的な観測データを用いた手法と大域的な観測データを用いた手法に分けて示す．なお，以後観測点における観測データを z，内挿点における推定値を z^* と標記する．

12.5.1 局所的な観測データを用いた場合
1) 近隣点を用いた空間内挿[1]

① 近隣点の探索法： 内挿に用いる内挿点近隣の観測点を探索する方法について記す（図12.5.1）．

・可変半径法： 内挿点を中心とする与えられた半径の円内に含まれる観測点を近隣点とする手法である．対象領域の境界に近い場所では，近隣点が存在しない可能性がある．

・最近隣法： 内挿点から距離が近い観測点を定めた数だけ近隣点とする手法である．多数の近隣点が一つの方向に集中する場合，正確な推定結果を得られない可能性がある．

・四分割法，八分割法： 内挿点を中心に，4つあるいは8つの小地域に分割し，各小地域内で同数の近隣点を選択する手法である．推定結果の方向によるバイアスを避けることができるが，比較的遠い地点が選択され近い点が無視される可能性がある．

② 近隣点を用いた内挿法： ①で選ばれた近隣点を用いて内挿値 z^* を求める手法について述

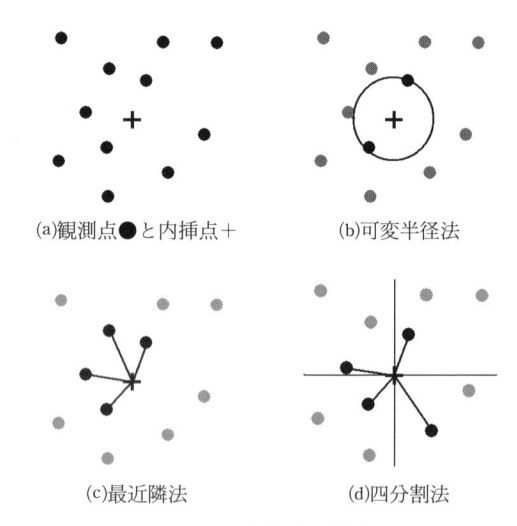

図 12.5.1 近隣点の探索法

(a)観測点●と内挿点＋　(b)可変半径法
(c)最近隣法　(d)四分割法

べる．

・平均法： 選ばれた近隣点の観測データ z の平均値を内挿点の z^* の値とする平均法である．この方法は空間的事象分布の等方性，すなわち，事象の空間サーフェスにははっきりした方向性が現れず，観測されたすべての点が空間的に独立しているという仮定に基づいている．

$$z^* = \sum_{k=1}^{n} z_k / n \tag{1}$$

この手法では，点の数が多いほど近隣点の変動が小さくなり，安定した推定結果が得られるようになる．

・逆距離加重法： 平均法の仮定とは異なり，事象の空間分布は等方的ではなく近くの観測点の観測データは遠く離れた観測点における観測データよりも似ていると仮定する．その仮定に基づき近隣点の平均値の計算式に近隣点と内挿点の距離に関する重みをつける．

$$z^* = \sum_{k=1}^{n} w(d(p, p_k)) z_k \Big/ \sum_{k=1}^{n} w(d(p, p_k)) \tag{2}$$

ただし，$d(p, p_k)$ は内挿点と近隣点との距離，重み w は d の関数である．

通常，$w(d)$ は d^{-m}，e^{-ad} などの関数で定義される．この推定値 z^* は距離減衰パラメータと近隣点の数に大きく左右される．

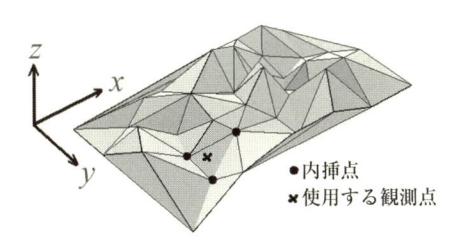

図 12.5.2　TIN による内挿

2）TIN による空間内挿[1,2]

TIN（triangulated irregular network）データをもとに地理的事象の空間サーフェスを生成し，それによって任意内挿点の z^* を求める方法である（図 12.5.2）．

三角網分割（triangulation）は，不規則に分布する点を母点として平面を連続的な三角形で分割し，全地域を連続的な小三角形面で覆い尽くすことである．不規則に分布する点に基づく三角形分割は，さまざまな点の連結基準によって行われるが，その中で最も有名なのはドローネ三角形分割（Delauney triangulation）である．ドローネ三角形分割は，すべての三角網分割の中で最小の角を最大であるという特徴をもっている．

TIN に基づき内挿する場合には，三角形内の内挿点は 3 頂点から構成される平面上に存在すると仮定する．この仮定により，内挿点の位置座標 x, y がわかれば，内挿点を内部に含む三角形の三頂点の x, y, z 座標値から内挿点のデータ z^* を求めることができる．具体的には，内挿点の座標を (x, y)，内挿点を含む三角形の 3 頂点の座標を (x_1, y_1)，(x_2, y_2)，(x_3, y_3) とすれば，三角形の平面線形方程式は次式で示される．

$$\begin{vmatrix} x-y_2 & y-y_2 & z^*-z_2 \\ x_0-x_2 & y_0-y_2 & z_0-z_2 \\ x_1-x_2 & y_1-y_2 & z_1-z_2 \end{vmatrix} = 0 \quad (3)$$

12.5.2　大域的な観測データを用いた場合
1）傾向面分析[1,3]

傾向面分析は，観測点におけるデータを表現する傾向面の多項回帰式を求めることである．一般に，平面座標 (x, y) に対して傾向面モデルは次の多項回帰式で定義される．

$$z_k = f(x_k, y_k) = \sum\sum_{0 \leq i+j \leq m} a_{ij} x_k^i y_k^j + \varepsilon_k \quad (4)$$

ここで，m は多項回帰式の最高次数であり，傾向面の次数と呼ばれる．また，ε_k は正規分布する独立した誤差項である．

z を従属変数，座標 (x, y) に関する各項を説明変数とすると，a_{ij} は重回帰分析と同様に最小 2 乗基準によって求めることができる．すなわち，残差 e_k を最小にする規則により，

$$\min \sum_{k=0}^{n} e_k = \min \sum_{k=0}^{n} (f(x_k, y_k) - z_k)^2 \quad (5)$$

によって a_{ij} を推定する．

傾向面分析は重回帰分析の計算法として理解しやすい．しかし，傾向面分析は連続的かつ大域的な内挿法であるため，データの極値に非常に影響されやすい．

2）スプライン内挿[1,4]

スプライン関数は，連続条件を満たすように多項式を接続した区分多項式である．そのため，スプライン関数は多項式に比べて振動が少なく，局所的な変化が全体に影響しにくい特徴をもっている．m 次のスプライン曲線は 1, …, $m-1$ 次微分が連続であり，観測点上のスプライン関数の値が観測点の値と等しいという特性がある．

2 次元空間上に分布したデータをスプライン内挿（spline interpolation）する場合，3 次スプラインは双 3 次スプラインと呼ばれる．ここでは，領域が矩形で観測点が格子上に配置されているデータに対する双 3 次スプライン内挿について，de Boor の方法について記す．

矩形領域 $R: x_0 \leq x \leq x_I; y_0 \leq y \leq y_J$ の格子点 $(x_i, y_j)(i=0, 1, …, I; j=0, 1, …, J)$ 上の観測値 $z_{ij} = f(x_i, y_j)$，格子の境界点における法線方向の 1 次微分係数を $p_{ij} = f_x(x_i, y_j)(i=0, I; j=0, 1, …, J)$，および $q_{ij} = f_y(x_i, y_j)(i=0, 1, …, I; j=0, J)$，領域 R_{ij} の 4 頂点での 2 次微分係数 $r_{ij} = f_{xy}(x_i, y_j)(i=0, I; j=0, J)$ が与えられているとする．このとき，与えられた観測点 z_{ij} を通る双 3 次スプライン関数 $S(x, y)$ をつくることを考える．これらを満たす双 3 次スプラインはただ 1 つだけ存在することは証明されている．

領域 $R_{ij}: x_{i-1} \leq x \leq x_i; y_{j-1} \leq y \leq y_j$ において，

双3次スプライン多項式は，
$$S_{ij}(x, y) = \sum_{m,n=0}^{3} \gamma_{ij,mn}(x-x_{i-1})^m (y-y_{j-1})^n \quad (6)$$
と与えられる．この式の係数 $\gamma_{ij,mn}$ は，次の行列方程式
$$\gamma_{ij} = A(\Delta x_{i-1}) K_{ij} A(\Delta y_{j-1})' \quad (7)$$
によって与えられる．ただし，
$$\gamma_{ij} = \begin{bmatrix} \gamma_{00} & \gamma_{01} & \gamma_{02} & \gamma_{03} \\ \gamma_{10} & \gamma_{11} & \gamma_{12} & \gamma_{13} \\ \gamma_{20} & \gamma_{21} & \gamma_{22} & \gamma_{23} \\ \gamma_{30} & \gamma_{31} & \gamma_{32} & \gamma_{33} \end{bmatrix} \quad (8)$$
$$\Delta x_{i-1} = x_i - x_{i-1}, \quad \Delta y_{i-1} = y_i - y_{i-1} \quad (9)$$
$$A(h) = \begin{bmatrix} 1 & 0 & 0 & 0 \\ 0 & 1 & 0 & 0 \\ -3/h^2 & -2/h & 3/h^2 & -1/h \\ 2/h^3 & 1/h^2 & -2/h^3 & 1/h^2 \end{bmatrix} \quad (10)$$
$$K_{ij} = \begin{bmatrix} f_{i-1,j-1} & q_{i-1,j-1} & f_{i-1,j} & q_{i-1,j} \\ p_{i-1,j-1} & r_{i-1,j-1} & p_{i-1,j} & r_{i-1,j} \\ f_{i,k-1} & q_{i,j-1} & f_{i,j} & q_{i,j} \\ p_{i,j-1} & r_{i,j-1} & p_{i,j} & r_{i,j} \end{bmatrix} \quad (11)$$
である．これらのうち未知な p_{ij}, q_{ij}, r_{ij} は，次の $2I+J-5$ 個の線形系によって決定される．

$j = 0, 1, \cdots, J$ に関して
$$\Delta x_{i-1} p_{i+1,j} + 2(\Delta x_{i-1} + \Delta x_i) p_{ij} + \Delta x_i p_{i-1,j}$$
$$= 3[(\Delta x_{i-1}/\Delta x_i) \times (f_{i+1,j} - f_{ij})$$
$$+ (\Delta x_i/\Delta x_{i+1}) \times (f_{ij} - f_{i-1,j})]$$
$$(i = 1, 2, \cdots, I-1) \quad (12)$$

$j = 0, J$ に関して
$$\Delta x_{i-1} r_{i+1,j} + 2(\Delta x_{i-1} + \Delta x_i) r_{ij} + \Delta x_i r_{i-1,j}$$
$$= 3[(\Delta x_{i-1}/\Delta x_i) \times (q_{i+1,j} - q_{ij})$$
$$+ (\Delta x_i/\Delta x_{i+1}) \times (q_{ij} - q_{i-1,j})]$$
$$(i = 1, 2, \cdots, I-1) \quad (13)$$

$i = 0, 1, \cdots, I$ に関して
$$\Delta y_{j-1} q_{i,j+1} + 2(\Delta y_{j-1} + \Delta y_j) q_{ij} + \Delta y_j q_{i,j-1}$$
$$= 3[(\Delta y_{j-1}/\Delta y_j) \times (f_{i,j+1} - f_{ij})$$
$$+ (\Delta y_j/\Delta y_{j-1}) \times (f_{ij} - f_{i,j-1})]$$
$$(j = 1, 2, \cdots, J-1) \quad (14)$$

$i = 0, 1, \cdots, I$ に関して
$$\Delta y_{j-1} r_{i,j+1} + 2(\Delta y_{j-1} + \Delta y_j) r_{ij} + \Delta y_j r_{i,j-1}$$
$$= 3[(\Delta y_{j-1}/\Delta y_j) \times (p_{i,j+1} - p_{ij})$$
$$+ (\Delta y_j/\Delta y_{j-1}) \times (p_{ij} - p_{i,j-1})]$$
$$(j = 1, 2, \cdots, J-1) \quad (15)$$

計算の手順は，まず式(12)～(15)より p_{ij}, q_{ij}, r_{ij} を決定する．次に，式(7)を用いて各領域 R_{ij} における式(6)の係数 $\gamma_{ij,mn}$ を算出する．これで内挿値を計算する双3次スプラインを求めることができる．内挿点 (x, y) の内挿値 z_* を求める際には，内挿点が含まれる領域 R_{ij} を探し，i, j を決定する．その後，式(6)を用いて $z^* = S_{ij}(x, y)$ により内挿値を求めることができる．

3) クリギング[1,3,5,6]

クリギングとは，空間現象を連続空間確率場でモデル化し，任意の地点でのデータを予測(内挿)する手法である．観測データは確率場からの実現値と見なし，予測の前処理として全観測データを用いて確率場の2次特性であるコバリオグラムを推定し，観測データの空間内での小規模変動をとらえる．

ここでは，クリギングにおける確率場に対する仮定とパラメータ推定，空間内挿手法について記す．

まず，クリギングでは確率場が2次定常性をもっていると仮定する．2次定常性とは任意の観測位置 s, s_1, s_2 において
$$E[z(s)] = \mu$$
$$Cov[z(s_1), z(s_2)] = C(s_1 - s_2) \quad (16)$$
が成り立つことである．すなわち，観測データ間の共分散は相対位置 $s_1 - s_2$ のみに依存するとの仮定である．この観測データの共分散を表す関数 C をコバリオグラムと呼ぶ．このコバリオグラムの推定は $z(s_1), \cdots, z(s_n)$ が与えられたとき，
$$\hat{C}(h) = (1/|N(h)|) \times \sum_{N(h)} (z(s_i) - \bar{z})(z(s_j) - \bar{z}) \quad (17)$$
となる．ただし，$\bar{z} = (1/n) \times \sum_{i=1}^{n} z(s_i)$, $N(h) = \{(i, j) ; s_i - s_j = h\}$, $|N(h)|$ は，$N(h)$ の対の総数である．通常，C に対して等方性の仮定をおき，観測データ間の共分散を観測点間の距離のみで表される関数として構造化する．

クリギング手法には数種類あるが，ここでは大域的な変動をもった観測データをもとに内挿を行う普遍クリギングについて記す．普遍クリギングでは，式(16)の定常性条件を緩和し，地点 s における観測データの値 $z(s)$ に以下の構造を仮定して予測を行う．

$$z(s) = \sum_{j=1}^{p} f_j(s)\beta_j + \delta(s) \tag{18}$$

ここで，$\beta = (\beta_1, \cdots, \beta_p)'$ は未知パラメータ，$f_1(s)$, $\cdots, f_p(s)$ は既知の d 次元関数，$\delta(s)$ は平均 0 の確率場である．さらに，$Z = (z(s_1), \cdots, z(s_n))'$ の観測データベクトル，X を $X_{ij} = f_j(s_i)$ の $n \times p$ 行列，$\delta = (\delta(s_1), \cdots, \delta(s_n))'$ と表記すると式(18)は次のように書き直せる．

$$Z = X\beta + \delta \tag{19}$$

ここで，$\delta(s)$ が平均 0，コバリオグラム C をもつ 2 次元定常確率場とすると，内挿点 s_0 における内挿値 $z^* = z(s_0)$ の最良不偏予測（best linear unbiased prediction：BLUP）は

$$z(s_0) = x'_0\beta_{GLS} + c_0 \Sigma^{-1}(Z - X\beta_{GLS}) \tag{20}$$

と書ける．ただし，観測データと内挿値の共分散を $c_0 = [C(s_1 - s_0), \cdots, C(s_n - s_0)]'$，観測データの分散共分散行列を $\Sigma = [C(s_i - s_j)]_{ij}$ とする．また，$\beta_{GLS} = (X'\Sigma^{-1}X)^{-1}X'\Sigma^{-1}Z$ は，β の一般化最小 2 乗推定量となる．

文　献

1) 張　長平：地理情報システムを用いた空間データ分析，pp.119-144，古今書院，2001．
2) Weibel, R. *et al.*：GIS原典　地理情報システムの原理と応用［I］，pp.293-298，古今書院，1998．
3) 高阪宏行：地理情報技術ハンドブック，pp.27-58，朝倉書店，2002．
4) 市田浩三ほか：スプライン関数とその応用，pp.62-74，教育出版，1979．
5) Cressie, N. A. C.：Statistics for Spatial Data, pp.151-162, John Wiley & Sons, 1993.
6) 間瀬　茂ほか：空間データモデリング，pp.135-166，共立出版，2001．

12.6　フーリエ変換

フーリエ変換（Fourier transform）とは，時間領域や空間領域の信号を周波数領域に変換する手法である．

たとえば，図12.6.1(a)の信号のフーリエ変換による周波数領域への変換を通して，同図(a)の信号が同図(b)，(c)の2つの周波数の信号の合成によって成り立っていることを知ることができる．

また，図12.6.2(a)のようにノイズが含まれている信号に対してフーリエ変換を行い，高周波成分を除去するフィルタリングを行うと，ノイズを除去した信号（同図(b)）を得ることができる．

フーリエ変換はデジタル画像処理ではよく用いられ，周波数領域におけるフィルタリング，特徴量抽出による画像のマッチングなどに利用されている．なお，以後，2次元信号のフーリエ変換について記す．

12.6.1　フーリエ変換[1〜3]

2次元信号 $f(x, y)$ のフーリエ変換は次式で定義される．

$$F(\xi, \eta) = \int_{-\infty}^{\infty} \int_{-\infty}^{\infty} f(x, y) e^{-i2\pi(\xi x + \eta y)} dx dy \tag{1}$$

また，フーリエ逆変換（次式）を用いると，$F(\xi, \eta)$ から $f(x, y)$ を完全に復元することができる．

$$f(x, y) = \int_{-\infty}^{\infty} \int_{-\infty}^{\infty} F(\xi, \eta) e^{i2\pi(\xi x + \eta y)} d\xi d\eta \tag{2}$$

フーリエ変換の性質のうち特に有用なのは，畳み込みである．2つの関数 $f(x, y)$，$h(x, y)$ の畳み込み $g(x, y)$ は次式と定義される．

$$g(x, y) = \sum_{-\infty}^{\infty} \sum_{-\infty}^{\infty} f(u, v) h(x - u, y - v) du dv \tag{3}$$

このとき $f(x, y)$，$h(x, y)$，$g(x, y)$ のフーリエ変換を $F(\xi, \eta)$，$H(\xi, \eta)$，$G(\xi, \eta)$ とすると，

$$G(\xi, \eta) = F(\xi, \eta) H(\xi, \eta) \tag{4}$$

と表現できる．このように，空間領域 (x, y) に

12.6.2 離散的フーリエ変換[1~3]

式(1)では関数 $f(x, y)$ を無限領域にわたって値をもつ関数としていた．ここでは，画像データのようにある有限領域の外ではデータは 0 ，領域内では離散的なデータ $f(m\varDelta x, n\varDelta y)$ $(m=0, 1, \cdots, M-1 ; n=0, 1, \cdots, N-1)$ を対象とする．このとき，2次元の離散的フーリエ変換(discrete Fourier transform：DFT) は次式で表される．

$$F(\omega_1\varDelta\xi, \omega_2\varDelta\eta) = \sum_{m=0}^{M-1}\sum_{n=1}^{N-1} f(m\varDelta x, n\varDelta y) e^{-i2\pi(mk\varDelta x\varDelta\xi + nl\varDelta y\varDelta\eta)}$$

$\omega_1=0, 1, \cdots, M-1,$
$\omega_2=0, 1, \cdots, N-1,$
$\varDelta\xi=1/M\varDelta x,$
$\varDelta\eta=1/N\varDelta y$

(5)

ただし，$\varDelta\xi, \varDelta\eta$ は空間周波数の標本間隔である．ここで，$f(m\varDelta x, n\varDelta y)$ を $f(m, n)$，$F(\omega_1\varDelta\xi, \omega_2\varDelta\eta)$ を $F(k, l)$ と表記し，式(5)を簡略化すると次式となる．

$$F(\omega_1, \omega_2) = \sum_{m=0}^{M-1}\sum_{n=0}^{N-1} f(m, n) e^{-i2\pi(mk/M + nl/N)}$$

(6)

また，離散的フーリエ逆変換により $F(k, l)$ から $f(m, n)$ を数学的に完全に復元できる．

$$f(m, n) = (1/MN) \times \sum_{M=0}^{M-1}\sum_{n=0}^{N-1} F(\omega_1, \omega_2) e^{i2\pi(mk/M + nl/N)}$$

(7)

式(6), (7)は完全な変換対となっており，$f(m, n)$ は $F(\omega_1, \omega_2)$ から数学的に完全に復元される．また，離散的フーリエ変換でも連続的な場合と同様，畳み込みの性質が成り立っている．

また離散的フーリエ変換を少ない演算時間で実行するアルゴリズムとして，高速フーリエ変換が知られている．

12.6.3 周波数領域でのフィルタリング[2]

フーリエ変換の応用の一つに，ある周波数成分の保存や除去を行う周波数領域でのフィルタリングがある．フィルタリングは空間領域では畳み込みで表現され，周波数領域では積の形で表現される．フィルタの一例として，画像の平滑化に用い

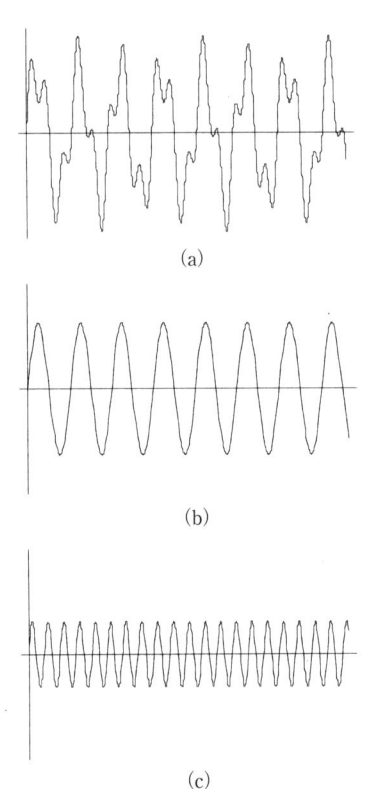

図 12.6.1 フーリエ変換の利用例① 周波数による信号の分解．

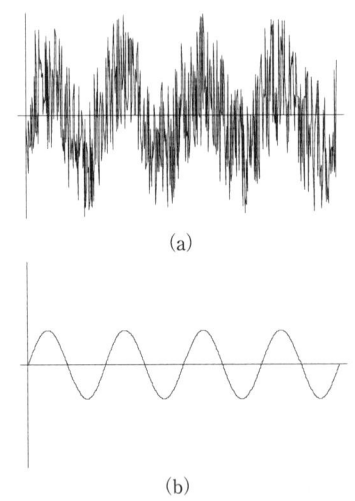

図 12.6.2 フーリエ変換の利用例② フィルタリングによるノイズ除去．

おける畳み込みは，周波数領域 (ξ, η) では乗算で演算可能である．

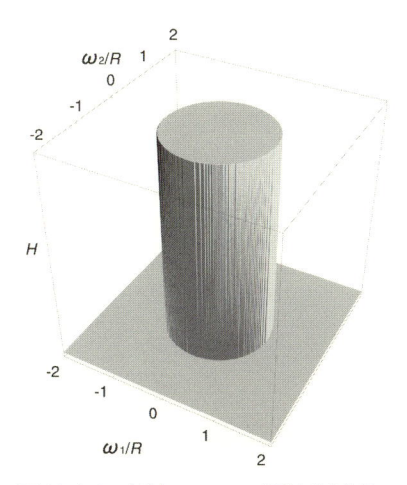

図12.6.3 低域フィルタ（周波数領域）

られる低域フィルタ（low pass filter：図12.6.3）について記す．

入力 $f(m, n)$，出力 $g(m, n)$ の離散系列のフーリエ変換を $F(\omega_1, \omega_2)$，$G(\omega_1, \omega_2)$，フィルタの周波数特性を $H(\omega_1, \omega_2)$ と表記すると，次式のように関係づけられる．

$$G(\omega_1, \omega_2) = F(\omega_1, \omega_2) H(\omega_1, \omega_2) \quad (8)$$

このとき，低域フィルタは周波数領域では

$$H(\omega_1, \omega_2) = \begin{cases} 1, & \sqrt{\omega_1^2 + \omega_2^2} \leq R \\ 0, & \sqrt{\omega_1^2 + \omega_2^2} > R \end{cases} \quad (9)$$

で実現できる．周波数領域で半径 R 以内の成分は完全に保存し，その他の成分を除去する．このインパルス応答は次式となる．

$$h(m, n) = \{R \cdot J_1(R\sqrt{m^2+n^2})\} / 2\pi\sqrt{m^2+n^2} \quad (10)$$

ただし，$J_1(x)$ は1次の第1種ベッセル関数．

12.6.4 パワースペクトル解析[1,2]

パワースペクトル解析は，不変量を抽出しパターンの分類やマッチングを行う画像のパターン認識に用いられる．

画像 $f(x, y)$ の自己相関係数を

$$R_f(s, t) = \int_{-\infty}^{\infty}\int_{-\infty}^{\infty} f(x,y) f(x+s, y+t) \, dxdy \quad (11)$$

とする．自己相関係数は画像 $f(x, y)$ の平行移動に対して不変である．

また，画像 $f(x, y)$ の自己相関係数のフーリエ変換は次式となり，画像 $f(x, y)$ のパワースペクトルとなる．

$$\begin{aligned}P_f(\xi, \eta) &= \int_{-\infty}^{\infty}\int_{-\infty}^{\infty} R_f(s, t) e^{-i2\pi(\xi s + \eta t)} dsdt \\ &= \left|\int_{-\infty}^{\infty}\int_{-\infty}^{\infty} f(x, y) e^{-i2\pi(\xi x + \eta y)} dxdy\right|^2 \end{aligned} \quad (12)$$

パワースペクトルは平行移動に関して不変な特徴量であるが，回転や相似変形に対しては不変ではない．　〔井上　亮〕

文　献

1) 画像処理ハンドブック編集委員会編：画像処理ハンドブック，pp.331-352, 740-745, 昭晃堂, 1987.
2) 高木幹雄, 下田陽久監修：画像解析ハンドブック, pp.5-26, 東京大学出版会, 1991.
3) Chui, C. K.：ウェーブレット入門（日本語版）, pp.26-52, 東京電機大学出版局, 1993.

12.7　雑音処理（フィルタリング）

民生用デジタルスチルカメラの高解像度化に伴い，土木やプラント施工現場，文化財調査など，さまざまな分野でのデジタル写真測量や画像処理の適用例が散見されるようになったが，使用するデジタル画像はCCDセンサによって得られる電気信号を数値情報として変換しているため，その変換過程においてノイズが含まれる場合が多い．図12.7.1はデジタル画像を部分的に拡大したものである．全体でみた場合には目立たなくとも，拡大すると画像中に細かな色の変化が含まれていることが確認される．

デジタル写真測量や画像処理においては，この細かな色の変化や微小な孤立点がノイズとなって誤差につながる大きな原因となる．そのために何らかの雑音（ノイズ）処理，すなわちフィルタリングを行うことになるが，本節ではデジタル画像の基本的な雑音処理方法について解説する．

12.7.1　デジタル画像のフィルタリング方法

信号処理の分野では時間軸に対する1次元の信

(a)画像全体

(b)画像の拡大（色調強調済み）

図12.7.1　デジタル画像に含まれるノイズの一例

0	-1	0
-1	5	-1
0	-1	0

図12.7.2　鮮鋭化フィルタマスク

(a)適用前

(b)適用後

図12.7.3　鮮鋭化フィルタ適用結果

号波形を周波数展開し，各周波数成分の係数を操作することにより，望ましい周波数からなる信号波形に変換する作業をフィルタリングと呼んでいるが，デジタル画像を対象としたフィルタリングでは画像上の注目画素を中心とする矩形マスクを用いて畳み込み演算を行うのが一般的である．

12.7.2　画像の強調（シャープニング）

雑音処理の目的には画質の改善，すなわち，みやすい画像を作成することがあげられる．この画質改善についてはさまざまな方法が提案されているが，本節ではぼけた画像をはっきりとした画像に修正する鮮鋭化と色調補正手法の一つであるガンマ補正について解説する．

1）鮮鋭化フィルタ

画質の改善が求められる原因の一つに画像のボケがあげられるが，これは撮影時にピントが合っていないなどの理由によって発生するだけでなく，後述する平滑化のような画像の雑音処理を行った場合にも起こりうる．この画像のボケを修正する手法の一つが，鮮鋭化フィルタである．

エッジ方向によらない等方性の微分オペレータのうち，最も簡単なものとしてラプラシアンフィルタが知られているが，鮮鋭化フィルタでは，ぼけた画像をくっきりとさせるために，原画像とラプラシアンフィルタ処理結果の間で差分を求めることで，鮮鋭化の効果を実現する．図12.7.2に原画像とラプラシアンフィルタの差分を求める作業をフィルタマスクの形で表した鮮鋭化フィルタマスクを示し，図12.7.3に適用結果を示す．適用前

後の結果から，鮮鋭化フィルタを適用することで色の変化が強調され，ぼけていた部分が鮮鋭になっていることが理解される．

2） 色調補正（ガンマ補正）

写真撮影において，露光不足が原因で全体的に画像が暗い場合や，逆に画像が明るすぎる場合が多くみられる．このような場合の画質改善としては画像の色調補正が求められる．補正に当たっては，原画像の色情報と調整後の色情報の相対関係を調節し，より自然に近い表示になるように色調補正を行う方法の一つが，ガンマ補正である．

ガンマ補正は，式(1)を用いて色情報である濃淡値の変換およびガンマ補正値の変更を行う．

$$C_{out} = (C_{in}/255)^{1/\gamma} * 255 \qquad (1)$$

ここに，C_{out}：出力画像の濃淡値（色情報），C_{in}：入力画像の濃淡値（$0 \leq C_{in} \leq 255$），γ：ガンマ補正値．

図12.7.4(c)は，ガンマ補正を行った結果である．すべての濃淡値に対して一定値を加算する方法に比べ，特に空の部分において原画像の色調を損なうことなく，色調が補正されていることが理

(a)原画像

(b)一定値加算（濃淡値に100加算）

(c)ガンマ補正（γ=2.1）

図12.7.4　ガンマ補正結果

1/9	1/9	1/9
1/9	1/9	1/9
1/9	1/9	1/9

図12.7.5　平均値フィルタ

(a)適用前

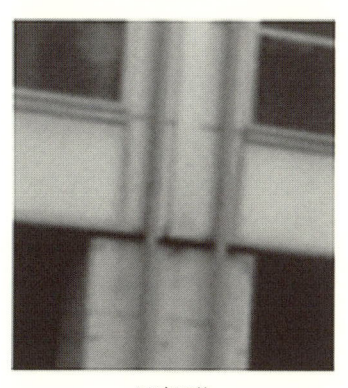

(b)適用後

図12.7.6　平均値フィルタ適用結果

解される．

12.7.3　雑音処理フィルタ

雑音処理において，色の変化を滑らかにする平滑化処理を行うことで画像に含まれる微小ノイズを除去できるが，濃淡値の変化を平滑化するためにエッジ部分がなまり，結果的にぼけた画像になりやすい．

1）平均値フィルタ

マスク内に含まれる画素の濃淡値の平均値を計算するフィルタリング手法であり，図12.7.5に示すマスクを使用し，注目点とその8近傍画素との間で畳み込み演算を行う．

図12.7.6は図12.7.1(b)の画像に対して平均値フィルタを適用した結果である．適用前の画像にみられていたノイズが除去されているのと同時に画像全体がぼけたことが確認される．

2）加重平均値フィルタ

注目点に大きなウェイトをかけて平均値を求めるものであり，フィルタは図12.7.7として表される．

3）メディアンフィルタ

メディアンとは中央値を意味するが，3×3マスクの場合には注目点と8近傍の9画素の濃淡値を大きい順に並べ，中央値となる5番目の濃淡値を注目点の濃淡値とするものである．このフィルタを用いることで，エッジをなまらせることなく，点状のノイズを除去できる．

4）ガウスフィルタ

フィルタに配置する重み係数を式(2)に表すガウス(Gauss)関数から決定するフィルタがガウスフィルタである．主な特徴としては空間定数σの値を変化させることによって画像のぼかし具合いが変えられる．

1/16	1/8	1/16
1/8	1/4	1/8
1/16	1/8	1/16

図12.7.7　加重平均値フィルタ

$$G(x, y) = (-1/(2\pi\sigma^2)) \times e^{-(x^2+y^2)/2\sigma^2} \quad (2)$$

ここに，$G(x, y)$：ガウス関数（フィルタの係数値），σ：空間定数，(x, y)：注目点を中心とした座標値．

5）カルマンフィルタ

カルマンフィルタとは，システムの状態推定を行うためのフィルタリング理論である．時系列的に変化する情報の履歴から，次にとるであろう値を予測する手法として知られている．すなわち，画像の場合には濃淡値の変化から雑音を含まない画像状態を推測し，修正するという方法である．画像以外では，雑音環境下での音声認識やGPSの分野において活用されている．　〔横山　大〕

12.8　写真測量

ここでは，近年ソフトコピー図化機で利用されることの多い偏位修正画像作成とオルソフォト作成について述べる．

12.8.1　偏位修正画像作成（図12.8.1）

画像I_0を加工して，同じ投影中心位置から違う方向にカメラを向けて撮影した画像I_1を生成することを偏位修正といい，作成された画像I_1を偏位修正画像と呼ぶ．偏位修正は，航空写真モザイクを作成するときに，航空写真から傾きを補正し，鉛直下向きに撮影した画像を作成するのに用いられてきた．これは，フィルムから印画処理を行う場合にアナログ処理で行うことが可能である．近年は，ソフトコピー図化機上の画像処理を合理的に行うため，デジタル処理による偏位修正が利用されることが多い．

偏位修正の原理は次のとおりである．今，焦点距離c_0で，投影中心(X_0, Y_0, Z_0)から回転行列R_0で表される方向に撮影した写真画像をI_0とする．I_0から，焦点距離c_0，方向R_1，投影中心(X_0, Y_0, Z_0)の仮想的なカメラで撮影した画像I_1を合成するとする．偏位修正画像I_1上の点(x_1, y_1)に対応するI_0上の点(x_0, y_0)が求まれば，これに従って画像を再構成すればよい．

画像I_1上の点(x_1, y_1)は，I_1のカメラ座標系（カ

画像計測を簡便にするために偏位修正画像を作成する場合がある．このときは，ステレオ画像が同じ焦点距離をもち，カメラの向きが平行になるようにすると同時に，変換後のカメラ座標の x 軸が，投影中心を結ぶ直線方向に一致するようにする．このようにすると，一方の偏位修正画像上の対応点は，画像上で同じ y 座標をもつことになるので，ステレオマッチングや，数値図化インターフェースを単純化することができる[1]．

12.8.2 オルソフォト

一般の写真はレンズ系を通して撮影するとき，中心投影画像となる．中心投影画像では，カメラからの距離に応じて対象の撮影縮尺が異なる．地図は至るところ等縮尺に作成されているので，そのまま地図に重ね合わせることはできない．中心投影画像から，至るところ等縮尺の画像を合成したものを，オルソフォトという．たとえば，山岳地の航空写真をオルソフォトにすると，尾根部分は撮影縮尺が大きいためオルソフォトでは相対的に小さく，谷部分では撮影縮尺が小さいためにオルソフォトでは相対的に大きく画像が再構成される[2]（図 12.8.2）．

オルソフォトは，指定された領域内の任意の地上平面座標（X, Y）について，その位置が撮影されている写真画像上の座標（x_1, y_1）を求め，これによって地上座標に従って画像を再構成することによって生成する．平面座標（X, Y）と写真画像上の座標（x_1, y_1）を対応させるためには，対象の地表面モデルと，撮影時のカメラの外部標定要素，撮影時の投影中心座標と姿勢角（もしくは回転行列）が必要である．外部標定要素はバンドル法などによる空中三角測量によって求める間接方式や，GPS/IMU 装置などによって観測する直接方式によって求めることができる．また，地表面のモデルは，既存の地形データを使用したり，レーザスキャナデータステレオマッチングによる地表面点群を利用したりして求めることができる．以下では，外部標定要素や地表面モデルが与えられていることを前提として，オルソフォトの作成方法を述べる（図 12.8.3）．

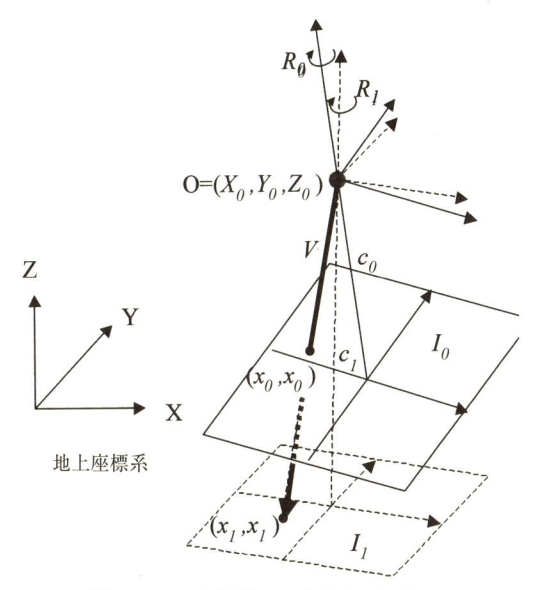

図 12.8.1 偏位修正画像作成の概念図

メラの傾き方向の座標軸をもち，投影中心を原点とする 3 次元座標系）では（x_1, y_1, $-c_1$）である．$V_1 = (x_1, y_1, -c_1)^T$（T は転置ベクトル）とすれば，地上座標系でこのベクトルは，次の式で表されるベクトル V となる．

$$V = R_1 \cdot V_1$$

さらに，このベクトルは，I_0 のカメラ座標系では次の式で表されるベクトル V_0 となる．

$$V_0 = R_0^{-1} \cdot V = R_0^{-1} \cdot (R_1 \cdot V_1) = (R_0^{-1} \cdot R_1) \cdot V_1$$

ここで，$R_0^{-1} \cdot R_1$ は，I_0 のカメラ座標に相対的な I_1 の回転行列である．この回転行列を R_{01} とすれば，

$$V_0 = R_{01} \cdot V_1 \tag{1}$$

である．なお，ベクトル V_0 は，適当な実数 k を用いて，

$$V_0 = k \cdot (x_0,\ y_0,\ -c_0)$$

であるから，$V_0 = (X_{v0},\ Y_{v0},\ Z_{v0})$ とすれば，

$$\begin{aligned} x_0 &= (-c_0 \cdot X_{v0})/Z_{v0} \\ y_0 &= (-c_0 \cdot X_{v0})/Z_{v0} \end{aligned} \tag{2}$$

である．

以上より明らかなように，（x_0, y_0）は（x_1, y_1）と相対的な回転行列 R_{01}，焦点距離 c_0 および c_1 に依存する関数であり，投影中心座標には依存しない．反対に，偏位修正では，投影中心画像が異なる位置からの画像を再現することは不可能である．

ソフトコピー図化機を使用する場合，ステレオ

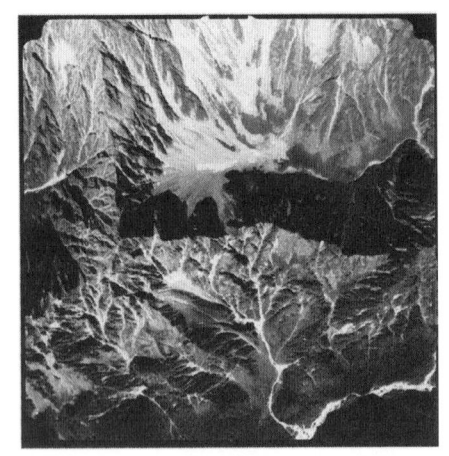

(a)航空写真

(b)オルソフォト

図12.8.2 航空写真（中心投影）とオルソフォト

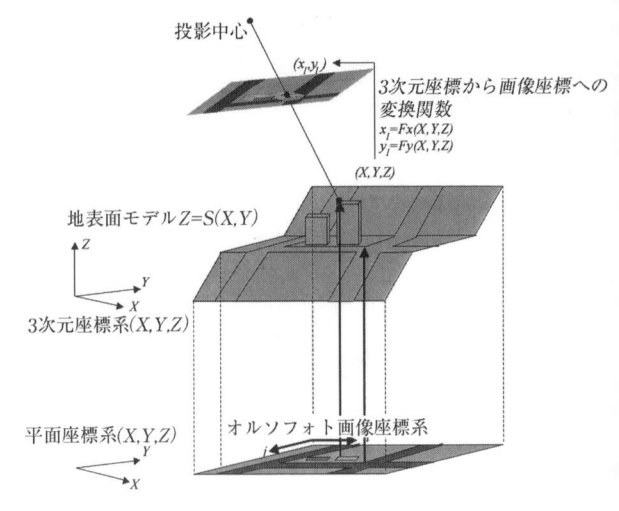

図12.8.3 オルソフォトの幾何学

今，カメラの標定要素（内部標定要素，外部標定要素）が既知とすると，3次元空間から画像平面への写像，つまり地上座標系で $P=(X, Y, Z)$ が写るデジタル写真画像 I 上の写真座標 (x_I, y_I) を求めることができる．すなわち，カメラの焦点距離 c_0，投影中心座標 $O=(X_0, Y_0, Z_0)$ カメラの姿勢を示す回転行列 R_0 とすると，P のカメラ座標 $P_I=(X_I, Y_I, Z_I)$ は次の式で表される．

$$P_I = R_0 \cdot (P - O)$$

さらに，(x_I, y_I) は，次の式で与えられる．

$$x_I = (-c_0 \cdot X_I)/Z_I$$
$$y_I = (-c_0 \cdot Y_I)/Z_I$$

以上の手続きをまとめて，

$$x_I = Fx(X, Y, Z)$$
$$y_I = Fy(X, Y, Z) \tag{3}$$

と表現することとする．

また，地表面の平面座標 (X, Y) における標高値 Z を与える関数（地表面モデル）

$$Z = S(X, Y) \tag{4}$$

が与えられているとする．平面座標 (X, Y) に対応する地表面上の座標は $(X, Y, S(X, Y))$ である．よって，平面座標 (X, Y) に対応する写真画像上の座標 (x_I, y_I) は，

$$\begin{aligned} x_I &= Fx(X, Y, S(X, Y)) \\ y_I &= Fy(X, Y, S(X, Y)) \end{aligned} \tag{5}$$

である．

なお，生成したいオルソフォトの原点を (X_0, Y_0)，オルソフォトのカラム方向の単位方向ベクトルを $ec=(Dxx, Dxy)$，オルソフォトのライン方向の単位方向ベクトルを $el=(Dyx, Dyy)$，カラム軸方向の解像度を dc，ライン軸方向の分解能を dl とすれば，オルソフォト画像の座標 (i, j) に対応する平面座標 (X, Y) の関係は，

$$\begin{pmatrix} X \\ Y \\ 1 \end{pmatrix} = \begin{pmatrix} Dxx \times dc & Dyx \times dl & X_0 \\ Dxy \times dc & Dyy \times dl & Y_0 \\ 0 & 0 & 1 \end{pmatrix} \begin{pmatrix} i \\ j \\ 1 \end{pmatrix} \tag{6}$$

$$\begin{pmatrix} i \\ j \\ 1 \end{pmatrix} = \begin{pmatrix} Dxx \times dc & Dyx \times dl & X_0 \\ Dxy \times dc & Dyy \times dl & Y_0 \\ 0 & 0 & 1 \end{pmatrix}^{-1} \begin{pmatrix} X \\ Y \\ 1 \end{pmatrix} \tag{7}$$

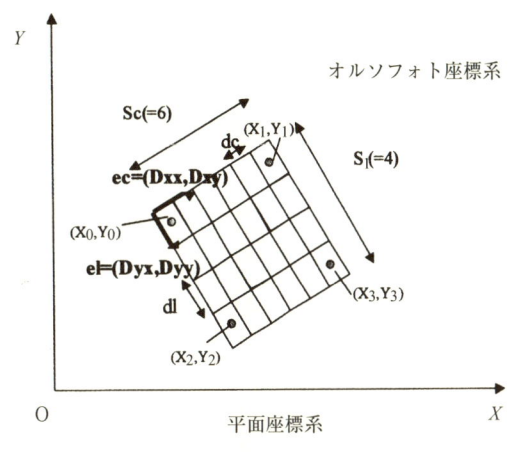

図12.8.4 平面座標系とオルソフォト座標系の関係

で与えられる．式(5)と式(6)を組み合わせれば，オルソフォト画像 I_orth の座標 (i, j) での写真画像上の座標を得る．最終的に写真画像 I を用いると，

$$I_\text{orth}(i, j) = I(Fx(X, Y, S(X, Y)), Fy(X, Y, S(X, Y))) \tag{8}$$

と表現することができる（図12.8.4）．

なお，都市部において，建物形状を含む地表面モデルで上記の方法を利用すると，写真に写っていない部分もオルソフォトとして生成してしまう．上記の方法に陰面処理を加えたものをトゥルーオルソフォトと呼ぶ[3]．トゥルーオルソフォトは一般のオルソフォトに比べ生成時間がかかり，また地表面モデルの生成にもコストがかかるため，建物形状を含まない地盤高を用いてオルソフォトを生成するのが一般的である．

文献

1) 織田和夫ほか：ソフトコピー図化機の精度検証方法．日本写真測量学会平成15年度年次学術講演会発表論文集，pp.57-60，2003．
2) 土居原健ほか：既往の数値地図を活用した航空写真からの地理画像生成．土木情報システム論文集，8，33-40，1999．
3) 織田和夫：レーザースキャナと空中写真による自動都市モデル構築．第1回ITSシンポジウム2002，pp.223-228，2002．

12.9 エピポラー幾何

3次元空間内の点 P がステレオ写真画像 I_0，I_1 に投影された点を p_0 および p_1，各写真の投影中心を O_0 および O_1 とすると，O_0，O_1，P，p_0，p_1 は共通の平面上に存在する（図12.9.1）．この拘束条件を共面条件といい，共有平面をエピポラー平面，エピポラー平面と画像面の交線をエピポラー線という．また一方のカメラの投影中心がもう一方のカメラに投影される点をエピポールという（図12.9.2）．各画像のエピポールは，すべてのエピポラー線が通過する点である．このような幾何学条件を総称してエピポラー幾何（epipolar geometry）という．

写真測量やステレオマッチングでは，ステレオ画像の一方の点に対応する点をもう一方で探索し，三角測量を行う．エピポラー幾何が既知であれば，対応点の探索範囲をエピポラー線上に限定し，エピポラー線から外れた誤探索を排除できる

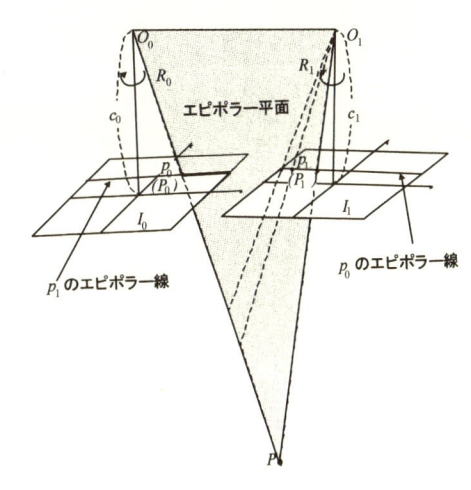

図12.9.1 エピポラー幾何（共面条件，エピポラー平面，エピポラー線）

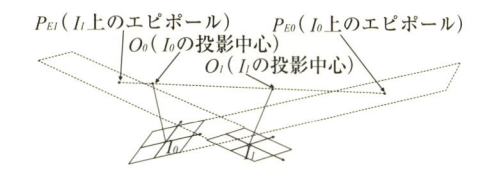

図12.9.2 エピポラー幾何（エピポール）

図12.9.3 エピポラー線の例

（図12.9.3）．このようにエピポラー幾何は，写真測量やステレオマッチングの効率と精度の上で重要な役割を果たしている．

以下では，まず共面条件を用いてエピポラー幾何を数学的に記述し，バンドル標定などで得られる外部標定要素や，相互標定で得られる標定要素とエピポラー幾何の関係を示す．次いでエピポラー線の算出方法を導出する．最後に，コンピュータビジョンの分野でよく用いられるエピポラー幾何の簡易算出方法について紹介する．

12.9.1 共面条件とエピポラー幾何

焦点距離を c_0 および c_1 とし，各カメラ外部標定要素，すなわち姿勢を示す回転行列を R_0 および R_1 と投影中心座標 O_0, O_1 が既知であるとする（図12.9.1）．3次元空間内の点 P が写真画像 I_0, I_1 に投影された写真座標を $p_0=(x_0, y_0)$ および $p_1=$ (x_1, y_1) とおくと，各カメラの投影中心からみた p_0 および p_1 のカメラ座標は，$P_0=(x_0, y_0, -c_0)^T$ および $P_1=(x_1, y_1, -c_1)^T$ と表すことができる．共面条件より，ベクトル $\overrightarrow{O_0P_0}$，ベクトル $\overrightarrow{O_0O_1}$，ベクトル $\overrightarrow{O_1P_1}$ のスカラー3重積が0になる．ベクトルの外積を $\otimes$ で表現すると，

$$\overrightarrow{O_0P_0} \cdot (\overrightarrow{O_0O_1} \otimes \overrightarrow{O_1P_1}) = 0 \tag{1}$$

これを写真画像 I_0 のカメラ座標で表現すれば，次のようになる．

$$P_0^T \cdot ((R_0^{-1} \cdot (O_1 - O_0)) \otimes ((R_0^{-1} \cdot R_1) \cdot P_1)) = 0 \tag{2}$$

ここで，$R_0^{-1} \cdot (O_1 - O_0)$ はカメラ座標 I_0 での O_1 の座標，$R_0^{-1} \cdot R_1$ はカメラ間の相対的な回転行列である．これらをそれぞれ $t=(t_1, t_2, t_3)^T$, R_{01} とおけば，上の式は

$$P_0^T \cdot (t \otimes (R_{01} \cdot P_1)) = 0 \tag{3}$$

と表記できる．式(3)より，共面条件は，カメラの相対的な関係で記述できることがわかる．

なお，数式(3)は実数倍しても成り立つことから，t と同じ方向をもつベクトル $t'=(1, t_2, t_3)^T$ と置き換えてもよい．R_{01} および t' は，相互標定で求めるカメラ間の相対的な回転と位置関係に対応する．

12.9.2 エピポラー線の算出方法

エピポラー条件からエピポラー線を導出する．次の式で 3×3 の行列 T を定義する．

$$T = \begin{pmatrix} 0 & -t_3 & t_2 \\ t_3 & 0 & -t_1 \\ -t_2 & t_1 & 0 \end{pmatrix} \tag{4}$$

これを用いると，式(3)は次のように記述できる．

$$(x_0, y_0, -c_0) \cdot (T \cdot R_{01}) \cdot \begin{pmatrix} x_1 \\ x_2 \\ -c_1 \end{pmatrix} = 0 \tag{5}$$

数式(5)の $p_0=(x_0, y_0)$ と $p_1=(x_1, y_1)$ のいずれかを固定すれば，もう一方の1次式になる．これがエピポラー線である．

なお，行列 $(T \cdot R_{01})$ は essential 行列[1]と呼ばれるものである．行列式 $|T|=0$ であるから，essential 行列の行列式も0となる．essential 行列を求

12.9.3 エピポラー幾何の簡易算出方法

カメラの内部標定要素（焦点距離やピクセル解像度など）の精確な値が得られない場合は，従来の標定方法ではなく，対応点情報のみからエピポラー幾何を導出できる fundamental 行列を利用するのが便利である．特にデジタルカメラやビデオカメラを用いるコンピュータビジョンの分野では，fundamental 行列を利用したエピポラー幾何が利用される．

今，デジタルカメラの座標 $d=(x_d, y_d)$ とこのカメラの写真画像上のカメラ座標 $p=(x, y, -c)$ の対応関係が，アフィン変換 A で変換できるとしよう．すなわち，

$$\begin{pmatrix} x_d \\ y_d \\ 1 \end{pmatrix} = A \cdot \begin{pmatrix} x \\ y \\ c \end{pmatrix} = \begin{pmatrix} a & b & c \\ f & e & d \\ 0 & 0 & -1/c \end{pmatrix} \begin{pmatrix} x \\ y \\ c \end{pmatrix} \quad (6)$$

とする．前述のカメラ I_0 およびカメラ I_1 のアフィン変換行列をそれぞれ A_0 および A_1，対応するデジタルカメラ座標を $d_0=(x_{d0}, y_{d0})$ および $d_1=(x_{d1}, y_{d1})$ とすれば，式(5)は次のように表される．

$$(x_{d0} \quad y_{d0} \quad 1) \cdot (A_0^{-1})^T \cdot T \cdot R_{01} \cdot A^{-1}_1 \begin{pmatrix} x_{d1} \\ y_{d1} \\ 1 \end{pmatrix}$$
$$= 0 \quad (7)$$

ここで，$F = (A_0^{-1})^T \cdot T \cdot R_{01} \cdot A^{-1}_1$ とおくと，画像座標間に次の式が成り立つ．

$$(x_{d0} \quad y_{d0} \quad 1) \cdot F \cdot \begin{pmatrix} x_{d1} \\ y_{d1} \\ 1 \end{pmatrix} = 0 \quad (8)$$

この F が fundamental 行列と呼ばれるものである．fundamental 行列は実数倍の任意性があること，essential 行列と同様に行列式が 0 であることから自由度は 7 である．

式(8)に1対の対応点の座標を適用すれば，1次方程式が1つ得られる．理論的には，7つの対応点から fundamental 行列を求めることができるが，実際には8点以上の対応点から線形に求める方法（8 point algorithm）を利用する場合が多い．ただしこのままでは行列式が 0 になることが保証されないので，特異値分解してから最小の特異値が 0 になるように決定して求める[2]．〔織田和夫〕

文 献

1) Faugeras, O. : Three-Dimensional Computer Vision, 248 pp., The MIT Press, 1993.
2) 除 剛, 辻 三郎：3次元ビジョン, pp.61-77, 共立出版, 1998.

12.10 特 徴 抽 出

特徴抽出（feature extraction）とは，画像中において点，エッジおよび領域として明らかな特徴を特徴抽出演算子による画像処理により抽出することである．ここでは，点，エッジおよび領域抽出について述べる．

12.10.1 特徴点抽出

画像処理における特徴点とは，孤立点，内部点，境界点およびコーナー点であり，図 12.10.1 に示すように孤立点，内部点，境界点は注目画素の 4 近傍あるいは 8 近傍に注目画素と同一あるいは近似した値をもつ画素の数 N によって以下のように分類される．4 近傍とは注目画素の上下左右の 4 画素を対象とし，8 近傍とは 4 近傍の対象画素に左上，右上，左下および右下の 4 画素を加えたものをいう．なお，境界点は N の値によって端点，交点に細分化される場合もある．

1) Forstner オペレータと Moravec オペレータ

Forstner 演算子や Moravec 演算子は，空中写真に対して多く用いられており，特徴点抽出に有用な演算子である．Forstner 演算子は，特徴点だけでなくコーナーや円形特徴も抽出することができ，さらに画像の回転に対して不変な演算子である．一方，Moravec 演算子は特徴を容易かつ高速に処理，抽出することができる演算子であり，3×3 のマスクサイズの場合，式(1)により表される．図 12.10.2(a)の原画像に対して Moravec オペレータを適用した結果を同図(b)に示す．

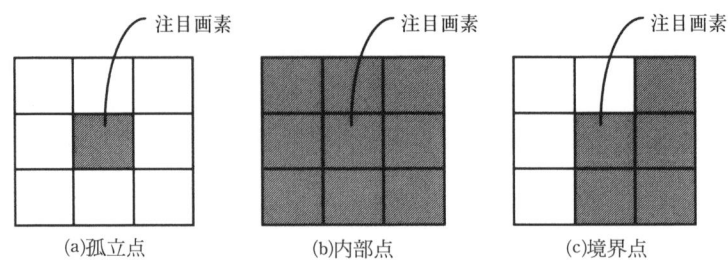

(a)孤立点	(b)内部点	(c)境界点

図 12.10.1 画像処理における特徴点の例

(a)原画像

図 12.10.3 SUSAN 演算子の適用結果

(b)Moravec 演算子の適用結果

図 12.10.2 原画像と Moravec 演算子の適用結果

$$I(x, y) = (1/8) \times \sum_{k=x-1}^{x+1} \sum_{l=y-1}^{y+1} |I(k, l) - I(x, y)| \tag{1}$$

ここに，画像中の注目画素 (x, y) に対する濃淡値を $I(x, y)$ とする．

2) SUSAN オペレータ[1]

SUSAN (smallest univalue segment assimilating nucleus) 演算子は，エッジおよびコーナー抽出のために開発されたオペレータである．図 12.10.2(a)の原画像に対して SUSAN オペレータを適用した結果（円形マスクの半径：3 画素，直径：7 画素）を図 12.10.3 に示す．

12.10.2 エッジ抽出

エッジとは領域の境界を示す特徴であり，濃淡値を用いたエッジ抽出にはこれまでに多くの演算子が提案されている．ここでは，代表的なエッジ抽出演算子について述べる．

1) 1次微分フィルタ

エッジ抽出のための最も一般的な演算子は微分フィルタである．デジタル画像の場合，画素同士の間隔の最小値は 1 画素であるため，微分の代わりとして差分を用いる．すなわち，画像中の注目画素 (x, y) に対する濃淡値を $I(x, y)$ とすると，x 軸方向および y 軸方向に対する 1 次微分値は，

$$\begin{aligned} I_x(x, y) &= I(x+1, y) - I(x, y) \\ I_y(x, y) &= I(x, y+1) - I(x, y) \end{aligned} \tag{2}$$

となるが，厳密にはこの値は注目画素から半画素ずれた値である．そこで，一般的には 1 画素飛ばして，

$$\begin{aligned} I_x(x, y) &= I(x+1, y) - I(x-1, y) \\ I_y(x, y) &= I(x, y+1) - I(x, y-1) \end{aligned} \tag{3}$$

12.10 特徴抽出

-1	0	1
-1	0	1
-1	0	1

(a) x 軸方向

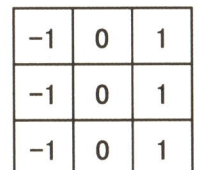

-1	-1	-1
0	0	0
1	1	1

(b) y 軸方向

図 12.10.4　プレヴィットフィルタ

-1	0	1
-2	0	2
-1	0	1

(a) x 軸方向

-1	-2	-1
0	0	0
1	2	1

(b) y 軸方向

図 12.10.5　ソーベルフィルタ

(a) プレヴィットフィルタの適用結果

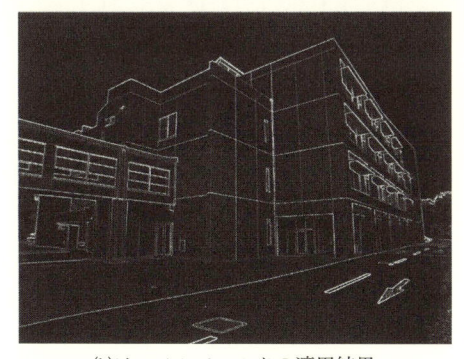

(b) ソーベルフィルタの適用結果

図 12.10.6　プレヴィットフィルタとソーベルフィルタの適用結果

として，これを 3×3 に拡張したものが，図 12.10.4 である．このフィルタはプレヴィット (Prewitt) のフィルタと呼ばれる．また，注目画素の上下左右の重みを増したものが図 12.10.5 である．これはソーベル (Sobel) のフィルタと呼ば

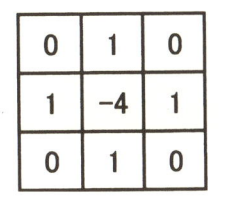

0	1	0
1	-4	1
0	1	0

図 12.10.7　ラプラシアンフィルタ

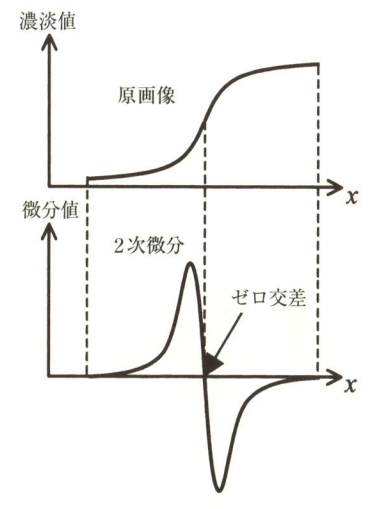

図 12.10.8　ゼロ交差

れ，ともに x 方向および y 方向のエッジ抽出に対して有効である．これらフィルタを図 12.10.2(a) の原画像に対して x 方向および y 方向の処理を行った結果をそれぞれ，図 12.10.6 に示す．

2） 2 次微分フィルタ

1 次微分フィルタはエッジの方向性に影響を受けるのに対して，エッジ方向によらない等方性の微分オペレータとして2次微分が考えられる．x, y 方向の2次微分値を I_{xx}, I_{yy} とすると，2次微分値は差分の差分として以下のように誘導される．

$$I_{xx}(x,y) = \{I(x+1,y) - I(x,y)\}$$
$$\qquad - \{I(x-1,y) - I(x,y)\}$$
$$= I(x+1,y) - 2I(x,y) + I(x-1,y)$$
$$I_{yy}(x,y) = \{I(x,y+1) - I(x,y)\}$$
$$\qquad - \{I(x,y-1) - I(x,y)\}$$
$$= I(x,y+1) - 2I(x,y) + I(x,y-1)$$
$$\tag{4}$$

これを線形結合させたものが図 12.10.7 のフィルタである．これはラプラシアン (Laplacian) フィルタとして知られているもので，エッジ抽出にラ

図 12.10.9 ラプラシアンフィルタの適用結果

2	3	2
3	5	3
2	3	2

図 12.10.10 ガウスフィルタ

プラシアンフィルタを適用した場合には，図12.10.8に示すようにエッジ部分にて2次微分値が0となるゼロ交差を起こす．したがって，ラプラシアンフィルタによるエッジ抽出とは2次微分値の符号の変換点を求めることであり，図12.10.2(a)の原画像に対する結果を図12.10.9に示す．

3） ガウス型ラプラシアンフィルタ

ノイズを低減し，かつエッジ抽出を効率的に行うものに，ガウス型ラプラシアン(Gaussian-Laplacian)フィルタがある．

$$G(x, y) = (1/2\pi\sigma) \times \exp\{-(x^2+y^2)/2\sigma^2\} \quad (5)$$

図 12.10.11 ガウスフィルタの適用結果

ガウス型ラプラシアンとは，式(4)に示すガウス関数から誘導される図12.10.10に示すガウスフィルタ（適用結果は図12.10.11）とラプラシアンフィルタとが統合された演算子で，ガウスフィルタによってノイズを低減すると同時にラプラシアンフィルタによってエッジ抽出を行うものであり，次式により定義される．

$$\nabla^2 G(x, y) = (-1/2\pi\sigma^4) \times \{2-(x^2+y^2)/\sigma^2\} \times \exp\{-(x^2+y^2)/2\sigma^2\} \quad (6)$$

-1	-5	-7	-5	-1
-5	-9	8	-9	-5
-7	8	78	8	-7
-5	-9	8	-9	-5
-1	-5	-7	-5	-1

図 12.10.12 ガウス型ラプラシアンフィルタ

ここに，x, y：注目画素からの距離 σ：空間定数と呼ばれるもので抽出対象物の特性により定められる．

図12.10.12にガウス型ラプラシアンフィルタ，図12.10.13に図12.10.2(a)の原画像に対してガウス型ラプラシアンフィルタを適用した結果を示す．

図 12.10.13 ガウス型ラプラシアンフィルタの適用結果

4） Canny フィルタ[2]

Canny演算子はノイズ除去を行った後に1次微分を行い，1次微分の結果が極大値となる画素をエッジとするものである．原画像の濃淡値を$I(x, y)$，ガウス関数を$G(x, y)$とすると，Canny

演算子による出力値 $f(x, y)$ は次式で表される．

$$f(x, y) = D[G(x, y) * I(x, y)] \\ = D[G(x, y)] * I(x, y) \quad (7)$$

ここに，

$$D[G(x, y)] = \{(x^2+y^2)^{1/2}/2\pi\sigma^4\} \\ \times \exp\{-(x^2+y^2)/2\sigma^2\} \quad (8)$$

以下に示す2つの閾値 T_1, T_2 を設定することによりエッジ抽出が行われる．

$$f(x, y) > T_1 \\ f(x, y)/2\sigma_0(x, y) > T_2 \quad (9)$$

ここに，

$$\sigma_0^2(x, y) = G'(x, y) * I^2(x, y) \\ -[G'(x, y) * I(x, y)]^2$$

なお，式(9)で表される閾値はそれぞれエッジ高さおよびエッジ信頼度と呼ばれている．エッジ高さは注目画素の周囲における濃淡値の変化量，エッジ信頼度はノイズの影響の表す指標である．すなわち，注目画素においてエッジ高さおよびエッジ信頼度がいずれも閾値以上であった場合に，注目画素がエッジであると判断されることとなる．

図12.10.2(a)の原画像に対してCannyフィルタを適用した結果を図12.10.14に示す．なお，エッジ高さおよびエッジ信頼度はそれぞれ T_1 で10，T_2 で0.1として処理を行った．

5）回転ベクトル

回転ベクトルとは各画素の濃淡値より算出される勾配，回転，発散，ラプラスなどからなる画像ベクトルの一つであり，金属試験材料における欠陥抽出[3]や，震災直後の被災地における被害状況の把握[4]などにおいて広く応用されている．

今，注目画素 (x, y) における濃淡値を $I(x, y)$，(x, y) における回転ベクトル $R(x, y)$ を4近傍画素における1次微分として，

$$R(x, y) = [\{I(x, y+1) - I(x, y-1)\}/2, \\ \{I(x+1, y) - I(x-1, y)\}/2] \quad (10)$$

とし，また，ベクトルの方向成分 $\theta(x, y)$ を，

$$\theta(x, y) = \tan^{-1}\left(\frac{-\{I(x+1, y) - I(x-1, y)\}/2}{\{I(x, y+1) - I(x, y-1)\}/2}\right) \quad (11)$$

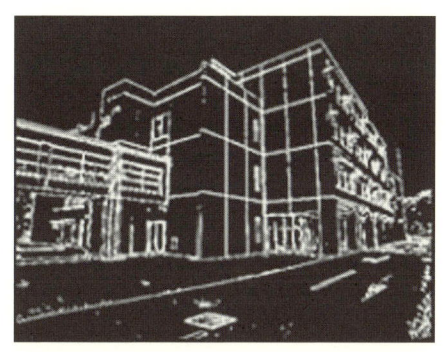

図12.10.14 Cannyフィルタの適用結果

図12.10.15 回転ベクトルの適用結果

として，(x, y) とその近傍画素 (x', y') との回転ベクトルの内積 P を次式から算出する．

$$P((x, y), (x', y')) = R(x, y) R(x', y') \quad (12)$$

注目画素 (x, y) における近傍画素のうち，ベクトル方向成分 θ がほぼ同等でかつ内積 P が近傍画素の中で最大となる画素同士を結んでいくことにより，エッジ成分と判断された曲線が抽出されることとなる．図12.10.2(a)の原画像に対して回転ベクトルを適用した結果を図12.10.15に示す．

6）SUSAN オペレータ

特徴点抽出のコーナー抽出で述べたSUSAN演算子は，エッジ抽出に対しても有効である．画像上に円形マスクを走査し，円形マスク内の濃淡値を検出することにより，エッジもしくはコーナーを判別する．SUSAN演算子は，円形マスクにおける中心画素と円形マスク内の他の画素との差分に対する閾値 t を用いて次式により表される．

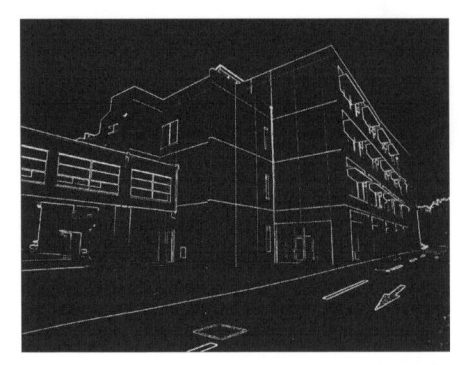

図 12.10.16 SUSAN オペレータ（エッジ抽出）の適用結果

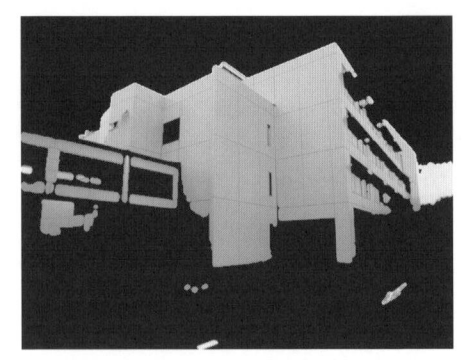

図 12.10.17 opening 処理の適用結果

$$c((x, y), (x_0, y_0))$$
$$= \exp[-\{(I(x, y) - I(x_0, y_0))/t\}^6] \quad (13)$$

ここに，$I(x, y)$：円形マスク内の画素の濃淡値，$I(x_0, y_0)$：円形マスクの中心画素の濃淡値．

すなわち，式(13)によって求められる $c((x, y), (x_0, y_0))$ が t 以内であれば，$I(x, y)$ と $I(x_0, y_0)$ は類似していると判断される．次に，円形マスク内において，上記の条件を満たし類似していると判断された画素数をカウントし，カウントされた画素数があらかじめ設定する閾値 g 以内であれば，中心画素はエッジとして判断される．なお，一般的に，閾値 g は円形マスクの全画素数に対して 3/4 程度の値を設定する．図 12.10.16 に図 12.10.2(a)の原画像に対する SUSAN 演算子の適用結果を示す．

12.10.3 領域抽出

ある特定の特徴領域を抽出するためには，ヒストグラムによる画像分割やテクスチャまたは色情報を利用して領域抽出を行うのが一般的である．ここでは後者の例としてモルフォロジー[5]に基づく opening 処理による領域抽出について述べる．

opening 処理

opening 処理によって画像中の特徴域を抽出する場合，抽出するべき特徴域と類似した色情報をもつ円形構造要素を画像中走査させることにより，構造要素と類似した領域を抽出するものである．なお，opening 処理は，図形の辺縁を内側から滑らかにする一種の平滑化処理であるため，構造要素の入らない細かい部分や孤立図形などは削られることも特徴としてあげられる．図 12.10.17 に図 12.10.2(a)の原画像に対する結果（構造要素の半径：3画素，直径：7画素）を示す．

〔大嶽達哉〕

文 献

1) Smith, S. M. and Brady, J. M.: SUSAN - A new approach to low level image processing. *International Journal of Computer Vision*, **23**(1), 45-78, 1997.
2) Canny, J.: A computational approach to edge detection. *IEEE Transaction on Pattern Analysis and Machine Intelligence*, **PAMI-8**(6), 679-697, 1986.
3) 佐久間正剛，久保克巳，仏円 隆，齋藤兆古，堀井清之：画像ベクトル表示による材料欠陥目視検査の自動化技術の開発(1). 第 6 回画像センシングシンポジウム講演論文集, pp.41-46, 2000.
4) 佐野晃一，近津博文：画像ベクトルを用いた航空写真からの倒壊家屋の自動検出に関する研究. 平成 13 年度日本写真測量学会秋季学術講演会発表論文集, pp.97-100, 2001.
5) 小畑秀文：モルフォロジー, コロナ社, 1996.

12.11 イメージマッチング

イメージマッチング（image matching）とは，同じ対象物を異なる視点から撮影した 2 枚以上の画像に対する対応点の同定を行うことであり，画像情報から物体の 3 次元情報を取得するための重要な過程である．従来のアナログ写真測量や解析

写真測量においては対応点の同定処理は手動で行っていたが，デジタル写真測量においてはイメージマッチングの自動化を目的としてさまざまな手法が提案されている．従来から提案されているイメージマッチング手法を大別すると，主にエリアマッチングと特徴量マッチングとに分類される．エリアマッチングとは画像中のある領域内において濃淡値の比較を行うことにより対応づけを行う手法であり，特徴量マッチングとは画像の特徴量をあらかじめ抽出し，抽出した特徴量を画像間にて比較し対応づけを行う手法である．本節ではエリアマッチングおよび特徴量マッチングの基本概念ならびにそれぞれの代表的な手法について述べる．

12.11.1 エリアマッチング
1) 概念[1,2)]

エリアマッチング (area based matching) とは，図12.11.1に示すとおり画像間において画像パッチと呼ばれる小領域内の濃淡値分布を比較するものである．エリアマッチングにおいてテンプレートとは注目画素を含む画像パッチのことであり，ステレオ画像の場合は通常左画像中に固定される．また，検索ウィンドウとは右画像における検索範囲のことであり，検索ウィンドウ内でテンプレートと同じ大きさをもつ画像パッチをマッチングウィンドウと呼ぶ．エリアマッチングでは検索ウィンドウ内に対してマッチングウィンドウを走査させ，マッチングウィンドウとテンプレートとの濃淡値を比較することにより対応づけを行うものである．以下に代表的なエリアマッチング手法であるSSDA法，面積相関法および最小2乗マッチング法について述べる．

2) SSDA法

SSDA法 (sequential similarity detection algorithm：残差逐次検定法) とは，テンプレートとマッチングウィンドウとの濃淡値の残差を求め，求めた残差が最小になった際のマッチングウィンドウの中心位置を対応点とする手法である．すなわち，マッチングウィンドウ内の各画素に対する濃淡値を $I(x, y)$，テンプレート内の各画素に対する濃淡値を $t(x, y)$，テンプレートサイズを $l \times m$ とした場合のテンプレートと各マッチングウィンドウとの残差 $S(x, y)$ は式(1)にて表される．

$$S(x, y) = \sum_{x=1}^{m}\sum_{y=1}^{l} |I(x, y) - t(x, y)| \quad (1)$$

SSDA法の特徴は，演算処理が加減算のみであるため処理が高速であり，さらに残差に対してあらかじめ閾値を設定しておくことにより，残差が閾値以上となった時点で注目画素に対する処理を打ち切ることが可能となる点である．

3) 面積相関法

面積相関法 (area correlation) は，テンプレートとマッチングウィンドウとの相関値を算出して対応点を検索する手法である．テンプレートに対する濃淡値の平均値を t_{ave}，同じく分散を t_s，マッチングウィンドウに対する濃淡値の平均値を I_{ave}，同じく分散を I_s とすると，注目画素における相関値 $c(x, y)$ は式(2)によって算出される．

$$c(x, y) = \sum_{x=1}^{m}\sum_{y=1}^{l} (I(x, y) - I_{ave}) \\ \times (t(x, y) - t_{ave})/\sqrt{I_s t_s} \quad (2)$$

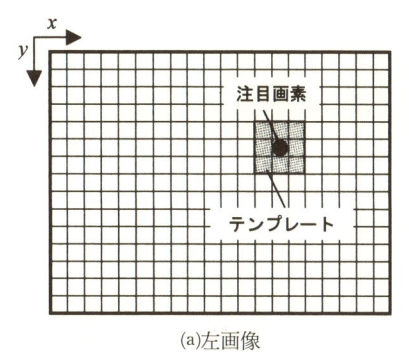

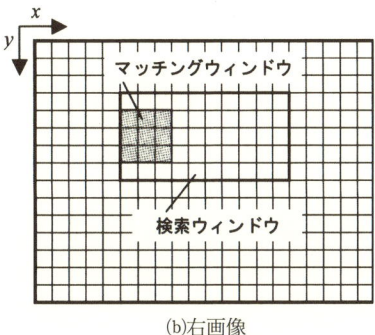

図12.11.1 エリアマッチングの概念
(a)左画像
(b)右画像

面積相関法は，SSDA法と比較して演算処理が複雑であり，かつ処理の打ち切りが不可能であるが，比較的安定した解を得ることができる手法である．

4) 最小2乗マッチング法[3,4]

最小2乗マッチング法（least squares matching）はエリアマッチングの中でもロバスト性の高い手法として知られており，テンプレートに対するマッチングウィンドウの位置を探索するだけでなくマッチングウィンドウの形状も未知パラメータとして設定し，テンプレートに対するマッチングウィンドウの位置および形状を求めるものである．

エリアマッチングと同様にマッチングウィンドウ内の各画素に対する濃淡値を$I(x, y)$，テンプレート内の各画素に対する濃淡値を$t(x, y)$，テンプレートとマッチングウィンドウとの関係を式(3)として，$e(x, y)$が最小となる対応点を求めることとする．

$$e(x, y) = t(x, y) - I(x, y) \quad (3)$$

ここに，$e(x, y)$は$t(x, y)$と$I(x, y)$との濃淡値の残差である．

そこで，対応点座標の初期値を(x_0, y_0)とし，式(4)のようなアフィン変換式を導出する．

$$\begin{aligned} x &= a_0 + a_1 x_0 + a_2 y_0 \\ y &= b_0 + b_1 x_0 + b_2 y_0 \end{aligned} \quad (4)$$

ここに，$a_0 \sim a_2$，$b_0 \sim b_2$はアフィン係数である．次に式(4)の線形化を行い，さらに単純化のため偏微分項をI_x，I_yで置換すると式(5)が得られる．

$$\begin{aligned} &t(x, y) - e(x, y) \\ &= I(x_0, y_0) + I_x da_0 + I_x x_0 da_1 + I_x y_0 da_2 \\ &\quad + I_y db_0 + I_y x_0 db_1 + I_y y_0 db_2 + rs \end{aligned} \quad (5)$$

式(5)をテンプレート内におけるすべての画素に対して取得し，アフィン係数に対する補正量$da_0 \sim da_2$，$db_0 \sim db_2$を最小2乗法により求める．さらに，求めた補正量に対する残差$e(x, y)$からテンプレートとマッチングウィンドウに対する各濃淡値の分散を算出し，分散が微小となるまで繰り返し計算を行うことにより，最適なマッチングウィンドウの位置および形状を求め，テンプレートの中心画素に対する対応点を取得する．

12.11.2 特徴量マッチング

1) 概　念[1]

特徴量マッチング（feature based matching）とは，画像間において各画像から抽出される特徴量を比較することにより特徴量の対応づけを行うものである．特徴量マッチングにおける特徴量とは，12.10節にて述べたような手法によって抽出される点，エッジ，領域などを用いることが多い．特徴量マッチングは，そのような手法によって抽出が可能な画像に対しては有効であるといえる．

また，特徴量マッチングには各特徴量に応じてさまざまな手法が提案されている．点や領域の特徴を利用する場合は面積相関法や最小2乗マッチング法といったエリアマッチング手法を用いる場合が多いが，エッジを利用する場合はエッジを構成する個々の画素（エッジ画素）に対してマッチングを行う手法[5]や，エッジ全体の特徴をとらえてマッチングを行う手法[6,7]が提案されている．

なお，ここでは代表的な特徴量マッチング手法として，さまざまな特徴量に対してロバストに適用可能である確率的弛緩法について述べる．

2) 確率的弛緩法

弛緩法（relaxation method）は，元来数値計算手法として開発されたものである．その後画像解釈における曖昧さや部分的な誤りに対処するための解法として画像処理分野へ応用された[8]．弛緩法の中でも，特に確率論的な解釈によって処理を行うものを確率的弛緩法（probabilistic relaxation method）と呼び，画像処理においてはイメージマッチングのほかにも，平滑化や領域分割といったさまざまな用途へ応用されている[9,10]．確率的弛緩法によるイメージマッチングの概要を以下に示す．

画像中においてマッチングされるべき点の集合（対象）を$A = \{a_1, a_2, \cdots, a_n\}$，$A$に対して対応する可能性のある点の集合（ラベル）を$\Lambda = \{\lambda_1, \lambda_2, \cdots, \lambda_m\}$とする．対象$a_i$がラベル$\lambda_j$をもつ確率，すなわち$a_i$と$\lambda_j$がマッチングされる確率（ラベル確率）を$P_i(\lambda_j)$とし，さらに隣接する対象同士$a_i$，$a_j$がもつそれぞれのラベル$\lambda$，$\lambda'$の適合の度合いを示す係数（適合係数）を$R_{ij}(\lambda, \lambda'$

とする場合,確率的弛緩法において $P_i(\lambda_j)$ および $R_{ij}(\lambda,\ \lambda')$ は式(6),(7)を満足するように定義される．

$$\begin{cases} P_i(\lambda) = [0,\ 1] \\ \sum_{k=1}^{m} P_i(\lambda_k) = 1 \end{cases} \quad (6)$$

$$R_{ij}(\lambda,\ \lambda') = [-1,\ 1] \quad (7)$$

ここで,適合係数 $R_{ij}(\lambda,\ \lambda')$ がもつ値は次の意味を示す．

$$R_{ij}(\lambda,\ \lambda') = \begin{cases} 1 & : a_i\text{ の }\lambda\text{ と }a_j\text{ の }\lambda'\text{ は矛} \\ & \quad \text{盾しない（両立する）} \\ 0 & : a_i\text{ の }\lambda\text{ と }a_j\text{ の }\lambda'\text{ は独} \\ & \quad \text{立である（無関係である）} \\ -1 & : a_i\text{ の }\lambda\text{ と }a_j\text{ の }\lambda'\text{ は} \\ & \quad \text{矛盾する（両立しない）} \end{cases} \quad (8)$$

以上の規則に従い,式(9)によってラベル確率 $P_i^{(n)}(\lambda_k)$ を更新し,十分なラベル確率を満足するまで繰り返し計算を行う．なお,上付き括弧内の n は繰り返しの回数を示している．

$$P_i^{(n)}(\lambda_k) = P_i^{(n-1)}(\lambda_k)\{1 + Q_i^{(n-1)}(\lambda_k)\} / \sum_{l=1}^{m} P_i^{(n-1)}(\lambda_l)\{1 + Q_i^{(n-1)}(\lambda_l)\}$$

$$(k = 1,\ 2,\ \cdots,\ m) \quad (9)$$

ここに,$Q_i(\lambda_k)$ は適合関数と呼ばれる値であり,式(10)にて表される．

$$Q_i(\lambda_k) = \sum_j d_{ij} \sum_{i=1}^{m} R_{ij}(\lambda_k,\ \lambda_l) P_j(\lambda_l)$$

$$(k = 1,\ 2,\ \cdots,\ m) \quad (10)$$

なお,d_{ij} は a_j に関する重み係数であり,式(11)を満たすように設定する．

$$d_{ij} \geq 0,\qquad \sum_j d_i = 1 \quad (11)$$

以上の処理によって得られたラベル確率 $P_i^{(n)}(\lambda_k)$ より,マッチングが正確に行われたか否かを判別する．また,式(9)におけるラベル確率 $P_i^{(n)}(\lambda_k)$ に対して式(12)のように閾値を設定することにより,ラベル確率が閾値以上になった時点でその対象に対する処理を打ち切ることが可能となるため,処理の高速化を図ることができる．

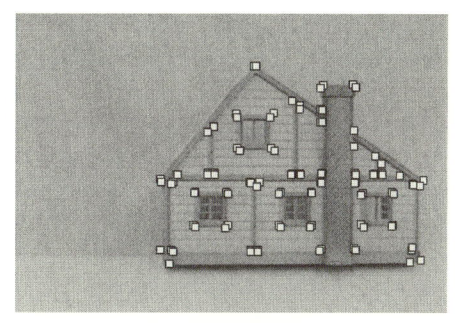

(a)左画像

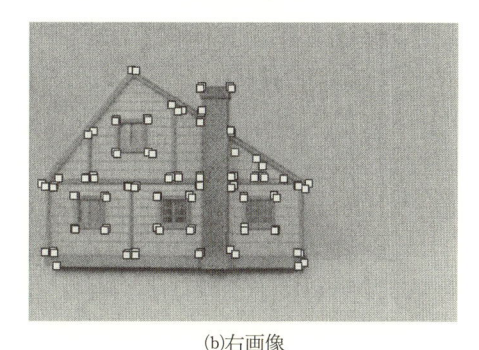

(b)右画像

図 12.11.2　イメージマッチング

$$P_i^{(n)}(\lambda_k) = \begin{cases} 1 & : P_i^{(n)}(\lambda_k) \geq T_h \\ P_i^{(n)}(\lambda_k) & : T_h > P_i^{(n)}(\lambda_k) > T_l \\ 0 & : P_i^{(n)}(\lambda_k) \leq T_l \end{cases} \quad (12)$$

確率的弛緩法によって特徴量マッチングを行う場合,対象とする特徴量を集合 A として取り扱う．すなわち,点を用いる場合は点群データ,エッジを用いる場合はエッジ画素,領域を用いる場合は領域を構成する各画素を集合 A とすることにより確率的弛緩法による特徴量マッチングが可能となる．

図12.11.2に,ステレオペアにおいて特徴点に対するイメージマッチングを行った例を示す．なお,本例は確率的弛緩法を用いてイメージマッチングを行ったものである．

文　献

1) Schenk, T.: Digital Photogrammetry, Terra-Science, 2001.
2) 動体計測研究会編：イメージセンシング,日本測量協会,1997.
3) Grün, A.: Adaptive least squares correlation : a

powerful image matching technique. *South Africa Journal of Photogrammetry, Remote Sensing and Cartography*, **14**(3), 175-187, 1985.
4) Rosenholm, D. : Least-squares matching method: some experimental results. *The Photogrammetric Record*, **12**(70), 493-512, 1987.
5) Grimson, W. E. L. : Computational experiments with a feature based stereo algorithm. *IEEE Transactions on Pattern Analysis and Machine Intelligence*, **7**(1), 17-43, 1985.
6) Greenfeld, J. and Schenk, T. : Experiments with edge-based stereo matching. *Photogrammetric Engineering and Remote Sensing*, **55**(12), 1771-1777, 1989.
7) Medioni, G. and Nevatia, R. : Matching images using linear features. *IEEE Transactions on Pattern Analysis and Machine Intelligence*, **6**(6), 675-685, 1984.
8) Rosenfeld, A., Hummel, R. and Zucker, S. : Scene labeling using relaxation operation. *IEEE Transactions on Systems, Man and Cybernetics*, **6**(6), 420-433, 1976.
9) Deng, W. and Iyengar, S. : A new probabilistic relaxation scheme and its application to edge detection. *IEEE Transactions on Pattern Analysis and Machine Intelligence*, **18**(4), 432-437, 1996.
10) 髙木幹雄，下田陽久：画像解析ハンドブック，東京大学出版会，1991．

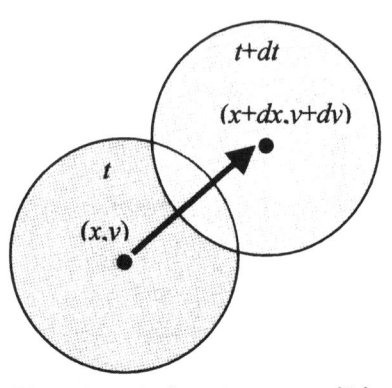

12.12 オプティカルフロー

オプティカルフロー（optical flow）とは，画素のフレーム間の移動ベクトルを示すものであり，コンピュータビジョンの分野はもちろん，動画像を利用する多くの分野において広く用いられている手法である[1]．従来から提案されているオプティカルフロー推定手法を大別すると，マッチング法および勾配法のいずれかに分類される．マッチング法は動画像に対するフレーム間のテンプレートマッチングによって移動ベクトルを推定する手法で，大きな動きをとらえることができるが処理に時間がかかるという欠点をもつ．勾配法は各画素の濃淡値勾配から移動ベクトルを推定する手法で比較的処理が高速であり，小さな動きの推定に有効な手法とされている．一般的に動画像におい

てはフレーム間における物体もしくはカメラの動きが微小であるために勾配法を用いる場合が多く，勾配法とマッチング法との比較検討においても勾配法の有用性が明らかにされている[2]．なお，マッチング法において用いるテンプレートマッチング手法については 12.11 節にて既述しているため，本節では勾配法によるオプティカルフロー推定手法に着目して述べることとする．

12.12.1 基本拘束式の導出

図 12.12.1 は，円形の物体が写されている動画像中の連続する画像間における動体の動きを示している．このとき，画像の濃淡値 I は画面座標と時間の関数で表されると仮定し，時刻 t において座標 (x, y) の位置に存在する円の中心が dt 秒後に座標 $(x+dx, y+dy)$ に濃淡値の変化をせずに移動した場合，次式が成り立つ．

$$I(x, y, t) = I(x+dx, y+dy, t+dt) \tag{1}$$

右辺を (x, y, t) のまわりでテイラー展開し，高次項を無視すると次式が得られる．

$$(\partial I/\partial x)(dx/dt) + (\partial I/\partial y)(dy/dt) + (\partial I/\partial t) = 0 \tag{2}$$

ここで，オプティカルフローの x, y 成分および濃淡値 I に対する x, y, t による偏微分を式(3)，(4)のように置換すると，

$$(u, v) = (dx/dt, dy/dt) \tag{3}$$

$$(I_x, I_y, I_t) = (\partial I/\partial x, \partial I/\partial y, \partial I/\partial t) \tag{4}$$

となり，次式に示す勾配法の基本拘束式が誘導さ

図 12.12.1 オプティカルフローの概念

れる.
$$I_x u + I_y v + I_t = 0 \qquad (5)$$
式(5)において,既知量は画像の濃淡値勾配(I_x, I_y, I_t),未知量はオプティカルフローのベクトル量(u, v)の2変数である.すなわち,未知量2個に対して条件式は1個であるため,基本拘束式のみでオプティカルフローを算出することは不可能である.この問題を解決するためには式(5)を正則化する必要があり,従来からさまざまな正則化手法が提案されている.以下に代表的な手法を記述する.

12.12.2 勾配法の正則化
1) 空間的局所最適化法[3,4]

空間的局所最適化法(spatial local optimization)は,画像中に存在する同一物体上の局所領域におけるオプティカルフローはほぼ一定になると仮定する手法である.オプティカルフローを表す2個の未知数(u, v)に対し,局所領域全体から得られる2個以上の式を用いて最小2乗法により求めるものである.

今,画面上のある局所領域をSとし,領域S内のオプティカルフローは一定であるとすると,S内の各画素において求められる勾配法の基本拘束式(5)はすべて同じ解になると仮定されるため,領域中において最小とすべき誤差Eは,次式で表されることになる.
$$E = \sum_S (I_x u + I_y v + I_t)^2 \qquad (6)$$
ゆえに,u, vは式(7),(8)に対して最小2乗法を用いることで算出されることとなる.
$$u = -1/\Delta (\sum_S I_y^2 \sum_S I_t I_x - \sum_S I_x I_y \sum_S I_y I_t) \qquad (7)$$
$$v = -1/\Delta (\sum_S I_x I_y \sum_S I_t I_x - \sum_S I_x^2 \sum_S I_y I_t) \qquad (8)$$
ここに,$\Delta = \sum_S I_y^2 \cdot \sum_S I_x^2 - (\sum_S I_x I_y)^2$.

一方,空間的局所最適化法によるオプティカルフローの推定精度は,設定する局所領域の大きさに依存する.すなわち,設定可能な局所領域の大きさが大きいほど1つの領域に対するオプティカルフローを求めるための観測方程式数が多くなるため,安定した解を得ることが可能となる.なお,空間的局所最適化法は勾配法の中でも比較的ロバストに高精度なオプティカルフローを推定することができる手法としてすでに認められており[5],都市空間の3Dモデリング[6]や車両の動体追跡[7]などにおいて広く応用が検討されている.

2) 時間的局所最適化法[8]

時間的局所最適化法(temporal local optimization)は,動画像の一定時間内において,同じ画素位置に対するオプティカルフローはほぼ一定になると仮定する手法である.すなわち,オプティカルフロー(u, v)に対して一定時間内に撮影された2枚以上の動画像から得られる2個以上の条件式より,空間的局所最適化法と同様に最小2乗法を用いて求めるものである.

今,一定時間内において撮影された$N+1(\geq 2)$枚の動画像について考えると,$N+1$枚中の各画像において求められる同じ画素に対するオプティカルフローはすべて一定であると仮定する.すなわち,$N+1$枚中の各画像において同じ画素で求められる勾配法の基本拘束式はすべて同じ解になると仮定しているため,$N+1$枚中において最小とすべき誤差Eは空間的局所最適化法と同様に,次式で表される.
$$E = \sum_N (I_x u + I_y v + I_t)^2 \qquad (9)$$
ゆえに,u, vは式(10),(11)に対して最小2乗法を用いることで算出されることとなる.
$$u = -1/\Delta (\sum_N I_y^2 \sum_N I_t I_x - \sum_N I_x I_y \sum_N I_y I_t) \qquad (10)$$
$$v = -1/\Delta (\sum_N I_x I \sum_N I_t I_x - \sum_N I_x^2 \sum_N I_y I_t) \qquad (11)$$
ここに,$\Delta = \sum_N I_y^2 \sum_N I_x^2 - (\sum_N I_x I_y)^2$.

時間的局所最適化法によるオプティカルフローの推定精度は,オプティカルフローが一定であると仮定する時間の長さに依存する.すなわち,対象物あるいはカメラの速度が急激な変化をせず,ある程度速度が一定な状態で撮影された動画像に対し,高精度なオプティカルフローを推定することが可能となる.

3) 空間的大域最適化法[9,10]

空間的大域最適化法(spatial global optimization)は,次式のようにオプティカルフローの空間的変化を最小にする条件を加える手法である.

$$(\partial u/\partial x)^2+(\partial u/\partial y)^2+(\partial v/\partial x)^2+(\partial v/\partial y)^2$$
$$\longrightarrow \min \quad (12)$$

すなわち，式(5)と式(12)との誤差 E が画像全体 A において最小となるように，次式における u, v を決定する．

$$E=\sum_A[(I_xu+I_yv+I_t)^2+\alpha^2\{(\partial u/\partial x)^2$$
$$+(\partial u/\partial y)^2+(\partial v/\partial x)^2+(\partial v/\partial y)^2\}] \quad (13)$$

ここに，α は式(5)と式(12)との相対的な重みを決定する係数である．また，u, v に対するラプラシアン演算は次式のように表される．

$$\nabla^2 u=(\partial^2 u/\partial x^2)+(\partial^2 u/\partial y^2)$$
$$\nabla^2 v=(\partial^2 v/\partial x^2)+(\partial^2 v/\partial y^2) \quad (14)$$

これにより，式(13)に示した汎関数 E に対して変分法を用いると，式(15)，(16)に示す条件式を得る．

$$I_x^2 u+I_xI_yv=\alpha^2\nabla^2 u-I_xI_t \quad (15)$$
$$I_xI_yu+I_y^2 v=\alpha^2\nabla^2 v-I_yI_t \quad (16)$$

なお，式(14)に示したラプラシアン演算は，次式のように近似することができるため式(15)はガウス-ザイデル（Gauss-Sidel）法などを用いて解くことが可能となる．

$$\nabla^2 u(i,j)=\{u(i-1,j)+u(i,j+1)$$
$$+u(i+1,j)+u(i,j-1)\}/6$$
$$+\{u(i-1,j-1)+u(i-1,j+1)$$
$$+u(i+1,j+1)+u(i+1,j-1)\}/12$$
$$-u(i,j)$$
$$\nabla^2 v(i,j)=\{v(i-1,j)+v(i,j+1)$$
$$+v(i+1,j)+v(i,j-1)\}/6$$
$$+\{v(i-1,j-1)+v(i-1,j+1)$$
$$+v(i+1,j+1)+v(i+1,j-1)\}/12$$
$$-v(i,j) \quad (17)$$

空間的大域最適化法は画像中におけるオプティカルフローの変化が滑らかであること，すなわち隣接する画素に対するそれぞれのオプティカルフローはほぼ同じであると推定する手法である．したがって，凹凸の少ない形状の静止物体に対してカメラを移動させて撮影した動画像などにおいて最適な手法である．

オプティカルフロー推定には以上の手法のほかに，以下のような手法も提案されている．

図 12.12.2　オプティカルフロー推定

4）マルチスペクトル拘束法[11]

各画素の RGB または HSI 値を利用する方法．

5）2 階微分法[12]

各画素の濃淡値に対する 2 階微分値を利用する方法．

6）フィルタリング法[13]

方向性の異なるガウスフィルタによって作成された複数の画像を利用する方法．

4）～6）の 3 手法はいずれも各画素に対する濃淡値または色情報を用いて観測方程式数を増加させるものであるため，日照や影の影響によって濃淡や色が変化することの少ない室内空間において有利な手法であるといえる．しかしながら，効率的なオプティカルフロー推定のために濃淡値の影響を受けず，対象物の形状や撮影状況に依存しないロバストな推定手法の開発が望まれる．

図 12.12.2 にビデオカメラによって撮影された動画像に対してオプティカルフロー推定を行った例を示す．なお，本例は空間的局所最適化法を用いてオプティカルフロー推定を行ったものである．

〔國井洋一〕

文　献

1) 三池秀敏，古賀和利，橋本　基，百田正広，野村厚志：パソコンによる動画像処理，森北出版，1993．
2) Lai, S. H. and Vemurai, B. C. : Reliable and efficient computation of optical flow. *International Journal of Computer Vision*, **29**(2), 87-105, 1998.
3) Haussecker, H., Spies, H. and Jahne, B. : Tensor-based image sequence processing techniques for the study of dynamical processes. *International Archives of Photogrammetry and Remote Sensing*, **32**

(5), 704-711, 1998.

4) Lucas, B. D. and Kanade, T. : An iterative image registration technique with a stereo vision. DARPA Image Understanding Workshop, pp.121-130, 1981.

5) Ong, E. P. and Spann, M. : Robust optical flow computation based on least-median-of-squares regression. *International Journal of Computer Vision*, **31**(1), 51-82, 1999.

6) 國井洋一, 近津博文：動画像解析による効率的建造物の抽出と三次元都市モデルの構築について．写真測量とリモートセンシング, **42**(1), 12-20, 2003．

7) Fuse, T. and Shimizu, E. : A new technique for vehicle tracking on the assumption of stratospheric platforms. *International Archives of Photogrammetry and Remote Sensing*, **33**(Part B5/1), 277-284, 2000.

8) Nomura, A., Miike, H. and Koga, K. : Field theory approach for determining optical flow. *Pattern Recognition Letters*, **12**, 183-190, 1991.

9) Barron, J. L., Fleet, D. J. and Beauchemin, S. S. : Performance of optical flow techniques. *International Journal of Computer Vision*, **12**(1), 43-77, 1994.

10) Horn, B. K. P. and Shunck, B. G. : Determining optical flow. *Artificial Intelligence*, **17**, 185-203, 1981.

11) Beauchemin, S. S. and Barron, J. L. : The computation of optical flow. *ACM Computing Surveys*, 433-467, 1995.

12) Uras, S., Girosi, F., Verri, A. and Torre, V. : A computation approach to motion perception. *Biological Cybernetics*, **60**, 79-87, 1988.

13) Mae, Y., Shirai, Y., Miura, J. and Kuno, Y. : Object tracking in cluttered background based on optical flow and edges. *Proceeding of 13th International Conference on Pattern Recognition*, **1**, 196-200, 1996.

13. 計測データの表現手法

13.1 空間幾何の基礎

計測データは，点，直線，多角形として扱われることがほとんどである．したがって，データのモデリングや解析には空間幾何の基礎が必要となる．本節では，計測データを扱う上で必要かつ最小限の空間幾何について解説する．

13.1.1 空間における点と線分の表現
1) 点の表現

空間の中で位置を表現するには，座標を用いるのが一般的である．2次元平面(XY直交座標)におけるある点Pの位置は，たとえば$P(x_p, y_p)$と表すことができる．これを3次元空間(XYZ直交座標)に拡張することも簡単で，$P(x_p, y_p, z_p)$となる．

2) 点間の距離

たとえば点$P(x_p, y_p)$と点$Q(x_q, y_q)$との距離Bは，以下の式で計算できる．

$$B = \sqrt{(x_p - x_q)^2 + (y_p - y_q)^2}$$

これは，単にピタゴラスの定理から導けるものである．

3次元空間に拡張するのも，単にZに関する項を加えるのみである．

$$B = \sqrt{(x_p - x_q)^2 + (y_p - y_q)^2 + (z_p - z_q)^2}$$

3) 直線の表現

2次元平面(XY平面)において，直線は以下の式で表すのが一般的である．

$$y = mx + c$$

なお，mは傾き，cは切片を表す．

この式は，方程式型と呼ばれており，なじみ深い．mはx軸とのなす角度の正接$\tan\alpha$と等しい．しかし，この方程式型での表現は，mの値によってxの増分に対するyの値が変わってくることが問題となる．たとえば，直線上のある点を探索する場合，mが非常に大きい値のときは，xを少し動かすだけでyは非常に大きく変化してしまう．これを解消するためには，媒介変数（パラメータ）を用いて表現することが好ましい．媒介変数tを用いてパラメータ型で直線を表すと，以下の式となる．

$$\begin{cases} x = x_0 + ft \\ y = y_0 + gt \end{cases}$$

(x_0, y_0)は直線上のある点の座標を表し，ベクトル(f, g)を方向とする直線を意味する．x軸方向，y軸方向ごとに独立した式で表現している．なお，fはx軸と直線との傾きの余弦$\cos\alpha$，gはy軸と直線との傾きの余弦$\cos\beta$とも一致する．

4) 線分の表現 (図13.1.1)

特に線分を表すとき，始点が(x_0, y_0)，終点が(x_1, y_1)と与えられた場合は，$f = x_1 - x_0$，$g = y_1 - y_0$と計算すれば，直線の式を求めることができる．

$$\begin{cases} x = x_0 + (x_1 - x_0)t \\ y = y_0 + (y_1 - y_0)t \end{cases}$$

ここで，$t = 0 \sim 1$の範囲が線分の内部となる．つまり，tは直線の長さを示していることになる．

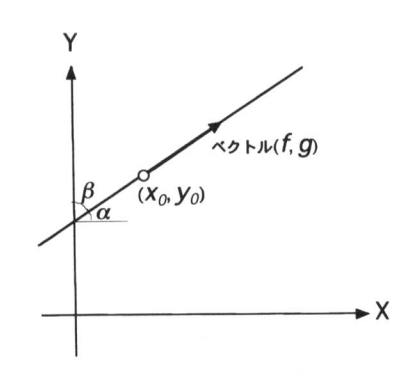

図13.1.1 線分の表現

t を実長さの単位で表したい場合には，t の距離を正規化する必要があり，線分の長さを表す $\sqrt{f^2+g^2}$ により f, g を割ればよい．

$$\begin{cases} x = x_0 + (x_1-x_0)/\sqrt{(x_1-x_0)^2+(y_1-y_0)^2} \times t \\ y = y_0 + (y_1-y_0)/\sqrt{(x_1-x_0)^2+(y_1-y_0)^2} \times t \end{cases}$$

5） 3次元空間での直線の表現

点 (x_0, y_0, z_0) を通り，ベクトル (f, g, h) で向きが表されている空間での直線は，方程式型で表現すると以下の式となる．

$$(x-x_0)/f = (y-y_0)/g = (z-z_0)/h$$

パラメータ型の場合，単に z 軸に関する式を挿入するだけでよく，以下の式となる．

$$\begin{cases} x = x_0 + ft \\ y = y_0 + gt \\ z = z_0 + ht \end{cases}$$

同様に (x_0, y_0, z_0) は直線上のある点の座標を表し，f は x 軸と直線との傾きの余弦，g は y 軸と直線との傾きの余弦，h は z 軸と直線との傾きの余弦を表す．

このようにパラメータ型であれば，次元を拡張することも簡単であり，線分を表現することも簡単である．コンピュータで扱う図形などの情報は，方程式や関数での表現よりパラメータ型で表現している例の方が非常に多い．ここでパラメータ型について修得しておくべきである．

6） 地理情報システムにおける線の表現（図 13.1.2）

地理情報システム（GIS）において，道路や河川の中心線は，線分の集合（折れ線）として表現される．線分の端点をノード（node）といい，ノードを結ぶ直線をアーク（arc）という．したがって，地理情報のデータとしては，ノードとアークの情報をもたせる構造でなければならない．

13.1.2 点と線分との関係

1） 線分の分点（図 13.1.3）

点 A (x_a, y_a, z_a) と点 B (x_b, y_b, z_b) を $m : n$ に内分する点の座標を求める．

点 A を出発点とする直線の式は，以下のとおりである．

$$\begin{cases} x = x_a + (x_b-x_a)t \\ y = y_a + (y_b-y_a)t \\ x = z_a + (z_b-z_a)t \end{cases}$$

$t = m/(m+m)$ のときの座標が $m : n$ に内分する点となる．したがって，次式を得る．

$$\begin{cases} x = x_a + (x_b-x_a) \times m/(m+m) = (nx_a+mx_b)/(m+n) \\ y = y_a + (y_b-y_a)t \times \{m/(m+m)\} = (ny_a+my_b)/(m+n) \\ z = z_a + (z_b-z_a)t \times \{m/(m+m)\} = (nz_a+mz_b)/(m+n) \end{cases}$$

2） 点と直線との距離

直線 $x = x_a + ft$, $y = y_a + gt$, $z = z_a + ht$ と点 B (x_b, y_b, z_b) との最短距離を求める．

最短距離は，点 B から直線へ下ろした垂線の長さと等しい．そこで，まず点 B から直線上の点へのベクトルを求める．

$$((x_a+ft)-x_b, (y_a+gt)-y_b, (z_a+ht)-z_b)$$

このベクトルと直線の方向ベクトル (f, g, h) は直交するので，これらのベクトルの内積は 0 となる．したがって，それを満たす t を求めればよい．

$$f((x_a+ft)-x_b) + g((y_a+gt)-y_b) + h((z_a+ht)-z_b) = 0$$
$$(f^2+g^2+h^2)t = f(x_b-x_a) + g(y_b-y_a) + h(z_b-z_a)$$
$$t = \{f(x_b-x_a) + g(y_b-y_a) + h(z_b-z_a)\}/(f^2+g^2+h^2)$$

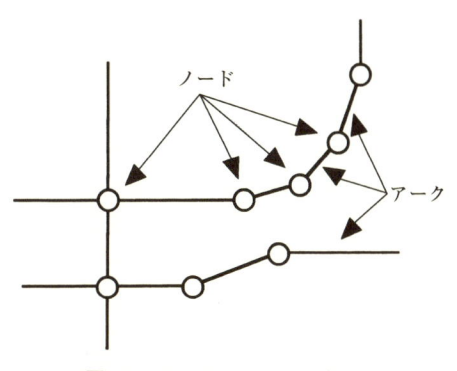

図 13.1.2 GIS における線の表現

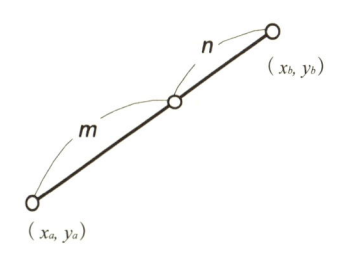

図 13.1.3 線分の分点

この t の値を直線の式に代入し，得られる座標が点 B から直線へ下ろした垂線の足の座標となる．

13.1.3　2次曲線の表現
1)　円の表現（図 13.1.4）

2次元平面(XY平面)において，原点を中心とし，半径を r とする円を方程式型で表すと，以下の式となる．

$$x^2 + y^2 = r^2$$

この円をパラメータ型で表すと，以下の式となる．

$$\begin{cases} x = r\cos\theta \\ y = r\sin\theta \end{cases}$$

ここで，θ は x 軸からの左まわりの角度を表している．

2)　楕円の表現（図 13.1.5）

2次元平面(XY平面)において，原点を中心とし，長半径を a，短半径を b とする楕円を方程式型で表すと，以下の式となる．

$$(x^2/a^2) + (y^2/b^2) = 1$$

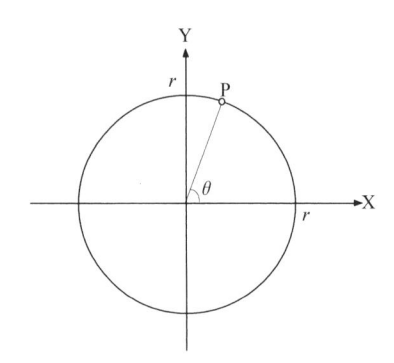

図 13.1.4　円の表現

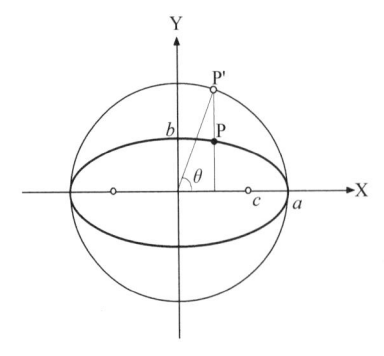

図 13.1.5　楕円の表現

この楕円をパラメータ型で表すと，以下の式となる．

$$\begin{cases} x = a\cos\theta \\ y = b\sin\theta \end{cases}$$

ここで，θ は x 軸からの左まわりの角度を表しているが，楕円上の点 P と原点とを結ぶ線分との角度ではなく，半径 a の円上の点 P の X 軸座標における点 P' と原点とを結ぶ線分との角度である．

点 P と原点とを結ぶ線分との角度 ϕ は，以下の式で表すことができる．

$$\tan\phi = (b/a)\tan\theta$$

つまり楕円は，円が b/a の大きさに y 軸方向につぶれたものといえる．そのつぶれ具合を離心率 e で表すことができ，以下の式で与えられる．

$$e^2 = (a^2 - b^2)/a^2$$

この離心率は，0 に近いほど円に近くなり，1 に近いほど細長くなる．そして楕円には焦点 c が存在し，その x 軸座標は，以下の式で与えられる．

$$c = ae = a\sqrt{a^2 - b^2}$$

3)　放物線の表現

2次元平面(XY平面)において，放物線を方程式型で表すと以下の式となる．

$$y^2 = 4px$$

なお，放物線は焦点をもち，その座標は $(p, 0)$ である．

この放物線を t を媒介変数とするパラメータ型で表すと，以下の式となる．

$$\begin{cases} x = pt^2 \\ y = 2pt \end{cases}$$

4)　クロソイド曲線の表現（図 13.1.6）

クロソイド曲線は，直線と曲線をつなげるための緩和曲線の一つである．直線の端点 A と半径 R の曲線の端点 B をスムーズに結ぶ曲線を考える．

B においては半径 R であるが，A に近づくにつれてその半径 r は大きくなり，A においては半径が無限大となる曲線である必要がある．この曲線上の点 P において，AP 間の距離 l と，r の関係は，反比例である．つまり，反比例の比例定数を A^2 としたとき，以下の式で表すことができる．

$$rl = A^2 = RL$$

このような曲線がクロソイド曲線と呼ばれてい

13.1 空間幾何の基礎

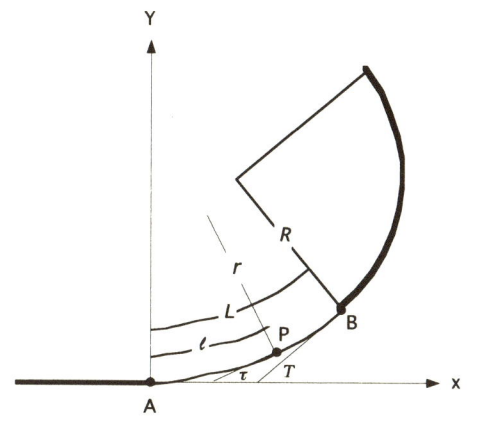

図 13.1.6 クロソイド曲線の表現

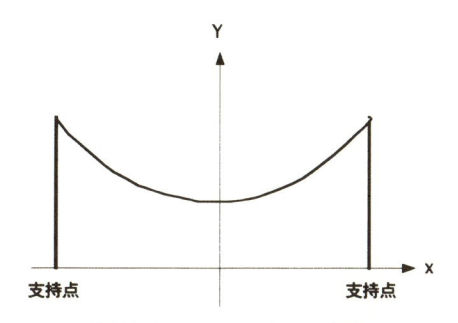

図 13.1.7 カテナリーの表現

る．このサイクロイド曲線は，接線の傾き τ をパラメータとする級数により以下の式で表現できる．

$$x = A\sqrt{2\tau}(1-(\tau^2/10)+(\tau^4/216)$$
$$-(\tau^6/9360)+\cdots)$$
$$y = A\sqrt{2\tau}((\tau/3)-(\tau^3/42)+(\tau^5/1320)$$
$$-(\tau^7/75600)+\cdots)$$

5） カテナリーの表現（図 13.1.7）

カテナリーは，懸垂線ともいい，吊橋のワイヤや送電線のたるみ（弛度）に関する曲線のことである．線の質量と水平方向の張力に依存し，以下の式で表すことができる．

$$y = a(\cosh x/a)$$

ここで，線の質量を m，水平方向の張力を T とすると，$a = T/m$ となる．

13.1.4 空間における2次曲線の表現
1） 座標の回転

3次元空間 (x, y, z) において，ある点の座標

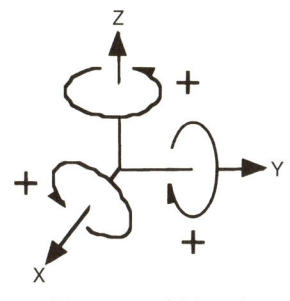

図 13.1.8 座標の回転

A (x_a, y_a, z_a) が，角度 θ の座標の回転によって点 B (x_b, y_b, z_b) に変換される場合を考える．このとき，回転行列を用いれば，以下の式によって計算できる．なおこのときの座標系は，右手系であり，回転角の符号は，図 13.1.8 のように右ねじの方向を正とする．

x 軸まわりの回転：

$$\begin{pmatrix} x_b \\ y_b \\ z_b \end{pmatrix} = \begin{pmatrix} 1 & 0 & 0 \\ 0 & \cos\theta & -\sin\theta \\ 0 & \sin\theta & \cos\theta \end{pmatrix} \begin{pmatrix} x_a \\ y_a \\ z_a \end{pmatrix}$$

y 軸まわりの回転：

$$\begin{pmatrix} x_b \\ y_b \\ z_b \end{pmatrix} = \begin{pmatrix} \cos\theta & 0 & \sin\theta \\ 0 & 1 & 0 \\ -\sin\theta & 0 & \cos\theta \end{pmatrix} \begin{pmatrix} x_a \\ y_a \\ z_a \end{pmatrix}$$

z 軸まわりの回転：

$$\begin{pmatrix} x_b \\ y_b \\ z_b \end{pmatrix} = \begin{pmatrix} \cos\theta & -\sin\theta & 0 \\ \sin\theta & \cos\theta & 0 \\ 0 & 0 & 1 \end{pmatrix} \begin{pmatrix} x_a \\ y_a \\ z_a \end{pmatrix}$$

2） 空間における円の表現（図 13.1.9）

空間において，円を表現する場合は，xy平面に対して，円がどの程度傾いているか（i），z軸まわりにどの程度回転しているか（Ω）がわかれば，空間における座標の回転を用いて表現することができる．

たとえば，xy平面上の円において，x軸から角度 θ の点は，まずx軸まわりに角度 i だけ回転させ，その後z軸まわりに角度 Ω だけ回転させることにより，空間上の円の位置を表現できる．変換式を以下に示す．

$$\begin{pmatrix} X \\ Y \\ Z \end{pmatrix} = \begin{pmatrix} \cos\Omega & -\sin\Omega & 0 \\ \sin\Omega & \cos\Omega & 0 \\ 0 & 0 & 1 \end{pmatrix} \begin{pmatrix} 1 & 0 & 0 \\ 0 & \cos i & -\sin i \\ 0 & \sin i & \cos i \end{pmatrix} \begin{pmatrix} r\cos\theta \\ r\sin\theta \\ 0 \end{pmatrix}$$

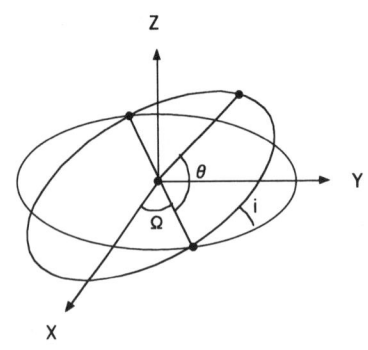

図 13.1.9　空間における円の表現

3) 空間における楕円, 放物線の表現 (図 13.1.10)

空間において, 楕円や放物線を表現する場合は, 軸がどの程度回転しているか(ω), xy 平面に対して, 曲線の平面がどの程度傾いているか(i), z 軸まわりにどの程度回転しているか(Ω)がわかれば, 空間における座標の回転を用いて表現することができる.

たとえば, xy 平面上の楕円において, x 軸から角度 θ の点$(x, y, 0)$は, まず z 軸まわりに角度 ω だけ回転させ, そして x 軸まわりに角度 i だけ回転させ, その後 z 軸まわりに角度 Ω だけ回転させることにより, 空間上の円の位置を表現できる. 変換式を以下に示す.

$$\begin{pmatrix} X \\ Y \\ Z \end{pmatrix} = \begin{pmatrix} \cos\Omega & -\sin\Omega & 0 \\ \sin\Omega & \cos\Omega & 0 \\ 0 & 0 & 1 \end{pmatrix} \begin{pmatrix} 1 & 0 & 0 \\ 0 & \cos i & -\sin i \\ 0 & \sin i & \cos i \end{pmatrix}$$
$$\times \begin{pmatrix} \cos\omega & -\sin\omega & 0 \\ \sin\omega & \cos\omega & 0 \\ 0 & 0 & 1 \end{pmatrix} \begin{pmatrix} x \\ y \\ 0 \end{pmatrix}$$

13.1.5　空間における平面の表現

1) 平面の表現 (図 13.1.11)

空間平面は, 方程式型で表すと以下の式となる.
$$ax + by + cz = 1$$
つまり 3 点が決まれば, 連立 1 次方程式により係数 a, b, c を求めることができる. なお, (a, b, c) は法線ベクトルと呼ばれ, 平面に垂直なベクトルを表す. また, $1/a$ は x 軸と平面との交点, $1/b$ は y 軸と平面との交点, $1/c$ は z 軸と平面との交

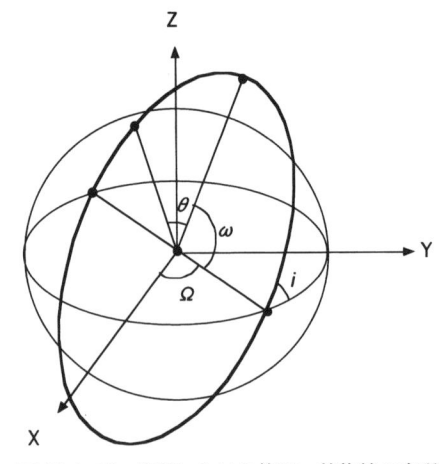

図 13.1.10　空間における楕円, 放物線の表現

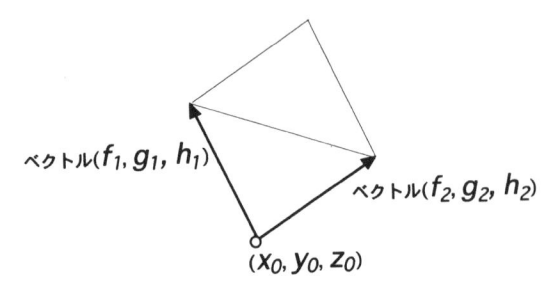

図 13.1.11　面の表現

点の値を表す.

空間平面を媒介変数 s, t によりパラメータ型で表すと, 以下の式となる.
$$\begin{cases} x = x_0 + f_1 s + f_2 t \\ y = y_0 + g_1 s + g_2 t \\ z = z_0 + h_1 s + h_2 t \end{cases}$$

なお平面は, 平面上の 2 つの異なるベクトルよりパラメータ型で定義できる. つまり, (x_0, y_0, z_0) は平面上のある点の座標を表し, (f_1, g_1, h_1), (f_2, g_2, h_2) は平面上の 2 つのベクトルを表す. したがって, 三角形平面や平行四辺形平面を表現するのに適している. つまり, $s + t \leq 1$, $0 \leq s \leq 1$, $0 \leq t \leq 1$ の範囲においては 2 つのベクトルで構成される三角形の内部を表し, $0 \leq s \leq 1, 0 \leq t \leq 1$ の範囲においては 2 つのベクトルで構成される平行四辺形の内部を表している.

パラメータ型の平面の式より法線ベクトルを求めるには, 2 つの方向ベクトルと直交するベクトルを求めればよい. すなわち内積を利用すれば,

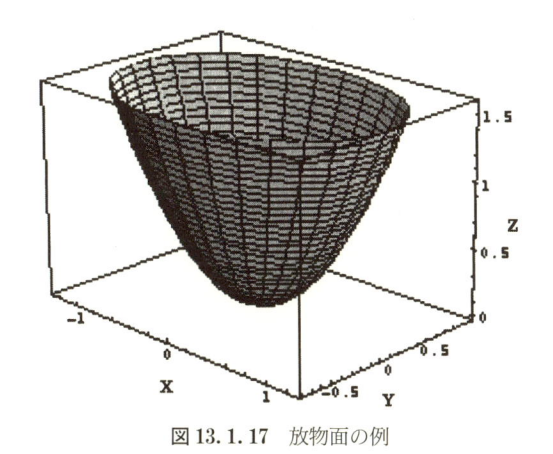

図 13.1.17　放物面の例

同様に，θ は xy 平面における x 軸からの角度を表す．

5）　放物面

放物面は，方程式型で表すと，以下の式となる．
$$(x/a)^2+(y/b)^2-z=0$$
ここで，a, $b>0$．なお a, b は底面の楕円における x 軸，y 軸との交点を表す．図 13.1.17 は，$a=1$，$b=0.7$，$c=0.5$ のときの放物面の例である．

媒介変数 θ, t を用いてパラメータ型で表すと，以下の式となる．
$$x=a\sqrt{t}\cos\theta$$
$$y=b\sqrt{t}\sin\theta$$
$$z=t$$
同様に，θ は xy 平面における x 軸からの角度を表す．　　　　　　　　　　〔髙木方隆〕

13.2　地図投影法

13.2.1　概　　要

地球の表面を縮小して平面に描いたものが地図である．地図を完全なものにするには，次の条件を満たしていなければならない．

① 実際の距離が地図に相似に表される：正距，正距離．
② 実際の面積が地図に相似に表される：正積．
③ 地表での方位が地図に正しく表される：正方位．
④ 地表での角度が地図に正しく表される：正角，正形．

しかし，この 4 つの条件を同時に満たすことは不可能である．地図は球面である地表面を平面に表すため，位置関係，距離，面積，形，角度が変化し，平面に正しく表すことはできないからである．これを地図の歪みという．この歪みを一定の秩序に抑えるため，地図はいろいろな地図投影法（projection）に従って描かれる．地図投影法は，それぞれの目的に応じて 1 つか 2 つの条件を満たしている．

地図投影法は図法ともいう．地球の表面（経線，緯線）の平面への投影の方法によって多くの種類があり，目的に応じた特徴のものが使われることになる．たとえば，正距方位図法や正距円錐図法（正距図法）は大陸図や中緯度地方図などに，モルワイデ図法（正積図法）は世界全図などに，メルカトル図法や平射図法（正角図法）は海図や航空図，極地方図などに用いられる．

地図投影法は数多いが，ここでは特徴による分類，大縮尺の空間情報における地図投影法の特徴について解説する．

13.2.2　投影面による分類

投影面によって，以下のように分類することができる．

① 平面図法：　地球上の 1 点に接する平面に経緯線を投影する．投影する視点の位置から正射図法，平射図法，心射図法に分けられる．方位図法ともいう．

② 方位図法：　地球上の 1 点に接する平面に経緯線を投影する．心射図法，平射図法，正射図法，正距方位図法，ランベルト正積方位図法など．

③ 円筒図法：　地球面に接するかわずかに食い込む形で円筒をかぶせ，経緯線を投影し，これを切り開いて平面とする．メルカトル図法，ミラー図法（図 13.2.1），正距円筒図法，正角円筒図法など．

④ 円錐図法：　地球面に接するかわずかに食い込む形で円錐をかぶせ，経緯線を投影し，これを切り開いて平面とする．正角円錐図法，正距円錐図法，正積円錐図法．

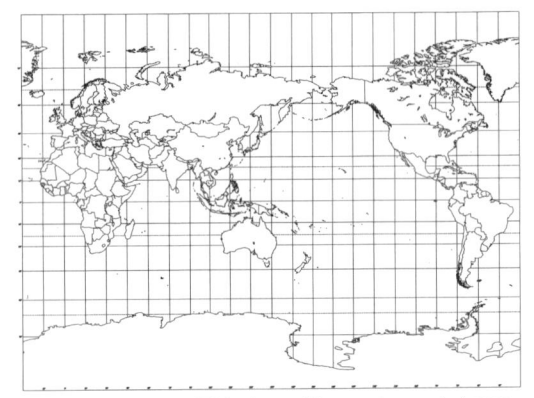

図 13.2.1　ミラー図法 (http://www.dex.ne.jp/, 5000 より)

⑤便宜図法：　平面，円筒，円錐の各図を基本とし，これらに種々の変更を加えたもの．サクソン図法，モルワイデ図法，グード(ホモサイン)図法，ハンメル図法，ヴィンケル図法，ノルジク図法，多円錐図法，多面体図法など．

13.2.3　視点による分類

投影する視点の位置によって，以下のように分類することができる（図 13.2.2）．

①心射図法：　地球の中心に視点を置く．
②平射図法：　ステレオ図法ともいう．反対側の地球上の1点に視点を置く．
③外射図法：　地球表面の外側に視点を置く．
④正射図法：　直射図法ともいう．無限遠に視点を置く．

13.2.4　地図の性質による分類

地図の性質によって，以下のように分類することができる．

①正積図法：　地球上の面積を地図上に正しく表現する方法．サクソン図法，モルワイデ図法，グード（ホモサイン）図法（図 13.2.3(a)），エケルト図法，ハンメル図法，ランベルト正積方位図法など．

②正角図法：　地球上の角度の関係を地図上に正しく表現する方法．メルカトル図法，ランベルト正角円錐図法，平射図法など．

③方位図法：　地球上の1点に接する平面に経緯線を投影する．図の中心（接点）からみた方位が正しく表現される．しかし，地球は球体のため，すべての地点からの方位を正しく表現するのは不可能．そこで地図の中心と任意の地点を結んだ直線が地球上の2点間の最短コースを示す．心射図法，平射図法，正射図法，正距方位図法（図 13.2.3(b)），ランベルト正積方位図法など．

④その他：　ミラー図法，多円錐図法，ヴィンケル図法．

13.2.5　空間情報と投影法

現在普及が進んでいる地理情報システム（GIS）では，複数の空間情報を重ね合わせた上で利用している．その際，地図投影法や楕円体が同じでない場合，誤差が発生する．投影法は投影の仕方を定義するのみであり，もともと球面ではない地球をどのような曲面をもつ楕円体とするかによっても誤差が生じるためである．たとえば，オルソ処理された航空写真，別のシステムからのデータやシステム構築前から存在している主題情報による位置的な不一致により誤差が発生する．

よく使われる投影法として，ユニバーサル横メルカトル図法（UTM：universal transverse mercator system：図 13.2.4）があげられる．メルカ

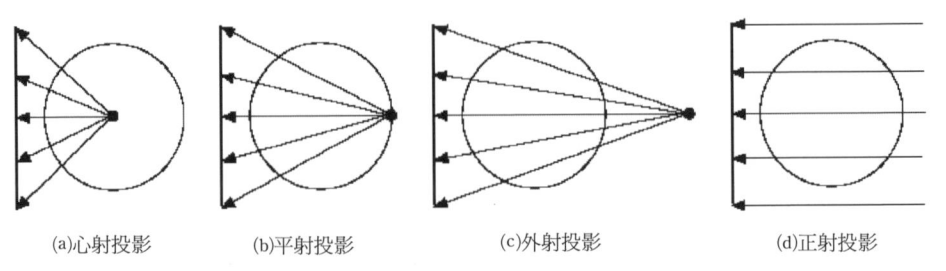

(a)心射投影　　(b)平射投影　　(c)外射投影　　(d)正射投影

図 13.2.2　投影面による分類（高知工科大学高木研究室ホームページ http://www.infra.kochi-tech.ac.jp/takagi/ より）

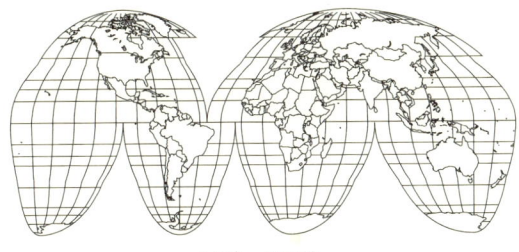

みたゾーン内での歪みは6/10000以下である．

国内では平面直角座標系が使われることが多い．大縮尺の空間情報を扱うための日本独自の地図投影法で，UTMと比べ小さいゾーンとなっているために歪みが少なく，より大規模の縮尺に利用されている．現在19のゾーンがあるが，経度6°ごとに区切るUTMと比べ，1.6°とより細かい．適用エリアは国土交通省により定められている．日本を19の地域に分けるため，19座標系とも呼ばれる．関東地方は第9座標系となる．

〔三瓶 司〕

文 献

1) 野村正七：指導のための地図の理解，中教出版，第4刷，1980．

13.3 2次元表示

13.3.1 2次元データモデル

本節では3次元データのモデルについて解説する．データモデルの形式は大きくラスタ型とベクタ型に分類することができる．図13.3.1に各データモデルそれぞれの概念図を示す．ラスタ型のデータは，格子状に対象領域を区切り，その格子点ごとにデータが納められている形式である．CCDなどを用いたセンサの場合は，通常ラスタデータを出力する．位置情報は直接データ内に表現されていないが，格子点の座標から投影面での位置座標を導くことができる．一方，ベクタ型は，位置情報と属性情報（点か線か多角形か，線の太さはどうかなど，データに付随する情報）のデータが納められている．測量機器で取得されるデータは，これに類する．

位置情報の精度は，ラスタ型の場合，格子点間隔を細かくすることで高精度化が可能であるが，高精度化に伴ってデータ量が膨大なものとなる．したがって，対象領域が広く非常に高い精度が要求されるデータのモデルとしては適さない．これに対してベクタ型は，位置座標を直接記述することができるため，簡単に高精度のデータを構築することが可能である．一方，データのハンドリン

(a)グード図法

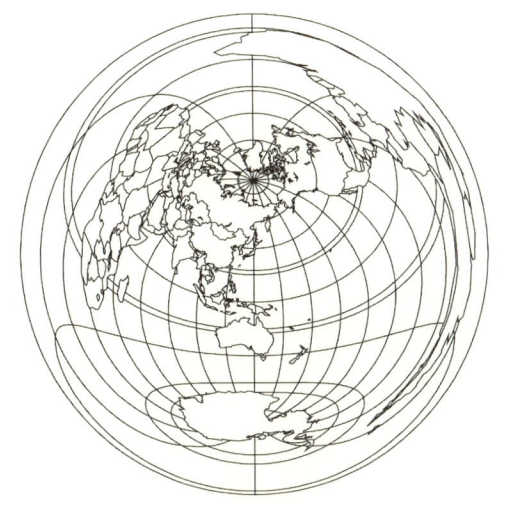

(b)正距方位図法

図13.2.3 グード図法と正距方位図法（いずれもhttp://www.dex.ne.jp/,1000 より）

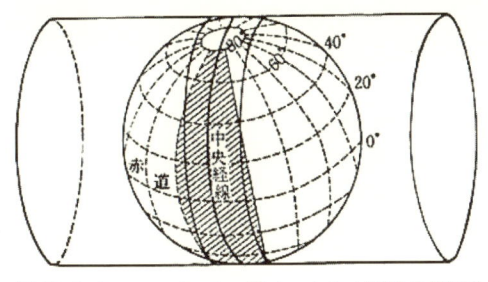

図13.2.4 ユニバーサル横メルカトル図法の投影[1]

トル図法で縦になっている投影面が横になっている図法である．大縮尺の地図を作成するための規則が定義されており，世界で広く使われている．地球を経度6°ごと60のゾーンに分け，それぞれ第1帯などと呼ばれる．日本は第51～第56帯のゾーンに含まれる．座標値はメートル単位となっている．それぞれのゾーンを基点に投影しており，赤道に近くなるほど歪みが少ない．縮尺係数から

(a)ラスタ型

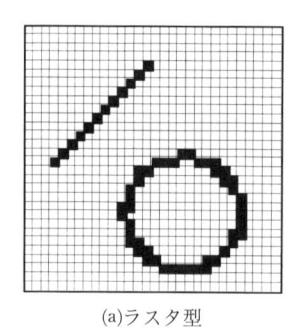

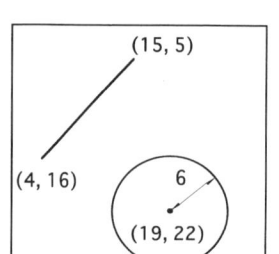

(b)ベクタ型

図 13.3.1 ラスタ型とベクタ型の違い

グに関しては、ラスタ型の方が有利である。位置座標が固定化されているため構造が単純で、ある空間におけるデータを時系列処理するときなど、変化の状況を把握するには都合のよいデータ型といえる。

13.3.2 2次元データの投影

測量などにより得られた2次元データを投影する手法について解説する。1か所から対象物を測量したとすると、その測量結果はその地点でのローカルな座標系として計算される。このローカルな座標系のまま表示するのであれば、CADソフトやGISソフトなどを用いれば、簡単に表示できる。しかし、数か所から同じ対象物を測量した場合には、複数のローカルな座標系での位置情報となり、それらの座標系を統一する座標変換が必要である。また、1つのローカルな座標系だとしても、地図上に表示する場合は、地図の座標系に合わせる座標変換が必要となる(図 13.3.2)。ローカルの座標系と地図の座標系ともに平面直角座標で座標の単位も同じ場合、座標変換は回転と原点移動によって表現が可能なので、次式にて変換が可能である。

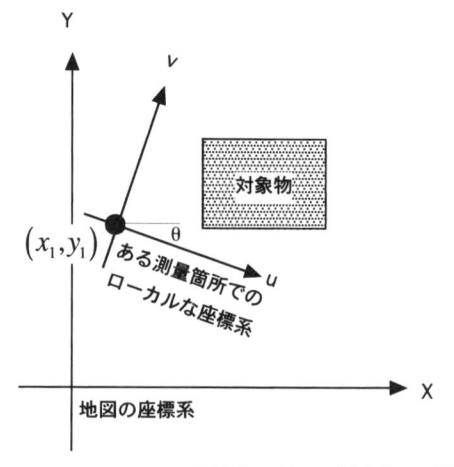

図 13.3.2 ローカルな座標系と地図の座標系との関係

$$\begin{pmatrix} X \\ Y \end{pmatrix} = \begin{pmatrix} \cos\theta & -\sin\theta \\ \sin\theta & \cos\theta \end{pmatrix} \begin{pmatrix} u \\ v \end{pmatrix} + \begin{pmatrix} x_1 \\ y_1 \end{pmatrix}$$

ここで、x, y：地図の座標、u, v：ローカルの座標、x_1, y_1：測量箇所の座標(地図の座標系)、θ：座標系の傾き。このとき θ は、符号に注意しなければならない。図 13.3.2 の状況の場合、負の値となる。

単位が異なったり、地図の座標系が平面直角座標でない場合には、他の座標変換が必要となる。ここではまず、座標変換の基本について解説する。変換前の位置座標を u, v、変換後の地図座標を x, y とするとき、主な座標変換は以下の式で表される。

① ヘルマート変換：
$u = ax + by + c$
$v = -bx + ay + d$

② アフィン変換：
$u = ax + by + c$
$v = dx + ey + f$

③ 疑似アフィン変換：
$u = a_1 xy + a_2 x + a_3 y + a_4$
$v = b_1 xy + b_2 x + b_3 y + b_4$

④ 2次元射影変換：
$u = (a_1 x + a_2 y + a_3)/(a_7 x + a_8 y + 1)$
$v = (a_4 x + a_5 y + a_6)/(a_7 x + a_8 y + 1)$

⑤ 3次元射影変換：
$u = (a_1 x + a_2 y + a_3 z + a_4)/$
$\qquad (a_9 x + a_{10} y + a_{11} z + 1)$

$$v = (a_5 x + a_6 y + a_7 z + a_8)/$$
$$(a_9 x + a_{10} y + a_{11} z + 1)$$

⑥ 高次多項式：
$$u = \sum_{i=1,j=1}^{n}\sum^{n} a_{ij} x^{i-1} y^{j-1}$$
$$v = \sum_{i=1,j=1}^{n}\sum^{n} b_{ij} x^{i-1} y^{j-1}$$

ここで，a，b，c，d は変換係数である．これら変換係数は，未知変量であるが，変換前の位置座標とそれに対応する地図座標をいくつか与えることによって決定できる．この対応する既知の座標を基準点と呼び，基準点の数は，1つの式に対して変換係数の個数以上必要である．高精度の位置合わせが必要な場合，これらの基準点は，対象範囲において遍在することなく選択する必要があり，最小2乗法を用いて統計的に処理するため，その数は未知変量の2～3倍程度といわれている．変換式が，線形の場合には単純に最小2乗法が計算できるが，非線形の場合は，近似値のまわりにおけるテイラー展開によって線形化し，逐次解を求めて変換係数を計算しなければならない．なお，最小2乗法によって変換係数が求まった際には，必ず誤差量を確認しておくべきである．誤差量が大きい場合には，基準点の情報を更新し，誤差量が十分小さくなるまで，トライアンドエラーを繰り返さねばならない．

複数の計測データを重ね合わせ，モザイクのごとくデータを表現する場合も，座標変換が完了すれば簡単にCADソフトやGISソフトにて表示ができる．

13.4　3次元表示

13.4.1　3次元データモデル
1）ラスタ型モデル

① グリッド：　グリッド型はラスタ型の典型的なモデルで，13.3.1項で述べたように格子状に対象領域を区切り，その格子点ごとにデータが納められているものである．これで3次元データを表現する場合，格子点におけるデータは標高値など高さを表現したデータとなる．このグリッド型の3次元データモデルで最も一般的なものに，数値標高モデル（digital elevation model）がある．国土地理院発行の数値地図（50 m メッシュ標高）は，格子点の間隔が50 mのグリッド型モデルの典型である．地形を表現するデータモデルとしてポピュラーなものである．このほかに地形を表現するデータモデルとして，TIN（triangulated irregular network）やサーフェスモデルがあるが，これはベクタ型のモデルであり後述する．

このグリッドモデルは，非常に単純な構造で扱いやすいモデルであるが，大きな欠点が存在する．たとえば，空中に浮いている物体あるいは，えぐれている崖などのオーバーハングしている物体は表現できない点である．2次元空間における値を高さで表現するようなモデルとして主に用いられる．

② ボクセル：　ボクセル型はグリッド型を拡張したモデルである．グリッド型は2次元平面を格子（微小正方形）で区切るのに対し，ボクセル型は3次元空間を微小立方体で区切るものである（図13.4.1）．ボクセルの名は，グリッド型データにおける各格子をピクセルと表現するのに対し，3次元空間における微小立方体"volume pixel"を表す．

このデータモデルは，データ量が膨大になるという欠点をもつ．特に空間分解能を高めると，その傾向は顕著になる．しかし，複雑な自然状態を表現するには最も適したモデルである．

2）ベクタ型モデル

① ワイヤフレーム：　3次元の対象物の輪郭を直線あるいは曲線によって表現したものである（図13.4.2）．つまり，骨組みだけで構成される．したがって，複雑な内部構造をもつものは表現できない．また，対象物は見かけ上透過してしまうため物体同士が交差したり接したりしているところを表現できない．データ数やデータ構造が単純なため，高速処理が要求されるものに対して適用されてきた．しかし，計算機の処理能力が飛躍的に向上した昨今では，ワイヤフレームモデルが用いられる例は急激に減少している．

② サーフェス：　3次元の対象物を多角形の

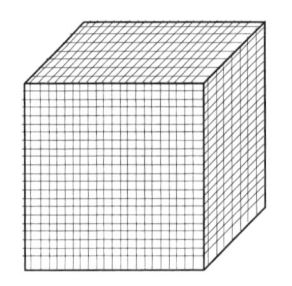

図 13.4.1 ボクセルモデル

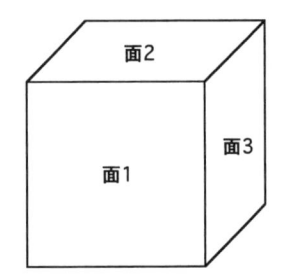

図 13.4.3 サーフェスモデル

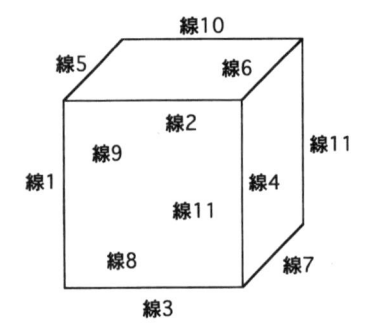

図 13.4.2 ワイヤフレームモデル

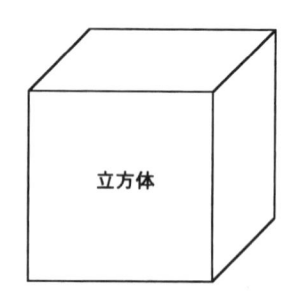

図 13.4.4 ソリッドモデル

面（局面も含む）によって表現したものである（図13.4.3）．対象物を構成する面ごとに色やテクスチャを与えることができるため，見かけ上透過せず，ワイヤフレームと比べるとリアルなものをつくることができる．対象物を分割する面の数を増やすことによってリアルさは増す．また，面ごとに光の状態を表現するシェーディングと呼ばれる技法を用いることができ，よりリアルな表現が可能である．

　このモデルの欠点は，拡大・縮小などの変形をこのモデルを使って行うとき，構成しているそれぞれの面を拡大・縮小するだけでは接点や接線に矛盾が生じ，問題となることである．しかし，物体の計測を目的とするわれわれの分野では，モデル自体を変形させることは少なく，変形するものを対象とする場合は変化ごとに再計測を行えば問題ない．

　③ソリッド：　3次元の対象物を立体形によって表現したものである（図13.4.4）．各立体形は数式で表現されるものに限られる．この立体形はプリミティブとも呼ばれ，球，円柱，円錐，立方体，1葉双曲面，2葉双曲面などがある．対象物をこのプリミティブだけで表現するため，ものによっては不自然なものとなることがある．ただし，プリミティブ自身は数式で表現されているため，拡大・縮小などの変形は容易である．

13.4.2 モデリング

　モデリングは，3次元対象物のデータを数字，文字，記号などで表現することである．いわゆる設計図にあたる．たとえば，三面図はその代表的なもので，CADなどでは計算機内で実現している．しかし，三面図では曲線を含むような物体の表現には向かない．このような場合には，多数枚の平面図で鉛直方向にスライスする方法で対応できる（図13.4.5）．

　対象物は，一般に直線，曲線，平面，曲面で表現される．つまり，式で表現される場合が多い．その表現方法は，すでに13.1節で述べた．曲線，曲面については，点同士を滑らかにつなぐスプライン補間や，滑らかにつなぐ際に制御点を用いるベジエ関数などを用いることが多い．これらの詳細については他の文献[3]に委ねたい．

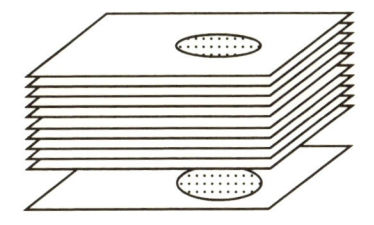

図 13.4.5 スライシングによるモデリング

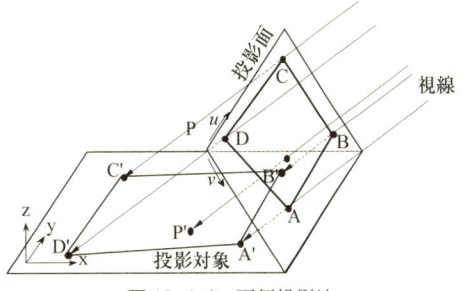

図 13.4.6 平行投影法

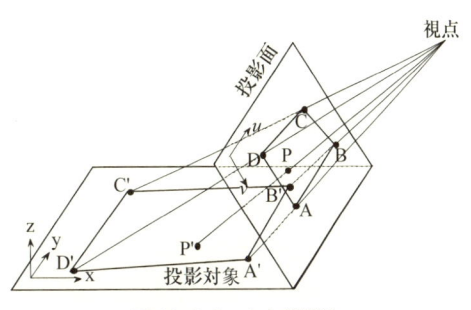

図 13.4.7 中心投影法

13.4.3 3次元データの投影

前項では，3次元データのモデルについて解説した．通常3次元データを表現するには，投影，隠面（線）処理，シェーディング，マッピングという過程を経る．この一連の過程は，レンダリングとも呼ばれている．したがって本項では，3次元データのレンダリングについて解説する．ところで，投影，隠面（線）処理，シェーディング，マッピングという独立した過程でなく，直接光線を追跡して一連の過程を投影面の画素ごとに一気に計算する光線追跡法（レイトレーシング法）による表示法が一般化してきた．またこれらの手法は，サーフェスモデルやソリッドモデルのデータに対する表示手法だが，近年ボクセルモデルによる表示法であるボリュームレンダリングも確立されつつある．したがって，それらの手法についても解説する．

3次元データは，2次元平面上に投影しなければディスプレイ上に表現することはできない．さまざまな投影法があるが，それらは大きく平行投影法と中心投影法の2種類に分類できる．

1) 平行投影法

平行投影法は，対象物と投影面とを結ぶ視線がそれぞれ平行線となり，視点と対象物との距離は無限大となっている（図13.4.6）．対象物の空間座標を xyz，投影面の平面座標を uv とするとき，対象物における任意の点 (x_p, y_p, z_p) が投影面 (u_p, v_p) に投影される投影式を以下に示す．

$$u_p = (x_0 - x_p)\sin\alpha - (y_0 - y_p)\cos\alpha$$
$$v_p = (x_0 - x_p)\cos\alpha \cdot \cos\beta$$
$$+ (y_0 - y_p)\sin\alpha \cdot \cos\beta - (z_0 - z_p)\sin\beta$$

なお，(x_0, y_0, z_0) は，投影面における原点の座標，$\alpha\beta$ は視線方向を示す（α：z軸まわりの回転角，β：y軸まわりの回転角）．

この投影法は，視点と対象物との距離が無限大であるため遠近感が表現できない．したがって，対象物に接近できないため迫力あるアニメーション作成には向かない．しかし，変換式が単純であるため，高速処理が要求される場合に適用されることがある．

2) 中心投影法

一方，中心投影法は対象物，投影面，視点が直線で結ばれるものである（図13.4.7）．先の平行投影法と同じく，対象物における任意の点を (x_p, y_p, z_p)，視点の座標を (x_0, y_0, z_0)，さらに視点を原点とし，視線方向を z 軸とする x'y'z'空間を定義したとき，次式が成り立つ．

$$\begin{pmatrix} x' \\ y' \\ z' \end{pmatrix} = \begin{pmatrix} 1 & 0 & 0 \\ 0 & \cos\beta & \sin\beta \\ 0 & -\sin\beta & \cos\beta \end{pmatrix} \begin{pmatrix} \cos\alpha & \sin\alpha & 0 \\ -\sin\alpha & \cos\alpha & 0 \\ 0 & 0 & 1 \end{pmatrix} \begin{pmatrix} x_p - x_0 \\ y_p - y_0 \\ z_p - z_0 \end{pmatrix}$$

そして，投影面での座標 (u_p, v_p) は，次式で表すことができる．

$$u_p = -fx'/z'$$
$$v_p = -fy'/z'$$

なお，f は視点と投影面との距離を示す（焦点距離）．

中心投影法は入力パラメータが多く，計算式も複雑になり，それに伴って処理時間も平行投影法に比べて長くなる．しかし，対象物に近づいたり，焦点距離を変化させて遠近感を強調したり，さまざまな表現が可能である．

13.5 レンダリング

13.5.1 隠面処理

投影変換は，対象物同士がどういう位置関係にあるかを考慮しない．したがって，変換後のデータを画像として表現するとき，しばしば後述するような問題が生じる．なお，ワイヤフレームモデルは，輪郭線だけで表現されているため，すべての輪郭線を一度に投影変換し表示しても問題とはならない．面をもたず，いかなる線も透視してみることができるからである．しかし，サーフェスモデルやソリッドモデルなど，面をもつものについては，単純に投影変換するだけでは，視点の位置によっては奥にあるはずの対象物が手前に表示されるという矛盾が生じることがある．これを避けるためには，対象物の奥行きを考慮する隠面処理を施さなければならない．

1) 奥行きソート法

最も簡単な隠面処理は，対象物毎に視点からの距離を計算し，遠いものから順に表示していくというものである．距離は，対象物の位置が既知，視点の位置は任意な点であるが既知であるため，単純に計算することができる．ところで，奥に位置する対象物は，手前の対象物によって上書きされていくため，最終的には矛盾のない表現が可能

である．この手法は，塗りつぶし法，奥行きソート法などと呼ばれ，古典的な手法である．みえる面かみえない面かの判定は必要なく，アルゴリズムが単純なため処理時間は非常に短くてすむ．一つ一つの対象物の大きさが均質なグリッドモデルの表現にこの手法は適している．しかし，ベクタ型のデータで1つの面が非常に大きなものを含むデータにこの手法を適用することは難しい．図13.5.1は2つの対象物の位置関係を示したものである．対象物4は対象物1に比べて大きく，対象物1よりも奥に位置するところと手前に位置するところとが混在している．また，対象物4が1つの対象物の場合には，どこの点をもって対象物と視点との距離とするかを定義することは非常に難しい．通常対象物の重心を用いることが多いが，これでも前後の判定は確実ではない．この場合，対象物を細かく分割するなどの処理で対応するほかなく，データによってはこの手法は適さない．

2) Zバッファ法

Zバッファ法は，上記奥行きソート法の欠点を補うことができる隠面処理法の一つである．奥行きソート法は対象物ごとに視点との距離を測るものであったが，Zバッファ法は投影される面の画素ごとに対象物までの距離を測るものである（図13.5.2）．対象物を描く順番は規定されず，どれからでも描くことができる．対象物を描くごとに，その対象物を構成するすべての画素に視点との距離を計算するが，このとき距離は対象物において対応画素にぶつかる点までの距離を計算する．そしてその距離が先にセットされている値よりも小さいときに初めて描画し，新たに距離はセットさ

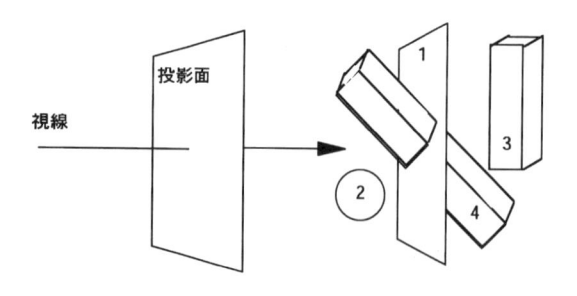

図13.5.1 奥行きソート法
対象物ごとに投影面との距離を算出する．

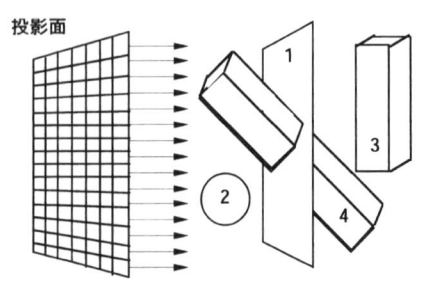

図13.5.2 Zバッファ法
投影面の画素ごとに最も近い対象物を抽出する．

れる．この手法であれば表示されたものに矛盾が生じることはない．投影画素分のメモリーを必要とし，計算処理数も増えるが，対象物をあらかじめ分割する必要がなくアルゴリズムが単純なため，計算機で行う処理としては理想的である．

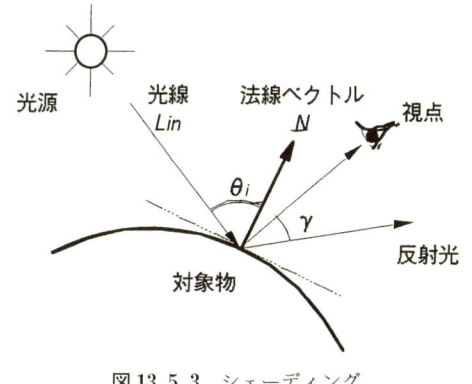

13.5.2 シェーディング

シェーディングとは，対象物に濃淡付けを施し，よりリアルに表現するものである．光源を設け，その光源の輝度と位置（方向），対象物の面の向きや材質，視点の位置が決まれば濃淡をシェーディングモデルより計算することができる．なお，光源による陰影付けとは異なるので注意していただきたい．

次式は最も一般的なシェーディングモデルである．

$$L = Ld + Lr + Lc$$

ここで，L：対象物の明るさ，Ld：光源の散乱輝度，Lr：光源の反射輝度，Lc：周囲の散乱輝度である．光源，視点，対象物の位置関係が図13.5.3に示すような場合，Ld，Lr，Lcはそれぞれ次式で表すことができる．

$$Ld = RdLin\cos\theta i$$

ここで，Rd：拡散反射係数（0～1）．

$$Lr = Lin\omega(\theta i)\cos n(\gamma)$$

ここで，n：光沢性（1～10），$\omega(\theta i)$：反射率，γ：反射光と視点との角度．

$$Lc = LaRd$$

ここで，La：周囲環境の強さ．

それぞれのパラメータは，対象物によって異なるため適宜変更しなければならない．

計算された輝度Lは，グレーで表現する場合，0～255の値に量子化し，対応する画素に割り当てる．一方，対象物がすでに色をもっている場合，その色をH（hue：色相），S（saturation：彩度），I（intensity：明度）で表現した後，Iにシェーディング計算によって得られた値で割り当てる．一般の計算機は色をRGBで表現しているので，RGB→HSI変換，HSI→RGB変換をしなければならない．

シェーディングの計算自体は，それほど難しいものではないが，同じ対象物でも計算の対象となる場所やその数によって表現力は異なる．以下に主なシェーディング手法について解説する．

1） コンスタントシェーディング

コンスタントシェーディングは最も簡単な手法で，対象物を構成する面ごとにシェーディングを施すものである．曲面は，微小多角形の面で構成される場合が多いが，それらの面は，小さければ小さいほどリアルなシェーディングが可能である．一方，面が大きい場合は，面と面が接する部分の角度が大きくなり，角張ったものになってしまう．このように，滑らかな物体を表現するには向かないが，高速処理を要するものに対しては有効である．

2） グローシェーディング（図13.5.4(a)）

これは，H. Gouraudが考案した，滑らかな物体に対するシェーディング手法である．まず，対象物を構成する面のすべての頂点についてシェーディング計算を行う．このとき頂点の方向ベクタに関して計算を行うが，このベクタは頂点を共有するすべての面の法線ベクタを求める．計算された頂点のシェーディング結果より，色情報（HSI）が計算される．対象面内部の各画素における値は，色情報の明度の内挿によって得られる．内挿は対象点のまわりの頂点の値より，距離による重み付け平均による．コンスタントシェーディングに比べてスムーズな結果を実現できる．

3） フォンシェーディング（図13.5.4(b)）

この手法は，Phong Bui-Tuongがグローシェーディングを拡張したものである．グローシェー

図13.5.3 シェーディング

(a) グローシェーディング

(b) フォンシェーディング

図 13.5.4 シェーディングの例[5]

ディングが頂点におけるシェーディング結果の色情報を内挿しているのに対して，フォンシェーディングは頂点の方向ベクトルを内挿し，それを使ってシェーディングを計算する手法である．計算ステップが増えるため処理時間は長くなるが，ハイライト部（輝きの集中する部分）を忠実に表現できるため，非常にリアルなシェーディングが可能である．

4) マッピング

マッピングは，3次元モデルの表面に色や模様を貼りつけることをさす．色をつけるのは簡単にできるが，模様を貼りつけるのはあらかじめ用意した模様の形と貼りつけられる面の形とが一致してない場合がほとんどなので，ある種の投影が必要とされる．代表的な投影法として，平行投影，極座標投影，円筒極座標投影などがある．

色や模様を貼りつけるだけでなく，凹凸の情報を貼りつけることもある．色や模様を貼りつけることをテクスチャマッピングというのに対して，凹凸の情報を貼りつけることをバンプマッピングという．細かな凹凸があるようなものに適用されるが，濃淡や陰影の計算が複雑になってしまう．

13.5.3 光線追跡法

光線追跡法はレイトレーシング法とも呼ばれ，視点から投影面，3次元対象物を直線でたどり，光源の位置および対象物表面での反射・散乱の状態を計算できる（図13.5.5）．また，視点と対象物との間に透過する物質が置かれていても，その屈折や透過率を考慮することもできる．さらに対象物までの距離も同時に求まることから，水蒸気を考慮した霞までシミュレートすることができる．このようにレイトレーシングは，投影，シェーディング，マッピングの過程を一度に処理でき，隠面処理をする必要がない．アルゴリズムも単純である．しかし，投影面の画素すべてに対して処理をしなければならず，計算機の能力は高いものが要求される．

対象物表面での反射・散乱は，先のシェーディングで述べたとおりである．一方，霞のシミュレートは，大気中の水蒸気量を設定し，水蒸気による光（電磁波）の吸収・散乱を考慮することによって，表現が可能である．一般に分子による散乱をレイリー散乱，エアロゾールによる散乱をミー散乱と呼んでいる．レイリー散乱において，1個の粒子における散乱光の強さは次式で表される．

$$((128\pi^5/3\lambda^4)\cdot\alpha^2\cdot I\cdot d\omega)\cdot 3/4(1+\cos^2\theta)(d\omega'/4\pi)$$

ここで，α：分極率，θ：散乱角，λ：波長，I：入射光の強さ，$d\omega$：立体角，$d\omega'$：散乱光束の立体角．この式は，波長の1/10以下の微粒子の場合に適用できる．この式より，散乱光の強さは，波長の4乗に反比例することがわかる．入射光の進行方向と散乱光の進行方向のなす角も，散乱光の強

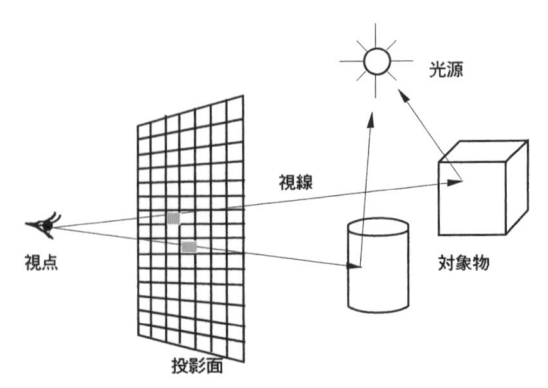

図 13.5.5 レイトレーシング

さに依存している．大気による吸収・散乱は，電磁波を減衰させることを意味し，消散と呼ばれる．特に消散の割合を消散係数という．大気の密度をρとすると，レイリー散乱による消散係数は次式となる．

$$K_\lambda = 8\pi^3(\gamma^2-1)^2/3\lambda^4 N\rho$$

ここで，N：単位体積あたりの微粒子の数，γ：大気の屈折率．この式は，粒子の大きさが波長よりも大きい場合，理論値と実測値にずれが生じてくる．粒子の形状を表す項が含まれていないからである．そこでミーは，消散係数に散乱断面積係数を導入した．

$$K_\lambda = \pi b^2 K(2\pi b/\lambda,\ \gamma)$$

ここで，b：粒子の半径，K：散乱断面積係数．このように2つの散乱特性を組み合わせてシミュレートすることができるのである．

なお，レイトレーシングは，順方向のレイトレーシングと逆方向のレイトレーシングの大きく2種類に分類することができる．順方向のレイトレーシングは，光源から追跡していく方法で，対象物の面による反射・散乱を計算することが容易にできる．そして逆方向のレイトレーシングは，視線から追跡していく方法で，対象物の幾何学的な位置を計算することができる．〔髙木方隆〕

文　献

1) 髙木幹雄，下田陽久監修：画像解析ハンドブック，東京大学出版会，1991．
2) 日本リモートセンシング研究会：図解リモートセンシング，日本測量協会，1992．
3) 川合　慧監訳：コンピュータグラフィックス，第2版，日刊工業新聞社，1993．
4) 中嶋正之：3次元CG，オーム社，1994．
5) 画像情報教育振興協会：コンピュータグラフィックス〈技術系CG標準テキストブック〉，1995．
6) 画像情報教育振興協会：Digital Image Design〈デザイン編CG標準テキストブック〉，1996．
7) 日本リモートセンシング研究会：リモートセンシング用語辞典，共立出版，1989．
8) 情報処理学会編：新版 情報処理ハンドブック，オーム社，1994．
9) Bouwyer, A., Woodwark, J.（外山みさ子訳）：プログラマのための幾何学入門，哲学出版，1985．

13.6　データフュージョン

複数のデータソースを組み合わせて新しいデータを作成することを，データフュージョンと呼ぶ．データフュージョンの考え方自体は非常に汎用性のあるものであるが，あるデータソースの短所を別のデータの長所で補うことが基本である．たとえば，2次元デジタル地図には標高情報が欠落しているが，ステレオ航空写真やレーザスキャナデータで得られた地表面モデルで標高を与えることができる．また，標高データの精度や密度において，レーザスキャナは最も優れていると考えられるが，地物境界を読み取ることが困難なことが多い．これは，航空写真を用いた図化や既存地図で補うことができる．

ここでは，データフュージョンの例として，パンシャープン画像作成と3次元デジタル地図生成への応用を紹介する．

13.6.1　パンシャープン画像作成

パンシャープン画像とは，高解像度のパンクロマティック画像を用いて低解像度のマルチスペクトル画像を高解像度化したものである．最もよく行われるのはパンクロ画像とRGBカラー画像を合成したパンシャープン画像である．一般にパンクロセンサの方がRGBセンサよりハードウェア的に高解像度のものを製作しやすいので，経済的な観点から航空測量用デジタルカメラや高分解能衛星では，パンシャープン画像によって高解像度カラー画像を得るように設計されている（9.1.4項参照）．

RGBカラー画像とパンクロ画像からパンシャープン画像を得る場合は，HSI変換の方法を用いることが多い．HSI変換とは，RGBの各原色の輝度で表された色情報を色相（H：hue），彩度（S：saturation），明度（I：intensity）の3つのパラメータで表す表色系へと変換することである．まず，RGB画像をHSI変換する．ここで画像の明度情報をパンクロ画像で置き換える．さらにHSI表色系からRGBに逆変換を施せば，パンシャープン

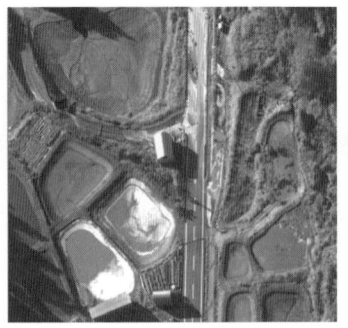

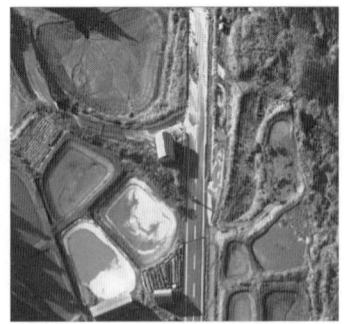

(a)原カラー画像　　　　　　　(b)パンクロ画像　　　　　　(c)パンシャープン画像

図 13.6.1　パンシャープン画像の生成（カラー口絵 15 参照）

画像を得ることができる．図 13.6.1 に，パンシャープン画像の生成例を示す．

なお，HSI 変換には六角錐モデル，双六角錐モデルなどが提案されている．前者は HSV 変換，後者は HSL 変換と呼ばれることもある．これらの詳細な変換・逆変換方法は，文献[1]に詳しい．

衛星などのマルチスペクトル画像のようにHSI 変換を行うことができない場合は，主成分分析法を用いる．これは，N チャンネルのマルチスペクトル画像を N 個の主成分に分解し，第 1 主成分をパンクロ画像で置き換えた後，主成分からマルチスペクトル画像に逆変換する．

パンシャープン画像を得る際に問題になるのは，パンクロ画像が必ずしも明度画像や第 1 主成分と相関していない場合である．たとえば，IKONOS 衛星などの高分解能衛星の場合，パンクロ画像には近赤外領域の波長帯情報も含まれるため，RGB 画像の明度を反映していない場合も多い．このようなことに対応するため，衛星画像処理ソフトでは独自のアルゴリズムを採用している場合も多い[2]．

13.6.2　データフュージョンによる3次元デジタル地図構築

既存の 2 次元デジタル地図，航空写真，レーザスキャナのデータを組み合わせて，3 次元デジタル地図データを効率よく生成するためのアプローチを紹介する．また，データフュージョンによって得られたデータの表現方法としてテクスチャ画像付き 3 次元モデルとトゥルーオルソフォトについて述べる（図 13.6.2）．

1）　レーザスキャナデータと 2 次元デジタル地図のフュージョン

都市部においては，2 次元デジタル地図を 3 次元化するために，航空機レーザデータを利用することがよく行われる．都市部において特に重要なのは，建物の 3 次元形状（実際には屋根位置の高さを求めること）である．建物は 2 次元地図内でもともと閉多角形で表現されているので，この建物多角形の中に存在しているレーザスキャナの 3 次元点を抽出し，標高の統計量（平均値，最大値，最頻値）を計算すれば，それを建物の屋根位置の標高として割り当てればよい．ただし，この方法では 1 つの多角形として与えられた建物の屋根の起伏や段差などは表現できないことに注意が必要である．

建物以外の地盤上の地物は，既存の DEM やレーザスキャナデータを利用して標高を割り当てる．この際，地盤上にある地物(建物，樹木など)がレーザスキャナデータに含まれているため，最低値フィルタリングなどによって地盤データのみを抽出しておく必要がある[3]．ただし，単純に道路縁に高さ付けを行うと，道路の左右で高さが同じにならないことが多い．これを避けるため，最初に道路中心線に標高を与え，中心線の標高を道路縁に割り当てるといった方法がとられる[4]．

2）　航空写真と 2 次元デジタル地図のフュージョン

航空写真でステレオ画像マッチングを行えば地表面上の 3 次元点群データを得ることができるの

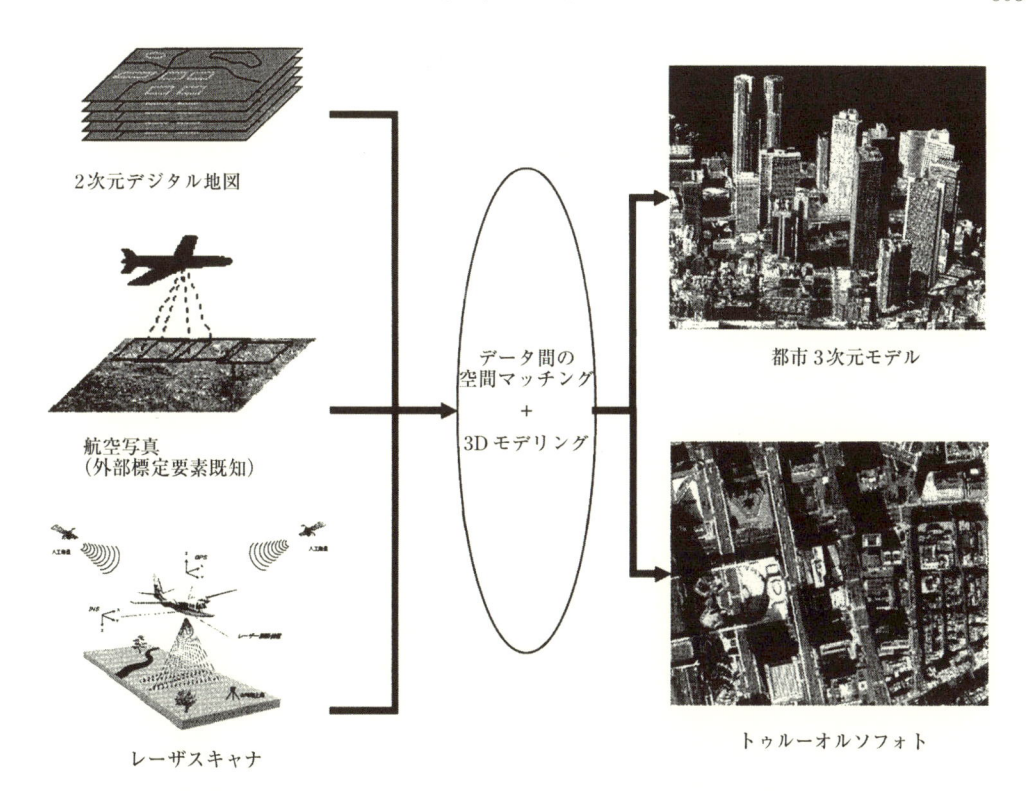

図 13.6.2　データフュージョンによる3次元デジタル地図生成概念図

で，1)で述べたのと同様に2次元地図を3次元化することができる．ただし，ステレオマッチングの精度は，オクルージョンの影響などでレーザスキャナに比べ劣ることに注意しなければならない．

地盤上の地物には既存の地形モデルの標高を適用し，地形モデルでは3次元化できない建物部分（実際には建物屋根部分）のみ航空写真を使って3次元化するという方法もある．この際，建物多角形の標高を変化させて，左右画像上の投影位置内部の画像が最も一致する標高を探索するという方法をとることも可能である（図13.6.3）[5]．

3） 航空機レーザと航空写真のフュージョン

航空写真のステレオマッチングによって得られる地表面モデルに比べ，レーザスキャナによる地表面モデルは標高精度が高いが，位置精度はデータの地上分解能が限界である．地上分解能を上げると，データ量が膨大になり，コスト的にも現実的ではない．また，計測対象が何であるかを判断するテクスチャを得ることはできない．そこで，

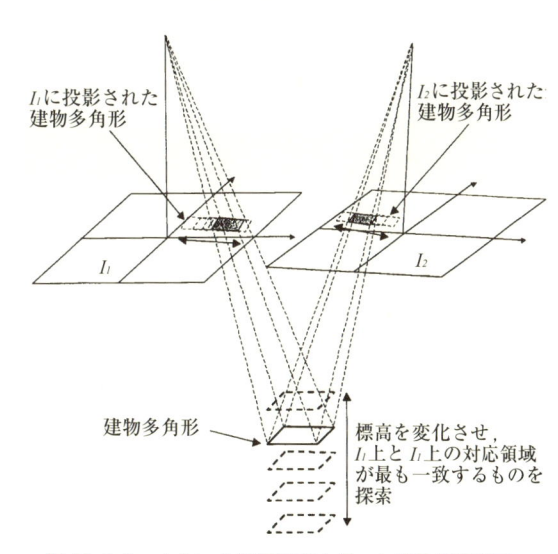

図 13.6.3　ステレオ航空写真を用いた建物標高探索

テクスチャ情報に富み，建物の境界をより精度良く計測できる航空写真画像とレーザスキャナデータをフュージョンして建物多角形を抽出するという研究が行われている．

織田らの提案する方法[6]では，まずレーザスキ

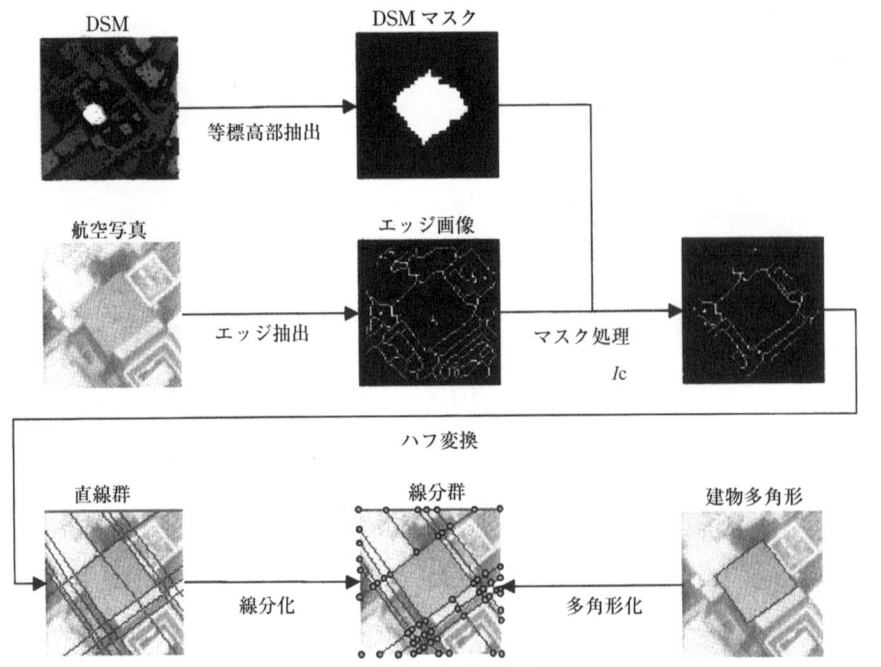

図13.6.4 建物多角形の抽出フロー

ャナデータ内にある平面部を取り出し（DSMマスク），この周辺境界のエッジ情報をハフ変換によって抽出する．これを線分化，多角形化して建物多角形を得る（図13.6.4）．

4) フュージョン結果の表現（テクスチャ画像付き3次元モデル）

都市3次元モデルを構成する面が航空写真のどの位置に写っているかは，各面の3次元的な位置と方向，および航空写真の位置と姿勢情報から自動的に計算できる．このことを利用して，3次元都市空間モデルに航空写真をテクスチャ画像として割り付けることが可能である．複数の写真に撮影されている面については，図13.6.5(a)に示すようにその面からみて撮影位置がなるべく正面に来る写真を，テクスチャ画像として選ぶ．テクスチャ画像付き3次元モデル生成例を同図(b)に示す[6]．

5) フュージョン結果の表現（トゥルーオルソフォト生成）

建物の3次元形状が厳密に与えられれば，航空写真内でどの部分が建物の陰になり，どの部分がみえているかを計算することができる．このよう

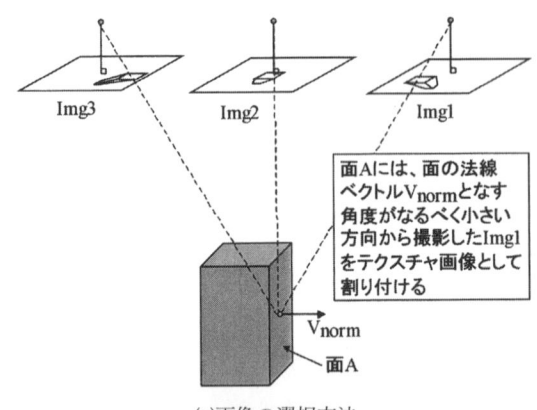

(a) 画像の選択方法

面Aには、面の法線ベクトルV_{norm}となす角度がなるべく小さい方向から撮影したImg1をテクスチャ画像として割り付ける

(b) 生成モデル例

図13.6.5 航空写真をテクスチャ画像としたCGモデル

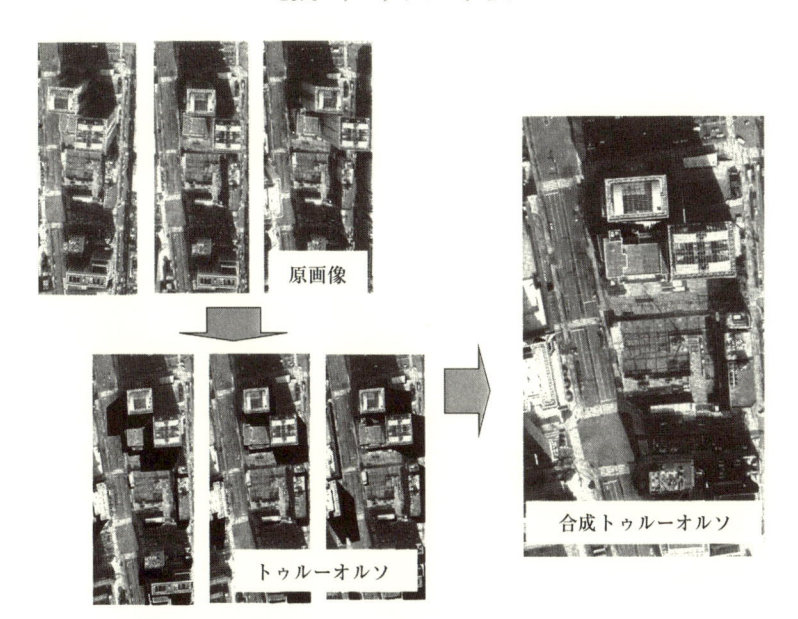

図 13.6.6 トゥルーオルソフォトの生成

な陰面処理も含め，建物部分が真位置に投影されるように作成されたオルソフォトを，トゥルーオルソフォトと呼ぶ(図13.6.6)．トゥルーオルソフォトでは建物壁面はオルソフォト上から除去され，建物の倒れ込みがない画像となる．トゥルーオルソフォトでは建物の影の部分が抜かれたままになってしまうが，別のトゥルーオルソフォトで影の部分を補い合うことも可能である（合成トゥルーオルソフォト）[7]．

〔織田和夫〕

文 献

1) 高木幹雄ほか編：画像解析ハンドブック，東京大学出版会，1991．
2) Zhang, Y. : A New Automatic Approach for Effectively Fusing Landsat 7 as well as IKONOS Images, IEEE/IGARSS, 2002.
3) 政春尋志ほか：レーザースキャナーデータのフィルタリング手法の比較検討．日本写真測量学会年次学術講演会論文集，pp.181-184，2001．
4) 汪 平涛ほか：航空機搭載型レーザレンジファインダーを用いた既往デジタル地図の3次元化．第11回機能図形情報シンポジウム講演論文集，pp.13-18，2000．
5) 公開特許 2002-63580：不定形窓を用いた画像間拡張イメージマッチング方法．
6) 織田和夫ほか：センサーフュージョンによる自動都市モデル生成．土木学会第27回土木情報システムシンポジウム講演集，pp.17-20，2002．
7) 織田和夫ほか：三角柱モデル法（TPMM）による空間の隠蔽解析とトゥルーオルソフォト生成．写真測量とリモートセンシング，43(2)，67-98，2004．

索　　引

欧　文

ADS 40　*258*

B/H　*120*
BM 観測　*88*
BS 法　*389,390*

Canny フィルタ　*476*
CCD　*25*
CCD イメージセンサ　*107,108*
CCD カメラ　*42*
CCD センサ　*105,106*
CG　*316*
CMOS イメージセンサ　*107,108*
CW レーダ　*370*

3 D 計測　*111*
3 D モデリング　*111,120*
3 D モデル　*111*
3 D モニタ　*117*
DEM　*289,313,375*
DGPS　*70,78,127,129,188*
DMC　*281*
DOP　*126,187*
DSM　*119,267,289*
DTM　*269,292*

essential 行列　*472*

FIG　*2*
FM 多重放送　*78*
Forstner オペレータ　*473*
fundamental 行列　*473*

Galileo　*126,249*
geoinformatics　*2*
geomatics　*2*
GIS　*70,277*
GIS 総合情報収集管理システム　*78*
GLONASS　*126,249*
GPS　*6,70,126,174,183,249,258,289*

——による潮位観測　*174*
——の測位精度　*70*
GPS センサ　*218*
GPS 測量　*384*
——の誤差軽減策　*26*
GPS 通信　*228*
GPS 標準測位サービス　*247*
GPS 補正データ配信システム　*194*
GPS 連続観測システム　*194*
GPS/IMU　*6,209,210*
GSD　*266*

HRSC　*258*
HSI 変換　*503*
HSL 変換　*504*
HSV 変換　*504*

IFOV　*441*
IKONOS　*348*
IMU　*209,258,289*
IT 施工　*224*
ITS　*242*

Japanese Geodetic Datum 2000　*191*
Jgeoid 2000　*134*

KGPS　*127,129*
KODAK Gray Card　*57*
KRb 8/24　*282*
KS-153　*282*

L1　*185*
L2　*185*
L5　*248*
Lagrange の未定乗数法　*458*
LANDSAT　*404*
LSM　*116*

M 系列符号　*373*
MEO 衛星群　*251*
Mills Cross 法　*140*
MIR　*401*
Moravec オペレータ　*473*

MTF　*264*

National Geospatial-Intelligence Agency　*249*
NATM 工法　*95,96,394*
NDVI　*278,437*
NMO 補正　*165*
NOAA　*404*

OBS　*162*
opening 処理　*478*
OrbView-3　*349*

PDOP　*187,199*

QuickBird　*349*

RATIO　*74*
REM 測定　*51*
RINEX データ　*197*
RMK-TOP　*282*
RMS　*74*
RMSE　*366*
RNSS　*249*
RTK　*70,76*
RTK-GPS　*77*

SAR 画像　*379*
SDRImage 2000 ST　*80*
see through センサ　*403*
SFX ダイアルアッププログラム　*56*
Shuttle Imaging Radar　*378*
SIR　*378*
S/N 比　*110*
SO_2　*408*
SPS　*127*
SSDA 法　*479*
STARIMAGER　*258*
SUSAN オペレータ　*474,477*

T_c-T_0 法　*389*
TDI　*283*
TIM　*158*

索　引

TIN　119, 314, 452, 461
TIN モデル　120
TIR　411
TOF　294
TS デジタル地形測量　87

VIR　411
VRS　128, 129, 190
VRS 方式　193

XY 直交座標　486
XYZ 直交座標　486

Z バッファ法　500

あ　行

アイセーフ　291
アーク　487
アザリターンパルス　290
アーチ橋架設現場　61
アーチ橋の施工管理　95
後処理キネマティック　197
後処理長距離 KGPS 解析ソフトウェア　130
アナログ写真測量　105
アフィン変換　209, 451, 496
アフィン変形　116
アブソリュート方式　44
アロングトラックインターフェロメトリー　376
アンチストークス光　150
暗電流ショットノイズ　110

閾値　477
維持管理　280
石突　12
遺跡調査　87, 396
位相アンラッピング処理　381
位相差　49
位相差法　294
位相差方式　49
位相中心　72
位置合わせ　450
1 次微分フィルタ　474
1 次レーダ　369
位置精度低下率　187
位置出し　228
1 葉双曲面　492
1 級長距離型　47
一般化最小 2 乗法　457

一般化ハフ変換　454
一筆地測量　77
移動観測局　190
移動平均　256
移動変形計測　37
イメージセンサ　107
イメージマッチング　478
インクリメンタル方式　44
インターフェロメトリー　374, 381
インターフェロメトリー法　140
インターライントランスファ型エリアセンサ　109
インターリーブ方式　118
インバース解析　181
インパルスレーダ　401
隠面処理　471, 500

ウィンドウ変形　117
浮子式験潮器　173
宇宙システム　70
宇宙ステーション用の実験モジュールの計測　94
雨量観測レーダ　403
運航管理　236

衛星　184
　——の軌道　70
　——の軌道情報　184
衛星観測網　257
衛星搭載 SAR　378
エクスポート装置　272
エクマンバージ型採泥器　159
エッジ　474
エッジ抽出　474
エッジマッチング　269
エピポラー幾何　471
エピポラー線　471
エピポラー平面　471
エピポラーライン　119
エピポール　471
エリアセンサ　109, 258
エリアマッチング　479
円　488
　——の中心座標　92
遠隔操作　225
遠隔データ伝送　220
円形気泡管　18
円形ターゲット　116
円錐図法　493
鉛直器付き回転レーザ　35

鉛直軸誤差の影響　17
鉛直軸自動補正機構　17
鉛直性　18
鉛直性計測　42
鉛直面回転レーザ　35
円筒図法　493

往復路減衰係数　372
屋外拡張現実感システム　216
屋上緑化　288
奥行きソート法　500
汚染暦　89
オブジェクトベースの分類手法　353
オフセット観測　55
オフセット量　92
オプティカルフロー　415, 482
オペレータ　155
重み付き最小 2 乗法　457
オルソ画像　346
オルソフォト　314, 469
オルソ補正　347
音響式験潮器　174
音響測深機　136, 146, 167
音速度　136
　——の計算式　168
温度差画像　419
温度の周期較差　430
温度分布　421
温度変化　421
　——による誤差　15
温排水　439
音波探査　162
音波探査装置　162
音波伝播経路　136
音波伝播時間　180

か　行

回光灯　31
外射図法　494
海上 DGPS 利用推進協議会　78
海上土木工事　231
外心誤差　16
解析写真測量　105
階層構造　326
海中散乱光　156
海中測位技術　233
海底ケーブルルート調査　141
海底地形調査　145
海底面状況調査　145
回転軸の鉛直性　18

索引

回転ターゲット　93
回転ベクトル　477
回転レーザ　33,35,38
外部光路　50
外部歪み　451
外部標定　269
外部標定要素　114,115,469
海面情報　149
海洋音響トモグラフィー　179
海洋観測装置　179
海洋工事施工管理システム　235
海流　177
ガウス型ラプラシアンフィルタ　476
ガウスフィルタ　468
可干渉性　376
拡散度　290
拡散範囲　292
角測量の誤差軽減策　25
角度精度　296
確率極限　456
確率的弛緩法　480
確率変数　447
確率密度関数　456
火山性ガス　410
加重平均値フィルタ　468
河床形態　358
河床変動　315
河床変動解析　285
仮説検定　449
河川環境　356
河川氾濫　313
画像解析　144
　　──の前処理　143
画像間相関演算　415
仮想基準点　128,190
画像の強調　466
画像パッチ　479
仮想反射面　22
画像マッチング精度　382
カテナリー　489
可変半径法　460
カメラ座標系　468
ガラスの屈折率　23
ガリレオ計画　249
カルマンフィルタ　468
環境測量　88
環境調査　80
干渉測位　187
干渉チェック　343
慣性計測ユニット　258

間接観測法　205
間接測定　450
完全オルソ画像　277
観測記簿　75
観測図　72
観測幅　441
観測頻度　436
観測方程式　456
岩盤崩壊　312
岩盤崩落危険　61
環閉合差　201
眼保護　291
ガンマ補正　467
管理温度　331
緩和曲線　488

気温　431
　　──の逆転現象　427
　　──の日周期較差　431
機械定数　83
機械補正定数　84
幾何補正　144,267,450
機器誤差　14
棄却域　449
危険度ランク　305
擬似アフィン変換　451,496
擬似衛星　226
基準局　190
基準局ネットワーク　191
基準出し　40
基準面　227
気象補正　24
気象補正係数　25
気象レーダ　403
基線解析プログラム　74
基線比　120
基線ベクトル　50,201
期待値　456
起潮力　171
基点の設定　90
軌道計測　37
軌道情報　186
輝度分解能　347
キネマティックGPS　127
キネマティック測位　76,189
基本水準面　137
基本測量　2
逆距離加重法　460
逆転現象　425
逆ローゼ橋　69

キャリブレーション　113,153,290
吸収帯　410
境界確定　57
境界確定測量　54
境界点　473
教師付き分類　358
共線条件式　113
協定世界時　186
共面条件　471
橋梁計測　37
魚眼カメラ　397
局所的座標変換　452
距離精度　50,296
距離測定　28
距離測量の誤差軽減策　26
距離分解能　371
距離変動率　256
記録ミス　15
近赤外レーザ光　147
近接樹木調査　330
近隣点　460

杭打ち機能　88
杭打ち測定　53
杭打ちデータ　54
空間情報工学　2
空間情報データ　212
空間相関　460
空間的局所最適化法　483
空間的大域最適化法　483
空間データ基盤　365
空間内挿法　459
空間分解能　387
空間平面　490
空気式制動　19
偶然誤差　447
空中三角測量　267
空中モニタリングシステム　410
空洞部　419
区画の選定　90
区画の調整　90
屈折法音波探査　166
屈折法探査　162
屈折率　23
グラブ式採泥器　159
クリギング　462
クリギング内挿法　453
グリッド　497
クリマアトラス　434
クーリングシステム　427

クレーン衝突防止　228
グローシェーディング　501
クロストラックインターフェロメトリー　374,375
クロスファンビーム　138
クロソイド曲線　488

経緯儀法　31
景観シミュレーション　279,363
傾向面分析　461
傾斜アラーム　41
傾斜区分　303
傾斜誤差　14
傾斜センサ　20
傾斜面設定機能付き回転レーザ　35
計測対象の物性　427
携帯電話　78
系統誤差　192,447
現況測量　57
現況平面図　57
減災　358
検索ウィンドウ　479
原子時計　184
懸垂線　489
減衰補正　165
建設機械自動運転支援システム　224
検測　53
建築工事での回転レーザ　38
験潮観測　134
験潮所　173
験潮データ　149
原点移動　53
原点固定　53

コアサンプル　158
光学求心装置　12,13,21
光学システム　149
広角用CCDカメラ　69
工業計測　124
公共測量　2
公共測量作業規程　31
航空機SAR　377
航空機MSS　408
航空機搭載映像レーダ　377
航空機搭載型熱赤外センサ　434
航空機搭載スリーラインスキャナ　6
航空機レーダ　6
航空レーザスキャナ　6,289
航空レーザスキャナ測量　330
航空レーザ測深　146,155

航空レーザ測深機　148
交互法　30
高時間分解能画像　7
工事基準面の決定　170
高次多項式　497
洪水災害　360
洪水氾濫　313,316
合成開口手法　141
合成開口レーダ　373
高精度位置把握　225
合成トゥルーオルソフォト　507
光線追跡法　499,502
構造化処理　367
高層ビルの施工管理　95
構造物の移動変形計測　37
高潮　172
高低差　53
交点計算　88
交点計算機能　88
光電シャッタ　282
坑内基準点　83
構内測量　85
勾配　53
勾配設定単位　39
勾配設定範囲　39
勾配測定　35
勾配法　482
光波測距儀　49,369
高分解能衛星画像　7,344,365
後方交会　60
後方交会法　58
後方散乱強度　141
後方散乱特性　374
航法センサ　214
港湾IT化　238
国際測量者連盟　2
誤差軽減策　24-26
誤差伝播　206
　　――の法則　450
誤差の分散　448
国家水準点　46
固定パターンノイズ　110
コーナー点　473
コバリオグラム　462
コヒーレンス　376
コファクタ行列　459
米の食味　350
孤立点　473
コリメータレンズ　33
ゴルフカートナビゲーションシステム

240
コンクリート構造物点検　422
コンクリート構造物の診断　387
コンクリート内部探査　387
コンスタントシェーディング　501
コンテナヤード荷役管理支援システム　237
コントラスト　116
コントロールシステム　70
コンバージェンスメータ　96

さ 行

最確値　447
最近隣法　460
サイクルスリップ　191
サイクロイド曲線　489
最小2乗推定量　457
最小2乗法　455
最小2乗マッチング　116
最小2乗マッチング法　480
最大探知距離　372
採択域　449
採泥器　159
最低水面　134,137,174
最低水面モデル　135
彩度　501,503
サイドスキャンソナー　140,141,145,161
サイドルッキング　437
在来線アンダーパス工事　61
最良線形不偏推定量　457
最良不偏予測　463
サイロ工事　42
作付面積　350
サーチ条件　64
撮影縮尺　469
雑音処理　465
里山林　326
座標較差　77,78
座標系の設定　93
座標精度　296
座標変換　91,450,496
座標変換法　207
座標リスト　87
サーフェス　497
サブピクセル　120
サブボトムプロファイル　140
差分インターフェロメトリー　375,381
差分画像　415

差分量　326
砂防計画　316
三角測量　4
サンゴの白化現象　362
残差　447
残差グラフ　75
3次元空間　486
3次元計測　111
3次元計測機　91
3次元座標値　91
3次元射影変換　496
3次元測地座標　209
3次元データモデル　497
3次元都市モデル　316
3次射影変換　451
3点のなす角度　92
残留誤差　192

シェーディング　501
ジオイド　131
ジオイド面　227
ジオ画像　346
ジオメトリック特性　264, 265
ジオメトリック補正　348
時間測定　83
時間遅延機構　283
時間的局所最適化法　483
時間分解能　158
時間変動誤差　206
磁気式制動　19
色相　501, 503
敷地現場調査図　87
敷地調査　56
色調補正　467
自記流速計　177
自己相関係数　465
事故調査　80
視差　14
視軸の誤差　15
視準　14
視準軸　50
　──の傾斜誤差　14
視準軸誤差　16
視準線の水平性　18
視準点　22
地震災害　359
地震予知　251
次数　461
システム補正　451
地すべり監視　217

次世代電子基準点　217
施設管理　279
自然現象による誤差　15
実効光路長　22
湿潤部　419
自動鉛直角傾斜補正機構　20
自動傾斜補正機構　27
自動視準　58
自動視準方式　69
自動地均し管理　229
自動車追突（衝突）防止センサ　402
自動処理プロセス　153
自動対回観測　58
自動抽出　288
自動追尾トータルステーション　63
自動補正機構　17, 18
自動マッチング　267
自動レベル　18
視認性　40
地盤高　323, 324
地盤沈下　384
地盤沈下水準点　46
シミュレーション　425, 438
シームレス　155
ジャイロステーション　81
ジャイロ振子　82
ジャイロ方位計　5
斜距離　52, 53
写真画像　79
写真地図　367
車体計測　94
シャープニング　466
斜面防災　305
車両運行管理システム　228
縦横断　315
重回帰分析　461
周期較差　430
重心　124
修正BS法　389, 390
収束撮影　124
住宅性能表示制度　56
住宅品質確保促進法　56
自由度　457
重力式柱状採泥器　160
重力的な水平面　131
樹冠高　323, 325
樹冠粗密度　305
樹冠抽出　362
樹高　323
樹高算出　332

樹種区分　354
手簿　4
樹木の転倒　331
準円弧型走査法　150
循環型社会　323
循環流　182
準拠楕円体　131
準拠楕円体面　134
瞬時視野角　441
浚渫船管理システム　231
準天頂衛星　243
準同時観測　203
春分点　173
ジョイデスレゾリューション　161
障害物探査　145
衝撃弾性波法　387
条件方程式　458
焦点板　12
焦点板十字線　18
情報化施工　223
消防車ナビゲーションシステム　238
植生指数　278, 437
植生図　356
除雪作業支援システム　242
地雷探査　402
シールド機位置の自動測量　66
シールドトンネル自動測量システム　65
シールドマシン　48
シングアラウンド　168
シングルチャンネル音波探査　162
シングルパスインターフェロメトリー　375
心射図法　494
浸水推定図　360
深浅測量システム　221
人体遠隔診察センサ　402
真直度測定　97, 99
人的誤差　15
浸透域　357
振動測定　97
深度計算のアルゴリズム　147
信頼区間　449
信頼係数　449
森林基本図　355
森林災害　354
森林GIS　356
森林資源　323
森林地籍　80
森林透過特性　387

森林簿　354,355

水圧式験潮器　173
水温分布　180
垂球　12
水準測量　384
　　——の誤差軽減策　24
水蒸気　408
水深基準面　132,174
吹送流　177
垂直シフトレジスタ　108
推定値　447,448
　　——の分散　448
推定量　448
水分の潜熱放散　431
水平距離　53
水平軸誤差　16
水平シフトレジスタ　108
数値地形図　87
数値地図　497
数値標高モデル　497
スケールバー　125
スタティック　70
スタティック測位　72,189
スタティック測量　70
スタビライザ　258
ステレオ解析　122
ステレオ画像　346
ステレオ計測　267
ステレオ撮影　345
ステレオマッチング　112,118,262
ストークス光　150
スードライト　226,244
ストラップダウンIMU　214
ストリーマケーブル　166
スプライン内挿　461
スペクトラム拡散　186
図法　493
スミア現象　110
スミスマッキンタイヤ型採泥器　159
墨出し　35,228
スラントレンジ長　382
スリップフォーム工法　42
3パス差分インターフェロメトリー　383
スリーラインスキャナ　258
寸法測定　91

正角　493
正角図法　493,494

正規化差分植生指数　350
正規分布　458
正規方程式　456
正距　493
正距円錐図法　493
正距図法　493
制御ネットワーク　249
正距方位図法　493
正距離　493
正形　493
正射図法　494
整準　19
整数値バイアスの決定　188
正積　493
正積図法　493,494
成層圏プラットホーム　7
生存者探査システム　402
生態系ネットワーク　433
生態系のマッピング　362
生態調査　442
精度検証　323
生物資源　352
正方位　493
精密基準点測量　46
精密水準測量　46
精密農業　236,350
制約条件　458
世界測地系　191
赤外線画像　422
赤外線カメラ　405
赤外線サーモグラフィー法　387
セキュリティー　402
施工管理　95,236
接眼レンズ　67
セット間較差　77
鮮鋭化フィルタ　466
線形推定量　457
船台座標系　94
船体ブロックの計測　94
船舶ADCPデータ　182
船舶電話　78

増距量　24
走行軌跡図　230
走査角　441
双3次スプライン多項式　462
造成現場での回転レーザ　38
相対位置　183
相対測位　72,183
相対的座標変動　252

送電線　330
像ブレ補正機能　281
双六角錐モデル　504
測位精度　205
測位の種類　70
測深能力　152
測設　28,53
測長原理　97
速度・加速度測定　97
測量　2
　　——の誤差　14
測量機器　10
　　——と測量　10
　　——の規格　102
　　——の分類　10
測量工学　2
測量効率　157
測量法　2
測距軸　50
測距・測角特性　25
測距定数　21
ソーベルフィルタ　475
粗密探索　117
ソリッド　498

た　行

大域的座標変換　452
体温　443,445
対回観測　58
大気異常屈折による誤差　15
大気補正　442
対空標識設置　272
ダイクロイックプリズム　50
対向操作　13
対象空間座標　115
堆積物の粒土尺度　159
ダイナミックレンジ　110
対辺測定　52
タイポイント　114,267
タイムオブフライト法　294
太陽観測　88
太陽の輻射熱　430
対立仮説　449
対流圏　188
対流圏遅延　192
楕円　488
楕円錐面　492
楕円体　491
高さの基準　132
ターゲット　124,125,340

索 引

――の中心検出　116
ターゲット場　113,114
多項回帰式　461
多項変換　452
畳み込み　464
建物間影響評価　216
建物診断　429
ダハプリズム　67
ダボ点　83,85
多用途地図　80
単位区画の測設　91
段彩図　277
単独測位　71,127,183
短波長タイプの赤外線カメラ　405
ダンプ積載土量計測　122

地域熱環境図　433
チェックボーリング　85
地下開度　303
地殻変動　194
地殻変動観測　218
地球環境　323
「ちきゅう」（深海掘削研究船）　161
地球潮汐　128
蓄電池　99
地形抽出　365
地形DTM　332
地形判読　365
地形変位計測　383
地形変動計測技術　387
地質情報解析　379
地上開度　303
地上基準点　265,366
地上分解能　367
地上（型）レーザスキャナ　5,293
地図　493
　　――の歪み　493
地図投影法　493
地籍測量　76
地層探査　232
地中探査レーダ　391
地中埋設管調査　395
地熱　430
地熱異常　408
地表面温度　426
地表面温度分布図　435
地物抽出　365
地物抽出性　367
地変発生監視　60
中間反射パルスデータ　329

中山間地域　352
柱状採泥器　160
中心杭上　85
中心投影画像　469
中心投影法　499
中波ビーコン　78
注目画素　473
潮位観測　170,173
超音波　388
超音波診断法　388
超音波伝播速度法　389
超音波法　387
長距離スタティック測位　186
潮高改正　137
調査図素図データ　81
潮汐　137
　　――の変化　440
潮汐潮位変動　133
潮汐表　441
潮汐用語　176
長波長タイプの赤外線カメラ　405
潮流　177
潮流渦　182
潮流場変動　181
潮流楕円　178
鳥類調査　443
調和解析　174
調和定数　176
直接地上参照モデル　270
直線の墨出し　35
地理情報システム　70,277
沈下管理システム　231
沈下計測　29,37
沈降分析　159
沈船調査　141

追尾測定　83
通過率　293
吊線　19

低域フィルタ　465
定誤差　50,447
底質採取　158
底質調査　158
底質分布　158
定芯桿　12
低潮　172
ディファレンシャルGPS　70,78,127
ディファレンシャル測位　187,188

出入り量　92
ティルティング装置　33
適正化　425
適用可能条件　426
テクスチャ　121
テクスチャマッピング　275
テクスチャモデル　300
デコンボリューション　165
デジタルアーカイブス　339
デジタル化　138
デジタルカメラ　78,111,122
デジタル写真測量　105
デジタルスチルカメラ　106
　　――の高解像度化　106
　　――の低価格化　106
デジタル地上写真測量システム　111
デジタル標高モデル　375
デジタルフレームカメラ　258,285
デジボー　34
データ取得センサ　215
データ速報システム　409
データフュージョン　503
鉄骨建て方工法　64
鉄骨建て方測量システム　64
鉄骨部材計測　94
鉄骨部材施工管理　94
鉄塔構造図　332
鉄塔中心座標　332
デプスバイアス補正精度　158
天球　72
点群　294,331
電子基準点　75,76,78,130,194
電子基準点三角網　254
電子スタッフ　36
電子セオドライト　44
電磁波　399
電磁波速度　370
電磁波伝播速度　402
電子平板　87
電磁誘導法　387
天井からの高さ　28
電磁流速計　177
電子レベル　5
電線温度　330,330
電線カテナリー　330,332
電線支持点　331
電線弛度　330
電線の横振れ　330
天端沈下測定　95
テンプレート　116,454,479

電離層　188
電離層遅延　191

投影中心　468
動画像　482
東京湾平均海面　175
統合型GIS　355
等高線　313
搭載時計の補正情報　184
同時観測　200
透磁率　370
到達立坑　85
等沈下量線図　387
トウフィッシュ　141
動揺補正　137
トゥルーオルソフォト　471
道路陥没　393
道路空洞調査　392
道路施設維持管理支援　80
道路施設管理　80
道路標識設置　87
渡海水準測量　30,46
特殊水準点　46
特徴抽出　473
特徴点　453,473
特徴点抽出　473
特徴ベースマッチング　271
特徴量マッチング　480
読定誤差　15
土壌・地下水汚染状況調査　89
都市緑地　285
都市緑地保全法　285
土石流災害　359
トータルステーション　5
土地造成測量　224
土地被覆分類　356
特級経緯儀　47
ドップラー流速計　177
トモグラフィー手法　166
ドライビングシミュレータ　216
トランスデューサ　141,142
トリベットスタンド　39
ドレッジ採泥器　159
ドローネ三角形分割　461
トンネル掘削機　48
トンネル専用レーダ　395
トンネル内空変位計測　124

な 行

内空変位　95
内挿値　462
内挿点　460
内挿法　460
内部光路　50
内部点　473
内部歪み　451
内部標定　269
内部標定要素　473
鉛蓄電池　102
南中時刻　32

ニカド電池　99
2次曲面　491
2次元射影変換　496
2次元データモデル　495
2次元平面　486
2次射影変換　451
2次微分フィルタ　475
2次レーダ　369
2直線のなす角度　92
ニッケル-水素電池　101
日周期較差　431
2点間距離　91
2点反射ターゲット　93
日本列島三角網　254
2葉双曲面　492
任意座標系　46

熱移動　418
熱拡散率　430
熱画像システム　404,412,417,
　　429,431
熱画像判読　419
熱慣性　427,430
熱収支モデル　425
熱赤外線カメラ　418,428
熱電対温度計　431
熱伝導　418
熱伝導率　418
熱容量　431

ノイズ　465
ノイズ条件　425
ノイズ除去　143
農業管理　350
農業災害　352
農業統計　350
濃度-温度変換　428
ノード　487
ノンプリズムトータルステーション
　　57

は 行

ハイウェイ自動走行自動車　402
媒介変数　486
ハイドロフォンアレイ　140
ハイパースペクトルスキャナ　7
ハイブリッド化　240
パイプレーザ　38
パイプロコアラー　160
バカ棒　34
白道　173
波形解析方法　158
波形処理　151
バーコードパターン　26,45
ハザードマップ　361
パスポイント　114,267
パーソナルコンピュータ　106
バーチェック　168
8近傍　473
八分割法　460
波長　49
バックマッチング　118
発射光　49
発進立坑内　84
発熱異常　429
バーニア　4
ハーフクランプ　82
ハフ変換　453
パラメータ　486
パルス反射波形　331
パルス方式　49
パルスレーダ　370
波浪流　177
パワースペクトル解析　465
バンク角　153
パンクロマティック　345
パンクロマティック画像（パンクロ画像）　503
半自動観測　219
反射強度　321
反射光　49
反射シートターゲット　92
反射点　22,23
反射パルスの点群　331
反射プリズム定数　22
パンシャープン画像　347,503
パンシャープン処理　284
反射法音波探査　162
反証　449

索　引

汎(全)地球測位システム　126, 183, 258
判読性　366
バンドル調整　113, 115
バンドル調整法　112
判別性　423

比演算画像　432
日影図作成に伴う真北測定　86
光ファイバジャイロ　260
飛行軌跡　270
比高測定　28, 35
ピストン式柱状採泥器　160
非線形最小2乗法　458
左手親指の法則　13
非調和定数　176
ピッチング　290
ピッチング角　66
ビデオステーション　67
　——による橋体施工管理　69
ヒートアイランド現象　404, 433, 436
ヒートアイランドポテンシャル　439
比透磁率　387
ピープサイト　14
微分フィルタ　474
ビームスプリッタ　27, 48
比誘電率　387
描画性能　367
標高測定　28
標尺台　28
標尺の傾斜　15
標尺のゼロ点誤差　15
標尺の目盛誤差　15
標準正規分布　458
表層探査装置　162
標定作業　112
標定要素　470
標本間隔　464
表面温度　418
表面温度下降過程　432

ファイバチャンネル　283
ファーストリターンパルス　290, 331
不安定土砂　311
フィルタリング　464, 465
フィールドキャリブレーション　264
フィルムデジタイザ　6
風化岩　419
風化軟質部　431

フェーズドアレイアンテナ　373
フォルスカラー画像　287
フォンシェーディング　501
吹き付けのり面　417
俯仰ねじ法　30
複雑な形状の寸法測定　91
副尺　4
浮上点　22
不浸透域　356
不整三角形網　271
物質の熱慣性　427
プッシュブルーム型センサ　258
フットプリント　145, 292
不定形三角網　452
不同沈下　393
浮標追跡法　177
不偏推定量　456, 457
浮遊汚濁層　156
プラットホーム　404
プラットホーム変位　61
フーリエ係数　178
フーリエ変換　463
フリーホールグラブサンプラ　159
ふるい分析　159
プレヴィットフィルタ　475
フレームインターライントランスファ型エリアセンサ　109
フレームトランスファ型エリアセンサ　109
ブロック調整　115
プロット図　87
フローティングポイント　22
プロペラ型流速計　177
噴煙温度観測　415
噴煙計測システム　415
分解能　296
分画誤差　16
分割多項式モデル　270
分散　448
分散共分散　75
分散共分散行列　457
分潮　174

平滑化処理　468
平均海面高　133
平均図　72
平均値フィルタ　468
平均法　460
ペイケーブル方式　167
平行線作画　88

平行投影法　499
平射図法　493, 494
平板測量　5
平面図法　493
平面線形方程式　461
平面直角座標系　495
ベクタ型　495, 497
ヘディング　290
ヘリウム-ネオンガスレーザ管　33
ベル206B型ヘリコプタ　428
ヘルマート変換　209, 451, 496
変位計測　125
変位計測システム　59
偏位修正　468
偏位修正画像　117, 468
偏位修正画像作成　468
偏位量　24
便宜図法　494
ペンコン　87
ペンコンピュータ　87
変状　422
偏心誤差　16
ペンタプリズム　34
辺長較差　77
変調周波数　49
変動解析　253
変動率　253
偏流角　283

ポインティング撮影　344
方位図法　493, 494
方位標　82
方位分解能　371
望遠鏡十字線　21
望遠鏡「正」　21
望遠鏡「反」　21
方向管理　83
方向ベクトル　487
防災　358
放射エネルギー　405
放射温度測定　428
放射輝度　408
放射線法　389
放射率　431
放射量補正　144
法線ベクトル　490
放送方式　193
放電破壊式記録紙　136
放熱過程　431
放物線　488

放物面　493
ボクセル　497
歩行者ナビゲーション　216, 242
圃場マップ　236
補助システム　126
補正　21
補正鏡　19
補正係数　24
ボックスコアラー　159
ホドグラフ　178
ポラリメトリー　376
ポリゴン　491
ポリゴンミラー　265

ま　行

マイクロインパルスレーダ　401
マイクロ波式液面レベル計　398
マイクロパルス　399
真北測定機　81
マッチングウィンドウ　479
マッチング法　482
マッピング　362, 502
マニュアル　155
マルチスペクトル　345
マルチスペクトル画像　503
マルチチャンネル音波探査　162
マルチビーム音響測深機　138

右手系　489
ミー散乱　502
水盛り式沈下計　29
密度流　177

無指向性　72
無人施工　225
無停電電源装置　60

明暗の長さ　49
命題　449
明度　501, 503
メソスケールモデル　438
メディアンフィルタ　468
メルカトル図法　493
面積計算　88
面積相関法　479
面積ベースマッチング　271
面積変動率　253
面的沈下量　384

猛禽類　442

目的関数　458
モザイキング　276
モデリング　498
モデリング精度　296
モデルパラメータ　425
モニタ視準方式　69
モノ画像計測　267
モバイルワーカー支援サービス　244
モービルマッピング　212
盛土締固め管理システム　229
モルフォロジー　478
モルワイデ図法　493

や　行

有意水準　449, 449
有効画素数38万画素　70
誘電率　370
ユーザシステム　70
ユニバーサル横メルカトル図法　494

ヨーイング角　66
陽炎による誤差　15
要救助者探査装置　402
横方向直線型走査法　150
4近傍　473
四分割法　460

ら　行

ライニング　424
ラインカメラ　215
ラインセンサ　27, 109, 258
ラインセンサカメラ　106
落石　312
落葉広葉樹林　326
ラグランジェ多項式モデル　270
ラジオメトリック特性　264
ラジオメトリック補正　348
ラスタ型　495, 497
ラストリターンパルス　290, 331
ラプラシアン　303
ラプラシアンフィルタ　466, 475
ラボキャリブレーション　264
ラマン散乱光　149
ラマンシフト　150
ランダムノイズ　110

リアルカラー画像　285
リアルタイムキネマティック　70, 76
リアルタイムキネマティック測位　186, 189
離隔距離　330
離隔計測　280
離隔検討図　332
離散的データ　254
離散的フーリエ変換　464
リチウムイオン二次電池　102
リチウム電池　101
リニアメント　310
リピートパスインターフェロメトリー　375
リファレンスデータ　367
リモートサポート　61
粒径分類　159
流速分布　180
粒土尺度　159
領域抽出　478
両側検定　459
両岸同時観測　31
緑色レーザ光　147
緑色レーザパルス　150
緑被分布　288
緑被率　436
林相　353
林相区画線　353

レイトレーシング　502
レイトレーシング法　499
レイリー散乱　502
礫粒径計測　279
レーザ鉛直器　41
レーザ機器の安全基準　104
レーザ距離計　5
レーザ光の吸収　340
レーザ光の透過　340
レーザスキャナ　215, 289
レーザスポット径　33
レーザセオドライト　48
レーザ測長　97
レーザ測長機　97
レーザダイオード　48
レーザレベル　33
レーダ　369
レーダ感度方程式　370
レーダ警報システム　402
レーダリモートセンシング　380
レベルプレーナ　5
レンダリング　499, 500

老朽化診断　417, 421

露岩部　*431*
六角錐モデル　*504*
ローバー　*190*
路面下空洞探査装置　*373*
ローリング　*290*
ローリング角　*66*

わ　行

ワイドレーン　*247*
ワイヤフレーム　*497*

ワンタッチマンホールキット　*39*

資　料　編

―掲載会社索引―
（五十音順）

朝日航洋株式会社 …………………………………1
鹿島建設株式会社 …………………………………2
株式会社小泉測機製作所 …………………………3
株式会社コサカ技研 ………………………………2
株式会社ソキア ……………………………………4
株式会社トプコン …………………………………5
株式会社バーナム …………………………………6
ライカジオシステムズ株式会社 …………………7

ALMAPS
Asahi Laser Mapping System

空中レーザー計測システム

空中レーザー計測とは？

空中レーザー計測とは、航空機から照射したレーザーにより地表面を立体的に計測し、GPS/IMUにより位置の特定を行うことにより高精度な「三次元空間データ」を作成する新しい測量手法です。従来の航空写真測量に比べ、計測から解析までの期間が大幅に短縮され、特に災害時など短時間での状況把握が必要な場面では、その有効性が実証されています。

空中レーザー ＋ GPS/IMU ＋ 解析処理 ＝

次世代レーザー「ALMAPS-G4」の特徴は？

毎秒１０万発の高性能レーザー（Optech社製　ALTM3100を採用）
カナダOptech社の最新レーザー機器を採用し、レーザー発射能力は従来比4倍(*当社比)の100KHz/秒となり、高密度な地上計測と低コストな運航を実現しました。
ALTM3100は朝日航洋㈱が世界に先駆けて採用し、通算5台目の導入となります。
これらの実績から朝日航洋㈱はOptech社より、アジア地区で唯一の代理店として認定を受けています。

「世界初」の斜め計測を可能に！
航空機を誘導するナビゲーション装置や計測位置を割り出すGPS/IMU装置に、「朝日航洋㈱」独自のカスタマイズを行うことにより、従来不可能であった「斜め方向からの計測」が可能となりました。
この新技術は、垂直方向からの計測が困難な、道路保全や活火山観測等の分野で注目されています。

空中レーザー計測は防災・環境に最適！

空中レーザー計測は、災害シミュレーション・防災計画・景観シミュレーション・カーナビゲーションなどの分野で利用が進んでいます。
国土交通省では、河川氾濫や津波災害などの防災計画に役立てるため、全国の河川・海岸域について2004年度から3ヵ年で「航空レーザ測量」による三次元空間データの作成を計画しています。

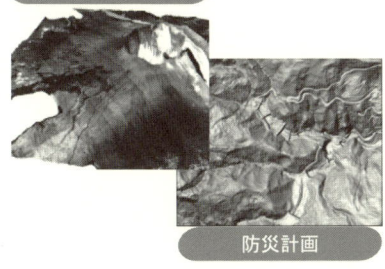

災害シミュレーション　景観シミュレーション 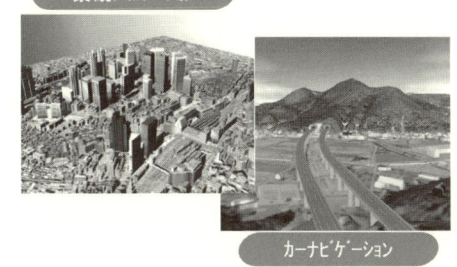
防災計画　カーナビゲーション

■お問合せ
朝日航洋株式会社 地図コンサルタント事業部
〒350-1331 埼玉県狭山市新狭山1-18-1
TEL:042-955-0991 FAX:042-953-5051
HomePage:http://www.aeroasahi.co.jp/

朝日航洋株式会社

GROUND DESIGNER

私たちのフィールドに限界はありません。つくり続けたい、明日を。グランドデザイナー・カジマ

鹿島
KAJIMA CORPORATION
www.kajima.co.jp

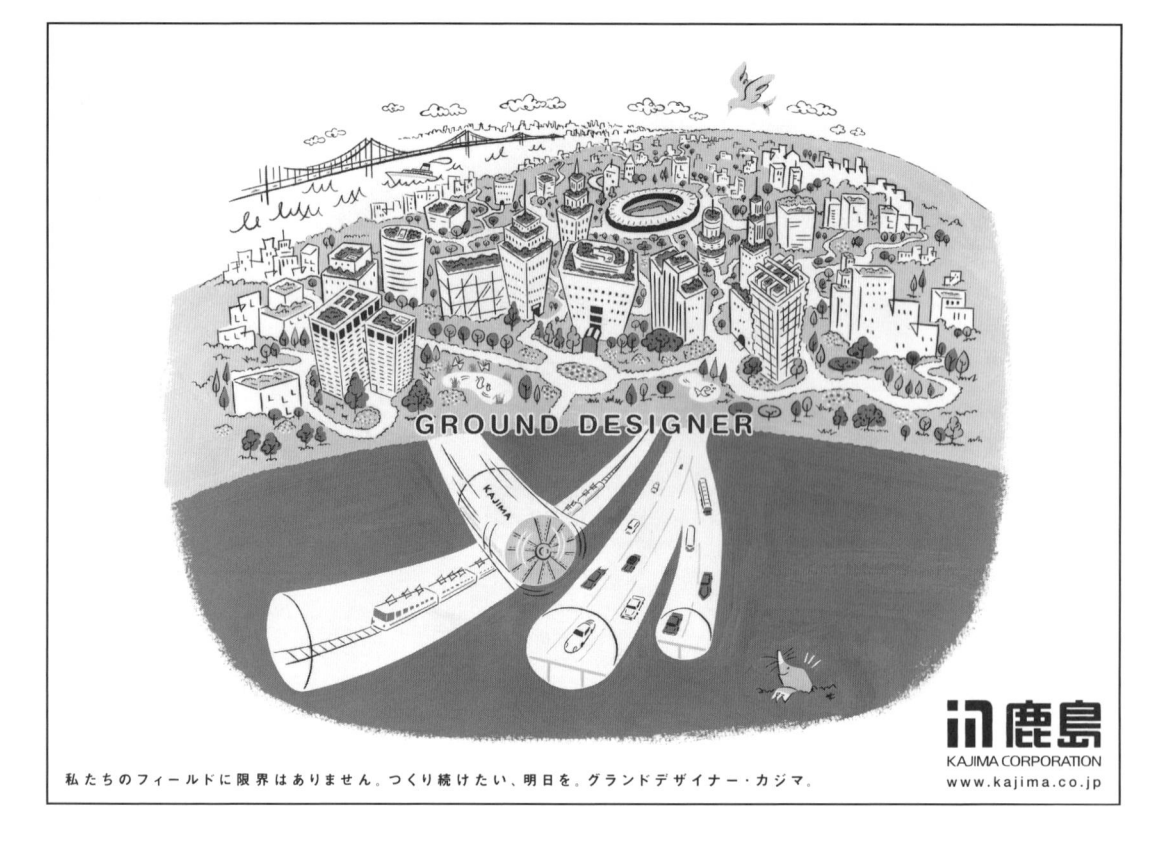

KOSAKA

総合建設コンサルタント
地質調査・水質調査・さく井工事・
環境調査・測量全般・都市計画・GIS
区画整理・一般土木設計・構造物診断
上下水道設計・補償調査・施工管理

[ISO 9001 認証企業 JQA-3040]

(株)コサカ技研

代表取締役　横　山　伸　明

本　　社：青森県八戸市大字長苗代字上碇田56-2
　　　　　TEL（0178）27-3444　　FAX（0178）27-3469
青森支社：青森県青森市松原三丁目13-23
　　　　　TEL（017）722-3141

東京支社：東京都港区赤坂三丁目14-2　ドルミ赤坂405号室
　　　　　TEL（03）3586-5094
営業所：仙台・盛岡・三沢
出張所：五所川原・札幌

《最近の学会活動の実績》
・土木学会・地盤工学等での論文発表　10編以上
・地盤工学会東北支部「青森県における火山性の土研究小委員会」委員派遣、事務局担当（平成2年～平成4年）
・地盤工学会東北支部40周年記念出版物「東北地方の地盤工学」（平成9年刊）、青森県の地盤の特徴と建設工事上の問題について執筆（共著）
・地盤工学会全国大会、東北支部セミナー・講習会、等のパネラーや講師を担当（5回）

《調査・研究中のテーマ》
・GPSを応用した地すべりの予知に関する研究（地盤工学会東北支部、地盤研究委員会による助成金を戴く）
・地盤環境技術に関する基礎研究
・土構造物の点検・診断方法と補修技術に関する研究

《東北地質調査境界活動の実績》
・全地連「技術フォーラム'96仙台」に座長、委員等を派遣

《その他の学会・協会活動》
◎地すべり学会、◎応用地質学会、◎ダム工学会、◎雪工学会
◎構造物診断技術研究会、◎新地盤研究会
　などに参加し、活動しております。

《表　　彰》
◎地盤工学会東北支部表彰（2000年度）
◎緑資源公団優良工事請負者表彰（2002年度）

《そ　の　他》
◎JARS地域セミナー2003への協賛
　（宇宙から見る八戸）

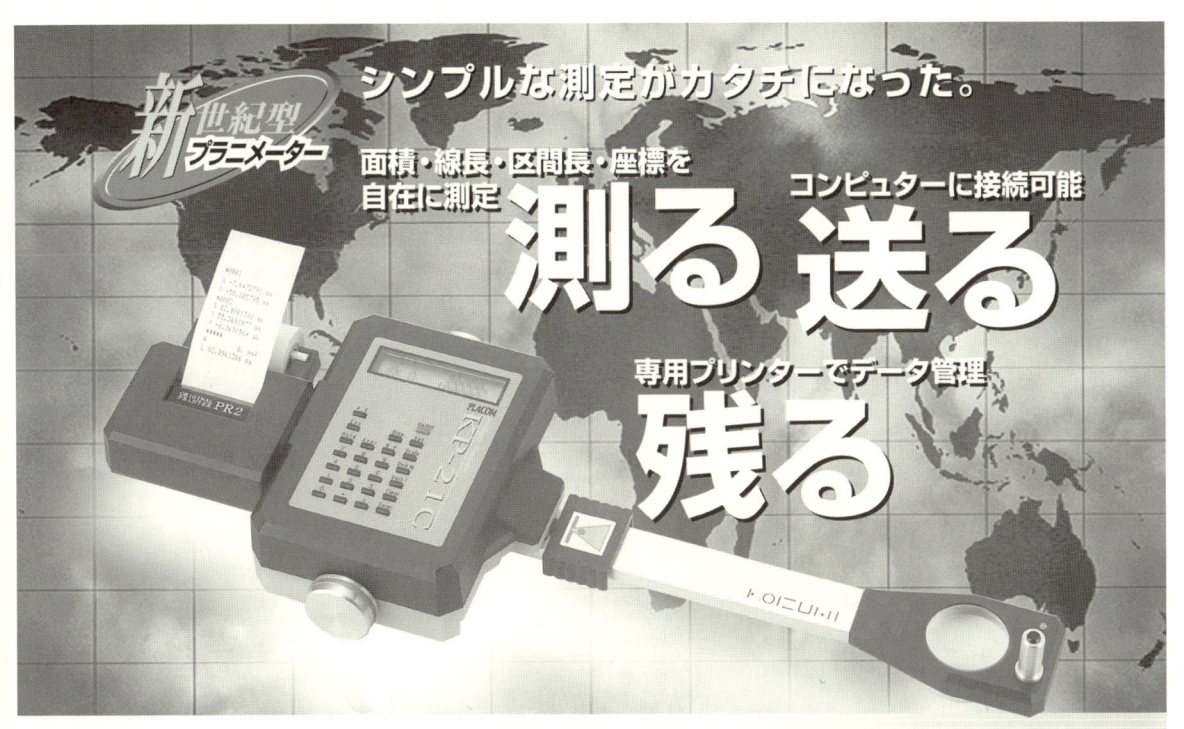

新世紀型プラニメーター

シンプルな測定がカタチになった。

面積・線長・区間長・座標を自在に測定

測る コンピューターに接続可能

送る 専用プリンターでデータ管理

残る

インテリジェントプラニメーター プラコム
Intelligent Planimeter

PLACOM KP-21C
（プリンター付）¥155,400

総合測定の最上位機種
ハンディタイプのデジタイザー

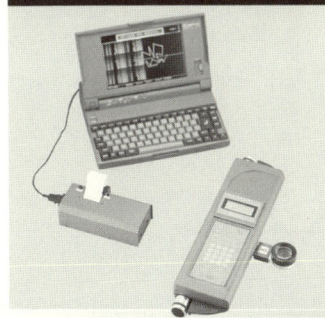

デジタルコーディネーター KP-1000　¥241,500
専用プリンター PR1　¥ 52,500

面積を計るなら
プラニメーターのスタンダードモデル

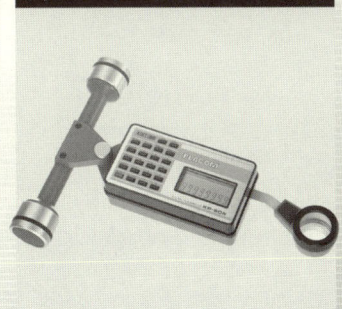

PLACOM KP-90N　¥97,650

線長を計るなら
携帯に便利なデジタルキルビメーター

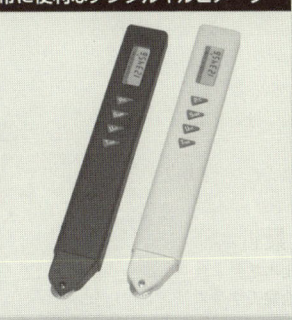

ペンタイプマップメーター CV-9ジュニア　¥9,975

……………… 紙上測定のことなら何でも御相談ください。………………

KOIZUMI
株式会社 小泉測機製作所

本　社／〒940-0064　新潟県長岡市殿町1-5-7
　　　　tel.0258-27-1102　fax.0258-27-6978
北陽工場／〒940-0871　新潟県長岡市北陽1-53-7
　　　　tel.0258-22-6860　fax.0258-22-6867
http://www.fymetrix.co.jp
e-mail　mimy@fymetrix.co.jp

自動視準ノンプリズム・トータルステーション

Series 230RM
SET3 230RM(S)・SET4 230RM(S)

RED-tech
REvolutionary Digital processing EDM technology

レーザ光はイメージです。
リモートキャッチャー受光ユニットは
オプションです。

ノンプリズムでも、自動視準でも。
この1台がマルチに対応。

新次元・ノンプリズム光波距離計RED-tech EDMと自動視準機能を一体化あらゆる測量ニーズにこたえるトータルステーションです。
- ノンプリズム測定は、30cmから350mまでの超ワイドレンジをピンポイントに。
- 自動視準機能で、高精度な観測を実現。自動対回機能を使えば、より一層観測精度が向上します。
- さらにリモートキャッチャーとの組み合わせで、プリズム側からトータルステーションを完全コントロール。

ソキア会員制WEBサイト
SET倶楽部会員募集中
会員限定でさまざまな情報、ツール、特典など提供いたします。SET倶楽部へのご入会はこちらから
http://www.sokkia.co.jp

85 Since 1920
「はかる」未来を創ります

SOKKIA
www.sokkia.co.jp 株式会社ソキア

©2005 SOKKIA CO., LTD.

TOPCON
Bluetooth内蔵。
ケーブルレス・オールインワンGNSS受信機。
wireless
communication
Technology
Bluetooth内蔵
受信機本体にBluetoothチップを内蔵しデータコレクタとのワイヤレス通信を可能にしました。
Bluetooth
Bluetoothチップ
バッテリ
小エリア無線
GDM/GGDMタイプ
アンテナ
受信機
オールインワン受信機
アンテナ、バッテリ、Bluetoothを内蔵。GGDM・GDMタイプは1W小エリア無線モデムも内蔵し、GNSS観測に必要な機能を全て受信機本体に集約しています。
※BLUETOOTH™は、Bluetooth™SIG,Inc.,U.S.Aが所有する商標です。
バックパックレス
GPS+GLONASS
ハイブリッド測位
ケーブル接続
一切不要
NEW
GNSS(GPS/GLONASS)受信機
GR-2100シリーズ

豊富な実績とノウハウで探査技術を提供します！

株式会社バーナムは、業務開始以来一貫して探査技術を研鑽し、多様化するニーズに対応するため、豊富な経験を活かし常に新しい知識と技術を取り入れてきました。さらに探査技術から培ったノウハウを基に、電磁波探査装置の研究・開発を進め各種レーダ装置を商品化しました。

【探査業務】

■ 探査業務と解析ソフトウェア（Cave Draw）

各種電磁波レーダアンテナを使用し、埋設管調査・空洞調査などの探査業務を実施します。探査業務の命は取得データの解析技術です。バーナムでは独自の解析ソフトウェアで精度の高い解析結果を提供します。

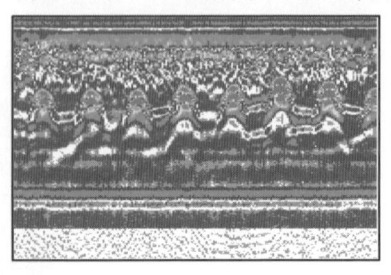

画像処理で鉄筋位置（異常個所）などが明瞭に表現できます

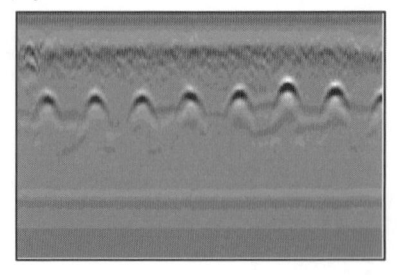

【機器販売】

■ カメラ・レーダ複合型管内探査システム「ピービス」

市場ニーズに対応し超小型レーダアンテナを開発しました。⇒ 機器販売の開始

下水道管などの内部を自走し特殊魚眼レンズでのカメラ調査と同時に管背面の空洞、緩み、埋設管などを探査します。

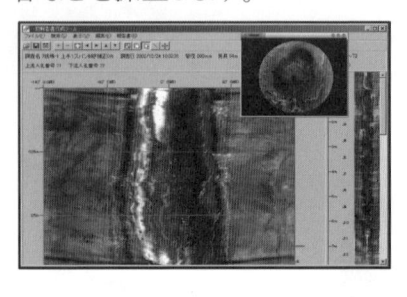

■ ハンディー型レーダ探査装置「バーンオゥル」

コンクリート構造物内部の鉄筋、配管、空隙、ジャンカなどを探査します。また、パイプなどの背面の空洞、緩み、さらに木造構造物、樹木などの内部に発生する空洞、腐朽などを探査します。

BURN-AM Co.,Ltd.
Electoromagnetic Wave Detecting Service
株式会社バーナム

〒536-0007　大阪市城東区成育4丁目12番15号
　　　　　　ウェステリア成育1F

TEL 06-6930-1122　　URL http://www.burn-am.com
FAX 06-6930-2200　　E-Mail info@burn-am.com

Leica HDS レーザースキャナー

橋梁測定例　　点群データ取得　　平面図・断面図作成　　3Dモデリング

空間情報取得から成果品までサポート
ライカ 3Dレーザースキャナー

地形・構造物を高精度で計測　　　　　　　　　トンネル・建物内部・事故現場を高速で計測

HDS3000
スキャン範囲　360×270度
距離精度　4mm@50m
角度精度　12秒（鉛直、水平）

HDS4500
スキャン範囲　360×310度
測定スピード　450,000点／秒

Cyclone & CloudWorx

性能の高さをぜひご確認ください。────────── デモ依頼をお待ちしています。

ライカ ジオシステムズ株式会社
3次元計測グループ　〒113-6591 東京都文京区本駒込2-28-8 文京グリーンコート　Tel.03-5940-3050
本社　〒113-6591 東京都文京区本駒込2-28-8 文京グリーンコート　Tel.03-5940-3020
●お問い合わせメールアドレス　hds@leica-geosystems.co.jp
http://www.leica-geosystems.co.jp

- when it has to be right

Leica Geosystems

総編集者略歴

村井俊治
（むら い しゅん じ）

1939年　東京都に生まれる
1965年　東京大学工学部土木工学科卒業
現　在　東京大学名誉教授
　　　　工学博士

測量工学ハンドブック　　　　　　定価は外函に表示
2005年6月25日　初版第1刷

　　総編集者　村　井　俊　治
　　発　行　者　朝　倉　邦　造
　　発　行　所　株式会社　朝倉書店
　　　　　　　東京都新宿区新小川町6-29
　　　　　　　郵便番号　162-8707
　　　　　　　電　話　03(3260)0141
　　　　　　　Ｆ Ａ Ｘ　03(3260)0180
　　　　　　　http://www.asakura.co.jp

〈検印省略〉

ⓒ 2005〈無断複写・転載を禁ず〉　　壮光舎印刷・渡辺製本
ISBN 4-254-26148-9　C 3051　　Printed in Japan

福本武明・荻野正嗣・佐野正典・早川　清・	基礎を重視した土木工学系の入門教科書。〔内容〕
古河幸雄・鹿田正昭・嵯峨　晃・和田安彦著	観測値の処理／距離測量／水準測量／角測量／ト
エース土木工学シリーズ	ラバース測量／三角測量と三辺測量／平板測量／

エース測量学

26477-1 C3351　　　　A5判 216頁 本体3900円

GISと地形測量／写真測量／リモートセンシングとGPS測量／路線測量／面積・体積の算定

東京地学協会編

伊能図に学ぶ

16337-1 C3025　　　　B5判 272頁 本体6500円

伊能忠敬生誕250年を記念し，高校生でも理解できるよう平易に伊能図の全貌を開示。〔内容〕論文（石山洋・小島一仁・渡辺孝雄・斎藤仁・渡辺一郎・鶴見英策・清水靖夫・川村博忠・金窪敏和・羽田野正隆・西川治）／伊能図総目録／他

日本国際地図学会編

日本主要地図集成
―明治から現代まで―

16331-2 C3025　　　　A4判 272頁 本体23000円

明治以降に日本で出版された主な地図についての情報を網羅。〔内容〕主要地図集成（図版）／主要地図目録（国の機関，地方公共団体，民間，アトラス，地図帳等）／主要地図記号／地図の利用／地図にかかわる主要語句／主要地図の年表／他

前東大 茂木清夫著

地震のはなし

10181-3 C3040　　　　A5判 160頁 本体2900円

地震予知連会長としての豊富な経験から最新の地震までを明快に解説。〔内容〕三宅島の噴火と巨大群発地震／西日本の大地震の続発（兵庫，鳥取，芸予）／地震予知の可能性／東海地震問題／首都圏の地震／世界の地震（トルコ，台湾，インド）

前東大 下鶴大輔著

火山のはなし
―災害軽減に向けて―

10175-9 C3040　　　　A5判 176頁 本体2900円

数式はいっさい使わずに火山の生い立ちから火山災害・危機管理まで，噴火予知連での豊富な研究と多くのデータをもとにカラー写真も掲載して2000年の有珠山噴火まで解説した火山の脅威と魅力を解きほぐす"火山との対話"を意図した好著

福山大 森川　洋・松山大 篠原重則・元筑波大 奥野隆史編
日本の地誌9

中国・四国

16769-5 C3325　　　　B5判 648頁 本体25000円

現代日本の地域誌を，自然・経済・社会・文化的側面と生活形態からわかりやすく記述し，地域構造を描き出す。日本全国8地方に総論を加え全10巻構成〔内容〕中国・四国の領域／歴史／自然／生活／資源・産業／都市／各県の性格・地域誌／他

日本橋梁建設協会編

新版 日本の橋（CD-ROM付）
―鉄・鋼橋のあゆみ―

26146-2 C3051　　　　A4変判 224頁 本体14000円

カラー写真で綴る橋梁技術史。旧版「日本の橋（増訂版）」を現代の橋以降のみでなく全面的に大幅な改訂を加えた。〔内容〕古い木の橋・石の橋／明治の橋／大正の橋／昭和前期の橋／現代の橋／これからの橋／ビッグ10・年表・橋の分類／他

筑波大 村山祐司編
シリーズ〈人文地理学〉1

地理情報システム

16711-3 C3325　　　　A5判 224頁 本体3800円

GIS（地理情報システム）のしくみを説明し，地理学での利用の有効性を解説。〔内容〕GISの発展／構成と構造／地理情報の取得とデータベース／空間解析／ジオコンピュテーション／人文地理学への応用／自然環境研究への応用／これからのGIS

都立大 杉浦芳夫編
シリーズ〈人文地理学〉3

地理空間分析

16713-X C3325　　　　A5判 216頁 本体3800円

近年の空間分析に焦点を当てて数理地理学の諸分野を概説。〔内容〕点パターン分析／空間的共変動分析／可変単位地区問題／立地―配分モデル／空間的相互作用モデル／時間地理学／Q-分析／フラクタル／カオス／ニューラルネットワーク

大阪市大 水内俊雄編
シリーズ〈人文地理学〉5

空間の社会地理

16715-6 C3325　　　　A5判 192頁 本体3800円

人間の生活・労働の諸場面で影響を及ぼし合う「空間」と「社会」―その相互関係を実例で考察。〔内容〕社会地理学の系譜／都市インナーリング／ジェンダー研究と地理／エスニシティと地理／民俗研究と地理／寄せ場という空間／モダニティと空間

加藤碵一・脇田浩二総編集
今井　登・遠藤祐二・村上　裕編

地質学ハンドブック

16240-5 C3044　　　　A5判 712頁 本体23000円

地質調査総合センターの総力を結集した実用的なハンドブック。研究手法を解説する基礎編，具体的な調査法を紹介する応用編，資料編の三部構成。〔内容〕〈基礎編：手法〉地質学／地球化学（分析・実験）／地球物理学（リモセン・重力・磁力探査）／〈応用編：調査法〉地質体のマッピング／活断層（認定・トレンチ）／地下資源（鉱物・エネルギー）／地熱資源／地質災害（地震・火山・土砂）／環境地質（調査・地下水）／土木地質（ダム・トンネル・道路）／海洋・湖沼／惑星（隕石・画像解析）／他

元東大 宇津徳治・前東大 嶋　悦三・日大 吉井敏尅・東大 山科健一郎編

地震の事典（第2版）

16039-9　C3544　　　A5判　676頁　本体23000円

東京大学地震研究所を中心として，地震に関するあらゆる知識を系統的に記述。神戸以降の最新のデータを含めた全面改訂。付録として16世紀以降の世界の主な地震と5世紀以降の日本の被害地震についてマグニチュード，震源，被害等も列記。〔内容〕地震の概観／地震観測と観測資料の処理／地震波と地球内部構造／変動する地球と地震分布／地震活動の性質／地震の発生機構／地震に伴う自然現象／地震による地盤振動と地震災害／地震の予知／外国の地震リスト／日本の地震リスト

前東大 岡田恒男・前京大 土岐憲三編

地震防災の事典

16035-6　C3544　　　A5判　688頁　本体25000円

〔内容〕過去の地震に学ぶ／地震の起こり方（現代の地震観，プレート間・内地震，地震の予測）／地震災害の特徴（地震の揺れ方，地震と地盤・建築・土木構造物・ライフライン・火災・津波・人間行動）／都市の震災（都市化の進展と災害危険度，地震危険度の評価，発災直後の対応，都市の復旧と復興，社会・経済的影響）／地震災害の軽減に向けて（被害想定と震災シナリオ，地震情報と災害情報，構造物の耐震性向上，構造物の地震応答制御，地震に強い地域づくり）／付録

下鶴大輔・荒牧重雄・井田喜明編

火山の事典

16023-2　C3544　　　A5判　608頁　本体22000円

桜島，伊豆大島，雲仙をみるまでもなく日本は世界有数の火山国である。それゆえに地質学，地球物理学，地球化学など多方面からの火山学の研究が進歩しており，災害とともに社会的な関心が高まっている。主要な知識を正確かつ簡明に解説。〔内容〕火山の概観／マグマ／火山活動と火山帯／火山の噴火現象／噴出物とその堆積物／火山帯の構造と発達史／火山岩／他の惑星の火山／地熱と温泉／噴火と気候／火山観測／火山災害／火山噴火予知／世界の火山リスト／日本の火山リスト

早大 坂　幸恭監訳

オックスフォード辞典シリーズ
オックスフォード 地球科学辞典

16043-7　C3544　　　A5判　720頁　本体15000円

定評あるオックスフォードの辞典シリーズの一冊"Earth Science (New Edition)"の翻訳。項目は五十音配列とし読者の便宜を図った。広範な「地球科学」の学問分野——地質学，天文学，惑星科学，気候学，気象学，応用地質学，地球化学，地形学，地球物理学，水文学，鉱物学，岩石学，古生物学，古生態学，土壌学，堆積学，構造地質学，テクトニクス，火山学などから約6000の術語を選定し，信頼のおける定義・意味を記述した。新版では特に惑星探査，石油探査における術語が追加された

東工大 池田駿介・名大 林　良嗣・京大 嘉門雅史・東大 磯部雅彦・東工大 川島一彦編

新領域 土木工学ハンドブック

26143-8　C3051　　　B5判　1120頁　本体38000円

〔内容〕総論（土木工学概論，歴史的視点，土木および技術者の役割）／土木工学を取り巻くシステム（自然・生態，社会・経済，土地空間，社会基盤，地球環境）／社会基盤整備の技術（設計論，高度防災，高機能材料，高度建設技術，維持管理・更新，アメニティ，交通政策・技術，新空間利用，調査・解析）／環境保全・創造（地球・地域環境，環境評価・政策，環境創造，省エネ・省資源技術）／建設プロジェクト（プロジェクト評価・実施，建設マネジメント，アカウンタビリティ，グローバル化）

日中英用語辞典編集委員会編

日中英土木対照用語辞典

26138-1　C3551　　　A5判　500頁　本体12000円

日本・中国・欧米の土木を学ぶ人々および建設業に携わる人々に役立つよう，頻繁に使われる土木用語約4500語を選び，日中英，中日英，英日中の順に配列し，どこからでも用語が捜し出せるよう図った。〔内容〕耐震工学／材料力学／構造解析／橋梁工学，構造設計，構造一般／水理学，水文学，河川工学／海岸工学，湾岸工学／発電工学／土質工学，岩盤工学／トンネル工学／都市計画／鉄道工学／道路工学／土木計画／測量学／コンクリート工学／環境工学／土木施工学／他

地理情報システム学会編

地理情報科学事典

16340-1 C3525　　A5判 548頁 本体16000円

多岐の分野で進展する地理情報科学(GIS)を概観できるよう、30の大項目に分類した200のキーワードを見開きで簡潔に解説。〔内容〕[基礎編]定義／情報取得／空間参照系／モデル化と構造／前処理／操作と解析／表示と伝達。[実用編]自然環境／森林／バイオリージョン／農政経済／文化財／土地利用／自治体／防災／医療・福祉／都市／施設管理／交通／モバイル／ビジネス他。[応用編]情報通信技術／社会情報基盤／法的問題／標準化／教育／ハードとソフト／導入と運用／付録

日大 高阪宏行著

地理情報技術ハンドブック

16338-X C3025　　A5判 512頁 本体16000円

進展著しいGIS(地理情報システム)の最新技術と多方面への応用を具体的に詳述。GISを利用する実務者・研究者必携の書。〔内容〕GISの機能性／空間的自己相関／クリギング／単・多変量分類／地理的可視化／地図総描／ジオコンピュテーション／マーケティング／交通／医療計画／リモートセンシング／モニタリング／地形分析／情報ネットワーク／GIS教育／空間データの標準化／ファイル構造／実体関連モデル／オブジェクト指向／データベースと検索・時間／TIGERファイル／他

前千葉大 丸田頼一編

環境都市計画事典

18018-7 C3540　　A5判 536頁 本体18000円

様々な都市環境問題が存在する現在においては、都市活動を支える水や物質を循環的に利用し、エネルギーを効率的に利用するためのシステムを導入するとともに、都市の中に自然を保全・創出し生態系に準じたシステムを構築することにより、自立的・安定的な生態系循環を取り戻した都市、すなわち「環境都市」の構築が模索されている。本書は環境都市計画に関連する約250の重要事項について解説。〔項目例〕環境都市構築の意義／市街地整備／道路緑化／老人福祉／環境税／他

愛知大 吉野正敏・学芸大 山下脩二編

都市環境学事典

18001-2 C3540　　A5判 448頁 本体16000円

現在、先進国では70％以上の人が都市に住み、発展途上国においても都市への人口集中が進んでいる。今後ますます重要性を増す都市環境について地球科学・気候学・気象学・水文学・地理学・生物学・建築学・環境工学・都市計画学・衛生学・緑地学・造園学など、多様広範な分野からアプローチ。〔内容〕都市の気候環境／都市の大気質環境／都市と水環境／建築と気候／都市の生態／都市活動と環境問題／都市気候の制御／都市と地球環境問題／アメニティ都市の創造／都市気候の歴史

前東大 不破敬一郎・国立環境研 森田昌敏編著

地球環境ハンドブック（第2版）

18007-1 C3040　　A5判 1152頁 本体35000円

1997年の地球温暖化に関する京都議定書の採択など、地球環境問題は21世紀の大きな課題となっており、環境ホルモンも注視されている。本書は現状と課題を包括的に解説。〔内容〕序論／地球環境問題／地球・資源・食糧・人類／地球の温暖化／オゾン層の破壊／酸性雨／海洋とその汚染／熱帯林の減少／生物多様性の減少／砂漠化／有害廃棄物の越境移動／開発途上国の環境問題／化学物質の管理／その他の環境問題／地球環境モニタリング／年表／国際・国内関係団体および国際条約

京大防災研究所編

防災学ハンドブック

26012-1 C3051　　B5判 740頁 本体32000円

災害の現象と対策について、理工学から人文科学までの幅広い視点から解説した防災学の決定版。〔内容〕総論(災害と防災、自然災害の変遷、総合防災的視点)／自然災害誘因と予知・予測(異常気象、地震、火山噴火、地表変動)／災害の制御と軽減(洪水・海象・渇水・土砂・地震動・強風災害、市街地火災、環境災害)／防災の計画と管理(地域防災計画、都市の災害リスクマネジメント、都市基盤施設・構造物の防災診断、災害情報と伝達、復興と心のケア)／災害史年表

上記価格（税別）は2005年5月現在